U0879252

环境监测人员持证上岗
考核试题集

（上册）

（第五版）

中国环境监测总站
《环境监测人员持证上岗考核试题集》编写组　编

中国环境出版集团·北京

图书在版编目(CIP)数据

环境监测人员持证上岗考核试题集．上册 / 中国环境监测总站《环境监测人员持证上岗考核试题集》编写组编．—5 版．—北京：中国环境出版集团，2021.12（2022.8 重印）

ISBN 978-7-5111-4661-8

Ⅰ.①环… Ⅱ.①中… Ⅲ.①环境监测—资格考试—习题集 Ⅳ.① X83-44

中国版本图书馆 CIP 数据核字（2021）第 266263 号

出 版 人 武德凯
责任编辑 田 怡 赵惠芬
责任校对 薄军霞
装帧设计 彭 杉

出版发行 中国环境出版集团
（100062 北京市东城区广渠门内大街 16 号）
网 址：http: //www.cesp.com.cn
电子邮箱：bjgl@cesp.com.cn
联系电话：010-67112765（编辑管理部）
发行热线：010-67125803，010-67113405（传真）
印 刷 北京中科印刷有限公司
经 销 各地新华书店
版 次 2021 年 12 月第 5 版
印 次 2022 年 8 月第 2 次印刷
开 本 787 × 1092 1/16
印 张 60.25
字 数 1374 千字
定 价 180.00 元

【版权所有。未经许可，请勿翻印、转载，违者必究】
如有缺页、破损、倒装等印装质量问题，请寄回本集团更换。

中国环境出版集团郑重承诺：
中国环境出版集团合作的印刷单位、材料单位均具有中国环境标志产品认证。

《环境监测人员持证上岗考核试题集》
编委会

主　任： 陈善荣　　吴季友

副主任： 陈金融　　刘廷良　　景立新　　肖建军

《环境监测人员持证上岗考核试题集》（上册）
编委会成员

主　编： 陈善荣

副主编： 夏　新　　杨　楠　　池　靖

编　委：（以姓氏笔画为序）

王　伟　　王　琳　　王向明　　王益鸣　　邓小文　　田志仁
史　箴　　冯　丹　　过美蓉　　华　蕾　　刘　蕊　　刘乐君
关玉春　　米方卓　　李名升　　李红亮　　李国刚　　李俊龙
吴宇峰　　吴志强　　何书海　　邹本东　　张玉惠　　张榆霞
陈　威　　邵君波　　武桂桃　　郑皓皓　　封　雪　　施敏芳
姜晓旭　　贺小敏　　袁　懋　　鹿海峰　　梁富生　　彭刚华
温香彩

参加编写人员

第一篇　水和废水

主要编写人：夏　新　杨　楠　彭刚华　史　箴　米方卓　武桂桃　张榆霞

第一章　样品采集

主要编写人：武桂桃　倪鹏程　郑皓皓　李名升　张　颖　王　婷　夏　新

参加编写人：（以姓氏笔画为序）

马文鹏　王胜蓝　王振峰　王淑娟　车　轩　申进朝　吕晓洁

米方卓　李歆琰　张　烃　张榆霞　陈吉吉　欧　丽　孟小星

席　玥　陶　蕾　黄鹤飞　韩静磊　曾珍英　魏　杰

第二章　水质现场监测

主要编写人：史　箴　李宗超　李名升　米方卓　谢　争　夏　新

参加编写人：（以姓氏笔画为序）

王玲玲　田秀华　刘　艳　李伍生　李玲玲　杨亦恂　吴育文

周笑白　柴文轩

第三章　重量法

主要编写人：彭刚华　周笑白　武桂桃　王　琳　夏　新　刘国平

参加编写人：（以姓氏笔画为序）

冯　丹　米方卓　李玲玲　吴育文　陈新军　郭晶晶　谢　争

第四章　电化学法

主要编写人：夏　新　杨　楠　冯　丹　丁润梅　任学蓉　张万峰

参加编写人：（以姓氏笔画为序）

马慧杰　王　平　王　伟　王伟华　王雅辉　米方卓　池　靖

李名升　李玲玲　李桂玲　张佟佟　赵长民　胡雄星　袁　力

彭刚华

第五章　容量法

主要编写人：彭刚华　封　雪　陈　谊　赵明月　牛　毓　夏　新

参加编写人：（以姓氏笔画为序）

马慧杰　王淑娟　王雅辉　邓　慕　史　箴　冯　丹　毕军平
朱日龙　任学蓉　刘乐君　米方卓　许晓翠　李红亮　李桂玲
杨　华　杨亦恂　连　雅　吴宇峰　宋冰冰　张　苗　张万峰
张佟佟　张荣辉　武云霞　范　莉　林海兰　屈智丽　赵　辉
赵　斌　曹艳梅

第六章　分光光度法

主要编写人：杨　楠　刘　蕊　夏　新　袁　懋　史　箴　关玉春　张玉惠
杨　华

参加编写人：（以姓氏笔画为序）

于晓青　马　成　马玉坤　马慧杰　王　平　王　迎　王　静
王伟华　王丽娜　王岚云　王爱一　王淑娟　王雅辉　牛　毓
邓　娜　邓　慕　左燕君　冯　丹　冯　磊　兰志梅　毕军平
吕天峰　朱日龙　任学蓉　刘　艳　刘文丽　刘乐君　刘端阳
闫爱博　米方卓　池　靖　李　刚　李　静　李伍生　李国刚
李玲玲　杨　虹　杨宏坤　吴宇峰　吴育文　沈丽丽　宋冰冰
张　丽　张万峰　张榆霞　陈　威　陈胜楠　陈素兰　范　莉
林海兰　周　旌　周　婷　屈智丽　赵萍萍　施月娥　柴文轩
郭　欣　郭宏博　黄　文　曹艳梅　崔桂贤　鹿海峰　彭刚华
彭倩芳　喇国静　谢　争　谢莲英　樊孝俊　薛　程

第七章　离子色谱法

主要编写人：封　雪　王　伟　杨亦恂　夏　新

参加编写人：（以姓氏笔画为序）

周笑白　赵长民　高燕哺

第八章　原子荧光法

主要编写人：邹本东　刘　蓉　鹿海峰　夏　新

参加编写人：（以姓氏笔画为序）

王玉平　韦利杭　冯　丹　华　蕾　张玉惠

第九章　火焰原子吸收分光光度法

主要编写人：陈　纯　姜晓旭　王　鑫　王　伟　路新燕　刘　京　夏　新

参加编写人：（以姓氏笔画为序）

马海花　王　洋　王伟华　王建英　刘　丹　李　贝　张万峰　赵长民　高燕哺

第十章　石墨炉原子吸收分光光度法

主要编写人：杨正标　姜晓旭　陈　纯　王　伟　米方卓　刘　丹　夏　新

参加编写人：（以姓氏笔画为序）

马海花　王　洋　王　鑫　王伟华　王建英　冯　丹　池　靖　李名升　张万峰　陆喜红　赵长民　高燕哺

第十一章　电感耦合等离子发射光谱法

主要编写人：姜晓旭　张榆霞　邹本东

参加编写人：（以姓氏笔画为序）

马海斌　牛　毓　周笑白　夏　新

第十二章　电感耦合等离子体质谱法

主要编写人：张霖琳　陈素兰　陈　纯

参加编写人：（以姓氏笔画为序）

马海斌　刘　丹　米方卓　袁　静　夏　新

第十三章　气相色谱法

主要编写人：何书海　史　箴　姜晓旭　吴宇峰　孙文静　刘乐君　夏　新　张鸣珊

参加编写人：（以姓氏笔画为序）

丁曦宁　马　成　王伟华　王玲玲　王艳丽　王爱一　牛　毓　石艳菊　申　剑　付　毓　冯　丹　毕军平　朱广钦　朱日龙

朱红霞　乔支卫　刘文丽　刘荔彬　米方卓　许行义　李　亮
李冰清　李利荣　李国刚　杨　炯　杨冬雷　吴诗剑　何书海
冷　俊　张万峰　张益民　张肇元　陈素兰　岳志孝　周笑白
赵丽娟　郝　峰　秦迪岚　崔连喜　彭刚华　谢　非　谭　丽
樊庆云

第十四章　气相色谱－质谱法

主要编写人：姜晓旭　王效国　王玲玲　吴宇峰　乔支卫　谭　丽　夏　新

参加编写人：（以姓氏笔画为序）

马　芳　王伟华　王艳丽　冯　丹　刘殿甲　米方卓　李利荣
李国刚　杨璟爱　吴志强　张　烃　张　渝　张　颖　张　静
张万峰　张景明　陈　晨　赵志强　袁　力　彭刚华　韩静磊
程小艳

第十五章　液相色谱法

主要编写人：田志仁　何书海　彭　华　王向明　周笑白　谢　争　夏　新

参加编写人：（以姓氏笔画为序）

冯　丹　乔支卫　刘　鸣　池　靖　吴志强　冷　俊　张鸣珊
张益民　赵淑莉　贺小敏　黄　文　彭刚华

第十六章　液相色谱－质谱法

主要编写人：何书海　田志仁　贺小敏

参加编写人：（以姓氏笔画为序）

马海斌　张鸣珊　周笑白　夏　新

第十七章　气相分子吸收光谱法

主要编写人：施敏芳　柯鹏振

参加编写人：（以姓氏笔画为序）

马先锋　夏　新　覃晓茜

第十八章　冷原子吸收分光光度法测定总汞

主要编写人： 陈素兰　米方卓　王玉平

第十九章　红外光度法测定石油类和动植物油类

主要编写人： 鹿海峰　夏　新　杨　楠

第二十章　非分散红外吸收法测定总有机碳

主要编写人： 张玉惠　杨　楠

参加编写人：（以姓氏笔画为序）

史　箴　沈丽丽　范　莉　夏　新

第二十一章　非分散红外光度法测定石油

主要编写人： 王　琳　冯　丹　王岚云　夏　新

第二十二章　荧光光度法

主要编写人： 史　箴　冯　丹

参加编写人：（以姓氏笔画为序）

王伟华　任学蓉　刘端阳　张万峰　夏　新

第二十三章　荧光分光光度法

主要编写人： 彭　华　谢　争　史　箴

参加编写人：（以姓氏笔画为序）

王伟华　冯　丹　刘　鸣　张万峰　屈智丽　夏　新

第二十四章　金属总量的消解

主要编写人： 邹本东　夏　新

参加编写人：（以姓氏笔画为序）

冯　丹　杨　柳

第二十五章　微生物传感器快速测定法测定生化需氧量

主要编写人： 周笑白　张玉惠　王　伟

第二十六章　仪器分析法测定总有机碳

主要编写人：张益民　杨　楠

参加编写人：（以姓氏笔画为序）

冯　丹　姜　燕　夏　新

第二篇　海水

主要编写人：李俊龙　邵君波　王益鸣　夏　新　过美蓉

第一章　海水样品采集

主要编写人：王益鸣　任世军

参加编写人：（以姓氏笔画为序）

过美蓉　柴小平

第二章　海水水质现场监测

主要编写人：李俊龙　邵君波　杨　楠　邹伟明

参加编写人：（以姓氏笔画为序）

王益鸣　过美蓉　任世军　刘　艳　米方卓　李名升　李宗超

李玲玲　胡序朋　夏　新

第三章　重量法

主要编写人：王益鸣　彭刚华　李玲玲

参加编写人：（以姓氏笔画为序）

过美蓉　刘国平　邹伟明　陈新军　武桂桃　周笑白　夏　新

第四章　电化学法

主要编写人：王益鸣　过美蓉　王洪涛　夏　新

参加编写人：（以姓氏笔画为序）

丁润梅　任世军　刘世贤　杨　楠　佘运勇　邹伟明　袁　力

第五章　容量法

主要编写人：王益鸣　彭刚华　夏　新

参加编写人：（以姓氏笔画为序）

马慧杰　王艳华　王淑娟　王雅辉　邓　慕　过美蓉　李桂玲
张　苗　张万峰　张荣辉　陈　谊　武云霞　赵明月　曹艳梅

第六章　分光光度法

主要编写人：李俊龙　王益鸣　杨　楠　过美蓉　夏　新

参加编写人：（以姓氏笔画为序）

马玉坤　王洪涛　王艳华　牛　毓　方　杰　邓　娜　史　箴
兰志梅　任世军　刘　蕊　刘世贤　刘端阳　李玲玲　杨宏坤
邹伟明　张玉惠　陈　威　范　莉　胡序朋　柴小平　谢莲英

第七章　原子荧光法

主要编写人：王益鸣　方　杰　刘世贤

参加编写人：（以姓氏笔画为序）

王洪涛　王艳华　华　蕾　刘　蓉　杨　楠　邹本东　张玉惠
夏　新　鹿海峰

第八章　火焰原子吸收分光光度法

主要编写人：王益鸣　佘运勇

参加编写人：（以姓氏笔画为序）

马海花　王　伟　方　杰　刘　京　刘世贤　赵长民　夏　新

第九章　石墨炉原子吸收分光光度法

主要编写人：过美蓉　方　杰　王　剑　王　伟

参加编写人：（以姓氏笔画为序）

王　洋　王益鸣　刘世贤　佘运勇　高燕啸

第十章　电感耦合等离子体质谱法

主要编写人：何书海　姜晓旭　张榆霞　李俊龙

参加编写人：（以姓氏笔画为序）

邹本东　周笑白　胡序朋　夏　新　符式锦

第十一章　冷原子吸收分光光度法测定汞

主要编写人：陈素兰　米方卓　王玉平

第十二章　荧光分光光度法

主要编写人：邵君波　王益鸣　池　靖

参加编写人：（以姓氏笔画为序）

王洪涛　王艳华　过美蓉　柴小平

第十三章　气相色谱法

主要编写人：方　杰　米方卓　王晓华

参加编写人：（以姓氏笔画为序）

王益鸣　史　箴　过美蓉　李冰清　夏　新

第十四章　总有机碳

主要编写人：王益鸣

参加编写人：（以姓氏笔画为序）

任世军　邹伟明

第十五章　激光法测定沉积物粒度

主要编写人：邵君波　柴小平

参加编写人：（以姓氏笔画为序）

过美蓉　夏　新

第三篇　噪声

主要编写人：王　赟　温香彩　胡丹心

第一章　声环境质量和社会生活噪声

主要编写人：汪　赟　温香彩　胡丹心

参加编写人：（以姓氏笔画为序）

刘砚华　池　靖　李宪同　陈培旭　夏　新　黄　行

第二章　工业企业和建筑施工噪声

主要编写人：胡丹心　汪　赟　张　朋　梁富生

参加编写人：（以姓氏笔画为序）

池　靖　李宪同　陈培旭　郝　影　温香彩

第三章　机场和道路交通噪声

主要编写人：汪　赟　李宪同　胡丹心

参加编写人：（以姓氏笔画为序）

刘砚华　夏　新　顾伟伟　黄　行　温香彩

第四章　产品 / 设备噪声

主要编写人：李宪同　张　朋　汪　赟

参加编写人：（以姓氏笔画为序）

郝　影　温香彩

第四篇　振动

主要编写人：李宪同　郑皓皓　梁富生

第一章　环境和住宅建筑室内振动

主要编写人：李宪同　郑皓皓　张　朋

参加编写人：（以姓氏笔画为序）

夏　新　高　峰　梁富生

第二章　轨道交通振动

主要编写人：李宪同　郑皓皓

参加编写人：（以姓氏笔画为序）

张　朋　武中林　夏　新　梁富生

第五篇　机动车排放污染物

主要编写人：田秀华　胡丹心

第一章　汽油车排放污染物

主要编写人：胡丹心　田秀华　黄小伟

参加编写人：（以姓氏笔画为序）

双菊荣　刘　伟　闫桂红　崔　杰　熊宪英

第二章　柴油车排放污染物

主要编写人：胡丹心　田秀华　黄小伟　崔　杰

参加编写人：（以姓氏笔画为序）

双菊荣　刘　伟　闫桂红　熊宪英

第六篇　室内装饰装修材料中有害物质

主要编写人：池　靖　刘文凯　夏　新

第一章　人造板及其制品中甲醛

主要编写人：夏　新　池　靖　刘文凯　王　津

第二章　溶剂型木器涂料中有害物质

主要编写人：刘文凯　池　靖　李　波

第三章　内墙涂料中有害物质

主要编写人：刘文凯　王　津　池　靖　李　波

第四章　胶粘剂中有害物质

主要编写人：刘文凯　李　波　池　靖　夏　新

第五章　木家具中有害物质

主要编写人：池　靖　刘文凯　崔彩芬　王　津

第六章　壁纸中有害物质

主要编写人：刘文凯　崔彩芬

参加编写人：（以姓氏笔画为序）

王　津　池　靖　夏　新　谢宏琴

第七章　聚氯乙烯卷材地板中有害物质

主要编写人：池　靖　王清华　解光武　陈丹青

第八章　地毯、地毯衬垫及地毯胶粘剂中有害物质

主要编写人：池　靖　张　烃　夏　新

第九章　混凝土外加剂中氨

主要编写人：池　靖　刘文凯　王　津

第十章　建筑材料中放射性核素

主要编写人：袁之伦　王树明

参加编写人：（以姓氏笔画为序）

池　靖　赵顺平　黄东辉

第五版说明

《环境监测人员持证上岗考核试题集》自出版以来，在全国环境监测人员的学习、培训和人员能力考核等工作中发挥了重要作用，特别是在环境监测社会化的发展时期，将应用范围从环境监测系统扩展到愿意为环境监测提供服务的所有人员和监测 / 检测机构，将服务功能由持证上岗考核向公众性环境监测知识学习方向发展。深化了编者规范和提高环境监测技术及质量管理水平的初心。

及时跟进最新监测技术发展，提高本书的适用性，更好地服务社会，是本书多次再版的宗旨。为此，编者又一次组织技术人员，补充了新颁布的标准方法，并对废止和替代方法进行了更新。据不完全统计，本次修订对第四版上册中近百个监测方法进行了补充和完善。

愿本书的再版能带给读者更新的环境监测知识和灵活、便捷地掌握知识的途径及其由此产生的进步和快乐。希望读者继续对本书予以关注，及时给予批评指正，以便本书不断完善，满足广大环境监测工作者的学习需求。

编　者

2021 年 3 月

第四版说明

自从《环境监测人员持证上岗考核试题集（上册）》于2008年出版至今，对全国环境监测人员的学习、培训和持证上岗考核工作等都起到了辅助和推动作用，实现了编者规范环境监测质量管理工作、提高环境监测质量管理水平的初衷。

为及时追踪最新监测技术，提高本书的适用性，特组织相关人员进行补充和完善。修订了原书中被替代和废止的方法，同时对书中的错漏、不足之处进行了修改。

本次重点修订内容包括：

1. 截至2015年6月颁布或更新的环境保护标准。
2. 常用的生活饮用水标准检验方法。
3. 废止的国家标准。

希望读者继续对本书予以关注，及时给予批评指正，以便本书不断完善、满足大家的需求。

编　者

2015年8月

第三版说明

为配合环境监测知识学习、培训和持证上岗考核工作，编者于2010年修订出版了《环境监测人员持证上岗考核试题集（上册）（第二版）》，实现了编者规范环境监测质量管理工作和提高环境监测质量管理水平的初衷。

编者根据环境监测方法的发展进程，及时追踪最新监测技术，再次组织相关人员对第二版进行了补充，对原书中被替代和废止的方法进行了修订，也修改了书中的错漏和不足之处。

主要修改内容有：

1.《水质　游离氯和总氯的测定　*N,N*-二乙基-1,4-苯二胺滴定法》（HJ 585—2010），替代《水质　游离氯和总氯的测定　*N,N*-二乙基-1,4-苯二胺滴定法》（GB/T 11897—1989）。

2.《水质　氰化物的测定　容量法和分光光度法》（HJ 484—2009），替代《氰化物的测定　硝酸银滴定法》（水和废水监测分析方法）。

3.《水质　游离氯和总氯的测定　*N,N*-二乙基-1,4-苯二胺分光光度法》（HJ 586—2010），替代《水质　游离氯和总氯的测定　*N,N*-二乙基-1,4-苯二胺分光光度法》（GB/T 11898—1989）。

4.《水质　阿特拉津的测定　高效液相色谱法》（HJ 587—2010），替代《阿拉特津的测定　液相色谱法》（水和废水监测分析方法）（第四版）。

5.《水质　五氯酚的测定　气相色谱法》（HJ 591—2010），替代《水质　五氯酚的测定　气相色谱法》（GB/T 8972—1988）。

6.《水质　硝基苯类化合物的测定　气相色谱法》（HJ 592—2010），替代《工业废水　总硝基化合物的测定　气相色谱法》（GB/T 4919—1989）。

7.《水质　总汞的测定　冷原子吸收分光光度法》（HJ 597—2011），替代《水质　总汞的测定　冷原子吸收分光光度法》（GB/T 7468—1987）。

8.《水质　甲醛的测定　乙酰丙酮分光光度法》（HJ 601—2011），替代《水质　甲醛的测定　乙酰丙酮分光光度法》（GB/T 13197—1991）。

9.《水质　钡的测定　火焰原子吸收分光光度法》（HJ 603—2011），替代《水质　钡的测定　原子吸收分光光度法》（GB/T 15506—1995）。

10.《水质　挥发性卤代烃的测定　顶空气相色谱法》（HJ 620—2011），替代《水质　挥发性卤代烃的测定　顶空气相色谱法》（GB/T 17130—1997）。

11.《水质　氯苯类化合物的测定　气相色谱法》（HJ 621—2011），替代《水质 1,2-二氯苯、1,4-二氯苯、1,2,4-三氯苯的测定气相色谱法》（GB/T 17131—1997）。

望读者继续对本书予以关注，及时给予批评指正，以便促使本书不断完善、满足大家的需求。

编 者

2011 年 12 月

第二版说明

自《环境监测人员持证上岗考核试题集（上册）》（以下简称上册）于2008年出版至今，对全国环境监测人员的学习、培训和持证上岗考核工作等都起到了辅助和推动作用，实现了编者规范环境监测质量管理工作、提高环境监测质量管理水平的初衷。

在上册出版后的近两年时间里，环境保护部颁布了一些新的监测方法并对一些标准进行了更新。为使《环境监测人员持证上岗考核试题集》一书能及时追踪最新监测技术，特组织相关人员对上册进行了修订。但是，由于时间关系，此次修订没有对现有监测方法进行全面补充，仅补充了《近岸海域环境监测规范》（HJ 442—2008），对原书中被替代和废止的方法进行了修订，同时对书中的错漏、不足之处进行了修改。

主要修改内容包括：

1. 水质　多环芳烃的测定　液液萃取和固相萃取高效液相色谱法（HJ 478—2009），替代 GB/T 13198—1991。

2. 水质　氰化物的测定　容量法和分光光度法（HJ 484—2009），替代 GB/T 7486—1987 和 GB/T 7487—1987。

3. 水质　氟化物的测定　氟试剂分光光度法（HJ 488—2009），替代 GB/T 7483—1987。

4. 水质　银的测定　3,5-Br2-PADAP 分光光度法（HJ 489—2009），替代 GB/T 11909—1989。

5. 水质　银的测定　镉试剂 2B 分光光度法（HJ 490—2009），替代 GB/T 11908—1989。

6. 水质采样样品的保存和管理技术规定（HJ 493—2009），替代 GB/T 12999—1991。

7. 水质采样技术指导（HJ 494—2009），替代 GB/T 12998—1991。

8. 水质采样方案设计技术指导（HJ 495—2009），替代 GB/T 12997—1991。

9. 水质　总有机碳的测定　燃烧氧化－非分散红外吸收法（HJ 501—2009），替代 GB/T 13193—1991 和 HJ/T 71—2001。

10. 水质　挥发酚的测定　溴化容量法（HJ 502—2009），替代 GB/T 7491—1987。

11. 水质　挥发酚的测定　4-氨基安替比林分光光度法（HJ 503—2009），替代 GB/T 7490—1987。

12. 水质　五日生化需氧量（BOD_5）的测定　稀释与接种法（HJ 505—2009），替代 GB/T 7488—1987。

13. 水质　溶解氧的测定　电化学探头法（HJ 506—2009），替代 GB/T 11913—1989。

14. 水质　氨氮的测定　纳氏试剂分光光度法（HJ 535—2009），替代 GB/T

7479—1987。

15. 水质　氨氮的测定　水杨酸分光光度法（HJ 536—2009），替代 GB/T 7481—1987。

16. 水质　氨氮的测定　蒸馏－中和滴定法（HJ 537—2009），替代 GB/T 7478—1987。

17. 工业企业厂界环境噪声排放标准（GB 12348—2008），替代 GB 12348—1990 和 GB 12349—1990。

18. 声环境质量标准（GB 3096—2008），替代 GB 3096—1993 和 GB/T 14623—1993。

19. 内河航道及港口内船舶辐射噪声的测量（GB/T 4964—1985），已废止。

20. 海洋监测规范（GB 17378—2007），替代 GB 17378—1998。

21. 近岸海域环境监测规范（HJ 442—2008），新颁布。

望读者继续对本书予以关注，及时给予批评指正，以便促使本书不断完善、满足大家的需求。

编　者

2010 年 4 月

序　言

努力构建先进的环境监测预警体系，是全面落实科学发展观，为经济社会又好又快发展提供科学、及时、准确、全面的环境信息和建立科学的减排考核体系提供有力的支持和保障的一项具有战略性、基础性和决定性的重要建设任务。

近年来，国家和地方不断增加环境监测能力建设投入，各级环境监测机构的装备水平有所提高，困扰着环境监测正常开展的能力不足、队伍素质不高等问题有所改善，快速监测、污染源在线监测、排污总量监测、环境突发事件应急监测、生态监测、固体废物及土壤监测等基础能力逐步完善。然而，要建设适应环境保护“三个历史性转变”和环境管理需要的现代化环境监测预警体系，全面提升环境监测整体能力，我们必须紧紧抓住当前历史性机遇，切实提高环境监测质量管理水平，努力建设一支业务精良、技术过硬的环境监测人才队伍。

中国环境监测总站依据国家环保总局颁布的《环境监测管理办法》、《环境监测质量管理规定》和《环境监测人员持证上岗考核制度》，充分体现环境监测全过程质量管理的理念，切实履行环境监测质量管理职责，按照中国环境监测总站构建环境监测质量管理体系的基本思路，自 2006 年以来，组织一批省、市级环境监测单位的业务骨干，在水和废水、酸沉降、海水、空气和废气、生物、土壤、固体废物、沉积物、噪声、振动、辐射、室内空气、机动车排放污染物、室内装饰装修材料中有害物质、质量管理、综合技术及自动监测等环境监测领域，追踪最新监测技术标准，充分注重近年来的环境监测技术积累，进行资源的优化整合和信息共享，编写完成了《环境监测人员持证上岗考核试题集》。其间，披沙拣金，集腋成裘。谨此，对参加本书编撰出版付出辛勤汗水和智慧的单位和人员表示衷心的感谢！

本书的出版，将有助于对环境监测人员培训、考核、上岗工作的开展和各级环境监测部门的技术交流，规范环境监测质量管理工作，提升环境监测质量管理水平，促进我国环境监测事业的快速、稳步发展。

2008 年 1 月

编者的话

为更好地贯彻落实国家环境保护总局《环境监测质量管理规定》和《环境监测人员持证上岗考核制度》，适应我国环境监测技术发展形势，满足监测领域不断扩展和监测项目及方法日益增多的需求，全面提升环境监测人员的技术水平及业务素质，进一步规范持证上岗考核工作，中国环境监测总站适时组织编写了《环境监测人员持证上岗考核试题集》（以下简称《试题集》）。

在编写过程中，我们充分考虑了当前环境监测工作的实际情况和持证上岗考核工作需求，并努力实现既编写一个试题集又提供一本实用的学习和培训教材的目的，为此，我们进行了大量的努力。

《试题集》具有以下特点：

1. 内容全面，包含水和废水、酸沉降、海水、空气和废气、生物、土壤、固体废物、沉积物、噪声、振动、辐射、室内空气、机动车排放污染物、室内装饰装修材料中有害物质、质量管理、综合技术及自动监测等环境监测领域。

2. 以当前现行有效的监测方法标准为基准，以深刻领悟标准内涵为基本原则，以提高和考查监测人员实际工作能力为目的，将技术要点作为主要内容，注重基础理论、操作技能和应用实践。

3. 按照要素或对象、手段和项目进行了分类，按要素或对象设章、按类设节；整合了相同监测手段的基础知识，合并了相同内涵的监测方法，尽量减少相同内容试题的重复出现和互为答案的现象，不仅避免了交叉和重复，而且为将来实现计算机自动组卷打下了良好的基础。

4. 为了体现有利于学习和使用的宗旨，所有试题都附有正确答案。

5. 规范了题型，共包括 5 种题型——填空题、判断题、选择题、问答题和计算题；基本统一了每类题型中各试题的难易程度。

6. 为方便使用，并有利于持证上岗考核的申报，提供了查询索引。可以根据需要，按照要素或对象、手段、项目和方法名称，查找出对应的分类号，进而查看相关试题。

《试题集》分上、下两册，上册包括水和废水、酸沉降、海水、噪声、振动、机动车排放污染物和室内装饰装修材料中的有害物质等内容，下册包括气和废气、生物、土壤、固体废物、沉积物、辐射、室内空气、质量管理、综合技术及自动监测等内容。上册共包括 262 个监测项目，涉及 319 个监测方法、3 100 余道试题。下册正在编辑整理中，将于 2008 年出版。

《试题集》编写工作于 2006 年底正式启动，经历了监测方法汇总、分类研究、命题、初审、审核、汇总、整理和统稿等过程，得到了中国环境监测总站领导及各业务室的大力支持，得到了地方环境监测站领导和相关监测人员的鼎力协助与配合。据统计，有 31 个单位 100 人参与了《试题集》（上册）的编写工作。因此，《试题集》是集体智慧的结晶，是大家长期工作经验的体现，是大家共同的劳动成果。在此，对给予支持的各级领导、参与编写的作者、审稿和统稿专家一并表示衷心的感谢！

《试题集》涉及的内容较多，加之监测技术是一门实践性很强的技术科学，许多实验技能是从日常实践中总结出来的。由于我们的学识水平和实践经验的限制，难免存在知识点覆盖不全、理解不到位、表述不妥之处，望同行给予批评指正。

本书将随着环境监测技术的发展、标准的颁布和修订而不断更新。

编　者

2008 年 1 月

说　明

本书按照要素或对象、手段和项目进行了分类，按要素或对象设章、按类设节，有关内容具体说明如下：

一、分类原则

按照要素或对象分为六大类，即水和废水、酸沉降、海水、噪声和振动、机动车排放污染物和室内装饰装修材料中有害物质。

每大类中，结合监测程序（如采样和现场监测等）、监测手段（如重量法、容量法、分光光度法、气相色谱法和液相色谱法等）和监测项目进行分类，将技术上有共性的监测项目合在一类，并按照监测手段设立了基础知识试题，各监测项目特定的技术要求包括在各自的专项试题中。

二、分类号

顾名思义，分类号是分类的编号。分类号由“英文字母 + 系列号”构成。

英文字母采用英文单词第一个字母的大写表示：水和废水用“W”（water）表示，酸沉降用“P”（precipitation）表示，海水用“S”（seawater）表示，噪声、振动用“N”（noise）表示，机动车排放污染物用“V”（vehicle）表示，室内装饰装修材料中有害物质用“M”（material）表示。

系列号分为两种，一种是直接采用顺序数字表示，例如 W1、W20 等；另一种是包括基础知识的情况，系列号中包括两部分数字，中间用“-”分开，即为“XX-YY”形式，XX 表示顺序数字，YY 为“0”表示基础知识，其他数字表示各监测项目的专项知识，例如 W3-0 表示重量法的基础知识，W3-1 表示重量法测定硫酸盐的专项知识，W3-0 和 W3-1 一起构成重量法测定硫酸盐的试题。

基础知识试题是该类的公用基础知识试题，专项试题是除基础知识以外的、与具体监测项目相关的试题。

三、监测方法

每个分类号包括了一个或多个监测方法，以“主要内容”的形式列在各类试题之前。部分试题后面标注的顺序号（即①、②等），表示该试题与“主要内容”中具体监测方法的对应关系，以便于了解试题内容的出处；试题后面没有标注顺序号的，表示该试题与“主要内容”中所有监测方法均有关。一道试题后面有多个顺序号标注的，表示该试题与多个监测方法相关，即多个监测方法都涉及该试题内容，属于一题多用。

目 录

第一篇 水和废水

第二篇　海水

第四篇　振动

第五篇　机动车排放污染物

第六篇　室内装饰装修材料中有害物质

第一篇

水和废水

第一章　样品采集

第一节　水样采集

分类号：W1-1

主要内容
①《地表水和污水监测技术规范》（HJ/T 91—2002）
②《污水监测技术规范》（HJ 91.1—2019）
③《地下水环境监测技术规范》（HJ 164—2020）
④《水污染物排放总量监测技术规范》（HJ/T 92—2002）
⑤《水质　湖泊和水库采样技术指导》（GB/T 14581—93）
⑥《水质　样品的保存和管理技术规定》（HJ 493—2009）
⑦《水质　采样技术指导》（HJ 494—2009）
⑧《水质　采样方案设计技术规定》（HJ 495—2009）
⑨《水质　河流采样技术指导》（HJ/T 52—1999）

一、填空题

1. 水系的背景断面须能反映水系未受污染时的背景值，原则上应设在________或________________。

答案：水系源头处　　未受污染的上游河段

2. 湖（库）区若无明显功能区别，可用________法均匀设置监测垂线。

答案：网格

3. 在采样（水）断面同一条垂线上，水深 5～10 m 时，设 2 个采样点，即________m 处和________m 处；若水深≤5 m，采样点在水面________m 处；若水深不到 0.5 m，采样点在水深一半处。

答案：水面下 0.5　　河底以上 0.5　　下 0.5

4. 沉积物采样点位通常为水质采样垂线的________，沉积物采样点应避开________、沉积物沉积不稳定及水草茂盛、________________之处。

答案：正下方　　河床冲刷　　表层沉积物易受扰动

5. 测________、________和________等项目，采样时水样必须注满容器，不留空间，并用水封口。

答案：溶解氧　　生化需氧量　　有机污染物

6. 排污单位污水排放口的设置应满足________和________的要求，原则上设在厂界内，或厂界外不超过________m 的范围内。

答案：现场采样　　流量测定　　10

7.________的分布和污染物在地下水中的________是布设污染控制监测井的首要考虑因素。

答案：污染源　　扩散形式

8. 当工业废水和生活污水等沿河渠排放或渗漏并以带状污染扩散时，地下水污染控制监测点（井）采用________布点法布设垂直于河渠的监测线。

答案：网格

9. 地下水监测井应设明显标识牌，井（孔）口应高出地面________m，井（孔）口安装________，孔口地面应采取________措施，井周围应有防护栏。

答案：0.5～1.0　　盖（或保护帽）　　防渗

10. 背景值监测井和区域性控制的孔隙承压水井每年________采样一次；污染控制监测井逢单月采样一次，全年共采集 6 次；作为生活饮用水集中供水的地下水监测井，________采样一次。

答案：枯水期　　每月

11. 地下水采样时，除________、________和________等有特殊要求的监测项目外，其他项目应先用采样水荡洗采样器和水样容器 2～3 次后再采集水样。

答案：五日生化需氧量　　有机物　　细菌类

12. 采集地下水水样时，样品唯一性标识中应包括________、采样日期、________编号、________序号和监测项目等信息。

答案：样品类别　　监测井　　样品

13. 污水样品采集时，在某一时间段内，在同一采样点位按等时间间隔所采等体积水样的混合水样，称为________________。此时污水流量变化应________。

答案：等时混合水样　　小于平均流量的 20 %

14. 比例采样器是一种专用的自动水质采样器，采集的水样量随________和________成一定比例变化，使其在任一时段所采集的混合水样的污染物浓度反映该时段的平均浓度。

答案：时间　　流量

15. 水污染物排放总量监测的采样点设置必须能够满足________的要求，当污水排放量大于 1 000 t/d 时，还应满足________的要求。

答案：污水流量测试　　自动监测

16. 水污染物排放总量监测的采样点的标志内容包括________、编号、排污去向和________________等。

答案：点位名称　　主要污染因子

17. 工业废水的分析应特别重视水中________对测定的影响，并保证分取测定水样的________性和________性。

答案：干扰物质　　均匀　　代表

18. 水质采样时，通常有机样品使用简易________（材质）采样瓶，无机样品使用________（材质）采样瓶（桶）。自动采样容器应满足相应的污水采样器技术要求。

答案：玻璃　　聚乙烯塑料

19. 采集湖泊和水库样品所用的闭管式采样器应装有________装置，以采集到不与管内积存空气（或气体）混合的水样。在靠近底部采样时，注意不要搅动________的界面。

答案：排气　　水和沉积物

20. 湖泊和水库采样时，反映水质特性采样点的标志要明显，采样标志可采用________法、________法、岸标法或无线电导航定位等来确定。

答案：浮标　　六分仪

21. 引起水样水质变化的原因有________作用、________作用和________作用。

答案：生物　　化学　　物理

22. 水样的生物作用会对样品中的一些待测项目（如________、________、________、磷及硅等）的含量及浓度产生影响。

答案：溶解氧　　二氧化碳　　含氮化合物

23. 水质监测中采样现场测定项目一般包括________、________、________、________、________，即常说的五参数。

答案：水温　　pH　　电导率　　浊度　　溶解氧

24. 往水样中投加一些化学试剂（保护剂）可固定水样中某些待测组分，经常使用的水样保护剂有各种________、________、________、氧化剂和还原剂，加入量因需要而异。

答案：酸　　碱　　抑制剂

25. 一般的玻璃容器吸附________，聚乙烯等塑料吸附________、磷酸盐和油类。

答案：金属　　有机物质

26. 水样采集后，对每一份样品都应附一张完整的________。

答案：水样标签

27. 待测溴化物及含溴化合物的水样需________并________保存。

答案：于1～5℃冷藏　　避光

28. 根据不同的水质采样目的，采样网络可以是________，也可扩展到________。

答案：单点　　整个流域

29. 采集测定挥发性物质的水样时，采样泵的吸入高度要________，管路连接要________。

答案：低　　严密

30. 为化学分析而收集降水样品时，所选采样点应位于________的地方。

答案：避免外界物质污染

31. 水流量的测量包括________、________和________三个方面。

答案：流向　　流速　　流量

32. 对于流速和待测污染物浓度都有明显变化的流动水，采集________样品，可反映水体的整体质量。

答案：流量比例

33. 采集样品时，在________采样点上以流量、时间、体积或是以流量为基础，按照________混合在一起的样品，称为混合水样。

答案：同一　　已知比例

34. 为了某种目的，把从________同时采得的________混合为一个样品，这种混合样品称为综合水样。

答案：不同采样点　　瞬时水样

35. 水体沉积物可用________、________或钻探装置采集。

答案：抓斗　　采泥器

36. 采集生物样品的容器是__________瓶，瓶的材质为__________或________。

答案：广口　　塑料　　玻璃

37. 用于存放微生物样品容器的基本要求是________。样品在运回实验室到打开前，应保持________。

答案：能够经受高温灭菌　　密封

38. 污水集中处理设施是指为两家及两家以上排污单位提供________的污水处理设施，包括各种规模和类型的________、工业集聚区污水集中处理设施，以及其他由两家及两家以上排污单位________的污水处理设施等。

答案：污水处理服务　　城镇污水集中处理设施　　共用

39. 排污企业污水排放管道或渠道监测断面应为________、________、________等规则形状。

答案：矩形　　圆形　　梯形

40. 污水面在地面以下超过 1 m 的污水排放口，应配建________或________。监测平台面积应不小于________m^2，平台应设置不低于________m 的防护栏。

答案： 取样台阶　　梯架　　1　　1.2

41. 污水现场采样需准备的辅助用品包括保存剂、样品箱、________、________、标签和________等。

答案：低温保存箱　　记录表格　　安全防护用品

42. 水样感官指标的描述是指用文字定性描述水的________、________、气味（嗅）等样品状态及水面有无________等表观特征。

答案：颜色　　浑浊度　　油膜

二、判断题

1. 为评价某一完整水系的污染程度，未受人类生活和生产活动影响、能够提供水环境背景值的断面，称为对照断面。(　　)

答案：错误

正确答案为：为评价某一完整水系的污染程度，未受人类生活和生产活动影响、能够提供水环境背景值的断面，称为背景断面。

2. 控制断面用来反映某排污区（口）排放的污水对水质的影响，应设置在排污区（口）的上游、污水与河水混匀处、主要污染物浓度有明显降低的断面。(　　)

答案：错误

正确答案为：控制断面用来反映某排污区（口）排放的污水对水质的影响，应设置在排污区（口）的下游、污水与河水基本混匀处。各控制断面所控制的纳污量不应小于该河段总纳污量的 80%。

3. 在地表水水质监测中通常采集瞬时水样。（　　）

答案：正确

4. 如果排污单位污水不能连续排放（如间歇排放），此种情况适合采集混合水样。（　　）

答案：错误

正确答案为：如果排污单位污水不能连续排放（如间歇排放），此种情况适合采集瞬时水样。

5. 如果排污单位无明显生产周期，且生产稳定、连续，此时污水采样时间间隔应不小于 4 h，每个生产日内采样频次应不小于 3 次。（　　）

答案：正确

6. 采集污水样品时，应去除水面的杂物、垃圾等漂浮物，并缓慢搅动水底沉积物，以确保水样的均匀性。（　　）

答案：错误

正确答案为：采集污水样品时，应去除水面的杂物、垃圾等漂浮物，不可搅动水底部的沉积物。

7. 地下水监测点网布设密度的原则为：主要供水区密，一般地区稀；城区密，农村稀。（　　）

答案：正确

8. 地下水监测点网可根据需要随时变动。（　　）

答案：错误

正确答案为：地下水监测点网不宜随时变动。

9. 国控地下水监测点网布设密度为每个县至少应有 1～2 眼井，平原（含盆地）地区一般每 500 km^2 布设 1 眼井。（　　）

答案：正确

10. 为了解地下水体未受人为影响条件下的水质状况，需在研究区域的污染地段设置地下水背景值监测井（对照井）。（　　）

答案：错误

正确答案为：为了解地下水体未受人为影响条件下的水质状况，需在研究区域的非污染地段设置地下水背景值监测井（对照井）。

11. 地下水采样时，每 2 年对监测井进行一次透水灵敏度试验。当向井内注入灌水段 1 m 井管容积的水量，水位复原时间超过 30 min 时，应进行洗井。（　　）

答案：错误

正确答案为：水位复原时间超过 15 min 时，应进行洗井。

12. 地下水水位监测每年 2 次，丰水期、枯水期各 1 次。（　　）

答案：正确

13. 在地下水监测中，不得将现场测定后的剩余水样作为实验室分析样品送往实验室。（　　）

答案：正确

14. 为实施水污染物排放总量监测，对日排水量大于或等于 500 t、小于 1 000 t 的排污单位，使用连续流量比例采样，实验室分析混合样；或以每小时为间隔的时间比例采样，实验室分析混合样。(　　)

答案：正确

15. 排污总量监测的采样点位设置应根据排污单位的生产状况及排水管网设置情况，由地方环境保护行政主管部门确认。(　　)

答案：错误

正确答案为：采样点位设置应根据排污单位的生产状况及排水管网设置情况，由地方环境保护行政主管部门所属环境监测站会同排污单位及其主管部门环保机构共同确定，并报同级环境保护行政主管部门确认。

16. 企事业单位污水排放口必须设置明显标志，经生态环境主管部门确认的排放口不得随意改动。(　　)

答案：正确

17. 环境保护行政主管部门所属的环境监测站对实施排污总量控制的单位进行监督监测，重点污染源（日排水量大于 100 t 的企业）每年 4 次以上，一般污染源（日排水量 100 t 以下的企业）每年 2～4 次。(　　)

答案：正确

18. 水污染物排放总量监测时，采集测定氰化物、Pb、Cd、Hg、As 和 Cr（Ⅵ）等项目的水样应避开水表面。(　　)

答案：正确

19. 采集湖泊和水库的水样时，从水体的特定地点的不同深度采集的一组样品称为平面样品组。(　　)

答案：错误

正确答案为：这样的一组样品称为深度样品组。

20. 地表水监测所用的敞开式采样器为开口容器，用于采集表层水和靠近表层的水。当水面有漂浮物质时，不可能采集到有代表性的样品。(　　)

答案：正确

21. 采集湖泊和水库的水样时，采样点位布设的选择，应在较小范围内进行详尽的预调查，在获得足够信息的基础上，应用统计技术合理地确定。(　　)

答案：错误

正确答案为：采集湖泊和水库的水样时，采样点位布设的选择，应在较大的采样范围进行详尽的预调查，在获得足够信息的基础上，应用统计技术合理地确定。

22. 采集湖泊和水库的水样时，水质控制的采样点应设在靠近用水的取水口及主要水源的入口。(　　)

答案：正确

23. 采集湖泊和水库的水样时，由于分层现象，在非均匀水体采样时要把采样点深度间的距离尽可能加长。(　　)

答案：错误

正确答案为：此种情况要把采样点深度间的距离尽可能缩短。

24. 采样现场测定记录中要记录现场测定样品的处理及保存步骤，测量并记录现场温度。(　　)

答案：错误

正确答案为：采样现场测定记录中要记录所有样品的处理及保存步骤，测量并记录现场温度。

25. 在进行长期采样过程中，条件不变时，就不必对每次采样都重复说明，仅叙述现场进行的监测和容易变化的条件，如气候条件和观察到的异常情况等。(　　)

答案：正确

26. 水样在贮存期内发生变化的程度完全取决于水的类型及水样的化学性质和生物学性质。(　　)

答案：错误

正确答案为：水样在贮存期内发生变化的程度主要取决于水的类型及水样的化学性质和生物学性质，也取决于保存条件、容器材质、运输及气候变化等因素。

27. 测定氟化物的水样应贮存于玻璃瓶或塑料瓶中。(　　)

答案：错误

正确答案为：测定氟化物的水样不能贮存于玻璃瓶中。

28. 酸洗玻璃或塑料容器的一般程序是，先用铬酸－硫酸洗液，再用水和洗涤剂清洗，然后用自来水、蒸馏水冲洗干净。(　　)

答案：错误

正确答案为：酸洗玻璃或塑料容器的一般程序是，先用自来水和清洗剂的混合稀释溶液清洗容器和容器帽，再用自来水彻底清洗，然后用 10% 的硝酸溶液清洗，控干后注满 10% 的硝酸溶液，密封贮存至少 24 h，最后用实验室用水清洗，并立即盖好容器帽。

29. 测定水中重金属的采样容器通常用铬酸－硫酸洗液洗净，并浸泡 1～2 d，然后用蒸馏水或去离子水冲洗。(　　)

答案：错误

正确答案为：测定水中重金属的采样容器通常用盐酸或硝酸洗净，并浸泡 1～2 d，然后用蒸馏水或去离子水冲洗。

30. 测定水中微生物的样品瓶，在灭菌前可向容器中加入亚硫酸钠，以除去余氯对细菌的抑制作用。(　　)

答案：错误

正确答案为：测定水中微生物的样品瓶，在灭菌前可向容器中加入硫代硫酸钠，以除去余氯对细菌的抑制作用。

31. 测定水中六价铬时，采集水样的容器应使用具磨口塞的玻璃瓶，以保证其密封。(　　)

答案：错误

正确答案为：测定水中六价铬时，采集水样的容器不应使用磨口及内壁已磨毛的容器。

32. 河流干流网络的采样点应包括潮区界以内的各采样点、较大支流的汇入口和主要污水或者工业废水的排放口。(　　)

答案：正确

33. 为采集有代表性的样品，采集测定溶解气体、易挥发物质的水样时要把层流诱发成湍流。(　　)

答案：错误

正确答案为：为采集有代表性的样品，采集测定溶解气体、易挥发物质的水样时，不能把层流诱发成湍流。

34. 只有固定采样点位才能对不同时间所采集的样品进行对比。(　　)

答案：正确

35. 采集河流和溪流的水样时，在潮汐河段，涨潮和落潮时采样点的布设应该相同。(　　)

答案：错误

正确答案为：采集河流和溪流的水样时，在潮汐河段，涨潮和落潮时采样点的布设应该不同。

36. 水质监测的某些参数，如溶解气体的浓度，应尽可能在现场测定，以便取得准确的结果。(　　)

答案：正确

37. 为测定水污染物的平均浓度，一定要采集混合水样。(　　)

答案：错误

正确答案为：若测试成分在水样储存过程中易发生明显变化，则不能采集混合水样，要采取单样储存方式。

38. 在封闭管道中采集水样，采样器探头或采样管应妥善地放在进水的上游，采样管不能靠近管壁。(　　)

答案：错误

正确答案为：在封闭管道中采集水样，采样器探头或采样管应妥善地放在进水的下游，采样管不能靠近管壁。

39. 对于开阔水体，调查水质状况时，应考虑到成层期与循环期的水质明显不同。了解循环期水质，可采集表层水样；了解成层期水质，应按深度分层采样。(　　)

答案：正确

40. 沉积物采样地点除设在主要污染源附近、河口部位外，应选择由于地形及潮汐原因造成堆积以及沉积层恶化的地点，也可选择在沉积层较厚的地点。(　　)

答案：错误

正确答案为：沉积物采样地点除设在主要污染源附近、河口部位外，应选择由于地形及潮汐原因造成堆积以及沉积层恶化的地点，也可选择在沉积层较薄的地点。

41. 沉积物样品的存放，一般使用广口容器，且要注意容器的密封性。(　　)

答案：正确

42. 要了解水体垂直断面的平均水质而采用“综合深度法”采样时，为了在所有深度均能采得等份的水样，采样瓶沉降或提升的速度应是均匀的。(　　)

答案：错误

正确答案为：综合深度法采样时，为了在所有深度均能采得等份的水样，采样瓶沉降或提升的速度应随深度的不同而变化。

43. 采集测定微生物的水样时，采样设备与容器不能用水样冲洗。(　　)

答案：正确

44. 采样容器的材质在化学和生物性质方面应具有惰性，使样品组分与容器之间的反应降到最低程度。光照可能影响水样中的生物体，选材时要予以考虑。(　　)

答案：正确

45. 一般情况下，污水监测点位应设置在污染物排放（控制）标准规定的监控位置。(　　)

答案：正确

46. 污水监测配置的采样器材，也可用于地表水、地下水等环境样品的采集。(　　)

答案：错误

正确答案为：污水监测应配置专用采样器材，不能与地表水、地下水等环境样品的采样器材混用。

47. 对排污单位污水进行现场监测期间，监测人员应开展现场监测调查，调查记录需经现场采样人员签字后带回实验室。(　　)

答案：错误

正确答案为：现场监测期间，监测人员应对排污单位进行现场监测调查，做好相应记录，并由排污单位人员确认。

48. 测定污水中余氯、二氧化氯的样品，最好在采集后 30 min 内现场分析。(　　)

答案：错误

正确答案为：测定污水中余氯、二氧化氯的样品，最好在采集后 5 min 内现场分析。

49. 采集测定污水中悬浮物、氟化物、溴化物、亚硝酸盐氮、硫酸盐和丙烯酰胺等的样品，应避光并在 0～5℃冷藏保存。(　　)

答案：正确

50. 测定污水中总氮、化学需氧量、硝酸盐氮等的样品，若采集后不加固定剂，可于 −20℃冷冻保存 30 d。(　　)

答案：正确

51. 用原子荧光法测定污水中的砷，采集后应按 1 L 水样加浓 $HNO_3$10 ml 进行现场固定。(　　)

答案：错误

正确答案为：用原子荧光法测定污水中的砷，采集后应按 1 L 水样加浓 HCl 10 ml 进行现场固定。

三、选择题

1. 具体判断某一区域水环境污染程度时，位于该区域所有污染源上游、能够提供这一区域水环境本底值的断面称为________。(　　)

A. 控制断面　　B. 对照断面　　C. 消减断面

答案：B

2. 受污染物影响较大的重要湖泊和水库，应在污染物主要输送路线上设置________。(　　)

A. 控制断面　　B. 对照断面　　C. 消减断面

答案：A

3. 当水面宽>100 m 时，在一个监测断面上设置的采样垂线数是________条。(　　)

A. 5　　B. 2　　C. 3

答案：C

4. 饮用水水源地、省（自治区、直辖市）交界断面中需要重点控制的监测断面采样频次为________。(　　)

A. 每年至少一次　　B. 逢单月一次　　C. 每月至少一次

答案：C

5. 测定油类的水样，应在水面至水面下________mm 采集柱状水样。采样瓶（容器）不能用采集的水样冲洗。(　　)

A. 100　　B. 200　　C. 300

答案：C

6. 需要单独采样并将采集的样品全部用于测定的项目是________。(　　)

A. 余氯　　B. 硫化物　　C. 油类

答案：C

7. 平原（含盆地）地区，国控地下水监测点网密度一般不小于每 100 km^2________眼井。(　　)

A. 0.1　　B. 0.2　　C. 0.5

答案：B

8. 渗坑、渗井和固体废物堆放区的污染物在含水层渗透性较大的地区以________污染扩散，监测井应沿地下水流向布设，以平行及垂直的监测线进行控制。(　　)

A. 条带状　　B. 点状　　C. 块状

答案：A

9. 地下水监测井井管内径不宜小于________m。(　　)

A. 0.1　　B. 0.2　　C. 0.5

答案：A

10. 新凿地下水监测井的终孔直径不宜小于________m。(　　)

A. 0.25　　B. 0.5　　C. 1

答案：A

11. 从监测井中采集水样，采样深度应在地下水水面________m 以下，以保证水样能代

表地下水水质。(　　)

A. 0.2　　B. 0.5　　C. 1

答案：B

12. 地下水监测项目中，水温监测每年 1 次，可与________水位监测同步进行。(　　)

A. 平水期　　B. 丰水期　　C. 枯水期

答案：C

13. 在地下水监测项目中，北方盐碱区和沿海受潮汐影响的地区应增测________项目。(　　)

A. 电导率、磷酸盐及硅酸盐　　B. 有机磷、有机氯农药及凯氏氮

C. 电导率、溴化物和碘化物等

答案：C

14. 等比例混合水样为________。(　　)

A. 在某一时段内，在同一采样点位所采水样量随时间或流量成比例的混合水样

B. 在某一时段内，在同一采样点位按等时间间隔采集等体积水样的混合水样

C. 从水中不连续地随机（如时间、流量和地点）采集的样品

答案：A

15. 含有环境中难以降解或能在动植物体内蓄积，对人体健康和生态环境产生长远不良影响，会致癌、致畸、致突变的水污染物的监测点位，应设置在________。(　　)

A. 含有此类水污染物的污水与其他污水混合前的车间或车间预处理设施的出水口

B. 排污单位的总排口

C. 车间处理设施入口

答案：A

16. 湖库的水质特性在水平方向未呈现明显差异时，允许只在水的最深位置以上布设________个采样点。(　　)

A. 1　　B. 2　　C. 4

答案：A

17. 湖泊和水库的水质有季节性变化，采样频率取决于水质变化的状况及特性，通常，对于长期水质特性监测，可根据研究目的与要求取合理的监测频率，采定点水样的间隔时间为________。(　　)

A. 1 个月　　B. 2 个月　　C. 1 周

答案：A

18. 湖泊和水库的水质有季节性变化，采样频率取决于水质变化的状况及特性，对于水质控制检测，采样时间间隔可为________，如果水质变化明显，则每天都需要采样，甚至连续采样。(　　)

A. 1 周　　B. 2 周　　C. 1 个月

答案：A

19. 生物作用会对水样中待测项目如________的浓度产生影响。(　　)

A. 含氮化合物　　B. 硫化物　　C. 氰化物

答案：A

20. 用于测定农药或除草剂等项目的水样，一般使用________作为盛装容器。(　　)

A. 棕色玻璃瓶　　B. 聚乙烯瓶　　C. 无色玻璃瓶

答案：A

21. 测定农药或除草剂等项目的样品瓶按一般规则清洗后，在烘箱内________℃下烘干4 h。冷却后再用纯化过的己烷或石油醚冲洗数次。(　　)

A. 150　　B. 180　　C. 200

答案：B

22. 测定 BOD 和 COD 的水样，如果其浓度较低，最好用________保存。(　　)

A. 聚乙烯塑料瓶　　B. 玻璃瓶　　C. 硼硅酸盐玻璃瓶

答案：B

23. 测定水中铝或铅等金属时，采集样品后加酸酸化至 pH<2，但酸化时不能使用________。(　　)

A. 硫酸　　B. 硝酸　　C. 盐酸

答案：A

24. 测定水中酚类时，采集样品后加酸酸化至 pH≤2，酸化时使用________。(　　)

A. 硫酸　　B. 硝酸　　C. 磷酸

答案：C

25. 水质监测采样时，尽量在现场进行测定的项目是________。(　　)

A. 酸度　　B. 浊度　　C. COD

答案：B

26. 测定水中铜时，采集的样品应储存于________。(　　)

A. 聚乙烯瓶　　B. 玻璃瓶　　C. 硼硅酸盐玻璃瓶

答案：A

27. 采集测定悬浮物的水样时，在________条件下采样最好。(　　)

A. 层流　　B. 湍流　　C. 束流

答案：B

28. 如果采集的降水被冻或者含有雪（雹），可将全套设备移到高于________℃的低温环境解冻。(　　)

A. 5　　B. 0　　C. 10

答案：B

29. 河流干流的采样网络，采样点不包括________。(　　)

A. 潮区界以内的各采样点　　B. 产生局部影响的小排出口

C. 主要污水排放口

答案：B

30. 用导管采集污泥样品时，为了降低堵塞的可能性，采样管的内径不应小于________mm。(　　)

A. 20　　B. 50　　C. 100

答案：B

31. 下列情况中适合瞬时采样的是________。(　　)

A. 连续流动的水流

B. 水和废水特性不稳定时

C. 测定某些参数，如溶解气体、余氯、可溶性硫化物、微生物、油脂、有机物和 pH 时

答案：C

32. 对于流速和待测污染物浓度都有明显变化的流动水，精确的采样方法是________。(　　)

A. 在固定时间间隔下采集周期样品

B. 在固定排放量间隔下采集周期样品

C. 在固定流速下采集连续样品

D. 在可变流速下采集流量比例样品

答案：D

33. 水质采样时，下列情况中适合采集混合水样的是________。(　　)

A. 需测定平均浓度时　　B. 为了评价平均组分或总的负荷

C. 几条废水渠道分别进入综合处理厂时

答案：A

34. 采集地下水时，如果采集目的只是确定某特定水源中有无待测的污染物，只需从________采集水样。(　　)

A. 自来水管　　B. 包气带　　C. 靠近井壁

答案：A

35. 非比例等时连续自动采样器的工作原理是________。(　　)

A. 按设定的采样时间间隔与储样顺序，自动将水样从指定采样点分别采集到采样器的各储样容器中

B. 按设定的采样时间间隔与储样顺序，自动将定量的水样从指定采样点分别连续采集到采样器的各储样容器中

C. 按设定的采样时间间隔，自动将定量的水样从指定采样点采集到采样器的混合储样容器中

答案：B

36. 定量采集水生附着生物时，用________最适宜。(　　)

A. 园林耙具　　B. 采泥器　　C. 标准显微镜载玻片

答案：C

37. 下列在不同时间采集的污水样品可以混合测定的是________。(　　)

A. pH　　B. 色度　　C. 硫化物　　D. 挥发酚

答案：D

38. 采集污水样品时，所有样品均需采集平行样的是________。(　　)

A. 挥发性卤代烃　　B. 多氯联苯　　C. 挥发性有机物

答案：A

39. 污水现场监测时，按分析方法中的要求采集现场平行样品，每批次水样应采集不少

于________的现场平行样品（自动采样除外）；样品数量较少时，每批次水样至少做 1 份样品的现场平行样品。（　　）

A. 20 %　　B. 10%　　C. 5%

答案：B

40. 用流速仪测量排污口污水流量时，排污渠道的截面底部须硬质平滑，截面形状为规则几何形，排放口处须有________m 的平直过流水段，且水位高度不小于 0.1 m。（　　）

A. 1～2　　B. 2～3　　C. 3～5

答案：C

四、问答题

1. 简述地表水监测断面的布设原则。

答案：（1）监测断面必须有代表性，其点位和数量应能反映水体环境质量、污染物时空分布及变化规律，力求以较少的断面取得最好的代表性；

（2）监测断面位置应避开死水区、回水区和排污口处，应尽量选择河（湖）床稳定、河段顺直、水面宽阔、水流平稳之处；

（3）监测断面布设应考虑交通状况、经济条件、实施安全、水文资料是否容易获取，确保实际采样的可行性和方便性。

2. 地表水采样前的采样计划应包括哪些内容？

答案：确定采样垂线和采样点位、监测项目和样品数量、采样质量保证措施、采样时间和路线、采样人员和分工、采样器材和交通工具以及需要进行的现场测定项目和安全保证等。

3. 采集水中挥发性有机物和汞样品时，应如何洗涤采样容器？

答案：采集水中挥发性有机物样品的容器的洗涤方法：先用洗涤剂洗，再用自来水冲洗干净，最后用蒸馏水冲洗。

采集汞样品的容器的洗涤方法：先用洗涤剂洗，再用自来水冲洗干净，然后用（1+3）HNO_3 荡洗，最后依次用自来水和去离子水冲洗。

4. 布设地下水监测点网时，哪些地区应布设监测点（井）？

答案：（1）以地下水为主要供水水源的地区；

（2）饮水型地方病（如高氟病）高发地区；

（3）对区域地下水造成影响较大的地区，如污水灌溉区、垃圾堆积处理场地区、地下水回灌区及大型矿山排水地区等。

5. 确定地下水采样频次和采样时间的原则是什么？

答案：（1）依据不同的水文地质条件和地下水监测井使用功能，结合当地污染源、污染物排放实际情况，力求以最低的采样频次，取得最有时间代表性的样品，达到全面反映区域地下水水质状况、污染原因和规律的目的；

（2）为反映地表水与地下水的联系，地下水采样频次和时间应尽可能与地表水相一致。

6. 选择采集水样的容器应充分考虑哪几方面内容？

答案：（1）最大限度地防止容器及瓶塞对样品的污染；

（2）容器壁应易于清洗、处理，以减少重金属或放射性核素类的微量元素对容器的表面污染；

（3）容器或容器塞的化学和生物性质应该是惰性的，以防止容器与样品组分发生反应；

（4）防止容器吸收或吸附待测组分，引起待测组分浓度的变化；

（5）深色玻璃能降低光敏作用。

7. 地下水现场监测项目有哪些？

答案：包括水位、水温、pH、电导率、浑浊度、色、嗅和味、肉眼可见物等指标，同时还应测定气温、描述天气状况和收集近期降水情况。

8. 为确保废水排放总量监测数据的可靠性，应如何做好现场采样的质量保证？

答案：（1）保证采样器、样品容器的清洁。

（2）工业废水的采样，应注意样品的代表性；在输送、保存过程中保持待测组分不发生变化；必要时，采样人员应在现场加入保存剂进行固定，需要冷藏的样品应在低温下保存；为防止交叉污染，样品容器应定点定项使用；自动采样器采集且不能进行自动在线监测的水样，应贮存于约4℃的冰箱中。

（3）了解采样期间排污单位的生产状况，包括原料种类及用量、用水量、生产周期、废水来源、废水治理设施处理能力和运行状况等。

（4）采样时应认真填写采样记录，主要内容包括排污单位名称、采样目的、采样地点及时间、样品编号、监测项目和所加保存剂名称、废水表观特征描述、流速、采样渠道水流所占截面面积或堰槽水深、堰板尺寸，工厂车间生产状况和采样人等。

（5）水样送交实验室时，应及时做好样品交接工作，并由送交人和接收人签字。

（6）采样人员应持证上岗。

（7）采样时需采集不少于10%的现场平行样。

9. 什么是湖泊和水库样品的深度综合样？

答案：从水体的特定地点，在同一垂直线上，从表层到沉积层之间，或其他规定深度之间，连续或不连续地采集两个或更多的样品，经混合后所得的样品即为湖泊和水库样品的深度综合样。

10. 湖泊和水库采样点位的布设应考虑哪些因素？

答案：（1）湖泊水体的水动力条件；

（2）湖库面积、湖盆形态；

（3）补给条件、出水及取水；

（4）排污设施的位置和规模；

（5）污染物在水体中的循环及迁移转化；

（6）湖泊和水库的区别。

11. 采集湖泊和水库的水样后，在样品的运输、固定和保存过程中应注意哪些事项？

答案：因气体交换、化学反应和生物代谢，水样的水质变化很快，因此送往实验室的样品容器要密封、防震、避免日光照射及过热的影响。当样品不能很快地进行分析时，需要固定、妥善保存。短期贮存时，可于2～5℃冷藏，较长时间贮存某些特殊样品，需将其冷冻至 -20℃。样品冷冻过程中，部分组分可能浓缩到最后冰冻的样品的中心部分，所以在使用冷冻样品时，要将样品全部融化。也可以采用加化学药品的方法保存。但应注意，所选择的保存方法不能干扰以后的样品检验，或影响检测结果。

12. 简述水样的保存措施，并举例说明。

答案：（1）将水样充满容器至溢流并密封，如测水中二氧化碳；

（2）冷藏（1～5℃），如测水中总固体（总残渣、干残渣）；

（3）冷冻（-20℃），如测水中总磷、总有机碳；

（4）加入保护剂（固定剂或保存剂），如测水中重金属。

13. 简述一般水样自采样后到分析测试前应如何处理。

答案：水样采集后，按各监测项目的要求，在现场加入保存剂，做好采样记录，粘贴标签并密封水样容器，妥善运输，及时送交实验室，完成交接手续。

14. 如何从管道中采集水样？

答案：用适当大小的管子从管道中抽取样品，液体在管中的线速度要大，保证液体呈湍流的特征，避免液体在管内水平方向流动。

15. 监测开阔河流水质，应在哪里设置采样点？

答案：（1）用水地点；

（2）污水流入河流后，应在充分混合的地点以及流入前的地点采样；

（3）支流合流后，在充分混合的地点及混合前的主流与支流地点采样；

（4）主流分流后；

（5）根据其他需要设定采样地点。

16. 采集降水样品时应注意哪些事项？

答案：在降水前，必须盖好采样器，只在降水真实出现之后才打开采样器。每次降水取全过程水样（从降水开始到结束）。采集样品时，应避开污染源，采样器四周应无遮挡雨、雪的高大树木或建筑物。

17. 简述污水采样质量控制的基本要求。

答案：（1）对不同的监测项目，按选用分析方法中的要求采集质量控制样品；

（2）采样前，保存剂应进行空白试验，其纯度和等级须达到分析的要求；

（3）采样器具和样品容器质量应进行抽检，抽检合格方可使用。

18 . 污水排放企业现场监测调查内容主要包括哪些？

答案：排污单位和监测点位的基本信息、监测期间是否正常生产及生产负荷、污水处理设施处理工艺、污水处理设施运行是否正常及运行负荷、污水排放去向及排放规律等。

19. 污水采样现场记录应包括哪些内容？

答案：现场记录应包括监测目的、排污单位名称、气象条件、采样日期、采样时间、现场测试仪器型号与编号、采样点位、生产工况、污水处理设施处理工艺、污水处理设施运行情况、污水排放量 / 流量、现场测试项目和监测方法、水样感官指标的描述、采样项目、采样方式、样品编号、保存方法、采样人、复核人、排污单位人员及其他需要说明的有关事项等。

参考文献

[1] 国家环境保护总局 . 地表水和污水监测技术规范：HJ/T 91—2002［S］. 北京：中国环境科学出版社，2002.

[2] 生态环境部 . 污水监测技术规范：HJ 91.1—2019［S］. 北京：中国环境出版集团，2019.

[3] 生态环境部 . 地下水环境监测技术规范：HJ 164—2020［S］. 北京：中国环境出版集团，2020.

[4] 国家环境保护总局 . 水污染物排放总量监测技术规范：HJ/T 92—2002［S］. 北京：中国环境科学出版社，2002.

[5] 国家环境保护局 . 水质　湖泊和水库采样技术指导：GB/T 14581—93［S］. 北京：中国环境科学出版社，1993.

[6] 环境保护部 . 水质　样品的保存和管理技术规定：HJ 493—2009［S］. 北京：中国环境科学出版社，2009.

[7] 环境保护部 . 水质　采样技术指导：HJ 494—2009［S］. 北京：中国环境科学出版社，2009.

[8] 环境保护部 . 水质　采样方案设计技术规定：HJ 495—2009［S］. 北京：中国环境科学出版社，2009.

[9] 国家环境保护总局 . 水质　河流采样技术指导：HJ/T 52—1999［S］. 北京：中国环境科学出版社，1999.

命题：武桂桃　王淑娟　倪鹏程　李歆琰　车　轩

审核：武桂桃　夏　新　米方卓　吕晓洁

第二节　水质　二噁英采样

分类号：W1-2

主要内容
《水质　二噁英类的测定　同位素稀释高分辨气相色谱 - 高分辨质谱法》（HJ 77.1—2008）

一、判断题

1.《水质　二噁英类的测定　同位素稀释高分辨气相色谱 - 高分辨质谱法》（HJ 77.1—2008）适用于废水、饮用水与工业生产用水中二噁英类污染物的采集、样品处理及定性和定量分析，不适用于原水。（　　）

答案：错误

正确答案为：也适用于原水。

2. 测定水中二噁英类化合物时，需先在采集的水样中加入同位素标记内标，然后再过滤与萃取水样，并对过滤和萃取介质进行抽提。（　　）

答案：正确

3. 根据《水质　二噁英类的测定　同位素稀释高分辨气相色谱 - 高分辨质谱法》（HJ 77.1—2008）测定水中二噁英类化合物时，若采集的水样可能含有余氯，应加入适量硫代硫酸钠去除余氯干扰。（　　）

答案：正确

4. 根据《水质　二噁英类的测定　同位素稀释高分辨气相色谱－高分辨质谱法》（HJ 77.1—2008）测定水中二噁英类化合物时，采样前采水器具应用甲醇或丙酮充分清洗。（　　）

答案：正确

5. 根据《水质　二噁英类的测定　同位素稀释高分辨气相色谱－高分辨质谱法》（HJ 77.1—2008）测定水中二噁英类化合物时，样品容器不能用采集的水样冲洗。（　　）

答案：正确

6. 根据《水质　二噁英类的测定　同位素稀释高分辨气相色谱－高分辨质谱法》（HJ 77.1—2008）测定水中二噁英类化合物时，若用多个容器采集水样，每个容器中均应添加提取内标，提取内标的量应尽量接近，且记录其添加量。（　　）

答案：错误

正确答案为：各容器所添加的提取内标的量要基本相同，并记录添加总量。

7. 测定水中二噁英类化合物时，采集水样必须注满盛装容器，不留空间，且用水封口，然后盖上盖子，避光保存和运输。（　　）

答案：正确

8. 根据《水质　二噁英类的测定　同位素稀释高分辨气相色谱－高分辨质谱法》（HJ 77.1—2008）测定水中二噁英类化合物时，所采集的水样应保持弱碱性状态。（　　）

答案：错误

正确答案为：应保持弱酸性状态。

二、选择题

1. 根据《水质　二噁英类的测定　同位素稀释高分辨气相色谱－高分辨质谱法》（HJ 77.1—2008）测定水中二噁英类化合物时，盛装水样的容器应使用对二噁英类化合物无吸附作用的________或________材质可密封器具。（　　）

A. PP 塑料，玻璃　　B. 不锈钢，玻璃

C. 不锈钢，PE 塑料　　D. PP 塑料，PE 塑料

答案：B

2. 根据《水质　二噁英类的测定　同位素稀释高分辨气相色谱－高分辨质谱法》（HJ 77.1—2008）测定水中二噁英类化合物时，对于 2,3,7,8- 氯代二噁英类，大于检出限 3 倍以上的平行实验结果取其平均值，单次平行实验结果应在平均值的 ±________% 以内。（　　）

A. 15　　B. 20　　C. 30　　D. 35

答案：C

3. 根据《水质　二噁英类的测定　同位素稀释高分辨气相色谱－高分辨质谱法》（HJ 77.1—2008）测定水中二噁英类化合物时，2,3,7,8-T_4CDD 仪器检出限应低于________pg，当取样量为 10 L 时，检出限应低于________pg/L。（　　）

A. 0.1，0.5　　B. 0.2，0.5　　C. 0.3，0.3　　D. 0.5，0.1

答案：A

参考文献

环境保护部 . 水质　二噁英类的测定　同位素稀释高分辨气相色谱 - 高分辨质谱法：HJ 77.1—2008 [S] . 北京：中国环境科学出版社，2008.

命题：韩静磊　张　烃
审核：张　颖　张　烃　夏　新

第三节　大气降水采样

分类号：W1-3

主要内容
①《大气降水样品的采集与保存》（GB 13580.2—92）
②《酸沉降监测技术规范》（HJ/T 165—2004）

一、填空题

1. 湿沉降自动采样器的基本组成是接雨（雪）器、________、________和样品容器等。

答案：防尘盖　　雨传感器

2. 为确保采样的质量，要将湿沉降自动采样器采集到的样品量根据接雨（雪）器的口径换算成降雨（雪）量，比较降雨（雪）量的计算值和雨量计的测量值，计算值应为雨量计测量值的________。

答案：80%～120%

3. 干沉降监测中，SO_2、O_3、NO、NO_2、PM_{10}、$PM_{2.5}$ 等均为自动站监测，气态 HNO_3、NH_3、HCl、气溶胶等则用________法进行样品采集，然后分析测定，该方法同时也可监测空气中的 SO_2 等。

答案：多层滤膜

4. 酸沉降监测点位的选择应有________，除考虑到点位附近的土地使用情况基本不变外，还应考虑点位周围地形特征、土地使用特征及________。

答案：代表性　　气象状况

5. 酸沉降监测中，降雨（雪）时每________h 采样一次。若一天中有几次降雨（雪）过程，可合并为一个样品测定；若遇几天连续降雨（雪），则将上午________至次日上午________的降雨（雪）视为一个样品。

答案：24　　9 : 00　　9 : 00

6. 湿沉降采样器与较大障碍物之间的水平距离应至少为障碍物高度的________，即从采样点仰望障碍物顶端，其仰角不大于 30°。

答案：2 倍

二、判断题

1. 酸沉降监测采样时，干湿接样器应处于平行于主导风向的位置，湿罐处于下风向。（ ）

答案： 错误

正确答案为：干湿接样器应处于平行于主导风向的位置，湿罐处于上风向。

2. 湿沉降自动采样器的防尘盖必须在降雨（雪）开始 1 min 内打开，在降雨（雪）结束后 5 min 内关闭。（ ）

答案： 正确

3. 湿沉降监测使用的采样容器，在使用前需要确定其是否清洗合格，检测方法为：以少量去离子水做模拟降雨，用离子色谱法检查模拟降雨样品中的 Cl^- 含量，如果与去离子水相同，则视为合格；或者测定其电导率，电导率值小于 0.15 mS/m 则视为合格。（ ）

答案： 正确

4. 湿沉降样品采集后，依次进行如下操作：先将样品过滤，然后测定其电导率和 pH，再将剩余样品保存于冰箱中以备分析离子组分。（ ）

答案： 错误

正确答案为：湿沉降样品采集后，取一部分样品测定其电导率和 pH，其余样品过滤后保存于冰箱中，以备分析离子组分。

5. 湿沉降样品采集后，用 0.45 μm 有机微孔滤膜过滤。该滤膜应为不与样品中的化学成分发生吸附或离子交换作用的惰性材料。（ ）

答案： 正确

6. 酸沉降监测点位的情况描述、采样器的描述和样品保存与运输方式的描述，正常情况下，应每月上报一次。（ ）

答案： 错误

正确答案为：正常情况下，应每年上报一次。

7. 用多层滤膜法进行干沉降样品采集时，空气通过多层滤膜的顺序是聚四氟乙烯膜、聚酰胺膜、酸液处理过的纤维膜和碱液处理过的纤维膜。（ ）

答案： 错误

正确答案为：用多层滤膜法采样，空气通过多层滤膜的顺序是聚四氟乙烯膜、聚酰胺膜、碱液处理过的纤维膜和酸液处理过的纤维膜。

8. 用多层滤膜法进行干沉降样品采集时，采集空气中气溶胶的聚四氟乙烯膜孔径为 0.45 μm。（ ）

答案： 错误

正确答案为：采集空气中气溶胶的聚四氟乙烯膜孔径为 0.8 μm。

9. 多层滤膜法采集到的干沉降样品，应装入聚乙烯滤膜盒内，放入 3～5℃的冰箱中保存。（ ）

答案： 正确

三、选择题

1. 酸沉降自动采样器的雨传感器最低能感应到的降雨（雪）强度为________mm/h 或不小于________mm 直径的雨滴。(　　)

A. 0.02，0.2　　B. 0.05，0.5　　C. 0.08，0.8

答案：B

2. 酸沉降监测中，雨量计的位置与采样器的距离不小于________m，距地面高________cm。(　　)

A. 1，60　　B. 2，70　　C. 3，80

答案：B

3. 洗净晾干后的手动接雨（雪）器在采样点放置________h 后仍未下雨（雪），则需重新清洗方可再用。(　　)

A. 1　　B. 2　　C. 3

答案：B

4. 做离子成分分析的湿沉降样品保存时间（从采样到分析），以________d 为宜，原则上不超过________d。(　　)

A. 5，10　　B. 10，15　　C. 15，20

答案：B

5. 酸沉降监测项目中，________为逢雨（雪）必测的项目，同时记录当次降雨（雪）的量。(　　)

A. EC 和 SO_4^{2-}　　B. pH 和 SO_4^{2-}　　C. EC 和 pH

答案：C

6. 湿沉降采样容器和采样瓶首次使用前用 10%________浸泡 24 h，用自来水洗至中性，再用去离子水冲洗多次。(　　)

A. 盐酸或硫酸　　B. 硝酸或硫酸　　C. 盐酸或硝酸

答案：C

7. 干沉降多层滤膜法的采样头由________个安有滤膜的滤膜夹组成。(　　)

A. 2　　B. 3　　C. 4

答案：C

8. 干沉降多层滤膜法分析结果的计算公式：$C_{气}=C_{液}\times V_{提取液}/V_{样}$，用于计算________污染物。(　　)

A. 气态 HNO_3　　B. 气态 NH_3　　C. 气溶胶中的 NH_4^+

答案：C

9. 湿沉降采样器宜设置在开阔、平坦、多草、周围________内没有树木的地方。也可将采样器安在楼顶上，但周围________范围内不应有障碍物。(　　)

A. 100 m，2 m　　B. 50 m，2 m　　C. 100 m，1 m

答案：A

10. 接雨（雪）器的口径应不小于________（直径）。对于雨量偏小的地区，宜使用口径________的接雨器。(　　)

A. 20 cm，较大　　B. 30 cm，较大　　C. 20 cm，较小

答案：A

四、问答题

1. 简述酸沉降监测点位设置的具体要求。

答案：酸沉降监测点位的设置应具有代表性，具体要求：

（1）监测点不应设在受局地气象条件影响大的地方，例如山顶、山谷、海岸线等。

（2）避开受地热影响的火山地区和温泉地区，避开石子路、易受风蚀影响的耕地、受畜牧业和农业活动影响的牧场和草原。

（3）监测点不应受到局地污染源的影响。

（4）监测点的选择应适于安放采样器，能提供电源，便于采样器的操作与维护。

（5）郊区点除满足上述 4 项要求外，还应避免受大量人类活动的影响（如城镇）；距大污染源 20 km 以上；距主干道公路（每天 500 辆）500 m 以上；距局部污染源 1 km 以上。

（6）远郊点应位于人类活动影响甚微的地方，除满足上述 5 项要求外，还应距主要人口居住中心、主要公路、热电厂、机场 50 km 以上。

2. 简述湿沉降样品采集的基本步骤。

答案：（1）将洗净晾干的接雨（雪）器放置到自动采样器上，如连续多日没下雨（雪），则应 3～5 d 清洗一次；如果是手动采样，则应将清洗后的接雨（雪）器放在室内密闭保存，下雨（雪）前再放置于采样点，如接雨（雪）器在采样点放置 2 h 后仍未下雨（雪），则需将接雨（雪）器取回重新清洗后，方可再用于样品采集。

（2）降雨（雪）后，将样品容器取下，称重，去除容器的重量后得出样品重量。

（3）取一部分样品测定 EC 和 pH，其余部分过滤后保存于冰箱，以备分析离子组分，若样品量太少（少于 50 g），则只测 EC 和 pH。

（4）将接雨（雪）器和样品容器洗净晾干备用。

3. 简述干沉降监测中多层滤膜法的原理。

答案：多层滤膜法是将事先处理过的滤膜安装在采样头上，用一抽气泵抽吸空气，使空气通过这些滤膜；采样完毕后，将滤膜取下，分析测定滤膜中各种物质含量的一种方法。

4. 简述酸沉降的定义，包括湿沉降和干沉降。

答案：酸沉降指大气中酸性污染物的自然沉降，分为湿沉降和干沉降。湿沉降指发生降水事件时，高空雨滴吸收大气中酸性污染物降到地面的沉降过程，包括雨、雪、雹、雾等。干沉降指不发生降水时，大气中酸性污染物受重力、颗粒物吸附等作用，由大气沉降到地面的过程。

5. 综述湿沉降采样和样品管理的 QA/QC 要求。

答案：为保证采样质量，要求：

（1）每月进行一次实际样品的平行采样与分析，各项分析结果的偏差应不大于 10%；

（2）根据样品量和接雨（雪）器的口径计算而得的降雨量与雨量计的测量值进行比较，计算值应为测量值的 80%～120%；

（3）专人负责检查各采样点采样器的清洗情况；［检查方法：用 200 ml 已测 EC 值（λ_1）的去离子水清洗接雨（雪）器、样品容器、管道等，然后再测其清洗液的 EC 值（λ_2）。要求（λ_2-λ_1）/λ_1<50%；同时检查去离子水质量，要求 EC 值<0.15 mS/m。本括号中内容可自愿回答。］

（4）称样的天平应定期检定，现场称样前，应进行自校；

（5）定期检查湿沉降自动采样器运转是否正常；

（6）随时注意检查监测点周围发生的变动情况；

（7）手动采样时，注意及时放置和取回接雨（雪）装置；

（8）采样记录完整、准确；

（9）及时清洗样品瓶，并保持其清洁；

（10）在低温状态（3～5 ℃）下运输和保存样品；24 h 之内测定 pH 和 EC；10～15 d 内完成其他分析；每月做两个空白样品。

参考文献

[1] 国家环境保护局 . 大气降水样品的采集与保存：GB 13580.2—92［S］. 北京：中国环境科学出版社，1992.

[2] 国家环境保护总局 . 酸沉降监测技术规范：HJ/T 165—2004［S］. 北京：中国环境科学出版社，2004.

命题：张榆霞　孟小星　倪鹏程
审核：郑皓皓　夏　新

第四节　地下水采样

分类号：W1-4

主要内容
①《地下水质量标准》（GB/T 14848—2017）
②《地下水环境监测技术规范》（HJ 164—2020）
③《污染地块地下水修复和风险管控技术导则》（HJ 25.6—2019）
④《地块土壤和地下水中挥发性有机物采样技术导则》（HJ 1019—2019）
⑤《水质　采样技术指导》（HJ 494—2009）
⑥《生活垃圾填埋场污染控制标准》（GB 16889—2008）
⑦《危险废物填埋污染控制标准》（GB 18598—2019）
⑧《地下水监测井建设规范》（DZ/T 0270—2014）
⑨《水环境监测规范》（SL 219—2013）

一、填空题

1. 根据《地下水环境监测技术规范》（HJ 164—2020），同一监测点（井）应有________人以上进行采样，注意采样安全，采样过程要相互监护，防止中毒及掉入井中等意外事故的发生。

答案：两

2. 根据《地下水环境监测技术规范》（HJ 164—2020），每 2 年对监测井进行一次透水灵敏度试验。当向井内注入灌水段 1 m 井管容积的水量，水位复原时间超过________min，应进行洗井。

答案：15

3. 根据《污染地块地下水修复和风险管控技术导则》（HJ 25.6—2019），在污染地块地下水修复井的设置过程中，原则上对照井至少设置________个，内部监测井至少设置________个，控制井至少设置________个。

答案：1　3～4　4

4. 根据《污染地块地下水修复和风险管控技术导则》（HJ 25.6—2019），在开展污染地块地下水修复工作时，如发现含水层厚度大于 6 m 时，原则上应分层进行采样，对于高密度非水溶性有机物污染，监测点应设置在________和________。

答案：含水层底部　隔水层顶部

5. 根据《生活垃圾填埋场污染控制标准》（GB 16889—2008），生活垃圾填埋场管理机构对排水井的水质监测频率应不少于每周________次，对污染扩散井和污染监视井的水质监测频率应不少于每________周 1 次，对本底井的水质监测频率应不少于________。

答案：1　2　每月 1 次

6. 根据《生活垃圾填埋场污染控制标准》（GB 16889—2008）要求，地方环境保护行政主管部门应对生活垃圾填埋场地下水水质进行监督性监测，频率应不少于________。

答案：每 3 个月 1 次

7. 根据《危险废物填埋污染控制标准》（GB 18598—2019），危险废物填埋场运行期间，企业自行监测频率为________；如周边有环境敏感区应加大监测频次；封场后，应继续监测地下水，频率为________；如监测结果出现异常，应及时进行重新监测，并根据实际情况增加监测项目，间隔时间不得超过 3 d。

答案：每个月至少 1 次　1 季度至少 1 次

8. 根据《地块土壤和地下水中挥发性有机物采样技术导则》（HJ 1019—2019），当采用低速采样方法采集地下水中挥发性有机物时，控制出水流速一般不超过________ml/min；当实际情况不满足当前条件时可适当增加出水流速，但最高不得超过________ml/min；应当尽可能降低出水流速。

答案：100　500

9. 根据《地块土壤和地下水中挥发性有机物采样技术导则》（HJ 1019—2019），当采用贝勒管采样方法采集地下水中挥发性有机物时，应采集贝勒管内的________水样，使用流速调节阀使水样缓慢流入地下水样品瓶中，避免冲击产生气泡，一般不超过________ml/min。

答案：中段　100

10. 根据《地块土壤和地下水中挥发性有机物采样技术导则》（HJ 1019—2019），采集用于测定挥发性有机物的地下水样品时，应该按照相关水质环境监测分析方法标准的规定，预先在地下水样品瓶中添加________和________。

答案：盐酸溶液　抗坏血酸

11. 地下水按照埋藏条件可分为上层滞水、________和________。

答案：潜水　承压水

12. 根据《地下水环境监测技术规范》（HJ 164—2020），为减小周边环境对采样质量的影响，采样时监测用车停放应尽量远离监测点，一般停放在监测点（井）________风向________m以外处。

答案：下　50

13. 根据《地下水环境监测技术规范》（HJ 164—2020），各监测站应配置水质采样准备间，地下水水样容器和污染源水样容器应分架存放，不得混用。地下水水样容器应按________和________，分类编号、固定专用。

答案：监测井号　测定项目

二、判断题

1. 根据《地下水环境监测技术规范》（HJ 164—2020），地下水饮用水源保护区和补给区采样宜不少于每年 2 次，丰水期、枯水期各 1 次。（　）

答案：正确

2. 根据《地块土壤和地下水中挥发性有机物采样技术导则》（HJ 1019—2019），应根据水文地质条件、井管尺寸、现场采样条件等，选择低速采样、贝勒管采样或低渗透性含水层采样等方法进行地下水中挥发性有机物采样。（　）

答案：正确

3. 根据《地块土壤和地下水中挥发性有机物采样技术导则》（HJ 1019—2019），可以选用聚四氟乙烯 - 硅胶衬垫螺旋盖的 40 ml 棕色玻璃瓶作为采集地下水中挥发性有机物的样品瓶。（　）

答案：正确

4. 根据《地块土壤和地下水中挥发性有机物采样技术导则》（HJ 1019—2019），采集用于测定挥发性有机物的地下水样品时，应将水样在地下水样品瓶中过量溢出，形成凸面，拧紧瓶盖，颠倒地下水样品瓶，观察数秒，确保瓶内无气泡，如有气泡应重新采样。（　）

答案：正确

5. 根据《地块土壤和地下水中挥发性有机物采样技术导则》（HJ 1019—2019），对于低渗透性含水层采样，当地下水水面位于筛管之间时，应将井内积水抽干，在 2 h 之后且水量恢复至满足采样要求时，尽快完成采样。（　）

答案：正确

6. 根据《地下水环境监测技术规范》（HJ 164—2020），对于地下水监测井，应每两年测量监测井井深一次，当监测井内淤积物淤没滤水管，应及时清淤。（　）

答案：错误。

正确答案为：应每年测量地下水监测井井深一次，当监测井内淤积物淤没滤水管，应及时清淤。

7. 根据《地下水环境监测技术规范》（HJ 164—2020）和《水环境监测规范》（SL 219—2013），地下水采样时，每批水样应选择部分监测项目加采现场平行样和现场空白样，与样品一起送实验室分析。（ ）

答案：正确

8. 根据《地下水环境监测技术规范》（HJ 164—2020），由于井的结构性变化，造成监测功能丧失的监测井和由于设置不当造成地下水交叉污染的监测井（如污染源贯穿隔水层造成含水层混合污染的监测井）可直接认定需要进行报废。（ ）

答案：正确

9. 根据《地下水环境监测技术规范》（HJ 164—2020），地下水采样前，采样器具和样品容器应按不少于 1% 的比例进行质量抽检，抽检合格后方可使用。（ ）

答案：错误

正确答案为：采样器具和样品容器应按不少于 3% 的比例进行质量抽检，抽检合格后方可使用。

10. 根据《地下水环境监测技术规范》（HJ 164—2020），水温计、气温计最小分度值应不大于 0.4℃，最大误差在 ±0.2℃以内。（ ）

答案：错误

正确答案为：水温计、气温计最小分度值应不大于 0.2℃。

11. 根据《地下水环境监测技术规范》（HJ 164—2020），应对每个监测井建立《基本情况表》，监测井的撤销、变更情况及新换监测井情况等信息均应记入新监测井的《基本情况表》内。（ ）

答案：错误

正确答案为：对每个监测井建立《基本情况表》，监测井的撤销、变更情况应记入原监测井的《基本情况表》内，新换监测井应重新建立《基本情况表》。

12. 根据《地下水监测井建设规范》（DZ/T 0270—2014），水质监测井井管应采用无污染材质，宜选用 PVC-U 塑料管或不锈钢管；水位监测井宜选用 PVC-U 塑料管或无缝钢管。（ ）

答案：正确

13. 根据《地下水环境监测技术规范》（HJ 164—2020），地下水环境监测井建设应遵循“一井一设计，一井一编码，所有监测井统一编码”的原则。（ ）

答案：正确

14. 根据《地下水环境监测技术规范》（HJ 164—2020），地下水环境监测井宜设置统一标识，包括图形标、监测井铭牌、警示标和警示柱、宣传牌等部分。（ ）

答案：正确

15. 根据《地下水环境监测技术规范》（HJ 164—2020），地下水饮用水源保护区和补给区内的监测点位应采用网格法布设。（ ）

答案：正确

16. 根据《地下水环境监测技术规范》（HJ 164—2020），地下水样品采集一般按照挥发性有机物、半挥发性有机物、普通无机物、微生物样品、稳定有机物、重金属的

顺序采集。(　　)

答案：错误

正确答案为：地下水样品采集一般按照挥发性有机物、半挥发性有机物、稳定有机物、微生物样品、重金属、普通无机物的顺序采集。

17. 根据《地下水监测井建设规范》(DZ/T 0270—2014)，监测井应进行永久性止水，止水材料宜选用优质黏土球或水泥等。(　　)

答案：正确

三、选择题

1. 根据《地下水监测井建设规范》(DZ/T 0270—2014)进行采样时，下管后，地面以上预留井管高度在________m，便于井口保护。(　　)

A. 0.1～0.5　　B. 0.5～1　　C. 1～1.5

答案：B

2. 根据《地下水质量标准》(GB/T 14848—2017)，在不添加任何保护剂的情况下，样品保存时效最短的是________项目。(　　)

A. 硫酸盐　　B. 菌落总数　　C. 铬(六价)　　D. 氯化物

答案：B

3. 根据《地下水环境监测技术规范》(HJ 164—2020)，地下水监测项目中，水温监测每年 1 次，可与________水位监测同步进行。(　　)

A. 平水期　　B. 丰水期　　C. 枯水期

答案：C

4. 根据《地块土壤和地下水中挥发性有机物采样技术导则》(HJ 1019—2019)，监测井建设完成后，至少稳定________h 后开始成井洗井；成井洗井结束后，监测井至少稳定________h 后开始采集地下水样品。(　　)

A. 8，24　　B. 12，24　　C. 8，48　　D. 12，48

答案：A

5. 根据《地块土壤和地下水中挥发性有机物采样技术导则》(HJ 1019—2019)，洗井的出水水质指标达到稳定后，开始采集地下水样品，应在________h 内完成。(　　)

A. 1　　B. 2　　C. 4

答案：B

6. 根据《地下水监测井建设规范》(DZ/T 0270—2014)的要求，成井洗井结束后，应对洗井效果进行检验，抽水 1 h 后，含砂量质量比小于________可认为洗井合格，不合格时需要继续洗井，并对洗井效果进行检验，直到合格为止。(　　)

A. 1/20 000　　B. 1/200 000　　C. 1/2 000 000

答案：B

7. 根据《地下水环境监测技术规范》(HJ 164—2020)和《地下水质量标准》(GB/T 14848—2017)，测定地下水中锰的样品，采样后应加入的保护剂为________。(　　)

A. pH＜2 的 H_2SO_4　　B. 加 HNO_3 使其含量达到 1%

C. pH<2 的 HCl

答案：B

四、问答题

1. 根据《生活垃圾填埋场污染控制标准》（GB 16889—2008）要求，生活垃圾填埋场周边地下水监测应布设哪几种类型的监测井，每种监测井的布设位置怎么确定？

答案：（1）本底井，一眼，设在填埋场地下水流向上游 30～50 m 处；

（2）排水井，一眼，设在填埋场地下水主管出口处；

（3）污染扩散井，两眼，分别设在垂直填埋场地下水走向的两侧各 30～50 m 处；

（4）污染监视井，两眼，分别设在填埋场地下水流向下游 30 m 和 50 m 处。

（5）大型填埋场可以在上述要求的基础上适当增加监测井的数量。

2.《危险废物填埋污染控制标准》（GB 18598—2019）中，危险废物填埋场周边地下水监测井的布置要求有哪些？

答案：（1）在填埋场上游应设置 1 个监测井，在填埋场两侧各布置不少于 1 个的监测井，在填埋场下游至少设置 3 个监测井；

（2）填埋场设置有地下水收集导排系统的，应在填埋场地下水主管出口处至少设置取样井一眼，用以监测地下水收集导排系统的水质；

（3）监测井应设置在地下水上下游相同水力坡度上；

（4）监测井深度应足以采取具有代表性的样品。

3.《污染地块地下水修复和风险管控技术导则》（HJ 25.6—2019）中，污染地块地风险管控井的设置原则有哪些？

答案：根据地块地质与水文地质条件、地下水污染特征和采用的风险管控技术、进行风险管控监测井的布设，充分利用地块环境调查设置的监测井，宜在风险管控范围的上游、内部、下游、两侧，以及可能涉及的二次污染区域、风险管控薄弱位置和周边受体位置设置。监测井位置、数量应满足风险管控工程运行状况分析的监测要求。

4. 简述《地下水环境监测技术规范》（HJ 164—2020）中地下水样品采集的质量控制措施。

答案：（1）采样前，采样器具和样品容器应按不少于 3% 的比例进行质量抽检，抽检合格后方可使用；保存剂应进行空白试验，其纯度和等级须达到分析的要求。

（2）每批次水样，应选择部分监测项目根据分析方法的质控要求加采不少于 10% 的现场平行样和全程序空白样，样品数量较少时，每批次水样至少加采 1 次现场平行样和全程序空白样，与样品一起送实验室分析。

（3）当现场平行样测定结果差异较大，或全程序空白样测定结果大于方法检出限时，应仔细检查原因，以消除现场平行样差异较大、空白值偏高的影响，必要时重新采样。

参考文献

[1] 生态环境部 . 地下水环境监测技术规范：HJ 164—2020［S］. 北京：中国环境出版集团，2020.

[2] 中华人民共和国国家质量监督检验检疫总局，中国国家标准化管理委员会 . 地下水质量标准：GB/T 14848—2017［S］. 北京：中国标准出版社，2017.

[3] 中华人民共和国国土资源部 . 区域地下水污染调查评价规范：DZ/T 0288—2015［S］. 北京：地质出版社，2015.

[4] 环境保护部，国家质量监督检验检疫总局 . 生活垃圾填埋场污染控制标准：GB 16889—2008［S］. 北京：中国环境科学出版社，2008.

[5] 生态环境部，国家市场监督管理总局 . 危险废物填埋污染控制标准：GB 18598—2019［S］. 北京：中国环境出版集团，2019.

[6] 生态环境部 . 污染地块地下水修复和风险管控技术导则：HJ 25.6—2019［S］. 北京：中国环境出版集团，2019.

[7] 生态环境部 . 地块土壤和地下水中挥发性有机物采样技术导则：HJ 1019—2019［S］. 北京：中国环境出版集团，2019.

[8] 环境保护部 . 水质　采样技术指导：HJ 494—2009［S］. 北京：中国环境科学出版社，2009.

[9] 中华人民共和国水利部 . 水环境监测规范：SL 219—2013［S］. 北京：中国水利水电出版社，2013.

[10] 中华人民共和国国土资源部 . 地下水监测井建设规范：DZ/T 0270—2014［S］. 北京：中国标准出版社，2014.

命题：王　婷　欧　丽　曾珍英　王胜蓝　陈吉吉　席　玥　王振峰　申进朝　魏　杰

审核：倪鹏程　李名升　王　婷　马文鹏　黄鹤飞　陶　蕾

第二章　水质现场监测

第一节　臭

分类号：W2-1

主要内容
①臭　臭阈值法《水和废水监测分析方法》（第四版）
②臭　文字描述法《水和废水监测分析方法》（第四版）

一、填空题

1.《水和废水监测分析方法》（第四版）中文字描述法适用于天然水、________、________和________中臭的检验。②

答案：饮用水　生活污水　工业废水

2. 水中的臭主要来源于________或________污染、天然物质分解或微生物、生物活动等。①②

答案：生活污水　工业废水

3. 检验臭的水样，应采集在________（容器）中，并尽快分析。如需保存，至少应采集 500 ml 水样于容器中并充满，在________℃下冷藏，并确保不得有外来气味进入水中。①②

答案：具磨口塞玻璃瓶　4

4.《水和废水监测分析方法》（第四版）中臭阈值法适用于________水至臭阈值________水中臭的检验。①

答案：近无臭的天然　高达数千的工业废

5. 根据《水和废水监测分析方法》（第四版）中臭阈值法检验水中臭时，其检验人员的嗅觉敏感程度可用________或________测试。①

答案：邻甲酚　正丁醇

6. 根据《水和废水监测分析方法》（第四版）中臭阈值法进行水中臭的检验，应在检臭实验室中进行，检臭人员在检验过程中不能分散注意力并不受________及________的干扰。①

答案：气流　气味

7. 根据《水和废水监测分析方法》（第四版），“臭阈值”表示水中臭检验结果时，闻出臭气的最低浓度称为“________”，水样稀释到闻出臭气浓度的稀释倍数称为“________”。①

答案：臭阈浓度　　臭阈值

二、判断题

1. 根据《水和废水监测分析方法》（第四版）中文字描述法测定臭的水样，应用玻璃瓶采集，用塑料容器盛水样。（　　）②

答案：错误

正确答案为：测定臭的水样不能用塑料容器盛装。

2. 检验臭的人员，不需要嗅觉特别灵敏，实验室的检验人员即可。（　　）①

答案：错误

正确答案为：检验臭的人员，不需要嗅觉特别灵敏，但嗅觉迟钝者不可入选。

3. 检臭样品由检验人员负责制备，以便知道试样的稀释倍数，按次序编码。（　　）①

答案：错误

正确答案为：不应让检验人员制备试样或知道试样的稀释倍数，样瓶需编暗码。

4. 根据《水和废水监测分析方法》（第四版），由于测试水中臭时，应控制恒温条件，所以臭阈值结果报告中不必注明检验时的水温。（　　）①

答案：错误

正确答案为：臭阈值随温度而变，报告中必须注明检验时的水温，有时也可用40℃作为检臭温度。

5.《水和废水监测分析方法》（第四版）中文字描述法是粗略的检臭法，由于各人的嗅觉感受程度不同，所得结果会有一定出入。（　　）②

答案：正确

6. 根据《水和废水监测分析方法》（第四版），检验水样中臭使用的无臭水，可以通过自来水煮沸的方式获取或直接使用市售蒸馏水。（　　）②

答案：错误

正确答案为：不能直接使用市售蒸馏水。

7. 根据《水和废水监测分析方法》（第四版）中臭阈值法检验水中臭时，检验试样的温度应保持在60℃ ±2℃。（　　）①

答案：错误

正确答案为：应保持在60℃ ±1℃，也可用40℃作为检臭温度。

8. 根据《水和废水监测分析方法》（第四版）中臭阈值法检验水中臭时，需要确定臭的阈限，即水样经稀释后，直至闻不出臭气味的浓度。（　　）①

答案：错误

正确答案为：应该直至闻出最低可辨别臭气的浓度。

9. 根据《水和废水监测分析方法》（第四版），为了检验水样中臭，实验中需要制取无臭水，一般用自来水通过颗粒活性炭的方法来制取。（　　）②

答案：正确

10. 臭是检验原水和处理水质的必测项目之一，并可作为追查污染源的一种手段。（　　）①②

答案：正确

三、选择题

1. 根据《水和废水监测分析方法》（第四版）中文字描述法检测水中臭时，采样后应尽快检测，最好在样品采集后________h 内完成。（　　）②

A. 2　　B. 6

C. 12　　D. 24

答案：B

2. 根据《水和废水监测分析方法》（第四版）中文字描述法检验水样中臭的原理是：检验人员依靠自己的嗅觉，在________和________闻其臭，用适当的词句描述臭特性，并按等级报告臭强度。（　　）②

A. 常温，沸腾时　　B. 25℃，煮沸冷却至 25℃后

C. 20℃，煮沸冷却至 20℃后　　D. 20℃，煮沸后稍冷

答案：D

3. 根据《水和废水监测分析方法》（第四版）中臭阈值法检验水中臭时，确定检验臭阈值的人数视检测目的、检测费用和选定检臭人员等条件而定。一般情况下，至少________人，最好________人或更多，方可获得精度较高的结果。（　　）①

A. 5，10　　B. 2，5

C. 3，6　　D. 4，8

答案：A

4. 根据《水和废水监测分析方法》（第四版）中臭阈值法检验水中臭时，应先检测________的试样，逐渐________浓度，以免产生嗅觉疲劳。（　　）①

A. 最浓，降低　　B. 中间浓度，升高

C. 最稀，升高　　D. 中间浓度，先降低后再升高

答案：C

5. 根据《水和废水监测分析方法》（第四版）中臭阈值法检验水中臭时，某一水样最低取用 50 ml 稀释到 200 ml 时，闻到臭气，则其臭阈值为________。（　　）①

A. 8　　B. 2

C. 16　　D. 4

答案：D

四、问答题

1. 根据《水和废水监测分析方法》（第四版）中文字描述法测定水中臭时，如果水样中存在余氯，应如何处理？②

答案：水样中存在余氯时，可在脱氯前、后各检验一次。用新配的 3.5 g/L 硫代硫酸钠（$Na_2S_2O_3 \cdot 5H_2O$）溶液脱氯，1 ml 此溶液可除去 1 mg 余氯。

2. 根据《水和废水监测分析方法》（第四版）中文字描述法检验水中臭时，臭强度分为几级？各级的强度是怎样定义的？②

答案：臭强度等级分六级，各级定义见下表：

等级	强度	说　明
0	无	无任何气味
1	微弱	一般饮用者难以察觉，嗅觉敏感者可察觉
2	弱	一般饮用者刚能察觉
3	明显	已能明显察觉，不加处理不能饮用
4	强	有很明显的臭味
5	很强	有强烈的恶臭

3. 根据《水和废水监测分析方法》（第四版）简述臭阈值法检测水中臭时应注意的事项。①

答案：（1）水样存在余氯时，可在脱氯前、后各检验 1 次；

（2）臭阈值随温度而变化，报告中必须注明检验时的水温，检验全过程试样保持 60℃ ±1℃，有时也可用 40℃作为检臭温度；

（3）检验的全过程中，检验人员身体和手不能有异味；

（4）于水浴中取出锥形瓶时，不要触及瓶颈；

（5）均匀振荡 2～3 s 后去塞闻臭气；

（6）闻臭气时从最低浓度开始渐增。

五、计算题

某一水样，有 5 人参加检验，检验结果如下，试计算该水样的臭阈值。①

无臭水 / ml	水样 / ml	检验人员的反应				
		1	2	3	4	5
188	12	-	-	-	-	-
175	25	-	㊣	-	+	㊣
200	0	-	-	-	-	-
150	50	㊣	+	-	-	+
200	0	-	-	-	-	-
100	100	+	+	㊣	㊣	+
0	200	+	+	+	+	+

答案：根据上表结果，各检验人员的臭阈值如下表所示：

检验人员	臭阈值	检验人员	臭阈值
1	4	4	2
2	8	5	8
3	2	—	—

水样臭阈值用几何平均计算得

$$4\times8\times2\times2\times8=1\,024$$

$$\sqrt[5]{1\,024}=4\text{（臭阈值）}$$

参考文献

[1] 国家环境保护总局《水和废水监测分析方法》编委会．水和废水监测分析方法．4版［M］．北京：中国环境科学出版社，2002.

[2] 中华人民共和国卫生部，中国国家标准化管理委员会．生活饮用水标准检验方法　感官性状和物理指标：GB/T 5750.4—2006［S］．北京：中国标准出版社，2006.

命题：刘　艳　米方卓

审核：夏　新　李名升

第二节　透明度

分类号：W2-2

主要内容
①透明度　十字法　《水和废水监测分析方法》（第三版）
②透明度　铅字法　《水和废水监测分析方法》（第四版）
③透明度　塞氏盘法　《水和废水监测分析方法》（第四版）

一、填空题

1. 透明度是指水样的澄清程度，洁净的水是透明的，水中存在________和________时，透明度便降低。②③

答案：悬浮物　胶体

2.《水和废水监测分析方法》（第四版）中铅字法适用于________水和________水的透明度测定。②

答案：天然　处理

3. 根据《水和废水监测分析方法》（第四版）中铅字法测水的透明度，透明度计应设在________的实验室内，并离直射阳光窗户约________m的地点。②

答案：光线充足　1

4. 根据《水和废水监测分析方法》（第四版）中铅字法测定水的透明度，透明度度数记录以________的厘米数表示，估计至________cm。②

答案：水柱高度　0.5

5. 根据《水和废水监测分析方法》（第四版），塞氏圆盘又称________，它是用较厚的白铁皮剪成直径200 mm的圆板，在板的一面从中心平分为4个部分，以________制成。③

答案：透明度盘　黑白漆相间涂布

二、判断题

1. 水的透明度与浊度成正比，水中悬浮物越多，其透明度就越低。(　　) ①②③

答案：错误

正确答案为：水的透明度与浊度成反比。

2. 测定水的透明度时，铅字法使用的仪器是透明度计，塞氏盘法使用的仪器是透明度盘。(　　) ②③

答案：正确

3. 铅字法测定透明度所用的透明度计中的印刷符号，是在一张白纸上用黑碳素笔加粗写的“Ⅲ”不同方向的符号。(　　) ②

答案：错误

正确答案为：测定透明度的印刷符号是标准印刷符号。

4. 根据《水和废水监测分析方法》(第四版)中铅字法测定透明度时，必须将所取的水样静置后，再倒入透明度计内至 30 cm 处。(　　) ②

答案：错误

正确答案为：铅字法测定透明度必须将振荡均匀的水样立即倒入。

5. 根据《水和废水监测分析方法》(第四版)中铅字法测定水透明度时，观察者应从透明度计筒口垂直向下观察水下的印刷符号。(　　) ②

答案：正确

6. 根据《水和废水监测分析方法》(第四版)中塞氏盘法测定水样的透明度时，记录单位为 m。(　　) ③

答案：错误

正确答案为：用塞氏盘法测定水样的透明度时，记录单位为 cm。

7. 根据《水和废水监测分析方法》(第四版)现场测定水的透明度时，将塞氏圆盘直接放入水中，记录圆盘下沉的长度。(　　) ③

答案：错误

正确答案为：现场测定水的透明度时，将塞氏圆盘平放入水中逐渐下沉，至刚好不能看见盘面的白色。

8. 十字法所用的透明度计，与铅字法一样，底部均为玻璃片，只是底部图示不同，一个是印刷符号，另一个是标准十字图示。(　　) ①

答案：错误

正确答案为：十字法所用透明度计底部是白瓷片。

9. 十字法测定的透明度与浊度是不可以换算的。(　　) ①

答案：错误

正确答案为：十字法测定的透明度与浊度是可以换算的。

三、选择题

1. 铅字法与塞氏盘法都是测定水透明度的方法，其应用上的区别在于________。(　　) ②③

A. 前者在实验室内，后者在现场　　B. 前者在现场，后者在实验室内
C. 两者既可在实验室内，又可在现场　　D. 两者均可在现场

答案：A

2. 铅字法测定水的透明度，不仅受检验人员的主观影响较大，还受照明条件的影响，检测结果最好取________。(　　) ②

A. 一次或一人测定结果　　B. 两次或一人测定结果平均值
C. 一次或数人测定结果平均值　　D. 多次或数人测定结果的平均值

答案：D

3. 根据《水和废水监测分析方法》(第四版)中铅字法测定水的透明度时，使用的透明度计必须保持洁净，观察者应记录________时水柱的高度。(　　) ②

A. 模糊地辨认出符号　　B. 刚好能辨认出符号
C. 无法辨认出符号　　D. 清晰地辨认出符号

答案：B

4. 根据《水和废水监测分析方法》(第四版)中塞氏盘法在现场测定水的透明度时，正确方法是将盘在船的________处平放入水中。(　　) ③

A. 直射光　　B. 背光　　C. 迎光　　D. 反射光

答案：B

5. 根据《水和废水监测分析方法》(第四版)中塞氏盘法在现场测定水的透明度时，将圆盘没入水中逐渐下沉至恰好不能看见盘面的________时，记取其尺度。(　　) ③

A. 白色　　B. 黑色　　C. 黑白两色

答案：A

6. 根据《水和废水监测分析方法》(第四版)中塞氏盘法在现场测定水的透明度时，检测受检验人员的主观影响较大，故观察时需要反复________次。(　　) ③

A. 一两　　B. 两三　　C. 三四　　D. 四五

答案：B

7. 根据《水和废水监测分析方法》(第三版)中十字法测定水的透明度时，水柱高度超出 1 m 以上的水样应该________。(　　) ①

A. 作为透明水样　　B. 按照实际高度记录厘米数
C. 稀释后再观察　　D. 将透明度度数记作 1 m

答案：A

8. 根据《水和废水监测分析方法》(第三版)中十字法测定水的透明度时，准确记录水柱高度是在________为止。(　　) ①

A. 黑色十字和 4 个黑点刚好清晰见到
B. 黑色十字模糊，而 4 个黑点刚好清晰见到
C. 黑色十字刚好清晰见到，而 4 个黑点尚未见到
D. 黑色十字和 4 个黑点刚好完全消失

答案：C

9. 根据《水和废水监测分析方法》(第三版)中十字法测定水的透明度时，将水样先倒入透明度计至黑色十字完全消失，除去气泡，将水样从筒内________放出，记录

透明度厘米数。(　　)①

A. 快速　　B. 徐徐　　C. 直接　　D. 间接

答案：B

参考文献

[1] 国家环境保护总局《水和废水监测分析方法》编委会．水和废水监测分析方法．4 版［M］．北京：中国环境科学出版社，2002.

[2] 国家环境保护局《水和废水监测分析方法》编委会．水和废水监测分析方法．3 版［M］．北京：中国环境科学出版社，1989.

命题：刘　艳　李宗超

审核：夏　新　李名升

第三节　水温

分类号：W2-3

主要内容
《水质　水温的测定　温度计或颠倒温度计测定法》(GB 13195—91)

一、填空题

1. 在冬季的东北地区用水温计测水温时，读数应在________s 内完成，避免水温计表面形成薄冰，影响读数的准确性。

答案：3

2. 根据《水质　水温的测定　温度计或颠倒温度计测定法》(GB 13195—91) 进行水温测定时，当气温与水温相差较大时，尤应注意立即________，避免受________影响。

答案：读数　　气温

二、判断题

1. 水温计和颠倒温度计用于湖库等深层水温的测量。(　　)

答案：错误

正确答案为：水温计用于地表水、污水等浅层水温的测量。

2. 水温计或颠倒温度计需要定期校核。(　　)

答案：正确

三、问答题

简述水体的哪些物理化学性质与水的温度有关。

答案：水中溶解性气体的溶解度，水中生物和微生物活动，非离子氨、盐度、pH 以及碳酸钙饱和度等都受水温变化的影响。

参考文献

国家环境保护局. 水质 水温的测定 温度计或颠倒温度计测定法：GB 13195—91［S］. 北京：中国标准出版社，1991.

命题：刘 艳 李宗超
审核：李名升 夏 新

第四节 （浑）浊度

分类号：W2-4

主要内容
浊度 便携式浊度计法《水和废水监测分析方法》（第四版）

一、填空题

1. 浊度是由于水中含有泥沙、黏土、有机物、无机物、浮游生物和微生物等悬浮物质所造成的，可使光被________或________。

答案： 散射　吸收

2. 根据《水和废水监测分析方法》（第四版）中便携式浊度计法测定水的浊度时，水样中出现有________物和________物时，便携式浊度计读数将不准确。

答案： 漂浮　沉淀

二、判断题

1. 根据《水和废水监测分析方法》（第四版）中便携式浊度计法，一般现场测定浊度的水样如需保存，应于4℃冷藏。测定时要恢复至室温立即进行测试。（　）

答案： 错误

正确答案为：测试前要剧烈振摇水样。

2. 根据《水和废水监测分析方法》（第四版）中便携式浊度计法测定水的浊度时，气泡和振动会破坏样品的表面，干扰测定。（　）

答案： 正确

3. 根据《水和废水监测分析方法》（第四版）中便携式浊度计法测定水的浊度时，透射浊度值与散射浊度值在数值上是一致的。（　）

答案： 正确

4. 根据《水和废水监测分析方法》（第四版）中便携式浊度计法测定水的浊度时，对于高浊度的水样，应用蒸馏水稀释定容后测定。（　）

答案： 错误

正确答案为：对于高浊度的水样，应用无浊度水稀释定容。

5. 根据《水和废水监测分析方法》（第四版）中便携式浊度计法测定水的浊度时，为了获取有代表性的水样，取样前轻轻搅拌水样，使其均匀，禁止振荡。（　　）

答案：正确

6. 根据《水和废水监测分析方法》（第四版）中便携式浊度计法测定水的浊度时，在校准与测量过程中使用两个比色皿，其带来的误差可忽略不计。（　　）

答案：错误

正确答案为：在校准与测量过程中应使用同一比色皿，将比色皿带来的误差降到最低。

三、选择题

1. 根据《水和废水监测分析方法》（第四版）中便携式浊度计法测定水的浊度时，水样的浊度若超过________度，需进行稀释。（　　）

A. 10　　B. 50　　C. 100　　D. 40

答案：D

2. 根据《水和废水监测分析方法》（第四版）中便携式浊度计法测定水的浊度时，所用的便携式浊度计________用________度的标准溶液进行校准。（　　）

A. 每月，10　　B. 每季度，40　　C. 每半年，0　　D. 每月，0

答案：A

3. 根据《水和废水监测分析方法》（第四版）中便携式浊度计法测定水的浊度时，用________将比色皿冲洗两次，然后将待测水样沿着比色皿的边缘缓慢倒入，以减少气泡产生。（　　）

A. 待测水样　　B. 蒸馏水　　C. 无浊度水　　D. 自来水

答案：A

四、问答题

简述如何获得无浊度水。

答案：将蒸馏水通过 0.2 μm 滤膜过滤，收集于用过滤水荡洗两次的烧瓶中。

参考文献

[1] 生态环境部. 水质　浊度的测定　浊度计法：HJ 1075—2019［S］. 北京：中国环境出版集团，2019.

[2] 国家环境保护总局《水和废水监测分析方法》编委会. 水和废水监测分析方法. 4 版［M］. 北京：中国环境科学出版社，2002.

命题：刘　艳　米方卓　李宗超

审核：夏　新　李玲玲

第五节 流量

分类号：W2-5

主要内容
①《河流流量测验规范》（GB 50179—2015）（附录B 流速仪法）
②《河流流量测验规范》（GB 50179—2015）（附录C 浮标法）
③《水污染物排放总量监测技术规范》（HJ/T 92—2002）（流量 流速仪法）
④《水污染物排放总量监测技术规范》（HJ/T 92—2002）（流量 堰槽法）
⑤《水污染物排放总量监测技术规范》（HJ/T 92—2002）（流量 容器法）
⑥《水污染物排放总量监测技术规范》（HJ/T 92—2002）（流量 浮标法）
⑦《水污染物排放总量监测技术规范》（HJ/T 92—2002）（流量 电磁式流量计法）
⑧《水污染物排放总量监测技术规范》（HJ/T 92—2002）（流量 电表式明渠流量计法）

一、填空题

1. 根据《河流流量测验规范》（GB 50179—2015）（附录B 流速仪法）测定流量时，测验总随机不确定度应小于________%，系统不确定度应小于________%。①

答案：15 3

2. 水的流量测量方法有流速计法、________、________、容积法、孔板流量计、水平衡法、排水系数法、皮托管测速计法和文丘里测速计法等多种方法。①～⑧

答案：浮标法 溢流堰法 巴氏槽法 管道量水角尺法 无压管道及明渠流量测算法（以上几种中任选两种答案）

3. 根据《河流流量测验规范》（GB 50179—2015）（附录C 浮标法）测定流量时，浮标法常用于推算和估计水渠或河段中的________流量或________期间的河水流量测量。②

答案：浅水 洪水

4. 根据《水污染物排放总量监测技术规范》（HJ/T 92—2002）（流量 堰槽法）测定流量时，所用的堰按堰顶的形式或堰壁厚度可分为薄壁堰、________和________。其中薄壁堰使用方法简单，精度较高，广泛使用于明渠测流，并可实现自动测量。④

答案：实用堰 宽顶堰

5.《河流流量测验规范》（GB 50179—2015）适用于天然河流、________、水库、________、潮汐影响和水工程影响河段的流量测验。①②

答案：湖泊 人工河渠

6. 根据《河流流量测验规范》（GB 50179—2015）（附录B 流速仪法）测定流量时，测流河段应选择在顺直，稳定，水流集中，无分流、岔流、斜流、回流及死水等现象的河段。顺直河段长度应大于洪水时主河槽宽度的________倍。宜避开有________汇入或________及________等大水体产生变动回水的影响。①

答案：5 较大支流 湖泊 水库

7. 根据《河流流量测验规范》（GB 50179—2015）（附录B 流速仪法）和《河流流

量测验规范》（GB 50179—2015）（附录C　浮标法）测定流量时，河道水草丛生或河底石块堆积影响正常测流时，应________、________。①②

答案：随时清除水草　　平整河底

8. 根据《水污染物排放总量监测技术规范》（HJ/T 92—2002）（流量　流速仪法）测定流速时，测流排污截面底部需硬质平滑，截面形状为规则的几何形，排污口处有不小于________m 的平直过流水段，且水位高度不小于________m 。③

答案：3　　0.1

二、判断题

1. 根据《河流流量测验规范》（GB 50179—2015）（附录B　流速仪法）测定流量时，旋浆式测速仪和旋杯式流速仪可以进行比测。（　　）①

答案：错误

正确答案为：两者不宜比测。

2. 根据《河流流量测验规范》（GB 50179—2015）（附录B　流速仪法）测定流量时，岸边流量可使用岸边流速系数进行计算，光滑陡岸边的系数为 0.8。（　　）①

答案：错误

正确答案为：光滑陡岸边的系数为 0.9。0.8 为不平整陡岸边系数。

3. 根据《水污染物排放总量监测技术规范》（HJ/T 92—2002）（流量　容器法）测定流量时，测定污水的流量是将容器放在流水降落地点的同时，卡上秒表，测定容器中装至一定体积水所需的时间。测定一次，记录时间 t（s），根据容器容量计算流量。（　　）⑤

答案：错误

正确答案为：应重复测定数次，求出时间的平均值，根据容器容量计算流量。

4. 根据《水污染物排放总量监测技术规范》（HJ/T 92—2002）（流量　堰槽法）测定水流量使用的薄壁堰时，根据堰口的形状，可分为三角堰、梯形堰和矩形堰 3 种，三角堰多用于测定较大的流量，梯形堰和矩形堰用于测定较小的流量。（　　）④

答案：错误

正确答案为：三角堰多用于测定较小的流量，梯形堰和矩形堰用于测定较大的流量。

5. 根据《河流流量测验规范》（GB 50179—2015）（附录C　浮标法）测定流量时，风速过大时不宜采用浮标法测流。（　　）②

答案：正确

6. 根据《河流流量测验规范》（GB 50179—2015）（附录C　浮标法）测定流量时，要求顺直段的长度应大于上、下浮标断面间距的 2 倍。浮标中断面应有代表性，并无大的串沟、回流发生。（　　）②

答案：正确

7. 根据《河流流量测验规范》（GB 50179—2015）（附录B　流速仪法）和《水污染物排放总量监测技术规范》（HJ/T 92—2002）（流量　流速仪法）测定流量时，在每次使用流速仪之前，必须检查仪器有无污损、变形，仪器旋转是否灵活及接触丝

以及信号是否正常等。(　　) ①③

答案：正确

8. 根据《水污染物排放总量监测技术规范》(HJ/T 92—2002)(流量　容器法)测定污水流量，适用于流量小于每日 100 t 的排放口，并要求污水溢流口与受纳水体应有适当落差或能用导水管形成落差。(　　) ⑤

答案：错误

正确答案为：容器法适用于流量小于每日 50 t 的排放口。

9. 污水流量测量应能满足水污染物排放总量监测的需要，污水测流须与污染物浓度监测同步。(　　) ③～⑧

答案：正确

10. 实行总量监测的企事业单位的排污口，必须安装符合有关技术要求的自动污水流量测量装置，所选择污水流量装置必须适应于污水特性和污水排放。(　　) ③～⑧

答案：正确

三、选择题

1. 根据《河流流量测验规范》(GB 50179—2015)(附录 B　流速仪法)测定流量时，测点的分布应符合一条垂线上相邻两测点的最小间距不宜________流速仪旋桨或旋杯的直径。测水面流速时，流速仪转子旋转部分不得露出水面。测河底流速时，应将流速仪下放至________相对水深以下，并应使仪器旋转部分的边缘离开河底 2～5 cm。(　　) ①

A. 小于，0.9　　B. 大于，0.9　　C. 小于，0.5　　D. 大于，0.5

答案：A

2. 根据《河流流量测验规范》(GB 50179—2015)(附录 C　浮标法)测定流量时，浮标入水部分表面应较粗糙，不应成流线型。浮标下面要加系重物，保持浮标在水中漂流稳定。浮标的入水深度，不得大于水深的________。浮标露出水面部分，应有易于识别的明显标志。(　　) ②

A. 1/10　　B. 1/5　　C. 1/15　　D. 1/2

答案：A

3. 根据《水污染物排放总量监测技术规范》(HJ/T 92—2002)(流量　浮标法)进行污水流量测量时，排污口上溯有一段底壁平滑且长度不小于________m，无弯曲、有一定液面高度的排污渠道，并经常进行疏通、消障。(　　) ⑥

A. 10　　B. 15　　C. 20　　D. 50

答案：A

四、问答题

1. 简述水流量测量方法的选择原则。①～⑧

答案：(1)具有足够的测量精度，测量流量时不受污水杂物的影响；

(2)所用设备经济实用，便于制造安装；

(3)尽量利用排水系统上原有的构筑物进行测量，如均匀流速的管道和溢流堰等；

（4）测量和计算方法简便，易于掌握；

（5）需要连续测量流量时，可修筑临时设施或安装量水设备，如计算槽和流量计等。

2. 根据《河流流量测验规范》（GB 50179—2015）（附录 B　流速仪法）测定流量时，应如何选择测流地点（断面），有哪些注意事项？①

答案：采用流速仪法测流的测验河段，宜顺直、稳定、水流集中，无分流、岔流、斜流、回流、死水等现象；顺直河段长度宜大于洪水时主河槽宽度的 5 倍；宜避开有较大支流汇入或湖泊、水库等大水体产生变动回水及严重漫滩、急剧冲淤等的影响，并注意以下事项：

（1）在平原区河流上，河段宜顺直匀整，全河段的河宽、水深和比降应无明显变化。

（2）在潮汐河流上，宜选择水面较窄、涨落潮流路顺直、通视条件较好、横断面较单一、受风浪影响较小的河段。

（3）水库、湖泊出口站或堰闸站的测验河段宜选在建筑物的下游。

（4）结冰河流的测验河段不宜有冰凌堆积、冰塞、冰坝。

（5）受水工程或人类活动影响的断面可适当放宽条件。

3. 综合评述浮标法测定河流流量断面布设的原则。②

答案：（1）应选择在河岸顺直、等高线走向大致平顺、水流集中的河段中央。

（2）按高、中、低水位分别测定流速、流向。测流断面应垂直于断面平均流向。

（3）河段内有分流、串沟存在时，宜分别垂直于流向布设不同的测流断面。

（4）上、下浮标断面必须平行于浮标中断面并等距，为减少计时误差，一般上、下浮标断面的距离应大于最大断面平均流速的 50 倍，特殊情况下，也不得小于最大断面平均流速的 20 倍（在上、下游浮标断面之间浮标漂流历时不宜少于 20 s）。

4.《水污染物排放总量监测技术规范》（HJ/T 92—2002）中，污水流量测量的质量保证有哪些要求？③～⑧

答案：（1）必须对废水排口进行规范化整治；

（2）污水流量计必须符合国家环境保护总局颁布的污水流量计技术要求，在国家正式颁布污水流量计系列化、标准化技术要求之前，污水流量计必须经清水测评和废水现场考评合格；

（3）流量测量装置应具有足够的测量精度，应选用测定范围内的测量装置进行测量；

（4）测流时段内测得流量与水量衡算结果误差不应大于 10%；

（5）应加强流量计量装置的维护和保养；

（6）流量计必须定期校正。

参考文献

[1] 中华人民共和国水利部 . 河流流量测验规范：GB 50179—2015［S］. 北京：中国计划出版社，2015.

[2] 国家环境保护总局．水污染物排放总量监测技术规范：HJ/T 92—2002［S］．北京：中国环境科学出版社，2002.

[3] 中国环境监测总站《环境水质监测质量保证手册》编写组．环境水质监测质量保证手册．2版［M］．北京：化学工业出版社，1994.

命题：杨亦恂　刘　艳　米方卓

审核：田秀华　李宗超　夏　新

第六节　氧化还原电位

分类号：W2-6

主要内容
氧化还原电位 电极法 《水和废水监测分析方法》（第四版）

一、填空题

1. 根据《水和废水监测分析方法》（第四版）中电极法测定水的氧化还原电位时，配制试剂用水的电导率应小于________μS/cm，即将去离子水煮沸数分钟，以驱除水中的二氧化碳气体，然后________。

答案： 2　密塞冷却

2. 根据《水和废水监测分析方法》（第四版）中电极法测定水的氧化还原电位时，用于校正空白电极的标准溶液的名称是________________。

答案： 硫酸亚铁铵－硫酸高铁铵标准溶液

3. 根据《水和废水监测分析方法》（第四版）中电极法测定水的氧化还原电位，在校验指示电极时，如实测结果与标准电位值相差大于________mV，则指示电极需要重新净化或更换。

答案： ±10

二、选择题

1. 根据《水和废水监测分析方法》（第四版），用来校正测定氧化还原电位仪器的标准溶液的标准电位值是________mV。（　　）

A. 500　　B. −400　　C. 430　　D. 200

答案： C

2. 根据《水和废水监测分析方法》（第四版），下列说法正确的是________。（　　）

A. 通过测量氧化还原电位可以获得水中的氧化物质浓度

B. 氧化还原电位可以帮助我们了解某种氧化物质或还原物质的存在量

C. 氧化还原电位可以帮助我们了解水体中可能存在的氧化物质或还原物质及其存在量

答案： C

参考文献

国家环境保护总局《水和废水监测分析方法》编委会 . 水和废水监测分析方法 .4 版［M］. 北京：中国环境科学出版社，2002.

命题：李伍生　史　箴
审核：史　箴　夏　新　李玲玲

第七节　电导率

分类号：W2-7

主要内容
电导率　便携式电导率仪法　《水和废水监测分析方法》（第四版）

判断题

由于电导率表示溶液传导电流的能力，水样中的油污对电导率测定干扰不大，所以可以直接测定。（　　）

答案： 错误

正确答案为：水样中含有油污会干扰测定，可先测定水样，再测定校准溶液，以了解干扰情况。若有干扰，应用萃取法除去。

参考文献

国家环境保护总局《水和废水监测分析方法》编委会 . 水和废水监测分析方法 .4 版［M］. 北京：中国环境科学出版社，2002.

命题：李伍生　史　箴
审核：史　箴　夏　新　米方卓

第八节　溶解氧

分类号：W2-8

主要内容
①《水质　溶解氧的测定　电化学探头法》（HJ 506—2009）
② 溶解氧　便携式溶解氧仪法《水和废水监测分析方法》（第四版）

一、填空题

1. 根据《水质　溶解氧的测定　电化学探头法》（HJ 506—2009）测定水中溶解氧时，所用的电极分两种类型，它们分别是________和________。①

答案：原电池型（例如铅 / 银）　极谱型（例如银 / 金）

2. 天然水中溶解氧的饱和含量与空气中氧的________、________以及________和水质有密切关系。①②

答案：分压　大气压　水温

3. 根据《水和废水监测分析方法》（第四版）中便携式溶解氧仪法测定溶解氧时，为保证溶解氧的精确测量，要求水样的最小流速为________m/s。②

答案：0.3

4. 根据《水和废水监测分析方法》（第四版）中便携式溶解氧仪法测定溶解氧，当________、________或________发生变化时，一定要重新进行电极极化校准。②

答案：电极　薄膜　电解液

二、判断题

1. 根据《水质　溶解氧的测定　电化学探头法》（HJ 506—2009）测定水中溶解氧，装配膜电极时，膜内有气泡可以用手将膜抹平来赶走气泡。（　　）①

答案：错误

正确答案为：任何时候都不能用手触摸膜的活性表面。

2. 根据《水质　溶解氧的测定　电化学探头法》（HJ 506—2009）测定水中溶解氧，水样接触电极的膜时，应保持一定的流速，以防止与膜接触的瞬间将该部位样品中的溶解氧耗尽，使读数发生波动。（　　）①

答案：正确

3. 根据《水质　溶解氧的测定　电化学探头法》（HJ 506—2009）测定水中溶解氧时，若水样中含有铁及能与碘作用的物质，会对膜电极法的测量产生干扰。（　　）①

答案：错误

正确答案为：水样中含有铁及能与碘作用的物质，不会对膜电极法测量溶解氧产生干扰。

4.《水质　溶解氧的测定　电化学探头法》（HJ 506—2009）适用于天然水和污水中的溶解氧测定，如果用于测量海水或港湾水，应根据含盐量对测定值进行修正。（　　）①

答案：正确

5. 根据《水质　溶解氧的测定　电化学探头法》（HJ 506—2009）测定水中溶解氧时，如果水中含有机溶剂、油类、硫化物和藻类，会引起薄膜阻塞、薄膜损坏或电极被腐蚀而干扰测定。（　　）①

答案：正确

6. 根据《水和废水监测分析方法》（第四版）中便携式溶解氧仪法测定溶解氧时，电极必须达到热平衡，环境与样品的温差越小，需要的时间越短。（　　）②

答案：正确

7. 根据《水和废水监测分析方法》（第四版）中便携式溶解氧仪法测定溶解氧时，为保证溶解氧的精确测量，对水样的最小流速有一定要求：在野外测量时，可用手平行摇动电极进行；在实验室测量时，建议使用磁力搅拌器。（　　）②

答案：正确

三、选择题

1. 根据《水质　溶解氧的测定　电化学探头法》(HJ 506—2009)，被测水体中总盐量在 35 g/kg 以下的时候，氧在水中的溶解度随含盐量的________。(　　)①

A. 增加而减少　　B. 增加而增加　　C. 增加而不发生变化

答案：A

2. 根据《水质　溶解氧的测定　电化学探头法》(HJ 506—2009)，下列气体中会干扰电化学探头法测定水中溶解氧的是________。(　　)①

A. CO_2　　B. H_2　　C. N_2　　D. CO

答案：A

3. 根据《水质　溶解氧的测定　电化学探头法》(HJ 506—2009)测定水中溶解氧，仪器需要检验零点的时候，可将电极浸入________的溶液中进行校零。(　　)①

A. 每升蒸馏水加入 1 g 亚硫酸钠和 1 mg 钴盐

B. 每升蒸馏水加入 2 g 亚硫酸钠和 1 g 钴盐

C. 每升蒸馏水加入 10 g 亚硫酸钠和 1 mg 钴盐

D. 每升蒸馏水加入 1 g 亚硫酸钠和 1 g 钴盐

答案：A

4. 根据《水和废水监测分析方法》(第四版)中便携式溶解氧仪法测定溶解氧时，电极在处于约________mV 固定电压的强度下进行极化。(　　)②

A. 400　　B. 600　　C. 800　　D. 1 000

答案：C

四、问答题

根据《水质　溶解氧的测定　电化学探头法》(HJ 506—2009)，测定溶解氧的电化学探头在哪些情况下需进行零点校准？①

答案：当测量的溶解氧浓度水平低于 1 mg/L(或 10% 饱和度)时，或者当更换溶解氧膜罩或内部的填充电解液时，需进行零点检查和调整。若仪器具有零点补偿功能，则不必调整零点。

参考文献

[1] 环境保护部 . 水质　溶解氧的测定　电化学探头法：HJ 506—2009［S］. 北京：中国环境科学出版社，2009.

[2] 国家环境保护总局《水和废水监测分析方法》编委会 . 水和废水监测分析方法 .4 版［M］. 北京：中国环境科学出版社，2002.

命题：李伍生　柴文轩

审核：史　箴　夏　新

第九节 pH

分类号：W2-9

主要内容
pH 便携式 pH 计法 《水和废水监测分析方法》（第四版）

一、填空题

测量水的 pH 时，应适当进行搅拌，以使溶液均匀并达到电化学平衡，而在读数时，则应________，________，以使读数稳定。

答案：停止搅动　　静置片刻

二、判断题

由于 pH 受水温影响而变化，测定时应在现场快速测定。（　　）

答案：错误

正确答案为：由于 pH 受水温影响而变化，测定时应启用温度补偿装置，校正温度对电极信号的影响。

参考文献

国家环境保护总局《水和废水监测分析方法》编委会 . 水和废水监测分析方法 .4 版［M］. 北京：中国环境科学出版社，2002.

命题：李伍生　柴文轩　李名升
审核：李宗超　史　箴　夏　新

第十节 氰化物

分类号：W2-10

主要内容
《水质　氰化物等的测定　真空检测管 - 电子比色法》（HJ 659—2013）

一、填空题

1.《水质　氰化物等的测定　真空检测管 - 电子比色法》（HJ 659—2013）适合于地表水、________、________和________等快速监测。

答案：地下水　　生活污水　　工业废水

2.《水质　氰化物等的测定　真空检测管 - 电子比色法》（HJ 659—2013）中，除特定干扰物质会对测定产生干扰外，________和________是最常见的干扰，测定时必须注意。

答案：浊度　　色度

二、判断题

1.《水质　氰化物等的测定　真空检测管－电子比色法》（HJ 659—2013）是一种适合应急监测等现场快速分析的检测方法。(　　)

答案：正确

2. 根据《水质　氰化物等的测定　真空检测管－电子比色法》（HJ 659—2013）测定氰化物等物质时，所用的电子比色计采用的是全波段可见光。(　　)

答案：错误

正确答案为：该方法所用的电子比色计采用的是红、绿、蓝三基色分波段可见光。

3.《水质　氰化物等的测定　真空检测管－电子比色法》（HJ 659—2013）中现场分析方法的优势是可以在现场直接分析，因此采集的水样可以不加固定剂。(　　)

答案：正确

4.《水质　氰化物等的测定　真空检测管－电子比色法》（HJ 659—2013）中快速方法所用的电子比色计开机后需要预热 10 min。(　　)

答案：错误

正确答案为：电子比色计开机后可立即测定不需要预热。

5. 根据《水质　氰化物等的测定　真空检测管－电子比色法》（HJ 659—2013）中的规定，在快速测定六价铬时不需要定量移取水样。(　　)

答案：正确

6. 根据《水质　氰化物等的测定　真空检测管－电子比色法》（HJ 659—2013）测定化学需氧量的步骤是定量移取水样，插入检测管，在水下折断时水样进入检测管反应然后比色。(　　)

答案：错误

正确答案为：测定化学需氧量的步骤是直接加热比色法，不需要定量移取水样，但检测管加入水样后需在 130℃ ±0.5℃的加热反应器中准确加热 20 min（低浓度）或 120℃ ±0.5℃加热 10 min（中 / 高浓度）。

7. 根据《水质　氰化物等的测定　真空检测管－电子比色法》（HJ 659—2013）快速测定氰化物等化合物时，不需要做空白试验。(　　)

答案：错误

正确答案为：根据《水质　氰化物等的测定　真空检测管－电子比色法》（HJ 659—2013）测定氰化物等化合物时需要做空白试验。

8. 根据《水质　氰化物等的测定　真空检测管－电子比色法》（HJ 659—2013）快速测定氰化物等化合物时，要求每个样品要做一个平行样，相对偏差应小于 10%。(　　)

答案：错误

正确答案为：测定氰化物等化合物时要求每个样品做一对平行样，相对偏差小于 20%

9. 根据《水质　氰化物等的测定　真空检测管－电子比色法》（HJ 659—2013）快速测定氰化物等化合物时，要求每批样品要做一个有证质控样或标准物质样品，对其准确度进行验证，要求相对误差应小于 15%。（　　）

答案：错误

正确答案为：有证质控样或标准物质样品的相对误差应小于 25%。

10. 根据《水质　氰化物等的测定　真空检测管－电子比色法》（HJ 659—2013）快速测定氰化物等化合物时，要求每批样品做一对 0.5 C 浓度的实际样品加标样，回收率要求的范围是 65%～120%。（　　）

答案：错误

正确答案为：回收率要求的范围是 70%～130%。

11. 根据《水质　氰化物等的测定　真空检测管－电子比色法》（HJ 659—2013）快速测定氨氮时，要求水样 pH≤4。（　　）

答案：错误

正确答案为：要求水样 pH≥4。

12. 根据《水质　氰化物等的测定　真空检测管－电子比色法》（HJ 659—2013）快速测定氰化物时，吸入水样的检测管未加热已经显色，就不用加热了。（　　）

答案：错误

正确答案为：使用真空检测管－电子比色法快速测定氰化物时，如果吸入水样的检测管未加热已经显色，说明水样中氰化物浓度过高，应将水样稀释后重新测定。

13. 根据《水质　氰化物等的测定　真空检测管－电子比色法》（HJ 659—2013）测定氰化物时，反应生成物的颜色为蓝紫色。（　　）

答案：错误

正确答案为：反应生成物的颜色为黄至深红色。

14. 根据《水质　氰化物等的测定　真空检测管－电子比色法》（HJ 659—2013）测定氟化物时，在定量移取的 20.0 ml 水样中加入几滴助剂，不需要严格控制助剂的量。（　　）

答案：错误

正确答案为：加入助剂的量直接影响显色色调，需要严格按说明书控制加入量。

15. 根据《水质　氰化物等的测定　真空检测管－电子比色法》（HJ 659—2013）测定硫化物时，采用的是亚甲基蓝分光光度法的原理。（　　）

答案：正确

16. 根据《水质　氰化物等的测定　真空检测管－电子比色法》（HJ 659—2013）测定硫化物时，显色反应与温度无关。（　　）

答案：错误

正确答案为：显色速度与待测水样温度有关。

17. 根据《水质　氰化物等的测定　真空检测管－电子比色法》（HJ 659—2013）测定

硝酸盐氮时，显色反应不需要加热。(　　)

答案：错误

正确答案为：显色反应需要在100℃ ±1℃准确加热10 min。

18. 根据《水质　氰化物等的测定　真空检测管－电子比色法》(HJ 659—2013)测定亚硝酸盐氮时，显色反应需要控制温度在30℃左右。(　　)

答案：错误

正确答案为：反应温度≥30℃时，对测定有正干扰，反应温度应控制在25℃ ±1℃。

19. 根据《水质　氰化物等的测定　真空检测管－电子比色法》(HJ 659—2013)测定的是各价态锰中毒性最大的二价锰。(　　)

答案：正确

20. 根据《水质　氰化物等的测定　真空检测管－电子比色法》(HJ 659—2013)测定六价铬时，显色反应采用的是二苯羰酰二肼显色法。(　　)

答案：正确

21. 根据《水质　氰化物等的测定　真空检测管－电子比色法》(HJ 659—2013)测定六价铬时，显色反应前水样无需调pH。(　　)

答案：正确

22. 根据《水质　氰化物等的测定　真空检测管－电子比色法》(HJ 659—2013)测定镍时，显色反应需要加助剂但无需加热。(　　)

答案：正确

23. 根据《水质　氰化物等的测定　真空检测管－电子比色法》(HJ 659—2013)测定磷酸盐，显色反应需要加助剂，放置时间和测定结果成反比。(　　)

答案：错误

正确答案为：根据《水质　氰化物等的测定　真空检测管－电子比色法》(HJ 659—2013)测定磷酸盐时，显色反应需要加助剂，放置时间控制在5 min内，时间过长会使结果偏高。

24. 根据《水质　氰化物等的测定　真空检测管－电子比色法》(HJ 659—2013)测定苯胺，加助剂时反应时间要严格控制在2～3 min，测试时间要严格控制在10～12 min，否则会使读数偏低。(　　)

答案：错误

正确答案为：根据《水质　氰化物等的测定　真空检测管－电子比色法》(HJ 659—2013)测定苯胺，加助剂时反应时间要严格控制在2～3 min，测试时间要严格控制在10～12 min，否则会使读数偏高。

三、选择题

1. 根据《水质　氰化物等的测定　真空检测管－电子比色法》(HJ 659—2013)现场测定化学需氧量，其最低定量下限为________mg/L。(　　)

A. 40　　B. 20　　C. 50　　D. 100

答案：A

2. 根据《水质　氰化物等的测定　真空检测管－电子比色法》（HJ 659—2013）现场测定化学需氧量时，水样 pH 应________。（　　）

A. ≤11　B. ≤9　C. ≥5　D. ≤7

答案：B

3. 根据《水质　氰化物等的测定　真空检测管－电子比色法》（HJ 659—2013）现场测定氨氮的方法原理是________。（　　）

A. 水杨酸法　B. 碱性过硫酸钾消解紫外法

C. 纳氏试剂法　D. 酚二磺酸法

答案：C

4. 根据《水质　氰化物等的测定　真空检测管－电子比色法》（HJ 659—2013）现场测定氨氮时，________的水样需要稀释后测定。（　　）

A. 显色后水样浑浊　B. 3 mg/L 左右　C. 10 mg/L 左右　D. 7 mg/L 左右

答案：A

5. 根据《水质　氰化物等的测定　真空检测管－电子比色法》（HJ 659—2013）现场测定氰化物时，水样 pH 需控制在________。（　　）

A. ≥11　B. ≤9　C. ≥4　D. ≤7

答案：C

6. 根据《水质　氰化物等的测定　真空检测管－电子比色法》（HJ 659—2013）现场测定氟化物时，氟化物含量________的地表水水样不可以使用该方法。（　　）

A. ≥11 mg/L　B. 为 2.0 mg/L 左右　C. ≤0.4 mg/L　D. ≤7 mg/L

答案：C

7. 根据《水质　氰化物等的测定　真空检测管－电子比色法》（HJ 659—2013）现场测定硫化物时，水样 pH 应________，碱度过高会引起水样剧烈反应造成结果有较大误差。（　　）

A. ≥11　B. ≤9　C. ≥4　D. ≤7

答案：B

8. 根据《水质　氰化物等的测定　真空检测管－电子比色法》（HJ 659—2013）现场测定硝酸盐氮时，________干扰测定。（　　）

A. 亚硝酸盐氮　B. 硫代硫酸钠　C. 硫酸盐　D. 氯化物

答案：A

9. 根据《水质　氰化物等的测定　真空检测管－电子比色法》（HJ 659—2013）现场测定亚硝酸盐氮时，________干扰测定。（　　）

A. 亚硝酸盐氮　B. 硫代硫酸钠　C. 硫酸盐　D. 氯化物

答案：B

10. 根据《水质　氰化物等的测定　真空检测管－电子比色法》（HJ 659—2013）现场测定亚硝酸盐氮时，反应体系在 pH________时发生反应，一般水样不需调 pH。（　　）

A. ≥11　B. ≤9 且≥7　C. ≥9　D. ≤7

答案：D

11. 根据《水质　氰化物等的测定　真空检测管－电子比色法》（HJ 659—2013）现场测定六价铬水样，六价铬含量≥________的水样需要稀释后测定。（　　）

A. 20 mg/L　　B. 4.0 mg/L　　C. 3.0 mg/L　　D. 5.0 mg/L

答案：A

12. 根据《水质　氰化物等的测定　真空检测管－电子比色法》（HJ 659—2013）现场测定镍离子，铜离子浓度＞________mg/L 时会干扰测定。（　　）

A. 8　　B. 5.0　　C. 3.0　　D. 1.0

答案：A

13. 根据《水质　氰化物等的测定　真空检测管－电子比色法》（HJ 659—2013）现场测定苯胺时，反应体系在 pH 呈________时发生反应。（　　）

A. 酸性　　B. 碱性　　C. 中性　　D. 没要求

答案：A

14. 根据《水质　氰化物等的测定　真空检测管－电子比色法》（HJ 659—2013）现场测定磷酸盐时，反应温度最好在________℃。（　　）

A. 30～40　　B. 15～30　　C. 15～25　　D. 40～50

答案：B

参考文献

环境保护部 . 水质　氰化物等的测定　真空检测管－电子比色法：HJ 659—2013［S］. 北京：中国环境科学出版社，2013.

命题：王玲玲　周笑白

审核：王玲玲　米方卓

第十一节　外观

分类号：W2-11

主要内容
外观　描述法《水和废水监测分析方法》（第三版）

一、填空题

根据《水和废水监测分析方法》（第三版）中水样外观的描述法，若地面水被排放的废水污染，水中可能存在漂浮物，其中一种是________，包括油脂小球，另一种是肉眼可见的________，可能分散在大片水面上。

答案：微粒漂浮物　　液态薄膜

二、判断题

1. 根据《水和废水监测分析方法》（第三版），水样的外观可以根据肉眼见到的情况来

描述。(　　)

答案：正确

2. 根据《水和废水监测分析方法》(第三版)中水样外观的描述法，采集含漂浮物的水样时，可将采样瓶浸没在水面之下，使水样进入瓶内，直至满瓶。(　　)

答案：错误

正确答案为：采集含漂浮物的水样时，可将采样瓶浸没在水面之下，待水样进入瓶内，至瓶内液面距离瓶口 40～60 mm 处即可，不能满瓶。

3. 根据《水和废水监测分析方法》(第三版)，描述法测定天然水样的外观和受污染水样的漂浮物，最好在现场进行。(　　)

答案：正确

三、选择题

根据《水和废水监测分析方法》(第三版)中水样外观的描述法，观测时取样体积为________ml。(　　)

A. 100　　B. 200　　C. 250　　D. 500

答案：B

四、问答题

简述《水和废水监测分析方法》(第三版)中水样外观的描述法的具体操作过程。

答案：将 200 ml 振荡均匀的水样倒入 500 ml 烧杯内，放在光线明亮的地方，从侧面观察水中可见物，用适当文字描述。然后，再仔细察看液面，是否存在漂浮物，并用适当文字叙述。(如果有条件，可用测定的数值来表示如颜色、浊度和悬浮物)

参考文献

国家环境保护局《水和废水监测分析方法》编委会 . 水和废水监测分析方法 .3 版［M］. 北京：中国环境科学出版社，1989.

命题：吴育文　李名升

审核：谢　争　米方卓

第三章　重量法

第一节　基础知识

分类号：W3–0

一、填空题

1. 根据天平的感量（分度值），通常把天平分为三类：感量在________g 范围的天平称为普通天平；感量在________g 以上的天平称为分析天平；感量在________mg 以上的天平称为微量天平。

答案：0.1～0.001　　0.000 1　　0.01

2. 沉淀按其物理性质的不同，可粗略地分为________沉淀和________沉淀，介于两者之间的是凝乳状沉淀。

答案：晶形　　无定形

二、判断题

1. 天平是国家规定的强制检定计量量具，应定期由计量部门检定。(　　)

答案：正确

2. 台秤又称托盘天平，通常其分度值（感量）为 0.1～0.01 g，适用于粗略称量。(　　)

答案：正确

3. 用滤纸过滤时，将滤液转移至滤纸上时，滤液的高度一般不要超过滤纸圆锥高度的 1/3，最多不得超过 1/2 处。(　　)

答案：正确

4. 利用沉淀反应进行重量分析时，沉淀反应进行得越完全越好。就相同类型的沉淀物而言，沉淀的溶解度越小，沉淀越不完全；沉淀的溶解度越大，沉淀越完全。(　　)

答案：错误

正确答案为：沉淀的溶解度越小，沉淀越完全；沉淀的溶解度越大，沉淀越不完全。

三、选择题

1. 下列关于天平使用的说法中不正确的是________。(　　)

A. 实验室分析天平应设置专门实验室，做到避光、防尘、防震、防腐蚀气体和防止空气对流

B. 挥发性、腐蚀性、吸潮性的物质必须放在密封加盖的容器中称量
C. 刚烘干的物质应及时称量
D. 天平载重不得超过其最大负荷

答案：C

2. 下列关于定量滤纸的说法中不正确的是________。(　　)
A. 重量分析中，需将滤纸连同沉淀一起灼烧后称量时，应采用定量滤纸过滤
B. 定量滤纸灼烧后，灰分小于 0.001 g 者称“无灰滤纸”
C. 定量滤纸一般为圆形，按直径分有 11 cm、9 cm、7 cm 等几种
D. 定量滤纸按孔隙大小分，有快速、中速和慢速 3 种

答案：B

3. 下列关于重量分析对沉淀式的要求中说法不正确的是________。(　　)
A. 沉淀的溶解度必须很小（一般要求小于 10^{-4} mol/L），以保证被测组分沉淀完全
B. 沉淀式要便于过滤和洗涤
C. 沉淀力求纯净，尽量避免其他杂质的沾污，以保证获得准确的分析结果
D. 沉淀式与称量式应保持一致

答案：D

参考文献

夏玉宇．化验员实用手册［M］．北京：化学工业出版社，1999.

命题：陈新军　周笑白　李玲玲
审核：彭刚华　刘国平　夏　新

第二节　硫酸盐

分类号：W3–1

主要内容
《水质　硫酸盐的测定　重量法》（GB 11899—89）

一、填空题

1. 根据《水质　硫酸盐的测定　重量法》（GB 11899—89）测定水中硫酸盐时，在预处理阶段，酸性条件下煮沸可以将亚硫酸盐和硫化物分别以________和硫化氢的形式赶出。在污水中它们的浓度可能很高，发生 $3H_2S+SO_4^{2-}+2H^+ \rightarrow 4S\downarrow +4H_2O$ 反应时，生成的单体硫应该过滤掉，以免影响测定结果。

答案：二氧化硫

2. 水中少量硫酸盐对人体无影响，但过量时有致泻作用，饮用水中硫酸盐的含量不应超过________mg/L。

答案：250

3. 根据《水质　硫酸盐的测定　重量法》（GB 11899—89），重量法可以准确测定硫酸盐含量在________mg/L（以 SO_4^{2-} 计）以上的水样，测定上限为________mg/L（以 SO_4^{2-} 计）。

答案：10　　5 000

二、判断题

1. 根据《水质　硫酸盐的测定　重量法》（GB 11899—89）测定水中硫酸盐时，当试料中含有 CrO_4^{2-}、PO_4^{3-} 大于 10 mg，NO_3^- 1 000 mg、SiO_2 2.5 mg、Ca^{2+} 2 000 mg、Fe^{3+} 5.0 mg 以下时，不干扰测定。（　　）

答案：正确

2. 硫酸钡属细晶形沉淀，过滤时应选用慢速定量滤纸过滤。（　　）

答案：正确

3. 根据《水质　硫酸盐的测定　重量法》（GB 11899—89）中的规定，重量法可用于测定地面水、地下水、含盐水、生活污水及工业废水中的硫酸盐。（　　）

答案：正确

4. 根据《水质　硫酸盐的测定　重量法》（GB 11899—89）测定水中的硫酸盐时，硫酸钡沉淀反应在酸性介质中进行，虽然可以防止碳酸钡和磷酸钡沉淀，但是酸度较大时也会使硫酸钡溶解量增大。（　　）

答案：正确

5. 根据《水质　硫酸盐的测定　重量法》（GB 11899—89）测定水中硫酸盐，在进行沉淀反应时，应该在不断搅拌的情况下，快速加入沉淀剂。（　　）

答案：错误

正确答案为：应该在不断搅拌的情况下，缓慢加入沉淀剂。

6. 根据《水质　硫酸盐的测定　重量法》（GB 11899—89）测定水中的硫酸盐时，如果要回收和测定不溶物中的硫酸盐，则应取适量混匀水样定量过滤，再对不溶物进行特殊处理，使其熔融后测定。（　　）

答案：正确

7. 根据《水质　硫酸盐的测定　重量法》（GB 11899—89）测定水中硫酸盐，在将沉淀从烧杯转移至恒重坩埚时，应用温水少量多次洗涤沉淀，直到没有氯离子为止。（　　）

答案：正确

三、选择题

1. 根据《水质　硫酸盐的测定　重量法》（GB 11899—89），下列关于硫酸盐的描述中不正确的是________。（　　）

A. 硫酸盐在自然界中分布广泛

B. 天然水中硫酸盐的浓度可能从每升几毫克至每升数千毫克

C. 地表水和地下水中的硫酸盐主要来源于岩石土壤中矿物组分的风化和淋溶

D. 岩石土壤中金属硫化物的氧化对天然水体中硫酸盐的含量无影响

答案：D

2. 根据《水质　硫酸盐的测定　重量法》（GB 11899—89），下列关于重量法分析硫酸盐干扰因素的描述中，不正确的是________。（　　）

A. 样品中含有悬浮物、硝酸盐、亚硫酸盐和二氧化硅会使测定结果偏高

B. 水样有颜色对测定有影响

C. 碱金属硫酸盐，特别是碱金属硫酸氢盐常使结果偏低

D. 铁和铬等会影响硫酸钡的完全沉淀，使测定结果偏低

答案：B

四、问答题

1. 根据《水质　硫酸盐的测定　重量法》（GB 11899—89）测定水中硫酸盐时，为防止样品中可能含有的硫化物或亚硫酸盐被氧化，在采样现场应采取什么措施?

答案：在采集水样时应将容器完全充满。

2. 根据《水质　硫酸盐的测定　重量法》（GB 11899—89）简述测定水中硫酸盐的原理。

答案：在盐酸溶液中，硫酸盐与加入的氯化钡形成硫酸钡沉淀，沉淀应在接近沸腾的温度下进行，沉淀陈化一段时间后过滤，并洗至无氯离子，烘干或者灼烧，冷却后称硫酸钡重量。

五、计算题

根据《水质　硫酸盐的测定　重量法》（GB 11899—89）测定地下水水样中硫酸根的含量，从试料中沉淀出来的硫酸钡的重量为 0.080 0 g，试料的体积为 200 ml，试计算该水样中硫酸根的含量。

答案：硫酸根含量 $C=\dfrac{M\times 411.6\times 1\,000}{V}$

$$=\frac{0.080\,0\times 411.6\times 1\,000}{200}$$

$$=164.64$$

$$\approx 165\ (\text{mg/L})$$

参考文献

[1] 国家环境保护局 . 水质　硫酸盐的测定　重量法：GB 11899—89［S］. 北京：中国标准出版社，1989.

[2] 国家环境保护总局《水和废水监测分析方法》编委会 . 水和废水监测分析方法 .4 版［M］. 北京：中国环境科学出版社，2002.

[3] 夏玉宇 . 化验员实用手册［M］. 北京：化学工业出版社，1999.

命题：陈新军　夏　新

审核：彭刚华　武桂桃

第三节　悬浮物

分类号：W3-2

主要内容
《水质　悬浮物的测定　重量法》(GB 11901—89)

一、填空题

1. 根据《水质　悬浮物的测定　重量法》(GB 11901—89)，水中的悬浮物是指水样通过孔径为________μm 的滤膜，截留在滤膜上并于________℃下烘干至恒重的固体物质。

答案：0.45　　103～105

2. 根据《水质　悬浮物的测定　重量法》(GB 11901—89)，水中的残渣，一般分为________、________和________3 种，其中________也称为悬浮物。

答案：总残渣　　可滤残渣　　不可滤残渣　　不可滤残渣

二、判断题

1.《水质　悬浮物的测定　重量法》(GB 11901—89) 适用于生活污水和工业废水中悬浮物的测定，不适用于地表水和地下水中悬浮物的测定。(　　)

答案：错误

正确答案为：重量法适用于地表水、地下水，也适用于生活污水和工业废水中悬浮物的测定。

2. 根据《水质　悬浮物的测定　重量法》(GB 11901—89) 测定水中的悬浮物是一种近似方法，只具有相对评价意义。(　　)

答案：正确

3. 根据《水质　悬浮物的测定　重量法》(GB 11901—89)，烘干温度和时间，对水中悬浮物的测定结果有重要影响。(　　)

答案：正确

4. 根据《水质　悬浮物的测定　重量法》(GB 11901—89)，为测定水中悬浮物而过滤水样时，滤膜上悬浮物过多，可酌情少取水样，悬浮物过少，可增大取样体积。(　　)

答案：正确

三、选择题

1. 根据《水质　悬浮物的测定　重量法》(GB 11901—89) 中的规定，采集水中悬浮物样品时，对漂浮或浸没的不均匀固体物质，应认为它________悬浮物质。(　　)

A. 属于　　　　B. 不属于

答案：B

2. 根据《水质 悬浮物的测定 重量法》(GB 11901—89)，下列关于水中悬浮物测定的描述中，不正确的是________。( )

A. 水中悬浮物的理化特性对悬浮物的测定结果无影响

B. 所用的滤器与孔径的大小对悬浮物的测定结果有影响

C. 截留在滤器上物质的数量对悬浮物的测定结果有影响

D. 滤片面积和厚度对悬浮物的测定结果有影响

答案：A

3. 根据《水质 悬浮物的测定 重量法》(GB 11901—89)，下列关于水中悬浮物样品采集和贮存的描述中，不正确的是________。( )

A. 样品采集可以用聚乙烯瓶或硬质玻璃瓶

B. 采样瓶采样前应用洗涤剂洗净，再用自来水和蒸馏水冲洗干净

C. 采集的样品应尽快测定，如需放置，则应低温贮存，并且最长不得超过 7 d

D. 贮存水样时应加入保护剂

答案：D

四、问答题

1. 根据《水质 悬浮物的测定 重量法》(GB 11901—89)简述测定水中悬浮物的步骤。

答案：量取充分混合均匀的试样 100 ml 抽吸过滤。使水分全部通过滤膜。再以每次 10 ml 蒸馏水连续洗涤 3 次，继续吸滤以除去痕量水分。停止吸滤后，仔细取出载有悬浮物的滤膜放在原恒重的称量瓶里，移入烘箱中，于 103～105℃下烘干 1 h 后移入干燥器中，使之冷却到室温，称其重量。反复烘干、冷却、称量，直至两次称重的重量差≤0.4 mg 为止。

2. 简述测定水中悬浮物的意义。

答案：水体中悬浮物含量过高时，可产生以下危害：

(1) 使水体变浑浊，降低水的透明度，影响水体外观；

(2) 阻碍溶解氧向水体下部扩散，影响水生生物的呼吸和代谢，甚至造成鱼类窒息死亡；

(3) 妨碍表层水和深层水的对流，悬浮物过多，还可造成河渠、水库淤塞；

(4) 灌溉农田可引起土壤表面形成结壳，降低土壤的透气性和透水性。

因此，测定水中悬浮物对了解水质、评价水体污染程度具有特定意义。

五、计算题

根据《水质 悬浮物的测定 重量法》(GB 11901—89)测定水中悬浮物时，首先将空白滤膜和称量瓶烘干、冷却至室温，称量至恒重，称得重量为 45.200 5 g；取水样 100 ml 抽滤后，将悬浮物、过滤膜和称量瓶经烘干、冷却至室温，称量至恒重，称得重量为 45.218 8 g；试计算水样中悬浮物的浓度。

答案：$C=\frac{(C_A-C_B)\times 10^6}{V}=\frac{(45.2188-45.2005)\times 10^6}{100}=183(\text{mg/L})$

参考文献

[1] 国家技术监督局 . 水质　悬浮物的测定　重量法：GB 11901—89［S］. 北京：中国标准出版社，1989.

[2] 国家质量技术监督局 . 海洋监测规范　第 4 部分：海水分析：GB 17378.4—1998［S］. 北京：中国标准出版社，1998.

[3] 国家环境保护总局《水和废水监测分析方法》编委会 . 水和废水监测分析方法 .4 版［M］. 北京：中国环境科学出版社，2002.

命题：陈新军　彭刚华

审核：周笑白　武桂桃　夏　新

第四节　全盐量

分类号：W3-3

主要内容
《水质　全盐量的测定　重量法》（HJ/T 51—1999）

一、填空题

1. 根据《水质　全盐量的测定　重量法》（HJ/T 51—1999），水中全盐量是指可通过孔径为________μm 的滤膜或滤器，并于________ ℃ ±________℃下烘干至恒重的残渣重量。

答案：0.45　　105　　2

2. 根据《水质　全盐量的测定　重量法》（HJ/T 51—1999）测定水中全盐量时，取 100 ml 水样测定，检测下限为________mg/L。

答案：10

二、判断题

1.《水质　全盐量的测定　重量法》（HJ/T 51—1999）适用于农田灌溉水质、地下水和城市污水中全盐量的测定。(　　)

答案：正确

2. 根据《水质　全盐量的测定　重量法》（HJ/T 51—1999）测定水中全盐量时，如果蒸干的残渣有色（含有机物），则应用过氧化氢溶液处理。(　　)

答案：正确

3. 根据《水质　全盐量的测定　重量法》（HJ/T 51—1999）测定水样中全盐量时，过滤时应弃去初滤液 10～15 ml。(　　)

答案：正确

三、选择题

根据《水质　全盐量的测定　重量法》（HJ/T 51—1999），关于重量法测定水中全盐量样品的采集，下列描述中不正确的是________。（　　）

A. 采样时不可搅动水底部的沉积物

B. 如果水样中含沉降性固体（如泥沙等），则应分离除去

C. 样品只能采集在玻璃瓶中

D. 采样时应做好采样记录

答案：C

四、问答题

根据《水质　全盐量的测定　重量法》（HJ/T 51—1999）测定水中全盐量时，水中全盐量按下式计算：

$$C\text{（mg/L）}=(W-W_0)\times 10^6/V$$

试解释式中 W、W_0 和 V 的含义及单位。

答案：W——蒸发皿及残渣的总重量，g；

W_0——蒸发皿的重量，g；

V——试样的体积，ml。

参考文献

国家环境保护总局 . 水质　全盐量的测定　重量法：HJ/T 51—1999［S］. 北京：中国环境科学出版社，1999.

命题：陈新军　武桂桃

审核：周笑白　彭刚华　夏　新

第五节　矿化度

分类号：W3-4

主要内容
矿化度　重量法　《水和废水监测分析方法》（第四版）

一、填空题

矿化度是水中所含无机矿物成分的总量，经常饮用低矿化度的水会破坏人体内________和碱土金属离子的平衡，产生病变，饮水中矿化度过高又会导致________疾病。

答案：碱金属　　结石症

二、问答题

1. 简述根据《水和废水监测分析方法》（第四版）中重量法测定水矿化度的方法原理。

答案：取一定量水样经过滤去除漂浮物及沉降性固体物，放在称至恒重的蒸发皿内蒸

干，并用过氧化氢除去有机物，然后在105～110℃下烘干至恒重，将称得重量减去蒸发皿重量之差与取样体积之比即为矿化度。

2. 根据《水和废水监测分析方法》（第四版）中重量法测定矿化度时，如何消除干扰?

答案： 高矿化度水样，含有大量钙、镁的氯化物时易吸水，硫酸盐结晶水不易除去，均使结果偏高。采用加入碳酸钠溶液，并提高烘干温度和快速称量的方法以消除其影响。

参考文献

国家环境保护总局《水和废水监测分析方法》编委会. 水和废水监测分析方法. 4版［M］. 北京：中国环境科学出版社，2002.

命题：周笑白　陈新军

审核：彭刚华　武桂桃　夏　新

第六节　溶解性总固体

分类号：W3-5

主要内容
《生活饮用水标准检验方法　感官性状和物理指标》（GB/T 5750.4—2006）（8.1　溶解性总固体　称重法）

一、填空题

1.《生活饮用水标准检验方法　感官性状和物理指标》（GB/T 5750.4—2006）（8.1　溶解性总固体　称重法）适用于测定__________及其_________中溶解性总固体的测定。

答案： 生活饮用水　　水源水

2.《生活饮用水标准检验方法　感官性状和物理指标》（GB/T 5750.4—2006）（8.1　溶解性总固体　称重法）中的溶解性总固体，包括不易挥发的________、__________和__________。

答案： 可溶性盐类　有机物　能通过滤器的不溶性微粒

3. 根据《生活饮用水标准检验方法　感官性状和物理指标》（GB/T 5750.4—2006）（8.1　溶解性总固体　称重法）测定水中溶解性总固体时，若去除高矿化水样中盐类所含的结晶水，应采用的烘干温度为_________，以得到较为准确的结果。

答案： 180℃ ±3℃

4. 根据《生活饮用水标准检验方法　感官性状和物理指标》（GB/T 5750.4—2006）（8.1　溶解性总固体　称重法），当水样的溶解性总固体中含有多量氯化钙、硝酸钙、氯化镁和硝酸镁时，由于这些化合物含有强烈的吸湿性，使称量不能恒定质量，可加入适量________加以改进。

答案：碳酸钠

二、判断题

1. 根据《生活饮用水标准检验方法 感官性状和物理指标》(GB/T 5750.4—2006)(8.1 溶解性总固体 称重法)，若水样中溶解性总固体过少时，可增加水样体积。( )

答案：正确

2. 根据《生活饮用水标准检验方法 感官性状和物理指标》(GB/T 5750.4—2006)(8.1 溶解性总固体 称重法)测定水样中溶解性总固体时，规定每次烘干后取出，均须在干燥器内冷却至室温后称量。( )

答案：错误

正确答案为：于干燥器内冷却 30 min。

3. 根据《生活饮用水标准检验方法 感官性状和物理指标》(GB/T 5750.4—2006)(8.1 溶解性总固体 称重法)测定水中溶解性总固体时，蒸发皿须置于水浴中蒸干。( )

答案：错误

正确答案为：蒸发皿须置于水浴上蒸干，水浴液面不要接触皿底。

4. 根据《生活饮用水标准检验方法 感官性状和物理指标》(GB/T 5750.4—2006)(8.1 溶解性总固体 称重法)测定水中溶解性总固体时，水样须充分混匀后，用过滤器过滤。( )

答案：错误

正确答案为：取水样上清液用过滤器过滤。

5. 根据《生活饮用水标准检验方法 感官性状和物理指标》(GB/T 5750.4—2006)(8.1 溶解性总固体 称重法)，残渣分为总残渣、可滤残渣和不可滤残渣 3 种，总残渣包括不可滤残渣和可滤残渣。( )

答案：正确

三、选择题

1. 根据《生活饮用水标准检验方法 感官性状和物理指标》(GB/T 5750.4—2006)(8.1 溶解性总固体 称重法)测定水样中溶解性总固体时，恒定质量是指两次称量相差不超过________g。( )

A. 0.000 2　　B. 0.000 3　　C. 0.000 4　　D. 0.000 5

答案：C

2. 根据《生活饮用水标准检验方法 感官性状和物理指标》(GB/T 5750.4—2006)(8.1 溶解性总固体 称重法)测定水中溶解性总固体时，可用滤膜或________滤纸过滤。( )

A. 慢速定量　　B. 中速定量　　C. 快速定量

答案：B

3. 根据《生活饮用水标准检验方法　感官性状和物理指标》（GB/T 5750.4—2006）（8.1　溶解性总固体　称重法）测定水中溶解性总固体时，碳酸钠溶液的加入量为________ml。（　　）

A. 20　　B. 20.0　　C. 25　　D. 25.0

答案：D

4. 根据《生活饮用水标准检验方法　感官性状和物理指标》（GB/T 5750.4—2006）（8.1　溶解性总固体　称重法）测定水中溶解性总固体时，经过滤的水样，可用________取 100 ml 于蒸发皿中。（　　）

A. 量杯　　B. 量筒　　C. 分度吸管　　D. 无分度吸管

答案：D

5. 根据《生活饮用水标准检验方法　感官性状和物理指标》（GB/T 5750.4—2006）（8.1　溶解性总固体　称重法），下列关于称量法测定溶解性总固体中不同烘干温度的描述，错误的是________。（　　）

A. 用 105℃ ±3℃烘干时，会保留结晶水和部分吸着水

B. 用 105℃ ±3℃烘干时，有机物挥发逸失很少

C. 用 180℃ ±3℃烘干时，有机物挥发逸失，但不能完全分解

D. 用 180℃ ±3℃烘干时，氯化物和硝酸盐不会损失

答案：D

四、问答题

简述《生活饮用水标准检验方法　感官性状和物理指标》（GB/T 5750.4—2006）（8.1　溶解性总固体　称重法）测定溶解性总固体的方法原理。

答案：（1）过滤后，在一定温度下烘干，所得的固体残渣称为溶解性总固体，包括不易挥发的可溶性盐类、有机物及能通过滤器的不溶性微粒等。

（2）烘干温度一般采用 105℃ ±3℃。但 105℃温度不能彻底去除高矿化水样中盐类所含的结晶水，采用 180℃ ±3℃的烘干温度，可得到较为准确的结果。

（3）溶解性总固体中含有多量氯化钙、硝酸钙、氯化镁、硝酸镁时，由于这些化合物含有强烈的吸湿性，使称量不能恒定质量，可加入适量碳酸钠加以改进。

参考文献

[1] 中华人民共和国卫生部，中国国家标准化管理委员会 . 生活饮用水标准检验方法　感官性状和物理指标：GB/T 5750.4—2006［S］. 北京：中国标准出版社，2006.

[2] 国家环境保护总局《水和废水监测分析方法》编委会 . 水和废水监测分析方法 .4 版［M］. 北京：中国环境科学出版社，2002.

命题：吴育文　周笑白

审核：谢　争　米方卓　夏　新

第七节 石油（类）

分类号：W3-6

主要内容
① 石油类 重量法《水和废水监测分析方法》（第四版）
②《生活饮用水标准检验方法 有机物综合指标》（GB/T 5750.7—2006）（3.1 石油 称重法）

一、判断题

1.《水和废水监测分析方法》（第四版）中重量法测水中石油类的方法规定，石油醚萃取液中加入适量无水硫酸钠脱水，然后用预先以石油醚洗涤过的定性滤纸过滤。（ ）①

答案：正确

2. 根据《水和废水监测分析方法》（第四版）中测定废水中石油类时，若含有大量动、植物油脂，应将石油醚萃取液通过层析柱来消除干扰，层析柱中填装的是经活化处理的硅酸镁。（ ）①

答案：错误

正确答案为：层析柱中填装的是经活化处理的氧化铝。

3. 根据《生活饮用水标准检验方法 有机物综合指标》（GB/T 5750.7—2006）（3.1 石油 称重法）测定生活饮用水及其水源水中的石油时，最后的称重环节应称至恒重。（ ）②

答案：错误

正确答案为：最后的称重环节只需一次称重，不必称至恒重。

4. 根据《水和废水监测分析方法》（第四版）中重量法和《生活饮用水标准检验方法 有机物综合指标》（GB/T 5750.7—2006）（3.1 石油 称重法）测定水中石油类时，萃取剂石油醚需经重蒸馏后才能被使用。（ ）①②

答案：正确

5.《水和废水监测分析方法》（第四版）中重量法测定水中石油类的方法规定，采样瓶应为清洁的玻璃瓶。（ ）①

答案：正确

二、选择题

1. 根据《水和废水监测分析方法》（第四版）中重量法测定废水中石油类时，用到了试剂氯化钠，其加入量约为水样量的________%。（ ）①

A. 4　　B. 8　　C. 10　　D. 15

答案：B

2. 根据《水和废水监测分析方法》（第四版）中重量法测定水和废水中石油类的原理是：以________酸化水样，用石油醚萃取矿物油，蒸出石油醚后，称其重量。

（　　）①

A. 盐酸　　B. 硫酸　　C. 磷酸　　D. 硝酸

答案：A

3. 根据《生活饮用水标准检验方法　有机物综合指标》（GB/T 5750.7—2006）（3.1　石油　称重法）测定生活饮用水及其水源水中的石油时，用无水硫酸钠脱水的时长为________。（　　）②

A. 1 h　　B. 2 h　　C. 4 h　　D. 放置过夜

答案：D

4. 根据《生活饮用水标准检验方法　有机物综合指标》（GB/T 5750.7—2006）（3.1　石油　称重法）测定生活饮用水及其水源水中的石油时，石油醚萃取液收集于经________℃干燥至恒量的烧杯中。（　　）②

A. 50　　B. 60　　C. 70　　D. 80

答案：C

5. 根据《生活饮用水标准检验方法　有机物综合指标》（GB/T 5750.7—2006）（3.1　石油　称重法）测定生活饮用水及其水源水中的石油时，当水中含有________将干扰测定，可用硫酸酸化水样清除干扰。（　　）②

A. 环烷酸　　B. 磺化环烷酸盐类　　C. 环烷酸和磺化环烷酸盐类

答案：C

参考文献

[1] 国家环境保护总局《水和废水监测分析方法》编委会 . 水和废水监测分析方法 .4 版［M］. 北京：中国环境科学出版社，2002.

[2] 中华人民共和国卫生部，中国国家标准化管理委员会 . 生活饮用水标准检验方法　有机物综合指标：GB/T 5750.7—2006［S］. 北京：中国标准出版社，2006.

命题：郭晶晶　周笑白

审核：王　琳　冯　丹

第四章　电化学法

第一节　基础知识

分类号：W4–0

一、填空题

1. 电化学电池中，发生氧化反应的电极称为________极，发生还原反应的电极称为________极。

答案： 阳　　阴

2. 电化学电池的电极电位大小取决于溶液中氧化还原体系的________能力。

答案： 氧化还原

二、判断题

1. 电化学分析法大致可分成5类：电位分析法、电导分析法、电解分析法、库仑分析法、伏安法和极谱法。(　　)

答案： 正确

2. 标准氢电极是参考电极的二级标准。(　　)

答案： 错误

正确答案为：标准氢电极是参考电极的一级标准。

3. 由外界电能引起化学反应的电池称作原电池。(　　)

答案： 错误

正确答案为：由外界电能引起化学反应的电池是电解电池。

4. 电化学分析是利用物质的电化学性质测定物质成分的分析方法，它以电导、电位、电流和电量等电化学参数与被测物质含量之间的关系作为计量的基础。(　　)

答案： 正确

三、选择题

1. ________属于电位分析法。(　　)

A. 离子选择电极法　　B. 电导法　　C. 电解法

答案： A

2. 国际上规定：以标准氢电极作为标准参比电极，在任何温度下，标准氢电极的相对平衡电势都为________。(　　)

A. 2　　B. 1　　C. 0

答案： C

四、问答题

水质监测项目中有许多是应用电化学分析方法进行测定的。试写出 5 个分别应用不同电化学分析方法进行测定的水质监测项目名称以及电化学方法名称。

答案：pH，玻璃电极法；氟化物，离子选择电极法；电导率，电导率仪法；化学需氧量，库仑法；酸碱度，电位滴定法；铜、铅、锌、镉，阳极溶出伏安法；铜、铅、锌、镉，极谱法。

参考文献

[1] 国家环境保护总局《水和废水监测分析方法》编委会 . 水和废水监测分析方法 .4 版［M］. 北京：中国环境科学出版社，2002.

[2] 夏玉宇 . 化验员实用手册 .4 版［M］. 北京：化学工业出版社，2004.

命题：袁　力　杨　楠　李玲玲
审核：夏　新　丁润梅

第二节　氟化物

分类号：W4-1

主要内容
《水质　氟化物的测定　离子选择电极法》（GB/T 7484—87）

一、填空题

1. 根据《水质　氟化物的测定　离子选择电极法》（GB/T 7484—87）测定水中氟化物时，需要控制水样的 pH，氟化物含量越低，其适宜的 pH 范围越宽，一般测定溶液的 pH 应在________。

答案：5～8

2.《水质　氟化物的测定　离子选择电极法》（GB/T 7484—87）中所有试剂，除另有说明外，均为________纯试剂，所用水为________水或________水。

答案：分析　　去离子　　无氟蒸馏

3. 测定氟的水样应使用________（材质）瓶采集和贮存。如果水样中氟化物含量不高、pH 在 7 以上，也可以用________（材质）瓶存放。

答案：聚乙烯　　硬质玻璃

二、判断题

1. 根据《水质　氟化物的测定　离子选择电极法》（GB/T 7484—87），氟电极对氟硼酸盐离子（BF_4^-）不响应，如果水样中含有氟硼酸盐或者污染严重，则应先进行蒸馏。(　　)

答案：正确

2. 根据《水质　氟化物的测定　离子选择电极法》（GB/T 7484—87）测定水中氟化物时，水样有颜色或浑浊都影响测定。（　　）

答案：错误

正确答案为：此时，水样有颜色或浑浊不影响测定。

3. 磷肥工业排放废水中，氟化物为必测项目。（　　）

答案：正确

4. 根据《水质　氟化物的测定　离子选择电极法》（GB/T 7484—87）测定水中氟化物时，由于温度改变较大而导致斜率（RT/F）的变化一般是有规律的，如果斜率变小，可能是指示电极失效，灵敏度降低。（　　）

答案：正确

三、选择题

1.《水质　氟化物的测定　离子选择电极法》（GB/T 7484—87）的最低检出限为含氟化物（以 F^- 计）________mg/L，测定上限可达 1 900 mg/L。（　　）

A. 0.01　　B. 0.02　　C. 0.05　　D. 0.10

答案：C

2. 根据《水质　氟化物的测定　离子选择电极法》（GB/T 7484—87）测定水中氟化物时，在测定前应使试样达到________，并使试样和标准溶液的温度相同（温差不得超过 ±1℃）。（　　）

A. 20℃　　B. 25℃　　C. 室温　　D. 15℃

答案：C

3. 根据《水质　氟化物的测定　离子选择电极法》（GB/T 7484—87）测定水中氟化物时，________干扰测定。（　　）

A. 三价铁离子　　B. 钙离子　　C. 钠离子

答案：A

4.《水质　氟化物的测定　离子选择电极法》（GB/T 7484—87）测定的是________氟离子浓度。（　　）

A. 络合的　　B. 游离的　　C. 固定的

答案：B

5. 根据《水质　氟化物的测定　离子选择电极法》（GB/T 7484—87）测定水中氟化物时，如果斜率（RT/F）明显变大，除因温度________外，还可能由于离子计供电电压的________以及容器的吸附引起。（　　）

A. 增高，降低　　B. 降低，降低　　C. 增高，增高　　D. 降低，增高

答案：A

四、问答题

1. 根据《水质　氟化物的测定　离子选择电极法》（GB/T 7484—87）测定水中氟化物时，加入总离子强度调节剂的作用是什么？

答案：保持溶液中总离子强度，并络合干扰离子，保持溶液适当的 pH。

2. 简述根据《水质 氟化物的测定 离子选择电极法》(GB/T 7484—87),氟电极使用前及使用后存放的注意事项。

答案: 电极使用前应充分冲洗,并去掉水分。电极使用后应用水冲洗干净,并用滤纸吸去水分,放在空气中,或者放在稀的氟化物标准溶液中;如果短时间内不再使用,应洗净,吸去水分,套上保护电极敏感部位的保护帽。

3. 根据《水质 氟化物的测定 离子选择电极法》(GB/T 7484—87)测定水中氟化物时,主要有哪两种校准的方法?各适用于何种样品的测定?

答案: 离子选择电极测量方法主要有校准曲线法和标准加入法。校准曲线法适用于一般样品的测定;当样品成分复杂或成分不明时,宜采用标准加入法,以减小基体的影响。

五、计算题

20℃时,根据《水质 氟化物的测定 离子选择电极法》(GB/T 7484—87)测定水中氟化物,校准曲线的数据如下。

氟化物含量 /mg	电位值 /mV	氟化物含量 /mg	电位值 /mV
10.0	−283.2	100	−225.3
30.0	−254.3	200	−206.9
50.0	−241.7		

测定 A 水样中氟化物含量时,读取的电位值为 −231.5 mV。试计算该校准曲线的相关系数和 A 水样的氟含量(mg)。

答案: 按方程 $y=a\lg x+b$ 进行回归计算,得出 $a=-340.98$,$b=58.22$,相关参数 $r^2=0.999\,8$,进而计算得出 A 水样的氟含量为 76.0 mg。

参考文献

[1] 国家环境保护局. 水质 氟化物的测定 离子选择电极法:GB/T 7484—87[S]. 北京:中国标准出版社,1987.

[2] 国家环境保护总局. 地表水和污水监测技术规范:HJ/T 91—2002[S]. 北京:中国环境科学出版社,2002.

[3] 中华人民共和国卫生部,中国国家标准化管理委员会. 生活饮用水标准检验方法 无机非金属指标:GB/T 5750.5—2006[S]. 北京:中国标准出版社,2006.

[4]《水和废水监测分析方法指南》编委会. 水和废水监测分析方法指南:上册[M]. 北京:中国环境科学出版社,1990.

[5] 魏复盛. 水和废水监测分析方法指南:中册[M]. 北京:中国环境科学出版社,1994.

命题:杨 楠 袁 力
审核:夏 新 丁润梅

第三节 氨氮

分类号：W4-2

主要内容

氨氮 电极法 《水和废水监测分析方法》（第三版）

一、填空题

1. 根据《水和废水监测分析方法》（第三版）中电极法测定水中氨氮的方法最低检出浓度为________ mg/L，测定上限为________mg/L。

答案：0.03　1 400

2. 根据《水和废水监测分析方法》（第三版）中电极法测定水中氨氮时，标准溶液和水样的温度应________。

答案：相同

3. 根据《水和废水监测分析方法》（第三版）中电极法测定水中氨氮的原理是：氨气敏电极为一复合电极，以 pH 玻璃电极为指示电极，银 - 氯化银电极为参比电极。在水样中加入________溶液将 pH 提高到 11 以上，使铵盐转化为氨，生成的氨由于扩散作用而通过半透膜，引起________浓度变化，由 pH 玻璃电极测得其变化。在恒定的离子强度下，测得的电极电位与水样中________浓度的对数呈一定的线性关系。由此，可从测得的电极电位值确定样品中氨氮的含量。

答案：强碱　氢离子　氨氮

4. 根据《水和废水监测分析方法》（第三版）中电极法测定水中氨氮时，如水样酸性较大，应先用碱液调至中性，再加________液进行测定。

答案：离子强度调节

二、判断题

1. 根据《水和废水监测分析方法》（第三版）中电极法测定水中氨氮时，色度和浊度对测定有影响。（　）

答案：错误

正确答案为：电极法测水中氨氮时，色度和浊度对测定无影响。

2. 根据《水和废水监测分析方法》（第三版）中电极法测定水中氨氮时，应避免由于搅拌器发热而引起被测溶液温度上升，影响电位值的测定。（　）

答案：正确

3. 根据《水和废水监测分析方法》（第三版）中电极法可用于测定饮用水、地表水、生活污水及工业废水中氨氮的含量。（　）

答案：正确

4. 根据《水和废水监测分析方法》（第三版）中电极法测定水中氨氮时，水样可以加氯化汞保存。（　）

答案：错误

正确答案为：根据《水和废水监测分析方法》（第三版）中电极法测定水中氨氮时，水样不可以加氯化汞保存。

5. 水中氨氮的来源主要为生活污水中含氮有机物受微生物作用的分解产物，以及某些工业废水和农田排水中排放的含氮化合物。(　　)

答案：正确

三、选择题

1. 氨氮以游离氨或铵盐形式存在于水中，两者的组成之比取决于水的________和水温。(　　)

A. 还原性物质　　B. pH　　C. 氧化性物质

答案：B

2. 水样中________含量过高时，将影响电极法测定氨氮的结果，必要时，应在标准溶液中加入相同量的盐类，以消除误差。(　　)

A. 碱性物质　　B. 盐类

C. 有机物　　D. 氯离子

答案：B

3. 根据《水和废水监测分析方法》（第三版）中电极法测定水中氨氮时，在搅拌下读取稳定的电位值是指在 1 min 内变化不超过________mV 时读取的值。(　　)

A. 1　　B. 2

C. 3　　D. 4

答案：A

4. 根据《水和废水监测分析方法》（第三版）中电极法测定水中氨氮过程中，搅拌速度应适当，不形成涡流，避免在电极处产生________。(　　)

A. 铵离子　　B. 氢氧根离子　　C. 气泡

答案：C

5. 根据《水和废水监测分析方法》（第三版）中电极法测定水中氨氮使用的电极内充液是一定浓度的________溶液。(　　)

A. 氯酸钾　　B. 氯化铵　　C. 氯化钾

答案：B

四、问答题

1. 简述《水和废水监测分析方法》（第三版）中电极法测定水中氨氮的主要干扰物。

答案：主要干扰物为挥发性胺、汞和银以及高浓度溶解离子。

2. 简述电极法测定水中氨氮的优缺点。

答案：电极法测氨氮具有通常不需要对水样进行预处理和测量范围宽等优点，确定是电极的寿命和再现性尚存在一些问题。

参考文献

[1] 国家环境保护局《水和废水监测分析方法》编委会．水和废水监测分析方法．3 版［M］．北京：

中国环境科学出版社，1989.
[2] 国家环境保护总局《水和废水监测分析方法》编委会 . 水和废水监测分析方法 .4 版［M］. 北京：中国环境科学出版社，2002.

命题：袁　力　丁润梅
审核：任学蓉　夏　新

第四节　pH

分类号：W4-3

主要内容
①《水质　pH 值的测定　玻璃电极法》（GB/T 6920—86）
②《大气降水　pH 值的测定　电极法》（GB/T 13580.4—92）

一、填空题

1.《水质　pH 值的测定　玻璃电极法》（GB/T 6920—86）适用于饮用水、地表水及________pH 的测定。①

答案：工业废水

2. 水样的 pH 最好现场测定。否则，应在采样后把样品保持在 0～4℃，并在采样后________h 之内进行测定。①

答案：6

3. 常规测定 pH 所使用的酸度计或离子浓度计，其精度至少应当精确到________pH 单位。②

答案：0.1

二、判断题

1. 测定某工业废水一个生产周期内 pH 的方法是：按等时间间隔采样，将多次采集的水样混合均匀，然后测定该混合水样的 pH。（　　）①

答案：错误

正确答案为：必须单独测定每次采集水样的 pH。

2. 存放时间过长的电极，其性能将变差。（　　）①②

答案：正确

3. 用玻璃电极法测定 pH 使用的标准溶液应在 4℃冰箱内存放，用过的标准溶液可以倒回原储液瓶，这样可以减少浪费。（　　）①②

答案：错误

正确答案为：使用过的标准溶液不可以再倒回去反复使用，因为会影响标准溶液的 pH。

4. 用玻璃电极法测定 pH 时，水的颜色、浊度，以及水中胶体物质、氧化剂及较高含盐量均不干扰测定。（　　）①②

答案：正确

5. 用玻璃电极法测定水的 pH 中，消除钠差的方法是：除使用特制的低钠差电极外，还可以选用与被测水样的 pH 相近的标准缓冲溶液对仪器进行校正。（ ）①

答案：正确

三、选择题

1. 用玻璃电极法测定水的 pH 时，在 pH 大于 10 的碱性溶液中，因有大量钠离子存在而产生误差，使读数________，通常称为钠差。（ ）①

A. 偏高　　B. 偏低　　C. 不变

答案：B

2. 用玻璃电极法测定水的 pH 时，温度影响电极的电位和水的电离平衡。需注意调节仪器的补偿装置与溶液的温度一致，并使被测样品与校正仪器用的标准缓冲溶液温度误差在 ±________℃之内。（ ）①②

A. 1　　B. 2　　C. 3

答案：A

3. 通常称 pH 小于________的大气降水为酸雨。（ ）②

A. 7.0　　B. 5.6　　C. 4.8　　D. 6.5

答案：B

4. 大气降水样品若敞开放置，空气中的微生物、________以及实验室的酸碱性气体等对 pH 的测定有影响，所以应尽快测定。（ ）②

A. 二氧化碳　　B. 氧气　　C. 氮气

答案：A

参考文献

[1] 国家环境保护局 . 水质　pH 值的测定　玻璃电极法：GB/T 6920—86［S］. 北京：中国标准出版社，1986.

[2] 国家环境保护局 . 大气降水　pH 值的测定　电极法：GB/T 13580.4—92［S］. 北京：中国标准出版社，1992.

[3] 中华人民共和国卫生部，中国国家标准化管理委员会 . 生活饮用水标准检验方法　感官性状和物理指标：GB/T 5750.4—2006［S］. 北京：中国标准出版社，2006.

[4] 国家环境保护总局《水和废水监测分析方法》编委会 . 水和废水监测分析方法 .4 版［M］. 北京：中国环境科学出版社，2002.

[5] 国家环境保护总局《空气和废气监测分析方法》编委会 . 空气和废气监测分析方法 .4 版［M］. 北京：中国环境科学出版社，2003.

[6] 中国环境监测总站《环境水质监测质量保证手册》编写组 . 环境水质监测质量保证手册 .2 版［M］. 北京：化学工业出版社，1994.

命题：杨　楠　袁　力

审核：夏　新　丁润梅

第五节 电导率

分类号：W4-4

主要内容
① 电导率 实验室电导率仪法 《水和废水监测分析方法》（第四版）
②《大气降水电导率的测定方法》（GB/T 13580.3—92）

一、填空题

用电导率仪法测定水的电导率时，实验用水的电导率应小于________μS/cm，一般是蒸馏水再经过离子交换柱制得的纯水。①②

答案：1

二、判断题

1. 新鲜蒸馏水存放一段时间后，由于空气中二氧化碳或氨的溶入，其电导率会上升。（　　）①②

答案：正确

2. 水样采集后，其电导率应尽快测定，不能及时进行测定时，水样应加酸保存。（　　）①②

答案：错误

正确答案为：测定电导率的水样，不能加保存剂。

3. 用电导率仪法测定电导率时，如果使用已知电导池常数的电导池，不需要测定电导池常数，可调节仪器直接测定，但是需要经常用标准溶液校准仪器。（　　）①②

答案：正确

三、选择题

1. 用电导率仪法测定水的电导率，通常规定________℃为测定电导率的标准温度。如果测定时水样的温度不是该温度，一般应将测定结果换算成该温度下的电导率数据，然后再报出。（　　）①②

A. 15　　B. 20　　C. 25　　D. 28

答案：C

2. 用电导率仪法测定电导率使用的标准溶液是________溶液。测定电导率常数时，最好使用与水样电导率相近的标准溶液。（　　）①②

A. 氯化钾　　B. 氯酸钾　　C. 碘酸钾

答案：A

四、问答题

简述水样电导率测定中的干扰及其消除方法。①②

答案：水样中含有粗大悬浮物质、油和脂将干扰测定。可先测定水样，再测定校准溶液，以了解干扰情况。若有干扰，应过滤或萃取除去。

参考文献

[1] 国家环境保护局.大气降水电导率的测定方法：GB/T 13580.3—92［S］.北京：中国标准出版社，1992.

[2] 国家环境保护总局《水和废水监测分析方法》编委会.水和废水监测分析方法.4版［M］.北京：中国环境科学出版社，2002.

[3] 中华人民共和国卫生部，中国国家标准化管理委员会.生活饮用水标准检验方法　感官性状和物理指标：GB/T 5750.4—2006［S］.北京：中国标准出版社，2006.

命题：袁　力　杨　楠
审核：夏　新　李名升

第六节　化学需氧量

分类号：W4-5

主要内容
化学需氧量　库仑法　《水和废水监测分析方法》（第四版）

一、填空题

1. 用库仑法测定COD的原理是：水样以重铬酸钾为氧化剂，在10.2 mol/L________介质中回流氧化后，过量的重铬酸钾用电解产生的________离子作为库仑滴定剂，进行库仑滴定。根据电解产生亚铁离子所消耗的电量，按照法拉第定律进行计算。

答案：硫酸　　磷酸亚铁

2. 用库仑法测定水中COD时，对于________及________的水样，要特别注意取样的均匀性，否则会带来较大的误差。

答案：浑浊　　悬浮物较多

3. 指示库仑滴定终点的方法有化学指示剂法、电位法和安培法等。库仑法测定水中COD指示滴定终点的方法是________。

答案：电位法

二、判断题

1. 库仑法测定水中COD的方法是国家标准分析方法。（　　）

答案：错误

正确答案为：该方法不是国家标准分析方法。

2. 库仑法测定水中COD时，可以用去离子水配制试剂和稀释水样。（　　）

答案：错误

正确答案为：不能用去离子水配制试剂和稀释水样，应该使用经高锰酸盐氧化的重蒸馏水。

3.《地表水环境质量标准》（GB 3838—2002）中，Ⅲ类水的COD标准限值为20 mg/L。（　　）

答案：正确

4. 测定 COD 的水样必须用玻璃瓶采集。(　　)

答案：正确

5. 在电镀工业排放废水中，COD 为必测项目。(　　)

答案：错误

正确答案为：在电镀工业排放废水中，COD 不是必测项目。

6. 用库仑法测定水中 COD，当使用 3 ml 0.05 mol/L 重铬酸钾溶液进行标定值测定时，方法的最低检出浓度为 3 mg/L（COD），测定上限为 100 mg/L。(　　)

答案：正确

三、选择题

1. 用库仑法和重铬酸钾法测定水中 COD 时，加入硫酸银的作用是________。(　　)

A. 催化剂　B. 氧化剂　C. 还原剂

答案：A

2. 用库仑法测定水中 COD 时，若铂电极被沾污，可将电极放入 2 mol/L________中浸洗片刻，然后用重蒸馏水洗净。(　　)

A. 草酸　B. 醋酸　C. 氨水　D. 乙醇

答案：C

3. 用库仑法测定水中 COD 的消解回流时间一般为________min。(　　)

A. 15　B. 20　C. 30　D. 45

答案：A

四、问答题

简述库仑法测定水中 COD 时，水样消解时加入硫酸汞的作用是什么？为什么？

答案：加入硫酸汞是为了消除水样中氯离子的干扰。因为氯离子能被重铬酸钾氧化，并且能与催化剂硫酸银作用产生沉淀，影响测定结果。

参考文献

[1] 国家环境保护总局《水和废水监测分析方法》编委会 . 水和废水监测分析方法 .4 版［M］. 北京：中国环境科学出版社，2002.

[2] 国家环境保护总局，国家质量监督检验检疫总局 . 地表水环境质量标准：GB 3838—2002［S］. 北京：中国环境科学出版社，2002.

[3] 国家环境保护总局 . 地表水和污水监测技术规范：HJ/T 91—2002［S］. 北京：中国环境科学出版社，2002.

[4] 夏玉宇 . 化验员实用手册 .2 版［M］. 北京：化学工业出版社，2004.

命题：杨　楠　袁　力
审核：夏　新　米云卓

第七节　氯化物

分类号：W4–6

主要内容
① 氯化物　离子选择电极 – 流动注射法《水和废水监测分析方法》（第四版）
② 氯化物　电位滴定法《水和废水监测分析方法》（第四版）

一、填空题

1. 离子选择电极 – 流动注射法测定水中氯化物和硝酸盐氮的工作原理是：试液与________分别由蠕动泵引入系统，经过一个三通管混合后进入流通池，由流通池喷嘴口喷出，与固定在流通池内的________电极接触，该电极与固定在流通池内的参比电极即产生电动势，该电动势随试液中氯离子或硝酸盐氮浓度的变化而变化。①

答案：离子强度调节剂　　离子选择性

2. 用离子选择电极 – 流动注射法测定水中氯化物时，硫化物的干扰可加入少量的________消除。①

答案：硝酸铅

3. 用离子选择电极 – 流动注射法测定水中氯化物时，应用 1% HNO_3 或 1% NaOH 控制水样 pH 在________。①

答案：4.0～8.5

4. 测定水中氯化物的电位滴定法的方法检测下限可达________mol/L Cl^-。②

答案：10^{-4}

5. 用电位滴定法测定水中氯化物时，若水样中含有六价铬，应预先使其________或者预先去除。②

答案：还原成三价

6. 用电位滴定法测定水中氯化物时，应避光进行，这是因为氯电极________。②

答案：有光敏作用

二、判断题

1. 用离子选择电极 – 流动注射法测定水中氯化物时，钾离子、钠离子干扰测定。(　　) ①

答案：错误

正确答案为：离子选择电极 – 流动注射法测定水中氯化物时，钾离子、钠离子不干扰测定。

2. 用离子选择电极 – 流动注射法测定氯化物时，若发现敏感膜表面磨损或沾污，应在细金相砂纸上抛光。(　　) ①

答案：正确

3. 用电位滴定法测定氯化物时，水样含有钙、镁离子及较深的颜色和浑浊均不影响测定。(　　) ②

答案：正确

4. 用电位滴定法测定水中氯化物时，水样加热处理后，应立即进行滴定。(　　) ②

答案：错误

正确答案为：温度影响电极电位和电离平衡，应冷却至与标准溶液的温度一致。

5. 用电位滴定法测定水中氯化物时，对污染较轻的水样可取适量水样直接进行电位滴定。(　　) ②

答案：错误

正确答案为：应加硝酸处理后进行测定。

6. 用电位滴定法测定水中氯化物时，由于是沉淀反应，因此在电位滴定时搅拌速度应选择快速，防止电极表面被沉淀沾污。(　　) ②

答案：错误

正确答案为：在中速搅拌下滴定，要保证不溅失、无气泡产生。

三、选择题

1. 离子选择电极－流动注射法测定水中氯化物的检出限为________mg/L。(　　) ①

A. 0.2　　B. 0.5　　C. 0.7　　D. 0.9

答案：D

2. 用离子选择电极－流动注射法测定水中氯化物，电极在使用前必须先活化。活化方法为：在 10^{-3} mol/L________溶液中浸泡________h。(　　) ①

A. NaCl，0.5　　B. $NaNO_3$，1

C. NaF，1.5　　D. Na_2SO_4，2

E. NaCl，1

答案：E

3. 用电位滴定法测定水中氯化物时，若水样中含有高铁氰化物，会使测定结果________。(　　) ②

A. 偏高　　B. 偏低　　C. 无影响

答案：A

4. 用电位滴定法测定水中氯化物中，进行电位滴定时，水样应是________。(　　) ②

A. 中性　　B. 酸性　　C. 碱性

答案：B

5. 用电位滴定法测定氯离子时，水样中加入过氧化氢溶液可除去________的干扰。(　　) ②

A. 氰化物　　B. 溴化物　　C. 硫化物

答案：C

6. 用电位滴定法测定水中氯化物时，采用滴定曲线法确定滴定终点，滴定结果如下表。

$AgNO_3$ 溶液体积 /ml	电位变化值 /（mV/ml）	$AgNO_3$ 溶液体积 /ml	电位变化值 /（mV/ml）
24.50	18	25.75	52
25.00	36	26.00	40
25.25	48	26.50	32
25.50	52	27.00	18

则滴定终点硝酸银消耗的体积为________。(　　) ②

A. 25.25 ml　　B. 25.50 ml　　C. 25.75 ml

答案：B

7. 用电位滴定法测定水中氯化物时，如选用氯离子选择电极为指示电极，在使用前氯离子选择电极需在________中活化 1 h。(　　) ②

A. NaCl 溶液　　B. 硝酸溶液　　C. 蒸馏水

答案：A

四、问答题

简述用离子选择电极－流动注射法测定水中氯化物时，水样的保存方法。①

答案：用离子选择电极－流动注射法测定水中氯化物时，水样盛放于塑料容器中，在 2～5℃冷藏，最长可保存 28 d。

五、计算题

用电位滴定法测定水中氯化物的含量时，取水样 100.0 ml，用 0.014 0 mol/L 硝酸银标准溶液滴定，得到滴定结果如下表。

$AgNO_3$ 标准滴定溶液体积 /ml	电位值 /mV	$AgNO_3$ 标准滴定溶液体积 /ml	电位值 /mV
13.80	172	14.40	326
14.00	196	14.60	340
14.20	290		

求滴定终点时硝酸银标准溶液的消耗体积。②

答案：用二次微商法进行计算。从理论上讲，二级微商为零的点，就是滴定终点。

<table>
<tr><th>$AgNO_3$ 标准滴定溶液体积 /ml</th><th>电位值 E/mV</th><th>Δ_2E</th><th>Δ_2E</th></tr>
<tr><td>13.80</td><td>172</td><td>24</td><td rowspan="2">+70</td></tr>
<tr><td>14.00</td><td>196</td><td rowspan="2">94</td></tr>
<tr><td>14.20</td><td>290</td><td>−58</td></tr>
<tr><td>14.40</td><td>326</td><td>36</td><td>−22</td></tr>
<tr><td>14.60</td><td>340</td><td>14</td><td></td></tr>
</table>

$$V = V_0 + \Delta V \times \frac{a}{a-b} = 14.00 + 0.20 \times \frac{70}{70-(-58)} = 14.00 + 0.11 = 14.11\ (\text{ml})$$

参考文献

[1] 国家环境保护局. 水质　氯化物的测定　硝酸银滴定法：GB/T 11896—89［S］. 北京：中国环境科学出版社，1989.

[2] 国家环境保护总局《水和废水监测分析方法》编委会. 水和废水监测分析方法. 4版［M］. 北京：中国环境科学出版社，2002.

命题：李桂玲　袁　力　丁润梅

审核：任学蓉　彭刚华　王　平

第八节　硝酸盐（氮）

分类号：W4-7

主要内容
硝酸盐氮　离子选择电极-流动注射法《水和废水监测分析方法》（第四版）

一、填空题

1. 用离子选择电极-流动注射法测定水中硝酸盐氮时，NO_2^- 的干扰可加入少量________消除。

答案： 氨基磺酸

2. 用离子选择电极-流动注射法测定水中硝酸盐氮时，应用1% H_2SO_4 或1% NaOH控制水样pH在________。

答案： 2～8

二、判断题

1. 用离子选择电极-流动注射法测定水中硝酸盐氮时，钙离子、镁离子干扰测定。（　　）

答案： 错误

正确答案为：用离子选择电极-流动注射法测定水中硝酸盐氮时，钙离子、镁离子不干扰测定。

2. 用离子选择电极-流动注射法测定水中氯化物和硝酸盐氮的过程中，如遇气泡聚积在电极表面，应去除，否则影响测定。（　　）

答案： 正确

三、选择题

1. 用离子选择电极-流动注射法测定水中硝酸盐氮的检出限为________mg/L。（　　）

A. 0.2　　B. 0.5　　C. 0.7　　D. 0.9

答案： A

2. 用离子选择电极-流动注射法测定水中硝酸盐氮时，电极在使用前必须先活化。活化方法为：将电极浸泡在 10^{-3} mol/L________溶液中________min以上。（　　）

A. NaCl，30　　B. $NaNO_3$，30　　C. Na_2SO_4，60　　D. NaF，90

答案：B

3. 用离子选择电极－流动注射法测定水中硝酸盐氮时，向电极中加内充液的方法是：使用前旋下电极头，用滴管插入内充液室内，慢慢加入内充溶液至内充液室的________处，再旋上电极头。(　　)

A. 1/3　　B. 2/3　　C. 4/5　　D. 1/2

答案：C

四、问答题

简述离子选择电极－流动注射法测定水中硝酸盐氮时，电极使用后的保养方法。

答案：电极使用完毕后，应清洗到空白电位值，甩净内充液，用滤纸吸干避光保存。

参考文献

国家环境保护总局《水和废水监测分析方法》编委会．水和废水监测分析方法．4 版［M］．北京：中国环境科学出版社，2002.

命题：袁　力　王　平
审核：任学蓉　杨　楠

第九节　可吸附有机卤素

分类号：W4-8

主要内容
《水质　可吸附有机卤素（AOX）的测定　微库仑法》（GB/T 15959—1995）

一、填空题

1. 用微库仑法测定水中 AOX 时，当水样中溶解的有机碳含量大于________mg/L、无机氯化物含量大于________mg/L 时，分析前必须稀释。

答案：10　　1 000

2.《水质　可吸附有机卤素（AOX）的测定　微库仑法》（GB/T 15959—1995）测定水中 AOX 的范围是________mg/L。

答案：10～400

3. 用微库仑法测定水中 AOX，全程序空白值（以 Cl 计）应控制在________mg/L 以下，否则应分别对吸附步骤、燃烧步骤和微库仑测定步骤进行核查。

答案：30

二、判断题

1. 用微库仑法测定水中 AOX 时，装在密封瓶中备用的活性炭，必须在打开密封瓶的当天使用，剩余不能再用。(　　)

答案：正确

2. 当水样中含有活性氯时，AOX 的测定值会偏高，所以采样后需立即加入亚硫酸钠。(　　)

答案：正确

3. 测定 AOX 的微库仑计，每个月应校准 1 次。(　　)

答案：错误

正确答案为：测定 AOX 的微库仑计，每次测定前均应校准。

4. 用微库仑法测定水中 AOX 时，若需要吹脱挥发性卤化物，至少要吹脱 10 min，直到微伏信号显示值不再增加，反应结束。(　　)

答案：正确

5. 用微库仑法测定水中 AOX 时，当第二根吸附柱的测定值不大于第一根吸附柱测定值的 30%，就认为吸附完全，否则需将水样稀释。(　　)

答案：错误

正确答案为：第二根吸附柱的测定值不大于第一根吸附柱测定值的 10%，就认为吸附完全，否则需将水样稀释。

6. 用微库仑法测定水中 AOX，吹脱挥发性有机卤化物时，进气口用乳胶管与气体洗涤瓶入口连接。(　　)

答案：错误

正确答案为：吹脱挥发性有机卤化物时，进气口用硅橡胶管与气体洗涤瓶入口连接。

7. 用微库仑法测定水中 AOX 时，一定要避免当温度和压力降低时，可能引起的硫酸倒流进入燃烧管。(　　)

答案：正确

8. 用微库仑法测定水中 AOX 时，燃烧热解炉的容积、停留时间、温度和气流速度都可能影响测定结果。(　　)

答案：正确

三、选择题

1. 用微库仑法测定水中 AOX 时，所使用的活性炭暴露于空气中________d 就会失去活性。(　　)

A. 3　　B. 5　　C. 7　　D. 9

答案：B

2. 用微库仑法测定 AOX 时，水样采集后应调节 pH 至________。水样应尽快测定，如果不能立即测定，可在 4℃下贮存，但不能超过 3 d。(　　)

A. 1.5～2.0　　B. 2.0～2.5　　C. 2.5～3.0　　D. 3.0～3.5

答案：A

3. 用微库仑法测定 AOX 的水样中如含有氧化剂，采样后应立即加入________进行处理。(　　)

A. 硝酸钠　　B. 亚硫酸钠　　C. 氯化钠　　D. 硫酸钠

答案：B

4. 用微库仑法测定水中 AOX 时，燃烧热解炉的温度至少要达到________℃。(   )

A. 750　　B. 850　　C. 950　　D. 1 050

答案：C

5. 用微库仑法测定水中 AOX 时，如果水样中挥发性有机卤化物含量少于有机卤素化合物总量的________%，吹脱步骤可省略。(   )

A. 10　　B. 30　　C. 50　　D. 70

答案：C

6. 用微库仑法测定水中 AOX 中，吹脱挥发性卤化物时氧气的流速应控制为________ml/min，确保气泡均匀分布。(   )

A. 100　　B. 150　　C. 200　　D. 50

答案：B

7. 用微库仑法测定水中 AOX，为避免从水相中分离活性炭时可能形成胶体干扰测定，需加入________，以加快过滤速度。(   )

A. 硫酸铝　　B. 碳酸钠　　C. 聚丙酰胺　　D. 硅藻土

答案：D

四、问答题

1. 简述用微库仑法测定可吸附有机卤素（AOX）的方法原理。

答案：用活性炭吸附水样中有机化合物，再用硝酸钠溶液洗涤分离无机卤化物，将吸附上有机物的活性炭在氧气气流中燃烧热解，最后用微库仑法测定卤化氢的质量浓度。

2.《水质　可吸附有机卤素（AOX）的测定　微库仑法》（GB/T 15959—1995）中，可吸附有机卤素（AOX）是如何定义的？

答案：指本方法规定条件下，可被活性炭吸附的结合在有机化合物上的卤族元素（包括氟、氯、溴）的总量（以 Cl 计）。

3. 用微库仑法测定水中 AOX 时，对活性炭有什么要求？

答案：（1）活性炭应具有适当的吸附能力（颗粒度 50～100 mm）和较低的无机氯化物含量（≤0.001 5%）；

（2）也可用色谱纯的活性炭。

4. 用微库仑法测定水中 AOX 时，哪些因素会干扰或影响测定结果？

答案：（1）活性氯、无机氯化物（>1 000 mg/L）；

（2）无机碘化物、有机碘化物；

（3）水中溶解的有机碳（>10 mg/L）；

（4）微生物、藻类；

（5）燃烧炉的容积、停留时间、温度、气体流速及仪器校准情况等；

（6）吸附完全程度；

（7）抽滤过程中活性炭的损失程度。

参考文献

[1] 国家环境保护局，国家技术监督局．水质　可吸附有机卤素（AOX）的测定　微库仑法：GB/T 15959—1995［S］．北京：中国环境科学出版社，1995.

[2] 国家环境保护总局《水和废水监测分析方法》编委会．水和废水监测分析方法．4 版［M］．北京：中国环境科学出版社，2002.

命题：王　伟　赵长民
审核：胡雄星　王　伟　池　靖

第十节　酸度

分类号：W4-9

主要内容
酸度　电位滴定法　《水和废水监测分析方法》（第四版）

一、填空题

1. 测定酸度、碱度的水样应采集于________或________（材质）的容器中贮存。

答案：聚乙烯　　硅硼玻璃

2. 用电位滴定法测定酸度和碱度时，是通过________、________或________指示终点。

答案：pH 计　　离子计　　电位滴定仪

二、判断题

1. 测定水样中酸碱度时，如水样浊度较高，应过滤后测定。（　　）

答案：错误

正确答案为：不能过滤，应选用电位滴定法测定。

2. 用电位滴定法测定水中酸碱度时，若电位滴定仪没有温度补偿功能，则滴定温度应保持 20℃ ±2℃。（　　）

答案：错误

正确答案为：应保持 25℃ ±2℃。

三、选择题

1. 测定水中酸度和碱度时的实验用水应为________。（　　）

A. 无氨水　　B. 无氧水　　C. 无二氧化碳水

答案：C

2. 采用电位滴定法测定酸度时，取 50 ml 水样，测定范围可达________（以碳酸钙计）。（　　）

A. 10～1 000 mg/L　　B. 28～139 mg/L　　C. 1.0～500 mg/L

答案：A

参考文献

[1] 国家环境保护总局《水和废水监测分析方法》编委会 . 水和废水监测分析方法 .4 版［M］. 北京：中国环境科学出版社，2002.

[2] 美国公共卫生协会，美国自来水协会，水污染控制联合会 . 水和废水标准检验法 .13 版［M］. 张曾谌，顾泽南，朱新源，等，译 . 北京：中国建筑工业出版社，1978.

[3] 刘瑞雪 . 化验员习题集 .2 版［M］. 北京：化学工业出版社，2000.

命题：李桂玲　夏　新

审核：杨　楠　彭刚华

第十一节　碱度

分类号：W4-10

主要内容
碱度　电位滴定法　《水和废水监测分析方法》（第四版）

一、填空题

用电位滴定法测定水中酸、碱度时，可采用________法和________法进行测量。

答案：滴定曲线　　直接滴定

二、判断题

1. 水的碱度是指水中所含能与强酸定量作用的物质总量。(　　)

答案：正确

2. 用电位滴定法测定水样中酸度和碱度时，所用的指示电极不同。(　　)

答案：错误

正确答案为：都是采用玻璃电极为指示电极。

3. 用电位滴定法测定水样酸碱度时，油状物质覆盖于玻璃电极表面致使响应迟缓，可通气搅拌。(　　)

答案：错误

正确答案为：不能通气搅拌，应减慢滴定速度或延长滴定间歇时间。

4. 采用电位滴定法测定水的碱度时，对于工业废水或含复杂组分的水样，可以 pH 为 4.4～4.5 指示总碱度的滴定终点。(　　)

答案：错误

正确答案为：应该以 pH=3.7 指示总碱度的滴定终点。

三、选择题

1. 采用电位滴定法测定水中碱度，当滴定至 pH=8.3 时表示________。(　　)

A. 总碱度　　　　B. 重碳酸盐被中和

C. 氢氧化物被中和及碳酸盐转为重碳酸盐

答案：C

2. 采用电位滴定法测定较复杂废水的碱度时，若突跃点不明显，应________。(　　)

A. 加快滴定速度　　B. 放慢滴定速度　　C. 通气搅拌

答案：B

3. 采用电位滴定法测定水中酸碱度时，________可能对滴定产生影响。(　　)

A. 色度　　B. 悬浮物　　C. 余氯

答案：B

四、问答题

当水样中总碱度浓度较低时，应如何操作以提高测定的精度？

答案：可改用 0.01 mol/L 盐酸标准溶液滴定，或改用微量滴定管，都可提高测定精度。

参考文献

[1] 国家环境保护总局《水和废水监测分析方法》编委会 . 水和废水监测分析方法 .4 版［M］. 北京：中国环境科学出版社，2002.

[2] 美国公共卫生协会，美国自来水协会，水污染控制联合会 . 水和废水标准检验法 .13 版［M］. 张曾谌，顾泽南，朱新源，等，译 . 北京：中国建筑工业出版社，1978.

[3] 刘瑞雪 . 化验员习题集 .2 版［M］. 北京：化学工业出版社，2000.

命题：杨　楠　李桂玲

审核：彭刚华　夏　新

第十二节　铜、铅、锌、镉

分类号：W4-11

主要内容
① 铜、铅、锌、镉的测定　阳极溶出伏安法《水和废水监测分析方法》(第四版)
② 铜、铅、锌、镉的测定　示波极谱法《水和废水监测分析方法》(第四版)

一、判断题

1. 根据《水和废水监测分析方法》(第四版) 中阳极溶出伏安法和示波极谱法测定水中铜、铅、锌和镉时，所用的工作电极均为饱和甘汞电极。(　　) ①②

答案：错误

正确答案为：阳极溶出伏安法的工作电极是悬汞电极；示波极谱法的工作电极是滴汞电极。

2. 根据《水和废水监测分析方法》(第四版) 中阳极溶出伏安法测定水中铜、铅、锌和镉时，当 4 种离子的浓度差别较大时，宜采用不同的富集电位和富集时间分别测

定。为了避免铜和锌间生成金属间化合物，一般采取铜、铅、镉连测，锌单独测定。(　　) ①

答案：正确

3. 根据《水和废水监测分析方法》(第四版) 中阳极溶出伏安法测定水中铜、铅、锌和镉时，在高氯酸支持电解质中，对锌峰的前波影响较大，影响锌的测定；铜、镉两峰分不开，波形变坏；铜峰峰形好，灵敏度高，可用于定量分析。(　　) ①

答案：错误

正确答案为：在硝酸支持电解质溶液中，不是高氯酸支持电解质溶液。

4. 根据《水和废水监测分析方法》(第四版) 中示波极谱法测定水中铜、铅、锌和镉时，在氨性支持电解质中测定镉、铜和锌；在盐酸支持电解质中测定铅。(　　) ②

答案：正确

5.《水和废水监测分析方法》(第四版) 中测定水中铜、铅、锌和镉的阳极溶出伏安法适用于工业废水、生活污水、饮用水、地表水和地下水的测定。(　　) ①②

答案：错误

正确答案为：阳极溶出伏安法适用于测定饮用水、地表水和地下水中铜、铅、锌和镉的测定。

6. 根据《水和废水监测分析方法》(第四版) 中阳极溶出伏安法和示波极谱法测定铜、铅、锌和镉时，如果三价铁存在干扰，可以用盐酸羟胺或抗坏血酸使其还原为二价铁以消除干扰。(　　) ①②

答案：正确

7. 根据《水和废水监测分析方法》(第四版) 中示波极谱法测定铜、铅、锌和镉时，氨性底液中铅干扰铜的测定，如果水样消解后含铁、铝较多或为除去铅的干扰而加入了铁盐使铅完全进入沉淀，为减少沉淀的吸附导致结果偏低的影响，可以采用小体积沉淀法进行分离。(　　) ②

答案：正确

8. 根据《水和废水监测分析方法》(第四版) 中示波极谱法测定铜、铅、锌和镉时，纯汞表面可以加少量水，以免加快表面的氧化。用过的废汞可集中放在表面有水层的瓶中，以便集中提纯。(　　) ②

答案：错误

正确答案为：纯汞表面不要加水，以免加快表面的氧化，而导致纯汞无法使用。

9. 根据《水和废水监测分析方法》(第四版) 中阳极溶出伏安法测定铜、铅、锌和镉时，测定的浓度比较低 (痕量或超痕量)，应十分注意可能来自环境、器皿、水或试剂的污染。对汞的纯度也应加以保证 (99.9% 以上)。(　　) ①

答案：错误

正确答案为：汞的纯度应在 99.99% 以上。

10. 根据《水和废水监测分析方法》(第四版) 中阳极溶出伏安法测定水中铜、铅、锌和镉时，基本过程分为两步：先将待测金属离子在比其峰电位更负一些的恒电位下，在工作电极上预电解一定时间使之富集。然后，将电位由负向正的方向扫描，

使富集在电极上的物质氧化溶出，并记录其氧化波。(　　)①

答案：正确

11. 根据《水和废水监测分析方法》(第四版)中阳极溶出伏安法测定水中铜、铅、锌和镉时，根据溶出峰电位确定被测物质的成分，根据氧化波的高度确定被测物质的含量。(　　)①

答案：正确

12. 根据《水和废水监测分析方法》(第四版)中示波极谱法测定水中铜、铅、锌和镉，是将速度变化很快的极化电压(一般约为 250 mV/s)，施加在滴汞电极的后 2 s 中，在电极面积变化很小的时间内，进行快速线性电位扫描以减小充电电流的影响。用阴极射线滤波器作为测量工具，对于电极反应为可逆的物质，在长余辉示波管上，可以观察到电极反应的伏安曲线为不对称的峰形曲线。(　　)②

答案：正确

二、选择题

1. 根据《水和废水监测分析方法》(第四版)中阳极溶出伏安法测定铜、铅、锌和镉时，其支持电解质溶液为________。(　　)①

A. 0.1 mol/L 盐酸　　B. 0.5 mol/L 高氯酸

C. 0.2 mol/L 柠檬酸钾缓冲溶液　　D. 0.2 mol/L 酒石酸铵缓冲溶液

答案：D

2. 根据《水和废水监测分析方法》(第四版)中示波极谱法测定铜、铅、锌和镉时，________的存在干扰锌的测定。(　　)②

A. 硝酸　　B. 氨水　　C. 极大抑制剂

答案：A

3. 根据《水和废水监测分析方法》(第四版)中示波极谱法测定铜、铅、锌和镉时，在实际工作中测铜用________的还原波。(　　)②

A. Cu(Ⅰ)→ Cu(0)　　B. Cu^{2+} → Cu(0)

C. Cu^{2+} → Cu(Ⅰ)

答案：A

参考文献

国家环境保护总局《水和废水监测分析方法》编委会. 水和废水监测分析方法. 4 版 [M]. 北京：中国环境科学出版社，2002.

命题：王伟华

审核：张万峰　冯　丹

第十三节　铅

分类号：W4-12

主要内容
①《水质　铅的测定　示波极谱法》（GB/T 13896—92）
②《生活饮用水标准检验方法　金属指标》（GB/T 5750.6—2006）（11.4　铅　催化示波极谱法）

一、判断题

1. 根据《水质　铅的测定　示波极谱法》（GB/T 13896—92）测定水中铅时，所有样品需先经预处理，即加入硝酸至于电热板上微沸蒸发至近干。（　　）①

答案：错误

正确答案为：水样澄清的可不进行预处理。

2. 根据《生活饮用水标准检验方法　金属指标》（GB/T 5750.6—2006）（11.4　铅　催化示波极谱法）测定水中铅时，铅的最低检测质量为 0.2 mg，若取 20 ml 水样，最低检测浓度为 0.01 mg/L。（　　）②

答案：正确

3. 根据《水质　铅的测定　示波极谱法》（GB/T 13896—92）测定水中铅时，含有二硝基甲苯影响铅还原峰的测定，该方法采用铅的氧化峰进行测定。（　　）①

答案：正确

4. 根据《生活饮用水标准检验方法　金属指标》（GB/T 5750.6—2006）（11.4　铅　催化示波极谱法）进行测定时，在盐酸－碘化钾－酒石酸底液中，铅在 -0.49V 产生灵敏的吸收催化波。在一定范围内铅的浓度与其峰电流呈线性关系，可测定水中铅的含量。（　　）②

答案：正确

二、选择题

1. 根据《水质　铅的测定　示波极谱法》（GB/T 13896—92）测定水质中铅时，所用的仪器均需用________浸泡过夜，再依次用自来水、纯水冲洗干净。（　　）①

A.（1+9）硝酸　　B.（1+9）磷酸　　C. 硫酸　　D. 盐酸

答案：B

2. 根据《生活饮用水标准检验方法　金属指标》（GB/T 5750.6—2006）（11.4　铅　催化示波极谱法）进行测定时，若水样中含有 Sn^{2+} 对铅的测定有干扰，底液中加入________可分开 Sn^{2+} 峰，消除干扰。（　　）②

A. 硫酸　　B. 硝酸　　C. 盐酸　　D. 高氯酸

答案：B

3. 根据《生活饮用水标准检验方法　金属指标》（GB/T 5750.6—2006）（11.4　铅　催化示波极谱法）进行测定时，若水样中含有 As^{3+} 对铅的测定有干扰，消化时加入________可使砷挥发出去，消除干扰。（　　）②

A. 硫酸　　B. 硝酸　　C. 盐酸　　D. 高氯酸

答案：C

4.《水质　铅的测定　示波极谱法》（GB/T 13896—92）适用于________中铅含量的测定。（　　）①

A. 地表水和地下水　　B. 地表水、地下水和生活污水

C. 地表水、地下水、生活污水和工业废水　　D. 硝化甘油系列火炸药工业废水

答案：D

参考文献

[1] 国家环境保护局 . 水质　铅的测定　示波极谱法：GB/T 13896—92［S］. 北京：中国环境科学出版社，1992.

[2] 中华人民共和国卫生部 . 中国国家标准化管理委员会 . 生活饮用水标准检验方法　金属指标：GB/T 5750.6—2006［S］. 北京：中国标准出版社，2006.

命题：王雅辉　冯　丹

审核：张万峰　夏　新

第十四节　镉

分类号：W4-13

主要内容
《生活饮用水标准检验方法　金属指标》（GB/T 5750.6—2006）（9.4　镉　催化示波极谱法）

一、判断题

1. 根据《生活饮用水标准检验方法　金属指标》（GB/T 5750.6—2006）（9.4 镉　催化示波极谱法）测定水中镉时，Sn^{2+}、As^{3+} 对其测定有干扰。（　　）

答案：正确

2. 根据《生活饮用水标准检验方法　金属指标》（GB/T 5750.6—2006）（9.4 镉　催化示波极谱法）测定水中镉时，镉的最低检测质量为 0.2 mg，若取 20 ml 水样，最低检测浓度为 0.01 mg/L。（　　）

答案：正确

3. 根据《生活饮用水标准检验方法　金属指标》（GB/T 5750.6—2006）（9.4 镉　催化示波极谱法）测定水中镉时，若水样中含有铅，对镉的测定有干扰。（　　）

答案：错误

正确答案为：水样中含有铅对镉的测定无干扰，可同时测定。

4. 根据《生活饮用水标准检验方法　金属指标》（GB/T 5750.6—2006）（9.4 镉　催化示波极谱法）测定水中镉时，在盐酸－碘化钾－酒石酸底液中，镉在 -0.60 V 产生灵敏的吸收催化波。在一定范围内镉的浓度与其峰电流呈线性关系，可测定水中镉的含量。（　　）

答案： 正确

二、选择题

1. 根据《生活饮用水标准检验方法　金属指标》（GB/T 5750.6—2006）（9.4 镉　催化示波极谱法）测定水中镉时，若水样中含有 As^{3+} 对镉的测定有干扰，消化时加入________可使砷挥发出去，从而减少砷的干扰。（　　）

A. 盐酸　　B. 硫酸　　C. 硝酸　　D. 次氯酸

答案： A

2. 根据《生活饮用水标准检验方法　金属指标》（GB/T 5750.6—2006）（9.4 镉　催化示波极谱法）测定水中镉时，镉的最低检测质量为________μg。（　　）

A. 0.01　　B. 0.1　　C. 0.2　　D. 0.5

答案： C

3. 根据《生活饮用水标准检验方法　金属指标》（GB/T 5750.6—2006）（9.4 镉　催化示波极谱法）测定水中镉时，吸取 20.0 ml 水样于 100 ml 锥形瓶内，加入硝酸、盐酸于电热板上缓缓加热蒸干并消化成________残渣。（　　）

A. 白色　　B. 黄色　　C. 淡黄的　　D. 灰白色

答案： A

4. 根据《生活饮用水标准检验方法　金属指标》（GB/T 5750.6—2006）（9.4 镉　催化示波极谱法）测定水中镉时，若水样中含有 Sn^{2+}，对测定有干扰，底液中加入________可分开 Sn^{2+} 峰，消除干扰。（　　）

A. 盐酸　　B. 硫酸　　C. 硝酸　　D. 磷酸

答案： D

参考文献

中华人民共和国卫生部，中国国家标准化管理委员会．生活饮用水标准检验方法　金属指标：GB/T 5750.6—2006［S］．北京：中国标准出版社，2006.

命题：王雅辉

审核：张万峰　冯　丹

第十五节　钡

分类号：W4–14

主要内容
《水质　钡的测定　电位滴定法》（GB/T 14671—93）

一、判断题

1. 根据《水质　钡的测定　电位滴定法》（GB/T 14671—93）测定水中钡时，水样采集后，立即用氢氧化钠溶液或硝酸溶液调节 pH 至 6，并将水样存放于聚乙烯瓶中，

室温下保存。(　　)

答案：错误

正确答案为：水样采集后，立即用 0.45 μm 微孔滤膜过滤，然后用氢氧化钠溶液或硝酸溶液调节 pH 至 6，并将水样存放于聚乙烯瓶中，室温下保存。

2.《水质　钡的测定　电位滴定法》(GB/T 14671—93)适用于化工、机械制造、颜料等行业工业废水、地表水和地下水中可溶性钡的测定。(　　)

答案：错误

正确答案为：仅适用于化工、机械制造、颜料等行业工业废水中可溶性钡的测定。

3. 根据《水质　钡的测定　电位滴定法》(GB/T 14671—93)测定水中钡时，聚乙二醇及其衍生物与钡离子形成阳离子，所用聚乙二醇的分子量可以是 1 500。(　　)

答案：正确

4. 根据《水质　钡的测定　电位滴定法》(GB/T 14671—93)测定水中钡时，钙离子含量超过钡含量 150 倍时对测定有干扰，锶、锂、钾或铵离子含量超过钡含量 50 倍时，产生干扰。(　　)

答案：错误

正确答案为：锶离子含量超过钡含量 2 倍时，就对测定有干扰，且使终点电位突跃不明显。

5. 根据《水质　钡的测定　电位滴定法》(GB/T 14671—93)测定水中钡时，一般试样不需预处理，如试样中存在铅离子时，取 100 ml 试样加入少许固体硫化钠，澄清后过滤，弃去最初过滤的 20 ml。(　　)

答案：正确

二、选择题

1. 根据《水质　钡的测定　电位滴定法》(GB/T 14671—93)测定水中钡时，四苯硼酸根离子电极内充液是四苯硼钠滴定液和________等体积混合。(　　)

A. 碳酸氢钠溶液　　B. 硝酸钠溶液　　C. 氯化钠溶液　　D. 碳酸钠溶液

答案：A

2. 根据《水质　钡的测定　电位滴定法》(GB/T 14671—93)测定水中钡时，其测量范围为 47.1～1 180 mg，最低检出限为________mg。(　　)

A. 35　　B. 30　　C. 28

答案：C

参考文献

国家环境保护局．水质　钡的测定　电位滴定法：GB/T 14671—93［S］．北京：中国环境科学出版社，1993.

命题：王伟华

审核：张万峰　冯　丹

第十六节　钛

分类号：W4-15

主要内容
《生活饮用水标准检验方法　金属指标》（GB/T 5750.6—2006）（17.1　钛　催化示波极谱法）

一、判断题

1. 根据《生活饮用水标准检验方法　金属指标》（GB/T 5750.6—2006）（17.1　钛　催化示波极谱法）测定水中钛时，水样中含有大量的 Mn^{2+} 和 Sn^{2+} 会使钛的测定结果偏低。（　　）

答案：错误

正确答案为：水样中含有大量的 Mn^{2+} 和 Sn^{2+} 不会影响钛的测定结果。

2. 根据《生活饮用水标准检验方法　金属指标》（GB/T 5750.6—2006）（17.1　钛　催化示波极谱法）测定水中钛时，所用水均为去离子蒸馏水，蒸馏时加入少许高锰酸钾和硫酸。（　　）

答案：正确

3. 根据《生活饮用水标准检验方法　金属指标》（GB/T 5750.6—2006）（17.1　钛　催化示波极谱法）测得水中钛时，水中活性肽与铜铁试剂作用形成配位化合物，在六亚甲基四胺－硫酸钠－酒石酸钾钠体系中，生成电活性配位化合物，于峰电位 −0.92 V 处产生一个灵敏的配合吸附催化极谱。（　　）

答案：正确

4. 根据《生活饮用水标准检验方法　金属指标》（GB/T 5750.6—2006）（17.1　钛　催化示波极谱法）测得水中钛，采集水样时，每 100 ml 水样加入 0.5 ml 盐酸，若水样浑浊，水样应先过滤处理后再加。（　　）

答案：正确

二、选择题

根据《生活饮用水标准检验方法　金属指标》（GB/T 5750.6—2006）（17.1　钛　催化示波极谱法），测定水源水中的钛不能采用的方法是________。（　　）

A. 催化示波极谱法　　　　B. 电感耦合等离子体质谱法

C. 离子色谱法　　　　　　D. 水杨基荧光铜分光光度法

答案：C

参考文献

中华人民共和国卫生部，中国国家标准化管理委员会．生活饮用水标准检验方法　金属指标：GB/T 5750.6—2006［S］．北京：中国标准出版社，2006.

命题：王雅辉

审核：张万峰　冯　丹

第十七节　二硝基甲苯

分类号：W4–16

主要内容
《水质　二硝基甲苯的测定　示波极谱法》（GB/T 13901—92）

一、填空题

根据《水质　二硝基甲苯的测定　示波极谱法》（GB/T 13901—92）测定水中二硝基甲苯时，在____________底液中，通过线性变化的电压，二硝基甲苯能够在滴汞电极上被还原，在示波极谱图上产生特征峰，在相应的电压－电流曲线图上求出其含量。

答案： 四硼酸钠

二、判断题

1.《水质　二硝基甲苯的测定　示波极谱法》（GB/T 13901—92）不适用于直接测定三硝基甲苯含量为二硝基甲苯的一半以上的废水样品。（　　）

答案： 正确

2. 根据《水质　二硝基甲苯的测定　示波极谱法》（GB/T 13901—92），二硝基甲苯的峰电位为 -0.70 处的峰不稳定，不适用于定量分析。（　　）

答案： 正确

三、选择题

1.《水质　二硝基甲苯的测定　示波极谱法》（GB/T 13901—92）方法适用于________。（　　）

A. 地表水　　B. 地下水　　C. 硝化甘油系列火炸药工业废水

答案： C

2. 根据《水质　二硝基甲苯的测定　示波极谱法》（GB/T 13901—92）方法测定水中二硝基甲苯时，若样品中含有大量三硝基甲苯干扰测定时，可先向试样中加入一定浓度的________溶液，放置 5min 后再加入________溶液，将试样调为中性进行测定。（　　）

A. 氢氧化钠，硫酸　　B. 氢氧化钾，硫酸

C. 氢氧化钾，硝酸　　D. 氢氧化钠，硝酸

答案： D

3.《水质　二硝基甲苯的测定　示波极谱法》（GB/T 13901—92）方法测定范围为________mg/L。（　　）

A. 1.00～5.00　　B. 0.50～10.0　　C. 0.10～5.00　　D. 0.10～10.0

答案： C

参考文献

国家环境保护局. 水质　二硝基甲苯的测定　示波极谱法：GB/T 13901—92［S］. 北京：中国环境科学出版社，1992.

命题：王雅辉　冯　丹
审核：张万峰　夏　新

第十八节　阴离子洗涤剂

分类号：W4-17

主要内容
《水质　阴离子洗涤剂的测定　电位滴定法》（GB/T 13199—91）

一、判断题

1. 根据《水质　阴离子洗涤剂的测定　电位滴定法》（GB/T 13199—91）测定水中阴离子洗涤剂时，在工作电极的能斯特响应区内，电池电势与阴离子洗涤剂的浓度关系式为 $E=E_0+K\ \lg a_{阴}$。（　　）

答案：错误

正确答案为：$E=E_0-K\ \lg a_{阴}$

2. 根据《水质　阴离子洗涤剂的测定　电位滴定法》（GB/T 13199—91）测定水中阴离子洗涤剂时，若样品需要过滤，可用定性滤纸过滤。（　　）

答案：错误

正确答案为：可用慢速定量滤纸或 0.45 mm 滤膜过滤。

3. 《水质　阴离子洗涤剂的测定　电位滴定法》（GB/T 13199—91）适用于污染水体中阴离子洗涤剂的测定。（　　）

答案：正确

4. 根据《水质　阴离子洗涤剂的测定　电位滴定法》（GB/T 13199—91）测定水中阴离子洗涤剂时，以 CPB 为滴定剂对水体中阴离子洗涤剂进行电位滴定。（　　）

答案：正确

二、选择题

1. 根据《水质　阴离子洗涤剂的测定　电位滴定法》（GB/T 13199—91）测定水中阴离子洗涤剂时，样品中存在的能与 LAS 生成比离子缔合物 CPB、LAS 更稳定的离子缔合物的阳离子干扰测定，产生________误差。（　　）

A. 正　　B. 负　　C. 零

答案：B

2. 根据《水质　阴离子洗涤剂的测定　电位滴定法》（GB/T 13199—91）测定水中阴离子洗涤剂时，采集和保存样品应该使用________。（　　）

A. 玻璃瓶　　B. 棕色玻璃瓶　　C. 聚四氟乙烯瓶　　D. 聚乙烯瓶

答案：A

3. 根据《水质　阴离子洗涤剂的测定　电位滴定法》（GB/T 13199—91）测定水中阴离子洗涤剂时，水样采集后用________酸化至 pH=4。(　　)

A. 硫酸　　B. 盐酸　　C. 硝酸　　D. 磷酸

答案：A

4. 根据《水质　阴离子洗涤剂的测定　电位滴定法》（GB/T 13199—91）测定水中阴离子洗涤剂时，清洗电极时，需将活化好的电极和甘汞电极插入放有搅拌子的水杯中多次清洗，直到两次清洗的电池电势相差为________mV。(　　)

A. ±0.5　　B. ±1　　C. ±3　　D. ±5

答案：B

参考文献

国家技术监督局，国家环境保护局 . 水质　阴离子洗涤剂的测定　电位滴定法：GB/T 13199—91［S］. 北京：中国环境科学出版社，1991.

命题：王雅辉　马慧杰
审核：张万峰　冯　丹

第五章　容量法

第一节　基础知识

分类号：W5-0

一、填空题

1. 量器的标准容量通常是指在________℃时的容量。

答案：20

2. 酸式滴定管主要用于盛装酸性溶液、________和________。

答案：氧化还原性溶液　　盐类稀溶液

3. 按反应的性质，容量分析可分为________法、________法、________法和________法。

答案：酸碱滴定　　氧化还原滴定　　络合滴定　　沉淀滴定

4. 络合滴定法就是利用________和________形成络合物的化学反应为基础的一种容量分析方法。

答案：金属离子　　络合剂

5. 容量分析法是将一种已知________的标准溶液滴加到被测物质的溶液中，直到所加的标准溶液与被测物质按化学计量定量反应为止，然后根据标准溶液的________计算被测物质的含量。

答案：准确浓度　　浓度和用量

6. 标准溶液从滴定管滴入被测溶液中，二者达到化学反应式所表示的化学计量关系时的点，叫作________，在滴定过程中，指示剂正好发生颜色变化的转变点，叫作________。

答案：理论终点　　滴定终点

7. 正式滴定操作前，应将滴定管调至“0”刻度以上约 0.5 cm 处，并停留 1～2 min，然后调节液面位置；停留 1～2 min 是为了________。每次滴定最好从“0”刻度或接近“0”刻度开始，这既是为了保证有足够量的溶液供滴定使用，又是为了________。

答案：使附在管上部的溶液流下　　减小（平行）滴定误差

8. 滴定管在装入滴定液之前，应该用滴定液洗涤滴定管 3 次，其目的是________，以确保滴定液________。

答案：除去管内残存水分　　浓度不变

二、判断题

1. 氧化还原反应平衡常数越小，反应越完全。(　　)

答案：错误

　　正确答案为：氧化还原反应平衡常数越大，反应越完全。

2. 在络合滴定过程中，理论终点附近的 pH 变化越大，滴定突跃就越明显，也就越容易准确地指示终点。(　　)

答案：正确

3. 滴定完毕后，将滴定管内剩余溶液倒回原瓶，再用自来水、蒸馏水冲洗滴定管。(　　)

答案：错误

　　正确答案为：不能将剩余标液倒回原瓶。

4. 滴定终点与滴定反应的理论终点不一定完全相符。(　　)

答案：正确

5. 碱式滴定管用来装碱性及氧化性溶液，如高锰酸钾、碘和硝酸银溶液等。(　　)

答案：错误

　　正确答案为：碱式滴定管只能装碱性及无氧化性溶液。高锰酸钾、碘和硝酸银溶液是氧化性溶液，能与滴定管的橡皮发生反应，所以不能装在碱式滴定管中。

6. 滴定操作时，大幅甩动锥形瓶或不摇动锥形瓶都是不规范的。(　　)

答案：正确

7. 标准滴定溶液的浓度值，计算过程中应保留 5 位有效数字，报出结果应取 4 位有效数字。(　　)

答案：正确

8. 滴定管读数时，无论是在滴定架上还是手持滴定管，都要保证滴定管垂直向下。(　　)

答案：正确

9. 用 10 ml 大肚吸管移出溶液的准确体积应记录为 10.0 ml。(　　)

答案：错误

　　正确答案为：应记录为 10.00 ml。

三、选择题

1. 关于氧化还原反应，以下叙述错误的是________。(　　)

A. 被氧化的元素化合价一定升高　　B. 被还原元素的化合价一定降低

C. 有氧元素参加的反应一定是氧化还原反应

答案：C

2. 下列物质暴露在空气中，质量不会增加的是________。(　　)

A. 浓硫酸　　B. 无水氯化钙　　C. 生石灰　　D. 草酸

答案：D

3. 在我国化学试剂等级中，优级纯（保证试剂）的表示符号为________。(　　)

A. A. R.　　B. G.R.　　C. S.R.　　D. L.R.

答案：B

4. 下列物质中，可用称量法直接配制标准滴定溶液的是________。(　　)

A. 固体 NaOH（G.R.）　　B. 浓盐酸（G.R.）

C. 固体 $K_2Cr_2O_7$（基准）

答案：C

5. 在一般情况下，滴定分析（容量分析）测得结果的相对误差为________% 左右。(　　)

A. 0.1　　B. 0.2　　C. 0.5

答案：B

6. 进行滴定操作时，滴定速度以________为宜，切不可呈直线放下。(　　)

A. 每秒 3～4 滴或 8～10 ml/min　　B. 每秒 5～6 滴或 10～12 ml/min

C. 每秒 4～5 滴或 6～8 ml/min

答案：A

7. 用分析纯碳酸钠来标定盐酸标准滴定溶液，会使标定结果________。(　　)

A. 偏高　　B. 偏低　　C. 正确

答案：B

8. 要准确量取 20.00 ml 溶液，应选用________。(　　)

A. 容量瓶　　B. 移液管　　C. 量筒

答案：B

9. 酸式滴定管活塞密封性检查的方法是在活塞不涂凡士林的清洁滴定管中加蒸馏水至零标线处，________为合格。(　　)

A. 放置 5 min，液面下降不超过 1 个最小分度者

B. 放置 10 min，液面下降不超过 1 个最小分度者

C. 放置 15 min，液面下降不超过 1 个最小分度者

答案：C

四、问答题

1. 简述容量分析法的误差来源。

答案：（1）滴定终点与理论终点不完全符合所致的滴定误差；

（2）滴定条件掌握不当所致的滴定误差；

（3）滴定管误差；

（4）操作者的习惯误差。

2. 可以直接配制标准溶液的基准物质，应满足什么要求？

答案：（1）纯度高，杂质含量可忽略；

（2）组成（包括结晶水）与化学式相符；

（3）性质稳定，反应时不发生副反应；

（4）使用时易溶解；

（5）所选用的基准试剂中，目标元素的质量比应较小，使称样量大，可以减少称量误差。

3. 简述影响沉淀物溶解度的因素有哪些。

答案：影响沉淀溶解度的因素主要有同离子效应、盐效应、酸效应及络合效应等，此外，温度、介质、晶体结构和颗粒大小也对溶解度有影响。

4. 简述滴定管读数时的注意事项。

答案：滴定管读数时应遵守以下规则：

（1）读数前要等 1～2 min；

（2）保持滴定管垂直向下；

（3）读数至小数点后两位；

（4）初读、终读方式应一致，以减少视差；

（5）眼睛与滴定管中的弯月液面平行。

5. 适合容量分析的化学反应应具备哪些条件？

答案：（1）反应必须定量进行而且进行完全；

（2）反应速度要快；

（3）有比较简便可靠的方法确定理论终点（或滴定终点）；

（4）共存物质不干扰滴定反应，或采用掩蔽剂等方法能予以消除。

6. 常量滴定管、半微量滴定管和微量滴定管的最小分度值各是多少？

答案：常量滴定管：0.1 ml；半微量滴定管：0.05 ml 或 0.02 ml；微量滴定管：0.01 ml。

五、计算题

1. 对一滴定管进行校准中，在 18 ℃时由滴定管放出 10.00 ml 纯水，其质量 W_t 为 9.970 1 g，已知 18℃时每毫升水的质量 d_t 为 0.997 5 g，试求该滴定管误差。

答案：$V_t = W_t / d_t = 9.970\,1 / 0.997\,5 = 9.99$（ml）

10.00−9.99 = 0.01（ml）

即在 18℃时这一段滴定管量得的体积误差是 +0.01 ml。

2. 当分析天平的称量误差为 ±0.000 2 g 时，若要求容量分析的相对误差控制在 0.1% 以下，则基准物质的质量必须大于多少克？

答案：0.000 2/0.1%=0.2

即基准物质的质量必须大于 0.2 g。

3. 滴定管的读数误差为 0.02 ml，为使测量的相对误差控制在 0.1% 以下，滴定溶液的消耗量不少于多少毫升？

答案：滴定量：0.02 ml/0.1%=20 ml

即不少于 20 ml。

参考文献

[1] 中国环境监测总站《环境水质监测质量保证手册》编写组 . 环境水质监测质量保证手册 .2 版［M］. 北京：化学工业出版社，1994.

[2] 欧阳纶 . 环境监测分析［M］. 长沙：湖南科学技术出版社，1986.

[3] 刘瑞雪 . 化验员习题集 .2 版［M］. 北京：化学工业出版社，2000.

[4] 成都科学技术大学分析化学教研组，浙江大学分析化学教研组. 分析化学［M］. 北京：高等教育出版社，1987.

命题：张荣辉　李桂铃　武云霞
审核：彭刚华　陈　谊　夏　新

第二节　酸度

分类号：W5-1

主要内容
酸度　酸碱指示剂滴定法《水和废水监测分析方法》(第四版)

一、填空题

1. 采用酸碱指示剂滴定法测定水中酸度中，在滴定时，含有硫酸铝的水样应________后滴定。

答案：加热

2. 采用酸碱指示剂滴定法测定水中酸度时，总酸度是指采用________作指示剂，用氢氧化钠标准溶液滴定至 pH 为________时的酸度。

答案：酚酞　　8.3

二、判断题

1. 酸度即是氢离子的浓度。(　　)

答案：错误

正确答案为：酸度是水中溶质的离解或水解而产生的氢离子与碱标准溶液作用至一定的 pH 所消耗的量。

2. 采用酸碱指示剂滴定法测定水中酸碱度时，水样的色度和浊度均干扰测定。(　　)

答案：正确

三、选择题

1. 测定水中酸度时，其酸度值一般用________浓度计。(　　)

A. $CaCO_3$　　B. pH　　C. NaOH

答案：A

2. 测定水中酸度时，甲基橙酸度是指以甲基橙为指示剂，用氢氧化钠滴定至 pH 为________的酸度。(　　)

A. 3.7　　B. 8.3　　C. 4.1～4.5

答案：A

3. 测定水中酸碱度时，若水样中含有游离二氧化碳，则不存在________，可直接以甲基橙作指示剂进行滴定。(　　)

A. 氢氧化物　　B. 碳酸盐和氢氧化物

C. 重碳酸盐

答案：B

四、问答题

简述酸碱指示剂滴定法测定酸度的主要干扰物质有哪些。

答案：（1）溶解气体，如 CO_2、H_2S、NH_3 等；

（2）含有三价铁和二价铁、锰、铝等可氧化或易水解的离子；

（3）水样中游离的氯；

（4）水样中的色度、浑浊度。

参考文献

[1] 国家环境保护总局《水和废水监测分析方法》编委会 . 水和废水监测分析方法 .4 版［M］. 北京：中国环境科学出版社，2002.

[2] 美国公共卫生协会，美国自来水协会，水污染控制联合会 . 水和废水标准检验法 .13 版［M］. 张曾谌，顾泽南，朱新源，等，译 . 北京：中国建筑工业出版社，1978.

[3] 刘瑞雪 . 化验员习题集 .2 版［M］. 北京：化学工业出版社，2000.

命题：封　雪　李桂玲　赵明月

审核：彭刚华　夏　新

第三节　碱度

分类号：W5-2

主要内容
碱度　酸碱指示剂滴定法　《水和废水监测分析方法》（第四版）

一、填空题

1. 用酸碱指示剂滴定法测定水中碱度时，用标准酸溶液滴定至甲基橙指示剂由橘黄色变成橘红色时，溶液的 pH 为_________。

答案：4.4～4.5

2. 一碱性水样可能含有 OH^-、CO_3^{2-}、HCO_3^- 或其混合溶液，现用盐酸标准溶液对其进行滴定，若以酚酞作指示剂消耗盐酸溶液体积为 V_1，若以甲基橙为指示剂消耗盐酸溶液体积为 V_2，则当 $V_1>V_2$ 时，水样中含有___________________；当 $V_1<V_2$ 时，水样中含有_________。

答案：氢氧化物和碳酸盐（OH^- 和 CO_3^{2-}）　碳酸盐和重碳酸盐（CO_3^{2-} 和 HCO_3^-）

二、判断题

1. 污水中的总碱度包含水中氢氧化物、碳酸盐和重碳酸盐的总量。（　　）

答案：错误

正确答案为：还含有有机碱类和金属水解性盐类等。

2. 碳酸盐碱度，只有在酚酞碱度不是零但小于总碱度时才存在。(　　)

答案：正确

三、选择题

1. 用酸碱指示剂滴定法测定水中碱度时，当水样中只含有氢氧化钠时，分别以甲基橙和酚酞作指示剂进行滴定，则________。(　　)

A. $V_{甲基橙}=0$　　B. $V_{酚酞}=0$　　C. $V_{甲基橙}<V_{酚酞}$

答案：A

2. 当水样中总碱度浓度较低时，可改用________盐酸标准溶液滴定，或改用微量滴定管，以提高测定精度。(　　)

A. 0.05 mol/L　　B. 0.02 mol/L　　C. 0.01 mol/L　　D. 0.005 mol/L

答案：C

四、问答题

配制氢氧化钠标准溶液时应注意什么？

答案：(1) 应选用无二氧化碳水配制，溶解后立即转入聚乙烯瓶中；

(2) 冷却后须用装有碱石灰管的橡皮塞子塞紧；

(3) 静置 24 h 后，吸取一定量上清液用无二氧化碳水稀释定容；

(4) 必须移入聚乙烯瓶内保存。

五、计算题

1. 取一天然水样品 100 ml，以酚酞作指示剂，用 0.020 0 mol/L 的盐酸标准溶液滴定至终点，用去标液 V_1 13.10 ml，再加甲基橙作指示剂继续滴定至终点，又耗去标液 V_2 16.81 ml，问废水中主要含有哪些物质？以 CaO 计的总碱度是多少？(1/2 CaO 的摩尔质量为 28.04)

答案：因为 $V_1<V_2$，所以样品中主要含碳酸盐和重碳酸盐。

$$总碱度（以 CaO 计，mg/L）=\frac{C(V_1+V_2)\times 28.04}{V}\times 1\,000$$

$$=\frac{0.020\,0\times(13.10+16.81)\times 28.04}{100.0}\times 1\,000=167.7\text{ mg/L}$$

2. 准确称取经干燥的基准试剂邻苯二甲酸氢钾 0.485 7 g，置于 250 ml 锥形瓶中，加实验用水 100 ml 使之溶解，用该溶液标定氢氧化钠标准溶液，即用氢氧化钠标准溶液滴定该溶液，滴定至终点时用去氢氧化钠标准溶液 18.95 ml，空白滴定用去 0.17 ml，问氢氧化钠标准溶液的浓度是多少？(邻苯二甲酸氢钾的摩尔质量为 204.23)

答案：$$\text{NaOH 浓度（mol/L）}=\frac{m\times 1\,000}{(V_1-V_0)\times 204.23}=\frac{0.485\,7\times 1\,000}{(18.95-0.17)\times 204.23}=0.126\,6\text{ mg/L}$$

参考文献

[1] 国家环境保护总局《水和废水监测分析方法》编委会．水和废水监测分析方法．4版［M］．北京：中国环境科学出版社，2002.

[2] 美国公共卫生协会，美国自来水协会，水污染控制联合会．水和废水标准检验法．13版［M］．张曾谌，顾泽南，朱新源，等，译．北京：中国建筑工业出版社，1978.

[3] 刘瑞雪．化验员习题集．2版［M］．北京：化学工业出版社，2000.

命题：李桂玲　封　雪　赵明月

审核：彭刚华　夏　新　牛　毓

第四节　二氧化碳

分类号：W5-3

主要内容
①游离二氧化碳　酚酞指示剂滴定法《水和废水监测分析方法》（第四版）
②侵蚀性二氧化碳　甲基橙指示剂滴定法《水和废水监测分析方法》（第四版）

一、填空题

1. 二氧化碳在水中的存在形式主要是____________及其与水作用形成的________。①②

答案：溶解气体分子　碳酸

2. 根据《水和废水监测分析方法》（第四版）中甲基橙指示剂滴定法测定水中侵蚀性二氧化碳时，打开采样瓶塞后应立即测定，滴定时应避免强烈的摇动，以防止__________________。②

答案：空气中的 CO_2 溶入

二、判断题

1. 采集测定游离二氧化碳的水样时，应定量采取。（　　）①②

答案：错误

正确答案为：应取满瓶水样。

2. 根据《水和废水监测分析方法》（第四版），硼酸盐、磷酸盐、硫化物和铜等均会影响酚酞指示剂滴定法测定水中游离二氧化碳的测定结果。（　　）①

答案：正确

3. 根据《水和废水监测分析方法》（第四版）中酚酞指示剂滴定法测定水中游离二氧化碳时，若游离二氧化碳含量大于 10 mg/L，则应采用 0.01 mol/L NaOH 标准溶液进行测定。（　　）①

答案：错误

正确答案为：应采用 0.05 mol/L NaOH 标准溶液进行测定。

4. 根据《水和废水监测分析方法》（第四版）中酚酞指示剂滴定法测定水中游离二氧

化碳时，如果游离二氧化碳与氢氧化钠反应到达终点，则此时溶液的 pH 约为 8.3。（ ）①

答案：正确

5. 根据《水和废水监测分析方法》（第四版）中甲基橙指示剂滴定法测定水中侵蚀性二氧化碳，当测定结果中 $V_1 \leqslant V_2$ 时，说明水中不含侵蚀性二氧化碳（注：V_1——当天滴定试样所消耗的盐酸标准溶液量；V_2——5 d 后滴定试样所消耗的盐酸标准溶液量）。（ ）②

答案：错误

正确答案为：当测定结果中 $V_1 \geqslant V_2$ 时，说明水中不含侵蚀性二氧化碳。

6. 根据《水和废水监测分析方法》（第四版）中甲基橙指示剂滴定法测定水中侵蚀性二氧化碳时，若水样中含有机物较多，在放置 5 d 过程中被好氧微生物分解，往往使结果偏低。（ ）②

答案：错误

正确答案为：有机物分解产生二氧化碳，应使结果偏高。

7. 根据《水和废水监测分析方法》（第四版）中甲基橙指示剂滴定法测定水中侵蚀性二氧化碳时，若水样总碱度<0.2 mmol/L，应使用 10 ml 微量滴定管滴定。（ ）②

答案：正确

8. 水中二氧化碳的含量超过 40 mg/L 时，会影响水体中鱼类的生长。（ ）①②

答案：正确

9. 根据《水和废水监测分析方法》（第四版）中酚酞指示剂滴定法测定水中游离二氧化碳时，可以采用过滤、稀释的方法以消除水样浑浊、有色的干扰。（ ）①②

答案：错误

正确答案为：水样浑浊、有色时可改用电位滴定法测定。

10. 根据《水和废水监测分析方法》（第四版）中酚酞指示剂滴定法测定水中游离二氧化碳时，应尽量在现场测定，以获得更准确的结果。（ ）①

答案：正确

三、选择题

1.《水和废水监测分析方法》（第四版）中酚酞指示剂滴定法适用于________中游离二氧化碳的测定。（ ）①

A. 一般地表水　　B. 含有酸性工矿废水

C. 酸再生阳离子树脂交换器的出水

答案：A

2. 实验室无二氧化碳水的 pH 应大于________，电导率小于________mS/cm。（ ）①②

A. 5.0，3.0　　B. 6.0，2.0

答案：B

3. 根据《水和废水监测分析方法》（第四版）中酚酞指示剂滴定法测定水中游离二氧化碳时，滴定终点标准比色液为 0.1 mol/L________溶液。（ ）①

A. 氢氧化钠　　B. 碳酸氢钾　　C. 碳酸氢钠

答案：C

4. 根据《水和废水监测分析方法》（第四版）中酚酞指示剂滴定法测定水中游离二氧化碳时，配制 1% 酚酞指示剂的步骤如下：称取 1 g 酚酞，溶于 100 ml________中，然后用 0.1 mol/L 氢氧化钠溶液滴定至出现淡红色为止。（　　）①

A. 无二氧化碳水　　B. 95% 甲醇　　C. 95% 乙醇

答案：C

5. 根据《水和废水监测分析方法》（第四版）中酚酞指示剂滴定法测定水中游离二氧化碳时，若水样硬度较大，或含大量铝离子或铁离子，可于滴定前加入 1 ml 50% ________溶液，以消除干扰。（　　）①

A. 酒石酸钾钠　　B. 硫代硫酸钠　　C. 氢氧化钠

答案：A

6. 根据《水和废水监测分析方法》（第四版）中甲基橙指示剂滴定法测定水中侵蚀性二氧化碳，在对存放了 5 d 的水样进行滴定之前，要先用________速滤纸过滤。（　　）②

A. 高　　B. 中　　C. 慢

答案：C

7. 根据《水和废水监测分析方法》（第四版），欲消除水样中余氯对甲基橙指示剂滴定法测定侵蚀性二氧化碳的干扰，可加入________。（　　）②

A. $Na_2S_2O_3$　　B. 酒石酸钾钠　　C. $NaHCO_3$

答案：A

8. 根据《水和废水监测分析方法》（第四版）中甲基橙指示剂滴定法测定水中侵蚀性二氧化碳时，其滴定终点为由橘黄色变为________。（　　）②

A. 淡黄色　　B. 金黄色　　C. 淡橘红色

答案：C

四、问答题

1. 根据《水和废水监测分析方法》（第四版）中酚酞指示剂滴定法测定水中游离二氧化碳，量取水样时，如何操作才能获取准确的结果？①

答案：（1）采用虹吸法吸取；

（2）使水样溢出吸管以弃去最初部分；

（3）水样注入锥形瓶时，吸管尖端始终低于水位。

2. 根据《水和废水监测分析方法》（第四版）中酚酞指示剂滴定法测定水中游离二氧化碳中，样品采集与保存时应注意哪些事项？①

答案：（1）采样时应尽量避免水样与空气接触；

（2）水样装满瓶，并在低于取样时的温度下密封保存。

3. 写出根据《水和废水监测分析方法》（第四版）中甲基橙指示剂滴定法测定水中侵蚀性二氧化碳的计算公式，并指出公式中各符号的意义。②

答案：侵蚀性二氧化碳（CO_2，mg/L）$=\frac{C(V_2-V_1)\times 22\times 1\,000}{V}$

式中：C——盐酸标准滴定液浓度，mol/L；

V_1——当天（未加碳酸钙粉末时）滴定时所消耗的盐酸标准滴定液体积，ml；

V_2——5 d 后（加过碳酸钙粉末）滴定时所消耗的盐酸标准滴定液体积，ml；

V——试样体积，ml；

22——侵蚀性二氧化碳（1/2 CO_2）的摩尔质量，g/mol。

4. 根据《水和废水监测分析方法》（第四版）中甲基橙指示剂滴定法测定水中侵蚀性二氧化碳，在过滤存放了 5 d 的水样时，除正确选择滤纸外，在操作上还应注意什么？②

答案：（1）弃去最初的滤液；

（2）勿使碳酸钙粉末漏入滤液中。

五、计算题

某分析人员根据《水和废水监测分析方法》（第四版）中酚酞指示剂滴定法测定地表水中的游离二氧化碳时，吸取水样 100 ml，用 0.010 3 mol/L NaOH 标准溶液滴定成淡红色，消耗 NaOH 标液 7.06 ml，试计算该水样中游离二氧化碳的含量。①

答案：游离二氧化碳（CO_2，mg/L）$=\frac{C\times V_1\times 44}{V}\times 1\,000$

$$=\frac{0.010\,3\times 7.06\times 44}{100}\times 1\,000=35.1\text{ mg/L}$$

参考文献

[1] 国家环境保护总局《水和废水监测分析方法》编委会 . 水和废水监测分析方法 .4 版［M］. 北京：中国环境科学出版社，2002.

[2]《环境监测技术基本理论（参考）试题集》编写组 . 环境监测技术基本理论（参考）试题集［M］. 北京：中国环境科学出版社，2002.

命题：武云霞　赵明月

审核：彭刚华　夏　新

第五节　游离氯和总氯

分类号：W5-4

主要内容
①《水质　游离氯和总氯的测定　*N,N*- 二乙基 -1,4- 苯二胺滴定法》（HJ 585—2010）
② 游离氯和总氯　碘量法《水和废水监测分析方法》（第四版）

一、填空题

1. 水中游离氯是指以________、________和________的形式存在的氯。①②

答案：次氯酸　次氯酸盐　单质氯

2. 根据《水质　游离氯和总氯的测定　*N,N*- 二乙基 -1,4- 苯二胺滴定法》（HJ 585—2010），在 pH 为________的条件下，游离氯与 DPD 直接反应生成________色化合物。①

答案：6.2～6.5　红

3. 根据《水质　游离氯和总氯的测定　*N,N*- 二乙基 -1,4- 苯二胺滴定法》（HJ 585—2010）测定水中游离氯和总氯，校正氧化锰及六价铬的干扰时，测定之前在水样中加入____________或____________溶液。①

答案：亚砷酸钠　硫代乙酰胺

4. 根据《水质　游离氯和总氯的测定　*N,N*- 二乙基 -1,4- 苯二胺滴定法》（HJ 585—2010）测定水中游离氯和总氯时，对于酸性、碱性或________水样，应增加缓冲液用量，使水样 pH 达到规定范围。①

答案：高盐类

5. 总氯是________和________的总称，又称为________。①②

答案：游离氯　化合氯　总余氯

6. 化合氯是指以________和________形式存在的总氯的一部分。①②

答案：氯胺　有机氯胺

7. 根据《水和废水监测分析方法》（第四版）中碘量法测定水中总氯时，若水样中含________、________和锰，将产生正干扰。②

答案：亚硝酸盐　高铁

8. 根据《水和废水监测分析方法》（第四版）中碘量法测定水中游离氯和总氯时，在淀粉试剂中加入水杨酸和氯化锌是为了________。②

答案：防腐

二、判断题

1. 水中游离氯会与铵或某些含氮化合物起反应，生成化合性氯。（　　）①②

答案：正确

2.《水质　游离氯和总氯的测定　*N,N*- 二乙基 -1,4- 苯二胺滴定法》（HJ 585—2010）适用于测定含游离氯（Cl_2）浓度范围为 0.01～5 mg/L 的水样。（　　）①

答案：错误

正确答案为：适用于含游离氯（Cl_2）浓度范围为 0.08～5.0 mg/L 的水样。

3.《水质　游离氯和总氯的测定　*N,N*- 二乙基 -1,4- 苯二胺滴定法》（HJ 585—2010）适用于不含溴、碘、臭氧及过氧化氢等氧化剂情况下水中游离氯和总氯的测定。（　　）①

答案：正确

4. 根据《水质　游离氯和总氯的测定　*N,N*- 二乙基 -1,4- 苯二胺滴定法》（HJ 585—

2010）测定水中游离氯和总氯时，滴定至终点后的无色样品，若放置较短时间后又显红色，则可能是 pH 偏低而使 DPD 被溶解氧所氧化。（　　）①

答案：错误

正确答案为：是因为 pH 偏高而使 DPD 被溶解氧所氧化。

5. 根据《水质　游离氯和总氯的测定　*N,N*- 二乙基 -1,4- 苯二胺滴定法》（HJ 585—2010）测定水中游离氯和总氯，温度高时会促使氯胺起反应，并加快指示剂的褪色过程，所以滴定应避免在较高的室温下进行。（　　）①

答案：正确

6. 氯在水中很不稳定，故测定总氯的水样在现场就应加保存剂，并尽快送回实验室进行测定。（　　）①②

答案：错误

正确答案为：余氯应现场测定。

7. 根据《水和废水监测分析方法》（第四版）中碘量法测定总氯时，若水样浑浊或有色，应过滤或脱色。（　　）②

答案：错误

正确答案为：不能过滤或脱色，以免游离氯损失。

8. 游离氯与化合氯二者不可能同时存在于水中。（　　）①②

答案：错误

正确答案为：游离氯与化合氯可以同时存在于水中。

9. 根据《水质　游离氯和总氯的测定　*N,N*- 二乙基 -1,4- 苯二胺滴定法》（HJ 585—2010）测定的水中游离氯应包括二氧化氯。（　　）①

答案：错误

正确答案为：采用 DPD 滴定法测定的水中游离氯，不包括二氧化氯，二氧化氯可作为游离氯测定出来，这种干扰由测定水中二氧化氯加以校正。

三、选择题

1. 根据《水质　游离氯和总氯的测定　*N,N*- 二乙基 -1,4- 苯二胺滴定法》（HJ 585—2010）测定水中游离氯和总氯，配制重铬酸钾标准溶液时，所称取的重铬酸钾应在________℃烘干________h。（　　）①

A. 105，1　　　B. 180，1　　　C. 105，2

答案：C

2. 根据《水质　游离氯和总氯的测定　*N,N*- 二乙基 -1,4- 苯二胺滴定法》（HJ 585—2010）测定水中游离氯和总氯时，以 mmol/L 表示的氯（Cl_2）浓度，乘以系数________即可换算为 mg/L。（　　）①

A. 70.91　　　B. 72.91　　　C. 74.91

答案：A

3. 根据《水质　游离氯和总氯的测定　*N,N*- 二乙基 -1,4- 苯二胺滴定法》（HJ 585—2010）测定水中总氯的方法是：同时取两份水样，一份测定游离氯，另一份加入________碘化钾后，再按照测定游离氯的方法测定总氯。（　　）①

A. 少量　　B. 适量　　C. 过量

答案：C

4. 淀粉溶液作为碘量法中的________指示剂，以蓝色的出现或消失指示终点。(　　) ②

A. 自身　　B. 氧化还原　　C. 特殊

答案：C

5.《水和废水监测分析方法》(第四版)中碘量法适用于测定总氯含量大于________ mg/L 的水样。(　　) ②

A. 0.1　　B. 1　　C. 10

答案：B

6. 根据《水和废水监测分析方法》(第四版)中碘量法测定水中总氯时，所用的缓冲溶液为________盐，pH 为________。(　　) ②

A. 乙酸，4　　B. 磷酸，7　　C. 乙酸，5

答案：A

7. 根据《水和废水监测分析方法》(第四版)中碘量法测定水中总氯是利用氯在________溶液中与碘化钾反应，释放出一定量的碘，再用硫代硫酸钠标准溶液滴定。(　　) ②

A. 中性　　B. 酸性　　C. 碱性

答案：B

8. 根据《水和废水监测分析方法》(第四版)中碘量法测定水中总氯时，要求在水样中加入缓冲溶液后，pH 控制在 3.5～________。(　　) ②

A. 4.5　　B. 5.2　　C. 4.2

答案：C

四、问答题

1. 根据《水质　游离氯和总氯的测定　*N,N*- 二乙基 -1,4- 苯二胺滴定法》(HJ 585—2010)测定水中游离氯时，为何要严格控制 pH? ①

答案：DPD 滴定法测定游离氯时，pH 为 6.2～6.5，反应产生的红色可准确地表现游离氯的浓度。若 pH 太低，往往使总氯中一氯胺在游离氯测定时出现颜色；若 pH 太高，会由于溶解氧产生颜色。

2. 碘量法测定水中游离氯、总氯和二氧化氯时，若发现硫代硫酸钠溶液在使用一段时间后变浑或有硫的沉淀析出，应如何处理？②

答案：应根据情况将溶液过滤后重新标定，或重新配制。

五、计算题

根据《水质　游离氯和总氯的测定　*N,N*- 二乙基 -1,4- 苯二胺滴定法》(HJ 585—2010)测定某水样中总氯时，取样体积为 100 ml，测得结果为 42.30 mg/L，问滴定时消耗了 0.011 2 mol/L 的硫代硫酸钠标准溶液多少毫升？(MCl=35.46) ①

答案：总氯(Cl_2，mg/L) $= \dfrac{C \times V_1 \times 35.46 \times 1\,000}{V}$

$$42.30 = \frac{0.011\,2V_1 \times 35.46 \times 1\,000}{100}$$

V_1=10.65 ml

参考文献

[1] 环境保护部 . 水质　游离氯和总氯的测定　*N,N*- 二乙基 -1,4- 苯二胺滴定法：HJ 585—2010［S］. 北京：中国环境科学出版社，2010.

[2] 国家环境保护总局《水和废水监测分析方法》编委会 . 水和废水监测分析方法 .4 版［M］. 北京：中国环境科学出版社，2002.

[3] 孙宝盛，单金林 . 环境分析监测理论与技术［M］. 北京：化学工业出版社，2004.

[4] 成都科学技术大学分析化学教研组，浙江大学分析化学教研组 . 分析化学实验［M］. 北京：高等教育出版社，1987.

命题：史　箴　武云霞

审核：彭刚华　夏　新

第六节　二氧化氯和亚氯酸盐

分类号：W5-5

主要内容
《水质　二氧化氯和亚氯酸盐的测定　连续滴定碘量法》（HJ 551—2016）

一、填空题

1.《水质　二氧化氯和亚氯酸盐的测定　连续滴定碘量法》（HJ 551—2016）适用于纺织染整工业亚漂设备及含大量________的废水中二氧化氯的测定。

答案：亚氯酸盐

2. 根据《水质　二氧化氯和亚氯酸盐的测定　连续滴定碘量法》（HJ 551—2016）测定水中游离氯、总氯和二氧化氯时，在淀粉试剂中加入水杨酸和氯化锌是为了________。

答案：防腐

3. 根据《水质　二氧化氯和亚氯酸盐的测定　连续滴定碘量法》（HJ 551—2016），碘量法分为直接碘量法和间接碘量法，测定二氧化氯的含量时用________。

答案：间接碘量法

二、判断题

1. 根据《水质　二氧化氯和亚氯酸盐的测定　连续滴定碘量法》（HJ 551—2016）测定水中二氧化氯时，二氧化氯是氧化剂，亚氯酸根是还原剂。（　　）

答案：错误

正确答案为：亚氯酸根也是氧化剂。

2. 根据《水质　二氧化氯和亚氯酸盐的测定　连续滴定碘量法》（HJ 551—2016）测定水中二氧化氯时，硫代硫酸钠标准溶液只能用碘酸钾溶液进行标定。（　　）

答案：正确

3. 碘量法是利用 I_2 的氧化性和碘离子的还原性进行滴定分析的方法。（　　）

答案：正确

4. 若需测定二氧化氯的水样，应用棕色瓶采集样品，水样充满采样瓶，样品避光保存，采样后 5 d 内分析。（　　）

答案：错误

正确答案为：因二氧化氯和亚氯酸盐在水中不稳定，应在采样后 30 min 内进行分析。

5. 二氧化氯是一种高效、安全的消毒剂，具腐蚀性，采集高浓度水样时，要注意防护。（　　）

答案：正确

三、选择题

1. 根据《水质　二氧化氯和亚氯酸盐的测定　连续滴定碘量法》（HJ 551—2016）测定水中二氧化氯时，缓冲溶液为________缓冲溶液。（　　）

A. 乙酸－乙酸钠　　B. 磷酸二氢钾－磷酸氢二钠

C. 硼酸－硼砂　　D. 碳酸钠－碳酸氢钠

答案：B

2. 根据《水质　二氧化氯和亚氯酸盐的测定　连续滴定碘量法》（HJ 551—2016）测定水中二氧化氯时，将准确量取的待测水样放入洗涤干净但没有干燥的锥形瓶中，再按照分析步骤进行滴定，滴定结果将________。（　　）

A. 偏大　　B. 偏小　　C. 无影响

答案：C

四、问答题

1. 根据《水质　二氧化氯和亚氯酸盐的测定　连续滴定碘量法》（HJ 551—2016）测定水中二氧化氯时，如何制备不含氯和还原性物质的水？

答案：去离子水或蒸馏水经氯化至约 0.14 mmol/L（10 mg/L）的水平，储存在密闭的玻璃瓶中约 16 h，再暴露于紫外线或阳光下数小时，或用活性炭处理使之脱氯。

2. 根据《水质　二氧化氯和亚氯酸盐的测定　连续滴定碘量法》（HJ 551—2016）测定水中二氧化氯，写出用碘酸钾作基准物标定硫代硫酸钠溶液的反应方程式。

答案：KIO_3 与 KI 反应析出 I_2：

$$IO_3^-+6H^++5I^- = 3I_2+3H_2O$$

析出的 I_2 再用 $Na_2S_2O_3$ 标准溶液滴定：

$$I_2+2S_2O_3^{2-} = S_4O_6^{2-}+2I^-$$

3. 根据《水质　二氧化氯和亚氯酸盐的测定　连续滴定碘量法》（HJ 551—2016）测定水中二氧化氯时，配制硫代硫酸钠标准溶液时，硫代硫酸钠容易风化、潮解，且配制后的溶液不稳定易分解，配制时可采取哪些措施应对？

答案：配制时可采取以下措施：

（1）用新煮沸冷却后的纯水配制，以除去微生物和二氧化碳；

（2）加入少量碳酸钠，使溶液成弱碱性；

（3）溶液贮于棕色瓶中，并且为了使所含的亚硫酸氢盐离子氧化，放置1～2周后再用基准物标定，如出现浑浊需过滤或者重新配置。

参考文献

[1] 环境保护部.水质　二氧化氯和亚氯酸盐的测定　连续滴定碘量法：HJ 551—2016［S］.北京：中国环境出版集团，2016.

[2] 孙宝盛，单金林.环境分析监测理论与技术［M］.北京：化学工业出版社，2004.

命题：赵　斌　武云霞

审核：杨亦恂　封　雪　夏　新

第七节　高锰酸盐指数

分类号：W5-6

主要内容
《水质　高锰酸盐指数的测定》（GB/T 11892—89）

一、判断题

1. 酸性法测定高锰酸盐指数的水样时，采集后若不能立即分析，应加入浓硫酸，使 pH＜2，若为碱性法测定的水样，则不必加保存剂。（　　）

答案：错误

正确答案为：无论酸性法还是碱性法，测定高锰酸盐指数的水样在采集后若不能立即分析，在保存时均应加硫酸。

2. 因高锰酸钾溶液见光分解，故必须贮于棕色瓶中。（　　）

答案：正确

3. 测定水中高锰酸盐指数时，沸水浴后的水面要达到锥形瓶内溶液面的2/3高度。（　　）

答案：错误

正确答案为：沸水浴液面要高于反应溶液的液面。

4. 高锰酸盐指数可作为理论需氧量或有机物含量的指标。（　　）

答案：错误

正确答案为：因为高锰酸盐指数只能氧化一部分有机物，所以高锰酸盐指数不能作为理论需氧量或有机物含量的指标。

5. 测定水中高锰酸盐指数加热煮沸时，若延长加热时间，会导致测定结果偏高。（　　）

答案：正确

二、选择题

1. 用碱性法测定水中高锰酸盐指数时，水样中加入高锰酸钾并在沸水浴中加热后，高锰酸根被还原为________。(　　)

   A. Mn^{2+}　　B. MnO_2　　C. MnO_4^{2-}

答案：B

2. 测定水中高锰酸盐指数时，在沸水浴加热完毕后，溶液仍应保持微红色，若变浅或全部褪去，接下来的操作是________。(　　)

   A. 加入浓度为 0.01 mol/L 的高锰酸钾溶液　　B. 继续加热 30 min

   C. 将水样稀释或增加稀释倍数后重测

答案：C

3. 测定水中高锰酸盐指数时，对于浓度高的水样需进行稀释，稀释倍数以加热氧化后残留的高锰酸钾溶液为其加入量的________为宜。(　　)

   A. 1/3～1/2　　B. 1/3～2/3　　C. 1/3～3/4

   答案：A

4. 测定高锰酸盐指数所用的蒸馏水，需加入________溶液后进行重蒸馏。(　　)

   A. 氢氧化钠　　B. 高锰酸钾　　C. 亚硫酸钠

   答案：B

三、问答题

测定水中高锰酸盐指数时，水样采集后，为什么用 H_2SO_4 酸化至 pH<2 而不能用 HNO_3 或 HCl 酸化？

答案：因为 HNO_3 为氧化性酸，能使水中被测物氧化；而盐酸中的 Cl^- 具有还原性，也能与 $KMnO_4$ 反应，故通常用 H_2SO_4 酸化，稀 H_2SO_4 一般不具有氧化还原性。

四、计算题

测定水中高锰酸盐指数时，欲配制 0.100 0 mol/L 草酸钠标准溶液 100 ml，应称取优级纯草酸钠多少克？（草酸钠分子量：134.10）

答案：$m=0.100\,0\times\left(134.10\times\frac{1}{2}\right)\times\frac{100}{1\,000}=0.670\,5$（g）

参考文献

[1] 国家环境保护局 . 水质　高锰酸盐指数的测定：GB/T 11892—89［S］. 北京：中国标准出版社，1989.

[2] 国家环境保护总局《水和废水监测分析方法》编委会 . 水和废水监测分析方法 .4 版［M］. 北京：中国环境科学出版社，2002.

[3]《环境监测技术基本理论（参考）试题集》编写组 . 环境监测技术基本理论（参考）试题集［M］. 北京：中国环境科学出版社，2002.

[4] 刘瑞雪 . 化验员习题集 .2 版［M］. 北京：化学工业出版社，2000.

命题：武云霞　赵明月　夏　新

审核：彭刚华　陈　谊

第八节　化学需氧量

分类号：W5–7

主要内容
①《水质　化学需氧量的测定　重铬酸盐法》（HJ 828—2017）
②《高氯废水　化学需氧量的测定　氯气校正法》（HJ/T 70—2001）
③《高氯废水　化学需氧量的测定　碘化钾碱性高锰酸钾法》（HJ/T 132—2003）

一、填空题

1. 根据《水质　化学需氧量的测定　重铬酸盐法》（HJ 828—2017）、《高氯废水　化学需氧量的测定　氯气校正法》（HJ/T 70—2001）和《高氯废水　化学需氧量的测定　碘化钾碱性高锰酸钾法》（HJ/T 132—2003）测定化学需氧量时，某分析人员量取浓度为 0.025 0 mol/L 的重铬酸钾标准溶液 10.00 ml，标定硫代硫酸钠溶液时，用去硫代硫酸钠溶液 10.08 ml，该硫代硫酸钠溶液的浓度为________mol/L。①②③

答案：0.024 8

2. 根据《高氯废水　化学需氧量的测定　氯气校正法》（HJ/T 70—2001）和《高氯废水　化学需氧量的测定　碘化钾碱性高锰酸钾法》（HJ/T 132—2003），氯离子含量大于________mg/L 的废水即为高氯废水。②③

答案：1 000

3. 根据《高氯废水　化学需氧量的测定　碘化钾碱性高锰酸钾法》（HJ/T 132—2003）测定化学需氧量时，若水样中含有亚硝酸盐，则在酸化前应先加入 4%________溶液将其分解。若水样中不存在亚硝酸盐，则可不加该试剂。③

答案：叠氮化钠（NaN_3）

4. 《高氯废水　化学需氧量的测定　碘化钾碱性高锰酸钾法》（HJ/T 132—2003）中的 *K* 值表示碘化钾碱性高锰酸钾法测定的样品氧化率与________法测定的样品氧化率________的________值。③

答案：重铬酸盐　　比

5. 根据《高氯废水　化学需氧量的测定　碘化钾碱性高锰酸钾法》（HJ/T 132—2003）测定水中化学需氧量的过程中，加入 0.05 mol/L 高锰酸钾溶液 10.00 ml 并摇匀后，将碘量瓶立即放入沸水浴中加热________min（从水浴重新沸腾起计时），沸水浴液面要________反应溶液的液面。③

答案：60　　高于

6. 根据《水质　化学需氧量的测定　重铬酸盐法》（HJ　828—2017）和《高氯废水　化学需氧量的测定　氯气校正法》（HJ/T 70—2001）测定水中化学需氧量时，水样须在________性介质中加热回流________h。①②

答案：强酸　　2

7. 根据《水质　化学需氧量的测定　重铬酸盐法》（HJ　828—2017）、《高氯废水　化

学需氧量的测定　氯气校正法》（HJ/T 70—2001）和《高氯废水　化学需氧量的测定　碘化钾碱性高锰酸钾法》（HJ/T 132—2003）测定水中化学需氧量时，欲保存用于测定 COD 的水样，须加入________，使 pH________。①②③

答案：硫酸　　<2

8.《高氯废水　化学需氧量的测定　氯气校正法》（HJ/T 70—2001）适用于氯离子含量小于________mg/L 的高氯废水中化学需氧量测定。②

答案：20 000

9. 根据《高氯废水　化学需氧量的测定　氯气校正法》（HJ/T 70—2001），表观 COD 是指在一定条件下，由水样所消耗的________的量，换算成相对应的氧的________浓度。②

答案：重铬酸钾　　质量

10. 根据《水质　化学需氧量的测定　重铬酸盐法》（HJ 828—2017）、《高氯废水　化学需氧量的测定　氯气校正法》（HJ/T 70—2001），表观 COD 和氯离子校正值的计算公式中，"8 000"表示 1/4 O_2 的________质量以________为单位的换算值。②

答案：摩尔　　mg/L

二、判断题

1. 根据《高氯废水　化学需氧量的测定　氯气校正法》（HJ/T 70—2001）和《高氯废水　化学需氧量的测定　碘化钾碱性高锰酸钾法》（HJ/T 132—2003），1% 淀粉溶液可按如下步骤配制：称取 1.0 g 可溶性淀粉后，用刚煮沸的水稀释至 100 ml。（　　）②③

答案：错误

正确答案为：应先将 1.0 g 可溶性淀粉用少量水调成糊状，再用刚煮沸的水稀释至 100 ml。

2. 根据《高氯废水　化学需氧量的测定　碘化钾碱性高锰酸钾法》（HJ/T 132—2003）测定高氯废水中化学需氧量时，若水样中含有氧化性物质，应预先于水样中加入硫代硫酸钠去除。（　　）③

答案：正确

3. 根据《高氯废水　化学需氧量的测定　碘化钾碱性高锰酸钾法》（HJ/T 132—2003）测定高氯废水中的化学需氧量时，若水样中含有几种还原性物质，则取它们的平均 *K* 值作为水样的 *K* 值。（　　）③

答案：错误

正确答案为：取加权平均 *K* 值作为水样的 *K* 值。

4. 根据《水质　化学需氧量的测定　重铬酸盐法》（HJ 828—2017）测定水中化学需氧量时，用 0.025 0 mol/L 浓度的重铬酸钾溶液可测定 COD 值大于 50 mg/L 的水样。（　　）①

答案：错误

正确答案为：可测定 COD 值≤50 mg/L 的水样。

5. 根据《水质　化学需氧量的测定　重铬酸盐法》（HJ 828—2017）和《高氯废

水　化学需氧量的测定　氯气校正法》（HJ/T 70—2001）测定水中化学需氧量时使用的试亚铁灵指示液，是邻菲啰啉和硫酸亚铁铵溶于水配制而成的。（　　）①②

答案：错误

正确答案为：是邻菲啰啉和硫酸亚铁溶于水配制而成的。

6. 根据《水质　化学需氧量的测定　重铬酸盐法》（HJ 828—2017）、《高氯废水　化学需氧量的测定　氯气校正法》（HJ/T 70—2001）和《高氯废水　化学需氧量的测定　碘化钾碱性高锰酸钾法》（HJ/T 132—2003）测定水中化学需氧量，在一定条件下，水中能被重铬酸钾氧化的所有物质的量称为化学需氧量，以氧的毫克数表示。（　　）①

答案：错误

正确答案为：应以氧的质量浓度表示。

7. 根据《水质　化学需氧量的测定　重铬酸盐法》（HJ 828—2017）、《高氯废水　化学需氧量的测定　氯气校正法》（HJ/T 70—2001）和《高氯废水　化学需氧量的测定　碘化钾碱性高锰酸钾法》（HJ/T 132—2003）测定水中化学需氧量时，硫酸亚铁铵标准溶液临用前需用重铬酸钾标准液标定。（　　）①②

答案：正确

8. 根据《水质　化学需氧量的测定　重铬酸盐法》（HJ 828—2017）、《高氯废水　化学需氧量的测定　氯气校正法》（HJ/T 70—2001）和《高氯废水　化学需氧量的测定　碘化钾碱性高锰酸钾法》（HJ/T 132—2003）测定水中化学需氧量时，欲配制 2 mol/L 硫酸溶液，取 945 ml 水缓慢倒入 55 ml 浓硫酸中，并不断搅拌。（　　）①②③

答案：错误

正确答案为：应将浓硫酸缓慢加入水中，不能相反操作，以防浓硫酸溅出。

9. 根据《水质　化学需氧量的测定　重铬酸盐法》（HJ 828—2017）、《高氯废水　化学需氧量的测定　氯气校正法》（HJ/T 70—2001）和《高氯废水　化学需氧量的测定　碘化钾碱性高锰酸钾法》（HJ/T 132—2003）测定水中化学需氧量时，重铬酸钾标准溶液相对稳定，贮存在密闭容器中，可以长期使用。（　　）①②③

答案：正确

10. 根据《高氯废水　化学需氧量的测定　氯气校正法》（HJ/T 70—2001）测定高氯废水中化学需氧量时，氯离子校正值是指水样中被氧化的氯离子生成的氯气所对应的氧的质量浓度。（　　）②

答案：正确

11. 根据《水质　化学需氧量的测定　重铬酸盐法》（HJ 828—2017）和《高氯废水　化学需氧量的测定　氯气校正法》（HJ/T 70—2001）测定化学需氧量，配制硫酸亚铁铵标准溶液时，只需用托盘天平粗称硫酸亚铁铵固体试剂，溶于水中再加入浓硫酸，冷却后定容即可，临用前再用重铬酸钾标准溶液标定。（　　）①②

答案：正确

三、选择题

1.《高氯废水 化学需氧量的测定 碘化钾碱性高锰酸钾法》(HJ/T 132—2003)的最低检出限为________mg/L。( )③

A. 0.2 B. 0.3 C. 0.8 D. 4

答案：A

2. 根据《高氯废水 化学需氧量的测定 碘化钾碱性高锰酸钾法》(HJ/T 132—2003)测定高氯废水中化学需氧量时，水样采集后应尽快分析，若不能立即分析，加入保存剂后于4℃冷藏保存并在________d内测定。( )③

A. 1 B. 2 C. 3 D. 5

答案：B

3. 根据《高氯废水 化学需氧量的测定 碘化钾碱性高锰酸钾法》(HJ/T 132—2003)测定高氯废水中化学需氧量时，若水样中含有Fe^{3+}，可加入________氟化钾溶液消除干扰。( )③

A. 10% B. 20% C. 25% D. 30%

答案：D

4. 根据《水质 化学需氧量的测定 重铬酸盐法》(HJ 828—2017)测定水中化学需氧量时，用________作催化剂。( )①

A. 硫酸汞－硫酸 B. 氯化汞－硫酸 C. 硫酸银－硫酸

答案：C

5. 根据《水质 化学需氧量的测定 重铬酸盐法》(HJ 828—2017)测定水中化学需氧量时，水样加热回流后，溶液中重铬酸钾溶液剩余量应是加入量的1/5～________为宜。( )①

A. 2/5 B. 3/5 C. 4/5

答案：C

6. 根据《水质 化学需氧量的测定 重铬酸盐法》(HJ 828—2017)和《高氯废水 化学需氧量的测定 氯气校正法》(HJ/T 70—2001)测定水中化学需氧量时，0.4 g硫酸汞最高可络合________mg氯离子(硫酸汞分子量为296.65，氯分子量为70.91)。( )①②

A. 30 B. 35 C. 40 D. 45

答案：C

7. 根据《水质 化学需氧量的测定 重铬酸盐法》(HJ 828—2017)测定水中化学需氧量过程中，用硫酸亚铁铵回滴时，溶液的颜色由黄色经蓝绿色至________即为终点。( )①

A. 棕褐色 B. 红褐色 C. 黄绿色

答案：B

8. 根据《高氯废水 化学需氧量的测定 氯气校正法》(HJ/T 70—2001)测定高氯废水中化学需氧量中，氮气纯度要求至少大于________%。( )②

A. 99.0 B. 99.9 C. 99.99 D. 99.999

答案：B

9. 根据《高氯废水 化学需氧量的测定 氯气校正法》(HJ/T 70—2001)测定高氯废

水中化学需氧量时，水样需要在________介质中回流消解。(　　)②

A. 强酸　　B. 弱酸　　C. 强碱　　D. 弱碱

答案：A

10. 根据《高氯废水　化学需氧量的测定　氯气校正法》(HJ/T 70—2001)测定高氯废水中化学需氧量时，防暴沸玻璃珠的直径应为4～________mm。(　　)②

A. 5　　B. 6　　C. 8　　D. 10

答案：C

11. 根据《高氯废水　化学需氧量的测定　氯气校正法》(HJ/T 70—2001)，表观COD值与氯离子校正值之________，即为所测水样真实的COD值。(　　)②

A. 差　　B. 和　　C. 积　　D. 商

答案：A

12. 根据《高氯废水　化学需氧量的测定　氯气校正法》(HJ/T 70—2001)测定高氯废水中化学需氧量的氯气校正法规定，配制好的硫代硫酸钠标准滴定溶液，在放置________后再标定其准确浓度。(　　)②

A. 1 d　　B. 3 d　　C. 1 周　　D. 2 周

答案：C

四、问答题

1. 根据《高氯废水　化学需氧量的测定　碘化钾碱性高锰酸钾法》(HJ/T 132—2003)，简述碘化钾碱性高锰酸钾法测定高氯废水中化学需氧量的适用范围。③

答案：碘化钾碱性高锰酸钾法适用于油气田氯离子含量高达几万至十几万毫克每升高氯废水中化学需氧量的测定。方法的最低检出限为0.2 mg/L，测定上限为62.5 mg/L。

2. 根据《高氯废水　化学需氧量的测定　氯气校正法》(HJ/T 70—2001)和《高氯废水　化学需氧量的测定　碘化钾碱性高锰酸钾法》(HJ/T 132—2003)，简述在高氯废水的化学需氧量测定中滴定时淀粉指示剂的加入时机。②③

答案：以淀粉作指示剂时，淀粉指示剂不得过早加入，应先用硫代硫酸钠滴定到溶液呈淡黄色后，再加入淀粉溶液。

3. 化学需氧量作为一个条件性指标，有哪些因素会影响其测定值？①②③

答案：影响因素包括氧化剂的种类及浓度、反应溶液的酸度、反应温度和时间以及催化剂的有无等。

4. 根据《水质　化学需氧量的测定　重铬酸盐法》(HJ 828—2017)、《高氯废水　化学需氧量的测定　氯气校正法》(HJ/T 70—2001)和《高氯废水　化学需氧量的测定　碘化钾碱性高锰酸钾法》(HJ/T 132—2003)测定水中化学需氧量，邻苯二甲酸氢钾通常于105～120℃下干燥后备用，干燥温度为什么不可过高？①②③

答案：干燥温度过高会导致其脱水而成为邻苯二甲酸酐。

5. 根据《高氯废水　化学需氧量的测定　氯气校正法》(HJ/T 70—2001)和《高氯废水　化学需氧量的测定　碘化钾碱性高锰酸钾法》(HJ/T 132—2003)，写出氯气校正法测定化学需氧量时，硫代硫酸钠标准滴定溶液浓度的计算公式，并注明公式中各符号的意义。②③

答案：$C(Na_2S2O_3)=\dfrac{C_{k_2Cr_2O_7}\times V_{k_2Cr_2O_7}}{V_1-V_2}$

式中：$C(Na_2S_2O_3)$——硫代硫酸钠溶液浓度，mol/L；

V_1——滴定重铬酸钾标准溶液消耗硫代硫酸钠标准滴定溶液的体积，ml；

V_2——滴定空白溶液消耗硫代硫酸钠标准滴定溶液的体积，ml；

$C_{K_2Cr_2O_7}$——重铬酸钾标准溶液的浓度，mol/L；

$V_{K_2Cr_2O_7}$——重铬酸钾标准溶液的体积，ml。

参考文献

[1] 环境保护部 . 水质　化学需氧量的测定　重铬酸盐法：HJ 828—2017［S］. 北京：中国环境出版集团，2017.

[2] 国家环境保护总局 . 高氯废水　化学需氧量的测定　氯气校正法：HJ/T 70—2001［S］. 北京：中国环境科学出版社，2001.

[3] 国家环境保护总局 . 高氯废水　化学需氧量的测定　碘化钾碱性高锰酸钾法：HJ/T 132—2003［S］. 北京：中国环境科学出版社，2003.

[4] 孙宝盛，单金林 . 环境分析监测理论与技术［M］. 北京：化学工业出版社，2004.

命题：封　雪　赵　斌　武云霞　王淑娟

审核：杨亦恂　牛　毓　夏　新　曹艳梅

第九节　钙和镁（总硬度）

分类号：W5-8

主要内容
①《水质　钙和镁总量的测定　EDTA 滴定法》（GB/T 7477—87）
②《水质　钙的测定　EDTA 滴定法》（GB/T 7476—87）

一、填空题

1. 根据《水质　钙和镁总量的测定　EDTA 滴定法》（GB/T 7477—87）或《水质　钙的测定　EDTA 滴定法》（GB/T 7476—87）测定水中钙和镁的总量或者水中钙，滴定接近终点时，由于络合反应缓慢，因此应放慢滴定速度，但整个滴定过程中应在________min 内完成，以便使________的沉淀减至最少。①②

答案：5　　碳酸钙

2. 根据《水质　钙和镁总量的测定　EDTA 滴定法》（GB/T 7477—87）或《水质　钙的测定　EDTA 滴定法》（GB/T 7476—87）测定水中钙和镁的总量或者水中钙，保存水样时，应在水样中加入________，使 pH 为________左右。①②

答案：硝酸　　1.5

3. 根据《水质　钙和镁总量的测定　EDTA 滴定法》（GB/T 7477—87）或《水质　钙

的测定　EDTA 滴定法》（GB/T 7476—87）测定水中钙和镁的总量或者水中钙时，若水样中铁离子≤30 mg/L，应在临滴定前加入 250 mg________或加入数毫升________，以掩蔽铁离子。①②

答案：氰化钠　　三乙醇胺

4. 根据《水质　钙的测定　EDTA 滴定法》（GB/T 7476—87）测定水中钙时，________指示剂又称为钙指示剂或者钙红。②

答案：钙羧酸

二、判断题

1. 根据《水质　钙和镁总量的测定　EDTA 滴定法》（GB/T 7477—87）或《水质　钙的测定　EDTA 滴定法》（GB/T 7476—87）测定水中钙和镁的总量或者水中钙时，EDTA 几乎能与所有的金属离子形成络合物，其组成比几乎均为 1∶1。(　　)①②

答案：正确

2. 水中钙、镁离子和氯离子、硫酸根离子、硝酸根离子结合时形成的硬度即为碳酸盐硬度。(　　)①

答案：错误

正确答案为：水中钙、镁离子和氯离子、硫酸根离子、硝酸根离子结合时形成的硬度为非碳酸盐硬度。

3. 根据《水质　钙和镁总量的测定　EDTA 滴定法》（GB/T 7477—87）测定水中钙和镁的总量时，在缓冲溶液中加入镁盐，是为了使含镁较低的水样在滴定时终点更明显。(　　)①

答案：正确

4. 总硬度是指水样中各种能和 EDTA 络合的金属离子总量。(　　)①

答案：错误

正确答案为：总硬度是指水中钙和镁的总浓度。

5.《水质　钙和镁总量的测定　EDTA 滴定法》（GB/T 7477—87）或《水质　钙的测定　EDTA 滴定法》（GB/T 7476—87）适用于测定地下水和地表水，也适用于测定海水。(　　)①②

答案：错误

正确答案为：不适于测定含盐量高的水。

6. 根据《水质　钙和镁总量的测定　EDTA 滴定法》（GB/T 7477—87）测定水中钙和镁的总量时，可以在各试样中加入缓冲溶液及铬黑 T 完毕后，再逐个进行滴定。(　　)①

答案：错误

正确答案为：加入缓冲溶液及铬黑 T 后不能放置，应立即滴定，以防止铬黑 T 氧化和碳酸钙沉淀产生。

7. 根据《水质　钙和镁总量的测定　EDTA 滴定法》（GB/T 7477—87）测定水中钙和镁的总量时，因为室温过低会使反应灵敏度降低，所以可适当加热试样后测定。(　　)①

答案：正确

8、根据《水质　钙和镁总量的测定　EDTA 滴定法》（GB/T 7477—87）或《水质　钙的测定　EDTA 滴定法》（GB/T 7476—87）测定水中钙和镁的总量或者水中钙时，应保证在 pH=10 的条件下，用 EDTA 溶液进行络合滴定。（　　）①②

答案：错误

正确答案为：应保证在 pH=10 的条件下；测定水中钙时，应保证在 pH 为 12～13 的条件下，用 EDTA 溶液进行络合滴定。

三、选择题

1. 我国规定的硬度单位用每升水含有________表示。（　　）①

A. CaO 毫克数　　B. $CaCO_3$ 毫克数　　C. 10 mg CaO 毫克数

答案：B

2. 根据《水质　钙的测定　EDTA 滴定法》（GB/T 7476—87）测定水中钙时，常用滴定指示剂为________。（　　）②

A. 钙羧酸　　B. 铬黑 T　　C. 酚酞

答案：A

3. 根据《水质　钙和镁总量的测定　EDTA 滴定法》（GB/T 7477—87）或《水质　钙的测定　EDTA 滴定法》（GB/T 7476—87）测定水中钙和镁的总量或者水中钙时，水样可用硬质玻璃瓶（或聚乙烯容器）采集，采集后应于________h 内完成测定，否则就采取酸化保存。（　　）①②

A. 6　　B. 12　　C. 24

答案：C

四、问答题

1. 根据《水质　钙和镁总量的测定　EDTA 滴定法》（GB/T 7477—87）测定水中钙和镁的总量时，应将 pH 控制在什么范围，为什么？被滴定溶液的酒红色是什么物质的颜色？亮蓝色又是什么物质的颜色？①

答案：应将 pH 控制在 10.0±0.1；主要考虑 Ca^{2+}、Mg^{2+} 与 EDTA 络合物的稳定性与终点的敏锐性；被滴定溶液的酒红色是铬黑 T 与 Ca^{2+}、Mg^{2+} 络合物的颜色；由酒红色敏锐地变为亮蓝色，是游离指示剂的颜色。

2. 简述《水质　钙的测定　EDTA 滴定法》（GB/T 7476—87）测定水中钙的原理。②

答案：在 pH 为 12～13 条件下，用 EDTA 溶液络合滴定钙离子。以钙羧酸为指示剂与钙形成红色络合物，镁形成氢氧化镁沉淀，不干扰测定。滴定时，游离钙离子首先和 EDTA 反应，与指示剂络合的钙离子随后和 EDTA 反应，达到终点时溶液由红色转为亮蓝色。

3. 根据《水质　钙和镁总量的测定　EDTA 滴定法》（GB/T 7477—87）或《水质　钙的测定　EDTA 滴定法》（GB/T 7476—87）测定水中钙和镁的总量或者水中钙时，贮放 EDTA 标准溶液的试剂瓶不宜采用玻璃材质，为什么？①②

答案：因为玻璃瓶壁会发生钙、镁以及钠离子成分的溶出，从而影响测定结果。

五、计算题

根据《水质　钙和镁总量的测定　EDTA 滴定法》（GB/T 7477—87）测定水中钙和

镁的总量，称取 7.44 g EDTA 溶于 1 000 ml 蒸馏水中，配制成 EDTA 滴定液，经标定后的浓度为 19.88 mmol/L，用该溶液滴定 50.0 ml 某水样共耗去 5.00 ml EDTA，问：（1）EDTA 标准溶液的配制值是多少?（以 mmol/L 表示）（2）水样的总硬度是多少？（以 $CaCO_3$ 表示）①

答案：（1）EDTA 的配制值$=\dfrac{7.44\times 1\,000}{372\times 1.0}=20.0$（mmol/L）

（2）水样的总硬度$=\dfrac{19.88\times 5.00}{50.0}=1.988$（mmol/L）＝199（mg/L）

参考文献

[1] 国家环境保护局 . 水质　钙和镁总量的测定　EDTA 滴定法：GB/T 7477—87［S］. 北京：中国标准出版社，1987.

[2] 国家环境保护局 . 水质　钙的测定　EDTA 滴定法：GB/T 7476—87［S］. 北京：中国标准出版社，1987.

[3]《环境监测技术基本理论（参考）试题集》编写组 . 环境监测技术基本理论（参考）试题集［M］. 北京：中国环境科学出版社，2002.

[4] 国家环境保护局《环境监测机构计量认证和创建优质实验室指南》编写组 . 环境监测机构计量认证和创建优质实验室指南［M］. 北京：中国环境科学出版社，1994.

[5] 中华人民共和国卫生部，国家标准化管理委员会 . 生活饮用水标准检验方法　感官性状和物理指标：GB/T 5750.4—2006［S］. 北京：中国标准出版社，2006.

命题：武云霞　封　雪　马慧杰　连　雅
审核：彭刚华　夏　新　赵明月

第十节　挥发酚

分类号：W5–9

主要内容
《水质　挥发酚的测定　溴化容量法》（HJ 502—2009）

一、判断题

1. 根据《水质　挥发酚的测定　溴化容量法》（HJ 502—2009）测定水中挥发酚时，硫化物干扰挥发酚测定。（　　）

答案：正确

2. 根据《水质　挥发酚的测定　溴化容量法》（HJ 502—2009），测定挥发酚的水样采集回到实验室后，应检测有无氧化剂存在，如发现有，应加入过量硫酸亚铁消除之。（　　）

答案：错误

正确答案为：应在样品采集现场进行操作。

3. 根据《水质　挥发酚的测定　溴化容量法》（HJ 502—2009），测定挥发酚的水样可用塑料瓶或玻璃瓶保存。（　　）

答案：错误

正确答案为：不能用塑料瓶保存测酚水样。

4. 乙醚为易燃、高沸点和具麻醉作用的有机溶剂，要小心使用。（　　）

答案：错误

正确答案为：乙醚为低沸点、易燃和具麻醉作用的有机溶剂。

二、选择题

1. 挥发酚一般指沸点在 230℃以下的酚类，通常属________酚，它能与水蒸气一起蒸出。（　　）

A. 一元　　B. 二元　　C. 多元

答案：A

2. 根据《水质　挥发酚的测定　溴化容量法》（HJ 502—2009）测定含酚水样时，若存在硫化物等干扰物质，则在________前先做适当的预处理。（　　）

A. 加磷酸酸化　　B. 加硫酸铜　　C. 蒸馏

答案：C

3. 根据《水质　挥发酚的测定　溴化容量法》（HJ 502—2009）测定挥发酚中，水样在保存时加入磷酸酸化、加硫酸铜是为了________。（　　）

A. 抑制微生物对酚类的生物氧化作用　　B. 消除甲醛的干扰

C. 消除氧化剂的干扰

答案：A

4. 根据《水质　挥发酚的测定　溴化容量法》（HJ 502—2009）测定苯酚的反应中，苯酚的基本单元是________。（　　）

A. 1/2 C_6H_5OH　　B. 1/3 C_6H_5OH　　C. 1/6 C_6H_5OH

答案：C

三、问答题

1. 根据《水质　挥发酚的测定　溴化容量法》（HJ 502—2009）测定含酚废水时，如何检验其中是否含有氧化剂？如果存在，如何消除？

答案：在采样现场将水样酸化后，滴在淀粉－碘化钾试剂上，如出现蓝色说明含有氧化剂，可加入过量的硫酸亚铁消除此干扰。

2. 根据《水质　挥发酚的测定　溴化容量法》（HJ 502—2009）测定水中挥发酚时，如在预蒸馏过程中发现甲基橙红色褪去，该如何处理？

答案：应在蒸馏结束后，放冷，再加 1 滴甲基橙指示剂，如蒸馏后残液不呈酸性，则应重新取样，增加磷酸加入量进行蒸馏。

四、计算题

根据《水质　挥发酚的测定　溴化容量法》（HJ 502—2009）测定水中挥发酚中，标定苯酚贮备液时，取该贮备液 10.00 ml 于碘量瓶中，加 100 ml 水、10.00 ml 0.1 mol/L

溴化钾－溴酸钾溶液、5 ml 浓盐酸、1 g 碘化钾。反应完成后用 0.024 73 mol/L 硫代硫酸钠标准液滴定，消耗硫代硫酸钠标准液 11.61 ml。同法做空白滴定，消耗硫代硫酸钠标准液 40.10 ml。试求苯酚贮备液的浓度（苯酚的分子量为 94.113）。

答案：苯酚 $=\dfrac{(V_1-V_2)C_B\times 94.113\times\dfrac{1}{6}}{V}=\dfrac{(40.10-11.61)\times 0.024\,73\times 15.68}{10.00}$

$=1.105$（μg/ml）

参考文献

[1] 环境保护部 . 水质　挥发酚的测定　溴化容量法：HJ 502—2009［S］. 北京：中国环境科学出版社，2009.

[2] 国家环境保护总局《水和废水监测分析方法》编委会 . 水和废水监测分析方法 .4 版［M］. 北京：中国环境科学出版社，2002.

[3]《环境监测技术基本理论（参考）试题集》编写组 . 环境监测技术基本理论（参考）试题集［M］. 北京：中国环境科学出版社，2002.

[4] 国家环境保护局《环境监测机构计量认证和创建优质实验室指南》编写组 . 环境监测机构计量认证和创建优质实验室指南［M］. 北京：中国环境科学出版社，1994.

命题：武云霞　牛　毓　杨亦询

审核：彭刚华　夏　新　邓　慕

第十一节　氨氮

分类号：W5-10

主要内容
《水质　氨氮的测定　蒸馏－中和滴定法》（HJ 537—2009）

一、填空题

1. 在缺氧环境中，水中存在的亚硝酸盐受微生物作用，被还原为________；在富氧环境中，水中的氨转变为________，甚至继续变为________。

答案：氨　　亚硝酸盐　　硝酸盐

2. 根据《水质　氨氮的测定　蒸馏－中和滴定法》（HJ 537—2009）测定氨氮时，水样稀释和试剂配制都应选用________水。

答案：无氨

3. 根据《水质　氨氮的测定　蒸馏－中和滴定法》（HJ 537—2009）测定氨氮时，预蒸馏过程中加入少许石蜡碎片，是为了防止________。

答案：产生泡沫

4. 测定氨氮的水样应贮存于聚乙烯瓶或玻璃瓶中，如不能及时分析，应加________使其 pH________，于 2～5℃下保存。

答案：硫酸　　<2

二、判断题

1. 根据《水质　氨氮的测定　蒸馏－中和滴定法》（HJ 537—2009）测定水中氨氮时，前处理可选用絮凝沉淀法或蒸馏法。(　　)

答案：错误

正确答案为：滴定法仅适用于已进行预蒸馏处理的水样，所以水样不能用絮凝沉淀法进行预处理。

2. 根据《水质　氨氮的测定　蒸馏－中和滴定法》（HJ 537—2009）测定水中氨氮时，在预蒸馏时尿素产生干扰，使测定结果偏低。(　　)

答案：错误

正确答案为：使结果偏高。

3. 根据《水质　氨氮的测定　蒸馏－中和滴定法》（HJ 537—2009）测定水中氨氮时，蒸馏前应调节水样的 pH，使其为碱性。(　　)

答案：错误

正确答案为：调节水样的 pH，使其在 6.0～7.4 的范围。

4. 根据《水质　氨氮的测定　蒸馏－中和滴定法》（HJ 537—2009）测定水中氨氮时，蒸馏时 pH 过高能促使有机氮的水解，导致结果偏高。(　　)

答案：正确

5. 根据《水质　氨氮的测定　蒸馏－中和滴定法》（HJ 537—2009）测定水中氨氮中，配制用于标定硫酸溶液的碳酸钠标准溶液时，应采用无氨水。(　　)

答案：错误

正确答案为：用新煮沸放冷的水。

三、选择题

1. 根据《水质　氨氮的测定　蒸馏－中和滴定法》（HJ 537—2009）测定水中氨氮时，应以________为吸收液。(　　)

A. 硫酸溶液　　B. 硼酸溶液　　C. 氢氧化钠溶液

答案：B

2. 根据《水质　氨氮的测定　蒸馏－中和滴定法》（HJ 537—2009）测定水中氨氮时，轻质氧化镁需在 500℃下加热处理，这是为了去除________。(　　)

A. 氨盐　　B. 碳酸盐　　C. 硫酸盐

答案：B

3. 根据《水质　氨氮的测定　蒸馏－中和滴定法》（HJ 537—2009），用盐酸滴定水中铵离子时，到达终点的颜色为________。(　　)

A. 绿色　　B. 淡橙红色　　C. 淡紫色

答案：C

4. 根据《水质　氨氮的测定　蒸馏－中和滴定法》（HJ 537—2009）测定水中氨氮时，

若水样中含挥发性胺类，则氨氮的测定结果将________。(　　)

A. 偏高　　B. 无影响　　C. 偏低

答案：A

5. 根据《水质　氨氮的测定　蒸馏－中和滴定法》(HJ 537—2009)测定水中氨氮时，若 NH_4^+ 浓度为 1 mg/L，则相当于 NH_3 的浓度为________mg/L。(　　)

A. 1　　B. 0.777　　C. 0.944

答案：C

四、问答题

根据《水质　氨氮的测定　蒸馏－中和滴定法》(HJ 537—2009)测定水中氨氮时，水样中的余氯为什么会干扰氨氮的测定？如何消除？

答案：水样中的余氯和氨氮可形成氯胺，干扰测定，可加 Na_2S2O_3 消除。

五、计算题

采用滴定法测定水中氨氮时，称取经 180℃干燥 2 h 的优级纯碳酸钠 0.508 2 g，配制成 500 ml 碳酸钠标准溶液用于标定硫酸溶液，滴定 20.0 ml 碳酸钠标液时用去硫酸标液 18.95 ml，试求硫酸溶液的浓度(碳酸钠的摩尔质量为 52.995)。

答案：硫酸溶液浓度(1/2 H_2SO_4，mol/L)

$$=\frac{W\times1\,000}{V\times52.995}\times\frac{20.0}{500.0}=\frac{0.508\,2\times1\,000}{18.95\times52.995}\times\frac{20.0}{500.0}=0.020\,2$$

参考文献

[1] 环境保护部 . 水质　氨氮的测定　蒸馏－中和滴定法：HJ 537—2009 [S]. 北京：中国环境科学出版社，2009.

[2] 国家环境保护总局 . 地表水和污水监测技术规范：HJ/T 91—2002 [S]. 北京：中国环境科学出版社，2002.

[3] 国家环境保护总局《水和废水监测分析方法》编委会 . 水和废水监测分析方法 .4 版 [M]. 北京：中国环境科学出版社，2002.

命题：李桂玲　武云霞　邓　慕

审核：彭刚华　陈　谊　牛　毓

第十二节　氯化物

分类号：W5-11

主要内容

①《水质　氯化物的测定　硝酸银滴定法》(GB/T 11896—89)

②《水质　氯化物的测定　硝酸汞滴定法》(试行)(HJ/T 343—2007)

一、填空题

1. 根据《水质 氯化物的测定 硝酸银滴定法》（GB/T 11896—89）测定水中氯化物时，以铬酸钾为指示剂，________色沉淀指示滴定终点。①

答案：砖红

2. 根据《水质 氯化物的测定 硝酸银滴定法》（GB/T 11896—89）和《水质 氯化物的测定 硝酸汞滴定法（试行）》（HJ/T 343—2007）测定水中氯化物时，如水样带有颜色，使滴定终点难以判断，应加入________进行沉降过滤去除干扰。①②

答案：氢氧化铝悬浮液

3. 根据《水质 氯化物的测定 硝酸银滴定法》（GB/T 11896—89）测定水中氯化物时，若水样的 pH 在________范围可直接滴定，若超过此范围应以酚酞作指示剂，用硫酸或氢氧化钠溶液调节 pH 为________左右后再进行滴定。①

答案：6.5～10.5 8.0

4. 根据《水质 氯化物的测定 硝酸汞滴定法（试行）》（HJ/T 343—2007）测定水中氯化物时，加入混合指示液后，滴定至________色为终点。②

答案：蓝紫

5. 根据《水质 氯化物的测定 硝酸汞滴定法（试行）》（HJ/T 343—2007）测定水中氯化物时，经预处理的水样加入混合指示液后，若试样呈蓝色或红色，则滴加________直到溶液转变为________色后，再多加 1 ml。②

答案：3% 硝酸溶液 黄

6. 根据《水质 氯化物的测定 硝酸汞滴定法（试行）》（HJ/T 343—2007）测定水中氯化物适用的浓度范围为________mg/L。②

答案：2.5～500

二、判断题

1. 根据《水质 氯化物的测定 硝酸银滴定法》（GB/T 11896—89）测定水样中氯化物时，由于滴定终点较难判断，所以需要以蒸馏水作空白滴定，以对照判断使终点色调一致。（ ）①

答案：正确

2. 根据《水质 氯化物的测定 硝酸银滴定法》（GB/T 11896—89）测定水样中氯化物时，铬酸钾溶液的浓度影响终点到达的迟早。（ ）①

答案：正确

3. 根据《水质 氯化物的测定 硝酸银滴定法》（GB/T 11896—89）测定水中氯化物时，以铬酸钾为指示剂，主要是依据氯化银在水中的溶解度大于铬酸银的原理。（ ）①

答案：错误

正确答案为：氯化银在水中的溶解度小于铬酸银。

4. 根据《水质 氯化物的测定 硝酸银滴定法》（GB/T 11896—89）测定水中氯化物，配制氢氧化铝悬浮液时用倾泻法反复洗涤沉淀物，这是为了去除氯离子产生的正误差。（ ）①

答案：正确

5. 根据《水质　氯化物的测定　硝酸汞滴定法（试行）》（HJ/T 343—2007）测定水中氯化物时，饮用水中的各种物质在通常的浓度下不发生干扰。（　　）②

答案：正确

6. 根据《水质　氯化物的测定　硝酸汞滴定法（试行）》（HJ/T 343—2007）测定水中氯化物时，铬酸盐、高铁和亚硫酸盐离子对测定没有干扰。（　　）②

答案：错误

正确答案为：铬酸盐、高铁和亚硫酸盐离子含量超过 10 mg/L 时，对滴定有干扰。

7. 根据《水质　氯化物的测定　硝酸汞滴定法（试行）》（HJ/T 343—2007）测定水中氯化物时，若试样加指示液后立即出现黄色，则可直接进行滴定。（　　）②

答案：错误

正确答案为：若试样加指示液后立即出现黄色，则滴加 1% 氢氧化钠溶液至溶液变为蓝色后，逐滴加入硝酸溶液，仔细调节 pH 为 3.0～3.5。

三、选择题

1. 根据《水质　氯化物的测定　硝酸银滴定法》（GB/T 11896—89）和《水质　氯化物的测定　硝酸汞滴定法（试行）》（HJ/T 343—2007）测定水中氯化物时，水样采集后，可放置于硬质玻璃瓶或聚乙烯瓶内低温 0～4℃避光保存，保存期限为________d。（　　）①②

A. 10　　B. 20　　C. 30

答案：C

2. 根据《水质　氯化物的测定　硝酸银滴定法》（GB/T 11896—89）测定水中氯化物时，应选用________滴定管进行滴定。（　　）①

A. 一般酸式　　B. 一般碱式　　C. 棕色酸式　　D. 棕色碱式

答案：C

3. 根据《水质　氯化物的测定　硝酸银滴定法》（GB/T 11896—89）测定水中氯化物时，当铁的含量超过________时终点模糊，可用对苯二酚将其还原成亚铁消除干扰。（　　）①

A. 1.0 mg/L　　B. 10 mg/L　　C. 5 mg/L

答案：B

4. 根据《水质　氯化物的测定　硝酸银滴定法》（GB/T 11896—89）测定氯化物时，若水样中硫化物、硫代硫酸盐和亚硫酸盐干扰测定，可用________处理消除干扰。（　　）①

A. 过氧化氢　　B. 对苯二酚　　C. 高锰酸钾

答案：A

5. 根据《水质　氯化物的测定　硝酸汞滴定法（试行）》（HJ/T 343—2007）测定水中氯化物时，若水样中含有高铁及六价铬离子，可加 2 ml 新配制的________还原消除。（　　）②

A. 对苯二酚　　B. 过氧化氢　　C. 氢氧化钠　　D. 高锰酸钾

答案：A

四、问答题

1. 根据《水质 氯化物的测定 硝酸银滴定法》（GB/T 11896—89）测定水中氯化物时，为何不能在酸性介质或强碱介质中进行？①

答案：（1）因为在酸性介质中铬酸根离子易生成次铬酸根离子，再分解成重铬酸根和水，从而使其浓度大大降低，影响等当点时铬酸银沉淀的生成；

$$2CrO_4^{2-} + 2H^+ \rightarrow 2HCrO_4^- \rightarrow Cr_2O_7^{2-} + 2H_2O$$

（2）在强碱性介质中，银离子将形成氧化银（Ag_2O）沉淀。

2. 根据《水质 氯化物的测定 硝酸银滴定法》（GB/T 11896—89）测定水中氯化物时，已知氯化银 $K_{SP}=1.8\times10^{-10}$，碘化银 $K_{SP}=1.5\times10^{-16}$，假如在 Cl^- 和 I^- 含量相等的溶液中逐滴加入硝酸银溶液，试问：

（1）哪种离子首先被沉淀出来？

（2）当第二种离子被沉淀时，Cl^- 和 I^- 的浓度比是多少？

（3）第二种离子开始沉淀时，还有没有第一种沉淀物继续生成？①

答案：（1）因为溶液中 Cl^- 和 I^- 含量相等，AgI 和 AgCl 属于同种类型沉淀物，且碘化银 K_{SP} 小于氯化银的 K_{SP}，所以 I^- 首先被沉淀出来；

（2）当第二种离子被沉淀时，$K_{SP}=C(Cl^-)\cdot C(Ag^+)=1.8\times10^{-10}$，$K_{SP}=C(I^-)\cdot C(Ag^+)=1.5\times10^{-16}$，两式中 $C(Ag^+)$ 相等，所以 $C(Cl^-):C(I^-)=10^6$；

（3）第二种离子开始沉淀时，第一种离子浓度较低，但是在溶液中还存在，所以其沉淀物继续生成。

3. 根据《水质 氯化物的测定 硝酸汞滴定法（试行）》（HJ/T 343—2007）测定水中氯化物时，若水样中含有硫化物应如何处理？②

答案：若水样中含有硫化物，则加氢氧化钠溶液将水调节至中性或弱碱性，加入 1 ml 30% 过氧化氢，摇匀。1 min 后，加热至 70～80℃，以除去过量的过氧化氢。

4. 根据《水质 氯化物的测定 硝酸汞滴定法（试行）》（HJ/T 343—2007），简述硝酸汞滴定法测定氯化物的原理。②

答案：酸化了的样品（pH=3.0～3.5）以硝酸汞进行滴定时，与氯化物生成难离解的氯化汞。滴定到终点时，过量的汞离子与二苯卡巴腙生成蓝紫色的二苯卡巴腙的汞络合物指示终点。

五、计算题

根据《水质 氯化物的测定 硝酸银滴定法》（GB/T 11896—89）测定水中氯化物的含量，用 0.014 1 mol/L 氯化钠标准溶液 25.0 ml，加入 25.0 ml 蒸馏水后，对一新配制的硝酸银标准溶液进行标定，用去硝酸银溶液 24.78 ml，已知空白消耗硝酸银溶液 0.25 ml，问硝酸银标准溶液浓度是多少？假如用其测定水样，50.0 ml 水样消耗了硝酸银标准溶液 5.65 ml，则此水样中氯化物含量是多少？（氯离子的摩尔质量为 35.45）①

答案：硝酸银标准溶液浓度（mol/L）$=\dfrac{C\times25.0}{V-V_0}=\dfrac{0.014\,1\times25.0}{24.78-0.25}=0.014\,4$

$$C(\mathrm{Cl}^-,\mathrm{mg/L})=\frac{(V_2-V_1)M\times35.45\times1\,000}{V}$$
$$=\frac{(5.65-0.25)\times0.014\,4\times35.45\times1\,000}{50.0}$$
$$=55.1$$

参考文献

[1] 国家技术监督局 . 水质　氯化物的测定　硝酸银滴定法：GB/T 11896—89［S］. 北京：中国标准出版社，1989.

[2] 国家环境保护总局 . 水质　氯化物的测定　硝酸汞滴定法（试行）：HJ/T 343—2007［S］. 北京：中国环境科学出版社，2007.

[3] 卫生部，国家标准化管理委员会 . 生活饮用水标准检验方法　无机非金属指标：GB/T 5750.5—2006［S］. 北京：中国标准出版社，2006.

[4] 国家环境保护总局 . 地表水和污水监测技术规范：HJ/T 91—2002［S］. 北京：中国环境科学出版社，2002.

[5] 国家环境保护总局《水和废水监测分析方法》编委会 . 水和废水监测分析方法 .4 版［M］. 北京：中国环境科学出版社，2002.

[6] 中国环境监测总站《环境水质监测质量保证手册》编写组 . 环境水质监测质量保证手册 .2 版［M］. 北京：化学工业出版社，1994.

[7]《全国化学试剂产品目录》汇编组 . 全国化学试剂产品目录［M］. 北京：化学工业出版社，1979.

[8] 美国公共卫生协会，美国自来水协会，水污染控制联合会 . 水和废水标准检验法 .13 版［M］. 张曾谌，顾泽南，朱新源，等，译 . 北京：中国建筑工业出版社，1978.

[9] 刘瑞雪 . 化验员习题集 .2 版［M］. 北京：化学工业出版社，2000.

命题：李桂玲　赵明月　曹艳梅

审核：彭刚华　王淑娟　夏　新

第十三节　五日生化需氧量

分类号：W5-12

主要内容
①《水质　五日生化需氧量（BOD_5）的测定　稀释与接种法》（HJ 505—2009）
②五日生化需氧量　活性污泥曝气降解法《水和废水监测分析方法》（第四版）

一、填空题

1. 生化需氧量是指在规定条件下，水中有机物和无机物在________作用下，所消耗的溶解氧的量。①

答案：生物氧化

2. 根据《水质　五日生化需氧量（BOD_5）的测定　稀释与接种法》（HJ 505—

2009）测定水中 BOD_5 时，为保证微生物生长需要，稀释水中应加入一定量的________和________，并使其中的溶解氧近饱和。①

答案： 无机营养盐　缓冲物质

3. 根据《水质　五日生化需氧量（BOD_5）的测定　稀释与接种法》（HJ 505—2009）测定水中 BOD_5 时，如水样为含难降解物质的工业废水，可使用________的稀释水进行稀释。①

答案： 经驯化的微生物接种

4. 根据《水和废水监测分析方法》（第四版）中活性污泥曝气降解法测定水中 BOD_5 时，农药、杀菌剂能够使活性污泥中毒，抑制生物氧化作用，使生化需氧量的测定结果________。②

答案： 偏低

5. 根据《水和废水监测分析方法》（第四版）中活性污泥曝气降解法测定水中 BOD_5 时，在温度为 30～35℃，用活性污泥强制曝气降解样品 2 h，经重铬酸钾消解生物降解前、后的样品，测定生物降解前、后的化学需氧量，其差值即为________。②

答案： BOD

6. 根据《水和废水监测分析方法》（第四版）中活性污泥曝气降解法测定水中 BOD_5 时，农药、杀菌剂能够使活性污泥中毒，抑制生物氧化作用，使生化需氧量测定结果________。②

答案： 偏低

二、判断题

1. 根据《水质　五日生化需氧量（BOD_5）的测定　稀释与接种法》（HJ 505—2009）测定 BOD_5 时，水中的杀菌剂、有毒重金属或游离氯等会抑制生化作用，而藻类和硝化微生物也可能造成虚假的偏离结果。（　　）①

答案： 正确

2. 根据《水质　五日生化需氧量（BOD_5）的测定　稀释与接种法》（HJ 505—2009）测定 BOD_5 时，水样在 25℃ ±1℃的培养箱中培养 5 d，分别测定样品培养前后的溶解氧，二者之差即为 BOD_5 值。（　　）①

答案： 错误

正确答案为：在（20±1）℃的暗处培养 5 d±4 h 或（2+5）d±4 h［先在 0～4℃的暗处培养 2 d，接着在 20℃ ±1℃的暗处培养 5 d］。

3. 根据《水质　五日生化需氧量（BOD_5）的测定　稀释与接种法》（HJ 505—2009）测定的 BOD_5 值，只代表含碳物质耗氧量，如遇含有大量硝化细菌的水样应加入 ATU 或 TCMP 试剂，抑制硝化过程。（　　）①

答案： 正确

4. 根据《水质　五日生化需氧量（BOD_5）的测定　稀释与接种法》（HJ 505—2009）测定水中 BOD_5 时，冬天采集的较清洁地表水中溶解氧往往是过饱和的，此时无须其他处理就可立即测定。（　　）①

答案： 错误

正确答案为：应将水样升温至20℃左右赶出饱和溶解氧后进行测定。

5. 采集 BOD_5 水样时，应充满并密封于采集瓶中。(　　) ①

答案：正确

6. 根据《水和废水监测分析方法》(第四版)中活性污泥曝气降解法测定水中 BOD_5，样品中挥发性有机物含量高时测定结果偏高。(　　) ②

答案：错误

正确答案为：挥发性有机物含量高时测定 BOD_5 结果偏低。

7. 根据《水和废水监测分析方法》(第四版)中活性污泥曝气降解法测定水中 BOD_5 时，对于未经验证的废水，需用同一水样做 BOD_5 和 BOD 经统计回归，再进行换算。(　　)

答案：正确

三、选择题

1. 根据《水质　五日生化需氧量(BOD_5)的测定　稀释与接种法》(HJ 505—2009)测定水中 BOD_5 时，水样采集后应在________℃温度下贮存，一般在稀释后________h 内进行检验。(　　) ①

A. 0～4，24　　B. 2～6，8　　C. 2～8，10

答案：A

2. 根据《水质　五日生化需氧量(BOD_5)的测定　稀释与接种法》(HJ 505—2009)测定水中 BOD_5 时，稀释水的 BOD_5 值应________，接种稀释水的 BOD_5 值应在________。接种稀释水配制完成后应立即使用。(　　) ①

A. <0.2 mg/L，0.2～1.0 mg/L　　B. <0.2 mg/L，0.3～1.0 mg/L

C. <1.0 mg/L，0.3～1.0 mg/L

答案：B

3. 根据《水质　五日生化需氧量(BOD_5)的测定　稀释与接种法》(HJ 505—2009)测定水中 BOD_5，满足下列条件时数据方有效：5 d 后剩余溶解氧至少为________mg/L，而消耗的溶解氧至少为________mg/L。(　　) ①

A. 1.0，2.0　　B. 2.0，1.0　　C. 5.0，2.0

答案：A

4. 根据《水质　五日生化需氧量(BOD_5)的测定　稀释与接种法》(HJ 505—2009)测定水中 BOD_5 时，对于游离氯在短时间不能消散的水样，可加入________以除去。(　　) ①

A. 亚硫酸钠　　B. 硫代硫酸钠　　C. 丙烯基硫脲

答案：A

5. 根据《水质　五日生化需氧量(BOD_5)的测定　稀释与接种法》(HJ 505—2009)测定水中 BOD_5 时，采用生活污水配制接种稀释水时，每升稀释水中加入生活污水的量为________ml。(　　) ①

A. 1～10　　B. 20～30　　C. 10～100

答案：A

6. 根据《水质　五日生化需氧量(BOD_5)的测定　稀释与接种法》(HJ 505—2009)

测定水中 BOD_5 时，下列废水中应进行接种的是________。(　　) ①

A. 有机物含量较多的废水　　B. 较清洁的河水

C. 不含或含少量微生物的工业废水　　D. 生活污水

答案：C

7. 根据《水质　五日生化需氧量（BOD_5）的测定　稀释与接种法》（HJ 505—2009）测定水中 BOD_5 时，取 3 个稀释比，当稀释水中微生物菌种不适应、活性差或含毒物浓度过大时，稀释倍数________消耗溶解氧反而较多。(　　) ①

A. 较大的　　B. 中间的　　C. 较小的

答案：A

8. 根据《水和废水监测分析方法》（第四版）中活性污泥曝气降解法测定水中 BOD_5 时，高速离心活性污泥测定 COD 后，吸样时不能带进污泥，否则 COD 高，会导致测定结果________。(　　) ②

A. 偏低　　B. 偏高　　C. 不变

答案：A

9. 根据《水和废水监测分析方法》（第四版）中活性污泥曝气降解法测定水中 BOD_5 时，在培养活性污泥时，活性污泥的生长条件是________。(　　) ②

A. 温度在 25～30℃，且曝气量充分，并能不断搅拌

B. 只用废水驯化污泥，可以测定各种不同的工业废水

C. 使碳、氮、磷有适当比例

D. 以上全选

答案：D

四、问答题

1. 根据《水质　五日生化需氧量（BOD_5）的测定　稀释与接种法》（HJ 505—2009）测定水中 BOD_5 时，某水样呈酸性，其中含活性氯，COD 值在正常污水范围内，应如何处理？①

答案：（1）调节 pH 至 6.5～7.5；

（2）准确加入亚硫酸钠溶液消除活性氯；

（3）进行接种。

2. 根据《水质　五日生化需氧量（BOD_5）的测定　稀释与接种法》（HJ 505—2009）测定水中 BOD_5 中，样品放在培养箱中培养时，一般应注意哪些问题？①

答案：（1）温度严格控制在 20℃ ±1℃；

（2）注意添加封口水，防止空气中氧进入溶解氧瓶内；

（3）避光防止试样中藻类产生 DO；

（4）从样品放入培养箱起计时，培养 5 d 后测定。

3. 根据《水质　五日生化需氧量（BOD_5）的测定　稀释与接种法》（HJ 505—2009）对某一水样进行 BOD_5 测定时，水样经 5 d 培养后，测其溶解氧，当向水样中加入 1 ml 硫酸锰和 2 ml 碱性碘化钾溶液时，出现白色絮状沉淀，这说明什么？①

答案：这说明此水样培养 5 d 后水中已无溶解氧，水样可生化有机物的含量较高，水

样稀释不够。

4. 某分析人员根据《水质　五日生化需氧量（BOD_5）的测定　稀释与接种法》（HJ 505—2009）测定某水样的 BOD_5，将水样稀释 10 倍后测得第一天溶解氧为 7.98 mg/L，第五天的溶解氧为 0.65 mg/L，问此水样中的 BOD_5 值是多少？为什么？应如何处理？①

答案：该水样的 BOD_5 值不能确定，因剩余溶解氧<1.0 mg/L，水样中有机物氧化不完全，应重新取样，增加稀释倍数，再测定。

参考文献

[1] 环境保护部 . 水质　五日生化需氧量（BOD_5）的测定　稀释与接种法：HJ 505—2009［S］. 北京：中国环境科学出版社，2009.

[2] 国家环境保护总局《水和废水监测分析方法》编委会 . 水和废水监测分析方法 .4 版［M］. 北京：中国环境科学出版社，2002.

[3] 中华人民共和国卫生部，国家标准化管理委员会 . 生活饮用水标准检验方法　有机物综合指标：GB/T 5750.7—2006［S］. 北京：中国标准出版社，2006.

[4] 国家环境保护总局 . 地表水和污水监测技术规范：HJ/T 91—2002［S］. 北京：中国环境科学出版社，2002.

命题：王雅辉　李桂玲　夏　新

审核：张万峰　彭刚华　武云霞

第十四节　溶解氧

分类号：W5-13

主要内容
《水质　溶解氧的测定　碘量法》（GB/T 7489—87）

一、填空题

1. 根据《水质　溶解氧的测定　碘量法》（GB/T 7489—87）测定水中溶解氧时，为固定溶解氧，水样采集后立即加入硫酸锰和碱性碘化钾，水中溶解氧将低价锰氧化成高价锰，生成________沉淀。

答案：四价锰的氢氧化物（棕色）

2. 根据《水质　溶解氧的测定　碘量法》（GB/T 7489—87）测定水中溶解氧时，应选择溶解氧瓶采集水样，采集过程中要注意不使水样________在采样瓶中。

答案：曝气或有气泡残存

3. 一般来说，水中溶解氧浓度随着大气压的增加而________，随着水温的升高而________。

答案：增加　　降低

4. 根据《水质　溶解氧的测定　碘量法》（GB/T 7489—87）测定水中溶解氧时，水样中氧化性物质使碘化物游离出 I_2，若不加以修正，由此测得的溶解氧值比实际值________，而还原性物质可消耗碘，由此测得的溶解氧比实际值________。

答案：高　低

5. 碘量法测定水中溶解氧时，若水样有色或含有消耗碘的悬浮物时，应采用________法消除干扰。

答案：明矾絮凝修正

二、判断题

1. 根据《水质　溶解氧的测定　碘量法》（GB/T 7489—87）测定水中溶解氧时，当水样中含有大量的亚硫酸盐、硫代硫酸盐和多硫代硫酸盐等物质时，可用高锰酸钾修正法消除干扰。（　）

答案：错误

正确答案为：应用叠氮化钠法消除干扰。

2. 根据《水质　溶解氧的测定　碘量法》（GB/T 7489—87）测定水中溶解氧，采样时，应沿瓶壁注入至溢出瓶容积的 1/3～1/2。（　）

答案：正确

3. 根据《水质　溶解氧的测定　碘量法》（GB/T 7489—87）测定水中溶解氧时，若亚铁离子含量高，应采用叠氮化钠修正法消除干扰。（　）

答案：错误

正确答案为：若亚铁离子含量高，应采用高锰酸钾修正法。

4. 根据《水质　溶解氧的测定　碘量法》（GB/T 7489—87）测定水中溶解氧中，配制淀粉溶液时，加入少量的水杨酸或氯化锌是为了防腐。（　）

答案：正确

5. 根据《水质　溶解氧的测定　碘量法》（GB/T 7489—87）测定水中溶解氧时，碱性碘化钾溶液配制后，应储于细口棕色瓶中，并用磨口玻璃塞塞紧，避光保存。（　）

答案：错误

正确答案为：应该使用橡皮塞。

三、选择题

1. 根据《水质　溶解氧的测定　碘量法》（GB/T 7489—87）测定水中溶解氧，用高锰酸钾修正法消除干扰时，加入草酸钾溶液过多，将使测定结果偏________。（　）

A. 高　　B. 无影响　　C. 低

答案：C

2. 根据《水质　溶解氧的测定　碘量法》（GB/T 7489—87）测定水中溶解氧时，如遇含有活性污泥悬浮物的水样，应采用________消除干扰。（　）

A. 高锰酸钾修正法　　B. 硫酸铜－氨基磺酸絮凝法

C. 叠氮化钠修正法

答案：B

3. 采用碘量法（叠氮化钠修正法）测定水中溶解氧时，所配制的氟化钾溶液应贮存于________中。（　　）

A. 棕色玻璃瓶　　B. 聚乙烯瓶　　C. 加橡皮塞的玻璃瓶

答案：B

4. 采用碘量法（叠氮化钠修正法）测定水中溶解氧时，在加入固定剂前加入氟化钾溶液，以消除________的干扰。（　　）

A. Fe^{3+}　　B. Fe^{2+}　　C. NO_2^-

答案：A

5. 若水体受到工业废水、城市生活污水、农牧渔业废水污染，会导致水中溶解氧浓度________。（　　）

A. 上升　　B. 无影响　　C. 下降

答案：C

四、问答题

根据《水质　溶解氧的测定　碘量法》（GB/T 7489—87）测定水中溶解氧，配制和使用硫代硫酸钠溶液时要注意什么？为什么？

答案：配制硫代硫酸钠标准溶液时，应注意：

（1）使用新煮沸并冷却的蒸馏水，以除去蒸馏水中的 CO_2 和 O_2，杀死细菌；

（2）加入适量氢氧化钠（或碳酸钠），保持溶液呈弱碱性，以抑制细菌生长；

（3）避光保存，并储于棕色瓶中，因为在光线照射和细菌作用下，硫代硫酸钠会发生分解反应；

（4）由于固体硫代硫酸钠容易风化，并含有少量杂质，所以不能直接用称量法配制标准溶液；

（5）硫代硫酸钠水溶液不稳定，易与溶解在水中的 CO_2 和 O_2 反应，因此需定期标定。

五、计算题

采用碘量法（高锰酸钾修正法）测定水中的溶解氧时，于 250 ml 溶解氧瓶中，加入了硫酸、高锰酸钾、氟化钾溶液、草酸钾、硫酸锰和碱性碘化钾－叠氮化钠等各种固定溶液共计 9.80 ml 后将其固定；测定时加 2.0 ml 硫酸将其溶解，取 100.0 ml 于 250 ml 锥形瓶中，用浓度为 0.024 5 mol/L 的硫代硫酸钠滴定，消耗硫代硫酸钠溶液 3.56 ml，试问该样品的溶解氧是多少？

答案：溶解氧（O_2，mg/L）$= \dfrac{V_1}{V_1 - R} \times \dfrac{M \times V \times 8 \times 1\,000}{100.0}$

$$= \frac{250}{250 - 9.80} \times \frac{0.024\,5 \times 3.56 \times 8 \times 1\,000}{100.0} = 7.26$$

参考文献

[1] 国家环境保护局 . 水质　溶解氧的测定　碘量法：GB/T 7489—87［S］. 北京：中国标准出版社，1978.

[2] 国家环境保护总局 . 地表水和污水监测技术规范：HJ/T 91—2002［S］. 北京：中国环境科学出版社，2002.
[3] 国家环境保护总局《水和废水监测分析方法》编委会 . 水和废水监测分析方法 .4 版［M］. 北京：中国环境科学出版社，2002.
[4] 欧阳纶 . 环境监测分析［M］. 长沙：湖南科学技术出版社，1986.

命题：李桂玲　夏　新　张　苗
审核：彭刚华　马慧杰　邓　慕

第十五节　硫化物

分类号：W5–14

主要内容
《水质　硫化物的测定　碘量法》（HJ/T 60—2000）

一、填空题

1. 碘量法测定水中硫化物的原理为：硫化物在________条件下，与过量的碘作用，剩余的碘用________溶液滴定；根据与硫化物发生反应的碘量，求出硫化物的含量。

答案：酸性　　硫代硫酸钠

2. 测定水中硫化物的碘量法，适用于硫化物含量在________mg/L 以上的水和废水的测定。

答案：1

3. 水中硫化物包括溶解性________、________和________，存在于悬浮物中的可溶性硫化物、酸可溶性金属硫化物以及未电离的有机类和无机类硫化物。

答案：H_2S　　HS^-　　S^{2-}

二、判断题

1. 碘量法测定的硫化物是指水和废水中溶解性的无机硫化物和酸溶性金属硫化物。（　　）

答案：正确

2. 采用碘量法测定水中硫化物时，经酸化－吹气－吸收预处理后，可消除悬浮物、色度、浊度和 SO_3^{2-} 的干扰。（　　）

答案：错误

正确答案为：经酸化－吹气－吸收预处理后，可消除悬浮物、色度、浊度的干扰，但 SO_3^{2-} 分离不完全，仍会产生干扰。

3. 采用碘量法测定硫化物时，碱性水样采集后需适量滴加乙酸锌溶液调节水样至中性，再放入装有适量乙酸锌溶液的瓶子里，然后加适量氢氧化钠溶液。（　　）

答案：错误

正确答案为：应滴加乙酸溶液调节水样至中性。

4. 采用碘量法测定水中硫化物时，酸化－吹气－吸收处理时，吹气速度不影响测定结果。(　　)

答案：错误

正确答案为：吹气速度对结果有影响。

5. 采用碘量法测定硫化物中，当水样只含有少量硫代硫酸盐、亚硫酸盐等物质时不产生干扰，可直接滴定。(　　)

答案：错误

正确答案为：水样中硫代硫酸盐、亚硫酸盐等物质能与碘反应产生正干扰。

三、选择题

1. 采用碘量法测定水中硫化物，在酸化－吹气预处理时，水浴温度应控制在________℃。(　　)

A. 60～70　　B. 40～50　　C. 80～90

答案：A

2. 采用碘量法测定纺织厂印染废水中硫化物，当废水色度和浊度较高并含亚硫酸盐时，应采用________法进行预处理。(　　)

A. 酸化－吹气　　B. 乙酸锌沉淀－过滤　　C. 过滤－酸化－吹气分离

答案：C

3. 采用碘量法测定水中硫化物，若在吸收瓶中加入碘标准溶液后吸收液为无色，说明水样中________。(　　)

A. 硫化物含量高　　B. 硫化物含量低　　C. 未加入乙酸锌溶液

答案：A

4. 采用碘量法测定水中硫化物，水样在保存时，其 pH 须控制在________。(　　)

A. 7～10　　B. 10～12　　C. 12

答案：B

5. 采用碘量法测定水中硫化物时，若水样中________浓度较高，需将现场采集且已固定的水样用中速定量滤纸过滤，并将硫化物沉淀连同滤纸转入反应瓶中，用玻璃棒捣碎，加水转入处理装置进行处理。(　　)

A. SO_4^{2-}　　B. SO_3^{2-}　　C. Hg^{2+}

答案：B

6. 碘量法测定硫化物的实验用水应为________。(　　)

A. 蒸馏水　　B. 去离子水　　C. 除氧去离子水

答案：C

四、问答题

1. 碘量法测定水中硫化物，采用酸化－吹气法对水样进行预处理时应注意哪些问题？

答案：（1）保证预处理装置各部位的气密性；

（2）导气管保持在吸收液下；

（3）加酸前须通氮气驱除装置内空气；

（4）加酸后，迅速关闭活塞；

（5）水浴温度应控制在 60～70℃ ；

（6）控制适宜的吹气速度保证加标回收率。

2. 采用碘量法测定水中硫化物时，水样应如何采集和保存？

答案：（1）先加入适量的乙酸锌溶液，再加水样，然后滴加适量的氢氧化钠溶液，使 pH 在 10～12；

（2）遇碱性水样时，先小心滴加乙酸溶液调至中性，再从事“（1）”操作；

（3）硫化物含量高时，可酌情多加固定剂，直至沉淀完全；

（4）水样充满后立即密塞，不留气泡，混匀；

（5）样品应在 4℃避光保存，尽快分析。

五、计算题

用碘量法测定水中硫化物时，取水样 100 ml，经预处理后分别测得吸收瓶 1 消耗 $Na_2S_2O_3$ 溶液 5.35 ml，吸收瓶 2 消耗 $Na_2S_2O_3$ 溶液 8.69 ml，空白消耗 $Na_2S_2O_3$ 溶液 9.07 ml，已知 $Na_2S_2O_3$ 标准溶液浓度为 0.009 8 mol/L，硫离子的摩尔质量为 16.03，试求水样中硫化物的浓度。

答案：
$$C_1=\frac{C(V_0-V_1)\times16.03\times1\,000}{V}=\frac{0.009\,8\times(9.07-5.35)\times16.03\times1\,000}{100.0}=5.84\ (\mathrm{mg/L})$$

$$C_2=\frac{C(V_0-V_2)\times16.03\times1\,000}{V}=\frac{0.009\,8\times(9.07-8.69)\times16.03\times1\,000}{100.0}=0.60\ (\mathrm{mg/L})$$

参考文献

[1] 国家环境保护总局 . 水质　硫化物的测定　碘量法：HJ/T 60—2000［S］. 北京：中国环境科学出版社，2000.

[2] 中华人民共和国卫生部，国家标准化管理委员会 . 生活饮用水标准检验方法　无机非金属指标：GB/T 5750.5—2006［S］. 北京：中国标准出版社，2006.

[3] 国家环境保护总局《水和废水监测分析方法》编委会 . 水和废水监测分析方法 .4 版［M］. 北京：中国环境科学出版社，2002.

命题：李桂玲　马慧杰

审核：彭刚华　夏　新

第十六节　（总）氰化物

分类号：W5-15

主要内容
《水质　氰化物的测定　容量法和分光光度法（方法 1 硝酸银滴定法）》（HJ 484—2009）

一、填空题

1. 氰化物以________、________和____________________的形式存在于水中。

答案： HCN　　CN^-　　络合氰离子（或络合物）

2. 氰化物水样采集后，必须贮于________（材质）瓶中。

答案： 聚乙烯或硬质玻璃

3. 用硝酸银标准溶液滴定试样中氰化物时，溶液颜色由________色变为________色时，指示滴定终点到达。

答案： 黄　　橙红

4. 对含有多种重金属的含氰废水，分别用酒石酸－硝酸锌法和磷酸－EDTA 法预蒸馏，测定馏出液中氰化物，其结果是前者比后者含量________。

答案： 低

二、判断题

1. 水中的总氰化物包括简单氰化物和所有的络合氰化物。（　　）

答案： 错误

正确答案为：包括绝大多数络合氰化物，但不包括钴氰络合物。

2. 采用硝酸银滴定法测定水中氰化物时，水样中碳酸盐浓度过高将影响蒸馏及吸收液的吸收，可改用高浓度的氢氧化钠溶液作为吸收液。（　　）

答案： 正确

3. 采用硝酸银滴定法测定水中易释放的氰化物时，当水样无色或有机物含量较低时不必蒸馏，可直接滴定。（　　）

答案： 错误

正确答案为：易释放氰化物是指在方法规定的条件下，加热蒸馏能形成 HCN 的氰化物。因此，水样必须预蒸馏，不可直接滴定。

4. 采用硝酸银滴定法测定水中氰化物时，氰离子与硝酸银作用生成银氰络合沉淀。（　　）

答案： 错误

正确答案为：氰离子与硝酸银作用生成可溶性银氰络合离子。

5. 含高浓度氰化物的水样一般采用硝酸银滴定法测定。（　　）

答案： 正确

6. 水样中存在亚硝酸离子干扰氰化物测定，可在蒸馏前加入碳酸镉或碳酸铅固体粉末消除。（　　）

答案： 错误

正确答案为：亚硝酸离子的干扰通过加入氨基磺酸（NH_2SO_2OH）消除，硫化物干扰通过加入碳酸镉或碳酸铅固体粉末消除。

7. 测定氰化物的水样采集后，应立即加入氢氧化钠固定，使 $pH>10$。（　　）

答案： 错误

正确答案为：应使 $pH>12$。

8. 用《水质 氰化物的测定 容量法和分光光度法》（HJ 484—2009）中硝酸银滴定法测定氰化物的试银灵指示剂的配制方法是：称取 0.02 g 试银灵溶于 100 ml 水中，贮于棕色瓶中置暗处保存。（ ）

答案：错误

正确答案为：溶于 100 ml 丙酮中。

三、选择题

1. 采用硝酸银滴定法测定水中氰化物时，向样品中加入适量的氨基磺酸是为了消除________的干扰。（ ）

A. 硫化物 B. 亚硝酸盐 C. 碳酸盐

答案：B

2. 采用硝酸银滴定法测定水中氰化物时，使用的试银灵贮存于棕色瓶中并于暗处保存，可稳定________。（ ）

A. 1 个月 B. 6 个月 C. 1 年

答案：A

3.《水质 氰化物的测定 容量法和分光光度法》（HJ 484—2009）中容量法的适用范围为________mg/L。（ ）

A. 0.004～0.25 B. 0.25～100 C. 0.5～10.0

答案：B

4. 采用硝酸银滴定法测定水中简单氰化物时，若蒸馏时加入酒石酸溶液后试液不显红色，应向蒸馏瓶内补加________溶液。（ ）

A. 硝酸锌 B. 酒石酸 C. 氢氧化钠

答案：B

5. 采用硝酸银滴定法测定水中氰化物时，若水样中含有大量硫化物，则应在加入氢氧化钠固定________加入碳酸镉或碳酸铅固体粉末，除去硫化物。（ ）

A. 之前 B. 同时 C. 之后

答案：A

四、问答题

1. 氰化钾溶液剧毒，应如何处理方可排放？

答案：可在碱性条件下，加入高锰酸钾或次氯酸钠使氰化物氧化分解。

2. 某电镀厂废水采用碱性氯化法处理后外排，测定排污口水中氰化物时应注意什么？

答案：由于样品中可能存在活性氯，在蒸馏时，氰化物会被分解，使结果偏低，应在采样现场加入亚硫酸钠溶液，亚硫酸钠溶液的加入量由淀粉－碘化钾试纸法确定。

五、计算题

用硝酸银滴定法测定水中氰化物，取 200 ml 试样进行蒸馏，馏出液采用 100 ml 容量瓶进行吸收定容，再取 50.0 ml 的馏出液用 0.010 2 mol/L 硝酸银标准液滴定，消耗硝酸银标液 4.32 ml，空白消耗硝酸银标液 0.25 ml，问废水中氰化物的含量是多少？[氰

离子（CN^-）摩尔质量为 52.04］

答案： 氰化物（CN^-，mg/L）$= \dfrac{C(V_a - V_0)\times 52.04\times \dfrac{V_1}{V_2}\times 1\,000}{V}$

$$= \frac{0.010\,2\times(4.32-0.25)\times 52.04\times \dfrac{100.0}{50.0}\times 1\,000}{200.0} = 21.6$$

参考文献

[1] 国家环境保护总局 . 地表水和污水监测技术规范：HJ/T 91—2002［S］. 北京：中国环境科学出版社，2002.

[2] 环境保护部 . 水质　氰化物的测定　容量法和分光光度法：HJ 484—2009［S］. 北京：中国环境科学出版社，2009.

命题：李桂玲　牛　毓

审核：彭刚华　夏　新　马慧杰

第十七节　凯氏氮

分类号：W5-16

主要内容
《水质　凯氏氮的测定》（GB 11891—89）

一、填空题

1. 凯氏氮是指以凯氏法测得的含氮量，它包括________和在此条件下能被转变为铵盐而测定的________。

答案： 氨氮　有机氮化合物

2. 测定水中凯氏氮或有机氮，主要是为了了解水体受________状况，尤其是评价湖泊和水库的________时，是一项有意义的重要指标。

答案： 污染　富营养化

3. 根据《水质　凯氏氮的测定》（GB/T 11891—89），如果凯氏氮含量较低，可取较多量的水样，并用________法进行测定；如果含量较高，则减少取样量，用________法测定。

答案： 光度　酸滴定

4. 根据《水质　凯氏氮的测定》（GB/T 11891—89），在水样中加入硫酸并加热消解，目的是使有机物中的________以及游离氨和铵盐转变为________。

答案： 胺基氮　硫酸氢铵

5. 根据《水质　凯氏氮的测定》（GB/T 11891—89），蒸馏时应避免暴沸，否则可导致吸收液温度增高，造成吸收________而使测定结果偏________；还应注意冷却水不能有温感，否则会影响氨的吸收。

答案：不完全　低

6. 根据《水质　凯氏氮的测定》(GB/T 11891—89)，蒸馏时必须保持蒸馏瓶内溶液呈碱性，如果在蒸馏期间，瓶内无黑色沉淀，瓶内液体一直为清澈透明，则在蒸馏结束后，需滴加________指示液测试。必要时，添加适量水和________溶液，重新蒸馏。

答案：酚酞　氢氧化钠

7. 根据《水质　凯氏氮的测定》(GB/T 11891—89)，测定凯氏氮的操作主要包括________、________和________3 个步骤。

答案：消解　蒸馏　(氨的)测定

二、判断题

1. 根据《水质　凯氏氮的测定》(GB/T 11891—89)测定水中凯氏氮含量时，消解时加入适量硫酸钾以提高沸腾温度，增加消解速率。(　　)

答案：正确

2. 根据《水质　凯氏氮的测定》(GB/T 11891—89)测定水中凯氏氮含量时，对难消解的有机氮化合物，可适当增加消解时间，亦可改用硫酸汞作为催化剂。(　　)

答案：正确

3. 根据《水质　凯氏氮的测定》(GB 11891—89)中滴定法进行测定时，用硫酸标准溶液滴定至溶液颜色由淡紫色至绿色为终点。(　　)

答案：错误

正确答案为：用硫酸标准溶液滴定至溶液颜色由绿色至淡紫色为终点。

4. 根据《水质　凯氏氮的测定》(GB 11891—89)，空白试验是以无二氧化碳水代替水样，同水样处理及滴定的全程序步骤进行测定。(　　)

答案：错误

正确答案为：空白试验是以无氨水代替水样，同水样处理及滴定的全程序步骤进行测定。

5. 根据《水质　凯式氮的测定》(GB 11891—89)测定凯式氮的水样，若不能及时测定，应加入足够量的硝酸，使 pH<2，并在 4℃条件下保存。(　　)

答案：错误

正确答案为：水样不能及时测定时，应加入足够量的硫酸，使 pH<2，并在 4℃条件下保存。

6. 根据《水质　凯氏氮的测定》(GB 11891—89)测定凯式氮的混合指示剂是以两份甲基红溶液与一份亚甲蓝溶液混合后配成甲基红－甲基蓝混合指示液，每月配置一次。(　　)

答案：正确

三、选择题

1. 根据《水质　凯氏氮的测定》(GB/T 11891—89)测定水中凯氏氮含量，消解时通常加入________作催化剂，以缩短消解时间。(　　)

A. 硫酸铜　　　　B. 氯化汞　　　　C. 硝酸银

答案：A

2. 根据《水质　凯氏氮的测定》（GB/T 11891—89）测定水中凯氏氮含量，蒸馏时必须保持蒸馏瓶内溶液呈________。（　　）

A. 酸性　　　　B. 碱性　　　　C. 中性

答案：B

3. 根据《水质　凯氏氮的测定》（GB 11891—89），为缩短消解时间，以汞盐作催化剂，汞盐在消解时形成汞铵络合物，因此在蒸馏时，应同时加入适量________，使络合物分解。（　　）

A. 碳酸钠　　　　B. 硫代硫酸钠　　　　C. 硫酸钠

答案：B

4. 根据《水质　凯氏氮的测定》（GB 11891—89），硫酸标准溶液用________溶液进行标定。（　　）

A. 碳酸钠　　　　B. 碳酸钾　　　　C. 碳酸镁

答案：A

5. 根据《水质　凯氏氮的测定》（GB 11891—89）测定时，蒸馏过程中，凯氏瓶应斜置，约成________角。（　　）

A. 45°　　　　B. 60°　　　　C. 30°

答案：A

参考文献

[1] 国家环境保护局. 水质　凯氏氮的测定：GB/T 11891—89［S］. 北京：中国标准出版社，1989.

[2] 国家环境保护总局《水和废水监测分析方法》编委会. 水和废水监测分析方法.4 版［M］. 北京：中国环境科学出版社，2002.

[3] 国家环境保护局《环境监测机构计量认证和创建优质实验室指南》编写组. 环境监测机构计量认证和创建优质实验室指南［M］. 北京：中国环境科学出版社，1994.

命题：赵　辉　许晓翠　范　莉

审核：史　箴　任学蓉　李红亮　屈智丽

第十八节　耗氧量

分类号：W5-17

主要内容

①《生活饮用水标准检验方法　有机物综合指标》（GB/T 5750.7—2006）（1.1　耗氧量　酸性高锰酸钾滴定法）

②《生活饮用水标准检验方法　有机物综合指标》（GB/T 5750.7—2006）（1.2　耗氧量　碱性高锰酸钾滴定法）

一、判断题

1.《生活饮用水标准检验方法 有机物综合指标》（GB/T 5750.7—2006）（1.1 耗氧量 酸性高锰酸钾滴定法）适用于氯化物质量浓度低于 300 mg/L（以 Cl^- 计）的生活饮用水及其水源水中耗氧量的测定。（ ）①

答案：正确

2. 根据《生活饮用水标准检验方法 有机物综合指标》（GB/T 5750.7—2006）（1.1 耗氧量 酸性高锰酸钾滴定法）测定水中耗氧量时，硫酸溶液（1+3）的配制方法为：将 1 体积硫酸（ρ=1.84 g/ml）在水浴冷却下缓缓加到 3 体积纯水中。（ ）①

答案：正确

3. 根据《生活饮用水标准检验方法 有机物综合指标》（GB/T 5750.7—2006）（1.1 耗氧量 酸性高锰酸钾滴定法）测定水中耗氧量时，盛放待测水样的锥形瓶用纯水洗净即可。（ ）①

答案：错误

正确答案为：250 ml 锥形瓶中加入 1 ml（1+3）硫酸溶液及少量高锰酸钾标准溶液。煮沸数分钟，取下锥形瓶用草酸钠标准使用溶液滴定至微红色，将溶液弃去。

4. 根据《生活饮用水标准检验方法 有机物综合指标》（GB/T 5750.7—2006）（1.1 耗氧量 酸性高锰酸钾滴定法）测定水中耗氧量时，需要向滴定至终点的水样中趁热加入 10.00 ml 草酸钠溶液（0.010 0 mol/L），然后立即用 0.01 mol/L 高锰酸钾标准溶液滴定至微红色，记录用量为 9.89 ml，则校正系数为 0.989。（ ）①

答案：错误

正确答案为：校正系数 K=10.00/9.89=1.01

5. 根据《生活饮用水标准检验方法 有机物综合指标》（GB/T 5750.7—2006）（1.1 耗氧量 酸性高锰酸钾滴定法）测定水中耗氧量时，草酸钠标准贮备液在配置前，应将优级纯草酸钠在 105～110℃烘干 1 h。（ ）①

答案：正确

二、选择题

1. 根据《生活饮用水标准检验方法 有机物综合指标》（GB/T 5750.7—2006）（1.1 耗氧量 酸性高锰酸钾滴定法）测定水中耗氧量时，过量的高锰酸钾用________还原。（ ）①

A. 氯化钠　　B. 硫酸钠　　C. 草酸钠　　D. 碳酸氢钠

答案：C

2. 加入固定剂的水样，采集后应在________h 内测定耗氧量。（ ）①②

A. 48　　B. 24　　C. 72　　D. 36

答案：A

3.《生活饮用水标准检验方法 有机物综合指标》（GB/T 5750.7—2006）（1.2 耗氧量 碱性高锰酸钾滴定法）的最低检测质量浓度（取 100 ml 水样时）为

________mg/L（以 O_2 计）。（　　）②

A. 0.5　　B. 0.05　　C. 1　　D. 0.1

答案：B

4. 根据《生活饮用水标准检验方法　有机物综合指标》（GB/T 5750.7—2006）（1.1　耗氧量　酸性高锰酸钾滴定法）测定耗氧量时，标定高锰酸钾溶液浓度时，向25.00 ml 草酸钠溶液（0.100 0 mol/L）加入约 24 ml 高锰酸钾溶液后，加热溶液至________℃，再继续滴定呈微红色，并保持 30 s 不褪，滴定终了时，溶液温度不低于________℃。（　　）①

A. 100，65　　B. 80，55　　C. 65，65　　D. 65，55

答案：D

5. 根据《生活饮用水标准检验方法　有机物综合指标》（GB/T 5750.7—2006）（1.1　耗氧量　酸性高锰酸钾滴定法）测定水样耗氧量时，取 100 ml 待测水样加入处理后的锥形瓶中，将锥形瓶放入________水浴中，准确放置________min。如加热过程中红色明显减褪，须将水样稀释重做。（　　）①

A. 80℃，30　　B. 沸水，10　　C. 80℃，10　　D. 沸水，30

答案：D

6. 根据《生活饮用水标准检验方法　有机物综合指标》（GB/T 5750.7—2006）（1.1　耗氧量　酸性高锰酸钾滴定法）测定水样耗氧量时，如果滴定过量草酸钠溶液的高锰酸钾标准溶液用量超过了加入量的一半，应________。（　　）①

A. 根据用量计算水样的耗氧量　　B. 重取水样再做一遍

C. 重取水样稀释后重做　　D. 加入高锰酸钾固体

答案：C

参考文献

[1] 中华人民共和国卫生部，国家标准化委员会．生活饮用水标准检验方法　有机物综合指标：GB/T 5750.7—2006［S］．北京：中国标准出版社，2006.

[2] 国家环境保护总局《水和废水监测分析方法》编委会．水和废水监测分析方法．4 版［M］．北京：中国环境科学出版社，2002

命题：封　雪　杨　华　米方卓　牛　毓

审核：吴宇峰　夏　新　邓　慕

第十九节　总铬

分类号：W5-18

主要内容
《水质　总铬的测定》（GB/T 7466—87）（第二篇　硫酸亚铁铵滴定法）

一、判断题

1. 根据《水质　总铬的测定》（GB/T 7466—87）（第二篇　硫酸亚铁铵滴定法）测定水中总铬时，钒对测定没有干扰。(　　)

答案：错误

正确答案为：钒对测定有干扰。

2. 根据《水质　总铬的测定》（GB/T 7466—87）（第二篇　硫酸亚铁铵滴定法）测定水中总铬时，应注意加热煮沸时间，若加热煮沸时间不够，过量的过硫酸铵及氯气未除尽，会使结果偏高；煮沸时间长，对测定有利。(　　)

答案：错误

正确答案为：若煮沸时间太长，溶液体积小，酸度高，可能使六价铬还原为三价铬，使结果偏低。

3. 根据《水质　总铬的测定》（GB/T 7466—87）（第二篇　硫酸亚铁铵滴定法）测定水中总铬时，以苯基代邻氨基苯甲酸作指示剂，用硫酸亚铁铵溶液滴定，使三价铬转化成六价铬。(　　)

答案：错误

正确答案为：使六价铬还原为三价铬。

4. 根据《水质　总铬的测定》（GB/T 7466—87）（第二篇　硫酸亚铁铵滴定法）测定水中总铬时，加入 3 滴苯基代邻氨基苯甲酸作指示剂，用硫酸亚铁铵溶液滴定，溶液颜色由红色突变为绿色即为终点。(　　)

答案：正确

5. 根据《水质　总铬的测定》（GB/T 7466—87）（第二篇　硫酸亚铁铵滴定法）测定水中总铬时，苯基代邻氨基苯甲酸作指示剂，在测定样品和空白试验时加入量要保持一致。(　　)

答案：正确

6. 根据《水质　总铬的测定》（GB/T 7466—87）（第二篇　硫酸亚铁铵滴定法）测定水中总铬时，样品中含有大量的有机物需要进行消解处理。(　　)

答案：正确

二、选择题

1. 根据《水质　总铬的测定》（GB/T 7466—87）（第二篇　硫酸亚铁铵滴定法）测定水中总铬时，在酸性溶液中，以银盐作催化剂，用________将三价铬氧化成六价铬。(　　)

A. 硫酸铵　　B. 过硫酸铵　　C. 高锰酸钾　　D. 重铬酸钾

答案：B

2. 根据《水质　总铬的测定》（GB/T 7466—87）（第二篇　硫酸亚铁铵滴定法）测定水中总铬时，需要加入少量氯化钠并煮沸，以除去________。(　　)

A. 过量的硫酸铵及反应中产生的氯气　　B. 过量的硫酸铵

C. 过量的过硫酸铵及反应中产生的氯气　　D. 过量的过硫酸铵

答案：C

3.《水质　总铬的测定》（GB/T 7466—87）（第二篇　硫酸亚铁铵滴定法）适用于水和废水中________总铬的测定。（　）

A. 高浓度（大于 1 mg/L）　B. 低浓度（小于 1 mg/L）

C. 高浓度（大于 0.1 mg/L）　D. 低浓度（小于 0.1 mg/L）

答案：A

4. 根据《水质　总铬的测定》（GB/T 7466—87）（第二篇　硫酸亚铁铵滴定法）测定水中总铬时，用铬标准溶液标定硫酸亚铁铵溶液过程中，3 份铬标准溶液所消耗硫酸亚铁铵溶液的毫升数的极差值不应超过________ml，取其平均值。（　）

A. 0.01　B. 0.02　C. 0.05　D. 0.1

答案：C

5. 根据《水质　总铬的测定》（GB/T 7466—87）（第二篇　硫酸亚铁铵滴定法）测定水中总铬时，样品分析时要先用氢氧化铵溶液中和至溶液 pH 为________。（　）

A. 1～2　B. 2～3　C. 6～7　D. 8～9

答案：A

参考文献

[1] 国家环境保护局 . 水质　总铬的测定：GB/T 7466—87［S］. 北京：中国环境科学出版社，1987.

[2] 国家环境保护总局《水和废水监测分析方法》编委会 . 水和废水监测分析方法 .4 版［M］. 北京：中国环境科学出版社，2002.

命题：宋冰冰　刘乐君　马慧杰

审核：毕军平　朱日龙　林海兰　冯　丹

第六章　分光光度法

第一节　基础知识

分类号：W6–0

一、填空题

1. 分光光度法测定样品的基本原理是利用朗伯－比尔定律，根据不同浓度样品溶液对光信号具有不同的________，对待测组分进行定量测定。

答案：吸光度（或吸光性，或吸收）

2. 采用分光光度法测定样品时，校正波长是为了检验波长刻度与实际波长的________，并通过适当方法进行修正，以消除因波长刻度的误差引起的光度测定误差。

答案：符合程度

3. 采用分光光度法测定样品时，比色皿表面不清洁是造成测量误差的常见原因之一，每当测定有色溶液后，一定要充分洗涤。可用________涮洗，或用________浸泡。注意浸泡时间不宜过长，以防比色皿脱胶损坏。

答案：相应的溶剂　（1+3）HNO_3

二、判断题

1. 分光光度计可根据使用的波长范围、光路的构造、单色器的结构、扫描的机构分为不同类型的光度计。(　　)

答案：正确

2. 采用分光光度法进行试样测定时，由于不同浓度下的测定误差不同，因此选择最适宜的测定浓度可减少测定误差。一般来说，透光度在 20%～65% 或吸光值在 0.2～0.7 时，测定误差相对较小。(　　)

答案：正确

3. 分光光度法主要应用于测定样品中的常量组分含量。(　　)

答案：错误

正确答案为：分光光度法主要应用于测定样品中的微量组分。

4. 采用分光光度法进行样品测定时，同一组比色皿之间的差值应小于测定误差。(　　)

答案：错误

正确答案为：测定同一溶液时，同组比色皿之间吸光度相差应小于 0.005，否则需进行校正。

5. 采用分光光度法进行样品测定时，摩尔吸光系数随比色皿厚度的变化而变化。(　　)

答案：错误

正确答案为：摩尔吸光系数与比色皿厚度无关。

三、选择题

1. 采用分光光度法测定样品时，下列因素中________不是产生偏离朗伯–比尔定律的主要原因。(　　)

A. 所用试剂的纯度不够的影响　　B. 非吸收光的影响

C. 非单色光的影响　　D. 被测组分发生解离、缔合等化学因素

答案：A

2. 分光光度计波长准确度是指单色光最大强度的波长值与波长指示值________。(　　)

A. 之和　　B. 之差　　C. 乘积

答案：B

3. 分光光度计吸光度的准确性是反映仪器性能的重要指标，一般常用________标准溶液进行吸光度校正。(　　)

A. 碱性重铬酸钾　　B. 酸性重铬酸钾　　C. 高锰酸钾

答案：A

4. 分光光度计通常使用的比色皿具有________性，使用前应做好标记。(　　)

A. 选择　　B. 渗透　　C. 方向

答案：C

5. 使用分光光度法测试样品，校正比色皿时，应将________注入比色皿中，以其中吸收最小的比色皿为参比，测定其他比色皿的吸光度。(　　)

A. 纯净蒸馏水　　B. 乙醇　　C. 三氯甲烷

答案：A

6. 朗伯–比尔定律 $A = kcL$ 中，摩尔吸光系数 k 值________表示该物质对某波长光的吸收能力越强，比色测定的灵敏度就越高。(　　)

A. 越大　　B. 越小　　C. 大小一样

答案：A

7. 在比色分析中为了提高分析的灵敏度，必须选择摩尔吸光系数________有色化合物，选择具有最大 k 值的波长作入射光。(　　)

A. 大的　　B. 小的　　C. 大小一样

答案：A

8. 用紫外分光光度法测定样品时，比色皿应选择________材质的。(　　)

A. 石英　　B. 玻璃

答案：A

9. 一般常把________nm 波长的光称为紫外光。(　　)

A. 200～800　　B. 200～400　　C. 100～600

答案：B

10. 一般常把________nm 波长的光称为可见光。(　　)

A. 200～800　　B. 400（或 380）～800（或 780）　　C. 400～860

答案：B

11. 朗伯－比尔定律 $A = kcL$ 中，摩尔吸光系数 k 值与________无关。(　　)

A. 入射光的波长　　B. 显色溶液温度

C. 测定时的取样体积　　D. 有色溶液的性质

答案：C

12. 一般分光光度计吸光度的读数最多有________位有效数字。(　　)

A. 3　　B. 4　　C. 2

答案：A

四、问答题

1. 分光光度法是环境监测中常用的方法，简述分光光度法的主要特点。

答案：（1）灵敏度高；

（2）准确度高；

（3）适用范围广；

（4）操作简便、快速；

（5）价格低廉。

2. 简述校正分光光度计波长的方法。

答案：校正波长一般使用分光光度计光源中的稳定线光谱或有稳定亮线的外部光源，把光束导入光路进行校正，或者测定已知光谱样品的光谱，与标准光谱对照进行校正。

3. 简述分光光度法测定样品时，选用比色皿应该考虑的主要因素。

答案：（1）测定波长。比色液吸收波长在 370 nm 以上时可选用玻璃或石英比色皿，在 370 nm 以下时必须使用石英比色皿；

（2）光程。比色皿有不同光程长度，通常多用 10.0 mm 的比色皿，选择比色皿的光程长度应视所测溶液的吸光度而定，以使其吸光度在 0.1～0.7 为宜。

4. 如何检查分光光度计的灵敏度？

答案：灵敏度是反映仪器测量性能的重要指标，检查方法为：配制 0.001% 重铬酸钾溶液，用 1 cm 比色皿装入蒸馏水作参比，于 440 nm 处测得的吸光度应大于 0.010。若示值＜0.010，可适当增加灵敏度的挡数，如仍不能达到该值，应检查或更换光电管。

5. 在光度分析中，如何消除共存离子的干扰？

答案：（1）尽可能采用选择性高、灵敏度也高的特效试剂；

（2）控制酸度，使干扰离子不产生显色反应；

（3）加入掩蔽剂，使干扰离子被络合而不发生干扰，而待测离子不与掩蔽剂反应；

（4）加入氧化剂或还原剂，改变干扰离子的价态以消除干扰；

（5）选择适当的波长以消除干扰；

（6）萃取法消除干扰；

（7）其他能将被测组分与杂质分离的步骤，如离子交换、蒸馏等；

（8）利用参比溶液消除显色剂和某些有色共存离子干扰；

（9）利用校正系数从测定结果中扣除干扰离子影响。

6. 采用分光光度法测定样品时，什么情况下可用溶剂作空白溶液？

答案： 当溶液中的有色物质仅为待测成分与显色剂反应生成，可以用溶剂作空白溶液，简称溶剂空白。

7. 一台分光光度计的校正应包括哪 4 个部分？

答案： 波长校正；吸光度校正；杂散光校正；比色皿校正。

8. 在光度分析中酸度对显色反应主要有哪些影响？

答案：（1）对显色剂本身的影响；

（2）对溶液中各元素存在状态的影响；

（3）对显色反应的影响。

9. 简述朗伯－比尔定律 $A = kcL$ 的基本内容，并说明式中各符号的含义。

答案： 朗伯－比尔定律是比色分析的理论基础，它可综合为光的吸收定律，即当一束单色光通过均匀溶液时，溶液的吸光度与溶液的浓度和液层厚度的乘积成正比。

式中：A——吸光度；k——吸光系数；c——待测物浓度；L——液层厚度。

10. 简述在朗伯－比尔定律中，吸光系数与摩尔吸光系数的区别。

答案： 在朗伯－比尔定律 $A = kcL$ 中，k 是比例常数，它与入射光的波长、溶液的性质有关。如果有色物质溶液的浓度 c 用 g/L 表示，液层厚度以 cm 表示，比例常数 k 称为吸光系数。如果浓度 c 用 mol/L 表示，液层厚度以 cm 表示，则比例常数 k 称为摩尔吸光系数。摩尔吸光系数的单位为 L/（mol · cm），它表示物质的浓度为 1 mol/L、液层厚度为 1 cm 时溶液的吸光度。

11. 简述在光度分析中如何用镨钕滤光片对光度计的波长进行校正。

答案： 用特制的镨钕滤光片（预先在精密度较高的仪器上进行校正过）校正仪器波长时，通常用 573 nm 和 586 nm 的双峰谱线校正。

12. 简述在光度分析中如何选择显色剂。

答案：（1）显色剂的灵敏度要高；

（2）显色剂的选择性要好；

（3）所形成的有色化合物应足够稳定，而且组成恒定，有确定的组成比；

（4）所形成的有色化合物与显色剂之间的差别要大；

（5）其他因素如显色剂的溶解度、稳定性、价格等。

13. 简述在光度分析中共存离子的干扰主要有哪几种情况。

答案：（1）共存离子本身有颜色影响测定；

（2）共存离子与显色剂生成有色化合物，同待测组分的有色化合物的颜色混在一起；

（3）共存离子与待测组分生成络合物降低待测组分的浓度而干扰测定；

（4）强氧化剂和强还原剂存在时因破坏显色剂而影响测定。

14. 简述在光度分析中引起偏离光吸收定律的原因。

答案：（1）由于入射光单色性差而引起偏离；

（2）由于溶液中的化学变化而引起偏离（待测物质离解、缔合）；

（3）由于介质的不均匀性而引起偏离。

五、计算题

1. 采用分光光度法测定水中的六价铬，已知溶液含六价铬 140 mg/L，用二苯碳酰二肼溶液显色，比色皿为 20 mm，在波长 540 nm 处测得吸光度为 0.220，试计算摩尔吸光系数（M_{Cr}= 52）。

答案：（1）计算摩尔数：$\dfrac{140\times10^{-6}}{52} = 2.7\times10^{-6}$（mol/L）

（2）计算摩尔吸光系数：$0.220 = k\times2\times2.7\times10^{-6}$

$k = 4.1\times10^{4}$ L/（mol·cm）

2. 分光光度法测定水中的 Fe^{3+}，已知含 Fe^{3+} 溶液用 KSCN 溶液显色，用 20 mm 的比色皿在波长 480 nm 处测得吸光度为 0.19，已知其摩尔吸光系数为 1.1×10^{4} L/（mol × cm），试求该溶液的浓度（M_{Fe} = 55.86）。

答案：（1）计算溶液的摩尔浓度：$0.19 = 1.1\times10^{4}\times C\times2$

$$C = 0.19/(1.1\times10^{4}\times2)\ \frac{C=0.19}{(1.1\times10^{4}\times2)} = 8.6\times10^{-6}\ (\text{mol/L})$$

（2）计算溶液的浓度：$C = 8.6\times10^{-6}\times55.86 = 482\times10^{-6}$（g/L）

参考文献

[1] 中国环境监测总站《环境水质监测质量保证手册》编写组 . 环境水质监测质量保证手册 .2 版［M］. 北京：化学工业出版社，1994.

[2] 刘珍 . 化验员读本 .3 版［M］. 北京：化学工业出版社，2000.

[3]《环境监测技术基本理论（参考）试题集》编写组 . 环境监测技术基本理论（参考）试题集［M］. 北京：中国环境科学出版社，2002.

[4]《水和废水监测分析方法指南》编委会 . 水和废水监测分析方法指南：上册［M］. 北京：中国环境科学出版社，1990.

[5] 国家环境保护局《环境监测机构计量认证和创建优质实验室指南》编写组 . 环境监测机构计量认证和创建优质实验室指南［M］. 北京：中国环境科学出版社，1994.

命题：杨　楠　刘端阳

审核：史　箴　夏　新　牛　毓　张　丽

第二节　硫酸盐

分类号：W6-1

主要内容
①《水质　硫酸盐的测定　铬酸钡分光光度法（试行）》（HJ/T 342—2007）
②《大气降水中硫酸盐测定》（GB/T 13580.6—92）（第一篇　硫酸钡浊度法）
③《生活饮用水标准检验方法　无机非金属指标》（GB/T 5750.5—2006）（1.1　硫酸盐　硫酸钡比浊法）

一、填空题

1. 目前我国用来测定水中硫酸盐的方法有________、________、EDTA 滴定法和离子色谱法。①②③

答案：重量法　（铬酸钡）光度法

2. 测定硫酸盐的水样可采集在________或________材质的瓶中。①②③

答案：硬质玻璃　聚乙烯

3.《大气降水中硫酸盐测定》（GB/T 13580.6—92）（第一篇　硫酸钡浊度法）的最低检出浓度为________mg/L，测定范围为________mg/L。②

答案：0.4　1.0～70

4.《生活饮用水标准检验方法　无机非金属指标》（GB/T 5750.5—2006）（1.1　硫酸盐　硫酸钡比浊法）适用于测定低于________mg/L 硫酸盐的水样，当取样体积为 50 ml 时，最低检出浓度为________mg/L。③

答案：40　5.0

二、判断题

1. 根据《水质　硫酸盐的测定　铬酸钡分光光度法（试行）》（HJ/T 342—2007）测定水中硫酸盐时，如果水样中含有碳酸根，在加入铬酸钡之前可加入盐酸酸化，并加热沸腾以除去碳酸盐干扰。（　）①

答案：正确

2. 根据《水质　硫酸盐的测定　铬酸钡分光光度法（试行）》（HJ/T 342—2007）测定水中硫酸盐时，水样中加入铬酸钡悬浊液、（1+1）氨水显色后，应使用慢速定性滤纸过滤，如滤液浑浊，应重复过滤至透明。（　）①

答案：正确

3. 根据《水质　硫酸盐的测定　铬酸钡分光光度法（试行）》（HJ/T 342—2007）测定水中硫酸盐时，如果水样中存在有机物，某些细菌可以将硫酸盐还原为硫化物，因此，对于严重污染的水样应低温保存。（　）①

答案：正确

4. 根据《水质　硫酸盐的测定　铬酸钡分光光度法（试行）》（HJ/T 342—2007）测定

水中硫酸盐时，水样中加入铬酸钡悬浮液后，经煮沸、稍冷后，向其中逐滴加入（1+1）氨水至呈柠檬黄色，过滤后进行测定。（　　）①

答案：错误

正确答案为：逐滴加入（1+1）氨水至呈柠檬黄色后，应再多加 2 滴。

5. 根据《大气降水中硫酸盐测定》（GB/T 13580.6—92）（第一篇　硫酸钡浊度法）和《生活饮用水标准检验方法　无机非金属指标》（GB/T 5750.5—2006）（1.1　硫酸盐　硫酸钡比浊法），搅拌速度、时间、温度和试剂加入方法均影响测定结果，因此要严格控制操作条件的一致性。（　　）②③

答案：正确

6. 根据《大气降水中硫酸盐测定》（GB/T 13580.6—92）（第一篇　硫酸钡浊度法）和《生活饮用水标准检验方法　无机非金属指标》（GB/T 5750.5—2006）（1.1　硫酸盐　硫酸钡比浊法）测定水中硫酸盐时，只能用分光光度计测量其吸光度。（　　）②③

答案：错误

正确答案为：硫酸钡浊度法测定硫酸盐时，也可用浊度仪测定浑浊度。

7. 根据《大气降水中硫酸盐测定》（GB/T 13580.6—92）（第一篇　硫酸钡浊度法）测定水中硫酸盐时，氯化钡－明胶溶液须临用现配。（　　）②

答案：错误

正确答案为：氯化钡－明胶溶液可稳定大约 1 个月。

8. 根据《生活饮用水标准检验方法　无机非金属指标》（GB/T 5750.5—2006）（1.1　硫酸盐　硫酸钡比浊法）测定水中硫酸盐，调节电磁搅拌速度时，应使溶液在搅拌时不溅出，并能使 0.2g 氯化钡晶体在 10～30 s 溶解。（　　）③

答案：正确

9.《大气降水中硫酸盐测定》（GB/T 13580.6—92）（第一篇　硫酸钡浊度法）和《生活饮用水标准检验方法　无机非金属指标》（GB/T 5750.5—2006）（1.1　硫酸盐　硫酸钡比浊法）的测定原理为：水中硫酸盐和钡离子生成硫酸钡沉淀，形成浑浊，其浑浊程度与样品中硫酸盐的含量成正比，测量悬浮液的吸光度，即可由校准曲线求出硫酸盐的含量。（　　）②③

答案：正确

三、选择题

1.《水质　硫酸盐的测定　铬酸钡分光光度法（试行）》（HJ/T 342—2007）适用于测定________水样。（　　）①

A. 硫酸盐含量较低的地表水和地下水

B. 硫酸盐含量较高的生活污水和工业废水

C. 咸水

答案：A

2.《地表水环境质量标准》（GB 3838—2002）中，集中式生活饮用水中硫酸盐（以 SO_4^{2-} 计）的标准限值是________mg/L。（　　）①②③

A. 250　　B. 300　　C. 100

答案：A

3.《水质　硫酸盐的测定　铬酸钡分光光度法（试行）》（HJ/T 342—2007）测定硫酸盐的浓度范围是________mg/L。（　　）①

A. 10～5 000　　B. 8～85　　C. 0.2～12

答案：B

4. 根据《水质　硫酸盐的测定　铬酸钡分光光度法（试行）》（HJ/T 342—2007）测定水中硫酸盐时，如 Pb^{2+}、PO_4^{3-} 含量各少于________mg/L，则不干扰 SO_4^{2-} 的测定。（　　）①

A. 2　　B. 1　　C. 3

答案：B

5. 根据《大气降水中硫酸盐测定》（GB/T 13580.6—92）（第一篇　硫酸钡浊度法）和《生活饮用水标准检验方法　无机非金属指标》（GB/T 5750.5—2006）（1.1　硫酸盐　硫酸钡比浊法）测定水中硫酸盐时，检测波长为________nm。（　　）②③

A. 320　　B. 370　　C. 420　　D. 470

答案：C

6. 根据《大气降水中硫酸盐测定》（GB/T 13580.6—92）（第一篇　硫酸钡浊度法）测定水中硫酸盐时，降水的最大取样量为________ml。（　　）②

A. 2.00　　B. 5.00　　C. 9.00　　D. 10.00

答案：C

7. 根据《大气降水中硫酸盐测定》（GB/T 13580.6—92）（第一篇　硫酸钡浊度法）测定水中硫酸盐时，明胶溶液配制后，须在冰箱中冷藏________h 后才能使用。（　　）②

A. 6　　B. 12　　C. 24　　D. 48

答案：C

8. 根据《大气降水中硫酸盐测定》（GB/T 13580.6—92）（第一篇　硫酸钡浊度法）测定水中硫酸盐时，样品须贮存于聚乙烯瓶中，3～5℃冰箱冷藏，可保存________。（　　）②

A. 1 d　　B. 1 周　　C. 2 周　　D. 1 月

答案：D

9. 根据《生活饮用水标准检验方法　无机非金属指标》（GB/T 5750.5—2006）（1.1　硫酸盐　硫酸钡比浊法）测定水中硫酸盐，从加入氯化钡晶体起计时，到准确________min 时测量吸光度。（　　）③

A. 2　　B. 5　　C. 8　　D. 10

答案：D

10. 根据《生活饮用水标准检验方法　无机非金属指标》（GB/T 5750.5—2006）（1.1　硫酸盐　硫酸钡比浊法）测定水中硫酸盐时，稳定剂溶液的加入量为________ml。（　　）③

A. 5.0　　B. 2.5　　C. 1.0　　D. 0.5

答案：B

四、问答题

1. 试述《水质　硫酸盐的测定　铬酸钡分光光度法（试行）》（HJ/T 342—2007）测定水中硫酸盐的原理。①

答案：在酸性溶液中，铬酸钡与硫酸盐生成硫酸钡沉淀，并释放出铬酸根离子；溶液中和后，过量的铬酸钡及生成的硫酸钡仍是沉淀状态，经过滤除去沉淀。在碱性条件下，反应释放出的铬酸根离子呈黄色，其颜色深浅与铬酸根的含量成正比，测定吸光度后计算出硫酸根的含量。

2. 根据《生活饮用水标准检验方法　无机非金属指标》（GB/T 5750.5—2006）（1.1　硫酸盐　硫酸钡比浊法）测定水中硫酸盐时，稳定剂溶液如何配制？③

答案：称取 75g 氯化钠，溶于 300 ml 纯水中，加入 30 ml 浓盐酸，50 ml 甘油（丙三醇）和 100 ml 乙醇（95%），混合均匀。

参考文献

[1] 国家环境保护总局 . 水质　硫酸盐的测定　铬酸钡分光光度法（试行）：HJ/T 342—2007［S］. 北京：中国环境科学出版社，2007.

[2] 国家环境保护局 . 大气降水中硫酸盐测定：GB/T 13580.6—92［S］. 北京：中国标准出版社，1992.

[3] 中华人民共和国卫生部，国家标准化管理委员会 . 生活饮用水标准检验方法　无机非金属指标：GB/T 5750.5—2006［S］. 北京：中国标准出版社，2006.

[4] 魏复盛 . 水和废水监测分析方法指南：中册［S］. 北京：中国环境科学出版社，1994.

命题：吴育文　杨　楠　李　刚

审核：谢　争　张玉惠　史　箴　米方卓

第三节　色度

分类号：W6-2

主要内容
①《水质　色度的测定（铂钴比色法）》（GB/T 11903—89）
②《水质　色度的测定（稀释倍数法）》（GB/T 11903—89）

一、填空题

1.《水质　色度的测定》（GB/T 11903—89）中规定，色度测定的是水样经______min 澄清后样品的颜色。①②

答案：15

2. 采用铂钴比色法测定水质色度时，色度标准溶液放在密封的玻璃瓶中，存放于暗处，温度不超过________℃，该溶液至少能稳定________个月。①

答案：30　6

3. 为测定水的色度而进行采样时，所用与样品接触的玻璃器皿都要用________或________加以清洗，最后用蒸馏水或去离子水洗净、沥干。①②

答案：盐酸　　表面活性剂溶液

二、判断题

1. 测定水的色度的铂钴比色法与稀释倍数法应独立使用，两者一般没有可比性。(　　) ①②

答案：正确

2. 样品和标准溶液的颜色色调不一致时，《水质　色度的测定》(GB/T 11903—89) 不适用。(　　) ①②

答案：正确

3. 采用铂钴比色法测定水的色度时，色度标准溶液由储备液用蒸馏水或去离子水稀释到一定体积而得。(　　) ①

答案：错误

正确答案为：色度标准溶液由储备液用光学纯水稀释到一定体积而得。

4. 铂钴比色法测定水的真实色度时，如果水样浑浊，则放置澄清，亦可用离心机或用孔径为 0.45 μm 滤膜过滤去除悬浮物。(　　) ①

答案：正确

5. 铂钴标准比色法测定水的色度时，如果水样浑浊，可用离心机去除悬浮物，也可以用滤纸过滤除去。(　　) ①

答案：错误

正确答案为：可用离心法或 0.45 μm 滤膜过滤，但不能用滤纸过滤，因为滤纸吸附颜色。

6. 色度是水样的颜色强度，铂钴比色法和稀释倍数法测定结果均表示为“度”。(　　) ①②

答案：错误

正确答案为：铂钴比色法表示色度用“度”，稀释倍数法表示色度用“倍”。

7. 如果水样中有泥土或其他分散很细的悬浮物，虽经预处理也得不到透明水样时，则只测“表观颜色”。(　　) ①②

答案：正确

8. 水的 pH 对颜色有较大影响，在测定色度时应同时测定 pH。在报告水样色度时，应同时报告 pH。(　　) ①②

答案：正确

三、选择题

1. 采用铂钴比色法测定水的色度时，测定结果以与水样色度最接近的标准溶液的色度表示，在 0~40 度范围内，准确到________度，40~70 度范围内，准确到________度。(　　) ①

A. 5，5　　B. 5，10　　C. 5，15　　D. 10，15

答案：B

2.________是指除浊度后的颜色。(　　)①②

A. 表面颜色　　B. 表观颜色　　C. 真实颜色　　D. 实质颜色

答案：C

3. 采用铂钴比色法测定水的色度时，将样品采集在容积至少________的玻璃瓶内，并尽快测定。(　　)①

A. 100 ml　　B. 250 ml　　C. 500 ml　　D. 1 L

答案：D

四、问答题

1. 说明色度的标准单位——度的物理意义。①②

答案：在每升溶液中含有 2 mg 六水合氯化钴（Ⅱ）和 1 mg 铂［以六氯铂（Ⅳ）酸的形式存在］时产生的颜色为 1 度。

2. 试说出稀释倍数法测定水的色度的原理。②

答案：将水样用光学纯水稀释至与光学纯水相比刚好看不见颜色时，记录稀释倍数，以此表示水的色度，单位为“倍”。同时用目视观察水样，检验颜色性质：颜色的深浅（无色、浅色或深色）、色调（红、橙、黄、绿、蓝和紫等），如果可能包括样品的透明度（透明、浑浊或不透明），用文字予以描述。结果以稀释倍数值和文字描述相结合表达。

3. 试述铂钴比色法测定水色度的原理。①

答案：用氯铂酸钾和氯化钴配制标准色列，与被测样品进行目视比较。水样的色度以与之相当的色度标准溶液的色度值表示。

4. 简述铂钴比色法和稀释倍数法测定水的色度分别适用于何种水样。①②

答案：铂钴比色法适用于清洁水、轻度污染并略带黄色调的水及较清洁的地表水、地下水和饮用水等。稀释倍数法适用于污染较严重的地表水和工业废水。

5. 什么是水的“表观颜色”和“真实颜色”？色度测定时二者如何选择？对色度测定过程中存在的干扰如何消除？①②

答案：“表观颜色”是指没有去除悬浮物的水所具有的颜色，包括溶解性物质及不溶解的悬浮物所产生的颜色。“真实颜色”是指去除浊度后水的颜色。一般色度测定时，均需测定样品的“真实颜色”。但是，对于清洁的或者浊度很低的水，“表观颜色”和“真实颜色”相近。对着色很深的工业废水，其颜色主要由于胶体和悬浮物所造成，故可根据需要测定“真实颜色”或“表观颜色”。如果样品中有泥土或其他分散很细的悬浮物，虽经预处理而得不到透明水样时，则只测“表观颜色”。如测定水样的“真实颜色”应放置澄清取上清液，或用离心法去除悬浮物后测定；如测定水样的“表观颜色”，待水样中的大颗粒悬浮物沉降后，取上清液测定。

参考文献

[1] 国家环境保护局 . 水质　色度的测定：GB/T 11903—89［S］. 北京：中国标准出版社，1989.

[2] 中华人民共和国卫生部，国家标准化管理委员会 . 生活饮用水标准检验方法　感官性状和物理指

标：GB/T 5750.4—2006［S］. 北京：中国标准出版社，2006.
[3] 国家环境保护总局《水和废水监测分析方法》编委会. 水和废水监测分析方法.4 版［M］. 北京：中国 环境科学出版社，2002.

命题：史　箴　杨　楠　刘端阳
审核：张玉惠　夏　新

第四节　浊度

分类号：W6–3

主要内容
①《水质　浊度的测定（分光光度法）》（GB/T 13200—91）
②《水质　浊度的测定（目视比浊法）》（GB/T 13200—91）
③《水质　浊度的测定　浊度计法》（HJ 1075—2019）

一、填空题

1. 测定水样浊度可用________法、________法或________法。①②③

答案：分光光度　　目视比浊　　浊度计

2. 根据《水质　浊度的测定》（GB/T 13200—91），用分光光度法测定水的浊度时，水样收集于具塞玻璃瓶内，应在取样后尽快测定。如需保存，可在 4℃冷藏、暗处保存________h，测试前要________并使水样恢复到室温。①

答案：24　　激烈振摇水样

3.《水质　浊度的测定》（GB/T 13200—91）中的分光光度法测定饮用水和天然水浊度时，最低检测浊度为________度。①

答案：3

4. 根据《水质　浊度的测定》（GB/T 13200—91），用分光光度法测定水浊度的原理是：在适当温度下，硫酸肼和六次甲基四胺聚合，形成________色高分子聚合物，以此作为浊度标准液，在一定条件下与水样浊度相比较。①

答案：白

5. 根据《水质　浊度的测定》（GB/T 13200—91），用分光光度法测定水的浊度时，水样中应无碎屑及易沉降的颗粒。如所用器皿不清洁或水中有溶解的________和________时干扰测定。①

答案：气泡　　有色物质

6. 根据《水质　浊度的测定》（GB/T 13200—91），用目视比色法测定水的浊度时，所用的具塞无色玻璃瓶的________和________均需一致。②

答案：材质　　直径

7. 根据《水质　浊度的测定》（GB/T 13200—91），用目视比色法测定水的浊度时，浊度低于 10 度的水样，与浊度标准液进行比较时，在________上观察；浊度为 10 度以上的水样，比色时应对照________观察。②

答案：黑色度板　　有黑线的白纸

二、判断题

1. 根据《水质　浊度的测定》(GB/T 13200—91)，用分光光度法测定水样的浊度超过100度时，可酌情少取水样，用无浊水稀释后测定。(　　) ①

答案：正确

2. 根据《水质　浊度的测定》(GB/T 13200—91)，用分光光度法测定水样浊度是在680 nm波长处，用3 cm比色皿，测定吸光度。(　　) ①

答案：正确

3. 根据《水质　浊度的测定》(GB/T 13200—91)，用分光光度法测定水样浊度时，不同浊度范围测试结果的精度要求相同。(　　) ①

答案：错误

正确答案为：浊度范围不同测试结果的精度也不同。

4. 根据《水质　浊度的测定》(GB/T 13200—91)，用分光光度法测定水样浊度时，在680 nm波长处测定，天然水中存在的淡黄色、淡绿色不干扰测定。(　　) ①

答案：正确

5. 根据《水质　浊度的测定》(GB/T 13200—91)中分光光度法测定水样浊度时，所用的硫酸肼毒性较强，属致癌物质，取用时应注意。(　　) ①

答案：正确

6. 根据《水质　浊度的测定》(GB/T 13200—91)，用分光光度法测定水样浊度时，用到的所有与样品接触的玻璃器皿必须用硫酸清洗。(　　) ①

答案：错误

正确答案为：用盐酸或表面活性剂清洗。

7. 根据《水质　浊度的测定》(GB/T 13200—91)，用目视比色法测定水的浊度时，水样可用具塞玻璃瓶采集，也可用塑料瓶采集。(　　) ②

答案：正确

8. 根据《水质　浊度的测定　浊度计法》(HJ 1075—2019)，10 NTU以下样品建议选择入射光为400～600 nm的浊度计，有颜色样品应选择入射光为860 nm±30 nm的浊度计(　　) ③

答案：正确

9. 根据《水质　浊度的测定　浊度计法》(HJ 1075—2019)，测定的样品应尽量在现场测定。否则，应在4℃以下冷藏避光保存，不超过48 h。(　　) ③

答案：正确

10. 根据《水质　浊度的测定　浊度计法》(HJ 1075—2019)，浊度计法适用于测定地表水和地表水的浊度，但不适用于测定海水的浊度。(　　) ③

答案：错误

正确答案为：也适用于测定海水的浊度。

11. 根据《水质　浊度的测定　浊度计法》(HJ 1075—2019)，浊度计法测定浊度的原理是：利用一束稳定光源光线通过盛有待测样品的样品池，传感器处在与发射光线垂直的位置测量散射光的强度。光束摄入样品时产生的散射光的强度与样品中浊度在一定浓度范围内成比例关系。③

答案：正确

三、选择题

1. 根据《水质　浊度的测定》（GB/T 13200—91）中分光光度法测定水样浊度时，标准贮备液的浊度为________度，可保存 1 个月。（　　）①

A. 200　　B. 300　　C. 400　　D. 500

答案：C

2. 根据《水质　浊度的测定》（GB/T 13200—91）中分光光度法测定水样浊度时，无浊度水是将蒸馏水通过________mm 滤膜过滤，收集于用滤过水荡洗两次的烧瓶中。（　　）①

A. 0.1　　B. 0.2　　C. 0.3　　D. 0.4

答案：B

3. 根据《水质　浊度的测定》（GB/T 13200—91）中目视比色法测定浊度时，用 250 度的浊度原液配制 100 度标准液 500 ml，需吸取________ml 浊度原液。（　　）②

A. 250　　B. 100　　C. 500　　D. 200

答案：D

4. 根据《水质　浊度的测定》（GB/T 13200—91）中目视比色法测定浊度时，水样必须经________后方可测定。（　　）②

A. 静置 24 h　　B. 悬浮物沉降后　　C. 摇匀

答案：C

5. 根据《水质　浊度的测定》（GB/T 13200—91）中目视比色法测定浊度时，对浊度低于 10 度的水样进行比色时，________观察，浊度为 10 度以上的水样，比色时应________观察。（　　）②

A. 由上向下，由前向后

B. 由上向下，由上向下

C. 由前向后，由前向后

答案：A

6. 根据《水质　浊度的测定　浊度计法》（HJ 1075—2019）测定浊度的最低检出限为________NTU。（　　）③

A. 0.3　　B. 0.5　　C. 1

答案：A

7. 根据《水质　浊度的测定　浊度计法》（HJ 1075—2019）测定浊度的实验用水为蒸馏水或其他纯水。其浊度应低于方法检出限，否则须经孔径≤________μm 的水相微孔滤膜过滤后使用。（　　）③

A. 0.4　　B. 0.45　　C. 0.5

答案：B

四、问答题

简述根据《水质　浊度的测定》（GB/T 13200—91）中分光光度法，浊度为400度的浊度标准贮备液的配制方法。①

答案：吸取5.00 ml硫酸肼溶液与5.00 ml六次甲基四胺溶液于100 ml容量瓶中，混匀。于25℃ ±3℃下静置反应24 h，冷却后用无浊度水稀释至标线，混匀。

五、计算题

1. 根据《水质　浊度的测定》（GB/T 13200—91）中分光光度法测定水样浊度时，吸取10 ml已处理好的水样于50 ml比色管中，用无浊度水稀释至标线，摇匀后，测得浊度为30度，求水样的浊度为多少？其测试结果的精度为多少？①

答案：水样浊度 $= \dfrac{(30 \times 50)}{10}$ =150（度），其测试结果的精度为10度。

2. 根据《水质　浊度的测定》（GB/T 13200—91）中目视比色法测定浊度时，某水样经稀释后样品的浊度值为70度，稀释水体积为150 ml，原水样体积为100 ml，试计算原始水样的浊度值。②

答案：浊度 $= \dfrac{70 \times (150 + 100)}{100} = 175$（度）

参考文献

[1] 国家环境保护局 . 水质　浊度的测定：GB/T 13200—91［S］. 北京：中国标准出版社，1991.
[2] 生态环境部 . 水质　浊度的测定　浊度计法：HJ 1075—2019［S］. 北京：中国环境出版集团，2019.
[3] 中华人民共和国卫生部，国家标准化管理委员会 . 生活饮用水标准检验方法　感官性状和物理指标：GB/T 5750.4—2006［S］. 北京：中国标准出版社，2006.
[4] 国家环境保护总局《水和废水监测分析方法》编委会 . 水和废水监测分析方法 .4版 . 北京：中国环境科学出版社，2002.

命题：王丽娜　史　箴　刘端阳　刘　艳
审核：杨　楠　刘　蕊　陈　威　夏　新

第五节　氨氮

分类号：W6-4

主要内容

①《水质　氨氮的测定　纳氏试剂分光光度法》（HJ 535—2009）
②《水质　氨氮的测定　水杨酸分光光度法》（HJ 536—2009）
③《水质　氨氮的测定　连续流动－水杨酸分光光度法》（HJ 665—2013）
④《水质　氨氮的测定　流动注射－水杨酸分光光度法》（HJ 666—2013）
⑤《生活饮用水标准检验方法　无机非金属指标》（GB/T 5750.5—2006）（9.2　氨氮　酚盐分光光度法）

一、填空题

1. 根据《水质　氨氮的测定　纳氏试剂分光光度法》（HJ 535—2009）测定水中氨氮时，为除去水样色度和浊度，可采用________法和________法。①

答案：絮凝沉淀　　蒸馏

2. 根据《水质　氨氮的测定　纳氏试剂分光光度法》（HJ 535—2009）测定水中氨氮时，纳氏试剂是用________、________和 KOH 试剂配制而成，且两者的比例对显色反应的灵敏度影响较大。①

答案：KI　　$HgCl_2$（或 HgI_2）

3. 根据《水质　氨氮的测定　纳氏试剂分光光度法》（HJ 535—2009）测定水中氨氮的方法原理是：氨与纳氏试剂反应，生成________色络合物，该络合物的吸光度与氨氮含量成正比，于波长 420 nm 处测量吸光度。①

答案：淡红棕

4. 根据《水质　氨氮的测定　水杨酸分光光度法》（HJ 536—2009）测定水中氨氮时，在碱性介质（pH=11.7）和亚硝基铁氰化钠存在下，水中的氨、铵离子与水杨酸盐和次氯酸离子反应生成________色化合物，在 697 nm 处用分光光度计测量吸光度。②

答案：蓝

5. 根据《水质　氨氮的测定　水杨酸分光光度法》（HJ 536—2009）测定水中氨氮，当取样体积为 8.0 ml，使用 30 mm 比色皿时，检出限为________mg/L；测定上限为________mg/L（均以 N 计）。②

答案：0.004　　0.25

6. 根据《水质　氨氮的测定　水杨酸分光光度法》（HJ 536—2009）测定水中氨氮，采用蒸馏法预处理水样时，应以________溶液为吸收液。馏出液速率应保持在________ml/min 左右。②

答案：硫酸　　10

7. 根据《水质　氨氮的测定　水杨酸分光光度法》（HJ 536—2009）测定水中氨氮时，显色剂的配制方法为：分别配制水杨酸和酒石酸钾钠溶液，将两溶液合并后定容。如果水杨酸未能全部溶解，可再加入数毫升________溶液，直至完全溶解为止，最后溶液的 pH 为________。②

答案：氢氧化钠　　6.0～6.5

8. 根据《水质　氨氮的测定　连续流动 - 水杨酸分光光度法》（HJ 665—2013）和《水质　氨氮的测定　流动注射 - 水杨酸分光光度法》（HJ 666—2013）测定氨氮时，环境空气中的氨有可能使基线漂移，影响空白值，可在化学单元的进气口端连接一个装有 0.5 mol/L________溶液的洗气瓶，并定期更换洗气溶液。③④

答案：硫酸

9. 根据《水质　氨氮的测定　连续流动 - 水杨酸分光光度法》（HJ 665—2013）和《水质　氨氮的测定　流动注射 - 水杨酸分光光度法》（HJ 666—2013），连续流动分析仪和流动注射分析仪的主要结构由自动进样器、________、________和数据处理单元等组成。③④

答案：化学反应单元　　检测单元

10. 根据《水质　氨氮的测定　流动注射－水杨酸分光光度法》（HJ 666—2013）测定水中氨氮时，为减小基线噪声，试剂应保持澄清，必要时试剂应________；反应系统中若有气泡也会干扰测定，因此，除标准溶液以外的所有溶液须除气，可采用氦气除气或________除气。④

答案：过滤　　超声

二、判断题

1. 水中存在的游离氨（NH_3）和铵盐（NH_4^+）的组成比取决于水的 pH。当 pH 偏高时，游离氨的比例较高；反之，则铵盐的比例高。（　　）①②

答案：正确

2. 水中氨氮是指以游离氨（NH_3）或有机氨化合物形式存在的氮。（　　）①②

答案：错误

正确答案为：水中氨氮是指以游离氨（NH_3）或铵盐（NH_4^+）形式存在的氮。

3. 根据《水质　氨氮的测定　纳氏试剂分光光度法》（HJ 535—2009）测定氨氮，当水样体积为 50 ml，使用 20 mm 的比色皿时，方法的检出限为 0.01 mg/L。（　　）①

答案：错误

正确答案为：方法的检出限为 0.025 mg/L。

4. 水中非离子氨是指存在于水体中的游离态氨。（　　）①②

答案：正确

5.《水质　氨氮的测定　水杨酸分光光度法》（HJ 536—2009）中，自行制备的次氯酸钠溶液，经标定后应存放于无色玻璃滴瓶内。（　　）②

答案：错误

正确答案为：经标定后应存放于棕色滴瓶内。

6. 根据《水质　氨氮的测定　水杨酸分光光度法》（HJ 536—2009）测定水中氨氮时，酸度和碱度过高都会干扰显色化合物的形成。（　　）②

答案：正确

7. 根据《水质　氨氮的测定　水杨酸分光光度法》（HJ 536—2009）测定水中氨氮，当水样含盐量高、试剂酒石酸盐掩蔽能力不够时，钙镁产生沉淀不影响测定。（　　）②

答案：错误

正确答案为：当水样中含盐量高，试剂酒石酸盐掩蔽能力不够时，钙镁产生沉淀影响测定。

8. 根据《水质　氨氮的测定　水杨酸分光光度法》（HJ 536—2009）测定水中氨氮时，水样采集后储存在聚乙烯瓶或玻璃瓶内可保存 1 周。（　　）②

答案：错误

正确答案为：水样采集后储存在聚乙烯瓶或玻璃瓶内应尽快分析，否则用硫酸酸化至 pH＜2，于 2～5℃保存。

9. 根据《水质　氨氮的测定　连续流动－水杨酸分光光度法》（HJ 665—2013）测定水中氨氮时，氯胺在 60℃条件下与水杨酸盐反应生成蓝绿色化合物。（　　）③

答案：错误

正确答案为：在 40℃条件下反应。

10. 根据《水质　氨氮的测定　流动注射－水杨酸分光光度法》（HJ 666—2013）测定水中氨氮时，氯胺在 40℃条件下与水杨酸盐反应生成蓝绿色化合物。（　　）④

答案：错误

正确答案为：在 60℃条件下反应。

11. 根据《水质　氨氮的测定　纳氏试剂分光光度法》（HJ 535—2009）《水质　氨氮的测定　水杨酸分光光度法》（HJ 536—2009）《水质　氨氮的测定　连续流动－水杨酸分光光度法》（HJ 665—2013）和《水质　氨氮的测定　流动注射－水杨酸分光光度法》（HJ 666—2013），当样品的 pH>10 或 pH<4 时，应在分析前将其 pH 调至中性再进行测定，加酸保存的样品易吸收空气中的氨，影响测定结果，需注意密闭保存。（　　）①②③④

答案：正确

12. 根据《水质　氨氮的测定　连续流动－水杨酸分光光度法》（HJ 665—2013）和《水质　氨氮的测定　流动注射－水杨酸分光光度法》（HJ 666—2013）测定氨氮时，当测定结果小于 1.00 mg/L 时，结果保留到小数点后 3 位；大于等于 1.00 mg/L 时，结果保留 3 位有效数字。（　　）③④

答案：错误

正确答案为：当测定结果小于 1.00 mg/L 时，结果保留到小数点后两位。

13. 根据《水质　氨氮的测定　连续流动－水杨酸分光光度法》（HJ 665—2013）和《水质　氨氮的测定　流动注射－水杨酸分光光度法》（HJ 666—2013）测定氨氮时，分析过程中发现检测峰峰型异常，一般情况下平峰为超量程，双峰为基体干扰，不出峰为泵管堵塞或试剂失效。（　　）③④

答案：正确

14.《生活饮用水标准检验方法　无机非金属指标》（GB/T 5750.5—2006）（9.2　氨氮　酚盐分光光度法）适用于所有生活饮用水及其水源水中氨氮的测定。（　　）⑤

答案：错误

正确答案为：适用于无色澄清的生活饮用水及其水源水中氨氮的测定。

15.《生活饮用水标准检验方法　无机非金属指标》（GB/T 5750.5—2006）（9.2　氨氮　酚盐分光光度法）测定氨氮的原理为：氨在一定酸度的溶液中与次氯酸盐生成一氯胺，在亚硝基铁氰化钠催化下与酚生成吲哚酚蓝染料，比色定量。（　　）⑤

答案：正确

16. 根据《生活饮用水标准检验方法　无机非金属指标》（GB/T 5750.5—2006）（9.2　氨氮　酚盐分光光度法）测定水中氨氮时，对于直接测定的水样，需每升水样加入 0.8 ml 硫酸固定，除碱度大的水样可适当增加加酸量外，一般水样也可适当增加加酸量以保证固定效果。（　　）⑤

答案：错误

正确答案为：一般水样，每升加 0.8 ml 硫酸已足够，碱度大的水样可适量增加，应注意勿使过量，以免使加显色剂后 pH 不能控制在 10.5～11.5。

三、选择题

1. 根据《水质　氨氮的测定　纳氏试剂分光光度法》（HJ 535—2009）测定氨氮时，如水样浑浊，可于水样中加入适量________。（　　）①

A. $ZnSO_4$ 和 HCl　　B. $ZnSO_4$ 和 NaOH 溶液

C. $SnCl_2$ 和 NaOH 溶液

答案：B

2. 根据《水质　氨氮的测定　纳氏试剂分光光度法》（HJ 535—2009）测定水中氨氮时，在显色前加入酒石酸钾钠的作用是________。（　　）①

A. 使显色完全　　B. 调节 pH　　C. 消除金属离子的干扰

答案：C

3. 根据《水质　氨氮的测定　纳氏试剂分光光度法》（HJ 535—2009）测定水中氨氮，配制纳氏试剂时进行如下操作：在搅拌下，将二氯化汞溶液分次少量地加入到碘化钾溶液中，直至________。（　　）①

A. 产生大量朱红色沉淀为止　　B. 溶液变黄为止

C. 少量朱红色沉淀不再溶解时为止　　D. 将配好的氯化汞溶液加完为止

答案：C

4. 根据《水质　氨氮的测定　水杨酸分光光度法》（HJ 536—2009）测定水中氨氮时，用氢氧化钠溶液稀释的次氯酸钠溶液存放于棕色滴瓶内，本试剂可稳定________d。（　　）②

A. 7　　B. 15　　C. 30

答案：C

5. 根据《水质　氨氮的测定　水杨酸分光光度法》（HJ 536—2009）测定水中氨氮时，如果水样的颜色过深或含盐过多，则应用________预处理水样。（　　）②

A. 蒸馏法　　B. 絮凝沉淀法

答案：A

6. 根据《水质　氨氮的测定　连续流动－水杨酸分光光度法》（HJ 665—2013）测定水中氨氮时，当采用直接比色模块，检测池光程为________mm 时，本方法的检出限为________mg/L；当采用在线蒸馏模块，检测池光程为________mm 时，本方法的检出限为________mg/L。（　　）③

A. 20，0.01；10，0.04　　B. 30，0.01；10，0.04　　C. 30，0.01；20，0.04

答案：B

7. 根据《水质　氨氮的测定　连续流动－水杨酸分光光度法》（HJ 665—2013）和《水质　氨氮的测定　流动注射－水杨酸分光光度法》（HJ 666—2013）测定水中氨氮时，两种方法的检测波长为________nm。（　　）③④

A. 660　　B. 694　　C. 420

答案：A

8. 根据《水质　氨氮的测定　纳氏试剂分光光度法》（HJ 535—2009）、《水质　氨氮的测定　水杨酸分光光度法》（HJ 536—2009）、《水质　氨氮的测定　连续流动－水杨酸分光光度法》（HJ 665—2013）和《水质　氨氮的测定　流动注射－水杨酸分光光度法》（HJ 666—2013），测定水样中的氨氮时，样品中的余氯会形成氯胺干扰测定，可加入适量的________溶液除去。（　　）①②③④

A. 亚硫酸钠　　B. 酒石酸钠钾　　C. 硫代硫酸钠

答案：C

9. 根据《水质　氨氮的测定　连续流动－水杨酸分光光度法》（HJ 665—2013）和《水质　氨氮的测定　流动注射－水杨酸分光光度法》（HJ 666—2013）测定氨氮时，当样品的氨氮浓度小于 0.10 mg/L 时，平行样的允许相对偏差应≤________%；当氨氮浓度为 0.10～1.0 mg/L 时，平行样的允许相对偏差应≤________%；当氨氮浓度大于 1.0 mg/L 时，平行样的允许相对偏差应≤________%。（　　）③④

A. 10，15，20　　B. 15，10，5　　C. 20，15，10

答案：C

10. 根据《生活饮用水标准检验方法　无机非金属指标》（GB/T 5750.5—2006）（9.2　氨氮　酚盐分光光度法）测定水中氨氮时，次氯酸与氨在 pH 为________时生成的一氯胺和吲哚酚蓝都较为稳定，且呈色最深。（　　）⑤

A. 7.5～10.5　　B. 4.5～7.5　　C. 10.5～11.5

答案：C

11. 根据《生活饮用水标准检验方法　无机非金属指标》（GB/T 5750.5—2006）（9.2　氨氮　酚盐分光光度法），在直接法比色测定时，需要加入________防止水中钙、镁离子生成沉淀。（　　）⑤

A. 柠檬酸　　B. 次氯酸　　C. 盐酸

答案：A

12. 根据《生活饮用水标准检验方法　无机非金属指标》（GB/T 5750.5—2006）（9.2　氨氮　酚盐分光光度法），酚盐－柠檬酸盐溶液和含氯缓冲溶液混合后，pH 应为________，否则需要在酚盐－柠檬酸盐溶液中再加入适量氢氧化钠溶液。（　　）⑤

A. 11.8～12.4　　B. 11.4～11.8　　C. 10.5～11.5

答案：B

13. 根据《生活饮用水标准检验方法　无机非金属指标》（GB/T 5750.5—2006）（9.2　氨氮　酚盐分光光度法）测定水中氨氮时，水样中加入酚盐－柠檬酸盐溶液后，立即加入含氯缓冲溶液，充分混匀，静置________min 后，比色测定。（　　）⑤

A. 30　　B. 60　　C. 90

答案：C

14. 根据《生活饮用水标准检验方法　无机非金属指标》（GB/T 5750.5—2006）（9.2　氨氮　酚盐分光光度法）测定水中氨氮时，水样以纯水作参比，于________nm 波长下测定吸光度。（　　）⑤

A. 630　　B. 650　　C. 660　　D. 670

答案：A

四、问答题

1. 根据《水质　氨氮的测定　纳氏试剂分光光度法》（HJ 535—2009）测定水中氨氮

时，常见的干扰物质有哪些？①

答案：有悬浮物、余氯、钙镁等金属离子、硫化物和有机物。若水样浑浊或有颜色时也会干扰测定。

2. 根据《水质　氨氮的测定　纳氏试剂分光光度法》（HJ 535—2009）测定水中氨氮时，水样中的余氯为什么会干扰氨氮测定？如何消除？①

答案：余氯和氨氮反应可形成氯胺干扰测定。可加入 Na_2S2O_3 消除干扰。

3. 根据《水质　氨氮的测定　纳氏试剂分光光度法》（HJ 535—2009）测定水中氨氮时，取水样 50.0 ml，测得吸光度为 1.02，校准曲线的回归方程为 $y=0.137\,8x$（x 指 50 ml 溶液中含氨氮的微克数）。应如何处理才能得到准确的测定结果？①

答案：由于测得的吸光度值已超过了分光光度计最佳使用范围（A=0.1～0.7），应适当少取水样重新测定。

4. 根据《水质　氨氮的测定　纳氏试剂分光光度法》（HJ 535—2009）测定水中氨氮时，水样采集后应如何保存？①

答案：水样采集在聚乙烯瓶或玻璃瓶内，要尽快分析，必要时可加 H_2SO_4，使 pH＜2，于 2～5℃下保存。酸化样品应注意防止吸收空气中的氨而招致污染。

5. 试指出根据《水质　氨氮的测定　纳氏试剂分光光度法》（HJ 535—2009）测定水中氨氮时，如果水样浑浊，下面的操作过程是否有不完善或不正确之处，并加以说明：加入硫酸锌和氢氧化钠溶液，沉淀，过滤于 50 ml 比色管中，弃去 25 ml 初滤液，吸取摇匀后的酒石酸钾钠溶液 1 ml，纳氏试剂 1.5 ml 于比色管中显色。同时取无氨水于 50 ml 比色管中，按显色步骤显色后作为参比。①

答案：（1）在加入硫酸锌和氢氧化钠溶液时，没有说明水样量和加入硫酸锌和氢氧化钠溶液的量、沉淀的酸度和混匀等操作；

（2）没有说明加入上述溶液后应放置；

（3）没有说明滤纸应用无氨水洗涤；

（4）没有说明过滤水样进行显色的准确体积。

6. 怎样制备无氨水？①②

答案：无氨水应在无氨环境中用下述方法之一制备：

（1）将蒸馏水通过强酸型阳离子交换树脂（氢型），每升流出液中加入 10 g 同类树脂保存；

（2）在 1 000 ml 蒸馏水中加入 0.1 ml H_2SO_4（ρ=1.84 g/ml），在全玻蒸馏器中重新蒸馏，弃去前 50 ml 馏出液，每升馏出液加 10 g 强酸性阳离子交换树脂（氢型）；

（3）用市售纯水器直接制备。

7. 根据《水质　氨氮的测定　水杨酸分光光度法》（HJ 536—2009）测定水中氨氮时，如何测定次氯酸钠溶液中游离碱（以 NaOH 计）？②

答案：用吸管吸取次氯酸钠溶液 1.00 ml 于 150 ml 锥形瓶中，加入约 20 ml 蒸馏水，以酚酞作指示剂，用 0.10 mol/L 标准盐酸溶液滴定至红色完全消失为止。

8. 根据《水质　氨氮的测定　连续流动－水杨酸分光光度法》（HJ 665—2013）和《水质　氨氮的测定　流动注射－水杨酸分光光度法》（HJ 666—2013），简述连续流动分析仪和流动注射分析仪工作原理的不同之处。③④

答案：（1）连续流动分析仪中试样和试剂进入反应模块后，被气泡按一定间隔规律地隔开，并按特定的顺序和比例混合、反应；而流动注射分析仪中并不会注入气泡。

（2）连续流动分析仪中试样是在显色完全后进入流动检测池进行光度检测；而流动注射仪中试样在非完全反应的条件下，进入流动检测池进行光度检测。

9. 根据《水质 氨氮的测定 连续流动 - 水杨酸分光光度法》（HJ 665—2013）和《水质 氨氮的测定 流动注射 - 水杨酸分光光度法》（HJ 666—2013）测定氨氮时，造成基线漂移的可能原因有哪些？③④

答案：试剂不稳定或被污染、试剂未混合充分、流通池被污染、滤光片已陈旧、灯能量不足等。

五、计算题

根据《水质 氨氮的测定 纳氏试剂分光光度法》（HJ 535—2009）测定某水样中氨氮时，取 10.0 ml 水样于 50 ml 比色管中，加水至标线，加 1.0 ml 酒石酸钾钠溶液和 1.5 ml 纳氏试剂。比色测定，从校准曲线上查得对应的氨氮量为 0.018 0 mg。试求水样中氨氮的含量（mg/L）。①

答案： 氨氮（N，mg/L）$=\dfrac{0.0180}{10.0}\times 1000=1.80$

参考文献

[1] 环境保护部 . 水质 氨氮的测定 纳氏试剂分光光度法：HJ 535—2009［S］. 北京：中国环境科学出版社，2009.

[2] 环境保护部 . 水质 氨氮的测定 水杨酸分光光度法：HJ 536—2009［S］. 北京：中国环境科学出版社，2009.

[3] 环境保护部 . 水质 氨氮的测定 连续流动 - 水杨酸分光光度法：HJ 665—2013［S］. 北京：中国环境出版社，2013.

[4] 环境保护部 . 水质 氨氮的测定 流动注射 - 水杨酸分光光度法：HJ 666—2013［S］. 北京：中国环境出版社，2013.

[5] 中华人民共和国卫生部，国家标准化管理委员会 . 生活饮用水标准检验方法 无机非金属指标：GB/T 5750.5—2006［S］. 北京：中国环境科学出版社，2006.

[6] 国家环境保护局 . 大气降水中铵盐的测定：GB/T 13580.11—92［S］. 北京：中国标准出版社，1992.

[7] 国家环境保护总局《水和废水监测分析方法》编委会 . 水和废水监测分析方法 .4 版［M］. 北京：中国环境科学出版社，2002.

[8] 国家环境保护局《环境监测机构计量认证和创建优质实验室指南》编写组 . 环境监测机构计量认证和创建优质实验室指南［M］. 北京：中国环境科学出版社，1994.

命题：范 莉 邓 娜 李 静

审核：史 箴 任学蓉 屈智丽 冯 丹

第六节　总氮

分类号：W6-5

主要内容
①《水质　总氮的测定　碱性过硫酸钾消解紫外分光光度法》（HJ 636—2012）
②《水质　总氮的测定　连续流动－盐酸萘乙二胺分光光度法》（HJ 667—2013）
③《水质　总氮的测定　流动注射－盐酸萘乙二胺分光光度法》（HJ 668—2013）

一、填空题

1. 总氮测定方法通常采用过硫酸钾氧化，使水中________转变为硝酸盐，然后再以紫外分光光度法、偶氮比色法、离子色谱法或气相分子吸收法进行测定。①

答案：含氮化合物的氮元素

2. 根据《水质　总氮的测定　碱性过硫酸钾消解紫外分光光度法》（HJ 636—2012）测定水中总氮时，对于悬浮物较多的水样，过硫酸钾氧化后可能出现________，遇此情况，可取________进行测定。①

答案：沉淀　上清液

3. 当样品量为 10 ml 时，《水质　总氮的测定　碱性过硫酸钾消解紫外分光光度法》（HJ 636—2012）方法的检出限为________mg/L，测定范围为 0.20～7.00 mg/L。①

答案：0.05

4. 根据《水质　总氮的测定　连续流动－盐酸萘乙二胺分光光度法》（HJ 667—2013）测定水中总氮时，当检测光程为 10 mm 时，方法的检出限为________mg/L（以 N 计），测定范围为________～________mg/L。②

答案：0.04　0.16　10

5.《水质　总氮的测定　碱性过硫酸钾消解紫外分光光度法》（HJ 636—2012）、《水质　总氮的测定　连续流动－盐酸萘乙二胺分光光度法》（HJ 667—2013）和《水质　总氮的测定　流动注射－盐酸萘乙二胺分光光度法》（HJ 668—2013）3 个标准，均适用于________、________、________和________中总氮的测定。①②③

答案：地表水　地下水　生活污水　工业废水

6. 根据《水质　总氮的测定　连续流动－盐酸萘乙二胺分光光度法》（HJ 667—2013）测定水中总氮时，样品的浊度或色度对测定结果有干扰，通过________可消除。②

答案：透析单元

7. 根据《水质　总氮的测定　连续流动－盐酸萘乙二胺分光光度法》（HJ 667—2013）和《水质　总氮的测定　流动注射－盐酸萘乙二胺分光光度法》（HJ 668—2013）测定水中总氮时，样品中含有高浓度的有机物时，会消耗过硫酸钾氧化剂，使总氮的测定结果偏低，可通过稀释样品来消除影响，但需通过多个稀释比测定结果的________或________实验来确认。②③

答案：一致性　加标回收

8. 根据《水质　总氮的测定　流动注射－盐酸萘乙二胺分光光度法》（HJ 668—2013）测定水中总氮时，每次分析完毕后，须用________对分析管路进行清洗，并及时将流动检测池中的________取下放入干燥器中，防尘防湿。③

答案：纯水　滤光片

9. 根据《水质　总氮的测定　流动注射－盐酸萘乙二胺分光光度法》（HJ 668—2013）测定水中总氮时，因流动注射分析仪流路管径较细，不适用于测定含悬浮物颗粒物较多或颗粒粒径大于________μm 的样品。③

答案：250

二、判断题

1. 根据《水质　总氮的测定　碱性过硫酸钾消解紫外分光光度法》（HJ 636—2012）测定水中总氮时，硫酸盐及氯化物对测定有影响。(　　) ①

答案：错误

正确答案为：硫酸盐及氯化物对测定无影响。

2. 根据《水质　总氮的测定　碱性过硫酸钾消解紫外分光光度法》（HJ 636—2012）测定水中总氮时，在 120～124℃的碱性介质条件下，用过硫酸钾作氧化剂，不仅可将水中氨氮、亚硝酸盐氮氧化为硝酸盐，同时也将水样中大部分有机氮化合物氧化为硝酸盐。(　　) ①

答案：正确

3. 根据《水质　总氮的测定　碱性过硫酸钾消解紫外分光光度法》（HJ 636—2012）测定水中总氮，使用高压蒸汽消毒器时，应定期校核压力表。(　　) ①

答案：正确

4.《水质　总氮的测定　碱性过硫酸钾消解紫外分光光度法》（HJ 636—2012）、《水质　总氮的测定　连续流动－盐酸萘乙二胺分光光度法》（HJ 667—2013）和《水质　总氮的测定　流动注射－盐酸萘乙二胺分光光度法》（HJ 668—2013）中，若样品总氮含量超出校准曲线检测范围，应取适量样品稀释后测定。(　　) ①②③

答案：正确

5.《水质　总氮的测定　碱性过硫酸钾消解紫外分光光度法》（HJ 636—2012）、《水质　总氮的测定　连续流动－盐酸萘乙二胺分光光度法》（HJ 667—2013）和《水质　总氮的测定　流动注射－盐酸萘乙二胺分光光度法》（HJ 668—2013）中，总氮浓度测定结果保留到小数点后两位。(　　) ①②③

答案：错误

正确答案为：当测定结果小于 1.00 mg/L 时，保留到小数点后两位；大于等于 1.00 mg/L 时，保留 3 位有效数字。

6. 根据《水质　总氮的测定　连续流动－盐酸萘乙二胺分光光度法》（HJ 667—2013）和《水质　总氮的测定　流动注射－盐酸萘乙二胺分光光度法》（HJ 668—2013）测定水中总氮时，当发现镉柱颜色变银灰色或有白色沉淀物时，需进行紫外消解效率检验。(　　) ②③

答案：错误

正确答案为：需进行镉柱还原能力检验。

7. 根据《水质 总氮的测定 连续流动－盐酸萘乙二胺分光光度法》（HJ 667—2013）和《水质 总氮的测定 流动注射－盐酸萘乙二胺分光光度法》（HJ 668—2013）测定水中总氮时，每批样品分析均须绘制校准曲线，校准曲线的相关系数 $\gamma \geqslant 0.999$。（ ）②③

答案：错误

正确答案为：校准曲线的相关系数 $\gamma \geqslant 0.995$。

8. 根据《水质 总氮的测定 连续流动－盐酸萘乙二胺分光光度法》（HJ 667—2013）和《水质 总氮的测定 流动注射－盐酸萘乙二胺分光光度法》（HJ 668—2013）测定水中总氮，每分析 10 个样品须用一个校准曲线的中间浓度溶液进行校准核查，其测定结果的相对偏差应≤5%，否则应重新绘制校准曲线。（ ）②③

答案：正确

9. 根据《水质 总氮的测定 连续流动－盐酸萘乙二胺分光光度法》（HJ 667—2013）和《水质 总氮的测定 流动注射－盐酸萘乙二胺分光光度法》（HJ 668—2013）测定水中总氮时，每批样品须至少测定 2 个空白样品，空白值不得超过方法测定范围下限，否则应查明原因，重新分析直至合格之后才能测定样品。（ ）②③

答案：错误

正确答案为：空白值不得超过方法检出限。

10. 根据《水质 总氮的测定 连续流动－盐酸萘乙二胺分光光度法》（HJ 667—2013）和《水质 总氮的测定 流动注射－盐酸萘乙二胺分光光度法》（HJ 668—2013）测定水中总氮时，为减小基线噪音，试剂应保持澄清，必要时应过滤。（ ）②③

答案：正确

11. 根据《水质 总氮的测定 连续流动－盐酸萘乙二胺分光光度法》（HJ 667—2013）测定水中总氮时，当样品中含有较多的固体颗粒或悬浮物时，须摇匀后取样、适当稀释，再通过匀质化处理后进样。（ ）②

答案：正确

三、选择题

1. 根据《水质 总氮的测定 碱性过硫酸钾消解紫外分光光度法》（HJ 636—2012）测定水中总氮时，碳酸盐及碳酸氢盐对测定有影响，在加入一定量的________后可消除。（ ）①

A. 盐酸　　B. 硫酸　　C. 氢氧化钾

答案：A

2. 根据《水质 总氮的测定 碱性过硫酸钾消解紫外分光光度法》（HJ 636—2012）测定水中总氮时，水样采集后立即用硫酸酸化到 pH<2，常温下可保存________d，贮存在聚乙烯瓶中，−20℃冷冻，可保存 1 个月。（ ）①

A. 1　　B. 2　　C. 7

答案：C

3. 根据《水质　总氮的测定　碱性过硫酸钾消解紫外分光光度法》（HJ 636—2012）测定水中总氮时，新配制的过硫酸钾溶液应存放在________内，可贮存 1 周。（　　）①

A. 玻璃瓶　　B. 聚四氟乙烯瓶　　C. 聚乙烯瓶

答案：C

4. 根据《水质　总氮的测定　碱性过硫酸钾消解紫外分光光度法》（HJ 636—2012）测定水中总氮时，配制 1000 ml 硝酸钾贮备液时加入 2 ml________，贮备液至少可稳定 6 个月。（　　）①

A. 三氯甲烷　　B. 乙醇　　C. 丙酮

答案：A

5. 根据《水质　总氮的测定　碱性过硫酸钾消解紫外分光光度法》（HJ 636—2012）、《水质　总氮的测定　连续流动 - 盐酸萘乙二胺分光光度法》（HJ 667—2013）和《水质　总氮的测定　流动注射 - 盐酸萘乙二胺分光光度法》（HJ 668—2013）测定水中总氮时，当样品的总氮浓度≤1.00 mg/L 时，平行样的允许相对偏差应≤________%；当总氮浓度 >1.00 mg/L 时，平行样的允许相对偏差应≤________%。（　　）①②③

A. 20　10　　B. 10　5　　C. 20　5　　D. 15　10

答案：B

6. 根据《水质　总氮的测定　连续流动 - 盐酸萘乙二胺分光光度法》（HJ 667—2013）和《水质　总氮的测定　流动注射 - 盐酸萘乙二胺分光光度法》（HJ 668—2013）测定水中总氮时，每批样品应至少测定 10% 的加标样品，样品数量少于 10 个时，应至少测定一个加标回收样品，加标回收率应为________。（　　）②③

A. 95%～105%　　B. 90%～110%　　C. 70%～130%　　D. 80%～120%

答案：D

7. 根据《水质　总氮的测定　连续流动 - 盐酸萘乙二胺分光光度法》（HJ 667—2013）和《水质　总氮的测定　流动注射 - 盐酸萘乙二胺分光光度法》（HJ 668—2013）测定水中总氮时，紫外消解效率会随使用时间衰减，应定期测量氨基乙酸标准使用溶液以验证方法的消解效率。一般________检查 1 次。（　　）②③

A. 1 个月　　B. 3 个月　　C. 半年　　D. 1 年

答案：B

8. 根据《水质　总氮的测定　连续流动 - 盐酸萘乙二胺分光光度法》（HJ 667—2013）测定水中总氮时，当同批分析的样品浓度波动大时，可在样品与样品之间插入________当试样分析，以减小高浓度样品对低浓度样品的影响。（　　）②

A. 空白　　B. 校准曲线低浓度点　　C. 校准曲线高浓度点　　D. 质控样品

答案：A

9. 根据《水质　总氮的测定　连续流动 - 盐酸萘乙二胺分光光度法》（HJ 667—2013）测定水中总氮时，封闭的化学反应系统若有气泡会干扰测定，因此，除标准溶液外的所有溶液须除气，可采用氦气除气 1 min 或超声除气________min。（　　）③

A. 3　　B. 5　　C. 10　　D. 30

答案：D

四、问答题

1. 根据《水质　总氮的测定　碱性过硫酸钾消解紫外分光光度法》（HJ 636—2012）测定水中总氮时，主要干扰物有哪些？如何消除？①

答案：（1）水样中含有六价铬离子及三价铁离子时干扰测定，可加入 5% 盐酸羟胺溶液 1～2 ml，以消除其对测定的影响。

（2）碘离子及溴离子对测定有干扰；当碘离子含量相对于总氮含量的 2.2 倍以上、溴离子含量相对于总氮含量的 3.4 倍以上时，对测定产生干扰。

（3）碳酸盐及碳酸氢盐对测定的影响，在加入一定量的盐酸后可消除。

2. 根据《水质　总氮的测定　碱性过硫酸钾消解紫外分光光度法》（HJ 636—2012）测定水中总氮时，为什么要在两个波长测定吸光度？①

答案：因为过硫酸钾将水样中的氨氮、亚硝酸盐氮及大部分有机氮化合物氧化为硝酸盐。硝酸根离子在 220 nm 波长处有吸收，而溶解的有机物在此波长也有吸收，干扰测定。在 275 nm 波长处，有机物有吸收，而硝酸根离子在 275 nm 处没有吸收。所以在 220 nm 和 275 nm 两处测定吸光度，用来校正硝酸盐氮值。

3. 水中有机氮化合物主要是些什么物质？①②③

答案：主要是蛋白质、肽、氨基酸、核酸、尿素以及化合的氮，主要为负三价态的有机氮化合物。

4. 简述《水质　总氮的测定　连续流动－盐酸萘乙二胺分光光度法》（HJ 667—2013）测定水中总氮的化学反应原理。②

答案：在碱性介质中，试料中的含氮化合物在 107～110℃、紫外线照射下，被过硫酸盐氧化为硝酸盐后，经镉柱还原为亚硝酸盐。在酸性介质中，亚硝酸盐与磺胺进行重氮化反应然后与盐酸萘乙二胺偶联生成紫红色化合物，于波长 540 nm 处测量吸光度。

5. 根据《水质　总氮的测定　连续流动－盐酸萘乙二胺分光光度法》（HJ 667—2013）和《水质　总氮的测定　流动注射－盐酸萘乙二胺分光光度法》（HJ 668—2013）测定水中总氮时，仪器应如何调试？②③

答案：按仪器说明书安装分析系统、设定工作参数、操作仪器。开机后，先用水代替试剂，检查整个分析流路的密闭性及液体流动的顺畅性。等基线稳定后（约 20 min），系统开始进试剂，待基线再次稳定后，进行校准及测定。

6. 根据《水质　总氮的测定　碱性过硫酸钾消解紫外分光光度法》（HJ 636—2012）、《水质　总氮的测定　连续流动－盐酸萘乙二胺分光光度法》（HJ 667—2013）和《水质　总氮的测定　流动注射－盐酸萘乙二胺分光光度法》（HJ 668—2013）测定水中总氮时，水样的采集和保存有什么要求？①②③

答案：采样前用水清洗所有接触样品的器皿。将样品采集于聚乙烯或玻璃瓶中，加硫酸酸化至 pH≤2，常温下可保存 7 d，或采集于聚乙烯瓶中，−20℃冷冻，可保存 1 个月。

7. 根据《水质　总氮的测定　流动注射－盐酸萘乙二胺分光光度法》（HJ 668—2013）测定水中总氮时，什么情况下需对过硫酸钾进行提纯？③

答案：试剂质量会影响空白值，当空白值超出方法检出限，校准曲线低浓度点（0.15 mg/L）检测值大于 10% 控制限时，需对过硫酸钾进行提纯。

参考文献

[1] 环境保护部 . 水质　总氮的测定　碱性过硫酸钾消解紫外分光光度法：HJ 636—2012［S］. 北京：中国环境出版社，2012.

[2] 环境保护部 . 水质　总氮的测定　连续流动 - 盐酸萘乙二胺分光光度法：HJ 667—2013［S］. 北京：中国环境出版社，2013.

[3] 环境保护部 . 水质　总氮的测定　流动注射 - 盐酸萘乙二胺分光光度法：HJ 668—2013［S］. 北京：中国环境出版社，2013.

[4] 国家环境保护总局《水和废水监测分析方法》编委会 . 水和废水监测分析方法 .4 版［M］. 北京：中国环境科学出版社，2002.

[5] 国家环境保护局《环境监测机构计量认证和创建优质实验室指南》编写组 . 环境监测机构计量认证和创建优质实验室指南［M］. 北京：中国环境科学出版社，1994.

命题：冯　磊　范　莉　屈智丽　夏　新
审核：刘　蕊　杨　楠　陈　威　史　箴

第七节　亚硝酸盐氮

分类号：W6-6

主要内容
《水质　亚硝酸盐氮的测定　分光光度法》（GB/T 7493—87）

一、填空题

1. 亚硝酸盐是氮循环的中间产物，在水系中很不稳定，在含氧和微生物作用下，可氧化成________，在缺氧或无氧条件下被还原为________。

答案：硝酸盐　　氨直至氮

2. 水中亚硝酸盐的主要来源为生活污水中________的分解。此外化肥、酸洗等工业废水和________中亦可能有亚硝酸盐排入水系。

答案：含氮有机物　　农田排水

3. 采用分光光度法测定水中亚硝酸盐氮时，水样应用玻璃瓶或塑料瓶采集。采集后要尽快分析，不要超过________h，若需短期保存（1～2 d），可以在每升水样中加入 40 mg________并于 2～5℃保存。

答案：24　　氯化汞

4. 采用分光光度法测定水中亚硝酸盐氮时，若水样有悬浮物和颜色，需向每 100 ml 试样中加入 2 ml________，搅拌，静置，过滤，弃去 25 ml 初滤液后，再取试样测定。

答案：氢氧化铝悬浮液

二、判断题

1. 采用重氮偶联反应测定水中亚硝酸盐时，明显干扰物质为氯胺、氯、硫代硫酸盐、聚磷酸钠和高（三价）铁离子。(　　)

答案：正确

2. 采用分光光度法测定水中亚硝酸盐氮，通常是基于重氮偶联反应，生成橙色染料。(　　)

答案：错误

正确答案为：生成红色染料。

3. 采用 *N*-（1-萘基）-乙二胺光度法测定亚硝酸盐氮时，实验用水均为无亚硝酸盐的二次蒸馏水。(　　)

答案：正确

4. 利用重氮偶联反应测定水中亚硝酸盐氮时，如果使用光程长为 20 mm 的比色皿，亚硝酸盐氮的浓度大于 0.2 mg/L 时，其呈色符合比尔定律。(　　)

答案：错误

正确答案为：使用光程长为 10 mm 的比色皿，亚硝酸盐氮的浓度小于 0.2 mg/L 时其呈色符合比尔定律。

三、选择题

1. 采用分光光度法测定水中亚硝酸盐氮时，如水样 pH>11，应以酚酞作指示剂，滴加________溶液至红色消失。(　　)

A. 1.5 mol/L 硫酸　　B. 1.5 mol/L 盐酸
C. 1.5 mol/L 磷酸　　D. 1.5 mol/L 硝酸

答案：C

2. 采用 *N*-（1-萘基）-乙二胺光度法测定水中亚硝酸盐氮，采用光程长为 10 mm 的比色皿，当取样体积为 50 ml 时，以吸光度 0.01 单位所对应的浓度值为最低检出浓度，此值为________mg/L。(　　)

A. 0.001　　B. 0.002　　C. 0.003　　D. 0.004

答案：C

3. 采用 *N*-（1-萘基）-乙二胺光度法测定水中亚硝酸盐氮的测定上限为________mg/L。(　　)

A. 0.10　　B. 0.20　　C. 0.30　　D. 0.40

答案：B

4. 采用分光光度法测定水中亚硝酸盐氮时，配制亚硝酸盐氮标准贮备液的方法为________。(　　)

A. 准确称取一定量 $NaNO_2$，加水溶解定容
B. 准确称取一定量 $NaNO_2$，溶解于水中，用 $KMnO_4$ 溶液、$Na_2C_2O_4$ 标准溶液标定
C. 称取一定量 $NaNO_2$ 溶解稀释，用 $K_2Cr_2O_7$ 标准溶液标定

答案：B

5. 采用 *N*-（1-萘基）-乙二胺光度法测定水中亚硝酸盐氮时，亚硝酸盐标准贮备液应保存于棕色试剂瓶中，并加入________作保存剂。(　　)

A. $KMnO_4$　　　　B. HCl　　　　C. 氯仿　　　　D. H_2SO_3

答案：C

6. 制备无亚硝酸盐的水应使用的方法是________。(　　)

A. 过离子交换柱

B. 蒸馏水中加入 $KMnO_4$，在碱性条件下蒸馏

C. 蒸馏水中加入 $KMnO_4$，在酸性条件下蒸馏

D. 蒸馏水中加入活性炭

答案：B

7. 用分光光度法测定水中亚硝酸盐氮，标定 $NaNO_2$ 贮备液时，要把吸管插入 $KMnO_4$ 液面以下加入 $NaNO_2$ 贮备液，目的是________。(　　)

A. 防止溶液乱溅，对结果造成影响　　　　B. 防止 NO_2^- 遇酸后，转化挥发

C. 防止受环境污染

答案：B

四、问答题

简述 *N*-（1-萘基）-乙二胺光度法测定亚硝酸盐氮的原理。

答案：在磷酸介质中，pH 为 1.8±0.3 时，亚硝酸根离子与 4-氨基苯磺酰胺反应，生成重氮盐，再与 *N*-（1-萘基）-乙二胺盐酸盐偶联生成红色染料，在 540 nm 波长处测定吸光度。

五、计算题

用光度法测定某水样中亚硝酸盐含量，取 4.00 ml 水样于 50 ml 比色管中，用水稀释至标线，加 1.0 ml 显色剂，测得 NO_2^--N 含量为 0.012 mg，求原水样中 NO_2^--N 和 NO_2^- 含量。

答案：$C_{NO_2^--N}\ (\text{mg/L}) = \frac{m}{V} = \frac{0.012\times 1\,000}{4.0} = 3.00$

$$C_{NO_2^-}\ (\text{mg/L}) = 3.00\times\frac{14+16\times 2}{14} = 9.86$$

参考文献

[1] 国家环境保护局 . 水质　亚硝酸盐氮的测定　分光光度法：GB/T 7493—87［S］. 北京：中国标准出版社，1987.

[2] 国家环境保护局，国家技术监督局 . 大气降水中亚硝酸盐测定 *N*-（1-萘基）-乙二胺光度法：GB/T 13580.7—92［S］. 北京：中国标准出版社，1992.

[3] 中华人民共和国卫生部，国家标准化管理委员会 . 生活饮用水标准检验方法　无机非金属指标：GB/T 5750.5—2006［S］. 北京：中国标准出版社，2006.

[4] 国家环境保护总局《水和废水监测分析方法》编委会 . 水和废水监测分析方法 .4 版［M］. 北京：中国环境科学出版社，2002.

[5]《水和废水监测分析方法指南》编委会 . 水和废水监测分析方法指南：上册［M］. 北京：中国环境科学出版社，1990.

[6] 国家环境保护局《环境监测机构计量认证和创建优质实验室指南》编写组．环境监测机构计量认证和创建优质实验室指南［M］．北京：中国环境科学出版社，1994.

命题：刘端阳　夏　新

审核：杨　楠　任学蓉　王　平

第八节　硝酸盐氮

分类号：W6-7

主要内容

①《水质　硝酸盐氮的测定　酚二磺酸分光光度法》（GB/T 7480—87）

②《水质　硝酸盐氮的测定　紫外分光光度法（试行）》（HJ/T 346—2007）

③《大气降水中硝酸盐测定（第二篇　镉柱还原光度法）》（GB/T 13580.8—92）

④《生活饮用水标准检验方法　无机非金属指标》（GB/T 5750.5—2006）（5.4　硝酸盐氮　镉柱还原法）

⑤《生活饮用水标准检验方法　无机非金属指标》（GB/T 5750.5—2006）（5.1　硝酸盐氮　麝香草酚分光光度法）

一、填空题

1. 采用分光光度法测定水中硝酸盐氮时，水样采集后，应及时进行测定。必要时，应加硫酸使 pH________，于 4℃以下保存，在________h 内进行测定。①

答案：<2　24

2. 采用酚二磺酸分光光度法测定水中硝酸盐氮，当水样中亚硝酸盐氮含量超过 0.2 mg/L 时，可取 100 ml 水样，加入 1 ml 0.5 mol/L 的________，混匀后，滴加________至淡红色，保持 15 min 不褪为止，使亚硝酸盐氧化为硝酸盐，最后从硝酸盐氮测定结果中减去亚硝酸盐氮量。①

答案：硫酸溶液　0.02 mol/L 高锰酸钾溶液

3. 目前的自动在线检测仪测定水中硝酸盐氮多使用________法和________法。②

答案：紫外　电极

4. 紫外分光光度法适用于________和________中硝酸盐氮的测定。②

答案：清洁地表水　未受明显污染的地下水

5. 采用紫外分光光度法测定硝酸盐氮时，采用________和________进行处理，以排除水样中大部分常见有机物、浊度和 Fe^{3+}、Cr（Ⅵ）对测定的干扰。②

答案：絮凝共沉淀　大孔中性吸附树脂

二、判断题

1. 水中硝酸盐是在有氧环境下，各种形态的含氮化合物中最稳定的氮化合物，亦是含氮有机物经无机化作用的最终分解产物。(　　) ①②

答案：正确

2. 采用酚二磺酸分光光度法测定水中硝酸盐氮时，蒸干水样的操作步骤是：吸取50.0 ml经预处理的水样于蒸发皿中，用pH试纸检查，必要时用硫酸或氢氧化钠溶液调节至微酸性，置于水浴上蒸干。(　　) ①

答案：错误

正确答案为：用硫酸或氢氧化钠溶液调节至微碱性（pH约为8）。

3. 采用酚二磺酸分光光度法测定水中硝酸盐氮时，在水样蒸干后，加入酚二磺酸试剂，充分研磨使硝化反应完全。(　　) ①

答案：正确

4. 采用酚二磺酸分光光度法测定水中硝酸盐氮时，可加3～5 ml氨水显色。(　　) ①

答案：错误

正确答案为：在搅拌下加入3～4 ml氨水，使溶液呈现最深的颜色。

5. 采用酚二磺酸分光光度法测定硝酸盐氮，制备标准曲线时，将一定量标准溶液预先一次统一处理（蒸干、加酚二磺酸充分研磨，转入容量瓶内定容）备用。(　　) ①

答案：正确

6. 采用酚二磺酸分光光度法测定硝酸盐氮时，若水样中含有氯离子较多（10 mg/L），会使测定结果偏高。(　　) ①

答案：错误

正确答案为：若水样中含有氯离子较多（10 mg/L），会使测定结果偏低。

7. 采用酚二磺酸分光光度法测定水中硝酸盐氮时，为使硝酸盐标准贮备液有一定的稳定时间，需在溶液中加入2 ml氯仿（三氯甲烷）作保存剂，至少可稳定6个月。(　　) ①

答案：正确

8. 采用酚二磺酸分光光度法测定水中硝酸盐氮时，因为发烟硫酸在室温较低时凝固，所以在取用时，可先在40～50℃隔水水浴中加温使其熔化，不能将盛装发烟硫酸的玻璃瓶直接置入水浴中，以免瓶裂引起危险。(　　) ①

答案：正确

9. 采用紫外分光光度法测定水中硝酸盐氮时，需在220 nm和300 nm波长处测定吸光度，以校正硝酸盐氮值。(　　) ②

答案：正确

10. 采用紫外分光光度法测定水中硝酸盐氮时，树脂使用多次后，可用未接触过橡胶制品的新鲜去离子水作参比，在220 nm和275 nm波长处检验，测得的吸光度应为最大值，否则需再生。(　　) ②

答案：错误

正确答案为：测得的吸光度应近于0，否则需再生。

11. 采用紫外分光光度法测定水中硝酸盐氮时，如水样中亚硝酸盐氮低于0.1 mg/L，可不加氨基磺酸溶液。(　　) ②

答案：正确

12. 采用紫外分光光度法测定水中硝酸盐氮时，为了解水受污染程度和变化情况，需对水样进行紫外吸收光谱分布曲线的扫描，绘制波长－吸光度曲线。水样与近似浓

度的标准溶液分布曲线应类似，且在 220 nm 与 275 nm 附近不应该有肩状或折线出现。(　　) ②

答案：正确

13. 采用紫外分光光度法测定水中硝酸盐氮时，参考吸光度比值（$A_{275}/A_{220}\times100\%$）应小于 50%。(　　) ②

答案：错误

正确答案为：参考吸光度比值（$A_{275}/A_{220}\times100\%$）应小于 20%，且越小越好。

14. 采用紫外分光光度法测定水中硝酸盐氮时，水样如经过紫外吸收光谱分布曲线分析、参考吸光度比值检验后，符合要求，则可不经过预处理，直接测定。(　　) ②

答案：正确

15. 采用紫外分光光度法测定水中硝酸盐氮时，如果水样中含有有机物，而且硝酸盐含量较高时，必须先进行预处理后再稀释。(　　) ②

答案：正确

16. 采用紫外分光光度法测定水中硝酸盐氮，当水样中存在六价铬时，应采用氢氧化铝作絮凝剂，并放置 0.5 h 以上，再取上清液供测定用。(　　) ②

答案：正确

17. 根据《大气降水中硝酸盐测定》(GB/T 13580.8—92)(第二篇　镉柱还原光度法)测定硝酸盐的方法原理是：在 pH 为 7～9 条件下，硝酸盐经镉柱被还原成亚硝酸盐，亚硝酸盐与对氨基苯磺酸重氮化，再与 *N*-（1-萘基）-乙二胺盐酸盐偶合，形成红色偶氮染料。(　　) ③

答案：错误

正确答案为：在 pH 为 8～10 条件下反应。

18. 根据《大气降水中硝酸盐测定》(GB/T 13580.8—92)(第二篇　镉柱还原光度法)测定硝酸盐时，镉柱淋洗结束后，管内充满一定量的蒸馏水。(　　) ③

答案：错误。

正确答案为：管内充满一定量的氯化铵溶液。

19. 根据《大气降水中硝酸盐测定》(GB/T 13580.8—92)(第二篇　镉柱还原光度法)测定硝酸盐时，大气降水样品采集后，尽快用过滤装置除去降水样品中的颗粒物，将滤液装入干燥清洁的白色塑料瓶中，不加添加剂，密封后室温保存。(　　) ③

答案：错误。

正确答案为：冰箱中保存。

20. 根据《大气降水中硝酸盐测定》(GB/T 13580.8—92)(第二篇　镉柱还原光度法)测定硝酸盐氮时，有悬浮物的水样可用滤纸过滤。(　　) ③

答案：错误。

正确答案为：用 0.45 μm 孔径的滤膜过滤。

21. 根据《生活饮用水标准检验方法　无机非金属指标》(GB/T 5750.5—2006)(5.4　硝酸盐氮　镉柱还原法)测定硝酸盐氮时，浊度高的水样可取 100 ml 水样，加入 1 ml 硫酸锌充分混合，滴加氢氧化钠溶液调节 pH 为 10.5，放置数分钟，待絮状沉淀析出，倾出上清液供分析用。(　　) ④

答案：正确

22. 根据《生活饮用水标准检验方法　无机非金属指标》（GB/T 5750.5—2006）（5.4　硝酸盐氮　镉柱还原法）测定硝酸盐氮，去除水样中油和脂时，取水样 100 ml，用盐酸溶液调节 pH 为 2，每次用 25 ml 正己烷，萃取两次。（　　）④

答案：错误

　　正确答案为：用 25 ml 三氯甲烷溶液萃取两次。

23. 根据《生活饮用水标准检验方法　无机非金属指标》（GB/T 5750.5—2006）（5.4　硝酸盐氮　镉柱还原法）测定硝酸盐氮时，显色以后颜色的稳定性与温度无关。（　　）④

答案：错误

　　正确答案为：显色以后颜色的稳定性与温度有关。

24. 根据《生活饮用水标准检验方法　无机非金属指标》（GB/T 5750.5—2006）（5.4　硝酸盐氮　镉柱还原法）测定硝酸盐氮时，pH 对显色有影响。（　　）④

答案：正确

25. 根据《生活饮用水标准检验方法　无机非金属指标》（GB/T 5750.5—2006）（5.4　硝酸盐氮　镉柱还原法）测定硝酸盐氮时，水样与还原柱应有充分的接触时间，以保证硝酸盐被还原。试样中加入氯化铵，可与镉离子络合，减少镉盐在柱内沉淀，并可抑制对亚硝酸盐的进一步还原作用。（　　）④

答案：正确

26. 根据《生活饮用水检验方法　无机非金属指标》（GB/T 5750.5—2006）（5.4　硝酸盐氮　麝香草酚分光光度法）测定生活饮用水及其水源水中硝酸盐氮时，亚硝酸盐对测定呈负干扰。（　　）⑤

答案：错误

　　正确答案为：亚硝酸盐对测定呈正干扰。

27. 根据《生活饮用水检验方法　无机非金属指标》（GB/T 5750.5—2006）（5.4　硝酸盐氮　麝香草酚分光光度法），硝酸盐和麝香草酚在浓硫酸溶液中形成硝基酚化合物，在碱性溶液中发生分子重排，生成黄色化合物，比色测定。（　　）⑤

答案：正确

28. 根据《生活饮用水检验方法　无机非金属指标》（GB/T 5750.5—2006）（5.4　硝酸盐氮　麝香草酚分光光度法）测定生活饮用水及其水源水中硝酸盐氮时，在加入麝香草酚乙醇溶液时，应沿管壁流下。（　　）⑤

答案：错误

　　正确答案为：应由比色管中央直接滴加到溶液中，勿沿管壁流下。

三、选择题

1. 采用酚二磺酸分光光度法测定水中硝酸盐氮时，采用光程为 30 mm 的比色皿，试样体积为 50 ml 时，最低检出浓度为________mg/L。（　　）①

　A. 0.002　　B. 0.02　　C. 0.2　　D. 2.0

答案：B

2. 酚二磺酸分光光度法测定水中硝酸盐氮时，为了去除氯离子干扰，可以加入

________使之生成 AgCl 沉淀凝聚，然后用慢速滤纸过滤。(　　)①

A. $AgNO_3$　　B. Ag_2SO_4　　C. Ag_3PO_4

答案：B

3. 采用紫外分光光度法测定水中硝酸盐氮时，其最低检出浓度为________mg/L。(　　)②

A. 0.02　　B. 0.04　　C. 0.06　　D. 0.08

答案：D

4. 采用紫外分光光度法测定水中硝酸盐氮，其测量上限为________mg/L。(　　)②

A. 2　　B. 4　　C. 6　　D. 8

答案：B

5. 根据《大气降水中硝酸盐测定》(GB/T 13580.8—92)(第二篇　镉柱还原光度法)测定大气降水中硝酸盐时，在样品流经镉柱进行还原过程中，流速应保持每分钟________ml。(　　)③

A. 1～3　　B. 4～5　　C. 6～8　　D. 8～10

答案：C

6. 根据《大气降水中硝酸盐测定》(GB/T 13580.8—92)(第二篇　镉柱还原光度法)测定大气降水中硝酸盐时，过柱后水样测得浓度即为________。(　　)③

A. 水样的硝酸盐浓度

B. 水样的亚硝酸盐浓度

C. 水样的硝酸盐与亚硝酸盐的浓度之和

答案：C

7. 根据《大气降水中硝酸盐测定》(GB/T 13580.8—92)(第二篇　镉柱还原光度法)测定大气降水中硝酸盐，显色时，加入 0.5 ml 对氨基苯磺酸溶液，摇匀后放置 2～8 min，再加入 1.0 ml 的 *N*-(1-萘基)-乙二胺盐酸盐溶液后立即摇匀，至少放置 10 min，但不要超过________h。(　　)③

A. 0.5　　B. 1.0　　C. 2.0　　D. 3.0

答案：C

8. 根据《生活饮用水标准检验方法　无机非金属指标》(GB/T 5750.5—2006)(5.4　硝酸盐氮　镉柱还原法)测定硝酸盐氮时，溶液的 pH 对镉柱的还原效率有影响，合适的 pH 为________。(　　)④

A. 1.2～4.6　　B. 3.3～9.6　　C. 5.3～8.4　　D. 7.0～10.5

答案：B

9. 根据《生活饮用水检验方法　无机非金属指标》(GB/T 5750.5—2006)(5.4　硝酸盐氮　麝香草酚分光光度法)测定生活饮用水及其水源水中硝酸盐氮时，若取 1.00 ml 水样测定，则最低检测质量浓度为________mg/ L。(　　)⑤

A. 0.1　　B. 0.2　　C. 0.4　　D. 0.5

答案：D

10. 根据《生活饮用水检验方法　无机非金属指标》(GB/T 5750.5—2006)(5.4　硝酸盐氮　麝香草酚分光光度法)测定生活饮用水及其水源水中硝酸盐氮时，氯化物的干扰，可用________消除。(　　)⑤

A. 硝酸银　　B. 硫酸银　　C. 磷酸银

答案：A

四、问答题

1. 简述酚二磺酸分光光度法测定硝酸盐氮的原理。①

答案：硝酸盐在无水情况下与酚二磺酸反应，生成硝基二磺酸酚，在碱性溶液中为黄色化合物，于 410 nm 波长处测量吸光度。

2. 采用酚二磺酸光度法测定水中硝酸盐氮时，水样若有颜色应如何处理？①

答案：每 100 ml 水样中加入 2 ml 氢氧化铝悬浮液，密塞充分振摇，静置数分钟澄清后，过滤，弃去最初的 20 ml 滤液。

3. 采用酚二磺酸光度法测定水中硝酸盐氮，制备硝酸盐氮标准使用液时，应同时制备两份，为什么？①

答案：用以检查硝化是否完全。如发现两份溶液浓度有差异时，应重新吸取标准贮备液进行制备。

4. 简述紫外分光光度法测定水中硝酸盐氮的原理。②

答案：利用硝酸根离子在 220 nm 波长处的吸收而定量测定硝酸盐氮。溶解的有机物在 220 nm 处也会有吸收，而硝酸根离子在 275 nm 处没有吸收。因此，在 275 nm 处做另一次测量，以校正硝酸盐氮值。

5. 紫外分光光度法测定水中硝酸盐氮时，如何制备吸附柱？②

答案：新的树脂先用 200 ml 水分两次洗涤，用甲醇浸泡过夜，弃去甲醇，再用 40 ml 甲醇分两次洗涤，然后用新鲜去离子水洗到柱中流出水液滴落于烧杯中无乳白色为止。树脂装入柱中时，树脂间不允许存在气泡。

6. 列举紫外分光光度法测定水中硝酸盐氮的主要干扰物（举出 4 种以上）。②

答案：溶解的有机物、表面活性剂、亚硝酸盐、六价铬、溴化物、碳酸氢盐和碳酸盐等。

五、计算题

用酚二磺酸光度法测定水中硝酸盐氮时，取 10.0 ml 水样，测得吸光度为 0.176。校准曲线的回归方程为 $y=0.014\,9\,x+0.00\,4$（x 为 50 ml 水中 NO_3^--N 微克数），求水样中 NO_3^--N 和 NO_3^- 的浓度。①

答案：

$$C_{NO_3^--N}\ (\text{mg/L}) = \frac{0.176-0.004}{0.014\,9\times 10.0} = 1.15$$

$$C_{NO_3^-}\ (\text{mg/L}) = 1.15\times\frac{14+16\times 3}{14} = 5.09$$

参考文献

[1] 国家环境保护局．水质　硝酸盐氮的测定　酚二磺酸分光光度法：GB/T 7480—87［S］．北京：中国标准出版社，1987.

[2] 国家环境保护总局．水质　硝酸盐氮的测定　紫外分光光度法（试行）：HJ/T 346—2007［S］．北京：中国环境科学出版社，2007.

[3] 中华人民共和国卫生部，国家标准化管理委员会．生活饮用水标准检验方法　无机非金属指标：

GB/T 5750.5—2006［S］. 北京：中国标准出版社，2006.
[4] 国家环境保护局，国家技术监督局 . 大气降水中硝酸盐测定：GB/T 13580.8—92［S］. 北京：中国标准出版社，1992.
[5] 国家环境保护总局《水和废水监测分析方法》编委会 . 水和废水监测分析方法 .4 版［M］. 北京：中国环境科学出版社，2002.
[6]《水和废水监测分析方法指南》编委会 . 水和废水监测分析方法指南：上册［M］. 北京：中国环境科学出版社，1990.
[7] 国家环境保护局《环境监测机构计量认证和创建优质实验室指南》编写组 . 环境监测机构计量认证和创建优质实验室指南［M］. 北京：中国环境科学出版社，1994.

命题：崔桂贤　杨　楠　史　箴
审核：任学蓉　王　平　张玉惠

第九节　游离氯和总氯

分类号：W6-8

主要内容
《水质　游离氯和总氯的测定　*N,N*- 二乙基 -1,4- 苯二胺分光光度法》（HJ 586—2010）

一、填空题

1. 总氯是以________或________或两者形式存在的氯。

答案：游离氯　　化合氯

2. 电镀废水中加氯是为了________________。

答案：分解有毒的氰化物

二、判断题

1. 氯在水中很不稳定，因此，如果不能及时测定，应加入稳定剂固定。(　　)

答案：错误

正确答案为：应在采样现场测定。

2. 根据《水质　游离氯和总氯的测定　*N,N*- 二乙基 -1,4- 苯二胺分光光度法》（HJ 586—2010）测定水中游离氯和总氯时，如果水样浑浊或有色，不可过滤或脱色，以免游离氯损失。(　　)

答案：正确

3. 根据《水质　游离氯和总氯的测定　*N,N*- 二乙基 -1,4- 苯二胺分光光度法》（HJ 586—2010）测定水中游离氯时，如加入的 DPD 试剂与游离氯反应产物所显深红色很快褪尽，是因为水样中游离氯浓度较高，被氧化而显色的试剂随即又被游离氯漂白，此时应将样品稀释后再测定。(　　)

答案：正确

4. 根据《水质　游离氯和总氯的测定　*N,N*-二乙基-1,4-苯二胺分光光度法》（HJ 586—2010）测定水中游离氯和总氯时，如果水样中有机物含量较高，则需较长的时间才能显色完全，所以操作时应进行多次测量，以便选取显色相对稳定后的测量值。(　　)

答案：正确

5. 根据《水质　游离氯和总氯的测定　*N,N*-二乙基-1,4-苯二胺分光光度法》（HJ 586—2010）测定水中游离氯时，常见的二价铜离子、三价铁离子可被缓冲液和DPD 试液中的 Na_2EDTA 掩蔽。(　　)

答案：正确

6. 根据《水质　游离氯和总氯的测定　*N,N*-二乙基-1,4-苯二胺分光光度法》（HJ 586—2010）测定水中游离氯时，铬酸盐的干扰可加入氯化钾消除。(　　)

答案：错误

正确答案为：铬酸盐的干扰可加入氯化钡消除。

7. 根据《水质　游离氯和总氯的测定　*N,N*-二乙基-1,4-苯二胺分光光度法》（HJ 586—2010）适用于所有水质中氯的测定。(　　)

答案：错误

正确答案为：不适用于较浑浊和色度较高的水样中氯的测定。

8. 测定水中游离氯和总氯的实验用水无特殊要求。(　　)

答案：错误

正确答案为：测定水中游离氯和总氯的实验用水应为不含氯和还原性物质的去离子水或二次蒸馏水，并经过检验合格。

9. 测定游离氯和总氯的玻璃器皿可以通用。(　　)

答案：错误

正确答案为：测定游离氯和总氯的玻璃器皿应分开使用，防止交叉污染。

三、选择题

1. 用 *N,N*-二乙基-1,4-苯二胺分光光度法测定水中游离氯时，如果水样浑浊或有色，将影响测定，可采用________法，以降低其干扰影响。(　　)

A. 过滤或脱色　　B. 补偿　　C. 以水样作参比

答案：B

2. 根据《水质　游离氯和总氯的测定　*N,N*-二乙基-1,4-苯二胺分光光度法》（HJ 586—2010）测定水中游离氯，为取得准确的结果，水样pH需控制在________。(　　)

A. 3.5～4.2　　B. 6.2～6.5　　C. 7.0～8 .2　　D. 8.0～10.1

答案：B

3. 水样中游离氯极不稳定，应在现场采样测定，并自始至终注意避免________、振摇和温热。(　　)

A. 保温　　B. 保持酸度　　C. 强光

答案：C

4. 去离子水或二次蒸馏水中仅含有氯化物，可用________处理脱氯。(　　)

A. 硫酸钠　　B. 活性碳　　C. 硅胶　　D. 氯化钠

答案：B

5.《水质　游离氯和总氯的测定　*N,N*-二乙基-1,4-苯二胺分光光度法》(HJ 586—2010)规定，如果校准曲线不是与样品同时绘制的，每批样品要带一个中间校准点，中间校核点测定值与校准曲线相应点浓度的相对误差应不超过________。(　　)

A. 10%　　B. 20%　　C. 5%　　D. 15%

答案：D

6. 由于游离氯和总氯标准溶液不稳定且不易获得，《水质　游离氯和总氯的测定　*N,N*-二乙基-1,4-苯二胺分光光度法》(HJ 586—2010)以碘分子或 $[I^{3-}]$ 替代游离氯作校准曲线，以________为基准。(　　)

A. 碘化钾　　B. 碘酸钾　　C. 单质碘

答案：B

四、问答题

1. 根据《水质　游离氯和总氯的测定　*N,N*-二乙基-1,4-苯二胺分光光度法》(HJ 586—2010)测定水中游离氯时，如何校正氧化锰产生的干扰？

答案：校正氧化锰干扰的方法：量取 100 ml 试样于 250 ml 锥形瓶中，加入 1.0 ml 亚砷酸钠或硫代乙酰胺溶液，混匀。再加入 5.0 ml 缓冲液和 5.0 ml DPD 试剂，混匀。将此溶液倒入比色皿中，并立即按与校准曲线相同条件进行测量。记录从校准曲线读取的氧化锰相当于氯的浓度，并在结果计算中予以校正。

2. 根据《水质　游离氯和总氯的测定　*N,N*-二乙基-1,4-苯二胺分光光度法》(HJ 586—2010)测定水中游离氯的干扰有哪些？如何消除？

答案：(1)二氧化氯对游离氯和总氯测定产生干扰，亚氯酸盐对总氯测定产生干扰。二氧化氯和亚氯酸盐可以通过测定其浓度加以校正；

(2)氧化锰和六价铬对游离氯测定都有干扰，两者共存时可单独测定，并在结果计算中予以校正；

(3)溴、碘、溴胺、碘胺、臭氧、过氧化氢、铬酸盐、氧化锰、六价铬、亚硝酸根、二价铜离子和三价铁离子等氧化剂有干扰，二价铜离子和三价铁离子可被缓冲液和 DPD 试液中的 Na_2EDTA 掩蔽；铬酸盐的干扰可加入氯化钡消除，其他氧化物的干扰加入亚砷酸钠或硫代乙酸胺溶液消除。

3. 试述检验测定水中游离氯和总氯实验用水质量的方法。

答案：向第一个 250 ml 锥形瓶中加入 100 ml 待测水和 1.0 g 碘化钾，混均。1 min 后，加入 5.0 ml 磷酸盐缓冲溶液和 5.0 ml DPD 溶液；再向第二个 250 ml 锥形瓶中加入 100 ml 待测水和 2 滴氯酸钠溶液，加入 5.0 ml 磷酸盐缓冲溶液和 5.0 ml DPD 溶液，第一个瓶中不显色，第二个瓶中为粉红色，表明用水符合要求。

参考文献

[1] 环境保护部 . 水质　游离氯和总氯的测定　*N,N*- 二乙基 -1,4- 苯二胺分光光度法：HJ 586—2010［S］. 北京：中国环境科学出版社，2010.

[2] 国家环境保护总局《水和废水监测分析方法》编委会 . 水和废水监测分析方法 .4 版［M］. 北京：中国环境科学出版社，2002.

命题：沈丽丽　肖兰平
审核：史　箴　池　靖

第十节　氟化物

分类号：W6-9

主要内容
①《水质　氟化物的测定　氟试剂分光光度法》（HJ 488—2009）
②《生活饮用水标准检验方法　无机非金属指标》（GB/T 5750.5—2006）（3.4　氟化物　双波长系数倍率氟试剂分光光度法）
③《水质　氟化物的测定　茜素磺酸锆目视比色法》（HJ 487—2009）
④《生活饮用水标准检验方法　无机非金属指标》（GB/T 5750.5—2006）（3.5　氟化物　锆盐茜素比色法）

一、填空题

1. 根据《水质　氟化物的测定　氟试剂分光光度法》（HJ 488—2009）测定含氟化物的水样时，必须用________（材质）容器采集和存贮。①

答案：聚乙烯

2.《水质　氟化物的测定　氟试剂分光光度法》（HJ 488—2009）方法检出限为________mg/L，测定下限为________mg/L。①

答案：0.02　　0.08

3. 根据《水质　氟化物的测定　氟试剂分光光度法》（HJ 488—2009）测定水中氟化物时，显色后放置________min，用________mm 或________mm 比色测定吸光度。①

答案：30　　30　　10

4.《水质　氟化物的测定　氟试剂分光光度法》（HJ 488—2009）规定的预处理水样方法是________。①

答案：水蒸气蒸馏法

5. 根据《水质　氟化物的测定　茜素磺酸锆目视比色法》（HJ 487—2009）测定水中氟化物时，若取 50 ml 试样直接测定氟化物的浓度，方法检出限为________mg/L，测定下限为________mg/L，测定上限为________mg/L。③

答案：0.1　　0.4　　1.5

6.《水质　氟化物的测定　茜素磺酸锆目视比色法》（HJ 487—2009）适用于________、

________、________和________中氟化物的测定。③

答案：饮用水　地表水　地下水　工业废水

7.《生活饮用水标准检验方法　无机非金属指标》(GB/T 5750.5—2006)(3.5　氟化物　锆盐茜素比色法)的最低检测质量为________μg 氟化物，若取 50 ml 水样测定，检出限为________mg/L。④

答案：5　0.1

8.《生活饮用水标准检验方法　无机非金属指标》(GB/T 5750.5—2006)(3.5　氟化物　锆盐茜素比色法)适用于测定__________及其________中可溶性的氟化物。④

答案：生活饮用水　水源水

二、判断题

1. 根据《水质　氟化物的测定　氟试剂分光光度法》(HJ 488—2009)测定水中氟化物时，配试剂一定要用去离子水。(　　)①

答案：正确

2. 根据《水质　氟化物的测定　氟试剂分光光度法》(HJ 488—2009)测定水中氟化物时，若水样呈强酸性或强碱性，应在测定前用 1 mol/L NaOH 溶液或 1 mol/L 盐酸溶液调节至中性。(　　)①

答案：正确

3.《水质　氟化物的测定　氟试剂分光光度法》(HJ 488—2009)适用于地表水、地下水和工业废水中氟化物测定。(　　)①

答案：正确

4. 根据《水质　氟化物的测定　氟试剂分光光度法》(HJ 488—2009)，用聚乙烯瓶密封保存测定氟化物的水样，最多稳定 14 d。(　　)①

答案：正确

5. 根据《水质　氟化物的测定　氟试剂分光光度法》(HJ 488—2009)测定水中氟化物时，含 5 mg 氟化物的 25 ml 显色液中，含 Cl^- 30 mg、Cu^{2+} 10 mg、PO_4^{3-} 200 mg 不干扰测定。(　　)①

答案：正确

6. 根据《水质　氟化物的测定　氟试剂分光光度法》(HJ 488—2009)测定水中氟化物时，绘制校准曲线以水为参比。(　　)①

答案：正确

7. 根据《水质　氟化物的测定　氟试剂分光光度法》(HJ 488—2009)测定水中氟化物时，除非证明试样的预处理不必要，否则不能直接制备试样进行比色。(　　)①

答案：正确

8.《生活饮用水标准检验方法　无机非金属指标》(GB/T 5750.5—2006)(3.4　氟化物　双波长系数倍率氟试剂分光光度法)适用于地表水和工业废水中氟化物的测定。(　　)②

答案：错误

正确答案为：该方法适用于生活饮用水及其水源水中氟化物的测定。

9. 根据《生活饮用水标准检验方法　无机非金属指标》（GB/T 5750.5—2006）（3.4　氟化物　双波长系数倍率氟试剂分光光度法），氟化物与氟试剂和硝酸镧反应生成蓝色络合物，颜色深度与氟离子浓度在一定范围内呈线性关系。（　　）②

答案：正确

10. 根据《生活饮用水标准检验方法　无机非金属指标》（GB/T 5750.5—2006）（3.4　氟化物　双波长系数倍率氟试剂分光光度法），采用双波长分光光度法测定，可以消除金属离子的影响，提高灵敏度，节约 80% 的化学试剂用量，减少对环境的污染。（　　）②

答案：错误

正确答案为：可以消除试剂背景的影响，提高灵敏度，节约 80% 的化学试剂用量，减少对环境的污染。

11. 根据《生活饮用水标准检验方法　无机非金属指标》（GB/T 5750.5—2006）（3.4　氟化物　双波长系数倍率氟试剂分光光度法）测定水中氟化物，当 pH 为 4.5 时，显色生成络合物的颜色可稳定 24 h。（　　）②

答案：正确

12. 根据《水质　氟化物的测定　茜素磺酸锆目视比色法》（HJ 487—2009）测定水中氟化物，采集和贮存样品均使用聚乙烯瓶。（　　）③

答案：正确

13. 根据《水质　氟化物的测定　茜素磺酸锆目视比色法》（HJ 487—2009），如果水样中含有残留的氯，可加入亚硫酸钠溶液，搅匀以除去氯。（　　）③

答案：错误

正确答案为：可加入亚砷酸钠溶液，搅匀以除去氯。

14. 根据《水质　氟化物的测定　茜素磺酸锆目视比色法》（HJ 487—2009），水中干扰物质较多、不能直接用比色法测定时，可采取预蒸馏处理。（　　）③

答案：正确

15. 根据《水质　氟化物的测定　茜素磺酸锆目视比色法》（HJ 487—2009）测定水中氟化物时，配制的标准色列避光保存可稳定 6 个月。（　　）③

答案：错误

正确答案为：配制的标准色列避光保存可稳定 3 个月。

16. 根据《水质　氟化物的测定　茜素磺酸锆目视比色法》（HJ 487—2009）测定水中氟化物时，空白试验是指用 50 ml 纯水代替样品，所用试剂及其用量与样品测定所用的相同，并采用相同的步骤进行空白测定。（　　）③

答案：错误

正确答案为：空白试验是指用 50 ml 经预处理后的水样代替样品，所用试剂及其用量与样品测定所用的相同，并采用相同的步骤进行空白测定。

17.《生活饮用水标准检验方法　无机非金属指标》（GB/T 5750.5—2006）（3.5　氟化物　锆盐茜素比色法）适用于较清洁和干扰物质较少的水样。（　　）④

答案：正确

18. 根据《生活饮用水标准检验方法　无机非金属指标》（GB/T 5750.5—2006）（3.5　氟

化物　锆盐茜素比色法）测定水中氟化物，当水样中氯化物含量大于 500 mg/L、硫酸盐含量大于 200 mg/L 时，必须进行蒸馏法预处理。（　　）④

答案：正确

19. 根据《生活饮用水标准检验方法　无机非金属指标》（GB/T 5750.5—2006）（3.5　氟化物　锆盐茜素比色法）测定水中氟化物时，茜素锆试剂配制后，应储存于冷暗处，可在 2～3 个月内使用。（　　）④

答案：正确

三、选择题

1. 根据《水质　氟化物的测定　氟试剂分光光度法》（HJ 488—2009）测定水中氟化物，用水蒸气蒸馏法进行预蒸馏时，温度蒸馏应严格控制在________，否则硫酸将被蒸出，影响测定结果。（　　）①

A. 145℃ ±5℃　　B. 120℃ ±5℃　　C. 100℃ ±5℃

答案：A

2. 根据《水质　氟化物的测定　氟试剂分光光度法》（HJ 488—2009）测定水中氟化物时，为采集到有代表性的含氟废水样品，应每隔________h 采集一个样品，时间不能少于一个生产周期。（　　）①

A. 0.5　　B. 2　　C. 4　　D. 6

答案：A

3. 根据《水质　氟化物的测定　氟试剂分光光度法》（HJ 488—2009）测定水中氟化物时，混合显色剂由氟试剂溶液、缓冲溶液、丙酮及硝酸镧溶液按________体积比混合而得，临用时现配。（　　）①

A. 1∶1∶1∶1　　B. 3∶3∶1∶1　　C. 3∶1∶3∶3　　D. 2∶1∶2∶2

答案：C

4. 氟对人体的影响随着摄入量而变动，当缺氟时，儿童龋齿发病率________。（　　）①②③④

A. 高　　B. 低　　C. 无影响

答案：A

5. 根据《生活饮用水标准检验方法　无机非金属指标》（GB/T 5750.5—2006）（3.4　氟化物　双波长系数倍率氟试剂分光光度法）测定水中氟化物时，由于反应生成的蓝色三元络合物随 pH 增高而变深，为使标准与试样的 pH 一致，必要时可用酚酞指示剂（1 g/L）调节 pH 至中性后再加入缓冲液，使各管的 pH 均在________。（　　）②

A. 3.5～4.0　　B. 4.0～4.5　　C. 4.1～4.6　　D. 4.5～5.0

答案：C

6. 根据《生活饮用水标准检验方法　无机非金属指标》（GB/T 5750.5—2006）（3.4　氟化物　双波长系数倍率氟试剂分光光度法）测定水中氟化物时，用 1cm 比色皿，以空气为参比，分别在________nm 和________nm 处测定试剂空白管、标准管和样品管的吸光度。（　　）②

A. 420，540　　B. 450，540　　C. 450，630　　D. 540，630

答案：C

7. 根据《生活饮用水标准检验方法　无机非金属指标》（GB/T 5750.5—2006）（3.4　氟化物　双波长系数倍率氟试剂分光光度法）测定水中氟化物，若需要蒸馏水样，勿使温度超过________℃，以防硫酸过多地蒸出。（　　）②

A. 120　　B. 150　　C. 180

答案：C

8. 根据《水质　氟化物的测定　茜素磺酸锆目视比色法》（HJ 487—2009）测定水中氟化物时，分析时要控制样品、空白和标准系列加入试剂的量，反应温度、放置时间等条件必须一致，试份与标准比色系列之间的温差不超过________℃。（　　）③

A. 1　　B. 2　　C. 3　　D. 5

答案：B

9. 根据《水质　氟化物的测定　茜素磺酸锆目视比色法》（HJ 487—2009），茜素磺酸锆酸性溶液配制后在约________h 后由红变黄即可使用，此溶液避光保存可稳定________。（　　）③

A. 1，2 个月　　B. 2，3 个月　　C. 1，3 个月　　D. 2，6 个月

答案：D

10. 根据《水质　氟化物的测定　茜素磺酸锆目视比色法》（HJ 487—2009）测定水中氟化物时，取 50 ml 试样或馏出液置于比色管中，加 1.0 ml 茜素磺酸锆酸性溶液于比色管中混匀，放置________或在 50℃水中显色________，冷却至室温即可与标准色列进行目视比色。（　　）③

A. 45 min，10 min　　B. 45 min，20 min

C. 1 h，10 min　　D. 1 h，20 min

答案：D

11. 根据《水质　氟化物的测定　茜素磺酸锆目视比色法》（HJ 487—2009）测定水中氟化物时，样品中有硫酸盐、磷酸盐、铁、锰的存在，能使测定结果________，铝可与氟离子形成稳定的络合物［$(AlF_6)^{3-}$］，使测定结果________。（　　）③

A. 偏高，偏高　　B. 偏高，偏低　　C. 偏低，偏低　　D. 偏低，偏高

答案：B

12. 根据《生活饮用水标准检验方法　无机非金属指标》（GB/T 5750.5—2006）（3.5　氟化物　锆盐茜素比色法）测定水中氟化物时，在酸性溶液中，茜素磺酸钠与锆盐形成________色络合物，当有氟离子存在时，形成________色的氟化锆而使溶液褪色，用目视比色法定量。（　　）④

A. 红，无　　B. 红，黄　　C. 蓝，无

答案：A

四、问答题

1. 哪些工业废水中常含有氟化物？请至少说出 5 个行业。①

答案：有色冶金、钢铁和铝加工、焦炭、玻璃、陶瓷、电子、电镀、化肥、农药厂的

废水及含氟矿物的废水中常存在氟化物。

2. 蒸馏操作是实验室的常规操作之一，为了防止蒸馏过程中发生暴沸，应该如何操作？①

答案：在开始蒸馏前加入洗净干燥的促沸剂，如沸石、碎瓷片、玻璃珠等。

3. 简述根据《水质 氟化物的测定 氟试剂分光光度法》（HJ 488—2009）测定水中氟化物的方法原理。①

答案：氟离子在 pH 为 4.1 的乙酸盐缓冲介质中，与氟试剂和硝酸镧反应，生成蓝色三元络合物，颜色的强度与氟离子浓度成正比。在 620 nm 波长处测定吸光度从而计算出氟化物（F^-）含量。

4. 根据《水质 氟化物的测定 氟试剂分光光度法》（HJ 488—2009）测定水中氟化物时，影响显色的主要因素是什么？①

答案：（1）显色液的 pH 控制，水样在加入混合显色剂前应调至中性；

（2）显色与稳定时间；

（3）混合显色剂中各种试剂的比例是否合适，是否临用时现配。

参考文献

[1] 环境保护部. 水质 氟化物的测定 氟试剂分光光度法：HJ 488—2009［S］. 北京：中国环境科学出版社，2009.

[2] 环境保护部. 水质 氟化物的测定 茜素磺酸锆目视比色法：HJ 487—2009［S］. 北京：中国环境科学出版社，2009.

[3] 中华人民共和国卫生部，国家标准化管理委员会. 生活饮用水标准检验方法 无机非金属指标：GB/T 5750.5—2006［S］. 北京：中国标准出版社，2006.

[4] 国家环境保护局，国家技术监督局. 大气降水中氟化物的测定 新氟试剂光度法：GB/T 13580.10—92［S］. 北京：中国标准出版社，1992.

[5] 国家环境保护总局. 地表水和污水监测技术规范：HJ/T 91—2002. 北京：中国环境科学出版社，2002.

[6] 国家环境保护总局《水和废水监测分析方法》编委会. 水和废水监测分析方法. 4 版［M］. 北京：中国环境科学出版社，2002.

[7]《环境监测技术基本理论（参考）试题集》编写组. 环境监测技术基本理论（参考）试题集［M］. 北京：中国环境科学出版社，2002.

[8] 中国环境监测总站《环境水质监测质量保证手册》编写组. 环境水质监测质量保证手册. 2 版［M］. 北京：化学工业出版社，1994.

命题：王 迎 施月娥 池 靖

审核：杨 华 史 箴 夏 新

第十一节 氰化物

分类号：W6-10

主要内容
①《水质　氰化物的测定　容量法和分光光度法》（HJ 484—2009）（异烟酸－吡唑啉酮分光光度法）
②《水质　氰化物的测定　容量法和分光光度法》（HJ 484—2009）（异烟酸－巴比妥酸光度法）
③《水质　氰化物的测定　容量法和分光光度法》（HJ 484—2009）（吡啶－巴比妥酸比色法）
④《饮用天然矿泉水检验方法》（GB/T 8538—2016）（45.3　氰化物　流动注射在线蒸馏法）
⑤《水质　氰化物的测定　流动注射－分光光度法》（HJ 823—2017）

一、填空题

1. 测定水质氰化物的样品采集后，如果不能及时测定，必须将样品存放在约________℃的暗处，并在采样后________h 内进行样品分析。①②③④⑤

答案：4　　24

2. 根据《水质　氰化物的测定　容量法和分光光度法》（HJ 484—2009），预蒸馏时一般用 10 ml ________g/L 的 NaOH 溶液作吸收液。当水样中存在亚硫酸钠和碳酸钠时，可用________g/L NaOH 溶液作吸收液。①②③

答案：10　　40

3. 根据《水质　氰化物的测定　容量法和分光光度法》（HJ 484—2009）中异烟酸－巴比妥酸分光光度法测定水中氰化物时，用 10 mm 比色皿于________nm 波长处测量吸光度，其检出限为________mg/L。②

答案：600　　0.001

4. 根据《饮用天然矿泉水检验方法》（GB/T 8538—2016）（45.3　氰化物　流动注射在线蒸馏法）测定水中氰化物时，该方法的定量限为________mg/L（以 CN^- 计）。④

答案：0.002

5. 根据《水质　氰化物的测定　流动注射－分光光度法》（HJ 823—2017）测定水中氰化物时，试样中存在活性氯等氧化性物质干扰测定，可在蒸馏前加________消除干扰。⑤

答案：亚硫酸钠（Na_2SO_3）溶液

二、判断题

1. 氰化物可能以简单氰化物和络合氰化物的形式存在于水中。这些氰化物可作为总氰化物和易释放氰化物分别加以测定。（　　）①②③④⑤

答案：正确

2. 水中氰化物主要来源于生活污水。（　　）①②③④⑤

答案：错误

正确答案为：水中氰化物主要来源于小金矿的开采、冶炼、电镀、有机化工、选矿、炼焦、造气和化肥等工业排放的废水。

3. 根据《水质　氰化物的测定　容量法和分光光度法》（HJ 484—2009），若水样中含有大量硫化物干扰氰化物测定，可先加入 NaOH 固定剂，然后再加入碳酸镉或碳酸铅固体粉末。（　　）①②③

答案：错误

正确答案为：应先加碳酸镉或碳酸铅固体粉末，除去硫化物后，再加氢氧化钠固定。

4. 根据《水质　氰化物的测定　容量法和分光光度法》（HJ 484—2009），在对测定总氰化物水样进行预蒸馏时，应在蒸馏瓶中先加入 10 ml H_3PO_4，再迅速加入 10 ml 100g/L 的 EDTA 二钠溶液。（　　）①②③

答案：错误

正确答案为：应先加入 10 ml 100g/L EDTA 二钠溶液，再迅速加入 10 ml H_3PO_4。

5. 易释放氰化物是指在 pH=8 的介质中，在硝酸锌存在下，加热蒸馏能形成氰化氢的氰化物。（　　）①②③

答案：错误

正确答案为：在 pH=4 的介质中。

6. 根据《水质　氰化物的测定　容量法和分光光度法》（HJ 484—2009）测定某一含多种重金属的含氰废水，分别用磷酸 -EDTA 和酒石酸 - 硝酸锌两种方法预蒸馏，测定馏出液中氰化物，其结果是前者比后者含量高。（　　）①②③

答案：正确

7. 根据《水质　氰化物的测定　容量法和分光光度法》（HJ 484—2009）中异烟酸 - 吡唑啉酮分光光度法测定水中氰化物时，显色温度不需要控制。（　　）①

答案：错误

正确答案为：对显色温度应进行控制。

8.《水质　氰化物的测定　容量法和分光光度法》（HJ 484—2009）中异烟酸 - 巴比妥酸分光光度法仅适用于饮用水和地表水，不适用于生活污水和工业废水中氰化物的测定。（　　）②

答案：错误

正确答案为：适用于地表水、生活污水和工业废水中氰化物的测定。

9. 根据《水质　氰化物的测定　容量法和分光光度法》（HJ 484—2009）中异烟酸 - 巴比妥酸分光光度法测定水中氰化物时，吸取 10.00 ml 馏出液于 25 ml 具塞比色管中，然后加入 5 ml（1+1）H_3PO_4，使之呈弱酸性后，再加入其他试剂显色。（　　）②

答案：错误

正确答案为：应在 25 ml 具塞比色管待测样品中，加入 5 ml 磷酸二氢钾溶液，使之呈弱酸性。

10. 根据《饮用天然矿泉水检验方法》（GB/T 8538—2016）（45.3　氰化物　流动注射在线蒸馏法）测定水中氰化物时，在线蒸馏的 pH 条件为弱酸性（约为 4），而非化合态的氰与氯胺 T 反应时 pH 应小于 8。（　　）④

答案：正确

11. 根据《水质　氰化物的测定　容量法和分光光度法》（HJ 484—2009）和《饮用天然矿泉水检验方法》（GB/T 8538—2016）（45.3　氰化物　流动注射在线蒸馏法）测定水中氰化物时，若样品浓度高于最高标准的浓度，样品需要用水稀释再进行测定。（　　）①②③④

答案：错误

正确答案为：样品应用氢氧化钠溶液稀释，不要用去离子水稀释样品。

12. 根据《水质　氰化物的测定　容量法和分光光度法》（HJ 484—2009）和《饮用天然矿泉水检验方法》（GB/T 8538—2016）（45.3　氰化物　流动注射在线蒸馏法）测定水中氰化物时，氯化物的存在会影响氰化物的测定结果，若不消除氯化物，则会使测定结果偏低。（　　）①②③④

答案：正确

13. 一般天然水中不含有氰化物，水中氰化物主要来自电镀、选矿、化工、杀虫剂等工业废水的污染，它是一种剧毒物质，在水中存在形式是多种多样的，有简单氰化物、金属络合氰化物和有机氰化物。（　　）①②③④⑤

答案：正确

14. 根据《水质　氰化物的测定　流动注射－分光光度法》（HJ 823—2017）测定水中氰化物，当检测光程为 10 mm 时，异烟酸－巴比妥酸法和吡啶－巴比妥酸法的检出限均为 0.002 mg/L。（　　）⑤

答案：错误

正确答案为：异烟酸－巴比妥酸法测定水中氰化物检出限为 0.001 mg/L，吡啶－巴比妥酸法测定水中氰化物的检出限为 0.002 mg/L。

15. 在我国地表水、地下水、污水和废水监测中，一般都监测总氰化物。（　　）①②③④⑤

答案：错误

正确答案为：地表水和地下水环境监测中，一般监测易释放氰化物，污水和废水监测总氰化物。

三、选择题

1. 根据《水质　氰化物的测定　容量法和分光光度法》（HJ 484—2009）测定水中总氰化物时，加热蒸馏时向水样中加入磷酸和 EDTA 二钠是为了________。（　　）①②③

A. 保持溶液的酸度　　B. 络合氰化物　　C. 使络合氰化物离解出氰离子

答案：C

2. 根据《水质　氰化物的测定　容量法和分光光度法》（HJ 484—2009）测定水中氰化物时，向水样中加入磷酸和 EDTA，在 $pH<2$ 的介质中加热蒸馏，所测定的氰化物是________。（　　）①②③

A. 易释放的氰化物　　B. 总氰化物　　C. 游离氰化物

答案：B

3. 根据《水质　氰化物的测定　容量法和分光光度法》（HJ 484—2009）测定水中氰化物时，废水中少量油类对测定无影响，中性油或酸性油浓度大于 40 mg/L 时干扰

测定，可以加入相当于水样体积的________%量的正己烷，在中性条件下短时间萃取排除干扰。(　　)①②③

A. 10　　B. 20　　C. 40　　D. 50

答案：B

4. 根据《水质　氰化物的测定　容量法和分光光度法》(HJ 484—2009)，若水样中含有大量亚硝酸根离子时，干扰氰化物的测定，可加入适量的________使之分解。(　　)①②③

A. 氨基磺酸　　B. 抗坏血酸　　C. $KMnO_4$　　D. H_2O_2

答案：A

5.《水质　氰化物的测定　容量法和分光光度法》(HJ 484—2009)中异烟酸－巴比妥酸光度法测定水中氰化物的原理是：在________条件下，水样中氰化物与氯胺T作用生成氯化氰，然后与异烟酸反应，经水解而生成戊烯二醛，最后再与巴比妥酸作用生成紫蓝色化合物，于600 nm波长处测量吸光度。(　　)②

A. 弱碱性　　B. 弱酸性　　C. 中性　　D. 酸性

答案：B

6. 根据《饮用天然矿泉水检验方法》(GB/T 8538—2016)(45.3　氰化物　流动注射在线蒸馏法)测定水中氰化物时，对于低浓度的样品，铁氰化物或亚铁氰化物会干扰样品的测定，可通过加大________溶液的浓度去除其干扰。(　　)④

A. 硫酸锌　　B. 乙酸锌　　C. 酒石酸

答案：B

7. 根据《饮用天然矿泉水检验方法》(GB/T 8538—2016)(45.3　氰化物　流动注射在线蒸馏法)测定水中氰化物时，失效的化学试剂能引起基线的漂移，氯胺T发生结块不易溶解，必要时可做________含量的测定。(　　)④

A. 有效氯　　B. 有效胺　　C. 试剂纯度

答案：A

8. 根据《饮用天然矿泉水检验方法》(GB/T 8538—2016)(45.3　氰化物　流动注射在线蒸馏法)测定水中氰化物时，反应溶液的pH直接影响显色的吸光值，当pH在________范围内时，吸光度最大，实验结果更为准确。(　　)④

A. 小于6.82　　B. 6.82～7.58　　C. 大于7.58

答案：B

9. 根据《水质　氰化物的测定　流动注射－分光光度法》(HJ 823—2017)测定水中氰化物时，硫氰酸盐产生________的正干扰。(　　)⑤

A. 小于1%　　B. 1%　　C. 大于1%

答案：A

10. 根据《水质　氰化物的测定　流动注射－分光光度法》(HJ 823—2017)，当采集测定氰化物的水样酸度高时，应加入氢氧化钠，使样品的pH在________。(　　)⑤

A. 10～11　　B. 12～12.5　　C. 11～11.5

答案：B

四、问答题

1. 根据《水质　氰化物的测定　容量法和分光光度法》（HJ 484—2009）《饮用天然矿泉水检验方法》（GB/T 8538—2016）（45.3　氰化物　流动注射在线蒸馏法）和《水质　氰化物的测定　流动注射－分光光度法》（HJ 823—2017），水中总氰化物都包括哪些氰化合物？①②③④⑤

答案：包括全部简单氰化物（多为碱金属和碱土金属氰化物、铵的氰化物）和绝大部分络合氰化物（锌氰络合物、铁氰络合物、镍氰络合物、铜氰络合物等），不包括钴氰络合物。

2. 氰化物为剧毒物质，测定后的残液应如何处理？①②③

答案：氰化物的稀溶液可加入 NaOH 调至 pH＞10，再加入 $KMnO_4$（以 3% 计），使 CN^- 氧化分解，分解后的溶液可用水稀释后排放。

3. 根据《水质　氰化物的测定　容量法和分光光度法》（HJ 484—2009）《饮用天然矿泉水检验方法》（GB/T 8538—2016）（45.3　氰化物　流动注射在线蒸馏法）和《水质　氰化物的测定　流动注射－分光光度法》（HJ 823—2017），水中易释放氰化物包括哪些氰化合物？①②③④⑤

答案：包括全部简单氰化物（多为碱金属和碱土金属的氰化物）和锌氰络合物，不包括铁氰化物、亚铁氰化物、铜氰络合物、镍氰络合物和钴氰络合物。

4. 根据《水质　氰化物的测定　容量法和分光光度法》（HJ 484—2009）测定含氰化物的水样时，如何检验和判断干扰物质硫化物是否存在？①②③

答案：取 1 滴水样或样品，放在乙酸铅试纸上，若变黑色（硫化铅），说明水样中有硫化物存在。

5. 试比较《水质　氰化物的测定　容量法和分光光度法》（HJ 484—2009）中各种测定水中氰化物方法的检出限、测定下限、测定上限及适用范围。①②③

答案：（1）硝酸银滴定法检出限为 0.25 mg/L，测定下限 0.25 mg/L，测定上限为 100 mg/L；

（2）异烟酸－吡唑啉酮比色法检出限为 0.004 mg/L，测定下限为 0.016 mg/L，测定上限为 0.25 mg/L；

（3）吡啶－巴比妥酸比色法检出限为 0.002 mg/L，测定下限为 0.008 mg/L，测定上限为 0.45 mg/L；

（4）异烟酸－巴比妥酸光度法检出限为 0.001 mg/L，测定下限为 0.004 mg/L，测定上限为 0.45 mg/L。

方法（1）适用于受污染的地表水、生活污水和工业废水中氰化物的测定；方法（2）～（4）均适用于地表水、生活污水和工业废水中氰化物的测定。

6. 氰化物测定时，常见的干扰物质有哪些？怎样排除干扰？①②③④⑤

答案：常见的干扰物质有活性氯、亚硝酸根、硫化物、油类。

（1）活性氯可在蒸馏前加亚硫酸钠溶液排除；

（2）亚硝酸根离子可在蒸馏前加氨基磺酸排除；

（3）硫化物可在蒸馏前加碳酸镉或碳酸铅固体粉末排除；

（4）少量油类对测定无影响，中性油或酸性油大于 40 mg/L 时干扰测定，可加入水样体积的 20% 量的正己烷，在中性条件下短时间萃取去除。

7. 简述《饮用天然矿泉水检验方法》（GB/T 8538—2016）（45.3　氰化物　流动注射在线蒸馏法）测定水中氰化物的原理。④

答案：在 pH 约为 4 的弱酸条件下，水中氰化物经流动注射仪进行在线蒸馏，通过膜分离器分离，然后用连续流动的氢氧化钠溶液吸收；含有乙酸锌的酒石酸作为蒸馏试剂，使氰化铁沉淀，去除铁氰化物或亚铁氰化物的干扰，非化合态的氰在 pH＜8 的条件下与氯胺 T 反应，转化成氯化氰；氯化氰与异烟酸－巴比妥酸试剂反应，形成紫蓝色化合物，于波长 600 nm 处进行比色测定。

8. 简述根据《水质　氰化物的测定　容量法和分光光度法》（HJ 484—2009）中异烟酸－巴比妥酸光度法和《饮用天然矿泉水检验方法》（GB/T 8538—2016）（45.3　氰化物　流动注射在线蒸馏法）测定水中氰化物中，配制异烟酸－巴比妥酸溶液的注意事项。②④

答案：（1）先将氢氧化钠溶液溶解后才能加入巴比妥酸和异烟酸；

（2）由于异烟酸属于微溶物，为使其溶解度达到最大，应在 60～70℃的水温中搅拌至完全溶解；

（3）异烟酸－巴比妥酸溶液的稳定时间较短，使用 1 周后应更换。

9. 根据《水质　氰化物的测定　流动注射－分光光度法》（HJ 823—2017）测定水中氰化物时，实验所用的试剂和水需做如何处理？简述具体方法。⑤

答案：实验所用试剂和水均需用氦气或超声除气，具体方法：使用 140 kPa 的氦气通过氦导气管 1 min 除气，或使用超声波振荡 15～30 min 除气。

10. 根据《水质　氰化物的测定　流动注射－分光光度法》（HJ 823—2017）测定水中氰化物时，样品中有明显颗粒物应用如何处理？⑤

答案：有明显颗粒物的样品应用超声仪超声粉碎后进样。

五、计算题

用《水质　氰化物的测定　容量法和分光光度法》（HJ 484—2009）中异烟酸－吡唑啉酮光度法测定水中氰化物。取水样 200 ml，蒸馏得馏出液 100 ml。分取 3 ml 比色测定，测得样品吸光度为 0.406，同时测得空白样品吸光度为 0.005，标准曲线回归方程为 $y = 0.1383x + 0.001$，试求水中氰化物的含量。①

答案：由标准曲线得：$m = 2.93\ \mu g$　　$m_0 = 0.03\ \mu g$

$$\text{氰化物}(CN^-,\ mg/L) = \frac{m - m_0}{V} \times \frac{V_1}{V_2} = \frac{2.93 - 0.03}{200} \times \frac{100.0}{3.00} = 0.483$$

参考文献

[1] 环境保护部. 水质　氰化物的测定　容量法和分光光度法：HJ 484—2009［S］. 北京：中国环境科学出版社，2009.

[2] 国家卫生和计划生育委员会，国家食品药品监督管理总局. 饮用天然矿泉水检验方法：GB/T 8538—2016［S］. 北京：中国标准出版社，2016.

[3] 环境保护部. 水质　氰化物的测定　流动注射－分光光度法：HJ 823—2017［S］. 北京：中国环

境出版集团，2017.
[4] 中华人民共和国卫生部，国家标准化管理委员会 . 生活饮用水标准检验方法　无机非金属指标：GB/T 5750.5—2006［S］. 北京：中国标准出版社，2006.
[5] 国家环境保护总局《水和废水监测分析方法》编委会 . 水和废水监测分析方法 .4 版［M］. 北京：中国环境科学出版社，2002.
[6]《环境监测技术基本理论（参考）试题集》编写组 . 环境监测技术基本理论（参考）试题集［M］. 北京：中国环境科学出版社，2002.
[7] 华晓晶 . 关于流动注射法测定水中总氰化物常见问题的探讨［A］. 中国环境科学学会 . 中国环境科学学会 2009 年学术年会论文集（第四卷）［C］，2009.
[8] 蒙亦兵，别瑞敏 . FIA 流动注射仪同时测定水中挥发酚和氰化物［J］. 中国环境监测，2004（6）：25-27.
[9] 潘淼，李永红，王同蕾 . 流动注射在线蒸馏测定水中氰化物含量的影响因素［J］. 中国卫生检验杂志，2009，19（8）：1788-1789.

命题：杨宏坤　邓　娜　谢莲英　史　箴
审核：杨　楠　陈　威　夏　新　樊孝俊

第十二节　单质磷和元素磷

分类号：W6-11

主要内容

①《水质　单质磷的测定　磷钼蓝分光光度法（暂行）》（HJ 593—2010）

②《污水综合排放标准》（GB 8978—1996）附录 D（元素磷的测定—磷钼蓝比色法）

一、填空题

1. 用于测定水中单质磷（元素磷）的水样，应采集至塑料瓶或硬质玻璃瓶中，采样后调节样品 pH 为________，________h 内完成测定。①②

答案：6～7　48

2. 根据《水质　单质磷的测定　磷钼蓝分光光度法（暂行）》（HJ 593—2010）或《污水综合排放标准》（GB 8978—1996）附录 D 中磷钼蓝比色法测定单质磷（元素磷）时，氧化过程中在电热板上缓缓加热以驱赶过量的________和________，至白烟减少时，取下冷却。①②

答案：高氯酸　除溴

3. 根据《水质　单质磷的测定　磷钼蓝分光光度法（暂行）》（HJ 593—2010）或《污水综合排放标准》（GB 8978—1996）附录 D 中磷钼蓝比色法测定单质磷（元素磷）时，其含量大于________mg/L 时，采取水相直接比色。①②

答案：0.05

二、判断题

1. 根据《水质　单质磷的测定　磷钼蓝分光光度法（暂行）》（HJ 593—2010）或《污水综合排放标准》（GB 8978—1996）附录 D 中磷钼蓝比色法测定水中单质磷（元素磷）时，水样中含砷化物、硅化物和硫化物的量分别为单质磷（元素磷）含量的 100 倍、200 倍、300 倍时，对测定结果无明显干扰。（　　）①②

答案：正确

2. 磷是评价湖泊、河流水质富营养化的重要指标之一。（　　）①②

答案：正确

3. 根据《水质　单质磷的测定　磷钼蓝分光光度法（暂行）》（HJ 593—2010）或《污水综合排放标准》（GB 8978—1996）附录 D 中磷钼蓝比色法测定水中单质磷（元素磷）时，直接比色法和萃取比色法是在相同波长下测量其吸光度。（　　）①②

答案：错误

正确答案为：直接比色法是在 690 nm 处测量，萃取比色法是在 720 nm 处测量。

4. 根据《水质　单质磷的测定　磷钼蓝分光光度法（暂行）》（HJ 593—2010）或《污水综合排放标准》（GB 8978—1996）附录 D 中磷钼蓝比色法测定单质磷（元素磷）时，用后的比色皿应用稀硝酸或铬酸洗液浸泡过夜，以除去吸附的钼蓝有色物。（　　）①②

答案：错误

正确答案为：浸泡片刻。

三、选择题

根据《水质　单质磷的测定　磷钼蓝分光光度法（暂行）》（HJ 593—2010）或《污水综合排放标准》（GB 8978—1996）附录 D 中磷钼蓝比色法测定单质磷（元素磷）时，在氧化过程加入酚酞指示剂，用 20% 氢氧化钠溶液中和至________。（　　）①②

A. 无色　　B. 粉红色　　C. 蓝色　　D. 黄色

答案：B

四、问答题

1. 简述根据《水质　单质磷的测定　磷钼蓝分光光度法（暂行）》（HJ 593—2010）或《污水综合排放标准》（GB 8978—1996）附录 D 中磷钼蓝比色法测定水中单质磷（元素磷）的原理。①②

答案：单质磷（元素磷）经苯（或甲苯）萃取后，萃取液经溴酸钾－溴化钾溶液将单质磷（元素磷）氧化成正磷酸盐，在酸性条件下，正磷酸盐与钼酸铵反应生成的邻钼杂多酸被还原剂氯化亚锡还原成蓝色络合物，其吸光度与单质磷（元素磷）的含量成正比。

2. 简述根据《水质　单质磷的测定　磷钼蓝分光光度法（暂行）》（HJ 593—2010）或《污水综合排放标准》（GB 8978—1996）附录 D 中磷钼蓝比色法测定水中单质磷（元素磷）时，水样的预处理过程。①②

答案：（1）废水中单质磷（元素磷）含量大于 0.05 mg/L 时，采取水相直接比色。其预处理过程分为 3 个步骤：萃取：用苯（或甲苯）萃取；氧化：在苯（或甲苯）相中先后加入溴酸钾 - 溴化钾溶液、硫酸溶液、高氯酸进行氧化；用水稀释定容。

（2）废水中单质磷（元素磷）含量小于 0.05 mg/L 时，采取有机相萃取比色。移取适量的上述氧化稀释液于硝酸溶液中，加入钼酸溶液和乙酸丁酯进行萃取，向有机相加入氯化亚锡溶液和无水乙醇，弃去水相。

参考文献

[1] 环境保护部 . 水质　单质磷的测定　磷钼蓝分光光度法（暂行）：HJ 593—2010［S］. 北京：中国环境科学出版社，2010.

[2] 国家环境保护局 . 污水综合排放标准：GB 8978—1996［S］. 北京：中国环境科学出版社，1996.

[3] 国家环境保护总局《水和废水监测分析方法》编委会 . 水和废水监测分析方法 .4 版［M］. 北京：中国环境科学出版社，2002.

[4]《水和废水监测分析方法指南》编委会 . 水和废水监测分析方法指南：上册［M］. 北京：中国环境科学出版社，1990.

[5]《环境监测技术基本理论（参考）试题集》编写组 . 环境监测技术基本理论（参考）试题集［M］. 北京：中国环境科学出版社，2002.

命题：鹿海峰　杨　楠　夏　新
审核：史　箴　池　靖

第十三节　总磷和磷酸盐

分类号：W6-12

主要内容
①《水质　总磷的测定　钼酸铵分光光度法》（GB/T 11893—89）
②《水质　磷酸盐和总磷的测定　连续流动 - 钼酸铵分光光度法》（HJ 670—2013）
③《水质　总磷的测定　流动注射 - 钼酸铵分光光度法》（HJ 671—2013）

一、填空题

1. 根据《水质　总磷的测定　钼酸铵分光光度法》（GB/T 11893—89），水中的总磷包括溶解的、颗粒的________磷和________磷。①

答案：有机　　无机

2. 水体中磷含量过高（>0.2 mg/L）可造成藻类的过度繁殖，直至数量上达到有害的程度，称为________。①②③

答案：富营养化

3. 在天然水和废水中，磷几乎以各种磷酸盐的形式存在，它们分别为________、________和________。①②③

答案：正磷酸盐　　缩合磷酸盐　　有机结合的磷酸盐

4. 根据《水质　总磷的测定　钼酸铵分光光度法》（GB/T 11893—89），对测定总磷的水样进行预处理的方法有________消解法、________消解法和________消解法等。①

答案：过硫酸钾　　硝酸－硫酸　　硝酸－高氯酸

5. 根据《水质　磷酸盐和总磷的测定　连续流动－钼酸铵分光光度法》（HJ 670—2013）测定磷酸盐可利用总磷分析模板，具体操作为：断开总磷模板的________，然后将磷酸盐进样管直接连接至总磷分析模块的________，再将总磷模块 R3 试剂泵管（碱试剂）更换为磷酸盐模块________。将断开的总磷模块________之前的________及输液泵管，调整至不进样状态，即打开泵盖，使泵管处于松弛状态；紫外消解等氧化单元处于________状态。②

答案：二次进样管　　二次进样口　　R1 试剂泵管（酸试剂）　　二次进样
空气泵管　关闭

二、判断题

1. 含磷量较少的水样，要用塑料瓶采样。（　　）①②③

答案：错误

正确答案为：要用玻璃瓶采样。

2. 根据《水质　总磷的测定　钼酸铵分光光度法》（GB/T 11893—89）测定水中总磷时，用硝酸－高氯酸消解需要在通风橱中进行。高氯酸和有机物的混合物经加热易发生爆炸，需将含有有机物的水样先用硝酸处理，然后再加入高氯酸进行消解。（　　）①

答案：正确

3. 根据《水质　总磷的测定　钼酸铵分光光度法》（GB/T 11893—89）测定水中总磷时，水样中的有机物用过硫酸钾氧化不能完全破坏时，可用硝酸－高氯酸消解。（　　）①

答案：正确

4. 根据《水质　总磷的测定　钼酸铵分光光度法》（GB/T 11893—89）测定水中总磷时，如试样浑浊或有色度，需配制一个空白试样（消解后用水稀释至标线），然后向试样中加入 3 ml 浊度－色度补偿溶液，还需加入抗坏血酸和钼酸盐溶液，然后做吸光度扣除。（　　）①

答案：错误

正确答案为：向试样中加入 3 ml 浊度－色度补偿溶液后，不用再加入抗坏血酸和钼酸盐溶液。

5. 根据《水质　总磷的测定　钼酸铵分光光度法》（GB/T 11893—89）测定水中总磷，如显色时室温低于 13℃，可在 20～30℃水浴上显色 30 min。（　　）①

答案：错误

正确答案为：此时在 20～30℃水浴上显色 15 min 即可。

6. 根据《水质　总磷的测定　钼酸铵分光光度法》（GB/T 11893—89）测定水中总磷时，质量控制样品主要成分是氨基乙酸（NH_2CH_2COOH）和甘油磷酸钠（$C_3H_7Na_2O_6P \cdot 5\frac{1}{2}H_2O$）。（　　）①

答案：正确

7. 根据《水质　总磷的测定　钼酸铵分光光度法》（GB/T 11893—89）测定水中总磷，配制钼酸铵溶液时，应注意将硫酸溶液徐徐加入钼酸铵溶液中，如操作相反，则可导致显色不充分。（　　）①

答案：错误

正确答案为：将钼酸铵溶液徐徐加入 300 ml（1+1）硫酸溶液中。

8. 根据《水质　总磷的测定　钼酸铵分光光度法》（GB/T 11893—89）测定水中总磷，水样用压力锅消解时，锅内温度可达 120℃。（　　）①

答案：正确

9. 根据《水质　总磷的测定　钼酸铵分光光度法》（GB/T 11893—89）测定水中总磷时，在酸性条件下，铬和硫干扰测定，砷不干扰测定。（　　）①

答案：错误

正确答案为：在酸性条件下，砷干扰测定。

10. 根据《水质　总磷的测定　钼酸铵分光光度法》（GB/T 11893—89）测定水中总磷时，抗坏血酸溶液贮存在棕色玻璃瓶中，在约 4℃可稳定几周，若溶液颜色变黄，仍可继续使用。（　　）①

答案：错误

正确答案为：如溶液颜色变黄，应弃去重配。

11. 根据《水质　总磷的测定　钼酸铵分光光度法》（GB/T 11893—89）测定水中总磷时，为防止水中含磷化合物的变化，水样要在微碱性条件下保存。（　　）①

答案：错误

正确答案为：水样要在酸性条件下保存。

12. 根据《水质　总磷的测定　钼酸铵分光光度法》（GB/T 11893—89）测定水中溶解性正磷酸盐时，水样采集后不加任何保存剂，于 2～5℃保存，在 24 h 内进行分析。（　　）①

答案：正确

13. 根据《水质　磷酸盐和总磷的测定　连续流动－钼酸铵分光光度法》（HJ 670—2013）和《水质　总磷的测定　流动注射－钼酸铵分光光度法》（HJ 671—2013）测定水中总磷时，水样不需要调至中性。（　　）②③

答案：错误

正确答案为：流动注射－钼酸铵分光光度法测总磷时，当样品 pH<2 或者 >10 时，应调节样品 pH 至中性。

14. 根据《水质　磷酸盐和总磷的测定　连续流动－钼酸铵分光光度法》（HJ 670—2013）和《水质　总磷的测定　流动注射－钼酸铵分光光度法》（HJ 671—2013）测定水中总磷时，两种方法中消除样品浊度或色度干扰都是采用校正值的方法。（　　）②③

答案：错误

正确答案为：用连续流动－钼酸铵分光光度法测总磷时，通过透析单元消除样品浊度或色度产生的干扰。流动注射－钼酸铵分光光度法测总磷时，对于样品浊度或色度产生的干扰，用色度－浊度补偿液替换钼酸盐显色剂进行分析，得到校正值；样品测量值减去校正值，得到校正后的测量值。

15. 根据《水质　磷酸盐和总磷的测定　连续流动－钼酸铵分光光度法》（HJ 670—2013）和《水质　总磷的测定　流动注射－钼酸铵分光光度法》（HJ 671—2013）测定水中总磷时，仪器均需定期验证方法的水解效率和消解效率，一般两周一次。（　　）②③

答案：正确

16. 根据《水质　磷酸盐和总磷的测定　连续流动－钼酸铵分光光度法》（HJ 670—2013）和《水质　总磷的测定　流动注射－钼酸铵分光光度法》（HJ 671—2013）测定水中总磷时，冰箱贮存的试剂应放置至室温后再使用，分析过程中室温波动不能超过 ±5℃。（　　）②③

答案：错误

正确答案为：分析过程中室温波动不能超过 ±2℃。

17. 根据《水质　磷酸盐和总磷的测定　连续流动－钼酸铵分光光度法》（HJ 670—2013）和《水质　总磷的测定　流动注射－钼酸铵分光光度法》（HJ 671—2013）测定水中总磷时，分析完毕后，应将流动池中的滤光片取下放入干燥器中，防尘防湿。（　　）②③

答案：正确

18. 根据《水质　磷酸盐和总磷的测定　连续流动－钼酸铵分光光度法》（HJ 670—2013）和《水质　总磷的测定　流动注射－钼酸铵分光光度法》（HJ 671—2013）测定水中总磷时，按仪器规定的顺序开机后，在进行校准、测定和空白试验之前，都要用纯水代替所有试剂，检查整个分析流路的密闭性及液体流动的顺畅性。待基线稳定后（约 20 min），系统开始进试剂，待基线再次稳定。（　　）②③

答案：正确

19.《水质　总磷的测定　钼酸铵分光光度法》（GB/T 11893—89）适用于地表水和污水中总磷的测定，不适用于工业废水。（　　）①

答案：错误

正确答案为：适用于地表水、污水和工业废水中总磷的测定。

三、选择题

1. 根据《水质　总磷的测定　钼酸铵分光光度法》（GB/T 11893—89）测定水中总磷时，磷标准贮备溶液在玻璃瓶中可贮存至少________个月。（　　）①

A. 2　　B. 4　　C. 6　　D. 8

答案：C

2. 根据《水质　总磷的测定　钼酸铵分光光度法》（GB/T 11893—89）测定水中总磷时，所有玻璃器皿均应用________浸泡。（　　）①

A. 稀硫酸或稀铬酸　　B. 稀盐酸或稀硝酸

C. 稀硝酸或稀硫酸　　D. 稀盐酸或稀铬酸

答案：B

3. 根据《水质　总磷的测定　钼酸铵分光光度法》（GB/T 11893—89）测定水中总磷，采样时，取 500 ml 水样后加入________ml 硫酸调节样品的 pH，使之低于或等于 1，或者不加任何试剂于冷处保存。（　　）①

A. 0.1　　B. 0.5　　C. 1　　D. 2

答案：C

4. 根据《水质　总磷的测定　钼酸铵分光光度法》（GB/T 11893—89）测定水中总磷时，砷大于 2 mg/L 时干扰测定，用________去除。（　　）①

A. 亚硫酸钠　　B. 硫代硫酸钠　　C. 通氮气

答案：B

5. 根据《水质　总磷的测定　钼酸铵分光光度法》（GB/T 11893—89）测定水中总磷，方法最低检出浓度为________mg/L（吸光度 A=0.01 时所对应的浓度）。（　　）①

A. 0.01　　B. 0.02　　C. 0.03　　D. 0.05

答案：A

6. 根据《水质　总磷的测定　钼酸铵分光光度法》（GB/T 11893—89）测定水中总磷，方法测定上限为________mg/L。（　　）①

A. 0.1　　B. 0.2　　C. 0.4　　D. 0.6

答案：D

7. 测定水中总磷时，《水质　总磷的测定　钼酸铵分光光度法》（GB/T 11893—89）于波长________nm 处测量吸光度。《水质　磷酸盐和总磷的测定　连续流动－钼酸铵分光光度法》（HJ 670—2013）和《水质　总磷的测定　流动注射－钼酸铵分光光度法》（HJ 671—2013）于波长________nm 处测量吸光度。（　　）①②③

A. 700，638　　B. 880，700　　C. 745，880　　D. 700，880

答案：D

8. 根据《水质　总磷的测定　流动注射－钼酸铵分光光度法》（HJ 671—2013）测定水中总磷时，当测定结果小于 1.00 mg/L 时，测定结果表示为________。（　　）③

A. 保留到小数点后第二位　　B. 保留 3 位有效数字

C. 保留至小数点后 3 位

答案：C

9. 根据《水质　磷酸盐和总磷的测定　连续流动－钼酸铵分光光度法》（HJ 670—2013）测定水中总磷时，水解效率 R 应大于________。（　　）②

A. 80%　　B. 85%　　C. 90%　　D. 95%

答案：C

四、问答题

1. 简述《水质　总磷的测定　钼酸铵分光光度法》（GB/T 11893—89）测定水中总磷的原理。①

答案：在中性条件下用过硫酸钾（或用硝酸－高氯酸）使试样消解，将各种形式的磷全部氧化为正磷酸盐，在酸性介质中，正磷酸盐与钼酸铵反应，在锑盐存在下生成磷钼杂多酸后，立即被抗坏血酸还原，生成蓝色的络合物。

2. 根据《水质　总磷的测定　钼酸铵分光光度法》（GB/T 11893—89）测定水中总磷时，如何制备浊度－色度补偿液？①

答案：浊度－色度补偿液由两个体积硫酸溶液和一个体积抗坏血酸溶液混合而成。其中，硫酸溶液浓度为 1+1，抗坏血酸溶液浓度为 100 g/L。

3. 根据《水质　总磷的测定　钼酸铵分光光度法》（GB/T 11893—89）测定水中总磷时，其分析方法是由哪两个主要步骤组成？①

答案：第一步用氧化剂（过硫酸钾、硝酸－过氯酸、硝酸－硫酸、硝酸镁或者紫外照射）将水样中不同形态的磷转化为磷酸盐。第二步测定正磷酸，从而求得总磷含量。

4. 根据《水质　总磷的测定　钼酸铵分光光度法》（GB/T 11893—89）测定水中磷时，主要有哪些干扰？怎样去除？①

答案：（1）砷含量大于 2 mg/L 有干扰，加硫代硫酸钠去除；

（2）硫化物含量大于 2 mg/L 有干扰，在酸性条件下通氮气可以去除；

（3）六价铬含量大于 50 mg/L 有干扰，用亚硫酸钠去除；

（4）亚硝酸盐含量大于 1 mg/L 有干扰，用氧化消解或加氨磺酸去除；

（5）铁浓度为 20 mg/L，使结果偏低 5%。

5. 根据《水质　总磷的测定　钼酸铵分光光度法》（GB/T 11893—89）测定水中磷时，抗坏血酸溶液易氧化发黄，如何延长溶液有效使用期？①

答案：抗坏血酸溶液氧化发黄，主要由于溶液中存在微量铜造成，加入 EDTA- 甲酸可延长溶液有效使用时间，溶液经过 3 个月显色仍正常；也可用冰乙酸代替甲酸。

参考文献

[1] 国家环境保护局 . 水质　总磷的测定　钼酸铵分光光度法：GB/T 11893—89［S］. 北京：中国环境科学出版社，1989.

[2] 环境保护部 . 水质　磷酸盐和总磷的测定　连续流动－钼酸铵分光光度法：HJ 670—2013［S］. 北京：中国环境出版社，2013.

[3] 环境保护部 . 水质　总磷的测定　流动注射－钼酸铵分光光度法：HJ 671—2013［S］. 北京：中国环境出版社，2013.

[4] 国家环境保护总局《水和废水监测分析方法》编委会 . 水和废水监测分析方法 .4 版［M］. 北京：中国环境科学出版社，2002.

[5] 中华人民共和国卫生部，中国国家标准化管理委员会 . 生活饮用水标准检验方法　无机非金属指标：GB/T 5750.5—2006［S］. 北京：中国标准出版社，2006.

[6]《水和废水监测分析方法指南》编委会 . 水和废水监测分析方法指南：上册［M］. 北京：中国环境科学出版社，1990.

[7]《环境监测技术基本理论（参考）试题集》编写组 . 环境监测技术基本理论（参考）试题集［M］. 北京：中国环境科学出版社，2002.

命题：左燕君　史　箴　范　莉

审核：彭刚华　冯　丹　夏　新

第十四节　二氧化硅（可溶性）

分类号：W6–13

主要内容
① 二氧化硅（可溶性）硅钼黄光度法　《水和废水监测分析方法》（第三版）
② 二氧化硅（可溶性）硅钼蓝光度法　《水和废水监测分析方法》（第三版）

一、填空题

1. 测定水中可溶性二氧化硅的硅钼黄光度法，其最低检出浓度为________mg/L，测定上限为________mg/L，适宜测定范围为________mg/L。①

答案：0.4　　25　　0.4～20

2. 硅钼黄光度法测定水中可溶性二氧化硅的原理为：在 pH 约为 1.2 时，钼酸铵与硅酸反应生成黄色可溶的________，在一定浓度范围内，其黄色深浅与二氧化硅的浓度成正比，于波长________nm 处测量吸光度，求得二氧化硅的浓度。①

答案：硅钼杂多酸络合物［$H_4Si(Mo_3O_{10})_4$］　　410

3. 天然水中含有各种形态的硅，包括二氧化硅悬浮物、________和________。①②

答案：硅酸　　硅酸盐类

4. 几乎所有天然水中均含有二氧化硅，由于易形成难以去除的________，一些工业用水质量标准中对二氧化硅的含量做了限制性规定。①②

答案：硅酸盐垢

5. 用硅钼蓝光度法测定水中可溶性二氧化硅时，在方法规定的条件下，加入________（3 μg/ml），则样品中含铁 20 mg/L、硫化物 10 mg/L、磷酸盐 0.8 mg/L 和丹宁酸 30 mg/L 以下时，不干扰测定。②

答案：草酸

6. 测定水中可溶性二氧化硅的硅钼蓝光度法，其最低检出浓度为________mg/L，测定上限浓度为________mg/L。②

答案：0.04　　2

7. 用硅钼蓝光度法测定水中可溶性二氧化硅时，色度及浊度干扰测定，可采用______法予以消除。②

答案：补偿

二、判断题

1. 用硅钼黄光度法和硅钼蓝光度法测定水中可溶性二氧化硅过程中，加入的钼酸铵和盐酸的量都不要求特别准确，但要迅速。(　　) ①

答案：错误

正确答案为：加入的钼酸铵和盐酸的量一定要准确，而且要迅速。

2. 硅钼黄光度法测定水中可溶性二氧化硅时，对于含有少量悬浮物的水样，可直接进

行测定，无需过滤。(　　) ①

答案：错误

正确答案为：水样应清澈透明，必要时过滤。

3. 用硅钼黄光度法测定水中可溶性二氧化硅时，因为水样的处理与绘制标准曲线的步骤完全相同，故不必对超过比色管标线以上的容积进行校正，在计算过程中可省去校正系数。(　　) ①

答案：正确

4. 用硅钼黄光度法测定水中可溶性二氧化硅时，二氧化硅贮备液应贮于玻璃瓶中，并用标准分析法校核其准确度。(　　) ①

答案：错误

正确答案为：二氧化硅贮备液应贮于聚乙烯瓶中。

5. 用硅钼蓝光度法测定水中可溶性二氧化硅时，如果水样中含盐量高，应使用与样品离子强度大致相同的标准溶液校准，以消除影响。(　　) ②

答案：正确

6. 用硅钼蓝光度法测定水中可溶性二氧化硅时，测量吸光度的时间从加入氧化剂后计时，在 2～15 min 内进行测量。(　　) ②

答案：错误

正确答案为：测量吸光度的时间从加入草酸溶液后计时。

7. 用硅钼蓝光度法测定水中可溶性二氧化硅时，新配制的还原剂应为浅黄色，颜色变深不影响使用，但有沉淀析出则不宜使用。(　　) ②

答案：错误

正确答案为：新配制的还原剂应为浅黄色，颜色变深即不宜使用，有沉淀析出时，可经过滤后再用。

8. 用硅钼蓝光度法测定水中可溶性二氧化硅时，配制试剂用水应为离子交换水。(　　) ②

答案：错误

正确答案为：配制试剂用水应为蒸馏水，离子交换水可能含胶态的硅酸而影响测定，所以不能使用。

三、选择题

1. 用硅钼黄光度法测定水中可溶性二氧化硅，配制二氧化硅贮备液时，称取一定量的高纯二氧化硅置于________中，加入无水碳酸钠，混匀，于高温炉中，在________℃熔融 1 h。(　　) ②

A. 镍坩埚，1 000　　B. 瓷坩埚，900　　C. 铂坩埚，1 000　　D. 镍坩埚，650

答案：C

2. 用硅钼黄光度法测定水中可溶性二氧化硅时，酸度直接影响显色，酸度高时颜色________，酸度低时颜色________。(　　) ①

A. 变浅，变深　　B. 变深，变浅　　C. 不变，变浅　　D. 变深，不变

答案：A

3. 用硅钼黄光度法测定水中可溶性二氧化硅，配制钼酸铵试剂时，用________调节pH至________。（　　）①

A. 氨水，7～8　　B. NaOH溶液，9.5～10.5

C. 稀硫酸，4～5　　D. 草酸溶液，7～8

答案：A

4. 用硅钼蓝光度法测定水中可溶性二氧化硅时，溶液的酸度对吸光度有明显的影响，因此应严格按规程要求准确加入一定量盐酸溶液，使pH保持在________。（　　）②

A. 9～10　　B. 4～5　　C. 7～8　　D. 1～2

答案：D

5. 用硅钼蓝光度法测定水中可溶性二氧化硅时，加入显色剂15 min后即显色完全，显色溶液可继续保持稳定________h。（　　）②

A. 0.5　　B. 1　　C. 12　　D. 24

答案：D

6. 用硅钼蓝光度法测定水中可溶性二氧化硅时，对含有悬浮物的水样，用________过滤后进行测定。（　　）②

A. 中速滤纸　　B. 0.45 μm滤膜过滤

C. 玻璃砂芯漏斗　　D. 脱脂棉

答案：B

四、问答题

1. 用硅钼黄光度法测定水中可溶性二氧化硅时，哪些物质会干扰测定？如何消除干扰？①

答案：（1）色度及浊度干扰测定，可以采用补偿法（不加钼酸铵的水样为参比）予以消除；

（2）丹宁、大量的铁、硫化物和磷酸盐干扰测定，加入草酸能消除或降低其干扰；

（3）在方法规定的条件下，加入草酸（3 μg/ml），样品中含铁20 mg/L、硫化物10 mg/L、磷酸盐0.8 mg/L、丹宁酸30 mg/L以下时，不干扰测定。

2. 测定水中可溶性二氧化硅的水样，应该用何种材质的容器保存？为什么？①②

答案：水样应保存于聚乙烯瓶中，不应使用玻璃容器，因为玻璃材质中含有硅，易溶出而污染水样，对于碱性水，这种溶出的危险性更大。

3. 测定水中可溶性二氧化硅的硅钼黄光度法与硅钼蓝光度法的原理有何不同？②

答案：硅钼黄光度法原理：在pH约为1.2时，钼酸铵与硅酸反应生成黄色可溶的硅钼杂多酸络合物，在一定浓度范围内，其黄色深浅与二氧化硅的浓度成正比，于波长410 nm处测定其吸光度；而硅钼蓝光度法则在前者生成黄色硅钼杂多酸后，再加入1,2,4-氨基萘酚磺酸，将其还原成硅钼蓝，在660 nm处测定其吸光度。还原法可提高测定的灵敏度。

4. 用硅钼蓝光度法测定水中可溶性二氧化硅时，如果水样稍带颜色，应如何处理？②

答案：如果水样稍带颜色，则取水样两份，其中一份供测定用，另一份除不加钼酸铵试剂外，其余操作均相同。由前者测得的吸光度，减去不加钼酸铵的水样的吸光度后，计算二氧化硅含量，以消除色度的影响。

五、计算题

1. 用硅钼黄光度法测定水中可溶性二氧化硅，取水样 50.0 ml 按操作要求处理后，在波长 410 nm 处比色，测得其吸光度为 0.235，空白吸光度为 0.025，标准曲线回归方程为 $y = 0.205x + 0.001$，试求水中二氧化硅的浓度。①

答案： $\dfrac{[(0.235-0.025)-0.001]\times 1\,000}{0.205\times 50.0} = 20.4(\text{mg/L})$

2. 用硅钼蓝光度法测得水中二氧化硅的吸光度为 0.195（$A_0 = 0.007$），在同一水样中加入 4.00 ml（10.0 μg/ml）二氧化硅标准使用液，测得吸光度为 0.338，试计算加标回收率。（曲线 $a = 0.004$，$b = 0.003\,64$，$y = 0.004+0.003\,6x$）②

答案： 水样中二氧化硅$= \dfrac{0.195-0.007-0.004}{0.003\,64} = 50.6(\mu\text{g})$

加标样中二氧化硅$= \dfrac{0.338-0.007-0.004}{0.003\,64} = 89.8(\mu\text{g})$

加标回收率 $P = \dfrac{89.8-50.6}{4.00\times 10.0}\times 100\% = 98.2\%$

参考文献

国家环境保护局《水和废水监测分析方法》编委会 . 水和废水监测分析方法 .3 版［M］. 北京：中国环境科学出版社，1989.

命题：范　莉　施月娥　牛　毓

审核：喇国静　史　箴　夏　新

第十五节　碘化物

分类号：W6–14

主要内容
① 碘化物　催化比色法《水和废水监测分析方法》（第四版）
②《生活饮用水标准检验方法　无机非金属指标》（GB/T 5750.5—2006）（11.2　碘化物　高浓度碘化物比色法）

一、填空题

1. 根据《水和废水监测分析方法》（第四版）中催化比色法测定水中碘化物时，在_________条件下，碘离子对_________的反应具有催化能力，而且此作用与碘离子存在量呈非线性。①

答案：酸性　　亚砷酸与硫酸铈

2. 根据《水和废水监测分析方法》（第四版）中测定水中碘化物的催化比色法，适用于测定饮用水、地下水和________中的碘化物，其最低检出浓度为________mg/L。①

答案：清洁地表水　1

3. 测定水中碘化物时，根据碘含量的高低选择测定方法。对于碘含量极微的水样，一般采用________；对稍高浓度的水样可采用________。①②

答案：催化比色法　　无色结晶紫外光度法

二、判断题

1. 根据《水和废水监测分析方法》（第四版）中催化比色法测定水中碘化物时，加入过量的具敏化反应的氯化钠，可降低碘的非催化型的生成和银与汞的抑制作用，消除干扰。(　　)①

答案：正确

2. 根据《水和废水监测分析方法》（第四版）中催化比色法测定水中碘化物时，绘制标准曲线显示碘离子浓度与测得吸光度值成正比，但不呈直线关系，而是两端向上弯曲。(　　)①

答案：错误

正确答案为：用催化比色法测定水中碘化物时，绘制标准曲线显示碘离子浓度与测得吸光度值成反比，但不呈直线关系，而是两端向上弯曲。

3. 根据《水和废水监测分析方法》（第四版）中催化比色法测定水中碘化物时，欲将每毫升含 1.00 mg 碘离子的碘化物标准贮备液稀释至每毫升含 0.010 mg 碘离子标准使用液 1 000 ml，直接用小刻度吸管量取碘化物标准贮备液于容量瓶中稀释即可。(　　)①

答案：错误

正确答案为：应逐级稀释。

4. 根据《水和废水监测分析方法》（第四版）中催化比色法测定水中碘化物时，用于终止反应的硫酸亚铁铵溶液要在使用当天配制，并需要标定其浓度。(　　)①

答案：错误

正确答案为：硫酸亚铁铵溶液浓度无须标定。

5. 根据《水和废水监测分析方法》（第四版）中催化比色法测定水中碘化物时，实验用水为无碘水，必要时，可在每升水中加 2 g 氢氧化钠，并经蒸馏后供用。(　　)①

答案：正确

6. 根据《水和废水监测分析方法》（第四版）中催化比色法和《生活饮用水标准检验方法　无机非金属指标》（GB/T 5750.5—2006）（11.2　碘化物　高浓度碘化物比色法）测定水中碘化物时，水样采集和贮存的容器可用聚乙烯瓶，也可使用硬质玻璃瓶。(　　)①②

答案：正确

7. 根据《水和废水监测分析方法》（第四版）中催化比色法测定水中碘化物时，催化反应与温度、时间极为有关，故应严格控制反应温度并按规定时间操作。（　　）①

答案： 正确

8. 根据《生活饮用水标准检验方法　无机非金属指标》（GB/T 5750.5—2006）（11.2　碘化物　高浓度碘化物比色法）测定水中碘化物时，若存在大量的氯化物、氟化物和硫酸盐将会干扰测定，必须消除干扰。（　　）②

答案： 错误

正确答案为：大量的氯化物、氟化物和硫酸盐不干扰测定。

9.《生活饮用水标准检验方法　无机非金属指标》（GB/T 5750.5—2006）（11.2　碘化物　高浓度碘化物比色法）适用于测定生活饮用水及其水源水中的高浓度碘化物。（　　）②

答案： 正确

10. 根据《生活饮用水标准检验方法　无机非金属指标》（GB/T 5750.5—2006）（11.2　碘化物　高浓度碘化物比色法）测定水中碘化物时，加入甲酸钠的作用是除去过量的溴。（　　）②

答案： 正确

11. 根据《生活饮用水标准检验方法　无机非金属指标》（GB/T 5750.5—2006）（11.2　碘化物　高浓度碘化物比色法）测定水中碘化物时，需要在酸化的水样中加入过量溴水，其作用是碘化物被氧化为碘酸盐。（　　）②

答案： 正确

三、选择题

1. 根据《水和废水监测分析方法》（第四版）中催化比色法测定水中碘化物时，水样采集后应尽快测定。必要时，保存于2～5℃，并于________h内完成测定。（　　）①

A. 6　　B. 24　　C. 48　　D. 12

答案： B

2. 根据《水和废水监测分析方法》（第四版）中催化比色法测定水中碘化物时，配制硫酸铈铵溶液的方法是称取13.38 g硫酸铈铵溶于水，加入44 ml________，稀释至1 L。（　　）①

A. 浓盐酸　　B. 稀硫酸　　C. 浓硫酸　　D. 浓硝酸

答案： C

3. 根据《水和废水监测分析方法》（第四版）中催化比色法测定水中碘化物时，加入终止剂后，剩余的高铈离子与亚铁离子反应生成高铁离子，高铁离子与硫氰酸钾生成稳定的________。（　　）①

A. 红色络合物　　B. 黄色络合物　　C. 浅绿色络合物　　D. 无色络合物

答案： A

4. 根据《水和废水监测分析方法》（第四版）中催化比色法测定水中碘化物时，氯化钠中若含碘较高，可用________对氯化钠进行重结晶。（　　）①

A. 加热法　　B. 水－乙醇混合液　　C. 蒸馏法　　D. 精馏法

答案：B

5. 根据《水和废水监测分析方法》（第四版）中催化比色法测定水中碘化物时，选用的波长为________nm。(　　) ①

A. 640　　B. 520　　C. 510　　D. 460

答案：C

6. 根据《水和废水监测分析方法》（第四版）中催化比色法测定水中碘化物时，应在测定水样________绘制校准曲线。(　　) ①

A. 之前　　B. 之后　　C. 同时

答案：C

7. 根据《生活饮用水标准检验方法　无机非金属指标》（GB/T 5750.5—2006）（11.2　碘化物　高浓度碘化物比色法）测定水中碘化物时，选用的波长为________nm。(　　) ②

A. 420　　B. 460　　C. 510　　D. 570

答案：D

8. 根据《生活饮用水标准检验方法　无机非金属指标》（GB/T 5750.5—2006）（11.2　碘化物　高浓度碘化物比色法）测定水中碘化物时，加入碘化钾析出碘后，再加入淀粉，生成________，比色定量。(　　) ②

A. 红棕色复合物　　B. 蓝绿色复合物　　C. 蓝紫色复合物　　D. 无色复合物

答案：C

9.《生活饮用水标准检验方法　无机非金属指标》（GB/T 5750.5—2006）（11.2　碘化物　高浓度碘化物比色法）最低检测质量为________mg（以 I^- 计）。(　　) ②

A. 0.5　　B. 1.0　　C. 1.5　　D. 2.0

答案：A

10. 根据《生活饮用水标准检验方法　无机非金属指标》（GB/T 5750.5—2006）（11.2　碘化物　高浓度碘化物比色法）测定水中碘化物时，铁离子的干扰可以通过加入________予以消除。(　　) ②

A. 盐酸　　B. 硫酸　　C. 硝酸　　D. 磷酸

答案：D

四、问答题

1. 根据《水和废水监测分析方法》（第四版）中催化比色法测定水中碘化物过程中，为何要严格控制时间至“秒”、温度控制在 ±0.5℃？①

答案：碘离子对亚砷酸与硫酸铈的氧化还原反应具有催化作用，而此催化反应的程度与温度、时间有关，只有严格控制反应的温度和时间（以“秒”为单位控制加入氧化剂和终止氧化还原反应试剂的时间），才能保证碘离子的存在量与反应剩余的高铈离子呈非线性比例关系。

2. 简述《水和废水监测分析方法》（第四版）中催化比色法测定水中碘化物中校准曲线的绘制步骤。①

答案：（1）于加入系列碘化物标准使用液的 25 ml 比色管中加水至 10.0 ml，顺次加入 1.00 ml 氯化钠溶液、0.50 ml 亚砷酸溶液和 1.00 ml（1+3）硫酸溶液，混匀；

（2）置于 30℃ ±0.5℃恒温水浴中，温度平衡后，每隔 30 s 分别加入 1.00 ml 硫酸铈溶液；

（3）放回水浴中，经 15 min±5 s 后取出，按原顺序每隔 30 s 分别加入 1.00 ml 硫酸亚铁铵溶液；

（4）此时黄色高价铈离子的颜色应消失，随即按顺序每隔 30 s 分别加入 1.00 ml 硫氰酸钾溶液，混匀；

（5）放置 15 min 后，于 510 nm 处，以水为参比，用光程长 10 mm 比色皿继续按顺序每隔 30 s 测量吸光度。

3. 简述《水和废水监测分析方法》（第四版）中催化比色法测定水中碘化物的方法原理。①

答案： 在酸性条件下，碘离子对亚砷酸与硫酸铈的氧化还原反应具有催化能力，且此作用与碘离子存在量呈非线性比例关系。在间隔一定时间后，加入硫酸亚铁铵以终止反应。残存的高铈离子与亚铁反应，成正比例地生成高铁离子，后者与硫氰酸钾生成稳定的红色络合物。

4. 简述《水和废水监测分析方法》（第四版）中催化比色法测定水中碘化物时，所绘制校准曲线的碘离子浓度与所测得的吸光度的线性特点。①

答案： 催化比色法测定水中碘化物，绘制校准曲线的碘离子浓度与所测得的吸光度成反比，但不呈直线关系且两端向上弯曲。

参考文献

[1] 国家环境保护总局《水和废水监测分析方法》编委会 . 水和废水监测分析方法 .4 版［M］. 北京：中国环境科学出版社，2002.

[2] 中华人民共和国卫生部，中国国家标准化管理委员会 . 生活饮用水标准检验方法　无机非金属指标：GB/T 5750.5—2006［S］. 北京：中国标准出版社，2006.

命题：王淑娟　曹艳梅　施月娥　范　莉

审核：史　箴　屈智丽　夏　新　周　旌

第十六节　硫化物

分类号：W6–15

主要内容

①《水质　硫化物的测定　亚甲基蓝分光光度法》（GB/T 16489—1996）

②《水质　硫化物的测定　流动注射 – 亚甲基蓝分光光度法》（HJ 824—2017）

一、填空题

1. 工业废水中含硫化物的行业有________、________、________、________和________等（填写 3 个空格即可）。①②

答案：焦化　制气　选矿　造纸　印染　制革

2. 硫化物是水体污染的一项重要指标，清洁水中硫化物的嗅阈值为________mg/L。①②

答案：0.035

3. 根据《水质　硫化物的测定　亚甲基蓝分光光度法》（GB/T 16489—1996）和《水质　硫化物的测定　流动注射－亚甲基蓝分光光度法》（HJ 824—2017）测定硫化物时，采样前向样品瓶中加入________和________，使样品的 pH________。①②

答案：氢氧化钠溶液　抗坏血酸　≥11

4. 根据《水质　硫化物的测定　流动注射－亚甲基蓝分光光度法》（HJ 824—2017）测定硫化物时，对氨基二甲基苯胺试剂开封后应尽量贮存在干燥器中。若固体粉末颜色变为________色，则停止使用。②

答案：深黄

5. 根据《水质　硫化物的测定　流动注射－亚甲基蓝分光光度法》（HJ 824—2017）测定硫化物时，每批样品须至少测定________个全程序空白，空白值不得超过________。②

答案：2　方法检出限

二、判断题

1. 硫化物的结晶表面常含有亚硫酸盐，为此，在配制硫化钠标准溶液时，应取用大颗粒结晶，并用水快速淋洗后，再称量。（　）①

答案：正确

2. 根据《水质　硫化物的测定　亚甲基蓝分光光度法》（GB/T 16489—1996）测定水中硫化物时，硫化钠标准溶液配制后，应贮于棕色瓶中保存，临用前标定。（　）①

答案：正确

3. 根据《水质　硫化物的测定　亚甲基蓝分光光度法》（GB/T 16489—1996）测定水中硫化物时，如用吹气法对水样进行预处理，其载气流速对测定结果影响较小。（　）①

答案：错误

正确答案为：吹气速度对测定结果影响较大，流速不宜过快或过慢。

4. 根据《水质　硫化物的测定　亚甲基蓝分光光度法》（GB/T 16489—1996）测定水中硫化物显色时，加入的显色剂均含硫酸，应沿管壁徐徐加入，并加塞混匀，避免硫化氢逸出而损失。（　）①

答案：正确

5. 根据《水质　硫化物的测定　亚甲基蓝分光光度法》（GB/T 16489—1996）测定水中硫化物绘制校准曲线时，向反应瓶中加入的水量可以与测定水样时的加入量不相同。（　）①

答案：错误

正确答案为：向反应瓶中加入的水量应与测定水样时的加入量相同。

6. 根据《水质　硫化物的测定　亚甲基蓝分光光度法》（GB/T 16489—1996）测定水中硫化物时，吹气吸收装置用 50 ml 吸收管，加入 10 ml、1 mol/L 的乙酸锌溶液或 10 ml 2% 氢氧化钠溶液作为吸收液。（　　）①

答案：正确

7. 根据《水质　硫化物的测定　亚甲基蓝分光光度法》（GB/T 16489—1996）测定水中硫化物时，若水样显色后色度较深，可分取一定量的显色液，用空白试验显色液稀释后，再测量吸光度。此法适用于显色液中 S^{2-} 量<125 mg 时的水样。（　　）①

答案：正确

8. 根据《水质　硫化物的测定　流动注射－亚甲基蓝分光光度法》（HJ 824—2017）测定水中硫化物时，如果在分析过程中连续出现毛刺峰或双峰或肩形峰，应更换脱气管。（　　）②

答案：错误

正确答案为：如果在分析过程中连续出现毛刺峰，应更换脱气管；如果出现双峰或肩形峰，应更换扩散池的膜。

9. 根据《水质　硫化物的测定　流动注射－亚甲基蓝分光光度法》（HJ 824—2017）测定水中硫化物时，样品中有明显颗粒物或沉淀应过滤或离心后进样。（　　）②

答案：错误

正确答案为：样品中有明显颗粒物或沉淀应用超声仪超声粉碎后进样。

10. 根据《水质　硫化物的测定　流动注射－亚甲基蓝分光光度法》（HJ 824—2017）测定水中硫化物时，测定范围为 0.016 ～2.00 mg/L（以 S^{2-} 计）。（　　）②

答案：正确

三、选择题

1. 根据《水质　硫化物的测定　亚甲基蓝分光光度法》（GB/T 16489—1996）测定水中硫化物的最低检出浓度为________mg/L。（　　）①

A. 1　　B. 0.2　　C. 0.02

答案：C

2. 根据《水质　硫化物的测定　亚甲基蓝分光光度法》（GB/T 16489—1996）测定水中硫化物时，如果水样中含有硫代硫酸盐或亚硫酸盐，会干扰测定，这时应采用________排除干扰。（　　）①

A. 乙酸锌沉淀－过滤　　B. 酸化－吹气

C. 过滤－酸化－吹气分离

答案：C

3. 根据《水质　硫化物的测定　亚甲基蓝分光光度法》（GB/T 16489—1996）和《水质　硫化物的测定　流动注射－亚甲基蓝分光光度法》（HJ 824—2017）测定水中硫化物时，在现场采集并加固定剂的水样于棕色瓶内保存时间为________。（　　）①②

A. 1 d　　B. 7 d　　C. 7 周

答案：B

4. 根据《水质　硫化物的测定　亚甲基蓝分光光度法》（GB/T 16489—1996）测定水中硫化物时，样品采集很关键，由于硫离子很容易被氧化，硫化氢易从水中逸出，因此在采集时应________。（　　）①

A. 防止曝气　　B. 注意安全　　C. 将水样装半瓶

答案：A

5. 根据《水质　硫化物的测定　亚甲基蓝分光光度法》（GB/T 16489—1996）测定水中硫化物时，样品采集很关键，由于硫离子很容易被氧化，硫化氢易从水中逸出，因此在采集时应加入适量________溶液和乙酸锌－乙酸钠溶液，使水样呈碱性并形成硫化锌沉淀。（　　）①

A. 氢氧化钠　　B. 氯化钠　　C. 碳酸钠

答案：A

6. 根据《水质　硫化物的测定　亚甲基蓝分光光度法》（GB/T 16489—1996）和《水质　硫化物的测定　流动注射－亚甲基蓝分光光度法》（HJ 824—2017）测定水中硫化物时，硫化钠标准使用液（S^{2-} 浓度约为 10.00 μg/ml 的 ZnS）在室温下可稳定________。（　　）①

A. 6 d　　B. 6 个月　　C. 16 d

答案：B

7. 根据《水质　硫化物的测定　亚甲基蓝分光光度法》（GB/T 16489—1996）和《水质　硫化物的测定　流动注射－亚甲基蓝分光光度法》（HJ 824—2017）测定水中硫化物时，已配制好的硫化钠标准使用液（S^{2-} 浓度约 10.00 μg/ml 的 ZnS）在每次使用时应________再取用。（　　）①②

A. 充分摇匀后　　B. 取上清液　　C. 取底部混悬液

答案：A

四、问答题

1. 简述根据《水质　硫化物的测定　亚甲基蓝分光光度法》（GB/T 16489—1996）测定水中硫化物的原理。①

答案：样品经酸化，硫化物转化成硫化氢，用氮气将硫化氢吹出，在含高铁离子的酸性溶液中，硫离子与对氨基二甲基苯胺作用，生成亚甲基蓝，颜色深度与水中硫离子浓度成正比。

2. 根据《水质　硫化物的测定　亚甲基蓝分光光度法》（GB/T 16489—1996）测定水中硫化物时，若水样颜色深、浑浊且悬浮物多，应选用何种预处理方法？①

答案：酸化－吹气法。可将现场采集固定后的水样加入一定量的磷酸，使水样中的硫化锌转变为硫化氢气体，用氮气将硫化氢吹出，用乙酸锌－乙酸钠溶液或 2% 氢氧化钠溶液吸收，再行测定。

3. 根据《水质　硫化物的测定　亚甲基蓝分光光度法》（GB/T 16489—1996）测定水中硫化物时，用酸化－吹气法进行预处理，主要影响因素有哪些？①

答案：磷酸质量；载气质量；载气流速和吹气时间；吹气－吸收装置的密闭性；导气

管壁对硫化物的吸附，特别是浸入吸收液的部分。

4. 根据《水质　硫化物的测定　亚甲基蓝分光光度法》（GB/T 16489—1996）测定水中硫化物时，水中硫化物浓度波动较大，测定前需要判断硫化物的大致含量，以确定水样取用量。为判断水样中硫化物的大致含量应如何做定性试验？①

答案：用乙酸铅试纸测试。可按下述步骤进行定性试验：分取 25～50 ml 混匀并已固定的水样，置于 150 ml 锥形瓶中，加水至 50 ml，加（1+1）硫酸 2 ml 及数粒玻璃珠，立即在瓶口覆盖滤纸，并用橡皮筋扎紧。在滤纸中央滴加 10% 乙酸铅溶液 1 滴，置电热板上加热至沸，取下锥形瓶。冷却后，取下滤纸，查看朝液面的斑点是呈淡棕色还是呈黑褐色。

5. 简述根据《水质　硫化物的测定　亚甲基蓝分光光度法》（GB/T 16489—1996）测定水中硫化物时，如何配制硫化物标准使用液？①

答案：以新配制的氢氧化钠溶液调节除氧去离子水的 pH 为 10～12 后，取约 400 ml 此水于 500 ml 棕色瓶内，加 1～2 ml 乙酸锌 - 乙酸钠溶液混匀。吸取一定量刚标定过的硫化钠标准溶液，移入上述棕色瓶中，注意边振荡边滴入，然后用 pH 为 10～12 的水稀释至标线，充分摇匀，使之成为均匀的含硫离子（S^{2-}）浓度为 10.00 μg/ml 的硫化锌混悬液。

6. 简述《水质　硫化物的测定　亚甲基蓝分光光度法》（GB/T 16489—1996）中对硫化物的定义。①

答案：《水质　硫化物的测定　亚甲基蓝分光光度法》（GB/T 16489—1996）所定义的硫化物是指水中溶解性无机硫化物和酸溶性金属硫化物，包括溶解性的 H_2S、HS^- 和 S^{2-}，以及存在于悬浮物中的可溶性硫化物和酸可溶性金属硫化物。

7. 根据《水质　硫化物的测定　亚甲基蓝分光光度法》（GB/T 16489—1996）测定水中硫化物时，样品采集很关键，简述采样过程。①

答案：由于硫离子很容易被氧化，硫化氢易从水中逸出，因此在采集时应防止曝气，并加适量的氢氧化钠溶液和乙酸锌 - 乙酸钠溶液，使水样呈碱性并形成硫化锌沉淀。采样时应先加入乙酸锌 - 乙酸钠溶液，再加入水样。水样应充满瓶，瓶塞下不留空气。

8. 根据《水质　硫化物的测定　流动注射 - 亚甲基蓝分光光度法》（HJ 824—2017）简述测定水中硫化物的化学反应原理。②

答案：在酸性介质下，样品通过 65℃ ±2℃在线加热释放的硫化氢气体被氢氧化钠溶液吸收。吸收液中硫离子与对氨基二甲基苯胺和三氯化铁反应生成亚甲基蓝，于 660 nm 波长处测量吸光度。

五、计算题

根据《水质　硫化物的测定　亚甲基蓝分光光度法》（GB/T 16489—1996）测定水中硫化物。取水样 250 ml，酸化 - 吹气。10 ml 2% 氢氧化钠作为吸收液至 50 ml 比色管中，显色。测得吸光度为 0.406，标准曲线回归方程为 y=0.114 x+0.001，试求水中硫化物的浓度。①

答案：$m=\dfrac{0.406-0.001}{0.114}=3.55\ (\text{mg})$

$$C\ (\text{S}^{2-},\ \text{mg/L})=\frac{m}{V}=\frac{3.55}{250}=0.014$$

参考文献

[1] 国家环境保护局，国家技术监督局 . 水质　硫化物的测定　亚甲基蓝分光光度法：GB/T 16489—1996［S］. 北京：中国环境科学出版社，1996.

[2] 环境保护部 . 水质　硫化物的测定　流动注射 - 亚甲基蓝分光光度法：HJ 824—2017［S］. 北京：中国环境出版集团，2017.

[3] 中华人民共和国卫生部，中国国家标准化管理委员会 . 生活饮用水标准检验方法　无机非金属指标：GB/T 5750.5—2006［S］. 北京：中国环境科学出版社，2006.

[4] 国家环境保护总局《水和废水监测分析方法》编委会 . 水和废水监测分析方法 .4 版［M］. 北京：中国环境科学出版社，2002.

[5]《环境监测技术基本理论（参考）试题集》编写组 . 环境监测技术基本理论（参考）试题集［M］. 北京：中国环境科学出版社，2002.

命题：杨宏坤　谢莲英　刘　蕊
审核：杨　楠　夏　新　陈　威

第十七节　二硫化碳

分类号：W6-16

主要内容
《水质　二硫化碳的测定　二乙胺乙酸铜分光光度法》（GB/T 15504—1995）

一、填空题

1. 二乙胺乙酸铜分光光度法可以测定_________、________和________等行业排放废水中的二硫化碳。

答案：橡胶　　化纤　　化工原料

2. 当取样量为 100 ml，用 1 cm 比色皿测量吸光度时，二乙胺乙酸铜分光光度法测定水中二硫化碳的浓度范围为________mg/L。

答案：0.045～1.46

3. 用二乙胺乙酸铜分光光度法测定水中二硫化碳时，采用曝气法将二硫化碳从水样中分离出来，如水样中存在硫化氢，可用________溶液吸收，以除去干扰。

答案：乙酸铅

4. 含有二硫化碳的水样采集后，应立即分析，如需暂缓分析，应于________℃保存，保存期________d。

答案：2～5　　2

二、判断题

1. 用二乙胺乙酸铜分光光度法测定水中二硫化碳时，曝气吸收装置采用全玻璃器皿，接口处用橡胶管连接。(　　)

答案：错误

正确答案为：接口处用硅橡胶管连接并使两头玻璃管相接触。

2. 用二乙胺乙酸铜分光光度法测定水中二硫化碳时，配制的吸收液应无色或接近无色，否则应蒸馏精制二乙胺后重新配制吸收液。(　　)

答案：正确

3. 用二乙胺乙酸铜分光光度法测定水中二硫化碳时，曝气吸收装置需串联两个活芯气体采样管，第一个采样管加入乙酸铅溶液，第二个采样管加入吸收液。(　　)

答案：正确

三、选择题

1. 用二乙胺乙酸铜分光光度法测定水样中二硫化碳时，水样应采集在_________中。(　　)

A. 250 ml 具磨口玻璃塞的小口玻璃瓶　　B. 500 ml 广口玻璃瓶

C. 250 ml 的小口塑料瓶

答案：A

2. 用二乙胺乙酸铜分光光度法测定水中二硫化碳时，样品显色后在 430 nm 处，以_________作参比，用 1cm 比色皿测量吸光度。(　　)

A. 蒸馏水　　B. 无水乙醇　　C. 乙酸铜吸收液

答案：B

3. 用二乙胺乙酸铜分光光度法测定水中二硫化碳的过程中，配制二硫化碳标准使用液的方法是取一定量二硫化碳贮备液用_________稀释为 100 μg/ml。(　　)

A. 无水乙醇　　B. 蒸馏水　　C. 乙酸铜吸收液

答案：A

4. 用二乙胺乙酸铜分光光度法测定水中二硫化碳，配制乙酸铅溶液时，需同时加入一定量的冰乙酸和_________。(　　)

A. 乙醇　　B. 丙三醇　　C. 甲醇

答案：B

5. 用二乙胺乙酸铜分光光度法测定水中二硫化碳时，二硫化碳吸收液配制过程是_________。(　　)

A. 称取 10 mg 乙酸铜置于 50 ml 小烧杯中，加入少量无水乙醇，搅拌均匀，转移至容量瓶中，加入 5 ml 三乙醇胺，混合，再加入 2 ml 二乙胺，用无水乙醇稀释至刻度，放置于冰箱 2～5℃保存

B. 称取 10 mg 乙酸铜置于 50 ml 小烧杯中，加入少量无水乙醇，搅拌均匀，转移至容量瓶中，加入 5 ml 三乙醇胺，用无水乙醇稀释至刻度，放置于冰箱 2～5℃保存

C. 称取 10 mg 乙酸铜置于 50 ml 小烧杯中，再加入 2 ml 二乙胺，用无水乙醇稀释定

容，放置于冰箱 2～5℃保存

答案：A

6. 用二乙胺乙酸铜分光光度法测定水中二硫化碳时，在铜盐存在下，二硫化碳与二乙胺作用，生成________色物质。(　　)

A. 红色　　B. 蓝紫色　　C. 黄棕色

答案：C

7. 用二乙胺乙酸铜分光光度法测定水中二硫化碳的过程中，水样的曝气速度应控制在________ml/min 左右，曝气 1 h。(　　)

A. 50　　B. 100　　C. 150

答案：B

四、问答题

1. 用二乙胺乙酸铜分光光度法测定水中二硫化碳时，绘制校准曲线的方法特殊且非常关键，简述绘制校准曲线的主要过程。

答案：在 8 套曝气吸收装置洗气瓶中，分别加入 100 ml 蒸馏水和 100 μg/ml 二硫化碳标准液 0.00 ml、0.10 ml、0.20 ml、0.40 ml、0.60 ml、0.80 ml、1.00 ml、1.20 ml，按要求将每套曝气洗气瓶后串联 2 个活芯气体采样管，于第一个采样管内加入 10 ml 乙酸铅溶液，第二个采样管内加入 10 ml 二硫化碳吸收液，连接抽气泵，气体流量计，控制流速 100 ml/min 左右，曝气 1 h，将吸收液移入 10 ml 具塞比色管定容比色。

2. 测定二硫化碳的水样应使用何种容器采集？如何采样？

答案：水样应采集在 250 ml 具磨口玻璃塞的小口玻璃瓶中，采样时浸入水下 20～30 cm，使水从底部上升溢出瓶口，加塞，不使瓶内有气泡，尽量防止曝气。

3. 简述二乙胺乙酸铜分光光度法测定水中二硫化碳的原理。

答案：在铜盐存在下，二硫化碳与二乙胺作用，生成黄棕色的二乙氨基二硫代甲酸铜，于 430 nm 波长处测量吸光度。

参考文献

[1] 国家环境保护局 . 水质　二硫化碳的测定　二乙胺乙酸铜分光光度法：GB/T 15504—1995［S］. 北京：中国标准出版社，1995.

[2] 李淑芳，张焕赖，史佩红 . 粘胶纤维废水中的 CS_2 的测定——分光光度法［J］. 河北化工，1997（4）：56-57.

命题：李　刚　范　莉

审核：史　箴　夏　新

第十八节 硼

分类号：W6-17

主要内容
①《水质 硼的测定 姜黄素分光光度法》（HJ/T 49—1999）
②《生活饮用水标准检验方法 无机非金属指标》（GB/T 5750.5—2006）（8.1 硼 甲亚胺-H分光光度法）

一、填空题

1. 硼（B）是植物生长的营养元素。作为饮用水要求硼含量不超过________mg/L，因为人摄入大量硼会影响中枢神经系统，长期摄入可引起硼中毒的临床综合征。①②

答案：1

2.《生活饮用水标准检验方法 无机非金属指标》（GB/T 5750.5—2006）（8.1 硼甲亚胺-H分光光度法）适用于________及其________中可溶性硼的测定。②

答案：生活饮用水 水源水

3. 根据《生活饮用水标准检验方法 无机非金属指标》（GB/T 5750.5—2006）（8.1 硼甲亚胺-H分光光度法）测定水中硼时，方法最低检测质量为________μg，若取5.0 mL水样测定，则最低检测质量浓度为________mg/L。②

答案：1.0 0.20

二、判断题

1. 根据《水质 硼的测定 姜黄素分光光度法》（HJ/T 49—1999）测定水中硼时，所用姜黄素溶于水，也能溶于甲醇、丙酮和冰乙酸中，呈黄色。（ ）①

答案：错误

正确答案为：姜黄素不溶于水，但能溶于甲醇、丙酮和冰乙酸中，呈黄色。

2. 根据《水质 硼的测定 姜黄素分光光度法》（HJ/T 49—1999）测定水中硼时，试验所用器皿应选用无硼玻璃、聚乙烯或其他无硼材料。（ ）①

答案：正确

3. 根据《水质 硼的测定 姜黄素分光光度法》（HJ/T 49—1999）测定水中硼时，水样如果浑浊，不必进行过滤。（ ）①

答案：错误

正确答案为：水样如果浑浊，需要进行过滤。

4. 根据《水质 硼的测定 姜黄素分光光度法》（HJ/T 49—1999）测定水中硼时，应严格控制显色条件，姜黄素与硼结合形成玫瑰花青苷，需要在无水条件下进行，有水残存会使络合物颜色强度增加。（ ）①

答案：错误

正确答案为：有水残存会使络合物颜色强度降低。

5. 根据《水质 硼的测定 姜黄素分光光度法》（HJ/T 49—1999）测定水中硼，显色时的蒸发条件，如蒸发速度和蒸发时的温度等因素，都必须保持一致，否则重现性变差。（ ）①

答案：正确

6. 根据《水质 硼的测定 姜黄素分光光度法》（HJ/T 49—1999）测定水中硼，蒸发和脱水时，常用温度是 55℃ ±3℃，温度高时，可能导致硼的损失。（ ）①

答案：正确

7. 根据《水质 硼的测定 姜黄素分光光度法》（HJ/T 49—1999）测定水中硼时，比色过程中，由于乙醇的蒸发损失，导致溶液的吸光度值发生改变，使样品测定结果偏高，故测定应尽可能迅速，或使用带盖的比色皿。（ ）①

答案：正确

8. 根据《水质 硼的测定 姜黄素分光光度法》（HJ/T 49—1999）测定水中硼时，如使用不含硼的玻璃器皿，则不需进行全程序空白试验。（ ）①

答案：错误

正确答案为：使用不含硼的玻璃器皿，也应进行全程序空白试验。

9. 根据《生活饮用水标准检验方法 无机非金属指标》（GB/T 5750.5—2006）（8.1 硼甲亚胺 -H 分光光度法）测定水中硼时，硼与甲亚胺 -H 形成棕色配合物，其颜色与硼的浓度在一定范围内呈线性关系。（ ）②

答案：错误

正确答案为：硼与甲亚胺 -H 形成黄色配合物

10. 根据《生活饮用水标准检验方法 无机非金属指标》（GB/T 5750.5—2006）（8.1 硼甲亚胺 -H 分光光度法）测定水中硼时，甲亚胺 -H 需临用时配制。（ ）②

答案：正确

三、选择题

1. 根据《水质 硼的测定 姜黄素分光光度法》（HJ/T 49—1999）测定水中硼，当取样体积为 1.0 ml、用 20 mm 比色皿时，最低检测浓度为________mg/L。（ ）①

A. 0.01　　B. 0.02　　C. 0.03　　D. 0.05

答案：B

2. 根据《水质 硼的测定 姜黄素分光光度法》（HJ/T 49—1999）测定水中硼，当取样体积为 1.0 ml、用 20 mm 比色皿时，测定上限为________mg/L。（ ）①

A. 0.4　　B. 0.8　　C. 1.0　　D. 2.0

答案：C

3. 根据《水质 硼的测定 姜黄素分光光度法》（HJ/T 49—1999）测定水中硼，样品显色时，需用________% 乙醇将姜黄素和草酸固体溶解，并用其将溶液稀释至标线。（ ）①

A. 80　　B. 85　　C. 90　　D. 95

答案：D

4. 根据《水质 硼的测定 姜黄素分光光度法》（HJ/T 49—1999）测定水中硼，水样

中硝酸盐氮含量大于________mg/L 时，产生干扰，必须除去。(　　) ①

A. 10　　B. 15　　C. 20　　D. 25

答案：C

5. 根据《生活饮用水标准检验方法　无机非金属指标》(GB/T 5750.5—2006)(8.1　硼甲亚胺 -H 分光光度法) 测定水中硼时，硼标准储备液及硼标准使用液应储存于________中。(　　) ②

A. 聚乙烯瓶　　B. 玻璃瓶　　C. A、B 都可以

答案：A

6. 根据《生活饮用水标准检验方法　无机非金属指标》(GB/T 5750.5—2006)(8.1　硼甲亚胺 -H 分光光度法) 测定水中硼时，水样加入甲亚胺 -H 溶液后，混匀静置________min，于 420 nm 波长处，以________为参比，测量吸光度。(　　) ②

A. 420，纯水　　B. 415，纯水

C. 420，试剂空白　　D. 415，试剂空白

答案：C

四、问答题

1. 根据《水质　硼的测定　姜黄素分光光度法》(HJ/T 49—1999) 测定水中硼时，对配制试剂用水有什么要求？①

答案：需用石英蒸馏器对蒸馏水或去离子水重蒸。

2. 简述《水质　硼的测定　姜黄素分光光度法》(HJ/T 49—1999) 中测定水中硼的原理。①

答案：在酸性条件下，水样中的硼与姜黄素共同蒸发，生成玫瑰花青苷的络合物，该络合物可溶于乙醇或丙烯醇中，在 540 nm 处有最大吸收峰，其颜色深度与硼的含量成正比。

3. 根据《生活饮用水标准检验方法　无机非金属指标》(GB/T 5750.5—2006)(8.1　硼甲亚胺 -H 分光光度法) 测定水中硼时，甲亚胺 -H 溶液的配制有哪些注意事项？②

答案：甲亚胺 -H 易氧化，故应临用时配制，同时加入抗坏血酸防止氧化。

4. 在自然界中，硼主要有哪些存在形式？①②

答案：在自然界中，硼的存在形式主要有 3 种，即硼酸、硼酸盐及其与钠、镁、钙形成的络合物。

五、计算题

测定某一水样中硼的含量，三次测定结果分别为 0.69 mg/L、0.66 mg/L、0.69 mg/L。对该水样加入硼标准溶液 0.70 mg/L，测得加标后水样浓度为 1.46 mg/L，则该水样加标回收率是多少？①②

答案：水样原浓度为 (0.69 mg/L+0.66 mg/L+0.69 mg/L)/3=0.68 mg/L

加标回收率为 (1.46 mg/L−0.68 mg/L)/0.70 mg/L=111%

参考文献

[1] 国家环境保护总局 . 水质　硼的测定　姜黄素分光光度法：HJ/T 49—1999 [S]. 北京：中国环境

科学出版社，1999.
[2] 中华人民共和国卫生部，中国国家标准化管理委员会 . 生活饮用水标准检验方法 无机非金属指标：GB/T 5750.5—2006［S］. 北京：中国标准出版社，2006.
[3] 国家环境保护总局，国家质量监督检验检疫总局 . 地表水环境质量标准：GB 3838—2002［S］. 北京：中国标准出版社，2002.
[4] 国家环境保护局 . 污水综合排放标准：GB 8978—1996［S］. 北京：中国标准出版社，1996.
[5] 国家环境保护总局《水和废水监测分析方法》编委会 . 水和废水监测分析方法 .4 版［M］. 北京：中国环境科学出版社，2002.
[6]《水和废水监测分析方法指南》编委会 . 水和废水监测分析方法指南：上册［M］. 北京：中国环境科学出版社，1990.

命题：杨 楠 冯 磊 邓 慕
审核：刘 蕊 任学蓉 夏 新

第十九节 砷

分类号：W6-18

主要内容

①《水质 总砷的测定 二乙基二硫代氨基甲酸银分光光度法》（GB/T 7485—87）
②《水质 痕量砷的测定 硼氢化钾 - 硝酸银分光光度法》（GB/T 11900—89）
③ 砷 新银盐分光光度法《水和废水监测分析方法》（第四版）

一、填空题

1. 砷是人体的非必需元素，元素砷的毒性不大，而砷化合物均有剧毒，三价砷化合物比其他砷化合物毒性________。①②③

答案：更强

2. 根据《水质 总砷的测定 二乙基二硫代氨基甲酸银分光光度法》（GB/T 7485—87）测定水中总砷，是指水中________________中砷的总量。①

答案：单体形态、无机和有机化合物

3.《地表水环境质量标准》（GB 3838—2002）规定，Ⅰ类水质的总砷含量不应超过________mg/L。《污水综合排放标准》（GB 8978—1996）规定，总砷是第______类污染物，其最高允许排放浓度是 0.5 mg/L，取样点设在________。①②

答案：0.05 一 车间或车间处理设施的排污口

二、判断题

1. 根据《水质 总砷的测定 二乙基二硫代氨基甲酸银分光光度法》（GB/T 7485—87）测定水中砷时，对所用无砷锌粒的规格不需严格控制。（ ）①

答案：错误

正确答案为：所用无砷锌粒的规格为 10～20 目。

2. 根据《水质　总砷的测定　二乙基二硫代氨基甲酸银分光光度法》（GB/T 7485—87）测定水中砷时，在加酸消解破坏有机物的过程中，溶液如变黑，会产生正干扰。（　　）①

答案：错误

正确答案为：若使溶液变黑，砷可能有损失。

3. 根据《水质　总砷的测定　二乙基二硫代氨基甲酸银分光光度法》（GB/T 7485—87）测定水中砷，用锌粒作还原剂时，若不加碘化钾还原 As（Ⅴ），可能会得到偏低的结果。（　　）①

答案：正确

4. 根据《水质　总砷的测定　二乙基二硫代氨基甲酸银分光光度法》（GB/T 7485—87）测定水中砷时，如室温过高，可采取适当降低酸度或冷却砷化氢发生瓶的措施，以减缓激烈的氧化反应。（　　）①

答案：错误

正确答案为：以减缓激烈的还原反应。

5. 根据《水质　痕量砷的测定　硼氢化钾－硝酸银分光光度法》（GB/T 11900—89）和《水和废水监测分析方法》（第四版）中新银盐分光光度法，测定水中痕量砷时，硼氢化钾是强还原剂，对皮肤有腐蚀性，不可用手触摸。（　　）②③

答案：正确

6. 砷化氢为剧毒物质，全部反应过程应在通风橱内或通风良好的地方进行。（　　）①

答案：正确

7. 根据《水质　痕量砷的测定　硼氢化钾－硝酸银分光光度法》（GB/T 11900—89）和《水和废水监测分析方法》（第四版）中新银盐分光光度法测定水中痕量砷，发生砷化氢时，如果反应液中有气泡产生，可加入适量乙醛消除。（　　）②③

答案：错误

正确答案为：发生砷化氢时，如果反应液中有气泡产生，可加入适量乙醇消除。

8. 根据《水质　痕量砷的测定　硼氢化钾－硝酸银分光光度法》（GB/T 11900—89）测定水中痕量砷时，如果样品中有机质太多，用高氯酸消解时易发生爆炸，所以需放置待无气泡时再升温消解。（　　）②

答案：正确

9. 三氧化二砷为剧毒药品，俗称砒霜，使用时应小心。（　　）②

答案：正确

10. 根据《水质　痕量砷的测定　硼氢化钾－硝酸银分光光度法》（GB/T 11900—89）和《水和废水监测分析方法》（第四版）中新银盐分光光度法测定水中痕量砷时，反应中能生成与砷化氢类似氢化物的其他离子对砷的测定有正干扰，能被氢还原的金属离子有负干扰。（　　）②③

答案：正确

11. 根据《水质　痕量砷的测定　硼氢化钾－硝酸银分光光度法》（GB/T 11900—89）和《水和废水监测分析方法》（第四版）中新银盐分光光度法测定水中痕量砷时，

水体中含量较低的碲、硒对测定有一定的干扰。(　　)②③

答案：错误

正确答案为：水体中含量较低的碲、硒对测定没有影响。

12. 根据《水质　痕量砷的测定　硼氢化钾－硝酸银分光光度法》(GB/T 11900—89)和《水和废水监测分析方法》(第四版)中新银盐分光光度法测定水中痕量砷时，二甲基甲酰胺混合液(简称 DMF 混合液)可在普通玻璃瓶保存 30 d 左右。(　　)②③

答案：错误

正确答案为：可在棕色玻璃瓶中保存 30 d 左右。

13. 根据《水质　痕量砷的测定　硼氢化钾－硝酸银分光光度法》(GB/T 11900—89)和《水和废水监测分析方法》(第四版)中新银盐分光光度法的测定原理相同。(　　)②③

答案：正确

14. 根据《水和废水监测分析方法》(第四版)中新银盐分光光度法测定水中痕量砷时，乙酸铅棉的制备是将 10g 脱脂棉浸于 10% 的乙酸铅溶液 100 ml 中，0.5 h 后取出，拧去多余水分，在室温下自然晾干，装入磨口瓶备用。(　　)③

答案：正确

15. 根据《水和废水监测分析方法》(第四版)中新银盐分光光度法测定水中痕量砷时，吸收液配制时最好按前后顺序加入试剂，以免溶液出现浑浊。如出现浑浊，可用力摇晃 5 min 左右，静置透明后，装入瓶中。(　　)③

答案：错误

正确答案为：如出现浑浊，可放于热水(70℃左右)浴中，待透明后取出，冷却后装入瓶中。

三、选择题

1. 根据《水质　总砷的测定　二乙基二硫代氨基甲酸银分光光度法》(GB/T 7485—87)测定水中砷，当试样取最大体积 50 ml、用 10 mm 比色皿时，可检测水中砷的上限浓度为________mg/L，最低检出浓度为________mg/L。(　　)①

A. 0.10，0.001　　B. 0.30，0.003

C. 0.50，0.007　　D. 0.70，0.005

答案：C

2. 根据《水质　总砷的测定　二乙基二硫代氨基甲酸银分光光度法》(GB/T 7485—87)测定水中砷时，金属________干扰测定。(　　)①

A. 铬和钴　　B. 锡和铋　　C. 汞和银　　D. 锑和铋

答案：D

3. 根据《水质　总砷的测定　二乙基二硫代氨基甲酸银分光光度法》(GB/T 7485—87)测定水中砷时，样品采集后，应用________酸化至 pH<2 保存。废水样品须酸化至含酸达 1%。(　　)①

A. 硫酸　　B. 盐酸　　C. 硝酸　　D. 磷酸

答案：A

4. 根据《水质　总砷的测定　二乙基二硫代氨基甲酸银分光光度法》（GB/T 7485—87）测定水中砷，配制氯化亚锡溶液时，需加入________与________。（　　）①

A. 浓硫酸，锌粒　　B. 浓盐酸，锌粒　　C. 浓硫酸，锡粒　　D. 浓盐酸，锡粒

答案：D

5. 根据《水质　痕量砷的测定　硼氢化钾－硝酸银分光光度法》（GB/T 11900—89）测定水中痕量砷，当取水样体积为 250 ml、用 10 mm 比色皿时，该方法的最低检出浓度为________mg/L，测定上限为________mg/L。（　　）②

A. 0.000 1，0.004　　B. 0.000 2，0.008

C. 0.000 3，0.001 6　　D. 0.000 4，0.012

答案：D

6. 根据《水质　痕量砷的测定　硼氢化钾－硝酸银分光光度法》（GB/T 11900—89）测定水中痕量砷时，在每次吸收反应完成后，插入吸收液中的导气管要放在盛有 4 mol/L________的吸收管中浸洗，不用时一直放在此液中。（　　）②

A. 盐酸　　B. 硝酸　　C. 硫酸　　D. 磷酸

答案：B

7. 根据《水和废水监测分析方法》（第四版）中新银盐分光光度法测定水中痕量砷，当取水样体积为 250 ml、用 10 mm 比色皿时，该方法的检出限为________mg/L，测定上限为________mg/L。（　　）③

A. 0.000 2，0.006　　B. 0.000 4，0.012

C. 0.000 6，0.001 8　　D. 0.000 8，0.024

答案：B

8. 根据《水和废水监测分析方法》（第四版）中新银盐分光光度法测定水中痕量砷时，用浸渍二甲基甲酰胺（DMF）的脱脂棉可消除________的干扰，用乙酸铅棉可消除________的干扰。（　　）③

A. 锑、铋和锗，硫化物　　B. 锑、铋和锗，镍、钴和锡

C. 镍、钴和锡，硫化物　　D. 镍、钴和锡，锑、铋和锗

答案：A

9. 根据《水和废水监测分析方法》（第四版）中新银盐分光光度法测定水中痕量砷时，用浸渍二甲基甲酰胺（DMF）的脱脂棉可反复使用 30 次，但如果发现空白试验值高时，即应更换。新换 DMF 棉后，在测样品前，先用________的砷样，按操作程序反应一次，以免样品测定结果________。（　　）③

A. 低浓度，偏低　　B. 低浓度，偏高　　C. 中等浓度，偏低　　D. 高浓度，偏低

答案：C

四、问答题

1. 简述《水质　总砷的测定　二乙基二硫代氨基甲酸银分光光度法》（GB/T 7485—87）测定水中砷的基本原理。①

答案：锌与酸作用，产生新生态氢；在碘化钾和氯化亚锡存在下，使五价砷还原为三

价；三价砷与新生态氢生成气态胂，用二乙基二硫代氨基甲酸银－三乙醇胺的三氯甲烷溶液吸收胂，生成红色胶态银，在波长 530 nm（或 510 nm）处测量吸光度。

2. 根据《水质 总砷的测定 二乙基二硫代氨基甲酸银分光光度法》（GB/T 7485—87）测定含砷水样时，有哪些主要干扰物？如何排除？①

答案： 主要干扰物有锑、铋及硫化物等，加入 2 ml $SnCl_2$ 及 5 ml KI 可抑制锑盐和铋盐的干扰，硫化物可用乙酸铅棉去除。

3. 根据《水质 总砷的测定 二乙基二硫代氨基甲酸银分光光度法》（GB/T 7485—87）测定水中砷时，锌粒的规格对测定有何影响，如何选择？①

答案： 锌粒的规格（粒度）对砷化氢的发生有影响，粒度大表面光滑者，虽可适当增加用量或延长反应时间，但测定的重现性较差。表面粗糙的锌粒还原效率高，规格以 10～20 目为宜。

4. 简述《水质 痕量砷的测定 硼氢化钾－硝酸银分光光度法》（GB/T 11900—89）测定痕量砷的原理。②

答案： 硼氢化钾（硼氢化钠）在酸性溶液中产生新生态的氢，将试料中砷转变为砷化氢，用硝酸－硝酸银－聚乙烯醇－乙醇溶液为吸收液，将其中银离子还原成单质银，使溶液呈黄色，其颜色强度与生成氢化物的量成正比，在 400 nm 处有最大吸收，测量吸光度即可知砷含量。

5. 根据《水质 痕量砷的测定 硼氢化钾－硝酸银分光光度法》（GB/T 11900—89）和《水和废水监测分析方法》（第四版）中新银盐分光光度法测定水中痕量砷时，如何消除铝、锰、锌、镉、镍、钴及锡的干扰？②③

答案： 在 250 ml 试样中加入 15% 的酒石酸溶液 20 ml。

参考文献

[1] 国家环境保护局．水质 总砷的测定 二乙基二硫代氨基甲酸银分光光度法：GB/T 7485—87［S］．北京：中国标准出版社，1987.

[2] 国家环境保护局．水质 痕量砷的测定 硼氢化钾－硝酸银分光光度法：GB/T 11900—89［S］．北京：中国标准出版社，1989.

[3] 中华人民共和国卫生部，中国国家标准化管理委员会．生活饮用水标准检验方法 无机非金属指标：GB/T 5750.5—2006［S］．北京：中国标准出版社，2006.

[4] 国家环境保护总局《水和废水监测分析方法》编委会．水和废水监测分析方法．4 版［M］．北京：中国环境科学出版社，2002.

[5] 国家环境保护总局，国家质量监督检验检疫总局．地表水环境质量标准：GB 3838—2002［S］．北京：中国标准出版社，2002.

[6] 国家环境保护局．污水综合排放标准：GB 8978—1996［S］．北京：中国标准出版社，1996.

[7]《水和废水监测分析方法指南》编委会．水和废水监测分析方法指南：上册［M］．北京：中国环境科学出版社，1990.

命题：王 静 杨 虹 史 箴

审核：任学蓉 刘端阳 夏 新 冯 丹

第二十节 氯化物

分类号：W6-19

主要内容
《大气降水中氯化物的测定 硫氰酸汞高铁光度法》（GB/T 13580.9—92）

一、填空题

1.《大气降水中氯化物的测定 硫氰酸汞高铁光度法》（GB/T 13580.9—92）测定大气降水中氯化物的最低检出浓度为________mg/L，测定范围为________mg/L。

答案：0.03　　0.4～6.0

2. 在进行大气降水中氯化物测定的样品前处理时，应选用孔径为 0.45 μm 的有机微孔滤膜作过滤介质。该滤膜的孔径________，孔隙率________，过滤速度快。

答案：均匀　　高

3. 测定大气降水中氯化物时，样品测定前，需用滤膜过滤。滤膜使用前应放入________中浸泡________h，并用去离子水洗涤数次后，再进行过滤操作。

答案：去离子水　　24

二、问答题

简述用硫氰酸汞高铁光度法测定大气降水中的氯化物时，制备硫氰酸汞的方法。

答案：称取 5 g 硝酸汞溶于 200 ml 硝酸溶液中，加入 3 mol/L 硫酸铁铵溶液，在搅拌下，滴加硫氰酸钾溶液至试样呈微橙红色为止。生成硫氰酸汞白色沉淀，用 G3 砂芯漏斗过滤，并用水充分洗涤，将沉淀放入干燥器中自然干燥，贮于棕色瓶中。

参考文献

[1] 国家环境保护局，国家技术监督局 . 大气降水中氯化物的测定 硫氰酸汞高铁光度法：GB/T 13580.9—92 [S] . 北京：中国标准出版社，1992.

[2] 国家环境保护局 . 大气降水样品的采集与保存：GB/T 13580.2—92 [S] . 北京：中国标准出版社，1992.

命题：张榆霞　杨　楠

审核：池　靖　夏　新

第二十一节 铁

分类号：W6-20

主要内容
《水质 铁的测定 邻菲啰啉分光光度法（试行）》（HJ/T 345—2007）

一、判断题

1. 含铁水样暴露在空气中，高价铁易被分解成低价铁。(　　)

答案：错误

正确答案为：含铁水样暴露在空气中，二价铁可迅速被氧化成三价铁。

2. 含铁水样的 pH＞3.5 时，二价铁可迅速被氧化成三价铁。(　　)

答案：错误

正确答案为：含铁水样的 pH＞3.5 时，易导致高价铁的水解沉淀。

3. 用邻菲啰啉分光光度法测定水中铁时，亚铁离子在 pH=3 的溶液中与邻菲啰啉生成稳定的络合物，避光保存可稳定 3 个月。(　　)

答案：错误

正确答案为：亚铁离子在 pH 为 3～9 的溶液中与邻菲啰啉生成稳定的橙红色络合物，避光保存可稳定半年。

4. 含铁水样在保存和运输过程中，水中的细菌繁殖也会改变铁的存在形式。(　　)

答案：正确

5. 铁及其化合物均具有低毒性和微毒性。(　　)

答案：正确

6. 用邻菲啰啉分光光度法测定水中的铁，当水样有底色时，可用不加邻菲啰啉的试液作参比，对水样的底色进行校正。(　　)

答案：正确

二、选择题

1. 印染、纺织等工业用水中铁的含量必须在________mg/L 以下。(　　)

A. 0.05　　B. 0.1　　C. 0.5　　D. 0.8

答案：B

2.《地下水质量标准》（GB/T 14848—93）中铁的三级标准为________mg/L。(　　)

A. ≤0.1　　B. ≤0.2　　C. ≤0.3　　D. ＞1.0

答案：C

3. 用邻菲啰啉分光光度法测定水中高铁离子或总铁含量时，先要用________将高铁离子还原成亚铁离子。(　　)

A. 邻菲啰啉　　B. 盐酸羟胺　　C. 氯化钠　　D. 硼氰化钾

答案：B

4. 邻菲啰啉分光光度法适合于一般环境水和废水中铁含量的测定，其最低检出浓度及检测上限分别是________mg/L 和________mg/L 。(　　)

A. 0.01，2.00　　B. 0.02，5.00　　C. 0.03，5.00　　D. 0.05，8.00

答案：C

三、问答题

1. 简述邻菲啰啉分光光度法测定水中铁时，样品采集过程及注意事项。

答案：采样时将 2 ml 盐酸加入 100 ml 具塞的水样瓶内，注满水样后，塞好瓶塞以防氧化，一直保持到测量，最好现场测定或显色。含 CN^- 或 S^{2-} 离子的水样酸化时必须小心进行，因为会产生有毒气体。

2. 如何消除邻菲啰啉分光光度法测定水中铁时金属离子的干扰？

答案：邻菲啰啉能与某些金属离子形成有色络合物。当水样中铜、锌、钴及铬的浓度大于铁浓度的 10 倍、镍含量大于 2 mg/L 时干扰测定。加入过量的显色剂可消除干扰。汞、镉及银浓度高时可与邻菲啰啉生成沉淀，将沉淀过滤除去即可。

参考文献

[1] 国家环境保护总局．水质　铁的测定　邻菲啰啉分光光度法（试行）：HJ/T 345—2007［S］．北京：中国环境科学出版社，2007.

[2] 中华人民共和国卫生部，中国国家标准化管理委员会．生活饮用水标准检验方法　无机非金属指标：GB/T 5750.5—2006［S］．北京：中国标准出版社，2006.

[3] 国家环境保护局．污水综合排放标准：GB 8978—1996［S］．北京：中国标准出版社，1996.

[4] 国家环境保护总局《水和废水监测分析方法》编委会．水和废水监测分析方法．4 版［M］．北京：中国环境科学出版社，2002.

命题：史　箴　夏　新
审核：夏　新　池　靖　陈胜楠

第二十二节　锰

分类号：W6-21

主要内容
①《水质　锰的测定　高碘酸钾分光光度法》（GB/T 11906—89）
②《水质　锰的测定　甲醛肟分光光度法（试行）》（HJ/T 344—2007）
③《生活饮用水标准检验方法　金属指标》（GB/T 5750.6—2006）（3.2　锰　过硫酸铵分光光度法）

一、填空题

1. 一般工业用水中锰的含量不允许超过________mg/L 限值。①②

答案：0.1

2.《水质　锰的测定　甲醛肟分光光度法（试行）》（HJ/T 344—2007）适用于饮用水及________中总锰的测定，不适于测定__________。②

答案：未受严重污染的地表水　　高度污染的工业废水

3. 根据《水质　锰的测定　高碘酸钾分光光度法》（GB/T 11906—89）测定水中锰时，将显色液倒入 50 mm 比色皿中，于________nm 波长处，以________为参比测量吸光度，并做空白校正。②

答案：450　　水

4.《水质　锰的测定　甲醛肟分光光度法（试行）》（HJ/T 344—2007）的最低检出浓度为________mg/L，测定浓度范围为________mg/L，校正曲线范围为

________mg/50 ml。②

答案：0.01　　0.05～4.0　　2～40

5. 根据《生活饮用水标准检验方法　金属指标》（GB/T 5750—2006）（3.2　锰过硫酸铵分光光度法）测定水中锰时，在硝酸银存在下，锰被过硫酸铵氧化生成紫红色的________其颜色的深度与锰的含量成正比。③

答案：高锰酸盐

6. 根据《生活饮用水标准检验方法　金属指标》（GB/T 5750—2006）（3.2　锰过硫酸铵分光光度法）测定水中锰时，若水样有颜色，可向样品中滴加________溶液，至生成的高锰酸盐完全褪色为止，再次测量此水样的吸光度。③

答案：盐酸羟胺

7. 根据《生活饮用水标准检验方法　金属指标》（GB/T 5750—2006）（3.2　锰过硫酸铵分光光度法）测定水中锰时，配制试剂及稀释溶液所用的纯水不得含还原性物质，否则可加________处理。③

答案：过硫酸铵

8. 根据《生活饮用水标准检验方法　金属指标》（GB/T 5750—2006）（3.2　锰过硫酸铵分光光度法）测定水中锰时，向水样中加入硝酸银 - 硫酸汞溶液，煮沸至剩约 45 ml 时取下稍冷，如有浑浊，可用________过滤。③

答案：滤纸

二、判断题

1. 地表水中有可溶性三价锰的络合物和七价锰的悬浮物存在。（　　）①②

答案：错误

正确答案为：地表水中有可溶性三价锰的络合物和四价锰的悬浮物存在。

2. 根据《水质　锰的测定　高碘酸钾分光光度法》（GB/T 11906—89）和《水质　锰的测定　甲醛肟分光光度法（试行）》（HJ/T 344—2007），测定水中总锰时，应在采样时加硝酸酸化至 pH<2；测定可过滤性锰时，应在采样现场用 0.45 mm 有机微孔滤膜过滤，再用硝酸酸化至 pH<2 保存，废水样品应加入硝酸至水样体积的 1%。（　　）①②

答案：正确

3.《污水综合排放标准》（GB 8978—1996）一级标准中，总锰的最高允许排放浓度为 1.0 mg/L。（　　）①②

答案：错误

正确答案为：一级标准总锰的最高允许排放浓度为 2.0 mg/L。

4. 根据《水质　锰的测定　高碘酸钾分光光度法》（GB/T 11906—89）测定水中锰，试样加热消解时，切不可蒸干，否则易导致测定结果偏低。（　　）①

答案：正确

5. 根据《水质　锰的测定　高碘酸钾分光光度法》（GB/T 11906—89）测定水中锰时，酸度是显色完全与否的关键条件。（　　）①

答案：正确

6. 根据《水质　锰的测定　甲醛肟分光光度法（试行）》（HJ/T 344—2007）测定水中锰时，在容量瓶中显色完毕后，摇动时有大量气体产生，可立即将容量瓶打开。（　　）②

答案： 错误

正确答案为：应慢慢将容量瓶打开，防止溶液溅出。

7. 根据《水质　锰的测定　甲醛肟分光光度法（试行）》（HJ/T 344—2007）测定水中锰时，所有玻璃器皿在使用前均需用（1+10）盐酸浸泡，再用水冲洗干净。（　　）②

答案： 正确

8. 根据《水质　锰的测定　甲醛肟分光光度法（试行）》（HJ/T 344—2007）测定水中锰时，甲醛肟溶液应贮存于冰箱中，可保存至少 1 个月。（　　）②

答案： 正确

9. 根据《水质　锰的测定　甲醛肟分光光度法（试行）》（HJ/T 344—2007）测定水中锰时，经酸化至 pH=1 的清洁水，不可直接用于测定。（　　）②

答案： 错误

正确答案为：经酸化至 pH=1 的清洁水，一般可直接用于测定。

10. 根据《水质　锰的测定　甲醛肟分光光度法（试行）》（HJ/T 344—2007）测定水中锰时，含有悬浮二氧化锰和有机锰的水样需进行预处理。（　　）②

答案： 正确

11. 根据《生活饮用水标准检验方法　金属指标》（GB/T 5750—2006）（3.2　锰过硫酸铵分光光度法）测定水中锰时，过硫酸铵在干燥的时候较稳定，水溶液或受潮的固体容易分解放出硫化氢而失效。（　　）③

答案： 错误

正确答案为：水溶液或受潮的固体容易分解放出过氧化氢而失效。

12. 根据《生活饮用水标准检验方法　金属指标》（GB/T 5750—2006）（3.2　锰过硫酸铵分光光度法）测定水中锰时，若水样中有机物含量较高，可多加过硫酸铵，并延长加热时间。（　　）③

答案： 正确

13. 根据《生活饮用水标准检验方法　金属指标》（GB/T 5750—2006）（3.2　锰过硫酸铵分光光度法）测定水中锰时，有颜色的水样，应由测得的样品溶液的吸光度减去测得的样品空白吸光度，再从工作曲线查出锰的质量。（　　）③

答案： 正确

三、选择题

1. 地下水中由于缺氧，锰以可溶态的________锰形式存在。（　　）①

A. 二价　　B. 三价　　C. 四价　　D. 六价

E. 七价

答案： A

2. 根据《水质　锰的测定　高碘酸钾分光光度法》（GB/T 11906—89）测定水中锰，50 ml 水样中锰含量低于________mg 时，符合比尔定律。（　　）①

A. 50　　B. 75　　C. 125　　D. 150

答案：C

3. 根据《水质　锰的测定　甲醛肟分光光度法（试行）》（HJ/T 344—2007）测定水中锰，显色时，视锰含量分取一定体积水样置 100 ml 烧杯中，用氢氧化钠溶液调节水样 pH 至________左右。（　　）②

A. 4　　B. 7　　C. 10

答案：B

4. 根据《水质　锰的测定　甲醛肟分光光度法（试行）》（HJ/T 344—2007）测定水中锰时，一般要求加标回收率为________。（　　）②

A. 85%～120%　　B. 90%～110%　　C. 80%～130%　　D. 95%～105%

答案：D

5. 根据《生活饮用水标准检验方法　金属指标》（GB/T 5750—2006）（3.2　锰过硫酸铵分光光度法）测定水中锰时，硝酸银－硝酸汞溶液应储存在________瓶中。（　　）③

A. 玻璃　　B. 聚乙烯　　C. 聚四氟乙烯　　D. 棕色玻璃

答案：D

6. 根据《生活饮用水标准检验方法　金属指标》（GB/T 5750—2006）（3.2　锰过硫酸铵分光光度法）测定水中锰时，氯离子因能沉淀银离子而抑制催化作用，可由试剂中含有的________离子予以消除。（　　）③

A. 铁　　B. 汞　　C. 铜　　D. 硫酸根

答案：B

四、问答题

1. 根据《水质　锰的测定　高碘酸钾分光光度法》（GB/T 11906—89）测定水中锰时，为什么要选择在中性或弱碱性条件下显色测定？①

答案：因为溶液的 pH 是显色完全与否的关键条件，若 pH<6.5，则显色速度减慢，影响测定结果。在中性或弱碱性溶液中，在焦磷酸钾－乙酸钠存在下，高碘酸钾可于室温下瞬间将低价锰氧化成高锰酸盐，且色泽可稳定 16 h 以上。

2. 根据《水质　锰的测定　高碘酸钾分光光度法》（GB/T 11906—89），测定总锰的水样采集后，为什么要用硝酸酸化至 pH<2？①

答案：因为水样中的二价锰在中性或碱性条件下能被空气氧化为更高的价态而产生沉淀，并被容器壁吸附，因此，测定总锰的水样应在采样时加硝酸酸化至 pH<2。

3. 简述《水质　锰的测定　甲醛肟分光光度法（试行）》（HJ/T 344—2007）测定水中锰的方法原理。②

答案：在 pH 为 9.0～10.0 的碱性溶液中，Mn^{2+} 被溶解氧氧化为 Mn（Ⅳ），与甲醛肟生成棕色络合物。该络合物的最大吸收波长为 450 nm。锰浓度在 4.0 mg/L 以内，浓度和吸光度呈线性关系。

4. 根据《水质　锰的测定　甲醛肟分光光度法（试行）》（HJ/T 344—2007）测定水中锰时，主要干扰物质有哪些？如何消除？②

答案：主要干扰物质是金属元素。水中含有铁、铜、钴、镍、钒及铈金属元素时均可与甲醛肟形成络合物，干扰锰的测定。加入盐酸羟胺和 EDTA 可减少干扰。

参考文献

[1] 国家环境保护局 . 水质　锰的测定　高碘酸钾分光光度法：GB/T 11906—89［S］. 北京：中国标准出版社，1989.

[2] 国家环境保护总局 . 水质　锰的测定　甲醛肟分光光度法（试行）：HJ/T 344—2007［S］. 北京：中国环境科学出版社，2007.

[3] 中华人民共和国卫生部，中国国家标准化管理委员会 . 生活饮用水标准检验方法　金属指标：GB/T 5750.6—2006［S］. 北京：中国标准出版社，2006.

[4] 国家环境保护局 . 污水综合排放标准：GB 8978—1996［S］. 北京：中国标准出版社，1996.

[5] 国家环境保护总局《水和废水监测分析方法》编委会 . 水和废水监测分析方法 .4 版［M］. 北京：中国环境科学出版社，2002.

命题：史　箴　王雅辉　夏　新
审核：冯　丹　张万峰

第二十三节　总铬

分类号：W6-22

主要内容
《水质　总铬的测定》（GB/T 7466—87）（第一篇　高锰酸钾氧化－二苯碳酰二肼分光光度法）

一、填空题

1. 清洁水样中的六价铬可直接用________分光光度法测定，如测总铬，用高锰酸钾将三价铬氧化成六价铬，再用该方法测定。当水样中含铬量较高（>1 mg/L）时，采用硫酸亚铁铵滴定法进行测定。

答案：二苯碳酰二肼

2. 水中铬的测定方法主要有__________、__________、__________________________、________和________等。

答案：分光光度法　原子吸收法　电感耦合等离子发射光谱法（ICP-AES）
中子活化分析法　滴定法

二、判断题

测定水中总铬时，水样采集后，需加入硝酸调节 pH<6。(　　)

答案：错误
正确答案为：测定水中总铬时，水样采集后，应加入硝酸调节 pH<2。

三、选择题

1. 铬在水中的最稳定价态是________。(　　)
A. 六价　　B. 三价　　C. 二价

答案：B

2. 用二苯碳酰二肼分光光度法测定水中总铬，是在酸性或碱性条件下，用高锰酸钾将________，再用二苯碳酰二肼显色测定。（　　）

A. 三价铬氧化为六价铬　　B. 二价铬氧化为三价铬

答案：A

3. 用二苯碳酰二肼分光光度法测定水中总铬时，加入亚硝酸钠的目的是________。（　　）

A. 去除氧化性物质干扰　　B. 还原过量的高锰酸钾　　C. 调节酸碱度

答案：B

4. 二苯碳酰二肼分光光度法测定水中总铬时，加入尿素的目的是________。（　　）

A. 将 Cr^{3+} 氧化成 Cr（Ⅵ）　　B. 还原过量的高锰酸钾

C. 分解过量的亚硝酸钠

答案：C

四、问答题

1. 用高锰酸钾氧化－二苯碳酰二肼分光光度法测定水中总铬含量时，在水样中加入高锰酸钾后加热煮沸，如在煮沸过程中高锰酸钾紫红色消失，说明什么？应如何处理？

答案：说明水样中的有机物和无机还原性物质含量高（其中 Cr^{3+} 的含量也可能高）。应适当减少取样量另做，或适量补充高锰酸钾用量并同时做空白试验。

2. 高锰酸钾氧化－二苯碳酰二肼分光光度法测定水中总铬的原理是什么？

答案：在酸性溶液中，水样中的三价铬被高锰酸钾氧化成六价铬。六价铬与二苯碳酰二肼反应，生成紫红色化合物，于波长 540 nm 处进行测定。

3. 用二苯碳酰二肼分光光度法测定水中总铬时，水样经硝酸－硫酸消解后，为什么还要加高锰酸钾氧化后才能测定？

答案：因为只有将水样中的各种价态的铬都转化为六价铬后才能用二苯碳酰二肼分光光度法测定总铬，但在强酸性条件下，铬以 $Cr_2O_7^{2-}$ 形式存在，$Cr_2O_7^{2-}$ 具有比 HNO_3 还强的氧化性，它可先氧化还原性物质（如有机物），而本身被还原为 Cr^{3+}。只有加入高锰酸钾，进一步氧化，才能保证把 Cr^{3+} 完全氧化成 Cr（Ⅵ），从而测定的结果才可靠。

4. 测定六价铬或总铬的器皿能否用重铬酸钾洗液洗涤？为什么？应使用何种洗涤剂洗涤？

答案：不能用重铬酸钾洗液洗涤。因为重铬酸钾洗液中的铬呈六价，容易沾污器壁，使六价铬或总铬的测定结果偏高。应使用硝酸、硫酸混合液或合成洗涤剂洗涤，洗涤后要冲洗干净。所有玻璃器皿内壁须光洁，以免吸附铬离子。

五、计算题

用二苯碳酰二肼分光光度法测定水中总铬时，所得校准曲线的斜率和截距分别为 0.044 A/mg 和 0.001 A。测得水样的吸光度为 0.095（A_0 =0.007），在同一水样中加入 4.00 ml 铬标准溶液（1.00 μg/ml），测定加标回收率。加标后测得试样的吸光度为

0.267，计算加标回收率（不考虑加标体积）。

答案： 已知：a=0.001；b=0.044；y=0.001+0.044x

水样中总铬 x=（0.095-0.007-0.001）/0.044=1.98（μg）

加标样中总铬 =（0.267-0.007-0.001）/0.044 =5.89（μg）

加标回收率 P=（5.89-1.98）/4.00 × 1.00 × 100%=97.8%

参考文献

[1] 国家环境保护局 . 水质　总铬的测定：GB/T 7466—87［S］. 北京：中国标准出版社，1987.

[2] 国家环境保护总局《水和废水监测分析方法》编委会 . 水和废水监测分析方法 .4 版［M］. 北京：中国环境科学出版社，2002.

[3]《水和废水监测分析方法指南》编委会 . 水和废水监测分析方法指南：上册［M］. 北京：中国环境科学出版社，1990.

[4] 国家环境保护局《环境监测机构计量认证和创建优质实验室指南》编写组 . 环境监测机构计量认证和创建优质实验室指南［M］. 北京：中国环境科学出版社，1994.

命题：史　箴　李玲玲

审核：史　箴　兰志梅　夏　新

第二十四节　六价铬

分类号：W6-23

主要内容
①《水质　六价铬的测定　二苯碳酰二肼分光光度法》（GB/T 7467—87）
②《水质　六价铬的测定　流动注射 - 二苯碳酰二肼光度法》（HJ 908—2017）

一、填空题

1. 在水体中，六价铬一般是以________、________和________三种阴离子形式存在。①②

答案： CrO_4^{2-}　$HCrO_4^-$　$Cr_2O_7^{2-}$

2. 根据《水质　六价铬的测定　二苯碳酰二肼分光光度法》（GB/T 7467—87）测定水中六价铬时，显色酸度一般控制在 0.05～0.3 mol/L（1/2 H_2SO_4），以________mol/L 时显色最好。显色前，水样应调至中性。显色时，________和________对显色有影响。①

答案： 0.2　温度　放置时间

3. 根据《水质　六价铬的测定　二苯碳酰二肼分光光度法》（GB/T 7467—87）测定水中六价铬时，如水样有颜色但不太深，可进行________校正。浑浊且色度较深的水样用________预处理后，仍含有机物干扰测定时，可用________破坏有机物后再测定。①

答案：色度　　锌盐沉淀分离　　酸性高锰酸钾（氧化法）

4. 根据《水质　六价铬的测定　二苯碳酰二肼分光光度法》（GB/T 7467—87）测定水中六价铬，当取样体积为 50 ml，且使用 30 mm 比色皿时，方法的最低检出浓度为________mg/L。①

答案：0.004

5. 根据《水质　六价铬的测定　二苯碳酰二肼分光光度法》（GB/T 7467—87）和《水质　六价铬的测定　流动注射 - 二苯碳酰二肼光度法》（HJ 908—2017）测定六价铬的水样，在 pH 约为 8 的条件下，置于冰箱内可保存________d。①②

答案：7

6. 根据《水质　六价铬的测定　流动注射 - 二苯碳酰二肼光度法》（HJ 908—2017）测定水中六价铬，当检测光程为 10 mm 时，本标准的方法检出限为________mg/L，测定下限为________mg/L。未经稀释的样品测定上限为________mg/L，超出测定上限应稀释后测定。②

答案：0.001　　0.004　　0.600

二、判断题

1. 铬的化合物常见的价态有三价和六价，在水体中，受 pH、有机物、氧化还原物质、温度及硬度等因素的影响，三价铬和六价铬化合物可以相互转化。（　　）①②

答案：正确

2. 根据《水质　六价铬的测定　二苯碳酰二肼分光光度法》（GB/T 7467—87）测定水中六价铬时，显色剂二苯碳酰二肼可储存在棕色玻璃瓶中，长期使用，直至用完。（　　）①

答案：错误

正确答案为：颜色变深后不能再使用。

3. 根据《水质　六价铬的测定　二苯碳酰二肼分光光度法》（GB/T 7467—87）测定水中六价铬时，六价铬将显色剂二苯碳酰二肼氧化成苯肼羰基偶氮苯，而本身被还原为三价铬。（　　）①

答案：正确

4. 根据《水质　六价铬的测定　二苯碳酰二肼分光光度法》（GB/T 7467—87）测定水中六价铬时，二苯碳酰二肼与铬的络合物在 470 nm 波长处有最大吸收。（　　）①

答案：错误

正确答案为：二苯碳酰二肼与铬的络合物在 540 nm 波长处有最大吸收。

5. 根据《水质　六价铬的测定　二苯碳酰二肼分光光度法》（GB/T 7467—87）测定水中六价铬时，氧化性及还原性物质（如 ClO^-、Fe^{2+}、SO_3^{2-}、$S2O_3^{2-}$ 等）以及水样有色或浑浊时，对测定均有干扰，须进行预处理。（　　）①

答案：正确

6. 根据《水质　六价铬的测定　二苯碳酰二肼分光光度法》（GB/T 7467—87）测定水中六价铬，六价铬与二苯碳酰二肼反应时，显色酸度一般控制在 0.05～0.3 mol/L（1/2 H_2SO_4）。显色酸度高时，显色快，但色泽不稳定。（　　）①

答案：正确

7. 根据《水质　六价铬的测定　二苯碳酰二肼分光光度法》（GB/T 7467—87）测定水中六价铬时，六价铬与二苯碳酰二肼生成有色络合物，该络合物的稳定时间与六价铬的浓度无关。（　　）①

答案：错误

正确答案为：稳定时间与六价铬的浓度有关，六价铬浓度低，显色后稳定时间短。

8. 根据《水质　六价铬的测定　流动注射－二苯碳酰二肼光度法》（HJ 908—2017）测定水中六价铬时，所有玻璃器皿不得用铬酸洗液洗涤。可用硝酸、硫酸混合液或合成洗涤剂洗涤，洗涤后要冲洗干净。（　　）①②

答案：正确

9. 根据《水质　六价铬的测定　流动注射－二苯碳酰二肼光度法》（HJ 908—2017）测定水中六价铬时，部分金属离子干扰六价铬测定。当六价铬含量为 0.1 mg/L 时，采用锌盐沉淀分离预处理后样品中金属离子 Ni^{2+}≤200 mg/L、Mo^{6+}≤160 mg/L、Hg^{2+}≤160 mg/L、V^{5+}≤2.0 mg/L、Fe^{3+}≤200 mg/L、Cu^{2+}≤100 mg/L、Co^{2+}≤60 mg/L 不干扰测定。（　　）②

答案：正确

三、选择题

1. 根据《水质　六价铬的测定　二苯碳酰二肼分光光度法》（GB/T 7467—87）测定水中六价铬时，加入磷酸的主要作用是________。（　　）①

A. 消除 Fe^{3+} 的干扰　　B. 控制溶液的酸度

C. 消除 Fe^{3+} 的干扰、控制溶液的酸度

答案：C

2. 根据《水质　六价铬的测定　二苯碳酰二肼分光光度法》（GB/T 7467—87）测定水中六价铬时，采集的水样应加入固定剂调节至 pH________。（　　）①

A. <2　　B. 约 8　　C. 约 5

答案：B

3. 铬的毒性与其存在状态有关。________铬的化合物具有强烈的毒性，已确认为致癌物，并能在体内积蓄。（　　）①②

A. 三价　　B. 二价　　C. 六价

答案：C

4. 根据《水质　六价铬的测定　二苯碳酰二肼分光光度法》（GB/T 7467—87）测定六价铬时，水样应在________条件下保存。（　　）①

A. 弱碱性　　B. 弱酸性　　C. 中性

答案：A

四、问答题

1. 根据《水质　六价铬的测定　二苯碳酰二肼分光光度法》（GB/T 7467—87）测定水中六价铬时，加入磷酸的主要作用是什么？①

答案：磷酸与 Fe^{3+} 形成稳定的无色络合物，从而消除 Fe^{3+} 的干扰，同时磷酸也和其他金属离子络合，避免一些盐类析出而产生浑浊。

2. 简述《水质　六价铬的测定　流动注射 - 二苯碳酰二肼光度法》（HJ 908—2017）中流动注射 - 二苯碳酰二肼光度法测定六价铬的方法原理。②

答案：在封闭的管路中，将一定体积的试样注入连续流动的酸性载液中，试样与试剂在化学反应模块中按特定的顺序和比例混合，在非完全反应的条件下，试样中的六价铬与二苯碳酰二肼生成紫红色化合物，进入流动检测池，于 540 nm 波长处测量吸光度。在一定的范围内，试样中六价铬的浓度与其对应的吸光度呈线性关系。

五、计算题

根据《水质　六价铬的测定　二苯碳酰二肼分光光度法》（GB/T 7467—87）测定水中六价铬时，要配制浓度为 50.0 mg/L 的 Cr（Ⅵ）标准溶液 1 000 ml，应称取多少克 $K_2Cr_2O_7$？（已知 $M_{K_2Cr_2O_7}=294.2$；$M_{Cr}=51.996$）①

答案：$M_{K_2Cr_2O_7}=\dfrac{50.0\times1.000\times294.2}{104.0}$ =141.4（mg）=0.141 4（g）

参考文献

[1] 国家环境保护局 . 水质　六价铬的测定　二苯碳酰二肼分光光度法：GB/T 7467—87［S］. 北京：中国标准出版社，1987.

[2] 环境保护部 . 水质　六价铬的测定　流动注射 - 二苯碳酰二肼光度法：HJ 908—2017［S］. 北京：中国环境出版集团，2017.

[3] 中华人民共和国卫生部，中国国家标准化管理委员会 . 生活饮用水标准检验方法　金属指标：GB/T 5750.6—2006［S］. 北京：中国标准出版社，2006.

[4] 国家环境保护总局《水和废水监测分析方法》编委会 . 水和废水监测分析方法 .4 版［M］. 北京：中国环境科学出版社，2002.

[5]《水和废水监测分析方法指南》编委会 . 水和废水监测分析方法指南：上册［M］. 北京：中国环境科学出版社，1990.

[6] 国家环境保护局《环境监测机构计量认证和创建优质实验室指南》编写组 . 环境监测机构计量认证和创建优质实验室指南［M］. 北京：中国环境科学出版社，1994.

命题：杨　楠　王丽娜　史　箴

审核：刘　蕊　兰志梅　陈　威　柴文轩

第二十五节　银

分类号：W6-24

主要内容
①《水质　银的测定　3,5-Br_2-PADAP 分光光度法》（HJ 489—2009）
②《水质　银的测定　镉试剂 2B 分光光度法》（HJ 490—2009）
③《生活饮用水标准检验方法　金属指标》（GB/T 5750.6—2006）（12.2　银　巯基棉富集－高碘酸钾分光光度法）

一、填空题

根据《水质　银的测定　3,5-Br_2-PADAP 分光光度法》（HJ 489—2009）测定水中银时，所用的十二烷基硫酸钠溶液浓度为________% 水溶液。①

答案：1

二、判断题

1. 测银水样采集后贮存于聚乙烯瓶或棕色玻璃瓶中保存。(　　) ①②③

答案：错误

正确答案为：应贮存于聚乙烯瓶中保存。

2. 根据《水质　银的测定　3,5-Br_2-PADAP 分光光度法》（HJ 489—2009），在 pH 为 5.0 的乙酸盐缓冲介质中，3,5-Br_2-PADAP 能与许多金属离子生成有色络合物而干扰银的测定。(　　) ①

答案：正确

3. 根据《水质　银的测定　3,5-Br_2-PADAP 分光光度法》（HJ 489—2009）和《水质　银的测定　镉试剂 2B 分光光度法》（HJ 490—2009）测定水质中银时，均使用比色皿比色。(　　) ①②

答案：正确

4. 根据《水质　银的测定　3,5-Br_2-PADAP 分光光度法》（HJ 489—2009）测定水质中银时，Cl^-、Br^-、I^-、$S_2O_3^{2-}$、SCN^- 和 S^{2-} 对测定产生负干扰，可在强酸消解水样时除去。(　　) ①

答案：正确

5. 根据《水质　银的测定　3,5-Br_2-PADAP 分光光度法》（HJ 489—2009）测定水中银，进行显色反应时，每加一种试剂均需把反应液摇匀。(　　) ①

答案：正确

6. 根据《水质　银的测定　3,5-Br_2-PADAP 分光光度法》（HJ 489—2009），如果要测水样中可溶态银，可在现场用 0.45 μm 有机微孔滤膜过滤，滤液加盐酸酸化，使 pH＜2，带回实验室尽快测定。(　　) ①

答案：错误

正确答案为：滤液应加硝酸酸化。

7.《水质　银的测定　镉试剂 2B 分光光度法》（HJ 490—2009）适用于感光材料生产和胶片洗印、镀银及冶炼等行业排放的污水及受银污染的地表水中银的测定。（　　）②

答案：正确

8. 根据《水质　银的测定　3,5-Br_2-PADAP 分光光度法》（HJ 489—2009）、《水质　银的测定　镉试剂 2B 分光光度法》（HJ 490—2009）和《生活饮用水标准检验方法　金属指标》（GB/T 5750.6—2006）（12.2　银　巯基棉富集 - 高碘酸钾分光光度法），测银的水样采集酸化后，不必再采用避光的措施。（　　）①②③

答案：错误

正确答案为：应避免光照。

9. 根据《水质　银的测定　镉试剂 2B 分光光度法》（HJ 490—2009）测定水中银时，试样中有 Na_2EDTA 存在的条件下，阴离子一般均无干扰。（　　）②

答案：错误

正确答案为：用镉试剂 2B 分光光度法测银时，试样中有 Na_2EDTA 存在的条件下，阳离子一般均无干扰。

10. 根据《水质　银的测定　镉试剂 2B 分光光度法》（HJ 490—2009）测定水中银时，银标准贮备液贮于棕色玻璃瓶中，避光保存，至少可稳定半年。（　　）②

答案：错误

正确答案为：银标准贮备液贮存在棕色玻璃瓶中，避光保存，至少可稳定 1 个月。

11. 根据《水质　银的测定　镉试剂 2B 分光光度法》（HJ 490—2009）测定水中银，测定样品吸光度值时，用去离子水作参比溶液。（　　）②

答案：正确。

12. 根据《水质　银的测定　镉试剂 2B 分光光度法》（HJ 490—2009），测定银的水样加硝酸酸化至 pH 为 1～2 后，可长期保存。（　　）②

答案：错误

正确答案为：测定银的水样即使加硝酸酸化至 pH 为 1～2 后，也不能保存，应尽快分析。

13. 根据《生活饮用水标准检验方法　金属指标》（GB/T 5750.6—2006）（12.2　银　巯基棉富集 - 高碘酸钾分光光度法）测定水质中银时，巯基棉的有效期至少可以保存 3 个月。（　　）③

答案：错误

正确答案为：巯基棉的有效期至少可以保存 1 年。

14. 根据《生活饮用水标准检验方法　金属指标》（GB/T 5750.6—2006）（12.2　银　巯基棉富集 - 高碘酸钾分光光度法）测定水质中银时，向样品及标准管中分别加入氢氧化钠溶液、高碘酸钾溶液和过硫酸钾溶液后，用纯水稀释定容，摇匀，立即放入 60℃水浴中加热 20 min，取出冷却至室温后测量吸光度。（　　）③

答案：错误

正确答案为：立即放入沸水浴中加热 20 min。

15. 根据《生活饮用水标准检验方法　金属指标》（GB/T 5750.6—2006）（12.2　银　巯基棉富集 - 高碘酸钾分光光度法）测定水质中银时，巯基棉的制作要在 50℃烘箱中放置 2～4 d，经漏斗或滤器抽滤至干。用纯水充分洗去未反应的物质，再加入盐酸溶液（1 mol/L）淋洗，最后用纯水淋洗至中性。抽干后摊开，在 30℃烘箱中烘干，于棕色瓶中密闭暗处保存。(　　) ③

答案：错误

正确答案为：在 35℃烘箱中放置 2～4 d。

16.《生活饮用水标准检验方法　金属指标》(GB/T 5750.6—2006)(12.2　银　巯基棉富集－高碘酸钾分光光度法)适用于基体不复杂的废水、地表水、地下水、生活饮用水及其水源水中银的测定。(　　) ③

答案：错误

正确答案为：《生活饮用水标准检验方法　金属指标》(GB/T 5750.6—2006)(12.2　银　巯基棉富集－高碘酸钾分光光度法)仅适用于生活饮用水及其水源水中银的测定。

三、选择题

1. 根据《水质　银的测定　3,5-Br_2-PADAP 分光光度法》(HJ 489—2009)测定水中银时，加入 2 ml 0.1 mol/L 的________可掩蔽大多数阳离子干扰。(　　) ①

A. Na_2-EDTA　　B. Na_2-EDTA 和酒石酸

C. 乙酸－乙酸钠　　D. 氨水和碘化氢

答案：A

2.《水质　银的测定　3,5-Br_2-PADAP 分光光度法》(HJ 489—2009)的检出限为________mg/L。(　　) ①

A. 0.02　　B. 0.05　　C. 0.02　　D. 0.01

答案：C

3. 根据《水质　银的测定　3,5-Br_2-PADAP 分光光度法》(HJ 489—2009)测定水质中银时，银与 3,5-Br_2-PADAP 络合物的最大吸收波长为________nm，该波长也是测定波长。(　　) ①

A. 570　　B. 470　　C. 540　　D. 410

答案：A

4. 根据《水质　银的测定　3,5-Br_2-PADAP 分光光度法》(HJ 489—2009)测定水质中银时，水样中相对于银含量________倍的铝(Ⅲ)，可通过加入掩蔽剂，消除对银测定的影响。(　　) ①

A. 200　　B. 500　　C. 1 000　　D. 1 200

答案：A

5. 根据《水质　银的测定　3,5-Br_2-PADAP 分光光度法》(HJ 489—2009)测定水质中银时，除非证明试样的预处理是不必要的，可直接制备试样进行比色外，其余样品均需用________消解。(　　) ①

A. HNO_3-$HClO_4$-H_2O_2　　B. HNO_3-$HClO_4$-HCl-H_2O_2

C. HNO_3-H_2SO_4-H_2O_2　　D. HNO_3-HF-H_2O_2

答案：C

6. 根据《水质　银的测定　镉试剂 2B 分光光度法》（HJ 490—2009）测定水质中银时，镉试剂 2B 与银离子生成的络合物至少可以稳定________。（　　）②

A. 12 h　　B. 24 h　　C. 6 h　　D. 2 d

答案：B

7. 根据《水质　银的测定　镉试剂 2B 分光光度法》（HJ 490—2009），测定银的印染废水样应________保存。（　　）②

A. 加硝酸　　B. 加硫酸　　C. 不加酸　　D. 加氢氧化钠

答案：C

8. 根据《水质　银的测定　镉试剂 2B 分光光度法》（HJ 490—2009），测定水中银的检测上限为________mg/L。（　　）②

A. 0.8　　B. 1.0　　C. 1.2　　D. 2.0

答案：A

9. 根据《水质　银的测定　镉试剂 2B 分光光度法》（HJ 490—2009）测定水质中银，配制银标准贮备液时，需加________助溶。（　　）②

A. 硫酸　　B. 硝酸　　C. 盐酸　　D. 高氯酸

答案：B

10. 根据《水质　银的测定　镉试剂 2B 分光光度法》（HJ 490—2009）测定水质中银时，镉试剂 2B- 乙醇溶液配制中产生的沉淀用________方法去除。（　　）②

A. 过滤　　B. 澄清　　C. 萃取

答案：A

11.《污水综合排放标准》（GB 8978—1996）中，总银的最高允许排放浓度为________mg/L。（　　）①②

A. 0.05　　B. 0.1　　C. 0.5　　D. 1.0

答案：C

12. 根据《生活饮用水标准检验方法　金属指标》（GB/T 5750.6—2006）（12.2　银　巯基棉富集 - 高碘酸钾分光光度法）测定水质中银，是在________介质中，高碘酸钾将氯化银（或氧化银）氧化成黄色银络盐，进行比色测定。（　　）③

A. 酸性介质　　B. 碱性介质　　C. 中性介质

答案：B

13. 根据《生活饮用水标准检验方法　金属指标》（GB/T 5750.6—2006）（12.2　银　巯基棉富集 - 高碘酸钾分光光度法）测定水质中银时，用________将富集在巯基棉上的银洗脱下来。（　　）③

A.（1+5）盐酸　　B.（1+3）盐酸　　C.（1+3）硝酸　　D.（1+5）硝酸

答案：A

14. 根据《生活饮用水标准检验方法　金属指标》（GB/T 5750.6—2006）（12.2　银　巯基棉富集 - 高碘酸钾分光光度法）测定水质中银，比色时用 3 cm 比色皿，纯水为参比溶液，测定波长为________nm。（　　）③

A. 315　　B. 335　　C. 355　　D. 375

答案：C

15. 根据《生活饮用水标准检验方法　金属指标》(GB/T 5750.6—2006)(12.2　银　巯基棉富集－高碘酸钾分光光度法)测定水质中银，若取 200 ml 水样，则测定水中银的检测限为________mg/L。(　　)③

A. 0.001　　B. 0.002　　C. 0.005　　D. 0.010

答案：C

四、问答题

1. 简述《水质　银的测定　3,5-Br_2-PADAP 分光光度法》(HJ 489—2009)测定水中银的原理。①

答案：在 1% 的十二烷基硫酸钠存在下，于 pH 为 4.5～8.5 的乙酸盐缓冲介质中，银与 3,5-Br_2-PADAP 反应生成稳定的络合比为 1∶2 的红色络合物，其吸光度与银的浓度成正比，络合物的最大吸收波长为 570 nm。

2. 根据《水质　银的测定　3,5-Br_2-PADAP 分光光度法》(HJ 489—2009)测定水中银时，十二烷基硫酸钠的质量对分析测定有何影响？①

答案：十二烷基硫酸钠的质量较差时，显色灵敏度较低，且不稳定，此时应更换质量较好的试剂。

3. 简述《水质　银的测定　镉试剂 2B 分光光度法》(HJ 490—2009)测定水中银的方法原理。②

答案：在曲力通 X-100 存在下的四硼酸钠缓冲介质中，镉试剂 2B 与银离子生成稳定的络合比为 4∶1 的紫红色络合物，颜色强度与银离子浓度成正比。该络合物的最大吸收波长为 554 nm。

4. 根据《水质　银的测定　镉试剂 2B 分光光度法》(HJ 490—2009)，测定银的水样应如何进行前处理？②

答案：较清洁的样品加硝酸和高氯酸一次消解即可；样品复杂，含有机物质较多，或有沉淀等可多加硝酸反复消解。在消解过程中，不宜蒸干，否则银有损失。

5. 根据《水质　银的测定　3,5-Br_2-PADAP 分光光度法》(HJ 489—2009)和《水质　银的测定　镉试剂 2B 分光光度法》(HJ 490—2009)，对于感光材料生产和胶片洗印、镀银等行业排放的废水，样品采集后如何处理？①②

答案：样品采集后不加酸酸化，应立即进行分析。

6. 根据《水质　银的测定　镉试剂 2B 分光光度法》(HJ 490—2009)，测定感光材料和印染废水中的银的水样应特别注意什么？②

答案：感光材料和印染废水的沉淀或悬浮物，应尽量取均匀试样制备试料。

参考文献

[1] 环境保护部 . 水质　银的测定　3,5-Br_2-PADAP 分光光度法：HJ 489—2009［S］. 北京：中国环境科学出版社，2009.

[2] 环境保护部 . 水质　银的测定　镉试剂 2B 分光光度法：HJ 490—2009［S］. 北京：中国环境科学出版社，2009.

[3] 中华人民共和国卫生部，中国国家标准化管理委员会 . 生活饮用水标准检验方法　金属指标：GB/T 5750.6—2006［S］. 北京：中国标准出版社，2006.

[4] 国家环境保护局 . 污水综合排放标准：GB 8978—1996［S］. 北京：中国标准出版社，1996.
[5] 国家环境保护总局《水和废水监测分析方法》编委会 . 水和废水监测分析方法 .4 版［M］. 北京：中国环境科学出版社，2002.
[6] 魏复盛 . 水和废水监测分析方法指南：中册［M］. 北京：中国环境科学出版社，1994.

命题：史 箴 彭倩芳 夏 新 王伟华
审核：陈素兰 屈智丽 张万峰

第二十六节 镍

分类号：W6-25

主要内容
《水质 镍的测定 丁二酮肟分光光度法》（GB/T 11910—89）

一、填空题

1. 清洁地表水中镍的浓度一般很低，大概在________mg/L 左右。

答案：1

2.《污水综合排放标准》（GB 8978—1996）中，总镍是第一类污染物，必须在________________采样，其污水排放最高允许浓度为________mg/L。

答案：车间或车间处理设施排放口　　1.0

二、判断题

1. 镍是一种银白色金属，硬而有光泽，富延展性和磁性，是一种不活泼元素。（　　）

答案：正确

2. 环境中镍主要以三价或四价离子状态存在。（　　）

答案：错误

正确答案为：环境中镍主要以二价离子状态存在。

3. 用丁二酮肟分光光度法测定水中镍时，镍和丁二酮肟生成的酒红色可溶性络合物在 440 nm 和 530 nm 波长处有两个吸收峰，摩尔吸光系数分别为 1.5 × 104 L/（mol · cm）和 6.6 × 103 L/（mol · cm），所以测定波长选为 440 nm。（　　）

答案：错误

正确答案为：为了消除柠檬酸铁等的干扰，选择灵敏度稍低的 530 nm 波长处进行测定。

4. 对于含有悬浮物、沉淀、微生物及藻类的水样，若欲测可溶态镍，应在采样现场立即用 0.45 μm 微孔滤膜过滤，其滤液应马上酸化至 pH<2，滤膜上的残渣，可留作测定悬浮态的金属；当需测水样的可溶态镍与悬浮态镍的总和时，则采样时应取混合水样，取样后即用硝酸酸化至 pH<2。临测定前，将样品充分振摇，使悬浮物和水样混合均匀，立即用移液管分取一定量的混合水样。（　　）

答案：正确

三、选择题

1. 用丁二酮肟分光光度法测定水中镍，在低于20℃室温下显色时，络合物吸光度至少在________h内不变。温度高时络合物欠稳定，在此情况下须在较短时间内测量完毕，且样品测定与绘制校准曲线的条件应尽量相同。(　　)

A. 0.5　　B. 1.0　　C. 1.5　　D. 2.0

答案：B

2. 用丁二酮肟分光光度法测定水中镍时，氰化物干扰测定，所以在测定前应加入________并加热除去。(　　)

A. 柠檬酸铵　　B. Na_2EDTA　　C. 硝酸　　D. 次氯酸钠

答案：D

3. 用丁二酮肟分光光度法测定悬浮态镍与混合水样的总镍时，必须进行消解。可在聚四氟乙烯烧杯或石英烧杯中，用________消解，蒸发至近干，并用1%________溶解残渣，使全部镍进入试液备测。(　　)

A. HNO_3-$HClO_4$，HNO_3　　B. HCl-$HClO_4$，HCl

C. HNO_3-HF，HNO_3　　D. HNO_3-HF，HCl

答案：A

4. 镍与丁二酮肟络合适宜的溶液pH为________，在此条件下，络合物吸光度大而稳定。当溶液pH小时，加入显色剂后，出现鲜红色沉淀，致使溶液的吸光度不稳定；当溶液的pH大时，则溶液显色较慢。(　　)

A. 8.5～10.0　　B. 9.5～11.0　　C. 9.0～11.0　　D. 9.5～11.5

答案：B

四、问答题

1. 用丁二酮肟分光光度法测定水中镍，进行显色操作时应注意什么？

答案：（1）在显色操作中，加入碘溶液后应先加水至20 ml并摇匀，然后再加入丁二酮肟显色剂，否则不能正常显色。因为丁二酮肟显色剂中含50%氨水，若不先用水稀释会降低碘的氧化能力。

（2）必须在加入丁二酮肟显色剂并摇匀后再加入Na_2EDTA溶液，否则Na_2EDTA掩蔽镍，而使镍不能显色。

2. 简述用丁二酮肟分光光度法测定水中镍的方法原理。

答案：在氨溶液中，氧化剂碘存在下，镍与丁二酮肟作用，形成1∶4的酒红色可溶性络合物，于波长530 nm处测定。

3. 用丁二酮肟分光光度法测定水中镍时，干扰因素有哪些？如何消除？

答案：铜及钴等金属离子易与丁二酮肟生成络合物，不溶于氨水的铁、铝及铬都产生干扰，影响测定结果。柠檬酸铵，可消除二价铅、镁、锌、钙、六价铬及三价铝等的干扰；Na_2EDTA溶液，可消除铁、铜、锰及钴的影响。当铜及钴浓度过大时，可采用丁二酮肟－正丁醇萃取分离除去。氰化物干扰测定，可在测定前加入次氯酸钠和硝酸加热除去。

参考文献

[1] 国家环境保护局 . 水质　镍的测定　丁二酮肟分光光度法：GB/T 11910—89［S］. 北京：中国标准出版社，1989.

[2] 国家环境保护局 . 污水综合排放标准：GB 8978—1996［S］. 北京：中国标准出版社，1996.

[3] 国家环境保护总局《水和废水监测分析方法》编委会 . 水和废水监测分析方法 .4 版［M］. 北京：中国环境科学出版社，2002.

[4] 魏复盛 . 水和废水监测分析方法指南：中册［M］. 北京：中国环境科学出版社，1994.

命题：史　箴　彭倩芳

审核：陈素兰　夏　新

第二十七节　锑

分类号：W6-26

主要内容
《水和废水监测分析方法》（第四版）（锑　5-Br-PADAP 光度法）

一、填空题

1. 锑是银白色金属，在自然界中主要以________价态、________价态和________价态形式存在。

答案：三　　五　　负三

2. 含锑废水常采用的监测分析方法有________________、________和________。

答案：（5-Br-PADAP）分光光度法　　原子吸收光度法　　原子荧光光度法

二、判断题

1. 因为锑盐的不稳定性，含锑水样应保存在玻璃瓶中。（　　）

答案：错误

正确答案为：测锑水样应保存在聚乙烯塑料瓶中。

2. 锑的氢化物毒性强烈，在自然界中不稳定，易氧化分解成金属和水；Sb（Ⅲ）和 Sb（Ⅴ）在弱酸至中性介质中易水解沉淀。（　　）

答案：正确

3. 含锑水样易水解析出沉淀，所以测锑水样在取样后应即刻加硝酸酸化至 pH≤2。（　　）

答案：错误

正确答案为：含锑水样易水解析出沉淀，所以测锑水样在取样后应即刻加盐酸酸化至 pH≤1。

4. 用 5-Br-PADAP 分光光度法测定水中锑时，还原装置必须严密不漏气，否则漏出锑

化氢，不但有毒还影响测定结果。(　　)

答案：正确

5. 用 5-Br-PADAP 分光光度法测定水中锑时，还原装置导气管的出口口径不能大于 5 mm，否则吸收不完全。(　　)

答案：错误

正确答案为：还原装置导气管的出口口径不能大于 1 mm，否则吸收不完全。

6. 用 5-Br-PADAP 分光光度法测定水中锑时，水样含有与锑等量的 Fe（Ⅲ）、Cu（Ⅱ）、Sn（Ⅳ）和 Co（Ⅱ）对测定产生负干扰。(　　)

答案：错误

正确答案为：水样含有与锑等量的 Fe（Ⅲ）、Cu（Ⅱ）、Sn（Ⅳ）和 Co（Ⅱ）对测定产生正干扰。

7. 用 5-Br-PADAP 分光光度法测锑时，水样含有与锑等量的 Cr（Ⅲ）对测定产生正干扰。(　　)

答案：错误

正确答案为：水样含有与锑等量的 Cr（Ⅲ）对测定产生负干扰。

三、选择题

1. 用 5-Br-PADAP 分光光度法测定水中锑时，在锑化氢的发生吸收装置中，校准曲线与水样测定相比，多加了一种________试剂。(　　)

A. 酒石酸溶液　　B. 碘化钾溶液　　C. 硫脲溶液　　D.（1+1）盐酸溶液

答案：A

2. 用 5-Br-PADAP 分光光度法测定水中锑时，锑化氢反应发生装置中吸收液的液面高度应不低于________cm。(　　)

A. 2　　B. 5　　C. 8　　D. 10

答案：B

3. 用 5-Br-PADAP 分光光度法测定水中锑时，为消除铁、铜、钴及铬等金属离子的干扰，在酒石酸与硫脲存在的酸性试液中加入________除去。(　　)

A. 邻菲啰啉　　B. 盐酸羟胺　　C. 氯化钠　　D. 硼氢化钾

答案：D

四、问答题

1. 简述用 5-Br-PADAP 分光光度法测定水中锑的方法原理。

答案：以丙酮作增溶剂，在碘化钾存在下，于 0.02～0.1 mol/L 盐酸介质中，锑（Ⅲ）与 5-Br-PADAP 生成稳定的紫红色络合物，可于波长 600 nm 处测量吸光度值。

2. 用 5-Br-PADAP 分光光度法测定水中锑时，硫脲在测定中的作用是什么？

答案：在用硼氢化钾还原分离之前，加入硫脲，除作掩蔽剂外，还有预还原锑（Ⅴ）为锑（Ⅲ）的作用，否则锑（Ⅴ）还原不完全，结果显著偏低。

参考文献

[1] 国家环境保护局 . 污水综合排放标准：GB 8978—1996［S］. 北京：中国标准出版社，1996.

[2] 国家环境保护总局《水和废水监测分析方法》编委会．水和废水监测分析方法．4 版［M］．北京：中国环境科学出版社，2002.
[3] 魏复盛．水和废水监测分析方法指南：中册［M］．北京：中国环境科学出版社，1994.

命题：彭倩芳　杨　楠　池　靖
审核：陈素兰　史　箴　夏　新

第二十八节　铍

分类号：W6–27

> 主要内容
> ①《水质　铍的测定　铬菁 R 分光光度法》（HJ/T 58—2000）
> ②《水和废水监测分析方法》（第四版）（铍　铬天菁 S 光度法）
> ③《生活饮用水标准检验方法　金属指标》（GB/T 5750.6—2006）［20.3　铍　铝试剂（金精三羧酸铵）分光光度法］

一、填空题

1. 根据《水质　铍的测定　铬菁 R 分光光度法》（HJ/T 58—2000）、《水和废水监测分析方法》（第四版）中铬天菁 S 光度法和《生活饮用水标准检验方法　金属指标》（GB/T 5750.6—2006）［20.3　铍　铝试剂（金精三羧酸铵）分光光度法］，测定铍所用的玻璃器皿和采样所用聚乙烯瓶应先用洗涤剂洗净，再用________溶液浸泡________h，然后用水清洗干净再用。①②③

答案：盐酸　　24

2. 根据《水质　铍的测定　铬菁 R 分光光度法》（HJ/T 58—2000）测定水中铍时，样品采集后，如不能立即分析，需用盐酸将水样酸化至 pH 为________保存。①

答案：1～2

3. 根据《生活饮用水标准检验方法　金属指标》（GB/T 5750.6—2006）［20.3　铍　铝试剂（金精三羧酸铵）分光光度法］测定水中铍时，为防止铍在容器壁吸附，于每升样品中加入 1.5 ml________。若仅需分析水溶性铍时，先将水样经________mm 滤膜过滤，再加保存剂。③

答案：浓硝酸　　0.45

二、判断题

1. 根据《水质　铍的测定　铬菁 R 分光光度法》（HJ/T 58—2000）、《水和废水监测分析方法》（第四版）中铬天菁 S 光度法和《生活饮用水标准检验方法　金属指标》（GB/T 5750.6—2006）［20.3　铍　铝试剂（金精三羧酸铵）分光光度法］测定水中铍时，铍及其化合物的毒性极强，即使痕量也可使人中毒，因此操作时要格外小心。（　　）①②③

答案：正确

2. 根据《水和废水监测分析方法》（第四版）中铬天菁 S 光度法测定水中铍，当用活性炭富集 500 ml 水样时，其方法检出限可达到 0.001 mg/L。（　　）②

答案：错误

正确答案为：此方法检出限可达到 0.000 1 mg/L。

3.《水质　铍的测定　铬菁 R 分光光度法》（HJ/T 58—2000）的方法检出限是 0.2 mg/L，在方法规定条件下，测定范围是 0.7～40.0 mg/L。（　　）①

答案：错误

正确答案为：此方法检出限是 0.2 mg/L，在方法规定条件下，测定范围是 0.7～40.0 mg/L。

4.《水和废水监测分析方法》（第四版）中铬天菁 S 光度法适合分析工业废水和受铍污染水中铍的测定。（　　）②

答案：正确

5.《污水综合排放标准》（GB 8978—1996）中规定，总铍的污水排放最高允许浓度为 0.5 mg/L。（　　）①②

答案：错误

正确答案为：总铍的污水排放最高允许浓度为 0.005 mg/L。

6. 根据《水和废水监测分析方法》（第四版）中活性炭吸附－铬天菁 S 分光光度法测定水中铍时，六次甲基四胺缓冲溶液的最佳 pH 为 6.5。（　　）②

答案：错误

正确答案为：六次甲基四胺缓冲溶液的最佳 pH 为 5.0。

7. 根据《水和废水监测分析方法》（第四版）中铬天菁 S 分光光度法测定水中铍时，大量强酸阴离子的存在会产生“盐效应”，引起吸光度值的波动，降低精密度。（　　）②

答案：正确

8. 天然水体中含铍量极低，一般对人体无危害。（　　）①②③

答案：正确

9. 根据《生活饮用水标准检验方法　金属指标》（GB/T 5750.6—2006）［20.3　铍　铝试剂（金精三羧酸铵）分光光度法］测定水中铍时，水样中的有机铍不干扰测定。（　　）③

答案：错误

正确答案为：有机铍干扰测定，需将含有机铍的样品分解后进行测定。

10. 根据《生活饮用水标准检验方法　金属指标》（GB/T 5750.6—2006）［20.3　铍　铝试剂（金精三羧酸铵）分光光度法］测定水中铍时，水中较低含量的铝、钴、铜、铁、锰、镍、钛、锌及锆不影响测定，铜含量大于 10 mg/L 时，需加入 EDTA 将其隐蔽。（　　）③

答案：错误

正确答案为：水中较低含量的铝、钴、铜、铁、锰、镍、钛、锌及锆影响测定，加入 EDTA 将其隐蔽。铜含量大于 10 mg/L 时必需增加 EDTA 的用量。

11. 根据《生活饮用水标准检验方法　金属指标》（GB/T 5750.6—2006）［20.3　铍　铝

试剂（金精三羧酸铵）分光光度法］测定水中铍时，铜与铝试剂在 515 nm 波长处有吸收，必要时可于标准系列中加入同样质量的铜予以校正。（　　）③

答案：正确

12. 根据《生活饮用水标准检验方法　金属指标》（GB/T 5750.6—2006）［20.3 铍 铝试剂（金精三羧酸铵）分光光度法］测定水中铍时，甲基红指示剂配制的溶剂是丙酮。（　　）③

答案：错误

正确答案为：溶剂是乙醇。

13. 根据《生活饮用水标准检验方法　金属指标》（GB/T 5750.6—2006）［20.3 铍 铝试剂（金精三羧酸铵）分光光度法］测定水中铍时，铍的标准溶液及样品溶液，加入乙二胺四乙酸溶液和铝试剂缓冲液后，用纯水稀释至 100 ml，充分混匀后放置 20 min，必要时可过滤，然后进行吸光度测定。（　　）③

答案：错误

正确答案为：充分混匀后于暗处放置 20 min。

14. 根据《生活饮用水标准检验方法　金属指标》（GB/T 5750.6—2006）［20.3 铍 铝试剂（金精三羧酸铵）分光光度法］测定水中铍时，铝试剂又称玫红三羧酸铵或金精三羧酸铵，是优良的金属指示剂，常温下为红棕色或橙红色玻璃状粉末或颗粒。易溶于水而微溶于醇，难溶于醚、苯、丙酮和氯仿。在定量分析中，常使用其 0.5 g/L 的水溶液。（　　）③

答案：正确

三、选择题

1. 根据《水和废水监测分析方法》（第四版）中活性炭吸附－铬天菁 S 光度法测定水中铍时，Na_2EDTA 被作为________使用。（　　）②

A. 氧化剂　　B. 还原剂　　C. 显色剂　　D. 掩蔽剂

答案：D

2. 根据《水和废水监测分析方法》（第四版）中铬天菁 S 光度法测定水中铍时，用于分光光度测定的显色络合物为________色。（　　）②

A. 红　　B. 绿　　C. 蓝　　D. 黄

答案：C

3. 根据《水和废水监测分析方法》（第四版）中铬天菁 S 光度法测定水中铍时，为使铍能全部从活性炭上解吸下来，淋洗时必须用________溶液。（　　）②

A. 饱和高锰酸钾　　B. 10% 硫酸

C.（1+3）硝酸　　D. 煮沸的热盐酸

答案：D

4. 根据《水和废水监测分析方法》（第四版）中铬天菁 S 光度法测定水中铍时，如果直接显色测定，其方法测定上限为________mg/L。（　　）②

A. 0.001　　B. 0.000 1　　C. 0.005　　D. 0.028

答案：D

5. 根据《水和废水监测分析方法》(第四版)中铬天菁 S 光度法测定水中铍时，含铍适量且无干扰的清洁水样，无需活性炭吸附富集，可将水样的 pH 调至________后直接显色测定。(　　)②

A. 弱酸性　　B. 弱碱性　　C. 中性　　D. 强酸性

答案：A

6. 根据《生活饮用水标准检验方法　金属指标》(GB/T 5750.6—2006)[20.3　铍　铝试剂(金精三羧酸铵)分光光度法]测定水中铍时，铍与铝试剂反应，用分光光度测定的显色络合物为________色。(　　)③

A. 红　　B. 绿　　C. 蓝　　D. 黄

答案：A

7. 根据《生活饮用水标准检验方法　金属指标》(GB/T 5750.6—2006)[20.3　铍　铝试剂(金精三羧酸铵)分光光度法]测定水中铍时，若取 50 ml 水样，则最低检出浓度是________mg/L。(　　)③

A. 0.001　　B. 0.01　　C. 0.005　　D. 0.028

答案：B

四、问答题

1. 根据《水和废水监测分析方法》(第四版)中铬天菁 S 光度法测定水中铍时，六次甲基四胺溶液放置一段时间，溶液中会产生游离氨，造成空白过高，怎样才能降低空白试剂值？②

答案：将试剂提纯，或将其水溶液静置，待游离氨挥发后，再用盐酸调 pH 为 5.0。

2. 简述根据《水和废水监测分析方法》(第四版)中铬天菁 S 光度法测定水中铍的方法原理。②

答案：铍在碱性溶液中与铬天菁 S、氯代十六烷基吡啶(CPC)生成胶束络合物，以 EDTA 作为掩蔽剂，用活性炭吸附分离富集。热盐酸将铍由活性炭上解吸，在 pH 为 5 的六次甲基四胺缓冲溶液中，铍与铬天菁 S、氯代十六烷基吡啶生成蓝色络合物，络合物的最大吸收波长为 618 nm。

3. 简述《水质　铍的测定　铬菁 R 分光光度法》(HJ/T 58—2000)测定水中铍的原理。①

答案：在 pH 为 5 的六次甲基四胺缓冲溶液中，铍离子与铬菁 R(ECR)、氯代十六烷基吡啶(CPC)生成稳定的紫色胶束络合物，络合物的最大吸收波长为 582 nm，在一定范围内，吸光度与铍的浓度成正比。

参考文献

[1] 国家环境保护总局 . 水质　铍的测定　铬菁 R 分光光度法：HJ/T 58—2000 [S] . 北京：中国环境科学出版社，2000.

[2] 国家环境保护总局《水和废水监测分析方法》编委会 . 水和废水监测分析方法 .4 版 [M] . 北京：中国环境科学出版社，2002.

[3] 中华人民共和国卫生部，中国国家标准化管理委员会 . 生活饮用水标准检验方法　金属指标：GB/T 5750.6—2006 [S] . 北京：中国标准出版社，2006.

[4] 国家环境保护局 . 污水综合排放标准：GB 8978—1996 [S] . 北京：中国标准出版社，1996.

[5] 魏复盛 . 水和废水监测分析方法指南：中册［M］. 北京：中国环境科学出版社，1994.

命题：王伟华 史 箴 夏 新
审核：陈素兰 张万峰 彭倩芳 冯 丹

第二十九节 硝基苯类化合物

分类号：W6-28

主要内容
①《水和废水监测分析方法》（第四版）［硝基苯类（三硝基化合物）氯代十六烷基吡啶光度法］
②《水和废水监测分析方法》（第四版）［硝基苯类（一硝基和二硝基化合物）还原－偶氮光度法］

一、填空题

1. 硝基苯类化合物均难溶于水，易溶于________、________及其他有机溶剂。①②

答案：乙醇 乙醚

2. 硝基苯类化合物主要存在于________、________和制革等工业废水中。②

答案：染料 炸药

3. 用氯代十六烷基吡啶光度法测定水中硝基苯类化合物时，水样中________、________和________离子浓度很高时，会产生絮状沉淀，需要离心后再进行光度测定。①

答案：铁 钙 镁

4. 废水中硝基苯类化合物常用还原－偶氮分光光度法测定，其最低检出浓度为________mg/L。②

答案：0.2

二、判断题

1. 水样中乙醇含量 5% 以下、甲醇含量 2.5% 以下、丙酮含量 10% 以下时，均不干扰还原－偶氮光度法测定硝基苯类化合物。（ ）②

答案：正确

2. 当水样中苯胺类化合物含量（酸化还原后测得的苯胺含量）是硝基苯类化合物含量的 7 倍时，还原－偶氮分光光度法仍适用于测定硝基苯类化合物。（ ）②

答案：正确

3. 用还原－偶氮分光光度法测定水中硝基苯类化合物时，将还原后的水样进行过滤操作应使用慢速滤纸。（ ）②

答案：正确

4. 用还原－偶氮分光光度法测定水中硝基苯类化合物时，2% *N*-（1-萘基）乙二胺溶液放置一段时间后，若出现沉淀，摇匀后还可以使用，但当颜色加深时则需重新配制。（ ）②

答案：错误

正确答案为：出现沉淀和颜色加深时均需重新配制。

5. 氯代十六烷基吡啶光度法不适用于生化法处理后的废水中三硝基苯类化合物的测定。( ) ①

答案：正确

6. 用氯代十六烷基吡啶光度法测定硝基苯类化合物时，如果水样中三硝基苯类化合物的浓度较高，可稀释后测定。( ) ①

答案：正确

7. 用氯代十六烷基吡啶光度法测定硝基苯类化合物时，加入氯代十六烷基吡啶溶液后，如果产生乳浊液，就不能用本方法进行测定。( ) ①

答案：正确

三、选择题

1. 用还原－偶氮分光光度法可测定水中________类化合物，测定结果以硝基苯表示。( ) ②

A. 一硝基苯和二硝基苯　　B. 三硝基苯　　C. 芳香族硝基

答案：A

2. 用还原－偶氮分光光度法测定水中硝基苯类化合物时，水样中的硝基苯类化合物在酸性介质中用金属________还原成苯胺。( ) ②

A. 铁　　B. 铜　　C. 锌

答案：C

3. 氯代十六烷基吡啶光度法不能测定________化合物。( ) ①

A. *a*-TNT　　B. TNB　　C. 2,4-DNT

答案：C

4. 氯代十六烷基吡啶光度法测定水中三硝基苯类化合物的范围是________mg/L。( ) ①

A. 0.1～70　　B. ＞0.2　　C. 0.2～150

答案：A

四、问答题

1. 常见硝基苯类化合物包括哪些化合物？①②

答案：硝基苯、二硝基苯、二硝基甲苯、三硝基甲苯、二硝基氯苯等。

2. 试述还原－偶氮分光光度法测定水中硝基苯类化合物的原理。②

答案：在含硫酸铜的酸性溶液中，由锌粉反应产生的初生态氢将硝基苯还原成苯胺，经重氮偶合反应生成紫红色染料，进行比色测定。

3. 若水样中含有苯胺类化合物，应如何用还原－偶氮分光光度法测定硝基苯类化合物？②

答案：需测定两份样品，一份不经还原测苯胺类含量，另一份按还原－偶氮分光光度法将硝基苯类还原成苯胺类测定其总量，从总量中减去未经还原的苯胺类含量后，即为硝基苯类化合物的含量。

4. 试述氯代十六烷基吡啶光度法测定水中三硝基苯类化合物的原理。①

答案： 在酸度为 pH 6.5～9.5 介质中，2,4,6- 三硝基甲苯（*a*-TNT）、三硝基苯（TNB）和 2,4,6- 三硝基苯甲酸（*a*-TNBA）等三硝基苯类化合物在 Na_2SO_3-CPC-DEAE 溶液中生成灵敏的有色加成化合物，进行比色测定。

5. 用氯代十六烷基吡啶光度法测定三硝基苯类化合物时，如果水样颜色较深，应如何处理？①

答案： 当水样颜色较深时，可取同体积的水样，用水稀释至 25 ml 作为空白比较，并从水样测得的吸光度值减去该空白吸光度值。

参考文献

[1] 国家环境保护总局《水和废水监测分析方法》编委会 . 水和废水监测分析方法 .4 版［M］. 北京：中国环境科学出版社，2002.

[2] 魏复盛 . 水和废水监测分析方法指南：中册［M］. 北京：中国环境科学出版社，1994.

命题：史　箴　李　刚

审核：张玉惠　夏　新

第三十节　苯胺类化合物

分类号：W6-29

主要内容
《水质　苯胺类化合物的测定　*N*-（1- 萘基）乙二胺偶氮分光光度法》（GB/T 11889—89）

一、填空题

1. 测定水中苯胺类化合物的 *N*-（1- 萘基）乙二胺偶氮分光光度法，适用范围为________mg/L 至________mg/L。

答案： 0.03　50

2. 用 *N*-（1- 萘基）乙二胺偶氮分光光度法测定水中苯胺类化合物时，在酸性条件下，当水中苯酚含量高于 200 mg/L 时，会产生________（正或负）干扰。

答案： 正

二、判断题

1. 苯胺在空气中可被还原而使色泽变深。（　　）

答案： 错误

正确答案为：苯胺在空气中可被氧化而使色泽变深。

2. 用 *N*-（1- 萘基）乙二胺偶氮分光光度法测定水中苯胺类化合物时，水样必须使用慢速滤纸过滤。（　　）

答案： 错误

正确答案为：水样必须使用中速滤纸过滤。

3. 用 *N*-（1-萘基）乙二胺偶氮分光光度法测定水中苯胺类化合物时，显色温度对反应有影响，最佳反应温度为15℃。当低于此温度时，尤应注意校准曲线与水样同时进行操作。(　　)

答案：错误

正确答案为：最佳反应温度为22～30℃。

4. 用 *N*-（1-萘基）乙二胺偶氮分光光度法测定水中苯胺类化合物时，如果苯胺试剂为无色透明液，可直接称量配制。若试剂颜色发黄，应重新蒸馏或标定苯胺含量后使用。(　　)

答案：正确

5. 用 *N*-（1-萘基）乙二胺偶氮分光光度法测定水中苯胺类化合物时，对色泽很深的废水样品，应采用蒸馏法，消除其干扰。(　　)

答案：错误

正确答案为：若水样颜色深，可用聚己内酰胺粉末脱色。

6. 用 *N*-（1-萘基）乙二胺偶氮分光光度法测定水中苯胺类化合物时，萘乙二胺盐酸盐溶液应贮存于棕色瓶中，常温下避光保存即可。(　　)

答案：错误

正确答案为：萘乙二胺盐酸盐溶液应贮存于棕色瓶中，放在冰箱内冷藏。

7. 用 *N*-（1-萘基）乙二胺偶氮分光光度法测定水中苯胺类化合物时，当萘乙二胺盐酸盐出现浑浊时，应进行振荡待溶液澄清后使用。(　　)

答案：错误

正确答案为：应重新配制。

三、选择题

1. 用于测定硝基苯类化合物的水样以________采集，用硫酸调节至pH为1～2，并在4℃下保存，应尽快进行分析。(　　)

A. 塑料瓶　　B. 玻璃瓶　　C. 塑料瓶或玻璃瓶

答案：B

2. 用氯代十六烷基吡啶光度法测定水中三硝基苯类化合物时，在 Na_2SO_3-CPC-DEAE溶液中显色的适宜酸度为pH=________。(　　)

A. 5～6.5　　B. 6.5～9.5　　C. 9.5～10

答案：B

3. 测定苯胺类化合物的水样应采集于________内。(　　)

A. 玻璃瓶　　B. 塑料瓶　　C. 玻璃瓶或塑料瓶

答案：A

4. 测定苯胺类化合物的水样应在采集后________h内测定。(　　)

A. 6　　B. 24　　C. 48

答案：B

四、问答题

1. 苯胺类化合物常用作哪些行业的原料？它对人体有什么危害？

答案：常用于染料制造、印染、橡胶、制药、塑料和油漆等行业的原料。它可通过呼吸道和消化道而摄入人体内，亦可通过皮肤吸收，对人体的主要危害是使氧和血红蛋白变为高铁血红蛋白，影响组织细胞供养而造成窒息。慢性中毒表现为神经系统症状和血象的变化，某些苯胺类化合物还具有致癌性。

2. 试述 *N*-（1-萘基）-乙二胺偶氮分光光度法测定水中苯胺类化合物的原理。

答案：苯胺类化合物在酸性条件下（pH 为 1.5～2.0）与亚硝酸盐重氮化，再与 *N*-（1-萘基）-乙二胺盐酸盐耦合，生成紫红色染料，在波长 545 nm 处测定吸光度，从而测定苯胺类的含量。

3. 用 *N*-（1-萘基）-乙二胺偶氮分光光度法测定废水中苯胺类时，萘乙二胺盐酸盐（NEDA）溶液如何配制和保存？

答案：用颜色很浅的二级品，可直接配制，配制时在水浴上温热至溶液清亮并全部溶解，过滤后稀释至所要体积。萘乙二胺盐酸盐（NEDA）溶液贮存于棕色玻璃瓶中，放在冰箱内冷藏。此溶液不宜多配，当溶液浑浊时应重新配制。

参考文献

[1] 国家环境保护局 . 水质　苯胺类化合物的测定　*N*-（1-萘基）乙二胺偶氮分光光度法：GB/T 11889—89［S］. 北京：中国标准出版社，1989.

[2] 魏复盛 . 水和废水监测分析方法指南：中册［M］. 北京：中国环境科学出版社，1994.

命题：史　箴　李　刚　陈胜楠

审核：张玉惠　夏　新　池　靖

第三十一节　挥发酚

分类号：W6-30

主要内容
①《水质　挥发酚的测定　4-氨基安替比林分光光度法》（HJ 503—2009）（方法 1　萃取分光光度法）
②《水质　挥发酚的测定　4-氨基安替比林分光光度法》（HJ 503—2009）（方法 2　直接分光光度法）
③《水质　挥发酚的测定　流动注射-4-氨基安替比林分光光度法》（HJ 825—2017）

一、填空题

1. 酚类化合物由苯酚及其一系列酚的衍生物构成。因其沸点不同，根据酚类能否与水蒸气一起蒸出，分为挥发性酚和不挥发性酚，挥发性酚多指沸点在________℃下的酚类，通常属一元酚。①②③

答案：230

2.《污水综合排放标准》（GB 8978—1996）中的挥发酚是指能与水蒸气一并蒸出的酚类化合物，定义为________类污染物，在排污单位排出口取样，一级标准挥发酚的最高允许排放浓度为________mg/L。①②③

答案：二　0.5

3. 酚类化合物在水样中很不稳定，尤其是低浓度样品，其主要影响因素为________和________，使其被氧化或分解。①②③

答案：水中微生物　氧

4. 含酚水样若不能及时分析可采取的保存方法为：加入磷酸使水样 pH 在________，并加入适量________，保存在 5～10℃，贮存于玻璃瓶中。①②③

答案：0.5～4.0　$CuSO_4$

5.《水质　挥发酚的测定　4-氨基安替比林分光光度法》（HJ 503—2009）建议：饮用水、地表水和地下水中的挥发酚测定宜采用________（方法）测定；工业废水和生活污水宜采用________（方法）测定。①②

答案：萃取分光光度法　直接分光光度法

6.《水质　挥发酚的测定　4-氨基安替比林分光光度法》（HJ 503—2009）中萃取分光光度法的检出限为________mg/L，测定上限为________mg/L。①

答案：0.000 3　0.04

7. 根据《水质　挥发酚的测定　4-氨基安替比林分光光度法》（HJ 503—2009），采用萃取分光光度法在________nm 波长处测定吸光度，采用直接分光光度在________nm 波长处测定吸光度。①

答案：460　510

8. 根据《水质　挥发酚的测定　4-氨基安替比林分光光度法》（HJ 503—2009），萃取分光光度法测定吸光度用______作参比，直接分光光度测定吸光度用______作参比。①

答案：三氯甲烷　纯水

9. 根据《水质　挥发酚的测定　流动注射-4-氨基安替比林分光光度法》（HJ 825—2017）测定水中挥发酚时，样品采集后，用________酸调至 PH<2，或用 0.01～0.02 g________除去残余氯，用________固定，使样品的 pH≥________。③

答案：磷　抗坏血酸　氢氧化钠　12

10. 根据《水质　挥发酚的测定　流动注射-4-氨基安替比林分光光度法》（HJ 825—2017）测定水中挥发酚时，所使用的冷凝管内易长菌，加入适量 1% 的________可以防止长菌，如循环使用，应________（时间）更换。③

答案：次氯酸钠溶液　每周

二、判断题

1. 根据《水质　挥发酚的测定　4-氨基安替比林分光光度法》（HJ 503—2009）测定水中挥发酚时，如果试样中共存有芳香胺类物质，可在 pH<0.5 的介质中蒸馏，以减小其干扰。(　　) ①②

答案：正确

2. 根据《水质　挥发酚的测定　4-氨基安替比林分光光度法》（HJ 503—2009）测定

水中挥发酚时，如果水样中不存在干扰物，预蒸馏操作可以省略。(　　)①②

答案：错误

正确答案为：预蒸馏操作不能省略。

3. 根据《水质　挥发酚的测定　4-氨基安替比林分光光度法》(HJ 503—2009)测定水中挥发酚时，若缓冲液的 pH 不在 10.0±0.2 范围内，可用 HCl 或 NaOH 调节。(　　)①②

答案：错误

正确答案为：缓冲液的 pH 不在 10.0±0.2 范围内时，应重新配制。

4. 根据《水质　挥发酚的测定　4-氨基安替比林分光光度法》(HJ 503—2009)，采用萃取分光光度法测定地表水中挥发酚，当样品中挥发酚的浓度超过测定上限时，可改用直接显色分光光度法。(　　)①②

答案：错误

正确答案为：对于浓度高于标准上限的样品，可适当稀释后进行测定。

5. 根据《水质　挥发酚的测定　4-氨基安替比林分光光度法》(HJ 503—2009)测定水中挥发酚时，预处理地表水中挥发酚的蒸馏设备不宜与测定工业废水或生活污水的蒸馏设备混用。(　　)①②

答案：正确

6. 根据《水质　挥发酚的测定　4-氨基安替比林分光光度法》(HJ 503—2009)测定水中挥发酚时，4-氨基安替比林的质量直接影响挥发酚测定空白试验的吸光度和测定结果的准确度，必要时要进行提纯。(　　)①②

答案：正确

7. 根据《水质　挥发酚的测定　4-氨基安替比林分光光度法》(HJ 503—2009)测定挥发酚时，显色时间对测定吸光度无影响。(　　)①②

答案：错误

正确答案为：显色后，在 30 min 内测定吸光度。

8. 采集挥发酚水样用玻璃容器保存，加入磷酸酸化并加入适量硫酸铜溶液的作用是抑制微生物对酚类的生物氧化作用。(　　)①②③

答案：正确

9. 酚类属于高毒物质，分析过程中产生的残渣、废液应及时倾倒下水道，以免人体接触。(　　)①②③

答案：错误

正确答案为：分析过程中产生的废液应集中回收，交由有资质的废弃物专业处理公司处理。

10. 根据《水质　挥发酚的测定　流动注射-4-氨基安替比林分光光度法》(HJ 825—2017)测定水中挥发酚时，每批样品须至少测定 1 个实验室空白，空白值不得超过方法检出限。(　　)③

答案：错误

正确答案为：每批样品须至少测定 2 个实验室空白。

11.《水质　挥发酚的测定　流动注射-4-氨基安替比林分光光度法》(HJ 825—2017)适用于地表水、地下水和生活污水中挥发酚的测定，不适用于工业废水中挥发酚的

测定。(　　)③

答案：错误

正确答案为：该方法也适用于工业废水中挥发酚的测定。

三、选择题

1. ________厂排放的废水中需监测挥发酚。(　　)①②③

A. 炼油　　B. 肉联　　C. 汽车制造　　D. 电镀

答案：A

2. 当水样中含油时，测定挥发酚前可用乙醚萃取以去除干扰，加入乙醚前应先________。(　　)①②③

A. 进行预蒸馏

B. 加入 HCl，调节 pH 至 2.0～2.5

C. 加入（1+1）H_2SO_4，使样品显酸性

D. 加入 0.1 mol/L NaOH 溶液，调节 pH 至 12.0～12.5

答案：C

3. 根据《水质　挥发酚的测定　4- 氨基安替比林分光光度法》（HJ 503—2009）中直接分光光度法测定挥发酚的测定下限为________mg/L。(　　)②

A. 0.001　　B. 0.003　　C. 0.004　　D. 0.04

答案：D

4. 根据《水质　挥发酚的测定　4- 氨基安替比林分光光度法》（HJ 503—2009）测定挥发酚时，每批样品应至少带一个校准曲线中校核点，中间校核点测定值与校准曲线相应点浓度值的相对误差不应超过________%。(　　)①②

A. 20　　B. 10　　C. 5

答案：B

四、问答题

1. 无酚水如何制备？写出两种制备方法。①②③

答案：（1）于每升水中加入 0.2 g 经 200℃活化 30 min 的粉末活性炭，充分振摇后，放置过夜，用双层中速滤纸过滤。

（2）加入 NaOH 使水呈强碱性，并滴加 $KMnO_4$ 溶液至紫红色，在全玻璃蒸馏器中加热蒸馏，集取馏出液。

2. 水中挥发酚测定时，一定要进行预蒸馏，为什么？①②③

答案：根据水质标准规定，挥发酚是指能与水蒸气一并蒸出的酚类化合物，因此样品必须经过蒸馏。经蒸馏操作，还可消除色度、浊度和金属离子等的干扰。

3. 如何检验含酚废水是否存在氧化剂？如有，应怎样消除？①②③

答案：在采样现场将水样酸化后，滴于 KI^- 淀粉试剂上，如出现蓝色，说明存在氧化剂，应及时在水样中加入过量硫酸亚铁铵除去。

4. 根据《水质　挥发酚的测定　4- 氨基安替比林分光光度法》（HJ 503—2009）测定挥发酚的样品，在蒸馏过程中甲基橙的红色褪去，应如何处理？①②

答案：测定挥发酚的样品在蒸馏过程中，若发现甲基橙的红色褪去，应在蒸馏结束后，

放冷，再加一滴甲基橙指示液。若发现蒸馏残留液不显酸性，则应重新取样，增加磷酸溶液加入量，进行蒸馏。

5. 简述《水质 挥发酚的测定 流动注射 -4- 氨基安替比林分光光度法》（HJ 825—2017）测定水中挥发酚的化学反应原理。③

答案： 在酸性条件下，样品通过 160°±2°C 在线蒸馏释放出酚。被蒸馏出的酚类化合物，于弱碱性介质中，在铁氰化钾存在下，与 4- 氨基安替比林反应生成橙黄色的安替比林染料，于 500 nm 波长处测定吸光度。

五、计算题

称取预先在 105～110℃干燥的 $K_2Cr_2O_7$ 6.129 g，配制成 250 ml 标准溶液，取部分溶液稀释 20 倍配成 $K_2Cr_2O_7$ 的标准使用液，取 $K_2Cr_2O_7$ 标准使用液 20.00 ml，用 $Na_2S_2O_3$ 溶液滴定，耗去 19.80 ml；计算得到 $Na_2S_2O_3$ 溶液标准浓度。用此 $Na_2S_2O_3$ 溶液滴定 10.00 ml 酚标准贮备液消耗 0.78 ml，同时滴定空白消耗 $Na_2S_2O_3$ 溶液 24.78 ml。问酚标准贮备液浓度是多少？［$K_2Cr_2O_7$ 的摩尔质量（1/6 $K_2Cr_2O_7$）为 49.03 g/mol；苯酚的摩尔质量（1/6 C_6H_5OH）为 15.68 g/mol］①②

答案： $C_{K_2Cr_2O_7}=\dfrac{6.129\times1\,000}{49.03\times250.0\times20}=0.025\,00\ (\text{mol/L})$

$$C_{Na_2S_2O_3}=\frac{0.025\,00\times20.00}{19.80}=0.025\,25(\text{mol/L})$$

$$C_{酚}=\frac{0.025\,25\times(24.78-0.78)\times15.68}{10.00}=0.950\,2(\text{mg/ml})$$

参考文献

[1] 环境保护部 . 水质 挥发酚的测定 蒸馏后 4- 氨基安替比林分光光度法：HJ 503—2009［S］. 北京：中国环境科学出版社，2009.

[2] 环境保护部 . 水质 挥发酚的测定 流动注射 -4- 氨基安替比林分光光度法：HJ 825—2017［S］. 北京：中国环境出版集团，2017.

[3] 中华人民共和国卫生部，中国国家标准化管理委员会 . 生活饮用水标准检验方法 感官性状和物理指标：GB/T 5750.4—2006［S］. 北京：中国标准出版社，2006.

[3] 国家环境保护总局《水和废水监测分析方法》编委会 . 水和废水监测分析方法 .4 版［M］. 北京：中国环境科学出版社，2002.

[4]《水和废水监测分析方法指南》编委会 . 水和废水监测分析方法指南：上册［M］. 北京：中国环境科学出版社，1990.

[5] 郭少维，姜鑫 . 流动注射法测定水中挥发酚的研究［J］. 环境保护与循环经济，2011，31（10）：40-42.

[6] 刘新慧，陈锦燕，周欢 . 流动注射法与分光光度法对环境水体中挥发酚测定的比较研究［J］. 现代仪器，2012，18（2）：59-61.

[7] 蒙亦兵，别瑞敏 . FIA 流动注射仪同时测定水中挥发酚和氰化物［J］. 中国环境监测，2004（6）：25-27.

命题：马玉坤 邓 娜 谢莲英 夏 新

审核：杨 楠 史 箴 刘 蕊 樊孝俊

第三十二节　阴离子表面活性剂

分类号：W6-31

主要内容
①《水质　阴离子表面活性剂的测定　亚甲蓝分光光度法》（GB/T 7494—87）
②《水质　阴离子表面活性剂的测定　流动注射－亚甲基蓝分光光度法》（HJ 826—2017）

一、填空题

1.《水质　阴离子表面活性剂的测定　亚甲蓝分光光度法》（GB/T 7494—87）适用于测定饮用水、地表水、生活污水及工业废水中的________亚甲蓝活性物质，亦即阴离子表面活性物质。①

答案：溶解态的低浓度

2. 根据《水质　阴离子表面活性剂的测定　亚甲蓝分光光度法》（GB/T 7494—87）测定水中阴离子表面活性剂时，在方法规定的条件下，主要被测物是________、________和________。①

答案：直链烷基苯磺酸钠（LAS）　烷基磺酸钠　脂肪醇硫酸钠

3. 根据《水质　阴离子表面活性剂的测定　亚甲蓝分光光度法》（GB/T 7494—87）测定水中阴离子表面活性剂，加入亚甲基蓝萃取时，如水相中的________色变浅或消失，说明水样中的________超过了预计量，以致加入的亚甲基蓝被反应掉，应适当减少取样量重新分析。①

答案：蓝　亚甲蓝表面活性物质（阴离子表面活性物质）

4. 根据《水质　阴离子表面活性剂的测定　亚甲蓝分光光度法》（GB/T 7494—87）测定水中阴离子表面活性剂时，应按规定进行空白试验，即用________代替试样。在实验条件下（用 10 mm 光程比色皿），空白试验的吸光度不应超过________，否则应仔细检查仪器和试剂是否存在污染。①

答案：（100 ml）蒸馏水　0.02

5.《水质　阴离子表面活性剂的测定　流动注射－亚甲基蓝分光光度法》（HJ 826—2017）中所指阴离子表面活性剂是使用最广泛的________。②

答案：直链烷基苯磺酸钠（LAS）

6.《水质　阴离子表面活性剂的测定　流动注射－亚甲基蓝分光光度法》（HJ 826—2017）中当检测光程为 10 mm 时，本方法的检出限是________mg/L。②

答案：0.04

二、判断题

1. 根据《水质　阴离子表面活性剂的测定　亚甲蓝分光光度法》（GB/T 7494—87）测定水中阴离子表面活性剂时，在测定之前，应将水样预先经中速定性滤纸过滤，以除去悬浮物。（　　）①

答案：正确

2. 根据《水质　阴离子表面活性剂的测定　亚甲蓝分光光度法》（GB/T 7494—87），当采用 10 mm 光程的比色皿，试样体积为 100 ml 时，方法的最低检出浓度为 0.01 mg/L。（　　）①

答案：错误

正确答案为：此条件下方法的最低检出浓度为 0.050 mg/L。

3. 根据《水质　阴离子表面活性剂的测定　亚甲蓝分光光度法》（GB/T 7494—87）和《水质　阴离子表面活性剂的测定　流动注射 - 亚甲基蓝分光光度法》（HJ 826—2017）测定水中阴离子表面活性剂的水样，如保存期为 4 d，需加入水样体积 1% 的 40% 甲醛溶液。（　　）①②

答案：正确

4. 根据《水质　阴离子表面活性剂的测定　亚甲蓝分光光度法》（GB/T 7494—87）测定阴离子表面活性剂的水样，如保存期为 8 d，需加入水样体积 1% 的甲醛饱和溶液。（　　）①

答案：错误

正确答案为：需加入适量三氯甲烷于水样中使其达到饱和。

5. 根据《水质　阴离子表面活性剂的测定　亚甲蓝分光光度法》（GB/T 7494—87）测定水中阴离子表面活性剂时，为直接分析水和废水样品，应根据预计的亚甲蓝表面活性物质的浓度选取试样体积。当 MBAS 浓度在 5 mg/L 时，取试样的体积为 20.0 ml。（　　）①

答案：正确

6. 根据《水质　阴离子表面活性剂的测定　亚甲蓝分光光度法》（GB/T 7494—87）测定水中阴离子表面活性剂时，包括如下操作：将所取水样移至分液漏斗中，以酚酞为指示剂，逐滴加入 1 mol/L NaOH 溶液，至溶液呈现桃红色，再滴加 0.5 mol/L 的硫酸，至桃红色刚好消失。（　　）①

答案：正确

7. 根据《水质　阴离子表面活性剂的测定　亚甲蓝分光光度法》（GB/T 7494—87）测定水中阴离子表面活性剂时，加入亚甲蓝溶液后，立即加入三氯甲烷，然后加入甲醛可消除乳化现象。（　　）①

答案：错误

正确答案为：加入亚甲蓝溶液摇匀后加入三氯甲烷，如发生乳化可加入少量异丙醇消除乳化现象。

8. 根据《水质　阴离子表面活性剂的测定　亚甲蓝分光光度法》（GB/T 7494—87）和《水质　阴离子表面活性剂的测定　流动注射 - 亚甲基蓝分光光度法》（HJ 826—2017）测定水中阴离子表面活性剂时，有许多非表面活性物质或多或少地与亚甲蓝作用生成可溶于三氯甲烷的蓝色络合物，致使测定结果偏低。通过水溶液反洗，可消除这些干扰。（　　）①②

答案：错误

正确答案为：非表面活性物质的存在会使测定结果偏高。通过水溶液反洗，可消除部分这些干扰。

9. 根据《水质 阴离子表面活性剂的测定 流动注射－亚甲基蓝分光光度法》（HJ 826—2017）测定水中阴离子表面活性剂时，所用三氯甲烷属于高毒物质，分析过程中产生的残渣、废液应及时倾倒下水道，以免人体接触。（ ）②

答案： 错误

正确答案为：分析过程中产生的废液应集中回收，交有资质的废弃物专业处理公司处理。

10. 根据《水质 阴离子表面活性剂的测定 亚甲蓝分光光度法》（GB/T 7494—87）和《水质 阴离子表面活性剂的测定 流动注射－亚甲基蓝分光光度法》（HJ 826—2017）测定水中阴离子表面活性剂时，空白实验中，每批样品须至少测定 1 个实验室空白，空白值不得超过方法检出限。（ ）①②

答案： 错误

正确答案为：每批样品须至少测定 2 个实验室空白。

三、选择题

1. 根据《水质 阴离子表面活性剂的测定 亚甲蓝分光光度法》（GB/T 7494—87）和《水质 阴离子表面活性剂的测定 流动注射－亚甲基蓝分光光度法》（HJ 826—2017）测定水中阴离子表面活性剂，在绘制校准曲线时，应使用与样品测定时________的三氯甲烷和亚甲蓝溶液。（ ）①②

A. 同一批　　B. 同一厂家　　C. 提纯的

答案： A

2. 洗涤剂的污染会造成水面有不易流失的泡沫，并消耗水中的________。（ ）①②

A. 微生物　　B. 溶解氧　　C. 矿物质

答案： B

3.《污水综合排放标准》（GB 8978—1996）中新污染源二级标准规定，阴离子表面活性剂的最高允许排放浓度为________mg/L。（ ）①②

A. 5　　B. 10　　C. 15　　D. 20

答案： B

四、问答题

1. 简述亚甲蓝分光光度法测定水中阴离子表面活性剂的原理。①②

答案： 亚甲蓝与水中阴离子表面活性剂作用，生成蓝色的盐类，统称亚甲蓝活性物质（MBAS）。该生成物质可被三氯甲烷萃取，其色度与浓度成正比。用分光光度计在波长 652 nm 处测量吸光度值而得到阴离子表面活性剂在样品中的浓度。

2. 简述《水质 阴离子表面活性剂的测定 亚甲蓝分光光度法》（GB/T 7494—87）测定水中阴离子表面活性剂时亚甲蓝溶液的配置方法。①

答案： 先称取 50 g 一水合磷酸二氢钠，溶于 300 ml 水中，缓慢加入 6.8 ml 浓硫酸，混匀，转移到 1 000 ml 容量瓶中。另称取 30 mg 亚甲蓝（指示剂级），溶于 50 ml 水中，转移至上述容量瓶中，用水稀释至刻度线，摇匀。贮存于棕色试剂瓶中。

3. 用亚甲蓝光度法测定污水中阴离子表面活性剂时，硫化物会对实验产生哪些干扰？如何消除？①②

答案：污水中的硫化物能与亚甲基蓝生成无色的还原物而消耗亚甲基蓝试剂，遇此情况可将试样调至碱性，滴加适量的过氧化氢，消除干扰。

五、计算题

测定某工厂的污水，取样 20.0 ml，从校准曲线上查得 LAS 的量为 0.180 mg。试计算该水样中阴离子表面活性剂的浓度，并评价此水质是否符合《污水综合排放标准》（GB 8978—1996）的Ⅱ级标准限值要求。①②

答案：C（LAS）=0.180 × 1 000/20.0 = 9.00（mg/L）

此水质符合《污水综合排放标准》（GB 8978—1996）Ⅱ级排放标准要求。

参考文献

[1] 国家环境保护局 . 水质　阴离子表面活性剂的测定　亚甲蓝分光光度法：GB/T 7494—87［S］. 北京：中国标准出版社，1987.

[2] 环境保护部 . 水质　阴离子表面活性剂的测定　流动注射 – 亚甲基蓝分光光度法：HJ 826—2017［S］. 北京：中国环境出版集团，2017.

[3] 中华人民共和国卫生部，中国国家标准化管理委员会 . 生活饮用水标准检验方法　感官性状和物理指标：GB/T 5750.4—2006［S］. 北京：中国标准出版社，2006.

[4] 国家环境保护局 . 污水综合排放标准：GB 8978—1996［S］. 北京：中国标准出版社，1996.

[5] 国家环境保护局《水和废水监测分析方法》编委会 . 水和废水监测分析方法 .3 版［M］. 北京：中国环境科学出版社，1987.

[6]《环境监测技术基本理论（参考）试题集》编写组 . 环境监测技术基本理论（参考）试题集［M］. 北京：中国环境科学出版社，2002.

命题：马玉坤　杨　楠　刘　蕊　范　莉

审核：杨　楠　张玉惠　陈　威　夏　新

第三十三节　甲醛

分类号：W6-32

主要内容
①《水质　甲醛的测定　乙酰丙酮分光光度法》（HJ 601—2011）
② 甲醛　变色酸光度法《水和废水监测分析方法》（第四版）
③《生活饮用水标准检验方法　消毒副产物指标》（GB/T 5750.10—2006）［6.1　甲醛　4- 氨基 -3- 联氨 -5- 巯基 -1,2,4- 三氮杂茂（AHMT）分光光度法］

一、填空题

1.《水质　甲醛的测定　乙酰丙酮分光光度法》（HJ 601—2011）适用于测定地表水和

工业废水中的甲醛，但不适用于测定__________中的甲醛。①

答案：印染废水

2. 根据《水质　甲醛的测定　乙酰丙酮分光光度法》（HJ 601—2011）测定水中的甲醛，当试样体积为25.0 ml，比色皿为10 mm时，甲醛的最低检出浓度为________mg/L，测定上限为________mg/L。①

答案：0.05　　3.20

3. 根据《水质　甲醛的测定　乙酰丙酮分光光度法》（HJ 601—2011）测定水中的甲醛，对受污染的地表水和工业废水样品进行预蒸馏时，向100 ml试样中补加________ml水，为的是防止有机物含量高的水样在蒸至最后时，有机物在硫酸介质中发生________而影响甲醛的测定。①

答案：15　　炭化现象

4. 根据《水质　甲醛的测定　乙酰丙酮分光光度法》（HJ 601—2011）测定水中的甲醛，对受污染的地表水和工业废水样品进行预蒸馏时，对某些不适于在酸性条件蒸馏的特殊水样，可用氢氧化钠溶液先将水样调至________，再进行蒸馏。①

答案：弱碱性（pH=8左右）

5. 根据《水和废水监测分析方法》（第四版）中变色酸光度法测定水中甲醛的原理是：在酸性条件下，甲醛与变色酸反应生成________色化合物，该有色化合物的最大吸收波长区间为560～575 nm。②

答案：紫红

二、判断题

1. 根据《水质　甲醛的测定　乙酰丙酮分光光度法》（HJ 601—2011）测定水中甲醛时，如果水样中氰含量高，可将水样在弱碱性（pH=8左右）条件下保存，使氰化物转变成氢氰酸逸出，以减小对甲醛测定的干扰。（　　）①

答案：错误

正确答案为：应将水样在酸性（pH＜2左右）条件下保存。在弱碱性条件下预蒸馏。

2. 根据《水质　甲醛的测定　乙酰丙酮分光光度法》（HJ 601—2011）测定水中甲醛时，如果水样中含硫化物高，在弱酸性条件下可加入10%乙酸锌溶液，使之生成硫化锌沉淀，再取滤液或上清液进行蒸馏。（　　）①

答案：正确

3. 根据《水质　甲醛的测定　乙酰丙酮分光光度法》（HJ 601—2011）测定水中甲醛时，如果水样中苯酚含量远远高于甲醛（苯酚浓度是甲醛的25倍以上）或者有机物种类复杂且含量相当高时，可试用弱碱性蒸馏方法处理。（　　）①

答案：正确

4. 根据《水质　甲醛的测定　乙酰丙酮分光光度法》（HJ 601—2011）测定水中甲醛时，在一般情况下，直接绘制标准曲线作为测定甲醛的校准曲线即可满足要求。（　　）①

答案：正确

5. 根据《水质　甲醛的测定　乙酰丙酮分光光度法》（HJ 601—2011）和《水和废水

监测分析方法》（第四版）中变色酸光度法，用于测定甲醛的水样只可采集在玻璃瓶中，不能在聚乙烯塑料瓶中保存。（　　）①②

答案：错误

正确答案为：用于测定甲醛的水样可采集在玻璃瓶中也可以采集在聚乙烯塑料瓶中保存。

6. 根据《水质　甲醛的测定　乙酰丙酮分光光度法》（HJ 601—2011）测定水中甲醛时，乙酰丙酮的纯度对空白试验吸光度没有影响。（　　）①

答案：错误

正确答案为：乙酰丙酮的纯度对空白试验吸光度有影响。

7. 根据《水和废水监测分析方法》（第四版）中变色酸光度法测定水中甲醛时，浓硫酸中含硝酸对反应无影响。（　　）②

答案：错误

正确答案为：如浓硫酸中含硝酸，显色后呈黄色，干扰测定。

8. 根据《生活饮用水标准检验方法　消毒副产物指标》（GB/T 5750.10—2006）[6.1　甲醛 4- 氨基 -3- 联氨 -5- 巯基 -1,2,4- 三氮杂茂（AHMT）分光光度法] 测定水中甲醛时，甲醛与 4- 氨基 -3- 联氨 -5 巯基 -1,2,4- 三氮杂茂（AHMT）在碱性条件下缩合后，经高碘酸钾氧化成 6- 巯基 -S- 三氮杂茂 [4,3-b]-S- 四氮杂苯紫红色化合物，其颜色深浅与甲醛含量成正比。（　　）③

答案：正确

三、选择题

1. 根据《水质　甲醛的测定　乙酰丙酮分光光度法》（HJ 601—2011）和《水和废水监测分析方法》（第四版）中变色酸光度法测定水样中甲醛时，已配制好的大约 1 μg/ml 的甲醛储备液，置冰箱 4℃下可保存________。（　　）①②

A. 6 d　　B. 6 个星期　　C. 6 个月

答案：C

2. 根据《水质　甲醛的测定　乙酰丙酮分光光度法》（HJ 601—2011）和《水和废水监测分析方法》（第四版）中变色酸光度法测定水样中甲醛时，用浓硫酸固定后的清洁地表水样品，调节为________后再进行分析。（　　）①②

A. 中性　　B. 碱性　　C. 酸性

答案：A

3. 根据《水质　甲醛的测定　乙酰丙酮分光光度法》（HJ 601—2011）测定水样中甲醛时，加入显色剂后，比色前应于 60℃ ±2℃水浴加热________min。（　　）①

A. 3　　B. 13　　C. 15　　D. 30

答案：C

4. 根据《水质　甲醛的测定　乙酰丙酮分光光度法》（HJ 601—2011）和《水和废水监测分析方法》（第四版）中变色酸光度法测定水中甲醛时，甲醛贮备液的浓度需要标定，最常用的标定方法是________。（　　）①②

A. 硝酸汞法　　B. 酚酞法　　C. 碘量法

答案：C

5. 根据《水质　甲醛的测定　乙酰丙酮分光光度法》（HJ 601—2011），测定甲醛的水样采集后应尽快送实验室分析，否则需在每升样品中加入 1 ml 浓硫酸（特殊样品除外），使样品的 pH≤________，并在 24 h 内分析。（　　）①

A. 4　　B. 3　　C. 2　　D. 1

答案：C

6. 根据《生活饮用水标准检验方法　消毒副产物指标》（GB/T 5750.10—2006）[6.1　甲醛 4- 氨基 -3- 联氨 -5- 巯基 -1,2,4- 三氮杂茂（AHMT）分光光度法] 测定水中甲醛时，加入试剂后于________nm 波长处，用________比色皿，以试剂空白为参比，测量吸光度，以甲醛含量对吸光度绘制曲线回归方程。（　　）③

A. 540，1　　B. 550，1　　C. 540，3　　D. 550，3

答案：B

四、问答题

1. 简述《水质　甲醛的测定　乙酰丙酮分光光度法》（HJ 601—2011）测定水中甲醛的原理。①

答案：在过量铵盐存在下，甲醛与乙酰丙酮生成黄色化合物，于 414 nm 波长处测量其吸光度。

2. 根据《水质　甲醛的测定　乙酰丙酮分光光度法》（HJ 601—2011）和《水和废水监测分析方法》（第四版）中变色酸光度法测定水中甲醛时，对于清洁地表水、受污染的地表水和工业废水，测定前水样的预处理过程有什么不同？①②

答案：对无色、不浑浊的清洁地表水调至中性后，可直接进行测定。对受污染的地表水和工业废水，应在 100 ml 试样中，另加 15 ml 水，加 3～5 ml 浓硫酸后进行预蒸馏。

3. 简述《水质　甲醛的测定　乙酰丙酮分光光度法》（HJ 601—2011）测定水样中甲醛时，所配制的乙酰丙酮显色剂中为何加入乙酸铵和冰乙酸试剂？①

答案：因为甲醛与乙酰丙酮在 pH 为 5.5～6.5 的溶液中反应，显色稳定，为此选择了乙酸铵 - 乙酸缓冲体系，以使样品溶液的 pH 控制在最佳显色范围内。

4. 简述《水质　甲醛的测定　乙酰丙酮分光光度法》（HJ 601—2011）测定水样中甲醛时，对于较强酸性或碱性的样品需预先调至中性后再加显色剂显色的原因。①

答案：因为甲醛与乙酰丙酮在 pH 为 5.5～6.5 的溶液中反应显色稳定，对于较强酸性或碱性的样品需预先调至中性后再加显色剂显色，目的是使样品溶液始终保持在较适合的酸度条件下，使样品溶液的 pH 控制在最佳显色条件内。

5. 简述《水质　甲醛的测定　乙酰丙酮分光光度法》（HJ 601—2011）测定水中甲醛时，显色剂乙酰丙酮的性质及其配制与保存过程中的主要注意事项。①

答案：乙酰丙酮为无色或微黄色液体，易燃。由于乙酰丙酮易被氧化，使其颜色逐渐变黄，造成试剂空白底色加深。因此配制好的显色剂溶液应置棕色瓶于冰箱内保存。发现溶液黄色较深需重新配制，通常所配制的显色剂溶液至少可稳定 1 个月，若乙酰丙酮试剂本身黄色较深需蒸馏精制后再用。

6.《水和废水监测分析方法》（第四版）中变色酸光度法测定水中甲醛，试剂中使用的2% 变色酸溶液需临用前现配，当溶液的透光率不能达到 90% 以上时，可以采用什么方法进行纯化？②

答案：取 10g 变色酸溶液溶于 90 ml 水中，加入 2～3 g 活性炭，过滤，于滤液中加入 10 g 左右的氯化钠，于 4℃放置过夜，变色酸即析出。过滤后用乙醇或乙醚洗涤沉淀物 3～5 次，并于 60℃以下烘干，备用。

参考文献

[1] 环境保护部 . 水质　甲醛的测定　乙酰丙酮分光光度法：HJ 601—2011［S］. 北京：中国环境出版社，2011.

[2] 国家环境保护总局《水和废水监测分析方法》编委会 . 水和废水监测分析方法 .4 版［M］. 北京：中国环境科学出版社，2002.

[3] 中华人民共和国卫生部，中国国家标准化管理委员会 . 生活饮用水标准检验方法　消毒副产物指标：GB/T 5750.10—2006［S］. 北京：中国标准出版社，2006.

[4]《水和废水监测分析方法指南》编委会 . 水和废水监测分析方法指南：上册［M］. 北京：中国环境科学出版社，1990.

命题：范　莉　刘端阳　于晓青
审核：史　箴　夏　新　冯　丹

第三十四节　三乙胺

分类号：W6-33

主要内容
《水质　三乙胺的测定　溴酚蓝分光光度法》（GB/T 14377—93）

一、填空题

1.《水质　三乙胺的测定　溴酚蓝分光光度法》（GB/T 14377—93）适用于________水和________水中三乙胺的测定。

答案：地表　航天工业废

2.《水质　三乙胺的测定　溴酚蓝分光光度法》（GB/T 14377—93）测定水中三乙胺的范围为________mg/L。水样中三乙胺含量超过此范围时可稀释后测定。

答案：0.5～3.5

3. 测定三乙胺的水样须在采集 24 h 内测定，否则用________将样品调至 pH________保存。

答案：硫酸　<2

4. 用溴酚蓝分光光度法测定水中三乙胺时，若水样中含有悬浮物，则需先用________μm 滤膜过滤。

答案：0.45

二、判断题

1. 用溴酚蓝分光光度法测定水中三乙胺的原理：在酸性介质中，三乙胺被三氯甲烷定量萃取后，与酸性有机染料溴酚蓝反应生成黄色化合物。(　　)

答案： 错误

正确答案为：应在碱性介质中。

2. 用溴酚蓝分光光度法测定水中三乙胺时，所用玻璃器皿，在使用前应先用 10%（体积分数 / 体积分数）硝酸溶液浸泡，然后用水冲洗干净。(　　)

答案： 正确

3. 用溴酚蓝分光光度法测定水中三乙胺的过程中，比色时以蒸馏水为参比液，测定样品吸光度值。(　　)

答案： 错误

正确答案为：以三氯甲烷为参比液。

三、选择题

1. 采集测定三乙胺的水样时，要使用________材质容器。(　　)

A. 塑料　　B. 玻璃　　C. 聚四氟乙烯

答案： B

2. 用溴酚蓝分光光度法测定水中三乙胺，配制溴酚蓝显色剂时如出现不溶物，用________除去，贮于________中。(　　)

A. 定量中速滤纸，棕色瓶　　B. 定性滤纸，棕色瓶

C. 定量慢速滤纸，无色玻璃瓶　　D. 定量快速滤纸，无色玻璃瓶

答案： A

3. 用溴酚蓝分光光度法测定水中三乙胺中，在制备 1 500 mg/L 三乙胺标准贮备液时，在 100 ml 的容量瓶中加入蒸馏水 50 ml，用注射器以________称取三乙胺________，仔细注入容量瓶中，轻轻摇动瓶子，使三乙胺充分溶解。(　　)

A. 减量法，0.15 g　　B. 减量法，0.150 0 g　　C. 减量法，0.15 mg

答案： B

4. 用溴酚蓝分光光度法测定水中三乙胺时，1 500 mg/L 三乙胺标准贮备液于冰箱中冷藏，至少可稳定________。(　　)

A. 1 周　　B. 1 个月　　C. 2 个月　　D. 3 个月

答案： B

四、问答题

用溴酚蓝分光光度法测定水中三乙胺时，在称量三乙胺过程中，应注意什么？为什么？

答案： 三乙胺易挥发，为防止称量过程中挥发损失，在注射器中用减量法称量三乙胺，注入事先装入 50 ml 水的 100 ml 容量瓶中。称量过程应尽量快，必须用橡胶块密封注射器针尖，防止三乙胺泄漏。

参考文献

[1] 国家环境保护局. 水质　三乙胺的测定　溴酚蓝分光光度法：GB/T 14377—93［S］. 北京：中国标准出版社，1993.

[2] 国家环境保护总局《水和废水监测分析方法》编委会. 水和废水监测分析方法.4 版［M］. 北京：中国环境科学出版社，2002.

命题：范　莉　李伍生　陈胜楠

审核：黄　文　史　箴　夏　新

第三十五节　肼和甲基肼

分类号：W6-34

主要内容

①《水质　肼和甲基肼的测定　对二甲氨基苯甲醛分光光度法》（HJ 674—2013）（第一部分　肼的测定）

②《水质　肼和甲基肼的测定　对二甲氨基苯甲醛分光光度法》（HJ 674—2013）（第二部分　甲基肼的测定）

③《水质　偏二甲基肼的测定　氨基亚铁氰化钠分光光度法》（GB/T 14376—93）

一、填空题

1. 根据《水质　肼和甲基肼的测定　对二甲氨基苯甲醛分光光度法》（HJ 674—2013）（第二部分　甲基肼的测定）测定水中甲基肼，偏二甲基肼对甲基肼测定有干扰；偏二甲基肼含量高于甲基肼时，可用________校正。②

答案：校正曲线

2. 根据《水质　肼和甲基肼的测定　对二甲氨基苯甲醛分光光度法》（HJ 674—2013）（第一部分　肼的测定）、《水质　肼和甲基肼的测定　对二甲氨基苯甲醛分光光度法》（HJ 674—2013）（第二部分　甲基肼的测定）和《水质　偏二甲基肼的测定　氨基亚铁氰化钠分光光度法》（GB/T 14376—93），航天推进剂废水采样频率按生产周期确定，生产周期在 8 h 之内的，每________h 采样一次，生产周期大于 8 h 的，每________h 采样一次。①②③

答案：2　　4

3. 根据《水质　偏二甲基肼的测定　氨基亚铁氰化钠分光光度法》（GB/T 14376—93）测定水中偏二甲基肼时，氨及尿素对测定基本无干扰。________、________和________含量为偏二甲基肼含量 5 倍以上将干扰测定。③

答案：肼　　一甲基肼　　甲醛

4. 根据《水质　偏二甲基肼的测定　氨基亚铁氰化钠分光光度法》（GB/T 14376—93），航天推进剂废水中偏二甲基肼的最高允许排放浓度为________mg/L，其采样点应设在________________。③

答案：0.5　　车间或处理设施的排放口

5. 根据《水质　肼和甲基肼的测定　对二甲氨基苯甲醛分光光度法》（HJ 674—2013）（第一部分　肼的测定）测定水中肼，水样中肼的浓度大于________mg/L 时，可稀释后测定。①

答案：1.00

6. 根据《水质　肼和甲基肼的测定　对二甲氨基苯甲醛分光光度法》（HJ 674—2013）（第一部分　肼的测定）和《水质　肼和甲基肼的测定　对二甲氨基苯甲醛分光光度法》（HJ 674—2013）（第二部分　甲基肼的测定）测定水中肼和甲基肼时，水样采集和贮存均使用________（材质）瓶，采样后，水样立即加酸或碱至中性，在________h 内测定。①②

答案：玻璃　　24

7. 根据《水质　肼和甲基肼的测定　对二甲氨基苯甲醛分光光度法》（HJ 674—2013）（第一部分　肼的测定）测定水中肼，选用 5 cm 吸收池可以降低________，提高________。①

答案：检出限　　灵敏度

二、判断题

1. 根据《水质　肼和甲基肼的测定　对二甲氨基苯甲醛分光光度法》（HJ 674—2013）（第二部分　甲基肼的测定）测定水中甲基肼的原理：在碱性条件下，甲基肼与对二甲氨基苯甲醛反应生成黄色缩合物，用分光光度法测定其含量。（　　）②

答案：错误

正确答案为：在酸性条件下，甲基肼与对二甲氨基苯甲醛反应生成黄色缩合物。

2. 根据《水质　肼和甲基肼的测定　对二甲氨基苯甲醛分光光度法》（HJ 674—2013）（第二部分　甲基肼的测定）测定水中甲基肼时，其灵敏度随温度的升高而升高。（　　）②

答案：错误

正确答案为：其灵敏度随温度的升高而降低。

3. 根据《水质　肼和甲基肼的测定　对二甲氨基苯甲醛分光光度法》（HJ 674—2013）（第二部分　甲基肼的测定）测定水中甲基肼时，显色温度适宜范围为 20℃ ±5℃。（　　）②

答案：错误

正确答案为：对水样温度的要求是 15～30℃。

4. 根据《水质　肼和甲基肼的测定　对二甲氨基苯甲醛分光光度法》（HJ 674—2013）（第二部分　甲基肼的测定）测定水中甲基肼时，配制甲基肼标准溶液均用 0.05 mol/L 硫酸溶液定容。（　　）②

答案：正确

5. 根据《水质　偏二甲基肼的测定　氨基亚铁氰化钠分光光度法》（GB/T 14376—93）测定水中偏二甲基肼，做校正曲线时，要将标准系列比色管在 40℃恒温水浴中放置 1 h，然后进行吸光度测量。（　　）③

答案：错误

正确答案为：应在 30℃恒温水浴中放置 1 h。

6. 根据《水质　偏二甲基肼的测定　氨基亚铁氰化钠分光光度法》（GB/T 14376—93）测定水中偏二甲基肼时，若水样浑浊，应用定量中速滤纸过滤。（　　）③

答案：错误

正确答案为：应用 4 号砂芯漏斗过滤。

7. 根据《水质　肼和甲基肼的测定　对二甲氨基苯甲醛分光光度法》（HJ 674—2013）（第一部分　肼的测定）测定水中肼，水样中 NO_2^- 浓度大于 1 mg/L 时对测定有负干扰。（　　）①

答案：正确

8. 根据《水质　肼和甲基肼的测定　对二甲氨基苯甲醛分光光度法》（HJ 674—2013）（第一部分　肼的测定）和《水质　肼和甲基肼的测定　对二甲氨基苯甲醛分光光度法》（HJ 674—2013）（第二部分　甲基肼的测定）测定水中肼和甲基肼，当水样中含有微小的固体颗粒物，只能用快速滤纸过滤。（　　）①②

答案：错误

正确答案为：可用快速滤纸过滤或离心分离。

9. 根据《水质　肼和甲基肼的测定　对二甲氨基苯甲醛分光光度法》（HJ 674—2013）（第二部分　甲基肼的测定）测定地表水和地下水的甲基肼，样品测定前需将经预处理的水样用稀硫酸溶液调 pH 至中性。（　　）②

答案：错误

正确答案为：调 pH 为 1.0 左右。

三、选择题

1. 根据《水质　肼和甲基肼的测定　对二甲氨基苯甲醛分光光度法》（HJ 674—2013）（第二部分　甲基肼的测定）测定水中甲基肼，配制甲基肼储备液时，需要先将盛有 1.0 mol/L 的硫酸溶液的容量瓶准确称量至________g。（　　）②

A. 0.000 1　　B. 0.1　　C. 0.001　　D. 0.01

答案：A

2. 根据《水质　肼和甲基肼的测定　对二甲氨基苯甲醛分光光度法》（HJ 674—2013）（第二部分　甲基肼的测定）测定甲基肼时，200 mg/L 的甲基肼标准中间溶液需要在________保存。（　　）②

A. 2～5℃　　B. 0℃以下　　C. 25℃恒温　　D. 15～30℃

答案：A

3. 根据《水质　偏二甲基肼的测定　氨基亚铁氰化钠分光光度法》（GB/T 14376—93）测定水中偏二甲基肼，当水样中偏二甲基肼含量小于________时，需要将水样用蒸馏浓缩法进行富集。（　　）③

A. 50 mg/L　　B. 100 mg/L　　C. 150 mg/L　　D. 200 mg/L

答案：A

4. 根据《水质　偏二甲基肼的测定　氨基亚铁氰化钠分光光度法》（GB/T 14376—93）测定水中偏二甲基肼时，对于偏二甲基肼含量在 0.01～0.1 mg/L 的水样，平行双样

分析结果的允许差为________%。(　　)③

A. 10　　B. 20　　C. 15　　D. 5

答案：B

5. 根据《水质　偏二甲基肼的测定　氨基亚铁氰化钠分光光度法》(GB/T 14376—93)测定偏二甲基肼时，当水样中亚硝酸根含量大于偏二甲基肼含量 2 倍以上时，应在加入缓冲溶液后分别再向各管加入________，然后再加入显色剂。(　　)③

A. 浓度 5% 的氨基磺酸铵 0.2 ml　　B. 浓度 10% 的氨基磺酸铵 0.2 ml

C. 浓度 5% 的氨基磺酸铵 2.0 ml　　D. 浓度 10% 的氨基磺酸铵 2.0 ml

答案：A

6. 根据《水质　偏二甲基肼的测定　氨基亚铁氰化钠分光光度法》(GB/T 14376—93)测定水中偏二甲基肼，制备 1 mg/L 偏二甲基肼标准溶液时，在 50 ml 的容量瓶中加入蒸馏水 25 ml 及硫酸 5 ml 摇匀，用微量注射器吸取浓偏二甲基肼溶液 65 ml，仔细注入容量瓶中，用增量法称取________。(　　)③

A. 0.05 g　　B. 0.050 0 g　　C. 0.5 mg　　D. 0.500 mg

答案：B

7. 根据《水质　偏二甲基肼的测定　氨基亚铁氰化钠分光光度法》(GB/T 14376—93)测定水中偏二甲基肼，用蒸馏浓缩法进行水样富集时，当水样即将沸腾时，应控制电炉的温度，使得________。(　　)③

A. 每 25 ml 馏分的流出时间在 11～15 min

B. 每 50 ml 馏分的流出时间在 11～15 min

C. 每 25 ml 馏分的流出时间在 20～25 min

D. 每 50 ml 馏分的流出时间在 20～25 min

答案：A

8. 根据《水质　肼和甲基肼的测定　对二甲氨基苯甲醛分光光度法》(HJ 674—2013)(第一部分　肼的测定)测定水中肼时，如测定结果以水合肼计，应将肼含量(mg/L)乘以________。(　　)①

A. 1.51　　B. 1.53　　C. 1.56　　D. 1.59

答案：C

9. 根据《水质　肼和甲基肼的测定　对二甲氨基苯甲醛分光光度法》(HJ 674—2013)(第一部分　肼的测定)测定水中肼时，每分析一批≤10 个样品必须有一个空白加标，回收率合格指标应在________。(　　)①

A. 90%～100%　　B. 90%～110%　　C. 95%～105%　　D. 95%～110%

答案：B

10. 根据《水质　肼和甲基肼的测定　对二甲氨基苯甲醛分光光度法》(HJ 674—2013)(第一部分　肼的测定)测定水样中肼时，如果工业废水中肼浓度较高，可根据需要取适量制备好的水样，用________溶液稀释至 25 ml 标线。(　　)①

A. 0.05 mol/L 硫酸　　B. 0.12 mol/L 硫酸

C. 0.05 mol/L 盐酸　　D. 0.12 mol/L 盐酸

答案：D

11. 根据《水质　肼和甲基肼的测定　对二甲氨基苯甲醛分光光度法》（HJ 674—2013）（第一部分　肼的测定）测定水中肼，甲基肼为肼含量的________倍时有干扰。（　　）①

A. 1　　B. 2　　C. 3　　D. 4

答案：C

12. 根据《水质　肼和甲基肼的测定　对二甲氨基苯甲醛分光光度法》（HJ 674—2013）（第二部分　甲基肼的测定）测定水中甲基肼，按取水样 15 ml，采用 2 cm 吸收池计算，甲基肼检出限为________mg/L，定量测定范围为________mg/L。（　　）②

A. 0.015，0.060～1.00　　B. 0.015，0.060～1.50

C. 0.010，0.060～1.00　　D. 0.010，0.060～1.50

答案：B

13. 根据《水质　肼和甲基肼的测定　对二甲氨基苯甲醛分光光度法》（HJ 674—2013）（第一部分　肼的测定）测定水中肼，可采用标准加入法与标准工作曲线法的结果进行比较来判断样品中是否存在基体干扰，两者结果相对偏差大于________%，则可判断样品中存在基体干扰。（　　）①

A. 5　　B. 10　　C. 15　　D. 20

答案：B

四、问答题

1. 根据《水质　肼和甲基肼的测定　对二甲氨基苯甲醛分光光度法》（HJ 674—2013）（第二部分　甲基肼的测定），简述消除水样中亚硝酸盐氮干扰的方法。②

答案：（1）在制备甲基肼标准曲线和测定水样时，均加入 1 g/100 ml 氨基磺酸铵溶液或氨基磺酸溶液 0.2 ml，其余步骤与无亚硝酸盐氮干扰时的测定步骤相同；

（2）25 ml 定容体积中 NO_2^- 总量超过 20 μg 时，应同时测加标回收率 2 个，计算平均回收率，测得值除以平均回收率为甲基肼含量。加标回收平行样之间的相对偏差不能超过 10%。

2. 根据《水质　肼和甲基肼的测定　对二甲氨基苯甲醛分光光度法》（HJ 674—2013）（第二部分　甲基肼的测定），简述若水样中存在偏二甲基肼，测定甲基肼的方法。②

答案：（1）先按偏二甲基肼测定方法测定水样中偏二甲基肼的含量；

（2）再按甲基肼标准曲线绘制方法制作偏二甲基肼校正曲线，并在曲线上查得该水样中偏二甲基肼含量所对应的吸光度 A_1；

（3）按水样操作步骤测定水样吸光度值 A_2（含亚硝酸盐的水样则扣除其干扰），用 A_3（$A_2-A_1 = A_3$）的值在校准曲线上查得或用回归方程计算出水样中甲基肼含量。

3. 根据《水质　肼和甲基肼的测定　对二甲氨基苯甲醛分光光度法》（HJ 674—2013）（第一部分　肼的测定），简述消除水样中亚硝酸盐氮干扰的方法。①

答案：水样中 NO_2^- 浓度为 1.0～4.5 mg/L 时，可向 10 ml 水样中加入 5.0 mg/L 氨基磺酸铵溶液或氨基磺酸溶液 1.0 ml，充分振荡使反应进行完全，以消除干扰。对于不同 NO_2^- 浓度，按以上比例调节氨基磺酸加入量。

4. 根据《水质　肼和甲基肼的测定　对二甲氨基苯甲醛分光光度法》（HJ 674—2013）

（第一部分　肼的测定）和《水质　肼和甲基肼的测定　对二甲氨基苯甲醛分光光度法》（HJ 674—2013）（第二部分　甲基肼的测定），某航天推进剂排放企业一个生产周期内采集了 4 个水样，肼监测结果分别为 0.08 mg/L、0.11 mg/L、0.08 mg/L、0.07 mg/L，甲基肼监测结果分别为 0.13 mg/L、0.12 mg/L、0.13 mg/L、0.14 mg/L，试问肼和甲基肼是否超标？为什么？（肼和甲基肼最高允许排放浓度分别为 0.1 mg/L 和 0.2 mg/L）。①②

答案：肼超标，甲基肼没有超标。因为《航天推进剂水污染物排放标准》（GB 14374—93）规定，最高允许排放浓度为一次监测值不能超过的浓度限值。肼的最大监测值为 0.11 mg/L，超过了 0.1 mg/L 这个最高允许排放浓度限值，甲基肼的每次监测值均低于 0.2 mg/L 这个最高允许排放浓度限值。

五、计算题

根据《水质　偏二甲基肼的测定　氨基亚铁氰化钠分光光度法》（GB/T 14376—93），某水样 500 ml 经富集后，测得 3 个管馏分中偏二甲基肼含量分别为 7.30 mg、5.90 mg 和 3.20 mg，试计算水样中偏二甲基肼浓度（回收率为 71%）。③

答案：$W_1 = 7.30$，$W_2 = 5.90$，$W_3 = 3.20$

$$C = \frac{7.30+5.90+3.20}{500\times 0.71} = 0.046\ (\text{mg/L})$$

参考文献

[1] 环境保护部 . 水质　肼和甲基肼的测定　对二甲氨基苯甲醛分光光度法：HJ 674—2013［S］. 北京：中国环境出版社，2013.

[2] 国家环境保护局 . 水质　偏二甲基肼的测定　氨基亚铁氰化钠分光光度法：GB/T 14376—93［S］. 北京：中国标准出版社，1993.

[3] 中华人民共和国卫生部，中国国家标准化管理委员会 . 生活饮用水标准检验方法　有机物指标：GB/T 5750.8—2006［S］. 北京：中国标准出版社，2006.

[4] 国家环境保护局 . 航天推进剂水污染物排放标准：GB 14374—93［S］. 北京：中国标准出版社，1993.

命题：赵萍萍　夏　新　李伍生

审核：史　箴　黄　文　陈胜楠

第三十六节　三氯乙醛

分类号：W6–35

主要内容
《水质　三氯乙醛的测定　吡唑啉酮分光光度法》（HJ/T 50—1999）

一、填空题

1. 环境中的三氯乙醛在________和________作用下可以转化成为三氯乙酸或分解。

答案：微生物　　化学

2. 三氯乙醛主要存在于________排放的污水中。

答案：农药厂

二、判断题

1. 用吡唑啉酮分光光度法测定水中三氯乙醛时，1- 苯基 -3- 甲基 -5- 吡唑啉酮在弱碱性条件下能和三氯乙醛反应生成棕红色络合物。(　　)

答案：正确

2. 用吡唑啉酮分光光度法测定水中三氯乙醛时，由于三氯乙醛溶液不稳定，所以保存的标准溶液浓度一般在 100 mg/L 以上为好。(　　)

答案：正确

3. 用吡唑啉酮分光光度法测定水中三氯乙醛，具有显色稳定的特点，一定量的 Mn^{2+}、Cu^{2+} 和 Hg^{2+} 对测定有干扰，甲醛和敌敌畏对测定没有干扰。(　　)

答案：错误

正确答案为：甲醛和敌敌畏对测定有干扰。

三、选择题

1. 测定水中三氯乙醛的吡唑啉酮分光光度法（HJ/T 50—1999）的最低检出限为________。(　　)

A. 0.02 mg/L　　B. 0.02 μg/ml　　C. 0.02 mg/L

答案：C

2. 用吡唑啉酮分光光度法测定水中三氯乙醛时，吡唑啉酮中可能残留有苯，使溶液变黄，放置时间过久会因氧化而加深，可加入________萃取除去。(　　)

A. 10 ml 四氯化碳　　B. 10 ml 石油醚　　C. 10 ml 乙醇　　D. 10 ml 乙醚

答案：A

3. 用吡唑啉酮分光光度法测定三氯乙醛时，如果水样浑浊有颜色，可在 50 ml 水样中加入________来消除。(　　)

A. 氢氧化铝悬浮液 1 ml　　B. 氢氧化铝溶液 1 ml

C. 氢氧化镁悬浮液 1 ml　　D. 氢氧化镁溶液 1 ml

答案：A

四、问答题

1. 简述三氯乙醛对植物和人体健康的危害。

答案：三氯乙醛影响植物细胞的正常分裂，使得植物生长畸形，尤其对小麦等农作物危害最为严重，轻则导致减产，重则毁苗绝产。人类饮用受到三氯乙醛轻度污染的水后，中枢神经系统受到抑制作用，出现嗜睡、乏力等症状。

2. 用吡唑啉酮分光光度法测定水中三氯乙醛过程中，如果显色液出现沉淀，应如何处理？

答案：显色液若有沉淀，离心分离后，用吸管吸取上清液测量吸光度。

参考文献

[1] 国家环境保护总局 . 水质　三氯乙醛的测定　吡唑啉酮分光光度法：HJ/T 50—1999［S］. 北京：中国环境科学出版社，1999.

[2] 国家环境保护总局《水和废水监测分析方法》编委会 . 水和废水监测分析方法 .4 版［M］. 北京：中国环境科学出版社，2002.

命题：李伍生　范　莉

审核：黄　文　史　箴　夏　新

第三十七节　四乙基铅

分类号：W6-36

主要内容
《生活饮用水标准检验方法　金属指标》（GB/T 5750.6—2006）（24.1　四乙基铅　双硫腙比色法）

一、判断题

1.《生活饮用水标准检验方法　金属指标》（GB/T 5750.6—2006）（24.1　四乙基铅　双硫腙比色法）适用于饮用水和地表水。（　　）

答案： 错误

正确答案为：适用于饮用水及其水源地。

2. 根据《生活饮用水标准检验方法　金属指标》（GB/T 5750.6—2006）（24.1　四乙基铅　双硫腙比色法）测定四乙基铅时，若水样中含有无机铅、锌、镉 50～100 倍于四乙基铅，对结果无影响。（　　）

答案： 正确

3. 根据《生活饮用水标准检验方法　金属指标》（GB/T 5750.6—2006）（24.1　四乙基铅　双硫腙比色法）测定四乙基铅时，分析中使用的柠檬酸铵溶液和盐酸羟胺溶液必须除铅，但氰化钾溶液不必除铅。（　　）

答案： 错误

正确答案为：氰化钾溶液也需要除铅。

4. 根据《生活饮用水标准检验方法　金属指标》（GB/T 5750.6—2006）（24.1　四乙基铅　双硫腙比色法）测定四乙基铅时，盐酸羟胺溶液如果不纯，对结果无影响。（　　）

答案： 错误

正确答案为：盐酸羟胺溶液如果不纯，对结果有影响。

5. 根据《生活饮用水标准检验方法　金属指标》（GB/T 5750.6—2006）（24.1　四乙基铅　双硫腙比色法）测定四乙基铅时，在水样中加入氯化钠，用 100 ml 三氯甲烷分两次萃取。（　　）

答案： 错误

正确答案为：用 30 ml、20 ml 和 20 ml 三氯甲烷分别萃取 3 次。

6. 根据《生活饮用水标准检验方法　金属指标》（GB/T 5750.6—2006）（24.1　四乙基铅　双硫腙比色法）测定四乙基铅时，储备液配制过程中，双硫腙四氯化碳溶液用氨水萃取。（　　）

答案：正确

7. 根据《生活饮用水标准检验方法　金属指标》（GB/T 5750.6—2006）（24.1　四乙基铅　双硫腙比色法）测定四乙基铅时，双硫腙四氯化碳储备液室温、保存于棕色试剂瓶中。（　　）

答案：错误

正确答案为：储备液保存于冰箱内。

二、选择题

1. 根据《生活饮用水标准检验方法　金属指标》（GB/T 5750.6—2006）（24.1　四乙基铅　双硫腙比色法）测定四乙基铅时，取 800 ml 水样的最低检出浓度为________mg/L。（　　）

A. 0.05　　B. 0.08　　C. 0.1　　D. 0.2

答案：C

2. 根据《生活饮用水标准检验方法　金属指标》（GB/T 5750.6—2006）（24.1　四乙基铅　双硫腙比色法）测定四乙基铅时，双硫腙与________螯合显色，比色定量铅。（　　）

A. 铅离子　　B. 四乙基铅

答案：A

3. 根据《生活饮用水标准检验方法　金属指标》（GB/T 5750.6—2006）（24.1　四乙基铅　双硫腙比色法）测定四乙基铅时，配制双硫腙使用液的方法是：用四氯化碳稀释至透光率为________%，其浓度约为 0.001%。（　　）

A. 50　　B. 60　　C. 70　　D. 80

答案：C

4. 根据《生活饮用水标准检验方法　金属指标》（GB/T 5750.6—2006）（24.1　四乙基铅　双硫腙比色法）测定四乙基铅时，1 mol 铅（原子量 207.2）相当于 1 mol 四乙基铅（分子量 323.44）的质量换算系数是________。（　　）

A. 0.56　　B. 0.95　　C. 1.26　　D. 1.56

答案：D

参考文献

中华人民共和国卫生部，中国国家标准化管理委员会 . 生活饮用水标准检验方法　金属指标：GB/T 5750.6—2006［S］. 北京：中国标准出版社，2006.

命题：薛　程　杨　楠

审核：马　成　冯　丹

第三十八节 丁基黄原酸

分类号：W6-37

主要内容

①《生活饮用水标准检验方法 有机物指标》（GB/T 5750.8—2006）（43.1 丁基黄原酸 铜试剂亚铜分光光度法）

②《水质 丁基黄原酸的测定 紫外分光光度法》（HJ 756—2015）

一、判断题

1. 根据《水质 丁基黄原酸的测定 紫外分光光度法》（HJ 756—2015）测定水中丁基黄原酸时，方法检出限为 0.04 mg/L，测定下限为 0.16 mg/L。（ ）①

答案：错误

正确答案为：方法检出限为 0.004 mg/L，测定下限为 0.016 mg/L

2. 根据《水质 丁基黄原酸的测定 紫外分光光度法》（HJ 756—2015）测定水中丁基黄原酸时，硝酸盐在 301 nm 处有吸收峰产生正干扰，但在差减过程中可抵消，不影响测定。（ ）①

答案：正确

3. 根据《水质 丁基黄原酸的测定 紫外分光光度法》（HJ 756—2015）测定水中丁基黄原酸时，每批样品均应绘制校准曲线，校准曲线的相关系数应达到 0.995 以上。（ ）①

答案：错误

正确答案为：校准曲线的相关系数应达到 0.999 以上。

4. 根据《生活饮用水标准检验方法 有机物指标》（GB 5750.8—2006）（43.1 丁基黄原酸 铜试剂亚铜分光光度法）测定水中丁基黄原酸时，硫（S^{2-}）的质量浓度等于或大于 0.5 mg/L 时产生负干扰。（ ）①

答案：错误

正确答案为：硫（S^{2-}）的质量浓度等于或大于 0.1 mg/L 时产生负干扰。

5. 根据《生活饮用水标准检验方法 有机物指标》（GB 5750.8—2006）（43.1 丁基黄原酸 铜试剂亚铜分光光度法）测定水中丁基黄原酸，是在盐酸羟胺还原体系中，将亚铜离子还原成铜离子。（ ）②

答案：错误

正确答案为：将铜离子还原成亚铜离子。

6. 根据《生活饮用水标准检验方法 有机物指标》（GB 5750.8—2006）（43.1 丁基黄原酸 铜试剂亚铜分光光度法），丁基黄原酸标准使用溶液应临用时配置。（ ）②

答案：正确

7. 根据《生活饮用水标准检验方法 有机物指标》（GB 5750.8—2006）（43.1 丁基黄原酸 铜试剂亚铜分光光度法），需测定丁基黄原酸的水样，若须经过氯化处理

除去干扰，应同时做试剂空白。(　　)②

答案：正确

8. 根据《生活饮用水标准检验方法　有机物指标》(GB 5750.8—2006)(43.1　丁基黄原酸　铜试剂亚铜分光光度法)测定丁基黄原酸时，分去水层需用纯水洗涤分液漏斗，此操作共重复 2 次。(　　)②

答案：错误

正确答案为：重复 3 次。

9. 根据《生活饮用水标准检验方法　有机物指标》(GB 5750.8—2006)(43.1　丁基黄原酸　铜试剂亚铜分光光度法)测定水中丁基黄原酸时，将有效成分放入比色管前，应预先在管内加入少量 DDTC 和 1 滴纯水，充分振荡比色管使 DDTC 完全溶解。(　　)②

答案：错误

正确答案为：应剩余少量 DDTC 未溶解。

10. 根据《生活饮用水标准检验方法　有机物指标》(GB 5750.8—2006)(43.1　丁基黄原酸　铜试剂亚铜分光光度法)测定水中丁基黄原酸时，使用 3 cm 比色皿。(　　)②

答案：正确

二、选择题

1.《生活饮用水标准检验方法　有机物指标》(GB 5750.8—2006)(43.1　丁基黄原酸　铜试剂亚铜分光光度法)中规定了________分光光度法测定生活饮用水及其水源水中的丁基黄原酸的方法。(　　)②

A. 红外　　B. 紫外　　C. 亚甲基兰　　D. 铜试剂亚铜

答案：D

2. 根据《生活饮用水标准检验方法　有机物指标》(GB 5750.8—2006)(43.1　丁基黄原酸　铜试剂亚铜分光光度法)测定水中丁基黄原酸时，若取 500 ml 水样，方法的最低检测质量浓度为________mg/L。(　　)②

A. 0.5　　B. 1　　C. 2　　D. 5

答案：C

3. 根据《生活饮用水标准检验方法　有机物指标》(GB 5750.8—2006)(43.1　丁基黄原酸　铜试剂亚铜分光光度法)测定水中丁基黄原酸时，若硫(S^{2-})产生负干扰，需加________除去干扰。(　　)②

A. 游离氯　　B. 活性氯　　C. 有效氯　　D. 化合氯

答案：A

4. 根据《生活饮用水标准检验方法　有机物指标》(GB 5750.8—2006)(43.1　丁基黄原酸　铜试剂亚铜分光光度法)测定水中丁基黄原酸时，盐酸羟胺还原体系的 pH 应为________。(　　)②

A. 5.2　　B. 5.3　　C. 5.4　　D. 5.5

答案：A

5. 根据《生活饮用水标准检验方法　有机物指标》(GB 5750.8—2006)(43.1　丁基黄原酸　铜试剂亚铜分光光度法)测定水中丁基黄原酸时，需要用到的萃取试剂是________。(　　)②

A. 正己烷　　B. 环己烷　　C. 三氯甲烷　　D. 四氯化碳

答案：B

6. 根据《生活饮用水标准检验方法　有机物指标》(GB 5750.8—2006)(43.1　丁基黄原酸　铜试剂亚铜分光光度法)，丁基黄原酸储备液可在4℃冰箱中保存________周。(　　)②

A. 1　　B. 2　　C. 3　　D. 4

答案：A

7. 根据《生活饮用水标准检验方法　有机物指标》(GB 5750.8—2006)(43.1　丁基黄原酸　铜试剂亚铜分光光度法)，测定丁基黄原酸的水样，在采集后应该调节pH至________。(　　)②

A. 3～4　　B. 5～6　　C. 7～8　　D. 9～10

答案：B

8. 根据《生活饮用水标准检验方法　有机物指标》(GB 5750.8—2006)(43.1　丁基黄原酸　铜试剂亚铜分光光度法)，测定丁基黄原酸的水样，在加入盐酸羟胺后须震荡使其溶解，并放置________min。(　　)②

A. 10　　B. 20　　C. 30　　D. 60

答案：C

9. 根据《生活饮用水标准检验方法　有机物指标》(GB 5750.8—2006)(43.1　丁基黄原酸　铜试剂亚铜分光光度法)，测定丁基黄原酸的水样，待盐酸羟胺振荡、放置并溶解，加入缓冲溶液、硫酸铜溶液及萃取剂后，振摇时间为________min。(　　)②

A. 2　　B. 3　　C. 4　　D. 5

答案：C

10. 根据《生活饮用水标准检验方法　有机物指标》(GB 5750.8—2006)(43.1　丁基黄原酸　铜试剂亚铜分光光度法)，测定水中丁基黄原酸应在________nm波长处比色。(　　)②

A. 275　　B. 301　　C. 420　　D. 436

答案：D

11. 根据《生活饮用水标准检验方法　有机物指标》(GB 5750.8—2006)(43.1　丁基黄原酸　铜试剂亚铜分光光度法)测定水中丁基黄原酸，萃取时使用________有机溶剂。(　　)②

A. 环己烷和甲醇　　B. 环己烷　　C. 甲醇　　D. 甲醇和水

答案：B

12. 根据《水质　丁基黄原酸的测定　紫外分光光度法》(HJ756—2015)测定水中丁基黄原酸时，每批样品应做10%的平行样分析，测定结果相对偏差应控制在小于________%。(　　)①

A. 5　　B. 10　　C. 15　　D. 20

答案： B

三、问答题

简述《生活饮用水标准检验方法　有机物指标》（GB 5750.8—2006）（43.1　丁基黄原酸　铜试剂亚铜分光光度法）测定水中丁基黄原酸的方法原理。②

答案： 在 pH=5.2 的盐酸羟胺还原体系中，将铜离子还原成亚铜离子。水样中的丁基黄原酸与亚铜离子生成黄原酸亚铜后，被环己烷萃取。黄原酸亚铜再与铜试剂作用，生成橙黄色的铜试剂亚铜，比色定量。

参考文献

[1] 环境保护部 . 水质　丁基黄原酸的测定　紫外分光光度法：HJ 756—2015［S］. 北京：中国环境出版集团，2015.

[2] 中华人民共和国卫生部，中国国家标准化管理委员会 . 生活饮用水标准检验方法　有机物指标：GB/T 5750.8—2006［S］. 北京：中国标准出版社，2006.

命题：闫爱博　周　婷

审核：杨　楠　刘　蕊　谢　争　冯　丹

第三十九节　化学需氧量

分类号：W6-38

主要内容
《水质　化学需氧量的测定　快速消解分光光度法》（HJ/T 399—2007）

一、判断题

1. 根据《水质　化学需氧量的测定　快速消解分光光度法》（HJ/T 399—2007），试样中的有机氮通常转化成铵离子，铵离子不被重铬酸钾氧化。（　　）

答案： 正确

2. 根据《水质　化学需氧量的测定　快速消解分光光度法》（HJ/T 399—2007），消解管应由耐酸玻璃材质制成，在 165℃温度下能承 600 kPa 的压力，管盖应耐热并耐酸，使用前所有的消解管和管盖均尖无任何破损或裂纹。（　　）

答案： 正确

二、选择题

1. 根据《水质　化学需氧量的测定　快速消解分光光度法》（HJ/T 399—2007），初步判定水样的 COD 质量浓度，选择对应量程的预装混合试剂，加入相应体积的试样，摇匀并在规定温度下加热 5 min 后，检查管内溶液颜色，如变为________色，则应重新稀释后再进行测定。（　　）

A. 红　　B. 橙　　C. 黄　　D. 绿

答案：D

2. 根据《水质　化学需氧量的测定　快速消解分光光度法》（HJ/T 399—2007），当试样中 COD 值为 100～1 000 mg/L 采用高量程测量时，下列表述正确的是________。（　　）

A. 在 600 nm ± 20 nm 波长处测定重铬酸钾被还原产生的三价铬的吸光度

B. 在 440 nm ± 20 nm 波长处测定重铬酸钾未被还原的六价铬的吸光度

C. 在 600 nm ± 20 nm 波长处测定重铬酸钾未被还原的六价铬的吸光度

D. 在 440 nm ± 20 nm 波长处测定重铬酸钾被还原产生的三价铬的吸光度

答案：A

3. 根据《水质　化学需氧量的测定　快速消解分光光度法》（HJ/T 399—2007），当试样中 COD 值为 15～250 mg/L 采用低量程测量时，下列表述正确的是________。（　　）

A. 在 600 nm ± 20 nm 波长处测定重铬酸钾被还原产生的三价铬的吸光度

B. 在 440 nm ± 20 nm 波长处测定重铬酸钾未被还原的六价铬和被还原产生的三价铬的两种铬离子的总吸光度

C. 在 600 nm ± 20 nm 波长处测定重铬酸钾未被还原的六价铬和被还原产生的三价铬的两种铬离子的总吸光度

D. 在 440 nm ± 20 nm 波长处测定重铬酸钾未被还原的六价铬的吸光度

答案：B

4. 根据《水质　化学需氧量的测定　快速消解分光光度法》（HJ/T 399—2007），当消解管作为比色管进行光度测定时，应从一批消解管中随机选取________支，加入 5 ml 水，在选定的波长处测定其吸光度值，吸光度值的差值应在 ±________以内。（　　）

A. 5～10，0.002　　B. 3～5，0.005　　C. 5～15，0.01　　D. 5～10，0.005

答案：D

5. 根据《水质　化学需氧量的测定　快速消解分光光度法》（HJ/T 399—2007），为保证消解反应液在消解管内有充分的加热消解和冷却回流，加热孔深度一般不低于或高于消解管内消解反应液高度________mm。（　　）

A. 3　　B. 4　　C. 5　　D. 6

答案：C

参考文献

国家环境保护总局．水质　化学需氧量的测定　快速消解分光光度法：HJ/T 399—2007［S］．北京：中国环境科学出版社，2007.

命题：袁　懋

审核：吕天峰　夏　新

第四十节　锡

分类号：W6-39

主要内容
《生活饮用水标准检验方法　金属指标》（GB/T 5750.6—2006）（23.2　锡　分光光度法）

一、判断题

1. 根据《生活饮用水标准检验方法　金属指标》（GB/T 5750.6—2006）（23.2　锡　分光光度法）测定水中锡，苯芴酮溶液的配置方法是：称取 0.030 g 苯芴酮溶于 20 ml 丙酮中，加入 0.5 ml（1+2）硫酸溶液，再用丙酮稀释至 100 ml。(　　)

答案：错误

正确答案为：称取 0.030 g 苯芴酮溶于 20 ml 95% 乙醇中，加入 0.5 ml（1+2）硫酸溶液，再用乙醇稀释至 100 ml。

2. 根据《生活饮用水标准检验方法　金属指标》（GB/T 5750.6—2006）（23.2　锡　分光光度法）测定水中锡时，样品加入显色剂苯芴酮溶液后，一般放置 30 min 后可以比色测定。(　　)

答案：正确

3.《生活饮用水标准检验方法　金属指标》（GB/T 5750.6—2006）（23.2　锡　分光光度法）测定水中锡时，采用 2 cm 比色皿测定样品吸光度。(　　)

答案：正确

4. 根据《生活饮用水标准检验方法　金属指标》（GB/T 5750.6—2006）（23.2　锡　分光光度法）测定水中锡时，样品前处理的操作是：吸取 50.0 ml 水样于 100 ml 高型烧杯中，加入 1 ml 硝酸，在电热板上蒸发、消化至近干。冷却后，用少量纯水洗入 50 ml 比色管中。(　　)

答案：错误

正确答案为：加入 1 ml 硫酸，在电热板上蒸发、消化至冒白烟近于干涸为止。

5. 根据《生活饮用水标准检验方法　金属指标》（GB/T 5750.6—2006）（23.2　锡　分光光度法），在配制锡标准储备液时，需盖上表面皿，加热至冒浓的白烟，再移去表面皿。(　　)

答案：错误

正确答案为：需盖上表面皿，加热至锡全部溶解，移去表面皿，继续加热至冒浓的白烟。

二、选择题

1.《生活饮用水标准检验方法　金属指标》（GB/T 5750.6—2006）（23.2　锡　分光光度法），适用于________中锡含量的测定。(　　)

A. 生活饮用水　　　　B. 自来水

C. 生活饮用水及其水源水　　D. 矿泉水

答案：C

2. 根据《生活饮用水标准检验方法　金属指标》（GB/T 5750.6—2006）（23.2　锡　分光光度法）测定水中锡时，若取 50 ml 水样测定，最低检测质量浓度为________mg/L。（　　）

A. 0.5　　B. 0.1　　C. 0.05　　D. 0.01

答案：D

3. 根据《生活饮用水标准检验方法　金属指标》（GB/T 5750.6—2006）（23.2　锡　分光光度法）测定水中锡的原理是：在________溶液中，四价锡与苯芴酮形成微溶性橙红色络合物，在保护性胶体存在下比色。（　　）

A. 酸性　　B. 弱酸性　　C. 碱性　　D. 弱碱性

答案：B

4. 根据《生活饮用水标准检验方法　金属指标》（GB/T 5750.6—2006）（23.2　锡　分光光度法）测定水中锡，测定波长为________nm。（　　）

A. 400　　B. 440　　C. 510　　D. 540

答案：C

5. 根据《生活饮用水标准检验方法　金属指标》（GB/T 5750.6—2006）（23.2　锡　分光光度法）测定水中锡，样品测定时，需加入 0.5 ml 酒石酸溶液，3 滴酚酞溶液，用________调至淡品红色。（　　）

A. 硫酸　　B.（1+9）硫酸　　C. 氨水　　D.（1+1）氨水

答案：D

6. 根据《生活饮用水标准检验方法　金属指标》（GB/T 5750.6—2006）（23.2　锡　分光光度法）测定水中锡，样品测定时，需要在保护性胶体存在下比色。加入的胶体是________。（　　）

A. 明矾　　B. 明胶　　C. 阿胶　　D. 树胶

答案：B

参考文献

中华人民共和国卫生部，中国国家标准化管理委员会 . 生活饮用水标准检验方法　金属指标：GB/T 5750.6—2006 [S] . 北京：中国标准出版社，2006.

命题：林海兰　宋冰冰

审核：毕军平　刘乐君　朱日龙　夏　新

第四十一节　吡啶

分类号：W6–40

主要内容
《生活饮用水标准检验方法　有机物指标》（GB/T 5750.8—2006）（41.1　吡啶　巴比妥酸分光光度法）

一、判断题

1. 根据《生活饮用水标准检验方法　有机物指标》（GB/T 5750.8—2006）（41.1　吡啶巴比妥酸分光光度法）测定吡啶时，测定所用波长为 580 nm。(　　)

答案：正确

2. 根据《生活饮用水标准检验方法　有机物指标》（GB/T 5750.8—2006）（41.1　吡啶巴比妥酸分光光度法）测定吡啶时，测得检测质量为 0.5 mg，若所取水样为 10 ml，测该水样质量浓度为 0.05 mg/L。(　　)

答案：正确

3. 根据《生活饮用水标准检验方法　有机物指标》（GB/T 5750.8—2006）（41.1　吡啶巴比妥酸分光光度法）测定吡啶时，浑浊水样及色度对测定无干扰。(　　)

答案：错误

正确答案为：浑浊水样及色度对测定有干扰。

4. 根据《生活饮用水标准检验方法　有机物指标》（GB/T 5750.8—2006）（41.1　吡啶巴比妥酸分光光度法）测定吡啶时，水样中吡啶与氯化氰、巴比妥酸发生反应，生成的二巴比妥酸戊烯二醛为红色化合物。(　　)

答案：错误

正确答案为：生成的二巴比妥酸戊烯二醛为红紫色化合物。

二、选择题

1. 根据《生活饮用水标准检验方法　有机物指标》（GB/T 5750.8—2006）（41.1　吡啶巴比妥酸分光光度法）进行测定时，对于吡啶含量低的水样，若水样浑浊，可将样品________后测定。(　　)

A. 蒸馏　　B. 絮凝沉淀　　C. 溶剂萃取

答案：A

2. 根据《生活饮用水标准检验方法　有机物指标》（GB/T 5750.8—2006）（41.1　吡啶 巴比妥酸分光光度法）测定吡啶时，样品与标准管恒温水浴中加热的温度应为________℃。(　　)

A. 30　　B. 40　　C. 50　　D. 60

答案：B

3. 根据《生活饮用水标准检验方法　有机物指标》（GB/T 5750.8—2006）（41.1　吡啶巴比妥酸分光光度法）测定吡啶时，以________为参比，测量吸光度。(　　)

A. 盐酸溶液　　B. 氢氧化钠溶液　　C. 纯水

答案：C

4. 根据《生活饮用水标准检验方法　有机物指标》（GB/T 5750.8—2006）（41.1　吡啶巴比妥酸分光光度法）测定吡啶时，比色前需要将样品与标准在 40℃恒温水浴中加热________min。(　　)

A. 15　　B. 30　　C. 45　　D. 60

答案：C

5. 根据《生活饮用水标准检验方法　有机物指标》（GB/T 5750.8—2006）（41.1　吡啶　巴比妥酸分光光度法）测定吡啶，配制巴比妥酸溶液时，所用溶剂为________。（　　）

A. 丙酮和水（1+1）溶液　　B. 丙酮和水（1+2）溶液

C. 丙酮和水（2+1）溶液

答案：A

参考文献

中华人民共和国卫生部，中国国家标准化管理委员会．生活饮用水标准检验方法　有机物指标：GB/T 5750.8—2006［S］．北京：中国标准出版社，2006.

命题：王爱一　刘文丽

审核：冯　丹　夏　新

第四十二节　铅

分类号：W6-41

主要内容
《水质　铅的测定　双硫腙分光光度法》（GB/T 7470—87）

一、判断题

1. 根据《水质　铅的测定　双硫腙分光光度法》（GB/T 7470—87）测定水中铅，在消解水样时，严禁将高氯酸加到含有还原性有机物的热溶液中，只有预先用硝酸加热处理后才能加入高氯酸，否则会引起强烈爆炸。（　　）

答案：正确

2. 《水质　铅的测定　双硫腙分光光度法》（GB/T 7470—87）适用于测定天然水和废水中微量铅。（　　）

答案：正确

3. 根据《水质　铅的测定　双硫腙分光光度法》（GB/T 7470—87）测定水中铅时，如果待测水样浑浊，可通过 0.45 μm 滤膜过滤后测定。（　　）

答案：错误

正确答案为：标准规定水样经酸消解处理后，测得水样中的总铅量。

4. 根据《水质　铅的测定　双硫腙分光光度法》（GB/T 7470—87）测定水中铅时，铅与双硫腙在乙酸盐介质中生成络合物。（　　）

答案：错误

正确答案为：铅与双硫腙在氨性柠檬酸盐－氰化物介质中生成络合物。

5. 根据《水质　铅的测定　双硫腙分光光度法》（GB/T 7470—87）测定水中铅时，实验中所用玻璃仪器，包括样品容器，在使用前需用硝酸清洗，并用自来水和无铅蒸馏水冲洗洁净。（　　）

答案：正确

二、选择题

1. 根据《水质　铅的测定　双硫腙分光光度法》（GB/T 7470—87）测定水中铅时，铅与双硫腙生成络合物的 pH 条件为________。（　　）

A. 10～12　　B. 8.5～9.5　　C. 4.0～5.5　　D. 2.8～4.5

答案：B

2. 根据《水质　铅的测定　双硫腙分光光度法》（GB/T 7470—87）测定水中铅时，铅与双硫腙形成________色络合物。（　　）

A. 淡红　　B. 橙　　C. 蓝　　D. 黄

答案：A

3. 根据《水质　铅的测定　双硫腙分光光度法》（GB/T 7470—87）测定水中铅时，铅与双硫腙生成可被氯仿萃取络合物，萃取的氯仿混色液，于________nm 波长下进行光度测量，从而求出铅的含量。（　　）

A. 518　　B. 620　　C. 485　　D. 510

答案：D

4. 根据《水质　铅的测定　双硫腙分光光度法》（GB/T 7470—87）测定水中铅时，将酸化后的水样中加入________以避免挥发性有机铅化合物在水样处理和消化过程中损失。（　　）

A. 氨水　　B. 亚硫酸钠溶液　　C. 碘溶液　　D. 柠檬酸盐溶液

答案：C

5. 根据《水质　铅的测定　双硫腙分光光度法》（GB/T 7470—87）测定水中铅时，以下措施能消除水样中过量铋、锡和铊的干扰的是________。（　　）

A. 加入亚硫酸钠溶液—调节水样 pH—双硫腙溶液多次萃取—氯仿萃取

B. 调节水样 pH—氯仿萃取—双硫腙溶液多次萃取—加入亚硫酸钠溶液

C. 氯仿萃取—加入亚硫酸钠溶液—调节水样 pH—双硫腙溶液多次萃取

答案：A

6. 根据《水质　铅的测定　双硫腙分光光度法》（GB/T 7470—87）测定水中铅时，为了消除水样中过量铋、锡和铊的干扰，需将水样 pH 调至________再用双硫腙萃取。（　　）

A. 1　　B. 2.5　　C. 7　　D. 9.5

答案：B

三、问答题

1. 根据《水质　铅的测定　双硫腙分光光度法》（GB/T 7470—87）测定水中铅时，如何确定提纯后的双硫腙氯仿溶液的准确浓度？

答案：取一定量提纯后的双硫腙氯仿溶液，置 50 ml 容量瓶中以氯仿稀释定容，然后将此溶液置于 10 mm 光程的比色皿中，于 606 nm 波长处测量其吸光度，将此吸光度被除以摩尔吸光系数 4.06×10^4 L/（mol · cm）即可求得双硫腙的准确浓度。

2. 根据《水质　铅的测定　双硫腙分光光度法》（GB/T 7470—87）测定水中铅时，如何检查水样中是否有过量铋、锡和铊干扰铅的测定？

答案： 铋、锡和铊的双硫腙氯盐与双硫腙氯铅的最大吸收波长不同，在 510 nm 波长处和 465 nm 波长处分别测量试份的吸光度，可以检查上述干扰是否存在。从每个波长位置的试份吸光度中扣除同一波长位置空白试验的吸光度，计算出试份吸光度的校正值。计算 510 nm 波长处吸光度校正值与 465 nm 波长处吸光度校正值的比值。吸光度校正值的比值对双硫腙铅盐为 2.08，而对双硫腙铋盐为 1.07 如果分析试份时求得的比值明显小于 2.08，即表明存在干扰。

参考文献

[1] 国家环境保护局 . 水质　铅的测定　双硫腙分光光度法：GB/T 7470—87［S］. 北京：中国标准出版社，1987.

[2] 中华人民共和国卫生部，中国国家标准化管理委员会 . 生活饮用水标准检验方法　有机物指标：GB/T 5750.8—2006［S］. 北京：中国标准出版社，2006.

[3] 国家环境保护总局《水和废水监测分析方法》编委会 . 水和废水监测分析方法 .4 版［M］. 北京：中国环境科学出版社，2002.

命题：杨　华　周笑白

审核：关玉春　夏　新

第四十三节　锌

分类号：W6-42

主要内容

①《水质　锌的测定　双硫腙分光光度法》（GB/T 7472—87）

②《生活饮用水标准检验方法　金属指标》（GB/T 5750.6—2006）（5.2　锌　锌试剂－环己酮分光光度法）

③《生活饮用水标准检验方法　金属指标》（GB/T 5750.6—2006）（5.3　锌　双硫腙分光光度法）

一、填空题

1.《水质　锌的测定　双硫腙分光光度法》（GB/T 7472—87）适用于________和________中微量锌的测定。①

答案： 天然水　某些废水

2.《水质　锌的测定　双硫腙分光光度法》（GB/T 7472—87）适用于测定锌浓度在________mg/L 的水样。①

答案： 5～50

3.《水质　锌的测定　双硫腙分光光度法》（GB/T 7472—87）《生活饮用水标准检验方法　金属指标》（GB/T 5750.6—2006）（5.3　锌　双硫腙分光光度法）和《生活饮用水标准检验方法　金属指标》（GB/T 5750.6—2006）（5.2　锌　锌试剂－环己酮分光光度法）用于测定水中锌，锌的主要污染源是电镀、________、________及化工等部门排放的废水。①②③

答案：冶金　　颜料

二、判断题

1. 根据《水质　锌的测定　双硫腙分光光度法》（GB/T 7472—87）和《生活饮用水标准检验方法　金属指标》（GB/T 5750.6—2006）（5.3　锌　双硫腙分光光度法）测定水中锌时，在乙酸盐缓冲介质中锌离子与双硫腙形成红色螯合物。（　　）①③

答案：正确

2. 根据《水质　锌的测定　双硫腙分光光度法》（GB/T 7472—87）和《生活饮用水标准检验方法　金属指标》（GB/T 5750.6—2006）（5.3　锌　双硫腙分光光度法）测定水中锌时，用去离子水作参比，进行样品萃取液吸光度的测量。（　　）①③

答案：错误

正确答案为：以四氯化碳为参比，测量样品萃取液的吸光度。

3. 《水质　锌的测定　双硫腙分光光度法》（GB/T 7472—87）规定水样经酸消解处理后，测定水样中总锌量。（　　）①

答案：正确

4. 根据《水质　锌的测定　双硫腙分光光度法》（GB/T 7472—87）和《生活饮用水标准检验方法　金属指标》（GB/T 5750.6—2006）（5.3　锌　双硫腙分光光度法）测定水中锌，当样品浓度过低，浓缩样品时，可在浓缩后的水样中加入氢氧化钠以除去过量酸。（　　）①③

答案：错误

正确答案为：浓缩后水样可用稀盐酸或经纯制的氨水调节水样的 pH 为 2～3。最后用无锌水定容。不能用氢氧化物中和，因为此类试剂中含锌量往往过高。

5. 根据《水质　锌的测定　双硫腙分光光度法》（GB/T 7472—87）和《生活饮用水标准检验方法　金属指标》（GB/T 5750.6—2006）（5.3　锌　双硫腙分光光度法）测定水中锌，试验中所使用的无锌水可将普通蒸馏水通过阴阳离子交换柱制备。（　　）①③

答案：正确

6. 根据《水质　锌的测定　双硫腙分光光度法》（GB/T 7472—87）和《生活饮用水标准检验方法　金属指标》（GB/T 5750.6—2006）（5.3　锌　双硫腙分光光度法）测定水中锌时，双硫腙四氯化碳储备溶液可于冰箱中保存数周，稀释后的双硫腙四氯化碳溶液可保存 1 周。（　　）①③

答案：错误

正确答案为：双硫腙四氯化碳储备溶液可于冰箱内保存数周，稀释后的双硫腙四氯化碳溶液现用现配。

7. 根据《水质　锌的测定　双硫腙分光光度法》（GB/T 7472—87）和《生活饮用水标准检验方法　金属指标》（GB/T 5750.6—2006）（5.3　锌　双硫腙分光光度法）测定水中锌时，乙酸钠缓冲溶液和硫代硫酸钠溶液使用前需用双硫腙四氯化碳溶液纯化。（　　）①③

答案：正确

8. 根据《水质　锌的测定　双硫腙分光光度法》（GB/T 7472—87）、《生活饮用水标准检验方法　金属指标》（GB/T 5750.6—2006）（5.3　锌　双硫腙分光光度法）和《生活饮用水标准检验方法　金属指标》（GB/T 5750.6—2006）（5.2　锌　锌试剂 - 环己酮分光光度法），使用分光光度法测定水中锌，定量所用的校准曲线是标准曲线。（　　）①②③

答案：错误

正确答案为：使用分光光度法测定水中锌时，定量所用的校准曲线是工作曲线。

9. 根据《生活饮用水标准检验方法　金属指标》（GB/T 5750.6—2006）（5.3　锌　双硫腙分光光度法）测定水中锌时，要避免在直射阳光下操作。（　　）③

答案：正确

10. 根据《生活饮用水标准检验方法　金属指标》（GB/T 5750.6—2006）（5.2　锌　锌试剂 - 环己酮分光光度法）测定水中锌时，Cu^{2+}、Pb^{2+}、Fe^{3+} 和 Mn^{2+} 质量浓度分别不超过 30 mg/L、50 mg/L、7 mg/L 和 5 mg/L 时，对测定无干扰。（　　）②

答案：正确

11. 根据《水质　锌的测定　双硫腙分光光度法》（GB/T 7472—87）、《生活饮用水标准检验方法　金属指标》（GB/T 5750.6—2006）（5.3　锌　双硫腙分光光度法）和《生活饮用水标准检验方法　金属指标》（GB/T 5750.6—2006）（5.2　锌　锌试剂 - 环己酮分光光度法）测定水中锌时，氰化钾溶液是剧毒溶液，使用时一定要小心。（　　）①②③

答案：正确

12. 根据《生活饮用水标准检验方法　金属指标》（GB/T 5750.6—2006）（5.2　锌　锌试剂 - 环己酮分光光度法）测定水中锌时，锌试剂溶液的配制方法为：称取一定量锌试剂溶于丙酮中。（　　）②

答案：错误

正确答案为：称取一定量锌试剂溶于甲醇中。

13. 根据《生活饮用水标准检验方法　金属指标》（GB/T 5750.6—2006）（5.2　锌　锌试剂 - 环己酮分光光度法）测定水中锌时，水样的预处理方法为：如果水样澄清则调节 pH 至 2，如果水样浑浊则消解后测定。（　　）②

答案：错误

正确答案为：取澄清水样调节 pH 至 7，如水样浑浊可用 0.45 μm 滤膜过滤。

14. 根据《生活饮用水标准检验方法　金属指标》（GB/T 5750.6—2006）（5.2　锌　锌试剂 - 环己酮分光光度法）测定水中锌时，若铅的浓度在 0.1 mg/L 以下，可不加抗坏血酸钠。（　　）②

答案：错误

正确答案为：锰在 0.1 mg/L 以下时，可不加抗坏血酸钠。

15. 若取 25 ml 水样测定，《生活饮用水标准检验方法　金属指标》（GB/T 5750.6—2006）（5.2　锌　锌试剂 - 环己酮分光光度法）的最低检测质量浓度为 0.20 mg/L。（　　）②

答案：正确

三、选择题

1. 根据《水质 锌的测定 双硫腙分光光度法》(GB/T 7472—87)测定水中锌时，当使用光程长 20 mm 比色皿，试样体积为 100 ml 时，检出限为________mg/L。( ) ①

A. 0.5　　B. 1　　C. 5　　D. 10

答案：C

2. 根据《水质 锌的测定 双硫腙分光光度法》(GB/T 7472—87)和《生活饮用水标准检验方法 金属指标》(GB/T 5750.6—2006)(5.3 锌 双硫腙分光光度法)测定水中锌时，萃取后样品在________nm 处有最大吸光波长。( ) ①③

A. 518　　B. 535　　C. 510　　D. 485

答案：B

3. 根据《水质 锌的测定 双硫腙分光光度法》(GB/T 7472—87)和《生活饮用水标准检验方法 金属指标》(GB/T 5750.6—2006)(5.3 锌 双硫腙分光光度法)测定水中锌时，乙酸盐缓冲介质的 pH 范围为________。( ) ①③

A. 小于 1　　B. 2.8～4.0　　C. 4.0～5.5　　D. 8.5～9.5

答案：C

4. 根据《水质 锌的测定 双硫腙分光光度法》(GB/T 7472—87)和《生活饮用水标准检验方法 金属指标》(GB/T 5750.6—2006)(5.3 锌 双硫腙分光光度法)测定水中锌时，水中三价铁、余氯和其他氧化剂会使双硫腙变成________色。( ) ①③

A. 红　　B. 黄　　C. 蓝　　D. 棕黄

答案：D

5. 根据《水质 锌的测定 双硫腙分光光度法》(GB/T 7472—87)和《生活饮用水标准检验方法 金属指标》(GB/T 5750.6—2006)(5.3 锌 双硫腙分光光度法)测定水中锌时，下列不是造成试验中出现高而无规律的空白值的原因的是________。( ) ①③

A. 试验时所使用的玻璃器皿、玻璃仪器

B. 橡胶制品、润滑剂

C. 试剂级化学药品或蒸馏水

D. 石英器皿

答案：D

6. 根据《水质 锌的测定 双硫腙分光光度法》(GB/T 7472—87)和《生活饮用水标准检验方法 金属指标》(GB/T 5750.6—2006)(5.3 锌 双硫腙分光光度法)测定水中锌时，以下不是硫代硫酸钠的作用的是________。( ) ①③

A. 掩蔽剂　　B. 还原剂　　C. 氧化剂

答案：C

7. 根据《水质 锌的测定 双硫腙分光光度法》(GB/T 7472—87)和《生活饮用水标

准检验方法　金属指标》(GB/T 5750.6—2006)(5.3　锌　双硫腙分光光度法)测定水中锌时，以下不能与锌离子发生络合反应的是________。(　　)①③

A. 双硫腙　　B. 乙酸钠　　C. 硫代硫酸钠

答案：B

8. 根据《水质　锌的测定　双硫腙分光光度法》(GB/T 7472—87)和《生活饮用水标准检验方法　金属指标》(GB/T 5750.6—2006)(5.3　锌　双硫腙分光光度法)测定水中锌时，以下措施不能避免环境中锌带来的污染的是________。(　　)①③

A. 分液漏斗涂上活塞润滑剂

B. 采样容器使用前用硝酸溶液浸泡 24 h，然后用无锌水冲洗干净

C. 使用石英器皿代替玻璃器皿

D. 所有玻璃器皿均先后用酸溶液和无锌水浸泡和清洗

答案：A

9. 根据《生活饮用水标准检验方法　金属指标》(GB/T 5750.6—2006)(5.2　锌　锌试剂－环己酮分光光度法)测定水中锌时，锌与锌试剂生成________色络合物。(　　)②

A. 红　　B. 蓝　　C. 黄　　D. 棕黄

答案：B

10. 根据《生活饮用水标准检验方法　金属指标》(GB/T 5750.6—2006)(5.2　锌　锌试剂－环己酮分光光度法)测定水中锌时，加入抗坏血酸钠可降低________的干扰。(　　)②

A. 三价铁　　B. 铅　　C. 锰　　D. 铜

答案：C

11. 根据《生活饮用水标准检验方法　金属指标》(GB/T 5750.6—2006)(5.2　锌　锌试剂－环己酮分光光度法)测定水中锌时，不能与金属发生络合反应的试剂是________。(　　)②

A. 锌试剂　　B. 氰化钾　　C. 环己酮

答案：C

12. 根据《生活饮用水标准检验方法　金属指标》(GB/T 5750.6—2006)(5.2　锌　锌试剂－环己酮分光光度法)测定水中锌时，使用的缓冲溶液为________。(　　)②

A. 乙酸－乙酸钠缓冲溶液　　B. 柠檬酸－柠檬酸钠缓冲液

C. 邻苯二甲酸－盐酸缓冲液　　D. 氢氧化钠－硼酸缓冲溶液

答案：D

13. 根据《生活饮用水标准检验方法　金属指标》(GB/T 5750.6—2006)(5.2　锌　锌试剂－环己酮分光光度法)测定水中锌时，锌与锌试剂在 pH 为________条件下发生络合反应。(　　)②

A. 9.0　　B. 7　　C. 4.0～5.5　　D. 2.8～4.0

答案：A

14. 根据《生活饮用水标准检验方法　金属指标》(GB/T 5750.6—2006)(5.2　锌　锌试剂－环己酮分光光度法)测定水中锌，是在________nm 波长下测定。(　　)②

A. 510　　B. 535　　C. 620　　D. 485

答案：C

15. 根据《生活饮用水标准检验方法　金属指标》（GB/T 5750.6—2006）（5.2　锌　锌试剂－环己酮分光光度法）测定水中锌时，如果待测水样中加入抗坏血酸钠，则需用氢氧化钠溶液将水样调至________。（　　）②

A. 酸性　　B. 中性　　C. 碱性

答案：B

四、问答题

1. 根据《水质　锌的测定　双硫腙分光光度法》（GB/T 7472—87）和《生活饮用水标准检验方法　金属指标》（GB/T 5750.6—2006）（5.3　锌　双硫腙分光光度法）测定水中锌时，水样中存在少量铅、铜、汞等金属离子时，如何消除其干扰？①③

答案：水样中存在少量铅、铜、汞、镉、钴、铋、镍、金、钯、银、亚锡等金属离子时，对锌的测定有干扰，但可用硫代硫酸钠作掩蔽剂和控制 pH 可予以消除。

2. 根据《水质　锌的测定　双硫腙分光光度法》（GB/T 7472—87）和《生活饮用水标准检验方法　金属指标》（GB/T 5750.6—2006）（5.3　锌　双硫腙分光光度法）测定水中锌时，为什么振荡萃取时间要充分？①③

答案：因硫代硫酸钠是较强的络合剂，只有使锌从络合物 $[Zn(S_2O_3)_2]^{2-}$ 中释放出来，才能被双硫腙四氯化碳溶液萃取。锌的释放比较缓慢，故振荡时间要保证 4 min，否则萃取不完全。

3. 简述《生活饮用水标准检验方法　金属指标》（GB/T 5750.6—2006）（5.2　锌　锌试剂－环己酮分光光度法）测定水中锌的原理。②

答案：锌与锌试剂在 pH=9.0 条件下生成蓝色络合物。其他重金属也能与锌试剂生成有色络合物，加入氰化物可络合锌及其他重金属，但加入环己酮能使锌有选择性地从氰络合物中游离出来，并与锌试剂发生显色反应。

参考文献

[1] 国家环境保护局．水质　锌的测定　双硫腙分光光度法：GB/T 7472—87［S］．北京：中国标准出版社，1987.

[2] 中华人民共和国卫生部，中国国家标准化管理委员会．生活饮用水标准检验方法　金属指标：GB/T 5750.6—2006［S］．北京：中国标准出版社，2006.

[3] 国家环境保护总局《水和废水监测分析方法》编委会．水和废水监测分析方法．4 版［M］．北京：中国环境科学出版社，2002.

命题：杨　华　夏　新

审核：关玉春　冯　丹

第四十四节　镉

分类号：W6-43

主要内容
①《水质　镉的测定　双硫腙分光光度法》（GB/T 7471—87）
②《生活饮用水标准检验方法　金属指标》（GB/T 5750.6—2006）（9.3　镉　双硫腙分光光度法）

一、判断题

1. 根据《水质　镉的测定　双硫腙分光光度法》（GB/T 7471—87）测定水中镉时，如果要测定溶解态镉，水样采集后需要过 0.45 μm 滤膜后再加酸酸化。（　　）①

答案：错误

正确答案为：水样采集后，每 1 000 ml 水样立即加入 2.0 ml 硝酸加以酸化，水样经酸消解处理后，测得水样中的总镉量。

2. 根据《水质　镉的测定　双硫腙分光光度法》（GB/T 7471—87）测定水中镉时，当使用光程长为 20 mm 比色皿，试份体积为 100 ml 时，检出限为 1 mg/L。（　　）①

答案：正确

3. 根据《水质　镉的测定　双硫腙分光光度法》（GB/T 7471—87）和《生活饮用水标准检验方法　金属指标》（GB/T 5750.6—2006）（9.3　镉　双硫腙分光光度法）测定水中镉时，双硫腙氯仿储备液配置后，贮于棕色瓶中，常温保存。（　　）①②

答案：错误

正确答案为：双硫腙氯仿储备液配置后，贮于棕色瓶中，放置在冰箱内保存。

4. 根据《水质　镉的测定　双硫腙分光光度法》（GB/T 7471—87）和《生活饮用水标准检验方法　金属指标》（GB/T 5750.6—2006）（9.3　镉　双硫腙分光光度法）测定水中镉时，三氯甲烷在贮存过程中受光和空气作用，易生成氧化物质而使双硫腙被氧化。（　　）①②

答案：正确

5. 根据《水质　镉的测定　双硫腙分光光度法》（GB/T 7471—87）测定水中镉时，百里酚蓝 0.1%（M/V）溶液的配制方法：溶解 0.10 g 百里酚蓝于 100 ml 水中。（　　）①

答案：错误

正确答案为：溶解 0.10 g 百里酚蓝于 100 ml 乙醇中。

6. 根据《水质　镉的测定　双硫腙分光光度法》（GB/T 7471—87）测定水中镉时，样品采集后，采用聚乙烯瓶贮存样品。（　　）①

答案：正确

7. 根据《水质　镉的测定　双硫腙分光光度法》（GB/T 7471—87）测定水中镉时，不含悬浮物的地下水和清洁地面水可不用消解，直接测定其中的镉。（　　）①

答案：正确

8. 根据《水质　镉的测定　双硫腙分光光度法》（GB/T 7471—87）和《生活饮用水标准检验方法　金属指标》（GB/T 5750.6—2006）（9.3　镉　双硫腙分光光度法）测定水中镉时，双硫腙镉和被氯仿饱和的强碱长时间接触后会分解。（　　）①②

答案：正确

9. 根据《水质　镉的测定　双硫腙分光光度法》（GB/T 7471—87）测定水中镉时，室内光线对双硫腙镉的颜色影响很大，要严格控制室内光线。（　　）①

答案：错误

正确答案为：一般的室内光线不影响双硫腙镉的颜色。

10. 根据《水质　镉的测定　双硫腙分光光度法》（GB/T 7471—87）和《生活饮用水标准检验方法　金属指标》（GB/T 5750.6—2006）（9.3　镉　双硫腙分光光度法）测定水中镉时，所有玻璃器皿，包括取样瓶，在使用前应先用酸溶液浸泡，然后用自来水和去离子水彻底冲洗干净。（　　）①②

答案：正确

11. 根据《生活饮用水标准检验方法　金属指标》（GB/T 5750.6—2006）（9.3　镉　双硫腙分光光度法）测定水中镉，消解水样时，水样蒸干后用纯水定容。（　　）②

答案：错误

正确答案为：在消解水样过程中，切勿蒸干，以免造成镉的损失。

12. 根据《水质　镉的测定　双硫腙分光光度法》（GB/T 7471—87）和《生活饮用水标准检验方法　金属指标》（GB/T 5750.6—2006）（9.3　镉　双硫腙分光光度法）测定水中镉时，酒石酸溶液配置后贮于冰箱内保存，使用时应先使其恢复至室温再使用。（　　）①②

答案：错误

正确答案为：酒石酸溶液配好后必须置于冰箱内，使用时溶液必须保持冰冷。

13. 根据《水质　镉的测定　双硫腙分光光度法》（GB/T 7471—87）测定水中镉，若水样中存在下列金属离子，不干扰镉的测定：铅 20 mg/L，锌 30 mg/L，锰 4 mg/L，铁 4 mg/L。（　　）①

答案：正确

14. 根据《水质　镉的测定　双硫腙分光光度法》（GB/T 7471—87）测定水中镉时，强碱介质是萃取镉的适宜条件，而铅、锌和锡等两性元素则生成相应的含氧酸阴离子，不能被双硫腙萃取。（　　）①

答案：正确

15. 根据《水质　镉的测定　双硫腙分光光度法》（GB/T 7471—87）和《生活饮用水标准检验方法　金属指标》（GB/T 5750.6—2006）（9.3　镉　双硫腙分光光度法）测定水中镉时，氢氧化钠－氰化钾溶液配制好后，应放在聚乙烯瓶中。（　　）①②

答案：正确

16. 根据《水质　镉的测定　双硫腙分光光度法》（GB/T 7471—87）和《生活饮用水标准检验方法　金属指标》（GB/T 5750.6—2006）（9.3　镉　双硫腙分光光度法）

测定水中镉时，在强碱性溶液中，镉离子与双硫腙生成棕色络合物，用氯仿萃取后，于 518 nm 波长处进行分光光度测定。（　　）①②

答案：错误

正确答案为：红色络合物。

二、选择题

1. 根据《水质　镉的测定　双硫腙分光光度法》（GB/T 7471—87）和《生活饮用水标准检验方法　金属指标》（GB/T 5750.6—2006）（9.3　镉　双硫腙分光光度法）测定水质中镉时，常用________来消解样品。（　　）①②

A. 硝酸和盐酸　　B. 硝酸和高氯酸

C. 盐酸和硫酸　　D. 盐酸和高氯酸

答案：B

2. 根据《水质　镉的测定　双硫腙分光光度法》（GB/T 7471—87）和《生活饮用水标准检验方法　金属指标》（GB/T 5750.6—2006）（9.3　镉　双硫腙分光光度法）测定水中镉时，________作为还原剂可消除三价铁和其他高价金属的氧化能力，以保护双硫腙不被氧化。（　　）①②

A. 百里酚蓝　　B. 盐酸羟胺

C. 酒石酸钾钠　　D. 氢氧化钠－氰化钾

答案：B

3. 根据《水质　镉的测定　双硫腙分光光度法》（GB/T 7471—87）测定水中镉时，水样中加入百里酚蓝溶液，用氢氧化钠溶液或盐酸调节到刚好出现稳定的黄色，此时溶液的 pH 为________。（　　）①

A. 2.8　　B. 4.4　　C. 8.2　　D. 9.6

答案：A

4. 根据《生活饮用水标准检验方法　金属指标》（GB/T 5750.6—2006）（9.3　镉　双硫腙分光光度法）测定水中镉时，以下不是去除三氯甲烷中氧化物的方法的是________。（　　）②

A. 用亚硫酸钠溶液萃洗后，重新蒸馏

B. 用酒石酸钾钠溶液萃洗后，用纯水洗去残留酒石酸钾钠

C. 用盐酸羟胺溶液萃取后，再用纯水洗去残留的盐酸羟胺

答案：B

5. 根据《生活饮用水标准检验方法　金属指标》（GB/T 5750.6—2006）（9.3　镉　双硫腙分光光度法）测定水中镉时，以下不是去除水中多种金属离子干扰的方法的是________。（　　）②

A. 控制 pH　　B. 加入酒石酸钾钠溶液

C. 加入氰化钾溶液　　D. 加入百里酚蓝溶液

答案：D

6. 根据《水质　镉的测定　双硫腙分光光度法》（GB/T 7471—87）和《生活饮用水标准检验方法　金属指标》（GB/T 5750.6—2006）（9.3　镉　双硫腙分光光度法）测

定水中镉时，当镁离子浓度达到 40 mg/L 时，需要多加________掩蔽。（　　）①②

A. 百里酚蓝　　B. 盐酸羟胺

C. 酒石酸钾钠　　D. 氢氧化钠－氰化钾

答案：C

7.《生活饮用水标准检验方法　金属指标》（GB/T 5750.6—2006）（9.3　镉　双硫腙分光光度法）不适用于________。（　　）②

A. 生活饮用水　　B. 生活饮用水水源水　　C. 废水

答案：C

8. 根据《生活饮用水标准检验方法　金属指标》（GB/T 5750.6—2006）（9.3　镉　双硫腙分光光度法）测定水中镉时，水样预处理后，用氢氧化钠溶液调节 pH 至________。（　　）②

A. 酸性　　B. 中性　　C. 碱性

答案：B

9. 根据《水质　镉的测定　双硫腙分光光度法》（GB/T 7471—87）测定水中镉时，双硫腙 0.002% 氯仿溶液的透光率为________（用 10 mm 比色皿，在波长 518 mm 处以氯仿调零测量）。（　　）①

A. 10%±1%　　B. 20%±1%　　C. 30%±1%　　D. 40%±1%

答案：D

10. 根据《水质　镉的测定　双硫腙分光光度法》（GB/T 7471—87）和《生活饮用水标准检验方法　金属指标》（GB/T 5750.6—2006）（9.3　镉　双硫腙分光光度法）测定水中镉时，________在强碱介质中能有效的络合钙、镁、铁和铝等金属离子，严防产生沉淀而造成镉的损失。（　　）①②

A. 百里酚蓝　　B. 盐酸羟胺

C. 酒石酸钾钠　　D. 氢氧化钠－氰化钾

答案：C

三、问答题

根据《水质　镉的测定　双硫腙分光光度法》（GB/T 7471—87）测定水中镉时，如果双硫腙试剂不纯，用什么方法提纯？①

答案：称取 0.5 g 双硫腙溶于 100 ml 氯仿中，滤去不溶物，滤液置分液漏斗中，每次用 20 ml 氨水提取 5 次，此时双硫腙进入水层，合并水层，然后用盐酸中和，再用 250 ml 氯仿分 3 次提取，合并氯仿层，将此双硫腙氯仿溶液放入棕色瓶中，保存于冰箱内备用。

参考文献

[1] 国家环境保护局 . 水质　镉的测定　双硫腙分光光度法：GB/T 7471—87［S］. 北京：中国标准出版社，1987.

[2] 中华人民共和国卫生部，中国国家标准化管理委员会 . 生活饮用水标准检验方法　金属指标：GB/T 5750.6—2006［S］. 北京：中国标准出版社，2006.

[3] 国家环境保护总局《水和废水监测分析方法》编委会 . 水和废水监测分析方法 .4 版［M］. 北京：中国环境科学出版社，2002.

命题：杨 华 牛 毓
审核：关玉春 冯 丹

第四十五节 汞

分类号：W6-44

主要内容
①《水质 总汞的测定 高锰酸钾－过硫酸钾消解法 双硫腙分光光度法》（GB/T 7469—87）
②《生活饮用水标准检验方法 金属指标》（GB/T 5750.6—2006）（8.3 汞 双硫腙分光光度法）

一、判断题

1. 根据《水质 总汞的测定 高锰酸钾－过硫酸钾消解法 双硫腙分光光度法》（GB/T 7469—87）测定水中总汞，是指未过滤的水样，经剧烈消解后测得的汞浓度，它包括无机的、有机结合的、可溶的和悬浮的全部汞。（ ）①

答案：正确

2. 根据《水质 总汞的测定 高锰酸钾－过硫酸钾消解法 双硫腙分光光度法》（GB/T 7469—87）和《生活饮用水标准检验方法 金属指标》（GB/T 5750.6—2006）（8.3 汞 双硫腙分光光度法）测定水中汞时，在酸性条件下，汞离子与双硫踪生成红色螯合物。（ ）①②

答案：错误

正确答案为：在酸性条件下，汞离子与双硫腙生成橙色螯合物。

3. 根据《水质 总汞的测定 高锰酸钾－过硫酸钾消解法 双硫腙分光光度法》（GB/T 7469—87）测定水中汞时，采集水样后立即加入硝酸调节样品的 pH 至 2～3。（ ）①

答案：错误

正确答案为：采集水样后立即加入硝酸调节样品的 pH，使之低于或等 1。

4. 根据《水质 总汞的测定 高锰酸钾－过硫酸钾消解法 双硫腙分光光度法》（GB/T 7469—87）和《生活饮用水标准检验方法 金属指标》（GB/T 5750.6—2006）（8.3 汞 双硫腙分光光度法）测定水中汞时，配置好的高锰酸钾溶液贮存在棕色具磨口塞的玻璃瓶中。（ ）①②

答案：正确

5. 根据《水质 总汞的测定 高锰酸钾－过硫酸钾消解法 双硫腙分光光度法》（GB/T 7469—87）和《生活饮用水标准检验方法 金属指标》（GB/T 5750.6—2006）（8.3 汞 双硫腙分光光度法）测定水中汞时，盐酸羟胺溶液提纯过程为：配置后用双硫腙溶液萃取，至双硫腙不变色为止，再用少量氯仿洗两次。（ ）①②

答案：正确

6. 根据《水质　总汞的测定　高锰酸钾-过硫酸钾消解法　双硫腙分光光度法》（GB/T 7469—87）和《生活饮用水标准检验方法　金属指标》（GB/T 5750.6—2006）（8.3　汞　双硫腙分光光度法）测定水中汞时，为防止分液漏斗漏溅而引入负误差，应在分液漏斗的活塞上涂抹凡士林防漏。（　　）①②

答案：错误

正确答案为：凡士林可溶于氯仿，测试中引进正误差。

7. 根据《水质　总汞的测定　高锰酸钾-过硫酸钾消解法　双硫腙分光光度法》（GB/T 7469—87）测定水中汞时，取样后样品如果不能立即进行测定，应向样品中加入高锰酸钾溶液，使样品呈现持久的淡红色。（　　）①

答案：正确

8. 根据《水质　总汞的测定　高锰酸钾-过硫酸钾消解法　双硫腙分光光度法》（GB/T 7469—87）测定水中汞时，取样后，若样品不能立即测定，应将样品贮于塑料瓶中。（　　）①

答案：错误

正确答案为：取样后，若样品不能立即测定，应将样品贮于硅硼玻璃瓶中

9. 根据《生活饮用水标准检验方法　金属指标》（GB/T 5750.6—2006）（8.3　汞　双硫腙分光光度法）测定水中汞时，所用玻璃仪器，包括试剂瓶和采样瓶，均须用（1+1）硝酸溶液浸泡过夜，再用纯水冲洗洁净。（　　）②

答案：正确

10. 根据《生活饮用水标准检验方法　金属指标》（GB/T 5750.6—2006）（8.3　汞　双硫腙分光光度法）测定水中总汞时，水样消解过程为：于具塞锥形瓶中加入高锰酸钾溶液，然后加入硫酸，最后加入一定量待测水样，置电炉上加热煮沸 5 min。（　　）②

答案：错误

正确答案为：水样消解过程为：于具塞锥形瓶中加入高锰酸钾溶液，然后加入一定量待测水样，最后加入硫酸，置电炉上加热煮沸 5 min。

11.《水质　总汞的测定　高锰酸钾-过硫酸钾消解法　双硫腙分光光度法》（GB/T 7469—87）适用于生活污水和工业废水。（　　）①

答案：错误

正确答案为：该方法适用于生活污水、工业废水和受汞污染的地面水。

二、选择题

1.《水质　总汞的测定　高锰酸钾-过硫酸钾消解法　双硫腙分光光度法》（GB/T 7469—87）测定水中总汞时，在酸性条件下，干扰物主要是________。（　　）①

A. 铁离子　　B. 锌离子　　C. 铅离子　　D. 铜离子

答案：D

2. 根据《水质　总汞的测定　高锰酸钾-过硫酸钾消解法　双硫腙分光光度法》（GB/T 7469—87）和《生活饮用水标准检验方法　金属指标》（GB/T 5750.6—

2006）（8.3 汞 双硫腙分光光度法）测定水中总汞含量时，在碱性洗脱液（双硫腙洗脱液）中加入乙二胺四乙酸二钠不能消除________的干扰。（ ）①②

A. 银 B. 金 C. 钯 D. 铂

答案：C

3. 根据《水质 总汞的测定 高锰酸钾－过硫酸钾消解法 双硫腙分光光度法》（GB/T 7469—87）和《生活饮用水标准检验方法 金属指标》（GB/T 5750.6—2006）（8.3 汞 双硫腙分光光度法）测定水中总汞时，水中所有汞经消解，全部转化为________。（ ）①②

A. 一价汞 B. 二价汞 C. 汞原子

答案：B

4. 根据《水质 总汞的测定 高锰酸钾－过硫酸钾消解法 双硫腙分光光度法》（GB/T 7469—87）和《生活饮用水标准检验方法 金属指标》（GB/T 5750.6—2006）（8.3 汞 双硫腙分光光度法）测定水中总汞时，可以在重蒸馏的氯仿中加入________作保存剂。（ ）①②

A. 无水乙醇 B. 甲醇 C. 丙酮 D. 四氯化碳

答案：A

5. 根据《水质 总汞的测定 高锰酸钾－过硫酸钾消解法 双硫腙分光光度法》（GB/T 7469—87）和《生活饮用水标准检验方法 金属指标》（GB/T 5750.6—2006）（8.3 汞 双硫腙分光光度法）测定水中总汞时，双硫腙氯仿溶液提纯过程：________。（ ）①②

A. 盐酸提取—氨水中和水相—氯仿提取水相

B. 盐酸提取—氢氧化钠中和水相—氯仿提取水相

C. 氨水提取—酸中和水相—氯仿提取水相

答案：C

6. 根据《水质 总汞的测定 高锰酸钾－过硫酸钾消解法 双硫腙分光光度法》（GB/T 7469—87）和《生活饮用水标准检验方法 金属指标》（GB/T 5750.6—2006）（8.3 汞 双硫腙分光光度法）测定水中总汞时，以下措施中，不能有效除去实验器皿中汞的方法为________。（ ）①②

A. 所有玻璃器皿在两次操作之间充满硝酸溶液，临用前倒出硝酸溶液，再用纯水冲洗干净

B. 新使用的玻璃器皿应先用硝酸溶液浸泡过夜，使用前用硫酸高锰酸钾混合液清洗，然后用盐酸羟胺溶液清洗，最后用纯水洗净

C. 所有玻璃仪器，使用后用肥皂水洗涮干净，再用纯水冲洗干净使用

答案：C

7. 根据《水质 总汞的测定 高锰酸钾－过硫酸钾消解法 双硫腙分光光度法》（GB/T 7469—87）和《生活饮用水标准检验方法 金属指标》（GB/T 5750.6—2006）（8.3 汞 双硫腙分光光度法）测定水中总汞时，汞离子与双硫腙在酸性条件生成能溶于三氯甲烷、四氯化碳等有机溶剂的螯合物，于________nm 波长下比色定量。（ ）①②

A. 510　　B. 485　　C. 518　　D. 535

答案：B

8. 根据《水质　总汞的测定　高锰酸钾 - 过硫酸钾消解法　双硫腙分光光度法》（GB/T 7469—87）和《生活饮用水标准检验方法　金属指标》（GB/T 5750.6—2006）（8.3　汞　双硫腙分光光度法）测定水中总汞时，氧化汞离子的过量高锰酸钾用________还原。（　　）①②

A. 盐酸羟胺　　B. 过硫酸钾

C. 碱性洗脱液　　D. 乙二胺四乙酸二钠

答案：A

9. 根据《水质　总汞的测定　高锰酸钾 - 过硫酸钾消解法　双硫腙分光光度法》（GB/T 7469—87）和《生活饮用水标准检验方法　金属指标》（GB/T 5750.6—2006）（8.3　汞　双硫腙分光光度法）测定水中总汞，水样消解完成后，进行如下操作：________。（　　）①②

A. 加入双硫腙氯仿溶液萃取—加入亚硫酸钠溶液混匀—加入碱洗脱液振荡静置

B. 加入亚硫酸钠溶液混匀—加入碱洗脱液振荡—加入双硫腙氯仿溶液萃取静置

C. 加入亚硫酸钠溶液混匀—加入双硫腙氯仿溶液萃取—加入碱洗脱液振荡静置

答案：C

10. 根据《水质　总汞的测定　高锰酸钾 - 过硫酸钾消解法　双硫腙分光光度法》（GB/T 7469—87）和《生活饮用水标准检验方法　金属指标》（GB/T 5750.6—2006）（8.3　汞　双硫腙分光光度法）测定水中总汞，比色时用________作参比。（　　）①②

A. 纯水　　B. 三氯甲烷　　C. 无水乙醇　　D. 双硫腙洗脱液

答案：B

三、问答题

1. 根据《水质　总汞的测定　高锰酸钾 - 过硫酸钾消解法　双硫腙分光光度法》（GB/T 7469—87）和《生活饮用水标准检验方法　金属指标》（GB/T 5750.6—2006）（8.3　汞　双硫腙分光光度法）测定水中总汞时，氯仿在使用前为什么要重蒸馏精制？①②

答案：氯仿在贮存过程中常会生成光气，它会使双硫腙生成氧化产物，不仅失去与汞螯合的功能，还溶于氯仿（不能被双硫腙洗脱液除去）显深黄色，用分光光度计测定时有一定吸光度。

2. 根据《水质　总汞的测定　高锰酸钾 - 过硫酸钾消解法　双硫腙分光光度法》（GB/T 7469—87）测定水中总汞时，为什么还原水样中过量高锰酸钾后要，打开锥形瓶塞放置 30 min? ①

答案：盐酸羟胺还原高锰酸钾过程中产生大量氯气与氮氧化物，为防止萃取过程中氧化双硫腙，应开塞使其逸散。

参考文献

[1] 国家环境保护局 . 水质　总汞的测定　高锰酸钾 - 过硫酸钾消解法　双硫腙分光光度法：GB/T

7469—87［S］. 北京：中国标准出版社，1987.
[2] 中华人民共和国卫生部，中国国家标准化管理委员会 . 生活饮用水标准检验方法 金属指标：GB/T 5750.6—2006［S］. 北京：中国标准出版社，2006.
[3] 国家环境保护总局《水和废水监测分析方法》编委会 . 水和废水监测分析方法 .4 版［M］. 北京：中国环境科学出版社，2002.

命题：杨 华 马慧杰
审核：关玉春 冯 丹

第四十六节 pH

分类号：W6–45

主要内容
《生活饮用水标准检验方法 感官性状和物理指标》（GB/T 5750.4—2006）（5.2 pH 标准缓冲溶液比色法）

一、判断题

1.《生活饮用水标准检验方法 感官性状和物理指标》（GB/T 5750.4—2006）（5.2 pH 标准缓冲溶液比色法）可用于测定水中 pH。pH 通常采用玻璃电极法和比色法测定，比色法简便，但水样带有颜色、浑浊或含有较多的游离余氯、氧化剂或还原剂时均有干扰。（ ）

答案：正确

2. 根据《生活饮用水标准检验方法 感官性状和物理指标》（GB/T 5750.4—2006）（5.2 pH 标准缓冲溶液比色法）测定水中 pH 时，pH 为 7.0～8.4 的标准缓冲液加入溴百里酚蓝作为指示剂。（ ）

答案：错误

正确答案为：pH 为 7.0～8.4 的标准缓冲液中加入酚红作为指示剂。

3.《生活饮用水标准检验方法 感官性状和物理指标》（GB/T 5750.4—2006）（5.2 pH 标准缓冲溶液比色法）规定了用标准缓冲溶液比色法测定生活饮用水及其水源水的 pH。（ ）

答案：正确

二、选择题

1.《生活饮用水标准检验方法 感官性状和物理指标》（GB/T 5750.4—2006）（5.2 pH 标准缓冲溶液比色法）规定 pH 可准确到________。（ ）

A. 0.01 B. 0.1 C. 1

答案：B

2. 根据《生活饮用水标准检验方法 感官性状和物理指标》（GB/T 5750.4—2006）

（5.2　pH　标准缓冲溶液比色法）测定水中 pH 时，苯二甲酸氢钾和磷酸二氢钾在配制溶液前需在烘箱内________℃干燥 2 h。（　　）

A. 85　　B. 100　　C. 105　　D. 150

答案：C

3. 根据《生活饮用水标准检验方法　感官性状和物理指标》（GB/T 5750.4—2006）（5.2　pH　标准缓冲溶液比色法）测定水中 pH 时，0.1 mol/L 的磷酸二氢钾溶液对甲基红指示剂显示________色，对溴酚蓝指示剂显示________色。（　　）

A. 红，紫蓝　　B. 红，黄　　C. 黄，紫蓝　　D. 黄，黄

答案：A

4. 根据《生活饮用水标准检验方法　感官性状和物理指标》（GB/T 5750.4—2006）（5.2　pH　标准缓冲溶液比色法）配制的氯酚红指示剂适用的 pH 范围为________。（　　）

A. 6.2～7.6　　B. 6.8～8.4　　C. 8.0～9.6　　D. 4.8～6.4

答案：D

5. 根据《生活饮用水标准检验方法　感官性状和物理指标》（GB/T 5750.4—2006）（5.2　pH　标准缓冲溶液比色法），配制标准 pH 缓冲溶液时，向 pH 为 6.0～7.6 的标准缓冲液中加入________指示剂。（　　）

A. 溴百里酚蓝　　B. 百里酚蓝　　C. 氯酚红　　D. 酚酞

答案：A

6. 根据《生活饮用水标准检验方法　感官性状和物理指标》（GB/T 5750.4—2006）（5.2　pH　标准缓冲溶液比色法），配制标准 pH 缓冲溶液时，向 pH 为 8.0～9.6 标准缓冲液中加入________指示剂。（　　）

A. 酚红　　B. 氯酚红　　C. 百里酚蓝

答案：C

参考文献

[1] 中华人民共和国卫生部，中国国家标准化管理委员会 . 生活饮用水标准检验方法　感官性状和物理指标：GB/T 5750.4—2006［S］. 北京：中国标准出版社，2006.

[2] 国家环境保护总局《水和废水监测分析方法》编委会 . 水和废水监测分析方法 .4 版［M］. 北京：中国环境科学出版社，2002.

命题：杨　华　牛　毓　柴文轩

审核：王　迎　冯　丹

第四十七节　显影剂及氧化物总量

分类号：W6-46

主要内容
《污水综合排放标准》（GB 8978—1996）（附录 D2　显影剂及氧化物总量　碘 - 淀粉比色法）

一、判断题

1. 根据《污水综合排放标准》(GB 8978—1996)(附录 D2　显影剂及氧化物总量　碘 - 淀粉比色法)测定废水中显影剂时，5% 碘化钾溶液应现用现配，并置于暗处。(　　)

答案：正确

2. 根据《污水综合排放标准》(GB 8978—1996)(附录 D2　显影剂及氧化物总量　碘 - 淀粉比色法)测定废水中显影剂时，用吸管加入 0.1 N 溴酸钾 - 溴化钾溶液时，应沿瓶壁缓缓加入。(　　)

答案：错误

正确答案为：用吸管加入 0.1 N 溴酸钾 - 溴化钾溶液时，尽可能不要沾在瓶壁上，并用极少量的水冲洗瓶壁并摇匀。

3. 根据《污水综合排放标准》(GB 8978—1996)(附录 D2　显影剂及氧化物总量　碘 - 淀粉比色法)测定废水中显影剂时，用吸管加入 20% 溴化钾溶液时，应沿瓶壁周围加入容量瓶中。(　　)

答案：正确

4. 根据《污水综合排放标准》(GB 8978—1996)(附录 D2　显影剂及氧化物总量　碘 - 淀粉比色法)测定废水中显影剂时，用滴管加入 5% 苯酚溶液时，应缓慢加入后摇匀，使溴的颜色褪去。(　　)

答案：错误

正确答案为：应用滴管快速加入 5% 苯酚溶液，如慢慢加入则易生成白色沉淀，无法比色。

5. 根据《污水综合排放标准》(GB 8978—1996)(附录 D2　显影剂及氧化物总量　碘 - 淀粉比色法)测定废水中显影剂时，若水样中含有六价铬离子则会影响测定，可用 $NaNO_2$ 将 Cr(Ⅵ)还原成 Cr^{3+} 而消除干扰。(　　)

答案：正确

6. 根据《污水综合排放标准》(GB 8978—1996)(附录 D2　显影剂及氧化物总量　碘 - 淀粉比色法)测定废水中显影剂时，加入溴酸钾 - 溴化钾后，必须用蒸馏水冲洗容量瓶壁，否则残留溴酸钾与碘化钾作用生成碘，使光密度增加。(　　)

答案：正确

7. 根据《污水综合排放标准》(GB 8978—1996)(附录 D2　显影剂及氧化物总量　碘 - 淀粉比色法)测定废水中显影剂时，在无铬离子的废水中，水样可不必处理，直接进行测定。(　　)

答案：正确

8. 根据《污水综合排放标准》(GB 8978—1996)(附录 D2　显影剂及氧化物总量　碘 - 淀粉比色法)测定废水中显影剂时，样品中的显色剂与溴发生氧化反应时，水浴的温度应准确控制在 35℃ ±0.5℃，且反应时间要准确控制。(　　)

答案：错误

正确答案为：水浴的温度应准确控制在 35℃ ±1℃。

9. 根据《污水综合排放标准》（GB 8978—1996）（附录 D2　显影剂及氧化物总量　碘-淀粉比色法）测定废水中显影剂时，若水样中待测成分浓度过高，则预先稀释再进行测定，而且所用玻璃器皿必须用清洁剂洗净。（　　）

答案：正确

10. 根据《污水综合排放标准》（GB 8978—1996）（附录 D2　显影剂及氧化物总量　碘-淀粉比色法）测定废水中显影剂时，如果废水中存在显影剂及其氧化物，则测出的结果是废水中显影剂及氧化物的总量。（　　）

答案：正确

二、选择题

1. 根据《污水综合排放标准》（GB 8978—1996）（附录 D2　显影剂及氧化物总量　碘-淀粉比色法）测定废水中显影剂时，显影剂中具有对苯二酚、对氨基酚和对苯二胺类等结构的化合物，经氧化水解后都能得到对苯二醌。在________溶液中，碘离子定量还原对苯二醌为对苯二酚，并释放出碘，其与淀粉生成________，进而进行比色测定。（　　）

A. 酸性，蓝色　　　　B. 酸性，黄色

C. 碱性，蓝色　　　　D. 碱性，黄色

答案：A

2. 根据《污水综合排放标准》（GB 8978—1996）（附录 D2　显影剂及氧化物总量　碘-淀粉比色法）测定废水中显影剂时，待比色有色试液应放入 2 cm 比色槽中，在分光光度计________处，以________为零进行比色测定。（　　）

A. 543 nm，试剂空白　　　　B. 570 nm，蒸馏水

C. 543 nm，蒸馏水　　　　D. 570 nm，试剂空白

答案：D

参考文献

国家环境保护局 . 污水综合排放标准：GB 8978—1996［S］. 北京：中国标准出版社，1996.

命题：郭宏博　冯　丹

审核：吴宇峰　夏　新

第四十八节　石油（类）

分类号：W6-47

主要内容

①《水质　石油类的测定　紫外分光光度法（试行）》（HJ 970—2018）

②《生活饮用水标准检验方法　有机物综合指标》（GB/T 5750.7—2006）（3.2　石油　紫外分光光度法）

一、判断题

1. 根据《生活饮用水标准检验方法　有机物综合指标》(GB/T 5750.7—2006)(3.2　石油　紫外分光光度法)测定石油时，从水样瓶中准确量取 500～1 000 ml 水样倒入分液漏斗中。(　　)②

答案：错误

正确答案为：将水样瓶中的水样全部倒入分液漏斗中。

2. 根据《生活饮用水标准检验方法　有机物综合指标》(GB/T 5750.7—2006)(3.2　石油　紫外分光光度法)测定石油时，新购入的石油醚可以直接使用。(　　)②

答案：错误

正确答案为：石油醚应不含芳烃类杂质，以纯水为参比在 256 nm 波长处的透光率应大于 85%，否则应纯化。

3. 根据《生活饮用水标准检验方法　有机物综合指标》(GB/T 5750.7—2006)(3.2　石油　紫外分光光度法)测定石油时，脱水剂为无水硫酸钠。(　　)②

答案：正确

4. 根据《生活饮用水标准检验方法　有机物综合指标》(GB/T 5750.7—2006)(3.2　石油　紫外分光光度法)测定石油时，收集萃取液于比色管中后，即可用紫外分光光度计测量吸收值。(　　)②

答案：错误

正确答案为：收集萃取液于比色管中后，用石油醚稀释至刻度，用无水硫酸钠脱水后，用紫外分光光度计测量吸收值。

5. 根据《生活饮用水标准检验方法　有机物综合指标》(GB/T 5750.7—2006)(3.2　石油　紫外分光光度法)测定石油，每次测量时，标准液配制、萃取样品和参比溶剂可以使用不同批的合格石油醚。(　　)②

答案：错误

正确答案为：应使用同批石油醚。

6. 根据《生活饮用水标准检验方法　有机物综合指标》(GB/T 5750.7—2006)(3.2　石油　紫外分光光度法)测定石油时，石油标准使用溶液的浓度应为 10.00 μg/ml 或 10.00 mg/L。(　　)②

答案：正确

7. 根据《水质　石油类的测定　紫外分光光度法(试行)》(HJ970—2018)测定石油类时，采样时应选用 500 ml 棕色聚乙烯瓶。(　　)①

答案：错误

正确答案为：采样时应选用 500 ml 棕色硬质玻璃瓶。

8. 根据《水质　石油类的测定　紫外分光光度法(试行)》(HJ970—2018)测定石油类时，如样品不能在 24 h 测定，应在 −18℃冷冻保存，1 周内测定。(　　)①

答案：错误

正确答案为：应在 0～4℃冷藏保存，3 d 内测定。

9. 根据《水质　石油类的测定　紫外分光光度法(试行)》(HJ970—2018)测定石油

类时，正己烷使用前以水作参比、于波长 225 nm 处测定透光率，透光率大于 80% 方可使，否则需脱芳处理。(　　)①

答案：错误

正确答案为：透光率大于 90% 方可使用。

10. 根据《水质　石油类的测定　紫外分光光度法（试行）》（HJ970—2018）测定石油类，萃取环节，将样品全部转移至分液漏斗中，无须用萃取剂正己烷洗涤采样瓶，因为采样环节已经用专业器皿采集。(　　)①

答案：错误

正确答案为：量取 25 ml 正己烷洗涤采样瓶后，全部转移至分液漏斗中。

二、选择题

1. 根据《生活饮用水标准检验方法　有机物综合指标》（GB/T 5750.7—2006）（3.2　石油　紫外分光光度法）测定石油的最低检测质量浓度为________mg/L。(　　)②

A. 0.005　　B. 0.004　　C. 0.002　　D. 0.001

答案：A

2. 根据《生活饮用水标准检验方法　有机物综合指标》（GB/T 5750.7—2006）（3.2　石油　在紫外分光光度法）测定石油时，将水样倒入分液漏斗后，用________进行酸化。(　　)②

A.（1+1）盐酸　　B.（1+3）盐酸　　C.（1+3）硫酸　　D.（1+1）硫酸

答案：D

3. 根据《生活饮用水标准检验方法　有机物综合指标》（GB/T 5750.7—2006）（3.2　石油　紫外分光光度法）测定石油时，萃取剂的用量为________ml。(　　)②

A. 50　　B. 40　　C. 30　　D. 25

答案：D

4. 根据《生活饮用水标准检验方法　有机物综合指标》（GB/T 5750.7—2006）（3.2　石油紫外分光光度法）测定石油时，石油标准储备溶液的浓度为________μg/ml。(　　)②

A. 1.00　　B. 5.00　　C. 10.00　　D. 100.00

答案：A

5. 根据《生活饮用水标准检验方法　有机物综合指标》（GB/T 5750.7—2006）（3.2　石油　紫外分光光度法）测定石油时，所使用的比色皿的材质为________。(　　)②

A. 玻璃　　B. 聚四氟乙烯　　C. 石英　　D. 聚四氯乙烯

答案：C

6. 根据《生活饮用水标准检验方法　有机物综合指标》（GB/T 5750.7—2006）（3.2　石油　紫外分光光度法）测定石油时，所使用的萃取剂的沸程为________。(　　)②

A. 60～90℃或 30～60℃　　B. 60～90℃或 90～120℃

C. 30～60℃或 90～120℃　　D. 30～90℃或 90～120℃

答案：A

7. 根据《水质　石油类的测定　紫外分光光度法（试行）》（HJ970—2018）测定石油类时，当取样体积为 500 ml，萃取液体积为 25 ml，使用 2cm 石英比色皿时，方法

检出限为________mg/L，测定下限为________mg/L。(　　)①

A. 0.01，0.02　　B. 0.02，0.08　　C. 0.01，0.04　　D. 0.04，0.16

答案：C

参考文献

[1] 生态环境部 . 水质　石油类的测定　紫外分光光度法（试行）：HJ 970—2018［S］. 北京：中国环境出版集团，2018.

[2] 中华人民共和国卫生部，中国国家标准化管理委员会 . 生活饮用水标准检验方法　有机物综合指标：GB/T 5750.7—2006［S］. 北京：中国标准出版社，2006.

命题：闫爱博　杨　楠　王岚云

审核：陈　威　刘　蕊　杨　楠　吴宇峰　夏　新

第四十九节　硒

分类号：W6-48

主要内容

①《水质　总硒的测定　3,3′- 二氨基联苯胺分光光度法》（HJ 811—2016）

②《生活饮用水标准检验方法　金属指标》（GB/T 5750.6—2006）（7.5　硒　二氨基联苯胺分光光度法）

一、填空

1. 根据《水质　总硒的测定　3,3′- 二氨基联苯胺分光光度法》（HJ 811—2016）测定水中硒时，每批次样品至少测定________% 的平行双样，样品数量少于 10 个时，至少测定一个平行双样，测定结果相对偏差应________%。①

答案：10　　小于 25

二、判断题

1. 根据《生活饮用水标准检验方法　金属指标》（GB/T 5750.6—2006）（7.5　硒　二氨基联苯胺分光光度法）测定水中硒时，混合试剂的作用是去除比色时产生的干扰。(　　)②

答案：错误

正确答案为：混合试剂的作用不仅是去除比色时产生的干扰，还有指示比色及萃取的 pH。

2. 根据《生活饮用水标准检验方法　金属指标》（GB/T 5750.6—2006）（7.5　硒　二氨基联苯胺分光光度法）测定水中硒时，所用到的 3,3′- 二氨基联苯胺盐酸盐（DAB）溶液，配制后要放在棕色瓶中，避光保存，保存期为 7 d。(　　)②

答案：错误

正确答案为：DAB 溶液临用前现配。

3. 根据《生活饮用水标准检验方法　金属指标》（GB/T 5750.6—2006）（7.5　硒　二氨基联苯胺分光光度法）测定水中硒时，水样先经混合酸消化后，将四价以下的无机和有机硒氧化至四价硒，3,3′- 二氨基联苯胺盐酸盐（DAB）与四价硒作用生成黄色化合物，甲苯萃取后比色定量。(　　) ②

答案：错误

正确答案为：水样先经混合酸消化后。将四价以下的无机和有机硒氧化至四价硒，再经盐酸硝化将六价硒还原至四价硒，然后测定总硒含量。

4. 根据《生活饮用水标准检验方法　金属指标》（GB/T 5750.6—2006）（7.5　硒　二氨基联苯胺分光光度法）测定水中硒时，四价硒与 3,3′- 二氨基联苯胺盐酸盐（DAB）在酸性溶液中反应，pH 必须严格控制，过低时测定结果偏高，太高时溶液易乳化。(　　) ②

答案：错误

正确答案为：pH 过低时，溶液易乳化；太高时测定结果偏高。

5. 根据《生活饮用水标准检验方法　金属指标》（GB/T 5750.6—2006）（7.5　硒　二氨基联苯胺分光光度法）测定水中硒时，混合试剂的配制方法是：50 g/L 乙二胺四乙酸二钠溶液 50 ml 和 100 g/L 盐酸羟胺溶液，加纯水稀释至 500 ml，临用前配制。(　　) ②

答案：错误

正确答案为：配制方法是 50 g/L 乙二胺四乙酸二钠溶液 50 ml、100 g/L 盐酸羟胺溶液和 0.2 g/L 甲酚红溶液 2.5 ml，加纯水稀释至 500 ml，临用前配制。

6. 根据《生活饮用水标准检验方法　金属指标》（GB/T 5750.6—2006）（7.5　硒　二氨基联苯胺分光光度法）测定水中硒，用甲苯萃取时，溶液的 pH 应控制在 6.5～7，pH 大于 7 时会使测定结果偏低。若萃取时产生乳化现象，放出水相后加入少许无水硫酸钠于分液漏斗中，振摇后静置，从分液漏斗上口倾出甲苯相。(　　) ②

答案：错误

正确答案为：pH 大于 7 时会使测定结果偏高。

7. 根据《生活饮用水标准检验方法　金属指标》（GB/T 5750.6—2006）（7.5　硒　二氨基联苯胺分光光度法）测定水中硒时，消化后用氢氧化钠溶液调节 pH 至 3～4，必要时需用精密试纸检验，加入 3,3′- 二氨基联苯胺盐酸盐（DAB）溶液，摇匀，放置 30 min。(　　) ②

答案：错误

正确答案为：调节 pH 至 2～3；需在暗处放置 30 min。

8. 根据《生活饮用水标准检验方法　金属指标》（GB/T 5750.6—2006）（7.5　硒　二氨基联苯胺分光光度法）测定水中硒时，有机溶剂萃取前需用氢氧化钠溶液调节 pH 至 6.5～7，此时溶液颜色由桃红色变为黄色。(　　) ②

答案：错误

正确答案为：此时溶液颜色由黄色刚变为淡黄橙色。

9. 根据《水质　总硒的测定　3,3′- 二氨基联苯胺分光光度法》（HJ 811—2016）测定水中硒，对样品消解时，所有样品的消解过程应在通风橱内操作。硝酸和高氯酸具有强腐蚀性和强氧化性，盐酸具有强挥发性和腐蚀性，操作时应佩戴防护器具，避

免接触皮肤和衣服。（　　）①

答案：正确

10. 甲苯和 3,3′- 二氨基联苯胺不属于有毒试剂，实验中产生的废液可直接倒入下水道。（　　）①

答案：错误

正确答案为：甲苯和 3,3′- 二氨基联苯胺属有毒试剂，实验中产生的废液应收集处理。

11. 根据《水质　总硒的测定　3,3′- 二氨基联苯胺分光光度法》（HJ 811—2016）测定水中硒时，样品若不能及时测定，应按比例加入硝酸，于 4℃以下冷藏保存，20 d 内完成分析测定。（　　）①

答案：错误

正确答案为：14 d 内完成分析测定。

三、选择题

1. 根据《生活饮用水标准检验方法　金属指标》（GB/T 5750.6—2006）（7.5　硒　二氨基联苯胺分光光度法）测定水中硒时，在酸性条件下，3,3′- 二氨基联苯胺盐酸盐（DAB）与四价硒生成________化合物进行比色测定。（　　）②

A. 红色　　B. 黄色　　C. 蓝色　　D. 紫色

答案：B

2. 根据《生活饮用水标准检验方法　金属指标》（GB/T 5750.6—2006）（7.5　硒　二氨基联苯胺分光光度法）测定水中硒时，所用的酸碱指示剂是________。（　　）②

A. 甲基红　　B. 甲基橙　　C. 甲酚红　　D. 石蕊

答案：C

3. 根据《水质　总硒的测定　3,3′- 二氨基联苯胺分光光度法》（HJ 811—2016）测定水中硒时，样品经混合酸消解后，样品中的总硒被盐酸羟胺全部还原至________。（　　）①

A. 负二价　　B. 二价　　C. 四价　　D 六价

答案：C

4. 根据《水质　总硒的测定　3,3′- 二氨基联苯胺分光光度法》（HJ 811—2016）测定水中硒时，水中常见离子一般不会干扰总硒的测定。铁离子浓度大于________mg/L 时会产生干扰，可用乙二胺四乙酸二钠（EDTA-2Na）混合试剂掩蔽或消除干扰。（　　）①

A. 20　　B. 30　　C. 40　　D 50

答案：D

参考文献

[1] 环境保护部 . 水质　总硒的测定　3,3′- 二氨基联苯胺分光光度法：HJ 811—2016［S］. 北京：中国环境出版集团，2016.

[2] 中华人民共和国卫生部，中国国家标准化管理委员会 . 生活饮用水标准检验方法　金属指标：

GB/T 5750.6—2006［S］. 北京：中国标准出版社，2006.

命题：郭　欣　王伟华　刘　蕊
审核：杨　楠　张万峰　冯　丹　夏　新

第五十节　铜

分类号：W6-49

主要内容
①《水质　铜的测定　二乙基二硫代氨基甲酸钠分光光度法》（HJ 485—2009）
②《水质　铜的测定　2,9- 二甲基 -1,10 菲啰啉分光光度法》（HJ 486—2009）
③《生活饮用水标准检验方法　金属指标》（GB/T 5750.6—2006）（4.3　铜　二乙基二硫代氨基甲酸钠分光光度法）
④《生活饮用水标准检验方法　金属指标》（GB/T 5750.6—2006）（4.4　铜　双乙醛草酰二腙分光光度法）

一、判断题

1. 根据《水质　铜的测定　二乙基二硫代氨基甲酸钠分光光度法》（HJ 485—2009）和《水质　铜的测定　2,9- 二甲基 -1,10 菲啰啉分光光度法》（HJ 486—2009）测定水中铜时，为防止铜离子吸附在采样容器壁上，采样后应尽快分析。如采样后不能立即分析，应将水样酸化至 pH=1.5。（　　）①②

答案：错误

正确答案为：酸化后的样品仅适合测定水中的总铜，如测定可溶性铜，必须先经 0.45 μm 滤膜过滤。

2. 根据《水质　铜的测定　二乙基二硫代氨基甲酸钠分光光度法》（HJ 485—2009）和《生活饮用水标准检验方法　金属指标》（GB/T 5750.6—2006）（4.3　铜　二乙基二硫代氨基甲酸钠分光光度法）测定水中铜时，铁、锰、镍和钴等干扰测定，可用 EDTA- 柠檬酸铵溶液掩蔽。（　　）①③

答案：正确

3. 根据《水质　铜的测定　二乙基二硫代氨基甲酸钠分光光度法》（HJ 485—2009）和《生活饮用水标准检验方法　金属指标》（GB/T 5750.6—2006）（4.3　铜　二乙基二硫代氨基甲酸钠分光光度法）测定水中铜时，萃取溶剂可以是二氯甲烷、三氯甲烷和四氯化碳。（　　）①③

答案：错误

正确答案为：萃取溶剂是三氯甲烷和四氯化碳。

4. 根据《水质　铜的测定　二乙基二硫代氨基甲酸钠分光光度法》（HJ 485—2009）和《生活饮用水标准检验方法　金属指标》（GB/T 5750.6—2006）（4.3　铜　二乙基二硫代氨基甲酸钠分光光度法）测定水中铜时，生成的有色络合物必须在 30 min 内完成比色测定，否则络合物降解使结果偏低。（　　）①③

答案：错误

正确答案为：生成的有色络合物必须在 60 min 内完成比色测定。

5. 根据《水质　铜的测定　2,9- 二甲基 -1,10 菲啰啉分光光度法》（HJ 486—2009）测定水中铜时，萃取剂除了用三氯甲烷 - 甲醇的混合液外，还可以用异戊醇、戊醇、己醇和甲基异丁基甲酮等萃取，但在 457 nm 条件下，用三氯甲烷 - 甲醇混合液萃取为最佳。(　　) ②

答案：正确

6. 根据《水质　铜的测定　2,9- 二甲基 -1,10 菲啰啉分光光度法》（HJ 486—2009）测定水中铜时，需要用盐酸羟胺将二价铜离子还原为亚铜原子。(　　) ②

答案：正确

7. 根据《水质　铜的测定　2,9- 二甲基 -1,10 菲啰啉分光光度法》（HJ 486—2009），测定总铜时其消解过程为：100 ml 水样加入硫酸和硝酸后，放入经酸化处理的沸石，至电热板上加热消解至冒白色浓烟为止。如果溶液仍然带色，冷却后加入硝酸继续加热消解至冒白色浓烟为止。必要时，重复上述操作，直到溶液无色。冷却，加入约 80 ml 水，滤入容量瓶内，用水洗涤，后至标线并混匀。(　　) ②

答案：错误

正确答案为：加入约 80 ml 水，加热至沸腾并保持 3 min，冷却，滤入容量瓶内，用水洗涤，后至标线并混匀。

8. 根据《生活饮用水标准检验方法　金属指标》（GB/T 5750.6—2006）（4.4　铜　双乙醛草酰二腙分光光度法）测定水中铜时，乙醛易聚合为聚乙醛，如发现乙醛聚合分层，则取乙醛 100 ml，加浓盐酸 5 ml，加热蒸馏，用 40 ml 纯水吸收，收集流出液 100 ml。(　　) ④

答案：错误

正确答案为：加浓硫酸 5 ml，加热蒸馏。其他同上。

9. 根据《生活饮用水标准检验方法　金属指标》（GB/T 5750.6—2006）（4.4　铜　双乙醛草酰二腙分光光度法）测定水中铜时，0.2 g/L 双环己酮草酰二胺的配制方法为：取 1.0 g 双环己酮草酰二胺置于烧杯中，加入 500 ml 水，加热至 60～70℃，搅拌溶解。(　　) ④

答案：错误

正确答案为：加入 500 ml（1+1）乙醇溶液，加热至 60～70℃，搅拌溶解。

10. 根据《水质　铜的测定　2,9- 二甲基 -1,10 菲啰啉分光光度法》（HJ 486—2009）、《水质　铜的测定　二乙基二硫代氨基甲酸钠分光光度法》（HJ 485—2009）、《生活饮用水标准检验方法　金属指标》（GB/T 5750.6—2006）（4.3　铜　二乙基二硫代氨基甲酸钠分光光度法）和《生活饮用水标准检验方法　金属指标》（GB/T 5750.6—2006）（4.4　铜　双乙醛草酰二腙分光光度法）测定水中铜时，生成的产物均为黄色。(　　) ①②③④

答案：错误

正确答案为：用双乙醛草酰二腙分光光度法测定铜时生成的产物为蓝色。

11. 根据《生活饮用水标准检验方法　金属指标》（GB/T 5750.6—2006）（4.3　铜　二

乙基二硫代氨基甲酸钠分光光度法）测定水中铜时，若水样色度过高，则 100 ml 水加入少量过硫酸铵，煮沸，浓缩至约 70 ml，冷却后加水稀释至 100 ml。（　　）③

答案：正确

12. 根据《水质　铜的测定　2,9- 二甲基 -1,10 菲啰啉分光光度法》（HJ 486—2009）测定水中铜时，采用三氯甲烷 - 甲醇的混合溶液进行萃取，甲醇的作用是使络合物的颜色加深至最大限度。（　　）②

答案：正确

二、选择题

1. 根据《水质　铜的测定　2,9- 二甲基 -1,10 菲啰啉分光光度法》（HJ 486—2009）测定水中铜时，在________条件下，亚铜离子和 2,9- 二甲基 -1,10 菲啰啉反应生成络合物。（　　）②

A. 酸性　　B. 中性或微酸性　　C. 中性或微碱性　　D. 碱性

答案：B

2. 根据《水质　铜的测定　二乙基二硫代氨基甲酸钠分光光度法》（HJ 485—2009）测定水中铜时，在 pH 为________条件下，铜离子与二乙基硫代氨基甲酸钠反应生成络合物。（　　）①

A. 4～6　　B. 6～8　　C. 8～10　　D. 10～12

答案：C

3. 以下测定水中铜的分光光度法中，只有直接比色法进行定量分析的是________。（　　）①②③④

A.《水质　铜的测定　2,9- 二甲基 -1,10 菲啰啉分光光度法》（HJ 486—2009）

B.《水质　铜的测定　二乙基二硫代氨基甲酸钠分光光度法》（HJ 485—2009）

C.《生活饮用水标准检验方法　金属指标》（GB/T 5750.6—2006）（4.3　铜　二乙基二硫代氨基甲酸钠分光光度法）

D.《生活饮用水标准检验方法　金属指标》（GB/T 5750.6—2006）（4.4　铜　双乙醛草酰二腙分光光度法）

答案：D

4. 如下测定水中铜的分光光度法中，既有直接比色法又有萃取比色法进行定量分析的是________。（　　）①②③④

A.《水质　铜的测定　2,9- 二甲基 -1,10 菲啰啉分光光度法》（HJ 486—2009）

B.《水质　铜的测定　二乙基二硫代氨基甲酸钠分光光度法》（HJ 485—2009）

C.《生活饮用水标准检验方法　金属指标》（GB/T 5750.6—2006）（4.3　铜　二乙基二硫代氨基甲酸钠分光光度法）

D.《生活饮用水标准检验方法　金属指标》（GB/T 5750.6—2006）（4.4　铜　双乙醛草酰二腙分光光度法）

答案：A

5. 根据《水质　铜的测定　2,9- 二甲基 -1,10 菲啰啉分光光度法》（HJ 486—2009）测定水中铜时，加入 ________ 可以消除铬的干扰。（　　）②

A. 亚硫酸　　B. 盐酸羟胺　　C. 丙酮　　D. 硫酸盐

答案：A

6. 根据《水质　铜的测定　2,9- 二甲基 -1,10 菲啰啉分光光度法》（HJ 486—2009）测定水中铜时，加入 ＿＿＿＿＿＿ 可以消除锡和其他氧化性离子的干扰。（　　）②

A. 亚硫酸　　B. 盐酸羟胺　　C. 丙酮　　D. 硫酸盐

答案：B

7. 根据《水质　铜的测定　2,9- 二甲基 -1,10 菲啰啉分光光度法》（HJ 486—2009）测定水中铜时，通过 ＿＿＿＿＿＿ 可以除去氰化物、硫化物和有机物的干扰。（　　）②

A. 加入亚硫酸　　B. 加入盐酸羟胺　　C. 加入硫酸盐　　D. 消解过程

答案：D

参考文献

[1] 环境保护部 . 水质　铜的测定　二乙基二硫代氨基甲酸钠分光光度法：HJ 485—2009［S］. 北京：中国环境科学出版社，2009.

[2] 环境保护部 . 水质　铜的测定　2,9- 二甲基 -1,10 菲啰啉分光光度法：HJ 486—2009［S］. 北京：中国环境科学出版社，2009.

[3] 中华人民共和国卫生部，中国国家标准化管理委员会 . 生活饮用水标准检验方法　金属指标：GB/T 5750.6—2006［S］. 北京：中国标准出版社，2006.

命题：王伟华

审核：张万峰　夏　新

第五十一节　钡

分类号：W6-50

主要内容 《水和废水监测分析方法》（第四版）（钡　铬酸盐间接分光光度法）

一、判断题

1. 根据《水和废水分析方法》（第四版）中铬酸盐间接分光光度法测定水中钡时，比较清洁的水样可直接取样测定。（　　）

答案：正确

2. 根据《水和废水分析方法》（第四版）中铬酸盐间接分光光度法测定水中钡时，显色剂溶液贮存于玻璃瓶中，于冰箱中可存放 1 周。（　　）

答案：错误

正确答案为：显色剂溶液贮存于棕色瓶中，于冰箱中可存放 1 周。

3. 根据《水和废水分析方法》（第四版）中铬酸盐间接分光光度法测定水中钡时，若水样中含有大量悬浮物，可先离心澄清后用 0.45 μm 微孔滤膜过滤。(　　)

答案：正确

4. 根据《水和废水分析方法》（第四版）中铬酸盐间接分光光度法测定水中钡时，铅离子对测定有干扰，在溶液中加入 EDTA-Ca 可消除干扰。(　　)

答案：正确

5. 根据《水和废水分析方法》（第四版）中铬酸盐间接分光光度法测定水中钡时，若水样中含有还原性物质和有机物污染严重的水样，应采用硝酸消解。(　　)

答案：正确

二、选择题

1. 根据《水和废水分析方法》（第四版）中铬酸盐间接分光光度法测定水中钡时，沉淀中有过剩的 CrO_4^{2-}，测定结果会________。(　　)

A. 偏高　　B. 偏低　　C. 不变

答案：A

2. 根据《水和废水分析方法》（第四版）中铬酸盐间接分光光度法测定水中钡时，试样一般加入________酸化。(　　)

A. 硫酸　　B. 高氯酸　　C. 硝酸　　D. 盐酸

答案：C

3. 下列方法中不能测定水中钡的是________。(　　)

A. 电位滴定法　　B. 原子荧光法

C. 原子吸收法　　D. 铬酸盐间接分光光度法

答案：B

4. 根据《水和废水分析方法》（第四版）中铬酸盐间接分光光度法测定水中钡时，钡离子在铬酸盐的 ________ 溶液中生成铬酸钡沉淀。(　　)

A. 硫酸　　B. 中性或氨性　　C. 中性或弱酸性　　D. 中性

答案：B

参考文献

国家环境保护总局《水和废水监测分析方法》编委会 . 水和废水监测分析方法 .4 版［M］. 北京：中国环境科学出版社，2002.

命题：王雅辉

审核：张万峰　冯　丹

第五十二节　铝

分类号：W6-51

主要内容
①《生活饮用水标准检验方法　金属指标》（GB/T 5750.6—2006）（1.1　铝　铬天青 S 分光光度法）
②《生活饮用水标准检验方法　金属指标》（GB/T 5750.6—2006）（1.2　铝　水杨基荧光酮－氯代十六烷基吡啶分光光度法）

一、填空题

1. 根据《生活饮用水标准检验方法　金属指标》（GB/T 5750—2006）（1.1　铝　铬天青 S 分光光度法）和《生活饮用水标准检验方法　金属指标》（GB/T 5750—2006）（1.2　铝　水杨基荧光酮－氯代十六烷基吡啶分光光度法）测定水中铝时，50 ml 具塞比色管使用前需经________浸泡除铝。①②

答案：（1+9）硝酸

2. 根据《生活饮用水标准检验方法　金属指标》（GB/T 5750—2006）（1.1　铝　铬天青 S 分光光度法）测定水中铝时，若水样中含有铁，应加入________消除铁的干扰。①

答案：巯基乙醇酸

3. 根据《生活饮用水标准检验方法　金属指标》（GB/T 5750—2006）（1.1　铝　铬天青 S 分光光度法）测定水中铝时，在 pH 为________范围内，铝在聚乙二醇辛基苯醚和溴代十六烷基吡啶的存在下与铬天青 S 反应生成________的四元胶束。①

答案：6.7～7.0　　蓝绿色

4. 根据《生活饮用水标准检验方法　金属指标》（GB/T 5750—2006）（1.2　铝　水杨基荧光酮－氯代十六烷基吡啶分光光度法）测定水中铝时，铝离子与水杨基荧光酮及氯代十六烷基吡啶在一定条件下生成________的三元络合物。②

答案：玫瑰红色

5. 根据《生活饮用水标准检验方法　金属指标》（GB/T 5750—2006）（1.2　铝　水杨基荧光酮－氯代十六烷基吡啶分光光度法）测定水中铝时，于________nm 波长处测得吸光度。②

答案：560

二、判断题

1. 根据《生活饮用水标准检验方法　金属指标》（GB/T 5750—2006）（1.1　铝　铬天青 S 分光光度法）测定水中铝时，铝标准使用液可在临用时直接用铝标准储备溶液稀释而成。（　　）①

答案：正确

2. 根据《生活饮用水标准检验方法　金属指标》（GB/T 5750—2006）（1.1　铝　铬天青S分光光度法）测定水中铝时，用2cm比色皿以水作参比，测量吸光度。（　　）①

答案：错误

正确答案为：以试剂空白为参比。

3. 根据《生活饮用水标准检验方法　金属指标》（GB/T 5750—2006）（1.2　铝　水杨基荧光酮－氯代十六烷基吡啶分光光度法）测定水中铝时，配制的氯代十六烷基吡啶溶液在室温低于20℃时可析出固形物，侵入热水即可溶解，仍可继续使用。（　　）②

答案：正确

4. 根据《生活饮用水标准检验方法　金属指标》（GB/T 5750—2006）（1.2　铝　水杨基荧光酮－氯代十六烷基吡啶分光光度法）测定水中铝时，磷酸氢二钾可隐蔽1.0 mg/L Ti（Ⅳ）的干扰。（　　）②

答案：错误

正确答案为：磷酸氢二钾可隐蔽0.4 mg/L以下Ti（Ⅳ）的干扰。

三、选择题

1. 根据《生活饮用水标准检验方法　金属指标》（GB/T 5750—2006）（1.1　铝　铬天青S分光光度法）和《生活饮用水标准检验方法　金属指标》（GB/T 5750—2006）（1.2　铝　水杨基荧光酮－氯代十六烷基吡啶分光光度法）测定水中铝时，铝标准储备液应贮存于________瓶中。（　　）①②

A. 玻璃　　B. 聚乙烯　　C. 灭菌玻璃　　D. 棕色玻璃

答案：B

2. 根据《生活饮用水标准检验方法　金属指标》（GB/T 5750—2006）（1.1　铝　铬天青S分光光度法）测定水中铝时，若水样中含有铜、应加入________消除锰的干扰。（　　）②

A. 硝酸　　B. 抗坏血酸　　C. 乙二胺　　D. 巯基乙醇酸

答案：B

3. 根据《生活饮用水标准检验方法　金属指标》（GB/T 5750—2006）（1.1　铝　铬天青S分光光度法）测定水中铝时，于________nm波长处测得吸光度。（　　）①

A. 630　　B. 620　　C. 560　　D. 420

答案：B

4. 根据《生活饮用水标准检验方法　金属指标》（GB/T 5750—2006）（1.2　铝　水杨基荧光酮－氯代十六烷基吡啶分光光度法）测定水中的铝时，________干扰测定。（　　）②

A. Na^+，300 mg/L　　B. Fe^{2+}，0.2 mg/L　　C. Mn^{2+}，0.2 mg/L　　D. Cu^{2+}，0.5 mg/L

答案：B

5. 根据《生活饮用水标准检验方法　金属指标》（GB/T 5750—2006）（1.2　铝　水杨基荧光酮－氯代十六烷基吡啶分光光度法）测定水中的铝时，水中铝离子与水杨基

荧光酮及溴代十六烷基吡啶在 pH 为________范围内生成三元络合物。(　　) ②

A. 3.5～4.6　　B. 5.2～6.8　　C. 6.7～7.0　　D. 7.5～8.7

答案：B

参考文献

中华人民共和国卫生部，中国国家标准化管理委员会. 生活饮用水标准检验方法　金属指标：GB/T 5750.6—2006［S］. 北京：中国标准出版社，2006.

命题：王雅辉　牛　毓

审核：张万峰　冯　丹

第五十三节　钴

分类号：W6-52

主要内容
①《水质　钴的测定　5-氯-2-(吡啶偶氮)-1,3-二氨基苯分光光度法》(HJ 550—2015)
②《水和废水监测分析方法》(第四版)(钴 5-Cl-PADAB 分光光度法)

一、填空

1. 根据《水质　钴的测定　5-氯-2-(吡啶偶氮)-1,3-二氨基苯分光光度法》(HJ 550—2015)测定水中钴时，总钴指未经过滤的样品测得的钴，即样品中________和________两部分钴的总和。①

答案：溶解态　　悬浮态。

2. 根据《水质　钴的测定　5-氯-2-(吡啶偶氮)-1,3-二氨基苯分光光度法》(HJ 550—2015)测定水中钴时，每分析 10 个样品应进行一次平行样测定，样品数量少于 10 个时，至少进行一次，两次样品分析结果相对偏差应≤________%。①

答案：10

二、判断题

1. 根据《水质　钴的测定　5-氯-2-(吡啶偶氮)-1,3-二氨基苯分光光度法》(HJ 550—2015)测定水中钴时，溶解态钴是指未经酸化的样品通过 0.45 μm 孔径滤膜后测定的钴。(　　) ①

答案：正确

2. 根据《水质　钴的测定　5-氯-2-(吡啶偶氮)-1,3-二氨基苯分光光度法》(HJ 550—2015)测定水中钴时，样品中大量的三价铬和六价铬会对测定结果产生正干扰。(　　) ①

答案：错误

正确答案为：三价铬含量大于 0.5 μg 时有正干扰，六价铬含量大于 2 μg 时有负干扰。

3. 根据《水质　钴的测定　5-氯-2-（吡啶偶氮）-1,3-二氨基苯分光光度法》（HJ 550—2015）和《水和废水监测分析方法》（第四版）中 5-Cl-PADAB 分光光度法测定水中钴时，若样品中含有大量的铁，用焦磷酸钠掩蔽。（　　）①②

答案：正确

4. 根据《水质　钴的测定　5-氯-2-（吡啶偶氮）-1,3-二氨基苯分光光度法》（HJ 550—2015）测定水中钴时，乙酸－乙酸钠缓溶液，pH 为 5～6，可在 4°C 条件下保存至少 1 个月。（　　）①

答案：错误

正确答案为：应现用现配。

5. 根据《水质　钴的测定　5-氯-2-（吡啶偶氮）-1,3-二氨基苯分光光度法》（HJ 550—2015）测定水中钴时，于 610 nm 波长处测定吸光度。（　　）①

答案：错误

正确答案为：于 570 nm 波长处测定吸光度

6. 根据《水质　钴的测定　5-氯-2-（吡啶偶氮）-1,3-二氨基苯分光光度法》（HJ 550—2015）测定水中钴时，采用硝酸－高氯酸消解制备试样。（　　）①

答案：正确

7. 根据《水质　钴的测定　5-氯-2-（吡啶偶氮）-1,3-二氨基苯分光光度法》（HJ 550—2015）测定水中钴时，样品采集后，加硫酸或盐酸至 pH 小于 2，在 0～4℃冷藏保存，可保存 14 d。（　　）①

答案：正确

8. 根据《水和废水监测分析方法》（第四版）中 5-Cl-PADAB 分光光度法测定水中钴时，若用巯基棉进行预富集，加入适量酒石酸盐可以防止锰、铁在 pH=9 时水解形成胶体。（　　）②

答案：正确

9.《水质　钴的测定　5-氯-2-（吡啶偶氮）-1,3-二氨基苯分光光度法》（HJ 550—2015）适用于地表水、地下水、工业废水和生活污水中钴的测定。（　　）①

答案：错误

正确答案为：不适用于地下水。

10. 根据《水质　钴的测定　5-氯-2-（吡啶偶氮）-1,3-二氨基苯分光光度法》（HJ 550—2015）测定水中钴时，每批样品应分析校准曲线中间点的浓度标准溶液，其测定结果与校准曲线中间点浓度的相对偏差应≤20%，否则，需重新绘制标准曲线。（　　）①

答案：错误

正确答案为：测定结果与校准曲线中间点浓度的相对偏差应≤10%。

三、选择题

1. 根据《水质　钴的测定　5-氯-2-（吡啶偶氮）-1,3-二氨基苯分光光度法》（HJ 550—2015）测定水中钴时，每批样品应做加标回收率测定，加标回收率应在

________范围内。(　　)①

A. 90%～110%　　B. 70%～130%　　C. 85%～120%

答案：A

2. 根据《水质　钴的测定　5-氯-2-(吡啶偶氮)-1,3-二氨基苯分光光度法》(HJ 550—2015)测定水中钴时，当样品中 Fe^{3+} 含量大于 0.006 mg 时，会使测定结果________。(　　)①

A. 偏低　　B. 偏高　　C. 不变

答案：B

3. 根据《水质　钴的测定　5-氯-2-(吡啶偶氮)-1,3-二氨基苯分光光度法》(HJ 550—2015)测定水中钴时，使用________mm 的比色皿。(　　)①

A. 10　　B. 20　　C. 30

答案：B

4. 根据《水质　钴的测定　5-氯-2-(吡啶偶氮)-1,3-二氨基苯分光光度法》(HJ 550—2015)测定水中钴时，Cr^{3+} 和 Cr^{6+} 干扰钴的测定，在样品消解后，加入________可消除其干扰。(　　)①

A. 氢氧化钠　　B. 硝酸　　C. 焦磷酸钠　　D. 硫酸

答案：C

5. 根据《水质　钴的测定　5-氯-2-(吡啶偶氮)-1,3-二氨基苯分光光度法》(HJ 550—2015)测定水中钴时，钴与 5-氯-2-(吡啶偶氮)-1,3-二氨基苯反应生成________色的络合物。(　　)①

A. 棕黄色　　B. 紫红色　　C. 棕红色　　D. 黄色

答案：B

参考文献

[1] 环境保护部 . 水质　钴的测定　5-氯-2-(吡啶偶氮)-1,3-二氨基苯分光光度法：HJ 550—2015［S］. 北京：中国环境出版集团，2015.

[2] 国家环境保护总局《水和废水监测分析方法》编委会 . 水和废水监测分析方法 .4 版［M］. 北京：中国环境科学出版社，2002.

命题：郭　欣　王雅辉　马慧杰

审核：刘　蕊　杨　楠　张万峰　冯　丹

第五十四节　钒

分类号：W6-53

主要内容
《水质　钒的测定　钽试剂(BPHA)萃取分光光度法》(GB/T 15503—1995)

一、填空题

1.《水质　钒的测定　钽试剂（BPHA）萃取分光光度法》（GB/T 15503—1995）适用于测定________中钒的含量。

答案：水和废水

2. 当使用 10 mm 比色皿时，《水质　钒的测定　钽试剂（BPHA）萃取分光光度法》（GB/T 15503—1995）的方法检测限为________mg/L，测定上限为________mg/L。

答案：0.018　　10.0

二、判断题

1. 根据《水质　钒的测定　钽试剂（BPHA）萃取分光光度法》（GB/T 15503—1995）测定水中钒时，均使用符合国家标准的分析纯试剂，去离子水或同等纯度的水。（　　）

答案：正确

2. 根据《水质　钒的测定　钽试剂（BPHA）萃取分光光度法》（GB/T 15503—1995）测定水中钒时，地表水和污水中常见成分对该方法不产生干扰。（　　）

答案：正确

3. 根据《水质　钒的测定　钽试剂（BPHA）萃取分光光度法》（GB/T 15503—1995）测定水中钒时，取定量水样于具玻塞锥形瓶中滴加高锰酸钾溶液至出现粉红色静止 1 min，加入尿素溶液，在不断地摇动下，滴加亚硝酸钠溶液至粉红色消退，再加入磷酸。以去离子水稀释至体积约为 20 ml。（　　）

答案：错误

正确答案为：加入尿素溶液，在不断地摇动下，滴加亚硝酸钠溶液至粉红色消退，并过量 2 滴，再加入磷酸。

三、选择题

1. 根据《水质　钒的测定　钽试剂（BPHA）萃取分光光度法》（GB/T 15503—1995）测定水中钒时，钽试剂（BPHA）为弱酸，在________介质中可与五价钒形成一种微溶于水的桃红色螯合物。（　　）

A. 强酸　　B. 强碱　　C. 弱酸　　D. 弱碱

答案：A

2. 根据《水质　钒的测定　钽试剂（BPHA）萃取分光光度法》（GB/T 15503—1995）测定水中钒时，反应生成螯合物能定量地被三氯甲烷和乙醇混合液搅拌萃取，在波长 440 nm，处，以________作参比，进行测定。（　　）

A. 三氯甲烷　　B. 乙醇　　C. 三氯甲烷和乙醇混合物　　D. 纯水

答案：A

3. 根据《水质　钒的测定　钽试剂（BPHA）萃取分光光度法》（GB/T 15503—1995）测定水中钒时，配制 0.100 0 mg/L 钒标准贮备液，准确称取偏钒酸铵 0.229 6 g，溶于水中，加入（1+1）________2 ml，溶解后移入 1 000 ml 容量瓶中，用水稀释至刻度，摇匀。（　　）

A. 硝酸　　　　B. 硫酸　　　　C. 盐酸　　　　D. 铬酸

答案：B

参考文献

国家环境保护局 . 水质　钒的测定　钽试剂（BPHA）萃取分光光度法：GB/T 15503—1995［S］. 北京：中国标准出版社，1995.

命题：王雅辉　冯　丹

审核：张万峰　夏　新

第五十五节　钛

分类号：W6-54

主要内容

《生活饮用水标准检验方法　金属指标》（GB/T 5750.6—2006）（17.2　钛　水杨基荧光酮分光光度法）

一、判断题

1. 根据《生活饮用水标准检验方法　金属指标》（GB/T 5750.6—2006）（17.2　钛　水杨基荧光酮分光光度法）测定水中钛时，抗坏血酸溶液需当日配制使用。（　　）

答案：正确

2. 根据《生活饮用水标准检验方法　金属指标》（GB/T 5750.6—2006）（17.2　钛　水杨基荧光酮分光光度法）测定水中钛时，水中含有钙、镁和钠在一般含量范围内对该方法测定无干扰。（　　）

答案：正确

3. 根据《生活饮用水标准检验方法　金属指标》（GB/T 5750.6—2006）（17.2　钛　水杨基荧光酮分光光度法）测定水中钛时，水杨基荧光酮溶液需要用浓盐酸和 95% 乙醇溶液配制，且配制后需避光保存。（　　）

答案：错误

正确答案为：水杨基荧光酮溶液需要用（5+7）盐酸溶液和 95% 乙醇溶液配制。

4. 根据《生活饮用水标准检验方法　金属指标》（GB/T 5750.6—2006）（17.2　钛　水杨基荧光酮分光光度法）测定水中钛时，溴代十六烷基三甲胺溶液用时如出现晶粒析出，则需重新配制。（　　）

答案：错误

正确答案为：用时如出现晶粒，可用温水加温溶解。

5. 根据《生活饮用水标准检验方法　金属指标》（GB/T 5750.6—2006）（17.2　钛　水杨基荧光酮分光光度法）测定水中钛时，钛离子在硫酸介质中，与水杨基荧光酮及溴代十六烷基三甲胺生成络合物。（　　）

答案：正确

6.《生活饮用水标准检验方法　金属指标》（GB/T 5750.6—2006）（17.2　钛　水杨基荧光酮分光光度法）的最低检测质量 0.2 mg（以 Ti 计），若取 10 ml 水样测定，最低检测质量浓度为 0.020 mg/L。（　　）

答案：正确

三、选择题

1. 根据《生活饮用水标准检验方法　金属指标》（GB/T 5750.6—2006）（17.2　钛　水杨基荧光酮分光光度法）测定水中钛时，水中含有低浓度的________离子对该方法的测定有干扰。（　　）

A. 铁　　B. 银　　C. 锰　　D. 铬

答案：B

2.《生活饮用水标准检验方法　金属指标》（GB/T 5750.6—2006）（17.2　钛　水杨基荧光酮分光光度法）不适用于________中钛的测定。（　　）

A. 温泉水　　B. 海水　　C. 江水　　D. 水源水

答案：B

3. 根据《生活饮用水标准检验方法　金属指标》（GB/T 5750.6—2006）（17.2　钛　水杨基荧光酮分光光度法），钛与水杨基荧光酮及溴代十六烷基三甲胺生成________络合物。（　　）

A. 红色　　B. 绿色　　C. 棕黄色　　D. 黄色

答案：C

参考文献

中华人民共和国卫生部，中国国家标准化管理委员会 . 生活饮用水标准检验方法　金属指标：GB/T 5750.6—2006［S］. 北京：中国标准出版社，2006.

命题：王雅辉　冯　丹
审核：张万峰　夏　新

第五十六节　梯恩梯

分类号：W6-55

主要内容
①《水质　梯恩梯的测定　亚硫酸钠分光光度法》（HJ 598—2011）
②《水质　梯恩梯的测定　*N*- 氯代十六烷基吡啶 - 亚硫酸钠分光光度法》（HJ 599—2011）

一、判断题

1.《水质　梯恩梯的测定　*N*- 氯代十六烷基吡啶 - 亚硫酸钠分光光度法》（HJ 599—2011）适用于生产和使用粉状铵梯炸药过程中排放的工业废水中梯恩梯的测定。（　　）②

答案：错误

正确答案为：该方法适用于弹药装药工业废水中梯恩梯的测定。

2. 根据《水质　梯恩梯的测定　*N*-氯代十六烷基吡啶-亚硫酸钠分光光度法》（HJ 599—2011）测定水中梯恩梯时，2.5g/L 的 *N*-氯代十六烷基吡啶溶液要贮存在棕色玻璃瓶中，常温下可保存 3 个月。（　　）②

答案：错误

正确答案为：常温下可保存 30 d。

3. 根据《水质　梯恩梯的测定　*N*-氯代十六烷基吡啶-亚硫酸钠分光光度法》（HJ 599—2011）测定水中梯恩梯时，若水样中悬浮物较多，可用定量滤纸过滤后测定或用正己烷萃取后测定。（　　）②

答案：错误

正确答案为：可用定量滤纸过滤后测定或用乙醚萃取后测定。

4. 根据《水质　梯恩梯的测定　*N*-氯代十六烷基吡啶-亚硫酸钠分光光度法》（HJ 599—2011）测定水中梯恩梯时，乙醚应低温、避光保存，当加入适量亚硫酸钠溶液出现乳状白色沉淀时，应更换乙醚。（　　）②

答案：正确

5. 根据《水质　梯恩梯的测定　*N*-氯代十六烷基吡啶-亚硫酸钠分光光度法》（HJ 599—2011）测定水中梯恩梯时，如果水样中有较多的石油制品，可以用正己烷萃取后测定。（　　）②

答案：错误

正确答案为：可用双层定量滤纸过滤后测定。

6. 根据《水质　梯恩梯的测定　*N*-氯代十六烷基吡啶-亚硫酸钠分光光度法》（HJ 599—2011）和《水质　梯恩梯的测定　亚硫酸钠分光光度法》（HJ 598—2011）测定水中梯恩梯时，若废水有一定色度，可以取与试样同体积的水样稀释至 25.0 ml，作为样品空白，不加任何试剂直接测量吸光度。计算时样品吸光度需减去空白吸光度，消除色度对测定的影响。（　　）①②

答案：正确

7. 根据《水质　梯恩梯的测定　*N*-氯代十六烷基吡啶-亚硫酸钠分光光度法》（HJ 599—2011）和《水质　梯恩梯的测定　亚硫酸钠分光光度法》（HJ 598—2011）测定水中梯恩梯时，当用工业品的梯恩梯制备标准溶液时，需要用无水乙醇溶解，用中速定量滤纸过滤，将滤液放入通风橱中避光自然干燥，备用。（　　）①②

答案：错误

正确答案为：采用工业品制备标准溶液需要二次重结晶。

8. 根据《水质　梯恩梯的测定　亚硫酸钠分光光度法》（HJ 598—2011）测定水中梯恩梯时，试样在分析前，需要加入硫酸铝和碳酸钠溶液，静置后取上清液分析。（　　）①

答案：正确

二、选择题

1. 根据《水质　梯恩梯的测定　*N*-氯代十六烷基吡啶-亚硫酸钠分光光度法》

（HJ 599—2011）测定水中梯恩梯时，样品中的梯恩梯与亚硫酸钠发生反应，经 *N*-氯代十六烷基吡啶增敏作用，生成________络合物。（　　）②

A. 黄色　　B. 红色　　C. 蓝色　　D. 紫色

答案：B

2. 根据《水质　梯恩梯的测定　*N*-氯代十六烷基吡啶-亚硫酸钠分光光度法》（HJ 599—2011）测定水中梯恩梯，使用 30 mm 比色皿时，方法的检出限为 0.05 mg/L，测定范围为________mg/L。（　　）②

A. 0.2～4　　B. 0.2～6　　C. 0.5～4　　D. 0.5～6

答案：A

3. 根据《水质　梯恩梯的测定　*N*-氯代十六烷基吡啶-亚硫酸钠分光光度法》（HJ 599—2011）和《水质　梯恩梯的测定　亚硫酸钠分光光度法》（HJ 598—2011）测定水中梯恩梯时，亚硫酸钠的保存期限是________。（　　）①②

A. 3 d　　B. 5 d　　C. 7 d　　D. 临用前现配

答案：A

4. 根据《水质　梯恩梯的测定　*N*-氯代十六烷基吡啶-亚硫酸钠分光光度法》（HJ 599—2011）和《水质　梯恩梯的测定　亚硫酸钠分光光度法》（HJ 598—2011）测定水中梯恩梯时，样品需采集于棕色玻璃瓶中，0～4℃下避光保存，在________内测定。（　　）①②

A. 3 d　　B. 5 d　　C. 7 d　　D. 24 h

答案：B

5. 根据《水质　梯恩梯的测定　亚硫酸钠分光光度法》（HJ 598—2011）测定水中梯恩梯时，室温下样品中的梯恩梯与无水亚硫酸钠反应生成________三硝基甲苯磺酸钠。（　　）①

A. 黄色　　B. 红色　　C. 蓝色　　D. 紫色

答案：A

6. 根据《水质　梯恩梯的测定　亚硫酸钠分光光度法》（HJ 598—2011）测定水中梯恩梯时，若使用 30 mm 比色皿，方法的检出限为 0.1 mg/L，测定范围为________mg/L。（　　）①

A. 0.4～4　　B. 0.4～6　　C. 0.4～8　　D. 0.4～10

答案：D

参考文献

[1] 环境保护部 . 水质　梯恩梯的测定　亚硫酸钠分光光度法：HJ 598—2011［S］. 北京：中国环境出版社，2011.

[2] 环境保护部 . 水质　梯恩梯的测定　*N*-氯代十六烷基吡啶-亚硫酸钠分光光度法：HJ 599—2011［S］. 北京：中国环境出版社，2011.

命题：王伟华

审核：张万峰　冯　丹

第五十七节　黑索今

分类号：W6–56

主要内容
《水质　黑索今的测定　分光光度法》（GB/T 13900—92）

一、判断题

1. 根据《水质　黑索今的测定　分光光度法》（GB/T 13900—92）测定水中黑索今的方法，分为非生化法和生化法处理废水样的测定。（　　）

答案：正确

2. 根据《水质　黑索今的测定　分光光度法》（GB/T 13900—92）测定水中黑索今时，生化法处理废水样的测定步骤为：用量筒取试样 200 ml 于烧杯中，加入六合水硫酸亚铁铵搅拌均匀，放置 10 min 后用中速定量滤纸过滤，取滤液 45 ml，加入硝酸和浓硫酸进行蒸馏，蒸馏后进行比色测定。（　　）

答案：错误

正确答案为：取两份滤液，加入硝酸调节 pH=4，两份滤液一份加入浓硫酸，一份不加浓硫酸进行蒸馏。

3. 根据《水质　黑索今的测定　分光光度法》（GB/T 13900—92）测定水中黑索今时，环四甲撑四硝胺（奥托今）对测定无干扰。（　　）

答案：错误

正确答案为：水样中含有奥托今对测定均有干扰。

4. 根据《水质　黑索今的测定　分光光度法》（GB/T 13900—92）测定水中黑索今时，配制标准溶液用的黑索今如果是工业品，需要用丙酮重结晶两次。（　　）

答案：正确

5. 根据《水质　黑索今的测定　分光光度法》（GB/T 13900—92）测定水中黑索今时，黑索今在硫酸溶液中加热分解生成甲醛。（　　）

答案：正确

6. 根据《水质　黑索今的测定　分光光度法》（GB/T 13900—92）测定水中黑索今时，甲醛与乙酰丙酮及氨作用生成棕色 3,5- 二乙酰基 -1,4- 二氢卢剔啶，然后进行分光光度测定。（　　）

答案：错误

正确答案为：生成黄色 3,5- 二乙酰基 -1,4- 二氢卢剔啶。

7. 根据《水质　黑索今的测定　分光光度法》（GB/T 13900—92）测定水中黑索今时，在 412 nm 波长处进行分光光度测定。（　　）

答案：正确

8.《水质　黑索今的测定　分光光度法》（GB/T 13900—92）适用于弹药装药工业废水中黑索今含量的测定。（　　）

答案：正确

二、选择题

1. 根据《水质　黑索今的测定　分光光度法》（GB/T 13900—92）测定水中黑索今时，样品采集于________瓶中，低温保存。（　　）

   A. 棕色玻璃　　B. 玻璃　　C. 聚四氟乙烯　　D. 聚乙烯

答案：A

2. 根据《水质　黑索今的测定　分光光度法》（GB/T 13900—92）测定水中黑索今时，若样品中含有 Cr（Ⅵ），可加入适量________溶液以消除干扰。（　　）

   A. 硫酸铁铵　　B. 硫酸亚铁铵　　C. 抗坏血酸　　D. 硝酸

答案：A

3. 根据《水质　黑索今的测定　分光光度法》（GB/T 13900—92）测定水中黑索今时，样品中含有甲醛时，量取 200 ml 试样于 500 ml 烧杯中，以硝酸溶液调 pH 为________。然后在电炉上煮沸并不断搅拌，当水样蒸发至原体积一半时，停止加热。待溶液冷却至室温后，以水定容为原体积 200 ml。（　　）

   A. 2　　B. 3　　C. 4　　D. 5

答案：C

参考文献

国家环境保护局 . 水质　黑索今的测定　分光光度法：GB/T 13900—92［S］. 北京：中国标准出版社，1992.

命题：王雅辉

审核：张万峰　夏　新

第七章　离子色谱法

第一节　基础知识

分类号：W7-0

一、填空题

1. 离子交换色谱主要用于有机和无机________、________离子的分离。

答案：阴　　阳

2. 离子排斥色谱主要用于________酸、________酸和________的分离。

答案：有机　　无机弱　　醇类

3. 离子对色谱主要用于表面活性的________离子、________离子和________络合物的分离。

答案：阴　　阳　　金属

4. 离子色谱仪中，抑制器主要起降低淋洗液的________和增加被测离子的________，改善________的作用。

答案：背景电导　　电导值　　信噪比

5. 离子色谱分析样品时，样品中离子价数越高，保留时间________，离子半径越大，保留时间________。

答案：越长　　越长

6. 离子色谱中抑制器的发展经历了几个阶段，最早的是树脂填充抑制柱、管状纤维膜抑制器，后来又有了平板微膜抑制器。目前用得最多的是________抑制器。

答案：自身再生

7. 在离子色谱分析中，为了缩短分析时间，可通过改变分离柱的容量、淋洗液强度和________，以及在淋洗液中加入有机改进剂和用梯度淋洗技术来实现。

答案：流速

二、判断题

1. 离子色谱（IC）是高效液相色谱（HPLC）的一种。（　　）

答案：正确

2. 离子色谱的分离方式有3种，即高效离子交换色谱（HPIC）、离子排斥色谱（HPIEC）和离子对色谱（MPIC）。它们的分离机理是相同的。（　　）

答案：错误

正确答案为：它们的分离机理是不同的。

3. 离子色谱分析中，其淋洗液的流速和被测离子的保留时间之间存在一种反比的关系。(　　)

答案：正确

4. 当改变离子色谱淋洗液的流速时，待测离子的洗脱顺序将会发生改变。(　　)

答案：错误

正确答案为：待测离子的洗脱顺序不会改变。

5. 离子色谱分离柱的长度将直接影响理论塔板数（即柱效），当样品中被测离子的浓度远小于其他离子的浓度时，可以用较长的分离柱以增加柱容量。(　　)

答案：正确

6. 离子色谱分析阳离子和阴离子的分离机理、抑制原理是相似的。(　　)

答案：正确

7. 用离子色谱法分析样品时，可以用去离子水稀释样品，还可以用淋洗液作稀释剂，以减小水负峰的影响。(　　)

答案：正确

8. 离子色谱分析中，水负峰的位置由分离柱的性质和淋洗液的流速决定，流速的改变可改变水负峰的位置和被测离子的保留时间。(　　)

答案：正确

9. 离子色谱分析中，淋洗液浓度的改变只影响被测离子的保留时间，而不影响水负峰的位置。(　　)

答案：正确

10. 离子色谱中的梯度淋洗与气相色谱中的程序升温相似，梯度淋洗一般只在含氢氧根离子或甲基磺酸根的淋洗液中采用抑制电导检测时才能实现。(　　)

答案：正确

11. 高效离子色谱用低容量的离子交换树脂。(　　)

答案：正确

12. 离子排斥色谱（HPICE）用高容量的离子交换树脂。(　　)

答案：正确

三、选择题

1. 离子色谱中的电导检测器，分为抑制型和非抑制型（也称单柱型）两种。在现代色谱中主要用________电导检测器。(　　)

A. 抑制型　　B. 非抑制型

答案：A

2. 离子色谱分析中当改变淋洗液的浓度时，对被测二价离子保留时间的影响________一价离子。(　　)

A. 大于　　B. 小于　　C. 等于

答案：A

3. NaOH 是化学抑制型离子色谱中分析阴离子推荐的淋洗液，因为它的抑制反应产物是低电导的水。在配制和使用时，空气中的________总会溶入 NaOH 溶液中而改变

淋洗液的组分和浓度，使基线漂移，影响分离。(　　)

A. CO_2　　B. CO　　C. O_2

答案：A

4. 离子色谱的电导检测器内，电极间的距离越小，死体积越小，则灵敏度越________。(　　)

A. 高　　B. 低

答案：A

5. 在离子色谱分析中，水负峰的大小与样品的进样体积、溶质浓度和淋洗液的浓度及其种类有关，进样体积大，水负峰亦大；淋洗液的浓度越高，水负峰越________。反之亦然。(　　)

A. 大　　B. 小

答案：A

6. 在离子色谱分析中，水的纯度会影响痕量分析工作的成败。用于配制淋洗液和标准溶液的去离子水，其电阻率应为________MW·cm 以上。(　　)

A. 5　　B. 10　　C. 15　　D. 18

答案：D

7. 离子色谱的淋洗液浓度提高时，一价离子和二价离子的保留时间________。(　　)

A. 缩短　　B. 延长

答案：A

四、问答题

1. 离子色谱的检测器分哪几个大类？简述每类检测器都包括哪几种。

答案：离子色谱检测器分为两大类：电化学检测器和光学检测器。电化学检测器包括电导检测器、直流安培检测器、脉冲安培检测器和积分安培检测器；光学检测器包括紫外－可见分光光度检测器和荧光检测器。

2. 离子色谱仪器主要由哪几部分组成？

答案：主要由流动相传送部分、分离柱、检测器和数据处理四部分组成。

3. 离子色谱仪中的抑制器有哪 3 种主要作用？

答案：（1）降低淋洗液的背景电导；

（2）增加被测离子的电导值；

（3）消除反离子峰对弱保留离子的影响。

4. 在离子色谱分析未知浓度的样品时，如何避免色谱柱容量的超载？

答案：为避免色谱柱容量的超载，在分析未知浓度的样品时，最好先稀释 100 倍进样，或用微量进样器进样 1～2 ml，再根据所得结果选择合适的稀释倍数或进样量，这样既可以避免色谱柱容量超载，又可以减少强保留组分对柱子的污染。

5. 在离子色谱分析中，水负峰在什么情况下会对分析结果产生干扰？如何消除或减小这种干扰？

答案：若负峰的保留时间与待测离子的保留时间相同或接近时，就会产生干扰。减小和消除水负峰干扰的一个简单的方法，是用淋洗液配制样品和标准溶液。

6. 简述离子色谱中梯度淋洗的作用。

答案：在离子色谱分析中，采用梯度淋洗技术可以提高分离度、缩短分析时间、降低检测限，对于复杂的混合物，特别是对保留强度差异很大的混合物的分离，是极为重要的一种手段。

7. 离子色谱的定义是什么？

答案：离子色谱是高效液相色谱的一种，是主要用于分析离子的液相色谱。

8. 简述离子色谱柱的分离原理。

答案：由于各种离子对离子交换树脂的亲和力不同，样品通过分离柱时被分离成不连续的谱带，依次被淋洗液洗脱。

9. 离子色谱用于阴离子分离的淋洗液须具备哪两个条件？

答案：（1）能从分离柱树脂上置换被测离子；

（2）能发生抑制柱反应，其反应产物应为电导很低的弱电解质或水，pKa＞6。

10. 为什么离子色谱输液系统不能进入气泡？

答案：因进入气泡会影响分离效果和检测信号的稳定性，会导致基线不稳定，产生较大噪声，使检测灵敏度降低。

参考文献

[1] 牟世芬，刘克纳，丁晓静 . 离子色谱方法及应用 .2 版［M］. 北京：化学工业出版社，2005.

[2] 朱岩，王绍明，施超欧 . 离子色谱仪器［M］. 北京：化学工业出版社，2007.

[3] 牟世芬，刘克纳 . 离子色谱［M］. 北京：科学出版社，1986.

[4] 国家环境保护局《水和废水监测分析方法》编委会 . 水和废水监测分析方法 .3 版［M］. 北京：中国环境科学出版社，1989.

命题：赵长民

审核：王　伟

第二节　无机阴离子

分类号：W7-1

主要内容

①《水质　无机阴离子（F^-、Cl^-、NO_2^-、B_r^-、NO_3^-、PO_4^{3-}、SO_3^{2-}、SO_4^{2-}）的测定　离子色谱法》（HJ 84—2016）

②《水质　磷酸盐的测定　离子色谱法》（HJ 669—2013）

③《大气降水中氟、氯、亚硝酸盐、硝酸盐、硫酸盐的测定　离子色谱法》（GB 13580.5—92）

④《水质　氯酸盐、亚氯酸盐、溴酸盐、二氯乙酸和三氯乙酸的测定　离子色谱法》（HJ 1050—2019）

⑤《水质　碘化物的测定　离子色谱法》（HJ 778—2015）

一、判断题

1. 根据《水质　无机阴离子（F^-、Cl^-、NO_2^-、B_r^-、NO_3^-、PO_4^{3-}、SO_3^{2-}、SO_4^{2-}）的测定　离子色谱法》（HJ 84—2016）测定水中无机阴离子时，选用碳酸钠和碳酸氢钠淋洗液，水负峰干扰 F^- 的测定时，可在样品与标准溶液中分别加入适量相同浓度和等体积的淋洗液，以减小干扰。（　　）①

答案：正确

2. 根据《水质　无机阴离子（F^-、Cl^-、NO_2^-、B_r^-、NO_3^-、PO_4^{3-}、SO_3^{2-}、SO_4^{2-}）的测定　离子色谱法》（HJ 84—2016）测定水中无机阴离子时，样品中的某些疏水性化合物可能会影响色谱分离效果及色谱柱的使用寿命，可采用 H 柱或 Na 柱处理消除或减少其影响。（　　）①

答案：错误

正确答案为：应采用 RP 柱或 C_{18} 柱处理。

3. 根据《水质　无机阴离子（F^-、Cl^-、NO_2^-、B_r^-、NO_3^-、PO_4^{3-}、SO_3^{2-}、SO_4^{2-}）的测定　离子色谱法》（HJ 84—2016）测定水中无机阴离子时，标准曲线的相关系数应≥0.995，否则应重新绘制标准曲线。（　　）①

答案：正确

4. 根据《水质　无机阴离子（F^-、Cl^-、NO_2^-、B_r^-、NO_3^-、PO_4^{3-}、SO_3^{2-}、SO_4^{2-}）的测定　离子色谱法》（HJ 84—2016）测定水中无机阴离子时，保留时间相近的两种离子，因浓度相差太大而影响低浓度阴离子测定时，可通过稀释、调节流速、改变碳酸钠和碳酸氢钠浓度比例。（　　）①

答案：正确

5. 用离子色谱法测定水中阴离子时，水样不需进行任何处理，即可进样分析。（　　）①②③④⑤

答案：错误

正确答案为：需经过 0.45 μm 滤膜过滤，浓度高时还需进行稀释，如有有机物干扰应用相应的吸附树脂进行处理。

6. 根据《水质　磷酸盐的测定　离子色谱法》（HJ 669—2013）测定水中磷酸盐，当进样体积为 50 ml 时，测定可溶性磷酸盐（以 PO_4^{3-} 计）的方法检出限为 0.007 mg/L，测定下限为 0.028 mg/L。（　　）②

答案：正确

7. 根据《水质　磷酸盐的测定　离子色谱法》（HJ 669—2013）测定水中磷酸盐，某些金属离子可能会影响磷酸盐的测定，可采用 C_{18} 柱去除。（　　）②

答案：错误

正确答案为：可采用阳离子交换柱（H 柱）去除。

8. 根据《水质　氯酸盐、亚氯酸盐、溴酸盐、二氯乙酸和三氯乙酸的测定　离子色谱法》（HJ 1050—2019）测定水中氯酸盐时，标准使用液 4℃以下避光冷藏，可保存 7 d。（　　）④

答案：正确

9. 根据《水质　磷酸盐的测定　离子色谱法》（HJ 669—2013）测定水中磷酸盐时，应注意整个系统不要进气泡，否则会影响分离效果。（　　）②

答案：正确

10. 根据《水质　磷酸盐的测定　离子色谱法》（HJ 669—2013）测定水中磷酸盐时，对于未知浓度的样品，在分析前先稀释约 100 倍后进样，再根据所得结果选择适当的稀释倍数重新进样分析。（　　）②

答案：正确

11. 使用离子色谱法分析亚硝酸盐时，由于亚硝酸根不稳定，亚硝酸盐的标准使用液最好临用现配。（　　）①②③④⑤

答案：正确

12. 用离子色谱法测定水中阴离子时，保留时间相近的两种离子，因浓度相差太大而影响低浓度阴离子测定时，可用加标的方法来测定低浓度阴离子。（　　）①②③④⑤

答案：正确

13. 根据《水质　碘化物的测定　离子色谱法》（HJ 778—2015）测定水中碘化物时，常见阴离子如 F^-、Cl^-、NO_2^-、NO_3^-、PO_4^{3-}、SO_4^{2-} 等对碘化物的测定存在干扰，需进行预处理后才能分析。（　　）⑤

答案：错误

正确答案为：常见的阴离子对碘化物的测定没有干扰。

14. 根据《水质　碘化物的测定　离子色谱法》（HJ 778—2015）测定水中碘化物时，实验室用水为无碘化物高纯水，电导率值小于 1.0 μS/cm，并经过 0.45 μm 水系微孔滤膜过滤。（　　）⑤

答案：正确

15. 根据《水质　碘化物的测定　离子色谱法》（HJ 778—2015）测定水中碘化物时，若样品中含有表面活性剂、油脂、色素等大分子有机物时，可选择 C_{18} 或 RP 固相萃取柱去除有机物。（　　）⑤

答案：正确

16. 根据《水质　碘化物的测定　离子色谱法》（HJ 778—2015）测定水中碘化物时，标准曲线的相关系数应大于或等于 0.995。（　　）⑤

答案：错误

正确答案为：标准曲线应大于或等于 0.999。

二、选择题

1. 根据《水质　无机阴离子（F^-、Cl^-、NO_2^-、B_r^-、NO_3^-、PO_4^{3-}、SO_3^{2-}、SO_4^{2-}）的测定　离子色谱法》（HJ 84—2016）测定水中无机阴离子时，采集的水样应尽快分析，否则应在________℃保存，一般不加保存剂。（　　）①

A. 0　　B. 2　　C. 4

答案：C

2. 根据《水质　磷酸盐的测定　离子色谱法》（HJ 669—2013）测定水中磷酸盐，所配制的磷酸二氢钾标准贮备液 [r（PO_4^{3-}）=1 000 mg/L] 应贮存在聚乙烯瓶中，在 4℃下可保存________月。（　　）②

A. 1　　B. 2　　C. 3　　D. 6

答案：D

3. 根据《水质　磷酸盐的测定　离子色谱法》（HJ 669—2013），可溶性磷酸盐指通过 0.45 μm 微孔滤膜过滤，在标准规定的色谱条件下，以 PO_4^{3-} 形式被检测的正磷酸盐为________。（　　）②

A. PO_4^{3-}　　B. HPO_4^{2-} 和 PO_4^{3-}

C. $H_2PO_4^-$ 和 PO_4^{3-}　　D. $H_2PO_4^-$、HPO_4^{2-} 和 PO_4^{3-}

答案：D

4. 根据《水质　磷酸盐的测定　离子色谱法》（HJ 669—2013）测定水中磷酸盐时，分析用去离子水的电导率应小于________mS/cm。（　　）②

A. 0.05　　B. 0.1　　C. 0.5　　D. 1.0

答案：C

5. 根据《水质　磷酸盐的测定　离子色谱法》（HJ 669—2013）测定水中磷酸盐，水样经 0.45 μm 微孔滤膜过滤后，于 0～4℃条件下，可保存________h。（　　）②

A. 12　　B. 24　　C. 48　　D. 72

答案：C

6. 根据《水质　碘化物的测定　离子色谱法》（HJ 778—2015）测定水中碘化物时，采集的水样如不能尽快分析，应加入固定剂后冷藏在 0～4℃保存，并于________完成测试。（　　）⑤

A. 12 h　　B. 24 h　　C. 2d　　D. 7d

答案：B

三、问答题

1. 根据《水质　磷酸盐的测定　离子色谱法》（HJ 669—2013），对有机物含量较高的水样，应对水样如何进行处理？②

答案：对有机物含量较高的水样，需采用 C_{18} 固相萃取柱去除干扰物质，在使用 C_{18} 柱前需依次用甲醇和去离子水活化。

2. 根据《水质　无机阴离子（F^-、Cl^-、NO_2^-、B_r^-、NO_3^-、PO_4^{3-}、SO_3^{2-}、SO_4^{2-}）的测定　离子色谱法》（HJ 84—2016）测定水中无机阴离子时，在质量质量保证方面如何保证精密度控制和准确度控制？①

答案：每批次（≤20 个）样品，应至少测定 10% 的平行双样，样品数量少于 10 个时，应至少测定一个平行双样。平行双样测定结果的相对偏差应≤10%。每批次（≤20 个）样品，应至少做 1 个加标回收率测定，实际样品的加标回收率应控制在 80%～120%。

3. 根据《水质　碘化物的测定　离子色谱法》（HJ 778—2015）测定水中碘化物时，对于试样可能存在的干扰应如何处理？⑤

答案： 对于存在干扰的物品应采用相应的预处理柱处理。具体操作为用 5 ml 注射器抽取试样，共需抽取 15 ml，在注射器前端套上预处理柱，将试样轻推过柱。此过程应弃去初始滤液 3 ml，收集后续过柱滤液，待测。

参考文献

[1] 环境保护部 . 水质　无机阴离子（F^-、Cl^-、NO_2^-、B_r^-、NO_3^-、PO_4^{3-}、SO_3^{2-}、SO_4^{2-}）的测定　离子色谱法：HJ 84—2016［S］. 北京：中国环境出版集团，2016.

[2] 环境保护部 . 水质　磷酸盐的测定　离子色谱法：HJ 669—2013［S］. 北京：中国环境出版社，2013.

[3] 国家环境保护局 . 大气降水中氟、氯、亚硝酸盐、硝酸盐、硫酸盐的测定　离子色谱法：GB 13580.5—92［S］. 北京：中国标准出版社，1992.

[4] 生态环境部 . 水质　氯酸盐、亚氯酸盐、溴酸盐、二氯乙酸和三氯乙酸的测定　离子色谱法：HJ 1050—2019［S］. 北京：中国环境出版集团，2019.

[5] 环境保护部 . 水质　碘化物的测定　离子色谱法：HJ 778—2015［S］. 北京：中国环境出版集团，2015.

[6] 中华人民共和国卫生部，中国国家标准化管理委员会 . 生活饮用水标准检验方法　无机非金属指标：GB/T 5750.5—2006［S］. 北京：中国标准出版社，2006.

命题：杨亦恂　王　伟　高燕啸　赵长民
审核：封　雪　夏　新

第三节　无机阳离子

分类号：W7-2

主要内容

①《工业循环冷却水中钠、铵、钾、镁和钙离子的测定　离子色谱法》（GB/T 15454—2009）

②《环境空气　降水中阳离子（Na^+、NH_4^+、K^+、Mg^{2+}、Ca^{2+}）的测定　离子色谱法》（HJ 1005—2018）

③《水质　可溶性阳离子（Li^+、Na^+、NH_4^+、K^+、Ca^{2+}、Mg^{2+}）的测定　离子色谱法》（HJ 812—2016）

一、判断题

1.《工业循环冷却水中钠、铵、钾、镁和钙离子的测定　离子色谱法》（GB/T 15454—2009）不仅适用于对工业循环冷却水中阳离子的测定，还适用于对地下水、地表水和其他工业用水的测定。(　　)①

答案：正确

2. 根据《环境空气　降水中阳离子（Na^+、NH_4^+、K^+、Mg^{2+}、Ca^{2+}）的测定　离子色谱法》（HJ 1005—2018）测定大气降水中铵、钾、钠、钙和镁离子时，实验所配制的甲磺酸淋洗液贮备液应储存在玻璃试剂瓶中，常温下可保存 3 个月。(　　)②

答案：正确

3.《水质　可溶性阳离子（Li^+、Na^+、NH_4^+、K^+、Ca^{2+}、Mg^{2+}）的测定　离子色谱法》（HJ 812—2016）适用于地表水、地下水、工业废水和生活污水中可溶性阳离子的测定。(　　)③

答案：正确

4. 根据《环境空气　降水中阳离子（Na^+、NH_4^+、K^+、Mg^{2+}、Ca^{2+}）的测定　离子色谱法》（HJ 1005—2018）测定大气降水中铵、钾、钠、钙和镁离子时，整个系统不要进气泡，否则会干扰和影响测定。(　　)②

答案：正确

5. 根据《环境空气　降水中阳离子（Na^+、NH_4^+、K^+、Mg^{2+}、Ca^{2+}）的测定　离子色谱法》（HJ 1005—2018）测定大气降水中铵时，若使用非抑制电导发测定 NH_4^+ 时，标准曲线采用二次拟合。(　　)②

答案：错误

正确答案：应采用一次拟合，抑制电导法采用一次拟合。

二、选择题

1. 根据《环境空气　降水中阳离子（Na^+、NH_4^+、K^+、Mg^{2+}、Ca^{2+}）的测定　离子色谱法》（HJ 1005—2018）测定大气降水中铵、钾、钠、钙和镁离子时，所用实验用水的电阻率应≥________MΩ · cm。(　　)②

A. 12.8　　B. 15.2　　C. 18.2　　D. 19.4

答案：C

2. 依据《工业循环冷却水中钠、铵、钾、镁和钙离子的测定　离子色谱法》（GB/T 15454—2009）测定水中钠、铵、钾、镁和钙离子时，水样中含苯环的有机物会被分离柱的树脂永久性地吸附，使分离柱的________降低，以致损坏柱子，所以要在不影响被测离子测定的情况下，将水样进行预处理，以消除其对测定的影响。(　　)①

A. 吸附容量　　B. 理论塔板数　　C. 保留时间　　D. 分离度

答案：A

3. 依据《工业循环冷却水中钠、铵、钾、镁和钙离子的测定　离子色谱法》（GB/T 15454—2009）测定水中钠、铵、钾、镁和钙离子时，样品中被测阳离子根据其在分析柱上的________不同实现分离。以________对被测阳离子定性，以峰高或峰面积对被测阳离子定量，测定相应离子含量。（　）②

A. 保留特性，分离时间　　B. 分离特性，保留时间

C. 保留特性，保留时间　　D. 分离特性，分离时间

答案：C

三、问答题

1. 依据《工业循环冷却水中钠、铵、钾、镁和钙离子的测定　离子色谱法》（GB/T 15454—2009）测定水中钠、铵、钾、镁和钙离子时，图谱上出现水负峰，应该如何消除？①

答案：消除水负峰可以在样品中加所用的淋洗液（即和分析柱相对应浓度的碳酸钠和碳酸氢钠混合溶液）来调整背景电导，可以用以下两种方法：①如果样品需要稀释，在分析前用淋洗液稀释样品。②每 100 ml 标准溶液和样品加入 1 ml 淋洗液浓缩液（分析所用浓度的 100 倍）。使用水和淋洗液浓缩液（100∶1）配制空白来抵消存在的阴离子杂志。

参考文献

[1] 中国石油和化学工业协会 . 工业循环冷却水中钠、铵、钾、镁和钙离子的测定　离子色谱法：GB/T 15454—2009［S］. 北京：中国标准出版社，2009.

[2] 生态环境部 . 环境空气　降水中阳离子（Na^+、NH_4^+、K^+、Mg^{2+}、Ca^{2+}）的测定　离子色谱法：HJ 1005—2018［S］：北京：中国环境出版集团，2018.

[3] 环境保护部 . 水质　可溶性阳离子（Li^+、Na^+、NH_4^+、K^+、Ca^{2+}、Mg^{2+}）的测定　离子色谱法：HJ 812—2016［S］. 北京：中国环境出版集团，2016.

[4] 中华人民共和国卫生部，中国国家标准化管理委员会 . 生活饮用水标准检验方法　金属指标：GB/T 5750.6—2006［S］. 北京：中国标准出版社，2006.

命题：杨亦恂　高燕啸　赵长民

审核：封　雪　王　伟　夏　新

第四节　可吸附有机卤素

分类号：W7–3

主要内容

《水质　可吸附有机卤素（AOX）的测定　离子色谱法》（HJ/T 83—2001）

一、判断题

1. 用离子色谱法测定可吸附有机卤素 AOX 时，在样品富集过程中，水中无机卤素离子也能部分残留在活性炭上，干扰测定。用 20 ml 酸性硝酸钠洗涤液淋洗活性炭吸附柱，可完全去除其干扰。（　　）

答案：正确

2. 用离子色谱法测定可吸附有机卤素 AOX 时，如果水样中存在活性氯，则有机氯（AOCl）的测定结果会偏低。（　　）

答案：错误

正确答案为：测定结果会偏高。

二、选择题

1. 用离子色谱法测定可吸附有机卤素 AOX 时，当取样体积为 50～200 ml 时，可测定水中可吸附有机氯（AOCl）的浓度范围为________mg/L。（　　）

A. 5～300　　B. 10～600　　C. 15～600

答案：C

2. 用离子色谱法测定可吸附有机卤素 AOX 时，样品加入硝酸调节 pH 至 1.5～2.0，分析前可保存________d。（　　）

A. 3　　B. 5　　C. 7

答案：C

3. 用离子色谱法测定可吸附有机卤素 AOX 时，燃烧炉温度为________。（　　）

A. 950℃ ±10℃　　B. 850℃ ±10℃　　C. 750℃ ±10℃

答案：A

4. 用离子色谱法测定可吸附有机卤素 AOX 时，当取样体积为 50～200 ml 时，可测定水中可吸附有机氟（AOF）的浓度范围为________mg/L。（　　）

A. 1～100　　B. 2～200　　C. 5～300

答案：C

5. 用离子色谱法测定可吸附有机卤素 AOX 时，当取样体积为 50～200 ml 时，可测定水中可吸附有机溴（AOBr）的浓度范围为________mg/L。（　　）

A. 1～1 000　　B. 5～1 200　　C. 9～1 200

答案：C

三、问答题

1. 简述用离子色谱法测定水中可吸附有机卤素化合物的方法原理。

答案：用活性炭吸附水中的有机卤素化合物，然后将吸附上有机物的活性炭放入高温炉中燃烧、分解，转化为卤化氢（氟、氯和溴的化合物），经碱性水溶液吸收，用离子色谱法分离测定。

2. 什么是可吸附有机卤素 AOX？

答案：在标准规定的条件下，可被活性炭吸附的结合在有机化合物上的卤族元素（包括氟、氯、溴）的总量，称为可吸附有机卤素 AOX。

3. 用离子色谱法测定可吸附有机卤素 AOX 有何干扰？如何消除？

答案：（1）水中无机卤素在样品富集时部分吸附在活性炭上，干扰测定，用 20 ml 酸性硝酸钠洗涤液淋洗活性炭吸附柱，可消除其干扰。

（2）难溶氯化物、生物细胞等会使测定结果偏高，用硝酸调节水样 pH 至 1.5～2.0，放置 8 h 后分析，可消除其干扰。

（3）活性氯可使测定结果偏高，采样后应在 100 ml 水样中加入 5 ml 亚硫酸钠溶液，可消除其干扰。

4. 用离子色谱法测定水中可吸附有机卤素 AOX 时，如何制备纯化活性炭？

答案：研磨筛取 80～120 目分析纯活性炭，用 1 mol/L 硝酸溶液浸泡 12 h 以上，移入微孔滤膜过滤器中，用水洗涤至无硝酸根离子（用二苯胺的硫酸溶液检查至无深蓝色物质生成），烘干，在氮气流保护下，于 450～500℃加热 3 h 以上，冷却至室温。在清洁且无有机卤素化合物污染的室内，筛取 100～140 目的纯化活性炭，分别取当天用量装至 2～5 ml 玻璃瓶中，密封保存。临用前拆封。

参考文献

国家环境保护总局．水质　可吸附有机卤素（AOX）的测定　离子色谱法：HJ/T 83—2001［S］．北京：中国环境科学出版社，2001.

命题：王　伟　赵长民

审核：王　伟　夏　新

第五节　有机酸

分类号：W7-4

主要内容
《环境空气　降水中有机酸（乙酸、甲酸和草酸）的测定　离子色谱法》（HJ 1004—2018）

一、判断题

1. 根据《环境空气　降水中有机酸（乙酸、甲酸和草酸）的测定　离子色谱法》（HJ 1004—2018）测定降水中有机酸时，雪水等固态降水样品应待其自然融化后再过滤取样，不得在其完全融化前取部分样品进行测定。（　　）

答案：正确

2. 根据《环境空气　降水中有机酸（乙酸、甲酸和草酸）的测定　离子色谱法》（HJ 1004—2018），氯离子和乙酸的保留时间相近，不易有效分离，需选用填料疏水性较强的离子色谱柱，且适当降低淋洗液浓度。（　　）

答案：错误

正确答案为：应采用亲水性较强的离子色谱柱。

3.《环境空气　降水中有机酸（乙酸、甲酸和草酸）的测定　离子色谱法》（HJ

1004—2018）适用于降水中有机酸的测定。

答案：正确

二、选择题

1. 根据《环境空气　降水中有机酸（乙酸、甲酸和草酸）的测定　离子色谱法》（HJ 1004—2018）测定降水中有机酸时，用 40g/L 的氢氧化钠调节水样 pH 至________，可在________d 内测定。

A. 8～10，3　　B. 10～12，3　　C. 8～10，7　　D. 10～12，7

参考文献

生态环境部 . 环境空气　降水中有机酸（乙酸、甲酸和草酸）的测定　离子色谱法：HJ 1004—2018［S］. 北京：中国环境出版集团，2018.

命题：杨亦恂　封　雪　周笑白

审核：封　雪　夏　新

第八章　原子荧光法

第一节　基础知识

分类号：W8-0

一、填空题

原子荧光光谱仪主要由________、________和________三部分组成。

答案：激发光源　　原子化器　　检测器

二、判断题

1. 原子荧光的淬灭主要影响荧光量子效率，降低原子荧光的强度。（　　）

答案：正确

2. 原子荧光光谱仪中原子化器的作用是将样品中被分析元素转化成自由离子。（　　）

答案：错误

正确答案为：是将样品中被分析元素转化成自由原子。

三、选择题

1. 原子蒸气受具有特征波长的光源照射后，其中一些自由原子被激发跃迁至较高能态，然后以直接跃迁形式回复到基态，当激发辐射的波长与所产生的荧光波长相同时，这种荧光称为________。（　　）

A. 敏化荧光　　B. 直跃线荧光　　C. 阶跃线荧光　　D. 共振荧光

答案：D

2. 原子荧光法中一般用________作为载气。（　　）

A. 氮气　　B. 氧气　　C. 氩气　　D. 氦气

答案：C

3. 原子荧光法常用的光源是________。（　　）

A. 氢灯　　B. 高强度空心阴极灯　　C. 氘灯　　D. 高压汞灯

答案：B

4. 原子荧光分析中光源的作用是________。（　　）

A. 提供试样蒸发所需的能量　　B. 产生紫外光

C. 产生自由原子激发所需的辐射　　D. 产生具有足够浓度的散射光

答案：C

5. 原子荧光法选择性好是因为________。（　　）

A. 原子化效率高　　B. 检测器灵敏度高
C. 各种元素都有特定的原子荧光光谱　　D. 原子蒸气中基态原子数不受温度影响

答案：C

6. 原子荧光法测量的是________。(　　)
A. 溶液中分子受激发产生的荧光　　B. 蒸气中分子受激发产生的荧光
C. 溶液中原子受激发产生的荧光　　D. 蒸气中原子受激发产生的荧光

答案：D

7. 原子荧光分析中常用的检测器是________。(　　)
A. 感光板　　B. 日盲光电倍增管
C. 紫外光度检测器　　D. 示差折光检测器

答案：B

四、问答题

简述原子荧光法的主要优点。

答案：灵敏度较高、谱线比较简单、分析曲线的线性范围较宽，可同时进行多元素测定。

参考文献

[1] 国家环境保护总局《水和废水监测分析方法》编委会 . 水和废水监测分析方法 .4 版［M］. 北京：中国环境科学出版社，2002.
[2] 李果，吴联源，杨忠涛 . 原子荧光光谱分析［M］. 北京：地质出版社，1983.

命题：邹本东　刘　蓉　鹿海峰
审核：张玉惠　华　蕾　夏　新

第二节　汞、砷、硒、铋、锑

分类号：W8-1

主要内容
《水质　汞、砷、硒、铋和锑的测定　原子荧光法》(HJ 694—2014)

一、填空题

1. 一般天然水中主要含有______价或______价硒，含量大多数在_____mg/L 以下。

答案：六　　四　　1

2. 根据《水质　汞、砷、硒、铋和锑的测定　原子荧光法》(HJ 694—2014) 测定溶解态汞、砷、硒、铋和锑是指未经酸化的样品经________μm 孔径滤膜过滤液后所测定的汞、砷、硒、铋和锑的含量。

答案：0.45

3. 根据《水质　汞、砷、硒、铋和锑的测定　原子荧光法》（HJ 694—2014）测定溶解态汞的样品时，如水样为中性，过滤后按每升水样中加入_________ ml 盐酸进行样品保存；测定溶解态砷、硒、锑和铋的样品，过滤后按每升水样中加入_________ ml 盐酸进行样品保存。

答案：5　2

4. 根据《水质　汞、砷、硒、铋和锑的测定　原子荧光法》（HJ 694—2014）测定含汞水样，消解时，量取 5.0 ml 混匀后的样品于 10 ml 比色管中，加入 1 ml _________溶液，加塞混匀，置于沸水浴中加热消解__________h，其间摇动 1～2 次并开盖放气。冷却，用水定容至标线，混匀，待测。

答案：盐酸 - 硝酸　1

二、判断题

1. 水样中的硒元素不易发生吸附现象，长期放置浓度损失不大。(　　)

答案：错误

正确答案为：水样中的硒元素易发生吸附现象，长期放置损失较大，应尽快分析。

2. 若原子荧光法测定中使用新器皿，在使用前均应做相应的空白检查。(　　)

答案：正确

3. 五价砷化合物比三价砷化合物毒性更强。(　　)

答案：错误

正确答案为：三价砷化合物比五价砷化合物毒性更强。

4. 根据《水质　汞、砷、硒、铋和锑的测定　原子荧光法》（HJ 694—2014）测定水中汞时，所用到的硼氢化钾溶液可以一次配制，长期使用。(　　)

答案：错误

正确答案为：原子荧光法中用到的硼氢化钾溶液需现用现配。

5. 根据《水质　汞、砷、硒、铋和锑的测定　原子荧光法》（HJ 694—2014）进行测定时，所用的标准系列可不用每次配制。(　　)

答案：错误

正确答案为：原子荧光法所用的标准系列必须每次配制。

6. 元素砷的毒性较低而砷的化合物均有剧毒。(　　)

答案：正确

7. 根据《水质　汞、砷、硒、铋和锑的测定　原子荧光法》（HJ 694—2014）进行测定时，所用的每一瓶试剂在使用前都应做相应的平行实验。(　　)

答案：错误

正确答案为：在使用原子荧光法进行测定时，所用的每一瓶试剂在使用前都应做相应的空白实验。

8. 根据《水质　汞、砷、硒、铋和锑的测定　原子荧光法》（HJ 694—2014）测定水中汞、砷、硒、铋和锑时，常见的阴离子干扰测定，对测定结果影响很大。(　　)

答案：错误

正确答案为：常见阴离子不干扰测定。

9. 根据《水质 汞、砷、硒、铋和锑的测定 原子荧光法》（HJ 694—2014），溶解态样品和总量样品不可分别采集，需使用同一瓶样品。（ ）

答案：错误

正确答案为：溶解态样品和总量样品分别采集

10. 根据《水质 汞、砷、硒、铋和锑的测定 原子荧光法》（HJ 694—2014）测定水中汞、砷、硒、铋和锑时，选用双层结构石英管原子化器，内外两层均通氩气，外面形成保护层隔绝空气，从而使待测元素的基态原子不与空气中的氧和氮碰撞，可降低荧光淬灭等化学干扰对测定的影响。（ ）

答案：错误

正确答案为：选用双层结构石英管原子化器，内外两层均通氩气，可降低荧光淬灭等物理干扰对测定的影响。

11. 根据《水质 汞、砷、硒、铋和锑的测定 原子荧光法》（HJ 694—2014）测定砷和锑时，取好试样，加入盐酸溶液、硫脲－抗坏血酸溶液后，应该立即用水稀释定容，混匀后测定。（ ）

答案：错误

正确答案为：应在室温放置 30 min（室温低于 15℃时，置于 30℃水浴中保温 30 min），用水稀释定容，混匀后测定。

三、选择题

1. 根据《水质 汞、砷、硒、铋和锑的测定 原子荧光法》（HJ 694—2014）进行测定时，分析中所用的玻璃器皿在使用前均需用________溶液浸泡________h。（ ）

A.（1+1）HNO_3，24　　B. 浓 HNO_3，12

C. 5% HNO_3，24　　D. 浓 HCl，12

答案：A

2. 根据《水质 汞、砷、硒、铋和锑的测定 原子荧光法》（HJ 694—2014）测定污水样品中砷时，经常使用________消解体系对样品进行预处理。（ ）

A. HCl　　B.（1+1）HNO_3-$HClO_4$

C.（1+1）HCl-H_3PO_4　　D. $HClO_4$

答案：B

3. 天然水中锑的浓度平均约为________mg/L；天然水中铋的浓度在________mg/L 左右。（ ）

A. 0.01，0.1　　B. 0.02，0.2　　C. 0.1，0.01　　D. 0.2，0.02

答案：D

4. 我国《地表水环境质量标准》（GB 3838—2002）中砷的Ⅲ类标准值为≤________mg/L；《污水综合排放标准》（GB 8978—1996）第一类污染物中总砷的最高允许排放浓度为________mg/L。（ ）

A. 0.05，0.5　　B. 0.1，1.0　　C. 0.05，1.0　　D. 0.1，0.5

答案：A

5. 当样品中 Cu^{2+}、Co^{2+}、Pb^{2+}、Mg^{2+} 离子含量高时，________离子一般不会干扰原子荧光法的测定。（　　）

A. Cu^{2+}　　B. Co^{2+}　　C. Pb^{2+}　　D. Mg^{2+}

答案：D

6. 根据《水质　汞、砷、硒、铋和锑的测定　原子荧光法》（HJ 694—2014）测定水样中砷含量时，为减少空白值，应在测定过程中尽量使用________盐酸。（　　）

A. 化学纯　　B. 优级纯　　C. 分析纯

答案：B

7. 不能消除原子荧光光谱中干扰荧光谱线的方法是________。（　　）

A. 增加灯电流　　B. 选用其他的荧光分析线

C. 加入络合剂络合干扰元素　　D. 预先化学分离干扰元素

答案：A

8. 根据《水质　汞、砷、硒、铋和锑的测定　原子荧光法》（HJ 694—2014）进行测定时，配制汞标准固定液需使用的试剂是________。（　　）

A. 氢氧化钾　　B. 重铬酸钾　　C. 高锰酸钾　　D. 氯化钾

答案：B

四、问答题

1. 砷的污染主要来源于哪些行业（列举 3～4 个）？

答案：采矿、冶金、化工、化学制药、农药生产、纺织、玻璃和制革等部门的工业废水。

2. 硒的污染主要来源于哪些行业（列举 3～4 个）？

答案：矿山开采、冶炼、炼油、精炼铜、制造硫酸及特种玻璃等行业。

3. 根据《水质　汞、砷、硒、铋和锑的测定　原子荧光法》（HJ 694—2014）测定水中砷和锑时，一般要在水样中加入硫脲和抗坏血酸，其作用是什么？

答案：（1）酸性介质中能与硼氢化钾反应生成氢化物的元素会相互影响产生干扰，加入硫脲 + 抗血酸溶液可以基本消除干扰。

（2）高于一定浓度的铜等过渡金属元素可能对测定有干扰，加入硫脲 + 抗血酸溶液，可以消除绝大部分的干扰。

4. 简述根据《水质　汞、砷、硒、铋和锑的测定　原子荧光法》（HJ 694—2014）测定水中砷、硒、锑、铋时，配制 100 ml 2% 硼氢化钾溶液的过程。

答案：称取 0.5 g 氢氧化钠（或氢氧化钾）溶于 100 ml 去离子水中，加入 2.0 g 硼氢化钾，混匀。此溶液用于砷、硒、铋、锑的测定，临用时现配，存于塑料瓶中。

5. 试述《水质　汞、砷、硒、铋和锑的测定　原子荧光法》（HJ 694—2014）测定的方法原理。

答案：（1）经预处理后的试液进入原子荧光仪，在酸性条件的硼氢化钾（或硼氢化钠）还原作用下，生成砷化氢、铋化氢、锑化氢、硒化氢气体和汞原子；

（2）氢化物在氩氢火焰中形成基态原子；

（3）基态原子和汞原子受元素（汞、砷、硒、铋和锑）灯发射光的激发产生原子荧光；

（4）原子荧光强度与试液中待测元素含量在一定范围内成正比。

五、计算题

1. 用原子荧光法测定清洁地表水中的砷，取水样 20.0 ml，加入浓盐酸 3.0 ml，10% 硫脲溶液 2.0 ml，混匀放置 20 min 后进行测定，从校准曲线上查得测定溶液中砷的浓度为 10.0 mg/L，求该地表水中砷的浓度。

答案：$C_{As}=\frac{25.0}{20.0}\times10.0=12.5$ （μg/L）

2. 用原子荧光法测定地表水中硒，6 次测定值分别为 5.1 mg/L、5.1 mg/L、5.3 mg/L、5.3 mg/L、5.4 mg/L、5.6 mg/L，计算 6 次测定的相对标准偏差。

答案：平均值：$\bar{x}=\frac{5.1+5.1+5.3+5.3+5.4+5.6}{6}=5.3$（μg/L）

标准偏差：$s=\sqrt{\frac{1}{n-1}\sum_{1}^{n}\left(x_i-\bar{x}\right)^2}=0.19$（μg/L）

相对标准偏差：RSD= $\frac{s}{\bar{x}}\times100\%=3.6\%$

参考文献

[1] 环境保护部 . 水质　汞、砷、硒、铋和锑的测定　原子荧光法：HJ 694—2014［S］. 北京：中国环境出版集团，2014.

[2] 国家环境保护总局《水和废水监测分析方法》编委会 . 水和废水监测分析方法 .4 版［M］. 北京：中国环境科学出版社，2002.

[3] 李果，吴联源，杨忠涛 . 原子荧光光谱分析［M］. 北京：地质出版社，1983.

[4] 国家环境保护总局 . 地表水环境质量标准：GB 3838—2002［S］. 北京：中国标准出版社，2002.

[5] 国家技术监督局 . 污水综合排放标准：GB 8978—1996［S］. 北京：中国标准出版社，1996.

命题：邹本东　鹿海峰　刘　蓉

审核：华　蕾　张玉惠　冯　丹

第三节　汞

分类号：W8-2

主要内容
《水质　汞的测定　冷原子荧光法（试行）》（HJ/T 341—2007）

一、填空题

1. 根据《水质　汞的测定　冷原子荧光法（试行）》（HJ/T 341—2007）测定水中汞时，在比色管中准确加入 10.0 ml 水样，加入浓盐酸 0.1 ml，50 g/L 高锰酸钾溶液 0.1 ml，如果不能在________min 内维持紫色不褪，则混合后再补加适量高锰酸钾溶液。

答案：15

2. 根据《水质　汞的测定　冷原子荧光法（试行）》（HJ/T 341—2007）测定水中汞时，汞标准储备溶液的配制方法是：称取在硅胶干燥器中放置过夜的 0.135 4 g 氯化汞（$HgCl_2$），用________溶解，移入 1 000 ml 容量瓶中，再用固定溶液稀释至标线，摇匀。此溶液每毫升含 100 mg 汞。

答案：固定溶液

二、判断题

1. 根据《水质　汞的测定　冷原子荧光法（试行）》（HJ/T 341—2007）测定水中汞时，固定溶液的配制方法是：将 0.5 g 重铬酸钾（优级纯）溶于 950 ml 水中，加入 50 ml 优级纯浓硫酸。（　　）

答案：错误

正确答案为：将 0.5 g 重铬酸钾（优级纯）溶于 950 ml 水中，加入 50 ml 优级纯浓硝酸。

2. 根据《水质　汞的测定　冷原子荧光法（试行）》（HJ/T 341—2007）测定水中汞时，洗涤溶液的配制方法是：将 2 g 高锰酸钾（优级纯）溶于 950 ml 水中，加入 50 ml 优级纯浓硫酸。（　　）

答案：正确

3. 根据《水质　汞的测定　冷原子荧光法（试行）》（HJ/T 341—2007）测定水中汞时，氯化亚锡溶液的配制方法为：称取 10 g 分析纯氯化亚锡于烧杯中，在无汞污染的通风橱内，加入 20 ml 优级纯盐酸，微微加热助溶，然后用蒸馏水定容。（　　）

答案：错误

正确答案为：称取 10 g 分析纯氯化亚锡于烧杯中，在无汞污染的通风橱内，加入 20 ml 优级纯盐酸，微微加热助溶，氯化亚锡溶解后应继续加热几分钟除汞，或者将此溶液用经过洗涤溶液洗涤的空气以 2.5 L/min 流速曝气 1 h，然后再定容。

4. 根据《水质　汞的测定　冷原子荧光法（试行）》（HJ/T 341—2007）测定水中汞时，测汞所用的玻璃器皿，均应该用洗涤溶液浸泡 1 h。（　　）

答案：错误

正确答案为：测汞所用的玻璃器皿，均应该用洗涤溶液浸泡煮沸 1 h。

5. 根据《水质　汞的测定　冷原子荧光法（试行）》（HJ/T 341—2007）测定水中汞时，水样在消解过程中，高锰酸钾的紫红色若褪至红褐色，则应适当补加高锰酸钾溶液维持紫红色不褪。（　　）

答案：正确

6. 根据《水质 汞的测定 冷原子荧光法（试行）》（HJ/T 341—2007）测定水中汞时，向消解水样中滴加 10% 盐酸羟胺溶液时，小心勿过量。因为过量的盐酸羟胺会还原汞离子，导致汞测量结果偏低。（ ）

答案：正确

三、选择题

1. 根据《水质 汞的测定 冷原子荧光法（试行）》（HJ/T 341—2007）测定水中汞时，100 g/L 盐酸羟胺溶液的配制方法为：将 10 g 盐酸羟胺用 100 ml 蒸馏水溶解后，用含双硫腙 20 mg/L 的________溶液萃取 3～5 次。（ ）

   A. 苯　　B. 三氯甲烷　　C. 二氯甲烷

答案：A

2. 根据《水质 汞的测定 冷原子荧光法（试行）》（HJ/T 341—2007）测定水中汞时，按仪器说明书调试好仪器后，应预热________，然后再开始分析空白和样品。（ ）

   A. 20 min　　B. 30 min　　C. 1 h

答案：C

3. 根据《水质 汞的测定 冷原子荧光法（试行）》（HJ/T 341—2007）测定水中汞时，在给定的条件下和________的质量浓度范围内，荧光强度与汞的质量浓度成正比。（ ）

   A. 较低　　B. 较高　　C. 较宽

答案：A

4. 《水质 汞的测定 冷原子荧光法（试行）》（HJ/T 341—2007）适合于地表水、地下水和________离子含量较低的其他水样中汞的测定。（ ）

   A. 汞　　B. 氯　　C. 硫酸根

答案：B

四、问答题

1. 根据《水质 汞的测定 冷原子荧光法（试行）》（HJ/T 341—2007）测定水中汞时，空气中哪些物质会造成荧光猝灭，降低测定的灵敏度？

答案：空气中的 O_2、CO、CO_2 等与激发态汞原子碰撞会造成荧光猝灭，降低测定的灵敏度。

2. 根据《水质 汞的测定 冷原子荧光法（试行）》（HJ/T 341—2007）测定水中汞时，氯化亚锡按钮容易发生堵塞，如何解决？

答案：应及时用稀酸清洗。

3. 根据《水质 汞的测定 冷原子荧光法（试行）》（HJ/T 341—2007）测定水中汞时，操作过程中如何避免带入空气？

答案：采用高纯氩气或氮气作载气，并采用密封还原瓶进样技术。

参考文献

[1] 国家环境保护总局 . 水质　汞的测定　冷原子荧光法（试行）：HJ/T 341—2007［S］. 北京：中国环境科学出版社，2007.

[2] 国家环境保护总局《水和废水监测分析方法》编委会 . 水和废水监测分析方法 .4 版［M］. 北京：中国环境科学出版社，2002.

命题：刘　蓉　王玉平

审核：韦利杭　王玉平

第九章　火焰原子吸收分光光度法

第一节　基础知识

分类号：W9-0

一、填空题

1. 原子吸收光谱仪由光源、________、________和检测系统四部分组成。

答案：原子化器　　分光系统

2. 原子吸收光谱仪的火焰原子化装置包括________和________。

答案：雾化器　　燃烧器

3. 火焰原子吸收光谱仪的原子化器的作用是________，用以吸收来自锐线源的________。

答案：产生基态原子　　共振辐射

4. 火焰原子吸收光度法常用的锐线光源有________、________和蒸气放电灯3种。

答案：空心阴极灯　　无极放电灯

5. 火焰原子吸收光度法分析过程中主要干扰有物理干扰、化学干扰、________和________等。

答案：电离干扰　　光谱干扰

6. 原子吸收仪的空心阴极灯如果长期闲置不用，应该经常开机预热，否则会使谱线________，甚至不再是________光源。

答案：不纯　　锐线

7. 用火焰原子吸收光度法分析样品时，灯电流太高会导致________和________，使灵敏度下降。

答案：谱线变宽　　谱线自吸收

8. 火焰原子吸收光度法中扣除背景干扰的主要方法有双波长法、________、________和自吸收法。

答案：氘灯法　　塞曼效应法

9. 火焰原子吸收光度法塞曼效应校正背景的光来自同一谱线的________，而且在________光路上通过原子化器。

答案：分裂　　同一

10. 火焰原子化器装置中燃烧器类型有________型和________型。

答案：预混合　　全消耗

11. 用火焰原子吸收光度法分析样品时，确定空心阴极灯达到预热效果的标志是观察

________是否稳定、________是否稳定和灵敏度是否稳定。

答案：发射能量　　仪器的基线

12. 用原子吸收光度法分析样品时，物理干扰是指试样在转移、________和________过程中，由于试样的任何物理特性的变化而引起的吸收强度下降的效应。

答案：蒸发　　原子化

13. 火焰原子吸收光度法中光谱干扰是指待测元素________的光谱与干扰物的________不能完全分离所引起的干扰。

答案：发射或吸收　　辐射光谱

二、判断题

1. 火焰原子吸收光谱仪中，大多数空心阴极灯一般都是工作电流越小，分析灵敏度越低。(　　)

答案：错误

正确答案为：大多数空心阴极灯一般都是工作电流越小，分析灵敏度越高。

2. 火焰原子吸收光谱仪中，分光系统单色器所起的作用是将待分析元素的共振线与光源中的其他发射线分开。(　　)

答案：正确

3. 用火焰原子吸收光度法分析样品时，用 HNO_3-HF-$HClO_4$ 消解试样，在驱赶 $HClO_4$ 时，如将试样蒸干会使测定结果偏高。(　　)

答案：错误

正确答案为：在驱赶 $HClO_4$ 时，如将试样蒸干会使测定结果偏低。

4. 用火焰原子吸收光度法分析样品时，空气－乙炔火焰适于低温金属的测定。(　　)

答案：正确

5. 用火焰原子吸收光度法分析样品时，提高火焰温度使分析灵敏度提高。(　　)

答案：错误

正确答案为：用火焰原子吸收光度法分析样品时，在一定范围内提高火焰温度，可以使分析灵敏度提高。

6. 火焰原子吸收光谱仪原子化器的效率对分析灵敏度具有重要影响。(　　)

答案：正确

7. 火焰原子吸收光谱仪燃烧器上混合气的行程速度稍大于其燃烧速度时，火焰才会稳定。(　　)

答案：正确

8. 用火焰原子吸收光度法分析样品时，为避免稀释误差，在测定含量较高的水样时，可选用次灵敏线测量。(　　)

答案：正确

三、选择题

1. 原子吸收光度法用的空心阴极灯是一种特殊的辉光放电管，它的阴极由________制成。(　　)

A. 待测元素的纯金属或合金　　B. 金属铜或合金

C. 任意纯金属或合金

答案：A

2. 用火焰原子吸收光度法测定时，当空气与乙炔比大于化学计量时，称为________火焰。(　　)

A. 贫燃型　　B. 富燃型

C. 氧化型　　D. 还原型

答案：A

3. 用火焰原子吸收光度法测定时，光谱干扰是指待测元素发射或吸收的光谱与干扰物的________光谱不能完全分离所引起的干扰。(　　)

A. 电离　　B. 散射

C. 辐射　　D. 折射

答案：C

4. 用火焰原子吸收光度法测定时，氘灯背景校正适合的校正波长范围为________nm。(　　)

A. 100～200　　B. 220～350

C. 200～500　　D. 400～800

答案：B

5. 用火焰原子吸收光度法测定时，增敏效应是指试样基体使待测元素吸收信号________的现象。(　　)

A. 减弱　　B. 增强

C. 降低　　D. 改变

答案：B

6. 用火焰原子吸收光度法测定时，化学干扰是一种________干扰，对试样中各元素的影响各不相同。(　　)

A. 选择性　　B. 非选择性

答案：A

7.________不是原子吸收光度法中进行背景校正的主要方法。(　　)

A. 氘灯法　　B. 塞曼法

C. 标准加入法　　D. 双波长法

答案：C

8. 火焰原子吸收光度法的雾化效率与________无关。(　　)

A. 试液密度　　B. 试液黏度

C. 试液浓度　　D. 表面张力

答案：C

9. 原子吸收光度法背景吸收能使吸光度________，使测定结果偏高。(　　)

A. 增加　　B. 减少

答案：A

四、问答题

1. 简述原子吸收光度法的工作原理。

答案：由光源发出的特征谱线的光被待测元素的基态原子吸收，使特征谱线的能量减弱，其减弱程度与基态原子的浓度成正比，依此测定试样中待测元素的含量。

2. 原子吸收光谱仪的光源应满足哪些条件？

答案：（1）光源能发射出所需的锐线共振辐射，谱线的轮廓要窄；

（2）光源要有足够的辐射强度，辐射强度应稳定、均匀；

（3）灯内充气及电极支持物所发射的谱线应对共振线没有干扰或干扰极小。

3. 用原子吸收光度法测试样品前，空心阴极灯为何需要预热？

答案：通过预热达到空心阴极灯内外的热平衡，使原子蒸气层的分布与厚度均匀后，发光强度才能稳定，才能进行正常测量。

4. 原子吸收光谱仪中，衡量原子化器性能的指标有哪些？

答案：原子化器能否在适当的时间内，将试样中的待测元素定量地原子化，少受其他因素的干扰，这是主要指标；其次是原子化过程的稳定性以及在原子化过程中引致的噪声大小。

5. 为何原子吸收光度法必须用锐线光源？

答案：锐线光源即发射线的半宽度比火焰中吸收线的半宽度窄得多，基态原子只对0.001～0.002 nm波长的特征波长的辐射产生吸收，若用产生连续光谱的灯光源，基态原子只对其中极窄的部分有吸收，致使灵敏度极低而无法测定。若用锐线光源，就能满足原子吸收的要求。

6. 原子吸收光度法氘灯扣除背景的原理是什么？

答案：当氘灯发射的光通过原子化器时，同样可为被测元素的基态原子和火焰的背景吸收。由于基态原子吸收的波长很窄，对氘灯总吸收所占的分量很小（$<1\%$），故近似地把氘灯的总吸收看作背景吸收。二者相减（在仪器上，使空心阴极灯和氘灯的光交替通过原子一起来实现），即能扣除背景吸收。

7. 火焰原子吸收光度法中常用消除化学干扰的方法有哪些？

答案：加释放剂、加保护剂、加助熔剂、改变火焰种类、化学预分离等。

8. 如何校正火焰原子吸收光度法中的基体干扰？

答案：消除基体干扰的方法有化学预分离法、加入干扰抑制剂（基体改进剂）、标准加入法也可在一定程度上校正基体干扰。

9. 简述火焰原子吸收光度法中，氧化亚氮－乙炔火焰有何特点？

答案：温度高，适用于高温元素，还原性强，透光性好，消除干扰能力较强。

10. 在火焰原子吸收光度法中进行背景校正的主要方法有哪些？

答案：氘灯法、塞曼法、邻近非吸收线扣除法（同种元素非共振线吸收法、非同种元素相邻线法）、空白溶液法。

参考文献

[1] 李安模，魏继中. 原子吸收及原子荧光光谱分析［M］. 北京：科学出版社，2000.

[2] 魏复盛，齐文启. 原子吸收光谱及其在环境分析中的应用［M］. 北京：中国环境科学出版社，1988.

[3] 邓勃，何华焜．原子吸收光谱分析［M］．北京：化学工业出版社，2004.
[4] 国家环境保护总局《水和废水监测分析方法》编委会．水和废水监测分析方法．4 版［M］．北京：中国环境科学出版社，2002.
[5] 国家环境保护局《环境监测机构计量认证和创建优质实验室指南》编写组．环境监测机构计量认证和创建优质实验室指南［M］．北京：中国环境科学出版社，1994.

命题：王　伟　马海花　赵长民
审核：刘　京　王　伟　夏　新

第二节　钾和钠

分类号：W9-1

主要内容
《水质　钾和钠的测定　火焰原子吸收分光光度法》（GB/T 11904—89）

一、判断题

1. 用火焰原子吸收光度法测定水中钠时，其灵敏度随试样溶液酸度增加而降低。（　　）

答案：正确

2. 用火焰原子吸收光度法测定水中钾时，其灵敏度随试样溶液中硝酸浓度变化。（　　）

答案：正确

二、选择题

1. 用火焰原子吸收光度法测定水中钾和钠时，加入铯盐的目的是消除________干扰。（　　）

A. 基体　　B. 光谱
C. 电离　　D. 化学

答案：C

2. 用火焰原子吸收光度法测定水中钠时，其灵敏度随试样中盐酸浓度增加而________。（　　）

A. 增加　　B. 减小　　C. 无影响

答案：B

3. 用火焰原子吸收光度法测定水中钾、钠时，通常加入________消除钾、钠产生的电离干扰。（　　）

A. 硫酸盐　　B. 磷酸盐
C. 铯盐　　D. 钡盐

答案：C

参考文献

[1] 国家环境保护局．水质　钾和钠的测定　火焰原子吸收分光光度法：GB/T 11904—89［S］．北京：

中国标准出版社，1989.
[2] 国家环境保护局 . 大气降水中钠、钾的测定　原子吸收分光光度法：GB/T 13580.12—92［S］. 北京：中国标准出版社，1992.
[3] 中华人民共和国卫生部，中国国家标准化管理委员会 . 生活饮用水标准检验方法　金属指标：GB/T 5750.6—2006［S］. 北京：中国标准出版社，2006.

命题：马海花　赵长民　王　洋
审核：刘　京　夏　新　王　鑫

第三节　钙和镁（总量）

分类号：W9-2

主要内容
《水质　钙和镁的测定　原子吸收分光光度法》（GB/T 11905—89）

判断题

1. 根据《水质　钙和镁的测定　原子吸收分光光度法》（GB/T 11905—89）和《大气降水中钙、镁的测定　原子吸收分光光度法》（GB/T 13580.13—92）测定水样中可滤态钙、镁时，如水样中有大量泥沙或悬浮物，可加硝酸酸化后过 0.45 μm 滤膜过滤后再上机分析。（　　）

答案：错误

正确答案为：应先澄清，澄清液通过 0.45 μm 有机微孔滤膜，滤液加入硝酸酸化至 pH 为 1～2。

2. 根据《水质　钙和镁的测定　原子吸收分光光度法》（GB/T 11905—89）和《大气降水中钙、镁的测定　原子吸收分光光度法》（GB/T 13580.13—92）测定水样中钙、镁总量时，如果样品需要消解，则空白溶液也要消解。校准曲线溶液可无需消解。（　　）

答案：错误

正确答案为：校准曲线溶液也需要同时消解。

3. 根据《水质　钙和镁的测定　原子吸收分光光度法》（GB/T 11905—89）和《大气降水中钙、镁的测定　原子吸收分光光度法》（GB/T 13580.13—92）进行测定时，采集的水样可储存在聚乙烯瓶中，将水样用硝酸或盐酸调节至 pH＜2。（　　）

答案：正确。

4. 根据《水质　钙和镁的测定　原子吸收分光光度法》（GB/T 11905—89）和《大气降水中钙、镁的测定　原子吸收分光光度法》（GB/T 13580.13—92）测定水中钙、镁时，一般选择 285.2 nm 共振线测试 Ca，选择 422.7 nm 共振线测试 Mg。（　　）

答案：错误

正确答案为：一般选择 422.7 nm 共振线测试 Ca，选择 285.2 nm 共振线测试 Mg。

5. 根据《水质　钙和镁的测定　原子吸收分光光度法》（GB/T 11905—89）和《大气降水中钙、镁的测定　原子吸收分光光度法》（GB/T 13580.13—92）测得水中钙、镁时，为消除干扰，可以加入适当浓度的硝酸镧溶液，也可以加入氯化锶溶液替代。（　　）

答案：正确。

6. 根据《水质　钙和镁的测定　原子吸收分光光度法》（GB/T 11905—89）和《大气降水中钙、镁的测定　原子吸收分光光度法》（GB/T 13580.13—92）进行测定，手工配制镁标准贮备液时，可直接称量适量光谱纯的氧化镁用硝酸溶液溶解，然后加入适当的水加热煮沸，冷却后定容。（　　）

答案：错误

正确答案为：氧化镁溶解前必须在 800℃灼烧至恒重。

7. 根据《水质　钙和镁的测定　原子吸收分光光度法》（GB/T 11905—89）和《大气降水中钙、镁的测定　原子吸收分光光度法》（GB/T 13580.13—92）依次测定水中的钙、镁，测试镁时，为保证观测到最大的吸收信号，应降低观测高度。（　　）

答案：正确

8. 根据《水质　钙和镁的测定　原子吸收分光光度法》（GB/T 11905—89）和《大气降水中钙、镁的测定　原子吸收分光光度法》（GB/T 13580.13—92）进行测定时，若水样中硫酸根含量过高，可能会对 Ca 的测试结果造成正干扰。（　　）

答案：错误

正确答案为：硫酸根能抑制 Ca 的原子化，对测试结果造成负干扰。

9. 根据《水质　钙和镁的测定　原子吸收分光光度法》（GB/T 11905—89）和《大气降水中钙、镁的测定　原子吸收分光光度法》（GB/T 13580.13—92）测定水中钙和镁时，由于自然水体、大气颗粒物中钙、镁含量较高，要注意避免实验用水及实验室器皿和滤纸等带来的干扰。（　　）

答案：正确

10. 根据《水质　钙和镁的测定　原子吸收分光光度法》（GB/T 11905—89）和《大气降水中钙、镁的测定　原子吸收分光光度法》（GB/T 13580.13—92）测定水中钙和镁时，由于自然水体、大气颗粒物中钙、镁含量较高，分析时，应对实验用水进行检查，同时配置的校准曲线应包含 1～2 个较低浓度的点，避免实验室的背景干扰。（　　）

答案：正确

11. 根据《水质　钙和镁的测定　原子吸收分光光度法》（GB/T 11905—89）和《大气降水中钙、镁的测定　原子吸收分光光度法》（GB/T 13580.13—92）测定水中镁时，铝对镁的测定存在严重的化学干扰。（　　）

答案：正确

12. 根据《水质　钙和镁的测定　原子吸收分光光度法》（GB/T 11905—89）和《大气降水中钙、镁的测定　原子吸收分光光度法》（GB/T 13580.13—92）测定水中镁时，磷酸盐和硅酸盐能抑制钙、镁的原子化，产生干扰，可加入锶、镧或其他释放剂来消除干扰。（　　）

答案：正确

参考文献

[1] 国家环境保护局 . 水质　钙和镁的测定　原子吸收分光光度法：GB/T 11905—89［S］. 北京：中国标准出版社，1989.
[2] 国家环境保护局 . 大气降水中钙、镁的测定　原子吸收分光光度法：GB/T 13580.13—92［S］. 北京：中国标准出版社，1992.
[3] 国家环境保护总局《水和废水监测分析方法》编委会 . 水和废水监测分析方法 .4 版［M］. 北京：中国环境科学出版社，2002.

命题：陈　纯
审核：陈　纯　夏　新

第四节　银

分类号：W9-3

主要内容
《水质　银的测定　火焰原子吸收分光光度法》（GB/T 11907—89）

一、判断题

1. 根据《水质　银的测定　火焰原子吸收分光光度法》（GB/T 11907—89）测定水中银时，为避免银的损失，样品应保存在聚乙烯塑料瓶中。(　　)

答案：错误

正确答案为：样品应保存在棕色玻璃瓶中或避光保存。

2. 根据《水质　银的测定　火焰原子吸收分光光度法》（GB/T 11907—89）测定水中银时，应选择 328.1 nm 的特征波长谱线和还原型空气 - 乙炔火焰。(　　)

答案：错误

正确答案为：应选择氧化型火焰。

3. 根据《水质　银的测定　火焰原子吸收分光光度法》（GB/T 11907—89）测定水中银时，硫代硫酸钠根对银有显著影响。含有大量硫酸硫酸根的试样，无法用于银的测定。(　　)

答案：错误

正确答案为：样品消解过程，能够消除硫代硫酸根的干扰。

4. 根据《水质　银的测定　火焰原子吸收分光光度法》（GB/T 11907—89）测定水中银时，如蒸至干涸后，会造成样品测试结果偏低。(　　)

答案：正确

5. 根据《水质　银的测定　火焰原子吸收分光光度法》（GB/T 11907—89）测定水中银时，水样采集后不宜久置，久置会导致银盐的光分解，造成测试结果偏高。(　　)

答案：错误

正确答案为：久置会导致银吸附于容器壁，使测试结果偏低。

二、选择题

根据《水质 银的测定 火焰原子吸收分光光度法》(GB/T 11907—89)测定水中银时，使用________火焰。( )

A. 空气 - 乙炔　　B. 氩气 - 氢气　　C. 氧化亚氮 - 乙炔　　D. 空气 - 氩气

答案： A

三、问答题

若水样中的银含量低于 0.20 mg/L，如何根据《水质 银的测定 火焰原子吸收分光光度法》(GB/T 11907—89)测定其中的银？

答案： 可用双硫腙 - 甲基异丁基酮萃取后以火焰原子吸收法测定。具体做法是：将消解后的水样转移置比色管中，加入甲基橙指示剂，用氢氧化钠调节酸度使指示剂刚刚变黄，加入 EDTA 和乙酸 - 乙酸钠缓冲溶液，然后加入双硫腙 - 甲基异丁基酮溶液萃取，振摇、静置分层后，进有机相进行分析。

参考文献

[1] 国家环境保护局 . 水质 银的测定 火焰原子吸收分光光度法：GB/T 11907—89 [S] . 北京：中国标准出版社，1989.

[2] 国家环境保护总局《水和废水监测分析方法》编委会 . 水和废水监测分析方法 .4 版 [M] . 北京：中国环境科学出版社，2002.

命题：陈 纯 王 伟 赵长民

审核：王 伟 刘 京 夏 新

第五节 钡

分类号：W9-4

主要内容
《水质 钡的测定 火焰原子吸收分光光度法》(HJ 603—2011)

一、判断题

1. 用火焰原子吸收光度法测定钡时，应注意乙炔 - 空气火焰点燃后，必须使燃烧器温度达到热平衡后方可进行测量，否则将影响测定的灵敏度和精密度。( )

答案： 正确

2. 用火焰原子吸收光度法测定钡时，测定灵敏度与燃烧器高度无关，控制好乙炔和空气的比例即可。( )

答案： 错误

正确答案为：火焰原子吸收光度法测定钡时，强烈地依赖于火焰类型和观察高度，因此必须仔细地控制乙炔和空气的比例，恰当地调节燃烧器高度。

二、选择题

用火焰原子吸收光度法测定水中钡时，如果存在基体干扰，则用________法进行测定并计算结果。（　　）

A. 标准加入　　B. 空白加入

C. 化学预分离法　　D. 加入基体改进剂法

答案：A

参考文献

国家环境保护局 . 水质　钡的测定　火焰原子吸收分光光度法：HJ 603—2011［S］. 北京：中国环境出版社，2011.

命题：王建英　赵长民

审核：王　伟　夏　新　王　鑫

第六节　铜、铅、锌、镉

分类号：W9-5

主要内容
①《水质　铜、锌、铅、镉的测定　原子吸收分光光度法》（GB/T 7475—87）
②《水和废水监测分析方法》（第四版）（铜、铅、锌、镉　在线富集流动注射　火焰原子吸收分光光度法）

一、填空题

1. 根据《水质　铜、锌、铅、镉的测定　原子吸收分光光度法》（GB/T 7475—87）测定水中铜和锌时，通过测定分析线附近 1 nm 内的一条非特征吸收线处的吸收，可判断________的大小。①

答案：背景吸收

2. 根据《水质　铜、锌、铅、镉的测定　原子吸收分光光度法》（GB/T 7475—87）和《水和废水监测分析方法》（第四版）中在线富集流动注射 - 火焰原子吸收分光光度法测定铜、铅、锌和镉时，凡使用乙炔做燃料气，必须注意管道系统禁止使用________的材料，因为________。①②

答案：铜　　乙炔铜是一种引爆剂

3. 根据《水质　铜、锌、铅、镉的测定　原子吸收分光光度法》（GB/T 7475—87）和《水和废水监测分析方法》（第四版）中在线富集流动注射 - 火焰原子吸收分光光度法测定铜、铅、锌和镉时，原子吸收分光光度计的废液出口管要做一个水封，并将出口端浸没在废液缸中，其目的是________。①②

答案：防止回火

二、判断题

1. 根据《水和废水监测分析方法（第四版）》中在线富集流动注射－火焰原子吸收分光光度法测定铜、铅、锌和镉时，方法的富集倍率可达 2 个数量级，接近石墨炉原子吸收灵敏度，具有较好的精密度。（　　）②

答案：正确

2.《水和废水监测分析方法》（第四版）中在线富集流动注射－火焰原子吸收分光光度法适用于地下水、地表水和饮用水中铜、锌、铅及镉的测定，且最低检出浓度均能达到 2 mg/L。（　　）②

答案：错误

正确答案为：铜、锌、铅的最低检出浓度为 2 mg/L，镉的最低检出浓度为 5 mg/L。

3. 根据《水和废水监测分析方法》（第四版）中在线富集流动注射－火焰原子吸收分光光度法测定铜、铅、锌和镉时，方法的富集倍数大，所用水的纯度一定要高，否则杂质也会同时富集，影响测定结果。（　　）②

答案：正确

4. 根据《水和废水监测分析方法》（第四版）中在线富集流动注射－火焰原子吸收分光光度法测定铜、铅、锌和镉时，分析 4 种金属的火焰类型一致，均为氧化型乙炔－空气火焰，且 4 种金属的富集时间一致，便于操作。（　　）②

答案：错误

正确答案为：铅的灵敏度低，镉的含量低，故这两个元素的富集时间要长些（5 min），而铜、锌只要 2～3 min 即可。

5. 根据《水质　铜、锌、铅、镉的测定　原子吸收分光光度法》（GB/T 7475—87）和《水和废水监测分析方法》（第四版）中在线富集流动注射－火焰原子吸收分光光度法测定铜、铅、锌和镉，原子吸收采用乙炔和空气作为燃料气时，使用时可以先开空气再开乙炔气，也可以先开乙炔气后开空气。（　　）①②

答案：错误

正确答案为：因为乙炔是易燃易爆气体，使用时应先开空气后开乙炔。

三、选择题

1. 根据《水质　铜、锌、铅、镉的测定　原子吸收分光光度法》（GB/T 7475—87）测定水中铜、锌、铅和镉时，当样品中含盐量很高，分析波长又低于________nm 时，可能出现非特征吸收。（　　）①

A. 200　　B. 350　　C. 400　　D. 800

答案：B

2. 根据《水质　铜、锌、铅、镉的测定　原子吸收分光光度法》（GB/T 7475—87）测定水中铜、锌、铅和镉样品，钙的浓度高于________mg/L 时，抑制镉的吸收，浓度为 2 000 mg/L 时，信号抑制达到 19%。（　　）①

A. 500　　B. 1 000　　C. 1 500　　D. 2 000

答案：B

3. 根据《水质　铜、锌、铅、镉的测定　原子吸收分光光度法》(GB/T 7475—87)进行样品测定时，一般通过测定________，判断基体干扰程度的大小。(　　)①

A. 加标回收率　　B. 分析线附近 1 nm 的非特征吸收　　C. 样品的精密度

答案：A

4. 根据《水和废水监测分析方法》(第四版)中在线富集流动注射－火焰原子吸收分光光度法测定铜、铅、锌和镉时，调节水样的酸度为 pH=5.7，使试液中痕量 Cu、Zn、Pb 和 Cd 富集在树脂柱上，然后让 1.5 mol/L 的________溶液通过树脂柱，将 Cu、Zn、Pb 和 Cd 快速洗脱并喷入火焰中。(　　)②

A. 硝酸　　B. 盐酸　　C. 硝酸钠　　D. 硝酸铵

答案：A

5. 根据《水和废水监测分析方法》(第四版)中在线富集流动注射－火焰原子吸收分光光度法测定铜、铅、锌和镉时，铜的测定波长为________nm。(　　)②

A. 228.8　　B. 283.3　　C. 213.8　　D. 324.7

答案：D

6. 根据《水和废水监测分析方法》(第四版)中在线富集流动注射－火焰原子吸收分光光度法测定铜、铅、锌和镉时，在 pH 为 5.5～6.5 的 HAc-NaAc 缓冲介质中，Cu^{2+}、Zn^{2+}、Pb^{2+} 和 Cd^{2+} 与 NP 多胺基磷酸树脂螯合，在________条件下，又被重新释放出来。(　　)②

A. 强酸性　　B. 强碱性　　C. 弱酸性　　D. 弱碱性

答案：A

参考文献

[1] 国家环境保护局 . 水质　铜、锌、铅、镉的测定　原子吸收分光光度法：GB/T 7475—87 [S]. 北京：中国标准出版社，1987.

[2] 国家环境保护总局《水和废水监测分析方法》编委会 . 水和废水监测分析方法 .4 版 [M]. 北京：中国环境科学出版社，2002.

命题：王　伟　赵长民　高燕哺　王伟华

审核：张万峰　夏　新　王　鑫

第七节　铁和锰

分类号：W9-6

主要内容
《水质　铁、锰的测定　火焰原子吸收分光光度法》(GB/T 11911—89)

一、判断题

1. 用火焰原子吸收光度法测定水中铁、锰时，通常采用硫酸介质。(　　)

答案：错误

正确答案为：通常采用硝酸介质。

2. 用火焰原子吸收光度法测定水中锰时，当硅的浓度大于 50 mg/L 时，对锰产生正干扰。(　　)

答案：错误

正确答案为：当硅的浓度大于 50 mg/L 时，对锰产生负干扰。

3. 用火焰原子吸收光度法测定水中铁时，当硅的浓度大于 20 mg/L 时，对铁产生负干扰。(　　)

答案：正确

4. 用火焰原子吸收光度法分析水中铁、锰时，铁、锰的光谱线较复杂，为克服光谱干扰应选择最小的狭缝或光谱通带。(　　)

答案：正确

二、选择题

用火焰原子吸收光度法测定水中铁和锰时，影响其准确度的主要干扰是________。(　　)

A. 基体干扰　　B. 光谱干扰　　C. 电离干扰　　D. 化学干扰

答案：D

参考文献

国家环境保护局 . 水质　铁、锰的测定　火焰原子吸收分光光度法：GB/T 11911—89［S］. 北京：中国标准出版社，1989.

命题：王建英　赵长民　马海花

审核：王　伟　夏　新

第八节　镍

分类号：W9-7

主要内容
《水质　镍的测定　火焰原子吸收分光光度法》（GB/T 11912—89）

一、判断题

1. 根据《水质　镍的测定　火焰原子吸收分光光度法》（GB/T 11912—89）测定水中镍时，水样采集后，应加入硝酸将水样酸化至 pH<2，保存在棕色玻璃瓶中。(　　)

答案：错误

正确答案为：保存在聚乙烯塑料瓶中。

2. 根据《水质　镍的测定　火焰原子吸收分光光度法》（GB/T 11912—89）测定水中

镍时，500 mg/L 的磷酸根能对水样总镍的测定造成显著干扰，使结果偏高。(　　)

答案：错误

正确答案为：500 mg/L 的磷酸根不对水样总镍的测定造成显著干扰。

3. 根据《水质　镍的测定　火焰原子吸收分光光度法》(GB/T 11912—89)测定水中镍时，一般选择 232.0 nm 特征谱线。由于该谱线的强度较弱，为保证吸收值，应选择尽可能宽的光谱通带。(　　)

答案：错误

正确答案为：32.0 nm 谱线附近存在相距很近的镍三线，为消除光谱干扰，应选择尽可能窄的光谱通带。

4. 根据《水质　镍的测定　火焰原子吸收分光光度法》(GB/T 11912—89)测定水中镍时，硝酸根和氯离子能与镍离子形成络合物，进而影响其原子化效率，因此，在溶液配置时要尽可能使用硫酸介质。(　　)

答案：错误

正确答案为：硫酸浓度较高时易产生分子吸收，应采用硝酸或盐酸介质。

二、选择题

根据《水质　镍的测定　火焰原子吸收分光光度法》(GB/T 11912—89)测定水中镍时，使用________火焰。(　　)

A. 空气 - 乙炔贫燃　B. 空气 - 乙炔富燃　C. 氧化亚氮 - 乙炔　D. 空气 - 氩气

答案：A

三、问答题

如何采用火焰原子吸收法测试无机盐含量较高水样中的镍含量?

答案：当样品总无机盐含量较高时，可以采用自吸收法或者赛曼法来扣除背景干扰。无此条件时，也可以采用邻近吸收线法扣除背景吸收；在测量浓度许可时，也可以采用稀释方法减少背景吸收。

参考文献

国家环境保护局．水质　镍的测定　火焰原子吸收分光光度法：GB/T 11912—89 [S]．北京：中国标准出版社，1989.

命题：陈　纯　高燕啸　赵长民

审核：陈　纯　王　伟　刘　京

第九节　铬

分类号：W9-8

主要内容
《水质　铬的测定　火焰原子吸收分光光度法》(HJ 757—2015)

一、填空题

根据《水质　铬的测定　火焰原子吸收分光光度法》(HJ 757—2015)测定水中铬时，点燃火焰后，应使燃烧器温度达到热平衡后再进行测定，________和________对测定铬的灵敏度有很大影响。

答案：火焰类型　　燃烧器高度

二、判断题

1. 根据《水质　铬的测定　火焰原子吸收分光光度法》(HJ 757—2015)测定水中铬时，一般选择贫燃型空气－乙炔火焰（黄色）。(　　)

答案：错误

正确答案为：选择富燃型火焰。

2. 根据《水质　铬的测定　火焰原子吸收分光光度法》(HJ 757—2015)测定水中铬时，可溶性铬和总铬的样品应分别采集。(　　)

答案：正确

3. 根据《水质　铬的测定　火焰原子吸收分光光度法》(HJ 757—2015)测定水中铬时，水样主要是加入硝酸和高氯酸等进行消解。(　　)

答案：错误

正确答案为：水样主要是通过加入硝酸和过氧化氢进行消解。

4. 根据《水质　铬的测定　火焰原子吸收分光光度法》(HJ 757—2015)测定水中铬时，可溶性铬样品采集后应尽快用 0.45 μm 的滤膜过滤，弃去初始的滤液，收集所需体积的滤液于样品瓶中，每 100 ml 滤液中加入 1 ml 硝酸，28 d 内测定。(　　)

答案：错误

正确答案为：每 100 ml 滤液中加入 1 ml 硝酸，14 d 内测定。

5. 根据《水质　铬的测定　火焰原子吸收分光光度法》(HJ 757—2015)测定水中铬时，一般选择 357.9 nm 的特征波长测定。(　　)

答案：正确

三、选择题

根据《水质　铬的测定　火焰原子吸收分光光度法》(HJ 757—2015)测定水中铬时，加入 NH_4Cl 可以消除一定浓度的________等金属离子对铬测定产生的______干扰。(　　)

A. Fe、Ni、Co、Mg、Al、Ca，正　　B. Fe、Ni、Co、Mg、Al、Ca，负

C. Cu、Zn、Na、K，正　　D. Cu、Zn、Na、K，负

答案：B

参考文献

环境保护部 . 水质　铬的测定　火焰原子吸收分光光度法：HJ 757—2015 [S] . 北京：中国环境出版集团，2015.

命题：李　贝　刘　丹

审核：姜晓旭　陈　纯

第十节　钴

分类号：W9-9

主要内容
《水质　钴的测定　火焰原子吸收分光光度法》（HJ 957—2018）

一、填空题

根据《水质　钴的测定　火焰原子吸收分光光度法》（HJ 957—2018）测定水中钴时，使用的基体改进剂是________溶液或________溶液。

答案：硝酸镧　　硝酸锶

二、判断题

1. 根据《水质　钴的测定　火焰原子吸收分光光度法》（HJ 957—2018）测定水中钴时，当 Ca 浓度大于 200 mg/L、Ni 浓度大于 40 mg/L、Si 浓度大于 100 mg/L 时对钴的测定产生负干扰。（　　）

答案：正确

2. 根据《水质　钴的测定　火焰原子吸收分光光度法》（HJ 957—2018）测定水中总钴，方法检出限为 0.05 mg/L。（　　）

答案：错误

正确答案为：总钴的方法检出限为 0.06 mg/L。

3. 根据《水质　钴的测定　火焰原子吸收分光光度法》（HJ 957—2018）测定水中总钴时，试样的制备可采用 HNO_3-H_2O_2 消解体系。（　　）

答案：正确

4. 根据《水质　钴的测定　火焰原子吸收分光光度法》（HJ 957—2018）测定水中钴时，测定结果应保留 3 位有效数字。（　　）

答案：错误

正确答案为：当测定结果小于 1 mg/L 时，保留小数点后两位；当测定结果大于等于 1 mg/L 时，保留 3 位有效数字。

5. 根据《水质　钴的测定　火焰原子吸收分光光度法》（HJ 957—2018）测定水中钴时，在灵敏线 240.7 nm 附近存在光谱干扰，选择窄的光谱通道进行测定可降低干扰。（　　）

答案：正确

三、选择题

1. 根据《水质　钴的测定　火焰原子吸收分光光度法》（HJ 957—2018）测定水中钴时，浓度大于等于 5% 的盐酸、磷酸、高氯酸对钴的测定产生________干扰；浓度大于等于 5% 的硫酸产生________干扰。（　　）

A. 正，负　　B. 正，正　　C. 负，正　　D. 负，负

答案：A

2. 根据《水质　钴的测定　火焰原子吸收分光光度法》（HJ 957—2018）测定水中总钴时，样品采集后立即加入适量硝酸，酸化至 pH≤2，________d 内测定。（　　）

A. 7　　B. 14　　C. 28　　D. 30

答案：B

参考文献

生态环境部 . 水质　钴的测定　火焰原子吸收分光光度法：HJ 957—2018［S］. 北京：中国环境出版集团，2018.

命题：刘　丹　路新燕
审核：陈　纯　姜晓旭

第十一节　锑

分类号：W9-10

主要内容
《水质　锑的测定　火焰原子吸收分光光度法》（HJ 1046—2019）

一、判断题

1. 根据《水质　锑的测定　火焰原子吸收分光光度法》（HJ 1046—2019）测定水中锑时，浓度为 15% 的盐酸、硝酸和 2% 的硫酸对锑的测定产生干扰。（　　）

答案：错误

正确答案为：浓度为 20% 的盐酸、硝酸和 2% 的硫酸对锑的测定不产生干扰。

2. 根据《水质　锑的测定　火焰原子吸收分光光度法》（HJ 1046—2019）测定水中锑时，水样消解加入的是浓硝酸、浓盐酸和浓硫酸。（　　）

答案：错误

正确答案为：水样消解加入的是浓硝酸和浓盐酸，没有加浓硫酸。

3.《水质　锑的测定　火焰原子吸收分光光度法》（HJ 1046—2019）适用于生活污水、工业废水和地表水中锑的测定。（　　）

答案：错误

正确答案为：适用于高浓度生活污水、工业废水和受较严重污染的地表水中锑的测定。

4. 根据《水质　锑的测定　火焰原子吸收分光光度法》（HJ 1046—2019）测定水中锑，当铜、铁、镉、镍、铅的质量浓度分别低于 3500 mg/L、4000 mg/L、1000 mg/L、4000 mg/L、6000 mg/L 时，对锑的测定不产生干扰。（　　）

答案：正确

5. 根据《水质　锑的测定　火焰原子吸收分光光度法》（HJ 1046—2019）测定水中锑

时，使用的火焰类型是贫燃性空气－乙炔火焰。

答案：正确

二、选择题

1. 根据《水质　锑的测定　火焰原子吸收分光光度法》（HJ 1046—2019）测定水中可溶性锑的方法检出限为________mg/L，总锑的方法检出限为________mg/L。（　　）

A. 0.2，0.3　　B. 0.8，1.2　　C. 0.5，1.0　　D. 0.1，0.2

答案：A

2. 根据《水质　锑的测定　火焰原子吸收分光光度法》（HJ 1046—2019）测定水中锑时，选择的特征谱线为________nm。（　　）

A. 217.6　　B. 223.8　　C. 283.8　　D. 217.0

答案：A

参考文献

生态环境部. 水质　锑的测定　火焰原子吸收分光光度法：HJ 1046—2019［S］. 北京：中国环境出版集团，2019.

命题：姜晓旭　李　贝

审核：陈　纯　路新燕

第十二节　铜、铁、锰、锌、镉、铅

分类号：W9-11

主要内容

《生活饮用水标准检验方法　金属指标》（GB/T 5750.6—2006）（4.2　铜、铁、锰、锌、镉和铅　火焰原子吸收分光光度法）

试题同 W9-5 和 W9-6。

第十章　石墨炉原子吸收分光光度法

第一节　基础知识

分类号：W10-0

一、填空题

1. 石墨炉原子吸收光度法分析程序通常有________、________、________和________4个阶段。

答案：干燥　　灰化　　原子化　　除残

2. 石墨炉原子吸收分析阶段，灰化的含义在于________和________的灰化清除，保留分析元素。

答案：基体　　干扰物

3. 采用石墨炉原子吸收光度法测定样品时，载气流量的大小对________和________有影响。

答案：分析灵敏度　　石墨管寿命

二、判断题

1. 采用石墨炉原子吸收光度法测定样品时，干燥阶段石墨炉升温过快会使结果偏低。(　　)

答案：正确

2. 石墨炉原子吸收光度法适用于元素的痕量分析。(　　)

答案：正确

3. 采用石墨炉原子吸收光度法测定时，加入基体改进剂的作用是只对基体进行改进，提高待测元素灵敏度。(　　)

答案：错误

正确答案为：加入基体改进剂的作用是对基体或待测元素进行改进，提高待测元素灵敏度。

4. 石墨炉原子吸收光度法测定易挥发元素时，一般原子化阶段快速升温分析灵敏度升高。(　　)

答案：错误

正确答案为：一般原子化阶段快速升温分析灵敏度降低。

5. 采用石墨炉原子吸收光度法测定高温元素时，原子化阶段快速升温有助于提高吸收灵敏度。(　　)

答案：正确

6. 石墨炉原子吸收分光光度仪检出限不但与仪器的灵敏度有关，还与仪器的稳定性（噪声）有关，这说明了测定的可靠程度。(　　)

答案：正确

7. 用石墨炉原子化器，原子化温度可达到 3 000℃。(　　)

答案：正确

8. 石墨炉在使用过程中基线漂移较大，为了减少测定误差，测定过程中要适时用标准溶液进行校正。(　　)

答案：正确

三、选择题

石墨炉原子吸收光度法的特点是________。(　　)

A. 灵敏度高　　B. 速度快　　C. 操作简便

答案：A

四、问答题

1. 简述石墨炉原子吸收光度法中常用基体改进剂的种类和作用。

答案：(1) 金属盐类化合物：属于热稳定型的改进剂，它既可以与基体形成热稳定化合物，使之更好地与易挥发分析元素分离，减少干扰，也可以与分析元素形成热稳定化合物或合金，减少灰化损失，可提高灰化温度，与易挥发基体更好地分开；

(2) 铵盐和无机酸：用于使基体转化为易挥发铵盐或酸类，使与分析元素分开，于灰化阶段除尽，以消除和减少基体干扰；

(3) 有机酸类：有机酸的改进作用在于其络合作用和热解产物的还原性，使分析元素形成易解离和挥发性的物质，减少和消除基体的束缚。

2. 石墨炉原子吸收分析过程中，为什么加入基体改进剂可以提高分析灵敏度和准确度?

答案：基体改进剂可以和试样基体、分析元素和石墨炉体三者相互作用，并可改善环境气氛，消除和减少基体干扰，避免分析元素灰化损失，促进其原子化效率的提高，扩大基体与分析元素间的性质差异，最终将有利于分析灵敏度和准确度的提高。

3. 如何消除石墨炉原子吸收光度法中的记忆效应?

答案：(1) 用较高的原子化温度和用较长的原子化时间；

(2) 增加清洗程序；

(3) 测定后空烧一次；

(4) 改用涂层石墨管。

4. 石墨炉原子吸收光度法选择基体改进剂有何原则?

答案：(1) 基体改进剂必须是"超纯的"；

(2) 改进剂应是在石墨炉允许温度下，易于分解挥发除尽；

(3) 改进剂不能引入对分析元素新的干扰或背景吸收干扰；

(4) 改进剂不得对石墨材料有腐蚀作用，包括高温侵蚀；

(5) 改进剂的应用效果评价应是多方面的，不能片面追求某一方面的效果。

参考文献

[1] 李安模，魏继中 . 原子吸收及原子荧光光谱分析［M］. 北京：科学出版社，2000.

[2] 李玉珍．原子吸收分析应用手册［M］．北京：冶金部钢铁研究总院，1984.
[3] 刘珍．化验员读本：上册．化学分析［M］．北京：化学工业出版社，2004.
[4] 国家环境保护总局《水和废水监测分析方法》编委会．水和废水监测分析方法.4 版［M］．北京：中国环境科学出版社，2002.

命题：高燕哺　王　洋
审核：王　伟

第二节　铍

分类号：W10-1

主要内容
《水质　铍的测定　石墨炉原子吸收分光光度法》（HJ/T 59—2000）

一、填空题

石墨炉原子吸收光度法分析程序的原子化阶段，其最佳原子化温度是选择待测元素完全原子化的________，这时吸收峰________。

答案：最低温度　　最高

二、判断题

1.《水质　铍的测定　石墨炉原子吸收分光光度法》（HJ/T 59—2000）测定铍的检出限为 0.02 mg/L；在本标准规定的条件下，测定范围为 0.2～0.8 mg/L。（　　）

答案：错误

正确答案为：测定范围为 0.2～0.5 mg/L。

2. 根据《水质　铍的测定　石墨炉原子吸收分光光度法》（HJ/T 59—2000）测定水中铍时，铍在热解石墨炉中被加热原子化，成为基态原子蒸气，对空心阴极灯发射的特征辐射进行选择性吸收。在一定浓度范围内，其吸收强度与试液中铍的含量成正比。（　　）

答案：正确

3. 根据《水质　铍的测定　石墨炉原子吸收分光光度法》（HJ/T 59—2000）测定水中铍时，清洁水样和一般污水都可直接分析测定。（　　）

答案：正确

三、选择题

1. 采用石墨炉原子吸收光度法分析水中铍时，当铝的浓度为________mg/L，硫酸含量为 2% 时，背景吸收严重，应进行基体校正。（　　）

A. 500　　B. 800　　C. 1 000

答案：C

2. 根据《水质　铍的测定　石墨炉原子吸收分光光度法》（HJ/T 59—2000）测定水中铍的总量时，样品采集后应立即加入硫酸，使样品 pH 为________。（　　）

A. 1～2　　B. 2～3　　C. 3～4　　D. 4～5

答案：A

3. 根据《水质　铍的测定　石墨炉原子吸收分光光度法》（HJ/T 59—2000）测定水中铍时，采样前，将所用的聚乙烯瓶用洗涤剂洗净，再用________% 硝酸溶液荡洗，最后用水冲洗干净。（　）

A. 10　　B. 20　　C. 30　　D. 40

答案：A

参考文献

[1] 国家环境保护总局 . 水质　铍的测定　石墨炉原子吸收分光光度法：HJ/T 59—2000［S］. 北京：中国环境科学出版社，2000.

[2] 中华人民共和国卫生部，中国国家标准化管理委员会 . 生活饮用水标准检验方法　金属指标：GB/T 5750.6—2006［S］. 北京：中国标准出版社，2006.

命题：高燕哺　赵长民　刘　丹
审核：王　伟　夏　新

第三节　钒

分类号：W10-2

> **主要内容**
> 《水质　钒的测定　石墨炉原子吸收分光光度法》（HJ 673—2013）

一、判断题

1. 根据《水质　钒的测定　石墨炉原子吸收分光光度法》（HJ 673—2013）测定水中钒时，水中常见共存组分在常见浓度下，不对测定产生干扰。（　　）

答案：正确

2. 根据《水质　钒的测定　石墨炉原子吸收分光光度法》（HJ 673—2013）测定水中溶解性钒时，应加入硝酸酸化至 pH<2 后，用 0.45 μm 滤膜过滤待测。（　　）

答案：错误

正确答案为：应先过滤然后酸化。

3. 根据《水质　钒的测定　石墨炉原子吸收分光光度法》（HJ 673—2013）测定水中总钒时，样品消解过程中若出现沉淀，可用中速滤纸过滤后定容。（　　）

答案：正确

4.《水质　钒的测定　石墨炉原子吸收分光光度法》（HJ 673—2013）测定工业废水中钒时，当废水中含有 0.040 mg/L 的钒时，300 mg/L 的 Fe 对测定结果无干扰。（　　）

答案：正确

二、选择题

1. 根据《水质　钒的测定　石墨炉原子吸收分光光度法》（HJ 673—2013）测定水中

钒时，若要测定溶解态金属，样品采集后应立即过滤，滤液按要求酸化后贮存于聚四氟乙烯瓶中，常温下可保存________个月。(　　)

A. 1　　B. 1.5　　C. 3　　D. 6

答案：C

2.《水质　钒的测定　石墨炉原子吸收分光光度法》(HJ 673—2013)测定水中钒时，样品采集并调节 pH<2 酸化，样品常温下可保存________个月。(　　)

A. 0.5　　B. 1　　C. 2　　D. 3

答案：D

参考文献

[1] 环境保护部 . 水质　钒的测定　石墨炉原子吸收分光光度法：HJ 673—2013 [S] . 北京：中国环境出版社，2013.

[2] 中华人民共和国卫生部，中国国家标准化管理委员会 . 生活饮用水标准检验方法　金属指标：GB/T 5750.6—2006 [S] . 北京：中国标准出版社，2006.

命题：陈　纯　刘　丹　高燕晡

审核：陈　纯　王　伟　夏　新

第四节　硒

分类号：W10-3

主要内容
《水质　硒的测定　石墨炉原子吸收分光光度法》(GB/T 15505—1995)

一、填空题

采用石墨炉原子吸收光度法测定水中溶解态硒时，样品采集后立即用________μm 滤膜过滤，滤液酸化后贮存于聚乙烯瓶中。

答案：0.45

二、判断题

1. 根据《水质　硒的测定　石墨炉原子吸收分光光度法》(GB/T 15505—1995)的方法检测限为 0.003 mg/L，测定范围为 0.015～0.2 mg/L。(　　)

答案：正确

2.《水质　硒的测定　石墨炉原子吸收分光光度法》(GB/T 15505—1995)只适用于废水中硒的测定。(　　)

答案：错误

正确答案为：适用于水和废水中硒的测定。

三、选择题

1. 根据《水质　硒的测定　石墨炉原子吸收分光光度法》(GB/T 15505—1995)测定

水中硒总量，用聚乙烯塑料瓶采集样品后应立即酸化至 pH=1～2，常温下可保存________个月。（　　）

A. 1　　B. 2　　C. 3　　D. 6

答案：D

2. 根据《水质　硒的测定　石墨炉原子吸收分光光度法》（GB/T 15505—1995）测定水中硒，若硒的浓度为 0.08 mg/L，氟离子和氯离子的干扰浓度分别为________mg/L 和________mg/L。（　　）

A. 550，150　　B. 225，125　　C. 550，125　　D. 225，150

答案：B

参考文献

国家环境保护局 . 水质　硒的测定　石墨炉原子吸收分光光度法：GB/T 15505—1995［S］. 北京：中国标准出版社，1995.

命题：马海花　王　伟　刘　丹

审核：王　伟　夏　新

第五节　铜、铅、镉

分类号：W10-4

主要内容
《水和废水监测分析方法》（第四版）（铜、铅、镉　石墨炉原子吸收分光光度法）

一、填空题

根据《水和废水监测分析方法》（第四版）中石墨炉原子吸收光度法测定水中 Cu、Pb、Cd，分析前要检查是否存在________，并采取________。

答案：基体干扰　　校正措施

二、判断题

1. 根据《水和废水监测分析方法》（第四版）中石墨炉原子吸收光度法测定水中 Cu、Pb、Cd 时，从背景干扰角度分析，NaCl 对 Cd、Cu、Pd 的测定产生正干扰。（　　）

答案：错误

正确答案为：NaCl 对 Cu、Pb、Cd 的测定产生负干扰。

2. 根据《水和废水监测分析方法》（第四版）中石墨炉原子吸收光度法测定水中 Cu、Pb、Cd 时，因 Pb、Cd 和 Cu 在一般地表水中含量差别较大，测定铜时可将水样稀释后测定。（　　）

答案：正确

三、选择题

1. 根据《水和废水监测分析方法》（第四版）中石墨炉原子吸收光度法测定水中 Cu、

Pb、Cd 的最好基体改进剂是________。(　　)

A. 硝酸钯　　B. 硝酸铵　　C. 磷酸钠　　D. 钼酸铵

答案： A

2. 根据《水和废水监测分析方法》(第四版)中石墨炉原子吸收光度法测定水中 Cd 时，试样消解过程中通常不能使用________。(　　)

A. 硝酸　　B. 高氯酸　　C. 过氧化氢　　D. 盐酸

答案： B

3. 根据《水和废水监测分析方法》(第四版)中用石墨炉原子吸收光度法测定水中 Cu、Pb、Cd 时，通常用________作介质。(　　)

A. 硝酸　　B. 高氯酸　　C. 硫酸　　D. 盐酸

答案： A

参考文献

[1] 国家环境保护总局《水和废水监测分析方法》编委会. 水和废水监测分析方法. 4 版 [M]. 北京：中国环境科学出版社，2002.

[2] 中国环境监测总站《环境水质监测质量保证手册》编写组. 环境水质监测质量保证手册. 2 版 [M]. 北京：化学工业出版社，1994.

[3] 中华人民共和国卫生部，中国国家标准化管理委员会. 生活饮用水标准检验方法　金属指标：GB/T 5750.6—2006 [S]. 北京：中国标准出版社，2006.

命题：王　伟　高燕晡　刘　丹

审核：王　伟　夏　新

第六节　铟

分类号：W10-5

主要内容
《水和废水监测分析方法》(第四版)(铟　石墨炉原子吸收分光光度法)

一、判断题

1. 根据《水和废水监测分析方法》(第四版)中石墨炉原子吸收分光光度法测定水中铟时，涂层石墨管可使铟的灵敏度提高 4 倍以上，若水样含量较高，可选用普通热解石墨管。(　　)

答案： 正确

2. 根据《水和废水监测分析方法》(第四版)中石墨炉原子吸收分光光度法测定水中铟时，使用纵向塞曼原子吸收时灰化温度和原子化温度可降低约 200～250℃。(　　)

答案： 错误

正确答案为：灰化温度和原子化温度可降低约 100～150℃。

二、选择题

1. 根据《水和废水监测分析方法》（第四版）中石墨炉原子吸收分光光度法测定水中铟时，选用________nm 线。（　　）

A. 303.9　　B. 325.6　　C. 311.0　　D. 324.7

答案：B

2. 根据《水和废水监测分析方法》（第四版）中石墨炉原子吸收分光光度法测定水中铟的检出限为 1.08 mg/L，测定上限为________mg/L。（　　）

A. 80　　B. 160　　C. 120　　D. 60

答案：A

参考文献

[1] 国家环境保护总局《水和废水监测分析方法》编委会 . 水和废水监测分析方法 .4 版［M］. 北京：中国环境科学出版社，2002.

[2] 中国环境监测总站《环境水质监测质量保证手册》编写组 . 环境水质监测质量保证手册 .2 版［M］. 北京：化学工业出版社，1994.

[3] 中华人民共和国卫生部，中国国家标准化管理委员会 . 生活饮用水标准检验方法　金属指标：GB/T 5750.6—2006［S］. 北京：中国标准出版社，2006.

命题：高燕哺　马海花　刘　丹

审核：王　伟　夏　新

第七节　铊

分类号：W10-6

主要内容
《水质　铊的测定　石墨炉原子吸收分光光度法》（HJ 748—2015）

一、判断题

1. 根据《水质　铊的测定　石墨炉原子吸收分光光度法》（HJ 748—2015）测定水中铊时，沉淀富集法是在酸性条件下，用溴水作氧化剂，使水中铊呈三价态。（　　）

答案：正确

2. 根据《水质　铊的测定　石墨炉原子吸收分光光度法》（HJ 748—2015）测定水中铊时，氯离子对测定有正干扰。（　　）

答案：错误

正确答案为：氯离子对测定有负干扰。

3. 根据《水质　铊的测定　石墨炉原子吸收分光光度法》（HJ 748—2015）测定水中铊时，加硝酸铵可有效地消除浓度低于 1.2 g/L 的氯离子干扰。（　　）

答案：正确

4. 根据《水质　铊的测定　石墨炉原子吸收分光光度法》（HJ 748—2015）测定水中铊时，样品的保存、制备和标准溶液的配制过程中应避免使用盐酸。（　　）

答案：正确

5. 根据《水质　铊的测定　石墨炉原子吸收分光光度法》（HJ 748—2015）测定水中铊时，消除干扰时使用的基体改进剂是磷酸氢二铵。（　　）

答案：错误

正确答案为：是硝酸钯 / 硝酸镁混合溶液和硝酸铵。

二、选择题

1. 根据《水质　铊的测定　石墨炉原子吸收分光光度法》（HJ 748—2015）测定水中铊时，选用________nm 线。（　　）

A. 324.7　　B. 276.8　　C. 217.6　　D. 240.7

答案：B

2. 根据《水质　铊的测定　石墨炉原子吸收分光光度法》（HJ 748—2015）测定水中铊，当采用沉淀富集法，样品富集 50 倍时，方法检出限为________μg/L。（　　）

A. 0.01　　B. 0.03　　C. 0.05　　D. 0.06

答案：B

3. 根据《水质　铊的测定　石墨炉原子吸收分光光度法》（HJ 748—2015）测定水中铊，直接测定时，方法检出限为________μg/L。（　　）

A. 0.83　　B. 0.6　　C. 7　　D. 2

答案：A

4、根据《水质　铊的测定　石墨炉原子吸收分光光度法》（HJ 748—2015）测定水中铊，直接测定时，测定上限为________μg/L。（　　）

A. 50　　B. 80　　C. 100　　D. 200

答案：C

参考文献

环境保护部 . 水质　铊的测定　石墨炉原子吸收分光光度法：HJ 748—2015［S］. 北京：中国环境出版集团，2015.

命题：杨正标　陆喜红

审核：姜晓旭　夏　新

第八节　钡

分类号：W10–7

主要内容
《水质　钡的测定　石墨炉原子吸收分光光度法》（HJ 602—2011）

一、判断题

1. 根据《水质　钡的测定　石墨炉原子吸收分光光度法》（HJ 602—2011）测定水中钡时，方法的检出限为 2.0 mg/L，测定下限为 10.0 mg/L。（　　）

答案： 错误

正确答案为：方法的检出限为 2.5 mg/L。

2. 根据《水质　钡的测定　石墨炉原子吸收分光光度法》（HJ 602—2011）测定水中钡时，样品经过滤或消解后注入石墨炉原子化器中，钡离子在石墨管内经高温原子化，其基态原子对钡空心阴极灯发射的特征谱线 553.6 nm 产生选择性吸收，其吸光度值与钡的质量浓度成反比。（　　）

答案： 错误

正确答案为：其吸光度值与钡的质量浓度成正比。

3. 根据《水质　钡的测定　石墨炉原子吸收分光光度法》（HJ 602—2011）测定水中钡时，实验所用的玻璃器皿、聚乙烯容器等需先用洗涤剂洗净，再用硝酸溶液浸泡 24 h 以上，使用前再依次用自来水和实验用水洗净。（　　）

答案： 正确

4. 根据《水质　钡的测定　石墨炉原子吸收分光光度法》（HJ 602—2011）测定水中钡时，因为钡是高温元素，在普通石墨管中易形成难解离的碳化钡，引起记忆效应，使测定灵敏度很低。建议使用优质的热解涂层石墨管或钨、镧等金属涂层石墨管，且分析每一个样品后应高温空烧石墨管。（　　）

答案： 正确

5.《水质　钡的测定　石墨炉原子吸收分光光度法》（HJ 602—2011）适用于地表水、地下水、工业废水和生活污水中可溶性钡和总钡的测定。（　　）

答案： 正确

二、选择题

1. 根据《水质　钡的测定　石墨炉原子吸收分光光度法》（HJ 602—2011）测定水中钡时，试样中钙浓度大于________mg/L 时，对钡的测定产生正干扰，应将试样适当稀释后测定。（　　）

A. 5　　B. 10　　C. 20　　D. 2

答案： A

2. 根据《水质　钡的测定　石墨炉原子吸收分光光度法》（HJ 602—2011）测定水中钡时，可溶性钡指未经酸化的样品经________μm 滤膜过滤后测定的钡。（　　）

A. 0.45　　B. 0.40　　C. 0.25　　D. 0.20

答案： A

参考文献

[1] 环境保护部 . 水质　钡的测定　石墨炉原子吸收分光光度法：HJ 602—2011［S］. 北京：中国环境出版社，2011.

[2] 中华人民共和国卫生部，中国国家标准化管理委员会 . 生活饮用水标准检验方法　金属指标：GB/T 5750.6—2006［S］. 北京：中国标准出版社，2006.

命题：高燕哺　马海花　王建英

审核：王　伟　夏　新　池　靖

第九节 银

分类号：W10-8

主要内容

《生活饮用水标准检验方法 金属指标》（GB/T 5750.6—2006）（12.1 银 无火焰原子吸收分光光度法）

判断题

1. 根据《生活饮用水标准检验方法 金属指标》（GB/T 5750.6—2006）（12.1 银 无火焰原子吸收分光光度法）测定水中银时，加入磷酸二氢铵的作用是对样品基体进行改进，使之利于石墨炉分析。(　　)

答案：正确

2. 根据《生活饮用水标准检验方法 金属指标》（GB/T 5750.6—2006）（12.1 银 无火焰原子吸收分光光度法）测定水中银时，一般选择 338.4 nm 波长作为分析线。(　　)

答案：错误

正确答案为：一般选择 328.1 nm 波长。

3. 根据《生活饮用水标准检验方法 金属指标》（GB/T 5750.6—2006）（12.1 银 无火焰原子吸收分光光度法）测定水中银时，在原子化阶段快速升温有助于提高吸收灵敏度。(　　)

答案：正确

参考文献

中华人民共和国卫生部，中国国家标准化管理委员会．生活饮用水标准检验方法 金属指标：GB/T 5750.6—2006［S］．北京：中国标准出版社，2006.

命题：陈 纯

审核：陈 纯 夏 新

第十节 镍

分类号：W10-9

主要内容

《生活饮用水标准检验方法 金属指标》（GB/T 5750.6—2006）（15.1 镍 无火焰原子吸收分光光度法）

判断题

1. 根据《生活饮用水标准检验方法　金属指标》（GB/T 5750.6—2006）（15.1　镍　无火焰原子吸收分光光度法）测定水中镍时，水中共存离子一般不测试干扰。（　　）

答案：正确

2. 根据《生活饮用水标准检验方法　金属指标》（GB/T 5750.6—2006）（15.1　镍　无火焰原子吸收分光光度法）测定水中镍时，方法最低检测质量为 0.1 ng，若取 20 ml 水样测定，则最低检测浓度为 10 mg/L。（　　）

答案：错误

正确答案为：若取 20 ml 水样测定，则最低检测浓度为 5 mg/L。

参考文献

中华人民共和国卫生部，中国国家标准化管理委员会．生活饮用水标准检验方法　金属指标：GB/T 5750.6—2006［S］．北京：中国标准出版社，2006.

命题：陈　纯　王　鑫

审核：陈　纯　夏　新

第十一节　钴

分类号：W10-10

主要内容
《水质　钴的测定　石墨炉原子吸收分光光度法》（HJ 958—2018）

一、判断题

1. 根据《水质　钴的测定　石墨炉原子吸收分光光度法》（HJ 958—2018）测定水中钴时，如果使用横向塞曼扣除背景的仪器进行测定，可将灰化、原子化和清除温度降低 100～200℃。（　　）

答案：正确

2、根据《水质　钴的测定　石墨炉原子吸收分光光度法》（HJ 958—2018）测定水中钴时，在灵敏线附近存在光谱干扰，选择宽的光谱通带进行测定可减少干扰。（　　）

答案：错误

正确答案为：选择窄的光谱通带进行测定可减少干扰。

3. 根据《水质　钴的测定　石墨炉原子吸收分光光度法》（HJ 958—2018）测定水中钴时，浓度大于等于 1% 的磷酸和高氯酸、3% 的硝酸和过氧化氢、0.4% 硫酸对钴的测定产生负干扰。（　　）

答案：正确

4. 根据《水质　钴的测定　石墨炉原子吸收分光光度法》（HJ 958—2018）测定水中钴时，500 mg/L 以下的 Ca，200 mg/L 以下的 Mg、K、Na，4 mg/L 以下的 Ni、Mn、

Al、Cu、Pb、Zn、Cr 均不干扰钴的测定。(　　)

答案：正确

5. 根据《水质　钴的测定　石墨炉原子吸收分光光度法》(HJ 958—2018)测定水中钴时，消除干扰时使用的基体改进剂是硝酸钯。(　　)

答案：错误

正确答案为：消除干扰时使用的基体改进剂是硝酸镁。

6. 根据《水质　钴的测定　石墨炉原子吸收分光光度法》(HJ 958—2018)测定水中钴时，浓度大于等于 3% 的盐酸产生负干扰。(　　)

答案：错误

正确答案为：浓度大于等于 3% 的盐酸产生正干扰。

7. 根据《水质　钴的测定　石墨炉原子吸收分光光度法》(HJ 958—2018)测定水中钴时，消解后试样中过氧化氢浓度控制在 3% 以下不影响钴的测定。(　　)

答案：正确

8. 根据《水质　钴的测定　石墨炉原子吸收分光光度法》(HJ 958—2018)测定水中钴时，20 mg/L 以下的 Fe；100 mg/L 以下的 Cl^-、F^-、SO_4^{2-} 均不干扰钴的测定。(　　)

答案：错误

正确答案为：10 mg/L 以下的 Fe，100 mg/L 以下的 Cl^-、F^-、SO_4^{2-} 均不干扰钴的测定。

二、选择题

1. 根据《水质　钴的测定　石墨炉原子吸收分光光度法》(HJ 958—2018)测定水中钴时，选用________nm 线。(　　)

A. 324.7　　B. 276.8　　C. 217.6　　D. 240.7

答案：D

2. 根据《水质　钴的测定　石墨炉原子吸收分光光度法》(HJ 958—2018)测定水中钴时，可溶性钴和总钴的方法检出限均为________μg/L。(　　)

A. 0.83　　B. 0.6　　C. 7　　D. 2

答案：D

3. 根据《水质　钴的测定　石墨炉原子吸收分光光度法》(HJ 958—2018)测定水中钴时，测定上限为________μg/L。(　　)

A. 50　　B. 100　　C. 120　　D. 150

答案：C

参考文献

生态环境部 . 水质　钴的测定　石墨炉原子吸收分光光度法：HJ 958—2018［S］. 北京：中国环境出版集团，2018.

命题：杨正标　陆喜红

审核：姜晓旭　夏　新　李名升

第十二节　钼和钛

分类号：W10–11

主要内容
《水质　钼和钛的测定　石墨炉原子吸收分光光度法》（HJ 807—2016）

一、判断题

1. 根据《水质　钼和钛的测定　石墨炉原子吸收分光光度法》（HJ 807—2016）测定水中钼，样品中 SO_4^{2-} 浓度大于或等于 500 mg/L 时，对钼的测定产生负干扰。加入硝酸钯－硝酸镁基体改进剂或采用标准加入法可消除干扰。（　　）

答案：正确

2. 根据《水质　钼和钛的测定　石墨炉原子吸收分光光度法》（HJ 807—2016）测定水中钼时，用硝酸－硫酸消解的试样能用于本方法钼的测定。（　　）

答案：错误

正确答案为：用硝酸－硫酸消解的试样不能用于本方法钼的测定。

二、选择题

1. 根据《水质　钼和钛的测定　石墨炉原子吸收分光光度法》（HJ 807—2016）测定水中钼时，选用________nm 线。（　　）

A. 313.3　　B. 276.8　　C. 240.7　　D. 365.4

答案：A

2. 根据《水质　钼和钛的测定　石墨炉原子吸收分光光度法》（HJ 807—2016）测定水中钛时，选用________nm 线。（　　）

A. 313.3　　B. 276.8　　C. 240.7　　D. 365.4

答案：D

3. 根据《水质　钼和钛的测定　石墨炉原子吸收分光光度法》（HJ 807—2016）测定水中钼时，方法检出限为________μg/L。（　　）

A. 0.83　　B. 0.6　　C. 7　　D. 2

答案：B

4. 根据《水质　钼和钛的测定　石墨炉原子吸收分光光度法》（HJ 807—2016）测定水中钛时，方法检出限为________μg/L。（　　）

A. 0.83　　B. 0.6　　C. 7　　D. 2

答案：C

5. 根据《水质　钼和钛的测定　石墨炉原子吸收分光光度法》（HJ 807—2016）测定水中钼时，测定上限为________μg/L。（　　）

A. 50　　B. 100　　C. 150　　D. 250

答案：A

6. 根据《水质　钼和钛的测定　石墨炉原子吸收分光光度法》（HJ 807—2016）测定水中钛时，测定上限为________μg/L。（　　）

A. 50　　B. 100　　C. 150　　D. 250

答案：D

参考文献

环境保护部. 水质　钼和钛的测定　石墨炉原子吸收分光光度法：HJ 807—2016［S］. 北京：中国环境出版集团，2016.

命题：姜晓旭　陆喜红

审核：杨正标　夏　新

第十三节　锑

分类号：W10-12

主要内容
《水质　锑的测定　石墨炉原子吸收分光光度法》（HJ 1047—2019）

一、判断题

1. 根据《水质　锑的测定　石墨炉原子吸收分光光度法》（HJ 1047—2019）测定锑，当铅、锌、镉、钙、铝的质量浓度分别低于 200 mg/L、200 mg/L、250 mg/L、1000 mg/L、1000 mg/L 时，对锑的测定不产生干扰。（　　）

答案：正确

2. 根据《水质　锑的测定　石墨炉原子吸收分光光度法》（HJ 1047—2019）测定锑，当镍、铁的质量浓度分别大于 60 mg/L、800 mg/L 和 SO_4^{2-}、Cl^- 分别大于 160 mg/L、250 mg/L 时，对锑的测定产生正干扰。（　　）

答案：错误

正确答案为：对锑的测定产生负干扰。

3. 根据《水质　锑的测定　石墨炉原子吸收分光光度法》（HJ 1047—2019）测定锑时，基体干扰检查方法是取同一试样两份，其中一份稀释 5 倍，稀释后试样的测定值（不得低于检出限的 10 倍）乘以稀释倍数与未稀释试样测定值比较，相对偏差在 ±10% 范围内视为无干扰。（　　）

答案：正确

4. 根据《水质　锑的测定　石墨炉原子吸收分光光度法》（HJ 1047—2019）测定锑时，消除干扰时使用的基体改进剂是磷酸氢二铵。（　　）

答案：错误

正确答案为：消除干扰时使用的基体改进剂是硝酸钯 - 硝酸镁混合溶液。

二、选择题

1. 根据《水质　锑的测定　石墨炉原子吸收分光光度法》（HJ 1047—2019）测定锑时，选用________nm 线。（　　）

   A. 324.7　　B. 276.8　　C. 217.6　　D. 240.7

答案：C

2. 根据《水质　锑的测定　石墨炉原子吸收分光光度法》（HJ 1047—2019）测定锑时，可溶性锑和总锑的方法检出限均为________μg/L。（　　）

   A. 0.83　　B. 0.6　　C. 7　　D. 2

答案：D

3. 根据《水质　锑的测定　石墨炉原子吸收分光光度法》（HJ 1047—2019）测定锑时，测定上限为________μg/L。（　　）

   A. 50　　B. 100　　C. 150　　D. 250

答案：C

参考文献

生态环境部. 水质　锑的测定　石墨炉原子吸收分光光度法：HJ 1047—2019 [S]. 北京：中国环境出版集团，2019.

命题：杨正标　陆喜红

审核：姜晓旭　李名升

第十四节　砷

分类号：W10-13

主要内容
《水和废水监测分析方法》（第四版）（砷　氢化物发生　原子吸收分光光度法）

一、判断题

1.《水和废水监测分析方法》（第四版）中氢化物发生原子吸收分光光度法测定砷，对砷的测定选择性好、灵敏度高，但反应过程中能产生液相和气相两大类干扰。液相干扰使得测定结果偏高。（　　）

答案：错误

　　正确答案为：液相干扰使测定结果偏低。

2. 根据《水和废水监测分析方法》（第四版）中氢化物发生原子吸收分光光度法测定砷，加入的 3 种抗干扰溶液为碘化钾、抗坏血酸和硫脲。（　　）

答案：正确

3. 根据《水和废水监测分析方法》（第四版）中氢化物发生原子吸收分光光度法测定砷，所用的 1% 硼氢化钾溶液的配制过程是：称取 1 g 硼氢化钾于 100 ml 烧杯中，

加入 1～2 粒固体氢氧化钠，加入 100 ml 水溶解过滤，保存期为 1 个月。(　　)

答案：错误

正确答案为：硼氢化钾溶液临用前现配。

4. 根据《水和废水监测分析方法》(第四版) 中氢化物发生原子吸收分光光度法测定砷，砷化氢为剧毒气体，故管道不能漏气，并要在通风良好的条件下操作，温度达到 500℃砷化氢气体开始分解，其毒性相对减少。(　　)

答案：错误

正确答案为：温度达到 300℃时砷化氢气体开始分解。

5. 根据《水和废水监测分析方法》(第四版) 中氢化物发生原子吸收分光光度法测定砷，水样酸度不能太低或太高。如酸度太低形成砷化氢不完全，而太高则会产生过多氢气在高温下着火，引起严重分子吸收，干扰测定。(　　)

答案：正确

6. 根据《水和废水监测分析方法》(第四版) 中氢化物发生原子吸收分光光度法测定废水中砷，视砷含量取适当体积于 50 ml 烧杯中，加入硝酸、高氯酸各 5 ml，加热消化并蒸至冒白烟，冷却，加入 8 ml (1+1) 盐酸煮沸，冷却。加入 1 ml 3% 碘化钾 -1% 抗坏血酸和硫脲混合液，移入 50 ml 容量瓶中，用水稀释至刻度，摇匀，测定。(　　)

答案：错误

正确答案为：加入 5 ml 硝酸，0.5 ml 高氯酸；用水稀释至刻度，摇匀，放置 30 min 后测定。

二、选择题

1. 根据《水和废水监测分析方法》(第四版) 中氢化物发生原子吸收分光光度法测定砷，与新生态氢作用生成砷化氢的是________。(　　)

A. 砷原子　B. 五价砷　C. 砷化物　D. 三价砷

答案：D

2. 根据《水和废水监测分析方法》(第四版) 中氢化物发生原子吸收分光光度法测定砷，测定砷的分析线波长为________nm。(　　)

A. 193.7　B. 248.3　C. 285　D. 279.5

答案：A

3. 根据《水和废水监测分析方法》(第四版) 中氢化物发生原子吸收分光光度法测定砷，加入抗坏血酸消除的是________。(　　)

A. Se (Ⅳ)　B. Zn^{2+}　C. Mg^{2+}　D. Cr (Ⅵ)

答案：A

4. 根据《水和废水监测分析方法》(第四版) 中氢化物发生原子吸收分光光度法测定砷，加入________，可以消除 Cr (Ⅵ)、Mg^{2+}、Fe^{3+}、V (Ⅴ) 产生的干扰，并起到将 As (Ⅴ) 预先还原成 As (Ⅲ) 的作用。(　　)

A. 碘化钾　B. 抗坏血酸　C. 硫脲

答案：C

参考文献

国家环境保护总局《水和废水监测分析方法》编委会 . 水和废水监测分析方法 .4 版［M］. 北京：中国环境科学出版社，2002.

命题：王伟华

审核：张万峰　冯　丹

第十五节　铝

分类号：W10-14

主要内容
《水和废水监测分析方法》（第四版）（铝　间接火焰原子吸收分光光度法）

一、判断题

1. 根据《水和废水监测分析方法》（第四版）中间接火焰原子吸收法测定水中铝时，水样中的 Fe^{3+} 对测试结果干扰严重，可加入抗坏血酸消除干扰。（　　）

答案：正确

2. 根据《水和废水监测分析方法》（第四版）中间接火焰原子吸收法测定水中铝时，水样中的 F^- 对测试结果有明显干扰，可加入 EDTA 消除干扰。（　　）

答案：错误

正确答案为：可加入硼酸消除 F^- 干扰。

3. 根据《水和废水监测分析方法》（第四版）中间接火焰原子吸收法测定水中铝时，由于其信号相对较低，一般需要选择铝元素的最灵敏线来检测。（　　）

答案：错误

正确答案为：选择铜元素的 324.7 nm 谱线用于分析。

4. 根据《水和废水监测分析方法》（第四版）中间接火焰原子吸收法测定水中铝时，加入三氯甲烷的主要目的是萃取水样中与 EDTA 反应生成的 Al-EDTA。（　　）

答案：错误

正确答案为：加入三氯甲烷的主要目的是萃取 Cu-PAN。

5. 根据《水和废水监测分析方法》（第四版）中间接火焰原子吸收法测定水中铝时，加入氨水的主要目的是调节样品的 pH。（　　）

答案：正确

二、问答题

1. 根据《水和废水监测分析方法》（第四版）中间接火焰原子吸收法测定水中铝时，方法原理是什么？

答案：在 pH 为 4.0～5.0 的乙酸－乙酸钠缓冲介质中及在 PAN 存在的条件下，Al^{3+} 与 Cu-EDTA 发生定量置换，其生成物 Cu-PAN 可被氯仿萃取，用空气－乙炔火焰测定水相中剩余的铜，从而间接测定铝的含量。

2. 根据《水和废水监测分析方法》（第四版）中间接火焰原子吸收法测定水中铝时，样品如何进行前处理？

答案： 可取水样 100 ml 于 250 ml 烧杯中，加入硝酸 5 ml，置于电热板上消解，待溶液约剩 10 ml 时，加入 2% 硼酸溶液 5 ml，继续消解，蒸至近干。取下稍冷，加入 5% 抗坏血酸 10 ml，转入 100 ml 容量瓶中，用水定容。

参考文献

国家环境保护总局《水和废水监测分析方法》编委会 . 水和废水监测分析方法 .4 版［M］. 北京：中国环境科学出版社，2002.

命题：陈 纯 米方卓

审核：陈 纯 夏 新

第十六节 硫化物

分类号：W10–15

主要内容
《水和废水监测分析方法》（第四版）（硫化物 间接火焰原子吸收分光光度法）

一、判断题

1. 根据《水和废水监测分析方法》（第四版）中间接火焰原子吸收分光光度法测定水中硫化物时，若样品基体成分较为简单，可不用吹气，直接测定。若样品污染严重，应采用经改进后的吹气装置。（　　）

答案： 正确

2. 根据《水和废水监测分析方法》（第四版）中间接火焰原子吸收分光光度法测定水中硫化物时，实验用水应为一级水。（　　）

答案： 错误

正确答案为：实验用水均为除氧水。

3. 根据《水和废水监测分析方法》（第四版）中间接火焰原子吸收分光光度法测定水中硫化物时，装置使用前应注意检查气密性，加酸后要充分振荡，混合均匀。（　　）

答案： 错误

正确答案为：加酸后振摇时应进行平摇，避免动作过大引起断裂。

4. 根据《水和废水监测分析方法》（第四版）中间接火焰原子吸收分光光度法测定水中硫化物时，连接好装置，加入硫标准溶液，自加酸漏斗加入 10 ml 硝酸，迅速关闭加液阀。打开氮气开关，调节流量为 50 ml/min；轻轻振摇反应瓶，使酸液与样品混匀；连续吹气 40 min。（　　）

答案： 错误

正确答案为：自加酸漏斗加入 10 ml 磷酸。

5. 根据《水和废水监测分析方法》（第四版）中间接火焰原子吸收分光光度法测定水中硫化物时，反应结束后关载气。用蒸馏水冲洗吸收管的毛细管内、外壁，取出吹气管。将吸收管内的吸收液用定量滤纸过滤，转移至容量瓶中，充分洗涤，定容，摇匀，分析。（　　）

答案：错误

正确答案为：取出吹气管后，将吸收管内吸收液转移至 50 ml 容量瓶中，并充分洗涤吸收管内壁，定容摇匀。取上述溶液部分，加入干的离心管中离心，测定上清液中的铜含量。

6. 根据《水和废水监测分析方法》（第四版）中间接火焰原子吸收分光光度法测定水和废水中硫化物，是指水体中可溶解的氢硫酸盐、硫化物及酸可溶性的金属硫化物，以及非离解的硫化氢。（　　）

答案：正确

二、选择题

1. 根据《水和废水监测分析方法》（第四版）中间接火焰原子吸收分光光度法测定水中硫化物时，在反应中加适量的________调节吸收液的酸度。（　　）

A. 醋酸 - 醋酸钠缓冲溶液　　B. 稀磷酸

C. 氢氧化钠　　D. 稀硫酸

答案：A

2. 根据《水和废水监测分析方法》（第四版）中间接火焰原子吸收分光光度法测定水中硫化物时，加适量________调节吸收液表面张力，改善吸收液中气泡的均匀性，从而提高该方法的回收率。（　　）

A. 醋酸 - 醋酸钠缓冲溶液　　B. 乙醇

C. 醋酸钠溶液　　D. 氢氧化钠

答案：B

3. 根据《水和废水监测分析方法》（第四版）中间接火焰原子吸收分光光度法测定水和废水中硫化物时，用氮气带出硫化氢，被含有定量且过量的________吸收液吸收，分离沉淀后测定上清液，对硫进行间接定量。（　　）

A. 铅离子　　B. 锌离子　　C. 铜离子　　D. 铬离子

答案：C

参考文献

国家环境保护总局《水和废水监测分析方法》编委会 . 水和废水监测分析方法 .4 版［M］. 北京：中国环境科学出版社，2002.

命题：王伟华

审核：张万峰　冯　丹

第十一章　电感耦合等离子发射光谱法

第一节　基础知识

分类号：W11-0

一、填空题

1. 根据原子的特征发射光谱来研究物质的结构和测定物质的化学成分的方法称为________。

答案： 原子发射光谱法

2. 等离子发射光谱通常由化学火焰、电火花、电弧、激光和________激发而获得。

答案： 各种等离子体光源

3. 等离子体是目前最广泛应用的原子发射光谱光源，主要包括________、________和________。

答案： 电感耦合等离子体（ICP）　直流等离子体（DCP）　微波等离子体（MWP）

4. 原子发射光谱分析过程主要分三步：________、________和________。

答案： 激发　分光　检测

5. ICP 发射光谱技术具有灵敏度高、精密度高、基体干扰少、线性范围宽和可以________同时分析的优点。

答案： 多元素

6. ICP 光栅光谱仪中采用的色散元件主要有________、________、________3 种类型。

答案： 平面光栅　凹面光栅　中阶梯光栅

7. ICP 焰炬通常分成三区，即________、________和________。

答案： 预热区　初始辐射区　正常分析区

8. ICP-AES 法测定时，________法是实际应用最广泛的校正干扰的数学法，多数 ICP 光谱仪软件中采用这种方法。

答案： 干扰系数

9. 目前常用的电感耦合等离子发射光谱仪通常分为________式、________式和________式 3 种。

答案： 多道　顺序扫描　全谱直读

10. ICP-AES 分析中，产生连续背景的因素有________、________、________和________________4 种。

答案： 黑体辐射　韧致辐射　复合辐射　高浓度基体元素产生的连续背景辐射

11. ICP 光谱仪的进样装置通常是由________、________和________组成。

答案：雾化器　　雾室　　相应的供气管路

12. ICP 光谱仪常用的检测器有________和________两种。

答案：光电倍增管　　电荷转移器件

13. ICP-AES 法存在的主要干扰有________、________、________、________和________。

答案：物理干扰　　光谱干扰　　化学干扰　　电离干扰　　去溶干扰

二、判断题

1. 电感耦合等离子体原子发射光谱法，是以电感耦合等离子炬为激发光源的一类光谱分析方法。(　　)

答案：正确

2. 电感耦合等离子体焰炬自下而上温度逐渐升高。(　　)

答案：错误

正确答案为：电感耦合等离子体焰炬自下而上温度逐渐降低。

3. ICP 进样装置的性能对光谱仪的分析性能影响不大。(　　)

答案：错误

正确答案为：ICP 进样装置的性能对光谱仪的分析性能有重大影响，仪器的检出限、测量精度、灵敏度与它有直接关系。

4. ICP 光谱仪进样系统的作用是把试样雾化成气溶胶导入 ICP 光源。(　　)

答案：正确

5. ICP 光谱仪分光装置的作用是把复合光按照不同波长展开而获得光谱。(　　)

答案：正确

6. 电感耦合等离子体原子发射光谱法的光谱干扰是指连续背景干扰和谱线重叠干扰。(　　)

答案：错误

正确答案为：还有杂散光干扰。

三、选择题

1. ICP 炬管是由石英制成的________层同心管组成。(　　)

A. 2　　　　B. 3　　　　C. 4

答案：B

2. ICP 仪炬管的外管进________，中管进________，内管进________。(　　)

A. 等离子气，冷却气，载气　　　　B. 冷却气，载气，等离子气

C. 冷却气，等离子气，载气

答案：C

3. 通入 ICP 炬管的________起冷却保护炬管的作用，________用于输送样品，________提供电离气体（等离子体）。(　　)

A. 等离子气，冷却气，载气　　　　B. 冷却气，载气，等离子气

C. 冷却气，等离子气，载气

答案：B

4. ICP 焰炬的________具有适宜的激发温度，能使试样在此既较充分地原子化、激发、发射离子线和原子线，背景发射光谱强度又较低，一般情况下多用此区进行光谱分析。（　　）

A. 预热区　　B. 初始辐射区　　C. 测光区（内焰区）

答案：C

5. ICP 光源所用的工作气体是________。（　　）

A. 氮气　　B. 氩气　　C. 氢气

答案：B

四、问答题

1. 什么是等离子体？

答案：等离子体是物质在高温条件下，处于高度电离的一种状态。由原子、离子、电子和激发态原子、离子组成，总体呈电学中性和化学中性。为物质在常温下的固体、液体、气体状态之外的第四状态。

2. 简述等离子体发射光谱法的分析原理。

答案：（1）高频发生器产生的交变电磁场，使通过等离子体火炬的氩气电离、加速并与其他氩原子碰撞，形成等离子体；

（2）过滤或消解处理过的样品经进样器中的雾化器被雾化，并由氩载气带入等离子体火炬中被原子化、电离、激发；

（3）不同元素的原子在激发或电离时可发射出特征光谱，特征光谱的强弱与样品中原子浓度有关，与标准溶液进行比较，即可定量测定样品中各元素的含量。

3. 简述电感耦合高频等离子焰炬的特点。

答案：（1）由于高频感应电流的趋肤效应产生的电屏蔽大大减缓了原子和离子的扩散，因而是非常灵敏的分析光源，一般元素的检测极限常低于 10^{-8} g/ml；

（2）激发温度高，可达 8 000～10 000 K，能激发一些在一般火焰中难以激发的元素，且不易生成难熔金属氧化物；

（3）放电十分稳定，分析精密度高，偏差系数可小至 0.3%；

（4）等离子体的自吸效应很小，分析曲线的直线部分范围达 4～5 个数量级；

（5）基体效应小，化学干扰少，通常可用纯水配制标准溶液，或用同一套标准试样溶液来分析几种基体不同的试样；

（6）可同时进行多元素测定。

4. 简述 ICP 光谱仪的组成。

答案：ICP 光谱仪主要由两大部分组成，即 ICP 发生器和光谱仪。ICP 发生器包括高频电源、进样装置及等离子体炬管，光谱仪包括分光器、检测器及相关的电子数据系统，它的辅助装置是稳压电源及供气系统。

参考文献

[1] 国家环境保护总局《水和废水监测分析方法》编委会 . 水和废水监测分析方法 .4 版［M］. 北京：中国环境科学出版社，2002.

[2]《环境监测技术基本理论（参考）试题集》编写组 . 环境监测技术基本理论（参考）试题集［M］. 北京：中国环境科学出版社，2002.

[3] 辛仁轩 . 等离子体发射光谱分析［M］. 北京：化学工业出版社，1995.

[4] 吴邦灿 . 现代环境监测技术［M］. 北京：中国环境科学出版社，1999.

命题：张榆霞

审核：邹本东　夏　新

第二节　银等多种元素

分类号：W11-1

主要内容
《水质　32 种元素的测定　电感耦合等离子体发射光谱法》(HJ 776—2015)

一、填空题

1. 影响 ICP-AES 法分析特性的主要工作参数有 3 个，即________、________、和________。

答案：高频功率　　载气流量　　观测高度

2. 根据《水质　32 种元素的测定　电感耦合等离子体发射光谱法》(HJ 776—2015)，为尽量降低空白背景，测定所使用的所有容器清洗干净后，需用 10% 的________荡洗、________冲洗________反复冲洗。

答案：热硝酸　　自来水　　去离子水

3. 用 ICP-AES 法测定水中金属元素，目前常用的校正光谱干扰的方法是________和________。

答案：背景扣除法　　干扰系数法

二、判断题

1. 根据《水质　32 种元素的测定　电感耦合等离子体发射光谱法》(HJ 776—2015) 测定水中含量较高的金属元素时，应取适量消解液用 1% 硝酸溶液稀释。(　　)

答案：正确

2. 根据《水质　32 种元素的测定　电感耦合等离子体发射光谱法》(HJ 776—2015)，消除物理干扰最简单的方法是将样品稀释，但应保证待测元素的含量高于检出限。(　　)

答案：错误

正确答案为：消除物理干扰最简单的方法是将样品稀释，但应保证待测元素的含量高于测定下限。

3. 根据《水质　32 种元素的测定　电感耦合等离子体发射光谱法》(HJ 776—2015) 测定时，混合标准溶液的酸度不必与待测样品溶液的酸度一致。(　　)

答案：错误

正确答案为：混合标准溶液的酸度应尽量保持与待测样品溶液的酸度一致，均为 1% 的硝酸。

4. 根据《水质　32 种元素的测定　电感耦合等离子体发射光谱法》(HJ 776—2015) 测定时，若样品中待测元素浓度超出校准曲线范围，样品需稀释后测定，测定结果应乘以一个相应的倍数。(　　)

答案：正确

5. 铍和砷为剧毒致癌物质，对其水样进行检测和配制标准溶液时，应防止与皮肤直接接触，并保持室内有良好的排风系统。(　　)

答案：正确

6. 根据《水质　32 种元素的测定　电感耦合等离子体发射光谱法》(HJ 776—2015) 测定时，每批样品至少做 2 个实验室空白。(　　)

答案：正确

7. 根据《水质　32 种元素的测定　电感耦合等离子体发射光谱法》(HJ 776—2015) 测定时，点燃炬管之前，应先以氩气将进样系统中的空气赶尽，否则 ICP 不易点燃，或点燃后很快熄灭。(　　)

答案：正确

8. 根据《水质　32 种元素的测定　电感耦合等离子体发射光谱法》(HJ 776—2015) 测定时，在不同观测高度进行测定时，其灵敏度没有差异。(　　)

答案：错误

正确答案为：在不同观测高度进行测定时，其灵敏度有差异。

9. 根据《水质　32 种元素的测定　电感耦合等离子体发射光谱法》(HJ 776—2015) 测定水时，化学富集分离法用于校正元素间干扰，效果明显并可提高元素的检出能力，但操作手续繁冗，且易引入试剂空白。(　　)

答案：正确

10. 根据《水质　32 种元素的测定　电感耦合等离子体发射光谱法》(HJ 776—2015) 测定时，基体匹配法对基体成分固定样品的测定是理想的消除干扰的方法，但存在高纯试剂难于以解决的问题，且废水的基体成分变化莫测，标准溶液的配制十分麻烦。(　　)

答案：正确

11. 根据《水质　32 种元素的测定　电感耦合等离子体发射光谱法》(HJ 776—2015) 测定时，背景扣除法是凭经验确定扣除背景的位置及方式。(　　)

答案：错误

正确答案为：背景扣除法是根据单元素和混合元素试验确定扣除背景的位置及方式。

12. 根据《水质　32 种元素的测定　电感耦合等离子体发射光谱法》(HJ 776—2015)

测定时，干扰系数是指干扰元素所造成分析元素浓度升高与干扰元素浓度的比值。( )

答案：正确

13. 根据《水质 32 种元素的测定 电感耦合等离子体发射光谱法》(HJ 776—2015)测定时，干扰系数与光谱仪的分辨能力无关，可直接使用文献资料中的干扰系数。( )

答案：错误

正确答案为：干扰系数与光谱仪的分辨能力有关，文献资料中的干扰系数只作为参考，不能套用。干扰系数必须在所用仪器及具体分析条件下测定。

14. 根据《水质 32 种元素的测定 电感耦合等离子体发射光谱法》(HJ 776—2015)测定时，分析过程中沾污造成的空白值，可作为干扰进行校正。( )

答案：错误

正确答案为：用 ICP-AES 法测定时，不能把沾污造成的空白值作为干扰进行校正。

三、选择题

1. 根据《水质 32 种元素的测定 电感耦合等离子体发射光谱法》(HJ 776—2015)测定水中金属元素总量时，样品采集后立即加入适量硝酸，使硝酸含量达到________%。( )

A. 1　　B. 2　　C. 3

答案：A

2. 根据《水质 32 种元素的测定 电感耦合等离子体发射光谱法》(HJ 776—2015)，为了保证测定的准确性，在成批量测定样品时，每________个样品为一组，加测一个待测元素的质控样品，用以检查仪器的漂移程度。( )

A. 5　　B. 10　　C. 15　　D. 20

答案：B

3. 根据《水质 32 种元素的测定 电感耦合等离子体发射光谱法》(HJ 776—2015)测定时，连续背景和谱线重叠干扰属于________。( )

A. 光谱干扰　　B. 化学干扰　　C. 电离干扰

答案：A

4. 根据《水质 32 种元素的测定 电感耦合等离子体发射光谱法》(HJ 776—2015)测定时，________一般由样品的黏滞程度及表面张力变化导致。( )

A. 物理干扰　　B. 化学干扰　　C. 电离干扰

答案：A

5. 根据《水质 32 种元素的测定 电感耦合等离子体发射光谱法》(HJ 776—2015)测定时，在标准和分析试样中加入过量的易电离元素，可抑制或消除________。( )

A. 物理干扰　　B. 化学干扰　　C. 电离干扰

答案：C

6. 根据《水质 32 种元素的测定 电感耦合等离子体发射光谱法》(HJ 776—2015)测

定元素总量时，使用________消解体系对样品进行预处理。(　　)

A. HCl　　B.（1+1）HNO_3　　C.（1+1）H_3PO_4

答案：B

7. 根据《水质　32 种元素的测定　电感耦合等离子体发射光谱法》（HJ 776—2015）测定时，为减少空白值应在测定过程中尽量使用________盐酸和硝酸。(　　)

A. 化学纯　　B. 优级纯　　C. 分析纯

答案：B

8. 根据《水质　32 种元素的测定　电感耦合等离子体发射光谱法》（HJ 776—2015）测定时，为防止波长漂移，ICP-AES 光谱仪在测定前至少要开机预热________。(　　)

A. 1 h　　B. 10 min　　C. 5 h

答案：A

四、问答题

1. 根据《水质　32 种元素的测定　电感耦合等离子体发射光谱法》（HJ 776—2015）测定时，配制所用多元素混合标准溶液时，应考虑哪些因素？

答案：（1）根据元素间相互干扰的情况和标准溶液的性质，用单元素中间标准溶液，分组配制多元素混合标准溶液；

（2）混合标准溶液的浓度应根据分析样品及待测元素而定；

（3）混合标准溶液的酸度尽量保持与待测样品溶液的酸度一致。

2. 根据《水质　32 种元素的测定　电感耦合等离子体发射光谱法》（HJ 776—2015）测定水中溶解态元素时，如何进行样品预处理？

答案：样品采集后立即通过 0.45 μm 水系微孔滤膜过滤，弃去初始的 50～100 ml 溶液，收集所需体积的滤液，加入适量硝酸，使硝酸含量达到 1%。

3. 根据《水质　32 种元素的测定　电感耦合等离子体发射光谱法》（HJ 776—2015）测定水中多元素时，如何进行校准有效性检查？

答案：每批样品分析均须绘制校准曲线，校准曲线的相关系数应大于或等于 0.995.

每分析 10 个样品需用一个校准曲线的中间点浓度校准溶液进行校准核查，其测定结果与最近一次校准曲线该点浓度的相对偏差≤10%，否则重新绘制校准曲线。

每半年至少应做一次仪器谱线的校准以及元素间干扰校正系数的测定。

4. 根据《水质　32 种元素的测定　电感耦合等离子体发射光谱法》（HJ 776—2015）测定时，为什么必须特别重视标准溶液的配制？

答案：（1）不正确的配制方法将导致系统偏差的产生；

（2）介质和酸度不合适，会产生沉淀和浑浊；

（3）元素分组不当，会引起元素间谱线干扰；

（4）试剂和溶剂纯度不够，会引起空白值增加、检测限变异和误差增大。

5. 根据《水质　32 种元素的测定　电感耦合等离子体发射光谱法》（HJ 776—2015），试述 32 种元素测定的方法原理。

答案：经过滤或消解的水样注入电感耦合等离子体发射光谱仪后，目标元素在等离子体火炬中被气化、电离、激发并辐射出特征谱线，在一定浓度范围内，其特征谱线的强度与元素的浓度成正比。

五、计算题

根据《水质　32 种元素的测定　电感耦合等离子体发射光谱法》（HJ 776—2015）测定时，分析线 Cr 205.55 nm 受到 Fe 的干扰。当溶液中 Fe 的浓度为 1 000 mg/L 时，造成 Cr 浓度增加 0.2 mg/L，求 Fe 对 Cr 的干扰系数。

答案：K=0.2 /1 000 =0.000 2。

参考文献

[1] 环境保护部 . 水质　32 种元素的测定　电感耦合等离子体发射光谱法：HJ 776—2015 [S] . 北京：中国环境出版集团，2015.

[2]《环境监测技术基本理论（参考）试题集》编写组 . 环境监测技术基本理论（参考）试题集 .4 版 [M] . 北京：中国环境科学出版社，2015.

[3] 辛仁轩 . 等离子体发射光谱分析 [M] . 北京：化学工业出版社，1995.

命题：张榆霞　周笑白　牛　毓

审核：姜晓旭　夏　新　邹本东

第三节　铝等多种元素

分类号：W11-2

主要内容
《生活饮用水标准检验方法　金属指标》（GB/T 5750.6—2006）（1.4　电感耦合等离子体发射光谱法）

试题同 W11-1。

第十二章　电感耦合等离子体质谱法

第一节　基础知识

分类号：W12-0

一、填空题

1. ICP-MS 中常用的导入液体样品的气动雾化器主要有同心雾化器、交叉流雾化器 / 直角雾化器和 Babington 型雾化器（高盐、沟槽雾化器）3 种，其中________雾化器的灵敏度最高，稳定性最好。

答案：同心

2. ICP-MS 接口的功能是将等离子体中的离子有效传输到质谱中，它由________和________组成。

答案：采样锥　　截取锥

3. 固体样品引入 ICP-MS 的方法主要有________、________、样品直接插入法、固体粉末引入法及电弧雾化法。

答案：激光烧蚀法　悬浮液雾化法

4. 四级杆 ICP-MS 通常采用________和________两种数据采集方式。

答案：扫描　　跳峰

二、判断题

1. 试样溶液经离子化进入 ICP-MS 四级杆质量分析器后，四级杆质量分析器根据离子所带电荷的多少依次分开，再由离子检测器检测。(　　)

答案：错误

正确答案为：四级杆质量分析器根据离子的质量 / 电荷比不同依次分开，再由离子检测器检测。

2. ICP-MS 离子源产生的等离子体中正离子数大于电子数，所以，等离子体宏观上是呈现电正性的。(　　)

答案：错误

正确答案为：等离子体中电子数和正离子数基本相等，宏观上是呈电中性的。

3. ICP-MS 所用的氩气纯度非常重要，通常要达到 99.99% 以上。氩气纯度差会导致等离子体不稳定。(　　)

答案：错误

正确答案为：氩气纯度低时，其所含的杂质气体会对某些同位素产生质谱干扰。

4. ICP-MS 方法中，解决多原子离子干扰的最好办法是避免使用那些含有质量数比较

高又有许多同位素元素（如 Cl 和 S）的酸和试剂，或尽量降低其浓度。(　　)

答案：正确

5. ICP-MS 方法测定元素时，为了获得最好的检出限，一般总是选择最灵敏、丰度最高的同位素进行测量。(　　)

答案：正确

6. 在 ICP-MS 分析中，应尽量避免使用盐酸，是因为盐酸对锥孔的腐蚀严重。(　　)

答案：错误

正确答案为：盐酸中的氯在等离子体中形成的多原子离子是一些痕量元素可用同位素的主要干扰。

7. 在 ICP-MS 分析中，当必须使用盐酸分解样品时，可以用硝酸将样品溶液反复蒸发近干，有效地除去氯化氢，但此前处理过程易造成易挥发元素损失。当使用高氯酸分解样品时，可以使用同样的方法去除高氯酸引入的氯离子。(　　)

答案：错误

正确答案为：高氯酸引入的氯离子用蒸发的方式很难去除。

8. 在 ICP-MS 分析中，选择内标元素时，只要不是待分析元素，都可以作为内标元素。(　　)

答案：错误。

正确答案为：内标元素应选择在样品的含量中可忽略、与待测元素质量数及电离电位尽可能接近，且最好是单同位素的元素。

9. 只要 ICP-MS 仪处于待机状态，分析样品前都不需要再用调谐溶液进行调谐。(　　)

答案：错误

正确答案为：从待机状态到分析状态，分析样品前都必须用调谐溶液调谐，以观察仪器的灵敏度。

10. ICP-MS 离子采集接口上的重金属基体沉积物会使锥口形状或表面性质发生改变，从而改变离子通过锥孔的效率，并产生高水平的干扰离子，使仪器的测定信号产生漂移，因此需要经常清洗接采样锥和截取锥。(　　)

答案：正确

11. ICP-MS 测量的线性动态范围可以达到 108～109，因此 ICP-MS 可以同时测定任何元素含量在几毫克 / 每升级至几百毫克 / 每升级的样品。(　　)

答案：错误。

正确答案为：ICP-MS 检测器虽然可以测量高浓度信号，但是为了避免检测器受到污染，保护检测器的使用寿命，实际应用中对高浓度样品应采取稀释或其他方法，避免检测器测量高强信号，尤其是汞、砷等记忆效应干扰严重的金属元素。

12. ICP-MS 分析中质谱测定的干扰包括同质异位素干扰、双电荷离子干扰、多原子离子干扰和背景干扰等。

答案：正确

三、选择题

1. ICP-MS 测定有机溶液中的痕量元素时，必须向雾化气流中加入少量________，以免在锥孔处产生积碳。(　　)

A. 氮气　　B. 氦气　　C. 氧气

答案：C

2. ICP 具有高的________电荷分析物离子产率，低的________电荷离子、氧化物或其他分子和加合物离子产率，是 ICP-MS 非常合适的离子源。(　　)

A. 单，双　　B. 双，单

答案：A

3. ICP-MS 离子源的供电装置是________。(　　)

A. 矩管　　B. 四级杆　　C. 射频发生器

答案：C

4. ICP-MS 分析中的质谱背景值一般选用质量数________、________处测定，以监测仪器的电子噪音、杂散光噪音、随机噪音等的程度。(　　)

A. 6，115　　B. 4，220　　C. 5，115　　D. 5，220

答案：D

5. ICP-MS 分析中，高含量盐分样品溶液的引入会造成仪器信号漂移。为了保证仪器的长期稳定性，减少基体干扰效应，样品溶液的盐度一般控制在________以下。(　　)

A. 0.5%　　B. 0.2%　　C. 1%　　D. 2%

答案：B

6. 难熔氧化物或氢氧化物离子的形成是 ICP-MS 分析中质谱干扰必须考虑的重要因素。一般 ICP-MS 仪器用________比率表征仪器氧化物的干扰水平。(　　)

A. CeO^+/Ce^+　　B. Ce^+ / CeO^+　　C. BaO^+/Ba^+　　D. Ba^+ / BaO^+

答案：A

7. 为了保证 ICP-MS 分析曲线的线性准确，可以同时测量低浓度信号和高浓度信号，必须对检测器的脉冲模式信号和模拟模式信号进行________。(　　)

A. 调谐　　B. 质量校准　　C. 交叉校准

答案：C

8. ICP-MS 分析中，对于中质量段应选择________为内标元素。(　　)

A. 9Be　　B. 103Rh　　C. 187Re

答案：B

9. ICP-MS 中内标校正法作用有________。(　　)

A. 监测和校正信号的短期及长期漂移　　B. 校正一般的基体效应　　C. 以上均正确

答案：C

四、问答题

1. 简述电感耦合等离子体质谱仪的主要组成部分及核心组成部分。

答案：电感耦合等离子体质谱仪主要由ICP离子源、RF发生器、样品引入系统、接口与离子光学透镜、质量分析器、多级真空系统、检测与数据处理系统、计算机系统8个部分组成。核心组成部分是ICP离子源、质量分析器、检测与数据处理系统。

2. 简述ICP-MS分析中内标校正法内标元素的选择原则。

答案：样品中不含该元素；不受样品基体或分析物的干扰；不会对分析元素产生干扰；与分析元素的质量接近；内标元素的电离电位最好与分析元素接近；不能是环境污染元素。

参考文献

[1] 刘虎生．电感耦合等离子体质谱技术与应用［M］．北京：化学工业出版社，2005.

[2] 王小如．电感耦合等离子体质谱应用实例［M］．北京：化学工业出版社，2005.

[3] 李冰，杨红霞．电感耦合等离子体质谱原理和应用［M］．北京：地质出版社，2005.

命题：袁 静 马海斌 夏 新

审核：张霖琳 陈素兰

第二节 银等多种元素

分类号：W12-1

主要内容

①《生活饮用水标准检验方法 金属指标》（GB/T 5750.6—2006）（1.5 电感耦合等离子体质谱法）

②《水质 65种元素的测定 电感耦合等离子体质谱法》（HJ 700—2014）

一、填空题

1.《生活饮用水标准检验方法 金属指标》（GB/T 5750.6—2006）（1.5 电感耦合等离子体质谱法）适用于________________中金属元素含量的测定。①

答案：生活饮用水及水源水

2. 使用电感耦合等离子体质谱法测试水中金属指标时，一般要求采用稀硝酸来配制标准曲线、稀释样品等；如果采用稀盐酸溶液来代替，可能会对________等（至少写出2种）元素产生分子离子干扰；如果采用硫酸溶液，则可能会对__________等（至少写出4种）元素产生分子离子干扰。①

答案：V、Cr、As、Se　　Ti、V、Cr、Zn、Ge

3. 根据《生活饮用水标准检验方法 金属指标》（GB/T 5750.6—2006）（1.5 电感耦合等离子体质谱法）测定水中Hg元素时，因为低浓度的Hg很容易沉积在镍制采样锥和截取锥上，为避免仪器被污染，可以采用适当浓度的________溶液或________溶液来清洗仪器，以降低干扰。①

答案：金　　盐酸

二、判断题

1. 硼硅玻璃瓶可用于生活饮用水中汞样品的采集，使用前可用 5% 硝酸溶液浸泡 24 h。(　　) ①

答案：正确

2.《生活饮用水标准检验方法　金属指标》(GB/T 5750.6—2006)(1.5　电感耦合等离子体质谱法)和《水质　65 种元素的测定　电感耦合等离子体质谱法》(HJ 700—2014)通常选择的内标元素包括锂、钪、铝、铟和铋等。(　　) ①②

答案：错误

正确答案为：铝不适合做内标元素。

3. 根据《生活饮用水标准检验方法　金属指标》(GB/T 5750.6—2006)(1.5　电感耦合等离子体质谱法)和《水质　65 种元素的测定　电感耦合等离子体质谱法》(HJ 700—2014)测定水中 Fe 元素时，存在显著的本底分子离子 $^{40}Ar^{16}O^{+}$、$^{40}Ar^{16}O^{1}H^{+}$ 干扰。(　　) ①②

答案：正确

4. 根据《生活饮用水标准检验方法　金属指标》(GB/T 5750.6—2006)(1.5　电感耦合等离子体质谱法)和《水质　65 种元素的测定　电感耦合等离子体质谱法》(HJ 700—2014)测定水中 Ni、Cu 和 Zn 等元素时，基体氧化物 ZrO 可能会干扰其测定。(　　) ①②

答案：错误

正确答案为：基体氧化物 TiO 会干扰测试结果。

5. 根据《生活饮用水标准检验方法　金属指标》(GB/T 5750.6—2006)(1.5　电感耦合等离子体质谱法)和《水质　65 种元素的测定　电感耦合等离子体质谱法》(HJ 700—2014)测定水中 ^{208}Pb 时，可同时测定 ^{206}Pb、^{207}Pb 和 ^{208}Pb 的浓度，并可用三者浓度之和来表征水中 ^{208}Pb 元素的实际浓度。(　　) ①②

答案：正确

6. 根据《生活饮用水标准检验方法　金属指标》(GB/T 5750.6—2006)(1.5　电感耦合等离子体质谱法)和《水质　65 种元素的测定　电感耦合等离子体质谱法》(HJ 700—2014)测定水中 Cd 时，其未校正 ^{114}Cd 测试结果略高于 Cd 元素的实际浓度。(　　) ①②

答案：正确

7. 根据《生活饮用水标准检验方法　金属指标》(GB/T 5750.6—2006)(1.5　电感耦合等离子体质谱法)和《水质　65 种元素的测定　电感耦合等离子体质谱法》(HJ 700—2014)测定水中金属元素时，NaCl 等盐类所导致的电离干扰通常会增敏分析信号，可采用内标法来校正基体干扰。(　　) ①②

答案：错误

正确答案为：电离干扰一般会减少分析信号，称为基体抑制。

8. 根据《生活饮用水标准检验方法　金属指标》(GB/T 5750.6—2006)(1.5　电感

耦合等离子体质谱法）和《水质 65种元素的测定 电感耦合等离子体质谱法》（HJ 700—2014）测定水中金属元素时，待测水体中如果有大量的Fe元素存在，则可能会干扰Ni的定量。（ ）①②

答案：正确

9. 根据《生活饮用水标准检验方法 金属指标》（GB/T 5750.6—2006）（1.5 电感耦合等离子体质谱法）和《水质 65种元素的测定 电感耦合等离子体质谱法》（HJ 700—2014）测定水中金属元素时，对水体中Fe和Ni元素定量影响最显著的因素是Ar和O元素的广泛存在所导致的分子离子干扰。（ ）①②

答案：正确

10. 根据《生活饮用水标准检验方法 金属指标》（GB/T 5750.6—2006）（1.5 电感耦合等离子体质谱法）和《水质 65种元素的测定 电感耦合等离子体质谱法》（HJ 700—2014）测定水中金属元素时，在ICP-MS的雾化和等离子体化过程中，大约有99%的样品会损失，通常可采用CeO^+/Ce^+来衡量电离效率。等离子体温度对电离效率起到决定性作用。（ ）①②

答案：正确

11. 根据《生活饮用水标准检验方法 金属指标》（GB/T 5750.6—2006）（1.5 电感耦合等离子体质谱法）和《水质 65种元素的测定 电感耦合等离子体质谱法》（HJ 700—2014）测定水中金属元素时，提高雾化室的温度可以减少干扰的氧化物和多原子离子。（ ）①②

答案：错误

正确答案为：冷却雾室可减少干扰的氧化物和多原子离子。

12. 根据《生活饮用水标准检验方法 金属指标》（GB/T 5750.6—2006）（1.5 电感耦合等离子体质谱法）和《水质 65种元素的测定 电感耦合等离子体质谱法》（HJ 700—2014）测定水中金属元素时，可以使用硫酸作为保存剂标准溶液。（ ）①②

答案：错误

正确答案为：应用低浓度硝酸、盐酸作保存剂。

13.《水质 65种元素的测定 电感耦合等离子体质谱法》（HJ 700—2014）适用于地表水、地下水、生活污水中元素的测定，但不适用于低浓度工业废水中元素的测定。（ ）②

答案：错误

正确答案为：也适用于低浓度工业废水。

三、选择题

1. 针对《生活饮用水标准检验方法 金属指标》（GB/T 5750.6—2006）（1.5 电感耦合等离子体质谱法）和《水质 65种元素的测定 电感耦合等离子体质谱法》（HJ 700—2014）中可能存在的基体干扰，________不是常用的消除干扰方式。（ ）①②

A. 稀释基体　　B. 基体匹配　　C. 标准加入法　　D. 内标法

E. 干扰校正方程法

答案：E

2. 针对《生活饮用水标准检验方法　金属指标》（GB/T 5750.6—2006）（1.5　电感耦合等离子体质谱法）和《水质　65 种元素的测定　电感耦合等离子体质谱法》（HJ 700—2014）中可能存在的质谱干扰，________不是常用的消除干扰方式。（　　）①②

A. 化学预分离　　B. 碰撞 / 反应池技术

C. 同位素分析　　D. 屏蔽矩技术

答案：A

3. 无法用 ICP-MS 分析测量的元素是________。（　　）

A. Si　　B. Fe　　C. F　　D. Cl

答案：C

4. 根据《生活饮用水标准检验方法　金属指标》（GB/T 5750.6—2006）（1.5　电感耦合等离子体质谱法）和《水质　65 种元素的测定　电感耦合等离子体质谱法》（HJ 700—2014）进行测定时，88Sr 双电荷可对________元素的测定造成干扰。（　　）①②

A. K　　B. Ca　　C. Se　　D. Cu

答案：B

5. 使用 ICP-MS 分析样品时，________对分析结果影响较小。（　　）①②

A. 盐酸　　B. 硫酸　　C. 磷酸　　D. 过氧化氢

答案：D

四、问答题

1. 简述 ICP-MS 分析中内标的作用。①②

答案：校正仪器响应信号的波动，包括因基体效应和仪器性能漂移引起的响应波动等。

2. 简述 ICP-MS 元素分析的原理。①②

答案：利用高能源激发电子，使电子脱离原子的电子层，产生由自由电子和带正电荷的离子，提取带正电荷的离子，使其通过质量分析器，具有不同荷质比的离子被分离开，由检测器测定具有不同荷质比离子的数量而得到不同元素的浓度。

参考文献

[1] 中华人民共和国卫生部，中国国家标准化管理委员会 . 生活饮用水标准检验方法　金属指标：GB/T 5750.6—2006［S］. 北京：中国标准出版社，2006.

[2] 环境保护部 . 水质　65 种元素的测定　电感耦合等离子体质谱法：HJ 700—2014［S］. 北京：中国环境出版社，2014.

[3] 王小如 . 电感耦合等离子体质谱应用实例［M］. 北京：化学工业出版社，2005.

命题：陈　纯　刘　丹　马海斌

审核：陈素兰　米方卓　夏　新

第十三章　气相色谱法

第一节　基础知识

分类号：W13-0

一、填空题

1. 气相色谱柱的老化温度要高于分析时最高柱温________℃，并低于固定液的最高使用温度，老化时，色谱柱要与________断开。

答案：5～10　检测器

2. 气相色谱法分离过程中，一般情况下，沸点差别越小、极性越相近的组分其保留值的差别就________，而保留值差别最小的一对组分就是________物质对。

答案：越小　难分离

3. 气相色谱法分析非极性组分时应首先选用________固定液，组分基本按沸点顺序出峰，如烃和非烃混合物，同沸点的组分中________大的组分先流出色谱柱。

答案：非极性　极性

4. 气相色谱法所测组分和固定液分子间的氢键力实际上也是一种________力，氢键力在气液色谱中占有________地位。

答案：定向　重要

5. 气相色谱法分离中等极性组分首先选用________固定液，组分基本按沸点顺序流出色谱柱。

答案：中极性

6. 气相色谱分析用归一化法定量的条件是________都要流出色谱柱，且在所用检测器上都能________。

答案：样品中所有组分　产生信号

7. 气相色谱分析内标法定量要选择一个适宜的________，并要求它与其他组分能________。

答案：内标物　完全分离

8. 气相色谱法常用的浓度型检测器有________和________。

答案：热导检测器（TCD）　电子捕获检测器（ECD）

9. 气相色谱法常用的质量型检测器有________和________。

答案：氢火焰检测器（FID）　火焰光度检测器（FPD）

10. 电子捕获检测器常用的放射源是________和________。

答案：63Ni　3H

11. 气相色谱分析中，纯载气通过检测器时，输出信号的不稳定程度称为________。

答案：噪音

12. 顶空气体分析法是依据________原理，通过分析气体样来测定________中组分的方法。

答案：相平衡　平衡液相

13. 毛细管色谱进样技术主要有________和________。

答案：分流进样　不分流进样

14. 液－液萃取易溶于水的有机物时，可用________法，即用添加________来减小水的活度，从而降低有机化合物的溶解度。

答案：盐析　盐

15. 气相色谱载体大致可分为________和________。

答案：无机载体　有机聚合物载体

16. 所谓气相色谱固定液热稳定性好，主要是指固定液在高温下不发生________、________和分解。

答案：聚合　交联

17. 气相色谱程序升温的方式有________升温和________升温。

答案：线性　非线性

18. 气相色谱法分析中，不同的色谱柱温会对柱效、________、________、________和________产生影响。

答案：保留值　保留时间　峰高　峰面积

19. 选择气相色谱分析的气化室温度时要考虑试样的________、________、________和进样量等因素。

答案：挥发性　沸点范围　稳定性

20. 气相色谱法中，评价毛细管柱性能的3项重要指标是________、________和________。

答案：柱效　表面惰性　热稳定性

21. 用于气相色谱分析样品的采集方法主要有________、________和________。

答案：直接采集法　浓缩采集法　化学反应采集法

二、判断题

1. 用气相色谱分析同系物时，难分离物质对一般是系列第一对组分。（　）

答案：正确

2. 气相色谱分析时，载气在最佳线速下，柱效高，分离速度较慢。（　）

答案：正确

3. 气相色谱法测定中，随着进样量的增加，理论塔板数上升。（　）

答案：错误

正确答案为：气相色谱法测定中，理论塔板数与进样量无关。

4. 气相色谱分析时进样时间应控制在1 s以内。（　）

答案：正确

5. 气相色谱分析时，载气流速对不同类型气相色谱检测器响应值的影响不同。(　　)

答案：正确

6. 气相色谱固定液必须不能与载体、组分发生不可逆的化学反应。(　　)

答案：正确

7. 气相色谱分离过程中的色散力是非极性分子间唯一的相互作用力。(　　)

答案：正确

8. 气相色谱检测器灵敏度高并不等于敏感度好。(　　)

答案：正确

9. 气相色谱分析中溶质的比保留体积受柱长和载气流速的影响。(　　)

答案：错误

正确答案为：气相色谱分析中溶质的比保留体积不受柱长影响。

10. 测定气相色谱法的校正因子时，其测定结果的准确度受进样量的影响。(　　)

答案：错误

正确答案为：其测定结果的准确度不受进样量的影响。

11. 气相色谱法中，色谱峰的峰高是峰的顶点与基线之间的距离。(　　)

答案：正确

12. 在气相色谱分析中，分子量较小的载气有较小的扩散系数。(　　)

答案：错误

正确答案为：分子量较小的载气有较大的扩散系数。

13. 气相色谱的灵敏度又称为应答值。(　　)

答案：正确

14. 气相色谱法中，分离度是色谱柱总分离效能的指标。(　　)

答案：正确

15. 气相色谱分析时，组分在气－液两相间的分配比越大，保留时间越短。(　　)

答案：正确

16. 采集用吹脱－捕集气相色谱法测定的样品时，应采空白样，以证明样品未被污染。(　　)

答案：正确

17. 用吹脱－捕集气相色谱法分析水样时，吹脱出的气体样品会含有许多水分，有可能会干扰色谱测定，因此要除去水分。(　　)

答案：正确

18. ECD 检测器是一种高灵敏度检测器。(　　)

答案：正确

19. ECD 检测器灵敏度高，但重现性差。(　　)

答案：正确

20. 动态顶空气相色谱法又称为吹脱－捕集气相色谱法。(　　)

答案：正确

三、选择题

1. 用气相色谱法定量分析多组分样品时，分离度至少为________。(　　)

A. 0.50　　B. 0.75　　C. 1.0　　D. 1.5

E. >1.5

答案：C

2. 气相色谱固定液的选择性可以用________来衡量。(　　)

A. 保留值　　B. 相对保留值　　C. 分配系数　　D. 分离度

E. 理论塔板数

答案：B

3. 制备气相色谱填充柱时，涂渍高温固定液宜选用________。(　　)

A. 抽空涂渍法　　B. 加热回流法

答案： B

4. 在气相色谱流出曲线上，两峰间距离决定于相应两组分在两相间的________。(　　)

A. 保留值　　B. 分配系数　　C. 扩散速度　　D. 分配比

E. 理论塔板数

答案：B

5. 使用气相色谱仪热导池检测器时，有几个步骤，下面________次序是正确的。（1）打开桥电流开关；（2）打开记录仪开关；（3）通载气；（4）升柱温及检测器温度；（5）启动色谱仪电源开关。(　　)

A.（1）→（2）→（3）→（4）→（5）　　B.（2）→（3）→（4）→（5）→（1）

C.（3）→（5）→（4）→（1）→（2）　　D.（5）→（3）→（4）→（1）→（2）

E.（5）→（4）→（3）→（2）→（1）

答案：C

6. 在气相色谱分析中，色谱峰特性与被测物含量成正比的是________。(　　)

A. 保留时间　　B. 保留体积　　C. 相对保留值　　D. 峰面积

E. 半峰宽

答案：D

7. 气相色谱法中，色谱柱的柱效率可以用________表示。(　　)

A. 分配比　　B. 分配系数　　C. 保留值　　D. 有效塔板高度

E. 载气流速

答案：D

8. 气相色谱检测器的线性范围是________。(　　)

A. 标准曲线呈直线部分的范围

B. 检测器呈线性时，最大和最小进样量之比

C. 最小进样量和最大进样量之比

D. 最大允许进样量与最小检测量之比

答案：B

9. SE-30 气相色谱固定液的极性属于________。（ ）

A. 非极性　　B. 弱极性　　C. 强极性

答案：A

10. PEG-20M 气相色谱固定液的极性属于________。（ ）

A. 非极性　　B. 中等极性　　C. 极性

答案：C

四、问答题

1. 气相色谱分析用微量注射器进样时，影响进样重复性的因素有哪些？

答案：针头在进样器中的位置，插入速度，停针时间，拔出的速度。

2. 气相色谱法中，确定色谱柱分离性能好坏的指标是什么？

答案：柱效能、选择性和分离度。

3. 气相色谱分析中，柱温的选择主要考虑哪些因素？

答案：（1）被测组分的沸点；

（2）固定液的最高使用温度；

（3）检测器灵敏度；

（4）柱效。

4. 评价气相色谱检测器性能的主要指标有哪些？

答案：灵敏度、检测度、线性范围和选择性。

5. 分别说明气相色谱柱填料硅藻土载体 Chromosorb W AW DMCS 中“W”“AW”“DMCS”的含义？

答案：W——白色；AW——酸洗；DMCS——二甲基二氯硅烷处理。

6. 制备气相色谱填充柱时，应注意哪些问题？

答案：（1）选用合适的溶剂；

（2）要使固定液均匀地涂在载体表面；

（3）避免载体颗粒破碎；

（4）填充要均匀密实。

7. 气相色谱法分析误差产生的原因主要有哪些？

答案：取样进样技术、样品吸附分解、检测器性能、仪器的稳定性、数据处理与记录。

8. 气相色谱分析采用恒温 - 线性 - 恒温程序升温的作用是什么？

答案：初始用恒温分离低沸点组分，然后线性升温至终温，在终温保持一定时间，把高沸点组分冲洗出来。

9. 试述气相色谱法的特点。

答案：分离效能高、选择性好、灵敏度高、分析速度快、样品用量少和响应范围广。

10. 试说出气相色谱法的局限性。

答案：只能分析在操作条件下能气化而且热稳定性良好的样品。

11. 什么是气相色谱检测器的灵敏度？

答案：当一定浓度或一定质量的样品进入检测器时，就会产生一定的响应信号，灵敏度就是响应信号对进样量的变化率。

12. 气相色谱分析基线的定义是什么？

答案：气相色谱分析基线是色谱柱中仅有载气通过时，噪声随时间变化的曲线。

13. 气相色谱柱老化的目的是什么？

答案：气相色谱柱老化的目的是要赶走残存溶剂和某些挥发性杂质，使固定液在载体表面有一个再分布的过程，使其更加均匀牢固。

14. 与常规液－液萃取相比，连续液－液萃取具有哪些优缺点？

答案：优点：无需人工操作，可以进行低分配系数物质的萃取，使用较少的溶剂，可获得较高的萃取效率。

缺点：在蒸馏过程中可能会损失高挥发性的物质，热不稳定物质也可能会有降解。

15. 说明连续液－液萃取的适用范围。

答案：对于分配系数值小的物质，或者需要萃取的样品体积很大，多次萃取是不符合实际的，并且萃取次数越多，使用的萃取剂体积越大。在某些情况下，萃取动力学平衡可能需要很长时间才能建立。在这些情况下，可以使用连续液－液萃取。

16. 毛细管柱气相色谱分析时，加尾吹的目的是什么？

答案：为了减少柱后死体积，提高灵敏度。

17. 什么是气相色谱的半高峰宽？

答案：半高峰宽是在峰高一半处的色谱峰的宽度，单位可用时间和距离表示。

18. 气相色谱法中，与填充柱相比，毛细管柱有哪些特点？

答案：在毛细管色谱柱中，固定液涂在毛细管内表面上，与填充柱相比，毛细管柱渗透性大，传质阻力小，所以具有如下特点：柱子长，柱效高；可提高载气线速，分析速度快；样品用量少；柱容量小。

19. 为什么连接色谱柱与检测器时，要将原接真空泵的一端接检测器？

答案：在连接色谱柱与检测器时，将原接真空泵的一端接检测器，另一端接气化室，这样可以提高出口的压力，使载气线性均匀，柱效高。方向接反时，造成柱效下降 10%～20%。

20. 何谓气相色谱的保留值和相对保留值？

答案：保留值表示溶质通过色谱柱时被固定相保留在柱内的程度。相对保留值是任一组分与基准物质校正保留值之比。

21. 什么是气相色谱的分配系数？影响分配系数的因素有哪些？

答案：分配系数也叫平衡常数，是指在一定温度和压力下，气液两相间达到平衡时，组分分配在气相中的平均浓度与其分配在液相中的平均浓度的比值，它是一个常数。分配系数只随柱温、柱压变化，与柱中两相体积无关。

22. 对气相色谱固定液的基本性能有哪些要求？

答案：（1）在工作温度下为液体，具有很低的蒸气压（0.75 kPa，即 0.1 mmHg）；

（2）在工作温度下要有较高的热稳定性和化学稳定性，即在进行色谱分析时固定液不能与载体、样品和载气发生反应；

（3）在工作温度下固定液对载体有好的浸渍能力，使固定液形成均匀的液膜；

（4）固定液对所分离的混合物有选择性分离能力。

23. 气相色谱常用的定性、定量方法有哪些？

答案： 定性方法：用已知保留值定性；根据不同柱温下的保留值定性；根据同系物保留值的规律关系定性；双柱、多柱定性；双检测器定性或利用检测器的选择性定性；利用其他物理方法结合定性，如质谱；利用化学反应或物理吸附作用对样品进行预处理。

定量方法：外标法；内标法；叠加法；归一化法。

24. 简述氢火焰离子化检测器的工作原理。

答案： 利用氢火焰作为电离源，当待测气体通过离子室时，在能源的作用下分子直接或间接被离子化，并且在电场内定向运动形成电流，利用电子放大系统测定离子流的强度，即可得到被测物质变化信号。

25. 简述火焰光度检测器的工作原理。

答案： 火焰光度检测器是利用富氢火焰使含硫、磷杂原子的有机物分解，形成激发态分子，当它们回到基态时，发射出一定波长的光。此光强度与被测组分量成正比。

26. 气相色谱保留值包括哪些指标，各表示什么物理意义？（至少说出 6 种）

答案： 气相色谱保留值包括死时间、死体积、死区域、保留时间、调整（校正）保留时间、保留体积、调整（校正）保留体积、净保留体积、比保留体积、相对保留值、保留指数和保留指数差等。

（1）死时间：一些不被固定相吸收或吸附的气体通过色谱柱的时间。

（2）死体积：指色谱柱中不被固定相占据的空间及进样系统管道和检测系统的总体积，等于死时间乘以载气流量。

（3）死区域：指色谱柱中不被固定相占据的空间。

（4）保留时间：从注射样品到色谱峰出现时的时间，以 s 或 min 为单位表示。

（5）调整（校正）保留时间：保留时间减去死时间即为调整保留时间。

（6）保留体积：从注射样品到色谱峰顶出现时，通过色谱系统载气的体积，一般可用保留时间乘载气流速求得，以 ml 为单位表示。

（7）调整（校正）保留体积：保留体积减去死体积即为调整保留体积。

（8）净保留体积：经压力修正的调整保留体积。

（9）比保留体积：把净保留体积进一步校正到单位质量固定液在 273 K 时的保留体积。

（10）相对保留值：在一定色谱条件下，某组分的校正保留时间与另一基准物的校正保留时间之比。

（11）保留指数：一定温度下在某种固定液上的相对保留值，具体说是以一系列正构烷烃作标准的相对保留值。

（12）保留指数差：化合物 X 在某一固定液 S 上测得的保留指数减去 X 在角鲨烷固定液上得到的保留指数。

27. 气相色谱分析中，气化室温度会对色谱柱效产生怎样的影响？

答案： 如果气化室温度选择不当，会使柱效降低，当气化室温度低于样品沸点时，样品气化的时间变长，使样品在柱内分布加宽，因而柱效会下降。而当气化室温度升至足够高时，样品可以瞬间气化，其柱效恒定。

28. 说明用保留时间进行气相色谱定性分析的局限性。

答案：保留时间并非某一物质的特征值，在相同的色谱条件下测得的同一保留时间可能有很多化合物与之相对应，这就难以确定未知化合物究竟是什么。

29. 简述气相色谱填充柱应具备的条件。

答案：（1）具有化学稳定性，即在使用温度下不与固定液或样品发生反应；

（2）具有好的热稳定性，即在使用温度下不分解，不变形，无催化作用；

（3）有一定机械强度，在处理过程不易破碎；

（4）有适当的比表面，表面无深沟，以便使固定液成为均匀的薄膜；要有较大的孔隙率，以便减小柱压降。

30. 简述电子捕获检测器的工作原理。

答案：载气及吹扫气进入电离室中，在放射源发射的 b- 粒子（高能粒子）轰击下电离，产生大量电子。在电源、阴极和阳极电场作用下，该电子流向阳极，得到 10^{-9}～10^{-8}A 的基流。当被分离的电负性组分进入检测器时，即捕获电子，使基流下降，产生一负峰。它通过放大器放大，在记录器上记录，即为响应信号，其大小与进入池中组分量成正比。

31. 为什么可用液 - 液萃取的方式从水样中萃取出有机物？

答案：有机物在有机溶剂中的溶解度一般比在水相中的溶解度大，所以可以用有机溶剂将它们从水样中萃取出来。分配系数越大，水相中的有机物被有机溶剂萃取的效率会越高。

32. 消除液 - 液萃取出现的乳化现象常用的技术有哪些？

答案：常用的破乳技术有加盐、增加有机溶剂比例、通过玻璃棉塞过滤乳化液样品或通过无水硫酸钠柱过滤、冷藏、通过离心作用、加进少量的不同有机溶剂。

33. 液 - 固萃取（索氏提取）包括哪两个过程？

答案：液 - 固萃取（索氏提取）包括固体样品中某些待测组分分子在溶剂中溶解过程和待测组分分子与溶剂分子相互扩散的过程。

34. 影响液 - 固萃取（索氏提取）的因素有哪些？

答案：影响液 - 固萃取（索氏提取）的因素有物料的性质、萃取时的温度、萃取时间、溶剂的性质和用量、样品中溶剂保留量、萃取液的浓度、溶剂的穿透速度。

35. 吹脱 - 捕集气相色谱法的进样方式有哪些特点？

答案：方法灵敏度高、不需要有机溶剂、无溶剂污染、组分损失少、检出限低、操作快捷。但样品是一次进样，所以在无法确定样品的浓度时，有时需要多次取样品测定。

五、计算题

用气相色谱法分析某废水中有机组分时，取水样 500 ml 以有机溶剂分次萃取，最后定容至 25.00 ml 供色谱分析用。进样 5 ml 测得峰高为 75.0 mm，标准液峰高 69.0 mm，标准液浓度 20.0 mg/L，试求水样中被测组分的含量（mg/L）。

答案：已知试样峰高 hi 为 75.0 mm，标准液峰高 hs 为 69.0 mm，标准液浓度 Cs 为 20.0 mg/L，水样富集倍数 =500.0/25.00=20，则

$$C = \frac{75.0}{69.0} \times 20.0 / 20 = 1.09 \text{（mg/L）}$$

参考文献

[1] 孙传经 . 气相色谱分析原理与技术［M］. 北京：化学工业出版社，1981.

[2] 中国科学院大连化学物理研究所 . 气相色谱法［M］. 北京：科学出版社，1989.

[3] 陈尊庆 . 气相色谱法与气液平衡原理［M］. 天津：天津大学出版社，1991.

[4] 王永华 . 气相色谱分析［M］. 北京：海洋出版社，1990.

[5] 国家环境保护总局《水和废水监测分析方法》编委会 . 水和废水监测分析方法 .4 版［M］. 北京：中国环境科学出版社，2002.

[6]《水和废水分析方法指南》编委会 . 水和废水监测分析方法指南：中册［M］. 北京：中国环境科学出版社，1994.

[7] 傅若农 . 色谱分析概论 .2 版［M］. 北京：化学工业出版社，2005.

[8] 吴烈钧 . 气相色谱检测方法 .2 版［M］. 北京：化学工业出版社，2005.

[9] 王立 . 色谱分析样品处理 .2 版［M］. 北京：化学工业出版社，2005.

[10] 刘国诠 . 色谱柱技术 .2 版［M］. 北京：化学工业出版社，2005.

[11] 齐文启 . 环境监测实用技术［M］. 北京：中国环境科学出版社，2006.

[12]《水和废水分析方法指南》编委会 . 水和废水监测分析指南：下册［M］. 北京：中国环境科学出版社，1997.

命题：史　箴　米方卓

审核：史　箴　李冰清　夏　新

第二节　苯系物

分类号：W13-1

主要内容
《水质　苯系物的测定　顶空 / 气相色谱法》（HJ 1067—2019）

一、填空题

1. 气相色谱法测定水中苯系物时，水样的预处理方法包括________或________。

答案：吹脱捕集　　顶空

2. 根据《水质　苯系物的测定　顶空 / 气相色谱法》（HJ 1067—2019）测定水中苯系物时，样品采集后，应在 4℃以下冷藏运输和保存，________（填写时间）内完成分析。未酸化的样品应在________（填写时间）内完成分析。

答案：14 d　　24 h

3. 根据《水质　苯系物的测定　顶空 / 气相色谱法》（HJ 1067—2019）测定水中苯系物时，工作曲线至少________个非零浓度点，曲线的相关系数应大于或等于________。

答案：5　　0.995

4. 根据《水质　苯系物的测定　顶空 / 气相色谱法》（HJ 1067—2019）测定水中苯系物时，在测定含盐量较高的样品时，氯化钠的加入量适量减少，避免样品析出盐而引起顶空样品瓶中________体积变化。

答案：气液两相

二、判断题

1. 根据《水质　苯系物的测定　顶空 / 气相色谱法》（HJ 1067—2019）测定水中苯系物时，苯系物标准使用液用水配制，临用现配。（　　）

答案：正确

2. 根据《水质　苯系物的测定　顶空 / 气相色谱法》（HJ 1067—2019）测定水中苯系物时，采集分析苯系物的水样应在样品瓶中溢流不留液上空间，取样时应尽量避免或减少样品在空气中暴露。（　　）

答案：正确

3. 根据《水质　苯系物的测定　顶空 / 气相色谱法》（HJ 1067—2019）测定水中苯系物时，优级纯的氯化钠可直接使用。（　　）

答案：错误

正确答案为：使用前在 500～550℃灼烧 2 h，冷却至室温，于干燥器中保存备用。

4. 根据《水质　苯系物的测定　顶空 / 气相色谱法》（HJ 1067—2019）顶空气相色谱法测定水中苯系物中，制备样品时不同的振荡温度不会对分析结果产生影响。（　　）

答案：错误

正确答案为：顶空法制备苯系物样品不同的振荡温度会对分析结果产生影响。

5. 根据《水质　苯系物的测定　顶空 / 气相色谱法》（HJ 1067—2019）测定水中苯系物时，采用顶空取样，若气、液两相的比例不同，对分析结果产生影响较小。（　　）

答案：错误

正确答案为：采用顶空取样时，若气、液两相的比例不同，会对分析结果产生影响。

6. 根据《水质　苯系物的测定　顶空 / 气相色谱法》（HJ 1067—2019）测定水中苯系物时，顶空制备的样品可平行进两针样。（　　）

答案：错误

正确答案为：如需进第二针样，应重新制备样品。

7. 根据《水质　苯系物的测定　顶空 / 气相色谱法》（HJ 1067—2019）测定水中苯系物时，采集苯系物的玻璃瓶应用水样荡洗 3 次，取样时应尽量避免或减少样品在空气中暴露。（　　）

答案：错误

正确答案为：样品瓶应在采样前用甲醇清洗晾干，采样时不需要用样品进行荡洗。

8.《水质 苯系物的测定 顶空 / 气相色谱法》（HJ 1067—2019）适用于地表水、地下水、生活污水、工业废水和海水中苯、甲苯、乙苯、对二甲苯、间 二甲苯、邻二甲苯、异丙苯和苯乙烯 8 种苯系物的测定。（ ）

答案： 错误

正确答案为：本标准适用于地表水、地下水、生活污水和工业废水中苯、甲苯、乙苯、对二甲苯、间二甲苯、邻二甲苯、异丙苯和苯乙烯 8 种苯系物的测定。

9. 根据《水质 苯系物的测定 顶空 / 气相色谱法》（HJ 1067—2019）测定水中苯系物时，若样品浓度超过工作曲线的最高浓度点，需从未开封的样品瓶中重新取样，稀释后重新进行试样制备。（ ）

答案： 正确

三、选择题

1. 根据《水质 苯系物的测定 顶空 / 气相色谱法》（HJ 1067—2019）测定水中苯系物时，规定使用________检测器检测。（ ）

A. FPD　　B. FID　　C. ECD　　D. TCD

答案： B

2. 根据《水质 苯系物的测定 顶空 / 气相色谱法》（HJ 1067—2019）测定水中苯系物时，每 20 个样品或每批次样品应分析 1 个基体加标样，基体加标回收率应控制在________。（ ）

A. 60%～120%　　B. 70%～120%　　C. 70%～130%　　D. 60%～130%

答案： C

四、问答题

1. 试述根据《水质 苯系物的测定 顶空 / 气相色谱法》（HJ 1067—2019）顶空气相色谱法测定水中苯系物时的主要注意事项。

答案： 顶空瓶要标准化；严格控制气 - 液体积比、平衡温度和平衡时间的一致；准确控制液上气体压力并防止漏气。

2. 苯系物是一类已知的毒性较大的污染物，是废水中一项重要的有机污染物控制指标，在监测哪些行业排放的废水时要考虑苯系物？至少说出 5 个行业。

答案： 苯系物的工业污染源主要是石油、化工、炼焦生产产生的废水。同时，苯系物作为重要溶剂及生产原料有着广泛的应用，在油漆、农药、医药及有机化工等行业的废水中也含有苯系物。

参考文献

生态环境部 . 水质 苯系物的测定 顶空 / 气相色谱法：HJ 1067—2019［S］. 北京：中国环境出版集团，2019

命题：何书海 张鸣珊

审核：姜晓旭 史 箴

第三节 有机氯农药

分类号：W13-2

主要内容
①《水质 六六六、滴滴涕的测定 气相色谱法》（GB/T 7492—87）
②《水和废水监测分析方法》（第四版）（有机氯农药 毛细柱气相色谱法）

一、填空题

1. 根据《水质 六六六、滴滴涕的测定 气相色谱法》（GB/T 7492—87）测定水中有机氯农药中，萃取时若出现乳化现象，可采用加氯化钠或采取________、________等方法进行破乳。①

答案：离心 冰冻

2. 用气相色谱法测定水中有机氯农药时，水样的短期储存应置于________℃冰箱内，保存期不超过________d。①②

答案：4 7

3. 用气相色谱法测定水中有机氯农药时，分析中使用的分析纯苯、正己烷和石油醚等试剂要经________，浓缩后，用气相色谱仪测定__________存在后方可使用。①②

答案：加碱重蒸 无干扰峰

4. 六六六包括________、________、________和________4 种异构体。①②

答案：α- 六六六 β- 六六六 γ- 六六六 δ- 六六六

5.DDT 包括________、________、________和________4 种异构体。①②

答案：p, p’-DDE o, p’-DDT p, p’-DDD p, p’-DDT

6. 根据《水和废水监测分析方法》（第四版）中毛细柱气相色谱法测定水中有机氯农药中，配制标准贮备溶液时，b- 六六六、六氯苯、硫丹Ⅰ、硫丹Ⅱ和异狄氏剂不易溶于________（化学试剂名称），需用一定量的________（化学试剂名称）助溶。②

答案：正己烷 苯

7. 根据《水质 六六六、滴滴涕的测定 气相色谱法》（GB/T 7492—87）测定水中有机氯农药时，分离有机氯农药的填充柱的固定相为________和________。①

答案：1.5% OV-17（甲基硅酮） 1.95% QF-1（氟代烷基硅氧烷聚合物）

8.《水质 六六六、滴滴涕的测定 气相色谱法》（GB/T 7492—87）中，给定色谱条件下色谱柱总的分离效能大于________。①

答案：0.8

二、判断题

1. 用气相色谱法测定水中有机氯农药时，提取水样中的有机氯农药在酸性条件下进行。（ ）①②

答案：错误

正确答案为：提取水样中的有机氯农药在中性条件下进行。

2. 用气相色谱法测定水中有机氯农药时，萃取液用浓硫酸净化后可直接上机测定。(　　) ①②

答案：错误

正确答案为：萃取液用浓硫酸净化后，用硫酸钠溶液洗至中性，然后上机测定。

3. 用气相色谱法测定水中有机氯农药时用 FPD 检测器。(　　) ①②

答案：错误

正确答案为：测定有机氯农药用 ECD 检测器。

4. 采样时，盛含有机氯农药水样的样品瓶要用待采水样荡洗 2～3 次。(　　) ①②

答案：正确

5. 采集分析有机氯农药的水样应充满容器，不留空间和气泡。(　　) ①②

答案：正确

6. 邻苯二甲酸酯对气相色谱法测定水中有机氯农药有干扰，样品处理过程中应尽量避免使用塑料制品。(　　) ①②

答案：正确

7. 气相色谱法测定水中有机氯农药时，过滤有机氯农药提取液的玻璃棉需在索氏提取器上用石油醚提取 4 h，晾干后备用。(　　) ①②

答案：正确

8. 六六六、滴滴涕在酸、碱介质中化学性质都很稳定。(　　) ①②

答案：错误

正确答案为：六六六、滴滴涕可被碱分解。

9. 分析艾氏剂的水样要用聚乙烯塑料瓶采集。(　　) ①②

答案：错误

正确答案为：分析艾氏剂的水样要用玻璃瓶采集。

10. 根据《水质　六六六、滴滴涕的测定　气相色谱法》(GB/T 7492—87) 用沸程 60～90℃的石油醚提取水样中的有机氯农药，浓缩时水浴温度要控制在 70～100℃。(　　) ①

答案：正确

11.《水质　六六六、滴滴涕的测定　气相色谱法》(GB/T 7492—87) 适用于地面上和地下水中六六六和滴滴涕的测定，不适用于污水。(　　) ①

答案：错误

正确答案为：也适用于污水中六六六和滴滴涕的测定。

三、选择题

1.《水质　六六六、滴滴涕的测定　气相色谱法》(GB/T 7492—87) 规定用________提取水样中的有机氯农药。(　　) ①

A. 三氯甲烷　　B. 苯　　C. 正己烷　　D. 石油醚

答案：D

2. 气相色谱法测定水中有机氯农药时，去除有机氯农药提取液中水分常用的干燥剂

是________。(　　)①②

A. 无水氯化钠　　B. 无水硫酸钠　　C. 无水氢氧化钠　　D. 无水碳酸钠

答案：B

3. 根据《水和废水监测分析方法》(第四版)中毛细柱气相色谱法测定水中有机氯农药时，除石油醚外，常用于萃取的试剂是________。(　　)②

A. 三氯甲烷　　B. 苯　　C. 正己烷　　D. 丙酮

答案：C

四、问答题

1. 用气相色谱法测定水中有机氯农药时，水样用浓硫酸净化可除去哪些干扰物质？净化操作时应注意什么？①②

答案：浓硫酸可除去同时被萃取的油脂类化合物、卤代类农药、有机磷农药、不饱和烃和邻苯二甲酸酯等干扰物质。萃取液加硫酸后，开始要轻摇分液漏斗，注意放气，以防受热不均引起爆裂；然后激烈振摇 5～10 s，静置分层后弃去下层硫酸，重复数次至硫酸层无色。

2.《水和废水监测分析方法》(第四版)中毛细管柱气相色谱法能分离、分析 20 种有机氯农药，试说出其中的 10 种。②

答案：a- 六六六、b- 六六六、g- 六六六、d- 六六六、p,p’-DDE、o,p’-DDT、p,p’-DDD、p,p’-DDT、六氯苯(HCB)、七氯、艾氏剂、环氧七氯、硫丹Ⅰ、硫丹Ⅱ、狄氏剂、异狄氏剂、g- 氯丹、a- 氯丹、异狄氏醛、异狄氏酮。

五、计算题

分析某水样中 a- 六六六浓度，取水样 100 ml 用石油醚萃取，经净化、脱水后，定容 5.0 ml 供色谱分析用，取标准溶液和样品各 5 ml 上机测定，测得样品峰高 85.0 mm，标准溶液峰高 62.0 mm，标准液浓度 20.0 mg/L，求水样中被测组分 a- 六六六的浓度。①

答案：已知样品峰高 85.0 mm，标准峰高 62.0 mm，标准液浓度 20.0 mg/L，富集倍数为$\frac{100\ \text{ml}}{5.0\ \text{ml}}=20$

$$C=\frac{85.0}{62.0}\times\frac{20.0}{20}=1.37\ (\text{mg/L})$$

参考文献

[1] 国家环境保护局 . 水质　六六六、滴滴涕的测定　气相色谱法：GB/T 7492—87 [S] . 北京：中国环境科学出版社，1987.

[2] 国家环境保护总局《水和废水监测分析方法》编委会 . 水和废水监测分析方法 .4 版 [M] . 北京：中国环境科学出版社，2002.

[3] 中华人民共和国卫生部，中国国家标准化管理委员会 . 生活饮用水标准检验方法　农药指标：GB/T 5750.9—2006 [S] . 北京：中国标准出版社，2006.

命题：史　箴　姜晓旭

审核：申　剑　夏　新

第四节　有机磷农药

分类号：W13-3

主要内容

①《水、土中有机磷农药测定的气相色谱法》（GB/T 14552—2003）
②《水质　有机磷农药的测定　气相色谱法》（GB/T 13192—91）
③《水和废水监测分析方法》（第四版）（有机磷农药　填充柱气相色谱法）
④《水和废水监测分析方法》（第四版）（有机磷农药　毛细柱气相色谱法）

一、填空题

1. 用气相色谱法测定水中有机磷农药中，萃取时如出现乳化现象，可添加适量的________消除干扰。①②③④

答案：氯化钠

2. 有机磷农药易分解，水样在冰箱中低温保存一般不应超过________d。①②③④

答案：2

3.《水质　有机磷农药的测定　气相色谱法》（GB/T 13192—91）测定水中有机磷农药时，常用有机磷农药中难分离的物质对是________和________。②

答案：马拉硫磷　　甲基对硫磷

4. 用气相色谱法测定水中有机磷农药时，常用的毛细管柱有________、________和________________。①④

答案：HR-1701 石英弹性毛细管柱　HP-5 石英弹性毛细管柱　DB-17 石英弹性毛细管柱

二、判断题

1. 用气相色谱法测定水中有机磷农药时，可用三氯甲烷作萃取剂。（　　）①②③④

答案：正确

2. 气相色谱法测定水中有机磷农药时，应该用玻璃磨口瓶采集样品。（　　）①②③④

答案：正确

3. 气相色谱法测定水中有机磷农药时，水样的 pH 对有机磷农药的提取无影响。（　　）①②③④

答案：错误

正确答案为：调水样 pH 至 6～7，再用溶液萃取。

4. 按照《水和废水监测分析方法》（第四版）推荐的填充柱或毛细柱气相色谱法测定水中有机磷农药时，用冷冻的方法可消除萃取液严重乳化现象。（　　）③④

答案：正确

5. 气相色谱法测定水中有机磷农药时，FPD 检测器灵敏度高、重现性差。（　　）①②③④

答案：正确

6. 用气相色谱法测定水中有机磷农药时，为了提高分析的精密度，样品和标样交替注入，连续进样 3 次。(　　) ①②③④

答案：正确

7. 用气相色谱法测定水中有机磷农药时，为了提高分析的准确度，测定过程中样品和标样要交替注入。(　　) ①②③④

答案：正确

8. 气相色谱法测定水中有机磷农药时，若萃取液中的有机磷农药含量太低，在仪器最低检出限以下，则需将萃取液浓缩后再上机测定。(　　) ①②③④

答案：正确

9. 根据《水质　有机磷农药的测定　气相色谱法》(GB/T 13192—91) 测定水中有机磷农药时，为了保证敌百虫的转化率，需随时用 pH 试纸监测反应液的 pH。(　　) ②

答案：错误

正确答案为：在试样处理时，用 pH 计调节，不能用 pH 试纸。

10. 根据《水质　有机磷农药的测定　气相色谱法》(GB/T 13192—91) 和《水和废水监测分析方法》(第四版) 中毛细柱气相色谱法测定水中有机磷农药时，如水样中含有机械杂质，需用玻璃滤膜除去。(　　) ②④

答案：正确

11.《水、土中有机磷农药测定的气相色谱法》(GB/T 14552—2003) 中规定用氮磷检测器或火焰光度检测器测定有机磷农药。(　　) ①

答案：正确

12. 依据《水、土中有机磷农药测定的气相色谱法》(GB/T 14552—2003)，为了验证各有机磷农药组分间是否存在干扰，可用另一根类似柱在相同条件下进行确证检验分析。(　　) ①

答案：正确

13. 用气相色谱法测定水和土壤中有机磷农药时，无水硫酸钠可除去萃取液中的少量残存水分。(　　) ①②③④

答案：正确

14.《水、土中有机磷农药测定的气相色谱法》(GB/T 14552—2003) 和《水和废水监测分析方法》(第四版) 中毛细柱气相色谱法测定水中有机磷农药时，所用的二氯甲烷、丙酮等试剂如有色谱干扰峰，则需重新蒸馏。(　　) ①④

答案：正确

15.《水、土中有机磷农药测定的气相色谱法》(GB/T 14552—2003) 推荐的色谱验证玻璃柱是 5% OV101/Chromosorb WHP。(　　) ①

答案：正确

16.《水和废水监测分析方法》(第四版) 中填充柱气相色谱法测定水中有机磷农药时，新填充的色谱柱在老化过程中应注入较高浓度的有机磷农药标准样品，以饱和色谱柱。(　　) ③

答案：正确

17. 用气相色谱法测定水中有机磷农药时，若水体中有机物质含量较多，萃取时振荡速

度越快，乳化现象越严重。(　　) ①②③④

答案：正确

18. 用气相色谱法测定水和土壤中有机磷农药时，萃取次数多少不会对有机磷农药的分析结果产生影响。(　　) ①②③④

答案：错误

正确答案为：水样应该用萃取剂萃取 3 次。

三、选择题

根据《水质　有机磷农药的测定　气相色谱法》(GB/T 13192—91) 测定水中有机磷农药时，敌百虫转化为敌敌畏需在________条件下进行。(　　) ②

A. 酸性　　B. 中性　　C. 碱性

答案：C

四、问答题

1.《水、土中有机磷农药测定的气相色谱法》(GB/T 14552—2003) 适用于哪几种有机磷农药的检测？①

答案：适用于地表水、地下水和土壤中速灭磷、甲拌磷、二嗪磷、异稻瘟净、甲基对硫磷、杀螟硫磷、溴硫磷、水胺硫磷、稻丰散、杀扑磷等多组分残留量的测定。

2.《水质　有机磷农药的测定　气相色谱法》(GB/T 13192—91) 适用于水质中哪几种有机磷农药的检测？②

答案：适用于地表水、地下水和工业废水中甲基对硫磷、对硫磷、马拉硫磷、乐果、敌敌畏、敌百虫 6 种有机磷农药的检测。

3. 根据《水质　有机磷农药的测定　气相色谱法》(GB/T 13192—91) 测定水中有机磷农药时，为什么敌百虫要转化成敌敌畏间接测定？②

答案：因为敌百虫极性大、水溶性强、用三氯甲烷萃取的提取率为 0。

4.《水和废水监测分析方法》(第四版) 推荐的毛细管柱气相色谱法已验证了 12 种有机磷农药的分析，试至少举出 8 种。④

答案：敌敌畏、二嗪农、异稻瘟净、乐果、甲基对硫磷、马拉硫磷、杀螟松、对硫磷、水胺硫磷、稻丰散、杀扑磷、乙硫磷。

5. 为什么气相色谱法测定水中有机磷农药时要用火焰光度检测器测定？①②③④

答案：因为火焰光度检测器对含硫磷的有机磷农药具有较高的选择性，当含硫磷的化合物进入燃烧的火焰中时，将发出一定波长的光，用适当的滤光片滤去其他波长的光，然后用光电倍增管将光转变为电信号放大后记录或显示出结果。

参考文献

[1] 中华人民共和国农业部 . 水、土中有机磷农药测定的气相色谱法：GB/T 14552—2003 [S] . 北京：中国标准出版社，2003.

[2] 国家环境保护局 . 水质　有机磷农药的测定　气相色谱法：GB/T 13192—91 [S] . 北京：中国标准出版社，1991.

[3] 国家环境保护总局《水和废水监测分析方法》编委会．水和废水监测分析方法．4 版［M］．北京：中国环境科学出版社，2002.

命题：史　箴　米方卓
审核：申　剑　牛　毓

第五节　氯酚类化合物

分类号：W13-4

主要内容
①《水质　五氯酚的测定　气相色谱法》（HJ 591—2010）
②《生活饮用水标准检验方法　农药指标》（GB/T 5750.9—2006）（21 五氯酚　顶空固相微萃取气相色谱法）

一、填空题

1. 根据《水质　五氯酚的测定　气相色谱法》（HJ 591—2010）测定水中五氯酚时，用 0.1 mol/L 的碳酸钠溶液反萃取能消除________和________的干扰。①

答案：有机氯化合物（六六六、滴滴涕等）　多氯联苯类

2. 《水质　五氯酚的测定　气相色谱法》（HJ 591—2010）适用于测定水中五氯酚和________。①

答案：五氯酚钠

3. 根据《水质　五氯酚的测定　气相色谱法》（HJ 591—2010）测定水中五氯酚，采集含有五氯酚的样品时，应在 100 ml 水样中加入________和________，并贮存于棕色玻璃瓶中，防止五氯酚的分解。①

答案：1 ml 硫酸溶液　0.5 g 硫酸铜

4. 根据《水质　五氯酚的测定　气相色谱法》（HJ 591—2010）测定水中五氯酚时，实际上是测定其衍生物________。①

答案：五氯苯乙酸酯

5. 根据《水质　五氯酚的测定　气相色谱法》（HJ 591—2010）测定水中五氯酚时，基体加标的回收率控制在________，空白加标的回收率控制在________。①

答案：70%～130%　80%～120%

6. 根据《生活饮用水标准检验方法　农药指标》（GB/T 5750.9—2006）（21 五氯酚　顶空固相微萃取气相色谱法），五氯酚略成________性，在水体中常以________的形式存在。②

答案：酸　五氯酚钠盐

7. 《生活饮用水标准检验方法　农药指标》（GB/T 5750.9—2006）（21 五氯酚　顶空固相微萃取气相色谱法）中测定五氯酚的最低检测质量浓度为________mg/L。②

答案：0.2

二、判断题

1.《水质　五氯酚的测定　气相色谱法》（HJ 591—2010）适用于所有水样中五氯酚的测定。(　　) ①④

答案：正确

2. 根据《水质　五氯酚的测定　气相色谱法》（HJ 591—2010）测定水中五氯酚时，配制任意浓度的五氯酚标准溶液均可用于单点外标法定量。(　　) ①④

答案：错误

正确答案为：配制不同浓度的五氯酚标准溶液系列，绘制工作曲线，用于定量。

3. 根据《水质　五氯酚的测定　气相色谱法》（HJ 591—2010）测定水中五氯酚时，水样应在低温、暗处保存且不能超过 24 h。(　　) ①④

答案：错误

正确答案为：水样应收集在棕色瓶中，每 100 ml 水样加入 1 ml 10% 硫酸溶液和 0.5 g 硫酸铜，于 4℃暗处存放且不能超过 24 h。

4. 根据《水质　五氯酚的测定　气相色谱法》（HJ 591—2010）测定水中五氯酚时，五氯酚工作曲线的相关系数小于 0.995，应重新绘制。(　　) ①

答案：正确

5.《水质　五氯酚的测定　气相色谱法》（HJ 591—2010）空白试样中五氯酚的浓度应低于检出限。(　　) ①

答案：正确

6. 根据《生活饮用水标准检验方法　农药指标》（GB/T 5750.9—2006）（21 五氯酚　顶空固相微萃取气相色谱法）测定水中五氯酚时，采集后的水样应该在 48 h 内完成测定。(　　) ②

答案：错误

正确答案为：采集后的水样应该在 24 h 内完成测定。

7. 根据《生活饮用水标准检验方法　农药指标》（GB/T 5750.9—2006）（21 五氯酚　顶空固相微萃取气相色谱法）测定水中五氯酚时，现场采集水样的方法是：在 100 ml 具塞试管中加入 1 ml 0.1 mol/L 氢氧化钠溶液，带至现场装入 100 ml 水样，密封。(　　) ②

答案：正确

8. 根据《生活饮用水标准检验方法　农药指标》（GB/T 5750.9—2006）（21 五氯酚　顶空固相微萃取气相色谱法）测定水中五氯酚时，待测水样装入顶空进样瓶的方法是：首先向顶空瓶中加入 0.5 ml 1 mol/L 盐酸溶液和 3.6 g 氯化钠，量取 10.00 ml 待测水样至顶空瓶，立即封盖。(　　) ②

答案：正确

三、选择题

1. 根据《水质　五氯酚的测定　气相色谱法》（HJ 591—2010）测定水中五氯酚时，用________检测器。(　　) ①

A. FPD　　B. ECD　　C. FID　　D. NPD

答案：B

2.《水质　五氯酚的测定　气相色谱法》（HJ 591—2010）使用的填充色谱柱固定相为________，也可以用 DB-5 等石英毛细管色谱柱。（　　）①

A. OV-17　　B. QF-1

C. 1.5% OV-17+2% QF-1　　D. 25% OV-17+1.7% QF-1

答案：C

3. 根据《水质　五氯酚的测定　气相色谱法》（HJ 591—2010）测定水中五氯酚时，萃取地表水中的五氯酚用________。（　　）①

A. 氯仿　　B. 苯　　C. 正己烷　　D. 石油醚

答案：C

4.《水质　五氯酚的测定　气相色谱法》（HJ 591—2010）中，涂渍五氯酚测定用色谱柱采用________。（　　）①

A. 回流法　　B. 直接法　　C. 动态法　　D. 静态法

答案：A

5. 根据《生活饮用水标准检验方法　农药指标》（GB/T 5750.9—2006）（21　五氯酚　顶空固相微萃取气相色谱法），五氯酚标准溶液配制时，常用 1 mmol/L 的________溶液稀释定容。（　　）②

A. 盐酸　　B. 乙酸　　C. 氢氧化钠　　D. 氨水

答案：C

四、问答题

1. 采集含五氯酚的样品时，为什么要用棕色玻璃瓶？①②

答案：因为五氯酚不稳定，在阳光直接照射下易分解。

2. 试述《水质　五氯酚的测定　气相色谱法》（HJ 591—2010）测定水中五氯酚的方法原理。①

答案：（1）在酸性条件下，水样中的五氯酚钠转化为五氯酚；

（2）用正己烷萃取，再用 0.1 mol/L 的碳酸钾溶液反萃取，使五氯酚再转化为五氯酚盐进入碱性水溶液，使五氯酚盐与水样中的有机氯化合物（如六六六、滴滴涕等）、多氯联苯类（PCB）分离，消除干扰；

（3）在碱性溶液中加入乙酸酐与五氯酚盐进行乙酰化反应；

（4）最后用正己烷萃取生成的五氯苯乙酸酯，用备有电子捕获检测器的气相色谱仪进行测定。

3. 根据《水质　五氯酚的测定　气相色谱法》（HJ 591—2010）测定水中五氯酚时，水样中存在的有机氯化合物及多氯联苯对五氯酚测定的干扰如何消除？①

答案：将正己烷萃取溶液用 0.1 mol/L 的碳酸钾溶液反萃取，五氯酚转化为五氯酚盐进入碱性水溶液，使五氯酚与水样中的有机氯化合物（如六六六、滴滴涕等）、多氯联苯类（PCB）分离，消除其干扰。

4. 简述《生活饮用水标准检验方法　农药指标》（GB/T 5750.9—2006）（21 五氯酚　顶空固相微萃取气相色谱法）中五氯酚的测定原理。②

答案：待测水样置于密封的顶空瓶中，在 60℃和 pH=2 条件下经一定时间平衡，水体中的五氯酚逸至上部空间，在气液两相间达到动态平衡，此时气相中的五氯酚浓度与液相中的浓度成正比。气相中的五氯酚经微萃取一定时间后，进入带有电子捕获器检测器的气相色谱仪中检测分析。

5. 根据《生活饮用水标准检验方法　农药指标》（GB/T 5750.9—2006）（21 五氯酚　顶空固相微萃取气相色谱法）测定水中五氯酚时，顶空瓶如果是初次使用，应该需要怎样处理后才能使用？②

答案：初次使用时，需要先用 1 mol/L 盐酸溶液煮沸 20 min，然后用纯水煮沸 20 min，最后在 120℃下烘烤 30 min。

参考文献

[1] 环境保护部 . 水质　五氯酚的测定　气相色谱法：HJ 591—2010［S］. 北京：中国环境科学出版社，2010.

[2] 中华人民共和国卫生部，中国国家标准化管理委员会 . 生活饮用水标准检验方法　农药指标：GB/T 5750.9—2006［S］. 北京：中国标准出版社，2006.

[3] 中华人民共和国卫生部，中国国家标准化管理委员会 . 生活饮用水标准检验方法　消毒副产物指标：GB/T 5750.10—2006［S］. 北京：中国标准出版社，2006.

命题：史　箴　米方卓

审核：彭刚华　冯　丹

第六节　阿特拉津

分类号：W13-5

主要内容
《水质　阿特拉津的测定　气相色谱法》(HJ 754—2015）

一、填空题

1. 根据《水质　阿特拉津的测定　气相色谱法》（HJ 754—2015）测定水中阿特拉津时，一般使用 500 ml 硬质磨口玻璃瓶或具有聚四氟乙烯材质盖垫的螺纹口玻璃瓶采集样品，样品应充满样品瓶并加盖密封，置于 4℃冰箱内保存，________d 内对样品进行萃取。

答案：7

2. 阿特拉津俗称________或________。

答案：莠去津　园去尽

3. 根据《水质　阿特拉津的测定　气相色谱法》（HJ 754—2015）测定水中阿特拉津时，如果萃取过程中出现乳化现象，可采用搅动、________、超声等方法破乳，也可以采用________的方法破乳。

答案：离心　　冷冻

二、判断题

1.《水质　阿特拉津的测定　气相色谱法》（HJ 754—2015）适用于地表水、地下水、生活污水和工业废水中阿特拉津的测定。（　　）

答案：正确

2. 根据《水质　阿特拉津的测定　气相色谱法》（HJ 754—2015）测定水中阿特拉津时，脱除阿特拉津提取液中水分的无水硫酸钠不需要特殊处理。（　　）

答案：错误

正确答案为：无水硫酸钠需在400℃温度下加热4 h，冷却后装入磨口玻璃瓶中，置于干燥器内保存。

3. 根据《水质　阿特拉津的测定　气相色谱法》（HJ 754—2015）测定水中阿特拉津时，较为清洁的地下水、地表水、生活污水的萃取液可不经硅胶型吸附柱净化，直接浓缩并转换溶剂后供气相色谱分析。（　　）

答案：正确

4. 根据《水质　阿特拉津的测定　气相色谱法》（HJ 754—2015）测定水中阿特拉津时，实际样品浓度超出曲线范围对测定结果影响不大。（　　）

答案：错误

正确答案为：实际样品浓度超出曲线范围时，将样品稀释至校准曲线线性范围内再进行试样制备和测定。

5. 根据《水质　阿特拉津的测定　气相色谱法》（HJ 754—2015）测定水中阿特拉津时，每批样品应至少做一个空白试样，空白值应低于测定下限。（　　）

答案：错误

正确答案为：每批样品应至少做一个空白试样，空白值应低于方法检出限，否则应查明原因。

6. 根据《水质　阿特拉津的测定　气相色谱法》（HJ 754—2015）测定水中阿特拉津时，试样制备提取液可在4℃冰箱中保存，在40 d内完成分析。（　　）

答案：正确

7. 根据《水质　阿特拉津的测定　气相色谱法》（HJ 754—2015）测定水中阿特拉津时，每批样品应至少做测定10%的平行样，样品数量少于10时，应至少测定一个平行双样，平行双样测定结果的相对偏差应小于20%。（　　）

答案：错误

正确答案为：当测定结果为10倍检出限以内（包括10倍检出限），平行双样测定结果的相对偏差应小于等于30%，当测定结果大于10倍检出限，平行双样测定结果的相对偏差小于等于20%。

8. 根据《水质　阿特拉津的测定　气相色谱法》（HJ 754—2015）测定水中阿特拉津时，如果样品中有阿特拉津检出，可使用GC-MS辅助定性予以确认。（　　）

答案：正确

三、选择题

1. 根据《水质　阿特拉津的测定　气相色谱法》（HJ 754—2015）测定水中阿特拉津时，规定使用________萃取，________定溶。(　　)

A. 二氯甲烷，丙酮　　B. 正己烷，丙酮

C. 正己烷，正己烷　　D. 二氯甲烷，苯

答案：A

2. 根据《水质　阿特拉津的测定　气相色谱法》（HJ 754—2015）测定水中阿特拉津时，规定使用________检测器。(　　)

A. FPD　　B. FID　　C. ECD　　D. NPD

答案：D

3. 根据《水质　阿特拉津的测定　气相色谱法》（HJ 754—2015）测定水中阿特拉津时，标准曲线的相关系数应大于等于________，否则应重新绘制标准曲线。(　　)

A. 0.999　　B. 0.995　　C. 0.99　　D. 0.997

答案：B

4. 根据《水质　阿特拉津的测定　气相色谱法》（HJ 754—2015）测定水中阿特拉津时，样品净化过程中应控制洗脱液约________。(　　)

A. 1 滴 /s　　B. 5 滴 /s　　C. 10 滴 /s　　D. 15 滴 /s

答案：A

四、问答题

1. 简述阿特拉津的主要用途。

答案：阿特拉津是一种适用于旱田的广谱除草剂。主要用于防除一年生禾本科杂草和阔叶杂草，对某些多年生杂草也有一定的抑制作用。

2. 简述气相色谱法测定水中阿特拉津时，提取阿特拉津的操作步骤。

答案：取 100 ml 水样于 250 ml 分液漏斗中，加入 5 g 氯化钠，溶解后加入 15 ml 二氯甲烷萃取，振荡 5 min，静置 15 min 分层，收集有机相，重复萃取一次，合并萃取液，并用无水硫酸钠脱水。较为清洁的样品萃取液可以不净化，对于成分复杂的样品萃取液可采用硅胶型吸附柱进行净化。然后用浓缩装置将萃取液或净化洗脱液浓缩并转换溶剂为丙酮，定容至 1.0 ml 后，供气相色谱测定。

参考文献

环境保护部 . 水质　阿特拉津的测定　气相色谱法：HJ 754—2015［S］. 北京：中国环境出版集团，2015.

命题：何书海　张鸣珊　米方卓

审核：姜晓旭　史　箴　许行义

第七节　挥发性卤代烃

分类号：W13-6

主要内容
①《水质　挥发性卤代烃的测定　顶空气相色谱法》（HJ 620—2011）
②《水和废水监测分析方法》（第四版）（挥发性卤代烃　吹脱捕集气相色谱法）

一、填空题

1. 根据《水质　挥发性卤代烃的测定　顶空气相色谱法》（HJ 620—2011）测定水中挥发性卤代烃时，处理水样的顶空瓶需恒温平衡________min。①

答案：30

2. 顶空气相色谱法适用于沸点低于________℃的挥发性卤代烃的测定。①

答案：150

3. 挥发性卤代烃中的三卤甲烷主要包括三氯甲烷、________、________和________等。①②

答案：一溴二氯甲烷　　二溴一氯甲烷　　三溴甲烷

4. 吹脱捕集气相色谱法测定水中挥发性卤代烃时，用________作检测器。②

答案：FID

5. 用吹脱捕集气相色谱法测定水中挥发性卤代烃时，常用________气或________气吹出水样中的挥发性卤代烃。②

答案：高纯氮　　氦

二、判断题

1. 按照《水质　挥发性卤代烃的测定　顶空气相色谱法》（HJ 620—2011）测定水中挥发性卤代烃时，环境水体中常见的碳氢化合物不会干扰其测定。（　　）①

答案：正确

2. 按照《水质　挥发性卤代烃的测定　顶空气相色谱法》（HJ 620—2011）测定水中挥发性卤代烃时，可内涂6%氰丙基苯-94%二甲基硅氧烷的毛细柱或等效柱。（　　）①

答案：正确

3. 用顶空气相色谱法处理水样中的挥发性卤代烃时，顶空瓶中气液两相的组分分压服从拉乌尔定律。（　　）①

答案：正确

4. 用顶空气相色谱法测定水中挥发性卤代烃时，为保证测定的精密度，每个样品均要进行平行测定。（　　）①

答案：正确

5. 按照《水质　挥发性卤代烃的测定　顶空气相色谱法》（HJ 620—2011）处理挥发

性卤代烃水样的顶空瓶，用蒸馏水洗净后，于150℃烘4 h，置于干燥器中备用。（　　）①

答案：错误

正确答案为：应于105℃烘1 h，置于无有机试剂的区域存放备用。

6. 用顶空气相色谱法测定水中挥发性卤代烃时，每批样都必须做平行空白测定。（　　）①

答案：正确

7. 用气相色谱法测定水中挥发性卤代烃时，卤代烃标准物质必须为色谱纯。（　　）②

答案：正确

8. 用气相色谱法测定水中挥发性卤代烃时，实验用水需经检验证明其中不含有挥发性卤代烃。（　　）①②

答案：正确

9. 按照《水质　挥发性卤代烃的测定　顶空气相色谱法》（HJ 620—2011）测定水中挥发性卤代烃时，为保证测定结果的准确性，每间隔20个样品或一批次（少于20个样品），应分析一个校准曲线中间浓度点做校正。（　　）①

答案：正确

10. 用吹脱捕集气相色谱法测定水中挥发性卤代烃时，吹脱时间和吹脱温度均会对测定产生影响。（　　）②

答案：正确

11. 用气相色谱法测定水中挥发性卤代烃时，抗坏血酸能消除余氯对测定的干扰。（　　）②

答案：正确

12. 用吹脱捕集气相色谱法测定水中挥发性卤代烃时，不同的解析温度和时间不会对测定产生影响。（　　）②

答案：错误

正确答案为：不同的解析温度和不同的解析时间都会对挥发性有机物的分析结果产生影响。

13. 用气相色谱法测定水中挥发性卤代烃时，高浓度样品与低浓度样品交替分析会造成干扰，当分析一个高浓度样品后应分析一个空白以防止交叉污染。（　　）①②

答案：正确

三、选择题

1. 用顶空气相色谱法测定水中挥发性卤代烃用________检测器。（　　）①

A. FPD　　B. ECD　　C. FID　　D. NPD

答案：B

2. 用顶空气相色谱法测定水中挥发性卤代烃时，常用________法定量。（　　）①

A. 外标法　　B. 内标法　　C. 面积归一化法

答案：A

3. 用吹脱捕集气相色谱法测定水中挥发性卤代烃时，常用的内标物为_______。（　　）②

A. 对溴氟苯　　B. 苯甲酸　　C. 酞酸酯　　D. 硝基化合物

答案：A

4. 根据《水质　挥发性卤代烃的测定　顶空气相色谱法》（HJ 620—2011）测定挥发性卤代烃，若样品存在基体效应，加标回收率不能满足要求时，应分析________。（　　）①

A. 重复性　　B. 空白加标　　C. 样品加标重复　　D. 标准加标

答案：C

5. 根据《水质　挥发性卤代烃的测定　顶空气相色谱法》（HJ 620—2011）测定挥发性卤代烃，测定挥发性卤代烃的样品沿瓶壁注入，防止________。（　　）①

A. 气泡产生　　B. 引入干扰物　　C. 氧化

答案：A

6.《水质　挥发性卤代烃的测定　顶空气相色谱法》（HJ 620—2011）采用目标化合物的保留时间和标准样品的保留时间相比来定性。目标化合物的保留时间偏差不应小于________s。（　　）①

A. 30　　B. 20　　C. 15　　D. 40

答案：A

7.《水质　挥发性卤代烃的测定　顶空气相色谱法》（HJ 620—2011）规定每批样品都要带一个全程序空白，空白样品用________盛装。（　　）①

A. 试剂瓶　　B. 容量瓶　　C. 比色管　　D. 顶空瓶

答案：D

8. 顶空瓶的密封垫在使用前应洗净烘干，但烘箱温度要低于________℃。（　　）①

A. 60　　B. 30　　C. 100

答案：A

四、问答题

1. 用气相色谱法测定水中挥发性卤代烃时，为什么水样中的余氯会干扰测定？如何消除？①②

答案：因为在样品运输过程中，水样中的余氯会与水样中的有机物发生反应，生成挥发性氯代烃，使测定结果偏高。在水样中加入相当于所采水样重量 0.5% 的抗坏血酸或硫代硫酸钠，可消除余氯干扰。

2. 用顶空气相色谱法测定水中挥发性卤代烃时，如何保证顶空法处理样品的精密度？①

答案：使用标准化的顶空瓶且密封性好，严格控制气－液两相体积比，每个样品平衡温度和平衡时间保持一致，进样量要准确一致。

3. 用吹脱捕集气相色谱法测定水中挥发性卤代烃时，能测定的挥发性卤代烃主要有哪些？写出至少 10 种。②

答案：氯丙烯、碘甲烷、1- 氯丁烯、氯乙腈、反 -1,2- 二氯 -2- 丁烯、五氯乙烷、六氯乙烷、1,2- 二氯乙烯、二氯甲烷、反 -1,2- 二氯乙烯、1,1- 二氯乙烷、2,2- 二氯丙烷、顺 -1,2- 二氯乙烯、三氯甲烷、溴氯甲烷、1,1,1- 三氯乙烷、1,1- 二氯丙烯、四氯化碳、1,2- 二氯乙烷、氯苯、三氯乙烯、1,2- 二氯丙烷、溴二氯甲烷、顺 -1,3- 二氯丙烯、反 -1,3- 二氯丙烯、1,2,3- 三氯乙烷、1,3- 二氯丙烷、四氯化碳、1,2- 二溴乙烷、1,1,1,2- 四氯乙烯、三溴甲烷、1,1,2,2- 四氯乙烷、1,2,3- 三氯丙烷、溴苯、1,2- 二溴 -1- 氯丙烷。

4.《水质 挥发性卤代烃的测定 顶空气相色谱法》（HJ 620—2011）能够测定的挥发性卤代烃目标化合物有多少种，说出其中的 5 种。①

答案：有 14 种目标化合物。包括 1,1- 二氯乙烯、二氯甲烷、反式 1,2- 二氯乙烯、氯丁二烯、顺式 1,2- 二氯乙烯、三氯甲烷、四氯化碳、1,2- 二氯乙烷、三氯乙烯、一溴二氯甲烷、四氯乙烯、二溴一氯甲烷、三溴甲烷和六氯丁二烯。

参考文献

[1] 环境保护部 . 水质 挥发性卤代烃的测定 顶空气相色谱法：HJ 620—2011［S］. 北京：中国环境出版社，2011.

[2] 国家环境保护总局《水和废水监测分析方法》编委会 . 水和废水监测分析方法 .4 版［M］. 北京：中国环境科学出版社，2002.

命题：史 箴 乔支卫

审核：岳志孝 夏 新 米方卓

第八节 氯苯类化合物

分类号：W13–7

主要内容
①《水质 氯苯的测定 气相色谱法》（HJ/T 74—2001）
②《水质 氯苯类化合物的测定 气相色谱法》（HJ 621—2011）
③《水和废水监测分析方法》（第四版）（氯苯类化合物 填充柱气相色谱法）

一、填空题

1.《水质 氯苯的测定 气相色谱法》（HJ/T 74—2001）规定，水中一氯苯用二硫化碳溶剂萃取，________检测器测定。①

答案：氢火焰离子化（FID）

2.《水质 氯苯类化合物的测定 气相色谱法》（HJ 621—2011）中，石英毛细管柱固定相为________或其他等效固定相。②

答案：硝基对苯二酸改性的聚乙二醇

3. 根据《水质 氯苯的测定 气相色谱法》（HJ/T 74—2001）和《水和废水监测分析方法》（第四版）中填充柱气相色谱法进行测定时，萃取水中氯苯类化合物出现乳化现象时，可采用加浓硫酸或采取________及________等方法进行破乳。①③

答案：离心 冰冻

4.《水质 氯苯类化合物的测定 气相色谱法》（HJ 621—2011）中规定，萃取液或净化后的萃取液，用________和________浓缩。②

答案：旋转蒸发仪 氮吹仪

二、判断题

1. 根据《水质　氯苯的测定　气相色谱法》（HJ/T 74—2001）测定时，水中一氯苯的二硫化碳萃取气相色谱法选择性较好，未发现干扰物质。（　　）①

答案：正确

2. 根据《水质　氯苯的测定　气相色谱法》（HJ/T 74—2001）和《水质　氯苯类化合物的测定　气相色谱法》（HJ 621—2011）测定氯苯时，萃取溶剂二硫化碳中若含有杂质，需经纯化处理。（　　）①②

答案：正确

3. 根据《水质　氯苯的测定　气相色谱法》（HJ/T 74—2001）气相色谱法测定氯苯时，氯苯标准工作液需临用现配。（　　）①

答案：正确

4. 氯苯在水中较稳定，所以采集后的水样可以长时间保存。（　　）①②③

答案：错误

正确答案为：氯苯在水中不很稳定，应在低温 2～5℃冰箱中保存，不得超过 7 d。

5. 根据《水质　氯苯的测定　气相色谱法》（HJ/T 74—2001）测定水中氯苯类化合物时，为检验氯苯类化合物可能存在的干扰，可采用两根极性不同的色谱柱进行分离鉴定。（　　）①

答案：正确

6. 根据《水质　氯苯的测定　气相色谱法》（HJ/T 74—2001）和《水质　氯苯类化合物的测定　气相色谱法》（HJ 621—2011）测定氯苯类化合物时，六六六、滴滴涕和 PCB 等有机氯化合物在色谱柱上的保留时间与氯苯类化合物不同，而不会干扰氯苯类的测定。（　　）①②

答案：正确

7. 气相色谱法测定氯苯类化合物时，若水样中氯苯含量较高，萃取后可以不浓缩直接上机测定。（　　）①②③

答案：正确

8. 气相色谱法测定水中氯苯类化合物时，萃取液中的水分会影响色谱柱效能，需脱水。（　　）①②③

答案：正确

9. 地表水中氯苯类化合物含量低，可将萃取液浓缩，以降低方法的检出限。（　　）①②③

答案：正确

三、选择题

1. 根据《水质　氯苯的测定　气相色谱法》（HJ/T 74—2001）和《水质　氯苯类化合物的测定　气相色谱法》（HJ 621—2011）进行测定时，提取水样中氯苯类化合物常用的萃取剂是________。（　　）①②

A. 三氯甲烷　　B. 苯　　C. 正己烷　　D. 二硫化碳

答案：D

2.《水质　氯苯类化合物的测定　气相色谱法》（HJ 621—2011）规定用________检测器测定。（　　）②

A. 氢火焰　　B. 电子捕获　　C. 火焰光度计

答案：B

3.《水和废水监测分析方法》（第四版）中填充柱气相色谱法测定水中氯苯类化合物的方法规定，用石油醚提取水中氯苯类化合物，为消除氯苯提取液的乳化现象，可加入________浓硫酸。（　　）③

A. 1 ml　　B. 0.5 ml　　C. 3～5 滴

答案：C

4. 用气相色谱法测定水中的氯苯类化合物时，为去除氯苯类化合物提取液中的水分，常用的干燥剂是________。（　　）①②③

A. 无水氯化钠　　B. 无水硫酸钠　　C. 无水氢氧化钠　　D. 无水碳酸钠

答案：B

5. 用石油醚萃取气相色谱法测定水中的氯苯类化合物，净化氯苯类提取液常用________。（　　）①②③

A. 硝酸　　B. 浓硫酸　　C. 盐酸

答案：B

6. 采用浓硫酸－硝酸净化二硫化碳，硝化温度宜控制在________。（　　）①②

A. 40℃　　B. 45℃　　C. 45.2℃　　D. 42.5℃

答案：C

四、问答题

1. 为何一氯苯不用电子捕获检测器（ECD），而用氢火焰检测器（FID）检测？①

答案：虽然一氯苯为含氯有机物，但含氯离子少，其在电子捕获检测器上的灵敏度并不高，所以可以用氢火焰检测器（FID）检测。

2. 简述根据《水和废水监测分析方法》（第四版）中填充柱气相色谱法测定水中氯苯类化合物时，石油醚萃取水样中氯苯类化合物的过程。③

答案：取 250 ml 水样，置于 500 ml 分液漏斗中，加入 5～7 g 氯化钠，溶解后加入 20 ml 石油醚，摇动萃取约 10 min，注意放气，静置分层，放出水相，萃取液供净化用。上述过程再重复一次，合并有机相。

3. 简述根据《水质　氯苯类化合物的测定　气相色谱法》（HJ 621—2011）和《水和废水监测分析方法》（第四版）中填充柱气相色谱法测定水中氯苯类化合物时，氯苯类－石油醚萃取液净化过程。②③

答案：在萃取液中加入 2～2.5 ml 浓硫酸，开始轻摇，不断放气。静置分层，放出硫酸相。反复多次上述过程，至硫酸相清澈为止。加入 2% 硫酸钠溶液 25 ml，振摇洗涤萃取液中残存硫酸，静置分层，放出水相。石油醚萃取液经无水硫酸钠脱水后，供色谱分析。

4. 简述根据《水质　氯苯类化合物的测定　气相色谱法》（HJ 621—2011）进行测定时，二硫化碳萃取水样中氯苯类化合物的过程。②

答案：取 1 000 ml 水样，置于 2 000 ml 分液漏斗中，加入 30 g 氯化钠，分别用 20 ml、10 ml 二硫化碳萃取 2 次，开始时手摇轻轻振荡，并注意放气，放气完全后，在振荡器上充分振荡 5 min，萃取后静置分层，下层的二硫化碳经无水硫酸钠干燥，收集并入 100 ml 圆底烧瓶中，再加入少量二硫化碳淋洗无水硫酸钠层，淋洗液也收集于圆底烧瓶中。

五、计算题

分析某废水中间－二氯苯组分，取水样 500 ml 用有机溶剂萃取，最后定容到 25.0 ml，进样 5 ml，测得样品峰高 75.0 mm，标准组分峰高 69.0 mm，标准液浓度 20.0 mg/L，计算水中被测组分间－二氯苯的浓度。②③

答案：已知试样峰高 75.0 mm，标准组分峰高 69.0 mm，标准液浓度 20.0 mg/L，富集倍数为 500 ml/25.0 ml=20

$$C = \frac{75.0}{69.0} \times 20.0 / 20.0 = 1.09 \text{ (mg/L)}$$

参考文献

[1] 国家环境保护总局．水质　氯苯的测定　气相色谱法：HJ/T 74—2001［S］．北京：中国环境科学出版社，2001.

[2] 环境保护部．水质　氯苯类化合物的测定　气相色谱法：HJ 621—2011［S］．北京：中国环境出版社，2011.

[3] 国家环境保护总局《水和废水监测分析方法》编委会．水和废水监测分析方法．4 版［M］．北京：中国环境科学出版社，2002.

[4] 中华人民共和国卫生部，中国国家标准化管理委员会．生活饮用水标准检验方法　有机物指标：GB/T 5750.8—2006［S］．北京：中国标准出版社，2006.

[5] 中华人民共和国卫生部，中国国家标准化管理委员会．生活饮用水标准检验方法　农药指标：GB/T 5750.9—2006［S］．北京：中国标准出版社，2006.

命题：史　箴　乔支卫
审核：牛　毓　岳志孝

第九节　硝基苯类化合物

分类号：W13-8

主要内容
①《水质　硝基苯类化合物的测定　气相色谱法》（HJ 592—2010）
②《水质　硝基苯类化合物的测定　液液萃取 / 固相萃取－气相色谱法》（HJ 648—2013）

一、填空题

1.《水质　硝基苯类化合物的测定　气相色谱法》（HJ 592—2010）适用于________和

________中硝基苯类化合物的测定。①

答案：工业废水　　生活污水

2.《水质　硝基苯类化合物的测定　气相色谱法》（HJ 592—2010）能检测________、________和________及其异构体等硝基化合物。①

答案：一硝基甲苯　　二硝基甲苯　　三硝基甲苯

3.《水质　硝基苯类化合物的测定　气相色谱法》（HJ 592—2010）中所用的萃取剂有________、________和________。①

答案：乙酸乙酯　　苯　　二硫化碳－二氯甲烷

二、判断题

1. 三硝基苯甲酸可溶于二氯甲烷溶液。（　　）①

答案：错误

正确答案为：三硝基苯甲酸不溶于二氯甲烷溶液。

2. 根据《水质　硝基苯类化合物的测定　气相色谱法》（HJ 592—2010）测定水中硝基苯类化合物，保存水样时用硫酸调节 pH 至 3 以下。（　　）①

答案：正确

3. 根据《水质　硝基苯类化合物的测定　气相色谱法》（HJ 592—2010）测定水中硝基苯类化合物时，分离硝基苯类化合物用 SE-30 色谱柱。（　　）①

答案：错误

正确答案为：分离硝基苯类化合物用石英毛细管色谱柱，30 m × 0.32 mm × 0.25 mm，固定相为 5% 苯基 -95% 甲基聚硅氧烷（SE-54），或其他等效毛细管柱。

4. 根据《水质　硝基苯类化合物的测定　气相色谱法》（HJ 592—2010）测定水中硝基苯类化合物时，若能在 24 h 内完成分析，测定硝基苯类化合物水样可以不加保护剂。（　　）①

答案：正确

5.《水质　硝基苯类化合物的测定　气相色谱法》（HJ 592—2010）可以直接测定出水中硝基苯类化合物的含量。（　　）①

答案：错误

正确答案为：通过分别检测水中各硝基化合物分量，加和而得总量。

6.《水质　硝基苯类化合物的测定　液液萃取 / 固相萃取－气相色谱法》（HJ 648—2013）中规定，固相萃取法测定水中硝基苯类化合物时，水样 pH 应调整为中性萃取。（　　）②

答案：正确

7. 根据《水质　硝基苯类化合物的测定　液液萃取 / 固相萃取－气相色谱法》（HJ 648—2013），使用液液萃取法萃取水中硝基苯类化合物过程中如果出现乳化现象，可采用盐析、搅动、离心、冷冻或用玻璃棉过滤等方法破乳。（　　）②

答案：正确

8. 根据《水质　硝基苯类化合物的测定　液液萃取 / 固相萃取－气相色谱法》（HJ 648—2013），使用固相萃取法萃取水样前应加入 10% 的甲醇调整水样。（　　）②

答案： 错误

正确答案为：应加入 5‰ 的甲醇调整水样。

9. 用气相色谱法测定硝基苯类化合物时可采用外标法进行定量。(　　) ①②

答案： 正确

三、选择题

1.《水质　硝基苯类化合物的测定　气相色谱法》(HJ 592—2010) 规定，用________检测器测定硝基苯类化合物。(　　) ①

A. FPD　　B. FID　　C. ECD　　D. NPD

答案： B

2.《水质　硝基苯类化合物的测定　气相色谱法》(HJ 592—2010) 规定，需采集水样________ml。(　　) ①

A. 100　　B. 200　　C. 500　　D. 1 000

答案： D

3.《水质　硝基苯类化合物的测定　液液萃取 / 固相萃取－气相色谱法》(HJ 648—2013) 规定，用________检测器测定硝基苯类化合物。(　　) ②

A. FPD　　B. FID　　C. ECD　　D. NPD

答案： C

4.《水质　硝基苯类化合物的测定　液液萃取 / 固相萃取－气相色谱法》(HJ 648—2013) 规定，采用液液萃取法和固相萃取法测定硝基苯类化合物，选择的萃取溶剂 (洗脱溶剂) 分别为________和________。(　　) ②

A. 正己烷，二氯甲烷　　B. 甲苯，正己烷

C. 甲苯，正己烷 / 丙酮　　D. 二氯甲烷，正己烷

答案： C

5. 污染源监测时，测定硝基苯类化合物的水样应在________排口采集。(　　) ①

A. 单位总　　B. 车间

答案： A

6.《水质　硝基苯类化合物的测定　液液萃取 / 固相萃取－气相色谱法》(HJ 648—2013) 规定，采用固相萃取法萃取含悬浮物浓度较高的水样，应先将水样过滤，滤膜用________萃取。(　　) ②

A. 5 ml 正己烷　　B. 5 ml/ 丙酮

C. 5 ml 正己烷 / 丙酮　　D. 10 ml 正己烷

答案： C

四、问答题

1. 用气相色谱法测定水中硝基苯类化合物时，水中共存的有机氯农药 (六六六、滴滴涕)、卤代烃和氯苯类等在电子捕获检测器上有响应，但不干扰硝基苯类化合物的检测，为什么？②

答案： 因为在方法规定的色谱条件下，水中共存的有机氯农药 (六六六、滴滴涕)、卤代烃和氯苯类等在电子捕获检测器上虽有响应，但因保留时间与待测组分不同，

所以不会干扰硝基化合物的定性、定量检测。

2. 为什么测定硝基化合物的水样要求在低温下避光保存？①②

答案：因为水中的硝基化合物不稳定，一硝基化合物易挥发，硝基氯苯、2,4- 硝基甲苯、2,6- 硝基甲苯、2,5- 硝基甲苯等化学性质不稳定，见光易变化，所以水样要在低温下避光保存。

3. 根据《水质　硝基苯类化合物的测定　气相色谱法》（HJ 592—2010）进行测定时，如何测定水样中的三硝基苯甲酸？①

答案：将用二氯甲烷萃取后的水样在电炉或电热板上加热微沸腾 20 min，使三硝基苯甲酸水解成三硝基甲苯，取下冷却至室温，再用二氯甲烷萃取两次，合并萃取液，经无水硫酸钠脱水，旋转蒸发仪、氮吹仪浓缩定容，上机测定。

4. 试述根据《水质　硝基苯类化合物的测定　气相色谱法》（HJ 592—2010）进行测得时，保留时间窗口 $t+3S$ 中各符号的含义。①

答案：t——初次校准时，各浓度级别标准物质的保留时间的平均值；

S——初次校准时，各标准物质保留时间的标准偏差。

参考文献

[1] 环境保护部 . 水质　硝基苯类化合物的测定　气相色谱法：HJ 592—2010［S］. 北京：中国环境科学出版社，2010.

[2] 环境保护部 . 水质　硝基苯类化合物的测定　液液萃取 / 固相萃取 - 气相色谱法：HJ 648—2013［S］. 北京：中国环境出版社，2013.

[3] 中华人民共和国卫生部，中国国家标准化管理委员会 . 生活饮用水标准检验方法　有机物指标：GB/T 5750.8—2006［S］. 北京：中国标准出版社，2006.

命题：李利荣　夏　新

审核：吴宇峰　史　箴

第十节　吡啶

分类号：W13-9

主要内容
《水质　吡啶的测定　顶空 / 气相色谱法》（HJ 1072—2019）

一、填空题

1. 根据《水质　吡啶的测定　顶空 / 气相色谱法》（HJ 1072—2019）测定水中吡啶时，样品采集后，应在 4℃以下冷藏、避光密封保存，________内完成分析。

答案：3 d

2. 根据《水质　吡啶的测定　顶空 / 气相色谱法》（HJ 1072—2019）测定水中吡啶时，标准曲线至少 5 个非零浓度点，曲线的相关系数应大于等于________，其测定结果与标准浓度值相对误差在 ±1________% 之间，否则应查找原因，重新绘制标准曲线。

答案：0.995　5

3. 根据《水质　吡啶的测定　顶空 / 气相色谱法》（HJ 1072—2019）规定水中吡啶时，若样品中有余氯，每 1 000 ml 样品中加入 100 mg________。

答案：硫代硫酸

4. 根据《水质　吡啶的测定　顶空 / 气相色谱法》（HJ 1072—2019）测定水中吡啶时，样品分析时顶空样品瓶加热温度为________℃，加热平衡时间为________min。

答案：70　30

二、判断题

1. 根据《水质　吡啶的测定　顶空 / 气相色谱法》（HJ 1072—2019）测定水中吡啶时，采集的水样应在样品瓶中溢流且不留液上空间，尽量避免或减少样品在空气中暴露。(　　)

答案：正确

2. 根据《水质　吡啶的测定　顶空 / 气相色谱法》（HJ 1072—2019）测定水中吡啶时，吡啶标准使用液用水稀释，临用现配。(　　)

答案：正确

3.《水质　吡啶的测定　顶空 / 气相色谱法》（HJ 1072—2019）适用于地表水、地下水、生活污水、工业废水、饮用水和海水中吡啶的测定。(　　)

答案：错误

正确答案为：本标准适用于地表水、地下水、生活污水和工业废水中吡啶的测定。

4. 根据《水质　吡啶的测定　顶空 / 气相色谱法》（HJ 1072—2019）测定水中吡啶时，若样品浓度超过工作曲线的最高浓度点，需将该样品稀释后重新进样。(　　)

答案：错误

正确答案为：需从未开封的样品瓶中重新取样，稀释后重新进行试样的制备。

5. 根据《水质　吡啶的测定　顶空 / 气相色谱法》（HJ 1072—2019）测定水中吡啶时，每 20 个样品或每批次样品（少于 20 个 / 批）应至少做 1 个全程序空白，全程序空白测定结果应低于方法检出限。(　　)

答案：正确

6. 根据《水质　吡啶的测定　顶空 / 气相色谱法》（HJ 1072—2019）测定水中吡啶时，顶空制备的样品可平行进两针样。(　　)

答案：错误

正确答案为：如需进第二针样，应重新制备样品。

7. 根据《水质　吡啶的测定　顶空 / 气相色谱法》（HJ 1072—2019）测定水中吡啶时，在测定含盐量较高的样品时，氯化钠的加入量可适量减少，避免样品析出盐而引起顶空样品瓶中气液两相体积变化。(　　)

答案：正确

8. 根据《水质　吡啶的测定　顶空 / 气相色谱法》（HJ 1072—2019）测定水中吡啶时，样

品与标准系列溶液的氯化钠加入量不一定一致，因为对测定结果影响不明显。(　　)

答案：错误

正确答案为：样品与标准系列溶液的氯化钠加入量应一致。

9. 根据《水质　吡啶的测定　顶空/气相色谱法》(HJ 1072—2019)测定水中吡啶时，为保证前样品高沸点组分不影响后分析样品的测定，可在测试完一个样品后，采取快速升温方式将样品中高沸点组分吹出，再进行下一个样品的分析。(　　)

答案：正确

三、选择题

1. 根据《水质　吡啶的测定　顶空/气相色谱法》(HJ 1072—2019)测定水中吡啶时，规定使用________检测器。(　　)

A. FPD　　B. FID　　C. ECD　　D. TCD

答案：B

2. 根据《水质　吡啶的测定　顶空/气相色谱法》(HJ 1072—2019)测定水中吡啶时，基体加标回收率应控制在________。(　　)

A. 70%～120%　　B. 80%～110%　　C. 80%～120%　　D. 70%～130%

答案：B

参考文献

生态环境部.水质　吡啶的测定　顶空/气相色谱法：HJ 1072—2019［S］.北京：国家市场监督管理总局，2019.

命题：何书海　张鸣珊　夏　新

审核：姜晓旭　许行义　史　箴

第十一节　丙烯醛、丙烯腈

分类号：W13-10

主要内容
①《水质　丙烯腈的测定　气相色谱法》(HJ/T 73—2001)
②《水质　丙烯腈和丙烯醛的测定　吹扫捕集/气相色谱法》(HJ 806—2016)
③《生活饮用水标准检验方法　有机物指标》(GB/T 5750.8—2006)(16.1　丙烯醛　气相色谱法)

一、填空题

1.《水质　丙烯腈的测定　气相色谱法》(HJ/T 73—2001)规定丙烯腈的色谱柱为________，验证柱为________。①

答案：GDX-502　　GDX-102

2.《水质　丙烯腈的测定　气相色谱法》(HJ/T 73—2001)规定，测定丙烯腈水样的最长保留时间不能超过________h。①

答案：24

3. 用气相色谱法测定水中丙烯腈时，丙烯腈标准溶液用________作溶剂。①②

答案：不含丙烯腈的二次蒸馏水

4. 用气相色谱法测定水中丙烯腈时，丙烯腈标准贮备液和中间液的保存条件：于________℃，并________。①

答案：2～5　避光储存

5. 根据《水质　丙烯腈和丙烯醛的测定　吹扫捕集 / 气相色谱法》（HJ 806—2016）测定水中丙烯腈和丙烯醛时，捕集管一般用 100%________吸附剂，或其他________吸附剂。②

答案：Tenax　等效

6. 根据《水质　丙烯腈和丙烯醛的测定　吹扫捕集 / 气相色谱法》（HJ 806—2016）测定水中丙烯腈和丙烯醛时，若对定性结果有疑问，可采用________或________定性。②

答案：GC/MS　双柱

7. 根据《水质　丙烯腈和丙烯醛的测定　吹扫捕集 / 气相色谱法》（HJ 806—2016）测定水中丙烯腈和丙烯醛时，样品采集后应于 4℃以下冷藏、避光、密封保存和运输，于________d 内完成分析。②

答案：5

8. 根据《水质　丙烯腈和丙烯醛的测定　吹扫捕集 / 气相色谱法》（HJ 806—2016）测定水中丙烯腈和丙烯醛，采集样品时，应使水样在样品瓶中溢流而不留气泡，再加入数滴__________溶液固定，使用样品的 pH 为 4～5。②

答案：磷酸

二、判断题

1.《水质　丙烯腈的测定　气相色谱法》（HJ/T 73—2001）适用于地表水和废水中丙烯腈的测定。（　　）①

答案：错误

正确答案为：适用于废水中丙烯腈的测定。

2.《水质　丙烯腈的测定　气相色谱法》（HJ/T 73—2001）规定，定性的保留时间窗口宽度以当天测定标样的实际保留时间变化为基准。（　　）①

答案：正确

3. 用气相色谱法测定水中丙烯腈时，丙烯腈标准工作液要现用现配。（　　）①

答案：正确

4.《水质　丙烯腈的测定　气相色谱法》（HJ/T 73—2001）规定，采用单点外标法定量测定丙烯腈，标准溶液的进样体积与试样的进样体积应相同。（　　）①

答案：正确

5.《水质　丙烯腈的测定　气相色谱法》（HJ/T 73—2001）规定，丙烯腈标准溶液的响应值应与试样的响应值接近。（　　）①

答案：正确

6.《水质　丙烯腈的测定　气相色谱法》（HJ/T 73—2001）规定，依据气相色谱仪的稳定情况，确定用丙烯腈标准溶液校准色谱仪的频次。（　　）①

答案：正确

7. 用气相色谱法测定时，判定水样中是否含有丙烯腈，用保留值来确定。（　　）①②

答案：正确

8. 用气相色谱法检测丙烯腈时用 ECD 检测器。（　　）①②

答案：错误

正确答案为：检测丙烯腈用 FID 检测器。

9. 根据《水质　丙烯腈和丙烯醛的测定　吹扫捕集 / 气相色谱法》（HJ 806—2016）测定水中丙烯腈和丙烯醛时，常用外标法定量。（　　）②

答案：正确

10. 根据《水质　丙烯腈和丙烯醛的测定　吹扫捕集 / 气相色谱法》（HJ 806—2016）测定水中丙烯腈和丙烯醛时，抗坏血酸能消除余氯对测定的干扰。（　　）②

答案：正确

11. 根据《水质　丙烯腈和丙烯醛的测定　吹扫捕集 / 气相色谱法》（HJ 806—2016）测定水中丙烯腈和丙烯醛时，不同的解析温度和时间会对测定产生影响。（　　）②

答案：正确

12. 根据《水质　丙烯腈和丙烯醛的测定　吹扫捕集 / 气相色谱法》（HJ 806—2016）测定水中丙烯腈和丙烯醛时，工作曲线一般采用线性拟合，其相关系数应大于或等于 0.995，否则须重新绘制工作曲线。（　　）②

答案：错误

正确答案为：用线性拟合曲线进行校准，其相关系数应大于或等于 0.999。

13. 根据《水质　丙烯腈和丙烯醛的测定　吹扫捕集 / 气相色谱法》（HJ 806—2016）测定水中丙烯腈和丙烯醛时，每 20 个样品或每批次应做一个全程空白和实验室空白，空白中丙烯腈和丙烯醛的测试结果应低于方法检出限。（　　）②

答案：正确

14. 根据《水质　丙烯腈和丙烯醛的测定　吹扫捕集 / 气相色谱法》（HJ 806—2016）规定，丙烯腈和丙烯醛的标准使用液均用实验用水配制，临用现配。（　　）②

答案：正确

15.《水质　丙烯腈和丙烯醛的测定　吹扫捕集 / 气相色谱法》（HJ 806—2016）适用于地表水、地下水、生活污水和工业废水中丙烯腈和丙烯醛的测定，不适合海水中丙烯腈和丙烯醛的测定。（　　）②

答案：错误

正确答案为：本标准适用于地表水、地下水、海水、生活污水和工业废水中丙烯腈和丙烯醛的测定。

16. 根据《水质　丙烯腈和丙烯醛的测定　吹扫捕集 / 气相色谱法》（HJ 806—2016）水中丙烯腈和丙烯醛时，通常使用 40 ml 带硅橡胶 - 聚四氟乙烯衬垫螺旋盖的棕色玻璃瓶采集水质中丙烯腈和丙烯醛样品。（　　）②

答案：正确

17. 根据《水质　丙烯腈和丙烯醛的测定　吹扫捕集 / 气相色谱法》（HJ 806—2016）测定水中丙烯腈和丙烯醛时，每 20 个样品或每批次（少于 20 个样品）应至少分析一个平行样，平行样品相对偏差应控制在 30% 以内。（　　）②

答案： 错误

正确答案为：平行样品相对偏差应控制在 20% 以内。

18. 根据《生活饮用水标准检验方法　有机物指标》（GB/T 5750.8—2006）（16.1　丙烯醛　气相色谱法）测定地表水中丙烯醛时，水样不需要提取，可以直接进样。（　　）③

答案： 正确

19. 根据《生活饮用水标准检验方法　有机物指标》（GB/T 5750.8—2006）（16.1　丙烯醛　气相色谱法）测定生活饮用水水源水中丙烯醛时，使用的是 GDX-502 柱。（　　）③

答案： 错误

正确答案为：该方法规定使用 20% 聚乙二醇 -20M 柱。

20. 根据《生活饮用水标准检验方法　有机物指标》（GB/T 5750.8—2006）（16.1　丙烯醛　气相色谱法）测定生活饮用水水源水中丙烯醛时，采用的是外标法定量，标准样品应与试样尽可能同时分析。（　　）③

答案： 正确

三、选择题

1. 根据《生活饮用水标准检验方法　有机物指标》（GB/T 5750.8—2006）（16.1　丙烯醛　气相色谱法）选定的测定丙烯醛的色谱条件，________不干扰测定。（　　）③

A. 甲醛和乙醛　　B. 丙醛和丙酮

C. 丁醛　　D. 甲醛、乙醛、丙醛、丁醛和丙酮

答案： D

2. 根据《生活饮用水标准检验方法　有机物指标》（GB/T 5750.8—2006）（16.1　丙烯醛　气相色谱法），用于气相色谱法测定丙烯醛的水样采集在________中，尽快分析。（　　）③

A. 磨口塞玻璃瓶　　B. 塑料瓶　　C. 广口瓶　　D. 顶空玻璃瓶

答案： A

四、问答题

1.《水质　丙烯腈的测定　气相色谱法》（HJ/T 73—2001）测定丙烯腈时，为什么要用不同极性的色谱柱验证丙烯腈的测定结果？①

答案： 因为丙烯腈的水溶性很好，《水质　丙烯腈的测定　气相色谱法》（HJ/T 73—2001）采用直接进样的方法测定水样中丙烯腈的含量，能同时溶于水的甲醇、乙醇和丙酮等都有可能因色谱柱的分离效果不好而产生干扰，所以需采用另一根不同极性的色谱柱进行分离鉴定，以保证测定结果的准确性。

2.《水质　丙烯腈的测定　气相色谱法》（HJ/T 73—2001）推荐的色谱温度是多少？①

答案：柱温：140℃；汽化室和检测器温度：180℃。

3.《水质　丙烯腈的测定　气相色谱法》（HJ/T 73—2001）规定的丙烯腈定量方法是什么？①

答案：采用单点外标法定量。

参考文献

[1] 国家环境保护总局.水质　丙烯腈的测定　气相色谱法：HJ/T 73—2001［S］.北京：中国环境科学出版社，2001.

[2] 环境保护部.水质　丙烯腈和丙烯醛的测定　吹扫捕集/气相色谱法：HJ 806—2016［S］.北京：中国环境出版集团，2016.

[3] 中华人民共和国卫生部，中国国家标准化管理委员会.生活饮用水标准检验方法　有机物指标：GB/T 5750.8—2006［S］.北京：中国标准出版社，2006.

命题：张鸣珊　姜晓旭　夏　新
审核：何书海　吴诗剑　史　箴

第十二节　有机汞

分类号：W13–11

主要内容
①《水质　烷基汞的测定　气相色谱法》（GB/T 14204—93）
②《环境　甲基汞的测定　气相色谱法》（GB/T 17132—1997）
③《水质　烷基汞的测定　吹扫捕集/气相色谱–冷原子荧光光谱法》（HJ 977—2018）

一、填空题

1.《水质　烷基汞的测定　气相色谱法》（GB/T 14204—93）中，测定的烷基汞包括________和________。①

答案：甲基汞　乙基汞

2. 根据《水质　烷基汞的测定　气相色谱法》（GB/T 14204—93）测定烷基汞的过程中，实验室使用的________、________和________任何一种物品更换时，都必须做一次全程序空白。①

答案：试剂　巯基棉　玻璃器皿

3.《环境　甲基汞的测定　气相色谱法》（GB/T 17132—1997）规定，用________和________两次富集水样中的甲基汞。②

答案：巯基纱布　巯基棉

4.《环境　甲基汞的测定　气相色谱法》（GB/T 17132—1997）适用于水和废水、沉积物、________、________和人尿中甲基汞的测定。②

答案：鱼体　人体头发

5. 根据《水质　烷基汞的测定　吹扫捕集 / 气相色谱 - 冷原子荧光光谱法》（HJ 977—2018）测定水中烷基汞（甲基汞和乙基汞）时，硫化物、水溶性有机质和氯离子等对烷基汞的测定有________（填写“正”或“负”）干扰，对样品进行蒸馏可以去除或减少干扰。③

答案：负

二、判断题

1. 用气相色谱法测定烷基汞时，如果水样中含有有机硫化物（硫醇、硫醚、噻吩），容易干扰烷基汞的测定。（　　）①

答案：正确

2. 有机硫化合物对烷基汞测定的干扰主要是对色谱柱的影响。有机硫化合物不能从色谱柱中流出，积存在柱内，使色谱柱分离效率下降。（　　）①

答案：正确

3. 用气相色谱法测定烷基汞中，检测时，可用两根不同极性的色谱柱分析，来确定色谱峰中有无干扰峰。（　　）①②

答案：正确

4. 用气相色谱法测定水中烷基汞时，实验室应做全程序空白，以证明使用的玻璃器皿和试剂的干扰都在控制之下。（　　）①②

答案：正确

5. 用气相色谱法测定水中烷基汞时，巯基棉易分解，应置于棕色干燥器中避光保存。（　　）①②

答案：正确

6. 用气相色谱法测定水中烷基汞时，为尽快烘干巯基棉，烘箱温度不得低于 70℃。（　　）①②

答案：错误

正确答案为：用气相色谱法测定烷基汞所用巯基棉应在 35～37℃烘箱内烘干。

7. 用气相色谱法测定水中烷基汞，用于富集烷基汞的巯基棉其回收率必须大于 70% 才能使用。（　　）①②

答案：错误

正确答案为：用于烷基汞富集的巯基棉其回收率必须大于 85% 才能使用。

8. 用气相色谱法测定水中烷基汞时，洗脱液中的烷基汞可用苯或甲苯萃取。（　　）①②

答案：正确

9. 根据《环境　甲基汞的测定　气相色谱法》（GB/T 17132—1997），测定甲基汞的水样在低温（4℃）、酸性（pH=3）条件下，可短时间保存，但不能超过 12 h。（　　）②

答案：正确

10. 根据《水质　烷基汞的测定　吹扫捕集 / 气相色谱 - 冷原子荧光光谱法》（HJ 977—2018）测定水中烷基汞（甲基汞和乙基汞）时，样品经蒸馏后，馏出液中的烷基汞经四丙基硼化钠衍生，生成挥发性的甲基丙基汞和乙基丙基汞，经吹扫捕集、热脱附和气相色谱分离后，再高温裂解为汞蒸气，用冷原子荧光测汞仪检测。（　　）③

答案：正确

11. 根据《水质　烷基汞的测定　吹扫捕集/气相色谱－冷原子荧光光谱法》（HJ 977—2018）测定水中烷基汞（甲基汞和乙基汞）时，被油类污染的样品中的有机小分子会与烷基汞衍生物一起吹扫吸附于捕集管，加热脱附后会对原子荧光信号产生淬灭效应，应稀释后再进行蒸馏和分析。（　　）③

答案：正确

12. 根据《水质　烷基汞的测定　吹扫捕集/气相色谱－冷原子荧光光谱法》（HJ 977—2018）测定水中烷基汞（甲基汞和乙基汞）时，对于存在严重汞污染的水体不宜采用蒸馏法分离烷基汞和 Hg^{2+}。（　　）③

答案：正确

13. 根据《水质　烷基汞的测定　吹扫捕集/气相色谱－冷原子荧光光谱法》（HJ 977—2018）的规定，甲基汞和乙基汞标准贮备液，开封后于 4℃下冷藏、避光、密封可保存 12 个月。（　　）③

答案：错误

正确答案为：开封后于 4℃下冷藏、避光、密封可保存 8 个月。

14. 根据《水质　烷基汞的测定　吹扫捕集/气相色谱－冷原子荧光光谱法》（HJ 977—2018）测定水中烷基汞（甲基汞和乙基汞）时，样品采集后加固定剂保存，置于 4℃以下避光冷藏保存 3 d。若只测定甲基汞，可保存 14 d。（　　）③

答案：错误

正确答案为：如果只测定甲基汞，可保存 8 d。

15. 根据《水质　烷基汞的测定　吹扫捕集/气相色谱－冷原子荧光光谱法》（HJ 977—2018）测定水中烷基汞（甲基汞和乙基汞）时，因为四丙基硼化钠有毒，配制和前处理过程应在通风厨内进行，操作应快速并及时密封。（　　）③

答案：正确

16. 根据《水质　烷基汞的测定　吹扫捕集/气相色谱－冷原子荧光光谱法》（HJ 977—2018）测定水中烷基汞（甲基汞和乙基汞）时，试样分析过程中 Hg^{2+} 出现异常高值或在设定时间内无法出峰完全时，应加测一个空白试样，防止影响后续样品的分析。（　　）③

答案：正确

17. 根据《水质　烷基汞的测定　吹扫捕集/气相色谱－冷原子荧光光谱法》（HJ 977—2018）的规定，四丙基硼化钠溶液（10g/L）于 −18℃ ±2℃冷冻可保存 6 个月，临用时，取一小瓶试剂，待瓶内冰块融化约一半时使用，融化后的四丙基硼化钠溶液不稳定，一次使用。（　　）③

答案：正确

三、选择题

1. 用气相色谱法测定烷基汞时用________检测器。（　　）①②

A. NPD　　B. FID　　C. ECD

答案：C

2. 用气相色谱法测定烷基汞时，消除干扰物质对色谱柱的影响，主要是定期向色谱柱内注入________。(　　) ①②

A. 饱和二氯化汞溶液　　B. 饱和氯化钾溶液

C. 饱和氯化钠溶液　　D. 二氯化汞苯饱和溶液

答案：D

3. 用气相色谱法测定烷基汞时，水样中的烷基汞用________富集。(　　) ①②

A. 玻璃棉　　B. 脱脂棉　　C. 巯基棉

答案：C

4. 根据《水质　烷基汞的测定　吹扫捕集 / 气相色谱 - 冷原子荧光光谱法》(HJ 977—2018) 测定水中烷基汞 (甲基汞和乙基汞) 时，样品中 Hg^{2+} 浓度高于________ng/L 时对烷基汞测定产生正干扰，应稀释后再进行蒸馏和分析。(　　) ③

A. 100　　B. 200　　C. 220　　D. 440

答案：D

5. 根据《水质　烷基汞的测定　吹扫捕集 / 气相色谱 - 冷原子荧光光谱法》(HJ 977—2018) 测定水中烷基汞 (甲基汞和乙基汞) 时，使用________作为吹扫捕集装置吸附剂。(　　) ③

A. Tenax　　B. 硅胶

C. 活性炭　　D. 硅胶 + 活性炭 (1∶1)

答案：A

6. 根据《水质　烷基汞的测定　吹扫捕集 / 气相色谱 - 冷原子荧光光谱法》(HJ 977—2018) 测定水中烷基汞 (甲基汞和乙基汞) 时，使用________作为毛细管柱的固定相。(　　) ③

A. 100% 二甲基聚硅氧烷　　B. 5% 苯基甲基聚硅氧烷

C. 95% 二甲基聚硅氧烷　　D. 65% 二甲基聚硅氧烷

答案：A

7. 根据《水质　烷基汞的测定　吹扫捕集 / 气相色谱 - 冷原子荧光光谱法》(HJ 977—2018) 测定水中烷基汞 (甲基汞和乙基汞) 时，要求每次分析样品前均应建立校准曲线，曲线的相关系数大于________。(　　) ③

A. 0.999　　B. 0.996　　C. 0.995　　D. 0.99

答案：B

8. 根据《水质　烷基汞的测定　吹扫捕集 / 气相色谱 - 冷原子荧光光谱法》(HJ 977—2018) 测定水中烷基汞 (甲基汞和乙基汞) 时，分析中所用的器皿 (采样瓶、蒸馏瓶、接收瓶、聚四氟乙烯管等) 应在________中浸泡至少________h。(　　) ③

A. (1+9) HNO_3，24　　B. (1+1) HNO_3，24

C. 5%HNO_3，24　　D. 浓 HCl，12

答案：A

9. 我国《地表水环境质量标准》(GB 3838—2002) 中甲基汞的标准限值为________ng/L。(　　) ①②③

A. 0.5　　B. 1　　C. 2　　D. 10

答案：B

10. 根据《水质　烷基汞的测定　吹扫捕集/气相色谱-冷原子荧光光谱法》(HJ 977—2018)测定水中烷基汞(甲基汞和乙基汞)时，衍生化前，试样中 Hg^{2+} 的含量必须低于________ng。(　　)③

A. 1　　B. 2　　C. 3　　D. 5

答案：A

四、问答题

1. 简述《水质　烷基汞的测定　气相色谱法》(GB/T 14204—93)测定地表水和污水中烷基汞的方法原理。①

答案：用巯基棉富集水中的烷基汞，用盐酸氯化钠溶液解析，然后用甲苯萃取，用带电子捕获检测器的气相色谱仪测定。

2. 用气相色谱法测定烷基汞时，如何判定检测烷基汞的色谱柱已被污染？①②

答案：当色谱峰出现拖尾，烷基汞保留时间值(RT)出现较大变化时，说明色谱柱已被污染。此时注入 10 ml 柱处理液(饱和二氯化汞-苯溶液)，2 h 后可消除干扰。或完成一天的测定后，注入 50～100 ml 柱处理液，保持柱温过夜，也可消除干扰。

参考文献

[1] 国家环境保护局 . 水质　烷基汞的测定　气相色谱法：GB/T 14204—93 [S] . 北京：中国标准出版社，1993.

[2] 国家环境保护局 . 环境　甲基汞的测定　气相色谱法：GB/T 17132—1997 [S] . 北京：中国标准出版社，1997.

[3] 生态环境部 . 水质烷基汞的测定　吹扫捕集 / 气相色谱 - 冷原子荧光光谱法：HJ 977—2018 [S] . 北京：中国环境出版集团，2018.

[4] 国家环境保护总局《水和废水监测分析方法》编委会 . 水和废水监测分析方法 .4 版 [M] . 北京：中国环境科学出版社，2002.

[5]《水和废水分析方法指南》编委会 . 水和废水监测分析方法指南：中册 [M] . 北京：中国环境科学出版社，1990.

[6] 国家环境保护总局 . 地表水环境质量标准：GB 3838—2002 [S] . 北京：中国标准出版社，2002.

命题：姜晓旭　史　箴

审核：史　箴　夏　新

第十三节　挥发性有机化合物

分类号：W13-12

主要内容
①《水和废水监测分析方法》(第四版)(挥发性有机化合物　吹脱捕集气相色谱法)
②《水质　挥发性有机物的测定　吹扫捕集/气相色谱法》(HJ 686—2014)

一、判断题

1. 采集分析挥发性有机物的水样时，水样应充满容器、不留空间和气泡，并加盖密封。(　　) ①②

答案：正确

2. 分析挥发性有机物的水样应置于 4℃且无有机气体干扰的区域保存，最好在 14 d 内分析。(　　) ①②

答案：正确

3. 分析水中挥发性有机物的采样瓶是棕色磨口瓶。(　　) ①②

答案：错误

正确答案为：分析挥发性有机物的采样瓶是一种带有 PTFE（聚四氟乙烯）垫片的棕色螺口玻璃瓶。

4. 根据《水质　挥发性有机物的测定　吹扫捕集 / 气相色谱法》（HJ 686—2014）测定水中挥发性有机物时，给出的是标准曲线内标法定量计算。(　　) ①②

答案：错误

正确答案为：给出的是标准曲线外标法定量计算。

5. 根据《水和废水监测分析方法》（第四版）和《水质　挥发性有机物的测定　吹扫捕集 / 气相色谱法》（HJ 686—2014）测定水中挥发性有机物时，吹脱时间的长短对挥发性有机物的分析无影响。(　　) ①②

答案：错误

正确答案为：吹脱时间的长短对挥发性有机物的分析有影响。

6. 根据《水和废水监测分析方法》（第四版）和《水质　挥发性有机物的测定　吹扫捕集 / 气相色谱法》（HJ 686—2014）测定水中挥发性有机物时，分析废水中的挥发性有机物一般用 5 ml 吹脱管。(　　) ①②

答案：正确

7. 根据《水和废水监测分析方法》（第四版）和《水质　挥发性有机物的测定　吹扫捕集 / 气相色谱法》（HJ 686—2014）测定水中挥发性有机物时，不同的解析温度和不同的解析时间都会对挥发性有机物分析结果产生影响。(　　) ①②

答案：正确

8. 根据《水和废水监测分析方法》（第四版）和《水质　挥发性有机物的测定　吹扫捕集 / 气相色谱法》（HJ 686—2014）测定水中挥发性有机物时，空白试剂水应在使用前将二次蒸馏水用高纯氮气吹 10 min 或加热煮沸并检验无挥发性有机物干扰后方可使用。(　　) ①②

答案：正确

9. 根据《水和废水监测分析方法》（第四版）和《水质　挥发性有机物的测定　吹扫捕集 / 气相色谱法》（HJ 686—2014）测定水中挥发性有机物时，全程序空白和运输空白的区别是全程序空白在现场需要和采样同步打开瓶盖和密封。(　　) ①②

答案：正确

10. 分析挥发性有机物的实验室不能存放甲醇和二氯甲烷，或进行有机标准配置或有机

前处理等操作，否则会带来干扰，影响分析的进行。（　　）①②

答案：正确

11. 根据《水质　挥发性有机物的测定　吹扫捕集/气相色谱法》（HJ 686—2014），配置挥发性有机物标准使用液时，不能剧烈振荡，最多迅速上下振荡3次。（　　）②

答案：正确

12. 根据《水质　挥发性有机物的测定　吹扫捕集/气相色谱法》（HJ 686—2014），分析水样中的挥发性有机物时要进行实验室空白、运输空白和全程序空白等空白检验，以确保分析结果的准确。（　　）②

答案：正确

13. 根据《水质　挥发性有机物的测定　吹扫捕集/气相色谱法》（HJ 686—2014），采集VOCs水样时，若有余氯存在，水样中应先加抗坏血酸，然后再加盐酸保存。（　）②

答案：正确

二、选择题

1. 根据《水质　挥发性有机物的测定　吹扫捕集/气相色谱法》（HJ 686—2014）测定水中挥发性有机物时，苯系物可以选用________检测器，卤代烃选用________检测器。（　　）②

A. FPD，ECD　　B. FID，ECD　　C. ECD，FID　　D. ECD，FPD

答案：B

2. 根据《水和废水监测分析方法》（第四版）和《水质　挥发性有机物的测定　吹扫捕集/气相色谱法》（HJ 686—2014）测定水中挥发性有机物时，吹脱水样用________或________。（　　）①②

A. 氮气，空气　　B. 氮气，氩气

C. 高纯氮气，高纯氦气　　D. 氩气，空气

答案：C

3. 根据根据《水和废水监测分析方法》（第四版）和《水质　挥发性有机物的测定　吹扫捕集/气相色谱法》（HJ 686—2014）测定水中挥发性有机物时，水样中的余氯对测定产生干扰，用________除去。（　　）①②

A. 氯化钠　　B. 抗坏血酸　　C. 碳酸钠　　D. 硼酸钠

答案：B

4. 根据《水质　挥发性有机物的测定　吹扫捕集/气相色谱法》（HJ 686—2014）测定水中挥发性有机物时，常用吹扫时间为________min。（　　）②

A. 8　　B. 5　　C. 11　　D. 15

答案：C

5. 根据《水质　挥发性有机物的测定　吹扫捕集/气相色谱法》（HJ 686—2014）测定水中挥发性有机物时，每10个样品分析1个空白加标回收实验，要求回收率到达________。（　　）②

A. 50%～100%　　B. 30%～90%　　C. 70%～110%　　D. 70%～120%

答案：D

6. 根据《水质　挥发性有机物的测定　吹扫捕集 / 气相色谱法》（HJ 686—2014）测定水中挥发性有机物时，推荐分析苯系物使用固定相为________的厚液膜石英毛细管色谱柱，分析卤代烃使用固定相为________的厚液膜石英毛细管色谱柱。（　　）②

A. 聚乙二醇，35% 苯基甲基聚硅氧烷

B. 35% 苯基甲基聚硅氧烷，6% 氰丙基苯 -94% 二甲基聚硅氧烷

C. 聚乙二醇，6% 氰丙基苯 -94% 二甲基聚硅氧烷

D. 6% 氰丙基苯 -94% 二甲基聚硅氧烷，5% 苯基 -95% 甲基聚硅氧烷

答案：C

7. 根据《水和废水监测分析方法》（第四版）和《水质　挥发性有机物的测定　吹扫捕集 / 气相色谱法》（HJ 686—2014），挥发性有机物指常温常压下能够挥发或气态的有机物，世界卫生组织（WHO，1989）定义熔点低于室温、沸点在________℃之间的有机物为挥发性有机物，英文 Volatile Organic Compounds，简写为 VOCs。（　　）①②

A. 30～220　　B. 50～260　　C. 30～260　　D. 50～300

答案：B

8. 根据《水和废水监测分析方法》（第四版）和《水质　挥发性有机物的测定　吹扫捕集 / 气相色谱法》（HJ 686—2014），采集 VOCs 水样时，若无余氯，水样中应加盐酸保存，使水样 pH＜________。（　　）①②

A. 1　　B. 2　　C. 3

答案：B

参考文献

[1] 环境保护部 . 水质　挥发性有机物的测定　吹扫捕集 / 气相色谱法：HJ 686—2014［S］. 北京：中国环境出版社，2014.

[2] 国家环境保护总局《水和废水监测分析方法》编委会 . 水和废水监测分析方法 .4 版［M］. 北京：中国环境科学出版社，2002.

命题：王玲玲　米方卓

审核：史　箴　夏　新

第十四节　三氯乙醛

分类号：W13-13

主要内容
《水和废水监测分析方法》（第四版）（三氯乙醛　气相色谱法）

一、填空题

1. 用气相色谱法测定水中三氯乙醛时，水样用________或________调至中性。

答案：20% 硫酸　　碳酸钠

2. 用气相色谱法测定水中三氯乙醛时，萃取时加入氯化钠的目的是________。

答案：防止乳化

3. 用气相色谱法测定水中三氯乙醛时，定量计算三氯乙醛可以采用________法和________法。

答案：标准曲线　　单点外标

二、判断题

1. 三氯乙醛在水中以其水合物——水合三氯乙醛存在。(　　)

答案：正确

2. 用气相色谱法测定水中三氯乙醛时，水合三氯乙醛标准贮备液需低温保存。(　　)

答案：正确

3. 用气相色谱法测定水中三氯乙醛时，水样采集后应立即将 pH 调至 7，在低温（4℃）下保存。(　　)

答案：正确

4. 三氯乙醛主要存在于城市生活污水中。(　　)

答案：错误

正确答案为：三氯乙醛主要存在于农药厂排放的废水中。

5. 用气相色谱法测定水中三氯乙醛时，水合三氯乙醛的石油醚－乙醚溶液可在冰箱中贮存两周以上。(　　)

答案：正确

6. 用气相色谱法测定水中三氯乙醛时，萃取三氯乙醛的石油醚－乙醚混合溶液体积比为 1∶1。(　　)

答案：错误

正确答案为：石油醚－乙醚混合液按 2∶1 体积比混匀。

三、选择题

1. 气相色谱法适用于________中三氯乙醛的测定。(　　)

A. 地表水和废水　　B. 地表水　　C. 废水　　D. 地下水

答案：A

2. 用气相色谱法测定水中三氯乙醛时，萃取所用的萃取剂是________。(　　)

A. 石油醚　　B. 乙醚　　C. 石油醚－乙醚　　D. 丙酮

答案：C

3. 用气相色谱法测定水中三氯乙醛时，去除三氯乙醛提取液中的水分常用的试剂是________。(　　)

A. 无水氯化钠　　B. 无水硫酸钠　　C. 无水氢氧化钠　　D. 无水碳酸钠

答案：B

4. 测定三氯乙醛的水样用________采集。(　　)

A. 玻璃瓶　　　　　　B. 塑料瓶

答案：A

四、问答题

1. 用气相色谱法测定水中三氯乙醛时，为什么选用电子捕获检测器？

答案：因为三氯乙醛具有强电负性，用电子捕获检测器检测灵敏度高、选择性好。

2. 用气相色谱法测定水中三氯乙醛时，水样先用石油醚萃取的目的是什么？

答案：去除一些高沸点有机物和含氯有机物的干扰。

3. 用气相色谱法测定水中三氯乙醛时，为什么计算水中三氯乙醛含量时要考虑萃取率？

答案：因为三氯乙醛溶于水，萃取过程中损失较大，若不考虑萃取效率可能会影响三氯乙醛测定的准确度。

参考文献

[1] 国家环境保护总局《水和废水监测分析方法》编委会 . 水和废水监测分析方法 .4 版［M］. 北京：中国环境科学出版社，2002.

[2] 中华人民共和国卫生部，中国国家标准化管理委员会 . 生活饮用水标准检验方法　消毒副产物指标：GB/T 5750.10—2006［S］. 北京：中国标准出版社，2006.

命题：史　箴　夏　新

审核：乔支卫　许行义

第十五节　黄磷

分类号：W13–14

主要内容
《水质　黄磷的测定　气相色谱法》(HJ 701—2014)

一、判断题

1. 根据《水质　黄磷的测定　气相色谱法》(HJ 701—2014)测定水中黄磷，黄磷属剧毒物质，进入人体可引气急性中毒，因此，操作时应按规定要求佩戴防护器具，避免接触皮肤和衣物，样品萃取应在通风柜内进行。(　　)

答案：正确

2.《水质　黄磷的测定　气相色谱法》(HJ 701—2014)适用于地表水、地下水、生活污染和工业废水中黄磷的测定。(　　)

答案：正确

3. 根据《水质　黄磷的测定　气相色谱法》(HJ 701—2014)测定水中黄磷，样品采集时，应将样品充满棕色玻璃瓶，盖紧瓶盖并倒置检查瓶内是否存在气泡。(　　)

答案：正确

4. 根据《水质　黄磷的测定　气相色谱法》（HJ 701—2014）测定水中黄磷时，准确移取待测水样 250 ml 于分液漏斗中，加入 10.0 ml 苯，密塞，适当用力振摇分液漏斗 4 min，静置 5～10 min，分层后弃去水相。（　　）

答案：错误

正确答案为：加入 10.0 ml 甲苯。

二、选择题

1. 根据《水质　黄磷的测定　气相色谱法》（HJ 701—2014）测定水中黄磷时，为避免干扰可以使用________净化柱进行净化处理。（　　）

A. 硅胶　　B. 硅镁　　C. 氧化铝

答案：B

2.《水质　黄磷的测定　气相色谱法》（HJ 701—2014）测定水中黄磷（NPD 检测器）的方法检出浓度为 0.04 mg/L（萃取时相比为 10∶1）；当水样与萃取剂相比达到 20∶1 时，检出浓度为________mg/L。（　　）

A. 0.002　　B. 0.02　　C. 0.2

答案：B

3. 根据《水质　黄磷的测定　气相色谱法》（HJ 701—2014）测定水中黄磷时，样品应在________℃下避光保存，可保存________d。（　　）

A. 0，2　　B. 0，7　　C. 4，7

答案：C

4. 根据《水质　黄磷的测定　气相色谱法》（HJ 701—2014）测定水中黄磷时，可以使用________。（　　）

A. 氮磷检测器（NPD）

B. 火焰光度检测器（FPD）

C. 以上均正确

答案：C

参考文献

环境保护部 . 水质　黄磷的测定　气相色谱法：HJ 701—2014［S］. 北京：中国环境出版社，2014.

命题：丁曦宁　米方卓

审核：陈素兰　夏　新

第十六节　百菌清和溴氰菊酯

分类号：W13-15

主要内容
《水质　百菌清和溴氰菊酯的测定　气相色谱法》（HJ 698—2014）

一、判断题

1. 根据《水质　百菌清和溴氰菊酯的测定　气相色谱法》（HJ 698—2014）测定水中百菌清和溴氰菊酯时，若水样的测定结果小于 1.00 mg/L，则测定结果保留至小数点后 2 位；若测定结果大于等于 1.00 mg/L，则保留至小数点后 3 位。(　　)

答案：错误

正确答案为：若测定结果大于等于 1.00 mg/L，测定结果保留 3 位有效数字。

2. 根据《水质　百菌清和溴氰菊酯的测定　气相色谱法》（HJ 698—2014）测定水中百菌清和溴氰菊酯时，每批样品应至少测定一个加标样品，加标回收率应为 70%～130%。(　　)

答案：正确

3. 根据《水质　百菌清和溴氰菊酯的测定　气相色谱法》（HJ 698—2014）测定水中百菌清和溴氰菊酯时，由于电子捕获检测器灵敏度高，易因杂质峰较多而产生干扰，当目标化合物有检出时，应使用双柱定性确认干扰消除。(　　)

答案：正确

4. 百菌清和溴氰菊酯在酸、碱介质中均很稳定。(　　)

答案：错误

正确答案为：百菌清和溴氰菊酯在酸性介质中稳定，在碱性介质中不稳定。

5. 根据《水质　百菌清和溴氰菊酯的测定　气相色谱法》（HJ 698—2014）测定水中百菌清和溴氰菊酯时，萃取液脱水使用的无水硫酸钠若是优级纯，则不需处理可直接使用。(　　)

答案：错误

正确答案为：无水硫酸钠应在 400℃下灼烧 4 h，除去吸附的有机物。

6. 根据《水质　百菌清和溴氰菊酯的测定　气相色谱法》（HJ 698—2014）测定水中百菌清和溴氰菊酯时，萃取时使用的氯化钠若是优级纯，则不需处理可直接使用。(　　)

答案：错误

正确答案为：氯化钠应在 400℃下灼烧 4 h，除去吸附的有机物。

7. 百菌清是广谱、保护性杀菌剂，溴氰菊酯是菊酯类杀虫剂中毒力最高的一种。(　　)

答案：正确

8. 若需按照《水质　百菌清和溴氰菊酯的测定　气相色谱法》（HJ 698—2014）测定水中百菌清和溴氰菊酯，在样品采集前，无需用水样冲洗采样瓶。(　　)

答案：错误

正确答案为：在样品采集前，需用采样水冲洗采样瓶。

二、选择题

1. 根据《水质　百菌清和溴氰菊酯的测定　气相色谱法》（HJ 698—2014）测定水中百菌清和溴氰菊酯时，需在________条件下提取。(　　)

A. 酸性　　　　B. 中性　　　　C. 碱性

答案：B

2. 根据《水质　百菌清和溴氰菊酯的测定　气相色谱法》（HJ 698—2014）测定水中百菌清和溴氰菊酯时，提取百菌清和溴氰菊酯常用的萃取剂是________。（　　）

A. 三氯甲烷　　B. 四氯化碳　　C. 正己烷

答案：C

3. 根据《水质　百菌清和溴氰菊酯的测定　气相色谱法》（HJ 698—2014）测定水中百菌清和溴氰菊酯时，所采集的水样应在________d 内萃取完成，萃取液可保存________d。（　　）

A. 1，7　　B. 7，30　　C. 7，40

答案：C

4. 根据《水质　百菌清和溴氰菊酯的测定　气相色谱法》（HJ 698—2014）测定水中百菌清和溴氰菊酯时，去除提取液中的水分常用的试剂是________。（　　）

A. 无水氯化钠　　B. 无水硫酸钠　　C. 无水碳酸钠

答案：B

5.《水质　百菌清和溴氰菊酯的测定　气相色谱法》（HJ 698—2014）规定，采集百菌清和溴氰菊酯水样于________℃下保存。（　　）

A. 2～5　　B. 6～8　　C. 9～10

答案：A

6. 根据《水质　百菌清和溴氰菊酯的测定　气相色谱法》（HJ 698—2014）测定水中百菌清和溴氰菊酯时，如果待测样品成分比较复杂，萃取过程中乳化现象比较严重，宜采用机械手段完成两相分离，包括________方法破乳。（　　）

A. 搅动　　B. 离心

C. 冷冻　　D. 搅动、离心和冷冻

答案：D

7. 根据《水质　百菌清和溴氰菊酯的测定　气相色谱法》（HJ 698—2014）测定水中百菌清和溴氰菊酯时，应进行连续校准，每测定________个样品应测定一个校准曲线中间点浓度的标准溶液，测定结果与校准曲线该点浓度的相对误差应小于等于________，否则需要重新绘制校准曲线。（　　）

A. 20，20%　　B. 20，30%　　C. 30，20%

答案：A

8. 根据《水质　百菌清和溴氰菊酯的测定　气相色谱法》（HJ 698—2014）测定水中百菌清和溴氰菊酯时，向萃取液中加入________进行净化。对于较为清洁的地下水和地表水样品，可省略净化步骤。（　　）

A. 浓硫酸　　B. 浓盐酸　　C. 浓硝酸

答案：A

参考文献

[1] 环境保护部 . 水质　百菌清和溴氰菊酯的测定　气相色谱法：HJ 698—2014［S］. 北京：中国环境出版社，2014.

[2] 中华人民共和国卫生部，中国国家标准化管理委员会. 生活饮用水标准检验方法 农药指标：GB/T 5750.9—2006［S］. 北京：中国标准出版社，2006.

命题：李 亮 石艳菊 谢 非
审核：樊庆云 孙文静

第十七节 丙烯酰胺

分类号：W13-16

主要内容
《水质 丙烯酰胺的测定 气相色谱法》（HJ 697—2014）

一、判断题

1. 根据《水质 丙烯酰胺的测定 气相色谱法》（HJ 697—2014）测定水中丙烯酰胺时，是使用 a, b- 二溴丙酰胺配制工作曲线进行定性定量分析的。（ ）

答案：错误

正确答案为：该方法是由 a, b- 二溴丙酰胺标准溶液来定性，由丙烯酰胺标准溶液绘制工作曲线来定量的。

2. 根据《水质 丙烯酰胺的测定 气相色谱法》（HJ 697—2014）测定水中丙烯酰胺时，样品中丙烯酰胺的含量可直接由工作曲线查得并计算。（ ）

答案：错误

正确答案为：丙烯酰胺的含量是由衍生化后由工作曲线查得 a, b- 二溴丙酰胺相当于丙烯酰胺的含量减去样品中未经衍生化 a, b- 二溴丙酰胺相当于丙烯酰胺的含量。

3. 根据《水质 丙烯酰胺的测定 气相色谱法》（HJ 697—2014）测定水中丙烯酰胺时，加入硫代硫酸钠是为了将未反应完全的新生成的溴除去。（ ）

答案：正确

4.《水质 丙烯酰胺的测定 气相色谱法》（HJ 697—2014）适用于地表水和地下水，不适用于工业废水和生活污水中丙烯酰胺的测定。（ ）

答案：错误

正确答案为：该方法适用于地表水、地下水、工业废水和生活污水中丙烯酰胺的测定。

二、选择题

1. 根据《水质 丙烯酰胺的测定 气相色谱法》（HJ 697—2014）测定水中丙烯酰胺时，需与________发生加成反应。（ ）

A. 新生溴　　B. 氯　　C. 碘

答案：A

2. 根据《水质 丙烯酰胺的测定 气相色谱法》（HJ 697—2014）测定水中丙烯酰胺

时，萃取液经过干燥、浓缩后，使用________定容，用带有电子捕获检测器的气相色谱仪进行分离和测定。(　　)

A. 正己烷　　　　B. 二氯甲烷　　　　C. 乙酸乙酯

答案：C

3. 根据《水质　丙烯酰胺的测定　气相色谱法》(HJ 697—2014)测定水中丙烯酰胺时，在加入溴化钾和溴酸钾溶液反应完全后，边振荡边逐滴加入硫代硫酸钠溶液，直至溶液变成________色为止。(　　)

A. 黄　　　　B. 无　　　　C. 蓝

答案：B

参考文献

[1] 环境保护部 . 水质　丙烯酰胺的测定　气相色谱法：HJ 697—2014 [S] . 北京：中国环境出版社，2014.

[2] 中华人民共和国卫生部，中国国家标准化管理委员会 . 生活饮用水标准检验方法　有机物指标：GB/T 5750.8—2006 [S] . 北京：中国标准出版社，2006.

命题：石艳菊　李　亮　谢　非

审核：樊庆云　孙文静

第十八节　松节油

分类号：W13–17

主要内容

①《水质　松节油的测定　气相色谱法》(HJ 696—2014)

②《生活饮用水标准检验方法　有机物指标》(GB/T 5750.8—2006)(40　松节油　气相色谱法)

一、判断题

1. 根据《水质　松节油的测定　气相色谱法》(HJ 696—2014)测定水中松节油时，空白值应低于方法检出限，否则应查明原因。(　　)①

答案：正确

2. 根据《水质　松节油的测定　气相色谱法》(HJ 696—2014)测定水中松节油时，若加标样品的加标回收率为65%，是合格的。(　　)①

答案：错误

正确答案为：每批样品应至少测定一个加标样品，加标回收率应为70%～130%之间。

3. 根据《水质　松节油的测定　气相色谱法》(HJ 696—2014)测定水中松节油时，提取水样中松节油在酸性条件下进行。(　　)①

答案：错误

正确答案为：提取水样中的松节油在中性条件下进行。

4. 采集分析松节油水样的样品瓶要用待采水样荡洗 2～3 次。(　　)①

答案：正确

5. 根据《水质　松节油的测定　气相色谱法》(HJ 696—2014)测定水中松节油时，用冷冻的方法可消除萃取液严重乳化现象。(　　)①

答案：正确

6.《水质　松节油的测定　气相色谱法》(HJ 696—2014)适用于地下水、地表水、工业废水和生活污水中松节油的测定。(　　)①

答案：正确

7. 根据《水质　松节油的测定　气相色谱法》(HJ 696—2014)和《生活饮用水标准检验方法　有机物指标》(GB/T 5750.8—2006)(40　松节油　气相色谱法)测定水中松节油时，使用 ECD 检测器。(　　)①②

答案：错误

正确答案为：使用 FID 检测器。

8. 根据《生活饮用水标准检验方法　有机物指标》(GB/T 5750.8—2006)(40　松节油　气相色谱法)测定生活饮用水及其水源水中松节油时，采用二硫化碳萃取水样。(　　)②

答案：正确

9. 根据《生活饮用水标准检验方法　有机物指标》(GB/T 5750.8—2006)(40　松节油　气相色谱法)测定生活饮用水及其水源水中松节油时，使用的色谱柱为毛细柱。(　　)②

答案：错误

正确答案为：使用的色谱柱为填充柱。

二、选择题

1. 根据《水质　松节油的测定　气相色谱法》(HJ 696—2014)测定水中松节油时，用________瓶采集水样。(　　)①

A. 硬质磨口玻璃瓶　　B. 塑料瓶　　C. 聚乙烯瓶

答案：A

2. 根据《水质　松节油的测定　气相色谱法》(HJ 696—2014)测定水中松节油时，去除提取液中的水分常用的试剂是________。(　　)①

A. 无水氯化钠　　B. 无水硫酸钠　　C. 无水碳酸钠

答案：B

3.《水质　松节油的测定　气相色谱法》(HJ 696—2014)规定用________提取水样中的松节油。(　　)①

A. 正己烷　　B. 苯　　C. 二氯甲烷

答案：C

4. 根据《水质　松节油的测定　气相色谱法》(HJ 696—2014)测定水中松节油时，松节油的标准使用液用________定容。(　　)①

A. 三氯甲烷　　B. 二氯甲烷　　C. 甲醇

答案：B

5. 根据《水质　松节油的测定　气相色谱法》（HJ 696—2014）测定水中松节油时，水样在________h 萃取完成，萃取液可保存________d。（　　）①

A. 48，7　　B. 24，14　　C. 72，28

答案：A

6. 根据《水质　松节油的测定　气相色谱法》（HJ 696—2014）测定水中松节油时，校准曲线是以________和________对应的色谱峰响应值（峰高或峰面积）之和来绘制的。（　　）①

A. a－蒎烯，b－蒎烯　　B. a－蒎烯，g－蒎烯　　C. b－蒎烯，g－蒎烯

答案：A

7. 根据《水质　松节油的测定　气相色谱法》（HJ 696—2014）测定水中松节油时，若水样的测定结果小于 1.00 mg/L，保留至________，当测定结果大于等于 1.00 mg/L 时，保留________。（　　）①

A. 小数点后 1 位，3 位有效数字　　B. 小数点后 2 位，2 位有效数字

C. 小数点后 2 位，3 位有效数字

答案：C

参考文献

[1] 环境保护部 . 水质　松节油的测定　气相色谱法：HJ 696—2014［S］. 北京：中国环境出版社，2014.

[2] 中华人民共和国卫生部，中国国家标准化管理委员会 . 生活饮用水标准检验方法　有机物指标：GB/T 5750.8—2006［S］. 北京：中国标准出版社，2006.

命题：李　亮　石艳菊　谢　非

审核：孙文静　樊庆云

第十九节　酚类化合物

分类号：W13-18

主要内容
《水质　酚类化合物的测定　液液萃取 / 气相色谱法》（HJ 676—2013）

一、判断题

1. 根据《水质　酚类化合物的测定　液液萃取 / 气相色谱法》（HJ 676—2013）测定水中酚类化合物时，实验过程中产生的废液及分析后的高浓度样品，应委托有资质的单位妥善处理。（　　）

答案：正确

2. 根据《水质　酚类化合物的测定　液液萃取 / 气相色谱法》（HJ 676—2013）测定受污染或基体复杂的地表水和地下水水样中酚类化合物时，水样萃取后需进行净化处理。（　　）

答案：正确

3. 根据《水质　酚类化合物的测定　液液萃取 / 气相色谱法》（HJ 676—2013）测定水中酚类化合物时，水样应在 7 d 内萃取，萃取液在 4℃下避光保存，1 个月内完成分析。(　　)

答案：错误

正确答案为：萃取液在 4℃下避光保存，20 d 内完成分析。

4. 根据《水质　酚类化合物的测定　液液萃取 / 气相色谱法》（HJ 676—2013）测定生活污水和工业废水样品中酚类化合物时，萃取时的取样量应等同于地表水和地下水样品的取样量，均为 500 ml。(　　)

答案：错误

正确答案为：生活污水和工业废水样品的萃取，取样量应为 100 ml。

5. 根据《水质　酚类化合物的测定　液液萃取 / 气相色谱法》（HJ 676—2013）测定水中酚类化合物时，若水样的测定结果小于 10.0 mg/L，保留至小数点后 1 位，若测定结果大于等于 10.0 mg/L，保留 3 位有效数字。(　　)

答案：正确

6. 根据《水质　酚类化合物的测定　液液萃取 / 气相色谱法》（HJ 676—2013）测定受污染或基体复杂的地表水和地下水中酚类化合物时，萃取液为（1+1）（*V*/*V*）二氯甲烷 / 乙酸乙酯混合溶剂，萃取液经浓缩至 1.0 ml，用（2+1）（*V*/*V*）二氯甲烷 / 正己烷混合溶剂稀释至 20 ml，用 pH＞12 的氢氧化钠水溶液反萃取，收集水相，并调节 pH＜2，并用（1+1）（*V*/*V*）二氯甲烷 / 乙酸乙酯混合溶剂进行萃取，并收集有机相萃取液。(　　)

答案：正确

7. 根据《水质　酚类化合物的测定　液液萃取 / 气相色谱法》（HJ 676—2013）测定受污染或基体复杂的地表水和地下水时，可通过碱性水溶液反萃取净化，也可通过改变色谱条件，双柱定性或质谱进一步确认。(　　)

答案：正确

二、选择题

1. 根据《水质　酚类化合物的测定　液液萃取 / 气相色谱法》（HJ 676—2013）测定水中酚类化合物时，使用________检测器。(　　)

A. FPD　　B. ECD　　C. FID　　D. NPD

答案：C

2. 根据《水质　酚类化合物的测定　液液萃取 / 气相色谱法》（HJ 676—2013）测定水中酚类化合物时，水样采样后，加入适量________将水样调节至________，水样应充满样品瓶并加盖密封，在 4℃下避光保存。(　　)

A. 盐酸溶液，pH＜2

B. 盐酸溶液，pH＞2

C. 硝酸溶液，pH＜2

答案：A

参考文献

环境保护部 . 水质　酚类化合物的测定　液液萃取 / 气相色谱法：HJ 676—2013［S］. 北京：中国环境出版社，2013.

命题：郝　峰　石艳菊　谢　非
审核：孙文静　樊庆云　夏　新

第二十节　梯恩梯、黑索今和地恩梯

分类号：W13-19

主要内容
《水质　梯恩梯、黑索今、地恩梯的测定　气相色谱法》（HJ 600—2011）

一、填空题

1.《水质　梯恩梯、黑索今、地恩梯的测定　气相色谱法》（HJ 600—2011）中定量检测时使用的内标物为________，即 1,5-DNN。

答案：1,5- 二硝基萘

2.《水质　梯恩梯、黑索今、地恩梯的测定　气相色谱法》（HJ 600—2011）规定，每批试样做一个空白，空白试验结果应低于________；每批试样至少做一个全程序空白，目标化合物的浓度应低于________。

答案：方法检出限　　检出限

二、判断题

1. 梯恩梯学名为三硝基甲苯。(　　)

答案：正确

2. 根据《水质　梯恩梯、黑索今、地恩梯的测定　气相色谱法》（HJ 600—2011），梯恩梯标准贮备液可冰箱内长时间保存。(　　)

答案：错误

正确答案为：梯恩梯标准贮备液避光保存于 0～4℃冰箱中，有效期 30 d。

3. 依据《水质　梯恩梯、黑索今、地恩梯的测定　气相色谱法》（HJ 600—2011）测定时，既可以用填充柱，也可以用毛细管柱。(　　)

答案：正确

4.《水质　梯恩梯、黑索今、地恩梯的测定　气相色谱法》（HJ 600—2011）使用的内标物为一个固定浓度，即 1.0 mg/L。(　　)

答案：错误

正确答案为：填充柱使用的内标物的 1.0 mg/L，毛细管柱使用的内标物为 10.0 mg/L。

三、选择题

1. 根据《水质　梯恩梯、黑索今、地恩梯的测定　气相色谱法》（HJ 600—2011）测得时，所用色谱柱的固定液为________。（　　）

A. OV-17　　B. DEGS　　C. QF-1　　D. SE-30

答案：C

2. 根据《水质　梯恩梯、黑索今、地恩梯的测定　气相色谱法》（HJ 600—2011），测定梯恩梯的水样在________℃低温下避光保存。（　　）

A. 2～5　　B. 0～4　　C. 0～5　　D. 0～7

答案：B

3.《水质　梯恩梯、黑索今、地恩梯的测定　气相色谱法》（HJ 600—2011）规定，测定梯恩梯的水样在低温下存放时间不能超过________d。（　　）

A. 10　　B. 2　　C. 5　　D. 7

答案：D

4. 根据《水质　梯恩梯、黑索今、地恩梯的测定　气相色谱法》（HJ 600—2011）进行测定时，如果样品中存在颗粒物，应经________过滤。（　　）

A. 有机滤膜　　B. 玻璃纤维滤膜　　C. 醋酸纤维滤膜　　D. 定量滤纸

答案：A

四、问答题

1. 简述用《水质　梯恩梯、黑索今、地恩梯的测定　气相色谱法》（HJ 600—2011）测定地恩梯时，地恩梯内标校正曲线的绘制过程。

答案：用地恩梯标准贮备液配制成线性范围内的系列标准溶液，加入适量内标物1,5-二硝基萘，按样品测定程序萃取，定量注入色谱仪测定。以被测物与内标物峰面积（或峰高）之比为纵坐标，地恩梯标准质量浓度为横坐标，绘制其校准曲线。

2. 简述《水质　梯恩梯、黑索今、地恩梯的测定　气相色谱法》（HJ 600—2011）测定硝基苯类化合物定性分析的质量控制措施。

答案：（1）在分析前建立保留时间窗口 $t+3S$，分析时，目标化合物的保留时间应在保留时间窗口内；

（2）每批试剂做一次试剂空白；

（3）每批试样至少做一个全程序空白。

3. 简述《水质　梯恩梯、黑索今、地恩梯的测定　气相色谱法》（HJ 600—2011）测定硝基苯类化合物定量分析的质量控制措施。

答案：（1）目标化合物的响应值在曲线的线性范围内；

（2）校准曲线的相关系数应大于等于0.995；

（3）每批试样至少做10%平行样测定；

（4）每批试样至少做一个加标回收分析测定；

（5）每个工作日选取一个中间浓度点进行校准分析。

参考文献

环境保护部 . 水质　梯恩梯、黑索今、地恩梯的测定　气相色谱法：HJ 600—2011［S］. 北京：中国环境出版社，2011.

命题：史　箴　夏　新
审核：史　箴

第二十一节　对硫磷、甲基对硫磷、内吸磷、马拉硫磷、乐果、敌敌畏

分类号：W13-20

①《生活饮用水标准检验方法　农药指标》（GB/T 5750.9—2006）（4.2　对硫磷　毛细管柱气相色谱法）
②《生活饮用水标准检验方法　农药指标》（GB/T 5750.9—2006）（5　甲基对硫磷　毛细管柱气相色谱法）
③《生活饮用水标准检验方法　农药指标》（GB/T 5750.9—2006）（6　内吸磷　毛细管柱气相色谱法）
④《生活饮用水标准检验方法　农药指标》（GB/T 5750.9—2006）（7　马拉硫磷　毛细管柱气相色谱法）
⑤《生活饮用水标准检验方法　农药指标》（GB/T 5750.9—2006）（8　乐果　毛细管柱气相色谱法）
⑥《生活饮用水标准检验方法　农药指标》（GB/T 5750.9—2006）（14　敌敌畏　毛细管柱气相色谱法）

一、判断题

1. 根据《生活饮用水标准检验方法　农药指标》（GB/T 5750.9—2006）中毛细管柱气相色谱测定对硫磷、甲基对硫磷、内吸磷、马拉硫磷、乐果、敌敌畏时，所用的氮气纯度为 99.99%。（　　）

答案：错误

正确答案为：所用氮气浓度为 99.999%。

2. 根据《生活饮用水标准检验方法　农药指标》（GB/T 5750.9—2006）中毛细管柱气相色谱测定对硫磷、甲基对硫磷、内吸磷、马拉硫磷、乐果、敌敌畏时，样品应采集于硬质磨口玻璃瓶中，在室温下保存。（　　）

答案：错误

正确答案为：在冰箱中保存。

3. 根据《生活饮用水标准检验方法　农药指标》（GB/T 5750.9—2006）中毛细管柱气相色谱测定对硫磷、甲基对硫磷、内吸磷、马拉硫磷、乐果、敌敌畏时，所用的检测器为氢火焰离子化检测器。（　　）

答案：错误

正确答案为：所用检测器为火焰光度检测器。

4. 根据《生活饮用水标准检验方法　农药指标》（GB/T 5750.9—2006）中毛细管柱气相色谱测定对硫磷、甲基对硫磷、内吸磷、马拉硫磷、乐果、敌敌畏时，标准储备液和标准使用液均用二氯甲烷配制。(　　)

答案：错误

正确答案为：标准储备液用丙酮配制。

5. 根据《生活饮用水标准检验方法　农药指标》（GB/T 5750.9—2006）中毛细管柱气相色谱进行测定时，若取 250 ml 水样萃取后测定，内吸磷、乐果、甲基对硫磷、马拉硫磷和对硫磷的最低检测质量浓度均为 0.1 mg/L。(　　)

答案：正确

二、选择题

1. 根据《生活饮用水标准检验方法　农药指标》（GB/T 5750.9—2006）中毛细管柱气相色谱测定对硫磷、甲基对硫磷、内吸磷、马拉硫磷、乐果、敌敌畏时，萃取液浓缩时水浴温度为________℃。(　　)

A. 40～60　　B. 80～100　　C. 50～80　　D. 20～40

答案：A

2. 根据《生活饮用水标准检验方法　农药指标》（GB/T 5750.9—2006）中毛细管柱气相色谱测定对硫磷、甲基对硫磷、内吸磷、马拉硫磷、乐果、敌敌畏时，样品采集后如不能立即分析，需在________h 内测定。(　　)

A. 4　　B. 8　　C. 24　　D. 48

答案：C

3. 根据《生活饮用水标准检验方法　农药指标》（GB/T 5750.9—2006）中毛细管柱气相色谱测定对硫磷、甲基对硫磷、内吸磷、马拉硫磷、乐果、敌敌畏时，样品的萃取液选用________试剂。(　　)

A. 丙酮　　B. 苯　　C. 正己烷　　D. 二氯甲烷

答案：D

4. 根据《生活饮用水标准检验方法　农药指标》（GB/T 5750.9—2006）中毛细管柱气相色谱测定对硫磷、甲基对硫磷、内吸磷、马拉硫磷、乐果、敌敌畏时，样品的进样量一般为________ml。(　　)

A. 1　　B. 2　　C. 3　　D. 5

答案：A

参考文献

中华人民共和国卫生部，中国国家标准化管理委员会．生活饮用水标准检验方法　农药指标：GB/T 5750.9—2006［S］．北京：中国标准出版社，2006.

命题：朱广钦　付　毓
审核：赵丽娟　夏　新

第二十二节　己内酰胺

分类号：W13-21

主要内容
《生活饮用水标准检验方法　有机物指标》（GB/T 5750.8—2006）（11.1　己内酰胺　气相色谱法）

一、判断题

1.《生活饮用水标准检验方法　有机物指标》（GB/T 5750.8—2006）（11.1　己内酰胺　气相色谱法）只适用于生活饮用水中己内酰胺的测定。（　　）

答案：错误

正确答案为：适用于生活饮用水及其水源水中己内酰胺的测定。

2. 根据《生活饮用水标准检验方法　有机物指标》（GB/T 5750.8—2006）（11.1　己内酰胺　气相色谱法）测定水中己内酰胺时，将填充好的色谱柱装机，柱子与检测器断开，通氮气，于200℃老化24 h。（　　）

答案：正确

3. 根据《生活饮用水标准检验方法　有机物指标》（GB/T 5750.8—2006）（11.1　己内酰胺　气相色谱法）测定水中己内酰胺时，水样应采用磨口玻璃瓶采集，常温保存，并在24 h内完成测定。（　　）

答案：错误

正确答案为：水样应置于4℃冰箱内保存，并在24 h内完成测定。

4. 己内酰胺遇高热、明火或与氧化剂接触有引起燃烧的危险，其在水中稳定，不易分解。（　　）

答案：错误

正确答案为：己内酰胺在水中不稳定，易分解。

5. 根据《生活饮用水标准检验方法　有机物指标》（GB/T 5750.8—2006）（11.1　己内酰胺　气相色谱法）测定水中己内酰胺时，在绘制工作曲线过程中，己内酰胺标准使用液进行水浴蒸干时，坩埚接触水面深度为2/3为佳。（　　）

答案：正确

6. 根据《生活饮用水标准检验方法　有机物指标》（GB/T 5750.8—2006）（11.1　己内酰胺　气相色谱法）测定水中己内酰胺，每次分析样品时，用新标准使用液绘制新的校准曲线或用其响应因子进行计算。若某一样品的响应值与预期值间的偏差大于5%，则需重新用标准样品校准。（　　）

答案：错误

正确答案为：偏差大于10%时重新用标准样品校准。

7. 根据《生活饮用水标准检验方法　有机物指标》（GB/T 5750.8—2006）（11.1　己内酰胺　气相色谱法）测定水中己内酰胺时，在绘制工作曲线过程中，己内酰胺标准使用液应在65℃水浴与样品同时进行蒸干。（　　）

答案：正确

二、选择题

1. 根据《生活饮用水标准检验方法　有机物指标》（GB/T 5750.8—2006）（11.1　己内酰胺　气相色谱法）测定水中己内酰胺时，应使用________检测器。（　　）

A. FPD　　B. FID　　C. ECD　　D. TCD

答案：B

2. 根据《生活饮用水标准检验方法　有机物指标》（GB/T 5750.8—2006）（11.1　己内酰胺　气相色谱法）测定水中己内酰胺时，用于分离己内酰胺的不锈钢柱内填入硅烷化 101 白色担体（80～100 目）作为载体，________%Carbowax-20M 作为固定液。（　　）

A. 4　　B. 5　　C. 10　　D. 15

答案：B

3. 根据《生活饮用水标准检验方法　有机物指标》（GB/T 5750.8—2006）（11.1　己内酰胺　气相色谱法）测定水中己内酰胺时，水样的预处理采用 65℃水浴蒸干，冷却后，采用________洗脱样品中的己内酰胺。（　　）

A. 乙醇　　B. 水　　C. 氯仿　　D. 二硫化碳

答案：D

4. 根据《生活饮用水标准检验方法　有机物指标》（GB/T 5750.8—2006）（11.1　己内酰胺　气相色谱法）制备己内酰胺标准储备溶液，此储备液在冰箱内可保存________。（　　）

A. 15 d　　B. 1 个月　　C. 2 个月　　D. 3 个月

答案：B

参考文献

中华人民共和国卫生部，中国国家标准化管理委员会．生活饮用水标准检验方法　有机物指标：GB/T 5750.8—2006［S］．北京：中国标准出版社，2006.

命题：刘荔彬　刘乐君

审核：毕军平　朱日龙　秦迪岚　冯　丹

第二十三节　苯胺

分类号：W13-22

主要内容

《生活饮用水标准检验方法　有机物指标》（GB/T 5750.8—2006）（37.1　苯胺　气相色谱法）

一、判断题

1. 根据《生活饮用水标准检验方法　有机物指标》（GB/T 5750.8—2006）（37.1　苯

胺　气相色谱法）测定水中苯胺，每次分析样品时，都需要用新配制的标准使用液。（　　）

答案：正确

2. 根据《生活饮用水标准检验方法　有机物指标》（GB/T 5750.8—2006）（37.1　苯胺　气相色谱法）测定水中苯胺时，装填的吸附柱均为一次性使用，不能再生使用。（　　）

答案：错误

正确答案为：使用后的吸附柱可再生使用，再生方法与新柱洗脱相同。

3. 根据《生活饮用水标准检验方法　有机物指标》（GB/T 5750.8—2006）（37.1　苯胺　气相色谱法）测定水中苯胺，对水样进行预处理时，水样以 40 ml/min 流量通过吸附柱，吸附完毕，尽量抽干柱内水分。（　　）

答案：正确

4. 根据《生活饮用水标准检验方法　有机物指标》（GB/T 5750.8—2006）（37.1　苯胺　气相色谱法）测定水中苯胺时，水样吸附完毕，将洗脱剂注入吸附柱内，待吸附剂全部浸没后，直接收集洗脱液。（　　）

答案：错误

正确答案为：将洗脱剂注入吸附柱内，待吸附剂全部浸没后，盖好柱上端，静置 5～10 min 后再收集洗脱液。

二、选择题

1. 根据《生活饮用水标准检验方法　有机物指标》（GB/T 5750.8—2006）（37.1　苯胺　气相色谱法）测定水中苯胺时，采用________吸附水中微量苯胺。（　　）

A. C_{18}　　B. 弗罗里硅土

C. 硅胶　　D. GDX-502 高分子微球

答案：D

2. 根据《生活饮用水标准检验方法　有机物指标》（GB/T 5750.8—2006）（37.1　苯胺　气相色谱法）测定水中苯胺时，水中微量苯胺经吸附后，以________洗脱。（　　）

A. 正己烷　　B. 环己烷　　C. 二氯甲烷　　D. 乙酸乙酯

答案：C

3. 根据《生活饮用水标准检验方法　有机物指标》（GB/T 5750.8—2006）（37.1　苯胺　气相色谱法）测定水中苯胺时，采用________检测器测定苯胺含量。（　　）

A. FID　　B. ECD　　C. FPD　　D. TCD

答案：A

4. 根据《生活饮用水标准检验方法　有机物指标》（GB/T 5750.8—2006）（37.1　苯胺　气相色谱法）测定水中苯胺，对水样进行预处理时，取水样 10 L，用氢氧化钾溶液调节 pH≥________。（　　）

A. 4　　B. 9　　C. 10　　D. 11

答案：B

5. 根据《生活饮用水标准检验方法　有机物指标》（GB/T 5750.8—2006）（37.1　苯胺　气相色谱法）测定水中苯胺时，吸附柱装填好后，用________、________及________依次淋洗吸附柱，最后再用________洗去有机溶剂。（　　）

A. 正己烷，甲醇，丙酮，纯水

B. 二氯甲烷，丙酮，甲醇，纯水

C. 二氯甲烷，甲醇，丙酮，纯水

D. 环己烷，丙酮，甲醇，纯水

答案：B

6. 根据《生活饮用水标准检验方法　有机物指标》（GB/T 5750.8—2006）（37.1　苯胺　气相色谱法）测定水中苯胺时，净化后的吸附柱浸于________中备用。（　　）

A. 甲醇　　B. 酮　　C. 水　　D. 二氯甲烷

答案：A

参考文献

中华人民共和国卫生部，中国国家标准化管理委员会 . 生活饮用水标准检验方法　有机物指标：GB/T 5750.8—2006［S］. 北京：中国标准出版社，2006.

命题：秦迪岚　刘荔彬

审核：毕军平　刘乐君　朱日龙　冯　丹

第二十四节　硝基氯苯类化合物

分类号：W13-23

主要内容
①《生活饮用水标准检验方法　有机物指标》（GB/T 5750.8—2006）（32　硝基氯苯　气相色谱法）
②《生活饮用水标准检验方法　有机物指标》（GB/T 5750.8—2006）（33　二硝基氯苯　气相色谱法）

一、判断题

1. 在《生活饮用水标准检验方法　有机物指标》（GB/T 5750.8—2006）（32　硝基氯苯　气相色谱法）和《生活饮用水标准检验方法　有机物指标》（GB/T 5750.8—2006）（33　二硝基氯苯　气相色谱法）规定的操作条件下，硝基苯、邻－硝基甲苯、三氯苯、六氯苯、DDT 和六六六均不干扰测定。（　　）①②

答案：错误

正确答案为：在标准规定的操作条件下，0.2 mg/L 的硝基苯和邻－硝基甲苯、2 mg/L 的三氯苯和六氯苯、3 mg/L 的 DDT，0.2 mg/L 以下的六六六均不干扰测定。

2. 根据《生活饮用水标准检验方法　有机物指标》（GB/T 5750.8—2006）（32　硝基

氯苯　气相色谱法）和《生活饮用水标准检验方法　有机物指标》（GB/T 5750.8—2006）（33　二硝基氯苯　气相色谱法）进行测定时，若使用 GDX-502 聚二乙烯基苯或 GDX-502 聚乙二烯苯多孔小球吸附、浓缩，要求多孔小球的规格是 60～80 目。（　　）①②

答案：错误

正确答案为：标准要求 GDX-502 聚二乙烯基苯（或 GDX-502 聚乙二烯苯）多孔小球的规格是 80～100 目。

3. 根据《生活饮用水标准检验方法　有机物指标》（GB/T 5750.8—2006）（32　硝基氯苯　气相色谱法）和《生活饮用水标准检验方法　有机物指标》（GB/T 5750.8—2006）（33　二硝基氯苯　气相色谱法）规定的操作条件下，测定时出峰顺序为间－硝基氯苯、对－硝基氯苯、邻－硝基氯苯、对－二硝基苯、间－二硝基苯、邻－二硝基苯和 2,4- 二硝基氯苯。（　　）①②

答案：正确

4. 根据《生活饮用水标准检验方法　有机物指标》（GB/T 5750.8—2006）（32　硝基氯苯　气相色谱法）和《生活饮用水标准检验方法　有机物指标》（GB/T 5750.8—2006）（33　二硝基氯苯　气相色谱法）进行测定时，测定结果用各异构体质量浓度表示。（　　）①②

答案：错误

正确答案为：测定结果用各异构体质量浓度之和表示。

5. 根据《生活饮用水标准检验方法　有机物指标》（GB/T 5750.8—2006）（32　硝基氯苯　气相色谱法）和《生活饮用水标准检验方法　有机物指标》（GB/T 5750.8—2006）（33　二硝基氯苯　气相色谱法）进行测定时，两次萃取水中二硝基苯类和硝基氯苯类化合物得到的溶剂层要分别进行分析。（　　）①②

答案：错误

正确答案为：两次萃取水中二硝基苯类和硝基氯苯类化合物得到的溶剂层要合并进行分析。

6. 根据《生活饮用水标准检验方法　有机物指标》（GB/T 5750.8—2006）（32　硝基氯苯　气相色谱法）和《生活饮用水标准检验方法　有机物指标》（GB/T 5750.8—2006）（33　二硝基氯苯　气相色谱法）进行测定时，经萃取所得的溶剂层在分析前还要进行脱水和浓缩。（　　）①②

答案：正确

7. 根据《生活饮用水标准检验方法　有机物指标》（GB/T 5750.8—2006）（32　硝基氯苯　气相色谱法）和《生活饮用水标准检验方法　有机物指标》（GB/T 5750.8—2006）（33　二硝基氯苯　气相色谱法）进行测定时，定量分析中的校准方法为外标法。（　　）①②

答案：正确

8. 根据《生活饮用水标准检验方法　有机物指标》（GB/T 5750.8—2006）（32　硝基氯苯　气相色谱法）和《生活饮用水标准检验方法　有机物指标》（GB/T 5750.8—2006）（33　二硝基氯苯　气相色谱法）进行测定时，用于测定水中二硝基苯类和

硝基氯苯类化合物的水样用玻璃瓶采集、盖紧瓶塞，如不能立即测定需置 -4℃冰箱中保存。（　　）①②

答案：错误

正确答案为：用于测定水中二硝基苯类和硝基氯苯类化合物的水样用玻璃瓶采集、盖紧瓶塞，如不能立即测定需置4℃冰箱中保存。

9. 根据《生活饮用水标准检验方法　有机物指标》（GB/T 5750.8—2006）（32　硝基氯苯　气相色谱法）和《生活饮用水标准检验方法　有机物指标》（GB/T 5750.8—2006）（33　二硝基氯苯　气相色谱法）进行测定时，每次分析样品时用新标准使用液绘制新的校准曲线或用其响应因子进行计算。（　　）①②

答案：正确

10. 根据《生活饮用水标准检验方法　有机物指标》（GB/T 5750.8—2006）（32　硝基氯苯　气相色谱法）和《生活饮用水标准检验方法　有机物指标》（GB/T 5750.8—2006）（33　二硝基氯苯　气相色谱法）进行测定时，使用GDX-502聚二乙烯基苯（或GDX-502聚乙二烯苯）多孔小球吸附、浓缩吸附水中二硝基苯类和硝基氯苯类化合物时，抽滤结束后立即在吸附柱加洗脱液。（　　）①②

答案：错误

正确答案为：抽滤结束后要取下吸附柱，用吸球吹去柱内残留水才能加洗脱液。

11. 根据《生活饮用水标准检验方法　有机物指标》（GB/T 5750.8—2006）（32　硝基氯苯　气相色谱法）和《生活饮用水标准检验方法　有机物指标》（GB/T 5750.8—2006）（33　二硝基氯苯　气相色谱法）进行测定时，标准样品的进样体积与试样进样体系相同。（　　）①②

答案：正确

12. 根据《生活饮用水标准检验方法　有机物指标》（GB/T 5750.8—2006）（32　硝基氯苯　气相色谱法）和《生活饮用水标准检验方法　有机物指标》（GB/T 5750.8—2006）（33　二硝基氯苯　气相色谱法）进行测定时，标准样品的响应值应接近样品的响应值。（　　）①②

答案：正确

13. 根据《生活饮用水标准检验方法　有机物指标》（GB/T 5750.8—2006）（32　硝基氯苯　气相色谱法）和《生活饮用水标准检验方法　有机物指标》（GB/T 5750.8—2006）（33　二硝基氯苯　气相色谱法）进行测定时，硝基氯苯或二硝基氯苯在水中较稳定，所以采集后的水样可以长时间保存。（　　）①②

答案：错误

正确答案为：二硝基氯苯在水中不很稳定，若不能立即测定，需在4℃冰箱中保存。

14. 根据《生活饮用水标准检验方法　有机物指标》（GB/T 5750.8—2006）（32　硝基氯苯　气相色谱法）和《生活饮用水标准检验方法　有机物指标》（GB/T 5750.8—2006）（33　二硝基氯苯　气相色谱法）进行测定时，采集分析硝基氯苯或二硝基氯苯的水样应充满容器，不留空间和气泡。（　　）①②

答案：正确

二、选择题

1. 根据《生活饮用水标准检验方法 有机物指标》（GB/T 5750.8—2006）（32 硝基氯苯 气相色谱法）和《生活饮用水标准检验方法 有机物指标》（GB/T 5750.8—2006）（33 二硝基氯苯 气相色谱法）进行测定时，萃取溶剂是________。（ ）①②

A. 苯溶剂
B. 苯和乙酸乙酯混合溶剂
C. 苯和二硫化碳混合溶剂
D. 乙酸乙酯溶剂

答案：B

2. 根据《生活饮用水标准检验方法 有机物指标》（GB/T 5750.8—2006）（32 硝基氯苯 气相色谱法）和《生活饮用水标准检验方法 有机物指标》（GB/T 5750.8—2006）（33 二硝基氯苯 气相色谱法）进行测定时，标准储备液用________定容。（ ）①②

A. 三氯甲烷 B. 二氯甲烷 C. 苯 D. 甲醇

答案：C

3. 根据《生活饮用水标准检验方法 有机物指标》（GB/T 5750.8—2006）（32 硝基氯苯 气相色谱法）和《生活饮用水标准检验方法 有机物指标》（GB/T 5750.8—2006）（33 二硝基氯苯 气相色谱法）进行测定时，气相色谱色谱仪上用________检测器测定。（ ）。①②

A. 电子捕获（ECD）
B. 热导（TCD）
C. 氢火焰（FID）
D. 火焰光度（FPD）

答案：A

4. 根据《生活饮用水标准检验方法 有机物指标》（GB/T 5750.8—2006）（32 硝基氯苯 气相色谱法）和《生活饮用水标准检验方法 有机物指标》（GB/T 5750.8—2006）（33 二硝基氯苯 气相色谱法）进行测定时，水样萃取的步骤是________。（ ）①②

A. 先用二硫化碳萃取，分出溶剂层再用苯萃取
B. 先将苯和乙酸乙酯混合，再用混合溶剂萃取
C. 先用乙酸乙酯萃取，分出溶剂层再用苯萃取
D. 先用苯萃取，分出溶剂层再用乙酸乙酯萃取

答案：C

5. 根据《生活饮用水标准检验方法 有机物指标》（GB/T 5750.8—2006）（32 硝基氯苯 气相色谱法）和《生活饮用水标准检验方法 有机物指标》（GB/T 5750.8—2006）（33 二硝基氯苯 气相色谱法）进行测定时，若使用吸附法预处理水样，以________为洗脱液。（ ）①②

A. 苯
B. 苯和乙酸乙酯混合
C. 苯和二硫化碳混合
D. 乙酸乙酯

答案：A

6. 根据《生活饮用水标准检验方法 有机物指标》（GB/T 5750.8—2006）（32 硝基

氯苯　气相色谱法）和《生活饮用水标准检验方法　有机物指标》（GB/T 5750.8—2006）（33　二硝基氯苯　气相色谱法）进行测定时，若使用吸附法预处理水样，抽滤流量应控制在________ml/min。（　　）①②

A. 1　　B. 3　　C. 10　　D. 20

答案：B

7. 根据《生活饮用水标准检验方法　有机物指标》（GB/T 5750.8—2006）（32　硝基氯苯　气相色谱法）和《生活饮用水标准检验方法　有机物指标》（GB/T 5750.8—2006）（33　二硝基氯苯　气相色谱法）进行测定时，用萃取法预处理水样，在浓缩时水浴温度应控制在________℃。（　　）①②

A. 50　　B. 70　　C. 80　　D. 100

答案：B

8. 根据《生活饮用水标准检验方法　有机物指标》（GB/T 5750.8—2006）（32　硝基氯苯　气相色谱法）和《生活饮用水标准检验方法　有机物指标》（GB/T 5750.8—2006）（33　二硝基氯苯　气相色谱法）进行测定时，用萃取法预处理水样，每次萃取的振摇时间均应为________min。（　　）①②

A. 2　　B. 3　　C. 5　　D. 10

答案：C

9. 根据《生活饮用水标准检验方法　有机物指标》（GB/T 5750.8—2006）（32　硝基氯苯　气相色谱法）和《生活饮用水标准检验方法　有机物指标》（GB/T 5750.8—2006）（33　二硝基氯苯　气相色谱法）进行测定时，测定时气相色谱仪的气化室温度、柱箱温度和检测器温度应分别控制在________。（　　）①②

A. 240℃、200℃和 240℃　　B. 160℃、120℃和 160℃

C. 180℃、120℃和 180℃　　D. 200℃、160℃和 200℃

答案：D

10. 根据《生活饮用水标准检验方法　有机物指标》（GB/T 5750.8—2006）（32　硝基氯苯　气相色谱法）和《生活饮用水标准检验方法　有机物指标》（GB/T 5750.8—2006）（33　二硝基氯苯　气相色谱法）进行测定时，填充柱的固定液为________。（　　）①②

A. 3% 丁二酸乙二醇聚酯（DEGS）　　B. 3% 聚己二酸乙二醇酯（PEGA）

C. 5% 丁二酸乙二醇聚酯（DEGS）　　D. 5% 聚己二酸乙二醇酯（PEGA）

答案：C

参考文献

中华人民共和国卫生部，中国国家标准化管理委员会 . 生活饮用水标准检验方法　有机物指标：GB/T 5750.8—2006［S］. 北京：中国标准出版社，2006.

命题：杨　炯　刘文丽

审核：王爱一　冯　丹

第二十五节　苦味酸

分类号：W13-24

主要内容
《生活饮用水标准检验方法　有机物指标》(GB/T 5750.8—2006)(42.1　苦味酸　气相色谱法)

一、判断题

1. 根据《生活饮用水标准检验方法　有机物指标》(GB/T 5750.8—2006)(42.1　苦味酸　气相色谱法)测定水中苦味酸，每次分析样品时，用新配标准使用液绘制工作曲线，其原因是苦味酸的水溶液不稳定，易氧化。(　　)

答案：正确

2. 根据《生活饮用水标准检验方法　有机物指标》(GB/T 5750.8—2006)(42.1　苦味酸　气相色谱法)测定水中苦味酸时，只能用洁净的玻璃瓶采集样品，最好当天分析。(　　)

答案：错误

正确答案为：可用洁净的玻璃瓶或塑料瓶采集。

3. 根据《生活饮用水标准检验方法　有机物指标》(GB/T 5750.8—2006)(42.1　苦味酸　气相色谱法)测定水中苦味酸时，次氯酸钠溶液对实验没有影响。(　　)

答案：错误

正确答案为：次氯酸钠溶液对实验有影响。长期放置的次氯酸钠溶液会失效，和苦味酸不能反应。

二、选择题

1. 根据《生活饮用水标准检验方法　有机物指标》(GB/T 5750.8—2006)(42.1　苦味酸　气相色谱法)测定水中苦味酸时，若不能当天测定，应在________条件下保存。(　　)

A. 4℃　　B. 室温　　C. −20℃　　D. 0℃

答案：A

2. 根据《生活饮用水标准检验方法　有机物指标________检测器。(　　)

A. FID　　B. NPD　　C. ECD　　D. FPD

答案：C

3. 根据《生活饮用水标准检验方法　有机物指标》(GB/T 5750.8—2006)(42.1　苦味酸　气相色谱法)测定水中苦味酸的原理：水中的苦味酸与次氯酸钠在室温下反应________min，生成氯化苦，以________萃取用气相色谱分析测定。(　　)

A. 60，苯　　B. 30，甲苯　　C. 30，苯　　D. 60，甲苯

答案：C

4. 根据《生活饮用水标准检验方法　有机物指标》(GB/T 5750.8—2006)(42.1　苦味

酸　气相色谱法）测定水中苦味酸，在制备色谱柱时，填充柱的载体为 Chromosoeb W 60～80 目（白色硅藻土载体），固定液为 10%SE-52（5% 苯基 -95% 二甲基聚硅氧烷，是________，类似于 DB-5 色谱柱固定相），涂渍固定液所用的溶剂为三氯甲烷。(　　)

A. 极性固定相　　B. 中极性固定相　　C. 非极性固定相

答案：C

5. 根据《生活饮用水标准检验方法　有机物指标》(GB/T 5750.8—2006)(42.1　苦味酸　气相色谱法）测定水中苦味酸时，最低检出质量为 0.02 ng，若取样体积为 10 ml，萃取液体积为 1 ml，进样量为 2 ml，则最低检测质量浓度为________mg/L。(　　)

A. 0.5　　B. 1　　C. 0.1　　D. 2

答案：B

参考文献

中华人民共和国卫生部，中国国家标准化管理委员会 . 生活饮用水标准检验方法　有机物指标：GB/T 5750.8—2006［S］. 北京：中国标准出版社，2006.

命题：付　毓　米方卓

审核：马　成　夏　新

第二十六节　七氯

分类号：W13-25

主要内容
《生活饮用水标准检验方法　农药指标》(GB/T 5750.9—2006)(19.1　七氯　液液萃取气相色谱法)

一、判断题

1. 根据《生活饮用水标准检验方法　农药指标》(GB/T 5750.9—2006)(19.1　七氯　液液萃取气相色谱法）测定水中七氯时，取萃取液浓缩至 1 ml 后，不需转换溶剂，可直接上机分析。(　　)

答案：错误

正确答案为：浓缩至近干，再用正己烷定容至 1 ml。

2. 根据《生活饮用水标准检验方法　农药指标》(GB/T 5750.9—2006)(19.1　七氯　液液萃取气相色谱法）测定水中七氯时，最低检测质量为 0.02 ng。(　　)

答案：正确

3. 根据《生活饮用水标准检验方法　农药指标》(GB/T 5750.9—2006)(19.1　七氯　液液萃取气相色谱法）测定水中七氯时，萃取前水样需加氯化钠。(　　)

答案：正确

4. 根据《生活饮用水标准检验方法　农药指标》（GB/T 5750.9—2006）（19.1　七氯　液液萃取气相色谱法）测定水中七氯时，在KD浓缩器中，萃取液浓缩温度在60～65℃。（　　）

答案：正确

二、选择题

1. 根据《生活饮用水标准检验方法　农药指标》（GB/T 5750.9—2006）（19.1　七氯　液液萃取气相色谱法）测定水中七氯时，使用的检测器为________。（　　）

A. FID　　B. ECD　　C. NPD　　D. PID________

答案：B

2. 根据《生活饮用水标准检验方法　农药指标》（GB/T 5750.9—2006）（19.1　七氯　液液萃取气相色谱法）测定水中七氯时，应选用________溶剂作萃取剂。（　　）

A. 二硫化碳　　B. 甲醇　　C. 正己烷　　D. 二氯甲烷

答案：D

3. 根据《生活饮用水标准检验方法　农药指标》（GB/T 5750.9—2006）（19.1　七氯　液液萃取气相色谱法）测定水中七氯时，萃取液经浓缩后，用________溶剂定容至1 ml。（　　）

A. 二氯甲烷　　B. 水　　C. 壬烷　　D. 正己烷

答案：D

4. 根据《生活饮用水标准检验方法　农药指标》（GB/T 5750.9—2006）（19.1　七氯　液液萃取气相色谱法）测定水中七氯时，采用的定量方法为________。（　　）

A. 外标法　　B. 内标法　　C. 归一化法

答案：A

参考文献

中华人民共和国卫生部，中国国家标准化管理委员会. 生活饮用水标准检验方法　农药指标：GB/T 5750.9—2006［S］. 北京：中国标准出版社，2006.

命题：杨冬雷　米方卓

审核：赵丽娟　夏　新

第二十七节　环氧氯丙烷

分类号：W13-26

> **主要内容**
>
> 《生活饮用水标准检验方法　有机物指标》（GB/T 5750.8—2006）（17.1　环氧氯丙烷　气相色谱法）

一、判断题

1.《生活饮用水标准检验方法　有机物指标》（GB/T 5750.8—2006）（17.1　环氧氯丙烷　气相色谱法）要求：环氧氯丙烷水样采集后，滴加 2 滴酚酞指示剂，用氢氧化钠溶液调至碱性。（　　）

答案：错误

正确答案为：滴加 2 滴酚酞指示剂或 2 滴甲基橙指示剂，用氢氧化钠溶液或盐酸溶液调至中性。

2.《生活饮用水标准检验方法　有机物指标》（GB/T 5750.8—2006）（17.1　环氧氯丙烷　气相色谱法）规定：环氧氯丙烷水样一般在 30 d 内分析，高含量环氧氯丙烷水样（大于 2 mg/L）在 24 h 内先萃取，萃取液在冰箱中 4℃保存。（　　）

答案：错误

正确答案为：一般在 4 d 内分析。

3. 根据《生活饮用水标准检验方法　有机物指标》（GB/T 5750.8—2006）（17.1　环氧氯丙烷　气相色谱法）测定水中环氧氯丙烷时，若水样浑浊，需要经过定性滤纸过滤。（　　）

答案：正确

4. 根据《生活饮用水标准检验方法　有机物指标》（GB/T 5750.8—2006）（17.1　环氧氯丙烷　气相色谱法）测定水中环氧氯丙烷，配制环氧氯丙烷标准储备液时，盖塞称量精确至 0.001 g。（　　）

答案：错误

正确答案为：盖塞称量精确至 0.000 1 g。

二、选择题

1. 根据《生活饮用水标准检验方法　有机物指标》（GB/T 5750.8—2006）（17.1　环氧氯丙烷　气相色谱法）测定水中环氧氯丙烷时，萃取溶液经过浓缩后，用具有________型检测器的气相色谱仪测定。（　　）

A. FID　　B. NPD　　C. ECD　　D. FPD

答案：A

2. 根据《生活饮用水标准检验方法　有机物指标》（GB/T 5750.8—2006）（17.1　环氧氯丙烷　气相色谱法）测定水中环氧氯丙烷时，水样的采样瓶为________。（　　）

A. 1 000 ml 聚四氟乙烯薄膜，螺旋口瓶塞的广口塑料瓶

B. 500 ml 聚氯乙烯薄膜，螺旋口瓶塞的细口玻璃瓶

C. 1 000 ml 聚氯乙烯薄膜，螺旋口瓶塞的广口玻璃瓶

D. 500 ml 聚四氟乙烯薄膜，螺旋口瓶塞的细口玻璃瓶

答案：D

3. 根据《生活饮用水标准检验方法　有机物指标》（GB/T 5750.8—2006）（17.1　环氧氯丙烷　气相色谱法）测定水中环氧氯丙烷时，所用载气（N_2）纯度为________%。（　　）

A. 99.9　　B. 99　　C. 99.99　　D. 99.999

答案：D

4. 根据《生活饮用水标准检验方法　有机物指标》（GB/T 5750.8—2006）（17.1　环氧氯丙烷　气相色谱法）测定水中环氧氯丙烷时，配制酚酞指示剂（5g/L）的方法是：称取 0.5 g 酚酞先溶于 50 ml________，再加水 50 ml。（　　）

A. 甲醇　　B. 纯水　　C. 乙醇　　D. 乙腈

答案：C

5.《生活饮用水标准检验方法　有机物指标》（GB/T 5750.8—2006）（17.1　环氧氯丙烷　气相色谱法）中规定固定液及含量为________。（　　）

A. 20% 丁二酸乙二醇聚酯 +10% 硅酮 DC-100

B. 10% 丁二酸乙二醇聚酯 +10% 硅酮 DC-200

C. 10% 丁二酸乙二醇聚酯 +10% 硅酮 DC-100

D. 20% 丁二酸乙二醇聚酯 +10% 硅酮 DC-200

答案：B

6. 根据《生活饮用水标准检验方法　有机物指标》（GB/T 5750.8—2006）（17.1　环氧氯丙烷　气相色谱法）测定水中环氧氯丙烷，色谱柱老化时，色谱柱与检测器断开，通氮气，柱温度为________℃，老化________h。（　　）

A. 60，12　　B. 110，24　　C. 60，8　　D. 60，16

答案：B

7.《生活饮用水标准检验方法　有机物指标》（GB/T 5750.8—2006）（17.1　环氧氯丙烷　气相色谱法）中萃取水中环氧氯丙烷萃取溶剂为________。（　　）

A. 二氯甲烷　　B. 苯　　C. 石油醚　　D. 正己烷

答案：A

8.《生活饮用水标准检验方法　有机物指标》（GB/T 5750.8—2006）（17.1　环氧氯丙烷　气相色谱法）规定：如果水中环氧氯丙烷浓度低于________mg/L，将萃取液置于 KD 浓缩器中浓缩。（　　）

A. 2.0　　B. 1.0　　C. 0.5　　D. 2.5

答案：C

参考文献

中华人民共和国卫生部，中国国家标准化管理委员会 . 生活饮用水标准检验方法　有机物指标：GB/T 5750.8—2006［S］. 北京：中国标准出版社，2006.

命题：冷　俊

审核：张益民　夏　新

第二十八节 灭草松

分类号：W13-27

主要内容
《生活饮用水标准检验方法 农药指标》（GB/T 5750.9—2006）（12.1 灭草松 气相色谱法）

一、判断题

1. 根据《生活饮用水标准检验方法 农药指标》（GB/T 5750.9—2006）（12.1 灭草松 气相色谱法）和《生活饮用水标准检验方法 农药指标》（GB/T 5750.9—2006）（13 2,4-滴 气相色谱法）测定灭草松和2,4-滴时，采用的是ECD检测器。（ ）

答案：正确

2. 根据《生活饮用水标准检验方法 农药指标》（GB/T 5750.9—2006）（12.1 灭草松 气相色谱法）和《生活饮用水标准检验方法 农药指标》（GB/T 5750.9—2006）（13 2,4-滴 气相色谱法）测定灭草松和2,4-滴时，使用载气的纯度为99.99%。（ ）

答案：错误

正确答案为：载气的纯度应为99.999%。

3. 根据《生活饮用水标准检验方法 农药指标》（GB/T 5750.9—2006）（12.1 灭草松 气相色谱法）和《生活饮用水标准检验方法 农药指标》（GB/T 5750.9—2006）（13 2,4-滴 气相色谱法）测定灭草松和2,4-滴时，采集水样应充满采样瓶。（ ）

答案：正确

4. 根据《生活饮用水标准检验方法 农药指标》（GB/T 5750.9—2006）（12.1 灭草松 气相色谱法）和《生活饮用水标准检验方法 农药指标》（GB/T 5750.9—2006）（13 2,4-滴 气相色谱法）测定灭草松和2,4-滴时，水样采集后于常温保存。（ ）

答案：错误

正确答案为：水样应置于4℃冰箱保存。

5. 根据《生活饮用水标准检验方法 农药指标》（GB/T 5750.9—2006）（12.1 灭草松 气相色谱法）和《生活饮用水标准检验方法 农药指标》（GB/T 5750.9—2006）（13 2,4-滴 气相色谱法）测定灭草松和2,4-滴时，定量分析校准方法为内标法。（ ）

答案：错误

正确答案为：定量分析校准方法为外标法。

二、选择题

1. 根据《生活饮用水标准检验方法 农药指标》（GB/T 5750.9—2006）（12.1 灭

草松　气相色谱法）和《生活饮用水标准检验方法　农药指标》（GB/T 5750.9—2006）（13　2,4- 滴　气相色谱法）测定灭草松和 2,4- 滴时，在酸性条件下需经________萃取。（　　）

A. 乙酸乙酯　　B. 二硫化碳　　C. 正己烷　　D. 二氯甲烷

答案：A

2. 根据《生活饮用水标准检验方法　农药指标》（GB/T 5750.9—2006）（12.1　灭草松　气相色谱法）和《生活饮用水标准检验方法　农药指标》（GB/T 5750.9—2006）（13　2,4- 滴　气相色谱法）测定灭草松和 2,4- 滴时，水样在酸性条件下经有机溶剂萃取后，在________条件下衍生化。（　　）

A. 酸性　　B. 中性　　C. 碱性

答案：C

3. 根据《生活饮用水标准检验方法　农药指标》（GB/T 5750.9—2006）（12.1　灭草松　气相色谱法）和《生活饮用水标准检验方法　农药指标》（GB/T 5750.9—2006）（13　2,4- 滴　气相色谱法）测定灭草松和 2,4- 滴时，水样在酸性条件下经有机溶剂萃取后，需用________溶液酯化，生成较易挥发的甲基化衍生物。（　　）

A. 碘化钾　　B. 碘甲烷　　C. 溴化钾　　D. 溴乙烷

答案：B

4. 根据《生活饮用水标准检验方法　农药指标》（GB/T 5750.9—2006）（12.1　灭草松　气相色谱法）和《生活饮用水标准检验方法　农药指标》（GB/T 5750.9—2006）（13　2,4- 滴　气相色谱法）测定灭草松和 2,4- 滴时，水样样品采样瓶使用前用稀（1+9）________浸泡处理。（　　）

A. 盐酸　　B. 硝酸　　C. 硫酸　　D. 磷酸

答案：B

5. 根据《生活饮用水标准检验方法　农药指标》（GB/T 5750.9—2006）（12.1　灭草松　气相色谱法）和《生活饮用水标准检验方法　农药指标》（GB/T 5750.9—2006）（13　2,4- 滴　气相色谱法）测定灭草松和 2,4- 滴，水样采集时需加入硝酸使________。（　　）

A. pH＜2　　B. pH＜1　　C. pH＜3　　D. pH＜6

答案：B

6. 根据《生活饮用水标准检验方法　农药指标》（GB/T 5750.9—2006）（12.1　灭草松　气相色谱法）和《生活饮用水标准检验方法　农药指标》（GB/T 5750.9—2006）（13　2,4- 滴　气相色谱法）测定灭草松和 2,4- 滴时，水样衍生化后，水相用 10 ml________萃取。（　　）

A. 乙酸乙酯　　B. 二硫化碳　　C. 正己烷　　D. 二氯甲烷

答案：D

7. 根据《生活饮用水标准检验方法　农药指标》（GB/T 5750.9—2006）（12.1　灭草松　气相色谱法）和《生活饮用水标准检验方法　农药指标》（GB/T 5750.9—2006）（13　2,4- 滴　气相色谱法）测定灭草松和 2,4- 滴时，所用无水硫酸钠需在马弗炉中灼烧________h 备用。（　　）

A. 2　　B. 6　　C. 8　　D. 4

答案：D

8. 根据《生活饮用水标准检验方法　农药指标》（GB/T 5750.9—2006）（12.1　灭草松　气相色谱法）和《生活饮用水标准检验方法　农药指标》（GB/T 5750.9—2006）（13　2,4- 滴　气相色谱法）测定灭草松和 2,4- 滴时，水样衍生化处理经有机溶剂萃取后，用适量的 0.05 mol/L________洗涤。（　　）

A. 盐酸　　B. 硝酸　　C. 硫酸　　D. 磷酸

答案：D

参考文献

中华人民共和国卫生部，中国国家标准化管理委员会 . 生活饮用水标准检验方法　农药指标：GB/T 5750.9—2006［S］. 北京：中国标准出版社，2006.

命题：王艳丽　崔连喜

审核：李利荣　夏　新　冯　丹

第二十九节　2,4- 滴

分类号：W13-28

主要内容
《生活饮用水标准检验方法　农药指标》（GB/T 5750.9—2006）（13　2,4- 滴　气相色谱法）

试题同 W13-27。

第三十节　毒死蜱

分类号：W13-29

主要内容
《生活饮用水标准检验方法　农药指标》（GB/T 5750.9—2006）（16.1　毒死蜱　气相色谱法）

一、判断题

1. 根据《生活饮用水标准检验方法　农药指标》（GB/T 5750.9—2006）（16.1　毒死蜱　气相色谱法）测定毒死蜱，测试时采用中等极性色谱柱。（　　）

答案：正确

2. 根据《生活饮用水标准检验方法　农药指标》（GB/T 5750.9—2006）（16.1　毒死蜱　气相色谱法）测定毒死蜱时，样品应采集在硬质磨口玻璃瓶中。（　　）

答案：正确

3. 根据《生活饮用水标准检验方法　农药指标》（GB/T 5750.9—2006）（16.1　毒死

蜱　气相色谱法）测定毒死蜱时，取水样 200 ml 于 500 ml 分液漏斗中，加入三氯甲烷萃取，浓缩定容至 2 ml 待测。（　　）

答案：错误

正确答案为：加入二氯甲烷萃取。

4. 根据《生活饮用水标准检验方法　农药指标》（GB/T 5750.9—2006）（16.1　毒死蜱　气相色谱法）测定毒死蜱时，马拉硫磷会对毒死蜱的测定产生干扰。（　　）

答案：错误。

正确答案为：马拉硫磷不会对毒死蜱的测定产生干扰。

二、选择题

1. 根据《生活饮用水标准检验方法　农药指标》（GB/T 5750.9—2006）（16.1　毒死蜱　气相色谱法）测定毒死蜱时，采用________检测器。（　　）

A. FID　　B. ECD　　C. FPD　　D. NPD

答案：C

2. 根据《生活饮用水标准检验方法　农药指标》（GB/T 5750.9—2006）（16.1　毒死蜱　气相色谱法）测定毒死蜱时，采用________对萃取液进行干燥。（　　）

A. 无水硫酸钠　　B. 无水氯化钠　　C. 氢氧化钠　　D. 无水碳酸钠

答案：A

3. 根据《生活饮用水标准检验方法　农药指标》（GB/T 5750.9—2006）（16.1　毒死蜱　气相色谱法）测定毒死蜱时，在工作范围内标准样品测定的相对标准差小于________% 即可认为仪器处于稳定状态。（　　）

A. 5　　B. 10　　C. 15　　D. 20

答案：B

4. 根据《生活饮用水标准检验方法　农药指标》（GB/T 5750.9—2006）（16.1　毒死蜱　气相色谱法）测定毒死蜱时，________不能用于毒死蜱萃取溶剂的浓缩。（　　）

A. 旋转蒸发仪　　B. KD 浓缩器　　C. 氮吹仪　　D. 电热板

答案：D

5. 根据《生活饮用水标准检验方法　农药指标》（GB/T 5750.9—2006）（16.1　毒死蜱　气相色谱法）测定毒死蜱时，用于溶解毒死蜱的溶剂是________。（　　）

A. 丙酮　　B. 二氯甲烷　　C. 三氯甲烷　　D. 甲醇

答案：A

参考文献

中华人民共和国卫生部，中国国家标准化管理委员会. 生活饮用水标准检验方法　农药指标：GB/T 5750.9—2006 [S]. 北京：中国标准出版社，2006.

命题：张肇元

审核：王艳丽　夏　新

第三十一节 碘化物

分类号：W13-30

主要内容

《生活饮用水标准检验方法 无机非金属指标》（GB/T 5750.5—2006）（11.4 碘化物 气相色谱法）

一、填空题

1. 根据《生活饮用水标准检验方法 无机非金属指标》（GB/T 5750.5—2006）（11.4 碘化物 气相色谱法）测定水中碘化物时，无碘化物纯水的制备方法：普通蒸馏水按每升加 2 g________后重蒸馏。

答案：氢氧化钠（NaOH）

2. 根据《生活饮用水标准检验方法 无机非金属指标》（GB/T 5750.5—2006）（11.4 碘化物 气相色谱法）测定水中碘化物时，反应产物 3- 碘丁酮 -2 用________萃取。

答案：环已烷

3. 根据《生活饮用水标准检验方法 无机非金属指标》（GB/T 5750.5—2006）（11.4 碘化物 气相色谱法）测定水中碘化物时，用________（材质）瓶采集水样，并尽快测定。

答案：玻璃

二、判断题

1. 根据《生活饮用水标准检验方法 无机非金属指标》（GB/T 5750.5—2006）（11.4 碘化物 气相色谱法）适用于生活饮用水及其水源水中碘化物的测定，水样中的余氯干扰测定，加入亚硫酸钠消除干扰。（ ）

答案：错误

正确答案为：水样中的余氯、有机氯化物不干扰测定。

2. 根据《生活饮用水标准检验方法 无机非金属指标》（GB/T 5750.5—2006）（11.4 碘化物 气相色谱法）测定水中碘化物时，填充好的色谱柱装机（不接检测器），通氮气于 220℃连续老化 24 h。（ ）

答案：错误

正确答案为：连续老化 48 h。

3. 根据《生活饮用水标准检验方法 无机非金属指标》（GB/T 5750.5—2006）（11.4 碘化物 气相色谱法）测定水中碘化物时，色谱柱的载体是 Chromosorb WAW DMCS（80～100 目），固定液及含量是 OV-17（0.5%）+OV-210（3.0%）。（ ）

答案：正确

三、选择题

1. 根据《生活饮用水标准检验方法　无机非金属指标》(GB/T 5750.5—2006)(11.4　碘化物　气相色谱法)测定水中碘化物时，用________检测器进行定量测定。(　　)

A. FID　　B. ECD　　C. FPD　　D. TCD

答案：B

2. 根据《生活饮用水标准检验方法　无机非金属指标》(GB/T 5750.5—2006)(11.4　碘化物　气相色谱法)测定水中碘化物时，若取 10 ml 水样，则最低检出浓度是________。(　　)

A. 1 mg/L　　B. 1 mg/L　　C. 5 mg/L　　D. 0.01 mg/L

答案：A

3. 根据《生活饮用水标准检验方法　无机非金属指标》(GB/T 5750.5—2006)(11.4　碘化物　气相色谱法)测定水中碘化物，涂渍固定液时，为了尽快使溶剂蒸发，可采用________。(　　)

A. 快速搅拌　　B. 50℃烘箱烘干　　C. 60℃烘箱烘干　　D. 红外灯照

答案：D

4. 根据《生活饮用水标准检验方法　无机非金属指标》(GB/T 5750.5—2006)(11.4　碘化物　气相色谱法)测定水中碘化物时，在________条件下，水样中的碘化物与重铬酸钾发生反应析出碘，它与丁酮生成 3- 碘丁酮 -2，用气相色谱分析。(　　)

A. 酸性　　B. 碱性　　C. 中性

答案：A

参考文献

中华人民共和国卫生部，中国国家标准化管理委员会. 生活饮用水标准检验方法　无机非金属指标：GB/T 5750.5—2006 [S]. 北京：中国标准出版社，2006.

命题：王伟华　冯　丹

审核：张万峰　夏　新

第三十二节　一氯乙酸、二氯乙酸和三氯乙酸

分类号：W13-31

> 主要内容
>
> ①《生活饮用水标准检验方法　消毒副产物指标》(GB/T 5750.10—2006)[9　二氯乙酸(一氯乙酸)　液液萃取衍生气相色谱法]
>
> ②《生活饮用水标准检验方法　消毒副产物指标》(GB/T 5750.10—2006)(10　三氯乙酸　液液萃取衍生气相色谱法)

一、判断题

1.《生活饮用水标准检验方法　消毒副产物指标》（GB/T 5750.10—2006）［9　二氯乙酸（一氯乙酸）液液萃取衍生气相色谱法］适用于测定生活饮用水及其水源水中一氯乙酸、二氯乙酸和三氯乙酸的测定。（　　）①

答案：正确

2. 根据《生活饮用水标准检验方法　消毒副产物指标》（GB/T 5750.10—2006）（10　三氯乙酸　液液萃取衍生气相色谱法）测定水中三氯乙酸时，若取水样 25 ml 进行测定，则最低检测质量浓度为 1.0 mg/L。（　　）②

答案：正确

3.《生活饮用水标准检验方法　消毒副产物指标》（GB/T 5750.10—2006）［9　二氯乙酸（一氯乙酸）液液萃取衍生气相色谱法］和《生活饮用水标准检验方法　消毒副产物指标》（GB/T 5750.10—2006）（10　三氯乙酸　液液萃取衍生气相色谱法）是在弱酸性条件下，以甲基叔丁基醚萃取水样。（　　）①

答案：错误

正确答案为：应在酸性条件下（pH＜0.5）条件下萃取。

4. 根据《生活饮用水标准检验方法　消毒副产物指标》（GB/T 5750.10—2006）［9　二氯乙酸（一氯乙酸）液液萃取衍生气相色谱法］和《生活饮用水标准检验方法　消毒副产物指标》（GB/T 5750.10—2006）（10　三氯乙酸　液液萃取衍生气相色谱法）进行测定时，以 1,2-DBP 为内标。（　　）①

答案：正确

5. 根据《生活饮用水标准检验方法　消毒副产物指标》（GB/T 5750.10—2006）［9　二氯乙酸（一氯乙酸）液液萃取衍生气相色谱法］和《生活饮用水标准检验方法　消毒副产物指标》（GB/T 5750.10—2006）（10　三氯乙酸　液液萃取衍生气相色谱法）进行测定，选用的是毛细管柱分离。（　　）①

答案：正确

6. 根据《生活饮用水标准检验方法　消毒副产物指标》（GB/T 5750.10—2006）［9　二氯乙酸（一氯乙酸）液液萃取衍生气相色谱法］和《生活饮用水标准检验方法　消毒副产物指标》（GB/T 5750.10—2006）（10　三氯乙酸　液液萃取衍生气相色谱法）进行测定时，采用 ECD 检测器。（　　）②

答案：正确

7. 根据《生活饮用水标准检验方法　消毒副产物指标》（GB/T 5750.10—2006）［9　二氯乙酸（一氯乙酸）液液萃取衍生气相色谱法］测定二氯乙酸时，二氯乙酸在水中稳定，但应于 24 h 内完成测定。（　　）①

答案：错误

正确答案为：二氯乙酸在水中不稳定。

二、选择题

1. 根据《生活饮用水标准检验方法　消毒副产物指标》（GB/T 5750.10—2006）

［9　二氯乙酸（一氯乙酸）　液液萃取衍生气相色谱法］测定水中二氯乙酸的最低检测质量为________ng。(　　)①

A. 0.012　　B. 0.025　　C. 0.050　　D. 0.062

答案：B

2. 根据《生活饮用水标准检验方法　消毒副产物指标》（GB/T 5750.10—2006）［9　二氯乙酸（一氯乙酸）　液液萃取衍生气相色谱法］和《生活饮用水标准检验方法　消毒副产物指标》（GB/T 5750.10—2006）（10　三氯乙酸　液液萃取衍生气相色谱法）进行测定时，水样于4℃冰箱保存不超过________d，样品衍生物液在-20℃冰箱保存不超过________d。(　　)①

A. 2，5　　B. 5，7　　C. 7，5　　D. 7，7

答案：D

3. 根据《生活饮用水标准检验方法　消毒副产物指标》（GB/T 5750.10—2006）［9　二氯乙酸（一氯乙酸）　液液萃取衍生气相色谱法］和《生活饮用水标准检验方法　消毒副产物指标》（GB/T 5750.10—2006）（10　三氯乙酸　液液萃取衍生气相色谱法）进行测定，样品采集时选用的固定剂是________。(　　)①

A. 氯化铵　　B. 硫酸　　C. 盐酸　　D. 浓氨水

答案：A

4. 根据《生活饮用水标准检验方法　消毒副产物指标》（GB/T 5750.10—2006）［9　二氯乙酸（一氯乙酸）　液液萃取衍生气相色谱法］和《生活饮用水标准检验方法　消毒副产物指标》（GB/T 5750.10—2006）（10　三氯乙酸　液液萃取衍生气相色谱法）进行测定时，若采集自来水样品，需要在打开水龙头后________min后开始采集。(　　)①

A. 10　　B. 20　　C. 30　　D. 45

答案：C

5. 根据《生活饮用水标准检验方法　消毒副产物指标》（GB/T 5750.10—2006）［9　二氯乙酸（一氯乙酸）　液液萃取衍生气相色谱法］和《生活饮用水标准检验方法　消毒副产物指标》（GB/T 5750.10—2006）（10　三氯乙酸　液液萃取衍生气相色谱法）进行测定时，需要在50℃加热块上衍生________。(　　)①

A. 100 min±10 min　　B. 120 min±10 min

C. 150 min±5 min　　D. 120 min±10 min

答案：D

参考文献

中华人民共和国卫生部，中国国家标准化管理委员会．生活饮用水标准检验方法　消毒副产物指标：GB/T 5750.10—2006［S］．北京：中国标准出版社，2006.

命题：朱红霞　姜晓旭

审核：谭　丽　夏　新

第三十三节　亚硝胺类化合物

分类号：W13-32

主要内容
《水质　亚硝胺类化合物的测定　气相色谱法》（HJ 809—2016）

一、填空题

1. 根据《水质　亚硝胺类化合物的测定　气相色谱法》（HJ 809—2016）测定水中亚硝胺类化合物时，水样在4℃以下冷藏、避光保存，应在________d内对样品进行萃取；提取液在4℃以下冷藏、避光保存，________d完成分析。

答案：7　　30

2. 根据《水质　亚硝胺类化合物的测定　气相色谱法》（HJ 809—2016）测定水中亚硝胺类化合物时，若萃取过程中出现乳化现象，可在样品中加入________，或采用________、超声等机械方式硬破乳，也可采用冷冻的方法破乳。

答案：氯化钠　　离心

二、判断题

1.《水质　亚硝胺类化合物的测定　气相色谱法》（HJ 809—2016）适用于地表水、地下水、生活污水和工业废水中*N*-亚硝基二甲胺、*N*-亚硝基二乙胺、*N*-亚硝基二正丙胺和*N*-亚硝基二苯胺的测定。（　　）

答案：正确

2. 根据《水质　亚硝胺类化合物的测定　气相色谱法》（HJ 809—2016）测定水中亚硝胺类化合物时，使用的玻璃棉需经过硅烷化处理。（　　）

答案：正确

3. 根据《水质　亚硝胺类化合物的测定　气相色谱法》（HJ 809—2016）测定水中亚硝胺类化合物时，样品浓缩温度、浓缩速度的快慢对测定结果无明显影响。（　　）

答案：错误

正确答案为：样品浓缩温度、浓缩速度的快慢对测定结果有明显影响。

4. 亚硝胺类化合物是致癌物，其标准物质和标准贮备液在使用过程中，避免接触皮肤、眼睛等，应在通风良好的室内通风橱中进行操作。（　　）

答案：正确

5. 根据《水质　亚硝胺类化合物的测定　气相色谱法》（HJ 809—2016）测定水中亚硝胺类化合物时，每批试剂须做一个空白试验，试剂空白值应低于方法检出限。（　　）

答案：正确

6. 根据《水质　亚硝胺类化合物的测定　气相色谱法》（HJ 809—2016）测定水中亚硝胺类化合物时，校准曲线的相关系数应大于或等于0.999。（　　）

答案：错误

正确答案为：校准曲线的相关系数应大于或等于 0.995。

7. 根据《水质　亚硝胺类化合物的测定　气相色谱法》(HJ 809—2016) 测定水中亚硝胺类化合物时，每批样品应至少测定 10% 的平行双样，样品数量少于 10 个时，应至少测定一个平行双样，测定结果的相对偏差应小于 30%。(　　)

答案：错误

正确答案为：每批样品应至少测定 10% 的平行双样，测定结果的相对偏差应小于 20%。

8. 根据《水质　亚硝胺类化合物的测定　气相色谱法》(HJ 809—2016) 测定水中亚硝胺类化合物时，先用硫酸溶液或氢氧化钠溶液调节样品的 pH 为 6～9 后，再加有机溶剂进行液液萃取。

答案：正确

9. 根据《水质　亚硝胺类化合物的测定　气相色谱法》(HJ 809—2016) 测定水中亚硝胺类化合物时，对于成分复杂的地表水、工业废水和生活污水，萃取后一般使用弗罗里硅土或碱性氧化铝进行净化。

答案：正确

三、选择题

1. 根据《水质　亚硝胺类化合物的测定　气相色谱法》(HJ 809—2016) 测定水中亚硝胺类化合物时，规定使用________萃取。(　　)

A. 二氯甲烷　　B. 正己烷　　C. 苯　　D. 甲苯

答案：A

2. 根据《水质　亚硝胺类化合物的测定　气相色谱法》(HJ 809—2016) 测定水中亚硝胺类化合物时，规定使用________检测器。(　　)

A. FPD　　B. FID　　C. ECD　　D. NPD

答案：B

3. 根据《水质　亚硝胺类化合物的测定　气相色谱法》(HJ 809—2016) 测定水中亚硝胺类化合物时，无水硫酸钠使用前应在马弗炉中于________℃灼烧________h，冷却后装入磨口玻璃瓶中密封保存。(　　)

A. 300，2　　B. 450，2　　C. 450，4　　D. 550，4

答案：C

参考文献

环境保护部 . 水质　亚硝胺类化合物的测定　气相色谱法：HJ 809—2016 [S] . 中国环境出版集团，2016.

命题：姜晓旭　张鸣珊

审核：何书海　夏　新

第三十四节 氯代除草剂

分类号：W13-33

主要内容
《水质 15 种氯代除草剂的测定 气相色谱法》（HJ 1070—2019）

一、判断题

1.《水质 15 种氯代除草剂的测定 气相色谱法》（HJ 1070—2019）适用于地表水、地下水、生活污水、工业废水和海水中氯代除草剂的测定。（ ）

答案：正确

2. 氯代除草剂可分为苯甲酸类除草剂和苯氧羧酸类除草剂。（ ）

答案：正确

3. 氯代除草剂具有沸点高、强极性、不易气化的特点，因此无法直接进行气相色谱分析，若需气相色谱分析，应对其进行衍生化。（ ）

答案：正确

4. 根据《水质 15 种氯代除草剂的测定 气相色谱法》（HJ 1070—2019）测定水中 15 种氯代除草剂时，样品采集后立即用硫酸溶液调节 pH≤2，4℃以下避光保存，7 d 内完成萃取。（ ）

答案：错误

正确答案为：样品采集后立即用盐酸溶液调节 pH≤2，4℃以下避光保存，7d 内完成萃取。

5. 根据《水质 15 种氯代除草剂的测定 气相色谱法》（HJ 1070—2019）测定水中 15 种氯代除草剂时，对于只含苯氧羧酸类除草剂的样品，可不进行水解。（ ）

答案：正确

6. 根据《水质 15 种氯代除草剂的测定 气相色谱法》（HJ 1070—2019）测定水中 15 种氯代除草剂时，对于基体复杂的样品，应先对样品进行水解后再进行净化，再对样品进行萃取。（ ）

答案：正确

7. 根据《水质 15 种氯代除草剂的测定 气相色谱法》（HJ 1070—2019）测定水中 15 种氯代除草剂时，若有目标化合物检出，可用气相色谱－质谱法进一步定性确认。（ ）

答案：正确

8. 根据《水质 15 种氯代除草剂的测定 气相色谱法》（HJ 1070—2019）测定水中 15 种氯代除草剂时，每批样品应进行 10% 的平行样品测定，平行样品相对偏差应控制在 30% 以内。（ ）

答案：正确

9. 根据《水质 15 种氯代除草剂的测定 气相色谱法》（HJ 1070—2019）测定水中

15 种氯代除草剂时，样品前处理仅使用液液萃取法。（ ）

答案：错误

正确答案为：样品前处理一般使用液液萃取法和固相萃取法。

10. 根据《水质 15 种氯代除草剂的测定 气相色谱法》（HJ 1070—2019）测定水中 15 种氯代除草剂时，一般使用五氟苄基溴进行柱前衍生，使不易气化或热不稳定的物质衍生化为易气化或热稳定的适于气相色谱分析的物质。（ ）

答案：正确

二、选择题

1. 根据《水质 15 种氯代除草剂的测定 气相色谱法》（HJ 1070—2019）测定水中 15 种氯代除草剂时，规定使用________萃取，________定溶。（ ）

A. 二氯甲烷，正己烷　　B. 正己烷，丙酮

C. 正己烷，正己烷　　D. 二氯甲烷，丙酮

答案：A

2. 根据《水质 15 种氯代除草剂的测定 气相色谱法》（HJ 1070—2019）测定水中 15 种氯代除草剂时，规定使用________检测器。（ ）

A. FPD　　B. FID　　C. ECD　　D. NPD

答案：C

3. 根据《水质 15 种氯代除草剂的测定 气相色谱法》（HJ 1070—2019）测定水中 15 种氯代除草剂时，去除氯代除草剂提取液中水分常用的干燥剂是________。（ ）

A. 无水氢氧化钠　　B. 无水氯化钠　　C. 无水硫酸钠　　D. 无水碳酸钠

答案：C

4. 根据《水质 15 种氯代除草剂的测定 气相色谱法》（HJ 1070—2019）测定水中 15 种氯代除草剂时，标准曲线的相关系数应大于________，否则应重新绘制标准曲线。（ ）

A. 0.999　　B. 0.995　　C. 0.99　　D. 0.997

答案：B

5. 根据《水质 15 种氯代除草剂的测定 气相色谱法》（HJ 1070—2019）测定水中 15 种氯代除草剂时，每批样品应至少测定一个加标样品，加标回收率应为________。（ ）

A. 60%～120%　　B. 70%～130%　　C. 70%～120%　　D. 60%～130%

答案：A

参考文献

生态环境部 . 水质 15 种氯代除草剂的测定 气相色谱法：HJ 1070—2019［S］. 中国环境出版集团，2019.

命题：何书海 张鸣珊

审核：姜晓旭 周笑白 夏 新

第三十五节 乙腈

分类号：W13-34

主要内容
①《水质 乙腈的测定 直接进样 / 气相色谱法》（HJ 789—2016）
②《水质 乙腈的测定 吹扫捕集 / 气相色谱法》（HJ 788—2016）

一、判断题

1.《水质 乙腈的测定 吹扫捕集 / 气相色谱法》（HJ 788—2016）和《水质 乙腈的测定 直接进样 / 气相色谱法》（HJ 789—2016）均使用固定相为聚乙二醇 -20M 固定液的毛细管色谱柱分离乙腈。①②（ ）

答案：正确

2. 乙腈又名甲基腈，无色透明液体，极易挥发，有类似醚的特殊气味，有一定毒性，与水和醇无限互溶。①②（ ）

答案：正确

3. 根据《水质 乙腈的测定 吹扫捕集 / 气相色谱法》（HJ 788—2016）和《水质 乙腈的测定 直接进样 / 气相色谱法》（HJ 789—2016）的规定，每批样品都应绘制标准曲线，要求相关系数应≥0.999。①②（ ）

答案：错误

正确答案为：每批样品应绘制标准曲线，相关系数应≥0.995。

4. 根据《水质 乙腈的测定 吹扫捕集 / 气相色谱法》（HJ 788—2016）测定水中乙腈时，乙腈在氢火焰离子化检测器（FID）上的响应优于氮磷检测器（NPD）。②（ ）

答案：错误

正确答案为：乙腈在氮磷检测器（NPD）上的响应优于氢火焰离子化检测器（FID）。当取样体积为 5.0 ml 时，乙腈在氢火焰离子化检测器上检出限为 0.1 mg/L；当取样体积为 5.0 ml 时，乙腈在氮磷检测器上检出限为 0.009 mg/L。

5. 根据《水质 乙腈的测定 吹扫捕集 / 气相色谱法》（HJ 788—2016）测定水中乙腈时，使用的实验用水须经过空白检验，确认在目标化合物的保留时间区间内无干扰峰出现或目标化合物检测浓度低于方法检出限时方可使用。②（ ）

答案：正确

6. 根据《水质 乙腈的测定 吹扫捕集 / 气相色谱法》（HJ 788—2016）和《水质 乙腈的测定 直接进样 / 气相色谱法》（HJ 789—2016）的规定，乙腈标准贮备液、乙腈标准使用液一般使用甲醇配制。①②（ ）

答案：错误

正确答案为：乙腈标准贮备液、乙腈标准使用液一般使用水配制。

7.《水质 乙腈的测定 吹扫捕集 / 气相色谱法》（HJ 788—2016）和《水质 乙腈的测定 直接进样 / 气相色谱法》（HJ 789—2016）中规定，均使用带聚四氟乙烯衬

垫螺旋盖的 40 ml 宽口棕色采样瓶采集样品，样品应充满采样瓶并加盖密封。①②（　　）

答案：正确

8. 根据《水质　乙腈的测定　吹扫捕集 / 气相色谱法》（HJ 788—2016）和《水质　乙腈的测定　直接进样 / 气相色谱法》（HJ 789—2016）测定水中乙腈时，含铬的玻璃器皿对乙腈的测定有影响，因此应选择无铬的采样瓶和分析用容器。①②（　　）

答案：正确

9. 根据《水质　乙腈的测定　吹扫捕集 / 气相色谱法》（HJ 788—2016）和《水质　乙腈的测定　直接进样 / 气相色谱法》（HJ 789—2016）测定水中乙腈时，为避免氮磷检测器铷珠潮解，应定期开机维护，一般一周开机维护一次。①②（　　）

答案：正确

10.《水质　乙腈的测定　吹扫捕集 / 气相色谱法》（HJ 788—2016）和《水质　乙腈的测定　直接进样 / 气相色谱法》（HJ 789—2016）中规定，每批样品应至少分析一个实验室空白和一个全程序空白，空白中乙腈的测定结果应低于方法检出限。①②（　　）

答案：正确

11. 根据《水质　乙腈的测定　直接进样 / 气相色谱法》（HJ 789—2016）测定水中乙腈时，试样和标准系列中的水会影响色谱柱的稳定性能，若出现基线不稳或有其他干扰时，需要对色谱柱进行老化。①（　　）

答案：正确

12. 根据《水质　乙腈的测定　直接进样 / 气相色谱法》（HJ 789—2016）测定水中乙腈时，水样经聚醚砜或混合纤维素酯过滤后直接注入气相色谱仪分析。①（　　）

答案：正确

13. 根据《水质　乙腈的测定　吹扫捕集 / 气相色谱法》（HJ 788—2016）测定水中乙腈时，吹扫捕集管一般使用 Tenax 和活性炭混合吸附剂或其他等效吸附剂，且吸附剂满足方法分析质量要求。②（　　）

答案：错误

正确答案为：吹扫捕集管一般使用 1/3Tenax、1/3 硅胶和 1/3 活性炭混合吸附剂或其他等效吸附剂。

二、选择题

1. 根据《水质　乙腈的测定　吹扫捕集 / 气相色谱法》（HJ 788—2016）和《水质　乙腈的测定　直接进样 / 气相色谱法》（HJ 789—2016）测定水中乙腈时，均要求每 20 个样品或每批次应至少分析一个空白加标和一个样品加标样，加标回收率应控制在________。①②（　　）

A. 85%～115%　　B. 80%～115%　　C. 70%～120%　　D. 80%～120%

答案：A

2. 根据《水质　乙腈的测定　吹扫捕集 / 气相色谱法》（HJ 788—2016）和《水质　乙腈的测定　直接进样 / 气相色谱法》（HJ 789—2016）测定水中乙腈时，每 10 个样品或每批次应至少分析一个平行样，平行样测定结果的相对偏差应≤________。

①②（ ）

A. 15% B. 20% C. 25% D. 30%

答案：A

3. 根据《水质 乙腈的测定 直接进样/气相色谱法》（HJ 789—2016）和《水质 乙腈的测定 吹扫捕集/气相色谱法》（HJ 788—2016）测定水中乙腈时，样品采集后于4℃以下冷藏、避光和密封保存，保存期限不超过________d。①②

A. 3 B. 6 C. 10 D. 14

答案：B

参考文献

[1] 环境保护部. 水质 乙腈的测定 直接进样/气相色谱法：HJ 789—2016［S］. 中国环境出版集团，2016.

[2] 环境保护部. 水质 乙腈的测定 吹扫捕集/气相色谱法：HJ 788—2016［S］. 中国环境出版集团，2016.

命题：何书海 张鸣珊

审核：姜晓旭 夏 新

第三十六节 石油烃

分类号：W13-35

主要内容
①《水质 挥发性石油烃（C_6-C_9）的测定 吹扫捕集/气相色谱法》（HJ 893—2017）
②《水质 可萃取性石油烃（C_{10}-C_{40}）的测定 气相色谱法》（HJ 894—2017）

一、填空题

1. 石油烃包括________、________、________或烷基化的芳香烃等。①②

答案：脂肪烃 脂环烃 芳香烃

2. 根据《水质 挥发性石油烃（C_6-C_9）的测定 吹扫捕集/气相色谱法》（HJ 893—2017）测定水中挥发性石油烃时，一般选用________作为替代物，追踪样品分析过程有无异常。①

答案：4-溴氟苯（BFB）

3. 根据《水质 挥发性石油烃（C_6-C_9）的测定 吹扫捕集/气相色谱法》（HJ 893—2017）测定水中挥发性石油烃时，一般选用________作为吸附剂，且要求吸附剂满足方法分析质量要求。①

答案：100%Tenax

4. 根据《水质 挥发性石油烃（C_6-C_9）的测定 吹扫捕集/气相色谱法》（HJ 893—2017）测定水中挥发性石油烃时，根据________的出峰时间确定挥发性石油烃（C_6-

C_9）的出峰开始时间，________的出峰开始时间确定为挥发性石油烃（C_6-C_9）的结束时间。①

答案：2- 甲基戊烷　　正癸烷

5. 根据《水质　可萃取性石油烃（C_{10}-C_{40}）的测定　气相色谱法》（HJ 894—2017）测定水中可萃取性石油烃时，萃取过程中出现乳化现象时，可采用________、搅动、________或冷冻等方式破乳。②

答案：盐析　　离心

6. 根据《水质　可萃取性石油烃（C_{10}-C_{40}）的测定　气相色谱法》（HJ 894—2017）规定，1g 硅酸镁净化柱对石油烃的净化能力为________mg，若测定结果样品超过该量时，需要对样品重新净化。②

答案：5

二、判断题

1. 根据《水质　挥发性石油烃（C_6-C_9）的测定　吹扫捕集 / 气相色谱法》（HJ 893—2017）测定水中挥发性石油烃时，所有玻璃器皿必须严格清洗，并在 130℃的烘箱中烘干 2 h，存放在清洁的环境中备用。（　　）①

答案：正确

2. 根据《水质　挥发性石油烃（C_6-C_9）的测定　吹扫捕集 / 气相色谱法》（HJ 893—2017）测定水中挥发性石油烃，采集样品时，为了使水样在采样瓶中溢流而不留气泡，应事先在样品瓶中加入 0.3 g 抗坏血酸，再加入数滴磷酸溶液固定，使样品 pH≤2，并加盖密封。（　　）①

答案：正确

3. 根据《水质　挥发性石油烃（C_6-C_9）的测定　吹扫捕集 / 气相色谱法》（HJ 893—2017）测定水中挥发性石油烃时，每份样品应采集平行双样，每批样品应至少带一个全程序空白。（　　）①

答案：正确

4. 根据《水质　挥发性石油烃（C_6-C_9）的测定　吹扫捕集 / 气相色谱法》（HJ 893—2017）测定水中挥发性石油烃时，用实验用水配制的挥发性石油烃标准溶液不稳定，需现用现配。（　　）①

答案：正确

5. 根据《水质　挥发性石油烃（C_6-C_9）的测定　吹扫捕集 / 气相色谱法》（HJ 893—2017）测定水中挥发性石油烃时，校准曲线用线性拟合，相关系数要求≥0.995，否则需要重新绘制校准曲线。（　　）①

答案：错误

正确答案为：校准曲线用线性拟合，相关系数要求≥0.999，否则需要重新绘制校准曲线。

6. 根据《水质　挥发性石油烃（C_6-C_9）的测定　吹扫捕集 / 气相色谱法》（HJ 893—2017）测定水中挥发性石油烃时，由于在标准系列中加入了替代物，所以在挥发性石油烃（C_6-C_9）的峰面积加和应扣除替代物的峰面积。（　　）①

答案：正确

7. 根据《水质 可萃取性石油烃（C_{10}-C_{40}）的测定 气相色谱法》（HJ 894—2017）适用于地表水、地下水、生活污水、工业废水和海水中可萃取性石油烃（C_{10}-C_{40}）的测定。（ ）②

答案：正确

8. 根据《水质 可萃取性石油烃（C_{10}-C_{40}）的测定 气相色谱法》（HJ 894—2017）测定水中可萃取性石油烃时，在规定的仪器条件下，可萃取性石油烃（C_{10}-C_{40}）是指能够被二氯甲烷萃取且不被硅酸镁吸附，在气相色谱图上保留时间介于 n-$C_{10}H_{22}$（包含）与 n-$C_{40}H_{82}$（包含）之间的物质。（ ）②

答案：正确

9. 根据《水质 可萃取性石油烃（C_{10}-C_{40}）的测定 气相色谱法》（HJ 894—2017）测定水中可萃取性石油烃时，取适量的样品转移至 2 L 分液漏斗，加入 60 ml 二氯甲烷振荡萃取，静置分层，收集下层有机相。（ ）②

答案：错误

正确答案为：将样品全部转移至 2 L 分液漏斗，量取 60 ml 二氯甲烷洗涤样品瓶后，全部转移至分液漏斗，振荡萃取，静置分层，收集下层有机相。

10. 根据《水质 可萃取性石油烃（C_{10}-C_{40}）的测定 气相色谱法》（HJ 894—2017）测定水中可萃取性石油烃时，初次校准曲线的相关系数应≥0.999，连续校准与初始校准的相对误差应控制在 ±20% 以内。（ ）②

答案：错误

正确答案为：初次校准曲线的相关系数应≥0.995，连续校准与初始校准的相对误差应控制在 ±20% 以内。

11. 根据《水质 可萃取性石油烃（C_{10}-C_{40}）的测定 气相色谱法》（HJ 894—2017）测定可萃取性石油烃时，由于定量方式为 $C_{10}H_{22}$ 至 $C_{40}H_{82}$ 总峰面积积分，如果柱流失过大会导致结果偏小，因此需定期检查柱流失的谱图，以免色谱柱性能变化带来偏差。（ ）②

答案：错误

正确答案为：如果柱流失过大会导致结果偏大，因此需定期检查柱流失的谱图，以免色谱柱性能变化带来偏差。

12. 根据《水质 可萃取性石油烃（C_{10}-C_{40}）的测定 气相色谱法》（HJ 894—2017）测定水中可萃取性石油烃时，若样品中卤代烃含量过高，会导致测定结果偏高。（ ）②

答案：正确

13. 根据《水质 可萃取性石油烃（C_{10}-C_{40}）的测定 气相色谱法》（HJ 894—2017）测定水中可萃取性石油烃时，每 20 个样品或每批样品（少于 20 个样品 / 批）至少做 1 个实验室空白，空白值应低于方法检出限。（ ）②

答案：正确

14. 根据《水质 可萃取性石油烃（C_{10}-C_{40}）的测定 气相色谱法》（HJ 894—2017）测定水中可萃取性石油烃时，当取样量为 1 000 ml 时，方法检出限为 0.01 mg/L，

测定下限为 0.04 mg/L。(　　) ②

答案：正确

三、选择题

1. 根据《水质　挥发性石油烃（C_6-C_9）的测定　吹扫捕集/气相色谱法》（HJ 893—2017）测定水中挥发性石油烃时，规定使用________检测器，保留时间窗定性，外标法定量。(　　) ①

A. FPD　　B. FID　　C. ECD　　D. TCD

答案：B

2. 根据《水质　挥发性石油烃（C_6-C_9）的测定　吹扫捕集/气相色谱法》（HJ 893—2017）测定水中挥发性石油烃时，若仪器受样品污染后必须用蒸馏水吹扫干净，必要时用 10% 的________进行整个管路清洗。(　　) ①

A. 甲醇　　B. 异丙醇　　C. 硝酸　　D. 盐酸

答案：A

3. 根据《水质　挥发性石油烃（C_6-C_9）的测定　吹扫捕集/气相色谱法》（HJ 893—2017）测定水中挥发性石油烃时，采集好的样品应于________避光冷藏保存，于________d 内完成分析。(　　) ①

A. 室温，7　　B. 4℃，3　　C. 4℃，5　　D. 4℃，7

答案：B

4. 根据《水质　挥发性石油烃（C_6-C_9）的测定　吹扫捕集/气相色谱法》（HJ 893—2017）测定水中挥发性石油烃时，样品加标回收率应控制在________。(　　) ①

A. 60%～120%　　B. 65%～130%　　C. 80%～120%　　D. 60%～130%

答案：B

5. 根据《水质　可萃取性石油烃（C_{10}-C_{40}）的测定　气相色谱法》（HJ 894—2017）测定水中可萃取性石油烃时，样品采集后加________固定剂酸化至 pH≤2，于 4℃保存，14 d 内完成萃取，40 d 完成分析。(　　) ②

A. 盐酸溶液　　B. 硝酸溶液

C. 硫酸溶液　　D. 磷酸溶液

答案：A

6. 根据《水质　可萃取性石油烃（C_{10}-C_{40}）的测定　气相色谱法》（HJ 894—2017）测定水中可萃取性石油烃时，每 20 个样品或每批样品至少做 1 个空白加标分析，加标回收率应控制在________。(　　) ②

A. 60%～120%　　B. 70%～120%　　C. 80%～120%　　D. 60%～130%

答案：B

参考文献

[1] 环境保护部 . 水质　挥发性石油烃（C6-C9）的测定　吹扫捕集/气相色谱法：HJ 893—2017［S］. 中国环境出版集团，2017.

[2] 环境保护部 . 水质　可萃取性石油烃（C10-C40）的测定　气相色谱法：HJ 894—2017［S］. 中国环境出版集团，2017.

命题：何书海　张鸣珊
审核：姜晓旭　夏　新

第三十七节　甲醇和丙酮

分类号：W13-36

主要内容
《水质　甲醇和丙酮的测定　顶空/气相色谱法》(HJ 895—2017)

一、填空题

1. 根据《水质　甲醇和丙酮的测定　顶空/气相色谱法》(HJ 895—2017)测定水中甲醇和丙酮时，当采用聚乙二醇固定相的色谱柱分离时，样品中乙酸乙酯浓度高于________mg/L会对甲醇结果产生干扰，可改用固定相为6%氰丙基苯+94%二甲基硅氧烷的色谱柱分离。

答案：25

2. 根据《水质　甲醇和丙酮的测定　顶空/气相色谱法》(HJ 895—2017)测定水中甲醇和丙酮时，若样品中含有余氯，应向采样瓶中加________mg抗坏血酸。若样品中余氯含量超过________mg/L，应按比例增加抗坏血酸的加入量。

答案：25　5

3. 根据《水质　甲醇和丙酮的测定　顶空/气相色谱法》(HJ 895—2017)测定水中甲醇和丙酮时，样品分析时顶空样品瓶加热温度为________℃，加热平衡时间为________min。

答案：80　30

二、判断题

1. 根据《水质　甲醇和丙酮的测定　顶空/气相色谱法》(HJ 895—2017)测定水中甲醇和丙酮，采集样品时，先用样品荡洗采样瓶2～3次，然后使样品在采样瓶中溢流且不留液上空间，尽量避免或减少样品在空气中暴露。(　　)

答案：错误

正确答案为：采集样品时，不得用样品进行荡洗，应使样品在采样瓶中溢流且不留液上空间，尽量避免或减少样品在空气中暴露。

2. 根据《水质　甲醇和丙酮的测定　顶空/气相色谱法》(HJ 895—2017)适用于地表水、地下水、生活污水、工业废水和海水中甲醇和丙酮的测定。(　　)

答案：正确

3. 根据《水质　甲醇和丙酮的测定　顶空/气相色谱法》(HJ 895—2017)测定水中甲醇和丙酮时，甲醇和丙酮标准使用液用实验用水稀释，临用现配。(　　)

答案：正确

4. 根据《水质　甲醇和丙酮的测定　顶空 / 气相色谱法》（HJ 895—2017）测定水中甲醇和丙酮时，样品采集后，应立即加入盐酸溶液使样品 pH≤2，在 4℃以下冷藏、避光和密封保存，7 d 内完成分析。若不加盐酸保存，于 12 h 内完成分析测定。(　　)

答案：错误

正确答案为：样品采集后，应立即加入盐酸溶液使样品 pH≤2，在 4℃以下冷藏、避光和密封保存，14 d 内完成分析。若不加盐酸保存，于 24 h 内完成分析测定。

5. 根据《水质　甲醇和丙酮的测定　顶空 / 气相色谱法》（HJ 895—2017）测定水中甲醇和丙酮时，当实际样品浓度超出工作曲线范围时，可适当降低样品取样量并定容至 10.0 ml 后测定。(　　)

答案：正确

6. 根据《水质　甲醇和丙酮的测定　顶空 / 气相色谱法》（HJ 895—2017）测定水中甲醇和丙酮时，高浓度样品与低浓度样品交替分析不会造成互相干扰。(　　)

答案：错误

正确答案为：高浓度样品与低浓度样品交替分析可能会造成干扰，当分析一个高浓度样品后应分析一个空白样品以检验是否出现交叉污染。

6. 根据《水质　甲醇和丙酮的测定　顶空 / 气相色谱法》（HJ 895—2017）测定水中甲醇和丙酮时，甲醇和丙酮为实验室常用溶剂，因此每批样品至少做一个实验室空白试验和全程序空白试验，要求其测定结果不得超过方法检出限。(　　)

答案：正确

7. 根据《水质　甲醇和丙酮的测定　顶空 / 气相色谱法》（HJ 895—2017）测定水中甲醇和丙酮时，顶空进样器加热平衡温度、平衡时间、传输线温度对分析结果会产生影响。(　　)

答案：正确

8. 根据《水质　甲醇和丙酮的测定　顶空 / 气相色谱法》（HJ 895—2017）测定水中甲醇和丙酮时，每批样品应绘制工作曲线，相关系数应≥0.995，否则须重新建立工作曲线。(　　)

答案：正确

9. 根据《水质　甲醇和丙酮的测定　顶空 / 气相色谱法》（HJ 895—2017）测定水中甲醇和丙酮时，每个样品均应采集平行双样，每 20 个样品或每批次应至少测定一个平行样品，平行样品相对偏差≤20%。(　　)

答案：正确

10. 根据《水质　甲醇和丙酮的测定　顶空 / 气相色谱法》（HJ 895—2017）测定水中甲醇和丙酮时，分析过程使用的氯化钠若是优级纯，则不需要处理可直接使用。(　　)

答案：错误

正确答案为：氯化钠应 400℃下加热 2 h，除去可能吸附于表面的有机物，冷却后于干净的试剂瓶中保存。

三、选择题

1. 根据《水质　甲醇和丙酮的测定　顶空 / 气相色谱法》（HJ 895—2017）测定水中甲醇和丙酮时，规定使用________检测器。(　　)

A. FPD　　B. FID　　C. ECD　　D. TCD

答案：B

2. 根据《水质　甲醇和丙酮的测定　顶空 / 气相色谱法》（HJ 895—2017）测定水中甲醇和丙酮时，每 20 个样品或每批次应至少测定一个加标样品，加标回收率应控制在________。(　　)

A. 70%～120%　　B. 80%～110%　　C. 80%～120%　　D. 70%～130%

答案：A

参考文献

环境保护部 . 水质　甲醇和丙酮的测定　顶空 / 气相色谱法：HJ 895—2017［S］. 中国环境出版集团，2017.

命题：何书海　张鸣珊
审核：姜晓旭　夏　新

第三十八节　卤代乙酸类化合物

分类号：W13–37

主要内容
《水质　卤代乙酸类化合物的测定　气相色谱法》（HJ 758—2015）

一、填空题

1. 根据《水质　卤代乙酸类化合物的测定　气相色谱法》（HJ 758—2015）测定水中卤代乙酸类化合物时，一般选用________作为替代物，追踪样品分析过程有无异常。

答案：2- 溴丁酸

2. 根据《水质　卤代乙酸类化合物的测定　气相色谱法》（HJ 758—2015）测定水中卤代乙酸类化合物时，样品在酸性（pH＜0.5）条件下用________萃取，萃取液用硫酸酸化的甲醇溶液衍生，使卤代乙酸类化合物形成________，气相色谱分离。

答案：甲基叔丁基醚　　卤代乙酸甲酯

二、判断题

1. 卤代乙酸类化合物的极性比较强，不能直接用气相色谱法分析，必须进行衍生化处理后用电子捕获检测器（ECD）检测。(　　)

答案：正确

2. 根据《水质　卤代乙酸类化合物的测定　气相色谱法》（HJ 758—2015）测定水中卤代乙酸类化合物时，若样品中有干扰物质，先将样品调节 pH＞12，再用正己烷萃取弃去正己烷相，留水相待进一步分析。

答案：正确

3. 根据《水质　卤代乙酸类化合物的测定　气相色谱法》（HJ 758—2015）测定水中卤代乙酸类化合物时，每批样品应至少做一个实验室空白和一个全程序空白，其空白中目标化合物的测定值应低于方法检出限。（　　）

答案：正确

4. 根据《水质　卤代乙酸类化合物的测定　气相色谱法》（HJ 758—2015）测定水中卤代乙酸类化合物时，要求水样中均加入氯化铵溶液，使水样中氯铵含量约为 200 mg/L。（　　）

答案：错误

正确答案为：使水样中氯铵含量约为 100 mg/L。

5. 根据《水质　卤代乙酸类化合物的测定　气相色谱法》（HJ 758—2015）测定水中卤代乙酸类化合物时，样品采集后需 4℃冰箱冷藏避光保存，14 d 内完成萃取，萃取衍生液在 4℃冰箱保存不能超过 7 d。（　　）

答案：正确

6. 根据《水质　卤代乙酸类化合物的测定　气相色谱法》（HJ 758—2015）适用于地表水、地下水、生活污水和工业废水中 9 种卤代乙酸类化合物的测定。（　　）

答案：正确

7. 根据《水质　卤代乙酸类化合物的测定　气相色谱法》（HJ 758—2015）测定水中卤代乙酸类化合物时，试样在衍生过程中应严格控制衍生时间和衍生温度，否则会导致酯化反应不完全，影响测定结果。（　　）

答案：正确

8. 根据《水质　卤代乙酸类化合物的测定　气相色谱法》（HJ 758—2015）测定水中卤代乙酸类化合物时，以 1,2,3- 三氯丙烷作为内标。（　　）

答案：正确

9. 根据《水质　卤代乙酸类化合物的测定　气相色谱法》（HJ 758—2015）测定水中卤代乙酸类化合物时，每批样品至少测定 10% 平行样，数量少于 10 个时，至少测定一个平行样，平行样测定结果的相对偏差应≤20%。（　　）

答案：错误

正确答案为：平行样测定结果的相对偏差应≤30%。

三、选择题

1. 根据《水质　卤代乙酸类化合物的测定　气相色谱法》（HJ 758—2015）测定水中卤代乙酸类化合物时，选用的衍生试剂硫酸－甲醇溶液的配比为________。（　　）

A. 1+9　　B. 3+7　　C. 1+1　　D. 2+3

答案：A

2. 根据《水质　卤代乙酸类化合物的测定　气相色谱法》（HJ 758—2015）测定水中

卤代乙酸类化合物时，每批样品应至少做一个基体加标分析，样品中 9 种卤代乙酸的加标回收率应控制在________。①（　　）

A. 60.0%～120%　　B. 65.0%～130%　　C. 80.0%～120%　　D. 70.0%～130%

答案：D

3. 根据《水质　卤代乙酸类化合物的测定　气相色谱法》（HJ 758—2015）测定水中卤代乙酸类化合物时，要求替代物回收率控制在________。（　　）

A. 60.0%～120%　　B. 65.0%～130%　　C. 80.0%～120%　　D. 70.0%～130%

答案：D

4. 根据《水质　卤代乙酸类化合物的测定　气相色谱法》（HJ 758—2015）测定水中卤代乙酸类化合物时，样品需要在 50℃ ±2℃热水浴中衍生________。（　　）

A. 100 min±10 min　　B. 110 min±10 min

C. 120 min±10 min　　D. 140 min±10 min

答案：C

参考文献

环境保护部. 水质　卤代乙酸类化合物的测定　气相色谱法：HJ 758—2015 [S]. 中国环境出版集团，2015.

命题：何书海　张鸣珊

审核：姜晓旭　夏　新

第十四章　气相色谱－质谱法

第一节　基础知识

分类号：W14-0

一、填空题

1. 质谱仪由________、________、________、________、检测器、计算机控制和数据处理系统组成。

答案：真空系统　进样系统　离子源　质量分析器

2. GC-MS 旋转式机械泵是利用工作室容积周期性增大或减少的原理来抽气的，气体总会从高压端泄漏到低压端，因此常用________、有一定黏度的________来密封，以达到较高的极限真空。

答案：蒸气压低　油

3. GC-MS 化学电离源（Chemical Ionization Source，CI）是首先利用灯丝发出的电子将反应气电离，然后通过样品________和反应气（或反应试剂）________之间的反应使样品分子电离。

答案：分子　离子

4. GC-MS 质量分析器是利用电磁或磁场（包括磁场、磁场与电场组合、高频电场和高频脉冲电场等）的作用，将来自离子源的离子束中不同________的离子按________或________或运动轨道稳定与否等形式分离的装置。

答案：质荷比　空间位置　时间先后

5. 质谱仪灵敏度标志了仪器对样品在量方面的检测能力，它是仪器________、________及检测器效率的综合反应。

答案：电离效率　离子传输效率

6. 质谱法是将样品分子置于高真空中（$<10^{-3}$ Pa）并受到高速电子流或强电场等作用，失去外层电子而生成________，或________生成各种碎片离子，然后在________中得到分离后加以收集和记录，从所得到的质谱图推断出化合物结构的方法。

答案：分子离子　化学键断裂　磁场

二、判断题

1. 质谱仪的 3 个最重要的指标是：质量范围、分辨率和灵敏度。（　　）

答案：正确

2. 质谱仪分辨率是仪器对不同质量离子分离和对相同质量离子聚焦两种能力的综合表

征，是衡量仪器性能的一个极其重要的指标。(　　)

答案：正确

3. 氮气可用作 GC-MS 的载气。(　　)

答案：错误

正确答案为：氮气不可用作 GC-MS 的载气。

4. 有时 GC-MS 可以用甲烷作载气。(　　)

答案：正确

5. GC-MS 选择固定相除了与气相色谱相同的要求之外，要着重考虑高温时固定液的流失问题。(　　)

答案：正确

6. 质谱图相对丰度的含义是把原始谱图的分子离子峰定为基峰，其强度定为 100，其他离子峰的强度与之比较，用相对百分比表示。(　　)

答案：错误

正确答案为：是把原始谱图的最高离子峰定为基峰。

7. 用氧化铝或特制砂纸擦拭离子源表面污垢，然后加入丙酮超声反复清洗，是 GC-MS 中清洁离子源的常用方法。(　　)

答案：正确

8. 在质谱图中，分子离子是最有价值的信息，可以通过分子离子的质荷比加 1 得到该化合物的分子量。(　　)

答案：错误

正确答案为：在质谱图中，可以通过分子离子的质荷比得到该化合物的分子量。

三、选择题

1. 气相色谱 - 质谱联用仪的________对真空要求最高。(　　)

A. 进样口　　B. 离子源　　C. 质量分析器　　D. 检测器

答案：C

2. 气相色谱 - 质谱联用仪的________对载气中氧气的分压要求比较苛刻。(　　)

A. 离子源　　B. 质量分析器　　C. 检测器

答案：A

3. GC-MS 关机前先关闭________。(　　)

A. 载气　　B. 各加热模块　　C. 泵　　D. GC-MS 电源

答案：B

4. GC-MS 对含量较低的目标化合物的测定最好选择________定量方式。(　　)

A. 全扫描　　B. 单离子检测　　C. 多离子检测

答案：B

5. GC-MS 分析中，下列说法错误的是________。(　　)

A. 指纹污染一般表现为一系列相差 14 amu 的质量峰出现（碳氢化合物），随着峰的质量增加，峰的丰度下降

B. 扩散泵油污染表现为 *m/z* 446 有明显的峰，且谱图基线显示过多的本底干扰

C. m/z 为 91、92 的离子交叉污染可能来自清洁溶剂

D. m/z 为 149 的离子交叉污染来自隔垫流失

答案：D

6. EPA 方法中使用气相色谱仪 - 质谱法测定水中 SVOC 时，以________做 GC-MS 系统性能测试。(　　)

A. BFB　　B. PFTBA　　C. DFTPP　　D. 十氟二苯酮

答案：C

四、问答题

1. 气相色谱 - 质谱联机法中，离子源必须满足哪些要求？

答案：(1) 产生的离子流稳定性高，强度能满足测量精度；

(2) 离子束的能量和方向分散小；

(3) 记忆效应小；

(4) 质量歧视效应小，工作压强范围宽；

(5) 样品和离子的利用率高。

2. 简述 GC-MS 空气泄漏征兆及常见来源。

答案：征兆：真空管压力或前级管道压力高于普通值；本底高，空气特征（m/z 为 18、28、32、44）较高；灵敏度低，m/z 502 的相对丰度偏低。

常见来源：GC 进样口；GC- 隔垫；柱接头；破损的毛细管柱；MS-GC-MS 接口处。

3. 简述气相色谱 - 质谱联机法中电子轰击离子源的主要优缺点。

答案：优点是使用广泛，因为文献或计算机内存文件中已积累了大量采用电子电离源的已知化合物质谱数据；稳定、电离效率高；结构简单，操作方便，电流强度可精密控制。

主要缺点是要求被测化合物必须能气化，不能气化或气化时发生分解的化合物不能用，另外当电子能量加大时碎片离子多，质谱图中的分子离子峰会很弱或不出现。

4. 气相色谱 - 质谱联机法对未知样品进行定性分析的依据是什么？

答案：未知样品的色谱峰的保留时间和标准样品的色谱峰的保留时间相同，未知样品的质谱图特征和标准样品的质谱图特征匹配，使用这两个基本方法对未知样品定性。

5. 简述 GC-MS 毛细柱选择的三原则。

答案：(1) 热稳定性好：耐高温、柱流失小、不干扰谱图解析、不掩盖痕量分析（选择的首要条件）；

(2) 惰性高：柱表面活性小、样品不拖尾；

(3) 柱效高。

6. 为什么要求 GC-MS 质量分析器要有较快的扫描速度？

答案：由于气相色谱峰一般很窄，而一个完整的色谱峰通常需要至少 6 个以上的数据点，所以要求质量分析器要有较快的扫描速度，以保证色谱峰的完整性和质谱的真实性。

参考文献

[1] 袁力，张涛，胡冠九，等 . 环境监测操作技术指南［M］. 南京：河海大学出版社，2006.
[2] 汪正范 . 色谱定性与定量［M］. 北京：化学工业出版社，2005.

命题：张景明　米方卓
审核：王玲玲　袁　力　夏　新

第二节　多环芳烃

分类号：W14–1

主要内容
《水和废水监测分析方法》（第四版）（多环芳烃 气相色谱 – 质谱法）

一、判断题

用气相色谱 – 质谱法测定水中多环芳烃时，应先把内标物加入到水样中再进行萃取。（　　）

答案：错误

正确答案为：应在样品预处理浓缩定容后加内标物。

二、选择题

1. 用气相色谱 – 质谱法测定水中多环芳烃时，离子源为________。（　　）

A. EI 源　　B. CI 源　　C. FI 源

答案：A

2. 用气相色谱 – 质谱法测定水中多环芳烃时，萘的定量离子质量数为________。（　　）

A. 127　　B. 128　　C. 129

答案：B

3. 用气相色谱 – 质谱法测定水中多环芳烃时，定量离子质量数为 252 的化合物为________。（　　）

A. 蒽　　B. 芘　　C. 苯并 [*a*] 芘　　D. 二苯并 [*a*,*h*] 蒽

答案：C

三、问答题

简述气相色谱 – 质谱法测定水中多环芳烃的方法原理。

答案：多环芳烃易溶于环己烷、二氯甲烷、正己烷等有机溶剂，方法采用二氯甲烷萃取水样中的多环芳烃，经硅胶或弗罗里硅土小柱净化后，样品浓缩液进行 GC–MS 的选择离子法检测。

参考文献

国家环境保护总局《水和废水监测分析方法》编委会 . 水和废水监测分析方法 .4 版［M］. 北京：中国环境科学出版社，2002.

命题：张景明　米方卓
审核：袁　力　王玲玲

第三节　挥发性有机物

分类号：W14-2

主要内容
①《水质　挥发性有机物的测定　吹扫捕集 / 气相色谱 - 质谱法》（HJ 639—2012）
②《水质　挥发性有机物的测定　顶空 / 气相色谱 - 质谱法》（HJ 810—2016）

一、填空题

1. 根据《水质　挥发性有机物的测定　吹扫捕集 / 气相色谱 - 质谱法》（HJ 639—2012）测定水中挥发性有机物的方法原理：样品中的挥发性有机物经高纯氦气（或氮气）吹扫后吸附于捕集管中，将捕集管________并以高纯氦气________，被热脱附出来的组分经气相色谱分离后，用质谱仪进行检测。①

答案：加热　　反吹

2. 根据《水质　挥发性有机物的测定　吹扫捕集 / 气相色谱 - 质谱法》（HJ 639—2012）测定水中挥发性有机物时，将________ml 浓度为 25 μg/ml 的氟代苯及 4- 溴氟苯加入到 5 ml 纯水中，得到氟代苯及 4- 溴氟苯的浓度为 50 mg/L。①

答案：10

3. 根据《水质　挥发性有机物的测定　顶空 / 气相色谱 - 质谱法》（HJ 810—2016）测定水中挥发性有机物，样品分析时顶空样品瓶加热温度为________℃，加热平衡时间________min。②

答案：65　　40

4. 根据《水质　挥发性有机物的测定　吹扫捕集 / 气相色谱 - 质谱法》（HJ 639—2012）测定水中挥发性有机物时，吹扫捕集装置应能直接连接到色谱部分，并能自动启动色谱，应带有________的吹扫管。捕集管应使用________、________、________混合吸附剂或其他等效吸附剂，且必须满足相关的质量控制要求。①

答案：5 ml　　1/3 Tenax　　1/3 硅胶　　1/3 活性炭

5. 根据《水质　挥发性有机物的测定　顶空 / 气相色谱 - 质谱法》（HJ 810—2016）测定水中挥发性有机物，若水样中含有余氯，采样前，应向 40 ml 棕色采样瓶中加入________。②

答案：抗坏血酸

二、判断题

1. 根据《水质 挥发性有机物的测定 吹扫捕集/气相色谱-质谱法》(HJ 639—2012)和《水质 挥发性有机物的测定 顶空/气相色谱-质谱法》(HJ 810—2016)测定水中挥发性有机物，对于每一个目标化合物，应使用标准溶液或通过校准曲线经过多次进样建立保留时间窗口，保留时间窗口为 ±5 倍的保留时间标准偏差，样品中目标化合物的保留时间应在保留时间的窗口内。( ) ①②

答案：错误

正确答案为：保留时间窗口为 ±3 倍。

2. 根据《水质 挥发性有机物的测定 吹扫捕集/气相色谱-质谱法》(HJ 639—2012)测定水中挥发性有机物，所有样品和空白中都需加入替代物，按与样品相同的步骤分析，每种替代物的回收率应为 70%～130%。( ) ①

答案：正确

3. 根据《水质 挥发性有机物的测定 吹扫捕集/气相色谱-质谱法》(HJ 639—2012)测定水中挥发性有机物，每批样品应进行一次试剂空白和试剂空白加标分析，样品数量多于 20 个时，每 20 个样品应分析一个试剂空白。空白加标回收率应为 80%～120%。( ) ①

答案：正确

4. 根据《水质 挥发性有机物的测定 吹扫捕集/气相色谱-质谱法》(HJ 639—2012)测定水中挥发性有机物，每批样品应进行一次平行样分析和基体加标分析，平行样分析时目标化合物的相对偏差应小于 20%，基体加标回收率应为 60%～130%。( )①

答案：错误

正确答案为：平行样分析时目标化合物的相对偏差应小于 30%。

5. 根据《水质 挥发性有机物的测定 顶空/气相色谱-质谱法》(HJ 810—2016)测定水中挥发性有机物时，顶空瓶在使用前，须依次用洗涤剂、自来水、实验用水清洗干净，并置于马弗炉内 150℃烘 30 min，冷却后待用。( ) ②

答案：错误

正确答案为：顶空瓶在使用前，须依次用洗涤剂、自来水、实验用水清洗干净，并置于马弗炉内 300℃烘 30 min，冷却后待用。

6. 根据《水质 挥发性有机物的测定 吹扫捕集/气相色谱-质谱法》(HJ 639—2012)和《水质 挥发性有机物的测定 顶空/气相色谱-质谱法》(HJ 810—2016)测定水中挥发性有机物，采集样品时，应使水样在样品瓶中溢流而不留空间，取样时应尽量避免或减少样品在空气中暴露。( ) ①②

答案：正确

7. 根据《水质 挥发性有机物的测定 吹扫捕集/气相色谱-质谱法》(HJ 639—2012)测定水中挥发性有机物，采样时，水样呈中性时向每个样品瓶中加入 0.5 ml 盐酸溶液，拧紧瓶盖；水样呈碱性时应加入适量盐酸溶液使样品 pH≤2。采集完水样后，应在样品瓶上立即贴上标签。( ) ①

答案：正确

8. 根据《水质　挥发性有机物的测定　顶空 / 气相色谱－质谱法》（HJ 810—2016）测定水中挥发性有机物时，若水样加入盐酸溶液后有气泡产生，需重新采样，重新采集的样品不加盐酸溶液保存，样品标签上须注明未酸化，于 12 h 内完成分析测定。（　　）②

答案：错误

正确答案为：于 24 h 内完成分析测定。

9. 根据《水质　挥发性有机物的测定　顶空 / 气相色谱－质谱法》（HJ 810—2016）测定水中挥发性有机物时，顶空瓶密封垫一般为一次性使用，拆封后的瓶垫应密闭保存于洁净且无挥发性有机物的区域。（　　）②

答案：正确

三、选择题

1. 根据《水质　挥发性有机物的测定　吹扫捕集 / 气相色谱－质谱法》（HJ 639—2012）测定水中挥发性有机物时，吹扫捕集装置可能会带来污染的来源主要有________和捕集管路中的杂质。因此，吹扫装置在每次开机后和关机前应进行烘烤，确保系统无污染。（　　）①

A. 吹脱气　　B. 进样口　　C. 色谱柱　　D. 离子源

答案：A

2. 根据《水质　挥发性有机物的测定　吹扫捕集 / 气相色谱－质谱法》（HJ 639—2012）和《水质　挥发性有机物的测定　顶空 / 气相色谱－质谱法》（HJ 810—2016），测定水中挥发性有机物时，采用________溶液做 GC-MS 性能测试。（　　）①②

A. BNB　　B. 氟代苯　　C. 4- 溴氟苯　　D. DFTPP

答案：C

3. 根据《水质　挥发性有机物的测定　吹扫捕集 / 气相色谱－质谱法》（HJ 639—2012）和《水质　挥发性有机物的测定　顶空 / 气相色谱－质谱法》（HJ 810—2016）测定水中挥发性有机物时，样品在 pH＜2、4℃时的保存期限为________。（　　）①②

A. 5 d　　B. 1 周　　C. 14 d　　D. 1 个月

答案：C

4. 根据《水质　挥发性有机物的测定　吹扫捕集 / 气相色谱－质谱法》（HJ 639—2012）和《水质　挥发性有机物的测定　顶空 / 气相色谱－质谱法》（HJ 810—2016）测定水中挥发性有机物，内标法初始校准时要求各目标化合物的相对响应因子的 RSD 应小于等于________%，或者校准曲线相关系数大于等于 0.99，否则应查找原因或重新建立校准曲线。（　　）①②

A. 10　　B. 15　　C. 20　　D. 25

答案：C

5. 根据《水质　挥发性有机物的测定　顶空 / 气相色谱－质谱法》（HJ 810—2016）测定水中挥发性有机物时，顶空瓶应预先加入 4 g 氯化钠。氯化钠在使用前，应在马弗炉中________℃灼烧 4 h，置于干燥器中冷却至室温，转移至磨口玻璃瓶中保存。

（　　）②

A. 300　　B. 400　　C. 500　　D. 550

答案：B

四、问答题

根据《水质　挥发性有机物的测定　吹扫捕集/气相色谱-质谱法》（HJ 639—2012）和《水质　挥发性有机物的测定　顶空/气相色谱-质谱法》（HJ 810—2016）测定挥发性有机物时，实验用水可使用二次蒸馏水或纯水设备制备的水，请简述实验用水的检验合格标准是什么？①②

答案：确认在目标化合物的保留时间区间内没有干扰色谱峰出现或其中的目标化合物浓度低于方法检出限。

参考文献

[1] 环境保护部.水质　挥发性有机物的测定　吹扫捕集/气相色谱-质谱法：HJ 639—2012［S］.中国环境出版社，2012.

[2] 环境保护部.水质　挥发性有机物的测定　顶空/气相色谱-质谱法：HJ 810—2016［S］.中国环境出版集团，2016.

[3] 中华人民共和国卫生部，中国国家标准化管理委员会.生活饮用水标准检验方法　有机物指标：GB/T 5750.8—2006［S］.北京：中国标准出版社，2006.

命题：杨璟爱　吴宇峰　乔支卫　马　芳

审核：赵志强　姜晓旭　吴志强　冯　丹　王玲玲

第四节　半挥发性有机物

分类号：W14-3

主要内容
①《水和废水监测分析方法》（第四版）（半挥发性有机物　气相色谱-质谱法）
②《生活饮用水标准检验方法　有机物指标》（GB/T 5750.8—2006）（半挥发性有机物　附录B　固相萃取/气相色谱-质谱法）

一、填空题

1. 根据《水和废水监测分析方法》（第四版）中液液萃取 GC-MS 法测定水中半挥发性有机物时，需要分别在碱性和酸性条件下萃取，酸性条件是指将水相 pH 调至小于________，碱性条件是指将水相 pH 调至大于________。①

答案：2　　11

2. 根据《水和废水监测分析方法》（第四版）中液液萃取 GC-MS 法测定水中半挥发性有机物时，样品必须在 4℃冷藏并在________d 之内完成萃取，萃取液在 -10℃以下避光保存________d 内完成分析。①

答案：7　　40

3. 根据《生活饮用水标准检验方法　有机物指标》（GB/T 5750.8—2006）（半挥发性有机物　附录B　固相萃取/气相色谱－质谱法）测定水中半挥发性有机物时，最常用的固相萃取柱为________。②

答案：C_{18}小柱

4. 根据《水和废水监测分析方法》（第四版）中液液萃取GC-MS法和《生活饮用水标准检验方法　有机物指标》（GB/T 5750.8—2006）（半挥发性有机物　附录B　固相萃取/气相色谱－质谱法）测定水中半挥发性有机物时，最常用的色谱柱为________或同等石英毛细管色谱柱。①②

答案：DB-5MS

5. 根据《水和废水监测分析方法》（第四版）中液液萃取GC-MS法和《生活饮用水标准检验方法　有机物指标》（GB/T 5750.8—2006）（半挥发性有机物　附录B　固相萃取/气相色谱－质谱法）测定水中半挥发性有机物时，每批样品需同步分析一个________空白。①②

答案：全程序

6. 根据《水和废水监测分析方法》（第四版）中液液萃取GC-MS法测定水中半挥发性有机物时，萃取过程常常出现乳化现象，常用的破乳方法有________和________。①

答案：玻璃棉过滤　　冷冻法

二、判断题

1. 根据《水和废水监测分析方法》（第四版）中液液萃取GC-MS法测定水中半挥发性有机物时，萃取液脱水使用的无水硫酸钠若是优级纯，则不需处理可直接使用。（　　）①

答案：错误

正确答案为：无水硫酸钠应在400℃下加热6 h，除去吸附的有机物。

2. 根据《水和废水监测分析方法》（第四版）中液液萃取GC-MS法和《生活饮用水标准检验方法　有机物指标》（GB/T 5750.8—2006）（半挥发性有机物　附录B　固相萃取/气相色谱－质谱法）测定水中半挥发性有机物时，定量方法为内标法，标准曲线至少为五点校正。（　　）①②

答案：正确

3. 根据《生活饮用水标准检验方法　有机物指标》（GB/T 5750.8—2006）（半挥发性有机物　附录B　固相萃取/气相色谱－质谱法）测定水中半挥发性有机物时，固相萃取洗脱液是二氯甲烷和丙酮。（　　）②

答案：错误

正确答案为：方法中给定的洗脱液是二氯甲烷和乙酸乙酯。

4. 测定水中半挥发性有机物方法时，《生活饮用水标准检验方法　有机物指标》（GB/T 5750.8—2006）（半挥发性有机物　附录B　固相萃取/气相色谱－质谱法）和《水和废水监测分析方法》（第四版）中液液萃取GC-MS法选用的定量内标和回收率标记物一致。（　　）②

答案：错误

正确答案为。生活饮用水标准检验方法　有机物指标》（GB/T 5750.8—2006）（半挥发性有机物　附录 B　固相萃取 / 气相色谱 - 质谱法）给出的内标是二氢苊 -d10、菲 -d10 和䓛 -d10，标记物也有 3 种；《水和废水监测分析方法》（第四版）中液液萃取是根据化合物的酸碱性给出了酸碱性半挥发性有机同位素作内标和回收率指示物。

三、选择题

1. 根据《水和废水监测分析方法》（第四版）中液液萃取 GC-MS 法和《生活饮用水标准检验方法　有机物指标》（GB/T 5750.8—2006）（半挥发性有机物　附录 B　固相萃取 / 气相色谱 - 质谱法）测定水中半挥发性有机物时，采用________溶液做 GC-MS 性能试验。（　　）①②

A. BNB　　B. 氟代苯　　C. 4- 溴氟苯　　D. DFTPP

答案：D

2. 根据《生活饮用水标准检验方法　有机物指标》（GB/T 5750.8—2006）（半挥发性有机物　附录 B　固相萃取 / 气相色谱 - 质谱法）测定水中半挥发性有机物时，目标物不包括________。（　　）②

A. 乙拌膦　　B. 多氯联苯　　C. 拿草特　　D. 萘

答案：D

3. 根据《生活饮用水标准检验方法　有机物指标》（GB/T 5750.8—2006）（半挥发性有机物　附录 B　固相萃取 / 气相色谱 - 质谱法）测定水中半挥发性有机物时，质谱扫描范围是________amu。（　　）②

A. 30～450　　B. 30～500　　C. 45～600　　D. 45～450

答案：D

4. 根据《生活饮用水标准检验方法　有机物指标》（GB/T 5750.8—2006）（半挥发性有机物　附录 B　固相萃取 / 气相色谱 - 质谱法）测定水中半挥发性有机物时，由固相萃取管带来的最常见的污染物是________。（　　）②

A. 油脂　　B. 烃类

C. 邻苯二甲酸酯类　　D. 氯苯类

答案：C

参考文献

[1] 国家环境保护总局《水和废水监测分析方法》编委会 . 水和废水监测分析方法：第 4 版［M］. 北京：中国环境科学出版社，2002.

[2] 中华人民共和国卫生部，中国国家标准化管理委员会 . 生活饮用水标准检验方法　有机物指标：GB/T 5750.8—2006［S］. 北京：中国标准出版社，2006.

命题：张景明　米方卓

审核：王玲玲　袁　力

第五节 有机氯农药和氯苯类化合物

分类号：W14-4

主要内容
《水质 有机氯农药和氯苯类化合物的测定 气相色谱-质谱法》（HJ 699—2014）

一、填空题

1. 根据《水质 有机氯农药和氯苯类化合物的测定 气相色谱-质谱法》（HJ 699—2014）进行测定时，对于成分比较复杂的生活污水和工业废水，如果萃取过程中乳化现象严重，宜采用机械手段完成两相分离，包括________、________、________等方法破乳，也可采用________的方法破乳。

答案：搅动 离心 用玻璃棉过滤 冷冻

2. 根据《水质 有机氯农药和氯苯类化合物的测定 气相色谱-质谱法》（HJ 699—2014）进行测定时，样品分析前以及每运行 12 h，应对气相色谱-质谱系统进行检查，分别注入 1.0 ml p,p'-DDT（1.0 mg/L）和 1.0 ml 异狄氏剂（1.0 mg/L），测定其降解率，如果滴滴涕的降解率大于等于________%，或异狄氏剂的降解率大于等于________%，或总降解率大于等于________%，则应对进样口和色谱柱进行维护，系统检查合格后方可进行测定。

答案：20 20 30

二、判断题

1. 根据《水质 有机氯农药和氯苯类化合物的测定 气相色谱-质谱法》（HJ 699—2014）进行测定时，使用的氯化钠和无水硫酸钠应于 350℃下灼烧 4 h，冷却后装入磨口玻璃瓶中，置于干燥器中保存。（ ）

答案：错误

正确答案为：应于 400℃下灼烧 4 h。

2. 根据《水质 有机氯农药和氯苯类化合物的测定 气相色谱-质谱法》（HJ 699—2014）进行测定时，应用具有玻璃塞的棕色磨口瓶或具有聚四氟乙烯衬垫的棕色螺口玻璃瓶采集样品。（ ）

答案：正确

3. 根据《水质 有机氯农药和氯苯类化合物的测定 气相色谱-质谱法》（HJ 699—2014）测定有机氯农药时，样品采集后立即用盐酸溶液调节 pH<2，4℃下保存，7 d 内完成萃取，14 d 内完成分析。（ ）

答案：错误

正确答案为：40 d 内完成分析。

4. 根据《水质 有机氯农药和氯苯类化合物的测定 气相色谱-质谱法》（HJ 699—2014）进行测定时，每批样品应至少测定 10% 的平行双样，样品数量少于 10 个时，应至少测定一个平行双样。当测定结果为 10 倍检出限以内（包括 10 倍检出限），平行双样测定结果的相对偏差应≤50%；当测定结果大于 10 倍检出限，平行双样测定结果的相对偏差应≤0%。(　　)

答案：正确

三、选择题

根据《水质　有机氯农药和氯苯类化合物的测定　气相色谱－质谱法》（HJ 699—2014）进行测定时，采用________溶液对 GC-MS 整个系统进行性能测试。(　　)

A. BNB　　B. 氟代苯　　C. 4- 溴氟苯　　D. DFTPP

答案：D

参考文献

环境保护部 . 水质　有机氯农药和氯苯类化合物的测定　气相色谱－质谱法：HJ 699—2014［S］. 中国环境出版社，2014.

命题：乔支卫　周笑白

审核：吴志强　彭刚华

第六节　酚类化合物

分类号：W14-5

主要内容
《水质　酚类化合物的测定　气相色谱－质谱法》（HJ 744—2015）

一、填空题

1. 根据《水质　酚类化合物的测定　气相色谱－质谱法》（HJ 744—2015）测定水中酚类化合物时，可以用________或________法提取水样中的酚类化合物。

答案：液液萃取　　固相萃取

2. 根据《水质　酚类化合物的测定　气相色谱－质谱法》（HJ 744—2015）测定水中酚类化合物时，需对提取后的样品进行衍生化，衍生化试剂为________。

答案：五氟苄基溴

3. 根据《水质　酚类化合物的测定　气相色谱－质谱法》（HJ 744—2015）测定水中酚类化合物时，当取样体积为 250 ml、采用选择离子扫描模式时，14 种酚类化合物的方法检出限为________～________μg/L。

答案：0.1　　0.2

二、判断题

1. 根据《水质　酚类化合物的测定　气相色谱－质谱法》（HJ 744—2015）测定水中酚类化合物，采集测定酚类化合物的水样时，不能用水样预洗采样瓶。样品采集

后，用硫酸溶液，将水样调节至 pH≤2。(　　)

答案：正确

2. 根据《水质　酚类化合物的测定　气相色谱－质谱法》(HJ 744—2015) 测定水中酚类化合物时，对于地表水、地下水等清洁水样可不净化直接萃取分析，基体较复杂的水样应采用酸性水溶液反萃取法净化。(　　)

答案：错误

正确答案为：对于地表水、地下水等清洁水样可不净化直接萃取分析，基体较复杂的水样应采用碱性水溶液反萃取法净化。

3. 根据《水质　酚类化合物的测定　气相色谱－质谱法》(HJ 744—2015) 测定水中酚类化合物时，含高浓度酚类化合物的水样，可稀释后分析或适当减小水样取样体积分析。(　　)

答案：正确

4. 根据《水质　酚类化合物的测定　气相色谱－质谱法》(HJ 744—2015) 测定水中酚类化合物，萃取时调高水样 pH 可以提高样品中酚类化合物的回收率。(　　)

答案：错误

正确答案为：酸化水样可以提高样品中酚类化合物的回收率。

5.《水质　酚类化合物的测定　气相色谱－质谱法》(HJ 744—2015) 中 14 种酚类化合物包含了 3 种不同取代基的酚类化合物即氯酚类、硝基酚类和甲基酚类。(　　)

答案：正确

6. 根据《水质　酚类化合物的测定　气相色谱－质谱法》(HJ 744—2015) 测定水中酚类化合物，衍生化时，用氯化钾作缚酸剂。(　　)

答案：错误

正确答案为：用碳酸钾作缚酸剂。

7. 根据《水质　酚类化合物的测定　气相色谱－质谱法》(HJ 744—2015) 测定水中酚类化合物时，选用 2,5- 二溴甲苯作为内标物对酚类化合物进行定量。(　　)

答案：错误

正确答案：选用 2,5- 二溴甲苯作为沸点较低的酚类化合物的内标，选用 2,2,’5,5’－四溴联苯作为沸点较高的酚类化合物的内标。

8. 根据《水质　酚类化合物的测定　气相色谱－质谱法》(HJ 744—2015) 测定水中酚类化合物，对水样进行固相萃取时，可以选择聚苯乙烯－二乙烯基苯－乙烯基吡咯烷酮材质的固相萃取柱。(　　)

答案：正确

9. 二氯酚和五氯酚是重要的化工原料，其中五氯酚已被美国 EPA 列为内分泌干扰物质；2,4- 二氯酚已被世界野生动物基金会列为内分泌干扰物质。(　　)

答案：正确

10. 根据《水质　酚类化合物的测定　气相色谱－质谱法》(HJ 744—2015) 绘制酚类化合物的标准曲线时，需要先对不同浓度的标准溶液进行衍生化，再进行测定。(　　)

答案：正确

三、选择题

1. 根据《水质 酚类化合物的测定 气相色谱－质谱法》（HJ 744—2015）测定水中酚类化合物时，对酚类化合物衍生化用到的溶剂是________。（ ）

A. 水 B. 丙酮 C. 正己烷 D. 甲苯

答案：B

2. 根据《水质 酚类化合物的测定 气相色谱－质谱法》（HJ 744—2015）测定水中酚类化合物时，每 20 个样品或每批次（少于 20 个样品 / 批）应分析一个样品加标。加标回收率应在________。（ ）

A. 50%～150% B. 60%～130% C. 70%～130% D. 70%～120%

答案：B

3. 根据《水质 酚类化合物的测定 气相色谱－质谱法》（HJ 744—2015）测定水中酚类化合物时，样品中目标化合物的辅助定性离子和目标离子峰面积比与标准样品中二者的比的相对偏差应在________% 以内。（ ）

A. 15 B. 20 C. 30 D. 35

答案：C

四、问答题

1. 简述根据《水质 酚类化合物的测定 气相色谱－质谱法》（HJ 744—2015）测定水中酚类化合物时，对目标化合物进行衍生化的原因及优点。

答案：氯代酚等化合物的分子结构中含有羟基，极性较大，如不经过衍生化，很容易出现拖尾峰，并且峰形很宽，影响检测重复性和灵敏度；通过五氟苄基溴衍生化，可得到尖锐的色谱峰、好的重现性并提高检测灵敏度。

2. 简述根据《水质 酚类化合物的测定 气相色谱－质谱法》（HJ 744—2015）测定水中酚类化合物时，对基体复杂的样品进行反萃取净化的原理。

答案：酚类化合物在强碱性水溶液中以酚钠盐的形式存在，酚钠盐在水中溶解度远大于在弱极性有机溶剂的溶解度，利用溶解度的差异，使用弱极性有机溶剂（二氯甲烷：正己烷 =2：1）将其他干扰有机物萃取去除。

参考文献

环境保护部 . 水质 酚类化合物的测定 气相色谱－质谱法：HJ 744—2015［S］. 中国环境出版集团，2015.

命题：刘殿甲 吴宇峰

审核：王效国 姜晓旭

第七节　邻苯二甲酸酯

分类号：W14-6

主要内容
《水和废水监测分析方法》（第四版）（邻苯二甲酸酯　毛细柱气相色谱－质谱法）

一、填空题

用GC-MS法测定邻苯二甲酸酯类时，水样必须使用________容器采集和保存，为防止容器瓶口沾污，最好使用________保护，如采用螺旋盖玻璃瓶，则需用________将聚四氟乙烯垫与水样隔开。

答案：玻璃　　锡纸　　锡纸

二、判断题

1. 酞酸酯类化合物毒性随着分子中醇基碳原子数的增加而增强。（　　）

答案：错误

正确答案为：酞酸酯类化合物毒性随着分子中醇基碳原子数的增加而减弱。

2. 实验室内的所有玻璃器皿、有机溶剂、注射器都有被邻苯二甲酸酯类污染的可能。（　　）

答案：正确

三、选择题

1. 下列邻苯二甲酸酯类中列入我国水环境优先污染物黑名单的有________。（　　）

A. 邻苯二甲酸二甲酯　　B. 邻苯二甲酸二正丁酯

C. 邻苯二甲酸二正辛酯　　D. 以上全部

答案：D

2. 用GC-MS法测定水中邻苯二甲酸酯类时，实验室用水应使用________。（　　）

A. 蒸馏水　　B. 去离子水　　C. 以上两者都可以

答案：A

参考文献

国家环境保护总局《水和废水监测分析方法》编委会.水和废水监测分析方法.4版［M］.北京：中国环境科学出版社，2002.

命题：张景明　米方卓

审核：袁　力　王玲玲

第八节 多氯联苯

分类号：W14-7

主要内容
《水质 多氯联苯的测定 气相色谱－质谱法》（HJ 715—2014）

一、判断题

1. 多氯联苯属于世界银行规定的“需要进行评价的有害物质”名单中的有毒物质，也是重要的内分泌干扰物。(　　)

答案：正确

2.《水质 多氯联苯的测定 气相色谱－质谱法》（HJ 715—2014）适用于地表水、地下水、生活污水、工业污水和海水中多氯联苯的测定。(　　)

答案：错误

正确答案为：不适用海水中多氯联苯的测定。

3. 根据《水质 多氯联苯的测定 气相色谱－质谱法》（HJ 715—2014）测定水中多氯联苯时，如果水体洁净可以不进行硫酸净化。(　　)

答案：错误

正确答案为：不论水体的清洁程度如何，都必须进行硫酸净化。

4. 根据《水质 多氯联苯的测定 气相色谱－质谱法》（HJ 715—2014）测定水中多氯联苯时，采用选择离子扫描的定量离子有 252、256、264、292、300、326、334、360、365 和 394。(　　)

答案：错误

正确答案为：定量离子为 256、264、292、300、326、334、360、365 和 394，没有 252。

5. 根据《水质 多氯联苯的测定 气相色谱－质谱法》（HJ 715—2014）可以分析三氯联苯至八氯联苯共计 18 种多氯联苯化合物。(　　)

答案：错误

正确答案为：可以分析三氯联苯至七氯联苯共计 18 种多氯联苯化合物。

6. 工业用多氯联苯的商品名称日本称为 Kane chlor（KC），美国称为 Aroclor（AR），德意志联邦共和国称为 Clophen，法国称为 Phenochlor，苏联称为 Sovols 等。各种产品又按所含氯原子数分别加以标号如中国习惯称为三氯联苯的产品，日本标为 KC-300，美国标为 AR-1242。(　　)

答案：正确

二、选择题

1. 根据《水质 多氯联苯的测定 气相色谱－质谱法》（HJ 715—2014）测定水中多氯联苯时，________属于单一化合物。(　　)

A. PCBs　　B. Arochlor 1260　　C. 二氯联苯　　D. 2- 氯联苯

答案：D

2. 根据《水质　多氯联苯的测定　气相色谱－质谱法》（HJ 715—2014）测定水中多氯联苯时，________为二噁英类多氯联苯。（　　）

A. PCB-77　　B. PCB-101　　C. PCB-138　　D. PCB-153

答案：A

3. 根据《水质　多氯联苯的测定　气相色谱－质谱法》（HJ 715—2014）可以测定水中________种多氯联苯单体。（　　）

A. 18　　B. 19　　C. 7　　D. 12

答案：A

4. 根据《水质　多氯联苯的测定　气相色谱－质谱法》（HJ 715—2014）测定水中多氯联苯时，采用弗罗里硅土层析柱净化，其弗罗里硅土活化条件为 130℃加热________h。（　　）

A. 12　　B. 16　　C. 24　　D. 48

答案：C

5.《水质　多氯联苯的测定　气相色谱－质谱法》（HJ 715—2014）的两种前处理方法分别是________和液液萃取法。（　　）

A. 固相微萃取法　　B. 固相萃取法　　C. 超声萃取法

答案：B

6. 根据《水质　多氯联苯的测定　气相色谱－质谱法》（HJ 715—2014）测定水中多氯联苯时，校准曲线至少需 5 个浓度系列，目标化合物相对响应因子的 RSD 应小于等于________%，或者校准曲线的相关系数大于等于 0.990，否则应查找原因或重新建立校准曲线。（　　）

A. 15　　B. 20　　C. 25　　D. 30

答案：B

7. 根据《水质　多氯联苯的测定　气相色谱－质谱法》（HJ 715—2014）测定水中多氯联苯时，采用选择离子扫描方式定量，其中四氯联苯的定量离子为________。（　　）

A. 256　　B. 264　　C. 292　　D. 300

答案：C

参考文献

环境保护部 . 水质　多氯联苯的测定　气相色谱－质谱法：HJ 715—2014［S］. 中国环境出版社，2014.

命题：谭　丽　王伟华　夏　新

审核：张万峰　王玲玲　冯　丹

第九节 苯系物

分类号：W14-8

主要内容 《生活饮用水标准检验方法 有机物指标》（GB/T 5750.8—2006）（苯系物 附录 A 吹脱捕集/气相色谱-质谱法）

一、填空题

1. 根据《生活饮用水标准检验方法 有机物指标》（GB/T 5750.8—2006）（苯系物 附录 A 吹脱捕集/气相色谱-质谱法）测定水中苯系物时，对于含有余氯的样品和现场空白，在样品瓶中先加入________，待测样品瓶中冲水样溢流后，每 20 ml 样品中加入 1 滴浓度为________的盐酸，调节样品 pH<2，密封样品瓶时，垫片的聚四氟乙烯面朝下。

答案：抗坏血酸　4 mol/L

2. 采集水中含有苯系物的样品时，每批样品要带一个现场空白，即在实验室中用________充满样品瓶，封好后与空的样品瓶一同运至________。

答案：纯水　采样点

3. 根据《生活饮用水标准检验方法 有机物指标》（GB/T 5750.8—2006）（苯系物 附录 A 吹脱捕集/气相色谱-质谱法）进行测定水中苯系物，样品应在________℃下冷藏，在采样后________d 内完成测定。

答案：4　14

4. 根据《生活饮用水标准检验方法 有机物指标》（GB/T 5750.8—2006）（苯系物 附录 A 吹脱捕集/气相色谱-质谱法），吹脱捕集系统主要包括________、________和________3 种装置。

答案：吹脱装置　捕集管　脱附装置

二、判断题

1. 根据《生活饮用水标准检验方法 有机物指标》（GB/T 5750.8—2006）（苯系物 附录 A 吹脱捕集/气相色谱-质谱法），吹脱捕集装置可以使用一般材质的塑料管和密封圈，吹脱装置中的流量计不应含橡胶元件。（ ）

答案：错误

正确答案为：吹脱捕集装置不可使用非聚四氟乙烯的塑料管和密封圈。

2. 根据《生活饮用水标准检验方法 有机物指标》（GB/T 5750.8—2006）（苯系物 附录 A 吹脱捕集/气相色谱-质谱法）测定水中苯系物时，每天应在分析样品前分析纯水空白，以检查系统中是否有污染，以便从样品检测结果中扣除空白值。（ ）

答案：错误

正确答案为：不可从样品检测结果中扣除空白值。

3. 根据《生活饮用水标准检验方法　有机物指标》（GB/T 5750.8—2006）（苯系物　附录A　吹脱捕集 / 气相色谱 - 质谱法）测定水中苯系物时，内标物及标记物的定量离子的峰面积在一段时间内保持相对稳定，内标物的漂移不得大于 50%，实验室加标样品的峰面积也应相对稳定。(　　)

答案：正确

正确答案为：应在 150℃下加热。

4. 根据《生活饮用水标准检验方法　有机物指标》（GB/T 5750.8—2006）（苯系物　附录A　吹脱捕集 / 气相色谱 - 质谱法）进行吹脱捕集进样分析时，捕集管在首次使用时要用氮气等惰性气体在 180℃下反吹 12 h，然后运行一个纯水空白，观察是否有杂质流出。(　　)

答案：正确

三、选择题

1. 根据《生活饮用水标准检验方法　有机物指标》（GB/T 5750.8—2006）（苯系物　附录A　吹脱捕集 / 气相色谱 - 质谱法）测定水中苯系物时，影响吹脱捕集效率的因素有________。(　　)
   A. 蒸气压、温度、溶解度、吹脱类型
   B. 蒸气压、样品、溶解度、吹脱类型、吹脱体积
   C. 蒸气压、温度、样品、溶解度、吹脱类型
   D. 温度、溶解度、吹脱类型、样品

答案：C

2. 根据《生活饮用水标准检验方法　有机物指标》（GB/T 5750.8—2006）（苯系物　附录A　吹脱捕集 / 气相色谱 - 质谱法）测定水中苯系物时，吹脱捕集装置中捕集管的填料应包含________。(　　)
   A. 全部硅胶　　B. 全部 Tenax
   C. 全部椰壳炭　　D. 1/3 Tenax+1/3 硅胶 +1/3 椰壳炭

答案：D

3. 根据《生活饮用水标准检验方法　有机物指标》（GB/T 5750.8—2006）（苯系物　附录A　吹脱捕集 / 气相色谱 - 质谱法）测定水中苯系物时，捕集管中硅胶的作用是________。(　　)
   A. 吸附目标物　　B. 除去水分子　　C. 吸附二氧化碳　　D. 稳定气流

答案：B

四、问答题

简述《生活饮用水标准检验方法　有机物指标》（GB/T 5750.8—2006）（苯系物　附录A　吹脱捕集 / 气相色谱 - 质谱法）中吹脱捕集装置使用多层捕集阱的作用。

答案：（1）吸附目标化合物；

（2）允许 O_2、CO_2 和 H_2O 通过；

（3）加热后能快速解吸附；

（4）性能稳定，无挥发物逸出；

（5）无催化效应。

参考文献

[1] 国家环境保护总局《水和废水监测分析方法》编委会 . 水和废水监测分析方法 .4 版［M］. 北京：中国环境科学出版社，2002.

[2] 中华人民共和国卫生部，中国国家标准化管理委员会 . 生活饮用水标准检验方法　有机物指标：GB/T 5750.8—2006［S］. 北京：中国标准出版社，2006.

命题：乔支卫　夏　新

审核：彭刚华　冯　丹

第十节　硝基苯类化合物

分类号：W14-9

主要内容
《水质　硝基苯类化合物的测定　气相色谱－质谱法》（HJ 716—2014）

一、判断题

1.《水质　硝基苯类化合物的测定　气相色谱－质谱法》（HJ 716—2014）中萃取水中硝基苯类化合物所使用的萃取溶剂为正己烷。（　　）

答案：错误

正确答案为：萃取水中硝基苯类化合物所使用的萃取溶剂为二氯甲烷。

2.《水质　硝基苯类化合物的测定　气相色谱－质谱法》（HJ 716—2014）中固相萃取法萃取水中硝基苯类化合物选择的填料类型为 C_{18} 或等效类型或组合型填料。（　　）

答案：正确

3.《水质　硝基苯类化合物的测定　气相色谱－质谱法》（HJ 716—2014）中规定，弗罗里硅土柱可以用于硝基苯类化合物的净化柱。（　　）

答案：正确

4.《水质　硝基苯类化合物的测定　气相色谱－质谱法》（HJ 716—2014）中规定，采集水样时应先用水样预洗采样瓶。（　　）

答案：错误

正确答案为：采集水样时不要用水样预洗采样瓶。

5. 根据《水质　硝基苯类化合物的测定　气相色谱－质谱法》（HJ 716—2014）测定硝基苯类化合物应用外标法进行定量。（　　）

答案：错误

正确答案为：气相色谱质谱法测定硝基苯类化合物应用内标法进行定量。

6.《水质　硝基苯类化合物的测定　气相色谱－质谱法》（HJ 716—2014）中固相萃取

法测定水中硝基苯类化合物时，水样 pH 应调整为中性萃取。（ ）

答案：正确

7.《水质 硝基苯类化合物的测定 气相色谱－质谱法》（HJ 716—2014）适用于地表水、地下水、工业废水和生活污水中硝基苯类化合物的测定，不适用于海水。（ ）

答案：错误

正确答案为：也适用于海水。

8.《水质 硝基苯类化合物的测定 气相色谱－质谱法》（HJ 716—2014）规定萃取液浓缩过程中应注意浓缩速度，为提升速度，可以增加水浴温度。（ ）

答案：错误

正确答案为：萃取液浓缩过程中应注意浓缩速度和水浴温度，否则硝基苯容易产生较大的损失。

二、选择题

1.《水质 硝基苯类化合物的测定 气相色谱－质谱法》（HJ 716—2014）中规定，采集含硝基苯类化合物水样使用的采样瓶为________。（ ）

A. 塑料瓶　　B. 棕色玻璃瓶

C. 透明玻璃瓶　　D. 棕色具聚四氟乙烯衬垫的螺口玻璃瓶

答案：D

2.《水质 硝基苯类化合物的测定 气相色谱－质谱法》（HJ 716—2014）中规定，替代物的加入应加在________。（ ）

A. 萃取溶剂中　　B. 待萃取的水样中

C. 净化前的萃取液中　　D. 净化后的萃取液中

答案：B

3.《水质 硝基苯类化合物的测定 气相色谱－质谱法》（HJ 716—2014）中规定，在测定硝基苯类化合物时应进行校准曲线核查，计算目标化合物的相对相应因子的测定值和最近一次初始校准曲线测定值间的相对标准偏差 RD，RD 应≤________%。（ ）

A. 5　　B. 10　　C. 20　　D. 30

答案：C

4.《水质 硝基苯类化合物的测定 气相色谱－质谱法》（HJ 716—2014）中规定，硝基苯类化合物基体加标的回收率应为________。（ ）

A. 60%～120%　　B. 70%～110%　　C. 80%～110%　　D. 90%～110%

答案：B

参考文献

环境保护部 . 水质 硝基苯类化合物的测定 气相色谱－质谱法：HJ 716—2014［S］. 中国环境出版社，2014.

命题：李利荣 王艳丽

审核：吴宇峰 米方卓 夏 新

第十一节　苯胺类化合物

分类号：W14-10

主要内容
《水质　苯胺类化合物的测定　气相色谱－质谱法》（HJ 822—2017）

一、填空题

根据《水质　苯胺类化合物的测定　气相色谱－质谱法》（HJ 822—2017）测定水中苯胺类化合物时，萃取水样后，萃取液经________、________、________步骤后，用气相色谱－质谱仪测定。

答案：脱水　浓缩　净化

二、判断题

1.《水质　苯胺类化合物的测定　气相色谱－质谱法》（HJ 822—2017）不适用于海水中苯胺类化合物的测定。(　　)

答案：错误

正确答案为：该方法适用于地表水、地下水、海水、生活污水和工业废水中苯胺类化合物的测定。

2. 根据《水质　苯胺类化合物的测定　气相色谱－质谱法》（HJ 822—2017）测定水中苯胺类化合物时，采集水样后，应立即加入氢氧化钠或硫酸溶液，调节 pH 在 6～8，4℃冷藏保存。如果水样中有余氯，每 1 000 ml 样品中加入 80 mg 硫代硫酸钠。(　　)

答案：正确

3. 根据《水质　苯胺类化合物的测定　气相色谱－质谱法》（HJ 822—2017）测定水中苯胺类化合物时，如果水样中有余氯，每 1 000 ml 样品中加入 80 mg 硫代硫酸钠。(　　)

答案：正确

4. 根据《水质　苯胺类化合物的测定　气相色谱－质谱法》（HJ 822—2017）测定水中苯胺类化合物时，对于较为清洁的地表水、地下水、海水、生活污水以及背景干扰低的工业废水可省略净化步骤。(　　)

答案：正确

5. 根据《水质　苯胺类化合物的测定　气相色谱－质谱法》（HJ 822—2017）测定水中苯胺类化合物时，依据目标化合物的保留时间和标准质谱图的或特征离子定性，用外标法定量。(　　)

答案：错误

正确答案为：用内标法定量。

6. 根据《水质　苯胺类化合物的测定　气相色谱－质谱法》（HJ 822—2017）测定水

中苯胺类化合物时，萃取水样用的分液漏斗应配聚四氟乙烯旋塞。(　　)

答案：正确

7. 根据《水质　苯胺类化合物的测定　气相色谱 - 质谱法》(HJ 822—2017) 测定水中苯胺类化合物时，样品必须在采集后 7 d 内萃取，萃取液在 40 d 内完成分析。(　　)

答案：正确

8. 根据《水质　苯胺类化合物的测定　气相色谱 - 质谱法》(HJ 822—2017) 测定苯胺类化合物时，每 72 h 分析 1 次校准曲线中间浓度点，其测定结果与实际浓度值相对偏差应小于等于 20%，否则应查找原因或重新建立校准曲线。(　　)

答案：错误

正确答案：每 12 h 分析 1 次校准曲线中间浓度点。

9. 根据《水质　苯胺类化合物的测定　气相色谱 - 质谱法》(HJ 822—2017) 测定水中苯胺类化合物，连续校准时，内标与校准曲线中间点的保留时间变化不超过 10 s，定量离子峰面积变化为 -50%～100%。(　　)

答案：正确

10. 根据《水质　苯胺类化合物的测定　气相色谱 - 质谱法》(HJ 822—2017) 测定水中苯胺类化合物时，所有样品和空白中都需要加入替代物，按与样品相同的步骤分析，替代物回收率应为 50%～150%。(　　)

答案：正确

11. 根据《水质　苯胺类化合物的测定　气相色谱 - 质谱法》(HJ 822—2017) 测定水中苯胺类化合物时，每分析一批样品必须有样品加标，各目标化合物回收率地表水应为 60%～130%；污水和废水应为 40%～150%。(　　)

答案：错误

正确答案为：地表水应为 50%～150%。

三、选择题

1. 根据《水质　苯胺类化合物的测定　气相色谱 - 质谱法》(HJ 822—2017) 测定水中苯胺类化合物时，水样中苯胺类化合物在________条件下以________进行萃取。(　　)

A. pH≥11，乙醚　　B. pH≤2，正己烷

C. pH≥11，二氯甲烷　　D. pH≤2，二氯甲烷

答案：C

2. 根据《水质　苯胺类化合物的测定　气相色谱 - 质谱法》(HJ 822—2017) 测定水中苯胺类化合物时，可以选用________净化柱对样品进行净化。(　　)

A. 氧化铝　　B. 弗罗里硅土　　C. 弱阴离子交换　　D. 强阴离子交换

答案：B

3. 根据《水质　苯胺类化合物的测定　气相色谱 - 质谱法》(HJ 822—2017) 测定水中苯胺类化合物，对基体复杂的水样进行净化时，用到的溶剂有________。(　　)

A. 二氯甲烷　　B. 正己烷　　C. 甲醇　　D. 异丙醇

E. 以上都是

答案：E

4. 根据《水质　苯胺类化合物的测定　气相色谱－质谱法》（HJ 822—2017）测定水中苯胺类化合物时，可选用________色谱柱对不同的苯胺类化合物进行分离。（　　）

A. HP-PLOT　　B. DB-5MS　　C. DB-Wax　　D. 以上都是

答案：B

5. 根据《水质　苯胺类化合物的测定　气相色谱－质谱法》（HJ 822—2017）测定水中苯胺类化合物，当样品含量小于 1.00 μg/L 时，结果保留小数点后________位；当样品含量大于或等于 1.00 μg/L 时，结果保留________位有效数字。（　　）

A. 2，3　　B. 3，2　　C. 2，2　　D. 3，3

答案：A

四、问答题

1. 简述根据《水质　苯胺类化合物的测定　气相色谱－质谱法》（HJ 822—2017）测定水中苯胺类化合物时，造成样品加标回收率较低可能的原因。

答案：（1）样品有强氧化性，导致部分加标物被氧化；
（2）样品在萃取过程中未调 pH≥11，部分加标物未被萃取；
（3）样品基体比较复杂，未对样品进行净化；
（4）净化过程洗脱流速过大，导致部分加标物未被洗脱；
（5）样品浓缩过程，加热温度过高或氮吹流速过大导致部分加标物分解或挥发。

2. 简述根据《水质　苯胺类化合物的测定　气相色谱－质谱法》（HJ 822—2017）测定水中苯胺类化合物时，对水样萃取的操作步骤。

答案：准确量取 1 000 ml 水样于分液漏斗中，加入 30g 氯化钠，轻轻振摇至氯化钠溶解，加氢氧化钠溶液调节 pH 大于 11，加入 100.0 μl 替代物使用液混合均匀，加入 60 ml 二氯甲烷，摇动萃取 10 ml，静置 5 min，两相分层，收集有机相至三角烧瓶。水相继续加入 60 ml 二氯甲烷，重复萃取 2 次，有机相合并至三角烧瓶中，加适量无水硫酸钠干燥。

参考文献

环境保护部 . 水质　苯胺类化合物的测定　气相色谱－质谱法：HJ 822—2017［S］. 中国环境出版集团，2017.

命题：刘殿甲　吴宇峰
审核：张　静　姜晓旭

第十二节　百菌清及拟除虫菊酯类农药

分类号：W14–11

主要内容
《水质　百菌清及拟除虫菊酯类农药的测定　气相色谱－质谱法》（HJ 753—2015）

一、填空题

1. 根据《水质　百菌清及拟除虫菊酯类农药的测定　气相色谱－质谱法》（HJ 753—2015），所用载气为________，其纯度≥99.999%。

答案：氦气

2. 根据《水质　百菌清及拟除虫菊酯类农药的测定　气相色谱－质谱法》（HJ 753—2015），采用固相萃取法测定水中百菌清及拟除虫菊酯类农药时，取样量为________ml。

答案：500

3. 根据《水质　百菌清及拟除虫菊酯类农药的测定　气相色谱－质谱法》（HJ 753—2015），拟除虫菊酯类农药易吸附于________材质的器皿，实验操作中注意对其内壁的淋洗，以减少吸附。

答案：玻璃

二、判断题

1. 根据《水质　百菌清及拟除虫菊酯类农药的测定　气相色谱－质谱法》（HJ 753—2015），采用固相萃取法测定水中百菌清及拟除虫菊酯类农药时，固相萃取柱的填料为亲脂性二乙烯苯和亲水性 *N*- 乙烯基吡咯烷酮两种单体按一定比例聚合成的大孔共聚物或等效类型填料。（　　）

答案：正确

2. 根据《水质　百菌清及拟除虫菊酯类农药的测定　气相色谱－质谱法》（HJ 753—2015）测定水中百菌清及拟除虫菊酯类农药时，悬浮物含量较高的水样不适用于液液萃取法，适用于固相萃取法。（　　）

答案：错误

正确答案为：悬浮物含量较高的水样不适用于固相萃取法。

3. 《水质　百菌清及拟除虫菊酯类农药的测定　气相色谱－质谱法》（HJ 753—2015）适用于测定地表水、地下水、工业废水、生活污水和海水中的百菌清及拟除虫菊酯类农药。（　　）

答案：错误

正确答案为：不适用于海水中百菌清及拟除虫菊酯类农药的测定。

4. 根据《水质　百菌清及拟除虫菊酯类农药的测定　气相色谱－质谱法》（HJ 753—

2015），采用液液萃取法测定水中百菌清及拟除虫菊酯类农药时，地下水及背景干扰低的地表水等样品的萃取液可不经净化，直接分析。（ ）

答案：正确

5. 根据《水质 百菌清及拟除虫菊酯类农药的测定 气相色谱－质谱法》（HJ 753—2015），采用液液萃取或固相萃取法萃取水样中百菌清及拟除虫菊酯类农药，萃取液经脱水、浓缩、净化、定容后，用气相色谱分离，质谱检测。根据保留时间完成定性，内标法定量。（ ）

答案：错误

正确答案为：根据保留时间、碎片离子质荷比及其丰度比定性。

6. 根据《水质 百菌清及拟除虫菊酯类农药的测定 气相色谱－质谱法》（HJ 753—2015）测定水中百菌清及拟除虫菊酯类农药时，平行双样测定结果的相对偏差应≤30%。（ ）

答案：错误

正确答案为：当测定结果在定量下限到 10 倍检出限以内（包括 10 倍检出限）时，平行双样测定结果的相对偏差应≤30%；当测定结果大于 10 倍检出限，平行双样测定结果的相对偏差应≤25%。

7. 根据《水质 百菌清及拟除虫菊酯类农药的测定 气相色谱－质谱法》（HJ 753—2015），采用液液萃取法测定水中百菌清及拟除虫菊酯类农药时，应先将净化后的待测液浓缩并定容至 1.0 ml，再加入内标使用液。（ ）

答案：正确

8. 根据《水质 百菌清及拟除虫菊酯类农药的测定 气相色谱－质谱法》（HJ 753—2015）测定水中百菌清及拟除虫菊酯类农药时，百菌清易发生降解，因此标准溶液要注意避光保存。（ ）

答案：正确

9. 根据《水质 百菌清及拟除虫菊酯类农药的测定 气相色谱－质谱法》（HJ 753—2015）测定水中百菌清时，气相色谱气化室的衬管中应不放或放极少量玻璃毛。（ ）

答案：正确

三、选择题

1. 根据《水质 百菌清及拟除虫菊酯类农药的测定 气相色谱－质谱法》（HJ 753—2015），液液萃取法测定水中百菌清及拟除虫菊酯类农药时，准确量取 1 000 ml 水样于 2 L 分液漏斗。加入________，摇动萃取 5 min（注意放气），静置 5 min，待两相分层，收集下层有机相。重复上述操作两次，合并萃取液。（ ）

A. 30 ml 二氯甲烷　B. 50 ml 正己烷　C. 50 ml 二氯甲烷　D. 30 ml 正己烷

答案：A

2. 根据《水质 百菌清及拟除虫菊酯类农药的测定 气相色谱－质谱法》（HJ 753—2015）测定水中百菌清及拟除虫菊酯类农药时，仪器使用前用全氟三丁胺对质谱仪系统进行调谐。样品分析前及每运行 24 h，需注入________对仪器整个系统进行检查。（ ）

A. 氘代菲　　B. 氟代苯　　C. 4－溴氟苯　　D. 十氟三苯基膦

答案：D

3. 根据《水质　百菌清及拟除虫菊酯类农药的测定　气相色谱－质谱法》（HJ 753—2015），所采样品应在 4℃保存，________d 内完成萃取。（　　）

A. 5　　B. 7　　C. 14　　D. 40

答案：B

4. 根据《水质　百菌清及拟除虫菊酯类农药的测定　气相色谱－质谱法》（HJ 753—2015），采用液液萃取法测定水中百菌清及拟除虫菊酯类农药时，需要用________对萃取液进行净化。（　　）

A. C_{18} 柱　　B. 硅胶柱　　C. 氧化铝柱　　D. 硅酸镁柱

答案：D

5. 根据《水质　百菌清及拟除虫菊酯类农药的测定　气相色谱－质谱法》（HJ 753—2015）采用固相萃取法测定水中百菌清及拟除虫菊酯类农药，活化固相萃取柱时，依次用 10 ml________、10 ml________、10 ml 水预淋小柱，保证柱床处于湿润和活化状态备用。（　　）

A. 二氯甲烷，甲醇　　B. 甲醇，二氯甲烷

C. 正己烷，正己烷丙酮溶液　　D. 正己烷丙酮溶液，正己烷

答案：A

6. 根据《水质　百菌清及拟除虫菊酯类农药的测定　气相色谱－质谱法》（HJ 753—2015）测定水中百菌清及拟除虫菊酯类农药时，萃取液如果不能及时进行色谱质谱分析，应在 4°C 下避光保存，________d 内完成分析。（　　）

A. 5　　B. 7　　C. 14　　D. 40

答案：D

7. 根据《水质　百菌清及拟除虫菊酯类农药的测定　气相色谱－质谱法》（HJ 753—2015），采用液液萃取法测定水中百菌清及拟除虫菊酯类农药，对萃取液进行净化时，先活化净化柱；再将浓缩液全部转移到净化柱上，用正己烷洗涤收集瓶，洗涤液一并上柱；最后用正己烷丙酮溶液洗脱，收集洗脱液于浓缩瓶中。其中，正己烷丙酮溶液中正己烷与丙酮的比例是________。（　　）

A. 8：2　　B. 9：1　　C. 95：5　　D. 97：3

答案：C

四、问答题

根据《水质　百菌清及拟除虫菊酯类农药的测定　气相色谱－质谱法》（HJ 753—2015），采用固相萃取法测定百菌清及拟除虫菊酯类农药时，请简述固相萃取法水样富集完成后至 GC-MS 分析前的样品处理过程。

答案：用二氯甲烷洗脱固相萃取柱，萃取液经过无水硫酸钠干燥，收集于接收容器中。用氮吹浓缩仪浓缩，转换溶剂为正己烷，继续浓缩至 1.0 ml，加入内标，转移至进样瓶。

参考文献

环境保护部.水质　百菌清及拟除虫菊酯类农药的测定　气相色谱－质谱法：HJ 753—2015［S］.中国环境出版集团，2015.

命题：杨璟爰　吴宇峰
审核：姜晓旭　赵志强

第十三节　二噁英

分类号：W14-12

主要内容
《水质　二噁英类的测定　同位素稀释高分辨气相色谱－高分辨质谱法》（HJ 77.1—2008）

一、判断题

1. 根据《水质　二噁英类的测定　同位素稀释高分辨气相色谱－高分辨质谱法》（HJ 77.1—2008）测定水中二噁英类化合物时，若采用固相萃取装置对水样进行前处理，固相萃取装置主要由固相萃取圆盘、漏斗、支撑网、垫圈、夹子、橡胶栓、吸附瓶和泵等组成。（　　）

答案：正确

2. 根据《水质　二噁英类的测定　同位素稀释高分辨气相色谱－高分辨质谱法》（HJ 77.1—2008）测定水中二噁英类化合物时，若采用液液萃取，样品首先要用玻璃纤维滤膜过滤；如果水样悬浮物较多，可先选用孔径大的玻璃纤维滤膜进行初过滤，再用 0.45 μm 孔径的玻璃纤维滤膜过滤，滤后的滤膜放入干燥器中充分干燥，取滤出液进行液液萃取。（　　）

答案：正确

3. 根据《水质　二噁英类的测定　同位素稀释高分辨气相色谱－高分辨质谱法》（HJ 77.1—2008）测定水中二噁英类化合物时，若采用液液萃取，样品过滤后，将滤出液加入分液漏斗中，按照 1 L：100 ml 的比例添加二氯甲烷或甲苯，振荡萃取 20 min；萃取 3 次，萃取液经无水硫酸钠脱水后混合。（　　）

答案：错误

正确答案为：甲苯应萃取 10 次。

4. 用同位素稀释高分辨气相色谱－高分辨质谱法测定二噁英类化合物时，在样品提取净化前，每个样品需添加提取内标的量为：四氯～七氯取代化合物 0.1～1.0 ng，八氯取代化合物 0.8～4.0 ng，并且以不超过定量线性范围为宜。（　　）

答案：错误

正确答案为：四氯～七氯取代化合物 0.4～2.0 ng。

5. 用同位素稀释高分辨气相色谱－高分辨质谱法测定二噁英类化合物时，样品制备完毕后，根据样品中二噁英类化合物预期质量分数的高低，分取 25%～100% 的样品

溶液作为分析样品，剩余样品转移至棕色密封储液瓶中冷藏贮存。(　　)

答案：正确

6. 用同位素稀释高分辨气相色谱－高分辨质谱法测定二噁英类化合物时，完成样品前处理后，在氮吹后、定容前，应添加进样内标，一般选择 ^{13}C 标记或 ^{37}Cl 标记化合物，然后进行高分辨率气相色谱高分辨率质谱仪器分析。(　　)

答案：正确

7. 用同位素稀释高分辨气相色谱－高分辨质谱法测定二噁英类化合物时，高分辨质谱仪应具有选择离子检测功能，并使用锁定质量模式（lockmass）进行质量校正。(　　)

答案：正确

8. 用同位素稀释高分辨气相色谱－高分辨质谱法测定二噁英类化合物时，高分辨质谱仪应为双聚焦磁质谱，电子轰击电压可在 25～70 V 范围内调节。(　　)

答案：正确

9. 用同位素稀释高分辨气相色谱－高分辨质谱法测定二噁英类化合物时，二噁英同类物的两个监测离子在指定保留时间窗口内应同时存在，且其离子丰度比与理论离子丰度比一致，相对偏差应小于 15%。(　　)

答案：正确

10. 用同位素稀释高分辨气相色谱－高分辨质谱法测定二噁英类化合物时，当内标使用 $^{13}C1_2$-OCDF 时，由于 GC 柱选择的原因，分辨率必须达到 12 000 以上。(　　)

答案：正确

11. 用同位素稀释高分辨气相色谱－高分辨质谱法测定二噁英类化合物时，离子丰度比是二噁英定性分析的一个重要指标，一般要求样品分析中的离子丰度比与理论值相比偏差不得大于 20% 。(　　)

答案：错误

正确答案为：应不得大于 15%。

12. 用同位素稀释高分辨气相色谱－高分辨质谱法测定二噁英类化合物时，应定期测定并计算相对应响应因子。取得相对响应因子后，选择中间质量浓度的标准溶液，按每 12 h 或每批样品至少 1 次频次测定，质量浓度变化不应超过 ±15%，否则应查找原因，重新制作相对响应因子。(　　)

答案：错误

正确答案为：质量浓度变化不应超过 ±35%。

13. 用同位素稀释高分辨气相色谱－高分辨质谱法测定二噁英类化合物时，应定期确认响应因子是否稳定、待测化合物的保留时间是否在合理的范围内，以及色谱峰是否能够有效分离，如果出现异常，可以尝试把色谱柱的一端或者两端截掉 10～30 cm 或重新老化色谱柱。(　　)

答案：正确

14. 用同位素稀释高分辨气相色谱－高分辨质谱法测定二噁英类化合物时，进样内标添加量应考虑样品溶液中二噁英内标质量浓度与制作相对响应因子的标准曲线进样内标质量浓度相近。(　　)

答案：错误

正确答案为：进样内标质量浓度与制作相对响应因子的标准曲线进样内标质量浓度相同。

15. 用同位素稀释高分辨气相色谱－高分辨质谱法测定二噁英类化合物，样品分析完毕、计算二噁英样品实测质量浓度时，直接记录大于方法检出限的二噁英类同类物质量浓度。(　　)

答案：错误

正确答案为：直接记录大于样品检出限的二噁英类同类物质量浓度。

16. 用同位素稀释高分辨气相色谱－高分辨质谱法测定二噁英类化合物时，所添加的进样内标的峰面积应不低于标准溶液中进样内标峰面积的 75%，否则应查找原因，重新测定。(　　)

答案：错误

正确答案为：应不低于标准溶液中进样内标峰面积的 70%。

17. 用同位素稀释高分辨气相色谱－高分辨质谱法测定二噁英类化合物时，高分辨气相色谱高分辨质谱仪器开始分析前需要进行质量校正，在此过程中可能存在 PCBs 干扰的两个二噁英类同类物是 P5CDDs 和 H6CDDs。(　　)

答案：正确

18. 用同位素稀释高分辨气相色谱－高分辨质谱法测定二噁英类化合物时，净化过程中，若氧化铝柱失活，可能发生 1,3,6,8-T_4CDD 和 1,3,6,8-T_4CDF 被淋洗到第一组分以及第二组分中 O_8CDD 和 O_8CDF 未被淋洗出来等异常情况。(　　)

答案：正确

19. 用同位素稀释高分辨气相色谱－高分辨质谱法测定二噁英类化合物，高分辨气相色谱高分辨质谱仪器在调谐时，某 2,3,7,8- 位氯代二噁英单体在分辨率为 1 000 左右时其信号强度为 1.63，在分辨率为 10 000 左右时信号强度为 0.168，该单体的离子传输率为 10.3%。(　　)

答案：正确

20. 同位素稀释高分辨气相色谱－高分辨质谱法测定二噁英类化合物时，EI 源的优点是：电离效率高，灵敏度高，重现性好，能获得较多的结构信息；缺点是：只能电离可气化且热相对稳定的样品，对非挥发性和难挥发性的样品分析困难。(　　)

答案：正确

二、选择题

1. 根据《水质　二噁英类的测定　同位素稀释高分辨气相色谱－高分辨质谱法》（HJ 77.1—2008）测定水中二噁英类化合物时，为保持氧化铝的活性，必要时应将氧化铝放在________℃下处理________h，然后冷却干燥待用。(　　)

A. 105，18　　B. 130，24　　C. 130，18　　D. 120，12

答案：C

2. 根据《水质　二噁英类的测定　同位素稀释高分辨气相色谱－高分辨质谱法》（HJ 77.1—2008）测定水中二噁英类化合物时，水样固相萃取前固相萃取装置需要进行

活化，活化过程先后使用了________等有机溶剂。(　　)

A. 甲苯，丙酮，甲醇　　B. 正己烷，丙酮，甲醇

C. 甲苯，正己烷，甲醇　　D. 甲苯，丙酮，正己烷

答案：A

3. 根据《水质　二噁英类的测定　同位素稀释高分辨气相色谱 - 高分辨质谱法》(HJ 77.1—2008)测定水中二噁英类化合物中，实验室的操作空白试验结果应低于评价浓度的________%。(　　)

A. 5　　B. 10　　C. 20　　D. 30

答案：B

4. 根据《水质　二噁英类的测定　同位素稀释高分辨气相色谱 - 高分辨质谱法》(HJ 77.1—2008)测定水中二噁英类化合物时，应做样品总数________的平行实验。(　　)

A. 10%　　B. 15%　　C. 20%　　D. 30% 左右

答案：A

5. 二噁英类化合物共有________种异构体，其中多氯代二苯并 - 对 - 二噁英(PCDDs)有________种，多氯代二苯并呋喃(PCDFs)有________种。(　　)

A. 210，65，145　　B. 210，85，125

C. 210，75，135　　D. 210，95，115

答案：C

6. 一般而言，2,3,7,8- 位置被氯原子取代的二噁英类同类物具有毒性当量的化合物有________种，其中毒性当量系数值(TEF)最大的是 2,3,7,8-TCDD。(　　)

A. 15　　B. 18　　C. 17　　D. 21

答案：C

7. 用同位素稀释高分辨气相色谱 - 高分辨质谱法测定二噁英类化合物时，除非另有说明，所使用的试剂均应为符合国家标准的________试剂。(　　)

A. 分析纯　　B. 优级纯　　C. 农残级

答案：C

8. 用同位素稀释高分辨气相色谱 - 高分辨质谱法测定二噁英类化合物时，除非另有说明，所使用的有机溶剂浓缩________倍以上不得检出二噁英类化合物。(　　)

A. 1 000　　B. 3 000　　C. 5 000　　D. 10 000

答案：D

9. 用同位素稀释高分辨气相色谱 - 高分辨质谱法测定二噁英类化合物时，使用的 NIST 谱库是在电子能量 70 eV 下得到的，二噁英类化合物测定需要在________eV 条件下才能得到较好的谱图。(　　)

A. 35　　B. 50　　C. 60　　D. 70

答案：A

10. 用同位素稀释高分辨气相色谱 - 高分辨质谱法测定二噁英类化合物时，气相色谱进样口要求具有不分流进样功能，最高使用温度不低于________℃。(　　)

A. 210　　B. 230　　C. 260　　D. 285

答案：C

11. 用同位素稀释高分辨气相色谱－高分辨质谱法测定二噁英类化合物时，高分辨气相色谱仪所用的载气为高纯氦气，纯度为________%。(　　)

A. 99.0　　B. 99.9　　C. 99.99　　D. 99.999

答案：D

12. 用同位素稀释高分辨气相色谱－高分辨质谱法测定二噁英类化合物时，2,3,7,8-TCDD 和其他四氯代二噁英异构体用质量数 *m/z* 319.896 5 检测，或 2,3,7,8-TCDF 和其他四氯代呋喃异构体用质量数 *m/z* 303.901 6 检测，谷底和峰高的比不能大于________%。(　　)

A. 20　　B. 25　　C. 30　　D. 35

答案：B

13. 用同位素稀释高分辨气相色谱－高分辨质谱法测定二噁英类化合物时，实验用水均要求为经________充分洗涤过的蒸馏水。(　　)

A. 甲苯　　B. 正己烷　　C. 丙酮　　D. 二氯甲烷

答案：B

14. 毒性当量因子是指各二噁英同类物与________对 Ah 受体亲和性能之比。(　　)

A. 1,2,3,7,8- 五氯二苯并－对－二噁英

B. 2,3,7,8- 四氯二苯并呋喃

C. 2,3,7,8- 四氯二苯并－对－二噁英

D. 1,2,3,4,7,8-HxCDD- 六氯二苯并－对－二噁英

答案：C

15. 用同位素稀释高分辨气相色谱－高分辨质谱法测定二噁英类化合物时，对于含硫量较高的各类二噁英类样品，净化过程中可在多层硅胶柱上端加入适量的铜粉，铜粉在使用前用________清洗，去除表面的氧化层后，用纯净水清洗并干燥。(　　)

A. 稀盐酸　　B. 浓硫酸　　C. 稀硝酸　　D. 稀醋酸

答案：A

16. 用同位素稀释高分辨气相色谱－高分辨质谱法测定二噁英类化合物时，一般情况下，提取内标应在样品________添加。(　　)

A. 提取处理时　　B. 提取处理前

C. 提取处理后　　D. 提取处理前或提取处理后都可以

答案：B

17. 用同位素稀释高分辨气相色谱－高分辨质谱法测定二噁英类化合物时，高分辨质谱仪的动态分辨率应大于 10 000（10% 峰谷定义），并至少可以稳定________h 以上。(　　)

A. 8　　B. 12　　C. 24　　D. 48

答案：C

18. 用同位素稀释高分辨气相色谱－高分辨质谱法测定二噁英类化合物时，二噁英类内标是指质量浓度已知的同位素（^{37}Cl 或 ^{13}C）标记的二噁英类标准物质壬烷或________溶液。(　　)

A. 甲苯，癸烷　　B. 甲苯，丙酮　　C. 苯，癸烷　　D. 苯，丙酮

答案：A

19. 用同位素稀释高分辨气相色谱－高分辨质谱法测定二噁英类化合物时，一般采用________进行定量。(　　)

A. 同位素稀释法　　B. 外标曲线法　　C. 单点校正法

答案：A

20. 用同位素稀释高分辨气相色谱－高分辨质谱法测定二噁英类化合物时，样品检出限应低于评价质量分数的________。(　　)

A. 1/2　　B. 1/3　　C. 1/5　　D. 1/10

答案：D

21. 用同位素稀释高分辨气相色谱－高分辨质谱法测定二噁英类化合物时，2,3,7,8－氯代二噁英类的色谱峰保留时间应与标准溶液一致，在________s 以内。(　　)

A. ±2　　B. ±3　　C. ±4　　D. ±5

答案：B

22. 用同位素稀释高分辨气相色谱－高分辨质谱法测定二噁英类化合物时，所得到的色谱图上，信噪比 S/N 大于________以上的色谱峰视为有效峰。(　　)

A. 1　　B. 3　　C. 5　　D. 10

答案：B

23. 用同位素稀释高分辨气相色谱－高分辨质谱法测定二噁英类化合物时，已知 OCDD 的 m/z 是 455.740 7，$^{13}C_{12}$-OCDF 的 $m+4/z$ 是 455.780 1，则完全分离这两个离子所需要的分辨率为________。(　　)

A. 11 567　　B. 11 568

答案：A

24. 用同位素稀释高分辨气相色谱－高分辨质谱法测定二噁英类化合物时，采用________进行净化可以达到如下效果：分解去除大部分有机物质、着色物、多环芳烃和强极性物质等，去除酚类、酸性物质、脂肪、蛋白质、含硫化合物、直链烃类、着色物、多环芳烃和强极性物质等。(　　)

A. 酸性多段硅胶柱　　B. 氧化铝 / 弗罗里硅土柱

C. 凝胶渗透色谱（GPC）柱　　D. 活性炭硅胶柱

E. 铜粒

答案：A

25. 用同位素稀释高分辨气相色谱－高分辨质谱法测定二噁英类化合物时，采用________进行净化可以达到如下效果：去除弱极性物质、有机卤代物；PCDDs/PCDFs 与 PCBs，PBDEs 和 HxBB 的分离。(　　)

A. 酸性多段硅胶柱　　B. 氧化铝 / 弗罗里硅土柱

C. 凝胶渗透色谱（GPC）柱　　D. 活性炭硅胶柱

E. 铜粒

答案：B

26. 用同位素稀释高分辨气相色谱－高分辨质谱法测定二噁英类化合物时，采用

________进行净化可以到达如下效果：去除脂肪、矿物油以及其他高分子化合物。（　　）

A. 酸性多段硅胶柱　　B. 氧化铝 / 弗罗里硅土柱

C. 凝胶渗透色谱（GPC）柱　　D. 活性炭硅胶柱

E. 铜粒

答案： C

参考文献

环境保护部. 水质　二噁英类的测定　同位素稀释高分辨气相色谱－高分辨质谱法：HJ 77.1—2008［S］. 中国环境科学出版社，2008.

命题：韩静磊　张　烃

审核：张　颖　夏　新

第十四节　丁基黄原酸

分类号：W14–13

主要内容
《水质　丁基黄原酸的测定　吹扫捕集 / 气相色谱－质谱法》（HJ 896—2017）

一、填空题

1. 根据《水质　丁基黄原酸的测定　吹扫捕集 / 气相色谱－质谱法》（HJ 896—2017），水样中存在氧化性物质会使测定结果偏低，可适量添加________去除。

答案： 硫代硫酸钠

2. 根据《水质　丁基黄原酸的测定　吹扫捕集 / 气相色谱－质谱法》（HJ 896—2017），样品采集后若不能及时分析，可在4℃冷藏、避光条件下保存，最长保存时间为________。

答案： 两周

3. 根据《水质　丁基黄原酸的测定　吹扫捕集 / 气相色谱－质谱法》（HJ 896—2017），当测定结果<1 μg/L 时，保留小数点后________位。当测定结果≥1 μg/L 时，保留________位有效数字。

答案： 2　　3

4. 根据《水质　丁基黄原酸的测定　吹扫捕集 / 气相色谱－质谱法》（HJ 896—2017），平行样测定结果的相对偏差应≤________%。

答案： 30

5. 根据《水质　丁基黄原酸的测定　吹扫捕集 / 气相色谱－质谱法》（HJ 896—2017），每批样品应分析一个空白样品。空白样品中目标物含量应低于________。

答案： 方法检出限

6.《水质　丁基黄原酸的测定　吹扫捕集/气相色谱－质谱法》（HJ 896—2017）适用于地表水、地下水、________和工业废水中丁基黄原酸的测定。

答案：生活污水

二、判断题

1. 根据《水质　丁基黄原酸的测定　吹扫捕集/气相色谱－质谱法》（HJ 896—2017）测水中丁基黄原酸时，为提高灵敏度，可以使用全扫描方式进行分析。（　　）

答案：错误

正确答案为：为提高灵敏度，应使用选择离子扫描方式进行分析。

2. 根据《水质　丁基黄原酸的测定　吹扫捕集/气相色谱－质谱法》（HJ 896—2017）测水中丁基黄原酸时，应配制低、高两种标准浓度系列。测定目标物浓度较低的水样时选用低浓度标准系列；测定目标物浓度较高的水样时选用高浓度标准系列。（　　）

答案：正确

3. 根据《水质　丁基黄原酸的测定　吹扫捕集/气相色谱－质谱法》（HJ 896—2017）测水中丁基黄原酸时，样品的存放区域应无二硫化碳干扰。（　　）

答案：正确

4. 根据《水质　丁基黄原酸的测定　吹扫捕集/气相色谱－质谱法》（HJ 896—2017）测水中丁基黄原酸时，吹扫捕集装置的捕集管可使用 1/3Tenax、1/3 硅胶、1/3 活性炭的混合吸附剂。（　　）

答案：正确

5. 根据《水质　丁基黄原酸的测定　吹扫捕集/气相色谱－质谱法》（HJ 896—2017）测水中丁基黄原酸时，不可以对待测样品进行稀释。（　　）

答案：错误

正确答案为：测定丁基黄原酸浓度较高的水样时，应用氢氧化钠溶液进行稀释后测定。

6. 根据《水质　丁基黄原酸的测定　吹扫捕集/气相色谱－质谱法》（HJ 896—2017）测水中丁基黄原酸时，鉴于丁基黄原酸测定的特殊性，每个样品瓶只能分析一次。（　　）

答案：正确

7. 根据《水质　丁基黄原酸的测定　吹扫捕集/气相色谱－质谱法》（HJ 896—2017），多次测定后样品基体加标回收率均低于 70%，可能的原因包括水样的碱性过大或水样的含盐量高于 25 g/L。（　　）

答案：正确

三、选择题

1.《水质　丁基黄原酸的测定　吹扫捕集/气相色谱－质谱法》（HJ 896—2017）不适用于测定含________的水样。（　　）

A. 二硫化碳　　B. 代森锌　　C. 二氯甲烷　　D. 三氯甲烷

答案：B

2. 根据《水质　丁基黄原酸的测定　吹扫捕集 / 气相色谱 - 质谱法》（HJ 896—2017），配制丁基黄原酸标准溶液时，使用________作为溶剂。（　　）

A. 氢氧化钠溶液　　B. 甲醇　　C. 丙酮　　D. 磷酸溶液

答案：A

3. 根据《水质　丁基黄原酸的测定　吹扫捕集 / 气相色谱 - 质谱法》（HJ 896—2017）测水中丁基黄原酸时，使用的内标物是________。（　　）

A. 甲苯　　B. 氯苯　　C. 氟苯　　D. 联苯胺

答案：C

4. 根据《水质　丁基黄原酸的测定　吹扫捕集 / 气相色谱 - 质谱法》（HJ 896—2017）测水中丁基黄原酸时，基体加标的回收率应为________。（　　）

A. 50%～130%　　B. 50%～150%　　C. 70%～130%　　D. 80%～110%

答案：C

5. 根据《水质　丁基黄原酸的测定　吹扫捕集 / 气相色谱 - 质谱法》（HJ 896—2017）测水中丁基黄原酸时，样品测定前应迅速加入 100 μl________溶液。（　　）

A. 二硫化碳　　B. 磷酸　　C. 甲醇

答案：B

6. 根据《水质　丁基黄原酸的测定　吹扫捕集 / 气相色谱 - 质谱法》（HJ 896—2017）测水中丁基黄原酸时，配制内标标准溶液使用________作为溶剂。（　　）

A. 二硫化碳　　B. 甲醇　　C. 氢氧化钠溶液

答案：B

四、问答题

简述《水质　丁基黄原酸的测定　吹扫捕集 / 气相色谱 - 质谱法》（HJ 896—2017）的方法原理。

答案：水中的丁基黄原酸在酸性条件下分解产生二硫化碳，通过测定二硫化碳间接确定水中丁基黄原酸的浓度。二硫化碳经高纯氦气（或氮气）吹扫后吸附于捕集管中，迅速加热捕集管并以高纯氦气（或氮气）反吹，被热脱附出来的二硫化碳经气相色谱分离后，用质谱检测器检测。通过保留时间和质谱图定性，内标法定量。

参考文献

环境保护部 . 水质　丁基黄原酸的测定　吹扫捕集 / 气相色谱 - 质谱法：HJ 896—2017［S］. 中国环境出版集团，2017.

命题：陈　晨　吴宇峰

审核：姜晓旭　张　静

第十五节　四乙基铅

分类号：W14-14

主要内容
《水质　四乙基铅的测定　顶空 / 气相色谱 - 质谱法》（HJ 959—2018）

一、填空题

1.《水质　四乙基铅的测定　顶空 / 气相色谱 - 质谱法》（HJ 959—2018）适用于________、________、________和________中四乙基铅的测定。

答案：地表水　　地下水　　生活污水　　工业废水

2. 根据《水质　四乙基铅的测定　顶空 / 气相色谱 - 质谱法》（HJ 959—2018），样品分析时，质谱离子扫描方式为________。

答案：选择离子扫描

3. 根据《水质　四乙基铅的测定　顶空 / 气相色谱 - 质谱法》（HJ 959—2018）测定水中四乙基铅时，每 20 个样品或每批次（少于 20 个样品 / 批）应分析基体加标，基体加标回收率应为________。

答案：60%～125%

4. 根据《水质　四乙基铅的测定　顶空 / 气相色谱 - 质谱法》（HJ 959—2018）测定水中四乙基铅时，每________h 分析一次曲线中间浓度点。

答案：24

5. 根据《水质　四乙基铅的测定　顶空 / 气相色谱质谱法》（HJ 959—2018）测定水中四乙基铅时，工作曲线至少需要________个浓度点（不含 0 点），曲线相关系数应≥________。

答案：5　　0.995

6. 根据《水质　四乙基铅的测定　顶空 / 气相色谱 - 质谱法》（HJ 959—2018）测定水中四乙基铅时，为更准确定性，高浓度样品可选用________模式。

答案：全扫描

二、判断题

1. 根据《水质　四乙基铅的测定　顶空 / 气相色谱 - 质谱法》（HJ 959—2018）测定水中四乙基铅，分析曲线中间浓度点时，其测定结果与标准值的相对误差应在 ±20% 以内。（　　）

答案：正确

2. 根据《水质　四乙基铅的测定　顶空 / 气相色谱 - 质谱法》（HJ 959—2018），测定结果<1 μg/L 时，保留至小数点后 2 位；当测定结果≥1 μg/L 时，保留 3 位有效数字。（　　）

答案：正确

3. 根据《水质　四乙基铅的测定　顶空 / 气相色谱 - 质谱法》（HJ 959—2018）测定水中四乙基铅，当取水样体积为 10.0 ml、顶空进样量为 1.0 ml 时，四乙基铅的方法检出限为 0.02 μg/L。（　　）

答案：正确

4. 根据《水质　四乙基铅的测定　顶空 / 气相色谱 - 质谱法》（HJ 959—2018），四乙基铅标准贮备液用甲醇稀释，转移至带聚四氟乙烯衬垫螺旋瓶盖的棕色试剂瓶中，于 0～4℃冷藏避光可保存 3 个月。（　　）

答案：错误

正确答案为：于 0～4℃冷藏避光可保存 1 个月。

5. 根据《水质　四乙基铅的测定　顶空 / 气相色谱 - 质谱法》（HJ 959—2018）测定水中四乙基铅时，现场采集平行双样，一份供实验室测定，一份备用。（　　）

答案：正确

6. 根据《水质　四乙基铅的测定　顶空 / 气相色谱 - 质谱法》（HJ 959—2018），在一定的温度条件下，顶空瓶内水样中的四乙基铅向液上空间挥发，在气液两相达到热力学动态平衡后，气相中的四乙基铅经气相色谱分离，质谱检测外标法定量。（　　）

答案：错误

正确答案为：内标法定量。

三、选择题

1. 根据《水质　四乙基铅的测定　顶空 / 气相色谱 - 质谱法》（HJ 959—2018）测定水中四乙基铅时，现场采样时每 10 ml 水样需加入________μl 甲醇保存剂。（　　）

A. 100　　B. 200　　C. 400

答案：B

2. 根据《水质　四乙基铅的测定　顶空 / 气相色谱质谱法》（HJ 959—2018）测定水中四乙基铅时，样品采集后尽快送至实验室，________h 内分析完毕。（　　）

A. 12　　B. 24　　C. 48

答案：B

3. 根据《水质　四乙基铅的测定　顶空 / 气相色谱 - 质谱法》（HJ 959—2018），建立工作曲线时，为避免甲醇加入量对分析结果的影响，在配制校准曲线或做基体加标分析时应注意标准使用液的体积不宜超过________μl。（　　）

A. 10　　B. 20　　C. 50

答案：C

4. 根据《水质　四乙基铅的测定　顶空 / 气相色谱 - 质谱法》（HJ 959—2018），定性分析时，多次分析校准溶液得到四乙基铅的保留时间均值，以平均保留时间________倍的标准偏差为保留时间窗口，样品中目标物的保留时间应在其范围内。（　　）

A. ±2　　B. ±3　　C. ±5

答案：B

5. 根据《水质　四乙基铅的测定　顶空／气相色谱－质谱法》（HJ 959—2018）测定水中四乙基铅时，样品质谱图和标准质谱图中特征离子的相对丰度偏差要在________% 以内。（　　）

A. ±15　　　　B. ±20　　　　C. ±30

答案：C

6. 根据《水质　四乙基铅的测定　顶空／气相色谱－质谱法》（HJ 959—2018），每 20 个样品或每批次（少于 20 个样品／批）应分析一个平行样，平行样分析时目标化合物的相对偏差应小于________%。（　　）

A. 15　　　　B. 20　　　　C. 30

答案：C

四、问答题

根据《水质　四乙基铅的测定　顶空／气相色谱－质谱法》（HJ 959—2018），试简述样品采集后尽快送至实验室分析的原因。

答案：水中四乙基铅不稳定，易分解，难于保存，应尽快分析。

参考文献

生态环境部 . 水质　四乙基铅的测定　顶空／气相色谱－质谱法：HJ 959—2018［S］. 中国环境出版集团，2018.

命题：姜晓旭　赵志强
审核：王效国　吴宇峰

第十六节　松节油

分类号：W14–15

主要内容
《水质　松节油的测定　吹扫捕集／气相色谱－质谱法》（HJ 866—2017）

一、填空题

1. 根据《水质　松节油的测定　吹扫捕集／气相色谱－质谱法》（HJ 866—2017），每________h 应分析一次校准曲线中间浓度点。

答案：24

2. 根据《水质　松节油的测定　吹扫捕集／气相色谱－质谱法》（HJ 866—2017），样品采集后若不能及时分析，可在 1～5℃冷藏、避光条件下保存，最长保存时间为________d。

答案：2

3. 根据《水质　松节油的测定　吹扫捕集／气相色谱－质谱法》（HJ 866—2017），当测定结果＜100 μg/L 时，保留小数点后________位。当测定结果≥100 μg/L 时，保留________位有效数字。

答案：1　　3

4. 根据《水质　松节油的测定　吹扫捕集 / 气相色谱 - 质谱法》（HJ 866—2017），平行样测定结果的相对偏差应≤________%。

答案：30

5. 根据《水质　松节油的测定　吹扫捕集 / 气相色谱 - 质谱法》（HJ 866—2017），每批样品须做一个空白试验。测定结果中目标物浓度应低于________。

答案：方法检出限

6.《水质　松节油的测定　吹扫捕集 / 气相色谱 - 质谱法》（HJ 866—2017）适用于________、地下水、生活污水和工业废水中松节油的测定。

答案：地表水

二、判断题

1. 根据《水质　松节油的测定　吹扫捕集 / 气相色谱 - 质谱法》（HJ 866—2017），松节油的主要成分是 α - 蒎烯及 β - 蒎烯。（　　）

答案：正确

2. 根据《水质　松节油的测定　吹扫捕集 / 气相色谱 - 质谱法》（HJ 866—2017），校准系列溶液不稳定，需要现用现配。（　　）

答案：正确

3. 根据《水质　松节油的测定　吹扫捕集 / 气相色谱 - 质谱法》（HJ 866—2017），样品瓶应选用带聚乙烯衬垫螺旋盖的 40 ml 棕色宽口玻璃瓶。（　　）

答案：错误

正确答案为：带聚四氟乙烯衬垫螺旋盖。

4. 根据《水质　松节油的测定　吹扫捕集 / 气相色谱 - 质谱法》（HJ 866—2017），吹扫捕集装置的捕集管可使用 1/3 Tenax、1/3 硅胶、1/3 活性炭的混合吸附剂。（　　）

答案：正确

5. 根据《水质　松节油的测定　吹扫捕集 / 气相色谱 - 质谱法》（HJ 866—2017），样品采集后，应加入盐酸使 pH＜2。（　　）

答案：错误

正确答案为：样品中不能加入酸。

6. 根据《水质　松节油的测定　吹扫捕集 / 气相色谱 - 质谱法》（HJ 866—2017），当测定高浓度工业废水样品时，应在测定前进行稀释。（　　）

答案：正确

三、选择题

1. 根据《水质　松节油的测定　吹扫捕集 / 气相色谱 - 质谱法》（HJ 866—2017），以________代替样品进行空白试验。（　　）

A. 甲醇　　B. 实验用水　　C. 松节油标准溶液　　D. 二氯甲烷

答案：B

2. 根据《水质　松节油的测定　吹扫捕集 / 气相色谱 - 质谱法》（HJ 866—2017），配制松节油标准溶液时，使用________作为溶剂。（　　）

A. 氢氧化钠溶液　　B. 甲醇　　C. 丙酮　　D. 磷酸溶液

答案：B

3. 根据《水质　松节油的测定　吹扫捕集 / 气相色谱 - 质谱法》（HJ 866—2017），使用的内标物是________。（　　）

A. 甲苯　　B. 氯苯　　C. 1,2- 二氯苯 -d4　　D. 1,2- 二氯苯

答案：C

4. 根据《水质　松节油的测定　吹扫捕集 / 气相色谱 - 质谱法》（HJ 866—2017），基体加标的回收率应在________。（　　）

A. 50% ～ 130%　　B. 50% ～ 150%　　C. 70% ～ 120%　　D. 80% ～ 110%

答案：C

5. 根据《水质　松节油的测定　吹扫捕集 / 气相色谱 - 质谱法》（HJ 866—2017），当取样体积为 5 ml 时，松节油的方法检出限为 0.5________。（　　）

A. mg/L　　B. μg/L　　C. ng/L

答案：B

6. 根据《水质　松节油的测定　吹扫捕集 / 气相色谱 - 质谱法》（HJ 866—2017），配制内标标准溶液时，使用________作为溶剂。（　　）

A. 实验用水　　B. 甲醇　　C. 氢氧化钠溶液

答案：B

四、问答题

1. 简述根据《水质　松节油的测定　吹扫捕集 / 气相色谱 - 质谱法》（HJ 866—2017），应如何绘制校准曲线。

答案：应配制低、高两种标准浓度系列。测定目标物浓度较低的水样时选用低浓度标准系列；测定目标物浓度较高的水样时选用高浓度标准系列。通常情况下，地表水、地下水、生活污水测试时选用低浓度标准系列，工业废水根据可能的浓度范围进行选择。

2. 简述根据《水质　松节油的测定　吹扫捕集 / 气相色谱 - 质谱法》（HJ 866—2017）对目标化合物松节油定性的原理。

答案：根据样品中松节油主要成分 α - 蒎烯和 β - 蒎烯的保留时间、质谱图、碎片离子质荷比及其丰度等信息与标准物质进行比较定性。

参考文献

环境保护部 . 水质　松节油的测定　吹扫捕集 / 气相色谱 - 质谱法：HJ 866—2017［S］. 中国环境出版集团，2017.

命题：陈　晨　吴宇峰

审核：张　静　姜晓旭

第十七节　多溴二苯醚

分类号：W14-16

主要内容
《水质　多溴二苯醚的测定　气相色谱－质谱法》（HJ 909—2017）

一、填空题

1.《水质　多溴二苯醚的测定　气相色谱－质谱法》（HJ 909—2017）适用于地表水、地下水、工业废水和生活污水中________种多溴二苯醚同类物的测定。

答案：8

2. 根据《水质　多溴二苯醚的测定　气相色谱－质谱法》（HJ 909—2017），碱性硅胶的制备方法为：称取 98 g 硅胶，加入 40 ml________溶液，充分振荡后变成粉末状。将其装入锥形瓶，保存于干燥器中。

答案：氢氧化钠

3. 根据《水质　多溴二苯醚的测定　气相色谱－质谱法》（HJ 909—2017），酸性硅胶的制备方法为：称取 56 g 硅胶，加入 44 g________，充分振荡后变成粉末状。将其装入锥形瓶，保存于干燥器中。

答案：硫酸

4. 根据《水质　多溴二苯醚的测定　气相色谱－质谱法》（HJ 909—2017），用采样瓶采集样品后，每升水加入 80 mg________于 4℃保存，14 d 内完成萃取。

答案：硫代硫酸钠

二、判断题

1. 根据《水质　多溴二苯醚的测定　气相色谱－质谱法》（HJ 909—2017）测定水中多溴二苯醚，用二氯甲烷萃取时注意放气；若萃取时出现乳化现象，可采用盐析、搅动、离心、冷冻或用玻璃棉过滤等方法破乳。（　　）

答案：正确

2. 根据《水质　多溴二苯醚的测定　气相色谱－质谱法》（HJ 909—2017），地下水及背景干扰低的地表水等样品的萃取液一般不需净化。（　　）

答案：正确

3. 根据《水质　多溴二苯醚的测定　气相色谱－质谱法》（HJ 909—2017）测定七溴代及以下的多溴二苯醚时，可选用柱长为 15 ～30 m、膜厚为 0.1 ～0.25 μm 的毛细管色谱柱；当测定含 BDE-209 的多溴二苯醚时，必须选用柱长≤15 m、膜厚为 0.18 μm 的毛细管色谱柱，离子源可选用 EI 源或 NCI 源。（　　）

答案：正确

4. 根据《水质　多溴二苯醚的测定　气相色谱－质谱法》（HJ 909—2017）中的质谱参考条件，数据采集方式为选择离子监测。（　　）

答案： 正确

5. 根据《水质　多溴二苯醚的测定　气相色谱 - 质谱法》（HJ 909—2017）测定水中多溴二苯醚，当样品中多溴二苯醚的定量离子有干扰时，允许使用辅助离子定量。（　　）

答案： 正确

6. 根据《水质　多溴二苯醚的测定　气相色谱 - 质谱法》（HJ 909—2017）测定水中多溴二苯醚时，样品处理全程注意避光，净化前需先做实验室流出曲线。（　　）

答案： 正确

7. 根据《水质　多溴二苯醚的测定　气相色谱 - 质谱法》（HJ 909—2017）测定水中多溴二苯醚时，减小最终定容体积可降低方法检出限，需注意同步减少 ^{13}C 标记内标用量。（　　）

答案： 正确

8. 根据《水质　多溴二苯醚的测定　气相色谱 - 质谱法》（HJ 909—2017），如果浓缩液不能及时进行测定，应在 4℃下避光保存，14 d 内完成分析。（　　）

答案： 错误

正确答案为：28 d 内完成分析。

三、选择题

1. 根据《水质　多溴二苯醚的测定　气相色谱 - 质谱法》（HJ 909—2017），用________萃取水样中的多溴二苯醚，萃取液经脱水、浓缩、净化、定容，________定量。（　　）

A. 二氯甲烷，外标法　　B. 二氯甲烷，内标法

C. 正己烷，外标法　　D. 正己烷，内标法

答案： B

2. 根据《水质　多溴二苯醚的测定　气相色谱 - 质谱法》（HJ 909—2017），每批样品（最多 20 个样品）应分析平行样，平行样测定结果相对偏差应________。（　　）

A. 10%　　B. 20%　　C. 30%　　D. 40%

答案： D

3. 根据《水质　多溴二苯醚的测定　气相色谱 - 质谱法》（HJ 909—2017）测定水中多溴二苯醚时，萃取样品前，需将水样调节 pH 至________。（　　）

A. 中性　　B. 弱酸性　　C. 弱碱性　　D. 强酸性

答案： A

4. 根据《水质　多溴二苯醚的测定　气相色谱 - 质谱法》（HJ 909—2017）测定水中多溴二苯醚时，因 BDE-209 易分解，应注意保持________清洁。（　　）

A. 进样针　　B. 进样口　　C. 离子源　　D. 质量分析器

答案： B

5. 根据《水质　多溴二苯醚的测定　气相色谱 - 质谱法》（HJ 909—2017）中的气相色谱参考条件，进样方式为________。（　　）

A. 分流进样　　B. 顶空进样

C. 脉冲或高压不分流进样　　　　　　　　D. 阀进样

答案：C

6. 根据《水质　多溴二苯醚的测定　气相色谱 - 质谱法》（HJ 909—2017）测定水中多溴二苯醚时，样品分析前且每运行 12 h，应对气相色谱质谱系统进行检查，注入 1.0 μl________溶液，使用全扫描方式测定，计算降解率。（　　）

A. p,p’-DDT　　B. p,p’-DDE　　C. 狄氏剂　　D. 异狄氏剂

答案：A

7. 根据《水质　多溴二苯醚的测定　气相色谱 - 质谱法》（HJ 909—2017）测定水中多溴二苯醚时，为了避免较长时间暴露于较高的温度下，在分析 PBDEs 时最灵敏方法是采用 10～15 m 的________，并且膜厚在 0.1 μm 或者 0.25 μm 的短色谱柱。过长的毛细管柱将增加分析物质的保留时间，会导致高溴代同族体在柱中的降解。（　　）

A. 非极性或弱极性　　B. 极性或弱极性　　C. 极性　　D. 非极性

答案：A

四、问答题

1. 简述根据《水质　多溴二苯醚的测定　气相色谱 - 质谱法》（HJ 909—2017）测定水中多溴二苯醚时，应如何设定进样口的温度并简要说明原因。

答案：由于多溴二苯醚具有热不稳定性，如果进样口温度设置的太高，PBDEs 会在衬管内分解；如果进样口温度设置太低，PBDEs 的气化又会不完全。进样口温度的设置必须是使其气化完全又没有产生分解的临界温度。一般进样口温度应设置在 260～280℃，温度设置应该根据本实验室仪器具体情况而设定，通过改变进样口的温度，并根据全扫描方式确定 PBDEs 的分解情况，最终确定最佳的进样口温度。

2. 简述根据《水质　多溴二苯醚的测定　气相色谱 - 质谱法》（HJ 909—2017）测定水中多溴二苯醚时，假如在分析基质较为复杂样品或大批量样品后，出现了连续校准点的 BDE-209 明显偏低的情况时，应如何解决？

答案：BDE-209 在衬管的高温条件下容易分解，尤其是在衬管被杂质污染时，附着在衬管上的活性点会加速 BDE-209 的分解。应注意保持进样口清洁，需要时可更换气相系统的衬管和进样隔垫，并截除色谱柱进样口端 10～30 cm，以保证系统清洁。

参考文献

环境保护部 . 水质　多溴二苯醚的测定　气相色谱 - 质谱法：HJ 909—2017［S］. 中国环境出版集团，2017.

命题：王效国　吴宇峰

审核：姜晓旭　张　静

第十八节　挥发性卤代烃

分类号：W14–17

主要内容
挥发性卤代烃　顶空毛细管柱气相色谱－质谱法《水和废水监测分析方法》（第四版）

一、填空题

1. 根据《水和废水监测分析方法》（第四版）中顶空毛细管柱气相色谱－质谱测定水中挥发性卤代烃时，净化后的聚四氟乙烯密封硅橡胶垫应保存在干净的________中。

答案：玻璃试剂瓶

2. 根据《水和废水监测分析方法》（第四版）中顶空毛细管柱气相色谱－质谱测定水中挥发性卤代烃时，标准溶液的溶剂为__________。

答案：甲醇

二、判断题

1. 测定水中挥发性卤代烃时，可以选择的前处理方法有顶空、吹扫捕集和液液萃取等，但液液萃取方式容易导致挥发性卤代烃的损失。（　　）

答案：正确

2. 为了避免有机溶剂干扰，应在采集半挥发性有机物样品之后，采集地表水中的挥发性卤代烃样品。（　　）

答案：错误

正确答案为：应在采集半挥发性有机物样品之前，采集地表水中的挥发性卤代烃样品。

3. 挥发性卤代烃广泛用于化工、医药及实验室，饮用水中氯化消毒过程易产生三卤甲烷，地下水氯化比地表水氯化生成三卤甲烷的量低些。（　　）

答案：正确

4. 根据《水和废水监测分析方法》（第四版），顶空毛细管柱气相色谱－质谱法测定挥发性卤代烃的定量用目标离子质量数与各化合物的分子量一致。（　　）

答案：错误

正确答案为：多数挥发性卤代烃的定量用目标离子质量数与各化合物的分子量不一致。

5. 根据《水和废水监测分析方法》（第四版）中顶空毛细管柱气相色谱－质谱测定水中挥发性卤代烃时，取水样量为 30 ml。（　　）

答案：错误

正确答案为：用 30 ml 的顶空瓶，取水样量为 10 ml。

三、选择题

1. 以下化合物中，________不属于挥发性卤代烃。（ ）

A. 四氯化碳 B. 三氯乙烯 C. 苯乙烯 D. 六氯丁二烯

答案：C

2. 根据《水和废水监测分析方法》（第四版）中顶空毛细管柱气相色谱－质谱测定水中挥发性卤代烃，定性时选择________方式；定量分析时选择________方式。（ ）

A. 全扫描，反应检测扫描 B. 全扫描，离子检测

C. 反应检测扫描，全扫描 D. 离子检测，全扫描

答案：B

3. 根据《水和废水监测分析方法》（第四版）中顶空毛细管柱气相色谱－质谱法测定水中挥发性卤代烃时，采用的质谱离子源是________。（ ）

A. EI B. APCI C. CI D. ESI

答案：A

4. 根据《水和废水监测分析方法》（第四版）中顶空毛细管柱气相色谱－质谱测定水中挥发性卤代烃时，采用的内标物是________。（ ）

A. 氟苯 B. 四溴氟苯 C. 1,4- 二氯苯 -d4 D. 氟苯 -d5

答案：B

5. 根据《水和废水监测分析方法》（第四版）中顶空毛细管柱气相色谱－质谱测定水中挥发性卤代烃时，顶空瓶内除了加入水样，还需要加入 3 g________。（ ）

A. 硫代硫酸钠 B. 佛罗里硅土 C. 氯化镁 D. 氯化钠

答案：D

6. 根据《水和废水监测分析方法》（第四版）中顶空毛细管柱气相色谱－质谱测定水中挥发性卤代烃时，色谱进样方式为________。（ ）

A. 不分流进样 B. 脉冲不分流进样 C. 分流进样 D. 脉冲不分流进样

答案：C

7. 根据《水和废水监测分析方法》（第四版）中顶空毛细管柱气相色谱－质谱测定水中挥发性卤代烃时，顶空进样量为________ml。（ ）

A. 0.5 B. 0.8 C. 1.0 D. 1.5

答案：B

参考文献

国家环境保护总局《水和废水监测分析方法》编委会 . 水和废水监测分析方法 . 4 版 . 北京：中国环境科学出版社，2002.

命题：程小艳 张 渝

审核：史 箴

第十五章　液相色谱法

第一节　基础知识

分类号：W15-0

一、填空题

1. 高效液相色谱紫外检测器属于________型检测器，只适用于检测那些________的物质。

答案：选择　　能吸收紫外光

2. 高效液相色谱进样系统包括________和________两个步骤。

答案：取样　　进样

二、判断题

1. 色谱柱的分离度表示在一定的分离条件下两个组分在某个色谱柱上分离的好坏。(　　)

答案：正确

2. 高效液相色谱保护柱起到保护、延长柱寿命的作用。(　　)

答案：正确

3. 高效液相色谱梯度洗脱中的低压梯度又称内梯度，高压梯度又称外梯度。(　　)

答案：错误

正确答案为：低压梯度又称外梯度，高压梯度又称内梯度。

4. 在正相键合液相色谱法中，固定相是极性的，流动相是非极性溶剂。(　　)

答案：正确

5. 在正相键合液相色谱法中，流动相极性变小，色谱保留时间延长。(　　)

答案：正确

6. 在正相键合液相色谱法中，键合固定相的极性大于流动相的极性，适用于分离脂溶性或水溶性的极性和强极性化合物。(　　)

答案：正确

三、选择题

1. 液相色谱法测定中，物质在正相色谱柱中的洗脱顺序是________。(　　)

A. 正己烷、正己醇、苯

B. 正己烷、苯、正己醇

C. 正己醇、正己烷、苯

答案：B

2. 用液相色谱法测定多环芳烃时，最好选用________。(　　)
   A. 电导检测器
   B. 荧光检测器
   C. 示差折射检测器

答案：B

3. 液相色谱法测定中，反相色谱法常用的流动相有________。(　　)
   A. 甲醇　　B. 环己烷　　C. 正己烷

答案：A

4. ________适用于分离非极性、极性或离子型化合物。(　　)
   A. 反相键合液相色谱法
   B. 正相键合液相色谱法
   C. 离子对色谱法

答案：A

5. 当比较液相色谱检测器的性能时，常使用敏感度这一指标。敏感度即指信号与噪声的比值（信噪比）等于________时，在单位时间内进入检测器的样品的浓度或质量。(　　)
   A. 1　　B. 2　　C. 2.5　　D. 3

答案：B

6. 以下 4 种常用液相色谱检测器中，不属于选择性检测器的是________。(　　)
   A. 紫外吸收检测器　　B. 荧光检测器
   C. 电导检测器　　D. 折光指数检测器

答案：D

四、问答题

1. 环境监测分析中常应用高效液相色谱法，简述高效液相色谱法的特点。

答案：分离效能高、选择性高、检测灵敏度高及分析速度快。

2. 高效液相色谱法适用于哪些有机化合物的分析？请说出至少 5 类用 HPLC 分析有机污染物的名称。

答案：高效液相色谱法可分析低分子量、低沸点样品，也适用于沸点高、热稳定性差、分子量大、水溶性有机物的分析，包括有机农药、多环芳烃、多氯联苯、邻苯二甲酸酯类、酚类、联苯胺类、阴离子和非离子表面活性剂等。

五、计算题

液相色谱法测定中，一根长色谱柱上组分 1 和组分 2 的峰底宽度分别为 1.5 mm、1.6 mm，测得两峰尖间距为 2.48 mm，问该色谱柱的分离度为多少？

答案：$R=\dfrac{2.48\times 2}{1.5+1.6}=1.6$

参考文献

[1] 环境监测专业知识题库（内部资料）. 江苏：江苏省环境监测中心，2002.

[2] 于世林 . 高效液相色谱方法及应用［M］. 北京：化学工业出版社，2000.
[3]《环境监测技术基本理论试题集》编写组 . 环境监测技术基本理论（参考）试题集［M］. 北京：中国环境科学出版社，2002.

命题：刘 鸣 王向明 田志仁
审核：赵淑莉 谢 争 彭 华

第二节 酚类化合物

分类号：W15-1

主要内容
《水和废水监测分析方法》（第四版）（酚类化合物 高效液相色谱法）

一、填空题

1. 用高效液相色谱法分析水中酚类化合物时，使用的检测器为________，检测波长为________nm。

答案：紫外检测器　　280（或 290）

2. 用高效液相色谱法分析水中酚类化合物时，常用的色谱分析柱为________，________流动相为________________。

答案：十八烷基硅烷键合硅胶（ODS）　　乙腈和水（含 1% 乙酸）混合溶剂

3. 用高效液相色谱法分析水中酚类化合物时，富集样品常用的吸附树脂为________。

答案：GDX-502

二、判断题

1. 用高效液相色谱法分析水中酚类化合物时，对于含油量较高的工业废水，可预先用环己烷萃取去除干扰。（　　）

答案：错误

正确答案为：对于含油量较高的工业废水，可预先用正己烷萃取去除干扰。

2. 用高效液相色谱法分析水中酚类化合物时，为去除有机酸，先用碳酸氢钠水溶液淋洗树脂。（　　）

答案：正确

3. 用高效液相色谱法分析水中酚类化合物时，应将水样采集于玻璃瓶中，并装满。（　　）

答案：错误

正确答案为：应将水样采集于棕色具塞硬质玻璃瓶中，并装满。

4. 用高效液相色谱法分析水中酚类化合物时，若水中有残留氯存在，在每升水中加入 80 mg 硫代硫酸钠，摇匀，即可消除。（　　）

答案：正确

5. 用高效液相色谱法分析水中酚类化合物时，新买的吸附树脂使用前无需纯化。(　　)

答案： 错误

正确答案为：新买的吸附树脂使用前应进行纯化。

6. 用高效液相色谱法分析水中酚类化合物时，水样必须在 14 d 内用树脂吸附。(　　)

答案： 错误

正确答案为：水样必须在 7 d 内用树脂吸附。

三、选择题

1. 用高效液相色谱法分析水中酚类化合物时，水样经树脂吸附后，应在________d 内进行分析。(　　)

A. 7　　B. 14　　C. 40

答案： C

2. 用高效液相色谱法分析水中酚类化合物，用层析柱富集水样时，应控制其流速为________ml/min。(　　)

A. 1　　B. 4　　C. 8

答案： B

3. 用高效液相色谱法分析水中酚类化合物，水样淋洗时，应选________为淋洗液。(　　)

A. 碳酸氢钠溶液　　B. 碳酸钠溶液　　C. 甲醇

答案： A

4. 用高效液相色谱法分析水中酚类化合物时，从层析柱上洗脱时，可选________为洗脱液。(　　)

A. 碳氢酸钠　　B. 甲醇　　C. 乙腈

答案： C

5. 用高效液相色谱法分析水中酚类化合物时，样品在富集之前，应选________试剂以控制 pH 为 2。(　　)

A. 盐酸　　B. 硝酸　　C. 硫酸

答案： A

6. 用高效液相色谱法分析水中酚类化合物时，定量分析方法为________。(　　)

A. 内标法　　B. 外标法　　C. 面积归一法

答案： B

四、问答题

1. 简述用高效液相色谱法分析水中酚类化合物的原理。

答案： 在酸性（pH=2）条件下，用 GDX-2 树脂吸附水中的酚类化合物，用碳酸氢钠水溶液淋洗树脂，去除有机酸，然后用乙腈洗脱、定容，液相色谱法分离测定。

2. 简述用高效液相色谱法分析水中酚类化合物时，应如何选择洗脱溶剂。

答案： 乙醚、二氯甲烷、二硫化碳和丙酮等都是使用较普遍的洗脱剂，但使用上述溶剂洗脱时，必须先浓缩至干，再用甲醇或乙腈定容后才能测定。由于酚易挥发，在浓缩蒸干过程中损失较大。选择乙腈为洗脱剂，洗脱定容后直接测定，干扰少，回收率较高。

五、计算题

用液相色谱法分析水中酚类化合物，取水样 1 000 ml，用 6 mol/L 盐酸调至 pH=2，然后水样流经层析柱富集，10 ml 碳酸氢钠分两次淋洗，乙腈洗脱，并定容至 5.0 ml，进样量为 10 ml 时，检测到苯酚为 2.2 ng，试计算水中苯酚浓度。

答案：样品中苯酚浓度 $= \dfrac{2.2\,\text{ng}}{10\,\mu\text{l}} \times \dfrac{5.0\,\text{ml}}{1\,\text{L}} = 1.1 \quad \text{mg/L}$

参考文献

国家环境保护总局《水和废水监测分析方法》编委会 . 水和废水监测分析方法 .4 版［M］. 北京：中国环境科学出版社，2002.

命题：刘 鸣 王向明
审核：赵淑莉 黄 文 夏 新

第三节 苯胺类化合物

分类号：W15-2

主要内容
《水和废水监测分析方法》（第四版）（苯胺类化合物 液相色谱法）

一、填空题

1. 高效液相色谱仪分析水中各种苯胺类化合物时，其检测器为________。

答案：紫外检测器

2. 用高效液相色谱法分析水中苯胺类化合物时，使用的色谱柱填料为________（缩写符号），即________（中文名称）。

答案：ODS　　十八烷基硅烷键合硅胶

3. 苯胺类化合物微溶于水，易溶于________、________及________。

答案：乙醇　　乙醚　　丙酮

二、判断题

1. 水中苯胺类化合物易于降解，应贮存于塑料瓶中，尽快分析。（　　）

答案：错误

正确答案为：应贮存于棕色玻璃瓶中，尽快分析。

2. 用液相色谱法测定水中苯胺类化合物时，苯胺类标准溶液应现用现配，2～5℃避光贮存。（　　）

答案：正确

3. 用液相色谱法测定水中苯胺类化合物时，含苯胺类化合物萃取液应浓缩至近干后，再用甲醇定容，由液相色谱分析，其回收率不会受影响。(　　)

答案：错误

正确答案为：含苯胺类化合物萃取液浓缩后的体积不应低于 0.5 ml，否则其回收率将会偏低。

4. 用液相色谱法测定水中苯胺类化合物时，作为标准物质使用的苯胺应为无色透明液体，如色泽变黄应重新蒸馏后使用。(　　)

答案：正确

三、选择题

1. 水中苯胺类化合物易于降解，采样后应在________内进行萃取。(　　)

A. 24 h　　B. 48 h　　C. 5 d

答案：A

2. 萃取水中苯胺类化合物时，萃取液脱水使用的无水硫酸钠必须经过________℃烘 4 h 备用。(　　)

A. 105　　B. 200　　C. 300

答案：C

3. 用高效液相色谱法分析水中苯胺类化合物时，若样品中有杂质干扰测定，浓缩液可经过________层析柱净化。(　　)

A. 硅酸镁　　B. 硅胶　　C. 氧化铝

答案：A

4. 用高效液相色谱法分析水中苯胺类化合物时，萃取水样之前，必须调节水样的 pH 至________。(　　)

A. 8～9　　B. 10～11　　C. 11～12

答案：B

5. 用高效液相色谱法分析水中苯胺类化合物，萃取水样时，为避免发生严重乳化现象，可适当加入________。(　　)

A. 硫酸钠　　B. 氯化钠　　C. 氯化钾

答案：B

6. 高效液相色谱法分析水中苯胺类化合物时，定量方法为________。(　　)

A. 面积归一法　　B. 外标法　　C. 内标法

答案：B

四、问答题

1. 简述用液相色谱法分析水中苯胺类化合物的方法原理。

答案：用二氯甲烷液－液萃取，经浓缩器浓缩，甲醇定容后，用液相色谱仪定量分析水中的苯胺类化合物。

2. 简述苯胺类化合物对人体的危害。

答案：苯胺及其衍生物可以通过吸入、食入或透过皮肤吸收而导致中毒，能通过形成高铁血红蛋白造成人体血液循环系统损害，可直接作用于肝细胞，引起中毒性损害。这类化合物进入肌体后易通过血脑屏障而与大量类脂质的神经系统发生作用，引起神经系统的损害。另外，苯胺类化合物还具有致癌和致突变的作用。

五、计算题

用液相色谱法分析水中苯胺类化合物，取水样 1 000 ml，用 1 mol/L 氢氧化钠调节 pH 后，分别用 100 ml 二氯甲烷两次萃取，萃取液合并，浓缩定容至 1.0 ml，在进样量为 10 ml 时，检测到苯胺为 5.2 ng，试计算水中苯胺浓度。

答案：样品中苯胺浓度 $= \dfrac{5.2\ \text{ng}}{10\ \mu\text{l}} \times \dfrac{1.0\ \text{ml}}{1\ \text{L}} = 0.5\ \text{mg/L}$

参考文献

国家环境保护总局《水和废水监测分析方法》编委会 . 水和废水监测分析方法 .4 版［M］. 北京：中国环境科学出版社，2002.

命题：刘　鸣　王向明
审核：赵淑莉　黄　文　彭　华

第四节　阿特拉津、莠去津

分类号：W15-3

主要内容
《水质　阿特拉津的测定　高效液相色谱法》（HJ 587—2010）

一、填空题

1.《地表水环境质量标准》（GB 3838—2002）中规定阿特拉津的标准限值为________mg/L。

答案：0.003

2. 高效液相色谱法分析水中阿特拉津时，使用的流动相为________和________的混合溶剂，柱温为________℃。

答案：甲醇　　水　　40

二、判断题

1. 液相色谱法分析水中阿特拉津时，若有干扰可用硅酸镁柱净化；干扰物质较多时，应采用气相色谱测定。(　　)

答案：正确

2. 高效液相色谱法分析水中阿特拉津时，阿特拉津标准贮备液应在 4℃冰箱中保存。(　　)

答案：正确

3. 用高效液相色谱法分析水中阿特拉津时，萃取液浓缩至干，用甲醇定容，供液相色谱分析。(　　)

答案： 错误

正确答案为：将萃取液浓缩至近干，用氮气刚好吹干，用甲醇定容。

4. 用高效液相色谱法分析水中阿特拉津时，其样品采集后应尽快分析，保存时间不能超过 7 d。(　　)

答案： 正确

5. 用高效液相色谱法分析水中阿特拉津时，萃取液浓缩至近干后，应立即定容，否则阿特拉津会有较大损失。

答案： 正确

三、选择题

1. 用高效液相色谱法分析水中阿特拉津，萃取液脱水时使用的无水硫酸钠必须经过________处理。(　　)

A. 400℃ 灼烧 4 h　　B. 300℃ 灼烧 2 h

C. 150℃ 烘 4 h　　D. 105℃ 烘 4 h

答案： A

2. 用高效液相色谱法分析水中阿特拉津时，使用的有机溶剂若有干扰需_______。(　　)

A. 过滤　　B. 蒸馏

答案： B

3. 用高效液相色谱法分析水中阿特拉津时，萃取剂为________。(　　)

A. 正己烷　　B. 石油醚　　C. 二氯甲烷

答案： C

4. 用高效液相色谱法分析水中阿特拉津，样品预处理时，100 ml 样品中需加入________g 的氯化钠，加入量过多会降低阿特拉津的萃取率。(　　)

A. 5　　B. 10　　C. 15

答案： A

四、计算题

用液相色谱法分析水中阿特拉津，取水样 1 000 ml，用 1 mol/L 氢氧化钠调至 pH 为 11～12，分别用 100 ml 萃取溶剂两次萃取，萃取液合并，浓缩定容至 1.0 ml，进样量为 10 ml 时，检测到苯胺为 3.2 ng，试计算水样中阿特拉津的浓度。

答案： 样品中阿特拉津浓度 $= \dfrac{3.2\ \text{ng}}{10\ \mu\text{l}} \times \dfrac{1.0\ \text{ml}}{1\ \text{L}} = 0.3\ \text{mg/L}$

参考文献

[1] 环境保护部 . 水质　阿特拉津的测定　高效液相色谱法：HJ 587—2010［S］. 中国环境科学出版社，2010.

[2] 国家环境保护总局，国家质量监督检验检疫总局 . 地表水环境质量标准：GB 3838—2002［S］. 北京：中国标准出版社，2002.

[3] 中华人民共和国卫生部，中国国家标准化管理委员会 . 生活饮用水标准检验方法　农药指标：GB/T 5750.9—2006［S］. 北京：中国标准出版社，2006.

命题：刘　鸣　王向明
审核：黄　文　赵淑莉　夏　新

第五节　邻苯二甲酸酯类化合物

分类号：W15-4

主要内容
《水质　邻苯二甲酸二甲（二丁、二辛）酯的测定　液相色谱法》（HJ/T 72—2001）

一、填空题

1. 用液相色谱法分析水中邻苯二甲酸酯类化合物时，检测器为________，工作波长为________nm。

答案： 紫外检测器　224

2.《地表水环境质量标准》（GB 3838—2002）规定邻苯二甲酸二丁酯的标准限值为________mg/L。

答案： 0.003

二、判断题

1. 用液相色谱法分析水中邻苯二甲酸酯类化合物时，杜绝使用塑料器具。（　　）

答案： 正确

2.《水质　邻苯二甲酸二甲（二丁、二辛）酯的测定　液相色谱法》（HJ/T 72—2001）中，校准曲线为工作曲线。（　　）

答案： 正确

3. 根据《水质　邻苯二甲酸二甲（二丁、二辛）酯的测定　液相色谱法》（HJ/T 72—2001），测定时使用的色谱柱为腈基柱或胺基柱。（　　）

答案： 正确

4. 用液相色谱法分析水中邻苯二甲酸酯类化合物时，在样品采集灌瓶前，无需用采样水冲洗采样瓶。（　　）

答案： 错误

正确答案为：在样品采集灌瓶前，需用采样水冲洗采样瓶。

5. 用液相色谱法分析水中邻苯二甲酸酯类化合物时，将样品采集到具塞硬质玻璃瓶中，装满不留气泡，置于 0～4℃冰箱内保存，7 d 内萃取。（　　）

答案： 正确

三、选择题

1. 用液相色谱法分析水中邻苯二甲酸酯类化合物时，样品预处理过程中使用的玻璃棉

或脱脂棉须用________提取 4 h。(　　)

A. 正己烷　　B. 异丙醇　　C. 石油醚

答案：C

2. 用液相色谱法分析水中邻苯二甲酸酯类化合物时，采集后的水样应在________d 内进行萃取，________d 内完成分析。(　　)

A. 1，7　　B. 7，30　　C. 7，40

答案：C

3. 液相色谱法分析水中邻苯二甲酸酯类化合物时，标准样品连续进样 3 次，其峰高相对偏差不大于________%，即认为仪器处于稳定状态。(　　)

A. 7　　B. 10　　C. 15

答案：A

4. 液相色谱法分析水中的邻苯二甲酸酯类化合物时，其定量方法为________。(　　)

A. 外标法　　B. 内标法　　C. 面积归一法

答案：A

四、问答题

简述《水质　邻苯二甲酸二甲（二丁、二辛）酯的测定　液相色谱法》（HJ/T 72—2001）分析水中邻苯二甲酸酯类化合物的方法原理。

答案：水样用正己烷萃取，经无水硫酸钠脱水后，K-D 浓缩器浓缩，正己烷定容。以腈基柱或胺基柱为分离柱，以正己烷－异丙醇为流动相，将邻苯二甲酸酯分离成单个化合物，用紫外检测器测定各个化合物的峰高或峰面积，以外标法进行定量。

五、计算题

液相色谱法分析废水中邻苯二甲酸二甲酯时，取水样 100 ml，分别用 10 ml 正己烷两次萃取，萃取液合并，浓缩定容至 1.0 ml。在进样量为 10 ml 时，检测到邻苯二甲酸二甲酯为 0.58 ng，试计算水中邻苯二甲酸二甲酯浓度。

答案：样品中邻苯二甲酸二甲酯浓度 $= \frac{0.58\ \text{ng}}{10\ \mu\text{l}} \times \frac{1.0\ \text{ml}}{0.1\ \text{L}} = 0.6\ \text{mg/L}$

参考文献

[1] 国家环境保护总局 . 水质　邻苯二甲酸二甲（二丁、二辛）酯的测定　液相色谱法：HJ/T 72—2001［S］. 中国环境科学出版社，2001.

[2] 国家环境保护总局《水和废水监测分析方法》编委会 . 水和废水监测分析方法 .4 版［M］. 北京：中国环境科学出版社，2002.

[3] 国家环境保护总局，国家质量监督检验检疫总局 . 地表水环境质量标准：GB 3838—2002［S］. 北京：中国标准出版社，2002.

命题：刘　鸣　彭　华

审核：赵淑莉　黄　文

第六节　多环芳烃

分类号：W15-5

主要内容
《水质　多环芳烃的测定　液液萃取和固相萃取高效液相色谱法》（HJ 478—2009）

一、判断题

1. 用液相色谱法分析水体中多环芳烃，样品前处理可采用液液萃取法和固相萃取法。(　　)

答案：正确

2. 用液相色谱法分析水体中多环芳烃，多环芳烃标准贮备液和标准使用液应 4℃以下冷藏。(　　)

答案：正确

3. 用液相色谱法分析水体中多环芳烃时，采样前可使用水样预洗瓶子。(　　)

答案：错误

正确答案为：液相色谱法分析水体中多环芳烃，为防止样品沾染或吸附，采样前不能使用水样预洗瓶子。

4. 用液相色谱法分析水体中多环芳烃时，其采样瓶不能留有空气，必须完全注满。(　　)

答案：正确

5. 用液相色谱法分析水体中多环芳烃时，预处理时使用的分液漏斗，为防止玻璃活塞咬死，可采用润滑油涂抹。(　　)

答案：错误

正确答案为：分液漏斗的玻璃活塞不涂润滑油。

6. 用液相色谱法分析水体中多环芳烃时，若水中有余氯存在，可在每升水中加入 80 mg 硫代硫酸钠除氯。(　　)

答案：正确

7. 用液相色谱法分析水体中多环芳烃，标准溶液的配制应在通风柜中操作。(　　)

答案：正确

8. 用液相色谱法分析水体中多环芳烃时，盛放水样的容器为具有磨口玻璃塞的细口普通玻璃瓶。(　　)

答案：错误

正确答案为：盛放水样的容器为具有磨口玻璃塞的细口棕色玻璃瓶。

二、选择题

1. 液相色谱法分析水中多环芳烃时，其水样采集后，应存放在________中。(　　)

A. 塑料瓶　　　　B. 玻璃器皿

答案：B

2. 用液相色谱法分析水中多环芳烃时，水样采集后，应避光于4℃以下冷藏，并在________内进行萃取。（　　）

A. 24 h　　　　B. 48 h　　　　C. 7 d

答案：C

3. 用液相色谱法分析地表水和工业污水中多环芳烃时，萃取液需通过________净化。（　　）

A. 弗罗里硅土柱　　B. 活性炭柱

答案：A

4. 用液相色谱法分析水中多环芳烃时，萃取液通过净化柱应控制流速在________范围内。（　　）

A. 1～2 ml/min　　　B. 6～8 ml/min　　　C. 10～12 ml/min

答案：A

三、问答题

1. 简述用液液萃取－高效液相色谱法分析水和废水中多环芳烃的方法原理。

答案：用正己烷或二氯甲烷萃取水中多环芳烃（PAHs），萃取液经硅胶或弗罗里硅土柱净化，用二氯甲烷和正己烷的混合溶剂洗脱，洗脱液浓缩后，用具有荧光/紫外检测器的高效液相色谱仪分离检测。

2. 简述在实验室中分析多环芳烃的注意事项。

答案：（1）部分环芳烃属于强致癌物质，操作时应按规定要求佩戴防护器具，避免接触皮肤和衣服；

（2）标准溶液的配制应在通风柜内进行；

（3）检测后的残渣残液应做妥善的安全处理；

（4）在没有合适的安全设备及尚未正确掌握使用技术之前不能用固体化合物配多环芳烃标准品的操作。

3. 在萃取水中多环芳烃时，如出现乳化现象应如何解决?

答案：可采用搅动、离心、用过滤棉过滤等方法破乳，也可采用冷冻的方法破乳。

四、计算题

用液相色谱法分析废水中多环芳烃时，取水样1 000 ml，分别用50 ml二氯甲烷两次萃取，萃取液合并，浓缩定容至1.0 ml，经液相色谱分析，电脑中LC软件处理后（用外标标准曲线法），得到在进样量为10 ml时，检测到多环芳烃为1.1 ng，试计算水中多环芳烃的质量浓度。

答案：样品中多环芳烃质量浓度 $= \dfrac{1.1\ \text{ng}}{10\ \mu\text{l}} \times \dfrac{1.0\ \text{ml}}{1\ \text{L}} = 0.1\ \text{mg/L}$

参考文献

环境保护部 . 水质　多环芳烃的测定　液液萃取和固相萃取高效液相色谱法：HJ 478—2009［S］. 中国环境科学出版社，2009.

命题：刘　鸣　夏　新　池　靖

审核：黄　文　赵淑莉　王向明

第七节　苯并 [*a*] 芘

分类号：W15-6

主要内容
《生活饮用水标准检验方法　有机物指标》（GB/T 5750.8—2006）（9.1　苯并 [*a*] 芘　高压液相色谱法）

一、填空题

1.《生活饮用水标准检验方法　有机物指标》（GB/T 5750.8—2006）（9.1　苯并 [*a*] 芘　高压液相色谱法）适用于测定__________及其_________中苯并 [*a*] 芘的含量。

答案：生活饮用水　　水源水

2. 根据《生活饮用水标准检验方法　有机物指标》（GB/T 5750.8—2006）（9.1　苯并 [*a*] 芘　高压液相色谱法）测定水中苯并 [*a*] 芘时，其流动相为_________和_________。

答案：甲醇　　水

3.《生活饮用水标准检验方法　有机物指标》（GB/T 5750.8—2006）（9.1　苯并 [*a*] 芘　高压液相色谱法）中苯并 [*a*] 芘的标准限值为_________mg/L。

答案：0.000 002

4. 根据《生活饮用水标准检验方法　有机物指标》（GB/T 5750.8—2006）（9.1　苯并 [*a*] 芘　高压液相色谱法）测定水中苯并 [*a*] 芘时，采用_________检测器，激发波长为_________nm 和发射波长为_________nm。

答案：荧光　　303　　425

二、判断题

1. 根据《生活饮用水标准检验方法　有机物指标》（GB/T 5750.8—2006）（9.1　苯并 [*a*] 芘　高压液相色谱法）测定水中苯并 [*a*] 芘时，所用试剂和材料应进行空白试验，证明无干扰物质存在。（　　）

答案：正确

2. 根据《生活饮用水标准检验方法　有机物指标》（GB/T 5750.8—2006）（9.1　苯并 [*a*] 芘　高压液相色谱法），在采样点采集苯并 [*a*] 芘水样时，水样应尽量装满容器。（　　）

答案：错误

正确答案为：在采样点采集苯并 [*a*] 芘水样时，水样应完全注满，不留有空气。

3. 根据《生活饮用水标准检验方法　有机物指标》（GB/T 5750.8—2006）（9.1　苯并 [*a*] 芘　高压液相色谱法），采集自来水水样用作苯并 [*a*] 芘分析，水龙头应先消毒，然后采集水样。（　　）

答案： 错误

正确答案为：采集自来水水样用作苯并 [*a*] 芘分析，应在水龙头消毒之前采集。

4. 根据《生活饮用水标准检验方法　有机物指标》（GB/T 5750.8—2006）（9.1　苯并 [*a*] 芘　高压液相色谱法）测定水中苯并 [*a*] 芘时，水样预处理需在暗室内，有灯光下操作。（　　）

答案： 错误

正确答案为：水样预处理需在暗室内，有微弱黄光下操作。

三、选择题

1. 根据《生活饮用水标准检验方法　有机物指标》（GB/T 5750.8—2006）（9.1　苯并 [*a*] 芘　高压液相色谱法）测定水中苯并 [*a*] 芘时，若采集水源水水样，应将水样瓶浸入________进行采样。（　　）

A. 水面下层　　B. 表层　　C. 中层

答案： A

2. 根据《生活饮用水标准检验方法　有机物指标》（GB/T 5750.8—2006）（9.1　苯并 [*a*] 芘　高压液相色谱法）测定苯并 [*a*] 芘时，超纯水电阻率大于________MΩ。（　　）

A. 5　　B. 10　　C. 18

答案： C

3. 根据《生活饮用水标准检验方法　有机物指标》（GB/T 5750.8—2006）（9.1　苯并 [*a*] 芘　高压液相色谱法）测定水中苯并 [*a*] 芘时，使用的有机溶剂若有干扰需________。（　　）

A. 过滤　　B. 蒸馏　　C. 冷冻

答案： B

4. 根据《生活饮用水标准检验方法　有机物指标》（GB/T 5750.8—2006）（9.1　苯并 [*a*] 芘　高压液相色谱法）测定水中苯并 [*a*] 芘时，萃取液脱水时使用的无水硫酸钠必须经过________处理。（　　）

A. 105℃烘 4 h　　B. 200℃烘 4 h　　C. 400℃烘 4 h

答案： C

5. 根据《生活饮用水标准检验方法　有机物指标》（GB/T 5750.8—2006）（9.1　苯并 [*a*] 芘　高压液相色谱法）测定水中苯并 [*a*] 芘时，常用________萃取水中苯并 [*a*] 芘。（　　）

A. 苯　　B. 石油醚　　C. 环己烷

答案： C

四、问答题

1. 根据《生活饮用水标准检验方法 有机物指标》(GB/T 5750.8—2006)(9.1 苯并 [*a*] 芘 高压液相色谱法),简述高压液相色谱法分析水中苯并 [*a*] 芘的方法原理。

答案:水中苯并 [*a*] 芘及其他多环芳烃经能被环己烷萃取,萃取液经活性氧化铝吸附净化,以苯洗脱、浓缩后,用高压液相色谱 - 荧光检测器定量。

2. 根据《生活饮用水标准检验方法 有机物指标》(GB/T 5750.8—2006)(9.1 苯并 [*a*] 芘 高压液相色谱法),采集自来水水样用作苯并 [*a*] 芘分析时,应采取何种措施?

答案:采集自来水水样用作苯并 [*a*] 芘分析时,应在水龙头消毒之前采集,并在每升水样中加入 0.5 ml 硫代硫酸钠溶液(100 g/L)并混匀,以除去游离余氯。

参考文献

中华人民共和国卫生部,中国国家标准化管理委员会.生活饮用水标准检验方法 有机物指标:GB/T 5750.8—2006[S].北京:中国标准出版社,2006.

命题:刘 鸣
审核:谢 争 冯 丹

第八节 溴氰菊酯

分类号:W15-7

主要内容
《生活饮用水标准检验方法 农药指标》(GB/T 5750.9—2006)(11.2 溴氰菊酯 高压液相色谱法)

一、填空题

1.《生活饮用水标准检验方法 农药指标》(GB/T 5750.9—2006)(11.2 溴氰菊酯 高压液相色谱法)规定了用高压液相色谱法测定__________及其_________中溴氰菊酯的含量。

答案:生活饮用水 水源水

2. 根据《生活饮用水标准检验方法 农药指标》(GB/T 5750.9—2006)(11.2 溴氰菊酯 高压液相色谱法)测定水中溴氰菊酯时,其流动相为_________和_________。

答案:环己烷 乙醚

3.《生活饮用水标准检验方法 农药指标》(GB/T 5750.9—2006)(11.2 溴氰菊酯 高压液相色谱法)测定溴氰菊酯的标准限值为_________mg/L。

答案:0.02

4. 分析水中溴氰菊酯可采用_________法和_________法。

答案:气相色谱 高压液相色谱

二、判断题

1. 根据《生活饮用水标准检验方法　农药指标》(GB/T 5750.9—2006)(11.2　溴氰菊酯　高压液相色谱法)，由于溴氰菊酯在水中不稳定，易分解，故采集后的水样应在 72 h 内用溶剂萃取。(　　)

答案：错误

正确答案为：采集后的水样应在 24 h 内用溶剂萃取。

2. 根据《生活饮用水标准检验方法　农药指标》(GB/T 5750.9—2006)(11.2　溴氰菊酯　高压液相色谱法)测定水中溴氰菊酯时，溴氰菊酯标准储备液于室温下保存。(　　)

答案：错误

正确答案为：标准储备液置于冰箱中保存。

3. 根据《生活饮用水标准检验方法　农药指标》(GB/T 5750.9—2006)(11.2　溴氰菊酯　高压液相色谱法)测定水中溴氰菊酯时，浑浊的水样需离心后取上清液备用；洁净的水样可直接取样分析。(　　)

答案：正确

4. 根据《生活饮用水标准检验方法　农药指标》(GB/T 5750.9—2006)(11.2　溴氰菊酯　高压液相色谱法)测定水中溴氰菊酯时，每次分析样品都要用新标准使用液绘制标准曲线。(　　)

答案：正确

5. 根据《生活饮用水标准检验方法　农药指标》(GB/T 5750.9—2006)(11.2　溴氰菊酯　高压液相色谱法)测定水中溴氰菊酯，预处理时使用的分液漏斗，为防止玻璃活塞咬死，需涂抹润滑油。(　　)

答案：错误

正确答案为：分液漏斗的玻璃活塞不涂润滑油。

三、选择题

1. 根据《生活饮用水标准检验方法　农药指标》(GB/T 5750.9—2006)(11.2　溴氰菊酯　高压液相色谱法)测定水中溴氰菊酯时，其水样采集后，应存放在________中。(　　)

A. 塑料瓶　　B. 玻璃磨口瓶　　C. 螺旋盖塑料瓶

答案：B

2. 根据《生活饮用水标准检验方法　农药指标》(GB/T 5750.9—2006)(11.2　溴氰菊酯　高压液相色谱法)测定水中溴氰菊酯时，其萃取液应在________h 内进行测定。(　　)

A. 24　　B. 48　　C. 72

答案：B

3. 根据《生活饮用水标准检验方法　农药指标》(GB/T 5750.9—2006)(11.2　溴氰菊酯　高压液相色谱法)测定水中溴氰菊酯时，其检测波长为________nm。(　　)

A. 190　　　　B. 280　　　　C. 360

答案：B

4. 根据《生活饮用水标准检验方法　农药指标》（GB/T 5750.9—2006）（11.2　溴氰菊酯　高压液相色谱法）测定水中溴氰菊酯时，使用的有机溶剂若有干扰需________。（　　）

A. 过滤　　　　B. 蒸馏

答案：B

参考文献

中华人民共和国卫生部，中国国家标准化管理委员会. 生活饮用水标准检验方法　农药指标：GB/T 5750.9—2006［S］. 北京：中国标准出版社，2006.

命题：刘　鸣

审核：谢　争　夏　新

第九节　甲萘威

分类号：W15-8

主要内容
①《生活饮用水标准检验方法　农药指标》（GB/T 5750.9—2006）（10.1　甲萘威　高压液相色谱法 - 紫外检测器）
②《生活饮用水标准检验方法　农药指标》（GB/T 5750.9—2006）（10.3　甲萘威　高压液相色谱法 - 荧光检测器）

一、填空题

1. 根据《生活饮用水标准检验方法　农药指标》（GB/T 5750.9—2006）（10.1　甲萘威　高压液相色谱法 - 紫外检测器）和《生活饮用水标准检验方法　农药指标》（GB/T 5750.9—2006）（10.3　甲萘威　高压液相色谱法 - 荧光检测器）可以测定__________及其________中甲萘威的含量。①②

答案：生活饮用水　　水源水

2. 根据《生活饮用水标准检验方法　农药指标》（GB/T 5750.9—2006）（10.1　甲萘威　高压液相色谱法 - 紫外检测器）和《生活饮用水标准检验方法　农药指标》（GB/T 5750.9—2006）（10.3　甲萘威　高压液相色谱法 - 荧光检测器）测定水中甲萘威时，其流动相为________和________。①②

答案：甲醇　　水

3. 根据《生活饮用水标准检验方法　农药指标》（GB/T 5750.9—2006）（10.3　甲萘威　高压液相色谱法 - 荧光检测器）测定水中甲萘威时，检测器为荧光检测器，检测波长 Ex 为________nm 和 Em 为________nm。②

答案：339　　445

二、判断题

1. 水中甲萘威在自然放置时极其稳定，不易分解。(   ) ①②

答案：错误

正确答案为：水中的甲萘威在自然放置时易分解。

2. 根据《生活饮用水标准检验方法　农药指标》(GB/T 5750.9—2006)(10.1　甲萘威　高压液相色谱法－紫外检测器) 测定水中甲萘威时，甲萘威标准储备液在室温下保存。(   ) ①

答案：错误

正确答案为：标准储备液置于冰箱中保存。

3. 根据《生活饮用水标准检验方法　农药指标》(GB/T 5750.9—2006)(10.1　甲萘威　高压液相色谱法－紫外检测器) 测定水中甲萘威时，若其浓度大于 0.75 mg/L，可将水样直接进行测定。(   ) ①

答案：错误

正确答案为：可将水样过滤后直接进行测定。

4. 根据《生活饮用水标准检验方法　农药指标》(GB/T 5750.9—2006)(10.1　甲萘威　高压液相色谱法－紫外检测器) 和《生活饮用水标准检验方法　农药指标》(GB/T 5750.9—2006)(10.3　甲萘威　高压液相色谱法－荧光检测器) 测定水中甲萘威，每次分析样品时，用新标准使用液绘制标准曲线进行计算。(   ) ①②

答案：正确

5. 根据《生活饮用水标准检验方法　农药指标》(GB/T 5750.9—2006)(10.1　甲萘威　高压液相色谱法－紫外检测器) 测定水中甲萘威时，所用的溶剂在使用前均需滤纸过滤。(   ) ①

答案：错误

正确答案为：所用的溶剂在使用前用 0.45 μm 滤膜过滤。

6. 根据《生活饮用水标准检验方法　农药指标》(GB/T 5750.9—2006)(10.3　甲萘威　高压液相色谱法－荧光检测器) 测定水中甲萘威时，为消除水中余氯，在水样中应加入硫代硫酸钠，使其在水中浓度达到 60 mg/L。(   ) ②

答案：错误

正确答案为：使其在水中浓度达到 80 mg/L。

7. 根据《生活饮用水标准检验方法　农药指标》(GB/T 5750.9—2006)(10.3　甲萘威　高压液相色谱法－荧光检测器) 测定水中甲萘威时，样品先通过衍生处理，再色谱柱分析。(   ) ②

答案：错误

正确答案为：样品先色谱柱分离，再柱后衍生。

8. 根据《生活饮用水标准检验方法　农药指标》(GB/T 5750.9—2006)(10.3　甲萘威　高压液相色谱法－荧光检测器) 测定水中甲萘威时，为防止产生污染，除了衍生试剂，流动相和上机样品应采用 0.45 μm 过滤膜过滤。(   ) ②

答案：错误

正确答案为：衍生试剂，流动相和上机样品均应采用 0.45 μm 过滤膜过滤。

9. 根据《生活饮用水标准检验方法　农药指标》（GB/T 5750.9—2006）（10.3　甲萘威　高压液相色谱法 - 荧光检测器）测定水中甲萘威时，由于衍生试剂不稳定，无须过滤脱气，配置后即可使用。（　　）②

答案：错误

正确答案为：使用前需过滤，并用氦气脱气或在线脱气。

10. 根据《生活饮用水标准检验方法　农药指标》（GB/T 5750.9—2006）（10.3　甲萘威　高压液相色谱法 - 荧光检测器）测定水中甲萘威时，其柱后反应器上的反应圈和柱后管线均为不锈钢。（　　）②

答案：错误

正确答案为：均为聚四氟乙烯。

11. 根据《生活饮用水标准检验方法　农药指标》（GB/T 5750.9—2006）（10.3　甲萘威　高压液相色谱法 - 荧光检测器）测定水中甲萘威时，为确保四硼酸钠溶液完全溶解，应提前 48 h 制备。（　　）②

答案：错误

正确答案为：应提前一天制备。

三、选择题

1. 根据《生活饮用水标准检验方法　农药指标》（GB/T 5750.9—2006）（10.1　甲萘威　高压液相色谱法 - 紫外检测器）测定水中甲萘威时，其水样采集后，应存放在________中。（　　）①

A. 塑料瓶　　B. 玻璃磨口器皿　　C. 螺旋口塑料瓶

答案：B

2. 根据《生活饮用水标准检验方法　农药指标》（GB/T 5750.9—2006）（10.1　甲萘威　高压液相色谱法 - 紫外检测器）测定水中甲萘威时，萃取液通过浓缩应控制温度在________℃内。（　　）①

A. 25～30　　B. 30～35　　C. 45～50

答案：C

3. 根据《生活饮用水标准检验方法　农药指标》（GB/T 5750.9—2006）（10.1　甲萘威　高压液相色谱法 - 紫外检测器），采集甲萘威水样时，于样品中滴加磷酸调节 pH 为________，并尽快分析。（　　）①

A. 1　　B. 3　　C. 5

答案：B

4. 根据《生活饮用水标准检验方法　农药指标》（GB/T 5750.9—2006）（10.1　甲萘威　高压液相色谱法 - 紫外检测器）测定水中甲萘威时，其检测波长为________nm。（　　）①

A. 190　　B. 280　　C. 360

答案：B

5. 根据《生活饮用水标准检验方法　农药指标》（GB/T 5750.9—2006）（10.3　甲萘威　高压液相色谱法 - 荧光检测器）测定水中甲萘威时，水样可用________萃取。

（　　）②

A. 正己烷　　　B. 二氯甲烷　　　C. 氢氧化钠

答案：B

6. 根据《生活饮用水标准检验方法　农药指标》（GB/T 5750.9—2006）（10.3　甲萘威　高压液相色谱法－荧光检测器）测定水中甲萘威时，其标准储备液应放置在________℃冰箱内，可保存数月。（　　）②

A. 5　　　B. -10　　　C. -20

答案：B

7.《生活饮用水标准检验方法　农药指标》（GB/T 5750.9—2006）（10.1　甲萘威　高压液相色谱法－紫外检测器）测定水中甲萘威的标准限值为________mg/L。（　　）①

A. 0.002　　　B. 0.01　　　C. 0.02　　　D. 0.05

答案：D

参考文献

中华人民共和国卫生部，中国国家标准化管理委员会. 生活饮用水标准检验方法　农药指标：GB/T 5750.9—2006［S］. 北京：中国标准出版社，2006.

命题：刘　鸣

审核：谢　争　冯　丹

第十节　草甘膦

分类号：W15-9

主要内容

①《水质　草甘膦的测定　高效液相色谱法》（HJ 1071—2019）

②《生活饮用水标准检验方法　农药指标》（GB/T 5750.9—2006）（18.1　草甘膦　高压液相色谱法）

一、填空题

1. 根据《水质　草甘膦的测定　高效液相色谱法》（HJ 1071—2019）和《生活饮用水标准检验方法　农药指标》（GB/T 5750.9—2006）（18.1　草甘膦　高压液相色谱法）测定水中草甘膦时，用具有________检测器的高效液相色谱检测。①②

答案：荧光

2. 根据《水质　草甘膦的测定　高效液相色谱法》（HJ 1071—2019）测定水中草甘膦时，推荐用________nm 作为检测波长，以________nm 为辅助定性波长。①

答案：302　　315

3. 根据《水质　草甘膦的测定　高效液相色谱法》（HJ 1071—2019）测定水中草甘膦时，一般使用________反相色谱柱分离草甘膦。①

答案：十八烷基键合硅胶（C_{18}）

二、判断题

1. 根据《生活饮用水标准检验方法　农药指标》（GB/T 5750.9—2006）（18.1　草甘膦　高压液相色谱法）测定水中草甘膦时，若直接进样，所使用的色谱柱只能是阳离子交换树脂柱。(　　)②

答案：错误

正确答案为：阳离子交换树脂或阴离子交换树脂柱均可以。

2. 根据《生活饮用水标准检验方法　农药指标》（GB/T 5750.9—2006）（18.1　草甘膦　高压液相色谱法）测定水中草甘膦时，若直接进样，所使用的色谱柱柱温为50℃。(　　)②

答案：正确

3. 根据《生活饮用水标准检验方法　农药指标》（GB/T 5750.9—2006）（18.1　草甘膦　高压液相色谱法）测定水中草甘膦时，若直接进样，柱后衍生反应使用的氧化试剂次氯酸钙和乙二胺四乙酸二钠溶液，配制后可以直接使用。(　　)②

答案：错误

正确答案为：配制好的溶液应经 0.22 μm 或 0.45 μm 的滤膜过滤后方可使用。

4. 根据《生活饮用水标准检验方法　农药指标》（GB/T 5750.9—2006）（18.1　草甘膦　高压液相色谱法）测定水中草甘膦时，样品采集后应用聚丙烯容器储存。(　　)②

答案：正确

5. 根据《生活饮用水标准检验方法　农药指标》（GB/T 5750.9—2006）（18.1　草甘膦　高压液相色谱法）测定水中草甘膦时，样品采集后加入硫代硫酸钠可消除氯带来的影响。(　　)②

答案：正确

6. 根据《生活饮用水标准检验方法　农药指标》（GB/T 5750.9—2006）（18.1　草甘膦　高压液相色谱法）测定水中草甘膦时，若样品浓度大于等于 25 mg/L，不需要进行样品浓缩，取 9.9 ml 的样品和 0.1 ml 0.1 mol/L 的 EDTA，经 0.22 μm 或 0.45 μm 的滤膜过滤，直接进样 200 ml。(　　)②

答案：正确

7. 根据《水质　草甘膦的测定　高效液相色谱法》（HJ 1071—2019）测定水中草甘膦时，样品中的金属离子会与草甘膦形成稳定的络合物从而干扰草甘膦的测定，可通过加入二水合柠檬酸三钠消除干扰。(　　)①

答案：正确

8. 根据《水质　草甘膦的测定　高效液相色谱法》（HJ 1071—2019）测定水中草甘膦时，若采集的水样 pH 不在 4～9 之间，用盐酸溶液或氢氧化钠溶液调节其 pH 至 4～9，4℃以下冷藏、避光保存，14 d 内完成样品分析。(　　)①

答案：错误

正确答案：4℃以下冷藏、避光保存，7 d 内完成样品分析。

9. 根据《水质　草甘膦的测定　高效液相色谱法》（HJ 1071—2019）测定水中草甘膦

时，对于清洁度较好的，对目标化合物测定没有明显干扰的样品，可加入二水合柠檬酸三钠后直接经滤膜过滤，待衍生。（　　）①

答案：正确

10. 根据《水质　草甘膦的测定　高效液相色谱法》（HJ 1071—2019）测定水中草甘膦时，衍生后的水样经有机溶剂萃取，静置分层后取有机相层滤膜过滤，待仪器分析。（　　）①

答案：错误

正确答案：衍生后的水样经有机溶剂萃取，静置分层后取水相层滤膜过滤，待仪器分析。

11. 根据《水质　草甘膦的测定　高效液相色谱法》（HJ 1071—2019）测定水中草甘膦时，草甘膦标准贮备液、使用液一般用甲醇溶液配制。（　　）①

答案：错误

正确答案：草甘膦标准贮备液、使用液一般用实验用水配制。

12. 根据《水质　草甘膦的测定　高效液相色谱法》（HJ 1071—2019）规定，需取净化后的样品于聚乙烯塑料（PE）管中，加入四硼酸钠溶液和9-芴甲基氯甲酸酯乙腈溶液充分混匀后置于水平振荡器上80℃下衍生1 h。（　　）①

答案：错误

正确答案：加入四硼酸钠溶液和9-芴甲基氯甲酸酯乙腈溶液充分混匀后置于水平振荡器上40℃下衍生1 h。

13. 根据《水质　草甘膦的测定　高效液相色谱法》（HJ 1071—2019）测定水中草甘膦时，每20个样品或每批（少于20个样品/批）应至少做一个空白试验，测定结果应低于方法检出限。（　　）①

答案：正确

14. 根据《水质　草甘膦的测定　高效液相色谱法》（HJ 1071—2019）测定水中草甘膦时，萃取液一般用亲水性聚丙烯或玻璃纤维材质滤膜过滤后，高效液相色谱分离检测。（　　）①

答案：正确

15. 根据《水质　草甘膦的测定　高效液相色谱法》（HJ 1071—2019）测定水中草甘膦时，分析样品之前，应建立能够覆盖样品浓度范围的至少5个非零浓度点的工作曲线，曲线的相关系数应≥0.995。（　　）①

答案：正确

三、选择题

1. 根据《生活饮用水标准检验方法　农药指标》（GB/T 5750.9—2006）（18.1　草甘膦　高压液相色谱法）测定水中草甘膦时，样品采集后应储存在4℃、避光的环境中，可保存________。（　　）②

A. 5 d　　B. 7 d　　C. 1 周　　D. 2 周

答案：D

2. 根据《生活饮用水标准检验方法　农药指标》（GB/T 5750.9—2006）（18.1　草甘

膦　高压液相色谱法）测定水中草甘膦时，草甘膦最低检测质量为________ng，若取 200 ml 直接进样则最低检测质量浓度为________mg/L。(　　) ②

A. 10.0，50　　B. 5.0，25　　C. 2.0，10　　D. 5.0，10

答案：B

3. 根据《水质　草甘膦的测定　高效液相色谱法》(HJ 1071—2019) 规定，衍生后的样品中加入________，然后涡旋振荡萃取 2 min。(　　) ①

A. 正己烷　　B. 二氯甲烷　　C. 乙酸乙酯　　D. 苯

答案：B

4. 根据《水质　草甘膦的测定　高效液相色谱法》(HJ 1071—2019) 测定水中草甘膦时，液相色谱仪流动相为乙腈和________。(　　) ①

A. 0.1% 甲酸溶液　　B. 0.2% 甲酸溶液　　C. 0.1% 磷酸溶液　　D. 0.2% 磷酸溶液

答案：D

5. 根据《水质　草甘膦的测定　高效液相色谱法》(HJ 1071—2019) 测定水中草甘膦时，每 20 个样品或每批次（少于 20 个样品 / 批）应进行一个基体加标样的分析，基体加标回收率应控制在________。(　　) ①

A. 60%～120%　　B. 60%～130%　　C. 80%～120%　　D. 70%～130%

答案：D

参考文献

[1] 生态环境部 . 水质　草甘膦的测定　高效液相色谱法：HJ 1071—2019［S］. 中国环境出版集团，2019.

[2] 中华人民共和国卫生部，中国国家标准化管理委员会 . 生活饮用水标准检验方法　农药指标：GB/T 5750.9—2006［S］. 北京：中国标准出版社，2006.

命题：何书海　张鸣珊　乔支卫

审核：田志仁　吴志强　彭刚华　冯　丹

第十一节　呋喃丹

分类号：W15-10

主要内容
《生活饮用水标准检验方法　农药指标》(GB/T 5750.9—2006)(15.1　呋喃丹　高压液相色谱法)

一、判断题

1. 根据《生活饮用水标准检验方法　农药指标》(GB/T 5750.9—2006)(15.1　呋喃丹　高压液相色谱法）测定水中呋喃丹时，若氯浓度过高，可能对采集呋喃丹水样产生干扰或损失，应在加氯之前，或离加氯点尽可能远的地方取样。(　　)

答案：正确

2. 根据《生活饮用水标准检验方法　农药指标》(GB/T 5750.9—2006)(15.1　呋喃

丹 高压液相色谱法）测定水中呋喃丹时，取 200 ml 水样于 250 ml 分液漏斗，加入 30 ml 苯进行萃取。(　　)

答案：错误

正确答案为：加入 30 ml 二氯甲烷进行萃取。

3.《生活饮用水标准检验方法　农药指标》(GB/T 5750.9—2006)(15.1　呋喃丹　高压液相色谱法）同时测定呋喃丹和甲萘威时，甲萘威保留时间小于呋喃丹。(　　)

答案：错误

正确答案为：甲萘威保留时间大于呋喃丹。

4. 根据《生活饮用水标准检验方法　农药指标》(GB/T 5750.9—2006)(15.1　呋喃丹　高压液相色谱法）测定水中呋喃丹时，色谱柱反应圈和柱后管线材料均为聚四氟乙烯。(　　)

答案：正确

二、选择题

1.《生活饮用水标准检验方法　农药指标》(GB/T 5750.9—2006)(15.1　呋喃丹　高压液相色谱法）测定水中呋喃丹的最低检测质量为 0.25 ng，若取 200 ml 水样，最低检测浓度为________。(　　)

A. 0.525 mg/L　　B. 0.225 mg/L　　C. 0.125 mg/L　　D. 0.325 mg/L

答案：C

2. 根据《生活饮用水标准检验方法　农药指标》(GB/T 5750.9—2006)(15.1　呋喃丹　高压液相色谱法）测定水中呋喃丹时，样品经过滤后注入________相 HPLC 柱，分析时流动相为________。(　　)

A. 正，甲醇和水　　B. 反，甲醇和水　　C. 正，正己烷　　D. 反，正己烷

答案：B

3. 根据《生活饮用水标准检验方法　农药指标》(GB/T 5750.9—2006)(15.1　呋喃丹　高压液相色谱法）测定水中呋喃丹时，已预处理的样品经色谱柱分离后，氨基甲酸酯类化合物与氢氧化钠发生水解反应，生成的甲胺与________和________反应，生成强荧光物质，可定量检测。(　　)

A. 对苯二醛，巯基甲醇　　B. 邻苯二醛，巯基甲醇

C. 邻苯二醛，2- 巯基乙醇　　D. 对苯二醛，2- 巯基乙醇

答案：C

4. 根据《生活饮用水标准检验方法　农药指标》(GB/T 5750.9—2006)(15.1　呋喃丹　高压液相色谱法）测定水中呋喃丹时，纯水电阻应大于________MΩ。(　　)

A. 16.0　　B. 17.0　　C. 18.0　　D. 15.0

答案：C

5. 根据《生活饮用水标准检验方法　农药指标》(GB/T 5750.9—2006)(15.1　呋喃丹　高压液相色谱法）测定水中呋喃丹时，配置的氢氧化钠溶液在使用前需过滤，并用________脱除体或在线脱气。(　　)

A. 氩气　　B. 氮气　　C. 空气　　D. 氦气

答案：D

6. 根据《生活饮用水标准检验方法　农药指标》（GB/T 5750.9—2006）（15.1　呋喃丹高压液相色谱法）测定水中呋喃丹时，邻苯二醛溶液配制方法：称取 0.100 g 邻苯二醛，溶于 10 ml 甲醇中，再加入 1 000 ml 0.05 mol/L________溶液，混合过滤后再脱气。（　　）

A. 硼酸　　B. 四硼酸钠　　C. 硼氢化钠　　D. 硼酸钠

答案：B

7. 根据《生活饮用水标准检验方法　农药指标》（GB/T 5750.9—2006）（15.1　呋喃丹高压液相色谱法）规定测定水中呋喃丹时，一般所用的检测器为________检测器。（　　）

A. 紫外　　B. 荧光　　C. 示差折光　　D. 二级管阵列

答案：B

8. 根据《生活饮用水标准检验方法　农药指标》（GB/T 5750.9—2006）（15.1　呋喃丹高压液相色谱法）测定水中呋喃丹时，若采集的水样有余氯存在，加入________脱氯。（　　）

A. 硫代硫酸钠　　B. 氯化钠　　C. 硫酸钠　　D. 过硫酸钠

答案：A

参考文献

中华人民共和国卫生部，中国国家标准化管理委员会. 生活饮用水标准检验方法　农药指标：GB/T 5750.9—2006［S］. 北京：中国标准出版社，2006.

命题：冷　俊　田志仁

审核：张益民　冯　丹

第十二节　联苯胺

分类号：W15-11

主要内容
《水质　联苯胺的测定　高效液相色谱法》（HJ 1017—2019）

一、填空题

根据《水质　联苯胺的测定　高效液相色谱法》（HJ 1017—2019）测定水中联苯胺时，样品通过阳离子交换固相萃取柱吸附，用乙酸溶液将联苯胺锁定在固相萃取柱上，用甲醇淋洗除去杂质，再用________溶液进行洗脱，洗脱液浓缩定容后，用具有________检测器的高效液相色谱仪分离检测。

答案：氨水甲醇　　荧光

二、判断题

1. 根据《水质　联苯胺的测定　高效液相色谱法》（HJ 1017—2019）测定水中的联苯胺时，当取样体积为 150 ml，试样定容体积为 1.0 ml，进样体积为 40 μl 时方法检出限为 0.006 μg/L。（　　）

答案：错误

正确答案：当取样体积为 150 ml，试样定容体积为 2.0 ml，进样体积为 40 μl 时方法检出限为 0.006 μg/L。

2. 根据《水质　联苯胺的测定　高效液相色谱法》（HJ 1017—2019）测定水中的联苯胺时，对于悬浮物浓度超过 12 mg/L 的样品，可先将样品用盐酸溶液调节 pH 至 12 左右，用超声波清洗仪超声 10 min，用经过乙醇浸润的滤膜过滤。滤液用氢氧化钠溶液调节 pH 至 6～9，再进行固相萃取。（　　）

答案：错误

正确答案：对于悬浮物浓度超过 12 mg/L 的样品，可先将样品用盐酸溶液调节 pH 至 3 左右，用超声波清洗仪超声 10 min，用经过乙醇浸润的滤膜过滤。滤液用氢氧化钠溶液调节 pH 至 6～9，再进行固相萃取。

3. 根据《水质　联苯胺的测定　高效液相色谱法》（HJ 1017—2019）测定水中联苯胺时，采样前，向样品瓶中加入硫代硫酸钠，每 500 ml 样品加入 40 mg。应使样品充满采样瓶，不留液上空间。（　　）

答案：正确

4. 根据《水质　联苯胺的测定　高效液相色谱法》（HJ 1017—2019）测定水中联苯胺时，使用填料为苯磺酸化的聚苯乙烯－二乙烯基苯树脂的固相萃取柱或其他等效萃取柱富集净化水样。（　　）

答案：正确

5. 根据《水质　联苯胺的测定　高效液相色谱法》（HJ 1017—2019）测定水中联苯胺时，主要依据样品中目标化合物与标准系列中目标化合物的保留时间进行定性，也可采用不同波长下的荧光强度比辅助定性，若样品中有联苯胺检出，可使用高效液相色谱－三重四极质谱法辅助定性予以确认。（　　）

答案：正确

6. 根据《水质　联苯胺的测定　高效液相色谱法》（HJ 1017—2019）测定水中联苯胺时，每 20 个样品或每批次（≤20 个样品 / 批）应至少测定一个基体加标样品，加标回收率应控制在 60%～120%。（　　）

答案：错误

正确答案：加标回收率应控制在 70%～120%。

7. 根据《水质　联苯胺的测定　高效液相色谱法》（HJ 1017—2019）测定水中联苯胺时，校准曲线的相关系数应≥0.995，每 20 个样品或每批次（≤20 个样品 / 批）应测定一个校准曲线中间浓度点的标准溶液，测定结果与曲线该点浓度的相对误差应在 ±20% 以内。（　　）

答案：错误

正确答案：校准曲线的相关系数应≥0.999，每 20 个样品或每批次（≤20 个样品 / 批）应测定一个校准曲线中间浓度点的标准溶液，测定结果与曲线该点浓度的相对误差应在 ±15% 以内。

8. 根据《水质　联苯胺的测定　高效液相色谱法》（HJ 1017—2019）测定水中联苯胺时，洗脱液经浓缩至 1.0 ml，再用水定容至 2.0 ml，混匀后经 0.45 μm 聚四氟乙烯滤膜过滤，待测。(　　)

答案：正确

9.《水质　联苯胺的测定　高效液相色谱法》（HJ 1017—2019）适用于地表水、地下水、生活污水和工业废水中联苯胺的测定。(　　)

答案：正确

三、选择题

1. 根据《水质　联苯胺的测定　高效液相色谱法》（HJ 1017—2019）测定水中联苯胺时，采集的样品应在 4℃以下冷藏、避光保存，________内萃取。萃取后的洗脱液在 4℃以下冷藏、避光保存，________内分析完毕。(　　)

A. 4 d，5 d　　B. 4 d，7 d　　C. 7 d，5 d　　D. 5 d，4 d

答案：D

2. 根据《水质　联苯胺的测定　高效液相色谱法》（HJ 1017—2019）测定水中联苯胺时，一般使用________色谱柱分离联苯胺。(　　)

A. C_{18}　　B. C_8　　C. 硅胶　　D. 活性炭

答案：A

3. 根据《水质　联苯胺的测定　高效液相色谱法》（HJ 1017—2019）测定水中联苯胺时，一般使用________配制 1.0 μg/ml 的联苯胺标准使用液。(　　)

A.（1+1）甲醇水溶液　　B.（1+1）乙酸水溶液

C.（1+1）氨水溶液　　D.（1+1）乙腈水溶液

答案：A

4. 根据《水质　联苯胺的测定　高效液相色谱法》（HJ 1017—2019）测定水中联苯胺时，液相色谱仪流动相为乙腈和________。(　　)

A. 甲酸溶液　　B. 水溶液　　C. 磷酸溶液　　D. 乙酸铵溶液

答案：D

参考文献

生态环境部 . 水质　联苯胺的测定　高效液相色谱法：HJ 1017—2019［S］. 北京：中国标准出版社，2019.

命题：张鸣珊　何书海

审核：田志仁　贺小敏　夏　新

第十三节　萘酚

分类号：W15-12

主要内容
《水质　萘酚的测定　高效液相色谱法》（HJ 1073—2019）

一、填空题

根据《水质　萘酚的测定　高效液相色谱法》（HJ 1073—2019）规定，样品采集时，将样品采集到采样瓶中，于每升样品中加入 0.5 g________，待完全溶解后，用盐酸溶液或氢氧化钠溶液调节样品的 pH 至 1～2。

答案： 抗坏血酸

二、判断题

1. 根据《水质　萘酚的测定　高效液相色谱法》（HJ 1073—2019）测定水中萘酚时，与萘酚保留时间相近的其他酸性或中性有机化合物可能会干扰萘酚的测定，可通过改变流动相的比例改善分离度，也可选择在相对无干扰的检测波长下测定，避免干扰。(　　)

答案： 正确

2. 根据《水质　萘酚的测定　高效液相色谱法》（HJ 1073—2019）测定水中萘酚时，在本标准规定的检测条件下，苯酚、2,4- 二硝基酚、2,6- 二甲基酚，2- 甲基酚、3- 甲基酚、4- 甲基酚、4- 氯酚、2,4- 二氯酚、2,4,6- 三硝基酚、1,3- 苯二酚、对硝基酚、邻氯酚、邻硝基酚、2,4- 二甲酚、4- 氯间甲酚、4,6- 二硝基邻甲酚、2,4,6- 三氯酚和五氯酚等酚类化合物对萘酚测定不产生干扰。(　　)

答案： 正确

3. 根据《水质　萘酚的测定　高效液相色谱法》（HJ 1073—2019）测定水中萘酚时，水中萘胺、苯胺类等碱性有机化合物在 pH 为 1～2 的酸性条件下不会被 C_{18} 固相萃取柱吸附，对萘酚分离测定不产生干扰。(　　)

答案： 正确

4. 根据《水质　萘酚的测定　高效液相色谱法》（HJ 1073—2019）测定水中萘酚时，对于基体复杂、有机物含量未知的样品，为避免穿透，可以分别用两根固相萃取柱萃取不同体积的同一个样品。如分别萃取 10.0 ml 和 20.0 ml 样品，当后者的测定结果（试样浓度）比前者低 50% 时，即说明后者的吸附容量已达到饱和，需适当减少取样量或将样品稀释后再固相萃取。(　　)

答案： 错误

　　正确答案为：当后者的测定结果（试样浓度）比前者低 20% 时，即说明后者的吸附容量已达到饱和，需适当减少取样量或将样品稀释后再固相萃取。

5.《水质　萘酚的测定　高效液相色谱法》（HJ 1073—2019）适用于地表水、地下水、

生活污水、工业废水和海水中1-萘酚（α-萘酚）和2-萘酚（β-萘酚）的测定。（　　）

答案：正确

6. 根据《水质　萘酚的测定　高效液相色谱法》（HJ 1073—2019）测定水中萘酚时，当取样体积为10.0 ml，洗脱液体积为10.0 ml，进样体积为10.0 μl时，在发射波长360 nm处1-萘酚（α-萘酚）和2-萘酚（β-萘酚）的方法检出限均为2 μg/L。（　　）

答案：错误

正确答案为：在发射波长425 nm处，1-萘酚（α-萘酚）和2-萘酚（β-萘酚）的方法检出限均为2 μg/L；在发射波长360 nm处，2-萘酚（β-萘酚）的方法检出限为0.2 μg/L。

7. 根据《水质　萘酚的测定　高效液相色谱法》（HJ 1073—2019）测定水中萘酚时，对于清洁样品（包括高盐水和海水），可将样品用微孔滤膜过滤后，直接进样。（　　）

答案：错误

正确答案为：对于清洁样品（不包括高盐水和海水），可将样品用微孔滤膜过滤后，直接进样。

8. 根据《水质　萘酚的测定　高效液相色谱法》（HJ 1073—2019）测定水中萘酚时，当试样中目标化合物的响应值超过标准曲线的上限（10 mg/L）时，应将样品适当稀释或减少取样体积后再进行试样制备。（　　）

答案：正确

9. 根据《水质　萘酚的测定　高效液相色谱法》（HJ 1073—2019）测定水中萘酚时，每20个样品或每批次（≤20个样品/批）样品应至少测定1个平行双样，当测定结果大于定量下限时，平行样的相对偏差应≤25%。（　　）

答案：正确

10. 根据《水质　萘酚的测定　高效液相色谱法》（HJ 1073—2019）测定水中萘酚时，分析样品之前，应建立至少5个非零浓度点的标准曲线，曲线的相关系数应≥0.995，每20个样品或每批次应测定一个标准系列中间浓度点溶液，其测定结果与该浓度的相对误差应在±10%以内。（　　）

答案：正确

三、选择题

1. 根据《水质　萘酚的测定　高效液相色谱法》（HJ 1073—2019）测定水中萘酚时，水样采集加入保护剂后应在4℃下避光冷藏运输和保存，________内完成分析。（　　）

A. 7 d　　B. 10 d　　C. 14 d　　D. 2 d

答案：C

2. 根据《水质　萘酚的测定　高效液相色谱法》（HJ 1073—2019）测定水中萘酚时，使用________固相萃取柱萃取，甲醇洗脱，洗脱液过膜后，经高效液相色谱仪分析检测。（　　）

A. C_8　　B. C_{18}　　C. 硅胶　　D. 活性炭

答案：B

3. 根据《水质　萘酚的测定　高效液相色谱法》（HJ 1073—2019）测定水中萘酚时，每 20 个样品或每批次（≤20 个样品 / 批）样品至少测定 1 个基体加标样品，基体加标回收率应在________。(　　)

A. 60%～130%　　B. 70%～130%　　C. 80%～120%　　D. 70%～120%

答案：B

参考文献

生态环境部 . 水质　萘酚的测定　高效液相色谱法：HJ 1073—2019［S］. 中国环境出版集团，2019.

命题：张鸣珊　何书海

审核：田志仁　周笑白　夏　新

第十四节　硝磺草酮

分类号：W15–13

主要内容
《水质　硝磺草酮的测定　液相色谱法》（HJ 850—2017）

一、填空题

根据《水质　硝磺草酮的测定　液相色谱法》（HJ 850—2017）测定水中硝磺草酮时，用具有________检测器的高效液相色谱分离检测。根据保留时间定性，外标法定量。

答案：紫外或二极管阵列

二、判断题

1. 根据《水质　硝磺草酮的测定　液相色谱法》（HJ 850—2017）测定水中硝磺草酮时，当样品中有硝磺草酮检出，可采用标准样品添加法、不同波长下的吸收比或扫描紫外吸收光谱等方法进一步定性确认。(　　)

答案：正确

2. 根据《水质　硝磺草酮的测定　液相色谱法》（HJ 850—2017）测定水中硝磺草酮时，每 20 个样品或每批次（少于 20 个样品）应测定一个校准曲线中间浓度点标准溶液，测定结果与曲线该点浓度的相对偏差应≤20%。否则，应建立新的校准曲线。(　　)

答案：错误

正确答案为：测定结果与曲线该点浓度的相对偏差应≤15%。否则，应建立新的校准曲线。

3. 根据《水质　硝磺草酮的测定　液相色谱法》（HJ 850—2017）测定水中硝磺草酮

时，采集的水样应于 4℃冷藏、避光和密封保存，在 7 d 内分析完毕。(　　)

答案：正确

4. 根据《水质　硝磺草酮的测定　液相色谱法》(HJ 850—2017) 测定水中硝磺草酮时，每 20 个样品或每批次 (少于 20 个样品) 应进行一个基体加标样的分析，基体加标回收率应控制在 70%～130%。(　　)

答案：正确

5.《水质　硝磺草酮的测定　液相色谱法》(HJ 850—2017) 适用于地表水、地下水、生活污水和工业废水中硝磺草酮的测定。(　　)

答案：正确

6. 根据《水质　硝磺草酮的测定　液相色谱法》(HJ 850—2017) 测定水中硝磺草酮时，取一定量硝磺草酮标准储备液用甲醇稀释定容配制硝磺草酮标准使用液，待使用。(　　)

答案：错误

正确答案为：取一定量硝磺草酮标准储备液用实验用水稀释定容配制硝磺草酮标准使用液，待使用。

7. 根据《水质　硝磺草酮的测定　液相色谱法》(HJ 850—2017) 测定水中硝磺草酮时，当水样中共存的有机物干扰硝磺草酮测定时，可以通过改变色谱条件，使硝磺草酮与干扰物分离，或将水样先用正己烷萃取去除部分干扰，取水相进行分析。(　　)

答案：正确

三、选择题

1. 根据《水质　硝磺草酮的测定　液相色谱法》(HJ 850—2017) 规定，测定水中硝磺草酮时，用________将水样 pH 调至 3.0～4.0，水样经 0.22 μm 滤膜过滤后，置于样品瓶中，待测。(　　)

A. 磷酸　　B. 盐酸　　C. 硝酸　　D. 硫酸

答案：A

2. 根据《水质　硝磺草酮的测定　液相色谱法》(HJ 850—2017) 测定水中硝磺草酮时，每 10 个样品或每批次 (少于 10 个样品) 应带一个平行样，平行样的相对偏差________。(　　)

A. ≤15%　　B. ≤20%　　C. ≤25%　　D. ≤30%

答案：A

参考文献

环境保护部．水质　硝磺草酮的测定　液相色谱法：HJ 850—2017 [S]．中国环境出版集团，2017.

命题：何书海　张鸣珊

审核：田志仁　贺小敏

第十五节 乙撑硫脲

分类号：W15-14

主要内容
《水质 乙撑硫脲的测定 液相色谱法》（HJ 849—2017）

一、填空题

1. 根据《水质 乙撑硫脲的测定 液相色谱法》（HJ 849—2017）测定水中乙撑硫脲时，使用具有________检测器的液相色谱仪分离检测，根据保留时间定性，外标法定量。

答案：紫外或二极管阵列

2. 根据《水质 乙撑硫脲的测定 液相色谱法》（HJ 849—2017）测定水中乙撑硫脲时，采集的水样应于 4℃冷藏、避光和密封保存，在________d 内分析完毕。

答案：30

二、判断题

1.《水质 乙撑硫脲的测定 液相色谱法》（HJ 849—2017）适用于地表水、地下水、生活污水、工业废水和海水中乙撑硫脲的测定。（ ）

答案：错误

正确答案为：本标准适用于地表水、地下水、生活污水和工业废水中乙撑硫脲的测定。

2. 根据《水质 乙撑硫脲的测定 液相色谱法》（HJ 849—2017）测定水中乙撑硫脲时，水样中共存的有机物干扰乙撑硫脲测定，可以通过改变色谱条件，使乙撑硫脲与干扰物分离，或将水样先用甲醇萃取去除部分干扰，取有机相进行分析。（ ）

答案：错误

正确答案为：将水样先用正己烷萃取去除部分干扰，取水相进行分析。

3. 根据《水质 乙撑硫脲的测定 液相色谱法》（HJ 849—2017）测定水中乙撑硫脲时，一般使用甲醇配制乙撑硫脲标准贮备液、标准使用液。（ ）

答案：错误

正确答案为：一般用实验用水配制乙撑硫脲标准贮备液、标准使用液。

4. 根据《水质 乙撑硫脲的测定 液相色谱法》（HJ 849—2017）测定水中乙撑硫脲时，水样经 0.22 μm 尼龙滤膜或醋酸纤维滤膜过滤后可直接进样分析。（ ）

答案：正确

5. 根据《水质 乙撑硫脲的测定 液相色谱法》（HJ 849—2017）测定水中乙撑硫脲时，每 10 个样品或每批次（少于 10 个样品）应带一个平行样，平行样的相对偏差应≤30%。（ ）

答案：错误

正确答案为：每 10 个样品或每批次（少于 10 个样品）应带一个平行样，平行样的相对偏差应≤15%。

6. 根据《水质　乙撑硫脲的测定　液相色谱法》（HJ 849—2017）测定水中乙撑硫脲时，校准曲线的相关系数≥0.995，每 20 个样品或每批次（少于 20 个样品）应测定一个校准曲线中间浓度点标准溶液，测定结果与曲线该点浓度的相对偏差应≤15%。否则，应建立新的校准曲线。（　　）

答案：正确

7. 根据《水质　乙撑硫脲的测定　液相色谱法》（HJ 849—2017）测定水中乙撑硫脲时，每 20 个样品或每批次（少于 20 个样品）应至少做一个实验室空白，空白中乙撑硫脲的浓度应低于方法检出限。（　　）

答案：正确

8. 根据《水质　乙撑硫脲的测定　液相色谱法》（HJ 849—2017）测定水中乙撑硫脲时，样品中有乙撑硫脲检出，可采用标准样品添加法、不同波长的吸收比或扫描紫外吸收光谱等方法进一步定性确认。（　　）

答案：正确

三、选择题

1. 根据《水质　乙撑硫脲的测定　液相色谱法》（HJ 849—2017）规定，每 20 个样品或每批次（少于 20 个样品）需做一个基体加标样，基体加标回收率应控制在________。（　　）

A. 60%～130%　　B. 70%～130%　　C. 60%～120%　　D. 70%～120%

答案：B

2. 根据《水质　乙撑硫脲的测定　液相色谱法》（HJ 849—2017）测定水中乙撑硫脲时，推荐使用________作为液相色谱的流动相。（　　）

A. 甲醇和水　　B. 二氯甲烷和水

C. 乙酸乙酯和水　　D. 乙腈和醋酸水溶液

答案：A

参考文献

环境保护部 . 水质　乙撑硫脲的测定　液相色谱法：HJ 849—2017［S］. 中国环境出版集团，2017.

命题：田志仁　张鸣珊

审核：何书海　夏　新

第十六节　灭多威和灭多威肟

分类号：W15-15

主要内容
《水质　灭多威和灭多威肟的测定　液相色谱法》（HJ 851—2017）

一、填空题

根据《水质　灭多威和灭多威肟的测定　液相色谱法》（HJ 851—2017）测定水中灭多威和灭多威肟时，用具有________检测器的液相色谱分离检测，根据保留时间定性，外标法定量。

答案：紫外或二极管阵列

二、判断题

1. 根据《水质　灭多威和灭多威肟的测定　液相色谱法》（HJ 851—2017）测定水中灭多威和灭多威肟，当进样量为 50 μl 时，灭多威和灭多威肟的方法检出限均为 1 μg/L，测定下限均为 16 μg/L。（　　）

答案：错误

正确答案为：当进样量为 50 μl 时，灭多威和灭多威肟的方法检出限均为 1 μg/L，测定下限均为 4 μg/L。

2.《水质　灭多威和灭多威肟的测定　液相色谱法》（HJ 851—2017）适用于地表水、地下水、生活污水和海水中灭多威和灭多威肟的测定。（　　）

答案：错误

正确答案为：本标准适用于地表水、地下水、生活污水和工业废水中灭多威和灭多威肟的测定。

3. 根据《水质　灭多威和灭多威肟的测定　液相色谱法》（HJ 851—2017）测定水中灭多威和灭多威肟时，灭多威和灭多威肟的检测波长均为 232 nm。（　　）

答案：正确

4. 根据《水质　灭多威和灭多威肟的测定　液相色谱法》（HJ 851—2017）测定水中灭多威和灭多威肟时，每 10 个样品或每批次（少于 10 个样品）应做一个平行样，平行样的相对偏差≤20%。（　　）

答案：错误

正确答案为：每 10 个样品或每批次（少于 10 个样品）应做一个平行样，平行样的相对偏差偏≤15%。

5. 根据《水质　灭多威和灭多威肟的测定　液相色谱法》（HJ 851—2017）测定水中灭多威和灭多威肟时，一般使用 0.22 μm 聚四氟乙烯或尼龙微孔滤膜过滤水样。（　　）

答案：正确

6. 根据《水质　灭多威和灭多威肟的测定　液相色谱法》（HJ 851—2017）测定水中灭多威和灭多威肟时，每 20 个样品或每批次（少于 20 个样品）应至少做一个实验室空白，空白中灭多威和灭多威肟的浓度应低于测定下限。（　　）

答案：错误

正确答案为：空白中灭多威和灭多威肟的浓度应低于方法检出限。

7. 根据《水质　灭多威和灭多威肟的测定　液相色谱法》（HJ 851—2017）测定水中灭多威和灭多威肟时，校准曲线的相关系数≥0.990，每 20 个样品或每批次（少于

20 个样品）应测定一个校准曲线中间浓度点标准溶液，测定结果与曲线该点浓度的相对偏差应≤30%。(　　)

答案：错误

正确答案为：校准曲线的相关系数≥0.995，每 20 个样品或每批次（少于 20 个样品）应测定一个校准曲线中间浓度点标准溶液，测定结果与曲线该点浓度的相对偏差应≤15%。

8. 根据《水质　灭多威和灭多威肟的测定　液相色谱法》(HJ 851—2017) 测定水中灭多威和灭多威肟时，灭多威和灭多威肟的标准贮备液、标准使用液均用实验用水配制。(　　)

答案：错误

正确答案为：灭多威和灭多威肟的标准贮备液使用乙腈配制，标准使用液用实验用水配制。

9. 根据《水质　灭多威和灭多威肟的测定　液相色谱法》(HJ 851—2017) 测定水中灭多威和灭多威肟时，当水样中共存的有机物干扰目标化合物测定时，可通过改变色谱条件，使灭多威和灭多威肟与干扰物分离，或将水样先用正己烷萃取去除部分干扰，取水相进行分析。(　　)

答案：正确

三、选择题

1. 根据《水质　灭多威和灭多威肟的测定　液相色谱法》(HJ 851—2017) 测定水中灭多威和灭多威肟时，样品采集后用盐酸溶液或氢氧化钠溶液调节 pH 至 4～6，避光保存，在________内分析完毕。(　　)

A. 3 d　　B. 8 d　　C. 10 d　　D. 14 d

答案：B

2. 根据《水质　灭多威和灭多威肟的测定　液相色谱法》(HJ 851—2017) 测定水中灭多威和灭多威肟时，每 20 个样品或每批次（少于 20 个样品）应做一个基体加标样，基体加标回收率应控制在________。(　　)

A. 80%～120%　　B. 80%～130%　　C. 70%～120%　　D. 70%～130%

答案：A

参考文献

环境保护部 . 水质　灭多威和灭多威肟的测定　液相色谱法：HJ 851—2017 [S] . 中国环境出版集团，2017.

命题：田志仁　张鸣珊

审核：何书海　夏　新

第十七节　百草枯和杀草快

分类号：W15–16

主要内容
《水质　百草枯和杀草快的测定　固相萃取－高效液相色谱法》（HJ 914—2017）

一、填空题

根据《水质　百草枯和杀草快的测定　固相萃取－高效液相色谱法》（HJ 914—2017）测定水中百草枯和杀草快时，水样中的百草枯和杀草快经________固相萃取柱萃取富集，用________溶液洗脱后，用液相色谱分离、紫外检测器检测。

答案：弱阳离子交换　　含甲酸的乙腈

二、判断题

1. 根据《水质　百草枯和杀草快的测定　固相萃取－高效液相色谱法》（HJ 914—2017）测定水中百草枯和杀草快时，对于目标物含量较高的水样（>0.1 mg/L），可经 0.45 μm 尼龙滤膜过滤后可直接进样测定。（　　）

答案：正确

2. 根据《水质　百草枯和杀草快的测定　固相萃取－高效液相色谱法》（HJ 914—2017）测定水中百草枯和杀草快时，对于含盐量较高的水样，为避免固相萃取柱穿透，可减少取样体积、将水样稀释或采用较大容量的固相萃取柱富集。（　　）

答案：正确

3. 根据《水质　百草枯和杀草快的测定　固相萃取－高效液相色谱法》（HJ 914—2017）测定水中百草枯和杀草快时，具有相近保留时间的物质干扰测定时，可通过改变流动相提高分离度；也可用标准溶液添加法、不同波长下的吸收比、紫外吸收光谱图比较法辅助定性。（　　）

答案：正确

4. 根据《水质　百草枯和杀草快的测定　固相萃取－高效液相色谱法》（HJ 914—2017）测定水中百草枯和杀草快时，可用十八烷基键合硅胶（C_{18}）分离百草枯和杀草快，也可使用其他等效液相色谱柱。（　　）

答案：错误

正确答案为：可用亲水液相色谱柱（HILIC）分离百草枯和杀草快，或其他性能相近的色谱柱。

5. 根据《水质　百草枯和杀草快的测定　固相萃取－高效液相色谱法》（HJ 914—2017）测定水中百草枯和杀草快时，采集的水样于 0～4℃避光保存，7 d 内完成萃取，萃取后 28 d 内完成分析。（　　）

答案：错误

正确答案为：萃取后 21 d 内完成分析。

6. 根据《水质　百草枯和杀草快的测定　固相萃取－高效液相色谱法》（HJ 914—2017）测定水中百草枯和杀草快时，使用乙腈溶液配制百草枯和杀草快的标准使用液。(　　)

答案：错误

正确答案为：使用（1+1）甲醇水溶液配制百草枯和杀草快的标准使用液。

7. 根据《水质　灭多威和灭多威肟的测定　液相色谱法》（HJ 851—2017）测定水中百草枯和杀草快时，对于基质相同的未知样品，应先进行穿透实验，以确定合适的取样体积。当固相萃取柱已穿透时，应适当减少取样体积。(　　)

答案：正确

8. 根据《水质　百草枯和杀草快的测定　固相萃取－高效液相色谱法》（HJ 914—2017）测定水中百草枯和杀草快时，百草枯定量波长为 257 nm，辅助定性波长为 290 nm；杀草快定量波长为 309 nm，辅助定性波长为 290 nm。(　　)

答案：正确

9. 根据《水质　百草枯和杀草快的测定　固相萃取－高效液相色谱法》（HJ 914—2017）测定水中百草枯和杀草快时，可用可调波长紫外检测器或二极管阵列检测器检测。(　　)

答案：正确

10. 根据《水质　百草枯和杀草快的测定　固相萃取－高效液相色谱法》（HJ 914—2017）规定，使用固相萃取富集水中百草枯和杀草快时，通常以 2 ～5 ml/min 的速度通过萃取柱。(　　)

答案：正确

11. 根据《水质　百草枯和杀草快的测定　固相萃取－高效液相色谱法》（HJ 914—2017）测定水中百草枯和杀草快时，在样品采集、前处理及分析过程中不得使用玻璃材质器皿及耗材。(　　)

答案：正确

12. 百草枯和杀草快均为季铵盐除草剂，极易溶于水，在水中呈离子状态，几乎不能被憎水性的 C_{18} 反相色谱柱保留。(　　)

答案：正确

三、选择题

1. 根据《水质　百草枯和杀草快的测定　固相萃取－高效液相色谱法》（HJ 914—2017）测定水中百草枯和杀草快时，当水样中含有余氯时，每升水需加入 0.1g________。(　　)

A. 硫代硫酸钠　　B. 氯化钠　　C. 抗坏血酸　　D. 亚硫酸钠

答案：A

2. 根据《水质　百草枯和杀草快的测定　固相萃取－高效液相色谱法》（HJ 914—2017）测定水中百草枯和杀草快时，每 20 个样品或每批次（少于 20 个）至少分析 1 个基体加标样，回收率为________。(　　)

A. 60%～120%　　B. 60%～140%　　C. 70%～130%　　D. 70%～120%

答案：A

参考文献

环境保护部. 水质　百草枯和杀草快的测定　固相萃取－高效液相色谱法：HJ 914—2017［S］. 中国环境出版集团，2017.

命题：张鸣珊　何书海
审核：田志仁　夏　新

第十八节　磺酰脲类农药

分类号：W15-17

主要内容
《水质　磺酰脲类农药的测定　高效液相色谱法》（HJ 1018—2019）

一、填空题

根据《水质　磺酰脲类农药的测定　高效液相色谱法》（HJ 1018—2019）测定水中磺酰脲类农药时，样品经直接进样、液液萃取或________处理后，用具有________检测器的高效液相色谱分离检测。根据保留时间定性，外标法定量。

答案：固相萃取　　紫外或二极管阵列

二、判断题

1.《水质　磺酰脲类农药的测定　高效液相色谱法》（HJ 1018—2019）适用于地表水、地下水、生活污水和工业废水中烟嘧磺隆、噻吩磺隆、甲磺隆、甲嘧磺隆、醚苯磺隆、氯磺隆、胺苯磺隆、苄嘧磺隆、吡嘧磺隆和氯嘧磺隆 10 种磺酰脲类农药的测定。（　　）

答案：正确

2. 根据《水质　磺酰脲类农药的测定　高效液相色谱法》（HJ 1018—2019）测定水中磺酰脲类农药时，在本标准的条件下，苯磺隆与苄嘧磺隆、醚磺隆与甲磺隆、乙氧磺隆与氯嘧磺隆、3,6- 二氯 -2- 甲氧基苯甲酸（麦草畏）与甲磺隆、4-（2,4- 二氯苯氧基）- 丁酸（2,4-DB）与氯嘧磺隆色谱峰重叠，对测定有干扰。（　　）

答案：正确

3. 根据《水质　磺酰脲类农药的测定　高效液相色谱法》（HJ 1018—2019）测定水中磺酰脲类农药时，样品经 0.45 μm 尼龙滤膜过滤后可直接进样分析。（　　）

答案：错误

正确答案为：样品经 0.45 μm 聚四氟乙烯滤膜过滤后可直接进样分析。

4. 根据《水质　磺酰脲类农药的测定　高效液相色谱法》（HJ 1018—2019）测定水中磺酰脲类农药时，若水样含有余氯，需向水样中加入硫代硫酸钠，使水样中硫代硫酸钠的浓度为 80 mg/L。（　　）

答案：正确

5. 根据《水质　磺酰脲类农药的测定　高效液相色谱法》（HJ 1018—2019）测定水中磺酰脲类农药时，采集的样品应在 4°C 以下冷藏、避光保存，2 d 内分析或萃取完毕。萃取液应在 4°C 以下冷藏、避光保存，8 d 内分析完毕。（　　）

答案：正确

6. 根据《水质　磺酰脲类农药的测定　高效液相色谱法》（HJ 1018—2019）测定水中磺酰脲类农药时，部分磺酰脲类农药在酸性中不稳定，样品调节 pH 约为 3 后，应立即进行萃取。（　　）

答案：正确

7. 根据《水质　磺酰脲类农药的测定　高效液相色谱法》（HJ 1018—2019）的规定，采集样品时，应使样品充满采样瓶，不留液上空间。如果样品 pH 不在 7～9 之间，用磷酸或氢氧化钠溶液调节 pH 至 7～9。（　　）

答案：正确

8. 根据《水质　磺酰脲类农药的测定　高效液相色谱法》（HJ 1018—2019）测定水中磺酰脲类农药时，每 20 个样品或每批（≤20 个样品 / 批）应至少做一个实验室空白，测定结果应低于方法检出限。（　　）

答案：正确

9. 根据《水质　磺酰脲类农药的测定　高效液相色谱法》（HJ 1018—2019）测定水中磺酰脲类农药时，标准曲线的相关系数≥0.990。每 10 个样品或每批次（≤10 样品 / 批）应测定一个校准曲线中间浓度点标准溶液，测定结果与该浓度的相对误差应在 ±30% 以内。（　　）

答案：错误

正确答案为：标准曲线的相关系数≥0.995。每 10 个样品或每批次（≤10 样品 / 批）应测定一个校准曲线中间浓度点标准溶液，测定结果与该浓度的相对误差应在 ±15% 以内。

10. 根据《水质　磺酰脲类农药的测定　高效液相色谱法》（HJ 1018—2019）测定水中磺酰脲类农药时，若样品中有磺酰脲类农药检出，可采用标准添加法、不同波长下的吸收比或扫描紫外吸收光谱等方法辅助定性。必要时，应采用液相色谱 - 串联质谱法对目标化合物进行确认。（　　）

答案：正确

11. 根据《水质　磺酰脲类农药的测定　高效液相色谱法》（HJ 1018—2019）测定水中磺酰脲类农药时，当水样中含有干扰目标化合物测定的有机物时，可以通过改变色谱条件或硅胶柱净化消除部分干扰。（　　）

答案：正确

三、选择题

1. 根据《水质　磺酰脲类农药的测定　高效液相色谱法》（HJ 1018—2019）测定水中磺酰脲类农药时，液液萃取法使用________萃取水样中磺酰脲类农药。（　　）

A. 二氯甲烷　　B. 正己烷　　C. 三氯甲烷　　D. 乙醚

答案：A

2. 根据《水质　磺酰脲类农药的测定　高效液相色谱法》（HJ 1018—2019）测定水中磺酰脲类农药时，以乙腈和________为液相色谱的流动相。(　　)

A. 0.02% 磷酸水溶液　　B. 0.5% 磷酸水溶液

C. 0.02% 硫酸水溶液　　D. 0.02% 盐酸水溶液

答案：A

3. 根据《水质　磺酰脲类农药的测定　高效液相色谱法》（HJ 1018—2019）测定水中磺酰脲类农药时，每 20 个样品或每批次（≤20 个样品 / 批）应做一个平行样。对于直接进样法，平行样的相对偏差________。对于液液萃取和固相萃取，平行样的相对偏差________。(　　)

A. ≤15%，≤20%　　B. ≤20%，≤25%

C. ≤25%，≤30%　　D. ≤30%，≤35%

答案：D

参考文献

生态环境部 . 水质　磺酰脲类农药的测定　高效液相色谱法：HJ 1018—2019［S］. 中国环境出版集团，2019.

命题：田志仁　张鸣珊

审核：贺小敏　何书海

第十六章　液相色谱－质谱法

第一节　苯胺类化合物

分类号：W16–1

主要内容
《水质　17 种苯胺类化合物的测定　液相色谱－三重四极杆质谱法》（HJ 1048—2019）

一、填空题

根据《水质　17 种苯胺类化合物的测定　液相色谱－三重四极杆质谱法》（HJ 1048—2019）测定水中苯胺类化合物时，当样品中存在余氯等氧化性物质时，可在样品采集和保存时加入________消除干扰。

答案：硫代硫酸钠

二、判断题

1.《水质　17 种苯胺类化合物的测定　液相色谱－三重四极杆质谱法》（HJ 1048—2019）不适用于海水中 17 种苯胺类化合物的测定。(　　)

答案：正确

2. 根据《水质　17 种苯胺类化合物的测定　液相色谱－三重四极杆质谱法》（HJ 1048—2019）测定水中苯胺类化合物时，样品采集后，加入保护剂后，应在 4℃以下冷藏、避光保存。邻苯二胺须在 3 d 内完成分析，联苯胺和 3,3′- 二氯联苯胺在 5 d 内完成分析或萃取，其余化合物在 7 d 完成分析或萃取。(　　)

答案：正确

3. 根据《水质　17 种苯胺类化合物的测定　液相色谱－三重四极杆质谱法》（HJ 1048—2019）测定水中苯胺类化合物时，每 20 个样品或每批次（≤20 个样品 / 批）应测定一个校准曲线中间浓度标准溶液，其测定结果与该点浓度的相对误差应在 ±30% 以内。(　　)

答案：错误

正确答案：其测定结果与该点浓度的相对误差应在 ±20% 以内。

4. 根据《水质　17 种苯胺类化合物的测定　液相色谱－三重四极杆质谱法》（HJ 1048—2019）测定水中苯胺类化合物时，水样应以不大于 10 ml/min 的流速通过固相萃取小柱，样品体积可根据实际情况适当调整。(　　)

答案：错误

正确答案：水样应以不大于 3 ml/min 的流速通过固相萃取小柱，样品体积可根据实际情况适当调整。

5. 根据《水质　17 种苯胺类化合物的测定　液相色谱－三重四极杆质谱法》（HJ 1048—2019）测定水中苯胺类化合物时，当样品中存在基质干扰，可通过优化色谱条件、稀释样品、减少进样体积以及对样品进行预处理等方式降低或消除。（　　）

答案：正确

6. 根据《水质　17 种苯胺类化合物的测定　液相色谱－三重四极杆质谱法》（HJ 1048—2019）测定水中苯胺类化合物时，样品存在同分异构体干扰影响测定，可通过改变色谱条件提高分离度或选择不同的二级质谱子离子消除干扰。（　　）

答案：正确

7. 根据《水质　17 种苯胺类化合物的测定　液相色谱－三重四极杆质谱法》（HJ 1048—2019）测定水中苯胺类化合物时，不同的混合型阳离子交换固相萃取柱对邻苯二胺的回收率差异很大，若需净化样品中的邻苯二胺等苯胺类化合物（2- 硝基苯胺除外），可以选择硅胶基质阳离子交换固相萃取柱。（　　）

答案：正确

8. 根据《水质　17 种苯胺类化合物的测定　液相色谱－三重四极杆质谱法》（HJ 1048—2019）测定水中苯胺类化合物时，样品采集后样品 pH 不在 7～8 之间，用甲酸或氨水调节其 pH 为 7～8，每 500 ml 样品中加入 40 mg 硫代硫酸钠，在 4℃以下冷藏、避光保存。（　　）

答案：正确

9. 根据《水质　17 种苯胺类化合物的测定　液相色谱－三重四极杆质谱法》（HJ 1048—2019）测定水中苯胺类化合物时，推荐使用苯胺 -d5 作为内标物，联苯胺 -d8 作为替代物。（　　）

答案：正确

三、选择题

1. 根据《水质　17 种苯胺类化合物的测定　液相色谱－三重四极杆质谱法》（HJ 1048—2019）测定水中苯胺类化合物时，萃取浓缩后的试样若不能及时分析，应冷冻、避光、密封保存，联苯胺在________内分析完毕，其余苯胺类化合物在________内分析完毕。（　　）

A. 7d，14d　　B. 4d，14d　　C. 7d，10d　　D. 4d，10d

答案：B

2. 根据《水质　17 种苯胺类化合物的测定　液相色谱－三重四极杆质谱法》（HJ 1048—2019）测定水中苯胺类化合物时，每 20 个样品或每批次（≤20 个样品 / 批）至少测定一个基体加标样，直接进样法基体加标回收率应为________，固体萃取法基体加标回收率应为________。（　　）

A. 70%～130%，60%～120%　　B. 70%～130%，70%～120%

C. 70%～120%，60%～120%　　D. 70%～120%，60%～130%

答案：C

3. 根据《水质　17 种苯胺类化合物的测定　液相色谱－三重四极杆质谱法》（HJ

1048—2019）测定水中苯胺类化合物时，采用固相萃取法每个样品都需要加入替代物，替代物的加标回收率应为________。（　　）

A. 70%～130%　　B. 70%～120%　　C. 60%～120%　　D. 60%～130%

答案：B

四、简答题

简述《水质　17 种苯胺类化合物的测定　液相色谱－三重四极杆质谱法》（HJ 1048—2019）测定水中苯胺类化合物时，悬浮物对联苯胺的富集影响较大，如何消除悬浮物对固相萃取带来的影响？

答案：当悬浮物浓度过高时，可以减少取样体积，避免堵塞固相萃取柱。也可以先用盐酸溶液调节样品 pH 至 3 左右，摇匀样品后，用经过乙醇浸润的 0.45 μm 聚四氟乙烯的滤膜过滤，过滤液用氢氧化钠溶液调节 pH 至 7～8，再进行固相萃取。

参考文献

生态环境部. 水质　17 种苯胺类化合物的测定　液相色谱－三重四极杆质谱法：HJ 1048—2019［S］. 中国环境出版集团，2019.

命题：张鸣珊　何书海　贺小敏
审核：田志仁　夏　新　马海斌

第二节　苯氧羧酸类除草剂

分类号：W16-2

主要内容
《水质　苯氧羧酸类除草剂的测定　液相色谱 / 串联质谱法》（HJ 770—2015）

一、填空题

根据《水质　苯氧羧酸类除草剂的测定　液相色谱 / 串联质谱法》（HJ 770—2015）测定水中苯氧羧酸类除草剂时，水中的苯氧羧酸类除草剂经直接进样或固相萃取柱富集，在电喷雾离子化源（ESI）的________模式下检测苯氧羧酸类除草剂，根据保留时间和________定性，内标法定量。

答案：负离子　　特征离子

二、判断题

1. 根据《水质　苯氧羧酸类除草剂的测定　液相色谱 / 串联质谱法》（HJ 770—2015）测定水中苯氧羧酸类除草剂时，使用填料为二乙烯苯和 *N*- 乙烯基吡咯烷酮共聚物或同等柱效的固相萃取柱吸附水中苯氧羧酸类除草剂。（　　）

答案：正确

2. 根据《水质　苯氧羧酸类除草剂的测定　液相色谱 / 串联质谱法》（HJ 770—2015）

测定水中苯氧羧酸类除草剂时，苯氧羧酸类除草剂标准使用液用乙腈配制，必须临用现配。(　　)

答案：错误

正确答案：苯氧羧酸类除草剂标准使用液用乙腈配制，标准使用液于4℃冷藏、避光保存，保质期为两个月。

3. 根据《水质　苯氧羧酸类除草剂的测定　液相色谱/串联质谱法》(HJ 770—2015)测定水中苯氧羧酸类除草剂时，一般使用磨口棕色玻璃瓶采集水样，满瓶采集，水样0～4℃避光保存，3 d内完成分析。(　　)

答案：正确

4. 根据《水质　苯氧羧酸类除草剂的测定　液相色谱/串联质谱法》(HJ 770—2015)测定水中苯氧羧酸类除草剂时，若使用固相萃取法富集水样，先将水样pH调至中性，水样以不低于10 ml/min的流速通过固相萃取小柱富集。(　　)

答案：错误

正确答案：若使用固相萃取法富集水样，先将水样pH调至中性，水样以低于10 ml/min的流速通过固相萃取小柱富集。

5. 根据《水质　苯氧羧酸类除草剂的测定　液相色谱/串联质谱法》(HJ 770—2015)测定水中苯氧羧酸类除草剂时，对于待测物浓度较高的样品可加内标混匀后，经0.22 μm聚四氟乙烯材质的滤膜过滤直接进样分析。(　　)

答案：正确

6. 根据《水质　苯氧羧酸类除草剂的测定　液相色谱/串联质谱法》(HJ 770—2015)测定水中苯氧羧酸类除草剂时，每次分析至少做一个实验室空白和全程序空白，检查分析过程是否存在干扰，实验室空白和全程序空白中检出每个目标化合物的浓度不得超过方法的检出限。(　　)

答案：正确

7. 根据《水质　苯氧羧酸类除草剂的测定　液相色谱/串联质谱法》(HJ 770—2015)测定水中苯氧羧酸类除草剂时，在初次使用仪器，或在仪器维修、更换色谱柱或连续校准不合格时需要重新建立标准曲线。(　　)

答案：正确

8. 根据《水质　苯氧羧酸类除草剂的测定　液相色谱/串联质谱法》(HJ 770—2015)测定水中苯氧羧酸类除草剂时，如发现仪器质量数出现明显偏差或灵敏度大幅下降时，应立即对仪器重新进行质量数和灵敏度校正。(　　)

答案：正确

9. 根据《水质　苯氧羧酸类除草剂的测定　液相色谱/串联质谱法》(HJ 770—2015)测定水中苯氧羧酸类除草剂时，每20个样品或每批次(少于20个样品/批)需分析一个平行样，平行样的相对标准偏差应控制在30%以内。(　　)

答案：错误

正确答案：平行样的相对标准偏差应控制在20%以内。

10. 根据《水质　苯氧羧酸类除草剂的测定　液相色谱/串联质谱法》(HJ 770—2015)测定水中苯氧羧酸类除草剂时，洗脱液在浓缩过程中要控制氮吹速度，保持液面微

微波动即可，浓缩至尽干，用乙腈 / 水混合溶液定容。（　　）

答案：正确

三、选择题

1. 根据《水质　苯氧羧酸类除草剂的测定　液相色谱 / 串联质谱法》（HJ 770—2015）测定水中苯氧羧酸类除草剂时，固相萃取法加标回收率范围应在________之间。（　　）

A. 85%～110%　　B. 85%～120%　　C. 70%～110%　　D. 70%～120%

答案：D

2. 根据《水质　苯氧羧酸类除草剂的测定　液相色谱 / 串联质谱法》（HJ 770—2015）测定水中苯氧羧酸类除草剂时，推荐使用________作为液相色谱的流动相。（　　）

A. 乙酸铵水溶液和乙腈　　B. 甲酸水溶液和乙腈

C. 甲酸水溶液和甲醇　　D. 乙酸铵水溶液和甲醇

答案：A

3. 根据《水质　苯氧羧酸类除草剂的测定　液相色谱 / 串联质谱法》（HJ 770—2015）测定水中苯氧羧酸类除草剂时，使用________色谱柱分离水中苯氧羧酸类除草剂。（　　）

A. C_{18}　　B. C_8　　C. 氰基柱　　D. 氨基柱

答案：A

参考文献

环境保护部．水质　苯氧羧酸类除草剂的测定　液相色谱 / 串联质谱法：HJ 770—2015［S］．中国环境出版集团，2015.

命题：张鸣珊　何书海

审核：田志仁　周笑白

第三节　硝基酚类化合物

分类号：W16-3

主要内容
《水质　4种硝基酚类化合物的测定　液相色谱－三重四极杆质谱法》（HJ 1049—2019）

一、填空题

1. 根据《水质　4种硝基酚类化合物的测定　液相色谱－三重四极杆质谱法》（HJ 1049—2019）测定水中4种硝基酚类化合物时，当样品中共存有机物干扰测定时，可用________混合溶液萃取去除部分干扰，取水相进行分析。

答案：（1+2）正己烷－二氯甲烷

2. 根据《水质　4种硝基酚类化合物的测定　液相色谱－三重四极杆质谱法》（HJ

1049—2019）测定水中 4 种硝基酚类化合物时，样品经________或________后直接进样，用液相色谱 - 三重四极杆质谱分离检测硝基酚类化合物。

答案：过滤　　净化

二、判断题

1. 根据《水质　4 种硝基酚类化合物的测定　液相色谱 - 三重四极杆质谱法》（HJ 1049—2019）测定水中 4 种硝基酚类化合物时，若采集后样品 pH 不在 7～9 之间，用氨水或盐酸调节其 pH 至 7～9，在 4℃以下冷藏、避光保存，5 d 内完成分析。（　　）

答案：错误

正确答案：若采集后样品 pH 不在 7～9 之间，用氨水或甲酸调节其 pH 至 7～9，在 4℃以下冷藏、避光保存，7 d 内完成分析。

2. 根据《水质　4 种硝基酚类化合物的测定　液相色谱 - 三重四极杆质谱法》（HJ 1049—2019）测定水中 4 种硝基酚类化合物时，当样品中存在基质干扰可通过优化色谱条件、稀释、减少进样体积以及对样品进行预处理等方式降低或消除。（　　）

答案：正确

3. 根据《水质　4 种硝基酚类化合物的测定　液相色谱 - 三重四极杆质谱法》（HJ 1049—2019）测定水中 4 种硝基酚类化合物时，使用电喷雾离子源（ESI）正离子模式检测 4 种硝基酚类化合物。（　　）

答案：错误

正确答案：使用电喷雾离子源（ESI）负离子模式检测 4 种硝基酚类化合物。

4. 根据《水质　4 种硝基酚类化合物的测定　液相色谱 - 三重四极杆质谱法》（HJ 1049—2019）测定水中 4 种硝基酚类化合物时，清洁样品经 0.45 μm 聚四氟乙烯材质滤膜过滤后加内标混匀直接进样分析。（　　）

答案：错误

正确答案：清洁样品经 0.22 μm 聚四氟乙烯材质滤膜过滤后加内标混匀直接进样分析。

5. 根据《水质　4 种硝基酚类化合物的测定　液相色谱 - 三重四极杆质谱法》（HJ 1049—2019）测定水中 4 种硝基酚类化合物时，当样品中存在同分异构体干扰测定时，可通过改变色谱条件提高分离度或选择不同的二级质谱子离子消除干扰。（　　）

答案：正确

6. 根据《水质　4 种硝基酚类化合物的测定　液相色谱 - 三重四极杆质谱法》（HJ 1049—2019）测定水中 4 种硝基酚类化合物时，使用 2,4- 二硝基苯酚 -d3 作为内标物，内标使用液在 -10℃以下冷冻、避光保存，可保存 3 个月。（　　）

答案：正确

7. 根据《水质　4 种硝基酚类化合物的测定　液相色谱 - 三重四极杆质谱法》（HJ 1049—2019）测定水中 4 种硝基酚类化合物时，每 20 个样品或每批（≤20 个样品 / 批）至少测定一个实验室空白，其测定结果应低于方法检出限。（　　）

答案：正确

8. 根据《水质　4种硝基酚类化合物的测定　液相色谱－三重四极杆质谱法》（HJ 1049—2019）测定水中4种硝基酚类化合物时，每批样品应建立标准曲线，相关系数应≥0.995，每20个样品或每批次（≤20个样品/批）应测定一个标准曲线中间浓度点标准溶液，其测定结果与该点浓度的相对误差应在±20%以内。(　　)

答案：正确

三、选择题

1. 根据《水质　4种硝基酚类化合物的测定　液相色谱－三重四极杆质谱法》（HJ 1049—2019）测定水中4种硝基酚类化合物时，每20个样品或每批次（≤20个样品/批）至少测定一个基体加标，基体加标回收率应为________。(　　)

A. 60%～120%　　B. 70%～120%　　C. 60%～130%　　D. 70%～130%

答案：D

2. 根据《水质　4种硝基酚类化合物的测定　液相色谱－三重四极杆质谱法》（HJ 1049—2019）测定水中4种硝基酚类化合物时，每20个样品或每批次（≤20个样品/批）至少测定一个平行样，平行样的相对偏差应≤________。(　　)

A. 15%　　B. 20%　　C. 25%　　D. 30%

答案：C

参考文献

生态环境部.水质　4种硝基酚类化合物的测定　液相色谱－三重四极杆质谱法：HJ 1049—2019［S］.中国环境出版集团，2019.

命题：田志仁　张鸣珊　贺小敏

审核：何书海　马海斌　夏　新

第四节　丁基黄原酸

分类号：W16-4

主要内容
《水质　丁基黄原酸的测定　液相色谱－三重四极杆串联质谱法》（HJ 1002—2018）

一、填空题

根据《水质　丁基黄原酸的测定　液相色谱－三重四极杆串联质谱法》（HJ 1002—2018）测定水中丁基黄原酸时，样品过滤后直接进样，经液相色谱柱分离，用质谱仪在________条件下检测丁基黄原酸，根据保留时间和特征离子定性，内标法定量。

答案：多反应监测（MRM）

二、判断题

1. 丁基黄原酸盐是一种捕集能力较强的浮选药剂，广泛应用于各种有色金属矿的混合

浮选，也适用于含有部分氧化的铜、铅矿石的浮选，还可用作湿法冶金沉淀剂及橡胶硫化促进剂。(　　)

答案：正确

2.《水质　丁基黄原酸的测定　液相色谱－三重四极杆串联质谱法》(HJ 1002—2018) 适用于地表水、地下水、生活污水和工业废水中丁基黄原酸的测定，同时也适用于正丁基黄原酸盐、异丁基黄原酸盐及其他黄原酸类物质。(　　)

答案：错误

正确答案为：本标准适用于地表水、地下水、生活污水和工业废水中丁基黄原酸的测定，包括正丁基黄原酸盐、异丁基黄原酸盐，但不包括其他黄原酸类物质。

3. 根据《水质　丁基黄原酸的测定　液相色谱－三重四极杆串联质谱法》(HJ 1002—2018) 测定水中丁基黄原酸时，实验过程使用的乙腈、丁基黄原酸盐属于有毒有害的化合物，溶液配制应在通风橱内进行。(　　)

答案：正确

4. 根据《水质　丁基黄原酸的测定　液相色谱－三重四极杆串联质谱法》(HJ 1002—2018) 测定水中丁基黄原酸时，一般使用亲水性聚丙烯或亲水性聚四氟乙烯或玻璃纤维材质的滤膜过滤水样。(　　)

答案：正确

5. 根据《水质　丁基黄原酸的测定　液相色谱－三重四极杆串联质谱法》(HJ 1002—2018) 测定水中丁基黄原酸时，样品采集后用氨水溶液或甲酸溶液调节样品 pH 为 9～10，再加样品至满瓶，混匀。样品于 4℃以下冷藏避光保存，24 h 内完成分析。(　　)

答案：错误

正确答案为：采集的样品于 4℃以下冷藏避光保存，48 h 内完成分析。

6. 根据《水质　丁基黄原酸的测定　液相色谱－三重四极杆串联质谱法》(HJ 1002—2018) 测定水中丁基黄原酸时，冷藏的样品恢复至室温后经滤膜过滤，加入内标使用液混匀，进仪器分析。(　　)

答案：错误

正确答案为：冷藏的样品恢复至室温后，需测定 pH，如样品 pH 未处于 9～10，应重新用氨水或甲酸调节 pH 为 9～10，然后滤膜过滤，加入内标使用液混匀，进仪器分析。

7. 根据《水质　丁基黄原酸的测定　液相色谱－三重四极杆串联质谱法》(HJ 1002—2018) 测定水中丁基黄原酸时，每批样品 (≤20 个 / 批) 至少做一个空白试验，空白试验测定结果不能超过方法检出限。(　　)

答案：正确

8. 根据《水质　丁基黄原酸的测定　液相色谱－三重四极杆串联质谱法》(HJ 1002—2018) 测定水中丁基黄原酸时，使用 2,4- 二氯苯氧乙酸 -^{13}C6 作为内标，内标贮备液于 4℃以下冷藏避光保存，可保存 1 年。或参照制造商的产品说明保存。(　　)

答案：正确

9. 根据《水质　丁基黄原酸的测定　液相色谱－三重四极杆串联质谱法》(HJ 1002—2018) 测定水中丁基黄原酸时，丁基黄原酸标准使用液使用氨水溶液配制，临用现

配。(　　)

答案：正确

10. 根据《水质　丁基黄原酸的测定　液相色谱－三重四极杆串联质谱法》(HJ 1002—2018)测定水中丁基黄原酸时，仪器使用前应按照仪器说明进行质谱仪质量数和分辨率调谐，仪器性能正常后再进行测试。(　　)

答案：正确

11. 根据《水质　丁基黄原酸的测定　液相色谱－三重四极杆串联质谱法》(HJ 1002—2018)测定水中丁基黄原酸时，配制的流动相 pH≈9.5 的氨水，应在 8 h 内使用。(　　)

答案：正确

三、选择题

1. 根据《水质　丁基黄原酸的测定　液相色谱－三重四极杆串联质谱法》(HJ 1002—2018)测定水中丁基黄原酸时，由于流动相 pH 为 9.5，因此应选用适用于流动相 pH≥________的色谱柱分离丁基黄原酸。(　　)

A. 2　　B. 6　　C. 9　　D. 10

答案：D

2. 根据《水质　丁基黄原酸的测定　液相色谱－三重四极杆串联质谱法》(HJ 1002—2018)测定水中丁基黄原酸时，若样品中丁基黄原酸浓度超出校准曲线最高点，用________稀释后测定。(　　)

A. pH≈9.5 的氨水　　B. 纯净水

C. 0.1% 甲酸　　D. pH≈9.5 的氢氧化钠

答案：A

3. 根据《水质　丁基黄原酸的测定　液相色谱－三重四极杆串联质谱法》(HJ 1002—2018)测定水中丁基黄原酸时，每批样品(≤20 个 / 批)至少测定一个基体加标样品，其加标回收率范围应在________之间。(　　)

A. 60%～120%　　B. 60%～130%　　C. 70%～120%　　D. 70%～130%

答案：C

4. 根据《水质　丁基黄原酸的测定　液相色谱－三重四极杆串联质谱法》(HJ 1002—2018)测定水中丁基黄原酸时，三重四极杆质谱仪应配有________离子源。(　　)

A. ESI−　　B. ESI+　　C. NCI　　D. PCI

答案：A

参考文献

生态环境部 . 水质　丁基黄原酸的测定　液相色谱－三重四极杆串联质谱法：HJ 1002—2018 [S]. 中国环境出版集团，2018.

命题：张鸣珊　何书海

审核：田志仁　贺小敏

第五节 氨基甲酸酯类农药

分类号：W16-5

主要内容 《水质 氨基甲酸酯类农药的测定 超高效液相色谱－三重四极杆质谱法》（HJ 827—2017）

一、填空题

1. 根据《水质 氨基甲酸酯类农药的测定 超高效液相色谱－三重四极杆质谱法》（HJ 827—2017）测定水中氨基甲酸酯类农药时，水中的氨基甲酸酯类农药直接进样或固相萃取法富集，用超高效液相色谱－三重四极杆质谱法分离检测，根据保留时间和________定性，内标法定量。

答案：特征离子

2. 根据《水质 氨基甲酸酯类农药的测定 超高效液相色谱－三重四极杆质谱法》（HJ 827—2017）测定水中氨基甲酸酯类农药时，若水样中含有大量不挥发性盐应采用________萃取法对样品进行净化。

答案：固相

二、判断题

1. 根据《水质 氨基甲酸酯类农药的测定 超高效液相色谱－三重四极杆质谱法》（HJ 827—2017）测定水中氨基甲酸酯类农药时，用预先洗涤干净并干燥的磨口棕色玻璃瓶采集水样，采样瓶要完全注满不留气泡。调节样品 pH 为中性，4℃以下冷藏避光保存，7 d 内完成分析。（ ）

答案：错误

正确答案为：调节样品 pH 为中性，4℃以下冷藏避光保存。测定灭多威和灭多威肟时应在 3 d 内完成分析，测定其他组分时应在 7 d 内完成分析。

2. 根据《水质 氨基甲酸酯类农药的测定 超高效液相色谱－三重四极杆质谱法》（HJ 827—2017）测定水中氨基甲酸酯类农药时，使用填料为二乙烯苯和 *N*－乙烯基吡咯烷酮共聚物或等效固相萃取小柱富集水中的氨基甲酸酯类农药。（ ）

答案：正确

3. 《水质 氨基甲酸酯类农药的测定 超高效液相色谱－三重四极杆质谱法》（HJ 827—2017）适用于地表水、地下水、生活污水、工业废水和海水中灭多威、灭多威肟、3－羟基克百威等 15 种氨基甲酸酯类农药的测定。（ ）

答案：错误

正确答案为：本标准适用于地表水、地下水、生活污水和工业废水中灭多威、灭多威肟、3－羟基克百威等 15 种氨基甲酸酯类农药的测定。

4. 根据《水质 氨基甲酸酯类农药的测定 超高效液相色谱－三重四极杆质谱法》

（HJ 827—2017）测定水中氨基甲酸酯类农药时，每批样品应绘制标准曲线，相关系数应≥0.995，否则重新绘制标准曲线。（　　）

答案：正确

5. 根据《水质　氨基甲酸酯类农药的测定　超高效液相色谱 - 三重四极杆质谱法》（HJ 827—2017）测定水中氨基甲酸酯类农药时，若样品直接进样，需经过 0.22 μm 聚四氟乙烯材质滤膜过滤后加内标混匀后待检测。（　　）

答案：正确

6. 根据《水质　氨基甲酸酯类农药的测定　超高效液相色谱 - 三重四极杆质谱法》（HJ 827—2017）测定水中氨基甲酸酯类农药时，每 20 个样品或每批次（少于 20 个样品 / 批）需做 1 个平行双样，平行双样测定结果的相对偏差应≤20%，否则，须重新绘制校准曲线。（　　）

答案：正确

7. 根据《水质　氨基甲酸酯类农药的测定　超高效液相色谱 - 三重四极杆质谱法》（HJ 827—2017）测定水中氨基甲酸酯类农药时，以甲萘威 -D7、克百威 -D3、灭虫威 -D3、灭多威 -D3 作为内标物。（　　）

答案：正确

8. 根据《水质　氨基甲酸酯类农药的测定　超高效液相色谱 - 三重四极杆质谱法》（HJ 827—2017）测定水中氨基甲酸酯类农药时，进样前应对液相色谱 / 串联质谱仪进行仪器质量数和分辨率校正，质量数偏移在 ±0.5 Da 之内，质谱峰半峰宽为 0.6～0.9 Da，以确保仪器处于最佳测试状态。（　　）

答案：正确

9. 根据《水质　氨基甲酸酯类农药的测定　超高效液相色谱 - 三重四极杆质谱法》（HJ 827—2017）测定水中氨基甲酸酯类农药时，每次分析至少做一个实验室空白，实验室空白中检出每个目标化合物的浓度不得超过方法的检出限。（　　）

答案：正确

三、选择题

1. 根据《水质　氨基甲酸酯类农药的测定　超高效液相色谱 - 三重四极杆质谱法》（HJ 827—2017）测定水中氨基甲酸酯类农药时，直接进样法加标回收率范围应在________之间，固相萃取法加标回收率应在________之间。（　　）

A. 70%～115%，60%～120%　　B. 60%～120%，70%～115%

C. 70%～120%，60%～115%　　D. 60%～115%，70%～120%

答案：A

2. 根据《水质　氨基甲酸酯类农药的测定　超高效液相色谱 - 三重四极杆质谱法》（HJ 827—2017）测定水中氨基甲酸酯类农药时，使用________柱或其他性能相近的色谱柱分离氨基甲酸酯类农药。（　　）

A. C_{18}　　B. C_8　　C. SCX　　D. SAX

答案：A

参考文献

环境保护部．水质　氨基甲酸酯类农药的测定　超高效液相色谱－三重四极杆质谱法：HJ 827—2017［S］．中国环境出版集团，2017.

命题：张鸣珊　周笑白　田志仁
审核：何书海　夏　新

第六节　有机锡化合物

分类号：W16-6

主要内容
《水质　三丁基锡等 4 种有机锡化合物的测定　液相色谱－电感耦合等离子体质谱法》（HJ 1074—2019）

一、填空题

1. 根据《水质　三丁基锡等 4 种有机锡化合物的测定　液相色谱－电感耦合等离子体质谱法》（HJ 1074—2019）测定水质中 4 种有机锡化合物时，样品中有机锡化合物经________萃取法富集或________后，用液相色谱柱分离，电感耦合等离子体质谱仪测定。

答案：液液　　直接进样

2. 根据《水质　三丁基锡等 4 种有机锡化合物的测定　液相色谱－电感耦合等离子体质谱法》（HJ 1074—2019）规定，电感耦合等离子体质谱仪需外加气控制单元、有机排废管的雾化器、________、________及有机专用矩管。

答案：铂采样锥　　铂截取锥

3. 根据《水质　三丁基锡等 4 种有机锡化合物的测定　液相色谱－电感耦合等离子体质谱法》（HJ 1074—2019）测定水质中 4 种有机锡化合物时，萃取过程中乳化现象严重可以采用搅动、离心、玻璃棉过滤、________等方法破乳。

答案：冷冻

二、判断题

1.《水质　三丁基锡等 4 种有机锡化合物的测定　液相色谱－电感耦合等离子体质谱法》（HJ 1074—2019）适用于地表水、地下水、海水、生活污水和工业废水中二丁基锡、三丁基锡、二苯基锡、三苯基锡的测定。（　　）

答案：正确

2. 根据《水质　三丁基锡等 4 种有机锡化合物的测定　液相色谱－电感耦合等离子体质谱法》（HJ 1074—2019）测定水中 4 种有机锡化合物时，有机锡标准使用液在 4℃以下冷藏可保存 20 d。（　　）

答案：错误

正确答案为：有机锡标准使用液在 −18℃以下冷藏可保存 20 d。

3. 根据《水质　三丁基锡等 4 种有机锡化合物的测定　液相色谱－电感耦合等离子体质谱法》（HJ 1074—2019）测定水中 4 种有机锡化合物时，若采用直接进样法分析，样品应在 48 h 内分析完毕。（　　）

答案：错误

正确答案为：若采用直接进样法分析，样品应在 24 h 内分析完毕。

4. 根据《水质　三丁基锡等 4 种有机锡化合物的测定　液相色谱－电感耦合等离子体质谱法》（HJ 1074—2019）测定水中 4 种有机锡化合物时，标准曲线的相关系数 $r \geqslant 0.995$，每 20 个样品或每批样品（≤20 个 / 批）测定一个曲线中间校准点，其测定结果与标准曲线相应点浓度的相对误差应在 ±30% 之间。（　　）

答案：错误

正确答案为：标准曲线的相关系数 $r \geqslant 0.990$，每 20 个样品或每批样品（≤20 个 / 批）测定一个曲线中间校准点，其测定结果与标准曲线相应点浓度的相对误差应在 ±20% 之间。

5. 根据《水质　三丁基锡等 4 种有机锡化合物的测定　液相色谱－电感耦合等离子体质谱法》（HJ 1074—2019）测定水中 4 种有机锡化合物时，浓缩过程中萃取液蒸干对目标物的回收率影响不明显。（　　）

答案：错误

正确答案为：浓缩过程中萃取液蒸干对目标物的回收率影响较大。

6. 根据《水质　三丁基锡等 4 种有机锡化合物的测定　液相色谱－电感耦合等离子体质谱法》（HJ 1074—2019）测定水中 4 种有机锡化合物时，当仪器信号本底较高时，应检查乙腈和用于配置流动相的试剂，必要时进行更换。（　　）

答案：正确

7. 根据《水质　三丁基锡等 4 种有机锡化合物的测定　液相色谱－电感耦合等离子体质谱法》（HJ 1074—2019）测定水中 4 种有机锡化合物时，使用优级纯的无水硫酸钠无需特殊处理可直接使用。（　　）

答案：错误

正确答案为：无水硫酸钠在 400℃下灼烧 4 h，冷却后于干燥器中保存。

8. 根据《水质　三丁基锡等 4 种有机锡化合物的测定　液相色谱－电感耦合等离子体质谱法》（HJ 1074—2019）测定水中 4 种有机锡化合物时，要求载气（氩气）纯度不低于 99.9%。（　　）

答案：错误

正确答案为：要求载气（氩气）纯度不低于 99.99%。

9. 根据《水质　三丁基锡等 4 种有机锡化合物的测定　液相色谱－电感耦合等离子体质谱法》（HJ 1074—2019）测定水中 4 种有机锡化合物时，取 1.0 ml 样品用聚四氟乙烯微孔滤膜过滤，滤液收集在棕色样品瓶中，再取 1.0 ml 乙腈洗涤该滤膜，洗涤液合并在棕色样品瓶中，待测。（　　）

答案：正确

10. 根据《水质　三丁基锡等 4 种有机锡化合物的测定　液相色谱－电感耦合等离子体质谱法》（HJ 1074—2019）测定水中 4 种有机锡化合物时，每 20 个样品或每批样

品（≤20 个 / 批）至少做一个空白试验，测定结果应低于方法的检出限。(　　)

答案：正确

三、选择题

1. 根据《水质　三丁基锡等 4 种有机锡化合物的测定　液相色谱 - 电感耦合等离子体质谱法》（HJ 1074—2019）测定水中 4 种有机锡化合物时，样品采集后加入适量盐酸溶液调节 pH≤________，避光，4℃以下冷藏运输和保存，需________h 内完成样品萃取或直接进样。(　　)

A. 2，24　　B. 2，48　　C. 4，24　　D. 4，48

答案：A

2. 根据《水质　三丁基锡等 4 种有机锡化合物的测定　液相色谱 - 电感耦合等离子体质谱法》（HJ 1074—2019）测定水中 4 种有机锡化合物时，采用液液萃取法使用________萃取水质中 4 种有机锡化合物。(　　)

A. 正己烷　　B. 二氯甲烷　　C. 三氯甲烷　　D. 乙酸乙酯

答案：B

3. 根据《水质　三丁基锡等 4 种有机锡化合物的测定　液相色谱 - 电感耦合等离子体质谱法》（HJ 1074—2019）测定水中 4 种有机锡化合物时，为了确保所有玻璃器皿不受污染，使用前均需使用________溶液浸泡 24 h 以上。(　　)

A. 盐酸（1+19）　　B. 硫酸（1+19）　　C. 硝酸（1+19）　　D. 磷酸（1+19）

答案：A

参考文献

生态环境部 . 水质　三丁基锡等 4 种有机锡化合物的测定　液相色谱 - 电感耦合等离子体质谱法：HJ 1074—2019［S］. 中国环境出版集团，2019.

命题：何书海　张鸣珊

审核：田志仁　马海斌　周笑白

第十七章　气相分子吸收光谱法

第一节　基础知识

分类号：W17-0

一、判断题

1. 气相分子吸收光谱仪属于光谱仪器的一种，完全不同于气相色谱仪器。(　　)

答案：正确

2. 从原理上讲，样品中的待测成分可以通过化学反应转化为气体时，只要找寻到合适的波长，就有可能利用气相分子吸收光谱仪器测定。(　　)

答案：正确

3. 任何情况下，依据气相分子吸收光谱法进行的测定，都不受水样温度的影响。(　　)

答案：错误

正确答案为：气相分子吸收光谱法受水温影响。

4. 气相分子吸收光谱法测定会受到水汽的影响，因此必须预先除去；干燥剂可选用变色硅胶或高氯酸镁。(　　)

答案：错误

正确答案为：不宜使用变色硅胶，因为其会吸收氮氧化合物气体及硫化氢。

5. 气相分子吸收光谱法的基本原理是基于朗伯－比尔定律，将待测成分转化为特定的气体（或者气体分子），并在不同的波长下进行测定。(　　)

答案：正确

6. 采用气相分子吸收光谱法进行水样测定时，都是先分离再测定，所以，测定结果几乎不受样品色度的影响，可以直接测定。(　　)

答案：正确

7. 气相分子吸收光谱法具有分析速度快、受干扰因素少、准确度较高等优点。(　　)

答案：正确

8. 对含有微小颗粒的水样，气相分子吸收光谱法的测定结果常常略低于分光光度法的测定结果，这是因为气相分子吸收光谱法不受浊度影响，而微小颗粒对光有散射作用，会使分光光度法测定结果偏高。(　　)

答案：正确

9. 气相分子吸收光谱法测定水样时，消除挥发性有机物影响的方法为通氮气除去、用活性炭吸附或者两次测定法。(　　)

答案：正确

10. 在气相分子吸收光谱法测定中，高氯酸镁作为干燥剂时，因其中通常会混有氧化镁

等杂质，这些杂质会和测定的气体反应，因此新的干燥剂在正式使用前，应该先用浓度较高的样品预先熟化，消除杂质影响。(　　)

答案：正确

11. 在气相分子吸收光谱法测定中，高氯酸镁作为干燥剂时，吸水后会板结变硬，导致气路的通透性下降，影响精密度。(　　)

答案：正确

12. 在气相分子吸收光谱法测定中，高氯酸镁作为干燥剂时，因其吸水能力弱，通常测定 30 个样品左右时，就必须更换新的干燥剂。(　　)

答案：正确

13. 在气相分子吸收光谱法测定中，高氯酸镁作为干燥剂时，其吸收水汽的过程中颜色会发生变化，可以提醒更换。(　　)

答案：错误

正确答案为：高氯酸镁吸收水汽的过程中颜色不发生变化，不容易判断是否吸水饱和。

二、选择题

1. 已经颁布的 6 个气相分子吸收光谱法环境保护标准方法（HJ 标准），主要针对含氮和硫化合物的测定。在这 6 个标准中，不可以用作气相分子吸收光仪器光源的是________。(　　)

A. 氘灯　　B. 空心阴极灯　　C. 钨灯

答案：C

2. 气相分子吸收光谱法使用的以下试剂________最好是现配现用，不可久置。(　　)

A. 柠檬酸 + 乙醇混合溶液

B. 10% 盐酸

C. 次溴酸盐氧化剂

答案：C

3. 气相分子吸收光谱仪器工作时需要用载气，以下不可用的是________。(　　)

A. 氮气　　B. 氩气　　C. 洁净空气　　D. 笑气

答案：D

4. 气相分子吸收光谱法中，会导致测定结果偏高的是________。(　　)

A. 用砂芯进行气液分离时，砂芯脱落　　B. 干燥剂吸水达到饱和

C. 气液分离装置漏气　　D. 光源可用，但寿命将至

答案：B

5. 气相分子吸收光谱法中，待测气体是从________相中分离出来，然后进入________相。(　　)

A. 气，气　　B. 气，液　　C. 液，气　　D. 液，液

答案：C

参考文献

[1] 国家环境保护总局 . 水质　氨氮的测定　气相分子吸收光谱法：HJ/T 195—2005［S］. 中国环境

科学出版社，2005.
[2] 国家环境保护总局 . 水质　凯氏氮的测定　气相分子吸收光谱法：HJ/T 196—2005［S］. 中国环境科学出版社，2005.
[3] 国家环境保护总局 . 水质　亚硝酸盐氮的测定　气相分子吸收光谱法：HJ/T 197—2005［S］. 中国环境科学出版社，2005.
[4] 国家环境保护总局 . 水质　硝酸盐氮的测定　气相分子吸收光谱法：HJ/T 198—2005［S］. 中国环境科学出版社，2005.
[5] 国家环境保护总局 . 水质　总氮的测定　气相分子吸收光谱法：HJ/T 199—2005［S］. 中国环境科学出版社，2005.
[6] 国家环境保护总局 . 水质　硫化物的测定　气相分子吸收光谱法：HJ/T 200—2005［S］. 中国环境科学出版社，2005.
[7] 国家环境保护总局《水和废水监测分析方法》编委会 . 水和废水监测分析方法 .4 版［M］. 北京：中国环境科学出版社，2002.

命题：柯鹏振　覃晓茜
审核：施敏芳　马先锋

第二节　氨氮

分类号：W17–1

主要内容
《水质　氨氮的测定　气相分子吸收光谱法》（HJ/T 195—2005）

一、判断题

1. 根据《水质　氨氮的测定　气相分子吸收光谱法》（HJ/T 195—2005）测定氨氮时，水样中原有亚硝酸盐会对测定结果有正干扰，必须事先去除，或者通过其他方法加以扣除。(　　)

答案：正确

2. 根据《水质　氨氮的测定　气相分子吸收光谱法》（HJ/T 195—2005）测定氨氮时，水样中的钙镁离子对测定有很大影响，必须絮凝或者通过蒸馏法去除。(　　)

答案：错误

正确答案为：钙镁离子对气相分子吸收光谱法测定氨氮无影响，对纳氏比色法有很大影响，需要絮凝或者通过蒸馏法去除。

3. 根据《水质　氨氮的测定　气相分子吸收光谱法》（HJ/T 195—2005）测定氨氮，氧化剂配置时室温需要不低于 18℃。(　　)

答案：正确

4. 根据《水质　氨氮的测定　气相分子吸收光谱法》（HJ/T 195—2005）测定氨氮时，使用的氧化剂是次溴酸盐。(　　)

答案：正确

5. 根据《水质　氨氮的测定　气相分子吸收光谱法》（HJ/T 195—2005）测定氨氮时，实验用水必须为无氨水。（　　）

答案：错误

正确答案为：也可以是电导率≤0.5 mS/cm 的去离子水。

6. 根据《水质　氨氮的测定　气相分子吸收光谱法》（HJ/T 195—2005）测定氨氮时，所用的溴酸盐混合液贮存于玻璃瓶中，保存期为 3 个月。（　　）

答案：错误

正确答案为：此溶液为贮备液，常年稳定。

7. 根据《水质　氨氮的测定　气相分子吸收光谱法》（HJ/T 195—2005）测定氨氮时，若水样中还有 I^- 或可被氧化剂氧化成亚硝酸盐的有机胺，应蒸馏分离后进行测定；该方法不适用于含有 $S_2O_3^{2-}$ 的样品。（　　）

答案：错误

正确答案为：该方法也适用于含有 $S_2O_3^{2-}$ 的样品。

二、选择题

1. 根据《水质　氨氮的测定　气相分子吸收光谱法》（HJ/T 195—2005）测定氨氮时，不能使用________。（　　）

A. 硫酸　　B. 盐酸　　C. 磷酸　　D. 硝酸

答案：D

2. 根据《水质　氨氮的测定　气相分子吸收光谱法》（HJ/T 195—2005）测定氨氮时，实质上测定的是________。（　　）

A. 氨氮　　B. 亚硝酸根　　C. 凯氏氮　　D. NO

答案：B

3. 根据《水质　氨氮的测定　气相分子吸收光谱法》（HJ/T 195—2005）测定氨氮时，所用氧化剂如果在 4℃保存，且________。（　　）

A. 保存时间为一周　　B. 保存时间为一个月　　C. 常年稳定　　D. 现用现配

答案：D

4. 根据《水质　氨氮的测定　气相分子吸收光谱法》（HJ/T 195—2005）测定氨氮时，选用的波长为________波段。（　　）

A. 紫外　　B. 可见光　　C. 红外

答案：A

5. 根据《水质　氨氮的测定　气相分子吸收光谱法》（HJ/T 195—2005）测定氨氮时，若采集后的水样不能立即测定，应加硫酸至 pH＜2，在 2～5℃保存，________h 内测定。（　　）

A. 72　　B. 48　　C. 24

答案：C

6. 根据《水质　氨氮的测定　气相分子吸收光谱法》（HJ/T 195—2005）测定氨氮时，向水样中加入无水乙醇，并加入煮沸，可以消除________的干扰。（　　）

A. NO_2^- B. SO_3^{2-}
C. 硫化物 D. NO_2^-、SO_3^{2-} 和硫化物

答案：D

三、问答题

根据《水质 氨氮的测定 气相分子吸收光谱法》（HJ/T 195—2005），简述气相分子吸收光谱法测定氨氮的化学原理。

答案：气相分子吸收光谱法测定氨氮的化学原理就是，样品中的氨氮被次溴酸盐氧化剂氧化为亚硝酸盐，亚硝酸盐在酸和乙醇的作用下，生成 NO_2 气体，在 213.9 nm 波长下测定其浓度。

参考文献

国家环境保护总局．水质 氨氮的测定 气相分子吸收光谱法：HJ/T 195—2005［S］．中国环境科学出版社，2005.

命题：柯鹏振 覃晓茜 夏 新
审核：施敏芳 马先锋

第三节 凯氏氮

分类号：W17-2

主要内容
《水质 凯氏氮的测定 气相分子吸收光谱法》（HJ/T 196—2005）

一、判断题

1. 根据《水质 凯氏氮的测定 气相分子吸收光谱法》（HJ/T 196—2005）测定凯氏氮时，消解后水样可直接测定，无需事先加碱中和，因为所用氧化剂本身含有大量的碱。（ ）

答案：错误

正确答案为：虽然次溴酸盐氧化剂含有大量的碱，但是氧化剂必须在强碱性环境中才能起作用，样品过多的酸将降低氧化剂的氧化能力，导致测定结果偏低；凯氏氮消解后的水样，酸度过高，必须预先加碱中和。

2. 根据《水质 凯氏氮的测定 气相分子吸收光谱法》（HJ/T 196—2005）测定凯氏氮时，样品消解完毕，需要将氨氮加碱蒸馏，收集溜出液之后再测定。（ ）

答案：错误

正确答案为：消解液无需再加碱蒸馏，直接转移并定容，同时调节 pH 至中性，然后进行测定。

3. 根据《水质 凯氏氮的测定 气相分子吸收光谱法》（HJ/T 196—2005）测定凯氏氮时，水样加硫酸、硫酸钾和硫酸铜消解后生成铵盐。（ ）

答案：正确

4.《水质 凯氏氮的测定 气相分子吸收光谱法》（HJ/T 196—2005）适用于地表水、水库、湖泊、江河水和工业废水中凯氏氮的测定。（ ）

答案：错误

正确答案为：不适用于工业废水中凯氏氮的测定。

二、选择题

1. 根据《水质 凯氏氮的测定 气相分子吸收光谱法》（HJ/T 196—2005）测定凯氏氮时，波长为________nm。（ ）

A. 225　　B. 213.9　　C. 220.6　　D. 214.4

答案：B

2. 根据《水质 凯氏氮的测定 气相分子吸收光谱法》（HJ/T 196—2005）测定凯氏氮时，测定物质包括________。（ ）

A. 游离氮　　B. 有机物中的胺

C. 铵盐　　D. 游离氮、有机物中的胺和铵盐

答案：D

参考文献

国家环境保护总局．水质 凯氏氮的测定 气相分子吸收光谱法：HJ/T 196—2005［S］．中国环境科学出版社，2005.

命题：柯鹏振 覃晓茜

审核：施敏芳 马先锋 夏 新

第四节 亚硝酸盐氮

分类号：W17-3

主要内容
《水质 亚硝酸盐氮的测定 气相分子吸收光谱法》（HJ/T 197—2005）

一、填空题

1. 根据《水质 亚硝酸盐氮的测定 气相分子吸收光谱法》（HJ/T 197—2005）测定水中亚硝酸盐氮时，亚硝酸盐在柠檬酸介质中，在催化剂的作用下，迅速生成________气体。

答案：NO_2

2. 根据《水质 亚硝酸盐氮的测定 气相分子吸收光谱法》（HJ/T 197—2005）测定水中亚硝酸盐氮时，若 S^{2-} 含量高，可在气路干燥管前串接________脱脂棉的除硫管给予消除。

答案：乙酸铅

二、判断题

1. 根据《水质 亚硝酸盐氮的测定 气相分子吸收光谱法》（HJ/T 197—2005）测定水

中亚硝酸盐氮时，硝酸根会对结果产生影响。(　　)

答案：错误

正确答案为：硝酸根对结果没影响。

2. 根据《水质　亚硝酸盐氮的测定　气相分子吸收光谱法》(HJ/T 197—2005)测定水中亚硝酸盐氮时，稀硫酸溶液或者稀盐酸等可替代柠檬酸。(　　)

答案：正确

3.《水质　亚硝酸盐氮的测定　气相分子吸收光谱法》(HJ/T 197—2005)适用于地表水、地下水、海水、饮用水、生活污水及工业污水中亚硝酸盐氮的测定。(　　)

答案：正确

4. 根据《水质　亚硝酸盐氮的测定　气相分子吸收光谱法》(HJ/T 197—2005)测定水中亚硝酸盐氮时，若存在产生吸收的挥发性有机物，在适量水样中加入活性炭搅拌吸附，30 min 后取样测定。(　　)

答案：正确

5. 根据《水质　亚硝酸盐氮的测定　气相分子吸收光谱法》(HJ/T 197—2005)测定水中亚硝酸盐氮时，若采集后的水样不能立即测定，应在约 4℃冰箱内保存，最多可保存 3 d。(　　)

答案：错误

正确答案为：可在约 4℃冰箱内保存，但应尽快测定。

6. 根据《水质　亚硝酸盐氮的测定　气相分子吸收光谱法》(HJ/T 197—2005)测定水中亚硝酸盐氮时，在 $S_2O_3^{2-}$、SO_3^{2-} 和 MnO_4^- 含量较低时，其不影响测定。(　　)

答案：错误

正确答案为：可在约 4℃冰箱内保存，但应尽快测定。

三、选择题

1. 根据《水质　亚硝酸盐氮的测定　气相分子吸收光谱法》(HJ/T 197—2005)测定水中亚硝酸盐氮时，乙醇为________。(　　)

A. 氧化剂　　　B. 还原剂　　　C. 催化剂

答案：C

2. 根据《水质　亚硝酸盐氮的测定　气相分子吸收光谱法》(HJ/T 197—2005)测定水中亚硝酸盐氮时，方法最低检出限为________mg/L。(　　)

A. 0.03　　　B. 0.001　　　C. 0.01　　　D. 0.003

答案：D

参考文献

国家环境保护总局 . 水质　亚硝酸盐氮的测定　气相分子吸收光谱法：HJ/T 197—2005［S］. 中国环境科学出版社，2005.

命题：柯鹏振　覃晓茜　夏　新

审核：施敏芳　马先锋

第五节　硝酸盐氮

分类号：W17-4

主要内容 《水质　硝酸盐氮的测定　气相分子吸收光谱法》（HJ/T 198—2005）

一、判断题

1. 根据《水质　硝酸盐氮的测定　气相分子吸收光谱法》（HJ/T 198—2005）测定硝酸盐氮时，水样中原有亚硝酸盐会对测定结果有正干扰，必须事先去除。(　　)

答案：正确

2. 根据《水质　硝酸盐氮的测定　气相分子吸收光谱法》（HJ/T 198—2005）测定硝酸盐氮时，为了除去水样中原有亚硝酸盐，可预先在水样中加入氨基磺酸溶液，使之分解生成 NO 而消除。(　　)

答案：错误

正确答案为：在水样中加入氨基磺酸溶液，使之分解生成 N_2 而消除。

3. 根据《水质　硝酸盐氮的测定　气相分子吸收光谱法》（HJ/T 198—2005）测定硝酸盐氮时，三氯化钛光照后溶液失效，颜色褪至粉红色，会导致测定结果偏低。(　　)

答案：正确

4.《水质　硝酸盐氮的测定　气相分子吸收光谱法》（HJ/T 198—2005）适用于地表水、地下水、海水、饮用水、生活污水及工业污水中硝酸盐氮的测定。(　　)

答案：正确

5. 根据《水质　硝酸盐氮的测定　气相分子吸收光谱法》（HJ/T 198—2005）测定硝酸盐氮时，SO_3^{2-} 对测定结果产生正干扰，$S_2O_3^{2-}$ 产生负干扰。(　　)

答案：错误

正确答案为：$S_2O_3^{2-}$ 也产生正干扰。

6. 根据《水质　硝酸盐氮的测定　气相分子吸收光谱法》（HJ/T 198—2005）测定硝酸盐氮时，消除 SO_3^{2-} 干扰的方法是：在若酸性介质中，加入高锰酸钾溶液，生成二氧化锰沉淀，取上清液测定。(　　)

答案：正确

二、选择题

1. 根据《水质　硝酸盐氮的测定　气相分子吸收光谱法》（HJ/T 198—2005）测定硝酸盐时，测定结果受________影响。(　　)

A. 色度　　B. 浊度　　C. 亚硝酸盐　　D. 氨氮

答案：C

2.《水质　硝酸盐氮的测定　气相分子吸收光谱法》（HJ/T 198—2005）的方法检出限为________mg/L。(　　)

A. 0.006　　B. 0.005　　C. 0.004　　D. 0.003

答案：A

3. 根据《水质　硝酸盐氮的测定　气相分子吸收光谱法》（HJ/T 198—2005）测定水中硝酸盐氮时，三氯化钛与硝酸盐迅速反应，生成________气体，并在一定波长下测定。(　　)

A. N_2　　B. NO　　C. NO_2　　D. N_2O_5

答案：B

4. 根据《水质　硝酸盐氮的测定　气相分子吸收光谱法》（HJ/T 198—2005）测定水中硝酸盐氮时，反应温度是________±2℃。(　　)

A. 50　　B. 60　　C. 70　　D. 80

答案：C

参考文献

国家环境保护总局 . 水质　硝酸盐氮的测定　气相分子吸收光谱法：HJ/T 198—2005 [S] . 中国环境科学出版社，2005.

命题：柯鹏振　覃晓茜
审核：施敏芳　马先锋

第六节　总氮

分类号：W17-5

主要内容
《水质　总氮的测定　气相分子吸收光谱法》（HJ/T 199—2005）

一、判断题

1.《水质　总氮的测定　气相分子吸收光谱法》（HJ/T 199—2005）测定总氮的测定下限为 0.100 mg/L。(　　)

答案：错误

正确答案为：测定下限为 0.200 mg/L。

2.《水质　总氮的测定　气相分子吸收光谱法》（HJ/T 199—2005）不适用于生活污染中总氮的测定。(　　)

答案：正确

3. 根据《水质　总氮的测定　气相分子吸收光谱法》（HJ/T 199—2005）测定总氮时，将水样中氨、铵盐等氧化成硝酸盐的氧化反应，需要在高压蒸汽消毒器中进行。(　　)

答案：正确

4. 根据《水质　总氮的测定　气相分子吸收光谱法》（HJ/T 199—2005）测定总氮时，

消解后的水样中，若含有大量高价铁离子等，需要较多的氧化性物质；采取的办法是：增加三氯化钛的用量至溶液紫红色不褪进行测定。(　　)

答案：正确

二、选择题

根据《水质　总氮的测定　气相分子吸收光谱法》(HJ/T 199—2005)测定总氮时，在________介质中，以过硫酸钾溶液做氧化剂，将水样中氨、铵盐、亚硝酸盐以及大部分有机氮化合物等氧化成硝酸盐，然后采用气相分子吸收光谱法进行测定。(　　)

A. 酸性　　B. 碱性　　C. 中性

答案：B

参考文献

国家环境保护总局.水质　总氮的测定　气相分子吸收光谱法：HJ/T 199—2005 [S].中国环境科学出版社，2005.

命题：柯鹏振　覃晓茜
审核：施敏芳　马先锋

第七节　硫化物

分类号：W17-6

主要内容
《水质　硫化物的测定　气相分子吸收光谱法》(HJ/T 200—2005)

一、判断题

1. 根据《水质　硫化物的测定　气相分子吸收光谱法》(HJ/T 200—2005)测定硫化物时，是将硫化物变成 H_2S，然后采用气相分子吸收光谱法进行测定。(　　)

答案：正确

2. 根据《水质　硫化物的测定　气相分子吸收光谱法》(HJ/T 200—2005)，将硫化物转变成相应气体时，只能在磷酸介质中进行，不能使用盐酸。(　　)

答案：错误

正确答案为：两者都可以用。

3. 根据《水质　硫化物的测定　气相分子吸收光谱法》(HJ/T 200—2005)测定硫化物时，除配置硫化物标准用水外，实验用水均为电导率≤0.5 mS/cm 的去离子水。(　　)

答案：错误

正确答案为：实验用水均为电导率≤1 mS/cm 的去离子水。

4. 根据《水质　硫化物的测定　气相分子吸收光谱法》(HJ/T 200—2005)测定硫化物时，乙酸锌和乙酸钠固定液久置后变浑浊，不能再使用。(　　)

答案：正确

5. 根据《水质　硫化物的测定　气相分子吸收光谱法》（HJ/T 200—2005）测定硫化物时，挥发性有机物对测定结果有影响。(　　)

答案：正确

6. 根据《水质　硫化物的测定　气相分子吸收光谱法》（HJ/T 200—2005）测定硫化物时，硫化物溶液不易配置准确，取样速度很关键，另外采用无氧水也很重要。(　　)

答案：正确

7. 根据《水质　硫化物的测定　气相分子吸收光谱法》（HJ/T 200—2005）测定硫化物时，样品采集时需要用棕色玻璃瓶采集，现场及时加固定液。(　　)

答案：正确

二、选择题

1. 根据《水质　硫化物的测定　气相分子吸收光谱法》（HJ/T 200—2005）测定硫化物时，________不能用于气相分子吸收光谱法测定硫化物。(　　)

A. 硫酸　　B. 盐酸　　C. 磷酸　　D. 硝酸

答案：D

2. 根据《水质　硫化物的测定　气相分子吸收光谱法》（HJ/T 200—2005）测定硫化物时，亚硫酸根干扰应加________去除。(　　)

A. 硫酸　　B. 过氧化氢　　C. 氢氧化钠

答案：B

3. 根据《水质　硫化物的测定　气相分子吸收光谱法》（HJ/T 200—2005）测定硫化物时，________不属于水中硫化物的范畴。(　　)

A. 溶解态 H_2S　　B. 硫化钠　　C. 硫化亚铁　　D. 硫酸钠

答案：D

三、问答题

根据《水质　硫化物的测定　气相分子吸收光谱法》（HJ/T 200—2005），在配置过程和试剂及水质都符合标准的前提下，硫化物固定液久置后依然容易变浑浊，简述其可能原因。

答案：可能原因是：固定液显碱性，容易吸附空气中的 CO_2，溶液中逐步累积大量的碳酸根，进而生成碳酸锌沉淀，使得溶液变浑浊。

参考文献

国家环境保护总局 . 水质　硫化物的测定　气相分子吸收光谱法：HJ/T 200—2005［S］. 中国环境科学出版社，2005.

命题：柯鹏振　覃晓茜

审核：施敏芳　马先锋

第十八章　冷原子吸收分光光度法测定总汞

分类号：W18

主要内容
《水质　总汞的测定　冷原子吸收分光光度法》（HJ 597—2011）

一、填空题

用冷原子吸收分光光度法测定水中总汞时，须测量空白试样。每分析一批样品，应同时用________代替样品，按与样品测定相同的操作步骤制备________份空白试样。

答案：无汞蒸馏水　　2

二、判断题

1. 用冷原子吸收分光光度法测定水中总汞时，若碘离子浓度≥1.5 mg/L，会明显影响高锰酸钾－过硫酸钾消解法的回收率和精密度。（　　）

答案：正确

2. 用冷原子吸收分光光度法测定水中总汞时，若水中洗涤剂浓度≥0.1 mg/L，采用高锰酸钾－过硫酸钾消解法，其汞的回收率＜67.7%。（　　）

答案：错误

正确答案为：若水中洗涤剂浓度≥0.1 mg/L，采用溴酸钾－溴化钾消解法，其汞的回收率＜67.7%。

3. 用冷原子吸收分光光度法测定水中总汞时，水样消解后，需要用氯化亚锡将过剩的氧化剂还原，再用盐酸羟胺将二价汞还原为金属汞。（　　）

答案：错误

正确答案为：水样消解后，需要用盐酸羟胺将过剩的氧化剂还原，再用氯化亚锡将二价汞还原为金属汞。

4. 用冷原子吸收分光光度法测定水中总汞时，汞蒸气的发生受很多因素影响，当室温低于 10℃时，灵敏度会明显降低。每次测定均应同时绘制校准曲线。（　　）

答案：正确

三、选择题

1. 用冷原子吸收分光光度法测定水中总汞时，采样后应立即于水样中加入盐酸，检查水样的 pH 应小于________。（　　）

A. 1　　　　B. 2　　　　C. 3

答案：A

2. 按照《水质　总汞的测定　冷原子吸收分光光度法》（HJ 597—2011）测定水中总汞时，碘化处理的活性炭制备方法：称取________份质量的碘，________份质量的碘化钾和________份质量的蒸馏水制成溶液，然后向溶液中加入约10份质量的柱状活性炭。用力搅拌至溶液脱色后，取出活性炭，用玻璃纤维过滤出溶液，于100℃左右烘干。(　　)

A. 1，2，20　　B. 1，1，20　　C. 1，1，10　　D. 1，2，10

答案：A

3. 用冷原子吸收分光光度法测定水中总汞时，水样用高锰酸钾－过硫酸钾溶液近沸保温法消解，在盛水样的锥形瓶中依次加入硫酸、硝酸、高锰酸钾和过硫酸钾溶液后，插入小漏斗，置沸水浴中使样品溶液在近沸状态下保温________h，取下冷却。(　　)

A. 1　　B. 2　　C. 3　　D. 4

答案：A

4. 用冷原子吸收分光光度法测定水中总汞时，水样用溴酸钾－溴化钾法消解，于100 ml容量瓶中，依次加入水样、浓硫酸、溴化剂后，加塞，摇匀。在20℃以上室温放置5 min以上，样品中应有橙黄色溴释出，否则可以适当补加溴化剂。若仍无溴释出，则该方法不适用，应改用________消解法。(　　)

A. 高锰酸钾－过硫酸钾　　B. 高温煮沸　　C. 近沸保温

答案：A

四、问答题

1. 什么样的水样不适合用冷原子吸收分光光度法测定其中的总汞？

答案：冷原子吸收分光光度法测定总汞，不适合用于有机物含量较高（用方法规定的消解试剂的最大用量也不足以氧化其中的有机物）的水样。

2. 用冷原子吸收分光光度法测定水中总汞时，哪些物质会对测定产生干扰？

答案：碘离子、有机物（包括洗涤剂）、水蒸气会对测定产生干扰。

3. 用冷原子吸收分光光度法测定水中总汞时，使用什么方法提纯盐酸羟胺溶液？

答案：可以使用巯基棉纤维管法，也可以使用含双硫腙的三氯甲烷溶液萃取法。

4. 用冷原子吸收分光光度法测定水中总汞时，水样的消解方法有哪几种？分别说明它们的适用范围。

答案：水样的消解方法有两种：

（1）高锰酸钾－过硫酸钾消解法：适用于一般废水、地表水或地下水；

（2）溴酸钾－溴化钾消解法：适用于清洁地表水、地下水、饮用水、含有机物（特别是洗涤剂）较少的生活污水和工业废水。

参考文献

[1] 环境保护部. 水质　总汞的测定　冷原子吸收分光光度法：HJ 597—2011［S］. 中国环境科学出版社，2011.

[2] 中华人民共和国卫生部，中国国家标准化管理委员会. 生活饮用水标准检验方法　金属指标：GB/T 5750.6—2006［S］. 中国环境科学出版社，2006.

命题：王玉平

审核：陈素兰　米方卓

第十九章　红外光度法测定石油类和动植物油类

分类号：W19

主要内容
《水质　石油类和动植物油类的测定　红外分光光度法》（HJ 637—2018）

一、填空题

1. 通过吸附剂来分离水中石油类和动植物油类的吸附分离方法有________法和________法两种。

答案：吸附柱　　振荡吸附

2. 根据《水质　石油类和动植物油类的测定　红外分光光度法》（HJ 637—2018）测定油类物质的水样经萃取后，将萃取液分成两份，一份直接用于测定__________，另一份经________吸附后，用于测定__________。

答案：油类　　硅酸镁　　石油类

3. 根据《水质　石油类和动植物油类的测定　红外分光光度法》（HJ 637—2018），红外分光光度法测定校正系数所需的标准溶液包括________、________和________。

答案：正十六烷　　异辛烷　　苯（或正十六烷　　姥鲛烷　　甲苯）

二、判断题

1. 水中油类物质要单独采样，不允许实验室内再分样。（　　）

答案：正确

2. 根据《水质　石油类和动植物油类的测定　红外分光光度法》（HJ 637—2018）测定石油类和动植物油类时，处理后的硅酸镁和无水硫酸钠都必须保存在磨口玻璃瓶中。（　　）

答案：正确

3.《水质　石油类和动植物油类的测定　红外分光光度法》（HJ 637—2018）中的石油类是指能被四氯乙烯萃取，并且被硅酸镁吸附的物质。（　　）

答案：错误

正确答案为：是指能被四氯乙烯萃取，而不被硅酸镁吸附的物质。

4. 根据《水质　石油类和动植物油类的测定　红外分光光度法》（HJ 637—2018）中测定水中石油类和动植物油类时，使用的硅酸镁应为 60～100 目。（　　）

答案：正确

5. 根据《水质　石油类和动植物油类的测定　红外分光光度法》（HJ 637—2018）测定石油类和动植物油类时，萃取液用硅酸镁吸附后，去除的是动植物油类等非极性

物质。(　　)

答案：错误

正确答案为：去除的是动植物油类等极性物质。

6. 根据《水质　石油类和动植物油类的测定　红外分光光度法》(HJ 637—2018)测定水中油类物质，萃取时为防止漏液，所用分液漏斗的活塞应涂少量凡士林作润滑剂。(　　)

答案：错误

正确答案为：所用分液漏斗的活塞不能涂凡士林作润滑剂。

7. 根据《水质　石油类和动植物油类的测定　红外分光光度法》(HJ 637—2018)测定水中石油类，用吸附法去除动植物油类时，如萃取液需要稀释，则应在吸附后进行稀释。(　)

答案：错误

正确答案为：如萃取液需要稀释，应在吸附前进行稀释。

三、选择题

1. 根据《水质　石油类和动植物油类的测定　红外分光光度法》(HJ 637—2018)测定油类物质时，样品采样后应加________酸化至 pH≤2。(　　)

A. 硫酸　　B. 盐酸　　C. 硝酸

答案：B

2. 根据《水质　石油类和动植物油类的测定　红外分光光度法》(HJ 637—2018)测定油类时，样品采集后如不能在 24 h 内测定，应在 0～4℃下冷藏保存，________内测定。(　　)

A. 3 d　　B. 7 d　　C. 10 d

答案：A

3. 根据《水质　石油类和动植物油类的测定　红外分光光度法》(HJ 637—2018)测定石油类和动植物油类时，硅酸镁作吸附剂使用前应经________处理。(　　)

A. 空气中晾干　　B. 烘箱加热　　C. 马弗炉加热

答案：C

4. 根据《水质　石油类和动植物油类的测定　红外分光光度法》(HJ 637—2018)测定石油类和动植物油类时，硅酸镁使用前应根据其重量，按 6% 的比例加适量________，密塞，充分振荡数分钟，放置约 12 h 后使用。(　　)

A. 蒸馏水　　B. 无水乙醇　　C. 丙酮

答案：A

5. 根据《水质　石油类和动植物油类的测定　红外分光光度法》(HJ 637—2018)测定水中油类，萃取剂四氯乙烯使用前应进行检验，在 2 800～3 100 cm^{-1} 之间进行扫描，其在 3 030 cm^{-1} 处吸光值不应超过________(4 cm 比色皿，空气池作参比)。(　　)

A. 0.34　　B. 0.07　　C. 0

答案：C

6. 根据《水质　石油类和动植物油类的测定　红外分光光度法》(HJ 637—2018)，

用石油类标准溶液检验校正系数，如果测定值与标准溶液的标准值相对误差在________以内，表明校正系数可以采用。（　　）

A. ±5%　　B. ±10%　　C. ±20%

答案：B

7. 根据《水质　石油类和动植物油类的测定　红外分光光度法》（HJ 637—2018）测定总油和石油类的含量，波数 2 930 cm^{-1} 条件下测定的是________基团中 C—H 键的伸缩振动。（　　）

A. CH_2　　B. CH_3　　C. 芳香环

答案：A

8. 根据《水质　石油类和动植物油类的测定　红外分光光度法》（HJ 637—2018）测定水中石油类和动植物油类，试样体积为 500 ml，萃取液体积为 50.0 ml，使用光程为 4 cm 的比色皿时，方法的检出限为________mg/L。（　　）

A. 0.06　　B. 0.1　　C. 0.5

答案：A

四、问答题

1. 简述《水质　石油类和动植物油类的测定　红外分光光度法》（HJ 637—2018）中动植物油的定义。

答案：在 pH≤2 条件下，用四氯乙烯萃取，并且被硅酸镁吸附的物质，同时在波数为 2 930 cm^{-1}、2 960 cm^{-1} 和 3 030 cm^{-1} 处有特征吸收的物质。

2. 简述《水质　石油类和动植物油类的测定　红外分光光度法》（HJ 637—2018）中硅酸镁的处理过程。

答案：取 100～60 目硅酸镁于瓷蒸发皿中，置高温炉内 550℃加热 4 h，稍冷后移入干燥器中冷却至室温，于磨口玻璃瓶内保存。使用时，称取适量干燥硅酸镁于磨口玻璃瓶内，根据硅酸镁的重量，按 6%（*m/m*）的比例加适量蒸馏水，密塞，充分振荡数分钟，放置约 12 h 后使用，于磨口玻璃瓶中保存。

3. 简述《水质　石油类和动植物油类的测定　红外分光光度法》（HJ 637—2018）测定石油类和动植物油类的原理。

答案：水样在 pH≤2 条件下用四氯乙烯萃取后，测定油类；将萃取液用硅酸镁柱吸附，除去动植物油类等极性物质后，测定石油类。油类和石油类的含量均由波数分别为 2 930 cm^{-1}、2 960 cm^{-1} 和 3 030 cm^{-1} 谱带处的吸光度进行计算。动植物油类的含量为油类和石油类含量的差值。

五、计算题

1. 根据《水质　石油类和动植物油类的测定　红外分光光度法》（HJ 637—2018），取水样 500 ml，经 50.0 ml 四氯化碳萃取后，取 25.0 ml 测定萃取液中油类的浓度为 45.2 mg/L，另 25.0 ml 经硅酸镁吸附后测得萃取液中石油类的浓度为 33.8 mg/L，分别计算该水样中石油类和动植物油类的浓度。

答案：$C_{石油类}=33.8\times\frac{50.0}{500}=3.38\text{（mg/L）}$

$C_{动植物油类}$ =（45.2−33.8）× 50.0/500=1.14（mg/L）

2. 根据《水质　石油类和动植物油类的测定　红外分光光度法》（HJ 637—2018），取水样 500 ml，用 50.0 ml 四氯化碳萃取，已知校正系数 X=47.5，Y=65.6，Z=445，F=37.9。经硅酸镁吸附后滤出液的吸光度 $A_{2\,930}$=0.681；$A_{2\,960}$=0.308；$A_{3\,030}$=0.008，试求该样品中石油类的含量。

答案： $C_{石油类}=\left[X\times A_{2\,930}+Y\times A_{2\,960}+Z\left(\dfrac{A_{3\,030}-A_{2\,930}}{F}\right)\right]\times 50/500$

$= [47.5\times 0.681+65.6\times 0.308+445\times (0.008-0.681/37.9)]\times \dfrac{50}{500}$

$= 4.81$（mg/L）

参考文献

环境保护部 . 水质　石油类和动植物油类的测定　红外分光光度法：HJ 637—2018［S］. 中国环境出版集团，2018.

命题：鹿海峰
审核：杨　楠　夏　新

第二十章　非分散红外吸收法测定总有机碳

分类号：W20

主要内容
《水质　总有机碳的测定　燃烧氧化－非分散红外吸收法》（HJ 501—2009）

一、填空题

1. 总有机碳是指溶解或悬浮在水中有机物的含碳量（以质量浓度表示），是以________________表示________的综合指标。

答案：碳的含量　　水体中有机物总量

2. 根据《水质　总有机碳的测定　燃烧氧化－非分散红外吸收法》（HJ 501—2009）测定水中总有机碳时，由于采用燃烧法，因此能将有机物全部________，它比 BOD_5 或 COD 更能直接表示有机物的总量。因此常常被用来评价水体中________的程度。

答案：氧化　　有机物污染

3. 国内外研制成各种类型的 TOC 分析仪，按工作原理不同，可分为________法、电导法、________法和________法。

答案：燃烧氧化－非分散红外吸收　　气相色谱　　湿法氧化－非分散红外吸收

4. 根据《水质　总有机碳的测定　燃烧氧化－非分散红外吸收法》（HJ 501—2009）测定水中总有机碳时，水样应采集在________瓶中并应充满采样瓶，不留顶空。水样采集后应在 24 h 内测定。否则应加入________将 pH________，在 4℃条件下可保存 7 d。

答案：棕色玻璃　　硫酸　　≤2

5. 根据《水质　总有机碳的测定　燃烧氧化－非分散红外吸收法》（HJ 501—2009）测定水中总有机碳时，按测定总有机碳的方法原理可分________法和________法。

答案：差减　　直接

二、判断题

1. 根据《水质　总有机碳的测定　燃烧氧化－非分散红外吸收法》（HJ 501—2009）测定水中总有机碳时，实验用水均为无二氧化碳蒸馏水。（　　）

答案：正确

2. 根据《水质　总有机碳的测定　燃烧氧化－非分散红外吸收法》（HJ 501—2009）测定水中总有机碳时，如果水样含大颗粒悬浮物，由于受水样注射器针孔的限制，测定结果不包括全部颗粒态有机碳。（　　）

答案：正确

3. 根据《水质　总有机碳的测定　燃烧氧化－非分散红外吸收法》（HJ 501—2009）测定水中总有机碳时，有机碳的标准贮备液是用邻苯二甲酸氢钾配制而成。（　　）

答案：正确

4. 根据《水质　总有机碳的测定　燃烧氧化－非分散红外吸收法》（HJ 501—2009）测定水中总有机碳时，无机碳的标准贮备液是用无水硫酸钠配制而成。（　　）

答案：错误

正确答案为：无机碳的标准贮备液是由无水碳酸钠和碳酸氢钠配制而成。

5.《水质　总有机碳的测定　燃烧氧化－非分散红外吸收法》（HJ 501—2009）适用于工业废水和生活污水中总有机碳的测定，但不适用于地表水。（　　）

答案：错误

正确答案为：也适用于地表水中总有机碳的测定。

三、选择题

1.《水质　总有机碳的测定　燃烧氧化－非分散红外吸收法》（HJ 501—2009）的测定下限为________mg/L。（　　）

A. 0.5　　B. 0.1　　C. 1.0

答案：A

2. 我国《污水综合排放标准》（GB 8978—1996）中，除合成脂肪酸工业和苎麻脱胶工业外的一切排污单位，污水排放中 TOC 的二级标准限值均为________mg/L。（　　）

A. 20　　B. 30　　C. 40

答案：B

3. 根据《水质　总有机碳的测定　燃烧氧化－非分散红外吸收法》（HJ 501—2009）规定总有机碳时，每次检测前应测定无二氧化碳水的 TOC 含量，测定值应不超过________mg/L。（　　）

A. 0.2　　B. 0.5　　C. 1.0

答案：B

四、问答题

1. 根据《水质　总有机碳的测定　燃烧氧化－非分散红外吸收法》（HJ 501—2009），说明差减法测定总有机碳的原理。

答案：将试样连同净化空气分别导入高温燃烧管和低温反应管中，经高温燃烧管的试样受高温催化氧化，其中的有机碳和无机碳均转化成为二氧化碳，经低温反应管的试样被酸化后，其中的无机碳分解成二氧化碳，两种反应管中所生成的二氧化碳分别被导入非色散红外检测器。在特定波长下，一定浓度范围内二氧化碳的红外线吸收强度与其浓度成正比，由此可对试样总碳（TC）和无机碳（IC）进行定量测定。总碳与无机碳的差值，即为总有机碳。

2. 根据《水质　总有机碳的测定　燃烧氧化－非分散红外吸收法》（HJ 501—2009），

说明直接法测定总有机碳的原理。

答案： 试样经酸化曝气，其中的无机碳转化为二氧化碳被去除，再将试样注入高温燃烧管中，可直接测定总有机碳。由于酸化曝气会损失可吹扫有机碳（POC），故测得总有机碳值为不可吹扫有机碳（NPOC）。

参考文献

[1] 环境保护部 . 水质　总有机碳的测定　燃烧氧化 - 非分散红外吸收法：HJ 501—2009［S］. 中国环境科学出版社，2009.

[2] 国家环境保护总局《水和废水监测分析方法》编委会 . 水和废水监测分析方法 .4 版［M］. 北京：中国环境科学出版社，2002.

[3] 国家环境保护局 . 污水综合排放标准：GB 8978—1996［S］. 北京：中国标准出版社，1996.

命题：沈丽丽　范　莉　杨　楠

审核：张玉惠　史　箴　夏　新

第二十一章　非分散红外光度法测定石油

分类号：W21

主要内容
《生活饮用水标准检验方法　有机物综合指标》（GB/T 5750.7—2006）（3.5　石油　非分散红外光度法）

一、填空题

1.《生活饮用水标准检验方法　有机物综合指标》（GB/T 5750.7—2006）（3.5　石油　非分散红外光度法）适用范围是________________。

答案：生活饮用水及其水源水

2. 根据《生活饮用水标准检验方法　有机物综合指标》（GB/T 5750.7—2006）（3.5　石油　非分散红外光度法）测定石油时，石油标准使用液的浓度应为________μg/ml。

答案：100

二、判断题

1. 根据《生活饮用水标准检验方法　有机物综合指标》（GB/T 5750.7—2006）（3.5　石油　非分散红外光度法）测定石油时，从水样瓶中准确量取500～1 000 ml水样倒入分液漏斗中。（　　）

答案：错误

正确答案为：将水样瓶中的水样全部倒入分液漏斗中。

2. 根据《生活饮用水标准检验方法　有机物综合指标》（GB/T 5750.7—2006）（3.5　石油　非分散红外光度法）测定石油时，新购入的四氯化碳可以直接使用。（　　）

答案：错误

正确答案为：将四氯化碳于红外测油仪上测定，在3 500 nm处不应有吸收，否则应重蒸馏精制后使用。

3. 根据《生活饮用水标准检验方法　有机物综合指标》（GB/T 5750.7—2006）（3.5　石油　非分散红外光度法）测定石油时，脱水剂为硫酸钠。（　　）

答案：错误

正确答案为：脱水剂为无水硫酸钠。

4. 根据《生活饮用水标准检验方法　有机物综合指标》（GB/T 5750.7—2006）（3.5　石油　非分散红外光度法）测定石油时，收集萃取液于比色管中后，即可注入测油仪测量吸收值。（　　）

答案：错误

正确答案为：收集萃取液于比色管中后，用四氯化碳稀释至刻度，用无水硫酸钠脱水后，注入测油仪测量吸收值。

三、选择题

1. 根据《生活饮用水标准检验方法　有机物综合指标》（GB/T 5750.7—2006）（3.5　石油　非分散红外光度法）测定石油时，最低检测质量浓度为________mg/L。（　　）

A. 0.04　　B. 0.05　　C. 0.01　　D. 0.02

答案：B

2. 根据《生活饮用水标准检验方法　有机物综合指标》（GB/T 5750.7—2006）（3.5　石油　非分散红外光度法）测定石油时，将水样倒入分液漏斗后，用________进行酸化。（　　）

A.（1+3）盐酸　　B.（1+2）盐酸

C.（1+3）硫酸　　D.（1+2）硫酸

答案：A

3. 根据《生活饮用水标准检验方法　有机物综合指标》（GB/T 5750.7—2006）（3.5　石油　非分散红外光度法）测定石油时，萃取剂的用量为________ml。（　　）

A. 50　　B. 40　　C. 25　　D. 30

答案：C

4. 根据《生活饮用水标准检验方法　有机物综合指标》（GB/T 5750.7—2006）（3.5　石油　非分散红外光度法）测定石油时，将水样倒入分液漏斗并酸化后，加入 10 g ________进行破乳，再用四氯化碳萃取。（　　）

A. 氯化钾　　B. 无水硫酸钠　　C. 氯化钠

答案：C

参考文献

中华人民共和国卫生部，中国国家标准化管理委员会 . 生活饮用水标准检验方法　有机物综合指标：GB/T 5750.7—2006［S］. 北京：中国标准出版社，2006.

命题：王岚云　夏　新

审核：王　琳　冯　丹

第二十二章　荧光光度法

第一节　硒

分类号：W22-1

主要内容
《水质　硒的测定　2,3-二氨基萘荧光法》（GB 11902—89）

一、填空题

水中常见的阴阳离子不干扰硒的测定。铜、铁和钼等重金属离子及大量的________对测定硒有干扰，可用 EDTA 及________消除。

答案：氧化物　　盐酸羟胺

二、判断题

1. 2,3-二氨基萘荧光法测定水中硒时，所用蒸馏水和去离子水电阻率应在 100 000 W × cm（25℃）以上。（　　）

答案：错误

正确答案为：应在 500 000 W × cm（25℃）以上。

2. 2,3-二氨基萘荧光法测定水中硒时，所用环己烷不得含荧光物质，不纯时需重蒸馏，收集 80～81℃馏分，使用过的环己烷可重蒸后再用。（　　）

答案：正确

3. 2,3-二氨基萘荧光法测定水中硒时，硒标准贮备液可在冰箱内贮存 1 年。（　　）

答案：正确

4. 天然水及饮用水中主要含有六价硒或四价硒，水样加酸与不加酸保存对测定结果影响不大。（　　）

答案：正确

5. 2,3-二氨基萘荧光法测定水中硒，当测定试样中硒浓度接近检出限时，必须控制空白试验的荧光强度尽可能低，其平行双样的荧光强度值之差不应超过平均值的 5%，否则应用环己烷重新提纯 DAN 试剂，所用器皿均需重新洗净。（　　）

答案：正确

6. 2,3-二氨基萘荧光法测定水中硒，消解含硒试样时，加入试剂的顺序是：先加盐酸溶液，然后加硝酸－高氯酸混合液。（　　）

答案：错误

正确答案为：加入硝酸－高氯酸混匀后加热至瓶内产生浓白烟，取下稍冷后再加盐酸溶液。

7. 2,3- 二氨基萘荧光法测定水中硒，消解含硒试样快到终点时，需注意观察浓厚白烟的变化，并多次振动瓶子，当瓶内白烟分层滚动时，从电热板上立即取下。(　　)

答案：错误

正确答案为：消解含硒试样快到终点时，需注意观察浓厚白烟的变化，不要过多摇动瓶子，当瓶内白烟分层滚动时，从电热板上立即取下。

8. 2,3- 二氨基萘荧光法测定水中硒时，硒与 2,3- 二氨基萘必须在酸性溶液中反应，以 pH=1.5～2.0 为最佳，pH 太高时溶液易乳化，过低时测定结果偏高。(　　)

答案：错误

正确答案为：pH 太低时溶液易乳化，过高时测定结果偏高。

9. 2,3- 二氨基萘荧光法测定水中硒，用环己烷萃取时，需在暗室内黄色灯光下操作。(　　)

答案：正确

三、选择题

1. 2,3- 二氨基萘荧光法测定水中硒，取 20 ml 水样测定时的最低检测浓度为________mg/L。(　　)

A. 0.005　　B. 0.025　　C. 0.05　　D. 0.25

答案：D

2. 2,3- 二氨基萘荧光法测定水中硒时，荧光物质的形成操作为：向消解的溶液中加入 10 ml Na_2EDTA、盐酸羟胺和甲酚红混合试剂，溶液呈桃红色，用________调节至淡橙色。(　　)

A. 氨水　　B. 氢氧化钠　　C. 盐酸　　D. 硝酸

答案：A

四、问答题

1. 简述 2,3- 二氨基萘荧光法测定水中硒的原理。

答案：2,3- 二氨基萘在 pH 为 1.5～2.0 的溶液中，选择性地与四价硒离子反应生成 4,5- 苯并苤硒脑绿色荧光物质，被环己烷萃取。所产生的荧光强度与四价硒成正比。水样经硝酸 - 高氯酸混合酸液消解，将四价以下的无机和有机硒氧化为四价硒，再经过盐酸消解将六价硒还原为四价硒，然后测定总硒含量。

2. 采集含硒的工业废水样品为什么不加酸?

答案：因为工业废水成分复杂，含有各种价态的硒，有的以负二价态存在，若加酸保存可能生成硒化氢气体逸散，使总硒含量损失很大。

参考文献

[1] 国家技术监督局 . 水质　硒的测定　2,3- 二氨基萘荧光法：GB 11902—89 [S] . 北京：中国标准出版社，1989.

[2] 中华人民共和国卫生部，中国国家标准化管理委员会 . 生活饮用水标准检验方法　金属指标：GB/T 5750.6—2006 [S] . 北京：中国标准出版社，2006.

[3] 国家环境保护总局，国家质量监督检验检疫总局 . 地表水环境质量标准：GB 3838—2002［S］. 北京：中国标准出版社，2002.
[4] 国家环境保护局 . 污水综合排放标准：GB 8978—1996［S］. 北京：中国标准出版社，1996.
[5] 国家环境保护总局《水和废水监测分析方法》编委会 . 水和废水监测分析方法 .4 版［M］. 北京：中国环境科学出版社，2002.
[6]《水和废水监测分析方法指南》编委会 . 水和废水监测分析方法指南：上册［M］. 北京：中国环境科学出版社，1990.

命题：史　箴　刘端阳
审核：任学蓉　夏　新

第二节　石油

分类号：W22-2

主要内容
《生活饮用水标准检验方法　有机物综合指标》（GB/T 5750.7—2006）（3.3　石油　荧光光度法）

一、判断题

1. 根据《生活饮用水标准检验方法　有机物综合指标》（GB/T 5750.7—2006）（3.3　石油　荧光光度法）测定水中石油时，用于调节仪器荧光强度的物质为硫酸喹吖。（　　）

答案：正确

2. 根据《生活饮用水标准检验方法　有机物综合指标》（GB/T 5750.7—2006）（3.3　石油　荧光光度法）测定水中石油时，水中微量石油经二氯甲烷萃取后，在紫外线激发下可产生荧光。荧光强度与石油含量呈线性关系，必须用荧光光度计比较定量。（　　）

答案：错误

正确答案为：也可以在紫外灯下目视比较定量。

3. 根据《生活饮用水标准检验方法　有机物综合指标》（GB/T 5750.7—2006）（3.3　石油　荧光光度法）测定水中石油时，由于不同石油品的荧光强度不一，所用石油标准应取污染水体的石油品种为标准，或者可取污染源水 2 000 ml 调节 pH 为 2～3 后，用二氯甲烷萃取，萃取液于 50℃水浴上蒸去溶剂，称取萃取物配制。（　　）

答案：错误

正确答案为：调节水样的 pH 为 6～7。

4. 根据《生活饮用水标准检验方法　有机物综合指标》（GB/T 5750.7—2006）（3.3　石油　荧光光度法）测定水中石油时，对于非中性水样可用（1+3）盐酸或氢氧化钠调节水样 pH 为中性。（　　）

答案：错误

正确答案为：用稀磷酸或氢氧化钠调节水样。

二、选择题

1. 根据《生活饮用水标准检验方法　有机物综合指标》(GB/T 5750.7—2006)(3.3　石油　荧光光度法)测定水中石油时，所用萃取的溶剂为________。(　　)

A. 石油醚　　B. 环己烷　　C. 正己烷　　D. 二氯甲烷

答案：D

2. 根据《生活饮用水标准检验方法　有机物综合指标》(GB/T 5750.7—2006)(3.3　石油　荧光光度法)测定水中石油时，荧光光度计的波长为________nm。(　　)

A. 300　　B. 325　　C. 365　　D. 385

答案：C

3. 根据《生活饮用水标准检验方法　有机物综合指标》(GB/T 5750.7—2006)(3.3　石油　荧光光度法)测定水中石油时，若溶剂中含有荧光物质，则可加入数克________混匀，在水浴上重蒸馏精制。(　　)

A. 中性氧化铝　　B. 酸性氧化铝　　C. 碱性氧化铝　　D. 活性炭

答案：D

4.《生活饮用水标准检验方法　有机物综合指标》(GB/T 5750.7—2006)(3.3　石油　荧光光度法)测定水中石油的最低检测质量为________mg。(　　)

A. 1　　B. 2　　C. 4　　D. 5

答案：D

参考文献

中华人民共和国卫生部，中国国家标准化管理委员会．生活饮用水标准检验方法　有机物综合指标：GB/T 5750.7—2006［S］．北京：中国标准出版社，2006.

命题：王伟华　夏　新
审核：张万峰　冯　丹

第二十三章　荧光分光光度法

第一节　苯并 [*a*] 芘

分类号：W23-1

主要内容
①《水质　苯并 [*a*] 芘的测定　乙酰化滤纸层析荧光分光光度法》（GB/T 11895—89）
②《生活饮用水标准检验方法　有机物指标》（GB/T 5750.8—2006）（9.2　苯并 [*a*] 芘　纸层析－荧光分光光度法）

一、填空题

1.《生活饮用水标准检验方法　有机物指标》（GB/T 5750.8—2006）（9.2　苯并 [*a*] 芘　纸层析－荧光分光光度法）适用于测定__________及其_________中苯并 [*a*] 芘的含量。②

答案：生活饮用水　　水源水

2. 根据《生活饮用水标准检验方法　有机物指标》（GB/T 5750.8—2006）（9.2　苯并 [*a*] 芘　纸层析－荧光分光光度法）测定水中苯并 [*a*] 芘时，层析用的展开剂为_________和_________。②

答案：二氯甲烷　　无水乙醇

3. 根据《生活饮用水标准检验方法　有机物指标》（GB/T 5750.8—2006）（9.2　苯并 [*a*] 芘　纸层析－荧光分光光度法）测定水中苯并 [*a*] 芘时，激发波长为_______nm，激射波长分别为_________nm、_________nm 和_________nm。②

答案：385　　402　　405　　408

二、判断题

1. 苯并 [*a*] 芘是一种有代表性的强致癌物质，对人体有严重危害性，已被列为环境污染致癌物监测工作中常规监测项目之一。（　　）①②

答案：正确

2. 根据《水质　苯并 [*a*] 芘的测定　乙酰化滤纸层析荧光分光光度法》（GB/T 11895—89）测定苯并 [*a*] 芘的最低检出浓度为 0.04 mg/L。（　　）①

答案：错误

正确答案为：乙酰化滤纸层析荧光分光光度法测定苯并 [*a*] 芘最低检出浓度为 0.004 mg/L。

3. 测定水中苯并 [*a*] 芘时，采集的水样应保存在塑料瓶中。（　　）①②

答案：错误

正确答案为：测定水中苯并 [*a*] 芘时，采集的水样应保存在棕色玻璃瓶中。

4. 测定苯并 [*a*] 芘的实验操作过程中，必须戴抗有机溶剂的手套并在搪瓷盘中进行操作（如溶液转移、定容及点样等）。(　　) ①②

答案：正确

5. 根据《水质　苯并 [*a*] 芘的测定　乙酰化滤纸层析荧光分光光度法》(GB/T 11895—89）测定苯并 [*a*] 芘时，测量后的苯并 [*a*] 芘丙酮洗脱液切勿随意丢弃，需统一处理。(　　) ①

答案：正确

6. 根据《水质　苯并 [*a*] 芘的测定　乙酰化滤纸层析荧光分光光度法》(GB/T 11895—89）测定苯并 [*a*] 芘时，二甲基亚砜（DMSO）试剂在使用前，应该用环己烷萃取两次。(　　) ①

答案：正确

7. 根据《水质　苯并 [*a*] 芘的测定　乙酰化滤纸层析荧光分光光度法》(GB/T 11895—89）测定苯并 [*a*] 芘时，分析纯的环己烷可以直接用于萃取。(　　) ①

答案：错误

正确答案为：需要对分析纯的环己烷进行重蒸处理，并用荧光分光光度计进行检验，确定对测定无干扰后才能使用。

8. 根据《水质　苯并 [*a*] 芘的测定　乙酰化滤纸层析荧光分光光度法》(GB/T 11895—89）测定苯并 [*a*] 芘时，应在避免阳光直接照射下进行操作。(　　) ①

答案：正确

9. 根据《生活饮用水标准检验方法　有机物指标》(GB/T 5750.8—2006）(9.2　苯并 [*a*] 芘　纸层析 - 荧光分光光度法），在采样点采集苯并 [*a*] 芘水样时，水样应完全注满容器，不留有空气。(　　) ②

答案：正确

10. 根据《生活饮用水标准检验方法　有机物指标》(GB/T 5750.8—2006）(9.2　苯并 [*a*] 芘　纸层析 - 荧光分光光度法），采集自来水水样用作苯并 [*a*] 芘分析时，应在水龙头消毒之后采集样品。(　　) ②

答案：错误

正确答案为：采集自来水水样用作苯并 [*a*] 芘分析，应在水龙头消毒之前采集。

11. 根据《生活饮用水标准检验方法　有机物指标》(GB/T 5750.8—2006）(9.2　苯并 [*a*] 芘　纸层析 - 荧光分光光度法）测定水中苯并 [*a*] 芘时，水样预处理需在暗室内，有灯光下操作。(　　) ②

答案：错误

正确答案为：水样预处理需在暗室内，有微弱黄光下操作。

12. 根据《生活饮用水标准检验方法　有机物指标》(GB/T 5750.8—2006）(9.2　苯并 [*a*] 芘　纸层析 - 荧光分光光度法）测定水中苯并 [*a*] 芘时，平行样点在同一张层析滤纸上。(　　) ②

答案：错误

正确答案为：平行样分别点在两张层析滤纸上。

13. 根据《生活饮用水标准检验方法　有机物指标》(GB/T 5750.8—2006)(9.2　苯并[*a*]芘　纸层析－荧光分光光度法)测定水中苯并[*a*]芘时，为防止点样斑点扩散，点样中可用电吹风吹干溶剂。(　　)②

答案：错误

正确答案为：为防止点样斑点扩散，点样中可用冷风吹干溶剂。

14. 根据《生活饮用水标准检验方法　有机物指标》(GB/T 5750.8—2006)(9.2　苯并[*a*]芘　纸层析－荧光分光光度法)，苯并[*a*]芘在紫外光照射下呈紫色荧光斑点。(　　)②

答案：错误

正确答案为：苯并[*a*]芘在紫外光照射下呈蓝紫色荧光斑点。

三、选择题

1. 根据《水质　苯并[*a*]芘的测定　乙酰化滤纸层析荧光分光光度法》(GB/T 11895—89)测定水中苯并[*a*]芘时，水样采集后应于________h内用环己烷萃取，萃取液可放入冰箱中保存。(　　)①

A. 24　　B. 48　　C. 72

答案：A

2. 根据《水质　苯并[*a*]芘的测定　乙酰化滤纸层析荧光分光光度法》(GB/T 11895—89)测定水中苯并[*a*]芘时，所有使用过的玻璃器皿必须用洗液浸泡________h以后洗涤。(　　)①

A. 24　　B. 12　　C. 4

答案：C

3. 根据《生活饮用水标准检验方法　有机物指标》(GB/T 5750.8—2006)(9.2　苯并[*a*]芘　纸层析－荧光分光光度法)测定水中苯并[*a*]芘时，当采集水源水水样时，应将水样瓶浸入________进行采样。(　　)②

A. 水面下　　B. 表层　　C. 中层

答案：A

4. 根据《生活饮用水标准检验方法　有机物指标》(GB/T 5750.8—2006)(9.2　苯并[*a*]芘　纸层析－荧光分光光度法)测定水中苯并[*a*]芘时，需采集水样______ml。(　　)②

A. 500　　B. 1 000　　C. 2 000

答案：C

5. 根据《生活饮用水标准检验方法　有机物指标》(GB/T 5750.8—2006)(9.2　苯并[*a*]芘　纸层析－荧光分光光度法)测定水中苯并[*a*]芘时，使用的有机溶剂若有干扰需________处理。(　　)②

A. 过滤　　B. 蒸馏　　C. 冷冻

答案：B

6. 根据《生活饮用水标准检验方法　有机物指标》(GB/T 5750.8—2006)(9.2　苯

并 [*a*] 芘　纸层析 - 荧光分光光度法）测定水中苯并 [*a*] 芘时，萃取液应通过________净化吸附。（　　）②

A. 活性炭　　　　B. 活性氧化铝柱　　　　C. 无水硫酸钠

答案：B

7. 根据《生活饮用水标准检验方法　有机物指标》（GB/T 5750.8—2006）（9.2　苯并 [*a*] 芘　纸层析 - 荧光分光光度法）测定水中苯并 [*a*] 芘时，在点样过程中，其斑点直径不超过________mm。（　　）②

A. 1　　　　B. 2　　　　C. 3

答案：C

8. 根据《生活饮用水标准检验方法　有机物指标》（GB/T 5750.8—2006）（9.2　苯并 [*a*] 芘　纸层析 - 荧光分光光度法）测定水中苯并 [*a*] 芘时，用________提取水样中苯并 [*a*] 芘。（　　）②

A. 苯　　　　B. 丙酮　　　　C. 环己烷

答案：C

四、问答题

1. 简述根据《水质　苯并 [*a*] 芘的测定　乙酰化滤纸层析荧光分光光度法》（GB/T 11895—89）测定苯并 [*a*] 芘的方法原理。①

答案：由于苯并 [*a*] 芘易溶于环己烷、苯等有机溶剂，该方法将水中苯并 [*a*] 芘等多环芳烃及其他环己烷可溶物萃取到环己烷中，萃取液用无水硫酸钠脱水，K-D 浓缩器浓缩，浓缩物经乙酰化滤纸分离，苯并 [*a*] 芘斑点用丙酮溶解后，以荧光分光光度法定量测定。

2. 简述《生活饮用水标准检验方法　有机物指标》（GB/T 5750.8—2006）（9.2　苯并 [*a*] 芘　纸层析 - 荧光分光光度法）测定水中苯并 [*a*] 芘的方法原理。②

答案：水中多环芳烃能被环己烷萃取，并为活性氧化铝吸附，以苯洗脱浓缩后于乙酰化滤纸上层析，将多环芳烃分离，苯并 [*a*] 芘在紫外光照射下呈蓝紫色荧光斑点，取下后以丙酮洗脱，其洗脱液的荧光强度与苯并 [*a*] 芘含量成正比，可定量分析。

参考文献

[1] 国家技术监督局 . 水质　苯并 [*a*] 芘的测定　乙酰化滤纸层析荧光分光光度法：GB/T 11895—89［S］. 北京：中国环境科学出版社，1989.

[2] 中华人民共和国卫生部，中国国家标准化管理委员会 . 生活饮用水标准检验方法　有机物指标：GB/T 5750.8—2006［S］. 北京：中国标准出版社，2006.

[3] 国家环境保护总局《水和废水监测分析方法》编委会 . 水和废水监测分析方法 .4 版［M］. 北京：中国 环境科学出版社，2002.

命题：刘　鸣　史　箴　夏　新

审核：彭　华　谢　争　屈智丽

第二节　石油

分类号：W23-2

主要内容
《生活饮用水标准检验方法　有机物综合指标》（GB/T 5750.7—2006）（3.4　石油　荧光分光光度法）

一、判断题

1.《生活饮用水标准检验方法　有机物综合指标》（GB/T 5750.7—2006）（3.4　石油　荧光分光光度法），适用于生活饮用水及其水源水中石油的测定。（　　）

答案：正确

2. 根据《生活饮用水标准检验方法　有机物综合指标》（GB/T 5750.7—2006）（3.4　石油　荧光分光光度法）测定水中石油时，选择激发波长和发射波长的方法是按照所用仪器说明书，以每 100 ml 含石油 0.01～0.05 mg 的石油标准溶液，于 300～400 nm 间分别扫描，选择最大峰值的激发和发射波长进行测定。（　　）

答案：正确

3. 根据《生活饮用水标准检验方法　有机物综合指标》（GB/T 5750.7—2006）（3.4　石油　荧光分光光度法）测定水中石油时，所用石油醚的沸程为 60～90℃。（　　）

答案：错误

正确答案为：石油醚沸程为 30～60℃。

4. 根据《生活饮用水标准检验方法　有机物综合指标》（GB/T 5750.7—2006）（3.4　石油　荧光分光光度法）测定水中石油时，按照要求选定好激发和发射波长后，就可依次测量各标准管和样品管的荧光强度。（　　）

答案：错误

正确答案为：选定激发波长和发射波长后，将标准系列中最高浓度管的荧光强度调节为 95% 左右，再依次测量各标准管和样品管的荧光强度。

5. 根据《生活饮用水标准检验方法　有机物综合指标》（GB/T 5750.7—2006）（3.4　石油　荧光分光光度法）测定水中石油时，由于不同石油的激发波长及荧光强度均有差异，因此配制石油标准溶液时，应与水样中含的石油一致，可从污染源中萃取蒸干后，称量配制。（　　）

答案：正确

6. 根据《生活饮用水标准检验方法　有机物综合指标》（GB/T 5750.7—2006）（3.4　石油　荧光分光光度法）测定水中石油时，用（1+3）盐酸调节水样酸度。（　　）

答案：错误

正确答案为：用（1+3）硫酸调节水样酸度。

二、选择题

1. 根据《生活饮用水标准检验方法　有机物综合指标》（GB/T 5750.7—2006）（3.4　石油　荧光分光光度法）测定水中石油时，萃取的溶剂为________。（　　）

   A. 四氯化碳　　B. 环己烷　　C. 正己烷　　D. 三氯化碳

答案： B

2. 根据《生活饮用水标准检验方法　有机物综合指标》（GB/T 5750.7—2006）（3.4　石油　荧光分光光度法）测定水中石油时，溶剂的荧光强度应低于________%。（　　）

   A. 1　　B. 2　　C. 5　　D. 10

答案： C

3. 根据《生活饮用水标准检验方法　有机物综合指标》（GB/T 5750.7—2006）（3.4　石油　荧光分光光度法）测定水中石油时，用于脱荧光物质的氧化铝应在________℃干燥 2 h。（　　）

   A. 400　　B. 500　　C. 300　　D. 600

答案： A

参考文献

中华人民共和国卫生部，中国国家标准化管理委员会 . 生活饮用水标准检验方法　有机物综合指标：GB/T 5750.7—2006［S］. 北京：中国标准出版社，2006.

命题：王伟华　冯　丹

审核：张万峰　夏　新

第二十四章　金属总量的消解

分类号：W24

主要内容 ①《水质　金属总量的消解　硝酸消解法》（HJ 677—2013） ②《水质　金属总量的消解　微波消解法》（HJ 678—2013）

一、填空题

1. 根据《水质　金属总量的消解　微波消解法》（HJ 678—2013），不同的分析元素，消解液有两种选择，一种是________，另一种是________。②

答案：（5 ml）浓硝酸　（4 ml）浓硝酸和（1 ml）浓盐酸

2.《水质　金属总量的消解　微波消解法》（HJ 678—2013）适用于________、________、________和生活污水中 20 多种金属元素总量的微波酸消解预处理。②

答案：地表水　地下水　工业废水

二、判断题

1. 根据《水质　金属总量的消解　硝酸消解法》（HJ 677—2013），水样与浓硝酸混匀后，盖上表面皿或小漏斗，置于温控加热设备上加热回流，直至有棕色的烟生成，将溶液蒸发至 5 ml 左右。（　）①

答案：错误

正确答案为：水样与浓硝酸混匀后，盖上表面皿或小漏斗，置于温控加热设备上加热回流，直至不再有棕色的烟生成，将溶液蒸发至 5 ml 左右。

2. 根据《水质　金属总量的消解　硝酸消解法》（HJ 677—2013），一般的玻璃在贮存水样时，可溶出钠、钙、镁、硅和硼等元素，在测定这些项目时应避免使用玻璃容器，以防止新的污染。（　）①

答案：正确

3. 根据《水质　金属总量的消解　硝酸消解法》（HJ 677—2013）和《水质　金属总量的消解　微波消解法》（HJ 678—2013），测定水中金属总量时，大多数情况下，采集样品后无需立即冷藏，送至实验室后在 1～5℃冷藏保存。（　）①②

答案：错误

正确答案为：大多数情况下，从采集样品后到运输到实验室期间，在 1～5℃冷藏并暗处保存。

4. 根据《水质　金属总量的消解　硝酸消解法》（HJ 677—2013）和《水质　金属总量的消解　微波消解法》（HJ 678—2013），测定水中金属总量时，实验所用的器皿需先用洗涤剂洗净，再用（1+1）硝酸溶液浸泡 24 h，拿出后再依次用自来水、实

验用水洗净，自然干燥。(　　) ①②

答案：正确

5. 根据《水质　金属总量的消解　微波消解法》(HJ 678—2013)，微波消解仪的设定程序运行完毕后，取出消解罐置于通风橱内，立即放气，开盖，并移出罐内消解液。(　　) ②

答案：错误

正确答案为：微波消解仪的设定程序运行完毕后，取出消解罐置于通风橱内冷却，待罐内温度与室温平衡后，放气，开盖，并移出罐内消解液。

6. 根据《水质　金属总量的消解　硝酸消解法》(HJ 677—2013)和《水质　金属总量的消解　微波消解法》(HJ 678—2013)，水样的消解处理是指用具有氧化性能的酸或含有氧化性能的混合酸处理水样的过程。(　　) ①②

答案：正确

7. 根据《水质　金属总量的消解　微波消解法》(HJ 678—2013)，消解过程为：量取混合均匀的水样于微波消解罐中，加入一定体积的过氧化氢，按分析元素选择消解液，观察溶液，如有大量气泡产生，置于通风橱中静置，待反应平稳后加盖旋紧。(　　) ②

答案：正确

三、选择题

1. 根据《水质　金属总量的消解　硝酸消解法》(HJ 677—2013)和《水质　金属总量的消解　微波消解法》(HJ 678—2013)，测定金属离子的水样常用硝酸酸化至pH为________。(　　) ①②

A. 4～5　　B. 1～2　　C. 3～4　　D. 2～3

答案：B

2.《水质　金属总量的消解　微波消解法》(HJ 678—2013)中所指的金属总量是指________的水样经后测定的金属含量。(　　) ②

A. 0.45 μm 滤膜过滤后消解　　B. 未经过滤消解　　C. 采集酸化

答案：B

3. 根据《水质　金属总量的消解　微波消解法》(HJ 678—2013)，下列酸或试剂中，不具备氧化性的是________。(　　) ②

A. 过氧化氢　　B. 高氯酸　　C. 硝酸　　D . 盐酸

答案：D

4. 根据《水质　金属总量的消解　硝酸消解法》(HJ 677—2013)和《水质　金属总量的消解　微波消解法》(HJ 678—2013)，下列说法中不属于水样消解处理作用的是________。(　　) ①②

A. 用于去除(或降低)水中高含量的悬浮物、有机物或有色物质

B. 将不溶或难溶的待测组分转化为易溶物，以便分析检测

C. 将各种价态的欲测元素还原成单一低价态

D. 通过氧化和挥发作用去除一些干扰离子

答案：C

5. 根据《水质　金属总量的消解　硝酸消解法》（HJ 677—2013）和《水质　金属总量的消解　微波消解法》（HJ 678—2013），下列说法中不满足水样消解要求的是________。(　　) ①②

A. 消解后的水样应透明、澄清、无沉淀

B. 消解过程应尽快升温，快速完成消解

C. 不引入待测组分和干扰组分，避免为后续工作造成干扰和困难

D. 不使待测组分挥发或沉淀而造成损失

答案：B

参考文献

[1] 环境保护部 . 水质金属总量的消解　硝酸消解法：HJ 677—2013［S］. 北京：中国环境科学出版社，2013.

[2] 环境保护部 . 水质金属总量的消解　微波消解法：HJ 678—2013［S］. 北京：中国环境科学出版社，2013.

[3] 环境保护部 . 水质样品的保存和管理技术规定：HJ 493—2009［S］. 北京：中国环境科学出版社，2009.

命题：杨　柳　冯　丹

审核：邹本东　夏　新

第二十五章　微生物传感器快速测定法测定生化需氧量

分类号：W25

主要内容
《水质　生化需氧量（BOD）的测定　微生物传感器快速测定法》（HJ/T 86—2002）

一、判断题

1. 微生物传感器快速测定法适合于测定各类水样中的生化需氧量。(　　)

答案：错误

正确答案为：微生物传感器快速测定法适合于地表水、生活污水和不含对微生物有明显毒害作用的工业废水。

2. 用微生物传感器快速测定法测定生化需氧量时，测定前应将电极电位洗至相对稳定。(　　)

答案：正确

3. 用微生物传感器快速测定法测定生化需氧量时，调节水样 pH 所用酸碱的量不应超过水样的 0.5%。(　　)

答案：正确

4. 用微生物传感器快速测定法测定生化需氧量时，如果采集到的水样水温过高，不需要采取其他处理措施。(　　)

答案：错误

正确答案为：如果采集到的水样水温过高，应迅速使水样冷却到 20℃，并充分振摇，使与空气中氧分压接近平衡。

5. 微生物传感器快速测定法测定生化需氧量时，如果采集到的水样温度过低，应迅速升温至 20℃，充分振摇，以赶出过饱和溶解氧。(　　)

答案：正确

6. 测定生化需氧量的微生物菌膜可以用湿法保存，也可在室温下干燥保存。(　　)

答案：正确

7. 微生物传感器快速测定法测定生化需氧量的水样无论在任何条件下放置绝不能超过 24 h。(　　)

答案：正确

二、选择题

1. 用微生物传感器快速测定法测定生化需氧量时，含游离氯的废水需要加入________进行处理后才能进行测定。(　　)

A. 硫酸　B. 氢氧化钠　C. 亚硫酸钠溶液　D. 氧气

答案：C

2. 用微生物传感器快速测定法测定生化需氧量时，若水样浑浊，可静置澄清________min，取上清液测定。(　　)

A. 10　B. 30　C. 60　D. 120

答案：B

3. 用微生物传感器快速测定法测定生化需氧量时，水样的 pH 应控制在________。(　　)

A. 6.0～8.5　B. 6.0～9.0　C. 5.5～8.5　D. 5.5～9.0

答案：D

4. 用微生物传感器快速测定法测定生化需氧量时，水样应________并密封于瓶中。(　　)

A. 留一部分空间　B. 充满　C. 加入固定剂　D. 加入抑制剂

答案：B

5. 用微生物传感器快速测定法测定生化需氧量时，采样后一般在________h 内测定。(　　)

A. 6　B. 12　C. 24　D. 48

答案：A

6. 测定水中生化需氧量的微生物传感器是由氧电极和________组成的。(　　)

A. 甘汞电极　B. 复合电极

C. 氢电极　D. 固定化微生物膜

答案：D

7. 用微生物传感器快速测定法测定水中生化需氧量时，对微生物膜内菌种________的是高浓度杀菌剂、农药类和含游离氯废水。(　　)

A. 没有影响　B. 有毒害作用　C. 有益作用　D. 有抑制作用

答案：B

8. 用微生物传感器快速测定法测定水中生化需氧量时，测量过程中的进样浓度应________，以缩短测定所需时间。(　　)

A. 从低到高　B. 从高到低　C. 高低随意

答案：A

三、问答题

1. 简述微生物传感器快速测定水中生化需氧量的方法原理。

答案：当含有饱和溶解氧的水样进入流通池中与微生物传感器接触，水样中溶解性可生化降解的有机物受到微生物菌膜中菌种的作用，而消耗一定量的氧，使扩散到氧电极表面上氧的质量减少，当生化降解的有机物向菌膜扩散速度达到恒定时，扩散到氧电极表面上氧的质量也达到恒定，产生一个恒定电流，该电流与氧的减少量存在定量关系，可以此换算出水样中生化需氧量。

2. 什么是生化需氧量？

答案： 在一定条件下，微生物分解存在水中的某些可氧化物质，特别是有机物所进行的生物化学过程中消耗溶解氧的量叫生化需氧量。

3. 测定水中生化需氧量的方法有哪些？

答案： 稀释接种法、微生物传感器法、活性污泥曝气降解法。

4. 微生物传感器快速测定法测定水中生化需氧量，对水样有哪些预处理方法？

答案：（1）如果水样 pH 超出 5.5～9.0，应用酸或碱调至 pH 为 7 左右；

（2）水样浑浊时，静置 30 min，取上清液进行测定；

（3）水样的水温过高或过低时，应迅速调节至 20℃左右；

（4）如果水样中有游离氯存在，应加入亚硫酸钠除去游离氯。

5.《水质　生化需氧量的测定　微生物传感器快速测定法》（HJ/T 86—2002）中微生物菌膜是什么？

答案： 将丝孢酵母菌在保持其生理机能的状态下封入膜中，叫微生物菌膜。

参考文献

[1] 国家环境保护总局 . 水质　生化需氧量（BOD）的测定　微生物传感器快速测定法：HJ/T 86—2002［S］. 北京：中国环境科学出版社，2002.

[2] 国家环境保护总局《水和废水监测分析方法》编委会 . 水和废水监测分析方法 .4 版［M］. 北京：中国 环境科学出版社，2002.

命题：周笑白　王　伟

审核：张玉惠　王　伟

第二十六章　仪器分析法测定总有机碳

分类号：W26

主要内容
《生活饮用水标准检验方法　有机物综合指标》（GB/T 5750.7—2006）（4.1　总有机碳　仪器分析法）

一、判断题

1. 根据《生活饮用水标准检验方法　有机物综合指标》（GB/T 5750.7—2006）（4.1　总有机碳　仪器分析法）测定水中总碳时，是指水中存在的有机碳和无机碳的碳总含量。（　　）

答案： 错误

正确答案为：总碳是指水中存在的有机碳、无机碳和元素碳的碳总含量。

2. 根据《生活饮用水标准检验方法　有机物综合指标》（GB/T 5750.7—2006）（4.1　总有机碳　仪器分析法）测定水中总有机碳，是指水中存在的溶解性有机碳的总含量。（　　）

答案： 错误

正确答案为：水中存在的溶解性和悬浮性有机碳的碳含量。

3. 根据《生活饮用水标准检验方法　有机物综合指标》（GB/T 5750.7—2006）（4.1　总有机碳　仪器分析法）测定总有机碳的水样，应取上层清液进行测定。（　　）

答案： 错误

正确答案为：测定总有机碳的水样，应将水样振荡均匀后再进行测定。

4. 根据《生活饮用水标准检验方法　有机物综合指标》（GB/T 5750.7—2006）（4.1　总有机碳　仪器分析法），水样中除了有机碳，可能含有二氧化碳（CO_2）和 CO_3^{2-}。测定时，可测定总碳（TC）和总二氧化碳（CO_2），再以总碳减去总二氧化碳，算出有机碳含量。此法，最适合于总二氧化碳小于总有机碳的水样。（　　）

答案： 正确

5. 根据《生活饮用水标准检验方法　有机物综合指标》（GB/T 5750.7—2006）（4.1　总有机碳　仪器分析法）测定水中总有机碳，易挥发的有机物，如苯、甲苯、环已烷和三氯甲烷，可能在吹脱二氧化碳过程中逸出。因此，这些化合物可忽略不计。（　　）

答案： 错误

正确答案为：测定水中总有机碳，易挥发的有机物，如苯、甲苯、环已烷和三氯甲烷，可能在吹脱二氧化碳过程中逸出。因此，应分别测定这些化合物的总有机碳，或采用差值法计算。

二、选择题

1. 根据《生活饮用水标准检验方法　有机物综合指标》（GB/T 5750.7—2006）（4.1　总有机碳　仪器分析法）测定水中溶解性有机碳时，是指水中存在的可以通过________μm孔径滤膜有机物的碳含量。(　　)

A. 0.01　　B. 0.02　　C. 0.05　　D. 0.45

答案：D

2. 根据《生活饮用水标准检验方法　有机物综合指标》（GB/T 5750.7—2006）（4.1　总有机碳　仪器分析法）测定水中总有机碳时，生成的二氧化碳的测定方法包括________、滴定法、热导池检测器法、电导滴定法、二氧化碳敏感电极法和把二氧化碳还原为 CH_4 后火焰离子化检测器法等。(　　)

A. 非色散红外光谱法　　B. 重量法

C. 分光光度法　　D. 液相色谱法

答案：A

参考文献

中华人民共和国卫生部，中国国家标准化管理委员会．生活饮用水标准检验方法　有机物综合指标：GB/T 5750.7—2006［S］．北京：中国环境科学出版社，2006.

命题：姜　燕　杨　楠

审核：张益民　冯　丹　夏　新

第二篇

海　水

第一章　海水样品采集

分类号：S1

主要内容
《海洋监测规范　第 3 部分：样品采集、贮存与运输》（GB 17378.3—2007）

一、填空题

1. 海洋环境调查监测中，水样的保存方法通常有________和________两种。

答案：冷冻　　酸化后低温冷藏

2. 海洋环境调查监测中，在直接入海排污口等特殊情况下，常采集________，以揭示利用瞬时样品观察不到的变化。

答案：连续样品

3. 海洋环境调查监测的测点布设，其海域的动力场状况是其中一个主要影响因素。在具体实施过程中，应充分考虑海区的________和________等动力场状况。

答案：潮流场　　风场

二、判断题

1. 测定海水中无机氮含量时，采集的水样不用过滤，可直接用于测定。（　　）

答案：错误

正确答案为：采集的水样须经 0.45 μm 滤膜过滤后才能用于测定。

2. 测定海水中无机氮时，水样的采集应使用有机玻璃或塑料采水器。（　　）

答案：正确

3. 海洋环境调查监测中的综合水样，是指把从不同采样点同时采集的水样进行混合而得到的水样（时间不是完全相同，而是尽可能接近）。（　　）

答案：正确

4. 海洋环境调查监测中，水质过滤样若需加酸酸化，一般使 pH＜5，然后低温冷藏。（　　）

答案：错误

正确答案为：此时应使 pH＜2，然后低温冷藏。

5. 海洋环境调查监测过程中，未过滤海水样品一般不宜酸化，酸化可使颗粒物上的痕量金属解吸，未过滤的水样一般冷冻贮存。（　　）

答案：正确

6. 根据污染物在较大面积海域分布的不均匀性和局部海域的相对均匀性的时空特征，可将监测海域划分为污染区、过渡区及对照区。（　　）

答案：正确

7. 海洋环境调查监测过程中，用于环境质量表征的采样频率一般要高于环境质量控制所需的采样频率。(　　)

答案：错误

正确答案为：海洋环境调查监测中，用于环境质量控制的采样频率一般要高于环境质量表征所需的采样频率。

8. 采集海水汞样品应使用聚乙烯塑料瓶盛装水样，加 H_2SO_4 至 pH<2。(　　)

答案：错误

正确答案为：采集海水汞样品需用硬质玻璃瓶盛装水样。

9. 海洋环境调查监测中，塑料容器适合于放射性核素和大部分痕量元素及常规监测项目的水样贮存。(　　)

答案：正确

10. 现场记录在海洋环境调查监测中非常有用，但是很容易被误放或丢失，绝对不能依赖现场记录，以其代替详细资料，采样详细记录必须从采样时起直到分析测试结束的制表过程中，始终伴随样品。(　　)

答案：正确

11. 海洋环境调查监测中，从采水器中取出样品进行分装时，一般按易发生变化的先分装原则，先分装测定溶解气体的样品，如溶解氧、硫化物及 pH 等，再分装受生物活动影响大的样品，如营养盐类等，最后分装重金属样品。(　　)

答案：正确

三、选择题

1. 海洋环境调查监测中，采表层样系指在海面以下________m 采集样品。(　　)

A. 0.1～1　　B. 0.5～1.5　　C. 0～2

答案：A

2. 海水硫化物水样采集后，现场应在每升水样中加入 1 ml________溶液。(　　)

A. 氢氧化钠　　B. 乙酸锌　　C. 硝酸

答案：B

3. 近年来的研究和试验结果表明，下列采样容器材质中最稳定的为________。(　　)

A. 硼硅玻璃　　B. 透明石英　　C. 聚乙烯　　D. 聚四氟乙烯

答案：D

4. 海洋环境调查监测中，需要分析水样中可用酸萃取的金属时，采样后应在水样中加入适量________。(　　)

A. 浓 HCl　　B. 浓 H_2SO_4　　C. 浓 HNO_3

答案：C

5. 海域水质例行监测一般________。(　　)

A. 每年 1～2 次　　B. 每年 2～4 次　　C. 每月 1 次

答案：B

6. 海洋环境调查监测中，对于样品容器的材质选择，常用的玻璃容器一般不适合于________的贮存。(　　)

A. 有机化合物样品　　B. 生物品种样品　　C. 痕量重金属样品

答案：C

7. 海洋环境监测过程中，瞬时样品是不连续的样品，对于某些待测项目（如________）规定应该采集瞬时样品。(　　)

A. 化学需氧量　　B. 溶解氧　　C. 营养盐　　D. 重金属

答案：B

8. 海洋环境监测采样过程中，对在酸性条件下易生成挥发性物质的待测项目（如氰化物等）可以加碱将水样的 pH 调节至________，使其生成稳定的盐类。(　　)

A. 10　　B. 12　　C. 14

答案：B

9. 海洋环境监测采样过程中，用于海水重金属样品过滤的滤膜一般采用________。(　　)

A. 定量滤纸　　B. 0.45 μm 乙酸纤维滤膜　　C. 玻璃纤维滤纸

答案：B

四、问答题

1. 简述海洋环境质量监测要素。

答案：（1）海洋水文气象参数。

（2）水体中重要理化参数、营养盐类、有毒有害物质和放射性核素。

（3）沉积物中有关物理参数和有毒有害物质。

（4）生物体中有关生物学参数、生物残留物及生态学参数。

2. 简述海洋环境监测的对象。

答案：（1）造成海洋环境污染和破坏的污染源所排放的各种污染物质或能量。

（2）海洋环境要素的各种参数和变量。

（3）由海洋环境污染和破坏所产生的影响。

3. 样品采集的 QA/QC 是全程质控的一个重要环节，试例举两种海水样品采集时的质控措施。

答案：采集现场空白样、现场平行样、现场加标样、运输空白样和设备材料空白等。（答对两种即可）

参考文献

[1] 中华人民共和国国家质量监督检验检疫总局，中国国家标准化管理委员会．海洋监测规范　第 3 部分：样品采集、贮存与运输：GB 17378.3—2007［S］．北京：中国标准出版社，2007.

[2] 中华人民共和国国家质量监督检验检疫总局，中国国家标准化管理委员会．海洋监测规范　第 1 部分：总则：GB 17378.1—2007［S］．北京：中国标准出版社，2007.

[3] 中华人民共和国国家质量监督检验检疫总局，中国国家标准化管理委员会．海洋监测规范　第 4 部分：海水分析：GB 17378.4—2007［S］．北京：中国标准出版社，2007.

[4] 国家海洋局人事劳动教育司成人教育中心编写组．海洋环境保护与监测［M］．北京：海洋出版社，1998.

[5]《环境水质监测质量保证手册》编写组．环境水质监测质量保证手册．2 版［M］．北京：化学工业出版社，1994.

[6]《海洋监测质量保证手册》编写组．海洋监测质量保证手册［M］．北京：海洋出版社，2000.

命题：任世军　柴小平

审核：王益鸣　过美蓉

第二章　海水水质现场监测

第一节　水色

分类号：S2-1

主要内容
①《海洋监测规范　第 4 部分：海水分析》（GB 17378.4—2007）（21　水色　比色法）
②《海洋调查规范　第 2 部分：海洋水文观测》（GB/T 12763.2—2007）（10　水色　水色计目测法）

一、填空题

1. 海水水色的观测只在________进行，观测地点应选在________阳光处。①②

答案：白天　　背

2. 根据《海洋调查规范　第 2 部分：海洋水文观测》（GB/T 12763.2—2007）中水色计目测法，海水水色观测与透明度观测同时进行，准确度为________级。②

答案：±1

3. 根据《海洋调查规范　第 2 部分：海洋水文观测》（GB/T 12763.2—2007）中水色计目测法，海水水色依据水色计目测确定。观测时观测者的视线必须与水色计玻璃管________（角度）。②

答案：垂直

二、判断题

1. 海洋环境调查所用水色计，平时必须保存在阴暗干燥处，切忌日光照射，以免褪色。（　　）①

答案：正确

2. 海洋环境调查测定水色时，水色计内的玻璃管应与观测者的视线垂直。（　　）①

答案：正确

3. 观测海水水色时，调查船只排出的污水对观测没有影响。（　　）①

答案：错误

正确答案为：观测海水水色时，应避免船只排出污水的影响。

4. 观测海水水色时，使用的水色计在 6 个月内至少应与标准水色计校准一次，发现褪色现象，应及时更换。（　　）①

答案：正确

5. 根据《海洋调查规范　第 2 部分：海洋水文观测》（GB/T 12763.2—2007）中水色计目测法，水色计应保存在阴凉干燥处，切忌日光照射，以免褪色。（　　）②

答案：正确

6. 根据《海洋调查规范　第 2 部分：海洋水文观测》（GB/T 12763.2—2007）中水色计目测法，标准水色计（在同批出厂的水色计中保留一盒）平时应始终装在里红外黑的布套中，保存在阴凉处。(　　) ②

答案：正确

三、选择题

1. 观测海水水色用的水色计是由蓝色、黄色和______3 种溶液按一定比例配成。(　　) ①

A. 红色　　B. 绿色　　C. 褐色

答案：C

2. 根据《海洋调查规范　第 2 部分：海洋水文观测》（GB/T 12763.2—2007）中水色计目测法，观测完透明度后，将透明度盘提升到透明度值________的水层，根据透明度盘上方海水呈现的颜色，在水色计中找出与之相似的色级号码，即为该次观测的水色。(　　) ②

A. 1/3　　B. 1/2　　C. 1/4

答案：B

3. 根据《海洋调查规范　第 2 部分：海洋水文观测》（GB/T 12763.2—2007）中水色计目测法，水色计在________个月内至少应与标准水色计校准一次。(　　) ②

A. 三　　B. 六　　C. 十二

答案：B

参考文献

[1] 中华人民共和国国家质量监督检验检疫总局，中国国家标准化管理委员会 . 海洋监测规范　第 4 部分：海水分析：GB 17378.4—2007［S］. 北京：中国标准出版社，2007.

[2] 中华人民共和国国家质量监督检验检疫总局，中国国家标准化管理委员会 . 海洋调查规范　第 2 部分：海洋水文观测：GB/T 12763.2—2007［S］. 北京：中国标准出版社，2007.

命题：邹伟明　胡序朋　王益鸣

审核：邵君波　王益鸣　过美蓉

第二节　盐度

分类号：S2-2

主要内容

①《海洋监测规范　第 4 部分：海水分析》（GB 17378.4—2007）（29.1　盐度　盐度计法）

②《海洋调查规范　第 2 部分：海洋水文观测》（GB/T 12763.2—2007）［6　盐度　温盐深仪（CTD）法］

③《海洋监测规范　第 4 部分：海水分析》（GB 17378.4—2007）［29.2　盐度　温盐深仪（CTD）法］

④《海洋监测技术规程　第 6 部分：海洋水文、气象与海冰》（HY/T 147.6—2013）（5　海水盐度测定　温盐深剖面仪法）

一、填空题

1. 连续观测站观测海水盐度时，观测频率一般为每________h 一次。①

答案：2

2. 实验室用于测定海水的盐度计分为________和________两种类型。①

答案：感应式　　电极式

3. 用盐度计测定海水盐度时，被测海水样品的温度与标准海水的温度相近时方可进行测定。感应式盐度计要求两者相差在________℃以内；电极式盐度计要求在搅拌器启动________min，待两者温度基本趋于相等。①

答案：2　　1～2

4. 计算海水实用盐度有以下两种方法：________和________。①②③

答案：计算机处理　　查国际海洋学常用表

5. 用温盐深仪法测定海水盐度时，大面或断面测站，船到站观测一次；连续测站，________观测一次。②③④

答案：每小时

6. 用温盐深仪法测定海水盐度时，观测位置应避开________及________。②③④

答案：机舱排污口　　其他污染源

7. 某海域水深 33 m，用温盐深仪法测量盐度时，需要测量________层，最底层为________m 层。②③④

答案：7　　31

8. 对温盐深仪的操作主要包括________和________两大部分，前者主要控制作业进程，后者则是收放水下单元，但两者应密切配合、协调进行。②③④

答案：室内　　室外

二、判断题

1. 测定海水盐度时，一般为盐度与温度同时观测。(　　) ①②③④

答案：正确

2. 利用电极式或感应式实验室盐度计测定海水盐度时，不需定标。(　　) ①

答案：错误

正确答案为：此时需定标。

3. 温盐深仪法测定海水盐度时，水下单元吊放至海面以下，传感器浸入水中先感温 3～5 min 后再下降进行观测。(　　) ②③④

答案：正确

4. 温盐深仪法测定海水盐度，水深为 50～100 m 时，底层与相邻标准层的最小距离为 2 m。(　　) ②③④

答案：错误

正确答案为：温盐深仪法测定海水盐度，水深为 50～100 m 时，底层与相邻标准层的最小距离为 5 m。

5. 利用温盐深仪测定海水盐度时，每天至少应选择一个比较均匀的水层，与利用实验

室盐度计对海水样品的测量结果比对一次。（　　）②③④

答案：正确

6. 利用温盐深仪测定海水盐度时，每次观测完毕后，CTD 仪可以在下个站位直接使用。（　　）②③④

答案：错误

正确答案为：利用温盐深仪测定海水盐度时，每次观测完毕，都必须用蒸馏水（或去离子水）冲洗干净，不能残留盐粒或污物。

三、选择题

1. 海水盐度计算公式中的 R_θ，是指被测海水与实用盐度为________的标准海水在温度为 θ 时的电导率的比值。（　　）①②③④

A. 35　　B. 32　　C. 42　　D. 30

答案：A

2. 温盐深仪法测定海水盐度，探头的下放速度一般应控制在________m/s。（　　）②③④

A. 1.0　　B. 2.0　　C. 3.0　　D. 4.0

答案：A

3. 某温盐深仪的盐度探头分辨率为 0.01，确定盐度测量的准确度为 ±________。（　　）②③④

A. 0.02　　B. 0.05　　C. 0.2

答案：B

四、问答题

1. 某海域水深 48 m，试问用温盐深仪测量盐度的标准层次为哪几层？②③④

答案：表层及水深为 5 m、10 m、15 m、20 m、25 m、30 m 和底层。

2. 温盐深仪法测定海水盐度，测量的电导率值换算成盐度后，如在跃层中有明显的“异常尖峰”存在时，应该如何处理？②③④

答案：温盐深仪法测定海水盐度，测量的电导率值换算成盐度后，如在跃层中有明显的“异常尖峰”存在时，应将电导率或温度测量值进行时间滞后订正，然后再重新计算盐度。

参考文献

[1] 中华人民共和国国家质量监督检验检疫总局，中国国家标准化管理委员会 . 海洋监测规范　第 4 部分：海水分析：GB 17378.4—2007［S］. 北京：中国标准出版社，2007.

[2] 中华人民共和国国家质量监督检验检疫总局，中国国家标准化管理委员会 . 海洋调查规范　第 2 部分：海洋水文观测：GB/T 12763.2—2007［S］. 北京：中国标准出版社，2007.

[3] 国家海洋局 . 海洋监测技术规程　第 6 部分：海洋水文、气象与海冰：HY/T 147.6—2013［S］. 北京：中国标准出版社，2013.

命题：李俊龙　邹伟明

审核：王益鸣　任世军

第三节　透明度

分类号：S2-3

主要内容
①《海洋监测规范　第4部分：海水分析》（GB 17378.4—2007）（22　透明度　透明圆盘法）
②《海洋调查规范　第2部分：海洋水文观测》（GB/T 12763.2—2007）（10　透明度　透明度盘法）

试题同“第一篇　W2-2 ③”。

第四节　嗅和味

分类号：S2-4

主要内容
《海洋监测规范　第4部分：海水分析》（GB 17378.4—2007）（24　嗅和味　感官法）

试题同“第一篇　W2-1 ②”。

第五节　水温

分类号：S2-5

主要内容
①《海洋监测规范　第4部分：海水分析》（GB 17378.4—2007）（25.1　水温　表层水温表法）
②《海洋监测规范　第4部分：海水分析》（GB 17378.4—2007）（25.2　水温　颠倒温度表法）
③《海洋调查规范　第2部分：海洋水文观测》（GB/T 12763.2—2007）［5　水温　温盐深仪（CTD）定点测温］
④《海洋监测技术规程　第6部分：海洋水文、气象与海冰》（HY/T 147.6—2013）（4.2　水温监测　数字测温仪法）

①和②的试题同“第一篇　W2-3”。

一、填空题

1. 根据《海洋调查规范　第2部分：海洋水文观测》（GB/T 12763.2—2007）中温盐深仪（CTD）定点测温法测量水温，大面或断面测站，船到站时观测一次；连续测站，一般每________观测一次。③

答案：小时

2. 根据《海洋调查规范　第2部分：海洋水文观测》（GB/T 12763.2—2007）中温盐深仪（CTD）定点测温法测量水温，为保证监测数据质量，取仪器________时获取的数据为正式测量值，仪器________时获取的数据作为水温数据处理时的参考值。③

答案：下放　　上升

3. 根据《海洋调查规范　第2部分：海洋水文观测》（GB/T 12763.2—2007）中温盐深仪（CTD）定点测温法测量水温时，释放仪器应在迎风舷，避免仪器压入船底。观测位置应避开________及其他污染源。③

答案：机舱排污口

4. 根据《海洋监测技术规程　第6部分：海洋水文、气象与海冰》（HY/T 147.6—2013）（4.2　水温监测　数字测温仪法）测量水温时，仪器投放前应确保电缆接口处________。④

答案：水密

5. 根据《海洋监测技术规程　第6部分：海洋水文、气象与海冰》（HY/T 147.6—2013）（4.2　水温监测　数字测温仪法）测量水温时，测量结束后，应取出电池保存，且每________个月至少进行一次通电检测。④

答案：六

二、判断题

1. 根据《海洋调查规范　第2部分：海洋水文观测》（GB/T 12763.2—2007），利用CTD仪测量海水水温时，每天至少应选择一个比较均匀的水层与颠倒温度计的测量结果比对一次。（　　）③

答案：正确

2. 根据《海洋调查规范　第2部分：海洋水文观测》（GB/T 12763.2—2007），利用CTD仪测量海水水温时，仪器探头的下放速度一般应控制在0.5 m/s左右。（　　）③

答案：错误

正确答案为：仪器探头的下放速度一般应控制在1.0 m/s左右。

3. 根据《海洋调查规范　第2部分：海洋水文观测》（GB/T 12763.2—2007），水深在50 m以内时，使用温盐深仪（CTD）测量海水水温，水温标准观测层的底层为离底2 m的水层。（　　）③

答案：正确

4. 根据《海洋调查规范　第2部分：海洋水文观测》（GB/T 12763.2—2007）用CTD仪测量海水水温，每次观测完毕即可收起仪器，探头放置在阴凉处，切忌曝晒。（　　）③

答案：错误

正确答案为：用CTD仪测量海水水温，每次观测完毕须冲洗探头，不能残留盐粒和污物。探头应放置在阴凉处，切忌暴晒。

5. 根据《海洋监测技术规程　第6部分：海洋水文、气象与海冰》（HY/T 147.6—2013）（4.2　水温监测　数字测温仪法）测量水温时，仪器下放时入水位置应避开机舱排污口或其他污染源。（　　）④

答案：正确

三、选择题

1. 根据《海洋调查规范 第 2 部分：海洋水文观测》（GB/T 12763.2—2007），水深范围为 50～100 m 时，温盐深仪定点测温的标准观测水层为________层次。（ ）③

A. 5　　B. 8　　C. 10

答案：C

2. 根据《海洋调查规范 第 2 部分：海洋水文观测》（GB/T 12763.2—2007），用温盐深仪（CTD）定点测温法测量水温时，若船只摇摆剧烈，可适当________下放速度。（ ）③

A. 增加　　B. 减小　　C. 匀速

答案：A

3. 根据《海洋调查规范 第 2 部分：海洋水文观测》（GB/T 12763.2—2007），用温盐深仪（CTD）定点测温法测量水温时，将水下单元吊放至海面以下，使传感器浸入水中感温________min。（ ）③

A. 1～2　　B. 3～5　　C. 5～10

答案：B

4. 根据《海洋监测技术规程 第 6 部分：海洋水文、气象与海冰》（HY/T 147.6—2013）（4.2 水温监测 数字测温仪法）测量水温时，水温准确度为 ±________℃。（ ）④

A. 0.01　　B. 0.02　　C. 0.05

答案：B

参考文献

[1] 中华人民共和国国家质量监督检验检疫总局，中国国家标准化管理委员会 . 海洋监测规范 第 4 部分：海水分析：GB 17378.4—2007［S］. 北京：中国标准出版社，2007.

[2] 中华人民共和国国家质量监督检验检疫总局，中国国家标准化管理委员会 . 海洋调查规范 第 2 部分：海洋水文观测：GB/T 12763.2—2007［S］. 北京：中国标准出版社，2007.

[3] 国家海洋局 . 海洋监测技术规程 第 6 部分：海洋水文、气象与海冰：HY/T 147.6-2013［S］. 北京：中国标准出版社，2013.

命题：胡序朋 王益鸣

审核：李俊龙 邵君波 过美蓉

第六节 浑浊度

分类号：S2-6

主要内容

①《海洋监测规范 第 4 部分：海水分析》（GB 17378.4—2007）（30.1 浑浊度 浊度计法）

②《海洋监测规范 第 4 部分：海水分析》（GB 17378.4—2007）（30.2 浑浊度 目视比浊法）

试题同“第一篇　W2-4”。

第七节　海流

分类号：S2-7

主要内容
《海洋调查规范　第 2 部分：海洋水文观测》（GB/T 12763.2—2007）（7　海流　船只锚碇测流）

一、填空题

根据《海洋调查规范　第 2 部分：海洋水文观测》（GB/T 12763.2—2007）进行船只锚碇测流，海流观测的主要观测要素为________和________。

答案：流速　　流向

二、判断题

1. 根据《海洋调查规范　第 2 部分：海洋水文观测》（GB/T 12763.2—2007）进行船只锚碇测流，对于新安装的 ADCP，应根据经验计算出 ADCP 换能器的方向修正角，并输入设置文件。(　　)

答案：错误

正确答案为：应根据底跟踪资料，计算出 ADCP 换能器的方向修正角。

2. 根据《海洋调查规范　第 2 部分：海洋水文观测》（GB/T 12763.2—2007）进行船只锚碇测流，使用 ADCP 测定海流时，出海前应准确校准电罗经，设置 ADCP 的罗经初始角。(　　)

答案：正确

3. 根据《海洋调查规范　第 2 部分：海洋水文观测》（GB/T 12763.2—2007）进行船只锚碇测流，流向一般为一段时间的平均值。(　　)

答案：错误

正确答案为：流向一般为瞬时值。

三、选择题

1. 根据《海洋调查规范　第 2 部分：海洋水文观测》（GB/T 12763.2—2007）进行船只锚碇测流，定点观测流向时，当水深小于 200 m、流速小于 100 cm/s 时，流向的准确度为________。(　　)

A. ±1°　　B. ±5°　　C. ±10°

答案：B

2. 根据《海洋调查规范　第 2 部分：海洋水文观测》（GB/T 12763.2—2007）进行船只锚碇测流，当施放海流计的钢丝绳或电缆的倾角超过________时，应对仪器沉放深度进行倾角订正。(　　)

A. 5°　　B. 10°　　C. 15°　　D. 20°

答案：B

3. 根据《海洋调查规范　第 2 部分：海洋水文观测》(GB/T 12763.2—2007)，在锚碇船上海流连续观测时，应每________h 观测一次船位，如发现船只严重走错（超过定位准确度要求），应移至原位，重新开始观测。(　　)

A. 1　　B. 2　　C. 3　　D. 4

答案：C

参考文献

中华人民共和国国家质量监督检验检疫总局，中国国家标准化管理委员会. 海洋调查规范　第 2 部分：海洋水文观测：GB/T 12763.2—2007 [S]. 北京：中国标准出版社，2007.

命题：胡序朋　王益鸣　夏　新

审核：邵君波　过美蓉　池　靖

第八节　流向

分类号：S2-8

主要内容
《海洋调查规范　第 2 部分：海洋水文观测》(GB/T 12763.2—2007)(7　流向　海流计法)

一、填空题

根据《海洋调查规范　第 2 部分：海洋水文观测》(GB/T 12763.2—2007)(7　流向　海流计法)，使用船载 ADCP 测定海流时，要准确校准电罗经，设置 ADCP 的________。

答案：罗经初始角

二、判断题

1. 根据《海洋调查规范　第 2 部分：海洋水文观测》(GB/T 12763.2—2007)(7　流向　海流计法)，对于新安装的 ADCP，应根据经验计算出 ADCP 换能器的方向修正角，并输入设置文件。(　　)

答案：错误

正确答案为：对于新安装的 ADCP，应根据底跟踪资料计算出 ADCP 换能器的方向修正角，并输入设置文件。

2. 根据《海洋调查规范　第 2 部分：海洋水文观测》(GB/T 12763.2—2007)(7　流向　海流计法)，海流观测中，流向一般为平均值。(　　)

答案：错误

正确答案为：流向一般为瞬时值。

3. 根据《海洋调查规范　第 2 部分：海洋水文观测》(GB/T 12763.2—2007)(7　流向　海流计法) 测定流向时，海流观测的主要观测要素为流速和流向。(　　)

答案：正确

三、选择题

1. 根据《海洋调查规范　第 2 部分：海洋水文观测》（GB/T 12763.2—2007）（7　流向　海流计法），海流计法测定流向时，当水深小于 200 m、流速小于 100 cm/s 时，流向的准确度为________。(　　)

   A. ±1°　　　B. ±5°　　　C. ±10°

答案：B

2. 根据《海洋调查规范　第 2 部分：海洋水文观测》（GB/T 12763.2—2007）（7　流向　海流计法），海流计法测定流向时，海流连续观测的时间长度应不小于 25 h，至少________观测一次。(　　)

   A. 0.5 h　　　B. 1 h　　　C. 2 h

答案：B

参考文献

中华人民共和国国家质量监督检验检疫总局，中国国家标准化管理委员会 . 海洋调查规范　第 2 部分：海洋水文观测：GB/T 12763.2—2007［S］. 北京：中国标准出版社，2007.

命题：胡序朋
审核：李俊龙　夏　新

第九节　漂浮物质

分类号：S2-9

主要内容
《海水水质标准》（GB 3097—1997）（漂浮物质　目测法）

一、判断题

根据《海水水质标准》（GB 3097—1997）（漂浮物质　目测法），海水水质分为四类，第一类～第三类中海面不得出现油膜、浮沫和其他漂浮物质。(　　)

答案：正确

二、选择题

根据《海水水质标准》（GB 3097—1997）（漂浮物质　目测法），第四类海水中漂浮物质的表达正确的是________。(　　)

A. 海面无明显油膜，有浮沫和其他漂浮物但不严重
B. 海面无明显油膜、浮沫和其他漂浮物
C. 海面略有油膜、浮沫和其他漂浮物
D. 海面有少量油膜、浮沫和其他漂浮物

答案：B

参考文献

国家环境保护局．海水水质标准：GB 3097—1997［S］．北京：中国环境科学出版社，1997.

命题：胡序朋
审核：李俊龙

第十节 六价铬

分类号：S2-10

主要内容
《海洋监测技术规程 第 1 部分：海水》（HY/T 147.1—2013）（6 六价铬的测定——便携式光谱仪法）

一、填空题

1. 根据《海洋监测技术规程 第 1 部分：海水》（HY/T 147.1—2013）（6 六价铬的测定——便携式光谱仪法）测定六价铬时，分光光度法应在其最大吸收波长________nm 处进行测定。

答案：540

2. 根据《海洋监测技术规程 第 1 部分：海水》（HY/T 147.1—2013）（6 六价铬的测定——便携式光谱仪法）测定六价铬时，测定原理是在酸性溶液中，Cr（Ⅵ）与显色剂二苯碳酰二肼反应，生成________色化合物，用分光光度法检测。

答案：紫红

二、判断题

1. 根据《海洋监测技术规程 第 1 部分：海水》（HY/T 147.1—2013）（6 六价铬的测定——便携式光谱仪法）测定六价铬时，所用玻璃仪器应使用重铬酸钾洗液洗涤。（ ）

答案：错误

正确答案为：所用玻璃仪器应避免使用重铬酸钾洗液洗涤。

2. 根据《海洋监测技术规程 第 1 部分：海水》（HY/T 147.1—2013）（6 六价铬的测定——便携式光谱仪法）测定六价铬时，探头每次更换至不同比色管时应小心擦干探头上的残留液。（ ）

答案：正确

3. 根据《海洋监测技术规程 第 1 部分：海水》（HY/T 147.1—2013）（6 六价铬的测定——便携式光谱仪法）测定六价铬时，当样品浓度差别较大时，应先清洗探头，并擦干探头上的残留液，再将探头更换至另一待测样品中。（ ）

答案：正确

三、选择题

根据《海洋监测技术规程 第1部分：海水》（HY/T 147.1—2013）（6 六价铬的测定——便携式光谱仪法）测定六价铬时，校准曲线反应定时结束后，首先将探头插入水中进行校零，然后按浓度________的顺序依次插入各比色管中，读出吸光值。（ ）

A. 由低到高 B. 由高到低

答案：A

参考文献

国家海洋局 . 海洋监测技术规程 第1部分：海水：HY/T 147.1—2013［S］. 北京：中国标准出版社，2013.

命题：胡序朋

审核：李俊龙 杨 楠

第十一节 铵盐

分类号：S2-11

主要内容
《海洋监测技术规程 第1部分：海水》（HY/T 147.1—2013）（9.2 铵盐 便携式光谱仪法）

一、判断题

1. 根据《海洋监测技术规程 第1部分：海水》（HY/T 147.1—2013）（9.2 铵盐 便携式光谱仪法）测定铵盐时，测定中要严防空气中的氨对水样、试剂和器皿的沾污，分析地点应远离氨污染源，如厕所、晒图室等。（ ）

答案：正确

2. 根据《海洋监测技术规程 第1部分：海水》（HY/T 147.1—2013）（9.2 铵盐 便携式光谱仪法）测定时，直接测定就是铵盐的含量。（ ）

答案：错误

正确答案为：直接测定的是总亚硝酸盐的量，为此，需要扣除原有亚硝酸盐的含量，得到铵盐的含量。

二、选择题

1. 根据《海洋监测技术规程 第1部分：海水》（HY/T 147.1—2013）（9.2 铵盐 便携式光谱仪法）测定铵盐时，当水温高于10℃时，氧化________min即可，若低于10℃时，氧化时间应适当延长。（ ）

A. 20 B. 25 C. 30 D. 40

答案：C

2. 根据《海洋监测技术规程 第1部分：海水》（HY/T 147.1—2013）（9.2 铵盐 便携式光谱仪法）测定铵盐时，加盐酸萘乙二胺试剂后，应在________h之内测定完毕，

并避免阳光照射。(　　)

A. 1　　B. 2　　C. 4　　D. 10

答案：B

参考文献

国家海洋局．海洋监测技术规程　第 1 部分：海水：HY/T 147.1—2013［S］．北京：中国标准出版社，2013.

命题：胡序朋　夏　新

审核：李俊龙　杨　楠

第十二节　亚硝酸盐

分类号：S2-12

主要内容
《海洋监测技术规程　第 1 部分：海水》(HY/T 147.1—2013)(7.2　亚硝酸盐　便携式光谱仪法)

一、填空题

1. 根据《海洋监测技术规程　第 1 部分：海水》(HY/T 147.1—2013)(7.2　亚硝酸盐　便携式光谱仪法)测定亚硝酸盐时，水样加盐酸萘乙二胺溶液后，应在________h 内测定完毕，并避免阳光照射。

答案：2

2. 根据《海洋监测技术规程　第 1 部分：海水》(HY/T 147.1—2013)(7.2　亚硝酸盐　便携式光谱仪法)测定亚硝酸盐时，水样中存在大量的硫化氢时可能干扰测定，可在加入磺胺后用________驱除硫化氢。

答案：氮气

二、判断题

《海洋监测技术规程　第 1 部分：海水》(HY/T 147.1—2013)(7.2　亚硝酸盐　便携式光谱仪法)适用于河口及入海排污口水体中亚硝酸盐的测定。(　　)

答案：正确

三、选择题

1. 根据《海洋监测技术规程　第 1 部分：海水》(HY/T 147.1—2013)(7.2　亚硝酸盐　便携式光谱仪法)测定亚硝酸盐时，是在________性介质中，亚硝酸盐与磺胺进行重氮化反应，其产物再与盐酸萘乙二胺偶合生成________色偶氮染料，然后用便携式光谱仪进行测定。(　　)

A. 酸，紫　　B. 碱，红　　C. 酸，红　　D. 碱，紫

答案：C

2. 根据《海洋监测技术规程 第1部分：海水》（HY/T 147.1—2013）（7.2 亚硝酸盐 便携式光谱仪法）测定亚硝酸盐时，测定时的温度宜控制在________℃。（ ）

A. 10～40　　B. 20～40　　C. 10～25　　D. 15～35

答案：C

参考文献

国家海洋局. 海洋监测技术规程 第1部分：海水：HY/T 147.1—2013［S］. 北京：中国标准出版社，2013.

命题：胡序朋 夏 新

审核：李俊龙 杨 楠

第十三节 硝酸盐

分类号：S2-13

主要内容
《海洋监测技术规程 第1部分：海水》（HY/T 147.1—2013）（8.2 硝酸盐 便携式光谱仪法）

填空题

1. 根据《海洋监测技术规程 第1部分：海水》（HY/T 147.1—2013）（8.2 硝酸盐 便携式光谱仪法）测定硝酸盐时，水样通过铜-镉还原柱时，应始终保持镉粒被水样浸没，以免________进入影响流速。

答案：气泡

2. 根据《海洋监测技术规程 第1部分：海水》（HY/T 147.1—2013）（8.2 硝酸盐 便携式光谱仪法）测定硝酸盐时，水样中可加入________消除由铁、铜或其他金属浓度过高产生的干扰，用有机溶剂预先萃取水样可排除油和脂产生的干扰。

答案：EDTA

参考文献

国家海洋局. 海洋监测技术规程 第1部分：海水：HY/T 147.1—2013［S］. 北京：中国标准出版社，2013

命题：胡序朋 夏 新

审核：李俊龙 杨 楠

第十四节　氰化物

分类号：S2-14

主要内容
《海洋监测技术规程　第 1 部分：海水》（HY/T 147.1—2013）（16　氰化物　便携式光谱仪法）

一、填空题

1. 根据《海洋监测技术规程　第 1 部分：海水》（HY/T 147.1—2013）（16　氰化物　便携式光谱仪法）测定氰化物时，其原理为在________性条件下，氰化物与氯胺 T 作用生成的氯化氰与异烟酸反应，并经水解而生成戊烯二醛，最后与巴比妥酸作用生成蓝紫色络合物。在一定浓度范围内，其色度与氰化物浓度成正比，在________nm 波长处进行光谱测定。（　　）

答案：弱酸　　600

2. 根据《海洋监测技术规程　第 1 部分：海水》（HY/T 147.1—2013）（16　氰化物　便携式光谱仪法）测定氰化物时，加入显色剂后，环境温度为 25℃时，定时________min，环境温度为 15℃时定时________min，环境温度为 30℃时，定时________min。（　　）

答案：15　　25　　10

二、判断题

根据《海洋监测技术规程　第 1 部分：海水》（HY/T 147.1—2013）（16　氰化物　便携式光谱仪法）测定氰化物时，探头插入溶液时应注意消除气泡。（　　）

答案：正确

参考文献

国家海洋局 . 海洋监测技术规程　第 1 部分：海水：HY/T 147.1—2013［S］. 北京：中国标准出版社，2013.

命题：胡序朋　夏　新
审核：李俊龙　杨　楠

第十五节　磷酸盐

分类号：S2-15

主要内容
《海洋监测技术规程　第 1 部分：海水》（HY/T 147.1—2013）（10.2　磷酸盐　便携式光谱仪法）

问答题

简述根据《海洋监测技术规程　第1部分：海水》（HY/T 147.1—2013）（10.2　磷酸盐便携式光谱仪法）测定磷酸盐时，试样中色度浊度影响吸光度时，如何进行补偿校正。

答案：取5 ml水样，加入1 ml蒸馏水和2滴抗坏血酸溶液，混匀后以此溶液校零。

参考文献

国家海洋局.海洋监测技术规程　第1部分：海水：HY/T 147.1—2013［S］.北京：中国标准出版社，2013.

命题：胡序朋　夏　新

审核：李俊龙　杨　楠

第三章　重量法

第一节　基础知识

分类号：S3-0

试题同“第一篇　W3-0”。

第二节　油类

分类号：S3-1

主要内容
《海洋监测规范　第 4 部分：海水分析》（GB 17378.4—2007）（13.3　油类　重量法）

一、填空题

1. 用重量法测定海水中油类时，铝箔槽的自重应尽量________，以提高测定准确度。制作时，边缘避免________折痕，防止油沿痕蠕升损失。

答案：小型　　纵向

2. 用重量法测定海水中油类时，配制无油海水的方法是：取 500 ml 未受油沾污的海水，加 5 ml 硫酸溶液，用________萃取两次，每次________ml。

答案：正已烷　　15

二、判断题

1. 测定海水中油类含量的重量法，适用于油污染较轻海水中油类的测定。(　　)

答案：错误

正确答案为：重量法适用于油污染较重海水中油类的测定。

2. 用重量法测定海水中油类时，若水样用试剂瓶直接采集，须一次装好，不可灌满或溢出，否则应另取水样瓶重新取样。(　　)

答案：正确

3. 用重量法测定海水中油类时，用过的正己烷经过重蒸馏处理可重复使用。(　　)

答案：正确

4. 用重量法测定海水中油类时，所用的无水硫酸钠试剂需经 105℃烘干 2 h。(　　)

答案：错误

正确答案为：所用的无水硫酸钠试剂需 500℃灼烧 4 h。

三、选择题

1. 用重量法测定海水中油类时，铝箔槽使用前于________℃水浴铝盖板上加热至恒重，于干燥器中放置 1 h 后称重。(　　)

A. 60　　B. 70　　C. 80　　D. 90

答案：B

2. 用重量法测定海水中油类时，脱水的正己烷萃取液于 K-D 浓缩器中、置于 70～80℃水浴中浓缩至________ml。(　　)

A. 0.1～0.5　　B. 0.5～1.0　　C. 1.0～1.5　　D. 1.5～2.0

答案：B

3. 用重量法测定海水中油类时，样品采集后，应该在________h 内萃取。(　　)

A. 12　　B. 4　　C. 24　　D. 8

答案：B

4. 用重量法测定海水中油类时，萃取液应避光贮存于________℃的冰箱内，有效期为________d。(　　)

A. 5±2，20　　B. -4，7　　C. 5±2，7　　D. -4，20

答案：A

四、问答题

1. 用重量法测定海水中油类时，校正因数的计算公式 $K=\frac{m_1-m_b}{m_0}$ 中各字母的含义分别是什么？

答案：K——校正因数；

m_1——萃取后油标准平均重量，mg；

m_0——油标准液加入量，mg；

m_b——校正空白残渣重量，mg。

2. 简述重量法测定海水中油类含量的方法原理。

答案：用正己烷萃取水样中的油类组分，蒸除正己烷，称重，计算水样中含油浓度。

参考文献

中华人民共和国国家质量监督检验检疫总局，中国国家标准化管理委员会. 海洋监测规范　第 4 部分：海水分析：GB 17378.4—2007［S］. 北京：中国标准出版社，2007.

命题：邹伟明　过美蓉

审核：王益鸣　过美蓉

第三节 悬浮物

分类号：S3-2

主要内容

《海洋监测规范 第 4 部分：海水分析》（GB 17378.4—2007）（27 悬浮物 重量法）

试题同“第一篇 W3-2”。

第四章　电化学法

第一节　基础知识

分类号：S4-0

试题同“第一篇　W4-0”。

第二节　砷

分类号：S4-1

主要内容
《海洋监测规范　第 4 部分：海水分析》（GB 17378.4—2007）（11.4　砷　催化极谱法）

一、填空题

用催化极谱法测定海水及河水中砷时，在酸性介质中，用氯酸钾将砷（Ⅲ）氧化成砷（Ⅴ），加入掩蔽剂，以________作载体与砷（Ⅴ）共沉淀。

答案：铍

二、判断题

1. 用催化极谱法测定海水中砷时，加入过氧化氢的目的是将砷（Ⅴ）还原成砷（Ⅲ）。（　　）

答案：正确

2. 用催化极谱法测定海水中砷时，共沉淀结束后，应立即离心分离。（　　）

答案：错误

正确答案为：共沉淀结束后，一定要待沉淀澄清再离心分离，否则结果偏低。

3. 用催化极谱法测定海水中砷时，（1+1）硫酸及碲溶液要准确加入，否则结果不稳定。（　　）

答案：正确

三、选择题

1. 用催化极谱法测定海水中砷时，所用器皿均需用________浸泡过夜并用水清洗干净后使用。（　　）

A.（1+3）硝酸溶液　　B.（1+3）硫酸溶液　　C. 铬酸洗液

答案：A

2. 用催化极谱法测定海水中砷时，反应温度最好控制在________℃以下，吸收温度最好低于________℃。(　　)

A. 28，30　　B. 35，20　　C. 28，35　　D. 28，20

答案：D

参考文献

中华人民共和国国家质量监督检验检疫总局，中国国家标准化管理委员会．海洋监测规范　第4部分：海水分析：GB 17378.4—2007［S］．北京：中国标准出版社，2007.

命题：王洪涛

审核：王益鸣　过美蓉

第三节　硒

分类号：S4-2

主要内容
《海洋监测规范　第4部分：海水分析》(GB 17378.4—2007)(12.3　硒　催化极谱法)

一、填空题

1. 用催化极谱法测定海水中硒时，若室温高于25℃，加入________缓冲溶液及碘酸钾溶液后，需在冷水浴中放置10 min再测定硒峰电流值，否则结果不稳定。

答案：氟化铵－氢氧化铵

2. 用催化极谱法测定海水中硒时，为了使结果稳定，样品加入碘酸钾溶液后，应在________min内测完。若样品多，应分小批量加入底液。

答案：30

3. 用催化极谱法测定海水中溶解态硒时，若无低空白值的氨水，可用优级纯的________溶液代替。

答案：氢氧化钠

4. 用催化极谱法测定海水中硒时，采用________和________作为掩蔽剂。

答案：柠檬酸三铵　　EDTA

二、判断题

1. 用催化极谱法测定海水中硒过程中，将样品和标准溶液于电热板上加热时，要防止蒸干，为此应在低温下进行，否则结果偏低。(　　)

答案：正确

2. 用催化极谱法测定海水中硒时，做试剂空白时，可不用亚沸蒸馏水代替样品取样体积，而按分析步骤加入试剂。(　　)

答案：正确

三、选择题

用催化极谱法测定海水及河水中溶解态硒时，此方法的适宜温度为________℃。(　　)

A. 10～15　　B. 15～20　　C. 15～25

答案：C

四、问答题

简述用催化极谱法测定海水中硒的方法原理。

答案：（1）用盐酸将硒（Ⅵ）还原成硒（Ⅳ）。

（2）在 pH 为 4.6～6 时，以氢氧化铁作载体共沉淀硒（Ⅳ）。

（3）沉淀溶于高氯酸中，以柠檬酸三铵和 EDTA 作掩蔽剂，硒（Ⅳ）被亚硫酸还原成单价硒。

（4）在氟化铵－氢氧化铵缓冲溶液中（pH=10），硒（Ⅳ）与 SO_3^{2-} 生成 $SeSO_3^{2-}$。

（5）在碘酸钾存在下，$SeSO_3^{2-}$ 产生一个灵敏的硒极谱催化波，其峰电流值随硒浓度增加而增加。

参考文献

中华人民共和国国家质量监督检验检疫总局，中国国家标准化管理委员会．海洋监测规范　第 4 部分：海水分析：GB 17378.4—2007［S］．北京：中国标准出版社，2007.

命题：王洪涛

审核：王益鸣　过美蓉

第四节　硫化物

分类号：S4–3

主要内容
《海洋监测规范　第 4 部分：海水分析》（GB 17378.4—2007）（18.2　硫化物　离子选择电极法）

一、填空题

用离子选择电极法测定海水中硫化物时，CN^- 会使电极中毒而干扰测定，可加入________掩蔽。

答案：甲醛

二、判断题

1. 用离子选择电极法测定海水中硫化物时，硫离子选择电极以硫化银为敏感膜，其电极电势与被测溶液中银离子活度呈负相关。(　　)

答案：错误

正确答案为：硫离子选择电极的电极电势与被测溶液中银离子活度呈正相关。

2. 用离子选择电极法测定海水中硫化物时，电极性能的好坏是决定测试结果的关键，为此对电极的使用要注意保护，电极使用后应该浸泡在去离子水中以保持其活性。(　　)

答案：错误

正确答案为：电极使用后要用去离子水洗净到空白值，擦干避光保存。

3. 离子选择电极法测定海水中硫化物时，若 pH＞13，则电极膜易受腐蚀，所以要注意控制溶液的 pH。(　　)

答案：正确

三、选择题

用离子选择电极法测定海水中硫化物时，需要平行测定________次，取平均值。(　　)

A. 2　　B. 3　　C. 4　　D. 6

答案：D

四、问答题

用离子选择电极法测定海水中硫化物时，加入抗坏血酸的作用是什么？

答案：为了防止硫离子被海水中的溶解氧氧化。

五、计算题

离子选择电极法测定受污海水中硫化物时，取 40.0 ml 水样，定容至 50.0 ml，测定电势值后从标准曲线上查出硫的浓度是 1.5×10^{-5} mol/L，那么水样中硫化物的质量浓度是多少？

答案：硫化物（S^{2-}，mg/L）$=C_x\times16.04\times50.0\times\dfrac{103}{V}$

$$=1.5\times10^{-5}\times16.04\times50.0\times\frac{103}{40.0}=0.030\ 1$$

参考文献

中华人民共和国国家质量监督检验检疫总局，中国国家标准化管理委员会. 海洋监测规范　第 4 部分：海水分析：GB 17378.4—2007［S］. 北京：中国标准出版社，2007.

命题：刘世贤

审核：王益鸣　过美蓉

第五节　铜、铅、镉、锌

分类号：S4-4

主要内容

①《海洋监测规范　第 4 部分：海水分析》(GB 17378.4—2007)(6.2　铜　阳极溶出伏安法)

②《海洋监测规范　第 4 部分：海水分析》(GB 17378.4—2007)(7.2　铅　阳极溶出伏安法)

③《海洋监测规范　第 4 部分：海水分析》(GB 17378.4—2007)(8.2　镉　阳极溶出伏安法)

④《海洋监测规范　第 4 部分：海水分析》(GB 17378.4—2007)(9.2　锌　阳极溶出伏安法)

一、填空题

1. 用阳极溶出伏安法测定铜、铅和镉时，海水样中的金属离子在极限扩散电流电位范围内于恒压下电解，其恒压电位是________V。

答案：-0.90

2. 用阳极溶出伏安法测定铜、铅和镉时，海水样中的金属离子在极限扩散电流电位范围内于恒压下电解，金属离子在悬汞电极上生成________。

答案：汞齐

二、判断题

1. 用阳极溶出伏安法测海水中铜、铅和镉时，所用器皿在使用前要用（1+1）硝酸溶液浸泡 1 周，再用重蒸馏水冲洗干净，电解池及电极系统在水样测定前用提纯过的 1 mol/L 硝酸溶液冲洗一次，再用重蒸馏水冲洗两次。(　　)

答案：正确

2. 用阳极溶出伏安法测海水中铜、铅和镉时，应参考加入标准溶液前的峰电流值和金属的灵敏度，选择合适体积的标准使用溶液，尽量使加入标准溶液后峰电流值的增值与未加入时的峰电流值相接近。(　　)

答案：正确

3. 用阳极溶出伏安法测海水中铜、铅和镉时，各实验室均应自行针对使用的极谱仪，实验本方法各金属的线性范围及灵敏度，必要时自行选定最佳仪器参数。(　　)

答案：正确

4. 用阳极溶出伏安法测海水中铜、铅、镉和锌时，测定的是水样中具有电极反应活性的金属形态。(　　)

答案：正确

三、选择题

1. 用阳极溶出伏安法测定锌时，海水样中的锌离子在________V 恒电压电解。(　　)

A. -1.30　　B. -0.90　　C. -1.8　　D. -0.8

答案：A

2. 用阳极溶出伏安法测定时，海水和河口水中锌的特征峰电位约为________V。(　　)

A. -1.30　　B. -0.90　　C. -1.1　　D. -0.8

答案：C

参考文献

中华人民共和国国家质量监督检验检疫总局，中国国家标准化管理委员会 . 海洋监测规范　第 4 部分：海水分析：GB 17378.4—2007 [S] . 北京：中国标准出版社，2007.

命题：佘运勇

审核：王益鸣　过美蓉

第六节 pH

分类号：S4–5

主要内容
《海洋监测规范 第 4 部分：海水分析》（GB 17378.4—2007）（26 pH pH 计法）

试题同“第一篇 W4-3 ①”。

第七节 总碱度

分类号：S4–6

主要内容
《海洋调查规范 第 4 部分：海水化学要素调查》（GB/T 12763.4—2007）（7 总碱度 pH 法）

一、填空题

1. 采集海水总碱度样品所使用的样品瓶，在使用前应用体积分数 1% 的________浸泡 7 d，然后用蒸馏水彻底洗净，晾干。

答案：盐酸

2. pH 法测定海水总碱度时，pH 计需要用________标准缓冲溶液进行定位，该标准缓冲溶液在 25℃时，pH=________。

答案：邻苯二甲酸氢钾　4.003

3. pH 法测定海水总碱度时，测定酸化水样的 pH，如 pH 大于 3.90，应取出电极对，另外加入________ml、浓度为________mol/L 的盐酸溶液，重新测定 pH。

答案：1.00　0.006

二、判断题

1. pH 法测定海水总碱度，标定盐酸溶液时所使用的指示剂为甲基红 - 次甲基蓝混合指示剂。(　　)

答案：正确

2. pH 法测定海水总碱度时，酸化水样的 pH 测定值应在 3.40～3.90。(　　)

答案：正确

3. 采集海水总碱度样品后，有效保存时间为 7 d。(　　)

答案：错误

正确答案为：采集海水总碱度样品后，有效保存时间为 3 d。

参考文献

中华人民共和国国家质量监督检验检疫总局，中国国家标准化管理委员会 . 海洋调查规范　第 4 部分：海水化学要素调查：GB/T 12763.4—2007［S］. 北京：中国标准出版社，2007.

命题：邹伟明

审核：王益鸣　任世军

第五章　容量法

第一节　基础知识

分类号：S5-0
试题同“第一篇　W5-0”。

第二节　化学需氧量

分类号：S5-1

主要内容
《海洋监测规范　第4部分：海水分析》（GB 17378.4—2007）（32　化学需氧量　碱性高锰酸钾法）

一、填空题

1. 碱性高锰酸钾法测定海水中化学需氧量时，当待测水样加热完毕后，应冷却至________后再加入硫酸和碘化钾，否则会因为________挥发而造成测定误差。

答案：室温　　游离碘

2. 碱性高锰酸钾法测定海水中化学需氧量时，用于制备碘酸钾标准溶液的纯水和玻璃器皿须经________处理，否则碘酸钾溶液易________。

答案：煮沸　　分解

二、判断题

1. 碱性高锰酸钾法适用于大洋和近岸海水及河口水中化学需氧量的测定。（　　）

答案：正确

2. 用碱性高锰酸钾法测定海水化学需氧量时，要求两个平行双样滴定读数相差不超过0.10 ml。（　　）

答案：正确

3. 用碱性高锰酸钾法测定海水化学需氧量时，若有机物含量高，可少取水样，加蒸馏水稀释至100 ml，混匀后用于测定。（　　）

答案：正确

4. 海水化学需氧量样品只能用硬质玻璃瓶贮存。（　　）

答案：错误

正确答案为：用聚乙烯塑料瓶也可以。

5. 用碱性高锰酸钾法测定海水化学需氧量，（1+3）硫酸溶液的配制方法为：在搅拌下，将 1 体积水慢慢加到 3 体积浓硫酸中，趁热滴加高锰酸钾溶液，至溶液略呈微红色不褪为止，盛于试剂瓶中备用。（　　）

答案：错误

正确答案为：应在搅拌下将 1 体积浓硫酸慢慢加到 3 体积水中。

6. 用碱性高锰酸钾法测定海水化学需氧量，标定硫代硫酸钠溶液的浓度时，要重复标定至两次滴定读数差小于 0.10 ml 为止。（　　）

答案：错误

正确答案为：应重复标定至两次滴定读数差小于 0.05 ml 为止。

7. 用碱性高锰酸钾法测定海水化学需氧量，配制碘酸钾标准溶液所需的碘酸钾纯度至少应为优级纯，并需预先在 120℃烘 2 h，然后置于干燥器中冷却。（　　）

答案：正确

三、选择题

1.《海水水质标准》（GB 3097—1997）规定的第 Ⅰ 类水质化学需氧量标准限值为________mg/L。（　　）

A. ≤2　　B. ≤3　　C. ≤4　　D. ≤5

答案：A

2. 用碱性高锰酸钾法测定化学需氧量时，海水样品需在电热板上加热至沸腾，从冒出第一个气泡时开始计时，应准确煮沸________min。（　　）

A. 5　　B. 10　　C. 60

答案：B

3. 用碱性高锰酸钾法测定海水化学需氧量，配制淀粉溶液时，在煮至透明并冷却后，应加入 1 ml________。（　　）

A. 甲酸　　B. 乙酸　　C. 三氯甲烷

答案：B

4. 用碱性高锰酸钾法测定海水化学需氧量，配制硫代硫酸钠标准溶液时，需加入 2 g ________。（　　）

A. 硫酸钠　　B. 碳酸钠　　C. 氢氧化钠　　D. 氯化钠

答案：B

四、问答题

1. 用碱性高锰酸钾法测定的海水化学需氧量，是在一定反应条件下试验的结果，是一个相对值，所以测定时应严格控制条件。试列举出一些需要严格控制的实验条件。

答案：试剂的用量、加入试剂的次序、加热时间、加热温度和加热前溶液的总体积等。

2. 用碱性高锰酸钾法测定海水化学需氧量的计算公式为：$COD = C(V_2 - V_1) \times 1\,000 \times 8.0/V$，试说明各符号代表的含义及单位。

答案：C——硫代硫酸钠的浓度，mol/L；

V_2——分析空白值滴定消耗硫代硫酸钠溶液的体积，ml；

V_1——滴定样品消耗硫代硫酸钠溶液的体积，ml；

V——所取水样体积，ml；

COD——水样的化学需氧量，mg/L（O_2）。

3. 简述用碱性高锰酸钾法测定海水化学需氧量的方法原理。

答案：在碱性加热条件下，用已知量且过量的高锰酸钾氧化海水中的需氧物质。然后在硫酸酸性条件下，用碘化钾还原过量的高锰酸钾和二氧化锰，所生成的游离碘用硫代硫酸钠标准溶液滴定。

五、计算题

用碱性高锰酸钾法测定一个 100 ml 海水样品，所消耗硫代硫酸钠溶液的体积为 9.60 ml，分析空白值滴定消耗硫代硫酸钠溶液的体积为 11.09 ml，已知硫代硫酸钠溶液的浓度为 0.009 766 mol/L，试求水样中 COD 含量。

答案：$\text{COD} = C(V_2 - V_1) \times 8.0 \times \frac{1\,000}{V}$

$= 0.009\,766 \times (11.09 - 9.60) \times 8.0 \times \frac{1\,000}{100}$

$= 1.16\ (\text{mg/L})$

参考文献

[1] 中华人民共和国国家质量监督检验检疫总局，中国国家标准化管理委员会 . 海洋监测规范　第 4 部分：海水分析：GB 17378.4—2007［S］. 北京：中国标准出版社，2007.

[2] 国家环境保护局 . 海水水质标准：GB 3097—1997［S］. 北京：中国环境科学出版社，1997.

命题：王艳华　过美蓉

审核：王益鸣　过美蓉

第三节　氯化物

分类号：S5–2

主要内容
《海洋监测规范　第 4 部分：海水分析》（GB 17378.4—2007）（28　氯化物　银量滴定法）

试题同“第一篇　W5–11”。

第四节　生化需氧量

分类号：S5–3

主要内容
①《海洋监测规范　第 4 部分：海水分析》（GB 17378.4—2007）（33.1　生化需氧量　五日培养法）
②《海洋监测规范　第 4 部分：海水分析》（GB 17378.4—2007）（33.2　生化需氧量　两日培养法）

试题同“第一篇　W5-12 ①”。

第五节　溶解氧

分类号：S5-4

主要内容
《海洋监测规范　第 4 部分：海水分析》（GB 17378.4—2007）（31　溶解氧　碘量法）

试题同“第一篇　W5-13”。

第六章　分光光度法

第一节　基础知识

分类号：S6–0

试题同“第一篇　W6-0”。

第二节　浑浊度

分类号：S6–1

主要内容
《海洋监测规范　第 4 部分：海水分析》（GB 17378.4—2007）（30.3　浑浊度　分光光度法）

一、填空题

1. 分光光度法测定海水浑浊度时，若水样浊度超过________，要用无浊纯水稀释到曲线范围内。

答案：100 度

2. 分光光度法测定海水浑浊度时，所用水样瓶及试剂瓶均应配换________（材质）塞，并在使用前将其置于盛纯水的烧杯中煮沸 2 h。

答案：橡胶

3. 根据海洋监测规范，1 L 纯水中含 1 mg________的浊度为 1 度。

答案：高岭土

二、判断题

1. 分光光度法测定海水浑浊度，是利用透射水样的光束可被悬浊颗粒散射和吸收而削减，光的削减量与浊度成正比相关，测定透过水样光量的削减值，与标准系列相比较而定值。(　　)

答案：正确

2. 分光光度法测定海水浑浊度，应在取样当天进行测定。如果不可避免要保持更长时间，则应在样品中加 0.5 g/L $HgCl_2$ 固定剂，可保存 10 d。(　　)

答案：错误

正确答案为：在样品中加 0.5 g/L $HgCl_2$ 固定剂，可保存 22 d。

3. 分光光度法测定海水浑浊度应在取样当天进行测定，如果不可避免需要保持更长时

间，将水样放置于暗处可保存 24 h。(　　)

答案：正确

4. 分光光度法测定海水浑浊度时，玻璃试剂瓶的磨口与磨口塞之间在启瓶时的对磨过程，不影响所盛液体的浊度。(　　)

答案：错误

正确答案为：启瓶时的对磨过程可增大所盛液体的浊度，所以应采用橡胶塞。

5. 分光光度法测定海水浑浊度时，测定吸光值要迅速，从水样或标准样充分摇匀后放入测定池中算起，须在 3 min 内测读完毕。(　　)

答案：正确

6. 分光光度法测定海水浑浊度的无浊纯水制备方法为：取蒸馏水或去离子水通过 0.20 μm 滤膜抽滤，贮于聚乙烯桶中，用过滤水淋洗聚乙烯桶 2 次，弃去初滤水 200 ml，最好当天制备。(　　)

答案：正确

7. 分光光度法测定海水浑浊度，水样中具有迅速下沉的碎屑及粗大沉淀物都可被测定为浊度。不洁净的玻璃器皿和空气泡，以及扰乱水样表面能见度的振动都能造成虚假结果。(　　)

答案：正确

三、选择题

分光光度法测定海水浑浊度中，每次量取水样或标准液时，必须将水样瓶横放，上下强烈振荡________次后立即取样。(　　)

A. 10　　　　B. 20　　　　C. 30

答案：C

四、问答题

海洋监测规范中，测定海水浑浊度的方法有哪些?

答案：目视比浊法、分光光度法和浊度计法。

参考文献

中华人民共和国国家质量检验检疫总局，中国国家标准化管理委员会 . 海洋监测规范　第 4 部分：海水分析：GB 17378.4—2007 [S] . 北京：中国标准出版社，2007.

命题：邹伟明　过美蓉

审核：王益鸣　过美蓉

第三节 氨

分类号：S6-2

主要内容
①《海洋监测规范 第 4 部分：海水分析》（GB 17378.4—2007）（36.1 氨 靛酚蓝分光光度法）
②《海洋监测规范 第 4 部分：海水分析》（GB 17378.4—2007）（36.2 氨 次溴酸盐氧化法）
③《近岸海域环境监测技术规范 第三部分 近岸海域水质监测》（HJ 442.3—2020）（附录 C 连续流动比色法测定河口与近岸海域海水中氨）
④《海洋监测技术规程 第 1 部分：海水》（HY/T 147.1—2013）（9.1 铵盐 流动分析法）

一、填空题

1. 根据《海洋监测规范 第 4 部分：海水分析》（GB 17378.4—2007）（36.1 氨 靛酚蓝分光光度法）测定海水中氨时，氨与________和________反应生成靛酚蓝。①

答案：苯酚 次氯酸盐

2. 靛酚蓝分光光度法和次溴酸盐氧化法测定海水中氨的水样，须经________μm 滤膜过滤后贮于聚乙烯瓶中，应从速分析，不能延迟________h 以上，否则快速冷冻至 -20℃保存。①②

答案：0.45 3

3. 根据《海洋监测技术规程 第 1 部分：海水》（HY/T 147.1—2013）（9.1 铵盐 流动分析法）测定铵盐时，是于________nm 波长处测定。④

答案：660

4. 根据《海洋监测技术规程 第 1 部分：海水》（HY/T 147.1—2013）（9.1 铵盐 流动分析法）测定铵盐时，是以亚硝酰铁氰化钠为催化剂，铵盐与水杨酸钠和二氯异氰尿酸钠反应生成一种________色化合物。④

答案：蓝

二、判断题

1. 根据《海洋监测规范 第 4 部分：海水分析》（GB 17378.4—2007）（36.1 氨 靛酚蓝分光光度法）测定海水中氨时，显色时间应不少于 3 h。（ ）①

答案：错误

正确答案为：此时显色时间应不少于 6 h。

2. 根据《海洋监测规范 第 4 部分：海水分析》（GB 17378.4—2007）（36.1 氨 靛酚蓝分光光度法）测定海水中氨时，如用无氨蒸馏水绘制标准曲线，则应进行盐效应校正计算。（ ）①

答案：正确

3. 根据《海洋监测规范 第 4 部分：海水分析》（GB 17378.4—2007）（36.1 氨 靛酚蓝分光光度法）测定海水中氨时，若苯酚出现粉红色则必须精制。（ ）①

答案：正确

4. 根据《海洋监测规范　第 4 部分：海水分析》（GB 17378.4—2007）（36.1　氨　靛酚蓝分光光度法）测定海水中氨时，次氯酸钠溶液中有效氯的含量应先用已知浓度的硫代硫酸钠溶液在中性条件下进行标定。（　　）①

答案：错误

正确答案为：次氯酸钠溶液中有效氯的含量应先用已知浓度的硫代硫酸钠溶液在酸性条件下进行标定。

5. 根据《海洋监测规范　第 4 部分：海水分析》（GB 17378.4—2007）（36.1　氨　靛酚蓝分光光度法）测定海水中氨，苯酚精制时应用冷水冷凝管冷却收集相应馏分。（　　）①

答案：错误

正确答案为：应用空气冷凝管冷却收集相应馏分，冷水冷凝管冷却易产生爆炸和火灾。

6. 根据《海洋监测规范　第 4 部分：海水分析》（GB 17378.4—2007）（36.1　氨　靛酚蓝分光光度法）和《海洋监测规范　第 4 部分：海水分析》（GB 17378.4—2007）（36.2　氨　次溴酸盐氧化法）测定海水中氨时，测定中要严防空气中的氨对水样或试剂的沾污。（　　）①②

答案：正确

7. 根据《海洋监测规范　第 4 部分：海水分析》（GB 17378.4—2007）（36.1　氨　靛酚蓝分光光度法）测定海水中氨时，苯酚精制过程中应注意防止暴沸和火灾。（　　）①

答案：正确

8.《海洋监测规范　第 4 部分：海水分析》（GB 17378.4—2007）（36.2　氨　次溴酸盐氧化法）适用于污染较重、含有机物较多的养殖水体中氨的测定。（　　）②

答案：错误

正确答案为：该方法不能用于污染较重、含有机物较多的养殖水体中氨的测定。

9. 根据《海洋监测规范　第 4 部分：海水分析》（GB 17378.4—2007）（36.2　氨　次溴酸盐氧化法）测定海水中氨时，氧化率高、快速、简便、灵敏，但部分氨基酸也被测定。（　　）②

答案：正确

10. 根据《近岸海域环境监测技术规范　第三部分　近岸海域水质监测》（HJ 442.3—2020）（附录 C　连续流动比色法测定河口与近岸海域海水中氨）测定海水中氨氮时，必须保证样品和试剂无颗粒物，必要时应先行过滤。（　　）③

答案：正确

11. 根据《近岸海域环境监测技术规范　第三部分　近岸海域水质监测》（HJ 442.3—2020）（附录 C　连续流动比色法测定河口与近岸海域海水中氨）测定海水中氨氮时，海水与纯水的不同折射率可引起正误差，不同的基体可引起负误差，应进行相应的校正。（　　）③

答案：错误

正确答案为：海水与纯水的不同折射率可引起负误差，不同的基体可引起正误差，应进行相应的校正。

12. 根据《海洋监测技术规程　第 1 部分：海水》（HY/T 147.1—2013）（9.1　铵盐　流动分析法）测定铵盐时，运行时应先泵入水杨酸钠溶液，结束时应最后移走水杨酸钠管路，以防止产生钙离子和锰离子的氢氧化物沉淀。若出现沉淀，应用 1 mol/L 的盐酸溶液清洗。（　　）④

答案：正确

13. 根据《海洋监测技术规程　第 1 部分：海水》（HY/T 147.1—2013）（9.1　铵盐　流动分析法）测定铵盐时，二氯异氰尿酸钠可以用次氯酸钠代替。（　　）④

答案：正确

三、选择题

1. 根据《海洋监测规范　第 4 部分：海水分析》（GB 17378.4—2007）（36.1　氨　靛酚蓝分光光度法）测定海水中氨时，亚硝酰铁氰化钠为________。（　　）①

A. 氧化剂　　B. 还原剂　　C. 催化剂

答案：C

2. 根据《海洋监测规范　第 4 部分：海水分析》（GB 17378.4—2007）（36.1　氨　靛酚蓝分光光度法）测定海水中氨时，次氯酸钠使用溶液中 100 ml 有效氯的含量为________mg 左右。（　　）①

A. 100　　B. 150　　C. 200

答案：B

3. 根据《海洋监测规范　第 4 部分：海水分析》（GB 17378.4—2007）（36.1　氨　靛酚蓝分光光度法）测定海水中氨时，应在________介质中进行。（　　）①

A. 弱酸性　　B. 弱碱性　　C. 强酸性　　D. 强碱性

答案：B

4. 海水氨测定中，靛酚蓝分光光度法重现性________，空白值________，有机氮化物不被测定，但反应慢，灵敏度略低。而次溴酸盐氧化法氧化率较高，快速，简便，灵敏，但部分氨基酸也被测定。（　　）①②

A. 好，高　　B. 好，低　　C. 不好，高　　D. 不好，低

答案：B

5. 根据《海洋监测规范　第 4 部分：海水分析》（GB 17378.4—2007）（36.2　氨　次溴酸盐氧化法）测定海水中氨，水温高于 10℃时，氧化时间一般为________min。（　　）②

A. 5　　B. 10　　C. 15　　D. 30

答案：D

6. 根据《海洋监测规范　第 4 部分：海水分析》（GB 17378.4—2007）（36.2　氨　次溴酸盐氧化法）测定海水中氨，加入盐酸萘乙二胺试剂后，必须在________h 内测定完毕，并避免阳光照射。（　　）②

A. 0.5　　B. 1　　C. 2　　D. 3

答案：C

7. 根据《海洋监测技术规程　第1部分：海水》（HY/T 147.1—2013）（9.1　铵盐　流动分析法）测定铵盐时，是以亚硝酰铁氰化钠为催化剂，铵盐与水杨酸钠和二氯异氰尿酸钠在性条件下反应生成一种有色化合物，于一定波长处测定。（　　）④

A. 酸　　B. 中　　C. 碱

答案：C

四、问答题

1. 简述《海洋监测规范　第4部分：海水分析》（GB 17378.4—2007）（36.1　氨　靛酚蓝分光光度法）测定海水中氨的方法原理。①

答案：在弱碱性介质中，以亚硝酰铁氰化钠为催化剂，氨与苯酚和次氯酸盐反应生成靛酚蓝，在640 nm处测定吸光值。

2. 简述《海洋监测规范　第4部分：海水分析》（GB 17378.4—2007）（36.2　氨　次溴酸盐氧化法）测定海水中氨的方法原理。②

答案：在碱性介质中次溴酸盐将氨氧化为亚硝酸盐，然后以重氮－偶氮分光光度法测定亚硝酸盐氮的总量，扣除原有的亚硝酸盐的浓度，得到氨氮的浓度。

3. 根据《海洋监测规范　第4部分：海水分析》（GB 17378.4—2007）（36.1　氨　靛酚蓝分光光度法）和《海洋监测规范　第4部分：海水分析》（GB 17378.4—2007）（36.2　氨　次溴酸盐氧化法）测定海水中氨，需用无氨蒸馏水以避免污染，简述无氨蒸馏水的制备方法。①②

答案：（1）每1.0 L蒸馏水中加入15.0 ml 0.5 mol/L氢氧化钠溶液和2.0 g过硫酸钾（比例对即可）。

（2）放在蒸馏水器中，先敞口煮沸约10 min，接好冷凝器，收集馏出液于聚乙烯瓶中，直至蒸馏器中剩下150 ml左右，所收集的蒸馏水即为无氨蒸馏水。

4. 简述根据《近岸海域环境监测技术规范　第三部分　近岸海域水质监测》（HJ 442.3—2020）（附录C　连续流动比色法测定河口与近岸海域海水中氨）测定海水中氨氮时，海水样品的处理和保存条件。③

答案：海水样品采集后需经0.45 μm滤膜过滤预处理，过滤后应立即分析。如若在3 h内不能分析，则应快速冷冻至−20℃保存。样品融化后立即分析。

5. 简述根据《近岸海域环境监测技术规范　第三部分　近岸海域水质监测》（HJ 442.3—2020）（附录C　连续流动比色法测定河口与近岸海域海水中氨）测定海水中氨氮时的干扰因素和消除干扰因素的方法。③

答案：（1）硫化氢浓度高于2 mg/L（以S计）时有负效应，可加入硫酸调节pH为3左右，再通氮气吹除。

（2）在pH约为13的碱性溶液中，海水中的钙和镁易形成侵害氢氧化物沉淀，可加入柠檬酸钠和EDTA除去。

（3）载流和标准曲线溶液的盐度与样品不一致时，存在折射率和盐误差而需要校正。

（4）样品采集后需经0.45 μm滤膜过滤预处理以保证样品无颗粒物。

五、计算题

根据《海洋监测规范　第 4 部分：海水分析》（GB 17378.4—2007）（36.1　氨　靛酚蓝分光光度法）测定海水中氨的校准曲线为：

氨 /（mg/L）	A	氨 /（mg/L）	A
0.000	0.010	0.080	0.341
0.040	0.170	0.100	0.423
0.060	0.260	0.140	0.593

测得水样吸光值为 0.216，盐效应校正系数 f=1.07，试求水样中氨的浓度。①

答案： 氨（N，mg/L）=（0.239 7ΔA+0.000 6）× f

=[0.239 7 ×（0.216−0.010）+ 0.000 6] × 1.07

= 0.054

参考文献

[1] 中华人民共和国国家质量监督检验检疫总局，中国国家标准化管理委员会 . 海洋监测规范　第 4 部分：海水分析：GB 17378.4—2007［S］. 北京：中国标准出版社，2007.

[2] 生态环境部 . 近岸海域环境监测技术规范　第 3 部分：近岸海域水质监测：HJ 442.3—2020［S］. 北京：中国环境出版集团，2020.

[3] 国家海洋局 . 海洋监测技术规程　第 1 部分：海水：HY/T 147.1—2013［S］. 北京：中国标准出版社，2013.

命题：胡序朋　王洪涛　邹伟明

审核：李俊龙　王益鸣　过美蓉　任世军

第四节　亚硝酸盐

分类号：S6–3

主要内容

①《海洋监测规范　第 4 部分：海水分析》（GB 17378.4—2007）（37　亚硝酸盐　萘乙二胺分光光度法）

②《海洋监测技术规程　第 1 部分：海水》（HY/T 147.1—2013）（7.1　亚硝酸盐　流动分析法）

一、填空题

1. 萘乙二胺分光光度法测定海水样品时，亚硝酸盐与________进行重氮化反应后，其产物再与盐酸萘乙二胺耦合生成________色偶氮染料。①

答案： 磺胺　　红

2. 亚硝酸盐是氮循环的中间产物，在水体中很不稳定，在氧和微生物作用下，可氧化成________，在缺氧或无氧条件下也被还原为________。①

答案：硝酸盐　　氨甚至 N_2

3. 根据《海洋监测技术规程　第 1 部分：海水》（HY/T 147.1—2013）（7.1　亚硝酸盐　流动分析法）测定亚硝酸盐时，测定波长为________nm。②

答案：550

4. 根据《海洋监测技术规程　第 1 部分：海水》（HY/T 147.1—2013）（7.1　亚硝酸盐　流动分析法）测定亚硝酸盐时，显色剂溶液应是无色的，如溶液颜色为粉色，可能是________不纯。②

答案：磷酸

5. 根据《海洋监测技术规程　第 1 部分：海水》（HY/T 147.1—2013）（7.1　亚硝酸盐　流动分析法）测定亚硝酸盐时，当海水样品中亚硝酸盐浓度较低时，宜用接近样品盐度的人工海水或已知低亚硝酸盐浓度的陈化海水配置标准系列溶液，并作为进样器清洁液，以扣除________的影响。②

答案：盐效应

二、判断题

1. 萘乙二胺分光光度法测定海水中亚硝酸盐时，采集的水样可直接用于测定。(　　) ①

答案：错误

正确答案为：萘乙二胺分光光度法测定海水中亚硝酸盐时，采集的水样须经 0.45 μm 滤膜过滤。

2. 萘乙二胺分光光度法测定海水中亚硝酸盐时，配制好的磺胺溶液应盛于棕色试剂瓶中，盐酸萘乙二胺溶液应盛于棕色试剂瓶中并于冰箱内保存。(　　) ①

答案：正确

3. 萘乙二胺分光光度法测定海水中亚硝酸盐时，在适当条件下贮存，磺胺溶液的有效期一般为 2 个月，盐酸萘乙二胺溶液的有效期为 1 个月。(　　) ①

答案：正确

4. 萘乙二胺分光光度法测定海水中亚硝酸盐时，样品显色后须于 2 h 内测量完毕，并避免阳光照射。(　　) ①

答案：正确

5. 萘乙二胺分光光度法测定海水中亚硝酸盐时，标准曲线每隔一周需重制一次，当测定样品的实验条件与制定工作曲线的条件相差较大时，须及时重制曲线。(　　) ①

答案：正确

6. 萘乙二胺分光光度法测定海水中亚硝酸盐，亚硝酸盐标准使用溶液应临用前配制。(　　) ①

答案：正确

三、选择题

1. 萘乙二胺分光光度法测定海水中亚硝酸盐时，温度对测定的影响不显著，但在________℃内测定为宜。(　　) ①

A. 0～10　　B. 10～25　　C. 25～40　　D. 40～50

答案：B

2. 萘乙二胺分光光度法测定海水中亚硝酸盐时，若样品中含有大量的硫化氢则会干扰测定，此时可加入________，再后用氮气驱除硫化氢。(　　) ①

A. 盐酸萘乙二胺　　B. 磺胺　　C. 盐酸　　D. 氯化铵

答案：B

四、计算题

萘乙二胺分光光度法测定海水中亚硝酸盐时，标准系列的浓度及吸光值如下：

亚硝酸盐 /（mg/L）	*A*	亚硝酸盐 /（mg/L）	*A*
0.000	0.003	0.060	0.224
0.020	0.078	0.080	0.302
0.040	0.154	0.100	0.374

相同条件下测得样品的吸光值为 0.198。试写出标准曲线及其相关系数，并计算该样品的亚硝酸盐氮浓度。①

答案：亚硝酸盐标准曲线：亚硝酸盐（N，mg/L）= 0.269 5ΔA−0.000 2

相关系数 r=0.999 9

样品浓度：亚硝酸盐（N，mg/L）= 0.269 5 ×（0.198−0.003）−0.000 2 = 0.052

参考文献

[1] 中华人民共和国国家质量监督检验检疫总局，中国国家标准化管理委员会 . 海洋监测规范　第 4 部分：海水分析：GB 17378.4—2007［S］. 北京：中国标准出版社，2007.

[2] 中华人民共和国国家质量监督检验检疫总局，中国国家标准化管理委员会 . 海洋监测技术规程　第 1 部分：海水：HY/T 147.1—2013［S］. 北京：中国标准出版社，2007.

命题：胡序朋　柴小平　过美蓉

审核：李俊龙　王益鸣

第五节　硝酸盐

分类号：S6–4

主要内容

①《海洋监测规范　第 4 部分：海水分析》(GB 17378.4—2007）(38.1　硝酸盐　镉柱还原法）

②《海洋调查规范　第 4 部分：海水化学要素调查》(GB/T 12763.4—2007）(11　硝酸盐　锌－镉还原法）

③《海洋监测技术规程　第 1 部分：海水》(HY/T 147.1—2013）(8.1　硝酸盐　流动分析法）

一、填空题

1. 根据《海洋监测规范　第 4 部分：海水分析》(GB 17378.4—2007）(38.1　硝酸

盐 镉柱还原法）测定海水中硝酸盐时，在硝酸盐标准贮备溶液中加入 1 ml ________作保存剂，贮于________色试剂瓶中，于冰箱内保存，有效期为半年。①

答案：三氯甲烷 棕

2. 根据《海洋调查规范 第 4 部分：海水化学要素调查》（GB/T 12763.4—2007）（11 硝酸盐 锌 - 镉还原法）测定海水中硝酸盐时，低盐度水样有明显的盐效应，如果水样盐度低于________，测定时必须向水样中加入一定量的氯化钠，以消除盐效应的影响。②

答案：25

3. 根据《海洋监测规范 第 4 部分：海水分析》（GB 17378.4—2007）（38.1 硝酸盐 镉柱还原法）和《海洋调查规范 第 4 部分：海水化学要素调查》（GB/T 12763.4—2007）（11 硝酸盐 锌 - 镉还原法），无机氮是氨氮、_______和_______的总和。①②

答案：亚硝酸盐氮 硝酸盐氮

4. 根据《海洋监测技术规程 第 1 部分：海水》（HY/T 147.1—2013）（8.1 硝酸盐 流动分析法）测定硝酸盐时，其原理为水样通过________还原柱，将硝酸盐定量地还原为亚硝酸盐，测定出的亚硝酸盐总量，扣除水样中原有的亚硝酸盐含量，即可得到硝酸盐的含量。③

答案：铜 - 镉

二、判断题

1. 根据《海洋监测规范 第 4 部分：海水分析》（GB 17378.4—2007）（38.1 硝酸盐 镉柱还原法）测定海水中硝酸盐时，若镉柱的还原率小于 90%，则不必重新进行活化或重新装柱。（ ）①

答案：错误

正确答案为：当镉柱的硝酸盐还原率小于 90% 时，须重新进行活化或重新装柱。

2. 根据《海洋监测规范 第 4 部分：海水分析》（GB 17378.4—2007）（38.1 硝酸盐 镉柱还原法）测定海水中硝酸盐，水样通过还原柱过程中，液面不能低于镉屑。（ ）①

答案：正确

3. 根据《海洋调查规范 第 4 部分：海水化学要素调查》（GB/T 12763.4—2007）（11 硝酸盐 锌 - 镉还原法）测定海水中硝酸盐时，所用还原剂锌片表面必须光洁明亮，已被腐蚀的锌片不得使用，边角毛刺及残缺部分必须弃去不用。（ ）②

答案：正确

4. 根据《海洋监测规范 第 4 部分：海水分析》（GB 17378.4—2007）（38.1 硝酸盐 镉柱还原法）测定海水中硝酸盐时，过柱后水样测得浓度即为样品中硝酸盐氮浓度。（ ）①

答案：错误

正确答案为：样品中硝酸盐氮浓度为测得值减去水样中原有的亚硝酸盐氮浓度。

5. 根据《海洋监测规范　第 4 部分：海水分析》（GB 17378.4—2007）（38.1　硝酸盐　镉柱还原法）测定海水中硝酸盐时，在样品流经镉柱进行还原过程中，流速应保持为每分钟 6～8 ml。（　　）①

答案：正确

6. 根据《海洋监测规范　第 4 部分：海水分析》（GB 17378.4—2007）（38.1　硝酸盐　镉柱还原法）测定海水中硝酸盐时，每次用完镉柱后，都需要用氯化铵溶液洗涤 2 次，而后注入氯化铵溶液保存，如长期不用，可注满氯化铵溶液后密封保存。（　　）①

答案：正确

7. 根据《海洋监测规范　第 4 部分：海水分析》（GB 17378.4—2007）（38.1　硝酸盐　镉柱还原法）测定海水中硝酸盐时，水样中铁、铜或其他金属浓度过高时会降低还原效率，向水样中加入 EDTA 即可消除此干扰。（　　）①

答案：正确

8. 根据《海洋监测规范　第 4 部分：海水分析》（GB 17378.4—2007）（38.1　硝酸盐　镉柱还原法）和《海洋调查规范　第 4 部分：海水化学要素调查》（GB/T 12763.4—2007）（11　硝酸盐　锌－镉还原法）测定海水中硝酸盐，镉柱还原法和锌－镉还原法一样均有明显的盐效应，通过加入一定量的氯化钠以消除影响。（　　）①②

答案：错误

正确答案为：镉柱还原法测定海水中硝酸盐，无明显的盐效应，无需加氯化钠。

三、选择题

1. 根据《海洋调查规范　第 4 部分：海水化学要素调查》（GB/T 12763.4—2007）（11　硝酸盐　锌－镉还原法）测定海水中硝酸盐时，需要对还原率进行测定，当还原率低于________% 时，必须查明原因。（　　）②

A. 50　　B. 70　　C. 90

答案：B

2. 根据《海洋监测规范　第 4 部分：海水分析》（GB 17378.4—2007）（38.1　硝酸盐　镉柱还原法）测定海水中硝酸盐时，镉柱还原法的还原率比锌－镉还原法________，实际操作镉柱还原法比锌－镉还原法________。（　　）①②

A. 高，复杂　　B. 高，简单　　C. 低，简单　　D. 低，复杂

答案：B

3. 根据《海洋监测规范　第 4 部分：海水分析》（GB 17378.4—2007）（38.1　硝酸盐　镉柱还原法）测定海水中硝酸盐时，水样加盐酸萘乙二胺溶液后，须在________h 内测量完毕，并避免阳光照射。（　　）①

A. 2　　B. 3　　C. 6

答案：A

4. 根据《海洋监测规范　第 4 部分：海水分析》（GB 17378.4—2007）（38.1　硝酸盐　镉柱还原法）测定海水中硝酸盐时，还原柱的活化方法为：用 250 ml 活化溶液，以每分钟________ml 的流速通过还原柱使之活化，然后再用氯化铵缓冲溶液过柱洗涤 3

次，还原柱即可使用。(　　)①

A. 3～6　　B. 7～10　　C. 10～15

答案：B

四、问答题

1. 简述《海洋监测规范　第 4 部分：海水分析》(GB 17378.4—2007)(38.1　硝酸盐　镉柱还原法)测定海水中硝酸盐时，如何将镉屑镀铜。①

答案：称取一定量镉屑于锥形分液漏斗中，用 2 mol/L 盐酸溶液洗涤，除去表面氧化层，弃去酸液，用水洗至中性，加入硫酸铜溶液振荡约 3 min，弃去废液，用水洗至不含有胶体铜为止。

2. 简述《海洋调查规范　第 4 部分：海水化学要素调查》(GB/T 12763.4—2007)(11　硝酸盐　锌－镉还原法)测定海水中硝酸盐的方法原理。②

答案：用锌－镉还原法将水样中的硝酸根还原为亚硝酸根，用重氮－偶氮法测定总亚硝酸盐的吸光值，扣除水样中原有的亚硝酸盐的吸光值(另行单独测定)后，计算硝酸盐的含量。

3. 简述《海洋监测技术规程　第 1 部分：海水》(HY/T 147.1—2013)(8.1　硝酸盐　流动分析法)测定硝酸盐时，还原柱还原率的测试方法。③

答案：配置浓度为 200 μg/L 的硝酸盐溶液和 200 μg/L 的亚硝酸盐溶液，在相同实验条件下测定，分别吸入每个标准溶液 10 min，观察结果，峰高相差应低于 10%，否则应重装铜－镉还原柱。如果重装后还是达不到要求，检查并校准氯化铵缓冲溶液的 pH。

五、计算题

根据《海洋监测规范　第 4 部分：海水分析》(GB 17378.4—2007)(38.1　硝酸盐　镉柱还原法)测定海水中硝酸盐时，测得 100 μg/L 的硝酸盐氮和亚硝酸盐氮的吸光值分别为 0.348 和 0.366，硝酸盐氮和亚硝酸盐氮的空白吸光值分别为 0.001 和 0.003，求该镉柱的还原率。①

答案：$R=(0.348-0.001)/(0.366-0.003)\times 100\%=95.6\%$

参考文献

[1] 中华人民共和国国家质量监督检验检疫总局，中国国家标准化管理委员会 . 海洋监测规范　第 4 部分：海水分析：GB 17378.4—2007 [S] . 北京：中国标准出版社，2007.

[2] 中华人民共和国国家质量监督检验检疫总局，中国国家标准化管理委员会 . 海洋调查规范　第 4 部分：海水化学要素调查：GB/T 12763.4—2007 [S] . 北京：中国标准出版社，2007.

[3] 国家海洋局 . 海洋监测技术规程　第 1 部分：海水：HY/T 147.1—2013 [S] . 北京：中国标准出版社，2013.

命题：胡序朋　柴小平　王洪涛　邹伟明

审核：李俊龙　王益鸣　过美蓉　任世军

第六节　硝酸盐氮和亚硝酸盐氮

分类号：S6-5

> **主要内容**
> 《近岸海域环境监测技术规范　第三部分　近岸海域水质监测》（HJ 442.3—2020）（附录 D　连续流动比色法测定河口与近岸海域海水中硝酸盐氮和亚硝酸盐氮）

填空题

1. 根据《近岸海域环境监测技术规范　第三部分　近岸海域水质监测》（HJ 442.3—2020）（附录 D　连续流动比色法测定河口与近岸海域海水中硝酸盐氮和亚硝酸盐氮）测定海水中硝酸盐和亚硝酸盐时，活性磷酸盐浓度高于 0.1 mg/L 会降低镉柱的还原率，在分析之前应________或者________。

答案：稀释　　用氢氧化铁除去磷酸盐

2. 根据《近岸海域环境监测技术规范　第三部分　近岸海域水质监测》（HJ 442.3—2020）（附录 D　连续流动比色法测定河口与近岸海域海水中硝酸盐氮和亚硝酸盐氮）测定海水中硝酸盐和亚硝酸盐时，若溶液中的铁、铜或其他重金属浓度高于 1 mg/L，应加入________络合这些金属离子，消除对镉柱的影响。

答案：EDTA

3. 根据《近岸海域环境监测技术规范　第三部分　近岸海域水质监测》（HJ 442.3—2020）（附录 D　连续流动比色法测定河口与近岸海域海水中硝酸盐氮和亚硝酸盐氮）测定海水中硝酸盐和亚硝酸盐时，硫化氢浓度高于 0.1 mg/L（以 S 计）时会在镉柱形成沉淀而干扰亚硝酸盐的测定，硫化氢可先与________或________形成沉淀而被除去。

答案：镉　　铜盐

参考文献

生态环境部 . 近岸海域环境监测技术规范：HJ 442—2020［S］. 北京：中国环境出版集团，2020.

命题：胡序朋　柴小平　王洪涛　邹伟明
审核：李俊龙　王益鸣　过美蓉　任世军

第七节　氰化物

分类号：S6-6

主要内容
①《海洋监测规范　第 4 部分：海水分析》（GB 17378.4—2007）（20.1　氰化物　异烟酸－吡唑啉酮分光光度法）
②《海洋监测规范　第 4 部分：海水分析》（GB 17378.4—2007）（20.2　氰化物　吡啶－巴比妥酸分光光度法）

同时参考“第一篇　W6-10 ①③”。

一、填空题

异烟酸－吡唑啉酮分光光度法和吡啶－巴比妥酸分光光度法测定海水中氰化物，水样进行蒸馏时应防止________，发现此现象较严重时，可轻轻敲一下蒸馏器。①②

答案：倒吸

二、判断题

1. 异烟酸－吡唑啉酮分光光度法和吡啶－巴比妥酸分光光度法测定氰化物的海水水样，现场采集后需加入适量氢氧化钠，至水样 pH 为 12～13。(　　) ①②

答案：正确

2. 异烟酸－吡唑啉酮分光光度法和吡啶－巴比妥酸分光光度法测定海水中氰化物时，若水样中含有硫化物则会干扰测定，可加入乙酸铅或柠檬酸铋除去。(　　) ①②

答案：正确

3. 光度法测定海水中氰化物时，使用 0.01 mol/L 磷酸盐缓冲液作吸收液。(　　) ①②

答案：错误

正确答案为：使用 0.01 g/L 氢氧化钠溶液作吸收液。

4. 异烟酸－吡唑啉酮分光光度法测定海水中氰化物时，显色生成稳定的绿色化合物，在 639 nm 波长处测定吸光值。(　　) ①

答案：错误

正确答案为：显色应生成蓝色化合物。

5. 异烟酸－吡唑啉酮分光光度法和吡啶－巴比妥酸分光光度法测定海水中氰化物时，脂肪酸影响测定。(　　) ①②

答案：错误

正确答案为：脂肪酸不影响测定。

6. 氰化钾剧毒，须小心操作，严禁遇碱。(　　) ①②

答案：错误

正确答案为：严禁遇酸。

三、选择题

1. 异烟酸－吡唑啉酮分光光度法测定海水中氰化物时，水样在加入显色剂后，应置于________℃的水浴中加热________min，取出，冷却至室温。（　　）①

A.（20±1），30　　B.（30±1），25　　C.（40±1），15　　D.（50±1），10

答案：C

2. 光度法测定海水中氰化物，硝酸银标准溶液标定氰化钾溶液时，用________作指示剂。（　　）①②

A. 试银灵　　B. 甲基橙　　C. 铬酸钾　　D. 淀粉

答案：A

3. 光度法测定海水中氰化物，氯化钠标准溶液标定硝酸银溶液时，用________作指示剂。（　　）①②

A. 试银灵　　B. 甲基橙　　C. 铬酸钾　　D. 淀粉

答案：C

4. 异烟酸－吡唑啉酮分光光度法测定海水中氰化物时，若水样中含有氧化剂，将会破坏氰化物，此时可加入适量的________以消除。（　　）①

A. $Na_2S_2O_3$ 晶体　　B. 柠檬酸　　C. 盐酸　　D. 氢氧化钠

答案：A

四、问答题

1. 光度法测定海水中氰化物时，如何判定试剂氯胺 T 是否失效？①②

答案：取配成的氯胺 T，加入邻甲联苯胺，若呈血红色，则游离氯含量充足，若呈淡黄色，则游离氯不足，应重新配制。

2. 异烟酸－吡唑啉酮分光光度法测定海水中氰化物时，高浓度的碳酸盐对测定有何影响？如何消除？①

答案：（1）在加酸时，高浓度的碳酸盐可释放出较多的二氧化碳气体，影响蒸馏；二氧化碳消耗吸收剂中的氢氧化钠，从而影响测定。

（2）可使用熟石灰 [$Ca(OH)_2$]，使水样 pH 提高至 12～12.5，在沉淀生成分层后，量取上清液测定。

3. 简述吡啶－巴比妥酸分光光度法测定海水中氰化物的方法原理。②

答案：蒸馏出的氰化物在弱酸性（pH 为 4.5）条件下与氯胺 T 反应生成氯化氰，后者使吡啶开环，生成戊烯二醛，再与巴比妥酸反应，产生红－蓝色染料，在波长 579 nm 处，测定吸光值。

参考文献

中华人民共和国国家质量监督检验检疫总局，中国国家标准化管理委员会 . 海洋监测规范　第 4 部分：海水分析：GB 17378.4—2007［S］. 北京：中国标准出版社，2007.

命题：柴小平　过美蓉

审核：王益鸣　过美蓉

第八节 无机磷

分类号：S6-7

主要内容
①《海洋监测规范 第 4 部分：海水分析》(GB 17378.4—2007)(39.1 无机磷 磷钼蓝分光光度法)
②《海洋监测规范 第 4 部分：海水分析》(GB 17378.4—2007)(39.2 无机磷 磷钼蓝萃取分光光度法)
③《海洋监测技术规程 第 1 部分：海水》(HY/T 147.1—2013)(10.1 磷酸盐 流动分析法)

一、填空题

根据《海洋监测技术规程 第 1 部分：海水》(HY/T 147.1—2013)(10.1 磷酸盐 流动分析法)测定磷酸盐时，其原理为在________性介质中，活性磷酸盐与钼酸铵在酒石酸锑钾的催化下反应生成磷钼黄，在 pH 小于 1 时被抗坏血酸还原为磷钼蓝，于________nm 波长处检测。③

答案：酸 880

二、判断题

1. 根据《海洋监测规范 第 4 部分：海水分析》(GB 17378.4—2007)(39.1 无机磷 磷钼蓝分光光度法)和《海洋监测规范 第 4 部分：海水分析》(GB 17378.4—2007)(39.2 无机磷 磷钼蓝萃取分光光度法)测定海水中活性磷酸盐时，钼酸铵－硫酸－酒石酸锑钾混合溶液应贮于棕色玻璃瓶中，溶液变浑浊时应重新配制。( ) ①②

答案：正确

2. 根据《海洋监测规范 第 4 部分：海水分析》(GB 17378.4—2007)(39.1 无机磷 磷钼蓝分光光度法)测定海水中活性磷酸盐时，活性磷酸盐与钼酸铵等反应生成磷钼黄，测定其吸光值。( ) ①

答案：错误

正确答案为：活性磷酸盐与钼酸铵反应生成磷钼黄，用抗坏血酸还原为磷钼蓝后，测定吸光值。

3. 根据《海洋监测规范 第 4 部分：海水分析》(GB 17378.4—2007)(39.1 无机磷 磷钼蓝分光光度法)和《海洋监测规范 第 4 部分：海水分析》(GB 17378.4—2007)(39.2 无机磷 磷钼蓝萃取分光光度法)测定海水中活性磷酸盐时，抗坏血酸溶液应贮存于棕色试剂瓶或聚乙烯瓶中，在 4℃避光保存。( ) ①②

答案：正确

4. 根据《海洋监测规范 第 4 部分：海水分析》(GB 17378.4—2007)(39.1 无机磷 磷钼蓝分光光度法)测定海水中活性磷酸盐时，磷钼蓝的颜色在 4 h 内稳定。( ) ①

答案：正确

5. 根据《海洋监测规范　第 4 部分：海水分析》（GB 17378.4—2007）（39.1　无机磷　磷钼蓝分光光度法）测定海水中活性磷酸盐时，其测定波长为 700 nm；根据《海洋监测规范　第 4 部分：海水分析》（GB 17378.4—2007）（39.2　无机磷　磷钼蓝萃取分光光度法）测定活性磷酸盐时，其测定波长为 882 nm。（　　）①②

答案：错误

正确答案为：磷钼蓝分光光度法的测定波长为 882 nm，磷钼蓝萃取分光光度法的测定波长为 700 nm。

三、选择题

1. 根据《海洋监测规范　第 4 部分：海水分析》（GB 17378.4—2007）（39.1　无机磷　磷钼蓝分光光度法）和《海洋监测规范　第 4 部分：海水分析》（GB 17378.4—2007）（39.2　无机磷　磷钼蓝萃取分光光度法）测定海水中活性磷酸盐是在________介质中完成显色反应。（　　）①②

A. 酸性　　B. 中性　　C. 碱性

答案：A

2. 根据《海洋监测规范　第 4 部分：海水分析》（GB 17378.4—2007）（39.2　无机磷　磷钼蓝萃取分光光度法）测定海水中活性磷酸盐时，萃取剂为________。（　　）②

A. 三氯甲烷　　B. 正己醇　　C. 石油醚

答案：B

3.《海水水质标准》（GB 3097—1997）中，第Ⅰ类水质活性磷酸盐（以磷计）的标准限制为________mg/L。（　　）①②

A. ≤0.010　　B. ≤0.015　　C. ≤0.030

答案：B

4. 根据《海洋监测规范　第 4 部分：海水分析》（GB 17378.4—2007）（39.1　无机磷　磷钼蓝分光光度法）和《海洋监测规范　第 4 部分：海水分析》（GB 17378.4—2007）（39.2　无机磷　磷钼蓝萃取分光光度法）测定海水中活性磷酸盐时，过滤水样的微孔滤膜需用 0.5 mol/L________浸泡，临用前用水洗净。（　　）①②

A. 盐酸　　B. 乙酸　　C. 磷酸

答案：A

四、问答题

1. 根据《海洋监测规范　第 4 部分：海水分析》（GB 17378.4—2007）（39.1　无机磷　磷钼蓝分光光度法）和《海洋监测规范　第 4 部分：海水分析》（GB 17378.4—2007）（39.2　无机磷　磷钼蓝萃取分光光度法）测定海水中活性磷酸盐时，混合溶液由哪 3 种溶液配制而成？①②

答案：钼酸铵溶液、酒石酸锑钾溶液和硫酸溶液。

2. 简述《海洋监测规范　第 4 部分：海水分析》（GB 17378.4—2007）（39.2　无机磷　磷钼蓝萃取分光光度法）测定海水中活性磷酸盐的方法原理。②

答案：在酸性介质中，活性磷酸盐与钼酸铵反应生成磷钼黄，以抗坏血酸还原为磷钼蓝，用醇类有机溶剂萃取，于 700 nm 波长处测定吸光值。

3. 根据《海洋监测规范　第 4 部分：海水分析》（GB 17378.4—2007）（39.1　无机磷　磷钼蓝分光光度法）和《海洋监测规范　第 4 部分：海水分析》（GB 17378.4—2007）（39.2　无机磷　磷钼蓝萃取分光光度法）测定海水中活性磷酸盐时，如何消除硫化物的干扰？①②

答案：将水样酸化后，通氮气 10 min，可明显除去硫化物干扰。

五、计算题

根据《海洋监测规范　第 4 部分：海水分析》（GB 17378.4—2007）（39.1　无机磷　磷钼蓝分光光度法）测定海水中活性磷酸盐的校准曲线为：

磷酸盐 /（mg/L）	A	磷酸盐 /（mg/L）	A
0.000	0.002	0.060	0.130
0.020	0.044	0.080	0.173
0.040	0.087	0.100	0.216

水样测得的吸光值为 0.105，试求水样中活性磷酸盐的浓度。①

答案：活性磷酸盐（P，mg/L）$= 0.466\,7\Delta A - 0.000\,2$

$= 0.466\,7 \times (0.105 - 0.002) - 0.000\,2$

$= 0.048$

参考文献

[1] 中华人民共和国国家质量监督检验检疫总局，中国国家标准化管理委员会 . 海洋监测规范　第 4 部分：海水分析：GB 17378.4—2007［S］. 北京：中国标准出版社，2007.

[2] 国家环境保护局 . 海水水质标准：GB 3097—1997［S］. 北京：中国环境科学出版社，1997.

[3] 国家海洋局 . 海洋监测技术规程　第 1 部分：海水：HY/T 147.1—2013［S］. 北京：中国标准出版社，2013.

命题：胡序朋　柴小平　过美蓉　邹伟明

审核：李俊龙　杨　楠　王益鸣　任世军

第九节　砷

分类号：S6-8

主要内容

《海洋监测规范　第 4 部分：海水分析》（GB 17378.4—2007）（11.2　砷　砷化氢－硝酸银分光光度法）

一、判断题

1. 用砷化氢 - 硝酸银分光光度法测定海水中砷含量时，投入硼氢化钾片剂后，要迅即塞紧塞子，用水封法检漏，反应过程中应不时摇动反应瓶，使反应完全。(　　)

答案：正确

2. 砷化氢 - 硝酸银分光光度法测定海水砷，吸收液高度对测定结果没有影响，所以没有必要选用内径一致的比色管作吸收管。(　　)

答案：错误

正确答案为：吸收液高度对测定结果有影响，要选用内径一致的比色管作吸收管。

3. 砷是人体的非必需元素，元素砷的毒性不大，而砷化合物却有较强的毒性，三氧化二砷剧毒。(　　)

答案：正确

二、选择题

1. 砷化氢 - 硝酸银分光光度法测定海水中砷时，需要使用的下列试剂中，除________外，均为优级纯，以最大限度地降低试剂的影响。(　　)

A. 硝酸　　B. 硫酸　　C. 无水乙醇

答案：B

2. 砷化氢 - 硝酸银分光光度法测定海水中砷的吸收液，配制时应将硝酸 - 硝酸银溶液、聚乙烯醇溶液和无水乙醇以________体积比混合。(　　)

A. 1∶1∶1　　B. 1∶1∶10　　C. 1∶1∶2.5

答案：C

3. 砷化氢 - 硝酸银分光光度法测定海水中砷时，DMF 脱脂棉可重复使用数次，当 DMF 棉明显变________色时应调换。(　　)

A. 黄　　B. 蓝　　C. 红

答案：C

参考文献

[1] 中华人民共和国国家质量监督检验检疫总局，中国国家标准化管理委员会 . 海洋监测规范　第 4 部分：海水分析：GB 17378.4—2007［S］. 北京：中国标准出版社，2007.

[2] 生态环境部 . 近岸海域环境监测技术规范：HJ 442—2020［S］. 北京：中国环境出版集团，2020.

命题：王洪涛　王艳华

审核：王益鸣　刘世贤　方　杰

第十节 硒

分类号：S6-9

主要内容
《海洋监测规范 第 4 部分：海水分析》（GB 17378.4—2007）（12.2 硒 二氨基联苯胺分光光度法）

一、填空题

二氨基联苯胺分光光度法测定海水中硒，显色剂 3,3′- 二氨基联苯胺盐酸盐溶液的英文缩写形式为________。

答案： DAB

二、判断题

1. 二氨基联苯胺分光光度法测定海水中硒时，分析过程中所用玻璃器皿均应经（1+3）硝酸溶液浸泡 12 h，用自来水、去离子水洗净，以消除来自玻璃器皿对实验结果的影响。（ ）

答案： 错误

正确答案为：所用玻璃器皿均应经（1+1）硝酸溶液浸泡 2～3 d。

2. 二氨基联苯胺分光光度法测定海水中硒时，因为显色剂容易变质，所以必须临用前配制，且需避光密封保存。（ ）

答案： 正确

3. 二氨基联苯胺分光光度法测定海水中硒时，由于该方法灵敏度较低，所以样品需要浓缩。蒸发浓缩时，其温度应控制在 200～250℃。（ ）

答案： 错误

正确答案为：蒸发浓缩其温度应在 170℃以下。

三、选择题

二氨基联苯胺分光光度法测定海水中硒时，测定吸光值应以________调零，于 420 nm 波长测定。（ ）

A. 去离子水　　B. 处理好的甲苯　　C. 盐酸羟胺溶液

答案： B

四、问答题

简述二氨基联苯胺分光光度法测定海水中硒的方法原理。

答案： 水样经酸性高锰酸钾消化，硒（Ⅵ）用盐酸还原为硒（Ⅳ）。酸性条件下，硒（Ⅳ）与 3,3′- 二氨基联苯胺盐酸盐形成黄色络合物，在 pH=6～8 条件下用甲苯萃取，于 420 nm 处进行分光光度测定。

参考文献

[1] 中华人民共和国国家质量监督检验检疫总局，中国国家标准化管理委员会．海洋监测规范　第4部分：海水分析：GB 17378.4—2007［S］．北京：中国标准出版社，2007.
[2] 生态环境部．近岸海域环境监测技术规范：HJ 442—2020［S］．北京：中国环境出版集团，2020.

命题：王洪涛　王艳华
审核：王益鸣　刘世贤　方　杰

第十一节　油类

分类号：S6-10

主要内容
《海洋监测规范　第4部分：海水分析》（GB 17378.4—2007）（13.2　油类　紫外分光光度法）

一、填空题

紫外分光光度法测定海水中油类时，市售正己烷使用前于波长225 nm处、以水作参比进行检测，透光率大于________%方可使用，否则需________处理。

答案：90　　脱芳

二、判断题

1. 紫外分光光度法测定海水中油类时，萃取前应先酸化，具体操作为：约1 L水样中加入5 ml（1+3）硫酸溶液。(　　)

答案：错误

正确答案为：约500 ml水样中加入5 ml（1+3）硫酸溶液。

2. 紫外分光光度法测定海水中油类时，水样用10.00 ml正己烷进行一次萃取即可。(　　)

答案：错误

正确答案为：水样分别用5.00 ml正己烷萃取两次，合并两次所得萃取液。

3. 紫外分光光度法测定海水中油类时，加正己烷于分液漏斗中萃取样品过程中，振荡2 min的同时，注意放气。(　　)

答案：正确

4. 紫外分光光度法测定海水中油类时，在把正己烷萃取液转移至具塞比色管之前，应用滤纸卷吸干锥形分液漏斗管颈内的水分。(　　)

答案：正确

5. 用500 ml小口玻璃瓶直接采集海水石油类样品时，若水样太满或溢出，可倒出一些水样。(　　)

答案：错误

正确答案为：采样时需一次装好，不可灌满或溢出，否则应另取水样瓶重新采样。

6. 紫外分光光度法测定海水中油类时，用过的活性炭和正己烷不可重复使用。(　　)

答案：错误

正确答案为：用过的活性炭和正己烷经处理后可重复使用。

7. 紫外分光光度法测定海水中油类时，塑料、橡皮材料对测定有干扰，应避免使用由其制成的器件。(　　)

答案：正确

8. 分光光度法测定海水中油类时，需将采样瓶中的水样全部倒入分液漏斗中进行萃取，萃取后测量萃取过水样的体积，即为水样实际体积。(　　)

答案：错误

正确答案为：萃取后测量萃取过水样的体积，扣除 5 ml 硫酸溶液体积，为水样实际体积。

9. 紫外分光光度法测定海水中油类样品时，以纯水作参比，于波长 225 nm 处测定样品的吸光值。(　　)

答案：错误

正确答案为：应以正己烷作参比，于波长 225 nm 处测定样品的吸光值。

三、选择题

1.《海水水质标准》(GB 3097—1997) 规定，第 Ⅰ 类海水水质标准石油类限值为________mg/L。(　　)

A. ≤0.01　　B. ≤0.05　　C. ≤0.50

答案：B

2. 测定海水中油类样品，采样后应在________h 内萃取，萃取液避光贮存于 5±2℃冰箱内，有效期为________d。(　　)

A. 4，15　　B. 6，20　　C. 4，20　　D. 6，30

答案：C

四、问答题

简述紫外分光光度法测定海水中油类的方法原理。

答案：水体中油类的芳烃组分，在紫外光区有特征吸收，其吸收强度与芳烃含量成正比。水样经正己烷萃取后，以油标准作工作曲线，进行紫外分光光度测定。

参考文献

[1] 中华人民共和国国家质量监督检验检疫总局，中国国家标准化管理委员会 . 海洋监测规范　第 4 部分：海水分析：GB 17378.4—2007［S］. 北京：中国标准出版社，2007.

[2] 国家环境保护局 . 海水水质标准：GB 3097—1997［S］. 北京：中国环境科学出版社，1997.

命题：柴小平　王洪涛

审核：王益鸣　过美蓉

第十二节　总氮

分类号：S6–11

主要内容
①《海洋调查规范　第 4 部分：海水化学要素调查》（GB/T 12763.4—2007）（15　总氮的测定　过硫酸钾氧化法）
②《海洋监测规范　第 4 部分：海水分析》（GB 17378.4—2007）（41　总氮　过硫酸钾氧化法）
③《海洋监测技术规程　第 1 部分：海水》（HY/T 147.1—2013）（12　总氮　流动分析法）

一、填空题

1. 过硫酸钾氧化法测定海水中总氮和总磷时，样品放入高压蒸汽消煮器中加热消煮，待压力升至________kPa 后，控制压力在________kPa 至________kPa，此后保持________min。①②

答案：1.1　　1.1　　1.4　　30

2. 过硫酸钾氧化法测定海水中总氮时，所使用的过硫酸钾应经________检验，合格后方可使用；过硫酸钾若达不到要求，可用________方法提纯。①②

答案：空白值　　多次重结晶

3. 根据《海洋监测技术规程　第 1 部分：海水》（HY/T 147.1—2013）（12　总氮　流动分析法）测定总氮时，其原理为在________性介质和________条件下，用过硫酸钾氧化，样品中无机氮和有机氮均被氧化为硝酸盐进行测定。③

答案：碱　　高温高压

二、判断题

1. 过硫酸钾氧化法测定海水中总氮时，样品在酸性和 110～120℃条件下，用过硫酸钾氧化，有机氮化合物被转化为硝酸氮。同时，水中的亚硝酸氮和铵态氮也定量地被氧化为硝酸氮。（　　）①②

答案：错误

正确答案为：样品应在碱性和 110～120℃条件下反应。

2. 过硫酸钾氧化法测定海水中总氮时，硝酸氮经还原为亚硝酸盐后与对氨基苯磺酰胺进行重氮化反应，反应产物再与 1- 萘替乙二胺二盐酸盐作用，生成深红色偶氮染料，于 543 nm 波长处进行分光光度测定。（　　）①②

答案：正确

参考文献

[1] 中华人民共和国国家质量监督检验检疫总局，中国国家标准化管理委员会 . 海洋调查规范　第 4 部分：海水化学要素调查：GB/T 12763.4—2007［S］. 北京：中国标准出版社，2007.

[2] 海洋监测规范　第 4 部分：海水分析：GB 17378.4—2007［S］. 北京：中国标准出版社，2007.

[3] 海洋监测技术规程　第 1 部分：海水：HY/T 147.1—2013［S］. 北京：中国标准出版社，2013.

命题：胡序朋　邹伟明

审核：李俊龙　王益鸣　任世军

第十三节　总磷

分类号：S6-12

主要内容
①《海洋调查规范　第 4 部分：海水化学要素调查》（GB/T 12763.4—2007）（14　总磷的测定　过硫酸钾氧化法）
②《海洋监测规范　第 4 部分：海水分析》（GB 17378.4—2007）（40　总磷　过硫酸钾氧化法）
③《海洋监测技术规程　第 1 部分：海水》（HY/T 147.1—2013）（13　总磷的测定—流动分析法）

一、判断题

1. 过硫酸钾氧化法测定海水中总磷时，样品在碱性和 110～120℃条件下，用过硫酸钾氧化，有机磷化合物被转化为无机磷酸盐，无机聚合态磷水解为正磷酸盐。(　　)①②

答案：错误

正确答案为：过硫酸钾氧化法测定海水中总磷时，样品应在酸性和 110～120℃条件下反应。

2. 过硫酸钾氧化法测定海水中总磷时，消解后水样中的正磷酸盐与钼酸铵形成磷钼黄，在酒石酸氧锑钾存在下，磷钼黄被抗坏血酸还原为磷钼蓝，于 882 nm 波长处进行分光光度测定。(　　)①②

答案：正确

3. 根据《海洋监测技术规程　第 1 部分：海水》（HY/T 147.1—2013）（13　总磷的测定—流动分析法）测定总氮时，其原理为在________性介质和________条件下，用过硫酸钾氧化，有机磷化合物被转化为无机磷，无极聚合态磷水解为正磷酸盐。(　　)③

答案：酸　　高温高压

二、选择题

过硫酸钾氧化法测定海水中总氮和总磷时，每 500 ml 海水样品加入 1.0 ml________，置于聚乙烯瓶中，混匀，有效保存时间为一个月。(　　)①②

A. 1 ∶ 1 硫酸　　B. 1 ∶ 1 盐酸　　C. 1 ∶ 1 磷酸　　D. 1 ∶ 1 硝酸

答案：A

参考文献

[1] 中华人民共和国国家质量监督检验检疫总局，中国国家标准化管理委员会 . 海洋调查规范　第 4 部分：海水化学要素调查：GB/T 12763.4—2007［S］. 北京：中国标准出版社，2007.

[2] 海洋监测规范　第 4 部分：海水分析：GB 17378.4—2007［S］. 北京：中国标准出版社，2007.

[3] 海洋监测技术规程　第 1 部分：海水：HY/T 147.1—2013［S］. 北京：中国标准出版社，2013.

命题：胡序朋　邹伟明

审核：李俊龙　王益鸣　任世军

第十四节　溶解氧

分类号：S6-13

> 主要内容
> 《海洋调查规范　第 4 部分：海水化学要素调查》（GB 12763.4—2007）（附录 D　溶解氧的测定　分光光度法）

一、填空题

1. 分光光度法测定海水中溶解氧时，样品固氧后，将水样浸泡于________中，有效保存时间为________h。

答案：水　24

2. 分光光度法测定海水中溶解氧时，加入________使样品中的亚硝酸盐分解而消除干扰。

答案：叠氮化钠

3. 分光光度法测定海水中溶解氧时，水样测得的吸光值需要扣除________吸光值和________吸光值，得到校正后的水样溶解氧吸光值，然后计算溶解氧浓度。

答案：水样浊度　试剂空白

二、判断题

1. 分光光度法测定海水中溶解氧时，样品固氧沉淀、酸化溶解后，试液经虹吸流入具有流动式比色池的分光光度计中，在 456 nm 波长下进行分光测定。(　　)

答案：正确

2. 分光光度法测定海水中溶解氧和碘量滴定法测定溶解氧的固氧方法是一样的。(　　)

答案：错误

正确答案为：分光光度法所用的溶解氧固定剂是氯化锰溶液（浓度 3.0 mol/L）和碱性碘化钾 / 叠氮化钠溶液，碘量滴定法测定溶解氧使用的固定剂是氯化锰溶液（浓度 2.4 mol/L）和碱性碘化钾溶液。

3. 分光光度法测定海水中溶解氧时，可以使用普通比色池进行测定。(　　)

答案：错误

正确答案为：分光光度法测定海水中溶解氧时，需要使用带三通阀的流动式普通比色池进行测定。

参考文献

中华人民共和国国家质量监督检验检疫总局，中国国家标准化管理委员会 . 海洋调查规范　第 4 部分：海水化学要素调查：GB/T 12763.4—2007［S］. 北京：中国标准出版社，2007.

命题：邹伟明
审核：王益鸣　任世军

第十五节 硅酸盐

分类号：S6-14

主要内容
①《海洋监测规范 第 4 部分：海水分析》（GB 17378.4—2007）（17.1 活性硅酸盐 硅钼黄法）
②《海洋监测规范 第 4 部分：海水分析》（GB 17378.4—2007）（17.2 活性硅酸盐 硅钼蓝法）
③《近岸海域环境监测技术规范 第 3 部分 近岸海域水质监测》（HJ 442.3—2020）（附录 F 连续流动比色法测定 河口与近岸海域海水中活性硅酸盐）
④《海洋监测技术规程 第 1 部分：海水》（HY/T 147.1—2013）（11 硅酸盐 流动分析法）

方法①②试题同“第一篇 W6-13”。

一、填空题

根据《海洋监测技术规程 第 1 部分：海水》（HY/T 147.1—2013）（11 硅酸盐 流动分析法）测定硅酸盐时，其原理为活性硅酸盐在________性介质中与钼酸铵反应生成硅钼黄，然后被抗坏血酸还原为硅钼蓝，于________nm 波长处检测。④

答案：酸 820

二、判断题

1. 根据《近岸海域环境监测技术规范 第 3 部分 近岸海域水质监测》（HJ 442.3—2020）（附录 F 连续流动比色法测定河口与近岸海域海水中活性硅酸盐）测定活性硅酸盐时，测定波长为 880 nm。（ ）③

答案：错误

正确答案为：测定波长为 660 nm 或 820 nm。

2. 根据《近岸海域环境监测技术规范 第 3 部分 近岸海域水质监测》（HJ 442.3—2020）（附录 F 连续流动比色法测定河口与近岸海域海水中活性硅酸盐）测定活性硅酸盐时，必须保证样品和试剂无颗粒物，必要时应先行过滤。（ ）③

答案：正确

3. 根据《近岸海域环境监测技术规范 第 3 部分 近岸海域水质监测》（HJ 442.3—2020）（附录 F 连续流动比色法测定河口与近岸海域海水中活性硅酸盐）测定活性硅酸盐时，无需进行校正计算。（ ）③

答案：错误

正确答案为：海水和纯水的不同折射率可引起正误差，应进行相应的校正。

4. 根据《近岸海域环境监测技术规范 第 3 部分 近岸海域水质监测》（HJ 442.3—2020）（附录 F 连续流动比色法测定河口与近岸海域海水中活性硅酸盐）测定活性硅酸盐时，载流和标准曲线溶液的盐度与样品之间没有必然联系，可以不加考虑。（ ）③

答案：错误

正确答案为：若载流和标准曲线溶液的盐度与样品不一致，则存在折射率和盐误差，应作校正。

5. 根据《近岸海域环境监测技术规范　第 3 部分　近岸海域水质监测》（HJ 442.3—2020）（附录 F　连续流动比色法测定河口与近岸海域海水中活性硅酸盐）测定活性硅酸盐时，若氟化物含量大于 50 mg /L（以 F 计）会产生干扰，用硼酸和氟离子配位减少干扰。（　　）③

答案：正确

6. 根据《近岸海域环境监测技术规范　第 3 部分　近岸海域水质监测》（HJ 442.3—2020）（附录 F　连续流动比色法测定河口与近岸海域海水中活性硅酸盐）测定活性硅酸盐时，采自深海缺氧的盆地的水样如存在硫化物影响，可用溴氧化或酸化后用氮气吹扫加以去除。（　　）③

答案：正确

三、选择题

根据《近岸海域环境监测技术规范　第 3 部分　近岸海域水质监测》（HJ 442.3—2020）（附录 F　连续流动比色法测定河口与近岸海域海水中活性硅酸盐）测定活性硅酸盐时，若活性磷酸盐含量大于________mg /L（以 P 计），会对测定产生干扰，可在最后显色前用草酸加以消除。（　　）③

A. 0.10　　B. 0.15　　C. 0.25　　D. 0.50

答案：B

四、问答题

1. 简述根据《近岸海域环境监测技术规范　第 3 部分　近岸海域水质监测》（HJ 442.3—2020）（附录 F　连续流动比色法测定河口与近岸海域海水中活性硅酸盐）测定活性硅酸盐时，海水样品的处理和保存条件。③

答案：样品采集后需经 0.45 μm 非玻璃滤膜过滤预处理，过滤后应尽快分析。如果样品能够在 24 h 内分析，则应快速冷冻至 -20℃保存。样品融化后立即分析。

2. 根据《近岸海域环境监测技术规范　第 3 部分　近岸海域水质监测》（HJ 442.3—2020）（附录 F　连续流动比色法测定河口与近岸海域海水中活性硅酸盐）测定活性硅酸盐时，仪器的分析系统包括哪些？③

答案：（1）自动进样器；

（2）硅酸盐分析模块；

（3）蠕动泵；

（4）单色计或配有钨灯（380～800 nm）的分光光度计；流动池折射率要低；

（5）计算机数据处理系统。

参考文献

[1] 中华人民共和国国家质量监督检验检疫总局，中国国家标准化管理委员会 . 海洋监测规范　第 4 部分：海水分析：GB 17378.4—2007［S］. 北京：中国标准出版社，2007.

[2] 生态环境部 . 近岸海域环境监测技术规范　第 3 部分　近岸海域水质监测：HJ 442.3—2020［S］. 北京：中国环境出版集团，2020.

[3] 国家海洋局 . 海洋监测技术规程　第 1 部分：海水：HY/T 147.1—2013［S］. 北京：中国标准出版社，2013.

命题：胡序朋　邹伟明　夏　新
审核：杨　楠　李俊龙　王益鸣　任世军

第十六节　硫化物

分类号：S6–15

主要内容
《海洋监测规范　第 4 部分：海水分析》（GB 17378.4—2007）（18.1　硫化物　亚甲基蓝分光光度法）

试题同“第一篇　W6–15 ①”。

第十七节　总铬

分类号：S6–16

主要内容
《海洋监测规范　第 4 部分：海水分析》（GB 17378.4—2007）（10.2　总铬　二苯碳酰二肼分光光度法）

试题同“第一篇　W6–22”。

第十八节　挥发性酚

分类号：S6–17

主要内容
《海洋监测规范　第 4 部分：海水分析》（GB 17378.4—2007）（19　挥发性酚　4- 氨基安替比林分光光度法）

试题同“第一篇　W6–30 ①②”。

第十九节　阴离子洗涤剂

分类号：S6–18

主要内容
《海洋监测规范　第 4 部分：海水分析》（GB 17378.4—2007）（23　阴离子洗涤剂　亚甲基蓝分光光度法）

试题同“第一篇　W6–31 ①”。

第七章　原子荧光法

第一节　基础知识

分类号：S7–0

试题同“第一篇　W8-0”。

第二节　汞

分类号：S7–1

主要内容
《海洋监测规范　第 4 部分：海水分析》（GB 17378.4—2007）（5.1　汞　原子荧光法）

一、填空题

1. 根据《海洋监测规范　第 4 部分：海水分析》（GB 17378.4—2007）（5.1　汞　原子荧光法）测定海水中汞时，样品需放置室温消化________h，或者加热煮沸________min 后冷却至室温。

答案：24　　1

2. 根据《海洋监测规范　第 4 部分：海水分析》（GB 17378.4—2007）（5.1　汞　原子荧光法）测定海水中汞时，所用水为________或等效纯水。

答案：无汞纯水

二、判断题

1. 根据《海洋监测规范　第 4 部分：海水分析》（GB 17378.4—2007）（5.1　汞　原子荧光法）测定海水中汞时，测试使用的所有器皿必须在（1+3）盐酸溶液中浸泡 24 h，再用去离子水冲洗干净方可使用。（　　）

答案：错误

正确答案为：原子荧光法测定海水中汞时，测试使用的所有器皿必须在（1+3）硝酸溶液中浸泡 24 h，再用去离子水冲洗干净方可使用。

2. 根据《海洋监测规范　第 4 部分：海水分析》（GB 17378.4—2007）（5.1　汞　原子荧光法）测定海水中汞时，盐酸羟胺溶液在使用前应该进行空白测试，以免因空白值过大而影响测定结果的准确性。（　　）

答案：正确

三、选择题

根据《海洋监测规范 第4部分：海水分析》（GB 17378.4—2007）（5.1 汞 原子荧光法）测定海水中汞时，汞标准的中间溶液及使用溶液均使用________%的硝酸溶液配制。（ ）

A. 5　　B. 10　　C. 20

答案：A

四、问答题

简述根据《海洋监测规范 第4部分：海水分析》（GB 17378.4—2007）（5.1 汞 原子荧光法）测定海水中汞时，每次测定均应测定标准系列的原因。

答案：由于影响汞测定的因素较多，如载气流量、汞灯电流和负高压等，因此，每次测定均应测定标准系列。

参考文献

中华人民共和国国家质量监督检验检疫总局，中国国家标准化管理委员会．海洋监测规范 第4部分：海水分析：GB 17378.4—2007［S］．北京：中国标准出版社，2007.

命题：王艳华
审核：王益鸣 方 杰

第三节 砷

分类号：S7-2

主要内容

《海洋监测规范 第4部分：海水分析》（GB 17378.4—2007）（11.1 砷 原子荧光法）

一、填空题

1. 根据《海洋监测规范 第4部分：海水分析》（GB 17378.4—2007）（11.1 砷 原子荧光法）测定海水中砷时，所用器皿必须清洁，器皿水洗后要经15%________浸泡________h以上，再用________或等效纯水冲干净方可使用，尤其对新玻璃器皿，应做空白试验。

答案：硝酸　24　二次去离子水

2. 根据《海洋监测规范 第4部分：海水分析》（GB 17378.4—2007）（11.1 砷 原子荧光法）测定海水中砷时，由于影响砷测定的因素很多，如________、炉温、________和气液体积比等，因此，每次测定应同时配制标准溶液。

答案：载气　灯电流

二、判断题

1. 根据《海洋监测规范　第 4 部分：海水分析》（GB 17378.4—2007）（11.1　砷　原子荧光法）测定海水中砷时，配制标准溶液与检测样品应用同一瓶盐酸。（　　）

答案：正确

2. 根据《海洋监测规范　第 4 部分：海水分析》（GB 17378.4—2007）（11.1　砷　原子荧光法）测定海水中砷时，还原剂硫脲－抗坏血酸必须在使用前配制。（　　）

答案：正确

三、选择题

根据《海洋监测规范　第 4 部分：海水分析》（GB 17378.4—2007）（11.1　砷　原子荧光法）测定海水中砷时，样品溶液加入盐酸和硫脲－抗坏血酸还原剂后，混匀，放置________min 后测定。（　　）

A. 5　　B. 10　　C. 20　　D. 30

答案：C

四、问答题

简述根据《海洋监测规范　第 4 部分：海水分析》（GB 17378.4—2007）（11.1　砷 原子荧光法）测定海水中砷的原理。

答案：在酸性介质中，五价砷被硫脲－抗坏血酸还原成三价砷，用硼氢化钾将三价砷转化为砷化氢气体，由氩气作载气将其导入原子荧光光度计的原子化器进行原子化，以砷特种空心阴极灯作激发光源，测定砷原子的荧光强度。

参考文献

[1] 中华人民共和国国家质量监督检验检疫总局，中国国家标准化管理委员会．海洋监测规范　第 4 部分：海水分析：GB 17378.4—2007［S］．北京：中国标准出版社，2007.

[2] 环境保护部．近岸海域环境监测规范：HJ 442—2008［S］．北京：中国环境科学出版社，2008.

命题：王洪涛　王艳华

审核：王益鸣　刘世贤　方　杰

第四节　硒

分类号：S7-3

主要内容

《近岸海域环境监测技术规范　第三部分　近岸海域水质监测》（HJ 442.3—2020）（附录 G　原子荧光法测定近岸海域海水中硒）

一、填空题

1. 根据《近岸海域环境监测技术规范　第三部分　近岸海域水质监测》（HJ 442.3—2020）（附录 G　原子荧光法测定近岸海域海水中硒）测定河口与近岸海域海水中硒时，所用器皿必须清洁，器皿水洗后要经________浸泡________h，或热硝酸荡洗后，再用去离子水冲干净后方可使用。

答案：（1+1）硝酸　24

2. 根据《近岸海域环境监测技术规范　第三部分　近岸海域水质监测》（HJ 442.3—2020）（附录 G　原子荧光法测定近岸海域海水中硒）测定河口与近岸海域海水中硒时，存在的主要干扰元素是高含量的________、________、________、Ag^{+} 和 Hg^{2+} 以及形成氢化物砷、锑和硒等元素之间的相互影响。

答案：Cu^{2+}　Co^{2+}　Ni^{2+}

二、判断题

1. 根据《近岸海域环境监测技术规范　第三部分　近岸海域水质监测》（HJ 442.3—2020）（附录 G　原子荧光法测定近岸海域海水中硒）测定河口与近岸海域海水中硒时，配制标准溶液与检测样品应尽可能用同一瓶试剂。（　）

答案：正确

2. 根据《近岸海域环境监测技术规范　第三部分　近岸海域水质监测》（HJ 442.3—2020）（附录 G　原子荧光法测定近岸海域海水中硒）测定河口与近岸海域海水中硒时，7 g/L 硼氢化钾溶液应现用现配。（　）

答案：正确

三、选择题

根据《近岸海域环境监测技术规范　第三部分　近岸海域水质监测》（HJ 442.3—2020）（附录 G　原子荧光法测定近岸海域海水中硒）测定河口与近岸海域海水中硒时，样品溶液加入盐酸和硫脲后，混匀，放置________min 后测定。（　）

A. 5　　B. 10　　C. 20　　D. 30

答案：C

四、问答题

简述根据《近岸海域环境监测技术规范　第三部分　近岸海域水质监测》（HJ 442.3—2020）（附录 G　原子荧光法测定近岸海域海水中硒）测定河口与近岸海域海水中硒的原理。

答案：经加入硫脲后样品中的硒还原成四价。在酸性介质中加入硼氢化钾溶液，四价硒形成硒化氢气体，由载气（氩气）直接将其导入石英管原子化器中，进而在氩氢火焰中原子化。基态原子受特种空心阴极灯光源的激发，产生原子荧光，通过监测原子荧光的相对强度，利用荧光强度与溶液中的硒含量成正比的关系，计算样品溶液中相应硒的含量。

参考文献

[1] 中华人民共和国国家质量监督检验检疫总局，中国国家标准化管理委员会．海洋监测规范 第 4 部分：海水分析：GB 17378.4—2007［S］．北京：中国标准出版社，2007.
[2] 生态环境部．近岸海域环境监测技术规范 第 3 部分 近岸海域水质监测：HJ 442.3—2020［S］．北京：中国环境出版集团，2020.

命题：杨 楠 王洪涛 王艳华
审核：王益鸣 刘世贤 方 杰

第八章　火焰原子吸收分光光度法

第一节　基础知识

分类号：S8-0

试题同“第一篇　W9-0”。

第二节　铜

分类号：S8-1

主要内容
《海洋监测规范　第 4 部分：海水分析》（GB 17378.4—2007）（6.3　铜　火焰原子吸收分光光度法）

一、判断题

火焰原子吸收分光光度法测定海水中铜时，与 APDC 和 DDTC 形成螯合物，再以 MIBK 萃取富集分离的是水样中的溶解态铜。（　　）

答案：正确

二、选择题

火焰原子吸收分光光度法测定海水中铜时，在 APDC-DDTC 形成螯合物的 pH 条件是________。（　　）

A. 5～6　　B. 2～5　　C. 4～9

答案：A

三、问答题

简述火焰原子吸收分光光度法测定海水中铜的方法原理。

答案：在 pH=5～6 条件下，水中溶解态铜与吡咯烷基二硫代甲酸铵及二乙氨基二硫代甲酸钠形成螯合物，用甲基异丁酮萃取富集分离后，有机相中铜在其特征吸收谱线处测定吸光值。

参考文献

[1] 中华人民共和国国家质量监督检验检疫总局，中国国家标准化管理委员会 . 海洋监测规范　第 4 部分：海水分析：GB 17378.4—2007［S］. 北京：中国标准出版社，2007.

[2] 魏复盛，齐文启．原子吸收光谱及其在环境分析中的应用［M］．北京：中国环境科学出版社，1988.

命题：刘世贤 佘运勇
审核：王益鸣 刘世贤

第三节 铅

分类号：S8-2

> **主要内容**
> 《海洋监测规范 第4部分：海水分析》（GB 17378.4—2007）（7.3 铅 火焰原子吸收分光光度法）

一、填空题

火焰原子吸收分光光度法测定海水中铅、铜和镉时，吡咯烷基二硫代甲酸铵（APDC）-二乙氨基二硫代甲酸钠（DDTC）混合溶液应保存于冰箱内，________（时间）内使用有效。

答案：一周

二、判断题

1. 火焰原子吸收分光光度法测定海水中重金属时，在萃取与反萃取过程中，溶液放出前须洗净锥形分液漏斗出口管下端的内外壁，避免沾污。（ ）

答案：正确

2. 火焰原子吸收分光光度法测定海水中重金属时，器皿必须用（1+3）硝酸溶液浸泡24 h以上，使用前要洗净；所用试剂必须检查纯度后使用，不合要求的试剂应更换或提纯。（ ）

答案：正确

三、选择题

火焰原子吸收分光光度法测定海水中重金属时，一般选择的酸溶液为________和________。（ ）

A. HCl，H_2SO_4　　B. HNO_3，H_2SO_4
C. HNO_3，H_3PO_4　　D. HCl，HNO_3

答案：D

参考文献

[1] 中华人民共和国国家质量监督检验检疫总局，中国国家标准化管理委员会．海洋监测规范 第4部分：海水分析：GB 17378.4—2007［S］．北京：中国标准出版社，2007.

[2] 魏复盛，齐文启 . 原子吸收光谱及其在环境分析中的应用［M］. 北京：中国环境科学出版社，1988.

命题：刘世贤 佘运勇
审核：王益鸣 刘世贤

第四节 镉

分类号：S8-3

主要内容
《海洋监测规范 第 4 部分：海水分析》（GB 17378.4—2007）（8.3 镉 火焰原子吸收分光光度法）

一、填空题

1. 火焰原子吸收分光光度法测定海水中重金属的萃取过程中，所用的氨水一般先经________方法提纯。

答案：等温扩散

2. 火焰原子吸收分光光度法测定海水中重金属时，采集的海水样品须经________μm 滤膜过滤，再酸化至 pH=1～2 保存。

答案：0.45

3. 火焰原子吸收分光光度法测定海水中镉时，在 pH 为________条件下，镉与吡咯烷基二硫代甲酸铵（APDC）和二乙氨基二硫代甲酸钠（DDTC）形成螯合物，经甲基异丁酮（MIBK）和环己烷混合溶液萃取分离，用________溶液反萃取，于 228.8 nm 波长测定。

答案：4～5 硝酸

二、判断题

火焰原子吸收分光光度法测定海水中重金属时，在 pH 为 8～9 条件下，铅、镉与 APDC 和 DDTC 形成螯合物。(　　)

答案：错误

正确答案为：在 pH 为 4～5 条件下。

参考文献

[1] 中华人民共和国国家质量监督检验检疫总局，中国国家标准化管理委员会 . 海洋监测规范 第 4 部分：海水分析：GB 17378.4—2007［S］. 北京：中国标准出版社，2007.
[2] 魏复盛，齐文启 . 原子吸收光谱及其在环境分析中的应用［M］. 北京：中国环境科学出版社，1988.

命题：刘世贤 佘运勇
审核：王益鸣 刘世贤

第五节　锌

分类号：S8-4

> 主要内容
> 《海洋监测规范　第 4 部分：海水分析》（GB 17378.4—2007）（9.1　锌　火焰原子吸收分光光度法）

一、填空题

1. 火焰原子吸收分光光度法测定海水中重金属时，配制络合剂混合溶液时要用________试剂提纯两次。

答案：甲基异丁基酮

2. 火焰原子吸收分光光度法测定海水中锌时，在弱酸性 pH 为________条件下，锌与吡咯烷基二硫代甲酸铵（APDC）及二乙氨基二硫代甲酸钠（DDTC）形成螯合物，经甲基异丁基酮（MIBK）萃取富集分离后，有机相中的锌在________火焰中被原子化。

答案：3.5～4.0　　乙炔－空气

二、判断题

火焰原子吸收分光光度法测定海水中铜、铅、锌和镉时，所用水均为无铜、铅、锌和镉去离子水或等效纯水。（　　）

答案：正确

三、选择题

火焰原子吸收分光光度法测定海水中锌时，用作参比调零的物质是________。（　　）

A. 样品空白　　B. 二次去离子无锌水或等效纯水　　C. 甲基异丁基酮

答案：C

参考文献

[1] 中华人民共和国国家质量监督检验检疫总局，中国国家标准化管理委员会 . 海洋监测规范　第 4 部分：海水分析：GB 17378.4—2007［S］. 北京：中国标准出版社，2007.

[2] 魏复盛，齐文启 . 原子吸收光谱及其在环境分析中的应用［M］. 北京：中国环境科学出版社，1988.

命题：刘世贤　余运勇
审核：王益鸣　刘世贤

第六节 砷

分类号：S8–5

主要内容 《海洋监测规范　第 4 部分：海水分析》（GB 17378.4—2007）（11.3　砷　氢化物发生原子吸收分光光度法）

一、填空题

1. 氢化物发生原子吸收分光光度法测定海水中砷时，采用的混合还原剂理学为________。

答案：硫脲 – 抗坏血酸溶液

2. 氢化物发生原子吸收分光光度法测定海水中砷的原理为：在酸性介质中，以硼氢化钾将砷（Ⅲ）转化为________气体，再由载气带入原子化器。

答案：砷化氢

二、判断题

1. 氢化物原子吸收法测定海水中砷时，实验中采用的混合还原剂硫脲 – 抗坏血酸溶液应当天配用，防止被氧化而失效。（　　）

答案：正确

2. 氢化物原子吸收法测定海水中砷时，因原子化器加热温度对测定结果影响很大，因此必须预热，待散热和加热达到平衡后再正式工作。（　　）

答案：正确

三、选择题

氢化物原子吸收法测定海水中砷，制备待测样品溶液时，通常在加入混合还原剂并混匀后，为了使样品中的砷（Ⅴ）充分转化为砷（Ⅲ），应放置________min 以上，再进行仪器分析。（　　）

A. 5　　B. 10　　C. 15

答案：C

四、问答题

简述氢化物发生原子吸收分光光度法测定海水中砷的实验中，影响测定结果的主要因素。

答案：主要因素包括硼氢化钾流速、浓度及反应液的温度、载气流速等。

参考文献

中华人民共和国国家质量监督检验检疫总局，中国国家标准化管理委员会.海洋监测规范　第4部分：海水分析：GB 17378.4—2007［S］.北京：中国标准出版社，2007.

命题：佘运勇

审核：王益鸣　方　杰

第九章　石墨炉原子吸收分光光度法

第一节　基础知识

分类号：S9-0

试题同“第一篇　W10-0”。

第二节　铜

分类号：S9-1

主要内容
《海洋监测规范　第 4 部分：海水分析》（GB 17378.4—2007）（6.1　铜　无火焰原子吸收分光光度法）

一、判断题

用无火焰原子吸收分光光度法测定的海水重金属，样品须用全塑采水器采集，水样应及时过滤，并用硝酸酸化至 pH=1～2，贮于聚乙烯瓶中，再以聚乙烯薄膜袋包封样品瓶。(　　)

答案：正确

二、问答题

无火焰原子吸收分光光度法测定海水中铜时，为什么一般选用氩气作载气而不用氮气?

答案：氮气在高温下容易生成氮化物，增大了分子吸收，给分析带来误差。

参考文献

[1] 中华人民共和国国家质量监督检验检疫总局，中国国家标准化管理委员会 . 海洋监测规范　第 4 部分：海水分析：GB 17378.4—2007［S］. 北京：中国标准出版社，2007.

[2] 魏复盛，齐文启 . 原子吸收光谱及其在环境分析中的应用［M］. 北京：中国环境科学出版社，1988.

命题：王　剑　刘世贤　佘运勇

审核：王益鸣　过美蓉　方　杰

第三节　铅

分类号：S9-2

主要内容
《海洋监测规范　第 4 部分：海水分析》（GB 17378.4—2007）（7.1　铅　无火焰原子吸收分光光度法）

一、填空题

无火焰原子吸收分光光度法测定海水中重金属时，所用器皿均用（1+3）硝酸浸泡一周以上，使用前用亚沸水清洗，________溶液荡洗，最后再用亚沸水洗净。

答案：APDC-DDTC

二、选择题

无火焰原子吸收分光光度法测定海水中重金属时，在原子化完成后，增加清洗或空烧程序主要是为了消除________。（　　）

A. 基体效应　　B. 记忆效应　　C. 化学干扰　　D. 盐效应

答案：B

三、问答题

简述在无火焰原子吸收分光光度法测定海水中痕量重金属时，加入 NH_4NO_3 的作用。

答案：加入 NH_4NO_3 是为了将 NaCl 转变成 NH_4Cl 和 $NaNO_3$，在 500℃的灰化阶段除去，从而克服了 NaCl 对痕量重金属元素测定的干扰。

参考文献

[1] 中华人民共和国国家质量监督检验检疫总局，中国国家标准化管理委员会 . 海洋监测规范　第 4 部分：海水分析：GB 17378.4—2007［S］. 北京：中国标准出版社，2007.

[2] 魏复盛，齐文启 . 原子吸收光谱及其在环境分析中的应用 [M]. 北京：中国环境科学出版社，1988.

命题：王　剑　刘世贤　佘运勇

审核：王益鸣　过美蓉　方　杰

第四节　镉

分类号：S9-3

主要内容
《海洋监测规范　第 4 部分：海水分析》（GB 17378.4—2007）（8.1　镉　无火焰原子吸收分光光度法）

选择题

1. 无火焰原子吸收分光光度法测定海水中重金属时，加入基体改进剂是为了改变被测定物质或基体成分在干燥阶段或________的性质。(　　)

   A. 灰化阶段　　B. 原子化阶段　　C. 清除阶段

答案：A

2. 在 pH=4～5 的条件下，海水中的镉与吡咯烷基二硫代甲酸铵（APDC）和二乙基二硫代甲酸钠（DDTC）形成螯合物，经甲基异丁酮－环己烷萃取分离，________溶液反萃取测定镉的原子吸光度。(　　)

   A. 硫酸　　B. 盐酸　　C. 硝酸

答案：C

参考文献

[1] 中华人民共和国国家质量监督检验检疫总局，中国国家标准化管理委员会 . 海洋监测规范　第 4 部分：海水分析：GB 17378.4—2007［S］. 北京：中国标准出版社，2007.

[2] 魏复盛，齐文启 . 原子吸收光谱及其在环境分析中的应用［M］. 北京：中国环境科学出版社，1988.

命题：王　剑　刘世贤　佘运勇
审核：王益鸣　过美蓉　方　杰

第五节　总铬

分类号：S9-4

主要内容
《海洋监测规范　第 4 部分：海水分析》(GB 17378.4—2007)（10.1　总铬　无火焰原子吸收分光光度法）

一、填空题

无火焰原子吸收分光光度法海水中总铬的测定，在 pH=3.8±0.2 的条件下，________被高锰酸钾氧化后，同二乙氨基二硫代甲酸钠（DDTC）螯合，用甲基异丁基酮（MIBK）萃取，于铬的特征吸收波长处测定原子吸光度。

答案：低价态铬

二、判断题

1. 无火焰原子吸收分光光度法测定海水中总铬时，要严格控制 pH 范围。在调节 pH 接近橙色时，必须用稀氨水（1+500），仔细调节。(　　)

答案：正确

2. 无火焰原子吸收分光光度法测定海水中总铬时，若水样中铬的含量很低，取水样量可增加到 20 ml，进入石墨炉的有机相可增加到 50 μl。(　　)

答案：正确

三、选择题

无火焰原子吸收分光光度法测定海水中总铬时，所用缓冲溶液的 pH 应调至________。(　　)

A. 3.8±0.2　　　　B. 4.5±0.5　　　　C. 9.0±0.5

答案：A

参考文献

[1] 中华人民共和国国家质量监督检验检疫总局，中国国家标准化管理委员会 . 海洋监测规范　第 4 部分：海水分析：GB 17378.4—2007［S］. 北京：中国标准出版社，2007.

[2] 魏复盛，齐文启 . 原子吸收光谱及其在环境分析中的应用［M］. 北京：中国环境科学出版社，1988.

命题：王　剑　刘世贤　佘运勇

审核：王益鸣　过美蓉　方　杰

第六节　镍

分类号：S9-5

主要内容
《海洋监测规范　第 4 部分：海水分析》（GB 17378.4—2007）（42　镍　无火焰原子吸收分光光度法）

一、填空题

无火焰原子吸收法测定海水中镍时，用于调节样品溶液 pH 的氨水和盐酸，一般采用________法提纯。

答案：等温扩散

二、判断题

1. 无火焰原子吸收分光光度法测定海水中镍时，所用器皿均用（1+3）硝酸浸泡一周以上，使用前用水冲洗干净，再用 APDC-DDTC 溶液荡洗，最后再用纯水洗净。(　　)

答案：正确

2. 无火焰原子吸收法测定海水中镍，在使用 232.0 nm 作吸收线时，由于存在相距很近的其他谱线，为了消除光谱干扰，应尽可能选择窄的光谱通带。(　　)

答案：正确

3. 无火焰原子吸收法测定海水中镍时，实验中所采用的试剂［如吡咯烷二硫代氨基甲酸铵（APDC）和二乙基二硫代氨基甲酸钠（DDTC）溶液、甲基异丁酮－环己烷、醋酸铵溶液等］均应检查试剂空白，必要时都应提纯后再使用。(　　)

答案：正确

三、选择题

1. 无火焰原子吸收法测定海水中镍，采用吡咯烷二硫代氨基甲酸铵（APDC）和二乙基二硫代氨基甲酸钠（DDTC）萃取海水中镍时，水溶液介质适宜的pH范围是________。(　　)

A. 4～6　　B. 6～8　　C. 8～9

答案：A

2. 无火焰原子吸收法测定海水中镍，在使用232.0 nm作吸收线时，应尽可能选择窄的光谱通带，是为了消除________干扰。(　　)

A. 光谱　　B. 化学　　C. 基体

答案：A

四、问答题

简述无火焰原子吸收法测定海水中镍的方法原理。

答案：在pH=4～6的条件下，海水中的镍与吡咯烷二硫代氨基甲酸铵（APDC）和二乙基二硫代氨基甲酸钠（DDTC）形成螯合物，经甲基异丁酮－环己烷萃取分离，硝酸溶液反萃取，于232.0 nm波长测定镍的原子吸光值。

参考文献

[1] 中华人民共和国国家质量监督检验检疫总局，中国国家标准化管理委员会．海洋监测规范　第4部分：海水分析：GB 17378.4—2007［S］．北京：中国标准出版社，2007.

[2] 魏复盛，齐文启．原子吸收光谱及其在环境分析中的应用［M］．北京：中国环境科学出版社，1988.

命题：王　剑　刘世贤　佘运勇

审核：王益鸣　过美蓉　方　杰

第十章　电感耦合等离子体质谱法

第一节　基础知识

分类号：S10-0

试题同“第一篇　W12-0”。

第二节　铜等多种元素

分类号：S10-1

主要内容 《海洋监测技术规程　第1部分：海水》（HY/T 147.1—2013）（5　铜、铅、锌、镉、铬、铍、锰、钴、镍、砷、铊的同步测定　电感耦合等离子体质谱法）

一、填空题

1. 根据《海洋监测技术规程　第1部分：海水》（HY/T 147.1—2013）（5　铜、铅、锌、镉、铬、铍、锰、钴、镍、砷、铊的同步测定　电感耦合等离子体质谱法）测定铜等元素时，以________作为质谱离子源。

答案：等离子体

2. 根据《海洋监测技术规程　第1部分：海水》（HY/T 147.1—2013）（5　铜、铅、锌、镉、铬、铍、锰、钴、镍、砷、铊的同步测定　电感耦合等离子体质谱法）进行测定，使用ICP离子源时，应注意防护高频辐射。当高频发生器的功率增大时，元素谱线的强度会________，也会使背景的辐射________，从而使信号/背景比值________，检出限升高。

答案：增加，增强，下降

3. 根据《海洋监测技术规程　第1部分：海水》（HY/T 147.1—2013）（5　铜、铅、锌、镉、铬、铍、锰、钴、镍、砷、铊的同步测定　电感耦合等离子体质谱法）进行测定时，样品雾化后以气溶胶的形式进入离子体区域，经过蒸发、解离、原子化、电离等过程，待测离子经质量分析器按________的大小过滤分离后进入离子检测器检测。

答案：质荷比（m/z）

二、判断题

1. 根据《海洋监测技术规程　第1部分：海水》（HY/T 147.1—2013）（5　铜、铅、锌、镉、铬、铍、锰、钴、镍、砷、铊的同步测定　电感耦合等离子体质谱法）进行测定，采用内标元素进行校正时，可采用在线或离线方式加入内标溶液，并使样品中内标元素浓度与待测元素浓度相当。（　　）

答案：正确

2.《海洋监测技术规程　第1部分：海水》（HY/T 147.1—2013）（5　铜、铅、锌、镉、铬、铍、锰、钴、镍、砷、铊的同步测定　电感耦合等离子体质谱法）适用于河口区、入海排污口污水中铜、铅、锌、镉、铬、铍、锰、钴、镍、砷、铊的同步测定。（　　）

答案：正确

3. 根据《海洋监测技术规程　第1部分：海水》（HY/T 147.1—2013）（5　铜、铅、锌、镉、铬、铍、锰、钴、镍、砷、铊的同步测定　电感耦合等离子体质谱法）测定河口高盐度水样时，样品用纯水稀释后再用标准加入法进行测定。（　　）

答案：错误

正确答案为：测定河口高盐度水样时，样品用硝酸溶液（1+99）稀释后再用标准加入法进行测定。

4. 根据《海洋监测技术规程　第1部分：海水》（HY/T 147.1—2013）（5　铜、铅、锌、镉、铬、铍、锰、钴、镍、砷、铊的同步测定　电感耦合等离子体质谱法）测定铜等元素时，器皿应用硝酸溶液（1+3）浸泡24 h以上，使用前用超纯水洗净。（　　）

答案：正确

三、选择题

根据《海洋监测技术规程　第1部分：海水》（HY/T 147.1—2013）（5　铜、铅、锌、镉、铬、铍、锰、钴、镍、砷、铊的同步测定　电感耦合等离子体质谱法）进行测定时，以下不能降低或消除干扰的措施是________。（　　）

A. 选取不受干扰的同位素元素作为待测元素的定量质量数

B. 定量时进行干扰校正

C. 采用碰撞 / 反应池技术消除干扰

D. 通过过滤可去除样品基体干扰

答案：D

四、问答题

根据《海洋监测技术规程　第1部分：海水》（HY/T 147.1—2013）（5　铜、铅、锌、镉、铬、铍、锰、钴、镍、砷、铊的同步测定　电感耦合等离子体质谱法）测定铜等元素时，降低或消除干扰的措施有哪些？

答案：（1）选取不受干扰的同位素元素作为待测元素的定量质量数；

（2）定量时进行干扰校正；

（3）采用碰撞 / 反应池技术消除干扰；

（4）通过萃取等方法提取待测元素，以去除样品基体干扰。

参考文献

[1] 国家海洋局 . 海洋监测技术规程　第 1 部分：海水：HY/T 147.1—2013［S］. 北京：中国标准出版社，2013.

[2] 于世林，杜振霞 . 化验员读本　仪器分析：下册［M］. 5 版 . 北京：化学工业出版社，2017.

命题：何书海　符式锦　胡序朋

审核：姜晓旭　李俊龙

第十一章　冷原子吸收分光光度法测定汞

分类号：S11

主要内容
①《海洋监测规范　第 4 部分：海水分析》（GB 17378.4—2007）（5.2　汞　冷原子吸收分光光度法）
②《海洋监测规范　第 4 部分：海水分析》（GB 17378.4—2007）（5.3　汞　金捕集冷原子吸收光度法）

试题同“第一篇　W18”。

第十二章　荧光分光光度法

第一节　油类

分类号：S12-1

主要内容
《海洋监测规范　第 4 部分：海水分析》（GB 17378.4—2007）（13.1　油类　荧光分光光度法）

一、填空题

环己烷萃取荧光分光光度法适用于大洋、近岸、河口等水体中油类的测定，采样后应在________h 内萃取，有效期为________d。

答案：4　　20

二、判断题

1. 环己烷萃取荧光分光光度法测定海水中油类，不适于 7℃以下的环境操作。（　　）

答案：正确

2. 环己烷萃取荧光分光光度法测定海水中油类时，洗净烘干的活性炭应于 300℃高温炉内活化 1 h。（　　）

答案：错误

　　正确答案为：应于 500℃高温炉内活化 2 h。

3. 环己烷萃取荧光分光光度法测定海水中油类时，环己烷应经水活化处理的活性炭层析柱脱芳处理合格方可使用。（　　）

答案：正确

三、选择题

环己烷萃取荧光分光光度法测定海水中油类时，经过脱芳处理的环己烷其荧光强度与最大的瑞利散射峰强度相比，不大于________% 时才可使用。（　　）

A. 2　　　　B. 4　　　　C. 6

答案：A

四、问答题

简述用环己烷萃取荧光分光光度法测定海水中油类的方法原理。

答案：水样中油类的芳烃组分，经环己烷萃取后，在激发波长 310 nm 的紫外光照射下，其 365 nm 发射波长的相对荧光强度与可萃取油类组分含量成正比。

参考文献

[1] 中华人民共和国国家质量监督检验检疫总局，中国国家标准化管理委员会 . 海洋监测规范　第 4 部分：海水分析：GB 17378.4—2007［S］. 北京：中国标准出版社，2007.

[2] 国家环境保护局 . 海水水质标准：GB 3097—1997［S］. 北京：中国环境科学出版社，1997.

命题：柴小平　王洪涛

审核：王益鸣　过美蓉

第二节　硒

分类号：S12-2

主要内容
《海洋监测规范　第 4 部分：海水分析》（GB 17378.4—2007）（12.1　硒　荧光分光光度法）

一、填空题

1. 根据《海洋监测规范　第 4 部分：海水分析》（GB 17378.4—2007）用荧光分光光度法测定海水中的硒，配制甲酚红指示液时，称取 40 mg 甲酚红于 100 ml 烧杯中，加入少量水及 2 滴________溶液溶解，加水至 100 ml 即可。

答案：氨水

2. 根据《海洋监测规范　第 4 部分：海水分析》（GB 17378.4—2007）中荧光分光光度法测定海水中的硒，将纯化后的 DAN（2,3- 二氨基萘）溶液贮于棕色瓶中，加入环已烷使其覆盖液面约________cm 厚，置于冰箱中保存，有效期________（时间）。

答案：1　　1 个月

二、判断题

1. 根据《海洋监测规范　第 4 部分：海水分析》（GB 17378.4—2007）中荧光分光光度法测定海水中的硒，该方法适用于海水和天然水中总硒的测定，如果样品经过酸处理，可直接测定四价硒的含量。(　　)

答案：错误

正确答案为：如果样品不经酸处理，可直接测定四价硒的含量。

2. 根据《海洋监测规范　第 4 部分：海水分析》（GB 17378.4—2007）中荧光分光光度法测定海水中的硒，所用的去硒硫酸的配制方法为：量取 200 ml 硫酸（H_2SO_4，ρ=1.84 g/ml），在搅拌下，缓缓加入 200 ml 水中，加入 30 ml 氢溴酸（HBr，ρ=1.38 g/ml），混匀，置沙浴上加热至冒白烟。(　　)

答案：正确

3. 根据《海洋监测规范　第 4 部分：海水分析》（GB 17378.4—2007）中荧光分光光度法测定海水中的硒，环已烷若有荧光杂质需重蒸馏提纯，用过的环已烷重蒸馏后可再使用。(　　)

答案：正确

4. 根据《海洋监测规范　第 4 部分：海水分析》（GB 17378.4—2007）中荧光分光光度法测定海水中的硒，配制 DAN（2,3- 二氨基萘）溶液时应在光线明亮处进行。（　　）

答案：错误

正确答案为：配制 DAN 溶液时应在暗处进行。

三、选择题

1. 根据《海洋监测规范　第 4 部分：海水分析》（GB 17378.4—2007）中荧光分光光度法测定海水中的硒，量取 5.0～50.0 ml 过滤的水样，于 50 ml 烧杯中，加入 5 ml 混合酸溶液，在________中加热消化至冒浓白烟，至溶液变________。（　　）

   A. 水浴，黄　　B. 油浴，绿　　C. 沙浴，黄　　D. 沙浴，红

答案：C

2. 根据《海洋监测规范　第 4 部分：海水分析》（GB 17378.4—2007）中荧光分光光度法测定海水中的硒，样品处理完毕后，将________层从分液漏斗移入________cm 测定池中进行测定。（　　）

   A. 水，1　　B. 水，3　　C. 环己烷，3　　D. 环己烷，1

答案：D

3. 根据《海洋监测规范　第 4 部分：海水分析》（GB 17378.4—2007）中荧光分光光度法测定海水中的硒，样品消解时在沸水浴上加热 5 min 后，用冷水冷却的时间控制在 10 min 内，否则结果会________。（　　）

   A. 偏高　　B. 偏低　　C. 变化不大

答案：B

四、问答题

根据《海洋监测规范　第 4 部分：海水分析》（GB 17378.4—2007），简述荧光分光光度法测定海水中硒的方法原理。

答案：水样用高氯酸 - 硫酸 - 钼酸钠消化，再用盐酸将硒（Ⅵ）还原为硒（Ⅳ）。在酸性条件下，硒（Ⅳ）与 2,3- 二氨基萘反应生成有绿色荧光的 4,5- 苯并苤硒脑，用环己烷萃取，在激发波长 376 nm，发射波长 520 nm 下，进行荧光分光光度法测定。

参考文献

中华人民共和国国家质量监督检验检疫总局，中国国家标准化管理委员会 . 海洋监测规范　第 4 部分：海水分析：GB 17378.4—2007［S］. 北京：中国标准出版社，2007.

命题：王艳华　池　靖

审核：邵君波　过美蓉

第十三章　气相色谱法

第一节　基础知识

分类号：S13-0

试题同“第一篇　W13-0”。

第二节　六六六和滴滴涕

分类号：S13-1

主要内容
《海洋监测规范　第 4 部分：海水分析》（GB 17378.4—2007）（14　666、DDT　气相色谱法）

同时参考“第一篇　W13-2”。

一、填空题

根据《海洋监测规范　第 4 部分：海水分析》（GB 17378.4—2007）（14　666、DDT　气相色谱法）测定海水中 666 和 DDT 时，所用的无水硫酸钠在使用前需经________℃灼烧________h 以上，冷却后密闭保存，有效期 1 个月。

答案： 600　4

二、判断题

1. 根据《海洋监测规范　第 4 部分：海水分析》（GB 17378.4—2007）（14　666、DDT　气相色谱法）测定海水中六六六和 DDT 时，所用的无水硫酸钠通常需净化后使用，其净化方法一般采取高温灼烧和（或）有机溶剂索氏提取。（　　）

答案： 正确

2. 根据《海洋监测规范　第 4 部分：海水分析》（GB 17378.4—2007）（14　666、DDT　气相色谱法）测定海水中六六六和 DDT 时，气相色谱仪的进样口应保持清洁、惰性，否则 DDT 易分解为 DDE 和 DDD。（　　）

答案： 正确

三、选择题

根据《海洋监测规范　第 4 部分：海水分析》（GB 17378.4—2007）（14　666、DDT　气相色谱法）测定海水中六六六和 DDT 时，样品经正己烷提取后，用浓硫酸净化，其

基本原理是通过________，去除正己烷提取液中的干扰物质，如脂类等。(　　)

A. 酸碱反应　　B. 氧化还原反应　　C. 沉淀反应

答案：B

四、问答题

简述根据《海洋监测规范　第 4 部分：海水分析》(GB 17378.4—2007)(14　六六六、滴滴涕　气相色谱法)测定海水样品中六六六和 DDT 的萃取及净化过程。

答案：量取 500 ml 海水样品于锥形分液漏斗中，加入 10.0 ml 正己烷，剧烈振荡 2 min，静置分层后弃去水层。正己烷先用浓硫酸净化后再用硫酸钠溶液洗涤，最后经无水硫酸钠柱脱水收集于浓缩瓶内。

参考文献

[1] 中华人民共和国国家质量监督检验检疫总局，中国国家标准化管理委员会 . 海洋监测规范　第 4 部分：海水分析：GB 17378.4—2007 [S] . 北京：中国标准出版社，2007.

[2] 江桂斌，等 . 环境样品前处理技术 [M] . 北京：化学工业出版社，2004.

命题：方　杰　王晓华
审核：王益鸣

第三节　多氯联苯

分类号：S13-2

主要内容
《海洋监测规范　第 4 部分：海水分析》(GB 17378.4—2007)(15　多氯联苯　气相色谱法)

一、填空题

1. 根据《海洋监测规范　第 4 部分：海水分析》(GB 17378.4—2007)(15　多氯联苯　气相色谱法)测定海水中 PCBs 时，中性氧化铝(Al_2O_3)在使用前需于________℃活化 4 h，冷却后加入________%(质量分数)的水，剧烈振摇 30 min，装具塞磨口玻璃瓶中，于干燥器内保存。

答案：800　　5

2. 根据《海洋监测规范　第 4 部分：海水分析》(GB 17378.4—2007)(15　多氯联苯　气相色谱法)测定海水中 PCBs 时，层析硅胶(100～200 目)在使用前需经________℃活化 8 h，密封于磨口塞玻璃瓶中，置于干燥器内保存。使用前，再经________℃烘 8 h。

答案：450　130

3. 根据《海洋监测规范　第 4 部分：海水分析》(GB 17378.4—2007)(15　多氯联苯　气相色谱法)测定海水中 PCBs 时，玻璃纤维在使用前应依次用 10%________溶液与

（1+1）________溶液浸泡，以去除无机杂质。

答案：氢氧化钠　　盐酸

二、判断题

1. 根据《海洋监测规范　第 4 部分：海水分析》（GB 17378.4—2007）（15　多氯联苯　气相色谱法）测定海水中 PCBs 时，采用了中性氧化铝和硅胶复合色谱柱，目的是将多氯联苯与大多数有机氯农药分离，并去除部分干扰物质。（　　）

答案：正确

2. 根据《海洋监测规范　第 4 部分：海水分析》（GB 17378.4—2007）（15　多氯联苯　气相色谱法）测定海水中 PCBs 时，中性氧化铝和硅胶用于样品提取液的净化和分离是基于目标化合物和干扰物质的极性差异。（　　）

答案：正确

3. 根据《海洋监测规范　第 4 部分：海水分析》（GB 17378.4—2007）（15　多氯联苯　气相色谱法）测定海水中 PCBs 时，层析净化－脱水柱的装填顺序依次为 10 ml 正己烷、1 g 无水硫酸钠、2 g 层析硅胶、1 g 氧化铝。（　　）

答案：错误

正确答案为：层析净化－脱水柱的装填顺序依次为 10 ml 正己烷、2 g 层析硅胶、1 g 氧化铝、1 g 无水硫酸钠。

三、选择题

1. 根据《海洋监测规范　第 4 部分：海水分析》（GB 17378.4—2007）（15　多氯联苯　气相色谱法）测定海水中 PCBs 时，富集样品中多氯联苯所用的国产 1300（Ⅰ）型树脂（相当于 Amberlite DAX-2）属于________吸附剂。（　　）

A. 键合硅胶类　　B. 有机聚合物　　C. 羰基　　D. 正相固相

答案：B

2. 根据《海洋监测规范　第 4 部分：海水分析》（GB 17378.4—2007）（15　多氯联苯　气相色谱法）测定海水中 PCBs 时，采用________方法提取样品中的 PCBs。（　　）

A. 液液萃取　　B. 固相萃取　　C. 索氏提取　　D. 连续液液萃取

答案：B

3. 根据《海洋监测规范　第 4 部分：海水分析》（GB 17378.4—2007）（15　多氯联苯　气相色谱法）测定海水中 PCBs 时，活性炭在使用前需经________℃烘 4 h，装具塞玻璃瓶中，置于干燥器保存。（　　）

A. 200　　B. 280　　C. 360

答案：B

4. 根据《海洋监测规范　第 4 部分：海水分析》（GB 17378.4—2007）（15　多氯联苯　气相色谱法）测定海水中 PCBs 时，样品提取液经氧化铝－硅胶层析柱净化－脱水后，所收集的淋洗液中含有________，部分 o,p'-DDT 和 p,p'-DDT。（　　）

A. PCBs　　B. p,p'-DDE　　C. PCBs 及 p,p'-DDE

答案：C

四、问答题

简述根据《海洋监测规范　第 4 部分：海水分析》（GB 17378.4—2007）（15　多氯联苯　气相色谱法）测定海水样品中 PCBs 的分析流程。

答案：海水样品通过树脂柱，多氯联苯及有机氯农药附着于树脂上，用丙酮洗脱，正己烷萃取，通过硅胶混合层析柱脱水、净化、分离，浓缩的洗脱液经氢氧化钾－甲醇溶液碱解，浓缩后进行气相色谱测定。

参考文献

[1] 中华人民共和国国家质量监督检验检疫总局，中国国家标准化管理委员会．海洋监测规范　第 4 部分：海水分析：GB 17378.4—2007［S］．北京：中国标准出版社，2007.

[2] 江桂斌，等．环境样品前处理技术［M］．北京：化学工业出版社，2004.

命题：方　杰　王晓华
审核：王益鸣　过美蓉

第四节　狄氏剂

分类号：S13-3

主要内容
《海洋监测规范　第 4 部分：海水分析》（GB 17378.4—2007）（16　狄氏剂　气相色谱法）

一、判断题

1. 根据《海洋监测规范　第 4 部分：海水分析》（GB 17378.4—2007）（16　狄氏剂　气相色谱法）测定海水中狄氏剂时，中性氧化铝加水去活化的目的是降低其吸附性能，使目标化合物更容易被淋洗出。(　　)

答案：正确

2. 根据《海洋监测规范　第 4 部分：海水分析》（GB 17378.4—2007）（16　狄氏剂　气相色谱法）测定海水中狄氏剂时，用正己烷（10～13 ml）淋洗硅胶和氧化铝色谱柱可获取待测组分。(　　)

答案：错误

正确答案为：用乙醚－正己烷淋洗硅胶和氧化铝色谱柱可获取待测组分。

二、选择题

根据《海洋监测规范　第 4 部分：海水分析》（GB 17378.4—2007）（16　狄氏剂　气相色谱法）测定海水中狄氏剂时，用________溶剂可将狄氏剂从硅胶和中性氧化铝复

合色谱柱中淋洗出来。(　　)

A. 正己烷　　B. 异辛烷

C.（1+9）乙醚－正己烷　　D. 正戊烷

答案：C

参考文献

[1] 中华人民共和国国家质量监督检验检疫总局，中国国家标准化管理委员会 . 海洋监测规范　第 4 部分：海水分析：GB 17378.4—2007［S］. 北京：中国标准出版社，2007.

[2] 江桂斌，等 . 环境样品前处理技术［M］. 北京：化学工业出版社，2004.

命题：方　杰

审核：王益鸣

第十四章　总有机碳

分类号：S14

主要内容
①《海洋监测规范　第 4 部分：海水分析》（GB 17378.4—2007）（34.1　总有机碳　总有机碳仪器法）
②《海洋监测规范　第 4 部分：海水分析》（GB 17378.4—2007）（34.2　总有机碳　过硫酸钾氧化法）

一、填空题

1. 总有机碳仪器法测定海水中总有机碳时，样品经进样器自动进入总碳燃烧管中，通入________将样品中含碳有机物氧化为二氧化碳后，由________检测器定量测定。

答案：高纯空气　　非色散红外

2. 总有机碳仪器法测定海水中总有机碳时，所用玻璃器皿在使用前须用________浸泡________h，自来水冲洗后用无碳水洗净。①

答案：硫酸－重铬酸钾洗液　　24～48

3. 总有机碳仪器法测定海水中总有机碳时，需要配制 TC 标准溶液，现称取 0.212 5 g 邻苯二钾酸氢钾溶于 1 000 ml 容量瓶中，稀释至标线，该 TC 标准溶液的浓度为________mg/L。①

答案：100

4. 总有机碳仪器法测定海水中溶解态有机碳时，样品应该先用________滤膜过滤，然后再上机测定。①

答案：玻璃纤维

5. 过硫酸钾氧化法测定海水中总有机碳时，每次测定前需要更换________和________，以防止水汽和氯气进入分析仪器干扰测定。②

答案：盐酸羟胺溶液　高氯酸镁

6. 过硫酸钾氧化法测定海水中总有机碳，安瓿瓶封口时应将瓶口与一装有________的玻璃三通管连接，避免外部二氧化碳气体沾污。②

答案：碱石棉

7. 过硫酸钾氧化法测定海水中总有机碳时，所用玻璃器皿使用前须用________洗液浸泡________d，自来水冲洗后用蒸馏水洗涤，最后用无碳水洗净。②

答案：硫酸－重铬酸钾　　1～2

二、判断题

1. 总有机碳仪器法测定海水中总有机碳时，采用直接法测定的总碳（TC）值减去无机碳（IC）值，即为总有机碳（TOC）值。（　　）①

答案： 错误

正确答案为：采用直接法测定的 TC 值即为 TOC 值。

2. 过硫酸钾氧化法测定海水中总有机碳时，测定时要保持载气流量恒定，夹安瓿瓶和插入不锈钢导管的动作应迅速。(　　) ②

答案： 正确

3. 过硫酸钾氧化法测定海水中总有机碳时，工作曲线标准系列溶液配制和样品测定试样制备过程中，去除溶液无机碳的通氮管应插入液体底部。(　　) ②

答案： 正确

4. 过硫酸钾氧化法测定海水中总有机碳，工作曲线标准系列溶液配制和样品测定试样制备过程中，去除盛有待测溶液安瓿瓶顶部空间无机碳的通氮管口应稍高于液面。(　　) ②

答案： 正确

三、选择题

1. 总有机碳仪器法测定海水中总有机碳时，样品采集后应在 24 h 内完成分析，如超过 24 h 应该加入________固定剂保存水样。(　　) ①

A. 浓硫酸　　B. 氯化汞　　C. 氢氧化钠　　D. 硫酸铜

答案： B

2. 总有机碳仪器法测定海水中总有机碳时，TC 管的________和盐、钙等固体物在管内积累可影响峰形。(　　) ①

A. 形状　　B. 长度　　C. 装填状况　　D. 大小

答案： C

四、问答题

1. 简述总有机碳仪器法测定海水中总有机碳时，差减法测定的基本原理。①

答案： 海水样品经进样器自动进入总碳（TC）燃烧管中，通入高纯空气将样品中含碳有机物氧化为二氧化碳后，由非色散红外检测器定量。然后同一水样自动注入无机碳（IC）反应器中，于常温下酸化无机碳酸盐所生二氧化碳，由非色散红外检测器定出无机碳含量，由 TC 减去 IC 即得 TOC 含量。

2. 简述总有机碳仪器法测定海水中总有机碳时，无碳水的制备方法。①

答案： 将蒸馏水盛于全玻璃回流装置中，每升水加入 10 g 过硫酸钾和 2 ml 磷酸，投入少许沸石，加热回流 4 h 后，换上全玻璃磨口接收装置，收集中间馏分于具塞玻璃瓶中，冷却至室温时立即使用。

3. 简述过硫酸钾氧化法测定海水中总有机碳的方法原理。①

答案： 样品经酸化通氮气除去无机碳后，用过硫酸钾将有机碳氧化生成二氧化碳气体，用非色散红外二氧化碳气体分析仪测定。

参考文献

中华人民共和国国家质量监督检验检疫总局，中国国家标准化管理委员会．海洋监测规范 第4部分：海水分析：GB 17378.4—2007［S］．北京：中国标准出版社，2007.

命题：邹伟明

审核：王益鸣 任世军

第十五章　激光法测定沉积物粒度

分类号：S15

主要内容
《海洋调查规范　第8部分：海洋地质地球物理调查》（GB/T 12763.8—2007）（6.3　粒度　激光法）

一、填空题

1. 根据《海洋调查规范　第8部分：海洋地质地球物理调查》（GB/T 12763.8—2007）（6.3　粒度　激光法）中激光法测得某沉积物样品各粒级质量分数如下：黏土85.0%、粉砂10.0%、砂5.0%，采用谢帕德的沉积物粒度三角图解法，该样品应该命名为________。

答案：黏土

2. 根据《海洋调查规范　第8部分：海洋地质地球物理调查》（GB/T 12763.8—2007）（6.3　粒度　激光法）中激光法测得某沉积物样品各粒级质量分数如下：黏土55.0%、粉砂40.0%、砂5.0%，采用谢帕德的沉积物粒度三角图解法，该样品应该命名为________。

答案：粉砂质黏土

二、判断题

1. 根据《海洋调查规范　第8部分：海洋地质地球物理调查》（GB/T 12763.8—2007）（6.3　粒度　激光法）中激光法测定沉积物粒度时，应先取适量样品，加纯净水和六偏磷酸钠浸泡样品24 h，并每隔8 h轻轻搅拌1次。（　　）

答案：正确

2. 根据《海洋调查规范　第8部分：海洋地质地球物理调查》（GB/T 12763.8—2007）（6.3　粒度　激光法）中激光法测定沉积物粒度时，对样品中少量未参与粒度分析的砾石、贝壳和珊瑚等，可以忽略不计。（　　）

答案：错误

正确答案为：对样品中少量未参与粒度分析的砾石、贝壳和珊瑚等，应用文字加以说明，或在编制沉积物类型图时，用相应的符号加以标记。

3. 根据《海洋调查规范　第8部分：海洋地质地球物理调查》（GB/T 12763.8—2007）（6.3　粒度　激光法）中激光法测定沉积物粒度，粒度分布曲线峰值位于平均值之左称为负偏态，位于平均值之右称为正偏态。（　　）

答案：错误

正确答案为：粒度分布曲线峰值位于平均值之左称为正偏态，位于平均值之右称为负偏态。

4. 根据《海洋调查规范 第 8 部分：海洋地质地球物理调查》（GB/T 12763.8—2007）（6.3 粒度 激光法）中激光法测得某沉积物样品各粒级质量分数如下：黏土 37.0%、粉砂 35.0%、砂 28.0%，采用谢帕德的沉积物粒度三角图解法，该样品应该命名为粉砂质黏土。（ ）

答案：错误

正确答案为：超过 25.0% 的组分都需参与命名，此样品应该命名为黏土－粉砂－砂。

5. 根据《海洋调查规范 第 8 部分：海洋地质地球物理调查》（GB/T 12763.8—2007），（6.3 粒度 激光法）用自动化粒度分析仪（如激光粒度分析仪）分析沉积物粒度，应与综合法、筛析法、沉析法对比合格后方能使用。（ ）

答案：正确

三、选择题

1. 根据《海洋调查规范 第 8 部分：海洋地质地球物理调查》（GB/T 12763.8—2007）（6.3 粒度 激光法）中激光法测定沉积物粒度，计算沉积物粒度平均粒径 M_z 的福克和沃德公式为下列选项中的________。（ ）

A. $\dfrac{\phi_{16}+\phi_{50}+\phi_{34}}{3}$ B. $\dfrac{\phi_{34}+\phi_{16}}{4}+\dfrac{\phi_{95}+\phi_{5}}{6.6}$ C. $\dfrac{\phi_{16}+\phi_{34}-2\phi_{50}}{2(\phi_{34}-\phi_{16})}+\dfrac{\phi_{5}+\phi_{95}-2\phi_{50}}{2(\phi_{95}-\phi_{5})}$

答案：A

2. 根据《海洋调查规范 第 8 部分：海洋地质地球物理调查》（GB/T 12763.8—2007）（6.3 粒度 激光法）中激光法测定沉积物粒度，计算粒度分选系数 σ_i 福克和沃德公式为下列选项中的________。（ ）

A. $\dfrac{\phi_{16}+\phi_{50}+\phi_{34}}{3}$ B. $\dfrac{\phi_{34}+\phi_{16}}{4}+\dfrac{\phi_{95}+\phi_{5}}{6.6}$ C. $\dfrac{\phi_{16}+\phi_{34}-2\phi_{50}}{2(\phi_{34}-\phi_{16})}+\dfrac{\phi_{5}+\phi_{95}-2\phi_{50}}{2(\phi_{95}-\phi_{5})}$

答案：B

3. 根据《海洋调查规范 第 8 部分：海洋地质地球物理调查》（GB/T 12763.8—2007）（6.3 粒度 激光法）中激光法测定沉积物粒度，计算粒度偏态 S_{ki} 福克和沃德公式为下列选项中的________。（ ）

A. $\dfrac{\phi_{16}+\phi_{50}+\phi_{34}}{3}$ B. $\dfrac{\phi_{34}+\phi_{16}}{4}+\dfrac{\phi_{95}+\phi_{5}}{6.6}$ C. $\dfrac{\phi_{16}+\phi_{34}-2\phi_{50}}{2(\phi_{34}-\phi_{16})}+\dfrac{\phi_{5}+\phi_{95}-2\phi_{50}}{2(\phi_{95}-\phi_{5})}$

答案：C

4. 根据《海洋调查规范 第 8 部分：海洋地质地球物理调查》（GB/T 12763.8—2007）（6.3 粒度 激光法），用激光法测定沉积物粒度，计算粒度峰态 K_g 福克和沃德公式为下列选项中的________。（ ）

A. $\dfrac{\phi_{95}+\phi_{5}}{2.44(\phi_{75}-\phi_{25})}$ B. $\dfrac{\phi_{34}+\phi_{16}}{4}+\dfrac{\phi_{95}+\phi_{5}}{6.6}$ C. $\dfrac{\phi_{16}+\phi_{34}-2\phi_{50}}{2(\phi_{34}-\phi_{16})}+\dfrac{\phi_{5}+\phi_{95}-2\phi_{50}}{2(\phi_{95}-\phi_{5})}$

答案： A

参考文献

中华人民共和国国家质量监督检验检疫总局，中国国家标准化管理委员会．海洋调查规范　第8部分：海洋地质地球物理调查：GB/T 12763.8—2007［S］．北京：中国标准出版社，2007.

命题：柴小平　夏　新
审核：邵君波　过美蓉

第三篇

噪　声

第一章　声环境质量和社会生活噪声

第一节　声环境质量

分类号：N1-1

主要内容
①《声环境质量标准》（GB 3096—2008）
②《环境噪声监测技术规范　城市声环境常规监测》（HJ 640—2012）

一、判断题

1.《声环境质量标准》（GB 3096—2008）规定的4b类声环境功能区噪声限值，适用于所有环境影响评价文件通过审批的新建铁路（含新开廊道的增建铁路）干线建设项目两侧区域。（　　）①

答案：错误

正确答案为：不适用于2011年1月1日以前审批的铁路。

2.依据《声环境质量标准》（GB 3096—2008），不得不在噪声敏感建筑物室内进行监测时，监测点处的噪声限值应比噪声敏感建筑物所在声环境功能区环境噪声限值低5 dB（A）。（　　）①

答案：错误

正确答案为：环境噪声限值应低10 dB（A）。

3.根据《环境噪声监测技术规范　城市声环境常规监测》（HJ 640—2012），城市声环境常规监测也称例行监测，包括区域声环境监测、道路交通声环境监测和功能区声环境监测。（　　）②

答案：正确

4.根据《环境噪声监测技术规范　城市声环境常规监测》（HJ 640—2012）进行区域声环境质量监测时，整个城市建成区有效网格总数应多于200个。（　　）②

答案：错误

正确答案为：应多于100个。

5.根据《环境噪声监测技术规范　城市声环境常规监测》（HJ 640—2012）进行功能区声环境质量监测评价时，应将各类功能区的所有点位进行能量平均，然后各类功能区单独评价。（　　）②

答案：错误

正确答案为：各类功能区每个监测点位都要进行单独评价。

6. 根据《环境噪声监测技术规范 城市声环境常规监测》（HJ 640—2012）进行道路交通声环境监测时，一个测点可代表一条或多条相近的道路。（ ）②

答案：正确

7. 根据《环境噪声监测技术规范 城市声环境常规监测》（HJ 640—2012）进行区域监测和功能区监测过程中，如出现突发高噪声，如鸣笛声、叫卖声等，应按暂停键，待突发高噪声停止后再继续测量。（ ）②

答案：错误

正确答案为：区域监测和功能区监测过程中，凡是自然社会可能出现的声音（如叫卖声、说话声、小孩哭声、鸣笛声等），均不应予以排除。

8. 依据《声环境质量标准》（GB 3096—2008），穿越城区的既有铁路干线（2010 年 12 月 31 日前已建成运营或环境影响评价文件已通过审批），铁路两侧区域不通过列车时的环境背景噪声限值，按昼间 70 dB（A）、夜间 55 dB（A）执行。（ ）①

答案：正确

二、选择题

1. 根据《声环境质量标准》（GB 3096—2008）和《环境噪声监测技术规范 城市声环境常规监测》（HJ 640—2012）测量噪声时，要求气象条件为________。（ ）①②

A. 无雨、无雪、风速 5 m/s 以下

B. 无雨雪、无雷电、风速 5 m/s 以下

C. 无雨雪、无振动、风速在 5 级以下

答案：B

2. 根据《声环境质量标准》（GB 3096—2008）和《环境噪声监测技术规范 城市声环境常规监测》（HJ 640—2012），累积百分声级是用于评价测量时间段内噪声强度时间统计分布特征的指标，指占测量时间段一定比例的累积时间内 A 声级的________，用 LN 表示，单位为 dB（A）。（ ）①②

A. 最小值　　B. 最大值　　C. 平均值

答案：A

3. 按照《声环境质量标准》（GB 3096—2008），各类声环境功能区夜间突发噪声，其最大声级超过环境噪声限值的幅度不得高于________dB（A）。（ ）①

A. 5　　B. 10　　C. 15

答案：C

4. 区域声环境监测测点位置符合《声环境质量标准》（GB 3096—2008）中一般户外的要求，即测点距离任何反射物（地面除外）至少________m 外测量。（ ）①②

A. 1.5　　B. 2.0　　C. 3.5

答案：C

5. 采用声环境功能区定点监测法监测时，4 类声环境功能区监测点设于 4 类区内第一排噪声敏感建筑物户外交通噪声空间垂直分布的可能________处。（ ）①②

A. 最小值　　B. 最大值　　C. 平均值

答案： B

6. 功能区监测点位选取中，应按照 GB 3096 附录 B 中普查监测法，各类功能区粗选出其等效声级与该功能区________无显著差异，能反映该类功能区声环境质量特征的测点若干个。（ ）②

A. 平均等效声级 B. 最大声级 C. 最小声级 D. 特征声级

答案： A

7. 在环境噪声监测中，以下各类声学指标之间关系表述正确的是________。（ ）①②

A. $L_{min} \leqslant L_{90} \leqslant L_{eq} \leqslant L_{10} \leqslant L_{max}$

B. $L_{min} \leqslant L_{90} \leqslant L_{50} \leqslant L_{10} \leqslant L_{max}$

C. $L_{min} \leqslant L_{10} \leqslant L_{50} \leqslant L_{90} \leqslant L_{max}$

答案： B

8. 从环境保护的角度来说，环境噪声是指________。（ ）①②

A. 在工业生产、建筑施工、交通运输和社会生活中所产生的干扰周围生活环境的声音

B. 除了美妙音乐以外的声音

C. 无规律的随机的声信号

答案： A

9. 在噪声测量时所说的稳态噪声是指________。（ ）①②

A. 始终存在的噪声 B. 重复性很稳定的噪声

C. 被测声源的声级起伏不大于 3 dB 的噪声

答案： C

10. 噪声测量中，0～3 类功能区普查监测时，网格测量法的网格划分方法将拟普查测量的某一声环境功能区划分成多个等大的正方格，网格要完全覆盖住被普查的区域。且有效网格总数应多于________个。（ ）①

A. 400 B. 200 C. 100

答案： C

11. 在某条道路三个路段测量其交通噪声的等效声级，已知各路段的长度分别为 7 600 m、800 m 和 900 m，对应路段的声级为 76 dB（A）、72 dB（A）、67 dB（A），则整条道路的等效声级为________dB（A）。（ ）②

A. 71.7 B. 72.1 C. 74.8

答案： C

12. 测量噪声时，声级计按性能分为两级：1 级和 2 级。1 级和 2 级声级计的主要区别是________。（ ）①②

A. 允差极限和工作温度范围不同 B. 测量精度和测量范围不同

C. 允差极限和测量范围不同

答案： A

13. 测量噪声时，A 计权曲线接近________方等响曲线的反曲线。（ ）①②

A. 100 B. 70 C. 40

答案： C

14. 按照《声环境质量标准》（GB 3096—2008），按区域的使用功能特点和环境质量要

求，声环境功能区分为________种类型。(　　)①

A. 4　　B. 5　　C. 6

答案：B

15. 保养噪声测量仪器应注意以下事项中________。(　　)①②

(1) 保持仪器外部清洁

(2) 传声器不用时应干燥保存

(3) 传声器膜片应保持清洁，不得用手触摸

(4) 仪器长期不用时，应每月通电 2 h，梅雨季节应每周通电 2 h

(5) 仪器使用完毕应及时将电池取出

A.(1)(2)(3)(4)

B.(2)(3)(4)(5)

C.(1)(2)(3)(4)(5)

答案：C

16. 噪声测量仪器的校准过程包括________。(　　)①②

(1) 擦拭仪器

(2) 将仪器设置为校准状态

(3) 用活塞发声器或声级校准器对测量仪器进行整机校准

(4) 手动校准的仪器应调节"输入灵敏度"电位器，使仪表显示值与校准器具的标准声压级一致

(5) 自动校准的仪器应按下校准键，并等待仪器自动校准，直至校准完毕，然后确认（应用）并退出

A.(1)(2)(3)(4)　　B.(3)(4)(5)

C.(1)(2)(3)(4)(5)　　D.(2)(3)(4)(5)

答案：D

17. 噪声测量仪器校准的注意事项包括________。(　　)①②③

(1) 活塞发声器只能校准有线性档的仪器

(2) 仪器校准标定完毕，测量仪器的"输入灵敏度"电位器不得再改变位置

(3) 必须使用与传声器外径相同尺寸的校准器校准（活塞发声器或声级校准器有两种口径的适配器）

(4) 测量后的校准为检验性校准，只记录仪器显示的校准值，不实际调整仪器灵敏度和不进行自动校准操作

(5) 活塞发生器的标称频率为 250 Hz，所以只应用于低频噪声的监测

(6) 测量需使用延伸电缆时，应将测量仪器与延伸电缆一起进行校准

A.(1)(2)(3)(4)(6)

B.(2)(3)(4)(5)

C.(1)(3)(4)(5)(6)

答案：A

18. 测量噪声时，波长为 20 cm 的声波，在钢中的频率为________Hz（已知钢中声速 C=6 100 m/s）。(　　)①②

A. 305　　B. 1 220　　C. 30 500

答案：C

19. 某一机动车在某地卸货，距离该车 20 m 处测得的噪声级为 80 dB，计算得距离该车 200 m 处居民住宅区的噪声级为________dB。(　　) ①②

A. 70　　B. 60　　C. 50

答案：B

三、填空题

1. 按照《声环境质量标准》(GB 3096—2008)，1 类声环境功能区环境噪声限值昼间为________dB(A)，夜间为________dB(A)。①②

答案：55　45

2. 按照《环境噪声监测技术规范　城市声环境常规监测》(HJ 640—2012)，区域声环境监测每个点位测量________min 的等效连续 A 声级，道路交通声环境监测每个点位测量________min 的等效连续 A 声级，功能区声环境监测每次连续监测________h。②

答案：10　20　24

参考文献

[1] 环境保护部，国家质量监督检验检疫总局．声环境质量标准：GB 3096—2008 [S]．北京：中国标准出版社，2008.

[2] 环境保护部．环境噪声监测技术规范　城市声环境常规监测：HJ 640—2012 [S]．北京：中国环境出版社，2012.

命题：汪　赟　李宪同　刘砚华

审核：胡丹心　温香彩　池　靖

第二节　社会生活噪声

分类号：N1-2

主要内容
《社会生活环境噪声排放标准》(GB 22337—2008)

一、填空题

1.《社会生活环境噪声排放标准》(GB 22337—2008) 中，对于在噪声测量期间发生非稳态噪声（如电梯噪声等）的情况，最大声级超过限值的幅度不得高于________dB(A)。

答案：10

2.《社会生活环境噪声排放标准》(GB 22337—2008) 中，当边界有围墙且周围有受影响的噪声敏感建筑物时，测点应选在边界外 1 m、高于围墙________m 以上的位置。

答案： 0.5

3. 噪声监测中“昼间”和“夜间”是指特定时段，除县级以上人民政府另有规定的，一般昼间是指________，夜间是指________。

答案： 6：00 至 22：00　　22：00 至次日 6：00

4. 噪声敏感建筑物是指________、________、________、________、________等需要保持安静的建筑物。

答案： 医院　　学校　　机关　　科研单位　　住宅

5. 用 A 计权网络测得的声压级，用________表示，单位________。

答案： LA　　dB（A）

二、判断题

1.《社会生活环境噪声排放标准》（GB 22337—2008）适用于营业性文化娱乐场所、商业经营活动及团体活动中使用的向环境排放噪声的设备、设施的管理、评价和控制。(　　)

答案： 错误

正确答案:《社会生活环境噪声排放标准》（GB 22337—2008）适用于营业性文化娱乐场所、商业经营活动中使用的向环境排放噪声的设备、设施的管理、评价和控制。

2. 根据《社会生活环境噪声排放标准》（GB 22337—2008），当社会生活噪声排放源边界与噪声敏感建筑物距离小于 1 m，在噪声敏感建筑物的室内噪声测量时，室内测量点位设在距任一反射面至少 0.5 m 以上、距地面 1.2 m 高度处，在受噪声影响方向的窗户开启状态下测量。(　　)

答案： 正确

3. 根据《社会生活环境噪声排放标准》（GB 22337—2008），室内噪声频谱分析其覆盖频率范围为 22～808 Hz。(　　)

答案： 错误

正确答案为：频率范围为 22～707 Hz。

4. 根据《社会生活环境噪声排放标准》（GB 22337—2008），结构传播固定设备室内噪声监测项目包括等效 A 声级、各倍频带声压级、背景噪声。夜间同时测量最大 A 声级。(　　)

答案： 错误

正确答案：结构传播固定设备室内噪声监测项目包括等效 A 声级、各倍频带声压级、背景噪声。夜间有非稳态噪声影响时同时测量最大 A 声级。

5. 根据《社会生活环境噪声排放标准》（GB 22337—2008），倍频带声压级采用符合 GB/T 3241 规定的倍频程滤波器所测量的频带声压级，其测量带宽和中心频率成反比。(　　)

答案： 错误

正确答案：倍频带声压级采用符合 GB/T 3241 规定的倍频程滤波器所测量的频

带声压级，其测量带宽和中心频率成正比。

三、选择题

1. 根据《社会生活环境噪声排放标准》（GB 22337—2008），下列关于社会生活环境噪声测量结果评价的说法，不正确的是________。（　　）

A. 同一测点每天的测量结果按昼间、夜间进行评价

B. 各个测点的测量结果加权后评价

C. 最大声级 L_{max} 直接评价

D. 各个测点的测量结果应单独评价

答案：B

2. 根据《社会生活环境噪声排放标准》（GB 22337—2008），下列关于社会生活环境噪声测点位置的说法，错误的是________。（　　）

A. 社会生活噪声排放源的固定设备结构传声至噪声敏感建筑物室内，在噪声敏感建筑物室内测量时，被测房间内的电视机应关闭

B. 一般情况下，测点选在社会生活噪声排放源边界外 1 m、高度 1.2 m 以上、距任一反射面距离不小于 1 m 的位置

C. 当声源边界设有声屏障时，除按一般情况设置测点，同时应在受影响的噪声敏感建筑物室内处另设测点

D. 室内噪声测量时，室内测量点位设在距任一反射面至少 0.5 m 以上、距地面 1.2 m 高度处，在受噪声影响方向的窗户开启状态下测量

答案：C

3. 根据《社会生活环境噪声排放标准》（GB 22337—2008）进行社会生活噪声监测时，测点应布设在距离社会生活噪声排放源边界外________m，高度 1.2 m 以上的位置。（　　）

A. 0.5　　B. 1　　C. 1.5　　D. 2

答案：B

4. 根据《社会生活环境噪声排放标准》（GB 22337—2008），处于 1 类声环境功能区的 B 类房间，结构传播固定设备室内等效声级的排放标准限值为________。（　　）

A. 昼间 40 dB（A），夜间 30 dB（A）

B. 昼间 45 dB（A），夜间 35 dB（A）

C. 昼间 50 dB（A），夜间 40 dB（A）

D. 昼间 55 dB（A），夜间 45 dB（A）

答案：B

5. 下列不属于《社会生活环境噪声排放标准》（GB 22337—2008）中结构传播固定设备室内噪声排放限值中规定的 A 类房间的是________。（　　）

A. 住宅卧室　　B. 住宅客厅

C. 医院病房　　D. 宾馆客房

答案：B

6. 根据《社会生活环境噪声排放标准》（GB 22337—2008）进行社会生活环境噪声测

量时，对以下背景噪声如何测量及结果修正的描述中错误的是________。(　　)

A. 背景噪声，测量要不受被测声源影响且其他声环境与测量声源时保持一致，测量时段应与被测声源测量的时间长度相同

B. 若背景噪声与待测噪声相差大于 10 dB（A），则无需修正

C. 若背景噪声与待测噪声相差 6 dB（A），则测量值减 2 dB（A）

答案：C

参考文献

环境保护部，国家质量监督检验检疫总局．社会生活环境噪声排放标准：GB 22337—2008［S］．北京：中国标准出版社，2008.

命题：胡丹心　陈培旭

审核：汪　赟　温香彩　夏　新

第三节　民用建筑室内噪声

分类号：N1-3

主要内容
《民用建筑隔声设计规范》（GB 50118—2010）（附录 A　室内噪声级测量方法）

一、判断题

1. 根据《民用建筑隔声设计规范》（GB 50118—2010）（附录 A　室内噪声级测量方法）测量住宅、学校、旅馆、办公建筑及商业建筑的室内噪声时，应在关闭门窗的情况下进行。(　　)

答案：正确

2. 根据《民用建筑隔声设计规范》（GB 50118—2010）（附录 A　室内噪声级测量方法），对于稳态噪声，在各个测点测量 5～10 s 的等效（连续 A 计权）声级，每个测点测量 5 次，并将各测点的所有测量值进行能量平均，计算结果修约到个数位。(　　)

答案：错误

正确答案为：每个测点测量 3 次。

3. 根据《民用建筑隔声设计规范》（GB 50118—2010）（附录 A　室内噪声级测量方法），当建筑物内部的水泵是影响室内噪声级的主要噪声源时，室内噪声级的测量应在水泵正常运行时，按稳态噪声的测量方法进行。(　　)

答案：正确

4. 根据《民用建筑隔声设计规范》（GB 50118—2010）（附录 A　室内噪声级测量方法），当建筑物内部的电梯是影响室内噪声级的主要噪声源时，室内噪声级的测量应在电梯正常运行时进行，电梯运行过程为：电梯轿厢内载 3～4 人—打开并立即

关闭电梯门—立即启动—运行—停止—打开并立即关闭电梯门。(　　)

答案：错误

正确答案为：电梯轿厢内载 1～2 人。

5. 根据《民用建筑隔声设计规范》(GB 50118—2010)(附录 A　室内噪声级测量方法)，在进行室内噪声级测量时，若主观判断噪声中含有调声（可听纯音或窄带噪声)，应在测量等效（连续 A 计权）声级的同时测量等效（连续 A 计权）声级所对应的倍频带频谱，按标准规定进行判定，并按标准规定对测量值进行修正。(　　)

答案：错误

正确答案为：同时测量等效（连续 A 计权）声级所对应的线性 1/3 倍频带频谱。

6.《民用建筑隔声设计规范》(GB 50118—2010)(附录 A　室内噪声级测量方法)中的室内允许噪声级对于医院建筑中应开窗使用的房间规定，开窗时室内允许噪声级的标准值比关窗状态下室内允许噪声级的标准值高 10 dB（A)。(　　)

答案：错误

正确答案为：《民用建筑隔声设计规范》(GB 50118—2010)(附录 A　室内噪声级测量方法)中的室内允许噪声级对于医院建筑中应开窗使用的房间规定，开窗时室内允许噪声级的标准值与关窗状态下室内允许噪声级的标准值相同。

7. 根据《民用建筑隔声设计规范》(GB 50118—2010)(附录 A　室内噪声级测量方法)，测量应选择在影响较严重的噪声源发生时进行。(　　)

答案：正确

二、选择题

1. 根据《民用建筑隔声设计规范》(GB 50118—2010)(附录 A　室内噪声级测量方法)，对于声级随时间变化较复杂的持续的非稳态噪声，在各测点处测量________min 的等效（连续 A 计权）声级。各测点的所有测量值进行能量平均，计算结果修约到个位。(　　)

A. 5　　B. 10　　C. 15　　D. 20

答案：B

2. 根据《民用建筑隔声设计规范》(GB 50118—2010)(附录 A　室内噪声级测量方法)，对于间歇性非稳态噪声，测量噪声源密集发声时________min 的等效（连续 A 计权）声级。(　　)

A. 5　　B. 10　　C. 15　　D. 20

答案：D

三、填空题

1. 根据《民用建筑隔声设计规范》(GB 50118—2010)(附录 A　室内噪声级测量方法)进行测量时，测量条件应符合下列规定：Ⅰ. 对于住宅、学校、医院、旅馆、办公建筑及商业建筑中面积小于 30 m^2 的房间，在被测房间内选取________个测点，测点应位于房间中间；Ⅱ. 对于面积大于等于 30 m^2、小于 100 m^2 的房间，选取________个测点，测点均匀分布在房间长方向的中心线上，房间平面为正方形，测点应均匀分布在与窗面积最大的墙面平行的中心线上；Ⅲ. 对于面积大于等于 100 m^2 的房间，可根据具体情况，优化选取能代表该区域噪声水平的测点及测点数量。

答案：1 3

2. 根据《民用建筑隔声设计规范》（GB 50118—2010）（附录 A 室内噪声级测量方法），室内噪声级测量测量仪器采用符合现行国家标准《电声学 声级计 第 1 部分：规范》（GB/T 3785.1—2010）和《积分平均声级计》（GB/T 17181—1997）中规定的________型或性能优于________型积分声级计。

答案：1 1

3. 根据《民用建筑隔声设计规范》（GB 50118—2010）（附录 A 室内噪声级测量方法），建筑物内部电梯噪声测量，测量电梯完成一个运行过程的等效（连续 A 计权）声级，测量从________时起到________时止这个时段的等效（连续 A 计权）声级，每个测点测量________个向上运行过程和________个向下的运行过程。

答案：运行过程开始 运行过程结束 5 5

4. 根据《民用建筑隔声设计规范》（GB 50118—2010）（附录 A 室内噪声级测量方法），当建筑物内的水泵是影响室内噪声级的主要噪声源时，室内噪声级的测量应在水泵正常运行时，按________噪声的测量方法进行。

答案：稳态

5. 根据《民用建筑隔声设计规范》（GB 50118—2010）（附录 A 室内噪声级测量方法），因噪声特性的不同对稳态噪声测量值进行修正时，对于持续稳定的稳态噪声，修正值为________dB，包含有调声的稳态噪声，修正值为________dB。

答案：0 +5

6. 根据《民用建筑隔声设计规范》（GB 50118—2010）（附录 A 室内噪声级测量方法），因噪声特性的不同对非稳态噪声测量值进行修正时，对于声级随时间起伏，变化较复杂的噪声（如交通噪声），修正值为________dB，包含有调声的持续的非稳态噪声，修正值为________dB，飞机噪声修正值为________dB。

答案：0 +5 +3

参考文献

中华人民共和国住房和城乡建设部，中华人民共和国国家质量监督检验检疫总局 . 民用建筑隔声设计规范：GB 50118—2010［S］. 北京：中国标准出版社，2010.

命题：胡丹心 黄 行

审核：汪 赟 温香彩

第四节 噪声测量值修正

分类号：N1–4

主要内容
《环境噪声监测技术规范 测量值修正》（HJ 706—2014）

一、判断题

1. 根据《环境噪声监测技术规范　测量值修正》（HJ 706—2014），若被测噪声源短时间内不能够停止排放，则应在被测噪声源停止后测量背景噪声。（　　）

答案：错误

正确答案为：若被测噪声源短时间内不能够停止排放，且噪声源停止前后的时间段内周围声环境已发生变化，则应另行选择与测量噪声源时声环境一致的时间测量背景噪声。

2. 根据《环境噪声监测技术规范　测量值修正》（HJ 706—2014），若被测噪声源不能够停止排放，则一定可以采用背景噪声对照点测量背景噪声。（　　）

答案：错误

正确答案为：若噪声源周边声环境复杂，可能不能找到合适的背景噪声对照点。采用背景噪声对照点测量必须满足背景噪声与噪声测量值相差 4.0 dB 以上的限制条件。

3. 根据《环境噪声监测技术规范　测量值修正》（HJ 706—2014），对于只需判断噪声源排放是否达标的情况，若噪声测量值低于相应噪声源排放标准的限值，可以不进行背景噪声的测量及修正，注明后直接评价为达标。（　　）

答案：正确。

4. 根据《环境噪声监测技术规范　测量值修正》（HJ 706—2014），噪声测量值与背景噪声值相差小于 3 dB 时，按照修正表对噪声测量值进行修正得到噪声排放值。（　　）

答案：错误

正确答案为：噪声测量值与背景噪声值相差小于 3 dB 时，不能修正得到噪声排放值，只能定性地对噪声源达标情况进行判定或无法评价。

5. 根据《环境噪声监测技术规范　测量值修正》（HJ 706—2014），噪声倍频带声压级测量值的修正方法是，测量背景噪声等效 A 声级 L_{Aeq}，再进行修正或达标判定。（　　）

答案：错误

正确答案为：噪声倍频带声压级测量值的修正方法是，对背景噪声进行频谱分析，即测量背景噪声的各倍频带声压级，再进行修正或达标判定。

二、选择题

1. 根据《环境噪声监测技术规范　测量值修正》（HJ 706—2014），背景噪声对照点方法仅用在背景噪声与噪声测量值相差________dB 以上时，相差________dB 以内时不得采用。（　　）

A. 2.0　2.0　　B. 3.0　3.0　　C. 4.0　4.0　　D. 5.0　5.0

答案：C

2. 根据《环境噪声监测技术规范　测量值修正》（HJ 706—2014），在进行某噪声源监测时，某个监测点位的噪声测量值是 52.3 dB（A），背景噪声值是 48.8 dB（A），则

修正后的噪声排放值是________dB（A）。（　　）

A. 49　　B. 50　　C. 51　　D. 52

答案：B

3. 根据《环境噪声监测技术规范　测量值修正》（HJ 706—2014），在进行某噪声源监测时，某个监测点位的噪声测量值是 63.2 dB（A），背景噪声值是 60.5 dB（A），则修正后的噪声排放值是________。（　　）

A. 60 dB（A）　　B. 61 dB（A）

C. 62 dB（A）　　D. 无法得到排放值

答案：：A

4. 根据《环境噪声监测技术规范　测量值修正》（HJ 706—2014），在进行某噪声源监测时，某个监测点位的噪声测量值是 67.9 dB（A），背景噪声值是 65.6 dB（A），噪声限值是 60 dB（A），则该噪声源噪声排放________。（　　）

A. 超标　　B. 达标

C. 无法评价　　D. 以上都不正确

答案：C

5. 根据《环境噪声监测技术规范　测量值修正》（HJ 706—2014），在进行某噪声源监测时，某个监测点位的噪声测量值是 57.9 dB（A），背景噪声值是 57.6 dB（A），噪声限值是 60 dB（A），则该噪声源噪声排放________。（　　）

A. 超标　　B. 达标

C. 无法评价　　D. 以上都不正确

答案：B

6. 根据《环境噪声监测技术规范　测量值修正》（HJ 706—2014），背景噪声对照点是________的背景噪声测量点。（　　）

（1）与测量被测噪声源时测量位置不同

（2）其他声环境条件与测量被测声源处一致

（3）不受被测噪声源影响

A.（1）（2）　　B.（1）（3）　　C.（1）（2）（3）

答案：C

参考文献

环境保护部 . 环境噪声监测技术规范　测量值修正：HJ 706—2014［S］. 北京：中国环境出版社，2014.

命题：汪　赟

审核：胡丹心　夏　新

第二章　工业企业和建筑施工噪声

第一节　工业企业噪声

分类号：N2-1

主要内容
①《工业企业厂界环境噪声排放标准》（GB 12348—2008）
②《环境噪声监测技术规范　结构传播固定设备室内噪声》（HJ 707—2014）

一、填空题

1.《工业企业厂界环境噪声排放标准》（GB 12348—2008）规定，测量仪器时间计权特性设为________档，采样时间间隔不大于________s。①

答案：F　1

2.《工业企业厂界环境噪声排放标准》（GB 12348—2008）规定，测量仪器在每次测量前、后必须在测量现场进行声学校准，其前、后校准示值偏差不得大于________dB，否则测量结果无效。①

答案：0.5

3.《环境噪声监测技术规范　结构传播固定设备室内噪声》（HJ 707—2014）中，当可疑声源能够识别时，根据设备运行状态，划分为________和________两种状态。②

答案：可以关停　不可关停

二、判断题

1. 如某厂界被测声源噪声和背景噪声在声级计上的测量值为65.8 dB（A），被测声源不工作时背景噪声为61.3 dB（A），则背景修正后的厂界噪声值为64 dB（A）。（　　）①

答案：正确

2. 根据《工业企业厂界环境噪声排放标准》（GB 12348—2008）测量工业企业厂界噪声时，在背景噪声修正中，噪声测量值为71.0 dB（A），背景噪声值为68.0 dB（A），则噪声源排放值为68 dB（A）。（　　）①

答案：正确

3.《工业企业厂界环境噪声排放标准》（GB 12348—2008）中，稳态噪声是在测量时间内，被测声源的声级起伏不大于3 dB（A）的噪声。（　　）①

答案：正确

4. 根据《环境噪声监测技术规范　结构传播固定设备室内噪声》（HJ 707—2014）进行噪声监测，监测方法分为 2 种情况：可疑声源设备能够识别时和可疑声源设备不能够识别时。（　　）②

答案：正确

5. 根据《工业企业厂界环境噪声排放标准》（GB 12348—2008）测量 35 dB 以下的噪声时，应使用Ⅱ型声级计，且测量范围应满足测量噪声的需要。（　　）①

答案：错误

正确答案为：测量 35 dB 以下的噪声应使用Ⅰ型声级计。

6. 根据《环境噪声监测技术规范　结构传播固定设备室内噪声》（HJ 707—2014）进行噪声监测时，由于技术原因及其他原因无法识别可疑声源时，可以监测并出具监测报告，须在报告中注明不能识别可疑声源设备，不判断监测数据达标情况。（　　）②

答案：正确

7.《工业企业厂界环境噪声排放标准》（GB 12348—2008）适用于工业企业噪声排放的管理、评价及控制。机关、事业单位、商业经营活动等对外环境排放噪声的单位也按本标准执行。（　　）①

答案：错误

正确答案：《工业企业厂界环境噪声排放标准》（GB 12348—2008）适用于工业企业噪声排放的管理、评价及控制。机关、事业单位、团体等对外环境排放噪声的单位也按本标准执行。

三、选择题

1. 测量工业企业厂界噪声时，当厂界无法测量到声源的实际排放状况（如声源位于高空、厂界设有声屏障等），应按标准要求设置测点，在受影响的噪声敏感建筑物户外 1 m 处________设置测点。（　　）①

A. 也要　　B. 无需　　C. 视情况

答案：A

2.《工业企业厂界环境噪声排放标准》（GB 12348—2008）中结构传播固定设备室内噪声排放限值的倍频带中心频率是________。（　　）①

A. 16 Hz、31.5 Hz、63 Hz、100 Hz、500 Hz

B. 31.5 Hz、50 Hz、100 Hz、200 Hz、500 Hz

C. 31.5 Hz、63 Hz、125 Hz、250 Hz、500 Hz

答案：C

3. 根据《工业企业厂界环境噪声排放标准》（GB 12348—2008）测量工业企业厂界噪声时，夜间频发噪声的最大声级不得超过标准限值________dB（A）；夜间偶发噪声的最大声级不得超过标准限值________dB（A）。（　　）①

A. 10，15　　B. 10，10　　C. 15，10　　D. 15，15

答案：A

4.《工业企业厂界环境噪声排放标准》（GB 12348—2008）中，厂界外为 4 类声环境

功能区时噪声排放限值是________。(　　) ①

A. 昼间 65d B（A），夜间 55 dB（A）

B. 昼间 70 dB（A），夜间 60 dB（A）

C. 昼间 70 dB（A），夜间 55 dB（A）

答案：C

5.《工业企业厂界环境噪声排放标准》(GB 12348—2008) 中，固定设备结构传声至噪声敏感建筑物室内，在噪声敏感建筑物室内测量时，测点应距任一反射面至少________m以上、距地面________m、距外窗________m以上，窗户关闭状态下测量。(　　) ①

A. 0.5，1.2，1　　B. 1.2，1，0.5　　C. 1，0.5，1.2

答案：A

6.《工业企业厂界环境噪声排放标准》(GB 12348—2008) 中，当厂界与噪声敏感建筑物距离小于 1 m 时，厂界环境噪声应在噪声敏感建筑物的室内测量，并采用对应声环境功能区类别相应的限值减________dB（A）作为评价依据。(　　) ①

A. 10　　B. 5　　C. 3

答案：A

7. 根据《工业企业厂界环境噪声排放标准》(GB 12348—2008) 进行监测时，声压级的数学表达式为________。式中：L_P 表示声压级（单位：dB），P 表示声压（单位：Pa），P_0 表示基准声压（$P_0=2\times10^{-5}$ Pa）。(　　) ①

A. $L_P=10\lg P/P_0$　　B. $L_P=20\ln P/P_0$　　C. $L_P=20\lg P/P_0$

答案：C

8. 根据《工业企业厂界环境噪声排放标准》(GB 12348—2008) 进行噪声监测，下列各项描述正确的是________。(　　) ①

A. 噪声测量时段一般分为昼间和夜间两个时段，昼间为 18 h，夜间为 6 h

B. 环境噪声测量时，传声器应水平放置，垂直指向最近的反射体

C. 若以一次测量结果表示某时段的噪声，则应测量该时段的最高声级

D. 风罩用于减少风致噪声的影响和保护传声器，故户外测量时传声器应加戴风罩

答案：D

9. 根据《工业企业厂界环境噪声排放标准》(GB 12348—2008) 进行噪声监测，声功率级为 85 dB 的 4 台机器和 80 dB 的 2 台机器同时工作时，其同声功率级为________dB 的 1 台机器工作时的情况相同。(　　) ①

A. 86　　B. 90　　C. 92　　D. 94

答案：C

10. 声级计使用的一般是________传声器。(　　) ①

A. 电动　　B. 压电　　C. 电容

答案：C

11. 按照《工业企业厂界环境噪声排放标准》(GB 12348—2008)，厂界外为 2 类声功能区时夜间偶发噪声的最大声级限值是________dB（A）。(　　) ①

A. 50　　B. 55　　C. 60　　D. 65

答案：D

12.《环境噪声监测技术规范 结构传播固定设备室内噪声》（HJ 707—2014）中，当可疑声源能够识别时，测量位置离墙面或其他反射面________m 以上，离地面________m。（ ）②

A. 0.5，1.2　　B. 1，0.5～1.2　　C. 0.5，0.5～1.2　　D. 1，1.2

答案：C

参考文献

[1] 环境保护部，国家质量监督检验检疫总局．工业企业厂界环境噪声排放标准：GB 12348—2008［S］．北京：中国标准出版社，2008.

[2] 环境保护部．环境噪声监测技术规范 结构传播固定设备室内噪声：HJ 707—2014［S］．北京：中国环境出版社，2014.

命题：胡丹心　陈培旭　李宪同

审核：汪　赟　张　朋　池　靖

第二节 建筑施工噪声

分类号：N2-2

主要内容
《建筑施工场界环境噪声排放标准》（GB 12523—2011）

一、判断题

1. 根据《建筑施工场界环境噪声排放标准》（GB 12523—2011），建筑施工场界是指由有关主管部门批准的建筑施工场地边界或建筑施工过程中实际使用的施工场地边界。（ ）

答案：正确

2. 根据《建筑施工场界环境噪声排放标准》（GB 12523—2011），非稳态噪声是指在测量时间内，被测声源的 A 声级起伏大于 4 dB（A）的噪声。（ ）

答案：错误

正确答案为：非稳态噪声是指在测量时间内，被测声源的 A 声级起伏大于 3 dB（A）的噪声。

3. 建筑施工场界环境噪声排放限值为昼间 70 dB（A），夜间 60 dB（A）。（ ）

答案：错误

正确答案为：建筑施工场界环境噪声排放限值为昼间 70 dB（A），夜间 55 dB（A）。

4. 根据《建筑施工场界环境噪声排放标准》（GB 12523—2011），建筑施工场界夜间噪

声最大声级超过限值的幅度不得高于 15 dB（A）。(　　)

答案：正确

5. 根据《建筑施工场界环境噪声排放标准》（GB 12523—2011），当建筑施工场界距噪声敏感建筑物较近，其室外不满足测量条件时，可在噪声敏感建筑物室内测量，并将相应的限值减 10 dB（A）作为评价依据。(　　)

答案：正确

6. 按照《建筑施工场界环境噪声排放标准》（GB 12523—2011），测点应根据建筑施工场地周围噪声敏感建筑物位置和声源位置的布局进行布设，并设在对噪声敏感建筑物影响较大、距离较近的位置。(　　)

答案：正确

7. 在进行建筑施工噪声测量时，当场界无法测量到声源的实际排放时，例如：声源位于高空、场界有声屏障、噪声敏感建筑物高于场界围墙等情况，测点可设在噪声敏感建筑物户外 1 m 处的位置。(　　)

答案：正确

8. 建筑施工场界环境噪声测量仪器时间计权特性设为慢（S）档。(　　)

答案：错误

正确答案为：建筑施工场界环境噪声测量仪器时间计权特性设为快（F）档。

9. 根据《建筑施工场界环境噪声排放标准》（GB 12523—2011），施工期间，测量连续 20 min 的等效声级，夜间如果存在突发噪声时需要同时测量最大声级。(　　)

答案：错误

正确答案为：施工期间，测量连续 20 min 的等效声级，夜间同时测量最大声级。

10. 根据《建筑施工场界环境噪声排放标准》（GB 12523—2011），多个测点的测量结果进行算数平均后评价。(　　)

答案：错误。

正确答案为：各个测点的测量结果单独评价。

11.《建筑施工场界环境噪声排放标准》（GB 12523—2011）中规定在噪声敏感建筑物室内测量时，应在受噪声影响方向的窗户关闭状态下进行。(　　)

答案：错误

正确答案为：应在受噪声影响方向的窗户开启状态下进行。

二、选择题

1. 关于《建筑施工场界环境噪声排放标准》（GB 12523—2011），下列说法错误的是________。(　　)

A. 规定了建筑施工场界环境噪声排放标准限值及测量方法

B. 适用于周围有噪声敏感建筑的建筑施工噪声排放的管理、评价及控制

C. 市政、通信、交通、水利等其他类型的施工噪声排放可参照本标准执行

D. 适用于抢修、抢险施工过程中产生噪声的排放监管

答案：D

2. 建筑施工的主要施工阶段包括________。(　　)

（1）基础工程施工

（2）主体结构施工

（3）屋面工程施工

（4）已竣工交付使用的住宅楼进行室内装修活动

（5）装饰工程施工

A.（1）（2）（3）（4）　　B.（2）（3）（4）（5）

C.（1）（2）（3）（4）（5）　　D.（1）（2）（3）（5）

答案：D

3. 建筑施工场界背景噪声测量时，稳态噪声测量________min 的等效声级，非稳态噪声测量________min 的等效声级。(　　)

A. 1　10　　B. 1　20　　C. 5　10　　D. 20　20

答案：B

4. 根据《建筑施工场界环境噪声排放标准》（GB 12523—2011），在测量结果修正中，噪声测量值与背景噪声值高________dB（A）时，噪声测量值不做修正。(　　)

A. 10　　B. 5　　C. 3

答案：A

参考文献

环境保护部，国家质量监督检验检疫总局 . 建筑施工场界环境噪声排放标准：GB 12523—2011［S］. 北京：中国标准出版社，2011.

命题：张　朋　郝　影　李宪同

审核：汪　赟　温香彩　梁富生

第三章　机场和道路交通噪声

第一节　机场周围飞机噪声

分类号：N3-1

主要内容
《机场周围飞机噪声测量方法》（GB 9661—88）

一、判断题

1.《机场周围飞机噪声测量方法》（GB 9661—88）适用于测量机场周围由于飞机地面滑行、起飞、降落或低空飞越时所产生的噪声。（　　）

答案：错误

正确答案为：《机场周围飞机噪声测量方法》（GB 9661—88）适用于测量机场周围由于飞机起飞、降落或低空飞越时所产生的噪声。

2. 在对机场周围飞机噪声进行评价时，测量内容是测量单个飞行事件引起的噪声。（　　）

答案：错误

正确答案为：不仅是测量单个飞行事件引起的噪声，还应包括测量相继一系列飞行事件引起的噪声，以及一段监测时间内测量飞行事件引起的噪声。

3. 机场周围飞机噪声测量中，某测点测得的 24 h 内平均有效感觉噪声级 $\overline{L}_{EPN}$ 为 92.4 dB，白天（7：00—19：00）飞行次数 N_1 为 194，傍晚（19：00—22：00）飞行次数 N_2 为 48，夜间（22：00—7：00）飞行次数 N_3 为 26，则该点在此一昼夜的计权等效连续感觉噪声级 LWECPN 为 85.1 dB。（　　）

答案：错误

正确答案为：80.8 dB。

二、选择题

1. 机场周围飞机噪声测量时，测点应选在________。（　　）

A. 敏感点户外窗前 1 m　　　　B. 机场场界外 1 m

C. 户外平坦开阔的地方

答案：C

2. 根据《机场周围飞机噪声测量方法》（GB 9661—88），读取一次飞行过程的 A 声级最大值，一般用________；在飞机低空高速通过及离跑道近的测量点用________。（　　）

A. 慢响应 快响应 B. 快响应 慢响应 C. 慢响应 慢响应

答案：A

3. 机场周围飞机噪声测量时，要求测量的飞机噪声级最大值至少超过环境背景噪声级________dB 时，其测量结果才被认为可靠。( )

A. 10 B. 20 C. 30

答案：B

4. 目前我国评价机场周围飞机噪声的影响时，采用________作为评价量。( )

A. L_{Aeq} B. L_{EPN} C. L_{Amax} D. L_{WECPN}

答案：D

5.《机场周围飞机噪声环境标准》(GB 9661—88) 中，二类区域的适用类型及其标准值为________。( )

A. 特殊住宅区和居民文教区，$L_{WECPN} \leqslant 55$ dB

B. 居住与工商业混合区，$L_{WECPN} \leqslant 60$ dB

C. 商业集中区，$L_{WECPN} \leqslant 60$ dB

D. 除一类区域以外的生活区，$L_{WECPN} \leqslant 75$ dB

答案：D

6.《机场周围飞机噪声测量方法》(GB 9661—88) 中的简易测量法，有效感觉噪声级 L_{EPN} 用 A 声级近似表示，其公式为________。( )

A. $L_{EPN} = L_A+13$

B. $L_{EPN} = L_{Dmax}+10\lg(T_d/20)+7$

C. $L_{EPN} = L_{Amax}+10\lg(T_d/20)+13$

答案：C

7.《机场周围飞机噪声测量方法》(GB 9661—88) 中的简易测量法，用 A 声级近似表示有效感觉噪声级 L_{EPN} 的计算中，单次飞行事件中的持续时间 T_d 的为________。( )

A. 最大 A 声级的前 10 dB 的上升段和最大 A 声级的后 10 dB 的下降段之间的秒计数

B. 最大 A 声级的前 15 dB 的上升段和最大 A 声级的后 15 dB 的下降段之间的秒计数

C. 10 s

答案：A

8. 对《机场周围飞机噪声测量方法》(GB 9661—88) 中的精密测量与简易测量的区别，描述正确的包括________。( )

(1) 精密测量需要作为时间函数的频谱分析的测量

(2) 精密测量需要对倍频程频谱分析

(3) 简易测量只需经频率计权的测量

(4) 简易测量需测量并记录一次飞行噪声的 A 声级或 Z 声级的最大值

(5) 精密测量法基于噪声响度级

(6) 精密测量法在频谱中有显著纯音成分时应进行纯音修正

A.(1)(2)(3)(4) B.(1)(2)(3)(6)

C.(2)(3)(4)(5) D.(1)(3)(6)

答案：D

参考文献

[1] 国家环境保护局 . 机场周围飞机噪声测量方法：GB 9661—88［S］. 北京：中国标准出版社，1988.

[2] 国家环境保护局 . 机场周围飞机噪声环境标准：GB 9660—88［S］. 北京：中国标准出版社，1988.

命题：汪　赟　李宪同

审核：胡丹心　温香彩　刘砚华

第二节　铁路噪声

分类号：N3-2

主要内容
①《铁路边界噪声限值及其测量方法》（GB 12525—90）及修改方案
②《铁路沿线环境噪声测量技术规定》（TB/T 3050—2002）

一、填空题

1. 根据《铁路边界噪声限值及其测量方法》（GB 12525—90）及修改方案测定铁路边界噪声时，用积分声级计读取________的等效声级（A）：dB。①

答案：1 h

2. 根据《铁路沿线环境噪声测量技术规定》（TB/T 3050—2002）测定铁路边界噪声时，测点布设分为 3 类：________测点、________测点和补充测点。②

答案：边界　　敏感

3. 根据《铁路边界噪声限值及其测量方法》（GB 12525—90）及修改方案测定铁路边界噪声时，应选在无雨雪的天气中进行测量，仪器应加风罩，________级风以上停止测量。①

答案：四

4. 根据《铁路沿线环境噪声测量技术规定》（TB/T 3050—2002），需确定铁路两侧噪声分布时，应增设补充测点。在边界与敏感点或敏感区之间可按照距边界________m、________m、120 m 设置测点，必要时可增加 240 m 的测点。当测点位置不便于测量时，可以适当前移或后移测点。②

答案：30　　60

5. 根据《铁路沿线环境噪声测量技术规定》（TB/T 3050—2002），依据铁路列车类型、车流密度、运行速度、线路状况、周围环境条件等情况，基本相同的区段可划定为一个________；对于声源有显著变化的位置，如铁路桥梁、线路交汇处、车站咽喉区、集中鸣笛区等，可以划定为一个________。②

答案：典型区段　　典型位置

二、判断题

1. 根据《铁路边界噪声限值及其测量方法》（GB 12525—90）及修改方案测定铁路边界噪声时，在昼间、夜间各选择在接近其机车车辆运行平均密度的某一个小时，用其分别代表昼间、夜间。必要时，昼间或夜间分别进行全时段测量。（　　）①

答案：正确

2. 根据《铁路边界噪声限值及其测量方法》（GB 12525—90）及修改方案测定铁路边界噪声时，测点原则上选在铁路边界高于地面 1.5 m，距反射物不小于 1 m 处。（　　）①

答案：错误

正确答案为：测点原则上选在铁路边界高于地面 1.2 m。

3. 根据《铁路沿线环境噪声测量技术规定》（TB/T 3050—2002），由于铁路车流噪声具有线声源的特征，为避免引起较大的测量误差，在测量时不宜采用网格布点法。（　　）②

答案：正确

4. 根据《铁路沿线环境噪声测量技术规定》（TB/T 3050—2002），测点布设根据测量目的和要求的不同，可以只布设边界测点或敏感测点。（　　）②

答案：正确

5. 根据《铁路沿线环境噪声测量技术规定》（TB/T 3050—2002），监测周期每年至少监测 1 次，时间宜选择在夏季或冬季，且监测时间应相对固定，当铁路运输状况有重大调整时，应及时补充监测。（　　）②

答案：错误

正确答案为：时间宜选择在春季或秋季。

三、选择题

1. 根据《铁路边界噪声限值及其测量方法》（GB 12525—90）及修改方案，当背景噪声与铁路噪声声压级值相差 10 dB（A）时候，修正值为________。（　　）。①

A. −3 dB（A）　　B. −2 dB（A）　　C. −1 dB（A）　　D. 不需要修正

答案：D

2.《铁路边界噪声限值及其测量方法》（GB 12525—90）及修改方案中的铁路边界是指________。（　　）①

A. 指距铁路外侧轨道中心线 30 m 处　　B. 指距铁路内侧轨道中心线 30 m 处

C. 指距铁路外侧轨道中心线 15 m 处　　D. 指距铁路内侧轨道中心线 10 m 处

答案：A

3. 根据《铁路边界噪声限值及其测量方法》（GB 12525—90）修改方案，2010 年 12 月 31 日前已建成运营的铁路或环境影响评价文件已通过审批的铁路建设项目边界噪声限值为昼间________dB（A），夜间________dB（A）。（　　）①

A. 70，70　　B. 70，60　　C. 70，55　　D. 60，50

答案：A

4. 根据《铁路边界噪声限值及其测量方法》（GB 12525—90）修改方案，自 2011 年 1 月 1 日起环境影响评价文件通过审批的铁路建设项目（不包括改、扩建）的边界噪声限值为昼间________dB（A），夜间________dB（A）。（　　）①

A. 70，70　　B. 70，60　　C. 70，55　　D. 60，50

答案：B

5. 根据《铁路沿线环境噪声测量技术规定》（TB/T 3050—2002），测点布设选择应具有代表性，能够使测量结果正确反映铁路沿线受影响区域范围内的噪声状况。一般应考虑以下几个方面________。（　　）②

（1）与噪声源变化有关的因素，如桥梁、车站咽喉区、平交道口、弯道及鸣笛位置等

（2）敏感区和敏感点的分布情况

（3）测量报告的要求

（4）沿线两侧地面及建筑物状况

（5）边界情况

A.（1）（2）（3）（4）　　B.（1）（2）（3）（5）

C.（1）（2）（4）（5）　　D.（1）（2）（3）（4）（5）

答案：D

参考文献

[1] 国家环境保护局. 铁路边界噪声限值及其测量方法：GB 12525—90［S］. 北京：中国标准出版社，1990.

[2] 中华人民共和国铁道部. 铁路沿线环境噪声测量技术规定：TB/T 3050—2002［S］. 北京：中国标准出版社，2002.

命题：胡丹心　黄　行　李宪同

审核：温香彩　汪　赟　夏　新

第三节　城市轨道交通噪声

分类号：N3-3

主要内容

①《城市轨道交通车站站台声学要求和测量方法》（GB 14227—2006）

②《城市轨道交通引起建筑物振动与二次辐射噪声限值及其测量方法标准》（JGJ/T 170—2009）

③《城市轨道交通（地下段）结构噪声监测方法》（HJ 793—2016）

一、填空题

1. 根据《城市轨道交通车站站台声学要求和测量方法》（GB 14227—2006），声音已达

到稳定后停止声源，平均声能密度自原始值衰变到其百万分之一（________dB）所需要的时间为混响时间。①

答案：60

2. 根据《城市轨道交通车站站台声学要求和测量方法》（GB 14227—2006）进行轨道交通车站站台噪声测量时，测点周围________m 内不应有声反射物。①

答案：2

3. 根据《城市轨道交通车站站台声学要求和测量方法》（GB 14227—2006）进行轨道交通车站站台噪声测量时，背景噪声应低于被测噪声________dB 以上，否则应进行修正。①

答案：10

4. 根据《城市轨道交通车站站台声学要求和测量方法》（GB 14227—2006）测量车站站台混响时间所用声源，距地面高度应为________m。①

答案：1.5

二、判断题

1. 根据《城市轨道交通车站站台声学要求和测量方法》（GB 14227—2006），地铁和轻轨车站站台上 500 Hz 倍频程中心频率混响时间的最大容许限值为 2.0 s。（　　）①

答案：错误

正确答案为：1.5 s

2. 根据《城市轨道交通车站站台声学要求和测量方法》（GB 14227—2006）测量站台噪声时，背景噪声与站台噪声的差值为 4 dB 时，应重新测量。（　　）①

答案：正确

3. 根据《城市轨道交通引起建筑物振动与二次辐射噪声限值及其测量方法标准》（JGJ/T 170—2009），与建筑物室内二次辐射噪声限值对应的测点应布置在室内，并保持门窗开启状态。（　　）②

答案：错误

正确答案为：应封闭门窗。

4. 根据《城市轨道交通（地下段）结构噪声监测方法》（HJ 793—2016）进行城市轨道交通（地下段）结构噪声时，关于室内测试条件有此项描述：列车通过时，特征频率下的最大声压级应超过列车非通过时段声压级 15 dB 以上。（　　）③

答案：错误

正确答案为：列车通过时，特征频率下的最大声压级应超过列车非通过时段声压级 10 dB 以上。

5. 根据《城市轨道交通车站站台声学要求和测量方法》（GB 14227—2006）进行轨道交通站台噪声测量时，传声器应置于车站站台中部、距地面高度为 1.5 m 的位置。传声器前端应朝向被测列车轨道一侧，其轴向与线路方向垂直。（　　）①

答案：错误

正确答案为：传声器应置于车站站台中部、距地面高度为 1.6 m 的位置。

6. 根据《城市轨道交通车站站台声学要求和测量方法》（GB 14227—2006）进行轨道

交通站台混响时间测量时，倍频程应选取中心频率为 500 Hz，同时测点应不少于 5 个。(　　) ①

答案：错误

正确答案为：同时测点应不少于 3 个。

7. 根据《城市轨道交通（地下段）结构噪声监测方法》（HJ 793—2016），特征频率是指在列车通过与非通过时，结构噪声各倍频带中心频率中声压级变化最大的频率。(　　) ③

答案：正确

8. 根据《城市轨道交通车站站台声学要求和测量方法》（GB 14227—2006）进行城市轨道交通车站站台噪声测量时，不应该避开会车情况。(　　) ①

答案：错误

正确答案为：测量时应避开会车。

9.《城市轨道交通（地下段）结构噪声监测方法》（HJ 793—2016）中一次噪声事件是指列车通过时的等效 A 声级。(　　) ③

答案：错误

正确答案为：在特征频率下以每次列车通过时最大声压级减 10 dB 作为依据进行监测数据的截取，结果记为一次噪声事件。

10. 根据《城市轨道交通引起建筑物振动与二次辐射噪声限值及其测量方法标准》（JGJ/T 170—2009），二次辐射噪声监测时，在同一建筑物内的各个测点应在规定时间内同步测量。(　　) ②

答案：正确

11. 根据《城市轨道交通引起建筑物振动与二次辐射噪声限值及其测量方法标准》（JGJ/T 170—2009），在进行二次辐射噪声测量时，如遇行车密度较低的线路，可分段测量列车通过时的声级。(　　) ②

答案：正确

12. 根据《城市轨道交通引起建筑物振动与二次辐射噪声限值及其测量方法标准》（JGJ/T 170—2009），测量二次辐射噪声时，应分别用算术平均计算昼间和夜间的等效 A 声级。(　　) ②

答案：错误

正确答案为：应分别计算昼间和夜间的等效 A 声压级。公式如下：

$$L_{\mathrm{Aeq}}=10\lg\frac{1}{n}\sum_{i=1}^{n}10^{0.1L_{\mathrm{AE},\,i}}$$

式中：L_{Aeq}——昼间或夜间的等效 A 声压级，单位为 dB（A）；

n——昼间或夜间通过的列车数量；

$L_{\mathrm{AE},i}$——昼间或夜间第 i 列列车通过时测点的二次辐射噪声 A 声压级。

13.《城市轨道交通（地下段）结构噪声监测方法》（HJ 793—2016）中的事件持续时间：对于各噪声事件，其持续时间最短应不小于 5 s，持续时间小于 5 s 的噪声事件应视为无效事件。(　　) ③

答案： 错误

正确答案为：对于各噪声事件，其持续时间最短应不小于 3 s，持续时间小于 3 s 的噪声事件应视为无效事件。

14.《城市轨道交通（地下段）结构噪声监测方法》（HJ 793—2016）中对于监测频次的规定：测量应分昼间、夜间在各测点连续测量不低于平均运行密度的 20 min 结构噪声，测量期间应包含至少 6 次噪声事件。（　　）③

答案： 正确

三、选择题

1.《城市轨道交通车站站台声学要求和测量方法》（GB 14227—2006）中列车进、出站台噪声等效声级 L_{eq} 的计算公式为

$$L_{\mathrm{Aeq},\ T}=10\lg\left[\frac{1}{t_2-t_1}\int_{t_1}^{t_2}10^{0.1L_{\mathrm{PA}}}\mathrm{d}t\right]$$

式中各物理量的正确含义为________。（　　）①

（1）$L_{\mathrm{Aeq},\ T}$——列车进、出站台噪声等效声级，dB（A）

（2）$L_{\mathrm{Aeq},\ T}$——列车启动及加速时的噪声等效声级，dB（A）

（3）L_{PA}——最大 A 声级，dB（A）

（4）L_{PA}——瞬时 A 声级，dB（A）

（5）t_2-t_1——规定的列车进站的时间间隔和列车出站的时间间隔，s

（6）t_2-t_1——列车进站至出站的时间间隔，s

A.（2）（3）（5）　　B.（1）（3）（5）

C.（1）（4）（5）　　D.（1）（3）（6）

答案： C

2.《城市轨道交通车站站台声学要求和测量方法》（GB 14227—2006）中，列车进站的测量时间间隔为________的时间。（　　）①

A. 列车头部进站到停止

B. 列车头部进站到头部出站

C. 列车尾部进站头部出站

D. 列车尾部进站到尾部出站

答案： A

3.《城市轨道交通车站站台声学要求和测量方法》（GB 14227—2006）中，列车进出站噪声测量应测量每种列车运行状态的次数不少于________次。（　　）①

A. 5　　B. 10　　C. 15　　D. 20

答案： B

4.《城市轨道交通引起建筑物振动与二次辐射噪声限值及其测量方法标准》（JGJ/T 170—2009）在昼间和夜间测量时，测量时段不应小于________h；昼间测量时，应选择行车高峰时段，夜间测量时间内通过的列车不应小于________列。（　　）②

A. 1，5　　B. 2，5　　C. 1，10　　D. 2，10

答案：A

5.《城市轨道交通（地下段）结构噪声监测方法》（HJ 793—2016）中的低频 A 声级，是将低频各倍频带中心频率噪声经 A 频率计权后所得的窄带声压级，用 L_{AL} 表示，单位 dB（A）。此标准所指低频 A 声级由倍频带中心频率 16～250 Hz 范围内噪声经 A 计权所得。

其计算公式为：$\overline{L_{AL}}=10\lg\sum_{i=1}^{k}10^{0.1[\overline{L_p(f)}-L_i(f)]}$

式中：k 表示计权中心频率个数；

$L_i(f)$ 表示与 f 频率相对应的 A 计权值，单位 dB。

$\overline{L_p(f)}$表示________。（　　）③

A. 倍频带能量平均声压级

B. 各倍频带声压级算术平均值

C. 中心频率为 250 Hz 平均声压级

D. 所有频率能量平均声压级

答案：A

6.《城市轨道交通（地下段）结构噪声监测方法》（HJ 793—2016）中，室内噪声等效声级为________。（　　）③

A. 噪声事件总持续时间内的 L_{eq}

B. 总测量时长内的 L_{eq}

C. 噪声事件总持续时间内 A 声级在总测量时长内的等效

D. 多次噪声事件的 L_{eq} 算术均值

答案：C

参考文献

[1] 中华人民共和国国家质量监督检验检疫总局，中国国家标准化管理委员会 . 城市轨道交通车站站台声学要求和测量方法：GB 14227—2006［S］. 北京：中国标准出版社，2006.

[2] 中华人民共和国住房和城乡建设部 . 城市轨道交通引起建筑物振动与二次辐射噪声限值及其测量方法标准：JGJ/T 170—2009［S］. 北京：中国建筑工业出版社，2009.

[3] 环境保护部 . 城市轨道交通（地下段）结构噪声监测方法：HJ 793—2016［S］. 北京：中国环境出版集团，2016.

命题：顾伟伟　李宪同

审核：汪　赟　温香彩

第四章　产品／设备噪声

分类号：N4

主要内容
①《声屏障声学设计和测量规范》（HJ/T 90—2004）
②《环境保护产品技术要求　低噪声型冷却塔》（HJ/T 385—2007）

一、填空题

根据《环境保护产品技术要求　低噪声型冷却塔》（HJ/T 385—2007），冷却塔噪声测量现场土地应________、________，________m 范围内不得有大的声反射物。②

答案：平坦　　宽广　　20

二、判断题

1. 根据《声屏障声学设计和测量规范》（HJ/T 90—2004），声屏障声学性能测量时需要测量的声学量包括插入损失、降噪系数和昼夜等效声级。（　　）①

答案：错误

正确答案为：声屏障测量声学性能时需要测量的声学量包括插入损失、降噪系数和计权隔声量。

2. 根据《声屏障声学设计和测量规范》（HJ/T 90—2004），声屏障安装前后两次测量的平均温度变化不应超过 10°C。（　　）①

答案：正确

3. 根据《声屏障声学设计和测量规范》（HJ/T 90—2004），为保证测量结果的重复性，在受声点和参考点应进行多次测量，在等效情况下，建议至少在各测点测量 3 次。（　　）①

答案：正确

4. 根据《声屏障声学设计和测量规范》（HJ/T 90—2004），对于噪声起伏范围<10 dB，通行大流量的高速公路交通噪声或无红绿灯控制的城市快速道路交通噪声，稳态噪声测量采样时间为 2 min，非稳态噪声为 10 min。（　　）①

答案：正确

5. 根据《声屏障声学设计和测量规范》（HJ/T 90—2004），声屏障的降噪效果一般用 A 计权等效声级或最大 A 声级的插入损失来评价。如果要了解降噪的频率特性，则应测量 63～5 000 Hz 的 1/3 倍频带或 80～4 000 Hz 倍频带的插入损失。（　　）①

答案：正确

6. 按照《环境保护产品技术要求　低噪声型冷却塔》（HJ/T 385—2007）附录 A，噪声测点位置的规定：出风筒斜 45° 外上方测点在塔出风筒上缘外斜上方 45° 方向，塔进风侧，距离风筒上缘等于风机直径处，当风机直径小于 1.5 m 时，测量距离取 1.5 m。如电机在风筒中心的一侧，测点应选在靠近电机的进风侧。（　　）②

答案：正确

7.《环境保护产品技术要求　低噪声型冷却塔》（HJ/T 385—2007）适用于机力通风式单台冷却水量≤200 m^3 /h 的低噪声型冷却塔。（　　）②

答案：错误

正确答案为：《环境保护产品技术要求　低噪声型冷却塔》（HJ/T 385—2007）适用于机力通风式单台冷却水量≤500 m^3 /h 的低噪声型冷却塔。

8. 根据《环境保护产品技术要求　低噪声型冷却塔》（HJ/T 385—2007），冷却塔噪声测量仪器精度为Ⅰ级的声级计。（　　）②

答案：正确

三、选择题

1. 根据《声屏障声学设计和测量规范》（HJ/T 90—2004），一般 3～6 m 高的声屏障，其声影区内降噪效果在________dB。（　　）①

A. 3～6　　B. 5～12　　C. 3～12　　D. 6～12

答案：B

2. 根据《声屏障声学设计和测量规范》（HJ/T 90—2004），道路声屏障吸声结构的设计时，吸声结构的降噪系数 NRC 应大于________。（　　）①

A. 0.5　　B. 1　　C. 0.2　　D. 0.8

答案：A

3. 根据《环境保护产品技术要求　低噪声型冷却塔》（HJ/T 385—2007），冷却水流量为 150 m^3/h，标准点噪声限值为 63 dB（A），出风筒斜 45° 外上方测点噪声限值为 69 dB（A），冷却水流量为 200 m^3/h，标准点噪声限值为 65 dB（A），出风筒斜 45° 外上方测点限值为 71 dB（A），冷却水流量为 180 m^3/h，标准点噪声限值为________dB（A），出风筒斜 45° 外上方测点限值为________dB（A）。（　　）②

A. 63　70　　B. 64　70　　C. 64　71　　D. 65　69

答案：B

4. 根据《环境保护产品技术要求　低噪声型冷却塔》（HJ/T 385—2007）附录 A，噪声测点位置的规定：冷却塔标准点测点在塔进风侧，离塔壁水平距离为一倍塔体直径处。距安装基准平面________m 高的点。当塔体直径小于 1.5 m 时，取________m；当塔为矩形时，取塔体当量直径 $D=1.13\sqrt{a\times b}$，式中：a、b 为塔的边长。（　　）②

A. 1.2　1　　B. 1.5　1.5　　C. 1.5　1　　D. 1.2　1.5

答案：B

5. 根据《环境保护产品技术要求　低噪声型冷却塔》（HJ/T 385—2007）附录 A，噪声测量时，冷却塔的冷却水量为该型号的标准设计工况的流量，电机负载功率不低于电机额定功率的________%。（　　）②

A. 60　　B. 80　　C. 90　　D. 85

答案：D

参考文献

[1] 国家环境保护总局 . 声屏障声学设计和测量规范：HJ/T 90—2004［S］. 北京：中国环境科学出版社，2004.

[2] 国家环境保护总局 . 环境保护产品技术要求　低噪声型冷却塔：HJ/T 385—2007［S］. 北京：中国环境科学出版社，2007.

命题：李宪同　张　朋　郝　影

审核：汪　赟　温香彩

第四篇

振　　动

第一章　环境和住宅建筑室内振动

第一节　环境振动

分类号：Vib 1-1

主要内容
《城市区域环境振动测量方法》（GB 10071—88）

一、判断题

1. 按照《城市区域环境振动测量方法》（GB 10071—88）中规定，稳态振动为具有突发性振级变化的环境振动。(　　)

答案：错误

正确答案为：稳态振动为观测时间内振级变化不大的环境振动。

2. 按照《城市区域环境振动测量方法》（GB 10071—88）中规定，对于铁路振动的评价以 20 次读数的最大值为评价量。(　　)

答案：错误

正确答案为：对于铁路振动，读取每次列车通过过程中的最大示数，每个测点连续测量 20 次列车，以 20 次读数值的算术平均值为评价量。

3. 按照《城市区域环境振动测量方法》（GB 10071—88）中规定，城市区域环境振动测量量为铅垂向 Z 振级，单位为 dB（A）。(　　)

答案：错误

正确答案为：单位为 dB。

4. 按照《城市区域环境振动测量方法》（GB 10071—88）中规定，用于测量环境振动的仪器，其性能必须符合 ISO/DP 8041—1984 有关条款的规定，测量系统每年至少送计量部门校准一次。(　　)

答案：正确

5. 按照《城市区域环境振动测量方法》（GB 10071—88）中规定，城市区域环境振动测量时，测点应置于各类区域建筑物外 0.5 m 以内振动敏感处，必要时，测点置于建筑物室内地面中央。(　　)

答案：正确

二、选择题

1. 按照《城市区域环境振动测量方法》（GB 10071—88）中规定，城市区域环境无规

振动以测量数据的________作为评价量。(　　)

A. VL_{Z10}　　B. V_{Leq}　　C. VL_{Zmax}

答案：A

2. 按照《城市区域环境振动测量方法》(GB 10071—88)中规定，稳态振动测量时，下列各项中正确的选项为________。(　　)

(1)测量量为水平横向 X 振级

(2)每个测点测量一次

(3)取 5 s 内的平均示数作为评价量

A.(1)(3)　　B.(1)(2)(3)　　C.(1)(2)　　D.(2)(3)

答案：D

3. 按照《城市区域环境振动测量方法》(GB 10071—88)中规定，冲击振动测量时，下列各项中正确的选项为________。(　　)

(1)测量量为铅垂向 Z 振级

(2)取每次冲击过程中的最大示数为评价量

(3)对于重复出现的冲击振动，以 10 次读数的算术平均值为评价量

A.(1)(3)　　B.(1)(2)(3)　　C.(1)(2)　　D.(2)(3)

答案：B

4. 按照《城市区域环境振动测量方法》(GB 10071—88)中的规定，无规振动测量时，下列各项中正确的选项为________。(　　)

(1)测量量为铅垂向 Z 振级

(2)每个测点等间隔地读取瞬时示数，采样间隔不大于 5 s

(3)连续测量时间不少于 1 000 s

(4)以测量数据的 VL_{eq} 为评价量

A.(1)(3)(4)　　B.(1)(2)(4)　　C.(1)(2)(3)　　D.(2)(3)

答案：C

5. 按照《城市区域环境振动测量方法》(GB 10071—88)中的规定，铁路振动测量时，下列各项中正确的选项为________。(　　)

A. 测量量为水平纵向 Y 振级

B. 读取每次列车通过过程中的最大示数

C. 每个测点连续测量 10 次列车，以 10 次读数的算术平均值为评价量

答案：B

参考文献

国家环境保护局．城市区域环境振动测量方法：GB 10071—88 [S]．北京：中国标准出版社，1988.

命题：李宪同　高　峰

审核：郑皓皓　夏　新

第二节　住宅建筑室内振动

分类号：Vib 1–2

主要内容
《住宅建筑室内振动限值及其测量方法标准》（GB/T 50355—2018）

一、填空题

1.《住宅建筑室内振动限值及其测量方法标准》（GB/T 50355—2018）规定振动测量系统性能应符合现行国家标准《人体对振动的响应　测量仪器》（GB/T 23716—2009）的规定，并应具有________计权网络。

答案： Wk

2.《住宅建筑室内振动限值及其测量方法标准》（GB/T 50355—2018）规定振动测量测点和结构噪声测点选择时，对于面积不大于 20 m^2 的房间，应至少选取________个测点；对于面积大于 20 m^2 的房间，应至少选取________个测点。

答案： 1　3

3.《住宅建筑室内振动限值及其测量方法标准》（GB/T 50355—2018）规定声学测量仪器性能应符合现行国家标准《电声学　声级计　第 1 部分：规范》（GB/T 3785.1—2010）中________级积分平均声级计的规定。

答案： 1

4.《住宅建筑室内振动限值及其测量方法标准》（GB/T 50355—2018）规定不同振动类型应采用不同的评价量测量与评价 Z 振级（VL_z）。冲击振动、城市轨道交通振动以及铁路振动测量评价量应采用________；其他类型振测量评价量应采用________。

答案： Z 振级最大值（VL_{Zmax}）　Z 振级等效值（VL_{Zeq}）

5.《住宅建筑室内振动限值及其测量方法标准》（GB/T 50355—2018）规定对于每小时冲击次数不超过 2 次冲击振动，应至少测量________次振动事件；每小时冲击次数超过 2 次冲击振动，应至少测量________次振动事件；轨道交通引起的振动，应至少测量________次振动事件。

答案： 2　5　5

6.《住宅建筑室内振动限值及其测量方法标准》（GB/T 50355—2018）规定，当各频带结构噪声测量值与相应频带背景噪声的差值小于 3 dB 时，应按________dB 修正，并应在修正结果前加________符号，且该频带不应做超标判定。

答案： −3　≤

二、判断题

1.《住宅建筑室内振动限值及其测量方法标准》（GB/T 50355—2018）规定了 1～80 Hz 倍频程中心频率的住宅建筑室内振动限值。（　　）

答案： 错误

正确答案为：1～80 Hz 的 1/3 倍频程中心频率的住宅建筑室内振动限值。

2.《住宅建筑室内振动限值及其测量方法标准》（GB/T 50355—2018）规定噪声测量前应使用声校准器进行校准，振动测量可以不进行校准。（ ）

答案：错误

正确答案为：振动测量也需要进行校准。

3.《住宅建筑室内振动限值及其测量方法标准》（GB/T 50355—2018）中振动及结构噪声限值分为一级限值和二级限值，振动及结构噪声测试结果均不得超过相应的一级限值和二级限值。（ ）

答案：错误

正确答案为：一级限值是适宜达到的限值，二级限值是不得超过的限值。

4.《住宅建筑室内振动限值及其测量方法标准》（GB/T 50355—2018）规定振动和结构噪声测量应分别在昼间、夜间进行，且应在受影响最大时段测量。（ ）

答案：正确

5.《住宅建筑室内振动限值及其测量方法标准》（GB/T 50355—2018）规定结构噪声测量时，测点周围 0.5 m 内不应有声反射物，各测点之间距离不应小于 1.5 m。（ ）

答案：正确

6.《住宅建筑室内振动限值及其测量方法标准》（GB/T 50355—2018）规定以等效值为测量评价量的振动测量，可仅测量一次不小于 1 min 的等效值，也可以测量多个短时间等效值，应按最不利原则确定。（ ）

答案：正确

三、选择题

1.《住宅建筑室内振动限值及其测量方法标准》（GB/T 50355—2018）规定声学测量仪器应能测量中心频率________Hz 的 1/1 倍频程声压级或中心频率________Hz 的 1/3 倍频程声压级的功能。（ ）

A. 25～630，31.5～500　　B. 31.5～250，25～315

C. 25～315，31.5～250　　D. 31.5～500，25～630

答案：B

2.《住宅建筑室内振动限值及其测量方法标准》（GB/T 50355—2018）规定振动测量时，拾振器灵敏度的主轴方向应为________。（ ）

A. 铅垂向　　B. 水平 X 向

C. 水平 Y 向　　D. 根据实际情况选择

答案：A

3.《住宅建筑室内振动限值及其测量方法标准》（GB/T 50355—2018）中规定，对 Z 振级等效值（VL_{Zeq}）测量时，测量总时长不应小于________min；对 Z 振级最大值（VL_{Zmax}）测量时，测量总时长应________。（ ）

A. 1，覆盖一个完整的振动周期　　B. 1，覆盖不少于两个完整的振动周期

C. 10，覆盖一个完整的振动周期　　D. 10，覆盖不少于两个完整的振动周期

答案：A

4. 根据《住宅建筑室内振动限值及其测量方法标准》（GB/T 50355—2018）进行振动测量时，测振仪指数平均时间常数应设________s。（　　）

A. 1　　B. 2　　C. 3　　D. 5

答案：A

5.《住宅建筑室内振动限值及其测量方法标准》（GB/T 50355—2018）规定，当被测房间内有多个测点时，应对每个测点测得的多次振动或结构噪声测量结果分别计算________平均值，并以各测点平均值中的________作为测量评价量。

A. 算术，最小值　　B. 能量，最小值　　C. 算术，最大值　　D. 能量，最大值

答案：C

6.《住宅建筑室内振动限值及其测量方法标准》（GB/T 50355—2018）规定，振动引起的结构噪声测量应与振动同步测量，当采用最大值进行振动评价时，振动引起的结构噪声测量应分别记录每个独立振动事件引起的结构噪声________。（　　）

A. 最大值　　B. 最小值　　C. 等效值

答案：C

四、简答题

1. 请简述《住宅建筑室内振动限值及其测量方法标准》（GB/T 50355—2018）中噪声测量前如何检查声学测量仪器的频率响应。

答案：用声校准器在 250 Hz 检查，此频率下的示值与声校准器标称值相差不应大于 0.5 dB，当示值相差大于 0.5 dB 时测量应记为无效。

2. 按照《住宅建筑室内振动限值及其测量方法标准》（GB/T 50355—2018），当采用 Z 振级最大值（VL_{Zmax}）进行振动评价时，振动引起的结构噪声应与振动同步测量，请简述具体测量方法。

答案：声级计应置于频谱分析功能，记录每个振动过程中的噪声事件。应找出最大 A 声级、第一次到达最大 A 声级以下 10 dB 时对应的起始时间 t_1、最后到达最大 A 声级以下 10 dB 时对应的终止时间 t_2，并应计算 t_1 至 t_2 时间段内，中心频率为 31.5 Hz、63 Hz、125 Hz、250 Hz 的 1/1 倍频程等效声级。当最大 A 声级与背景噪声差值小于 10 dB 时，可采用某一中心频率声压级作为噪声事件过程的判断依据，判断方法应与采用最大 A 声级时相同。

参考文献

中华人民共和国住房和城乡建设部．住宅建筑室内振动限值及其测量方法标准：GB/T 50355—2018［S］．北京：中国建筑工业出版社，2018.

命题：张　朋　梁富生

审核：李宪同　夏　新

第二章　轨道交通振动

第一节　城市轨道交通振动

分类号：Vib 2-1

主要内容
《城市轨道交通引起建筑物振动与二次辐射噪声限值及其测量方法标准》（JGJ/T 170—2009）

一、判断题

1.《城市轨道交通引起建筑物振动与二次辐射噪声限值及其测量方法标准》（JGJ/T 170—2009）适用于城市轨道交通列车运行引起的沿线建筑物振动与室内二次辐射噪声的控制和测量，其振动的频率范围是 16～200 Hz。（　　）

答案：错误

正确答案为：频率范围是 4～200 Hz。

2.《城市轨道交通引起建筑物振动与二次辐射噪声限值及其测量方法标准》（JGJ/T 170—2009）中测量的是水平向的振动加速度。（　　）

答案：错误

正确答案为：铅垂向的振动加速度。

3. 按照《城市轨道交通引起建筑物振动与二次辐射噪声限值及其测量方法标准》（JGJ/T 170—2009）测量的振动加速度其评价量为等效连续 Z 振级 VL_{Zeq}。（　　）

答案：错误

正确答案为：评价量为分频最大振级 VL_{max}。

4. 根据《城市轨道交通引起建筑物振动与二次辐射噪声限值及其测量方法标准》（JGJ/T 170—2009），在敏感点或敏感区布设测点时，拾振器可设在建筑物的基础距外墙 1.0 m 范围内的振动敏感处。（　　）

答案：错误

正确答案为：距外墙 0.5 m 范围内的振动敏感处。

二、选择题

1.《城市轨道交通引起建筑物振动与二次辐射噪声限值及其测量方法标准》（JGJ/T 170—2009）规定 0 类区建筑物室内振动限值为昼间________dB，夜间________dB。（　　）

A. 67，65　　B. 65，62　　C. 70，67　　D. 62，62

答案：B

2.《城市轨道交通引起建筑物振动与二次辐射噪声限值及其测量方法标准》（JGJ/T 170—2009）规定测量的振动加速度应按规定的________倍频程中心频率的________计权因子进行数据处理。（　　）

A. 1/1，A　　B. 1/1，Z　　C. 1/3，A　　D. 1/3，Z

答案：D

3. 根据《城市轨道交通引起建筑物振动与二次辐射噪声限值及其测量方法标准》（JGJ/T 170—2009）在室内测量时，至少应布置________个测点，当需要在建筑物室外测量时，在建筑物靠近轨道一侧的基础上至少应布设________个测点。（　　）

A. 3，3　　B. 1，3　　C. 3，1　　D. 1，1

答案：C

4. 根据《城市轨道交通引起建筑物振动与二次辐射噪声限值及其测量方法标准》（JGJ/T 170—2009），每个测点在同时进行测量的时间内应有不少于上下行各________列车通过。（　　）

A. 6　　B. 12　　C. 5　　D. 20

答案：C

5. 根据《城市轨道交通引起建筑物振动与二次辐射噪声限值及其测量方法标准》（JGJ/T 170—2009）测量时，应记录每次列车在正常运营条件下振动测点的________值，评价量取测点各次________的算术平均值。（　　）

A. VL_{Zeq}　VL_{Zeq}　　B. VL_{max}　VL_{max}

C. VL_{Z10}　VL_{Z10}　　D. VL_{Zeq}　VL_{max}

答案：B

参考文献

中华人民共和国住房和城乡建设部. 城市轨道交通引起建筑物振动与二次辐射噪声限值及其测量方法标准：JGJ/T 170—2009［S］. 北京：中国建筑工业出版社，2009.

命题：李宪同　武中林

审核：郑皓皓

第二节　铁路环境振动

分类号：Vib 2-2

主要内容
《铁路环境振动测量》（TB/T 3152—2007）

一、判断题

1.《铁路环境振动测量》（TB/T 3152—2007）中，环境振动的测量量为铅垂向的

VL_{Zmax}、VL_{Zeq} 和 VL_{Z10}。(　　)

答案：正确

2. 根据《铁路环境振动测量》(TB/T 3152—2007)进行铁路振动测量时，记录内容中的列车条件只记录车辆类型和列车速度即可。(　　)

答案：错误

正确答案为：还需要记录牵引类型。

3.《铁路环境振动测量》(TB/T 3152—2007)适用于受铁路环境振动影响区域的环境振动现状监测及评价振动对建筑物结构和设备影响的测量。(　　)

答案：错误

正确答案为：不适用于评价振动对建筑物结构和设备影响的测量。

4.《铁路环境振动测量》(TB/T 3152—2007)中规定测点布设一般分为三类。(　　)

答案：错误

正确答案为：分为两类。

5. 根据《铁路环境振动测量》(TB/T 3152—2007)进行铁路振动测量时，若需要测量建筑物内受振状况，振动传感器宜置于相应建筑物室内靠近振动源一侧的窗口处位置。(　　)

答案：错误

正确答案为：振动传感器宜置于相应建筑物室内中央。

6. 根据《铁路环境振动测量》(TB/T 3152—2007)进行铁路振动测量时，应避免剧烈的温度梯度变化对测量结果的影响。(　　)

答案：正确

7. 根据《铁路环境振动测量》(TB/T 3152—2007)进行铁路振动测量时，同一测量断面内的几个测点，应采用同步测量的方法。(　　)

答案：正确

8. 根据《铁路环境振动测量》(TB/T 3152—2007)进行铁路振动测量时，测量结果经算术平均后的结果保留小数点后一位。(　　)

答案：错误

正确答案为：测量结果经算术平均后的结果应修约到整分贝数。

二、选择题

1. 根据《铁路环境振动测量》(TB/T 3152—2007)进行铁路振动测量时，每个测量断面上距离铁路最远的敏感点测点位置不宜大于________m。(　　)

A. 30　　B. 50　　C. 100　　D. 200

答案：C

2. 根据《铁路环境振动测量》(TB/T 3152—2007)进行铁路振动测量时，敏感点测点置于建筑物室外________m 以内振动敏感处。(　　)

A. 0.5　　B. 1　　C. 1.5　　D. 2

答案：A

3. 根据《铁路环境振动测量》(TB/T 3152—2007)进行铁路振动测量时，若与背景振

动差值低于________dB 以下，测量结果仅作参考值。(　　)

A. 2　　B. 3　　C. 4　　D. 5

答案：D

4. 根据《铁路环境振动测量》(TB/T 3152—2007)进行铁路振动测量时，每个测点测量时间不少于________s。(　　)

A. 60　　B. 300　　C. 600　　D. 1 000

答案：D

参考文献

中华人民共和国铁道部 . 铁路环境振动测量：TB/T 3152—2007 [S] . 北京：中国标准出版社，2007.

命题：李宪同　张　朋
审核：梁富生　夏　新

第五篇

机动车排放污染物

第一章　汽油车排放污染物

第一节　一氧化碳、碳氢化合物和过量空气系数

分类号：V1-1

主要内容
①《汽油车污染物排放限值及测量方法（双怠速法及简易工况法）》（GB 18285—2018）（附录 A　双怠速法）
②《汽油车双怠速法排气污染物测量设备技术要求》（HJ/T 289—2006）

一、填空题

1. 双怠速法排放气体测试仪器测量 CO、HC 和 CO_2 的原理是________法，O_2 的测量原理是________法。①②

答案：不分光红外线法（NDIR）　电化学电池

2. 点燃式发动机汽车采用三元催化转化器时的空燃比应精确地保持在________附近较狭窄的范围内，超出这个范围，催化转化器的综合效率就________。①②

答案：理论空燃比（或化学当量空燃比）　衰减（或降低）

3. 在《汽油车污染物排放限值及测量方法（双怠速法及简易工况法）》（GB 18285—2018）中，将轻型汽车的高怠速转速规定为________±________r/min，重型车的高怠速转速规定为________±________r/min；如不适用的，按照制造厂技术文件中规定的高怠速转速。①

答案：2 500　200　1 800　200

4.《汽油车污染物排放限值及测量方法（双怠速法及简易工况法）》（GB 18285—2018）中规定的双怠速测量程序为：发动机从怠速状态加速至________% 额定转速或企业规定的暖机转速，运转 30 s 后降至高怠速状态。将双怠速法排放测试仪取样探头插入排气管中，深度不少于________mm，并固定在排气管上。维持________s 后，由具有平均值计算功能的双怠速法排放仪读取 30 s 内的平均值，该值即为高怠速污染物测量结果，同时计算过量空气系数（λ）的数值。①

答案：70　400　15

5.《汽油车污染物排放限值及测量方法（双怠速法及简易工况法）》（GB 18285—2018）规定：进行双怠速法排放检验的同时，应进行过量空气系数（λ）的测定。发动机在高怠速转速工况时，λ 应在________±________之间，或者在制造厂规定的范围内。①

答案：1.00　　0.05

二、判断题

1. 在汽车发动机中，使燃料燃烧的方法有两种，即采用高压电火花点燃或通过压缩空气产生高温使燃料自燃。用高压电火花点燃燃料进行燃烧的发动机称为点燃式发动机，如汽油发动机。(　　) ①②

答案：正确

2. 在用机动车的定义是：已经登记注册并取得号牌的汽车。(　　) ①②

答案：正确

3. 汽车排气中的氮氧化物（NO_x）和碳氢化合物（HC）是形成光化学烟雾的主要前体污染物。(　　) ①②

答案：正确

4. 点燃式发动机在局部缺氧和低温等条件下，烃不完全燃烧易形成 CO，CO 是燃料燃烧的中间产物。(　　) ①②

答案：正确

5.《汽油车污染物排放限值及测量方法（双怠速法及简易工况法）》（GB 18285—2018）中怠速工况是指汽车发动机最低稳定转速工况。即离合器处于接合位置、变速器处于空挡位置（对于自动变速箱的车应处于“停车”或“P”挡位）；油门踏板处于完全松开位置。高怠速工况指满足上述（除最后一项）条件，用油门踏板将发动机转速稳定控制在本标准规定的高怠速转速下。(　　) ①

答案： 正确

6. 过量空气系数（λ）的概念是指燃烧 1 kg 燃料实际借给的空气量与理论上完全燃烧所需空气量的质量比。(　　) ①②

答案：正确

7.《汽油车污染物排放限值及测量方法（双怠速法及简易工况法）》（GB 18285—2018）中，第一类轻型汽车的概念是指设计乘员数超过 6 人（含司机），且最大总质量≤2 500 kg 的 M1 类车。(　　) ①

答案：错误

正确答案为：第一类轻型汽车指包括驾驶员座位在内，座位数不超过 9 座的载客汽车。

8.《汽油车污染物排放限值及测量方法（双怠速法及简易工况法）》（GB 18285—2018）中规定，进行排放测量时，发动机冷却液和润滑油温度应不低于 80℃，或者达到汽车使用说明书规定的热状态。(　　) ①

答案：正确

9. 进行双怠速法测量时，应保证被检测车辆处于制造厂规定的正常状态，发动机进气系统应装有空气滤清器，排气系统应装有排气消声器和排气后处理装置，排气系统不允许有泄漏。(　　) ①②

答案：正确

三、选择题

1. 对点燃式发动机汽车，在机动车低压缩比的发动机上使用高标号的汽油，会使污染物排放________。(　　) ①②

A. 增加　　B. 减少　　C. 无关系　　D. 不变

答案：A

2. 对于点燃式发动机汽车，空燃比与排气污染物成分发生量之间的关系是：________。(　　) ①②

A. 供给浓混合气时，NO_x 减少，CO 和 HC 增加

B. 供给稍稀混合气时，NO_x、CO 和 HC 同时增加

C. 供给稀混合气时，NO_x、CO 和 HC 同时减少

D. 供给稀混合气时，NO_x 减少，CO 和 HC 增加

答案：A

3. 在双怠速法测试过程中，如果任何时刻 CO 和 CO_2 的浓度之和小于________%，或者发动机熄火，应终止测试，排放测量结果无效。(　　) ①②

A. 6　　B. 7　　C. 8　　D. 9

答案：A

4. 进行双怠速法排气检验时，对以________为燃料点燃式发动机汽车，HC 项目为推荐性要求。(　　) ①②

A. 煤气　　B. 液化石油气

C. 天然气　　D. 沼气

答案：C

5. 汽油车的燃油蒸发排放控制系统（EVAP）是防止汽油箱内的汽油蒸气直接排放到大气环境而将汽油蒸气收集到________暂时贮存，在汽车发动机正常运行后再送到发动机进行燃烧的装置。(　　) ①②

A. 空气滤清器　　B. 化油器

C. 活性炭罐　　D. 油箱

答案：C

6. 在进行双怠速法测量前，当测试系统中 HC 气体残留值（体积分数）大于________$\times 10^{-6}$ 时，应自动停止测量。(　　) ①②

A. 7　　B. 10　　C. 20　　D. 30

答案：C

7. 对独立工作的双排气管车辆应采用________型取样管的对称双探头同时取样，应保证两分取样管内的样气同时到达总取样管。(　　) ①②

A. X　　B. Y　　C. A　　D. S

答案：B

四、问答题

1. 何为机动车的“机内”和“机外”净化技术？①②

答案：机内净化技术通常是指通过改进发动机的燃烧性能，以达到减少车辆污染物排

放的技术；机外净化技术通常是指对发动机排气管排出的污染物进行“排气后处理”，以达到减少污染物排放的技术。

2.《汽油车污染物排放限值及测量方法（双怠速法及简易工况法）》（GB 18285—2018）对标准气体及其成分有什么规定？①

答案：（1）标准气体应是钢瓶装标准气，或通过动态混合进行制备；

（2）标准气体应符合中华人民共和国有关标准的规定，并具有国家市场监督管理总局批准的标准参考物质证书；

（3）标准气体的单位为体积分数表示；

（4）所使用的标准气体的气体成分容许偏差应不超过推荐浓度的 ±15%；

（5）气体成分的不确定度应不超过被测物体积分数的 1%，在 C_3H_8 体积分数为 $2\ 000 \times 10^{-6}$ 或以下时可为 ±2%。

3. 如何保证双怠速法排气测试仪器的测量精度？①②

答案：（1）每天开始检测前使用满足国标要求的低浓度标准气体对分析仪进行精度检查，若检查精度不满足要求，需要使用高浓度标准气体进行标定，然后使用低浓度标准气体进行检查，直到精度满足为止，至少每月向管理部门上报一次检查结果；

（2）若多次低浓度检查结果都不能满足精度要求，则需要对分析仪重新进行调整和线性化，然后重新进行精度检查；

（3）使用化学电池原理进行 O_2 浓度测量的双怠速分析仪，至少每月进行一次 O_2 传感器响应时间的测定，一旦发现 O_2 传感器的响应时间超过标准规定，应立即进行更换；

（4）仪器每次开机后都应进行泄漏检查，并保证仪器经过了足够时间的预热；

（5）经常检查和及时更换仪器所使用的各种滤件；

（6）在相同工况条件下对同一车辆检测结果出现显著差异时，应立即检查采样系统是否出现泄漏或堵塞或仪器是否出现故障。

4. 怎样使用“当量系数”对汽油车排气分析仪进行校准？①②

答案：（1）分析仪通入丙烷标准气体时的绝对示值误差与通入相应的正己烷标准气体时的绝对示值误差之差应不大于其最大允许误差的 1/2，当量系数值一般在 0.490～0.540，并应该在分析仪上明确标注出该当量系数值。

（2）直接输入丙烷值进行校准。

5. 双怠速法的主要优点是什么？①②

答案：（1）检测所需要的设备简单；

（2）检测速度快、效率高；

（3）可检测所有的在用的点燃式发动机汽车。

参考文献

[1] 生态环境部，国家市场监督管理总局．汽油车污染物排放限值及测量方法：GB 18285—2018［S］．北京：中国环境出版集团，2018.

[2] 国家环境保护总局．汽油车双怠速法排气污染物测量设备技术要求：HJ/T 289—2006［S］．北京：

中国环境科学出版社，2006.
[3] 汽车百科全书编纂委员会 . 汽车百科全书［M］. 北京：中国大百科全书出版社，2010.
[4] 徐兆坤 . 汽车发动机原理［M］. 北京：清华大学出版社，2010.

命题：胡丹心　黄小伟　崔　杰　刘　伟　双菊荣
审核：田秀华　闫桂红　熊宪英

第二节　车载诊断（OBD）系统

分类号：V1-2

主要内容
《汽油车污染物排放限值及测量方法（双怠速法及简易工况法）》（GB 18285—2018）［附录F　车载诊断（OBD）系统检查程序］

一、填空题

1. 根据《汽油车污染物排放限值及测量方法（双怠速法及简易工况法）》（GB 18285—2018）［附录F　车载诊断（OBD）系统检查程序］，车载诊断（OBD）系统是指安装在汽车和发动机上的计算机信息系统，属于________。

答案：污染控制装置

2. 根据《汽油车污染物排放限值及测量方法（双怠速法及简易工况法）》（GB 18285—2018）［附录F　车载诊断（OBD）系统检查程序］，在用车 OBD 检查中，诊断就绪状态未完成超过两项时，要求车主________后复检。

答案：充分行驶

二、判断题

1. 根据《汽油车污染物排放限值及测量方法（双怠速法及简易工况法）》（GB 18285—2018）［附录F　车载诊断（OBD）系统检查程序］，如果车辆污染控制装置被移除，而 OBD 故障指示灯未点亮报警的，视为该车辆 OBD 不合格。(　　)

答案：正确

2. 根据《汽油车污染物排放限值及测量方法（双怠速法及简易工况法）》（GB 18285—2018）［附录F　车载诊断（OBD）系统检查程序］，在 OBD 通信检查若尝试两次都不合格时，可出具 OBD 不合格报告。(　　)

答案：错误

正确答案为：在 OBD 通信检查若尝试两次都不合格时，首先确认诊断仪是否存在故障。

3. 根据《汽油车污染物排放限值及测量方法（双怠速法及简易工况法）》（GB 18285—2018）［附录F　车载诊断（OBD）系统检查程序］，在用车 OBD 检查时，需要使用工具拆卸后方可连接 OBD 接口的车辆，应记录相关检查情况，按集中超标车型上报主管部门，OBD 检查结果按合格处理。(　　)

答案：正确

4. 根据《汽油车污染物排放限值及测量方法（双怠速法及简易工况法）》（GB 18285—2018）［附录 F　车载诊断（OBD）系统检查程序］，对配置有 OBD 系统的在用汽车，在完成外观检验后，应连接 OBD 诊断仪进行 OBD 检查。在随后的污染物排放检验过程中，不可断开 OBD 诊断仪。(　　)

答案：正确

三、选择题

1. 根据《汽油车污染物排放限值及测量方法（双怠速法及简易工况法）》（GB 18285—2018）［附录 F　车载诊断（OBD）系统检查程序］，对于在用汽油车，________以后生产的轻型车如果 OBD 检查不合格时，判定排放检验结果不合格。(　　)

A. 2011 年 1 月 1 日　　B. 2011 年 7 月 1 日

C. 2013 年 1 月 1 日　　D. 2013 年 7 月 1 日

答案：B

2. 根据《汽油车污染物排放限值及测量方法（双怠速法及简易工况法）》（GB 18285—2018）［附录 F　车载诊断（OBD）系统检查程序］，对于在用汽油车，________以后生产的重型车如果 OBD 检查不合格时，判定排放检验结果不合格。(　　)

A. 2011 年 1 月 1 日　　B. 2011 年 7 月 1 日

C. 2013 年 1 月 1 日　　D. 2013 年 7 月 1 日

答案：D

3. 根据《汽油车污染物排放限值及测量方法（双怠速法及简易工况法）》（GB 18285—2018）［附录 F　车载诊断（OBD）系统检查程序］，对于________以后生产的在用轻型燃气车，如果 OBD 检查不合格时，判定排放检验结果不合格。(　　)

A. 2011 年 1 月 1 日　　B. 2011 年 7 月 1 日

C. 2013 年 1 月 1 日　　D. 2013 年 7 月 1 日

答案：B

4. 根据《汽油车污染物排放限值及测量方法（双怠速法及简易工况法）》（GB 18285—2018）［附录 F　车载诊断（OBD）系统检查程序］，对于________以后生产的在用重型燃气车，如果 OBD 检查不合格时，判定排放检验结果不合格。(　　)

A. 2011 年 1 月 1 日　　B. 2015 年 1 月 1 日

C. 2013 年 1 月 1 日　　D. 2018 年 1 月 1 日

答案：D

参考文献

[1] 生态环境部，国家市场监督管理总局 . 汽油车污染物排放限值及测量方法（双怠速法及简易工况法）：GB 18285—2018［S］. 北京：中国环境出版集团，2018.

[2] 中国环境科学研究院 . 关于 GB 3847—2018 和 GB 18285—2018 标准 OBD 检查相关问题说明（一）［EB/OL］. http：//www.craes.cn/glzc/201911/t20191121_743655.shtml，2019.

命题：胡丹心　黄小伟

审核：黄小伟　田秀华　闫桂红

第二章　柴油车排放污染物

第一节　不透光烟度

分类号：V2-1

主要内容 ①《柴油车污染物排放限值及测量方法（自由加速法及加载减速法）》（GB 3847—2018）（附录 A　自由加速法、附录 C　不透光烟度计的特性和安装要求） ②《压燃式发动机汽车自由加速法排气烟度测量设备技术要求》（HJ/T 395—2007）

一、填空题

1.《柴油车污染物排放限值及测量方法（自由加速法及加载减速法）》（GB 3847—2018）规定，进行自由加速烟度测量前，发动机应充分预热，例如：发动机机油标尺孔位置的测量机油温度至少为________℃。如果由于车辆结构限制无法进行发动机机油温度测量时，可以通过其他方法判断发动机温度是否处于________温度范围内。①

答案：80　　正常运转

2. 根据《柴油车污染物排放限值及测量方法（自由加速法及加载减速法）》（GB 3847—2018），不透光烟度计滤光片的校准周期一般为________，其数值为________值。①

答案：一年　　校准证书的校准

3.《柴油车污染物排放限值及测量方法（自由加速法及加载减速法）》（GB 3847—2018）规定，在进行自由加速法烟度测量前，应采用三次自由加速过程或其他等效方法对排气系统进行吹拂，以清扫排气系统中的________。①

答案：残留污染物

4. 根据《柴油车污染物排放限值及测量方法（自由加速法及加载减速法）》（GB 3847—2018），使用不透光烟度法对压燃式发动机汽车进行排放污染物监测时，检测过程应重复三次自由加速过程，烟度计应记录每次自由加速过程________值，应将上述三次自由加速烟度________值的算术平均值作为测量结果。①

答案：最大　　最大

5. 根据《柴油车污染物排放限值及测量方法（自由加速法及加载减速法）》（GB 3847—2018），不透光烟度计显示仪表应有两种计量单位：一种为绝对________单位，从 0 到趋于∞（m^{-1}）；另一种为________的线性分度单位，从 0 到 100%。两种计量单位的量程，均应以光全通过时为 0，全遮挡时为满量程。①

答案：光吸收系数　　不透光度

二、判断题

1. 根据《柴油车污染物排放限值及测量方法（自由加速法及加载减速法）》（GB 3847—2018），在汽车发动机中，利用压缩空气产生的高温使燃料进行燃烧的发动机称为压燃式发动机，如柴油机。（　　）①

答案：正确

2.《柴油车污染物排放限值及测量方法（自由加速法及加载减速法）》（GB 3847—2018）*J* 只适用于柴油车的排气污染物排放限值及测量方法。（　　）①

答案：错误

正确答案为：也适用于其他装用压燃式发动机汽车。

3. 不透光烟度计显示仪表应有两种计量单位，两种计量单位的量程，均应以光全通过时为 0，全遮挡时为满量程。（　　）①②

答案：正确

4. 检查车辆是否存在烧机油或者严重冒黑烟现象，如有，应要求车主进行维修。（　　）①②

答案：错误

正确答案为：检查车辆是否存在明显烧机油，或者严重冒黑烟现象。

5. 进行自由加速法测量时，对重型车用发动机，将油门踏板放开后至少等待 10 s。（　　）①②

答案：正确

6.《柴油车污染物排放限值及测量方法（自由加速法及加载减速法）》（GB 3847—2018）中规定，在进行自由加速测量时，必须在 1 min 内将油门踏板快速、连续地完全踩到底，使喷油泵在最短时间内供给最大油量。（　　）①

答案：错误

正确答案为：在 1 s 内将油门踏板连续完全踩到底。

三、选择题

1. 根据《压燃式发动机汽车自由加速法排气烟度测量设备技术要求》（HJ/T 395—2007）的规定，进行自由加速法测试时，对于轻型车，取样管长度应不超过________m。（　　）②

A. 3.5　　B. 2.5　　C. 2.0　　D. 1.5

答案：D

2.《柴油车污染物排放限值及测量方法（自由加速法及加载减速法）》（GB 3847—2018）对自由加速法测量的要求是：在每个自由加速循环的开始点发动机（包括废气涡轮增压发动机）均应处于________状态。（　　）①

A. 怠速　　B. 急加速　　C. 高怠速　　D. 低怠速

答案：A

3.《柴油车污染物排放限值及测量方法（自由加速法及加载减速法）》（GB 3847—2018）适用于装用压燃式发动机的汽车，但不适用于________和三轮汽车。（　　）①

A. 高速货车　　B. 中速货车　　C. 低速货车　　D. 飞速货车

答案：C

4. 根据《柴油车污染物排放限值及测量方法（自由加速法及加载减速法）》（GB 3847—2018），自由加速排气检测时，如果最后 3 次测量结果分别为 5.0 m^{-1}、2.2 m^{-1}、2.1 m^{-1}，那么测量结果为________m^{-1}。（　　）①

A. 5.0　　B. 3.1　　C. 2.2　　D. 2.1

答案：B

5.《柴油车污染物排放限值及测量方法（自由加速法及加载减速法）》（GB 3847—2018）中规定：进行自由加速排气检测时，对每个自由加速测量，在松开油门踏板前，发动机应达到________。（　　）①

A. 最大功率转速　　B. 最大无负荷转速　　C. 最大设计转速　　D. 额定转速

答案：D

6. 根据《柴油车污染物排放限值及测量方法（自由加速法及加载减速法）》（GB 3847—2018），不透光烟度计的不透光读数最大允许误差为________%。（　　）①

A. 1　　B. 2　　C. 3　　D. 4

答案：B

四、问答题

1. 根据《柴油车污染物排放限值及测量方法（自由加速法及加载减速法）》（GB 3847—2018），在对压燃式发动机汽车进行自由加速测量前，为什么要采用 3 次自由加速过程？①

答案：采用 3 次自由加速过程的目的是清扫排气系统中的残留污染物。

2. 根据《柴油车污染物排放限值及测量方法（自由加速法及加载减速法）》（GB 3847—2018），在进行在用汽车自由加速不透光烟度测量过程中，应注意哪些问题？①

答案：（1）应保证车辆达到正常工作热状态，车辆排气管无泄漏，车辆不应长期处于怠速状况，以免燃烧室温度降低或产生积碳；

（2）如 3 次自由加速过程没能清空排气管上的沉积物，应继续进行清空操作；

（3）取样探头插入排气管内时，应保证取样探头的插深长度，使其中心线与排气管轴线平行，并尽可能在轴线上；

（4）测量结束后，取样探头的放置应避免沙、泥、水等杂物进入。

参考文献

[1] 生态环境部，国家市场监督管理总局 . 柴油车污染物排放限值及测量方法（自由加速法及加载减速法）：GB 3847—2018［S］. 北京：中国标准出版社，2018.

[2] 国家环境保护总局 . 压燃式发动机汽车自由加速法排气烟度测量设备技术要求：HJ/T 395—2007［S］. 北京：中国环境科学出版社，2007.

[3] 国家质量监督检验检疫总局 . 光谱光度计标准滤光器：JJG 1034—2008［S］. 北京：中国标准出版社，2008.

命题：黄小伟 崔 杰 双菊荣
审核：田秀华 胡丹心 闫桂红 熊宪英

第二节 林格曼烟度

分类号：V2-2

主要内容
《柴油车污染物排放限值及测量方法（自由加速法及加载减速法）》（GB 3847—2018）（附录 D 林格曼烟度法）

一、填空题

1.《柴油车污染物排放限值及测量方法（自由加速法及加载减速法）》（GB 3847—2018）中的林格曼黑度指将排气污染物颜色与林格曼浓度图对比得到的一种烟尘浓度表示法，分为________级。

答案： 0～5

2.《柴油车污染物排放限值及测量方法（自由加速法及加载减速法）》（GB 3847—2018）中的林格曼黑度级数是评价烟羽黑度的一种数值，将观测的烟羽黑度与林格曼________对比得到。

答案： 烟气黑度图

3. 根据《柴油车污染物排放限值及测量方法（自由加速法及加载减速法）》（GB 3847—2018），林格曼烟度法的原理是：把林格曼烟气黑度图放在________的位置上，将柴油车排气的烟度与图上的________相比较，确定柴油车排气烟羽的黑度。

答案： 适当　　黑度

二、判断题

1. 根据《柴油车污染物排放限值及测量方法（自由加速法及加载减速法）》（GB 3847—2018），林格曼烟度法应在白天进行观测，观测人员与柴油车排气口的距离应足以保证对排气情况清晰地观察。（　　）

答案： 正确

2. 对于林格曼烟度法，雨雪天、雾天及风速大于 5.0 m/s 时不应进行观察。（　　）

答案： 错误

正确答案为：风速大于 4.5 m/s 时不应进行观察。

3. 根据《柴油车污染物排放限值及测量方法（自由加速法及加载减速法）》（GB 3847—2018），对于林格曼烟度法，观察排气宜在比较均匀的天空照明下进行。如在阴天的情况下观察，由于天空背景较暗，在读数时应根据经验取稍偏低的级数（减去 0.25 级或 0.5 级）。（　　）

答案： 正确

三、选择题

1. 根据《柴油车污染物排放限值及测量方法（自由加速法及加载减速法）》（GB 3847—2018），观测人员的视线应尽量与排气烟羽飘动的方向垂直。观察排气烟羽的仰视角不应太大，一般情况下不宜大于________角，尽量避免在过于陡峭的角度下观察。（　　）

   A. 35°　　B. 40°　　C. 45°　　D. 50°

   答案： C

2. 根据《柴油车污染物排放限值及测量方法（自由加速法及加载减速法）》（GB 3847—2018），标准的林格曼烟气黑度图，黑色条格的面积占________% 为 1 级。（　　）

   A. 20　　B. 25　　C. 30　　D. 35

答案： A

四、问答题

1. 根据《柴油车污染物排放限值及测量方法（自由加速法及加载减速法）》（GB 3847—2018），林格曼烟度法测定柴油车排气烟度时，对观测位置和条件有什么要求？

答案：（1）应在白天进行观测，观测人员与柴油车排气口的距离应足以保证对排气情况清晰地观察。

（2）观测人员的视线应尽量与排气烟羽飘动的方向垂直。

（3）观察排气烟羽黑度力求在比较均匀的光照下进行。如果在太阳光照射下观察，应尽量使照射光线与视线成直角，光线不应来自观测人员的前方或后方。雨雪天、雾天及风速大于 4.5 m/s 时不应进行观察。

2. 根据《柴油车污染物排放限值及测量方法（自由加速法及加载减速法）》（GB 3847—2018），标准的林格曼烟气黑度图是怎么样的？

答案： 标准的林格曼烟气黑度图由 14 cm × 21 cm 的不同黑度的图片组成，除全白与全黑分别代表林格曼烟气黑度 0 级和 5 级外，其余 4 个级别是根据黑色条格占整块面积的百分数来确定的，黑色条格的面积占 20% 为 1 级，占 40% 为 2 级，占 60% 为 3 级，占 80% 为 4 级。

参考文献

生态环境部，国家市场监督管理总局 . 柴油车污染物排放限值及测量方法（自由加速法及加载减速法）：GB 3847—2018［S］. 北京：中国标准出版社，2018.

命题：黄小伟　崔　杰　双菊荣

审核：胡丹心　闫桂红　田秀华　熊宪英

第三节 车载诊断（OBD）系统

分类号：V2-3

主要内容
《柴油车污染物排放限值及测量方法（自由加速法及加载减速法）》（GB 3847—2018）［附录E 车载诊断（OBD）系统检查程序］

一、填空题

1. 根据《柴油车污染物排放限值及测量方法（自由加速法及加载减速法）》（GB 3847—2018），车载诊断（OBD）系统，指安装在汽车和发动机上的计算机信息系统，属于________。

答案：污染控制装置

2. 根据《柴油车污染物排放限值及测量方法（自由加速法及加载减速法）》（GB 3847—2018）进行OBD检查时，首先找出OBD诊断仪接口连接OBD诊断仪，若车辆无________则判定OBD检查不合格。

答案： OBD诊断仪接口

3. 根据《柴油车污染物排放限值及测量方法（自由加速法及加载减速法）》（GB 3847—2018）进行OBD检查时，车辆进行上电（不启动发动机）进行车辆仪表盘电路自诊断，检查仪表盘MIL灯是否________。如MIL灯可以点亮（包含闪烁或点亮片刻后熄灭），则OBD故障指示器目视检查合格，否则判定OBD检查不合格。

答案：点亮或闪烁

二、判断题

1. 根据《柴油车污染物排放限值及测量方法（自由加速法及加载减速法）》（GB 3847—2018），在用车OBD检查过程中，OBD诊断仪连接后不稳定或死机的，视为该车辆OBD不合格。（　　）

答案：错误

正确答案为：记录相关检查情况，按集中超标车型上报主管部门，OBD检查结果按合格处理。

2. 根据《柴油车污染物排放限值及测量方法（自由加速法及加载减速法）》（GB 3847—2018），在用车OBD检查过程中，OBD诊断仪连接后OBD信息读取不成功或存在OBD保护功能的，视为该车辆OBD不合格。（　　）

答案：错误

正确答案为：记录相关检查情况，按集中超标车型上报主管部门，OBD检查结果按合格处理。

3. 在用车OBD检查过程中，需要使用工具拆卸后方可连接OBD接口的车辆，视为该

车辆 OBD 不合格。(　　)

答案： 错误

正确答案为：记录相关检查情况，按集中超标车型上报主管部门，OBD 检查结果按合格处理。

三、选择题

1. 根据《柴油车污染物排放限值及测量方法（自由加速法及加载减速法）》(GB 3847—2018)，对于在用柴油车，________以后生产的轻型车如果 OBD 检查不合格时，判定排放检验结果不合格。(　　)

A. 2011 年 1 月 1 日　　B. 2015 年 1 月 1 日

C. 2013 年 1 月 1 日　　D. 2018 年 1 月 1 日

答案： D

2. 根据《柴油车污染物排放限值及测量方法（自由加速法及加载减速法）》(GB 3847—2018)，对于在用柴油车，________以后生产的重型车如果 OBD 检查不合格时，判定排放检验结果不合格。(　　)

A. 2011 年 1 月 1 日　　B. 2015 年 1 月 1 日

C. 2013 年 1 月 1 日　　D. 2018 年 1 月 1 日

答案： D

3. 根据《柴油车污染物排放限值及测量方法（自由加速法及加载减速法）》(GB 3847—2018)，如果同一型号车型 OBD 通信不合格检查记录（至少________台）均是不合格，应作为集中超标车型上报。(　　)

A. 3　　B. 4　　C. 5　　D. 6

答案： C

参考文献

[1] 生态环境部，国家市场监督管理总局 . 柴油车污染物排放限值及测量方法（自由加速法及加载减速法）：GB 3847—2018 [S] . 北京：中国标准出版社，2018.

[2] 中国环境科学研究院 . 关于 GB 3847—2018 和 GB 18285—2018 标准 OBD 检查相关问题说明（一）[EB/OL] .http：//www.craes.cn/glzc/201911/t20191121_743655.shtml，2019.

命题：胡丹心　黄小伟

审核：田秀华　闫桂红

第六篇

室内装饰装修材料中有害物质

第一章　人造板及其制品中甲醛

分类号：M1

主要内容 ①《室内装饰装修材料　人造板及其制品中甲醛释放限量》（GB 18580—2001） ②《人造板及饰面人造板理化性能试验方法》（GB/T 17657—2013）（4.58　甲醛含量测定——穿孔法） ③《人造板及饰面人造板理化性能试验方法》（GB/T 17657—2013）（4.59　甲醛释放量测定——干燥器法） ④《人造板及饰面人造板理化性能试验方法》（GB/T 17657—2013）（4.60　甲醛释放量测定——气候箱法）

一、填空题

1.《室内装饰装修材料　人造板及其制品中甲醛释放限量》（GB 18580—2001）中所指人造板制品包括________和________等。①②③④

答案：地板　　墙板

2. 根据《人造板及饰面人造板理化性能试验方法》（GB/T 17657—2013）中穿孔法进行甲醛含量测定时，称取试件的量应为________g，精确至 0.01g。①②

答案：110

3. 根据《人造板及饰面人造板理化性能试验方法》（GB/T 17657—2013）中干燥器法测定甲醛释放量时，试样的总表面积包括侧面、两端和表面，应接近________cm^2，据此确定试件数量。①③

答案：1 800

4. 根据《人造板及饰面人造板理化性能试验方法》（GB/T 17657—1999）中干燥器法测定饰面人造板甲醛释放量时，分光光度法的测定在________nm 波长处进行，推荐使用光程为________mm 的比色皿。①③

答案：412　　50

5. 根据《人造板及饰面人造板理化性能试验方法》（GB/T 17657—1999）中干燥器法测定甲醛释放量时，使用的乙酰丙酮 - 乙酸铵溶液的配置方法是：称取 150 g 乙酸铵于 800 ml 蒸馏水或去离子水中，再加入 3 ml 冰乙酸和 2 ml 乙酰丙酮，并充分搅拌，顶用值 1 L，闭关保存。改溶液的保存期为________d，超过该期限后用哪个重新配置。①③

答案：3

二、判断题

1. 根据《人造板及饰品人造板理化性能试验方法》（GB/T 17657—2013）中穿孔法

测定甲醛含量时，在整个加热萃取过程中，应有专人看管，以免发生意外事故。（　　）①②

答案： 正确

2. 根据《人造板及饰面人造板理化性能试验方法》（GB/T 17657—2013）要求，在穿孔法测定甲醛含量时，试件尺寸一般为长 20 mm、宽 20 mm。（　　）①②

答案： 错误

正确答案为：试件尺寸一般为长 25 mm、宽 25 mm。

3. 根据《人造板及饰面人造板理化性能试验方法》（GB/T 17657—2013）要求，在用穿孔法测定甲醛含量时，不必进行试件含水率测定。（　　）①②

答案： 错误

正确答案为：必须同时进行含水率测定。

4. 根据《人造板及饰面人造板理化性能试验方法》（GB/T 17657—2013），采用穿孔法测定甲醛含量时，萃取过程中若有漏气或停电间断，此项实验必须重做。（　　）①②

答案： 正确

5. 根据《人造板及饰品人造板理化性能试验方法》（GB/T 17657—2013）中穿孔法测定甲醛含量时，一张板的甲醛含量是在同一张板内 2 份试件甲醛含量的算术平均值，精确至 0.1 g。（　　）①②

答案： 正确

6.《室内装饰装修材料　人造板及其制品中甲醛释放限量》（GB 18580—2001）中干燥器法测定的甲醛释放量是指试件释放于空气中的甲醛量。（　　）①③

答案： 错误

正确答案为：是释放到干燥器中并被吸收液吸收的甲醛浓度。

7. 根据《人造板及饰面人造板理化性能试验方法》（GB/T 17657—2013）中干燥器法测定甲醛释放量时，所用的吸收液是甲苯。（　　）①③

答案： 错误

正确答案为：吸收液是水。

8. 根据《人造板及饰面人造板理化性能试验方法》（GB/T 17657—2013）中干燥器法测定甲醛释放量时，应测定 48 h 内吸收液中甲醛的含量。（　　）①③

答案： 错误

正确答案为：应为 24 h。

9. 根据《人造板及饰面人造板理化性能试验方法》（GB/T 17657—2013）中干燥器法测定甲醛释放量时，空白试验的空白值不得超过 0.1 mg/L。（　　）①③

答案： 错误

正确答案为：不得超过 0.05 mg/L。

10. 根据《人造板及饰面人造板理化性能试验方法》（GB/T 17657—2013）中气候箱法测定甲醛释放量时，试样有带榫舌的突出部分应去掉；试件平衡处理后，采用不含甲醛的铝胶带封边；对于尺寸为 0.5 m × 0.5 m × 板厚的试件，试验需 2 块试件，每块试件未封边长度为 0.75 m。（　　）①④

答案：正确

三、选择题

1. 根据《室内装饰装修材料　人造板及其制品中甲醛释放限量》(GB 18580—2001)，若某客户送检一块装饰单板贴面胶合板，要求测定其甲醛含量 / 释放量，合适的检测方法为________。(　　) ①②③④

A. 穿孔萃取法　　B. 干燥器法　　C. 气候箱法

答案：B

2. 根据《室内装饰装修材料　人造板及其制品中甲醛释放限量》(GB 18580—2001)，若某客户送检一块高密度纤维板，要求测定其甲醛含量 / 释放量，合适的检测方法为________。(　　) ①②③④

A. 穿孔萃取法　　B. 干燥器法　　C. 气候箱法

答案：A

3. 根据《室内装饰装修材料　人造板及其制品中甲醛释放限量》(GB 18580—2001)，若某客户送检一块细木工板，要求测定其甲醛含量 / 释放量，合适的检测方法为________。(　　) ①②③④

A. 穿孔萃取法　　B. 干燥器法　　C. 气候箱法

答案：B

4. 根据《室内装饰装修材料　人造板及其制品中甲醛释放限量》(GB 18580—2001)，若某客户送检一块刨花板，要求测定其甲醛含量 / 释放量，合适的检测方法为________。(　　) ①②③④

A. 穿孔萃取法　　B. 干燥器法　　C. 气候箱法

答案：A

5. 根据《人造板及饰面人造板理化性能试验方法》(GB/T 17657—2013) 中干燥器法测定甲醛释放量时，要求试件数量为 2 组，两次甲醛释放量的差异应在算术平均值的________% 以内，否则选择第 3 组试件重新测定。(　　) ①③

A. 10　　B. 20　　C. 30

答案：B

6. 根据《人造板及饰面人造板理化性能试验方法》(GB/T 17657—2013) 中干燥器法测定甲醛释放量时，试件质量恒定是指前后间隔 24 h 两次称量所得质量差不超过试件质量的________%。(　　) ①③

A. 0.1　　B. 0.2　　C. 0.5

答案：A

7. 根据《人造板及饰面人造板理化性能试验方法》(GB/T 17657—2013) 中气候箱法测定甲醛释放量时，当达到稳定状态，加强释放量是最后________次测定浓度的平均值。(　　) ①④

A. 2　　B. 3　　C. 4　　D. 5

答案：C

四、问答题

1.《人造板及饰面人造板理化性能试验方法》（GB/T 17657—2013）中规定测定甲醛的方法有哪些？①②③④

答案：有穿孔法、干燥器法、气候箱法和气体分析法 4 种。

2. 简述《人造板及饰面人造板理化性能试验方法》（GB/T 17657—2013）中气候箱法测定饰面人造板甲醛释放量的原理。①④

答案：将 1 m^2 表面积的样品放入温度、相对湿度、空气流速和空气置换率控制在一定值的气候箱内。定期抽取箱内空气，并用盛有蒸馏水的吸收瓶吸收，直到空气中甲醛全部溶入水中；测定吸收液中的甲醛量及抽取的空气体积，计算出每立方米空气中的甲醛量，以毫克每立方米（mg/m^3）表示。

参考文献

[1] 中国国家标准化管理委员会 . 室内装饰装修材料　人造板及其制品中甲醛释放限量：GB 18580—2001［S］. 北京：中华人民共和国卫生部，2001.

[2] 中国国家标准化管理委员会 . 人造板及饰面人造板理化性能试验方法：GB/T 17657—2013［S］. 北京：中华人民共和国卫生部，2013.

命题：王　津　刘文凯　夏　新

审核：池　靖　刘文凯

第二章　溶剂型木器涂料中有害物质

第一节　基础知识

分类号：M2-0

主要内容 《室内装饰装修材料　溶剂型木器涂料中有害物质限量》（GB 18581—2009）

一、判断题

1.《室内装饰装修材料　溶剂型木器涂料中有害物质限量》（GB 18581—2009）适用于室内装饰装修和工厂化涂装用聚氨酯类、聚氨酯类和醇酸类溶剂型木器涂料（包括底漆和面漆）及木器用溶剂型腻子，也适用于辐射固化涂料和不饱和聚酯腻子。（　　）

答案：错误

正确答案为：不适用于辐射固化涂料和不饱和聚酯腻子。

2.《室内装饰装修材料　溶剂型木器涂料中有害物质限量》（GB 18581—2009）中聚氨酯类涂料指以由多异氰酸酯与含活性氢的化合物反应而成的聚氨（基甲酸）酯树脂为主要成膜物质的一类涂料。（　　）

答案：正确

3.《室内装饰装修材料　溶剂型木器涂料中有害物质限量》（GB 18581—2009）中要求，取样按照《色漆、清漆和色漆与清漆用原材料　取样》（GB/T 3186—2006）规定进行。样品分为两份，一份密封保存，另一份作为检验用样品。（　　）

答案：正确

二、问答题

简述《室内装饰装修材料　溶剂型木器涂料中有害物质限量》（GB 18581—2009）中检验结果的判定方法。

答案：（1）检验结果的判定按照 GB/T 1250 中的修约值比较法进行，当修约后的检验结果为 0 或 0.0 时，结果以一位有效数字报出。

（2）报出检验结果时应同时注明产品明示的施工配比。

（3）所有项目的检验结果均达到本标准的要求时，产品为符合本标准要求。

参考文献

[1] 中华人民共和国国家质量监督检验检疫总局，中国国家标准化管理委员会 . 室内装饰装修材料　溶剂型木器涂料中有害物质限量：GB 18581—2009［S］. 北京：中国标准出版社，2009.

[2] 中华人民共和国国家质量监督检验检疫总局，中国国家标准化管理委员会．色漆、清漆和色漆与清漆用原材料　取样：GB/T 3186—2006［S］．北京：中国标准出版社，2006.

命题：刘文凯　李　波
审核：池　靖

第二节　挥发性有机化合物

分类号：M2-1

主要内容
《室内装饰装修材料　溶剂型木器涂料中有害物质限量》（GB 18581—2009）（附录 A　挥发性有机化合物（VOC）含量的测定　气相色谱法）

一、判断题

1. 根据《室内装饰装修材料　溶剂型木器涂料中有害物质限量》（GB 18581—2009）测定挥发性有机化合物时，要测定涂料的密度，测定密度前应用铬酸溶液、蒸馏水和蒸发后不留下残余物的溶剂依次清洗玻璃比重瓶。（　　）

答案：正确

2.《室内装饰装修材料　溶剂型木器涂料中有害物质限量》（GB 18581—2009）中规定，测定挥发性有机化合物时，必须测定涂料中水的含量。（　　）

答案：错误

正确答案为：无需测定涂料中水的含量，因为该标准所指涂料是指以有机物作为溶剂的木器涂料。

二、选择题

1.《室内装饰装修材料　溶剂型木器涂料中有害物质限量》（GB 18581—2009）中规定，测定挥发性有机化合物时，要按产品明示的施工配比混合后测定。稀释剂的使用量为某一范围时，应按照产品施工配比规定的________稀释比例混合后进行测定。（　　）

A. 最大　　B. 最小　　C. 最大与最小的平均值

答案：A

2.《室内装饰装修材料　溶剂型木器涂料中有害物质限量》（GB 18581—2009）中规定，测定挥发性有机化合物时，测定挥发物要求的加热温度和加热时间分别是________。（　　）

A. 100℃ ±2℃，3 h　　B. 100℃ ±2℃，1 h

C. 105℃ ±2℃，1 h　　D. 105℃ ±2℃，3 h

答案：D

3.《室内装饰装修材料　溶剂型木器涂料中有害物质限量》（GB 18581—2009）中规定，测定挥发性有机化合物时，要测定涂料的密度，测定密度前应对比重瓶连续清洗、干燥和称量，直到两次相继称量之差不超过________mg。（　　）

A. 0.5　　B. 1.0　　C. 1.5　　D. 5

答案：A

4.《室内装饰装修材料　溶剂型木器涂料中有害物质限量》（GB 18581—2009）中规定，测定挥发性有机化合物时，测定涂料密度要求的试验温度是________。（　　）

A. 50℃ ±2℃　　B. 23℃ ±2℃　　C. 20℃ ±2℃

答案：B

参考文献

[1] 中华人民共和国国家质量监督检验检疫总局，中国国家标准化管理委员会. 室内装饰装修材料　溶剂型木器涂料中有害物质限量：GB 18581—2009［S］. 北京：中国标准出版社，2009.

[2] 国家标准局. 色漆和清漆　挥发物和不挥发物的测定：GB 6751—86［S］. 北京：中国标准出版社，1986.

[3] 中华人民共和国国家质量监督检验检疫总局，中国国家标准化管理委员会. 色漆和清漆　密度的测定　比重瓶法：GB/T 6750—2007［S］. 北京：中国标准出版社，2007.

命题：刘文凯　李　波

审核：池　靖

第三节　苯、甲苯、乙苯、二甲苯和甲醇

分类号：M2-2

主要内容
《室内装饰装修材料　溶剂型木器涂料中有害物质限量》（GB 18581—2009）（附录 B　苯、甲苯、乙苯、二甲苯和甲醇含量的测定　气相色谱法）

选择题

1.《室内装饰装修材料　溶剂型木器涂料中有害物质限量》（GB 18581—2009）中规定，测定苯、甲苯、乙苯、二甲苯和甲醇含量时，应按产品明示的施工配比混合后测定。如稀释剂的使用量为某一范围时，应按照产品施工配比规定的________稀释比例混合后进行测定。（　　）

A. 最大　　B. 最小　　C. 最大与最小的平均值

答案：A

2.《室内装饰装修材料　溶剂型木器涂料中有害物质限量》（GB 18581—2009）中，用气相色谱法测定苯、甲苯、乙苯、二甲苯和甲醇含量的内标物为________。（　　）

A. 苯　　B. 乙苯　　C. 甲苯　　D. 正戊烷

答案：D

3.《室内装饰装修材料　溶剂型木器涂料中有害物质限量》（GB 18581—2009）中，用气相色谱法测定苯、甲苯、乙苯、二甲苯和甲醇含量的稀释剂为________。（　　）

A. 苯　　B. 乙苯　　C. 甲醇　　D. 乙酸乙酯

答案：D

4.《室内装饰装修材料　溶剂型木器涂料中有害物质限量》（GB 18581—2009）中，用气相色谱法测定苯、甲苯、乙苯、二甲苯和甲醇含量时，要求同一操作者两次测定结果的相对偏差应小于________%。（　　）

A. 5　　B. 10　　C. 15　　D. 20

答案：A

参考文献

[1] 中华人民共和国国家质量监督检验检疫总局，中国国家标准化管理委员会 . 室内装饰装修材料　溶剂型木器涂料中有害物质限量：GB 18581—2009 [S] . 北京：中国标准出版社，2009.

[2] 国家标准局 . 色漆和清漆　挥发物和不挥发物的测定：GB 6751—86 [S] . 北京：中国标准出版社，1986.

命题：刘文凯　李　波

审核：池　靖

第四节　二异氰酸酯

分类号：M2-3

主要内容
①《室内装饰装修材料　溶剂型木器涂料中有害物质限量（游离二异氰酸酯）》（GB 18581—2009）
②《色漆和清漆用漆基　异氰酸酯树脂中二异氰酸酯单体的测定（气相色谱法）》（GB/T 18446—2009）

一、判断题

1.《色漆和清漆用漆基　异氰酸酯树脂中二异氰酸酯单体的测定》（GB/T 18446—2009）中规定，测定二异氰酸酯单体时按照 GB/T 3186 的规定取受试产品的代表性样品，应将样品储存于低温、干燥处及暗处。（　　）

答案：正确

2.《色漆和清漆用漆基　异氰酸酯树脂中二异氰酸酯单体的测定》（GB/T 18446—2009）中规定，测定二异氰酸酯单体时，玻璃材质的衬管应根据需要进行清洗和更换。（　　）

答案：正确

二、选择题

《室内装饰装修材料　溶剂型木器涂料中有害物质限量》（GB 18581—2009）中规定，测定游离二异氰酸酯含量时，如聚氨酯类涂料和腻子规定了稀释比例由双组分或多组分组成，应先测定固化剂（含游离二异氰酸酯预聚物）中的含量，再按产品明示的施工配比计算混合后涂料中的含量。如稀释剂的使用量为某一范围时，应按照产品施工配比规定的________稀释比例进行计算。（　　）

A. 最大　　B. 最小　　C. 最大与最小的平均值

答案：B

参考文献

[1] 中华人民共和国国家质量监督检验检疫总局，中国国家标准化管理委员会．室内装饰装修材料 溶剂型木器涂料中有害物质限量：GB 18581—2009［S］．北京：中国标准出版社，2009.

[2] 中华人民共和国国家质量监督检验检疫总局，中国国家标准化管理委员会．色漆和清漆用漆基 异氰酸酯树脂中二异氰酸酯单体的测定：GB/T 18446—2009［S］．北京：中国标准出版社，2009.

命题：刘文凯 李 波
审核：池 靖

第五节 卤代烃

分类号：M2-4

主要内容
《室内装饰装修材料 溶剂型木器涂料中有害物质限量》（GB 18581—2009）（附录 C 卤代烃含量的测定 气相色谱法）

一、判断题

1. 根据《室内装饰装修材料 溶剂型木器涂料中有害物质限量》（GB 18581—2009）附录 C 测定卤代烃含量时，适用于稀释试样的有机溶剂，不含有任何干扰测试的物质，纯度至少为 99%（质量分数）或已知纯度。例如：乙酸乙酯和正己烷等。（ ）

答案：正确

2.《室内装饰装修材料 溶剂型木器涂料中有害物质限量》（GB 18581—2009）附录 C 中规定，测定卤代烃含量时，所有试验进行二次平行测定。（ ）

答案：正确

二、选择题

《室内装饰装修材料 溶剂型木器涂料中有害物质限量》（GB 18581—2009）规定，测定卤代烃含量时，按产品明示的施工配比混合后测定。如稀释剂的使用量为某一范围时，应按照产品施工配比规定的________稀释比例混合后进行测定。（ ）

A. 最大　　B. 最小　　C. 最大与最小的平均值

答案：A

参考文献

中华人民共和国国家质量监督检验检疫总局，中国国家标准化管理委员会．室内装饰装修材料 溶剂型木器涂料中有害物质限量：GB 18581—2009［S］．北京：中国标准出版社，2009.

命题：刘文凯 李 波
审核：池 靖

第六节　可溶性铅、镉、铬和汞

分类号：M2-5

主要内容

《室内装饰装修材料　内墙涂料中有害物质限量》（GB 18582—2008）（附录D　可溶性铅、镉、铬、汞元素含量的测试　火焰原子吸收光谱仪和氢化物发生原子吸收光谱法）

试题与M3-4相同，即《室内装饰装修材料　内墙涂料中有害物质限量》（GB 18582—2008）（附录D　可溶性铅、镉、铬、汞元素含量的测试）。

参考文献

[1] 中华人民共和国国家质量监督检验检疫总局，中国国家标准化管理委员会. 室内装饰装修材料　溶剂型木器涂料中有害物质限量：GB 18581—2009［S］. 北京：中国标准出版社，2009.

[2] 中华人民共和国国家质量监督检验检疫总局，中国国家标准化管理委员会. 室内装饰装修材料　内墙涂料中有害物质限量：GB 18582—2008［S］. 北京：中国标准出版社，2008.

[3] 中华人民共和国国家质量监督检验检疫总局，中国国家标准化管理委员会. 分析实验室用水规格和试验方法：GB/T 6682—2008［S］. 北京：中国标准出版社，2008.

命题：刘文凯　李　波

审核：池　靖

第三章　内墙涂料中有害物质

第一节　基础知识

分类号：M3-0

主要内容
《室内装饰装修材料　内墙涂料中有害物质限量》（GB 18582—2008）

一、填空题

1.《室内装饰装修材料　内墙涂料中有害物质限量》（GB 18582—2008）适用于各类室内装饰装修用________和________。

答案：水性墙面涂料　　水性墙面腻子

2.《室内装饰装修材料　内墙涂料中有害物质限量》（GB 18582—2008）规定了内墙涂料中重金属的限量要求，重金属包括________、________、________和______。

答案：可溶性铅　　可溶性镉　　可溶性铬　　可溶性汞

二、判断题

1.《室内装饰装修材料　内墙涂料中有害物质限量》（GB 18582—2008）要求取样按照《色漆、清漆和色漆与清漆用原材料　取样》（GB/T 3186—2006）进行。样品分为两份，一份密封保存，另一份作为检验用样品。（　　）

答案：正确

2.《室内装饰装修材料　内墙涂料中有害物质限量》（GB 18582—2008）规定，测定水性墙面涂料有害物质含量时，所有项目均不考虑稀释配比。（　　）

答案：正确

三、选择题

《室内装饰装修材料　内墙涂料中有害物质限量》（GB 18582—2008）规定的技术要求中不包括________指标。（　　）

A. 挥发性有机化合物　B. 游离甲醛　　C. 可溶性铅　　D. 砷

答案：D

四、问答题

简述《室内装饰装修材料　内墙涂料中有害物质限量》（GB 18582—2008）中检验结果的判定方法。

答案：（1）检验结果的判定按 GB/T 1250 中修约值比较法进行。

（2）粉状腻子报出检验结果时应同时注明配置比例。

（3）所有项目的检验结果均达到本标准的要求时，产品为符合本标准要求。

参考文献

[1] 中华人民共和国国家质量监督检验检疫总局，中国国家标准化管理委员会．室内装饰装修材料 内墙涂料中有害物质限量：GB 18582—2008［S］．北京：中国标准出版社，2008.

[2] 中华人民共和国国家质量监督检验检疫总局，中国国家标准化管理委员会．色漆、清漆和色漆与清漆用原材料 取样：GB/T 3186—2006［S］．北京：中国标准出版社，2006.

[3] 国家技术监督局．极限数值的表示方法和判定方法：GB 1250—89［S］．北京：中国标准出版社，1989.

命题：刘文凯 李 波

审核：池 靖

第二节 挥发性有机化合物

分类号：M3-1

主要内容
《室内装饰装修材料 内墙涂料中有害物质限量》（GB 18582—2008）（附录 A 挥发性有机化合物及苯、甲苯、乙苯和二甲苯总和含量的测试 气相色谱法）

一、判断题

根据《室内装饰装修材料 内墙涂料中有害物质限量》（GB 18582—2008）测定挥发性有机化合物含量时，不需测定涂料中水的含量。( )

答案：错误

正确答案为：需要测定涂料中水的含量。

二、选择题

1.《室内装饰装修材料 内墙涂料中有害物质限量》（GB 18582—2008）中规定，测定内墙涂料中挥发性有机化合物含量时，同一操作者两次测试结果的相对偏差应小于________%。( )

A. 5 B. 10 C. 15 D. 20

答案：B

2.《室内装饰装修材料 内墙涂料中有害物质限量》（GB 18582—2008）中规定，测定内墙涂料中挥发性有机化合物含量时，用于区分 VOC 组分与非 VOC 组分的标记物为________。( )

A. 二乙二醇 B. 乙二醇单丁醚 C. 己二酸二乙酯 D. 乙二醇

答案：C

3.《室内装饰装修材料 内墙涂料中有害物质限量》（GB 18582—2008）规定，水性

墙面涂料挥发性有机化合物含量（VOC）的限量值为________g/L。（　　）

A. 50　　B. 80　　C. 120　　D. 200

答案：C

三、计算题

按照《室内装饰装修材料　内墙涂料中有害物质限量》（GB 18582—2008）附录 A 的要求，测得某内墙涂料中总挥发物的质量分数为 0.05 g/g，水的质量分数为 0.02 g/g，水的密度为 0.998 g/ml，涂料在 23℃ ±2℃时的密度为 1.2 g/ml，则该内墙涂料中总挥发性有机化合物含量为多少（g/L）?

答案：
$$\rho(\text{VOC})=\frac{\sum \omega_i}{1-\rho_s\times\dfrac{\omega_w}{\rho_w}}\times\rho_s\times 1\,000$$
$$=\frac{0.05}{1-1.2\times\dfrac{0.02}{0.998}}\times 1.2\times 1\,000$$
$$=0.051\times 1.2\times 1\,000$$
$$=61.5\,(\text{g/L})$$

参考文献

[1] 中华人民共和国国家质量监督检验检疫总局，中国国家标准化管理委员会 . 室内装饰装修材料　内墙涂料中有害物质限量：GB 18582—2008［S］. 北京：中国标准出版社，2008.

[2] 中华人民共和国国家质量监督检验检疫总局，中国国家标准化管理委员会 . 色漆和清漆　密度的测定　比重瓶法：GB/T 6750—2007［S］. 北京：中国标准出版社，2007.

命题：刘文凯　李　波

审核：池　靖

第三节　苯、甲苯、乙苯和二甲苯总和含量

分类号：M3-2

主要内容
《室内装饰装修材料　内墙涂料中有害物质限量》（GB 18582—2008）（附录 A　挥发性有机化合物及苯、甲苯、乙苯和二甲苯总和含量的测试　气相色谱法）

一、填空题

按照《室内装饰装修材料　内墙涂料中有害物质限量》（GB 18582—2008）附录 A 要求，涂料和腻子产品中苯、甲苯、乙苯和二甲苯 4 种苯系物总和测试方法检出限为________mg/kg。

答案：50

二、选择题

《室内装饰装修材料　内墙涂料中有害物质限量》（GB 18582—2008）规定，苯、甲苯、乙苯和二甲苯总和的限量值为________mg/kg。（　　）

A. 100　　B. 200　　C. 300　　D. 400

答案：C

三、计算题

按照《室内装饰装修材料　内墙涂料中有害物质限量》（GB 18582—2008）附录 A 的要求，测得某内墙涂料中苯的质量分数为 1.21×10^{-5} g/g，甲苯的质量分数为 2.02×10^{-5} g/g，乙苯的质量分数为 3.73×10^{-5} g/g，二甲苯的质量分数为 5.36×10^{-5} g/g，计算该涂料产品中苯、甲苯、乙苯和二甲苯总和含量（mg/kg）。

答案：$\omega_b=\sum\omega_i\times10^6$

$=(1.21\times10^{-5}+2.02\times10^{-5}+3.73\times10^{-5}+5.36\times10^{-5})\times10^6$

$=123$（mg/kg）

参考文献

中华人民共和国国家质量监督检验检疫总局，中国国家标准化管理委员会．室内装饰装修材料　内墙涂料中有害物质限量：GB 18582—2008［S］．北京：中国标准出版社，2008.

命题：王　津　李　波

审核：池　靖　刘文凯

第四节　甲醛

分类号：M3-3

主要内容
《室内装饰装修材料　内墙涂料中有害物质限量》（GB 18582—2008）（附录 C　游离甲醛含量的测试　乙酰丙酮分光光度法）

一、判断题

1. 按照《室内装饰装修材料　内墙涂料中有害物质限量》（GB 18582—2008）附录 C 测定游离甲醛时，乙酰丙酮溶液于 2～5℃贮存，可稳定一个月。（　　）

答案：正确

2. 按照《室内装饰装修材料　内墙涂料中有害物质限量》（GB 18582—2008）附录 C 测定游离甲醛时，乙酰丙酮溶液可直接用分析纯乙酰丙酮试剂配制。（　　）

答案：错误

正确答案为：乙酰丙酮试剂需蒸馏后使用。

二、选择题

1. 按照《室内装饰装修材料　内墙涂料中有害物质限量》（GB 18582—2008）附录 C 测定游离甲醛的测试方法检出限为________mg/kg。（　　）

A. 2　　B. 5　　C. 8　　D. 10

答案：B

2.《室内装饰装修材料　内墙涂料中有害物质限量》（GB 18582—2008）附录 C 规定游离甲醛的限量值≤________mg/kg。（　　）

A. 50　　B. 100　　C. 150　　D. 200

答案：B

三、问答题

简述按照《室内装饰装修材料　内墙涂料中有害物质限量》（GB 18582—2008）附录 C 测定游离甲醛时试样的蒸馏预处理过程。

答案：称取搅拌均匀后的试样 2 g（精确至 1 mg），置于 50 ml 的容量瓶中，加水摇匀，稀释至刻度。再用移液管移取 10 ml 容量瓶中的试样水溶液，置于已预先加入 10 ml 水的蒸馏瓶中，在馏分接收器中预先加入适量的水，浸没馏分出口，馏分接收器的外部用冰水浴冷却，加热蒸馏，使试样蒸至近干，取下馏分接收器，用水稀释至刻度，待测。

参考文献

中华人民共和国国家质量监督检验检疫总局，中国国家标准化管理委员会 . 室内装饰装修材料　内墙涂料中有害物质限量：GB 18582—2008［S］. 北京：中国标准出版社，2008.

命题：王　津　李　波
审核：池　靖　刘文凯

第五节　可溶性铅、镉、铬和汞

分类号：M3–4

主要内容
《室内装饰装修材料　内墙涂料中有害物质限量》（GB 18582—2008）（附录 D　可溶性铅、镉、铬、汞元素含量的测试　火焰原子吸收光谱法和氢化物发生原子吸收光谱法）

一、填空题

1.《室内装饰装修材料　内墙涂料中有害物质限量》（GB 18582—2008）附录 D 规定，测定可溶性重金属时，在测定结果的基础上需经校正得出最终的分析结果。各元素分析校正系数分别为铅（Pb）________%、镉（Cd）________%、铬（Cr）________%、汞（Hg）________%。

答案：30　30　30　50

2. 根据《室内装饰装修材料　内墙涂料中有害物质限量》（GB 18582—2008）附录 D 测定可溶性重金属，进行样品处理时，如改变试样的称样量，则加入的盐酸溶液体积应调整为试样量的________倍。

答案：50

二、判断题

1. 按照《室内装饰装修材料　内墙涂料中有害物质限量》（GB 18582—2008）附录 D 要求测定可溶性重金属，在分析过程中，所用水应符合《分析实验室用水规格和试验方法》（GB/T 6682—2008）中三级水的要求。（　　）

答案：正确

2. 按照《室内装饰装修材料　内墙涂料中有害物质限量》（GB 18582—2008）附录 D 要求测定可溶性重金属，涂膜完全干燥后，在室温下将其粉碎，并必须通过 0.5 mm 金属筛过筛后，才能进行下一步处理。（　　）

答案：错误

正确答案为：对不能被粉碎的涂膜，可用干净的剪刀将涂膜尽可能剪碎，无须过筛直接进行样品处理。粉末状样品，直接进行样品处理。

三、选择题

1.《室内装饰装修材料　内墙涂料中有害物质限量》（GB 18582—2008）规定可溶性铅的限量值≤________mg/kg。（　　）

A. 10　　B. 50　　C. 90　　D. 200

答案：C

2.《室内装饰装修材料　内墙涂料中有害物质限量》（GB 18582—2008）规定可溶性汞的限量值≤________mg/kg。（　　）

A. 10　　B. 30　　C. 40　　D. 60

答案：D

参考文献

[1] 中华人民共和国国家质量监督检验检疫总局，中国国家标准化管理委员会 . 室内装饰装修材料　内墙涂料中有害物质限量：GB 18582—2008［S］. 北京：中国标准出版社，2008.

[2] 中华人民共和国国家质量监督检验检疫总局，中国国家标准化管理委员会 . 分析实验室用水规格和试验方法：GB/T 6682—2008［S］. 北京：中国标准出版社，2008.

命题：李　波　池　靖

审核：池　靖　刘文凯

第四章　胶粘剂中有害物质

第一节　基础知识

分类号：M4-0

主要内容 《室内装饰装修材料　胶粘剂中有害物质限量》（GB 18583—2008）

一、填空题

1.《室内装饰装修材料　胶粘剂中有害物质限量》（GB 18583—2008）中所列的全部要求均为型式检验项目。在正常情况下，每年至少进行________次型式检验。

答案：一

2.《室内装饰装修材料　胶粘剂中有害物质限量》（GB 18583—2008）规定，________、________及________有重大改变或停产3个月后又恢复生产时应进行型式检验。

答案：生产配方　　工艺　　原材料

二、判断题

1.《室内装饰装修材料　胶粘剂中有害物质限量》（GB 18583—2008）仅适用于室内建筑装饰装修用溶剂型胶粘剂。（　　）

答案：错误

正确答案为：适用于室内建筑装饰装修用溶剂型、水基型和本体型三大类胶粘剂。

2.《室内装饰装修材料　胶粘剂中有害物质限量》（GB 18583—2008）规定，室内建筑装饰装修用溶剂型胶粘剂可以用苯作溶剂。（　　）

答案：错误

正确答案为：室内建筑装饰装修用溶剂型胶粘剂不能用苯作溶剂，需用专用稀释剂作溶剂。

三、问答题

1. 按照《室内装饰装修材料　胶粘剂中有害物质限量》（GB 18583—2008）检测有害物质含量时，应如何取样？

答案：在同一批产品中随机抽取3份样品，每份不小于0.5 kg。

2. 简述按照《室内装饰装修材料　胶粘剂中有害物质限量》（GB 18583—2008）进行

检测时，应如何判定检测结果是否合格。

答案：在抽取的 3 份样品中，取一份样品按标准的规定进行测定，如果所有项目的检测结果均符合标准规定的要求，则判定为合格。如果有一项检测结果未达到标准要求，应对保存样品进行复验，如果结果仍未达到标准要求，则判定为不合格。

参考文献

中华人民共和国国家质量监督检验检疫总局，中国国家标准化管理委员会 . 室内装饰装修材料　胶粘剂中有害物质限量：GB 18583—2008［S］. 北京：中国标准出版社，2008.

命题：李　波　池　靖
审核：池　靖　刘文凯

第二节　甲醛

分类号：M4-1

主要内容
《室内装饰装修材料　胶粘剂中有害物质限量》（GB 18583—2008）（附录 A　胶粘剂中游离甲醛含量的测定　乙酰丙酮分光光度法）

一、判断题

1. 按照《室内装饰装修材料　胶粘剂中有害物质限量》（GB 18583—2008）中附录 A 乙酰丙酮分光光度法测定游离甲醛时，水基型胶粘剂需用乙酸乙酯溶解，而溶剂型胶粘剂先用乙酸乙酯溶解后，再加水溶解。(　　)

答案：错误

正确答案为：水基型胶粘剂用水溶解。

2. 按照《室内装饰装修材料　胶粘剂中有害物质限量》（GB 18583—2008）中附录 A 乙酰丙酮分光光度法测定胶粘剂中游离甲醛时，溶解于水中的游离甲醛在酸性条件下随水蒸出。(　　)

答案：正确

3. 按照《室内装饰装修材料　胶粘剂中有害物质限量》（GB 18583—2008）中附录 A 乙酰丙酮分光光度法测定胶粘剂中游离甲醛时，甲醛标准贮备液是用碘量法进行标定的。(　　)

答案：正确

4.《室内装饰装修材料　胶粘剂中有害物质限量》（GB 18583—2008）中附录 A 测定甲醛的方法是先将游离甲醛蒸出，然后用乙酰丙酮分光光度法进行测定，这样既不会产生干扰又能对含量低的试样进行测定。(　　)

答案：正确

二、选择题

《室内装饰装修材料　胶粘剂中有害物质限量》（GB 18583—2008）中附录 A 规定，溶剂型氯丁橡胶胶粘剂中游离甲醛的限量值不超过________g/kg。(　　)

A. 10　　B. 5.0　　C. 1.0　　D. 0.50

答案：D

三、计算题

称取搅拌均匀的水基型胶粘剂试样 5.002 g，加水溶解后按照《室内装饰装修材料　胶粘剂中有害物质限量》（GB 18583—2008）中附录 A 乙酰丙酮分光光度法进行蒸馏预处理，蒸至馏出液为 200 ml。将馏出液转移到 250 ml 容量瓶中，用水稀释至刻度。于波长 415 nm 处测得吸光度为 0.120，蒸馏水空白吸光度为 0.008。已知标准曲线为 y（吸光度）=0.097 x+0.007，试计算胶粘剂中游离甲醛的含量。

答案：$C_t=\dfrac{A-a}{b}=\dfrac{0.120-0.007}{0.097}=1.16$（μg/ml）

$C_b=\dfrac{A_0-a}{b}=\dfrac{0.008-0.007}{0.097}=0.010$（μg/ml）

甲醛含量 $X=\dfrac{(C_t-C_b)Vf}{1\,000\,m}=\dfrac{(1.16-0.010)\times 250.0\times 1}{1\,000\times 5.002}$=0.058（g/kg）

参考文献

[1] 中华人民共和国国家质量监督检验检疫总局，中国国家标准化管理委员会 . 室内装饰装修材料　胶粘剂中有害物质限量：GB 18583—2008［S］. 北京：中国标准出版社，2008.

[2] 石保权 . 室内装饰装修材料有害物质限量国家标准实施指南［M］. 北京：中国标准出版社，2002.

命题：刘文凯

审核：池　靖　刘文凯

第三节　苯

分类号：M4-2

主要内容

《室内装饰装修材料　胶粘剂中有害物质限量》（GB 18583—2008）（附录 B　胶粘剂中苯含量的测定　气相色谱法）

一、判断题

1. 按照《室内装饰装修材料　胶粘剂中有害物质限量》（GB 18583—2008）中附录 B 气相色谱法测定胶粘剂中苯含量时，如果试样中苯含量不太高，可不用溶剂溶解和稀释，直接用微量注射器进样测定。(　　)

答案：错误

正确答案为：试样须用乙酸乙酯溶解并稀释后测定。

2. 按照《室内装饰装修材料　胶粘剂中有害物质限量》（GB 18583—2008）中附录 B 气相色谱法测定胶粘剂中苯含量时，苯标准溶液需用优级纯试剂配制。（　　）

答案：错误

正确答案为：苯标准溶液需用色谱纯试剂配制。

3. 根据《室内装饰装修材料　胶粘剂中有害物质限量》（GB 18583—2008）中附录 B 气相色谱法测定胶粘剂中苯含量时，溶剂型胶粘剂中苯限量值不得大于 5.0 g/kg。（　　）

答案：正确

二、选择题

1. 按照《室内装饰装修材料　胶粘剂中有害物质限量》（GB 18583—2008）中附录 B 气相色谱法测定胶粘剂中苯含量时，称取试样时需精确至________。（　　）

A. 1 g　　B. 0.1 g　　C. 1 mg　　D. 0.1 mg

答案：D

2. 按照《室内装饰装修材料　胶粘剂中有害物质限量》（GB 18583—2008）中附录 B 气相色谱法测定胶粘剂中苯含量时，若试样溶液的峰面积大于标准曲线中最大浓度的峰面积，要用________稀释被测溶液后测定。（　　）

A. 水　　B. 乙酸乙酯　　C. *N,N*- 二甲基甲酰胺　　D. 氯仿

答案：B

3.《室内装饰装修材料　胶粘剂中有害物质限量》（GB 18583—2008）规定水基型橡胶类胶粘剂中苯的限量值不超过________g/kg。（　　）

A. 0.02　　B. 5.0　　C. 1.0　　D. 0.20

答案：D

参考文献

中华人民共和国国家质量监督检验检疫总局，中国国家标准化管理委员会．室内装饰装修材料　胶粘剂中有害物质限量：GB 18583—2008［S］．北京：中国标准出版社，2008.

命题：刘文凯　李　波

审核：池　靖

第四节　甲苯和二甲苯

分类号：M4-3

主要内容
《室内装饰装修材料　胶粘剂中有害物质限量》（GB 18583—2008）（附录 C　胶粘剂中甲苯、二甲苯含量的测定　气相色谱法）

选择题

《室内装饰装修材料 胶粘剂中有害物质限量》（GB 18583—2008）中附录 C 甲苯和二甲苯的测定方法，适用于甲苯含量在________g/kg、二甲苯含量在________g/kg 以上的室内建筑装饰装修用胶粘剂。（ ）

A. 0.01，0.01 B. 0.01，0.02 C. 0.02，0.02 D. 0.02，0.01

答案：C

参考文献

[1] 中华人民共和国国家质量监督检验检疫总局，中国国家标准化管理委员会 . 室内装饰装修材料 胶粘剂中有害物质限量：GB 18583—2008［S］. 北京：中国标准出版社，2008.

[2] 石保权 . 室内装饰装修材料有害物质限量国家标准实施指南［M］. 北京：中国标准出版社，2002.

命题：池 靖 李 波

审核：刘文凯 夏 新

第五节 甲苯二异氰酸酯

分类号：M4–4

主要内容
《室内装饰装修材料 胶粘剂中有害物质限量》（GB 18583—2008）（附录 D 聚氨酯胶粘剂中游离甲苯二异氰酸酯含量的测定 气相色谱法）

一、填空题

《室内装饰装修材料 胶粘剂中有害物质限量》（GB 18583—2008）中附录 D 气相色谱法测定胶粘剂中游离甲苯二异氰酸酯含量时，使用________检测器。

答案：氢火焰离子化

二、选择题

1. 按照《室内装饰装修材料 胶粘剂中有害物质限量》（GB 18583—2008）中附录 D 气相色谱法测定胶粘剂中游离甲苯二异氰酸酯含量时，要用________作稀释剂。（ ）

A. 水 B. 乙酸乙酯 C. *N,N*- 二甲基甲酰胺 D. 氯仿

答案：B

2. 按照《室内装饰装修材料 胶粘剂中有害物质限量》（GB 18583—2008）中附录 D 气相色谱法测定胶粘剂中游离甲苯二异氰酸酯含量时，所用的内标物为________。（ ）

A. 苯 B. 甲苯 C. 二甲苯 D. 正十四烷

答案：D

3. 按照《室内装饰装修材料 胶粘剂中有害物质限量》（GB 18583—2008）的规定，测定________需要检测甲苯二异氰酸酯。（ ）

A. 溶剂型橡胶胶粘剂　　B. 溶剂型聚氨酯类胶粘剂
C. 水基型聚氨酯类胶粘剂　　D. 水基型橡胶类胶粘剂

答案：B

参考文献

中华人民共和国国家质量监督检验检疫总局，中国国家标准化管理委员会 . 室内装饰装修材料　胶粘剂中有害物质限量：GB 18583—2008［S］. 北京：中国标准出版社，2008.

命题：刘文凯
审核：池　靖

第六节　卤代烃

分类号：M4–5

主要内容
《室内装饰装修材料　胶粘剂中有害物质限量》（GB 18583—2008）（附录 E　胶粘剂中卤代烃含量测定　气相色谱法）

一、填空题

《室内装饰装修材料　胶粘剂中有害物质限量》（GB 18583—2008）中附录 E 气相色谱法测定胶粘剂中卤代烃含量时使用________检测器。

答案：氢火焰离子化

二、计算题

按照《室内装饰装修材料　胶粘剂中有害物质限量》（GB 18583—2008）附录 E 的方法测定胶粘剂中卤代烃含量时，取 0.3g 试样，置于 50 ml 容量瓶中，用乙酸乙酯溶解并定容至刻度，若测得卤代烃质量浓度为 12 μg/ml，稀释倍数为 1，计算试样中的卤代烃含量（g/kg）。

答案：$\omega = \dfrac{\rho_t \times V \times f}{1\,000\,\mathrm{m}}$

$$= \frac{12 \times 50 \times 1}{1\,000 \times 0.3} = 2.0\ (\mathrm{g/kg})$$

参考文献

中华人民共和国国家质量监督检验检疫总局，中国国家标准化管理委员会 . 室内装饰装修材料　胶粘剂中有害物质限量：GB 18583—2008［S］. 北京：中国标准出版社，2008.

命题：李　波
审核：池　靖

第七节　总挥发性有机物

分类号：M4–6

主要内容
《室内装饰装修材料　胶粘剂中有害物质限量》（GB 18583—2008）（附录 F　胶粘剂中总挥发性有机物含量的测定方法　气相色谱法）

计算题

按照《室内装饰装修材料　胶粘剂中有害物质限量》（GB 18583—2008）中附录 F 测定胶粘剂中总挥发性有机物含量时，若测得总挥发分含量为 45.4%（质量分数），水分含量为 5.4%（质量分数）。已知该试样的密度 ρ 为 1.2 g/ml。试计算试样中总有机挥发物含量（g/L）。

答案：

$$\omega=\frac{\omega_{总}-\omega_{水}}{1-\omega_{水}}\rho\times1\,000$$

$$=\frac{45.4\%-5.4\%}{1-5.4\%}\times1.2\times1\,000=507\ (\text{g/L})$$

参考文献

[1] 中华人民共和国国家质量监督检验检疫总局，中国国家标准化管理委员会 . 室内装饰装修材料　胶粘剂中有害物质限量：GB 18583—2008［S］. 北京：中国标准出版社，2008.

[2] 国家技术监督局 . 胶粘剂不挥发物含量的测定：GB/T 2793—1995［S］. 北京：中国标准出版社，1995.

[3] 中华人民共和国国家质量监督检验检疫总局 . 化学试剂　水分测定通用方法　卡尔・费休法：GB/T 606—2003［S］. 北京：中国标准出版社，2003.

[4] 国家技术监督局 . 液态胶粘剂密度的测定　重量杯法：GB/T 13354—92［S］. 北京：中国标准出版社，1992.

命题：刘文凯　李　波
审核：池　靖

第五章　木家具中有害物质

第一节　基础知识

分类号：M5-0

主要内容 《室内装饰装修材料　木家具中有害物质限量》（GB 18584—2001）

一、填空题

《室内装饰装修材料　木家具中有害物质限量》（GB 18584—2001）规定，测定木家具中的有害物质包括________及________。

答案：甲醛　　可溶性重金属

二、问答题

根据《室内装饰装修材料　木家具中有害物质限量》（GB 18584—2001）规定，在检测木家具中有害物质时，哪些情况应进行型式检验？

答案：有下列情况之一时，应进行型式检验：

（1）新产品的试制定型时；

（2）生产的工艺及其原材料有较大改变时；

（3）产品长期停产后，恢复生产时；

（4）客户提出要求时；

（5）国家质量监督机构提出要求时。

参考文献

中华人民共和国国家质量监督检验检疫总局.室内装饰装修材料　木家具中有害物质限量：GB 18584—2001［S］.北京：中国标准出版社，2001.

命题：崔彩芬

审核：池　靖　刘文凯

第二节　甲醛

分类号：M5-1

主要内容
《室内装饰装修材料　木家具中有害物质限量（甲醛）》（GB 18584—2001）

一、填空题

1. 按照《室内装饰装修材料　木家具中有害物质限量》（GB 18584—2001）测定木家具中甲醛释放量时，制备的试件规格应为长________mm、宽________mm，试件数量应为 ________块。

答案：150±1　　50±1　　10

2. 按照《室内装饰装修材料　木家具中有害物质限量》（GB 18584—2001）测定木家具中甲醛释放量，制备试件时应考虑木质材料与产品中________的比例，以确定________的数量。

答案：使用面积　　试件

3. 按照《室内装饰装修材料　木家具中有害物质限量》（GB 18584—2001）测定木家具中甲醛释放量时，试件锯完后其端面应立即采用熔点为 65℃的________或不含甲醛的________封闭。

答案：石蜡　　胶纸条

4. 按照《室内装饰装修材料　木家具中有害物质限量》（GB 18584—2001）测定木家具中甲醛释放量时，试件端面的封边数量应为部件的原实际封边数量，至少保留________不封边。

答案：50 mm 一处

5.《室内装饰装修材料　木家具中有害物质限量》（GB 18584—2001）规定，甲醛释放限值不超过________mg/L。

答案：1.5

二、判断题

1. 按照《室内装饰装修材料　木家具中有害物质限量》（GB 18584—2001）要求，利用干燥器法测定木家具中甲醛释放量。(　　)

答案：正确

2. 按照《室内装饰装修材料　木家具中有害物质限量》（GB 18584—2001）要求，测定木家具中甲醛释放量时，用容积为 40 L 的干燥器收集甲醛。(　　)

答案：错误

正确答案为：用容积为 9～11 L 的干燥器。

3. 按照《室内装饰装修材料　木家具中有害物质限量》（GB 18584—2001）要求，试件可在木家具部件任意位置取样。(　　)

答案： 错误

正确答案为：应在距家具部件边沿 50 mm 内取样。

4. 按照《室内装饰装修材料　木家具中有害物质限量》（GB 18584—2001）测定木家具中甲醛释放量时，试件制备后应在 4 h 内开始试验，否则应重新制作试件。（　　）

答案： 错误

正确答案为：应在 2 h 内开始试验。

三、选择题

1.《室内装饰装修材料　木家具中有害物质限量》（GB 18584—2001）规定，用干燥器法测定甲醛释放量时，在干燥器底部放置符合标准要求的结晶皿，结晶皿内加入________ml 蒸馏水。（　　）

A. 300　　B. 250　　C. 200　　D. 30

答案： A

2.《室内装饰装修材料　木家具中有害物质限量》（GB 18584—2001）规定，测定木家具中甲醛释放量的测定装置在________下放置________h，蒸馏水吸收从试件释放出的甲醛，此溶液作为待测液。（　　）

A. 20℃ ±2℃，10　　B. 25℃ ±2℃，12　　C. 20℃ ±2℃，24　　D. 20℃ ±2℃，8

答案： C

四、计算题

按照《室内装饰装修材料　木家具中有害物质限量》（GB 18584—2001）进行木家具中甲醛释放量检测时，测得测试液的吸光度为 0.068，蒸馏水空白为 0.005。若甲醛标准曲线为 $y=0.044x+0.003\,2$（x 单位为 mg/L），求该木家具的甲醛释放量。

答案： $y=bx+a$

$$甲醛释放量\ x=\frac{(y-a)}{b}=\frac{[(A-A_0)-a]}{b}=\frac{[(0.068-0.005)-0.003\,2]}{0.044}$$

$$=1.4\ (\text{mg/L})$$

参考文献

中华人民共和国国家质量监督检验检疫总局. 室内装饰装修材料　木家具中有害物质限量：GB 18584—2001［S］. 北京：中国标准出版社，2001.

命题：王　津　崔彩芬　刘文凯

审核：池　靖　刘文凯

第三节　可溶性铅、镉、铬和汞

分类号：M5-2

主要内容

①《室内装饰装修材料　木家具中有害物质限量》（GB 18584—2001）（可溶性重金属）

②《色漆和清漆　“可溶性”金属含量的测定　第1部分：铅含量的测定　火焰原子吸收光谱法和双硫腙分光光度法》（GB 9758.1—88）

③《色漆和清漆　“可溶性”金属含量的测定　第4部分：镉含量的测定　火焰原子吸收光谱法和极谱法》（GB 9758.4—88）

④《色漆和清漆　“可溶性”金属含量的测定　第6部分：色漆的液体部分中铬总含量的测定　火焰原子吸收光谱法》（GB 9758.6—88）

⑤《色漆和清漆　“可溶性”金属含量的测定　第7部分：色漆的颜料部分和水可稀释漆的液体部分的汞含量的测定　无焰原子吸光谱法》（GB 9758.7—88）

一、判断题

按照《室内装饰装修材料　木家具中有害物质限量》（GB 18584—2001）规定，甲醛为型式检验项目，但金属项目不是。（　　）

答案：错误

正确答案为：金属项目也为型式检验项目。

二、问答题

按照《室内装饰装修材料　木家具中有害物质限量》（GB 18584—2001）测定木家具中可溶性重金属时，如何制备涂层粉末？

答案：在家具产品的涂层表面上用刮刀刮取适量涂层，在室温下通过磁力搅拌器粉碎，收集能通过0.5 mm金属筛的粉末。

三、计算题

按照《室内装饰装修材料　木家具中有害物质限量》（GB 18584—2001）测定木家具中可溶性重金属含量时，若从标准曲线上查得样品稀释5倍后可溶性铬的浓度为1.2 μg/ml，0.07 mol/L盐酸溶液空白浓度值为0.4 μg/ml，已知称取的样品量为0.499 8 g，求样品中可溶性铬的含量。

答案：$C=\frac{[(a_1-a_0)\times 25\times F]}{m}$

$=\frac{[(1.2-0.4)\times 25\times 5]}{0.4998}$

$=200.1$（mg/kg）

参考文献

[1] 中华人民共和国国家质量监督检验检疫总局 . 室内装饰装修材料　木家具中有害物质限量：GB 18584—2001［S］. 北京：中国标准出版社，2001.

[2] 国家技术监督局 . 色漆和清漆　“可溶性”金属含量的测定：GB 9758.1—88［S］. 北京：中国标准出版社，1988.

命题：刘文凯

审核：池　靖

第六章　壁纸中有害物质

第一节　基础知识

分类号：M6–0

主要内容
《室内装饰装修材料　壁纸中有害物质限量》（GB 18585—2001）

一、填空题

适用于《室内装饰装修材料　壁纸中有害物质限量》（GB 18585—2001）标准的壁纸主要以________为基材，通过________贴于墙面或天花板上的装饰材料，不包括墙毡及其他类似的墙挂。

答案：纸　　胶粘剂

二、判断题

1.《室内装饰装修材料　壁纸中有害物质限量》（GB 18585—2001）规定，壁纸试样采取以批为单位进行随机抽样，每批最多抽取 5 卷壁纸。(　　)

答案：错误

正确答案为：每批至少抽取 5 卷壁纸。

2.《室内装饰装修材料　壁纸中有害物质限量》（GB 18585—2001）规定，壁纸试样采取以批为单位进行随机抽样，以同一品种、同一配方、同一工艺的壁纸为一批，每批量不多于 5 000 m^2。(　　)

答案：正确

3.《室内装饰装修材料　壁纸中有害物质限量》（GB 18585—2001）规定，整卷的壁纸样品必须保持聚氯乙烯塑料薄膜的密封包装。(　　)

答案：错误

正确答案为：保持非聚氯乙烯塑料薄膜的密封包装。

三、选择题

《室内装饰装修材料　壁纸中有害物质限量》（GB 18585—2001）规定，壁纸中甲醛的限值不超过________mg/kg。(　　)

A. 50　　B. 120　　C. 150　　D. 200

答案：B

四、问答题

简述按照《室内装饰装修材料　壁纸中有害物质限量》（GB 18585—2001），如何对壁纸试样进行预处理？

答案：通过目测法选取 70 个涂层最多或者颜色最深的长方形试样，按照《纸、纸板和纸浆试样处理和试验的标准大气条件》（GB/T 10739—2002）中要求进行试样处理。处理后，其中的 50 个试样用于测定甲醛含量；另外 20 个试样分为两组，每组各 10 个，分别切成约 6 mm × 6 mm 的正方形，一组用于测定重金属（或其他）元素，另一组用于测定氯乙烯单体的含量。

参考文献

[1] 中华人民共和国国家质量监督检验检疫总局 . 室内装饰装修材料　壁纸中有害物质限量：GB 18585—2001［S］. 北京：中国标准出版社，2001.

[2] 中华人民共和国国家质量监督检验检疫总局 . 纸、纸板和纸浆试样处理和试验的标准大气条件：GB/T 10739—2002［S］. 北京：中国标准出版社，2002.

命题：刘文凯　崔彩芬

审核：池　靖

第二节　金属元素

分类号：M6-1

主要内容
①《室内装饰装修材料　壁纸中有害物质限量》（GB 18585—2001）（重金属）
②《室内装饰装修材料　壁纸中有害物质限量》（GB 18585—2001）（钡、镉、铬、铅、砷　原子吸收法）
③《室内装饰装修材料　壁纸中有害物质限量》（GB 18585—2001）（钡、镉、铬、铅、砷　电感耦合等离子体发射光谱法）
④《室内装饰装修材料　壁纸中有害物质限量》（GB 18585—2001）（汞　冷原子吸收法）
⑤《室内装饰装修材料　壁纸中有害物质限量》（GB 18585—2001）（硒、锑　原子吸收法）

一、判断题

按照《室内装饰装修材料　壁纸中有害物质限量》（GB 18585—2001）要求，仲裁时，壁纸中重金属（或其他）元素含量按电感耦合等离子体原子发射分光光度法进行测定。（　　）

答案：错误

正确答案为：仲裁时应按原子吸收分光光度法进行测定。

二、选择题

按照《室内装饰装修材料　壁纸中有害物质限量》（GB 18585—2001）测定壁纸中重金属（或其他）元素含量时，萃取溶液 pH 应为________。（　　）

A. 0.8～1.0　　B. 1.0～1.5　　C. 1.0～2.0　　D. 1.5～2.0

答案：B

三、计算题

按照《室内装饰装修材料　壁纸中有害物质限量》（GB 18585—2001）进行壁纸中铬含量测定。若被测壁纸中铬的含量为 120 mg/kg，相应的修正因子（*T*）为 0.3，计算修正后被测试样中铬的含量。

答案：$R_1=R(1-T)=120(1-0.3)=120\times0.7=84$（mg/kg）

参考文献

中华人民共和国国家质量监督检验检疫总局.室内装饰装修材料　壁纸中有害物质限量：GB 18585—2001［S］.北京：中国标准出版社，2001.

命题：崔彩芬

审核：池　靖

第三节　氯乙烯

分类号：M6-2

主要内容
①《室内装饰装修材料　壁纸中有害物质限量》（GB 18585—2001）（氯乙烯单体）
②《聚氯乙烯　残留氯乙烯单体的测定　气相色谱法》（GB/T 4615—2013）

一、填空题

按照《室内装饰装修材料　壁纸中有害物质限量》（GB 18585—2001）测定壁纸中氯乙烯单体含量时，所使用的色谱柱应能使试样中杂质与氯乙烯完全分开。每升或每千克含有 0.02 mg 氯乙烯的溶液得到的色谱峰高，至少是基线噪声的________倍。

答案：5

二、判断题

1. 氯乙烯是有害气体，故在配制样品和排放等处理时，都要在通风橱中进行。（　　）

答案：正

2.《聚氯乙烯　残留氯乙烯单体的测定　气相色谱法》（GB/T 4615—2013）规定了以液上顶空气相色谱法测定聚氯乙烯中残留氯乙烯单体含量的方法。（　　）

答案：正确

3. 根据《聚氯乙烯　残留氯乙烯单体的测定　气相色谱法》（GB/T 4615—2013）测定氯乙烯单体含量时，所用色谱柱应能使试样中的杂质与氯乙烯完全分开，0.01 mg/L 的氯乙烯溶液所获得的信号至少应是基线噪声的 5 倍。（　　）

答案：错误

正确答案为：0.01 mg/L 的氯乙烯溶液所获得的信号至少应是基线噪声的 3 倍。

4. 根据《聚氯乙烯　残留氯乙烯单体的测定　气相色谱法》（GB/T 4615—2013）测定氯乙烯单体含量时，称取 1 g 样品，置于玻璃管形瓶中，于 70℃下恒温 60 min 以上，然后用气相色谱法进行测定。(　　)

答案：错误

正确答案为：于 70℃下恒温 30 min 以上。

5.《聚氯乙烯　残留氯乙烯单体的测定　气相色谱法》（GB/T 4615—2013）中，并没有给出足够实验室的精密度数据。(　　)

答案：正确

参考文献

[1] 中华人民共和国国家质量监督检验检疫总局 . 室内装饰装修材料　壁纸中有害物质限量：GB 18585—2001［S］. 北京：中国标准出版社，2001.

[2] 中华人民共和国国家质量监督检验检疫总局，中国国家标准化管理委员会 . 聚氯乙烯　残留氯乙烯单体的测定　气相色谱法：GB/T 4615—2013［S］. 北京：中国标准出版社，2013.

命题：池　靖　谢宏琴
审核：夏　新　刘文凯

第四节　甲醛

分类号：M6–3

主要内容
《室内装饰装修材料　壁纸中有害物质限量》（GB 18585—2001）（甲醛含量的测试　乙酰丙酮分光光度法）

一、填空题

抽检室内装饰装修材料壁纸中有害物质时，若所有检验结果均达到本标准的规定，则判该批产品为合格产品。若有________项检验结果未达到本标准规定，应从原批中随机抽取________倍样品进行________项复验。

答案：一　　两　　全

二、判断题

1.《室内装饰装修材料　壁纸中有害物质限量》（GB 18585—2001）中规定，测定甲醛时将壁纸试样悬挂于装有 23℃蒸馏水的密封容器中，经过 24 h，测定蒸馏水中的甲醛含量。(　　)

答案：错误

正确答案为：将壁纸试样悬挂于装有 40℃蒸馏水的密封容器中。

2.《室内装饰装修材料　壁纸中有害物质限量》（GB 18585—2001）中规定，测定甲醛所用的乙酰丙酮为优级纯试剂。(　　)

答案：正确

3.《室内装饰装修材料　壁纸中有害物质限量》（GB 18585—2001）中规定，测定壁纸中甲醛含量时，将 50 张长方形试样悬挂在 1 000 ml 广口瓶盖的吊钩上，使试样的装饰涂面分别相对，保持试样不接触广口瓶壁和液面，并称重。(　　)

答案：正确

三、问答题

《室内装饰装修材料　壁纸中有害物质限量》（GB 18585—2001）中规定，测定壁纸中甲醛含量用什么方法?

答案：乙酰丙酮分光光度法。

参考文献

中华人民共和国国家质量监督检验检疫总局.室内装饰装修材料　壁纸中有害物质限量：GB 18585—2001［S］.北京：中国标准出版社，2001.

命题：池　靖　崔彩芬　王　津
审核：刘文凯　夏　新

第七章　聚氯乙烯卷材地板中有害物质

第一节　基础知识

分类号：M7-0

主要内容
《室内装饰装修材料　聚氯乙烯卷材地板中有害物质限量》（GB 18586—2001）

一、填空题

《室内装饰装修材料　聚氯乙烯卷材地板中有害物质限量》（GB 18586—2001）要求测定聚氯乙烯卷材地板中的有害物质包括________、________、________和挥发物。

答案：氯乙烯单体　　可溶性铅　　可溶性镉

二、选择题

1.《室内装饰装修材料　聚氯乙烯卷材地板中有害物质限量》（GB 18586—2001）中规定，样品自生产之日起在仓储条件下放置________d 后进行试验。（　　）

A. 5　　B. 7　　C. 15　　D. 30

答案：B

2.《室内装饰装修材料　聚氯乙烯卷材地板中有害物质限量》（GB 18586—2001）要求，测定聚氯乙烯卷材地板中的有害物质实验所用试样应在距离样品边缘至少________mm 处裁取。（　　）

A. 20　　B. 30　　C. 40　　D. 50

答案：D

三、问答题

简述《室内装饰装修材料　聚氯乙烯卷材地板中有害物质限量》（GB 18586—2001）规定判定产品合格与否的方法。

答案：所有项目的检验结果均达到本标准规定要求时，判定该产品为合格产品；若有一项检验结果未达到本标准规定要求时，判定该产品为不合格产品。

参考文献

中华人民共和国国家质量监督检验检疫总局．室内装饰装修材料　聚氯乙烯卷材地板中有害物质限量：GB 18586—2001［S］．北京：中国标准出版社，2001.

命题：解光武　池　靖
审核：陈丹青

第二节　氯乙烯

分类号：M7-1

主要内容
①《室内装饰装修材料　聚氯乙烯卷材地板中有害物质限量》（GB 18586—2001）（氯乙烯单体）
②《聚氯乙烯　残留氯乙烯单体的测定　气相色谱法》（GB/T 4615—2013）

试题同“第六篇　M6-2”。

第三节　可溶性铅和可溶性镉

分类号：M7-2

主要内容
《室内装饰装修材料　聚氯乙烯卷材地板中有害物质限量》（GB 18586—2001）（可溶性铅和可溶性镉　石墨炉原子吸收法）

一、判断题

按照《室内装饰装修材料　聚氯乙烯卷材地板中有害物质限量》（GB 18586—2001）要求，测定聚氯乙烯卷材地板中可溶性铅时，应以去离子水作为空白溶液与试样浸泡液一同测定吸光度。（　　）

答案：错误

正确答案为：在制备试样浸泡液的同时制备空白溶液，不能直接用去离子水作为空白溶液。

二、选择题

1. 按照《室内装饰装修材料　聚氯乙烯卷材地板中有害物质限量》（GB 18586—2001）要求，测定聚氯乙烯卷材地板中可溶性铅应采用________法。（　　）

A. ICP-AES　　B. 火焰原子吸收分光光度

C. 石墨炉原子吸收分光光度　　D. 原子荧光光度

答案：C

2. 按照《室内装饰装修材料　聚氯乙烯卷材地板中有害物质限量》（GB 18586—2001）要求，测定聚氯乙烯卷材地板中可溶性镉时，在试样制备过程中，试样应用 25 ml 1 mol/L________溶液浸泡 24 h 后，用去离子水定容至________ml，再将浸泡液过滤。（　　）

A. 硝酸，10　　B. 硫酸，25　　C. 盐酸，50　　D. 磷酸，100

答案：C

三、计算题

为测定某聚氯乙烯卷材地板中可溶性镉的含量，按照方法要求裁取 2 块 10 mm × 100 mm 的试样并制备成两份 50 ml 试样溶液，用石墨炉原子吸收光谱法测得两份溶液的吸光度分别为 0.091 8 和 0.094 0，同时测定样品空白吸光度为 0.008 0。已知标准系列浓度与吸光度测定值如下表所示，标准溶液与试样溶液进样体积同为 10 μl。求该卷材地板中金属镉的含量（mg/m^2）。

标准溶液浓度与吸光度测定值：

标准溶液浓度 /（μg/L）	吸光度（A）	标准溶液浓度 /（μg/L）	吸光度（A）
0	0.004	1.2	0.076 3
0.2	0.018 1	1.6	0.096 2
0.4	0.029 2	2.0	0.119 0
0.8	0.051 0	—	—

答案： 首先得到工作曲线方程：$y=0.057C+0.001\ 8$

将样品吸光度分别代入上式得：

$C_1=（0.091\ 8-0.001\ 8）/0.057=1.58 \times 10^{-6}$（μg/ml）

$C_2=（0.094\ 0-0.001\ 8）/0.057=1.62 \times 10^{-6}$（μg/ml）

$C_0=（0.008\ 0-0.001\ 8）/0.057=0.11 \times 10^{-6}$（μg/ml）

试样 $x_1=1\ 000 \times（C_1-C_0）\times V_{总}/V_1=7.4$（$mg/m^2$）

试样 $x_2=1\ 000 \times（1.62-0.11）\times 10^{-6} \times 50/0.01=7.6$（$mg/m^2$）

测定结果：（7.4+7.6）/2=7.5（mg/m^2）

参考文献

[1] 中国国家标准化管理委员会 . 室内装饰装修材料　聚氯乙烯卷材地板中有害物质限量：GB 18586—2001［S］. 北京：中国标准出版社，2001.

[2] 国家环境保护总局《水和废水监测分析方法》编委会 . 水和废水监测分析方法 .4 版［M］. 北京：中国环境科学出版社，2002.

命题：王清华　解光武

审核：池　靖　陈丹青

第四节　挥发物

分类号：M7-3

主要内容
《室内装饰装修材料　聚氯乙烯卷材地板中有害物质限量》（GB 18586—2001）（挥发物　重量法）

一、填空题

1. 按照《室内装饰装修材料　聚氯乙烯卷材地板中有害物质限量》（GB 18586—2001）要求，测定聚氯乙烯卷材地板中挥发物含量时，应控制电热鼓风干燥箱温度在________℃，将试样水平置于金属网或多孔板上，试样间隔至少________mm。

答案：100±2　　25

2. 按照《室内装饰装修材料　聚氯乙烯卷材地板中有害物质限量》（GB 18586—2001）要求，测定聚氯乙烯卷材地板中挥发物含量的结果表示方法为：以________个试样的算术平均值表示，保留________位有效数字。

答案：3　　2

二、判断题

按照《室内装饰装修材料　聚氯乙烯卷材地板中有害物质限量》（GB 18586—2001）要求，测定聚氯乙烯卷材地板中挥发物含量时，试样应按《塑料试样状态调节和试验的标准环境》（GB/T 2918—1998）中 23/50 2 级环境条件进行 12 h 状态调节后，放入电热鼓风干燥箱进行试验。（　　）

答案：错误

正确答案为：应进行 24 h 状态调节。

参考文献

[1] 中华人民共和国国家质量监督检验检疫总局 . 室内装饰装修材料　聚氯乙烯卷材地板中有害物质限量：GB 18586—2001［S］. 北京：中国标准出版社，2001.

[2] 国家质量技术监督局 . 塑料试样状态调节和试验的标准环境：GB/T 2918—1998［S］. 北京：中国标准出版社，1998.

命题：解光武

审核：池　靖　陈丹青

第八章　地毯、地毯衬垫及地毯胶粘剂中有害物质

第一节　基础知识

分类号：M8-0

主要内容 《室内装饰装修材料　地毯、地毯衬垫及地毯胶粘剂中有害物质释放限量》（GB 18587—2001）

一、判断题

《室内装饰装修材料　地毯、地毯衬垫及地毯胶粘剂中有害物质释放限量》（GB 18587—2001）中规定，在小型实验舱测定有害物质时应保持一定的温度、湿度、空气流速和空气交换率。（　　）

答案：正确

二、选择题

《室内装饰装修材料　地毯、地毯衬垫及地毯胶粘剂中有害物质释放限量》（GB 18587—2001）中规定，有害物质的检测结果单位为________。（　　）

A. mg/（m^2·h）　　B. mg/m^3

答案：A

参考文献

中华人民共和国国家质量监督检验检疫总局. 室内装饰装修材料　地毯、地毯衬垫及地毯胶粘剂中有害物质释放限量：GB 18587—2001［S］. 北京：中国标准出版社，2001.

命题：张　烃

审核：池　靖

第二节　总挥发性有机化合物

分类号：M8-1

主要内容 《室内装饰装修材料　地毯、地毯衬垫及地毯胶粘剂中有害物质释放限量》（GB 18587—2001）（总挥发性有机化合物）

一、填空题

1.《室内装饰装修材料　地毯、地毯衬垫及地毯胶粘剂中有害物质释放限量》（GB 18587—2001）中规定的总挥发性有机物，是指用气相色谱________柱分析、保留时间在________和________之间，并包括它们在内的已知和未知的挥发性有机化合物。

答案：非极性毛细管　　正己烷　　正十六烷

2.《室内装饰装修材料　地毯、地毯衬垫及地毯胶粘剂中有害物质释放限量》（GB 18587—2001）引用 ISO 16000—6：2004 和 ISO 16017—1：2000 方法测定 TVOC，方法中规定采样泵在采样前应进行________。

答案：校准

二、选择题

1.《室内装饰装修材料　地毯、地毯衬垫及地毯胶粘剂中有害物质释放限量》（GB 18587—2001）引用 ISO 16000—6：2004 和 ISO 16017—1：2000 方法进行 TVOC 测定，采样时不用记录的参数为________。（　　）

A. 采样流量　　B. 采样温度

C. 大气压力　　D. 现场空白的采样时间

答案：A

2.《室内装饰装修材料　地毯、地毯衬垫及地毯胶粘剂中有害物质释放限量》（GB 18587—2001）引用 ISO 16000—6：2004 和 ISO 16017—1：2000 方法进行 TVOC 测定，方法中规定不可以用于吸附管热解吸载气的气体是________。（　　）

A. 氮气　　B. 氦气　　C. 空气　　D. 氩气

答案：C

三、问答题

1.《室内装饰装修材料　地毯、地毯衬垫及地毯胶粘剂中有害物质释放限量》（GB 18587—2001）引用 ISO 16000—6：2004 和 ISO 16017—1：2000 方法测定 TVOC。简述制作 TVOC 定量校正曲线的注意事项。

答案：（1）定量曲线的浓度范围要与预计的样品浓度范围相当；

（2）加标量不要超过吸附管的穿透容量；

（3）用氮气吹加标吸附管要采用合适的流速和时间，原则上是使标液溶剂大部分吹出吸附管，而目标化合物没有被吹出。

2.《室内装饰装修材料　地毯、地毯衬垫及地毯胶粘剂中有害物质释放限量》（GB 18587—2001）引用 ISO 16000—6：2004 和 ISO 16017—1：2000 方法测定 TVOC，方法中规定在热解吸仪上测定时，要先用少量惰性气体吹扫采样管，再进行热解吸。简述这一步骤的作用，合适的吹扫体积是多少？

答案：（1）吹扫的作用是将采样管中的空气吹出，避免在热解吸过程中引起吸附剂或色谱固定相氧化而影响测定。

（2）吹扫气体体积约为管内体积的 10 倍，即 20～30 ml。

参考文献

[1] 中华人民共和国国家质量监督检验检疫总局．室内装饰装修材料　地毯、地毯衬垫及地毯胶粘剂中有害物质释放限量：GB 18587—2001［S］．北京：中国标准出版社，2001.

[2] 国际标准化组织．用吸附管/热解吸/毛细管气相色谱法测定室内空气、环境空气和工作场所空气中的挥发性有机化合物　第1部分：泵采样：ISO 16017—1：2000［S］．北京：中国标准出版社，2000.

[3] 国际标准化组织．室内空气　第6部分：用Tenax TA主动采样/热解吸/气相色谱-质谱/FID测定室内和环境舱中的挥发性有机物：ISO 16000—6：2004［S］．北京：中国标准出版社，2004.

命题：张　烃

审核：池　靖

第三节　4-苯基环己烯

分类号：M8-2

主要内容
《室内装饰装修材料　地毯、地毯衬垫及地毯胶粘剂中有害物质释放限量》（GB 18587—2001）（4-苯基环己烯）

一、填空题

《室内装饰装修材料　地毯、地毯衬垫及地毯胶粘剂中有害物质释放限量》（GB 18587—2001）引用ISO 16000—6：2004和ISO 16017—1：2000方法测定4-苯基环己烯，采用的方法是利用________、________、________或________进行取样和分析。

答案：吸附管吸附　　热脱附　　气相色谱/FID　　气相色谱/质谱法

二、判断题

《室内装饰装修材料　地毯、地毯衬垫及地毯胶粘剂中有害物质释放限量》（GB 18587—2001）引用ISO 16000—6：2004和ISO 16017—1：2000方法测定总挥发性有机物、4-苯基环己烯、丁基羟基甲苯和2-乙基己醇，方法中规定采样前吸附管需老化，老化后最多可以保存4周，超过4周要重新老化。（　　）

答案：正确

参考文献

[1] 中华人民共和国国家质量监督检验检疫总局．室内装饰装修材料　地毯、地毯衬垫及地毯胶粘剂中有害物质释放限量：GB 18587—2001［S］．北京：中国标准出版社，2001.

[2] 国际标准化组织．用吸附管/热解吸/毛细管气相色谱法测定室内空气、环境空气和工作场所空气中的挥发性有机化合物　第1部分：泵采样：ISO 16017—1：2000［S］．北京：中国标准出版社，2000.

[3] 国际标准化组织．室内空气　第6部分：用Tenax TA主动采样/热解吸/气相色谱-质谱/FID测定室内和环境舱中的挥发性有机物：ISO 16000—6：2004［S］．北京：中国标准出版社，2004.

命题：张　烃

审核：池　靖

第四节　丁基羟基甲苯

分类号：M8–3

主要内容
《室内装饰装修材料　地毯、地毯衬垫及地毯胶粘剂中有害物质释放限量》（GB 18587—2001）（丁基羟基甲苯）

判断题

《室内装饰装修材料　地毯、地毯衬垫及地毯胶粘剂中有害物质释放限量》（GB 18587—2001）引用 ISO 16000—6：2004 和 ISO 16017—1：2000 方法进行丁基羟基甲苯测定，测定时采样泵连接管可用橡胶或塑料管。（　　）

答案：错误

正确答案为：应该用聚乙烯或聚四氟乙烯管。

参考文献

[1] 中华人民共和国国家质量监督检验检疫总局 . 室内装饰装修材料　地毯、地毯衬垫及地毯胶粘剂中有害物质释放限量：GB 18587—2001［S］. 北京：中国标准出版社，2001.

[2] 国际标准化组织 . 用吸附管 / 热解吸 / 毛细管气相色谱法测定室内空气、环境空气和工作场所空气中的挥发性有机化合物　第 1 部分：泵采样：ISO 16017—1：2000［S］. 北京：中国标准出版社，2000.

[3] 国际标准化组织 . 室内空气　第 6 部分：用 Tenax TA 主动采样 / 热解吸 / 气相色谱 – 质谱 / FID 测定室内和环境舱中的挥发性有机物：ISO 16000—6：2004［S］. 北京：中国标准出版社，2004.

命题：张　烃
审核：池　靖

第五节　2- 乙基己醇

分类号：M8–4

主要内容
《室内装饰装修材料　地毯、地毯衬垫及地毯胶粘剂中有害物质释放限量》（GB 18587—2001）（2- 乙基己醇）

填空题

《室内装饰装修材料　地毯、地毯衬垫及地毯胶粘剂中有害物质释放限量》（GB 18587—2001）引用 ISO 16000—6：2004 和 ISO 16017—1：2000 方法进行 2- 乙基己醇测定，采样时需同时采集________。

答案：现场空白

参考文献

[1] 中华人民共和国国家质量监督检验检疫总局 . 室内装饰装修材料　地毯、地毯衬垫及地毯胶粘剂中有害物质释放限量：GB 18587—2001［S］. 北京：中国标准出版社，2001.

[2] 国际标准化组织 . 用吸附管 / 热解吸 / 毛细管气相色谱法测定室内空气、环境空气和工作场所空气中的挥发性有机化合物　第 1 部分：泵采样：ISO 16017—1：2000［S］. 北京：中国标准出版社，2000.

[3] 国际标准化组织 . 室内空气　第 6 部分：用 Tenax TA 主动采样 / 热解吸 / 气相色谱 - 质谱 /FID 测定室内和环境舱中的挥发性有机物：ISO 16000—6：2004［S］. 北京：中国标准出版社，2004.

命题：张　烃

审题：池　靖　夏　新

第六节　甲醛

分类号：M8-5

主要内容
《室内装饰装修材料　地毯、地毯衬垫及地毯胶粘剂中有害物质释放限量》（GB 18587—2001）（甲醛）

一、填空题

1.《室内装饰装修材料　地毯、地毯衬垫及地毯胶粘剂中有害物质释放限量》（GB 18587—2001）给出两种测定甲醛的方法，即酚试剂分光光度法和乙酰丙酮分光光度法，其中酚试剂分光光度法灵敏度________，但选择性较________。

答案：高　　差

2.《室内装饰装修材料　地毯、地毯衬垫及地毯胶粘剂中有害物质释放限量》（GB 18587—2001）给出乙酰丙酮分光光度法和酚试剂分光光度法两种测定甲醛的方法，当样品中甲醛含量较低时宜选用________分光光度法；当甲醛含量较高时宜选用________分光光度法。

答案：酚试剂　　乙酰丙酮

二、判断题

《室内装饰装修材料　地毯、地毯衬垫及地毯胶粘剂中有害物质释放限量》（GB 18587—2001）规定可以用乙酰丙酮分光光度法（GB/T 15516—1995）测定甲醛，该方法中甲醛与乙酰丙酮的显色反应条件是常温下显色 3 min。（　　）

答案：错误

正确答案为：置于沸水浴加热 3 min。

三、选择题

按照《室内装饰装修材料　地毯、地毯衬垫及地毯胶粘剂中有害物质释放限量》（GB 18587—2001）采用酚试剂分光光度法测定甲醛时，采样吸收液为________。（　　）

A. 不含有机物的重蒸馏水　　B. 酚试剂溶液

C. 氢氧化钠溶液　　D. 苯胺水溶液

答案： B

参考文献

[1] 中华人民共和国建设部，国家质量监督检验检疫总局 . 室内装饰装修材料　地毯、地毯衬垫及地毯胶粘剂中有害物质释放限量：GB 18587—2001［S］. 北京：中国标准出版社，2007.

[2] 国家环境保护局 . 空气质量　甲醛的测定　乙酰丙酮分光光度法：GB/T 15516—1995. 北京：中国环境科学出版社，1995.

[3] 国家质量技术监督局 . 公共场所空气中甲醛测定方法：GB/T 18204.26—2000［S］. 北京：中国标准出版社，2001.

命题：张　烃

审核：池　靖

第七节　苯乙烯

分类号：M8–6

主要内容
《室内装饰装修材料　地毯、地毯衬垫及地毯胶粘剂中有害物质释放限量》（GB 18587—2001）（苯乙烯）

一、判断题

《室内装饰装修材料　地毯、地毯衬垫及地毯胶粘剂中有害物质释放限量》（GB 18587—2001）中规定，测定苯乙烯按照《车间空气中苯乙烯的直接进样气相色谱测定方法》（GB/T 16052—1995）进行。在保存注射器配制的苯乙烯标准气时，可将注射器口套上小橡皮帽水平放置，使气体处于受微压状态，防止外界空气流入。（　　）

答案： 错误

正确答案为：套上小橡皮帽垂直放置。

二、选择题

《室内装饰装修材料　地毯、地毯衬垫及地毯胶粘剂中有害物质释放限量》（GB 18587—2001）引用《车间空气中苯乙烯的直接进样气相色谱测定方法》（GB/T 16052—1995）测定苯乙烯，苯乙烯的采样装置是________。（　　）

A. 活性炭吸附管　　B. 100 ml 注射器　　C. 气袋

答案： B

参考文献

[1] 中华人民共和国国家质量监督检验检疫总局 . 室内装饰装修材料　地毯、地毯衬垫及地毯胶粘剂中有害物质释放限量：GB 18587—2001［S］. 北京：中国标准出版社，2001.

[2] 国家技术监督局，中华人民共和国卫生部 . 车间空气中苯乙烯的直接进样气相色谱测定方法：GB/T 16052—1995［S］. 北京：中国标准出版社，1995.

命题：张　烃

审核：池　靖

第九章　混凝土外加剂中氨

分类号：M9

主要内容
《混凝土外加剂中释放氨的限量》（GB 18588—2001）（附录 A　混凝土外加剂中释放氨的测定　蒸馏后滴定法）

一、填空题

1. 按照《混凝土外加剂中释放氨的限量》（GB 18588—2001）要求，固体试样需在干燥器中放置________h 后测定；________试样可直接称量。

答案：24　　液体

2. 按照《混凝土外加剂中释放氨的限量》（GB 18588—2001）要求，蒸馏前应在待蒸馏的溶液中加入数粒________，调节溶液 pH＞________，再加入几粒防爆玻璃珠。

答案：氢氧化钠　　12

3.《混凝土外加剂中释放氨的限量》（GB 18588—2001）中规定，混凝土外加剂中释放氨的量应不超过________%（质量分数）。

答案：0.10

二、判断题

1.《混凝土外加剂中释放氨的限量》（GB 18588—2001）适用于各类具有室内使用功能的建筑用、能释放氨的混凝土外加剂，也适用于桥梁、公路及其他室外工程用混凝土外加剂。(　　)

答案：错误

正确答案为：不适用于桥梁、公路及其他室外工程用混凝土外加剂。

2. 按照《混凝土外加剂中释放氨的限量》（GB 18588—2001）要求，蒸馏前的准备操作包括：准确移取 20 ml 硫酸标准溶液于 250 ml 量筒中，加入 3～4 滴混合指示剂，将蒸馏器馏出液出口玻璃管插入量筒底部硫酸溶液中，用以吸收蒸馏出的氨。(　　)

答案：正确

3. 按照《混凝土外加剂中释放氨的限量》（GB 18588—2001）要求，蒸馏后滴定法测定氨的指示剂为甲基红－亚甲基蓝混合液。(　　)

答案：正确

4. 混凝土外加剂指的是在拌制混凝土之后掺入、用以改善混凝土性能的物质。(　　)

答案：错误

正确答案为：在拌制混凝土过程中掺入、用以改善混凝土性能的物质。

三、选择题

1. 按照《混凝土外加剂中释放氨的限量》（GB 18588—2001）要求，在同一编号外加剂中随机抽取 1 kg 样品，混合均匀，分为两份，一份密封保存________个月，另一份作为检验样品。(　　)

A. 1　　B. 3　　C. 5　　D. 8

答案：B

2. 按照《混凝土外加剂中释放氨的限量》（GB 18588—2001）要求，检查蒸馏器连接无误并确保密封后，加热蒸馏。收集蒸馏液达________ml 后停止加热，卸下蒸馏瓶，用水冲洗冷凝管，并将洗涤液收集在量筒中。(　　)

A. 100　　B. 50　　C. 180　　D. 250

答案：C

四、问答题

1. 简述蒸馏后滴定法测定混凝土外加剂中释放氨的原理。

答案：从碱性溶液中蒸馏出氨，用过量硫酸标准溶液吸收，以甲基红－亚甲基蓝为指示剂，用氢氧化钠标准溶液滴定过量的硫酸，计算出氨的含量。

2. 按照《混凝土外加剂中释放氨的限量》（GB 18588—2001）要求，对于外加剂可水溶的试样应如何处理？

答案：定量称取试样，用水溶解，控制总体积 200 ml，备蒸馏。

3. 按照《混凝土外加剂中释放氨的限量》（GB 18588—2001）要求，对于外加剂含有可能保留有氨的水不溶物的试样应如何进行处理？

答案：定量称取试样，加入水和盐酸溶液，搅拌均匀后，放置 20 min 后过滤，收集滤液至玻璃蒸馏器中，控制总体积 200 ml，备蒸馏。

五、计算题

用蒸馏后滴定法测定混凝土外加剂中释放的氨，实验中称取 5.005 g 试料放入 300 ml 烧杯中加水溶解，然后进行蒸馏操作。同时进行空白试验。滴定试料蒸馏后溶液消耗氢氧化钠标准溶液 14.22 ml，空白试验消耗氢氧化钠标准溶液 39.20 ml。已知氢氧化钠标准溶液浓度为 0.100 mol/L。求混凝土外加剂样品中释放氨的量（以质量分数表示）。

答案：

$$X_{氨}=\frac{(V_2-V_1)c\times 0.017\,03}{m}\times 100\%$$

$$=\frac{(39.20-14.22)\times 0.100\times 0.017\,03}{5.005}\times 100\%$$

$$=0.85\%$$

参考文献

国家质量监督检验检疫总局 . 混凝土外加剂中释放氨的限量：GB 18588—2001［S］. 北京：中国标准出版社，2001.

命题：王　津

审核：池　靖　刘文凯

第十章　建筑材料中放射性核素

第一节　基础知识

分类号：M10-0

主要内容 《建筑材料放射性核素限量》（GB 6566—2010）

一、填空题

1. 根据《建筑材料放射性核素限量》（GB 6566—2010），放射性核素的活度单位是贝可（Bq），它与旧的活度单位居里（Ci）的数值关系是 1 Ci=________Bq。

答案： 3.7×10^{v}

2. 根据《建筑材料放射性核素限量》（GB 6566—2010），土壤中通常存在的天然放射性核素有________系、________系、________系和________。

答案： 铀（U）　钍（Th）　锕（Ac）　钾 -40

3. 《建筑材料放射性核素限量》（GB 6566—2010）中的空心率是指空心建材制品的空心体积与空心建材制品的________之比的百分率。

答案： 整体体积

4. 在《建筑材料放射性核素限量》（GB 6566—2010）中，根据装修材料放射性水平大小，将其划分为________、________和________三类。

答案： A　B　C

5. 《建筑材料放射性核素限量》（GB 6566—2010）中规定，取样时随机抽取两份样品，每份不少于________kg。一份封存，另一份作为检验样品。

答案： 2

6. 《建筑材料放射性核素限量》（GB 6566—2010）中规定，制样时应先将检验样品破碎，磨细至粒径不大于________mm，将其放入与标准样品几何形态一致的样品盒中，称重（精确至________g）、密封、待测。

答案： 0.16　0.1

7. 《建筑材料放射性核素限量》（GB 6566—2010）中试验方法规定，对建筑材料中放射性水平进行测量所使用的谱仪测量前必须进行刻度，包括________刻度和________刻度。

答案： 能量　效率

8. 依照《建筑材料放射性核素限量》（GB 6566—2010）对要求的各种放射性核素进行

测量，必须在检验样品中天然放射性衰变链基本达到________后进行。

答案：平衡

二、判断题

1.《建筑材料放射性核素限量》（GB 6566—2010）是为了防止建筑材料中人工放射性对人的伤害。（　　）

答案：错误

正确答案为：为了防止建筑材料中天然放射性对人的伤害。

2. 在《建筑材料放射性核素限量》（GB 6566—2010）中，用放射性核素放射性比活度的检验结果直接判定建筑材料是否合格。（　　）

答案：错误

正确答案为：建筑材料检验结果判定的依据是内照射指数和外照射指数是否满足相关条款的规定。

3.《建筑材料放射性核素限量》（GB 6566—2010）适用于对放射性核素限量有要求的无机非金属类建筑材料。（　　）

答案：正确

4.《建筑材料放射性核素限量》（GB 6566—2010）不适用于装饰用各种铝合金材料。（　　）

答案：正确

5. 根据《建筑材料放射性核素限量》（GB 6566—2010）进行测量和评价时，商场属于Ⅰ类民用建筑。（　　）

答案：错误

正确答案为：商场属于Ⅱ类民用建筑。

6. 按照《建筑材料放射性核素限量》（GB 6566—2010），某种核素的放射性比活度是指：物质中的某种核素放射性活度除以该物质的质量而得的商。（　　）

答案：正确

7. 按照《建筑材料放射性核素限量》（GB 6566—2010），C 类装修材料可用于Ⅱ类民用建筑、工业建筑内饰面及其他一切建筑的外饰面。（　　）

答案：错误

正确答案为：C 类装修材料只可用于建筑物的外饰面及室外其他用途。

8. 使用废渣生产建筑材料产品时，其产品放射性水平应满足《建筑材料放射性核素限量》（GB 6566—2010）的要求。（　　）

答案：正确

9. 装修材料生产企业应按照《建筑材料放射性核素限量》（GB 6566—2010）要求，在其产品包装或说明书中注明其天然放射性核素的比活度值。（　　）

答案：错误

正确答案为：注明其放射性水平类别。

10. 各企业进行产品销售时，应持具有资质的检测机构出具的符合《建筑材料放射性核素限量》（GB 6566—2010）规定的天然放射性核素检验报告。（　　）

答案：正确

11. 在使用谱仪进行样品的放射性测量时，本底计数率就是指样品中的天然本底引起的计数率。（　　）

答案：错误

正确答案为：本底计数率就是指无样品时谱仪系统本身引起的计数率。

12. 根据《建筑材料放射性核素限量》（GB 6566—2010），在使用谱仪进行样品的放射性测量时，测量结果的误差与测量时间有关。（　　）

答案：正确

三、选择题

1. 根据《建筑材料放射性核素限量》（GB 6566—2010）进行测量和评价时，下列民用建筑属于Ⅱ类民用建筑的是________。（　　）

A. 托儿所　B. 书店　C. 医院　D. 学校

答案：B

2. 在空气中穿透能力最弱但电离能力最强的射线是________。（　　）

A. α 射线　B. β 射线　C. γ 射线　D. 中子

答案：A

3. 按照《建筑材料放射性核素限量》（GB 6566—2010）及相关要求，测量土壤样品前应将样品破碎、磨细。将其放入样品盒中，然后称重、密封，放置一段时间后测量。放置的时间应为________周。（　　）

A. 1～2　B. 2～3　C. 3～4　D. 4～5

答案：C

4.《建筑材料放射性核素限量》（GB 6566—2010）规定，计算结果数字修约后保留________位小数。（　　）

A. 1　B. 2　C. 3　D. 4

答案：A

5.《建筑材料放射性核素限量》（GB 6566—2010）中规定，B 类装修材料的使用范围是________。（　　）

A. 使用范围不受限制　B. 可用于Ⅰ类民用建筑

C. 可用于Ⅱ类民用建筑　D. 只可用于Ⅱ类民用建筑的外饰面

答案：C

6.《建筑材料放射性核素限量》（GB 6566—2010）中规定，对建筑材料中放射性水平进行测量所使用的仪器设备应为________。（　　）

A. α 谱仪　B. β 谱仪　C. γ 谱仪　D. 表面污染仪

答案：C

7. 当样品中镭-226、钍-232、钾-40 放射性比活度之和大于 37 Bq/kg 时，《建筑材料放射性核素限量》（GB 6566—2010）中的试验方法要求测量不确定度（扩展因子 K=1）不大于________%。（　　）

A. 5　B. 10　C. 15　D. 20

答案：D

8. 下列不属于半导体探测器的是________。(　　)

A. 金硅面垒探测器　　B. 碘化钠探测器

C. 高纯锗探测器　　D. 同轴锗锂探测器

答案：B

9. 碘化钠探测器与高纯锗探测器相比，其________。(　　)

A. 环境条件要求较高　　B. 能量分辨率较高

C. 产品造价较高　　D. 探测效率较高

答案：D

四、问答题

1. 简述放射性的定义及其分类。

答案：原子核自发地放射各种射线的现象，称为放射性。根据放射的射线类型可分为 α 放射性、β 放射性和 γ 放射性等。根据放射性的来源可分为天然放射性和人工放射性。

2. 简述什么是放射性平衡、长期平衡和暂时平衡。

答案：一放射系或其一部分达到某一状态，即当其既有的不同放射性核素间的相对比例保持很明显的恒定时，称其为放射性平衡。当母体具有很小的衰变常数（母体半衰期远远大于子体半衰期），与其衰变产物达到放射性平衡时，母体的活度与子体的活度相等，此为长期平衡。当母体具有不是很小的衰变常数（但母体半衰期还是大于子体半衰期），与其衰变产物达到放射性平衡时，子体和母体的核数目建立一固定的比例，子体的变化将按母体的半衰期衰减，此为暂时平衡。

3. 简述在天然放射性本底较高地区如何运用《建筑材料放射性核素限量》（GB 6566—2010）标准。

答案：在天然放射性本底较高地区，单纯利用当地原材料生产的建筑材料产品，只要其放射性比活度不大于当地地表土壤中相应天然放射性核素平均本底水平的，可限在本地区使用。

4. 简述《建筑材料放射性核素限量》（GB 6566—2010）中规定的检验用谱仪的结构组成。

答案：探测器、屏蔽、高压电源、谱放大器、脉冲高度分析器、读出装置和分析计算装置。

五、计算题

1. 一份 1985 年 12 月 3 日开具的检定证书上标明 ^{137}Cs 标准源的活度为 1 200 Bq，试问到 1999 年 12 月 3 日其活度为多少？（^{137}Cs 的半衰期 $T_{1/2}$=30 a）

答案：$\lambda = \dfrac{0.693}{T_{1/2}}$；$t = 1999 - 1985 = 14\text{（a）}$；$T_{1/2} = 30\text{ a}$

$$A = A_0 e^{-\lambda t} = 1\,200 \times e^{-\frac{0.693}{30} \times 14} = 868.4\text{（Bq）}$$

2. 1999 年 12 月 3 日测量 ^{137}Cs 源的活度为 353.6 Bq，试问 15 年前的 1984 年 12 月 3 日购买时的活度是多少？（^{137}Cs 的半衰期 $T_{1/2}$=30 a）

答案：$\lambda=\dfrac{0.693}{T_{1/2}}$；$t=15\ \text{a}$

$$A=A_0e^{-\lambda t}$$

$$A_0=A\cdot\frac{1}{e^{-\lambda t}}=353.6\times\frac{1}{e^{-\frac{0.693}{30}\times15}}=353.6\times\frac{1}{0.707\,2}=353.6\times1.414=500.0\text{（Bq）}$$

3. 在使用 γ 能谱仪进行建筑材料中放射性核素分析前，先用标准样品进行刻度，标准样品中该核素的活度为 500 Bq，刻度时测量时间为 1.5 h，测得特征 γ 射线的全能峰净面积计数为 48 600，求此谱仪对该核素特征 γ 射线能量的探测效率。

答案：$A=500\ \text{Bq}$；$N=48\,600$；$T=1.5\text{h}=5\,400\ \text{s}$

$$E=\frac{N}{TA}=\frac{48\,600}{5\,400\times500}=0.018\times100\%=1.8\%$$

4. 在使用 γ 能谱仪进行建筑材料中镭 -226 核素分析时，镭 -226 某特征 γ 射线能量的探测效率为 1.50%，样品测量时镭 -226 该特征 γ 射线全能峰的净面积计数为 45 000，测量时间为 2.5 h，样品净重为 210.6 g，该样品中镭 -226 的比活度是多少?

答案：$N=45\,000$；$T=2.5\text{h}=9\,000\ \text{s}$；$E=1.50\%=0.015$；$W=210.6\ \text{g}=0.210\,6\ \text{kg}$

$$A=\frac{N}{ETW}=\frac{45\,000}{0.015\times9\,000\times0.210\,6}=1\,583\text{（Bq/kg）}$$

5. 某单位使用早期的沙石材料建造房屋，当时的测量报告记载，取样品 125.3 g，测得放射性核素钾 -40 的活度为 0.001 μCi。试计算此样品中放射性核素钾 -40 的比活度是多少。（用 Bq/kg 表示）

答案：$A=0.001\mu\ \text{Ci}=37\ \text{Bq}$；$m=125.3\ \text{g}=0.125\,3\ \text{kg}$

$$C=\frac{A}{m}=\frac{37}{0.125\,3}=295.3\text{（Bq/kg）}$$

参考文献

[1] 中华人民共和国国家质量监督检验检疫总局，中国国家标准化管理委员会 . 建筑材料放射性核素限量：GB 6566—2010［S］. 北京：中国标准出版社，2010.

[2] 卢希庭 . 原子核物理［M］. 北京：原子能出版社，1981.

[3] 中华人民共和国卫生部 . 土壤中放射性核素的 γ 能谱分析方法：GB 11743—89［S］. 北京：中国标准出版社，1989.

[4] 从慧玲 . 实用辐射安全手册［M］. 北京：原子能出版社，2006.

命题：黄东辉　袁之伦

审核：王树明　赵顺平　池　靖

第二节　内照射指数（I_{Ra}）

分类号：M10-1

主要内容
《建筑材料放射性核素限量》（GB 6566—2010）（内照射指数）

一、判断题

《建筑材料放射性核素限量》（GB 6566—2010）中规定，C 类装饰装修材料中内照射指数（I_{Ra}）必须满足≤2.8。（　　）

答案：错误

正确答案为：C 类装饰装修材料对内照射指数（I_{Ra}）没有具体要求。

二、选择题

1. 仅考虑内照射的情况下，《建筑材料放射性核素限量》（GB 6566—2010）规定的建筑材料中，放射性核素镭 -226 的放射性比活度限量为________Bq/kg。（　　）

A. 200　　B. 260　　C. 370　　D. 4 200

答案：A

2. 《建筑材料放射性核素限量》（GB 6566—2010）中规定，对于空心率大于 25% 的建筑主体材料，天然放射性核素镭 -226、钍 -232、钾 -40 的放射性比活度必须满足内照射指数（I_{Ra}）不大于________。（　　）

A. 1.3　　B. 1.0　　C. 1.9　　D. 2.8

答案：B

3. 《建筑材料放射性核素限量》（GB 6566—2010）中规定，建筑主体材料中内照射指数（I_{Ra}）必须满足≤________。（　　）

A. 1.0　　B. 1.3　　C. 1.9　　D. 2.8

答案：A

4. 《建筑材料放射性核素限量》（GB 6566—2010）中规定，A 类装饰装修材料中内照射指数（I_{Ra}）必须满足≤________。（　　）

A. 1.0　　B. 1.3　　C. 1.9　　D. 2.8

答案：A

5. 《建筑材料放射性核素限量》（GB 6566—2010）中规定，B 类装饰装修材料中内照射指数（I_{Ra}）必须满足≤________。（　　）

A. 1.0　　B. 1.3　　C. 1.9　　D. 2.8

答案：B

三、问答题

简述内照射的定义及其防护原则。

答案：辐射源在人体内对人体形成照射叫作内照射。

内照射防护的原则有：

（1）尽可能地减少放射性物质的操作量；

（2）包容放射性物质至少要有二级包容；

（3）穿戴防护衣具、洗涤和监测设备等要遵守相应的程序。

四、计算题

通过实验室分析，某装饰装修材料中天然放射性核素镭 -226 的比活度是 185 Bq/kg，此装饰装修材料内照射指数是多少？

答案：$C_{Ra} = 185\ \text{Bq/kg}$

$$\text{内照射指数}I_{Ra} = \frac{C_{Ra}}{200} = \frac{185}{200} = 0.9$$

参考文献

[1] 中华人民共和国国家质量监督检验检疫总局，中国国家标准化管理委员会 . 建筑材料放射性核素限量：GB 6566—2010［S］. 北京：中国标准出版社，2010.

[2] 卢希庭 . 原子核物理［M］. 北京：原子能出版社，1981.

[3] 中华人民共和国卫生部 . 土壤中放射性核素的 γ 能谱分析方法：GB 11743—89［S］. 北京：中国标准出版社，1989.

[4] 从慧玲 . 实用辐射安全手册［M］. 北京：原子能出版社，2006.

命题：黄东辉　袁之伦

审核：王树明　赵顺平　池　靖

第三节　外照射指数（I_r）

分类号：M10-2

主要内容
《建筑材料放射性核素限量》（GB 6566—2010）（外照射指数）

一、填空题

1.《建筑材料放射性核素限量》（GB 6566—2010）中规定，建筑主体材料中三个特定天然放射性核素的放射性比活度必须满足外照射指数（I_r）≤________。

答案：1.0

2.《建筑材料放射性核素限量》（GB 6566—2010）中规定，B 类装饰装修材料三个特定天然放射性核素的放射性比活度必须满足外照射指数（I_r）≤________。

答案：1.9

3.《建筑材料放射性核素限量》（GB 6566—2010）中规定，C 类装饰装修材料为不满足 A、B 类装修材料要求但满足外照射指数（I_r）≤________。

答案：2.8

二、判断题

《建筑材料放射性核素限量》（GB 6566—2010）规定，外照射指数是指建筑材料中三个特定的天然放射性核素的放射性活度分别与其各单独存在时本标准规定的限值量比值的和。(　　)

答案：错误

正确答案为：放射性比活度分别与其各单独存在时本标准规定的限值量比值的和。

三、选择题

1. 仅考虑外照射的情况下，《建筑材料放射性核素限量》（GB 6566—2010）规定的建筑材料中，放射性核素镭 -226 在其单独存在时的放射性比活度限量为________Bq/kg。(　　)

A. 200　　B. 260　　C. 370　　D. 4 200

答案：C

2. 仅考虑外照射的情况下，《建筑材料放射性核素限量》（GB 6566—2010）规定的建筑材料中，放射性核素钍 -232 在其单独存在时的放射性比活度限量为________Bq/kg。(　　)

A. 200　　B. 260　　C. 370　　D. 4 200

答案：B

3. 仅考虑外照射的情况下，《建筑材料放射性核素限量》（GB 6566—2010）规定的建筑材料中，放射性核素钾 -40 在其单独存在时的放射性比活度限量为________Bq/kg。(　　)

A. 200　　B. 260　　C. 370　　D. 4 200

答案：D

4. 《建筑材料放射性核素限量》（GB 6566—2010）中规定，对于 A 类装饰装修材料，天然放射性核素镭 -226、钍 -232、钾 -40 的放射性比活度的外照射指数（I_r）必须满足≤________时，其产销与使用范围不受限制。(　　)

A. 2.0　　B. 1.3　　C. 1.0　　D. 2.8

答案：B

5. 《建筑材料放射性核素限量》（GB 6566—2010）中规定，对于空心率大于 25% 的建筑主体材料，天然放射性核素镭 -226、钍 -232、钾 -40 的放射性比活度的外照射指数（I_r）必须满足≤________。(　　)

A. 2.0　　B. 1.3　　C. 1.0　　D. 2.8

答案：B

四、问答题

简述外照射的定义及其防护方法的名称。

答案：辐射源在人体外对人体形成照射叫作外照射。

外照射的防护方法有时间防护法、距离防护法、屏蔽防护法和源项控制法。

五、计算题

通过实验室分析，某装饰装修材料中天然放射性核素镭 -226、钍 -232 和钾 -40 的比活度分别是 185 Bq/kg、65 Bq/kg 和 2 100 Bq/kg，此装饰装修材料外照射指数是多少？

答案：$C_{\text{Ra}} = 185\ \text{Bq/kg}$；$C_{\text{Th}} = 65\ \text{Bq/kg}$；$C_{\text{K}} = 2\ 100\ \text{Bq/kg}$

$$\text{外照射指数}I_{\text{r}} = \frac{C_{\text{Ra}}}{370} + \frac{C_{\text{Th}}}{260} + \frac{C_{\text{K}}}{4\ 200} = \frac{185}{370} + \frac{65}{260} + \frac{2\ 100}{4\ 200} = 1.25$$

参考文献

[1] 中华人民共和国国家质量监督检验检疫总局，中国国家标准化管理委员会 . 建筑材料放射性核素限量：GB 6566—2010［S］. 北京：中国标准出版社，2010.

[2] 卢希庭 . 原子核物理［M］. 北京：原子能出版社，1981.

[3] 中华人民共和国卫生部 . 土壤中放射性核素的 γ 能谱分析方法：GB/T 11743—89［S］. 北京：中国标准出版社，1989.

[4] 从慧玲 . 实用辐射安全手册［M］. 北京：原子能出版社，2006.

命题：黄东辉　袁之伦

审核：王树明　赵顺平　池　靖

附录 I　索引

本索引共包含 6 个表格，分别对应本书的 6 篇。

在“方法名称及标准号”栏中列出了相关的监测方法，与持证上岗考核中申报的监测方法相对应。

分类号由两部分数字组成（即 XX-YY）时，XX-0 表示该分类中的基础知识，其他表示各监测项目的专项知识，两部分合在一起构成总的考核要求。例如，W5-0 表示容量法的基础知识，W5-1 表示用容量法测定酸度的专项知识。考核容量法测定酸度项目时，试卷由 W5-0 与 W5-1 两部分试题组成。

“通卷”表示在该分类中不按照单个监测方法进行申报和考核，而是所含方法同时申报并合在一起考核。

“试题同 XXXX”表示本书中不单独设立该监测方法的试题，而是使用相应试题。

“同时参考 XXXX”表示使用该分类号中试题的同时，可以参考类似的试题。

表 1　水和废水

分类		方法名称及标准号	备注	篇	章	页
W1 样品采集	W1-1 水样采集	地表水和污水监测技术规范（HJ/T 91—2002）	通卷	一	一	3
		污水监测技术规范（HJ 91.1—2019）				
		地下水环境监测技术规范（HJ/T 164—2020）				
		水污染物排放总量监测技术规范（HJ/T 92—2002）				
		水质　湖泊和水库采样技术指导（GB/T 14581—1993）				
		水质采样　样品的保存和管理技术规定（HJ 493—2009）				
		水质　采样技术指导（HJ 494—2009）				
		水质　采样方案设计技术规定（HJ 495—2009）				
		水质　河流采样技术指导（HJ/T 52—1999）				
	W1-2 水质　二噁英采样	水质　二噁英类的测定　同位素稀释高分辨气相色谱－高分辨质谱法（HJ 77.1—2008）				19
	W1-3 大气降水采样	大气降水样品的采集与保存（GB/T 13580.2—1992）				21
		酸沉降监测技术规范（HJ/T 165—2004）				
	W1-4 地下水采样	地下水质量标准（GB/T 14848—2017）	通卷			25
		地下水环境监测技术规范（HJ 164—2020）				
		污染地块地下水修复和风险管控技术导则（HJ 25.6—2019）				
		场地土壤和地下水中挥发性有机物采样技术导则（HJ 1019—2019）				
		水质　采样技术指导（HJ 494—2009）				
		生活垃圾填埋场污染控制标准（GB 16889—2008）				
		危险废物填埋污染控制标准（GB 18598—2019）				
		地下水监测井建设规范（DZ/T 0270—2014）				
		水环境监测规范（SL 219—2013）				

续表

分类		方法名称及标准号	备注	篇	章	页
W2 水质现场监测	W2-1 臭	臭　臭阈值法《水和废水监测分析方法》（第四版）		一	二	32
		臭　文字描述法《水和废水监测分析方法》（第四版）				
		生活饮用水标准检验方法　感官性状和物理指标（GB/T 5750.4—2006）（3.1 臭　嗅气法）	试题同第四版中臭阈值法			
	W2-2 透明度	透明度　十字法《水和废水监测分析方法》（第三版）				36
		透明度　铅字法《水和废水监测分析方法》（第四版）				
		透明度　塞氏盘法《水和废水监测分析方法》（第四版）				
	W2-3 水温	水质　水温的测定　温度计或颠倒温度计测定法（GB/T 13195—91）				39
	W2-4 （浑）浊度	浊度　便携式浊度计法《水和废水监测分析方法》（第四版）				40
	W2-5 流量	河流流量测验规范（GB 50179—2015）（附录 B　流速仪法）				42
		河流流量测验规范（GB 50179—2015）（附录 C　浮标法）				
		水污染物排放总量监测技术规范（HJ/T 92—2002）（流量　流速仪法）				
		水污染物排放总量监测技术规范（HJ/T 92—2002）（流量　堰槽法）				
		水污染物排放总量监测技术规范（HJ/T 92—2002）（流量　容器法）				
		水污染物排放总量监测技术规范（HJ/T 92—2002）（流量　浮标法）				
		水污染物排放总量监测技术规范（HJ/T 92—2002）（流量　电磁式流量计法）				
		水污染物排放总量监测技术规范（HJ/T 92—2002）（流量　电表式明渠流量计法）				

续表

分类		方法名称及标准号	备注	篇	章	页
W2 水质现场监测	W2-6 氧化还原电位	氧化还原电位　电极法《水和废水监测分析方法》（第四版）		一	二	46
	W2-7 电导率	电导率　便携式电导率仪法　《水和废水监测分析方法》（第四版）				47
	W2-8 溶解氧	水质　溶解氧的测定　电化学探头法（HJ 506—2009）				47
		溶解氧　便携式溶解氧仪法《水和废水监测分析方法》（第四版）				
	W2-9 pH	pH　便携式 pH 计法　《水和废水监测分析方法》（第四版）				50
	W2-10 氰化物	水质　氰化物等的测定　真空检测管 - 电子比色法（HJ 659—2013）				50
	W2-11 外观	外观　描述法《水和废水监测分析方法》（第三版）				55
W3 重量法	W3-0 基础知识			一	三	57
	W3-1 硫酸盐	水质　硫酸盐的测定　重量法（GB/T 11899—89）				58
	W3-2 悬浮物	水质　悬浮物的测定　重量法（GB/T 11901—89）				61
	W3-3 全盐量	水质　全盐量的测定　重量法（HJ/T 51—1999）				63
	W3-4 矿化度	矿化度　重量法《水和废水监测分析方法》（第四版）				64

续表

分类		方法名称及标准号	备注	篇	章	页
W3 重量法	W3-5 溶解性总固体	生活饮用水标准检验方法 感官性状和物理指标（GB/T 5750.4—2006）（8.1 溶解性总固体 称重法）		一	三	65
	W3-6 石油（类）	石油类 重量法《水和废水监测分析方法》（第四版）				68
		生活饮用水标准检验方法 有机物综合指标（GB/T 5750.7—2006）（3.1 石油 称重法）				
W4 电化学法	W4-0 基础知识			一	四	70
	W4-1 氟化物	水质 氟化物的测定 离子选择电极法（GB/T 7484—87）				71
		生活饮用水标准检验方法 无机非金属指标（GB/T 5750.5—2006）（3.1 氟化物 离子选择电极法）	试题同 GB/T 7484—87			
	W4-2 氨氮	氨氮 电极法《水和废水监测分析方法》（第三版）				74
	W4-3 pH	水质 pH 值的测定 玻璃电极法（GB/T 6920—86）				76
		大气降水 pH 值的测定 电极法（GB/T 13580.4—92）				
		生活饮用水标准检验方法 感官性状和物理指标（GB/T 5750.4—2006）（5.1 pH 玻璃电极法）	试题同 GB/T 6920—86			
	W4-4 电导率	电导率 实验室电导率仪法《水和废水监测分析方法》（第四版）				78
		大气降水电导率的测定方法（GB/T 13580.3—92）				
		生活饮用水标准检验方法 感官性状和物理指标（GB/T 5750.4—2006）（6.1 电导率 电极法）	试题同第四版中实验室电导率仪法			
	W4-5 化学需氧量	化学需氧量 库仑法《水和废水监测分析方法》（第四版）				79

续表

分类		方法名称及标准号	备注	篇	章	页
W4 电化学法	W4-6 氯化物	氯化物　离子选择电极－流动注射法《水和废水监测分析方法》（第四版）		一	四	81
		氯化物　电位滴定法《水和废水监测分析方法》（第四版）				
	W4-7 硝酸盐（氮）	硝酸盐氮　离子选择电极－流动注射法《水和废水监测分析方法》（第四版）				84
	W4-8 可吸附有机卤素	水质　可吸附有机卤素（AOX）的测定　微库仑法（GB/T 15959—1995）				85
	W4-9 酸度	酸度　电位滴定法《水和废水监测分析方法》（第四版）				88
	W4-10 碱度	碱度　电位滴定法《水和废水监测分析方法》（第四版）				89
	W4-11 铜、铅、锌、镉	铜、铅、锌、镉　阳极溶出伏安法《水和废水监测分析方法》（第四版）				90
		铜、铅、锌、镉　示波极谱法《水和废水监测分析方法》（第四版）				
	W4-12 铅	水质　铅的测定　示波极谱法（GB/T 13896—92）				93
		生活饮用水标准检验方法　金属指标（GB/T 5750.6—2006）（11.4　铅　催化示波极谱法）				
	W4-13 镉	生活饮用水标准检验方法　金属指标（GB/T 5750.6—2006）（9.4　镉　催化示波极谱法）				94
	W4-14 钡	水质　钡的测定　电位滴定法（GB/T 14671—93）				95

续表

分类		方法名称及标准号	备注	篇	章	页
W4 电化学法	W4-15 钛	生活饮用水标准检验方法 金属指标（GB/T 5750.6—2006）（17.1 钛 催化示波极谱法）		一	四	97
	W4-16 二硝基甲苯	水质 二硝基甲苯的测定 示波极谱法 （GB/T 13901—92）				98
	W4-17 阴离子洗涤剂	水质 阴离子洗涤剂的测定 电位滴定法（GB/T 13199—91）				99
W5 容量法	W5-0 基础知识			一	五	101
	W5-1 酸度	酸度 酸碱指示剂滴定法 《水和废水监测分析方法》（第四版）				105
	W5-2 碱度	碱度 酸碱指示剂滴定法 《水和废水监测分析方法》（第四版）				106
	W5-3 二氧化碳	游离二氧化碳 酚酞指示剂滴定法《水和废水监测分析方法》（第四版）				108
		侵蚀性二氧化碳 甲基橙指示剂滴定法《水和废水监测分析方法》（第四版）				
	W5-4 游离氯和总氯	水质 游离氯和总氯的测定 *N,N*-二乙基-1,4-苯二胺滴定法（HJ 585—2010）				111
		游离氯和总氯 碘量法《水和废水监测分析方法》（第四版）				
	W5-5 二氧化氯和亚氯酸盐	水质 二氧化氯和亚氯酸盐的测定 连续滴定碘量法（HJ 551—2016）				115
	W5-6 高锰酸盐指数	水质 高锰酸盐指数的测定（GB/T 11892—89）				117

续表

分类		方法名称及标准号	备注	篇	章	页
W5 容量法	W5-7 化学需氧量	水质　化学需氧量的测定　重铬酸盐法（HJ 828—2017）		一	五	119
		高氯废水　化学需氧量的测定　氯气校正法（HJ/T 70—2001）				
		高氯废水　化学需氧量的测定　碘化钾碱性高锰酸钾法（HJ/T 132—2003）				
	W5-8 钙和镁（总硬度）	水质　钙和镁总量的测定　EDTA 滴定法（GB/T 7477—87）				124
		水质　钙的测定　EDTA 滴定法（GB/T 7476—87）				
		生活饮用水标准检验方法　感官性状和物理指标（GB/T 5750.4—2006）（7.1　总硬度　乙二胺四乙酸二钠滴定法）	试题同 GB/T 7477—87			
	W5-9 挥发酚	水质　挥发酚的测定　溴化容量法（HJ 502—2009）				127
	W5-10 氨氮	水质　氨氮的测定　蒸馏 - 中和滴定法（HJ 537—2009）				129
	W5-11 氯化物	水质　氯化物的测定　硝酸银滴定法（GB/T 11896—89）				131
		水质　氯化物的测定　硝酸汞滴定法（试行）（HJ/T 343—2007）				
		生活饮用水标准检验方法　无机非金属指标（GB/T 5750.5—2006）（2.1　氯化物　硝酸银容量法）	试题同 GB/T 11896—89			
		生活饮用水标准检验方法　无机非金属指标（GB/T 5750.5—2006）（2.3　氯化物　硝酸汞容量法）	试题同 HJ/T 343—2007			

续表

分类		方法名称及标准号	备注	篇	章	页
W5 容量法	W5-12 五日生化需氧量	水质 五日生化需氧量（BOD_5）的测定 稀释与接种法（HJ 505—2009）		一	五	135
		五日生化需氧量 活性污泥曝气降解法《水和废水监测分析方法》（第四版）				
		生活饮用水标准检验方法 有机物综合指标（GB/T 5750.7—2006）（2.1 生化需氧量 容量法）	试题同 HJ 505—2009			
	W5-13 溶解氧	水质 溶解氧的测定 碘量法（GB/T 7489—87）				139
	W5-14 硫化物	水质 硫化物的测定 碘量法（HJ/T 60—2000）				142
		生活饮用水标准检验方法 无机非金属指标（GB/T 5750.5—2006）（6.2 硫化物 碘量法）	试题同 HJ/T 60—2000			
	W5-15 （总）氰化物	水质 氰化物的测定 容量法和分光光度法（HJ 484—2009）（方法1 硝酸银滴定法）				144
	W5-16 凯氏氮	水质 凯氏氮的测定（GB 11891—89）				147
	W5-17 耗氧量	生活饮用水标准检验方法 有机物综合指标（GB/T 5750.7—2006）（1.1 耗氧量 酸性高锰酸钾滴定法）				149
		生活饮用水标准检验方法 有机物综合指标（GB/T 5750.7—2006）（1.2 耗氧量 碱性高锰酸钾滴定法）				
	W5-18 总铬	水质 总铬的测定（GB/T 7466—87）（第二篇 硫酸亚铁铵滴定法）				151

续表

分类		方法名称及标准号	备注	篇	章	页
W6 分光光度法	W6-0 基础知识			一	六	154
	W6-1 硫酸盐	水质　硫酸盐的测定　铬酸钡分光光度法（试行）（HJ/T 342—2007）				159
		大气降水中硫酸盐测定（GB/T 13580.6—92）（第一篇　硫酸钡浊度法）				
		生活饮用水标准检验方法　无机非金属指标（GB/T 5750.5—2006）（1.1　硫酸盐　硫酸钡比浊法）				
		大气降水中硫酸盐测定（GB/T 13580.6—92）（第二篇　铬酸钡－二苯碳酰二肼光度法）	试题同 HJ/T 342—2007			
		生活饮用水标准检验方法　无机非金属指标（GB/T 5750.5—2006）［1.3　硫酸盐　铬酸钡分光光度法（热法）］				
		生活饮用水标准检验方法　无机非金属指标（GB/T 5750.5—2006）［1.4　硫酸盐　铬酸钡分光光度法（冷法）］				
	W6-2 色度	水质　色度的测定（GB/T 11903—89）（铂钴比色法）				162
		水质　色度的测定（GB/T 11903—89）（稀释倍数法）				
		生活饮用水标准检验方法　感官性状和物理指标（GB/T 5750.4—2006）（1.1　色度　铂－钴标准比色法）	试题同 GB/T 11903—89 中铂钴比色法			
	W6-3 浊度	水质　浊度的测定（GB/T 13200—91）(分光光度法）				165
		水质　浊度的测定（GB/T 13200—91）（目视比浊法）				
		水质　浊度的测定　浊度计法（HJ 1075—2019）				
		生活饮用水标准检验方法　感官性状和物理指标（GB/T 5750.4—2006）（2.1　浑浊度　散射法）	试题同 GB/T 13200—91 中目视比浊法			

续表

分类		方法名称及标准号	备注	篇	章	页
W6 分光光度法	W6-3 浊度	生活饮用水标准检验方法 感官性状和物理指标（GB/T 5750.4—2006）（2.2 浑浊度 目视比浊法）	试题同 GB/T 13200—91 中目视比浊法	一	六	165
	W6-4 氨氮	水质 氨氮的测定 纳氏试剂分光光度法（HJ 535—2009）				168
		大气降水中铵盐的测定（GB/T 13580.11—92）（第一篇 纳氏试剂光度法）	试题同 HJ 535—2009			
		生活饮用水标准检验方法 无机非金属指标（GB/T 5750.5—2006）（9.1 氨氮 纳氏试剂分光光度法）				
		水质 氨氮的测定 水杨酸分光光度法（HJ 536—2009）				
		大气降水中铵盐的测定（GB/T 13580.11—92）（次氯酸钠-水杨酸光度法）	试题同 HJ 536—2009			
		生活饮用水标准检验方法 无机非金属指标（GB/T 5750.5—2006）（9.3 氨氮 水杨酸盐分光光度法）				
		水质 氨氮的测定 连续流动-水杨酸分光光度法（HJ 665—2013）				
		水质 氨氮的测定 流动注射-水杨酸分光光度法（HJ 666—2013）				
		生活饮用水标准检验方法 无机非金属指标（GB/T 5750.5—2006）（9.2 氨氮 酚盐分光光度法）				
	W6-5 总氮	水质 总氮的测定 碱性过硫酸钾消解紫外分光光度法（HJ 636—2012）				176
		水质 总氮的测定 连续流动-盐酸萘乙二胺分光光度法（HJ 667—2013）				
		水质 总氮的测定 流动注射-盐酸萘乙二胺分光光度法（HJ 668—2013）				

续表

分类		方法名称及标准号	备注	篇	章	页
W6 分光光度法	W6-6 亚硝酸盐氮	水质　亚硝酸盐氮的测定　分光光度法（GB/T 7493—87）		一	六	181
		大气降水中亚硝酸盐测定　*N*-（1-萘基）-乙二胺光度法（GB/T 13580.7—92）	试题同 GB/T 7493—87			
		生活饮用水标准检验方法　无机非金属指标（GB/T 5750.5—2006）（10.1 亚硝酸盐氮　重氮偶合分光光度法）				
	W6-7 硝酸盐氮	水质　硝酸盐氮的测定　酚二磺酸分光光度法（GB/T 7480—87）				184
		水质　硝酸盐氮的测定　紫外分光光度法（试行）（HJ/T 346—2007）				
		大气降水中硝酸盐测定（GB/T 13580.8—92）（第一篇　紫外光度法）	试题同 HJ/T 346—2007			
		生活饮用水标准检验方法　无机非金属指标（GB/T 5750.5—2006）（5.2 硝酸盐氮　紫外分光光度法）				
		大气降水中硝酸盐测定（GB/T 13580.8—92）（第二篇　镉柱还原光度法）				
		生活饮用水标准检验方法　无机非金属指标（GB/T 5750.5—2006）（5.4 硝酸盐氮　镉柱还原法）				
		生活饮用水标准检验方法　无机非金属指标（GB/T 5750.5—2006）（5.1 硝酸盐氮　麝香草酚分光光度法）				
	W6-8 游离氯和总氯	水质　游离氯和总氯的测定　*N,N*-二乙基-1,4-苯二胺分光光度法（HJ 586—2010）				190

续表

分类		方法名称及标准号	备注	篇	章	页
W6 分光光度法	W6-9 氟化物	水质 氟化物的测定 氟试剂分光光度法（HJ 488—2009）		一	六	193
		大气降水中氟化物的测定 新氟试剂光度法（GB/T 13580.10—92）	试题同 HJ 488—2009			
		生活饮用水标准检验方法 无机非金属指标（GB/T 5750.5—2006）（3.3 氟化物 氟试剂分光光度法）				
		生活饮用水标准检验方法 无机非金属指标（GB/T 5750.5—2006）（3.4 氟化物 双波长系数倍率氟试剂分光光度法）				
		水质 氟化物的测定 茜素磺酸锆目视比色法（HJ 487—2009）				
		生活饮用水标准检验方法 无机非金属指标（GB/T 5750.5—2006）（3.5 氟化物 锆盐茜素比色法）				
	W6-10 氰化物	水质 氰化物的测定 容量法和分光光度法（HJ 484—2009）（异烟酸－吡唑啉酮比色法）				199
		水质 氰化物的测定 容量法和分光光度法（HJ 484—2009）（异烟酸－巴比妥酸光度法）				
		水质 氰化物的测定 容量法和分光光度法（HJ 484—2009）（吡啶－巴比妥酸比色法）				
		饮用天然矿泉水检验方法（GB/T 8538—2016）（45.3 氰化物 流动注射在线蒸馏法）				
		水质 氰化物的测定 流动注射－分光光度法（HJ 823—2017）				

续表

分类		方法名称及标准号	备注	篇	章	页
W6 分光光度法	W6-10 氰化物	生活饮用水标准检验方法 无机非金属指标（GB/T 5750.5—2006）（4.1 氰化物 异烟酸－吡唑酮分光光度法）	试题同 HJ 484—2009 中异烟酸－吡唑啉酮比色法	一	六	199
		生活饮用水标准检验方法 无机非金属指标（GB/T 5750.5—2006）（4.2 氰化物 异烟酸－巴比妥酸分光光度法）				
	W6-11 单质磷和元素磷	水质 单质磷的测定 磷钼蓝分光光度法（暂行）（HJ 593—2010）				205
		污水综合排放标准（GB 8978—1996）（附录D 元素磷的测定——磷钼蓝比色法）				
	W6-12 总磷和磷酸盐	水质 总磷的测定 钼酸铵分光光度法（GB/T 11893—89）				207
		水质 磷酸盐和总磷的测定 连续流动－钼酸铵分光光度法（HJ 670—2013）				
		水质 总磷的测定 流动注射－钼酸铵分光光度法（HJ 671—2013）				
		磷（总磷、溶解性磷酸盐和溶解性总磷）孔雀绿 磷钼杂多酸分光光度法《水和废水监测分析方法》（第四版）	试题同 GB/T 11893—89			
		生活饮用水标准检验方法 无机非金属指标（GB/T 5750.5—2006）（7.1 磷酸盐 磷钼蓝分光光度法）				
	W6-13 二氧化硅（可溶性）	二氧化硅（可溶性）硅钼黄光度法《水和废水监测分析方法》（第三版）				213
		二氧化硅（可溶性）硅钼蓝光度法《水和废水监测分析方法》（第三版）				

续表

分类		方法名称及标准号	备注	篇	章	页
W6 分光光度法	W6-14 碘化物	碘化物 催化比色法《水和废水监测分析方法》（第四版）		一	六	216
		生活饮用水标准检验方法 无机非金属指标（GB/T 5750.5—2006）（11.1 碘化物 硫酸铈催化分光光度法）	试题同第四版中催化比色法			
		生活饮用水标准检验方法 无机非金属指标（GB/T 5750.5—2006）（11.2 碘化物 高浓度碘化物比色法）				
	W6-15 硫化物	水质 硫化物的测定 亚甲基蓝分光光度法（GB/T 16489—1996）				220
		水质 硫化物的测定 流动注射－亚甲基蓝分光光度法（HJ 824—2017）				
		生活饮用水标准检验方法 无机非金属指标（GB/T 5750.5—2006）（6.1 硫化物 *N,N*-二乙基对苯二胺分光光度法）	试题同GB/T 16489—1996			
	W6-16 二硫化碳	水质 二硫化碳的测定 二乙胺乙酸铜分光光度法（GB/T 15504—1995）				225
	W6-17 硼	水质 硼的测定 姜黄素分光光度法（HJ/T 49—1999）				228
		生活饮用水标准检验方法 无机非金属指标（GB/T 5750.5—2006）（8.1 硼 甲亚胺-H 分光光度法）				
	W6-18 砷	水质 总砷的测定 二乙基二硫代氨基甲酸银分光光度法（GB/T 7485—87）				231
		水质 痕量砷的测定 硼氢化钾－硝酸银分光光度法（GB/T 11900—89）				
		生活饮用水标准检验方法 金属指标（GB/T 5750.6—2006）（6.2 砷 二乙氨基二硫代甲酸银分光光度法）	试题同GB/T 7485—87			
		砷 新银盐分光光度法《水和废水监测分析方法》（第四版）				
		生活饮用水标准检验方法 金属指标（GB/T 5750.6—2006）(6.3 砷 锌－硫酸系统新银盐分光光度法）	试题同第四版中新银盐分光光度法			

续表

分类		方法名称及标准号	备注	篇	章	页
W6 分光光度法	W6-19 氯化物	大气降水中氯化物的测定　硫氰酸汞高铁光度法（GB/T 13580.9—92）		一	六	236
	W6-20 铁	水质　铁的测定　邻菲啰啉分光光度法（试行）（HJ/T 345—2007）				236
		生活饮用水标准检验方法　金属指标（GB/T 5750.6—2006）（2.2　铁　二氮杂菲分光光度法）	试题同 HJ/T 345—2007			
	W6-21 锰	水质　锰的测定　高碘酸钾分光光度法（GB/T 11906—89）				238
		生活饮用水标准检验方法　金属指标（GB/T 5750.6—2006）（3.4　锰　高碘酸银（Ⅲ）钾分光光度法）	试题同 GB/T 11906—89			
		水质　锰的测定　甲醛肟分光光度法（试行）（HJ/T 344—2007）				
		生活饮用水标准检验方法　金属指标（GB/T 5750.6—2006）（3.3　锰　甲醛肟分光光度法）	试题同 HJ/T 344—2007			
		生活饮用水标准检验方法　金属指标（GB/T 5750.6—2006）(3.2　锰　过硫酸铵分光光度法）				
	W6-22 总铬	水质　总铬的测定（GB/T 7466—87）(第一篇　高锰酸钾氧化－二苯碳酰二肼分光光度法）				242
	W6-23 六价铬	水质　六价铬的测定　二苯碳酰二肼分光光度法（GB/T 7467—87）				244
		水质　六价铬的测定　流动注射－二苯碳酰二肼光度法（HJ 908—2017）				
		生活饮用水标准检验方法　金属指标（GB/T 5750.6—2006）（10.1　六价铬 二苯碳酰二肼分光光度法）	试题同 GB/T 7467—87			

续表

续表

分类		方法名称及标准号	备注	篇	章	页
W6 分光光度法	W6-30 挥发酚	水质 挥发酚的测定 4-氨基安替比林分光光度法（HJ 503—2009）（方法1 萃取分光光度法）		一	六	265
		水质 挥发酚的测定 4-氨基安替比林分光光度法（HJ 503—2009）（方法2 直接分光光度法）				
		水质 挥发酚的测定 流动注射-4-氨基安替比林分光光度法（HJ 825—2017）				
		生活饮用水标准检验方法 感官性状和物理指标（GB/T 5750.4—2006）（9.1 挥发酚 4-氨基安替吡啉三氯甲烷萃取分光光度法）	试题同 HJ 503—2009 中萃取分光光度法			
		生活饮用水标准检验方法 感官性状和物理指标（GB/T 5750.4—2006）（9.2 挥发酚 4-氨基安替吡啉直接分光光度法）	试题同 HJ 503—2009 中直接分光光度法			
	W6-31 阴离子表面活性剂	水质 阴离子表面活性剂的测定 亚甲蓝分光光度法（GB/T 7494—87）				270
		水质 阴离子表面活性剂的测定 流动注射-亚甲基蓝分光光度法（HJ 826—2017）				
		生活饮用水标准检验方法 感官性状和物理指标（GB/T 5750.4—2006）（10.1 阴离子合成洗涤剂 亚甲蓝分光光度法）	试题同 GB/T 7494—87			
	W6-32 甲醛	水质 甲醛的测定 乙酰丙酮分光光度法（HJ 601—2011）				273
		甲醛 变色酸光度法《水和废水监测分析方法》（第四版）				
		生活饮用水标准检验方法 消毒副产物指标（GB/T 5750.10—2006）[6.1 甲醛 4-氨基-3-联氨-5-巯基-1,2,4-三氮杂茂（AHMT）分光光度法]				

续表

分 类		方法名称及标准号	备 注	篇	章	页
W6 分光 光度法	W6-33 三乙胺	水质 三乙胺的测定 溴酚蓝分光光度法（GB/T 14377—93）		一	八	277
	W6-34 肼和甲基肼	水质 肼和甲基肼的测定 对二甲氨基苯甲醛分光光度法（HJ 674—2013）（第一部分 肼的测定）				279
		水质 肼和甲基肼的测定 对二甲氨基苯甲醛分光光度法（HJ 674—2013）（第二部分 甲基肼的测定）				
		水质 偏二甲基肼的测定 氨基亚铁氰化钠分光光度法（GB/T 14376—93）				
		生活饮用水标准检验方法 有机物指标（GB/T 5750.8—2006）（39.1 水合肼 对二甲氨基苯甲醛分光光度法）	试题同 HJ 674—2013 第一部分			
	W6-35 三氯乙醛	水质 三氯乙醛的测定 吡唑啉酮分光光度法（HJ/T 50—1999）				284
	W6-36 四乙基铅	生活饮用水标准检验方法 金属指标（GB/T 5750.6—2006）（24.1 四乙基铅 双硫腙比色法）				286
	W6-37 丁基黄原酸	生活饮用水标准检验方法 有机物指标（GB/T 5750.8—2006）（43.1 丁基黄原酸 铜试剂亚铜分光光度法）				288
		水质 丁基黄原酸的测定 紫外分光光度法（HJ 756—2015）				
	W6-38 化学需氧量	水质 化学需氧量的测定 快速消解分光光度法（HJ/T 399—2007）				291
	W6-39 锡	生活饮用水标准检验方法 金属指标（GB/T 5750.6—2006）(23.2 锡 分光光度法）				293

续表

分类		方法名称及标准号	备注	篇	章	页
W6 分光光度法	W6-40 吡啶	生活饮用水标准检验方法　有机物指标（GB/T 5750.8—2006）（41.1　吡啶　巴比妥酸分光光度法）		一	六	294
	W6-41 铅	水质　铅的测定　双硫腙分光光度法　（GB/T 7470—87）				296
		生活饮用水标准检验方法　金属指标（GB/T 5750.6—2006）（11.3　铅　双硫腙分光光度法）	试题同 GB/T 7470—87			
	W6-42 锌	水质　锌的测定　双硫腙分光光度法（GB/T 7472—87）				298
		生活饮用水标准检验方法　金属指标（GB/T 5750.6—2006）（5.2　锌　锌试剂－环己酮分光光度法）				
		生活饮用水标准检验方法　金属指标（GB/T 5750.6—2006）（5.3　锌　双硫腙分光光度法）				
	W6-43 镉	水质　镉的测定　双硫腙分光光度法（GB/T 7471—87）				304
		生活饮用水标准检验方法　金属指标（GB/T 5750.6—2006）（9.3　镉　双硫腙分光光度法）				
	W6-44 汞	水质　总汞的测定　高锰酸钾－过硫酸钾消解法双硫腙分光光度法（GB/T 7469—87）				308
		生活饮用水标准检验方法　金属指标（GB/T 5750.6—2006）（8.3　汞　双硫腙分光光度法）				
	W6-45 pH	生活饮用水标准检验方法　感官性状和物理指标（GB/T 5750.4—2006）（5.2　pH 标准缓冲溶液比色法）				312
	W6-46 显影剂及氧化物总量	污水综合排放标准（GB 8978—1996）（附录 D2　显影剂及氧化物总量　碘－淀粉比色法）				313

续表

分类		方法名称及标准号	备注	篇	章	页
W6 分光光度法	W6-47 石油（类）	水质　石油类的测定　紫外分光光度法（试行）（HJ 970—2018）		一	六	315
		生活饮用水标准检验方法　有机物综合指标（GB/T 5750.7—2006）（3.2 石油　紫外分光光度法）				
	W6-48 硒	水质　总硒的测定　3,3′- 二氨基联苯胺分光光度法（HJ 811—2016）				318
		生活饮用水标准检验方法　金属指标（GB/T 5750.6—2006）（7.5　硒　二氨基联苯胺分光光度法）				
	W6-49 铜	水质　铜的测定　二乙基二硫代氨基甲酸钠分光光度法（HJ 485—2009）				321
		水质　铜的测定　2,9- 二甲基 -1,10 菲啰啉分光光度法（HJ 486—2009）				
		生活饮用水标准检验方法　金属指标（GB/T 5750.6—2006）（4.3　铜　二乙基二硫代氨基甲酸钠分光光度法）				
		生活饮用水标准检验方法　金属指标（GB/T 5750.6—2006）（4.4　铜　双乙醛草酰二腙分光光度法）				
	W6-50 钡	钡 铬酸盐间接分光光度法《水和废水监测分析方法》（第四版）				324
	W6-51 铝	生活饮用水标准检验方法　金属指标（GB/T 5750.6—2006）（1.1　铝　铬天青 S 分光光度法）				326
		生活饮用水标准检验方法　金属指标（GB/T 5750.6—2006）（1.2　铝　水杨基荧光酮 - 氯代十六烷基吡啶分光光度法）				
	W6-52 钴	水质　钴的测定　5- 氯 -2-（吡啶偶氮）-1,3- 二氨基苯分光光度法（HJ 550—2015）				328
		钴 5-Cl-PADAB 分光光度法《水和废水监测分析方法》（第四版）				

续表

分类		方法名称及标准号	备注	篇	章	页
W6 分光光度法	W6-53 钒	水质 钒的测定 钽试剂（BPHA）萃取分光光度法（GB/T 15503—1995）		一	六	330
	W6-54 钛	生活饮用水标准检验方法 金属指标（GB/T 5750.6—2006）（17.2 钛 水杨基荧光酮分光光度法）				332
	W6-55 锑恩锑	水质 梯恩梯的测定 亚硫酸钠分光光度法（HJ 598—2011）				333
		水质 梯恩梯的测定 *N*-氯代十六烷基吡啶 亚硫酸钠分光光度法（HJ 599—2011）				
	W6-56 黑索今	水质 黑索今的测定 分光光度法（GB/T 13900—92）				336
W7 离子色谱法	W7-0 基础知识			一	七	338
	W7-1 无机阴离子	水质 无机阴离子的测定 离子色谱法（HJ 84—2016）				341
		水质 磷酸盐的测定 离子色谱法（HJ 669—2013）				
		大气降水中氟、氯、亚硝酸盐、硝酸盐、硫酸盐的测定 离子色谱法（GB 13580.5—92）				
		水质 氯酸盐、亚氯酸盐、溴酸盐、二氯乙酸和三氯乙酸的测定 离子色谱法（HJ 1050—2019）				
		水质 碘化物的测定 离子色谱法（HJ 778—2015）				

续表

分类		方法名称及标准号	备注	篇	章	页
W7 离子 色谱法	W7-1 无机阴离子	生活饮用水标准检验方法 无机非金属指标（GB/T 5750.5—2006）（1.2 硫酸盐 离子色谱法）	试题同 HJ/T 84—2016	一	七	341
		生活饮用水标准检验方法 无机非金属指标（GB/T 5750.5—2006）（2.2 氯化物 离子色谱法）				
		生活饮用水标准检验方法 无机非金属指标（GB/T 5750.5—2006）（3.2 氟化物 离子色谱法）				
		生活饮用水标准检验方法 无机非金属指标（GB/T 5750.5—2006）（5.3 硝酸盐氮 离子色谱法）				
	W7-2 无机阳离子	工业循环冷却水中钠、铵、钾、镁和钙离子的测定 离子色谱法（GB/T 15454—1995）				345
		环境空气降水中阳离子的测定离子色谱法（HJ 1005—2018）				
		水质 可溶性阳离子的测定 离子色谱法（HJ 812—2016）				
		生活饮用水标准检验方法 金属指标（GB/T 5750.6—2006）（22.2 钠 离子色谱法）	试题同 HJ 812—2016			
	W7-3 可吸附有机卤素	水质 可吸附有机卤素（AOX）的测定 离子色谱法（HJ/T 83—2001）				347
	W7-4 有机酸	环境空气 降水中有机酸（乙酸、甲酸和草酸）的测定 离子色谱法（HJ 1004—2018）				349

续表

分类		方法名称及标准号	备注	篇	章	页
W8 原子荧光法	W8-0 基础知识			一	八	351
	W8-1 汞、砷、硒、铋、锑	水质　汞、砷、硒、铋和锑的测定　原子荧光法（HJ 694—2014）				352
		生活饮用水标准检验方法　金属指标（GB/T 5750.6—2006）（8.1　汞　原子荧光法）	试题同 HJ 694—2014			
	W8-2 汞	水质　汞的测定　冷原子荧光法（试行）（HJ/T 341—2007）		一		356
W9 火焰原子吸收分光光度法	W9-0 基础知识			一	九	360
	W9-1 钾和钠	水质　钾和钠的测定　火焰原子吸收分光光度法（GB/T 11904—89）				364
		大气降水中钠、钾的测定　原子吸收分光光度法（GB/T 13580.12—92）	试题同 GB/T 11904—89			
		生活饮用水标准检验方法　金属指标（GB/T 5750.6—2006）（22.1　钠　火焰原子吸收分光光度法）				
	W9-2 钙和镁（总量）	水质　钙和镁的测定　原子吸收分光光度法（GB/T 11905—89）				365
		大气降水中钙、镁的测定　原子吸收分光光度法（GB/T 13580.13—92）	试题同 GB/T 11905—89			
	W9-3 银	水质　银的测定　火焰原子吸收分光光度法（GB/T 11907—89）				367
	W9-4 钡	水质　钡的测定　火焰原子吸收分光光度法（HJ 603—2011）				368

续表

分类		方法名称及标准号	备注	篇	章	页
W9 火焰原子吸收分光光度法	W9-5 铜、铅、锌、镉	水质 铜、锌、铅、镉的测定 原子吸收分光光度法（GB/T 7475—87）		一	九	369
		铜、铅、锌、镉 在线富集流动注射 火焰原子吸收分光光度法《水和废水监测分析方法》（第四版）				
	W9-6 铁和锰	水质 铁、锰的测定 火焰原子吸收分光光度法（GB/T 11911—89）				371
	W9-7 镍	水质 镍的测定 火焰原子吸收分光光度法（GB /T 11912—89）				372
	W9-8 铬	水质 铬的测定 火焰原子吸收分光光度法（HJ 757—2015）				373
	W9-9 钴	水质 钴的测定 火焰原子吸收分光光度法（HJ 957—2018）				375
	W9-10 锑	水质 锑的测定 火焰原子吸收分光光度法（HJ 1046—2019）				376
	W9-11 铜、铁、锰、锌、镉、铅	生活饮用水标准检验方法 金属指标（GB/T 5750.6—2006）（4.2 铜、铁、锰、锌、镉和铅 火焰原子吸收分光光度法）	试题同 GB/T 7475—87 和 GB/T 11911—89			377
W10 石墨炉原子吸收分光光度法	W10-0 基础知识			一	十	378
	W10-1 铍	水质 铍的测定 石墨炉原子吸收分光光度法（HJ/T 59—2000）				380
		生活饮用水标准检验方法 金属指标（GB/T 5750.6—2006）（20.2 铍 无火焰原子吸收分光光度法）	试题同 HJ/T 59—2000			

续表

分类		方法名称及标准号	备注	篇	章	页
W10 石墨炉原子吸收分光光度法	W10-2 钒	水质　钒的测定　石墨炉原子吸收分光光度法（HJ 673—2013）		一	十	381
		生活饮用水标准检验方法　金属指标（GB/T 5750.6—2006）（18.1　钒　无火焰原子吸收分光光度法）	试题同 HJ 673—2013			
	W10-3 硒	水质　硒的测定　石墨炉原子吸收分光光度法（GB/T 15505—1995）				382
	W10-4 铜、铅、镉	铜、铅、镉　石墨炉原子吸收分光光度法《水和废水监测分析方法》（第四版）				383
		生活饮用水标准检验方法　金属指标（GB/T 5750.6—2006）（4.1　铜　无火焰原子吸收分光光度法）	试题同 第四版石墨炉法			
		生活饮用水标准检验方法　金属指标（GB/T 5750.6—2006）（11.1　铅　无火焰原子吸收分光光度法）				
		生活饮用水标准检验方法　金属指标（GB/T 5750.6—2006）（9.1　镉　无火焰原子吸收分光光度法）				
	W10-5 铟	铟　石墨炉原子吸收分光光度法《水和废水监测分析方法》（第四版）				384
	W10-6 铊	水质　铊的测定　石墨炉原子吸收分光光度法（HJ 748—2015）				385
		生活饮用水标准检验方法　金属指标（GB/T 5750.6—2006）（21.1　铊　无火焰原子吸收分光光度法）				
	W10-7 钡	水质　钡的测定　石墨炉原子吸收分光光度法（HJ 602—2011）	试题同 HJ 748—2015			386
		生活饮用水标准检验方法　金属指标（GB/T 5750.6—2006）（16.1　钡　无火焰原子吸收分光光度法）	试题同 HJ 602—2011			

续表

分类		方法名称及标准号	备注	篇	章	页
W10 石墨炉 原子吸收 分光 光度法	W10-8 银	生活饮用水标准检验方法　金属指标（GB/T 5750.6—2006）（12.1　银　无火焰原子吸收分光光度法）		一	十	388
	W10-9 镍	生活饮用水标准检验方法　金属指标（GB/T 5750.6—2006）（15.1　镍　无火焰原子吸收分光光度法）				388
	W10-10 钴	水质　钴的测定　石墨炉原子吸收分光光度法（HJ 958—2018）				389
		生活饮用水标准检验方法　金属指标（GB/T 5750.6—2006）（14.1　钴　无火焰原子吸收分光光度法）	试题同 HJ 958—2018			
	W10-11 钼和钛	水质　钼和钛的测定　石墨炉原子吸收分光光度法（HJ 807—2016）				391
	W10-12 锑	水质　锑的测定　石墨炉原子吸收分光光度法（HJ 1047—2019）				392
	W10-13 砷	砷 氢化物发生 原子吸收分光光度法《水和废水监测分析方法》（第四版）				393
	W10-14 铝	铝　间接火焰原子吸收分光光度法《水和废水监测分析方法》（第四版）				395
	W10-15 硫化物	硫化物　间接火焰原子吸收分光光度法《水和废水监测分析方法》（第四版）				396
W11 电感耦合 等离子 发射 光谱法	W11-0 基础知识			一	十一	398
	W11-1 银等多种元素	水质　32 种元素的测定　电感耦合等离子体发射光谱法（HJ 776—2015）				401
	W11-2 铝等多种元素	生活饮用水标准检验方法　金属指标（GB/T 5750.6—2006）（1.4　电感耦合等离子体发射光谱法）	试题同 W11-1			405

续表

分类		方法名称及标准号	备注	篇	章	页
W12 电感耦合等离子体质谱法	W12-0 基础知识			一	十二	406
	W12-1 银等多种元素	生活饮用水标准检验方法　金属指标（GB/T 5750.6—2006）（1.5　电感耦合等离子体质谱法）				409
		水质　65 种元素的测定　电感耦合等离子体质谱法（HJ 700—2014）				
W13 气相色谱法	W13-0 基础知识			一	十三	413
	W13-1 苯系物	水质　苯系物的测定　顶空 / 气相色谱法（HJ 1067—2019）				421
		生活饮用水标准检验方法　有机物指标（GB/T 5750.8—2006）（18.1　苯　溶剂萃取 - 填充柱气相色谱法）	试题同 HJ 1067—2019			
		生活饮用水标准检验方法　有机物指标（GB/T 5750.8—2006）（18.2　苯　溶剂萃取 - 毛细管柱气相色谱法）	试题同 HJ 1067—2019			
		生活饮用水标准检验方法　有机物指标（GB/T 5750.8—2006）（18.3　苯　顶空 - 毛细管柱气相色谱法）	试题同 HJ 1067—2019			
		生活饮用水标准检验方法　有机物指标（GB/T 5750.8—2006）（18.4　苯　顶空 - 填充柱气相色谱法）	试题同 HJ 1067—2019			
		生活饮用水标准检验方法　有机物指标（GB/T 5750.8—2006）（19　甲苯　溶剂萃取 - 填充柱气相色谱法）	试题同 HJ 1067—2019			
		生活饮用水标准检验方法　有机物指标（GB/T 5750.8—2006）（19　甲苯　溶剂萃取 - 毛细管柱气相色谱法）	试题同 HJ 1067—2019			
		生活饮用水标准检验方法　有机物指标（GB/T 5750.8—2006）（19　甲苯　顶空 - 毛细管柱气相色谱法）	试题同 HJ 1067—2019			

续表

分类		方法名称及标准号	备注	篇	章	页
W13 气相色谱法	W13-1 苯系物	生活饮用水标准检验方法 有机物指标（GB/T 5750.8—2006）（19 甲苯 顶空－填充柱气相色谱法）	试题同 HJ 1067—2019	一	十三	421
		生活饮用水标准检验方法 有机物指标（GB/T 5750.8—2006）（20 二甲苯 溶剂萃取－填充柱气相色谱法）	试题同 HJ 1067—2019			
		生活饮用水标准检验方法 有机物指标（GB/T 5750.8—2006）（20 二甲苯 溶剂萃取－毛细管柱气相色谱法）	试题同 HJ 1067—2019			
		生活饮用水标准检验方法 有机物指标（GB/T 5750.8—2006）（20 二甲苯 顶空－毛细管柱气相色谱法）	试题同 HJ 1067—2019			
		生活饮用水标准检验方法 有机物指标（GB/T 5750.8—2006）（20 二甲苯 顶空－填充柱气相色谱法）	试题同 HJ 1067—2019			
		生活饮用水标准检验方法 有机物指标（GB/T 5750.8—2006）（21 乙苯 溶剂萃取－填充柱气相色谱法）	试题同 HJ 1067—2019			
		生活饮用水标准检验方法 有机物指标（GB/T 5750.8—2006）（21 乙苯 溶剂萃取－毛细管柱气相色谱法）	试题同 HJ 1067—2019			
		生活饮用水标准检验方法 有机物指标（GB/T 5750.8—2006）（21 乙苯 顶空－毛细管柱气相色谱法）	试题同 HJ 1067—2019			
		生活饮用水标准检验方法 有机物指标（GB/T 5750.8—2006）（21 乙苯 顶空－填充柱气相色谱法）	试题同 HJ 1067—2019			
		生活饮用水标准检验方法 有机物指标（GB/T 5750.8—2006）（22 异丙苯 溶剂萃取－填充柱气相色谱法）	试题同 HJ 1067—2019			
		生活饮用水标准检验方法 有机物指标（GB/T 5750.8—2006）（22 异丙苯 溶剂萃取－毛细管柱气相色谱法）	试题同 HJ 1067—2019			

续表

分类		方法名称及标准号	备注	篇	章	页
W13 气相色谱法	W13-1 苯系物	生活饮用水标准检验方法　有机物指标（GB/T 5750.8—2006）（22　异丙苯　顶空－毛细管柱气相色谱法）	试题同 HJ 1067—2019	一	十三	421
		生活饮用水标准检验方法　有机物指标（GB/T 5750.8—2006）（22　异丙苯　顶空－填充柱气相色谱法）	试题同 HJ 1067—2019			
		生活饮用水标准检验方法　有机物指标（GB/T 5750.8—2006）（35　苯乙烯　溶剂萃取－填充柱气相色谱法）	试题同 HJ 1067—2019			
		生活饮用水标准检验方法　有机物指标（GB/T 5750.8—2006）（35　苯乙烯　溶剂萃取－毛细管柱气相色谱法）	试题同 HJ 1067—2019			
		生活饮用水标准检验方法　有机物指标（GB/T 5750.8—2006）（35　苯乙烯　顶空－毛细管柱气相色谱法）	试题同 HJ 1067—2019			
		生活饮用水标准检验方法　有机物指标（GB/T 5750.8—2006）（35　苯乙烯　顶空－填充柱气相色谱法）	试题同 HJ 1067—2019			
	W13-2 有机氯农药	水质　六六六、滴滴涕的测定　气相色谱法（GB/T 7492—87）				424
		有机氯农药　毛细柱气相色谱法《水和废水监测分析方法》（第四版）				
		生活饮用水标准检验方法　农药指标（GB/T 5750.9—2006）（1.1　滴滴涕　填充柱气相色谱法）	试题同 GB/T 7492—87			
		生活饮用水标准检验方法　农药指标（GB/T 5750.9—2006）（2.1　六六六　填充柱气相色谱法）	试题同 GB/T 7492—87			
		生活饮用水标准检验方法　农药指标（GB/T 5750.9—2006）（1.2　滴滴涕　毛细管柱气相色谱法）	试题同第四版毛细柱气相色谱法			

续表

分类		方法名称及标准号	备注	篇	章	页
W13 气相色谱法	W13-2 有机氯农药	生活饮用水标准检验方法 农药指标（GB/T 5750.9—2006）（2.2 六六六 毛细管柱气相色谱法）	试题同第四版毛细柱气相色谱法	一	十三	424
		生活饮用水标准检验方法 农药指标（GB/T 5750.9—2006）（3 林丹 填充柱气相色谱法）	试题同 GB/T 7492—87			
		生活饮用水标准检验方法 农药指标（GB/T 5750.9—2006）（3 林丹 毛细管柱气相色谱法）	试题同第四版毛细柱气相色谱法			
	W13-3 有机磷农药	水、土中有机磷农药测定的气相色谱法（GB/T 14552—2003）				427
		水质 有机磷农药的测定 气相色谱法（GB/T 13192—91）				
		有机磷农药 填充柱气相色谱法《水和废水监测分析方法》（第四版）				
		有机磷农药 毛细柱气相色谱法《水和废水监测分析方法》（第四版）				
	W13-4 氯酚类化合物	水质 五氯酚的测定 气相色谱法（HJ 591—2010）				430
		生活饮用水标准检验方法 农药指标（GB/T 5750.9—2006）（21 五氯酚 衍生化气相色谱法）	试题同 HJ 591—2010			
		生活饮用水标准检验方法 消毒副产物指标（GB/T 5750.10—2006）（12.1 2,4,6- 三氯酚 衍生化气相色谱法）				
		生活饮用水标准检验方法 农药指标（GB/T 5750.9—2006）（21 五氯酚 顶空固相微萃取气相色谱法）				
		生活饮用水标准检验方法 消毒副产物指标（GB/T 5750.10—2006）（12.2 2,4,6- 三氯酚 顶空固相萃取气相色谱法）	试题同 GB/T 5750.9—2006（21）			

续表

分类		方法名称及标准号	备注	篇	章	页
W13 气相色谱法	W13-5 阿特拉津	水质　阿特拉津的测定　气相色谱法（HJ 754—2015）		一	十三	433
	W13-6 挥发性卤代烃	水质　挥发性卤代烃的测定　顶空气相色谱法（HJ 620—2011）				436
		挥发性卤代烃　吹脱捕集气相色谱法《水和废水监测分析方法》（第四版）				
	W13-7 氯苯类化合物	水质　氯苯的测定　气相色谱法（HJ/T 74—2001）				439
		水质　氯苯类化合物的测定　气相色谱法（HJ 621—2011）				
		氯苯类化合物　填充柱气相色谱法《水和废水监测分析方法》（第四版）				
		生活饮用水标准检验方法　有机物指标（GB/T 5750.8—2006）（23.1　氯苯　气相色谱法）	试题同 HJ/T 74—2001			
		生活饮用水标准检验方法　有机物指标（GB/T 5750.8—2006）（24.1　二氯苯　气相色谱法）	试题同第四版填充柱气相色谱法			
		生活饮用水标准检验方法　有机物指标（GB/T 5750.8—2006）（25　1,2-二氯苯　气相色谱法）				
		生活饮用水标准检验方法　有机物指标（GB/T 5750.8—2006）（26　1,4-二氯苯　气相色谱法）				
		生活饮用水标准检验方法　有机物指标（GB/T 5750.8—2006）（27　三氯苯　气相色谱法）				

续表

分类		方法名称及标准号	备注	篇	章	页
W13 气相色谱法	W13-7 氯苯类化合物	生活饮用水标准检验方法 有机物指标（GB/T 5750.8—2006）（28 四氯苯 气相色谱法）	试题同第四版填充柱气相色谱法	一	十三	439
		生活饮用水标准检验方法 农药指标（GB/T 5750.9—2006）（20 六氯苯 气相色谱法）				
	W13-8 硝基苯类化合物	水质 硝基苯类化合物的测定 气相色谱法（HJ 592—2010）				442
		水质 硝基苯类化合物的测定 液液萃取/固相萃取-气相色谱法（HJ 648—2013）	试题同HJ 592—2010			
		生活饮用水标准检验方法 有机物指标（GB/T 5750.8—2006）（30.1 三硝基甲苯 气相色谱法）				
		生活饮用水标准检验方法 有机物指标（GB/T 5750.8—2006）（29.1 硝基苯 气相色谱法）				
		生活饮用水标准检验方法 有机物指标（GB/T 5750.8—2006）（31.1 二硝基苯 气相色谱法）				
	W13-9 吡啶	水质 吡啶的测定 顶空/气相色谱法（HJ 1072—2019）				445
	W13-10 丙烯醛、丙烯腈	水质 丙烯腈的测定 气相色谱法（HJ/T 73—2001）				447
		生活饮用水标准检验方法 有机物指标（GB/T 5750.8—2006）（15.1 丙烯腈 气相色谱法）	试题同HJ/T 73—2001			
		水质 丙烯腈和丙烯醛的测定 吹扫捕集/气相色谱法（HJ 806—2016）				
		生活饮用水标准检验方法 有机物指标（GB/T 5750.8—2006）（16.1 丙烯醛 气相色谱法）				

续表

分类		方法名称及标准号	备注	篇	章	页
W13 气相色谱法	W13-11 有机汞	水质　烷基汞的测定　气相色谱法（GB/T 14204—93）		一	十三	451
		环境　甲基汞的测定　气相色谱法（GB/T 17132—1997）				
		水质　烷基汞的测定　吹扫捕集 / 气相色谱 - 冷原子荧光光谱法（HJ 977—2018）				
	W13-12 挥发性有机化合物	挥发性有机化合物　吹脱捕集气相色谱法《水和废水监测分析方法》（第四版）				455
		水质　挥发性有机物的测定　吹扫捕集 / 气相色谱法（HJ 686—2014）				
	W13-13 三氯乙醛	三氯乙醛　气相色谱法《水和废水监测分析方法》（第四版）				458
		生活饮用水标准检验方法　消毒副产物指标（GB/T 5750.10—2006）（8.1　三氯乙醛　气相色谱法）	试题同第四版中气相色谱法			
	W13-14 黄磷	水质　黄磷的测定　气相色谱法（HJ 701—2014）				460
	W13-15 百菌清和溴氰菊酯	水质　百菌清和溴氰菊酯的测定　气相色谱法（HJ 698—2014）				461
		生活饮用水标准检验方法　农药指标（GB/T 5750.9—2006）（9.1　百菌清　气相色谱法）	试题同 HJ 698—2014			
		生活饮用水标准检验方法　农药指标（GB/T 5750.9—2006）（11.1　溴氰菊酯　气相色谱法）	试题同 HJ 698—2014			
	W13-16 丙烯酰胺	水质　丙烯酰胺的测定　气相色谱法（HJ 697—2014）				464
		生活饮用水标准检验方法　有机物指标（GB/T 5750.8—2006）（10.1　丙烯酰胺　气相色谱法）	试题同 HJ 697—2014			

续表

续表

分类		方法名称及标准号	备注	篇	章	页
W13 气相色谱法	W13-22 苯胺	生活饮用水标准检验方法　有机物指标（GB/T 5750.8—2006）（37.1　苯胺　气相色谱法）		一	十三	474
	W13-23 硝基氯苯类化合物	生活饮用水标准检验方法　有机物指标（GB/T 5750.8—2006）(32　硝基氯苯　气相色谱法）				476
		生活饮用水标准检验方法　有机物指标（GB/T 5750.8—2006）(33　二硝基氯苯　气相色谱法）				
	W13-24 苦味酸	生活饮用水标准检验方法　有机物指标（GB/T 5750.8—2006）(42.1　苦味酸　气相色谱法）				481
	W13-25 七氯	生活饮用水标准检验方法　农药指标（GB/T 5750.9—2006）（19.1　七氯　液液萃取气相色谱法）				482
	W13-26 环氧氯丙烷	生活饮用水标准检验方法　有机物指标（GB/T 5750.8—2006）（17.1　环氧氯丙烷　气相色谱法）				483
	W13-27 灭草松	生活饮用水标准检验方法　农药指标（GB/T 5750.9—2006）（12.1　灭草松　气相色谱法）				486
	W13-28 2,4-滴	生活饮用水标准检验方法　农药指标（GB/T 5750.9—2006）（13　2,4-滴　气相色谱法）	试题同 W16-27			488
	W13-29 毒死蜱	生活饮用水标准检验方法　农药指标（GB/T 5750.9—2006）(16.1　毒死蜱　气相色谱法）				488
	W13-30 碘化物	生活饮用水标准检验方法　无机非金属指标（GB/T 5750.5—2006）（11.4　碘化物　气相色谱法）				490

续表

分类		方法名称及标准号	备注	篇	章	页
W13 气相色谱法	W13-31 一氯乙酸、二氯乙酸和三氯乙酸	生活饮用水标准检验方法 消毒副产物指标（GB/T 5750.10—2006）［9 二氯乙酸（一氯乙酸） 液液萃取衍生气相色谱法］		一	十三	491
		生活饮用水标准检验方法 消毒副产物指标（GB/T 5750.10—2006）（10 三氯乙酸 液液萃取衍生气相色谱法）				
	W13-32 亚硝胺类化合物	水质 亚硝胺类化合物的测定 气相色谱法（HJ 809—2016）				494
	W13-33 氯代除草剂	水质 15 种氯代除草剂的测定 气相色谱法（HJ 1070—2019）				496
	W13-34 乙腈	水质 乙腈的测定 直接进样 / 气相色谱法（HJ 789—2016）				498
		水质 乙腈的测定 吹扫捕集 / 气相色谱法（HJ 788—2016）				
	W13-35 石油烃	水质 挥发性石油烃（C_6-C_9）的测定 吹扫捕集 / 气相色谱法（HJ 893—2017）				500
		水质 可萃取性石油烃（C_{10}-C_{40}）的测定 气相色谱法（HJ 894—2017）				
	W13-36 甲醇和丙酮	水质 甲醇和丙酮的测定 顶空 / 气相色谱法（HJ 895—2017）				504
	W13-37 卤代乙酸类化合物	水质 卤代乙酸类化合物的测定 气相色谱法（HJ 758—2015）				506
W14 气相色谱-质谱法	W14-0 基础知识				十四	509

续表

分类		方法名称及标准号	备注	篇	章	页
W14 气相色谱-质谱法	W14-1 多环芳烃	多环芳烃　气相色谱-质谱法《水和废水监测分析方法》（第四版）		一	十四	512
	W14-2 挥发性有机物	水质　挥发性有机物的测定　吹扫捕集/气相色谱-质谱法（HJ 639—2012）				513
		生活饮用水标准检验方法　有机物指标（GB/T 5750.8—2006）（挥发性有机物　附录A　吹脱捕集/气相色谱-质谱法）	试题同 HJ 639—2012			
		水质　挥发性有机物的测定　顶空/气相色谱-质谱法（HJ 810—2016）				
	W14-3 半挥发性有机物	半挥发性有机物　气相色谱-质谱法《水和废水监测分析方法》（第四版）				516
		生活饮用水标准检验方法　有机物指标（GB/T 5750.8—2006）（半挥发性有机物　附录B　固相萃取/气相色谱-质谱法）				
	W14-4 有机氯农药和氯苯类化合物	水质　有机氯农药和氯苯类化合物的测定　气相色谱-质谱法（HJ 699—2014）				519
	W14-5 酚类化合物	水质　酚类化合物的测定　气相色谱-质谱法（HJ 744—2015）				520
	W14-6 邻苯二甲酸酯	邻苯二甲酸酯　毛细柱气相色谱-质谱法《水和废水监测分析方法》（第四版）				523
	W14-7 多氯联苯	水质　多氯联苯的测定　气相色谱-质谱法（HJ 715—2014）				524
	W14-8 苯系物	生活饮用水标准检验方法　有机物指标（GB/T 5750.8—2006）（苯系物　附录A　吹脱捕集/气相色谱-质谱法）				526

续表

分类		方法名称及标准号	备注	篇	章	页
W14 气相色谱－质谱法	W14-9 硝基苯类化合物	水质 硝基苯类化合物的测定 气相色谱－质谱法（HJ 716—2014）		一	十四	528
	W14-10 苯胺类化合物	水质 苯胺类化合物的测定 气相色谱－质谱法（HJ 822—2017）				530
	W14-11 百菌清及拟除虫菊酯类农药	水质 百菌清及拟除虫菊酯类农药的测定 气相色谱—质谱法（HJ 753—2015）				533
	W14-12 二噁英	水质 二噁英类的测定 同位素稀释高分辨气相色谱－高分辨质谱法（HJ 77.1—2008）				536
	W14-13 丁基黄原酸	水质 丁基黄原酸的测定 吹扫捕集/气相色谱－质谱法（HJ 896—2017）				542
	W14-14 四乙基铅	水质 四乙基铅的测定 顶空/气相色谱－质谱法（HJ 959—2018）				545
	W14-15 松节油	水质 松节油的测定 吹扫捕集/气相色谱－质谱法（HJ 866—2017）				547
	W14-16 多溴二苯醚	水质 多溴二苯醚的测定 气相色谱－质谱法（HJ 909—2017）				550
	W14-17 挥发性卤代烃	挥发性卤代烃 顶空毛细管柱气相色谱－质谱法《水和废水监测分析方法》（第四版）				553
W15 液相色谱法	W15-0 基础知识				十五	555
	W15-1 酚类化合物	酚类化合物 高效液相色谱法《水和废水监测分析方法》（第四版）				557

续表

分类		方法名称及标准号	备注	篇	章	页
W15 液相色谱法	W15-2 苯胺类化合物	苯胺类化合物　液相色谱法《水和废水监测分析方法》（第四版）	试题同 HJ 639—2012	一	十五	559
	W15-3 阿特拉津 / 莠去津	水质　阿特拉津的测定　高效液相色谱法（HJ 587—2010）				561
		生活饮用水标准检验方法　农药指标（GB/T 5750.9—2006）（17.1　莠去津　高压液相色谱法）	试题同 HJ 587—2010			
	W15-4 邻苯二甲酸酯类化合物	水质　邻苯二甲酸二甲（二丁、二辛）酯的测定　液相色谱法（HJ/T 72—2001）				563
	W15-5 多环芳烃	水质　多环芳烃的测定　液液萃取和固相萃取高效液相色谱法（HJ 478—2009）				565
	W15-6 苯并 [a] 芘	生活饮用水标准检验方法　有机物指标（GB/T 5750.8—2006）（9.1　苯并 [a] 芘　高压液相色谱法）				567
	W15-7 溴氰菊酯	生活饮用水标准检验方法　农药指标（GB/T 5750.9—2006）（11.2　溴氰菊酯　高压液相色谱法）				569
	W15-8 甲萘威	生活饮用水标准检验方法　农药指标（GB/T 5750.9—2006）（10.1　甲萘威　高压液相色谱法 - 紫外检测器）				571
		生活饮用水标准检验方法　农药指标（GB/T 5750.9—2006）（10.3　甲萘威　高压液相色谱法 - 荧光检测器）				
	W15-9 草甘膦	水质　草甘膦的测定　高效液相色谱法（HJ 1071—2019）				574
		生活饮用水标准检验方法　农药指标（GB/T 5750.9—2006）（18.1　草甘膦　高压液相色谱法）				

续表

分类		方法名称及标准号	备注	篇	章	页
W15 液相色谱法	W15-10 呋喃丹	生活饮用水标准检验方法 农药指标（GB/T 5750.9—2006）（15.1 呋喃丹 高压液相色谱法）		一	十五	577
	W15-11 联苯胺	水质 联苯胺的测定 高效液相色谱法（HJ 1017—2019）				579
	W15-12 萘酚	水质 萘酚的测定 高效液相色谱法（HJ 1073—2019）				582
	W15-13 硝磺草酮	水质 硝磺草酮的测定 液相色谱法（HJ 850—2017）				584
	W15-14 乙撑硫脲	水质 乙撑硫脲的测定 液相色谱法（HJ 849—2017）				586
	W15-15 灭多威和灭多威肟	水质 灭多威和灭多威肟的测定 液相色谱法（HJ 851—2017）				587
	W15-16 百草枯和杀草快	水质 百草枯和杀草快的测定 固相萃取－高效液相色谱法（HJ 914—2017）				590
	W15-17 磺酰脲类农药	水质 磺酰脲类农药的测定 高效液相色谱法（HJ 1018—2019）				592
W16 液相色谱－质谱法	W16-1 苯胺类化合物	水质 17 种苯胺类化合物的测定 液相色谱－三重四极杆质谱法（HJ 1048—2019）		一	十六	595
	W16-2 苯氧羧酸类除草剂	水质 苯氧羧酸类除草剂的测定 液相色谱／串联质谱法（HJ 770—2015）				597
	W16-3 硝基酚类化合物	水质 4 种硝基酚类化合物的测定 液相色谱－三重四极杆质谱法（HJ 1049—2019）				599

续表

分类		方法名称及标准号	备注	篇	章	页
W16 液相色谱-质谱法	W16-4 丁基黄原酸	水质　丁基黄原酸的测定液相色谱-三重四极杆串联质谱法（HJ 1002—2018）		一	十六	601
	W16-5 氨基甲酸酯类农药	水质　氨基甲酸酯类农药的测定　超高效液相色谱-三重四极杆质谱法（HJ 827—2017）				604
	W16-6 有机锡化合物	水质　三丁基锡等 4 种有机锡化合物的测定　液相色谱-电感耦合等离子体质谱法（HJ 1074—2019）				606
W17 气相分子吸收光谱法	W17-0 基础知识				十七	609
	W17-1 氨氮	水质　氨氮的测定　气相分子吸收光谱法（HJ/T 195—2005）				611
	W17-2 凯氏氮	水质　凯氏氮的测定　气相分子吸收光谱法（HJ/T 196—2005）				613
	W17-3 亚硝酸盐氮	水质　亚硝酸盐氮的测定　气相分子吸收光谱法（HJ/T 197—2005）				614
	W17-4 硝酸盐氮	水质　硝酸盐氮的测定　气相分子吸收光谱法（HJ/T 198 — 2005）				616
	W17-5 总氮	水质　总氮的测定　气相分子吸收光谱法（HJ/T 199—2005）				617
	W17-6 硫化物	水质　硫化物的测定　气相分子吸收光谱法（HJ/T 200—2005）				618

续表

分类		方法名称及标准号	备注	篇	章	页
W18 冷原子吸收分光光度法测定总汞		水质　总汞的测定　冷原子吸收分光光度法（HJ 597—2011）		一	十八	620
		生活饮用水标准检验方法　金属指标（GB/T 5750.6—2006）（8.2 汞　冷原子吸收法）	试题同 HJ 597—2011			
W19 红外光度法测定石油类和动植物油类		水质　石油类和动植物油类的测定　红外分光光度法（HJ 637—2018）			十九	622
W20 非分散红外吸收法测定总有机碳		水质　总有机碳的测定　燃烧氧化 - 非分散红外吸收法（HJ 501—2009）			二十	626
W21 非分散红外光度法测定石油		生活饮用水标准检验方法　有机物综合指标（GB/T 5750.7—2006）（3.5　石油　非分散红外光度法）			二十一	629
W22 荧光光度法	W22-1 硒	水质　硒的测定　2,3- 二氨基萘荧光法（GB 11902—89）			二十二	631
		生活饮用水标准检验方法　金属指标（GB/T 5750.6—2006）（7.2　硒　二氨基萘荧光法）	试题同 GB/T 11902—89			
	W22-2 石油	生活饮用水标准检验方法　有机物综合指标（GB/T 5750.7—2006）（3.3　石油　荧光光度法）				633
W23 荧光分光光度法	W23-1 苯并 [*a*] 芘	水质　苯并 [*a*] 芘的测定　乙酰化滤纸层析荧光分光光度法（GB/T 11895—89）			二十三	635
		生活饮用水标准检验方法　有机物指标（GB/T 5750.8—2006）（9.2　苯并 [*a*] 芘　纸层析 - 荧光分光光度法）				
	W23-2 石油	生活饮用水标准检验方法　有机物综合指标（GB/T 5750.7—2006）（3.4　石油　荧光分光光度法）				639

续表

分　类	方法名称及标准号	备　注	篇	章	页
W24 金属总量的消解	水质　金属总量的消解　硝酸消解法（HJ 677—2013）		一	二十四	641
	水质　金属总量的消解　微波消解法（HJ 678—2013）				
W25 微生物传感器快速法 测定生化需氧量	水质　生化需氧量（BOD）的测定　微生物传感器快速测定法（HJ/T 86—2002）		一	二十五	644
W26 仪器分析法测定总有机碳	生活饮用水标准检验方法　有机物综合指标（GB/T 5750.7—2006）（4.1　总有机碳　仪器分析法）		一	二十六	647

表2 海水

分类		方法名称及标准号	备注	篇	章	页
S1 海水样品采集		海洋监测规范　第3部分：样品采集、贮存与运输（GB 17378.3—2007）		二	一	651
S2 海水水质现场监测	S2-1 水色	海洋监测规范　第4部分：海水分析（GB 17378.4—2007）（21　水色　比色法）		二	二	655
		海洋调查规范　第2部分：海洋水文观测（GB/T 12763.2—2007）（10　水色　水色计目测法）				
	S2-2 盐度	海洋监测规范　第4部分：海水分析（GB 17378.4—2007）（29.1　盐度　盐度计法）				656
		海洋调查规范　第2部分：海洋水文观测（GB/T 12763.2—2007）[6　盐度　温盐深仪（CTD）法]				
		海洋监测规范　第4部分：海水分析（GB 17378.4—2007）[29.2　盐度　温盐深仪（CTD）法]				
		海洋监测技术规程　第6部分：海洋水文、气象与海冰（HY/T 147.6—2013）（5　海水盐度测定　温盐深剖面仪法）				
	S2-3 透明度	海洋监测规范　第4部分：海水分析（GB 17378.4—2007）（22　透明度　透明圆盘法）	试题同“第一篇　W2-2③”			659
		海洋调查规范　第2部分：海洋水文观测（GB/T 12763.2—2007）（10　透明度　透明度盘法）				
	S2-4 嗅和味	海洋监测规范　第4部分：海水分析（GB 17378.4—2007）（24　嗅和味　感官法）	试题同“第一篇　W2-1②”			659

续表

分类		方法名称及标准号	备注	篇	章	页
S2 海水水质现场监测	S2-5 水温	海洋监测规范 第4部分：海水分析（GB 17378.4—2007）（25.1 水温 表层水温表法）	试题同“第一篇 W2-3”	二	二	659
		海洋监测规范 第4部分：海水分析（GB 17378.4—2007）（25.2 水温 颠倒温度表法）				
		海洋调查规范 第2部分：海洋水文观测（GB/T 12763.2—2007）（5 水温 温盐深仪（CTD）定点测温）				
		海洋监测技术规程 第6部分：海洋水文、气象与海冰（HY/T 147.6—2013）（4.2 水温监测 数字测温仪法）				
	S2-6 浑浊度	海洋监测规范 第4部分：海水分析（GB 17378.4—2007）（30.1 浑浊度 浊度计法）	试题同“第一篇 W2-4”			661
		海洋监测规范 第4部分：海水分析（GB 17378.4—2007）（30.2 浑浊度 目视比浊法）				
	S2-7 海流	海洋调查规范 第2部分：海洋水文观测（GB/T 12763.2—2007）（7 海流 船只锚碇测流）				662
	S2-8 流向	海洋调查规范 第2部分：海洋水文观测（GB/T 12763.2—2007）（7 流向 海流计法）				663
	S2-9 漂浮物质	海水水质标准（漂浮物质 目测法）（GB 3097—1997）				664
	S2-10 六价铬	海洋监测技术规程 第1部分：海水（HY/T 147.1—2013）（6 六价铬的测定 便携式光谱仪法）				665
	S2-11 铵盐	海洋监测技术规程 第1部分：海水（HY/T 147.1—2013）（9.2 铵盐 便携式光谱仪法）				666

续表

分类		方法名称及标准号	备注	篇	章	页
S2 海水水质现场监测	S2-12 亚硝酸盐	海洋监测技术规程 第1部分：海水（HY/T 147.1—2013）（7.2 亚硝酸盐 便携式光谱仪法）		二	二	667
	S2-13 硝酸盐	海洋监测技术规程 第1部分：海水（HY/T 147.1—2013）（8.2 硝酸盐 便携式光谱仪法）				668
	S2-14 氰化物	海洋监测技术规程 第1部分：海水（HY/T 147.1—2013）（16 氰化物的测定 便携式光谱仪法）				669
	S2-15 磷酸盐	海洋监测技术规程 第1部分：海水（HY/T 147.1—2013）（10.2 磷酸盐 便携式光谱仪法）				669
S3 重量法	S3-0 基础知识		试题同“第一篇 W3-0”	二	三	671
	S3-1 油类	海洋监测规范 第4部分：海水分析（GB 17378.4—2007）（13.3 油类 重量法）				671
	S3-2 悬浮物	海洋监测规范 第4部分：海水分析（GB 17378.4—2007）（27 悬浮物 重量法）	试题同“第一篇 W3-2”			673
S4 电化学法	S4-0 基础知识		试题同“第一篇 W4-0”	二	四	674
	S4-1 砷	海洋监测规范 第4部分：海水分析（GB 17378.4—2007）（11.4 砷 催化极谱法）				674
	S4-2 硒	海洋监测规范 第4部分：海水分析（GB 17378.4—2007）（12.3 硒 催化极谱法）				675
	S4-3 硫化物	海洋监测规范 第4部分：海水分析（GB 17378.4—2007）（18.2 硫化物 离子选择电极法）				676

续表

分类		方法名称及标准号	备注	篇	章	页
S4 电化学法	S4-4 铜、铅、镉、锌	海洋监测规范　第4部分：海水分析（GB 17378.4—2007）（6.2　铜　阳极溶出伏安法）	通卷	二	四	677
		海洋监测规范　第4部分：海水分析（GB 17378.4—2007）（7.2　铅　阳极溶出伏安法）				
		海洋监测规范　第4部分：海水分析（GB 17378.4—2007）（8.2　镉　阳极溶出伏安法）				
		海洋监测规范　第4部分：海水分析（GB 17378.4—2007）（9.2　锌　阳极溶出伏安法）				
	S4-5 pH	海洋监测规范　第4部分：海水分析（GB 17378.4—2007）（26　pH　pH计法）	试题同“第一篇　W4-3①”			679
	S4-6 总碱度	海洋调查规范　第4部分：海水化学要素调查（GB/T 12763.4—2007）[7　总碱度　测定（pH计法）]				679
S5 容量法	S5-0 基础知识		试题同“第一篇　W5-0”	二	五	681
	S5-1 化学需氧量	海洋监测规范　第4部分：海水分析（GB 17378.4—2007）（32　化学需氧量——碱性高锰酸钾法）				681
	S5-2 氯化物	海洋监测规范　第4部分：海水分析（GB 17378.4—2007）（28　氯化物银量滴定法）	试题同“第一篇　W5-11”			683
	S5-3 生化需氧量	海洋监测规范　第4部分：海水分析（GB 17378.4—2007）（33.1　生化需氧量　五日培养法）	试题同“第一篇　W5-12①”			683
		海洋监测规范　第4部分：海水分析（GB 17378.4—2007）（33.2　生化需氧量　两日培养法）				
	S5-4 溶解氧	海洋监测规范　第4部分：海水分析（GB 17378.4—2007）（31　溶解氧　碘量法）	试题同“第一篇　W5-13”			684

续表

分类		方法名称及标准号	备注	篇	章	页
S6 分光光度法	S6-0 基础知识		试题同“第一篇 W6-0”	二	六	685
	S6-1 浑浊度	海洋监测规范 第4部分：海水分析（GB 17378.4—2007）（30.3 浑浊度 分光光度法）				685
	S6-2 氨	海洋监测规范 第4部分：海水分析（GB 17378.4—2007）（36.1 氨 靛酚蓝分光光度法）				687
		海洋监测规范 第4部分：海水分析（GB 17378.4—2007）（36.2 氨 次溴酸盐氧化法）				
		近岸海域环境监测技术规范 第三部分 近岸海域水质监测（HJ 442.3—2020）（附录C 连续流动比色法测定河口与近岸海域海水中氨）				
		海洋监测技术规程 第1部分：海水（HY/T 147.1—2013）（9.1 铵盐 流动分析法）				
	S6-3 亚硝酸盐	海洋监测规范 第4部分：海水分析（GB 17378.4—2007）（37 亚硝酸盐 萘乙二胺分光光度法）				691
		海洋监测技术规程 第1部分：海水（HY/T 147.1—2013）（7.1 亚硝酸盐 流动分析法）				
	S6-4 硝酸盐	海洋监测规范 第4部分：海水分析（GB 17378.4—2007）（38.1 硝酸盐 镉柱还原法）				693
		海洋调查规范 第4部分：海水化学要素调查（GB/T 12763.4—2007）（11 硝酸盐 锌-镉还原法）				
		海洋监测技术规程 第1部分：海水（HY/T 147.1—2013）（8.1 硝酸盐 流动分析法）				

续表

分类		方法名称及标准号	备注	篇	章	页
S6 分光光度法	S6-5 硝酸盐氮和亚硝酸盐氮	近岸海域环境监测技术规范　第三部分　近岸海域水质监测（HJ 442.3—2020）（附录 D　连续流动比色法测定河口与近岸海域海水中硝酸盐氮和亚硝酸盐氮）		二	六	697
	S6-6 氰化物	海洋监测规范　第 4 部分：海水分析（GB 17378.4—2007）（20.1　氰化物　异烟酸－吡唑啉酮分光光度法）	同时参考"第一篇　W6-10 ①③"			698
		海洋监测规范　第 4 部分：海水分析（GB 17378.4—2007）（20.2　氰化物　吡啶－巴比妥酸分光光度法）				
	S6-7 无机磷	海洋监测规范　第 4 部分：海水分析（GB 17378.4—2007）（39.1　无机磷　磷钼蓝分光光度法）				700
		海洋监测规范　第 4 部分：海水分析（GB 17378.4—2007）（39.2　无机磷　磷钼蓝萃取分光光度法）				
		海洋监测技术规程　第 1 部分：海水（HY/T 147.1—2013）（10.1　磷酸盐　流动分析法）				
	S6-8 砷	海洋监测规范　第 4 部分：海水分析（GB 17378.4—2007）（11.2　砷　砷化氢－硝酸银分光光度法）				702
	S6-9 硒	海洋监测规范　第 4 部分：海水分析（GB 17378.4—2007）（12.2　硒　二氨基联苯胺分光光度法）				704
	S6-10 油类	海洋监测规范　第 4 部分：海水分析（GB 17378.4—2007）（13.2　油类　紫外分光光度法）				705

续表

分类		方法名称及标准号	备注	篇	章	页
S6 分光光度法	S6-11 总氮	海洋调查规范 第 4 部分：海水化学要素调查（GB/T 12763.4—2007）[15 总氮测定（过硫酸钾氧化法）]		二	六	707
		海洋监测规范 第 4 部分：海水分析（GB 17378.4-2007）（41 总氮 过硫酸钾氧化法）				
		海洋监测技术规程 第 1 部分：海水（HY/T 147.1—2013）（12 总氮 流动分析法）				
	S6-12 总磷	海洋调查规范 第 4 部分：海水化学要素调查（GB/T 12763.4—2007）[14 总磷测定（过硫酸钾氧化法）]				708
		海洋监测规范 第 4 部分：海水分析（GB 17378.4-2007）（40 总磷 过硫酸钾氧化法）				
		海洋监测技术规程 第 1 部分：海水（HY/T 147.1—2013）（13 总磷的测定——流动分析法）				
	S6-13 溶解氧	海洋调查规范 第 4 部分：海水化学要素调查（GB 12763.4—2007）[附录 D 溶解氧测定（分光光度法）]				709
	S6-14 硅酸盐	海洋监测规范 第 4 部分：海水分析（GB 17378.4—2007）（17.1 活性硅酸盐 硅钼黄法）	试题同“第一篇 W6-13”			710
		海洋监测规范 第 4 部分：海水分析（GB 17378.4—2007）（17.2 活性硅酸盐 硅钼蓝法）				
		近岸海域环境监测技术规范 第三部分 近岸海域水质监测（HJ 442.3—2020）（附录 F 连续流动比色法测定河口与近岸海域海水中活性硅酸盐）				
		海洋监测技术规程 第 1 部分：海水（HY/T 147.1—2013）（11 硅酸盐的测定 流动分析法）				

续表

分类		方法名称及标准号	备注	篇	章	页
S6 分光光度法	S6-15 硫化物	海洋监测规范　第4部分：海水分析（GB 17378.4—2007）（18.1　硫化物　亚甲基蓝分光光度法）	试题同“第一篇　W6-15①”	二	六	712
	S6-16 总铬	海洋监测规范　第4部分：海水分析（GB 17378.4—2007）（10.2　总铬　二苯碳酰二肼分光光度法）	试题同“第一篇　W6-22”			712
	S6-17 挥发性酚	海洋监测规范　第4部分：海水分析（GB 17378.4—2007）（19　挥发性酚　4-氨基安替比林分光光度法）	试题同“第一篇　W6-30①②”			712
	S6-18 阴离子洗涤剂	海洋监测规范　第4部分：海水分析（GB 17378.4—2007）（23　阴离子洗涤剂　亚甲基蓝分光光度法）	试题同“第一篇　W6-31①”			712
S7 原子荧光法	S7-0 基础知识		试题同“第一篇　W8-0”	二	七	713
	S7-1 汞	海洋监测规范　第4部分：海水分析（GB 17378.4—2007）（5.1　汞　原子荧光法）				713
	S7-2 砷	海洋监测规范　第4部分：海水分析（GB 17378.4—2007）（11.1　砷 原子荧光法）				714
	S7-3 硒	近岸海域环境监测技术规范　第三部分　近岸海域水质监测（HJ 442.3—2020）（附录G　原子荧光法测定近岸海域海水中硒）				715
S8 火焰原子吸收分光光度法	S8-0 基础知识		试题同“第一篇　W9-0”	二	八	718
	S8-1 铜	海洋监测规范　第4部分：海水分析（GB 17378.4—2007）（6.3　铜　火焰原子吸收分光光度法）				718
	S8-2 铅	海洋监测规范　第4部分：海水分析（GB 17378.4—2007）（7.3　铅　火焰原子吸收分光光度法）				719
	S8-3 镉	海洋监测规范　第4部分：海水分析（GB 17378.4—2007）（8.3　镉　火焰原子吸收分光光度法）				720

续表

分类		方法名称及标准号	备注	篇	章	页
S8 火焰原子吸收分光光度法	S8-4 锌	海洋监测规范　第 4 部分：海水分析（GB 17378.4—2007）（9.1　锌　火焰原子吸收分光光度法）		二	八	721
	S8-5 砷	海洋监测规范　第 4 部分：海水分析（GB 17378.4—2007）（11.3　砷　氢化物发生原子吸收分光光度法）				722
S9 石墨炉原子吸收分光光度法	S9-0 基础知识		试题同“第一篇　W10-0”	二	九	724
	S9-1 铜	海洋监测规范　第 4 部分：海水分析（GB 17378.4—2007）（6.1　铜　无火焰原子吸收分光光度法）				724
	S9-2 铅	海洋监测规范　第 4 部分：海水分析（GB 17378.4—2007）（7.1　铅　无火焰原子吸收分光光度法）				725
	S9-3 镉	海洋监测规范　第 4 部分：海水分析（GB 17378.4—2007）（8.1　镉　无火焰原子吸收分光光度法）				725
	S9-4 总铬	海洋监测规范　第 4 部分：海水分析（GB 17378.4—2007）（10.1　总铬　无火焰原子吸收分光光度法）				726
	S9-5 镍	海洋监测规范　第 4 部分：海水分析（GB 17378.4—2007）（42　镍　无火焰原子吸收分光光度法）				727
S10 电感耦合等离子体质谱法	S10-0 基础知识		试题同“第一篇　W12-0”	二	十	729
	S10-1 铜等多种元素	海洋监测技术规程　第 1 部分：海水（HY/T 147.1—2013）（5　铜、铅、锌、镉、铬、铍、锰、钴、镍、砷、铊的同步测定　电感耦合等离子体质谱法）				729

续表

分类		方法名称及标准号	备注	篇	章	页
S11 冷原子吸收分光光度法		海洋监测规范　第4部分：海水分析（GB 17378.4—2007）（5.2　汞　冷原子吸收分光光度法）	通卷 试题同“第一篇　W18”	二	十一	732
		海洋监测规范　第4部分：海水分析（GB 17378.4—2007）（5.3　汞　金捕集冷原子吸收光度法）				
S12 荧光分光光度法	S12-1 油类	海洋监测规范　第4部分：海水分析（GB 17378.4—2007）（13.1　油类　荧光分光光度法）		二	十二	733
	S12-2 硒	海洋监测规范　第4部分：海水分析（GB 17378.4—2007）（12.1　硒　荧光分光光度法）				734
S13 气相色谱法	S13-0 基础知识		试题同“第一篇　W13-0”	二	十三	736
	S13-1 六六六和滴滴涕	海洋监测规范　第4部分：海水分析（GB 17378.4—2007）（14　666、DDT　气相色谱法）	同时参考“第一篇　W13-2”			736
	S13-2 多氯联苯	海洋监测规范　第4部分：海水分析（GB 17378.4—2007）（15　多氯联苯　气相色谱法）				737
	S13-3 狄氏剂	海洋监测规范　第4部分：海水分析（GB 17378.4—2007）（16　狄氏剂　气相色谱法）				739
S14 总有机碳		海洋监测规范　第4部分：海水分析（GB 17378.4—2007）（34.1　总有机碳　总有机碳仪器法）		二	十四	741
		海洋监测规范　第4部分：海水分析（GB 17378.4—2007）（34.2　总有机碳　过硫酸钾氧化法）				
S15 粒度		海洋调查规范　第8部分：海洋地质地球物理调查（GB/T 12763.8—2007）（6.3　粒度　激光法）		二	十五	744

表 3 噪声

分类		方法名称及标准号	备注	篇	章	页
N1 声环境质量和社会生活噪声	N1-1 声环境质量	声环境质量标准（GB 3096—2008）		三	一	749
		环境噪声监测技术规范　城市声环境常规监测（HJ 640—2012）				
	N1-2 社会生活噪声	社会生活环境噪声排放标准（GB 22337—2008）				753
	N1-3 民用建筑室内噪声	民用建筑隔声设计规范（GB 50118—2010）（附录 A　室内噪声级测量方法）				756
	N1-4 噪声测量值修正	环境噪声监测技术规范　噪声测量值修正（HJ 706—2014）				758
N2 工业企业和建筑施工噪声	N2-1 工业企业噪声	工业企业厂界环境噪声排放标准（GB 12348—2008）			二	761
		环境噪声监测技术规范　结构传播固定设备室内噪声（HJ 707—2014）				
	N2-2 建筑施工噪声	建筑施工场界环境噪声排放标准（GB 12523—2011）				764
N3 机场和道路交通噪声	N3-1 机场周围飞机噪声	机场周围飞机噪声测量方法（GB/T 9661—88）			三	767
	N3-2 铁路噪声	铁路边界噪声限值及其测量方法（GB/T 12525—90）及修改方案				769
		铁路沿线环境噪声测量技术规定（TB/T 3050—2002）				
	N3-3 城市轨道交通噪声	城市轨道交通车站站台声学要求和测量方法（GB 14227—2006）				771
		城市轨道交通引起建筑物振动与二次辐射噪声限值及其测量方法标准（JGJ/T 170—2009）				
		城市轨道交通（地下段）结构噪声监测方法（HJ 793—2016）				
N4 产品 / 设备噪声		声屏障声学设计和测量规范（HJ/T 90—2004）			四	776
		环境保护产品技术要求　低噪声型冷却塔（HJ/T 385—2007）				

表 4 振动

分类		方法名称及标准号	备注	篇	章	页
Vib 1 环境和住宅建筑室内振动	Vib 1-1 环境振动	城市区域环境振动测量方法（GB/T 10071—88）		四	一	781
	Vib 1-2 住宅建筑室内振动	住宅建筑室内振动限值及其测量方法标准（GB/T 50355—2018）				783
Vib 2 轨道交通振动	Vib 2-1 城市轨道交通振动	城市轨道交通引起建筑物振动与二次辐射噪声限值及其测量方法标准（JGJ/T 170—2009）		四	二	786
	Vib 2-2 铁路环境振动	铁路环境振动测量（TB/T 3152—2007）				787

表 5 机动车排放污染物

分类		方法名称及标准号	篇	章	页
V1 汽油车排放污染物	V1-1 一氧化碳、碳氢化合物和过量空气系数	汽油车污染物排放限值及测量方法（GB 18285—2018）（双怠速法及简易工况法）（附录 A 双怠速法）	五	一	793
		汽油车双怠速法排气污染物测量设备技术要求（HJ/T 289—2006）			
	V1-2 车载诊断（OBD）系统	汽油车污染物排放限值及测量方法（GB 18285—2018）（双怠速法及简易工况法）（附录 F 车载诊断（OBD）系统检查程序）			797
V2 柴油车排放污染物	V2-1 不透光烟度	柴油车污染物排放限值及测量方法（GB 3847—2018）（自由加速法及加载减速法）（附录 A 自由加速法、附录 C 不透光烟度计的特性和安装要求）	五	二	800
		压燃式发动机汽车自由加速法排气烟度测量设备技术要求（HJ/T 395—2007）			
	V2-2 林格曼烟度	柴油车污染物排放限值及测量方法（GB 3847—2018）（自由加速法及加载减速法）（附录 D 林格曼烟度法）			803
	V2-3 车载诊断（OBD）系统	柴油车污染物排放限值及测量方法（GB 3847—2018）（自由加速法及加载减速法）（附录 E 车载诊断（OBD）系统检查程序）			805

表 6　室内装饰装修材料中有害物质

分类		方法名称及标准号	备注	篇	章	页
M1 人造板及其制品中甲醛		室内装饰装修材料　人造板及其制品中甲醛释放限量（GB 18580—2001）		六	一	809
		人造板及饰面人造板理化性能试验方法（4.58　甲醛含量测定——穿孔法）（GB/T 17657—2013）				
		人造板及饰面人造板理化性能试验方法（4.59　甲醛释放量测定——干燥器法）（GB/T 17657—2013）				
		人造板及饰面人造板理化性能试验方法（4.60　甲醛释放量测定——气候箱法）（GB/T 17657—2013）				
M2 溶剂型木器涂料中有害物质	M2-0 基础知识	室内装饰装修材料　溶剂型木器涂料中有害物质限量（GB 18581—2009）		六	二	813
	M2-1 挥发性有机化合物	室内装饰装修材料　溶剂型木器涂料中有害物质限量（GB 18581—2009）［附录A　挥发性有机化合物（VOC）含量的测定　气相色谱法］				814
	M2-2 苯、甲苯、乙苯、二甲苯和甲醇	室内装饰装修材料　溶剂型木器涂料中有害物质限量（GB 18581—2009）（附录B　苯、甲苯、乙苯、二甲苯和甲醇含量的测定　气相色谱法）				815
	M2-3 二异氰酸酯	室内装饰装修材料　溶剂型木器涂料中有害物质限量（游离二异氰酸酯）（GB 18581—2009）	通卷			816
		色漆和清漆用漆基　异氰酸酯树脂中二异氰酸酯单体的测定（气相色谱法）（GB/T 18446—2009）				
	M2-4 卤代烃	室内装饰装修材料　溶剂型木器涂料中有害物质限量（GB 18581—2009）（附录C　卤代烃含量的测定　气相色谱法）				817
	M2-5 可溶性铅、镉、铬和汞	室内装饰装修材料　内墙涂料中有害物质限量（GB 18582—2008）（附录D　可溶性铅、镉、铬、汞元素含量的测试　火焰原子吸收光谱仪和氢化物发生原子吸收光谱法）	试题同 M3-4			818

续表

分类		方法名称及标准号	备注	篇	章	页
M3 内墙涂料中有害物质	M3-0 基础知识	室内装饰装修材料　内墙涂料中有害物质限量（GB 18582—2008）		六	三	819
	M3-1 挥发性有机化合物	室内装饰装修材料　内墙涂料中有害物质限量（GB 18582—2008）（附录 A　挥发性有机化合物及苯、甲苯、乙苯和二甲苯总和含量的测试　气相色谱法）				820
	M3-2 苯、甲苯、乙苯和二甲苯总和含量	室内装饰装修材料　内墙涂料中有害物质限量（GB 18582—2008）（附录 A　挥发性有机化合物及苯、甲苯、乙苯和二甲苯总和含量的测试　气相色谱法）				821
	M3-3 甲醛	室内装饰装修材料　内墙涂料中有害物质限量（GB 18582—2008）（附录 C　游离甲醛含量的测试 - 乙酰丙酮分光光度法）				822
	M3-4 可溶性铅、镉、铬和汞	室内装饰装修材料　内墙涂料中有害物质限量（GB 18582—2008）（附录 D　可溶性铅、镉、铬、汞元素含量的测试 - 火焰原子吸收光谱法和氢化物发生原子吸收光谱法）				823
M4 胶粘剂中有害物质	M4-0 基础知识	室内装饰装修材料　胶粘剂中有害物质限量（GB 18583—2008）		六	四	825
	M4-1 甲醛	室内装饰装修材料　胶粘剂中有害物质限量（GB 18583—2008）（附录 A　胶粘剂中游离甲醛含量的测定　乙酰丙酮分光光度法）				826
	M4-2 苯	室内装饰装修材料　胶粘剂中有害物质限量（GB 18583—2008）（附录 B　胶粘剂中苯含量的测定　气相色谱法）				827
	M4-3 甲苯和二甲苯	室内装饰装修材料　胶粘剂中有害物质限量（GB 18583—2008）（附录 C　胶粘剂中甲苯、二甲苯含量的测定　气相色谱法）				828
	M4-4 甲苯二异氰酸酯	室内装饰装修材料　胶粘剂中有害物质限量（GB 18583—2008）（附录 D　聚氨酯胶粘剂中游离甲苯二异氰酸酯含量的测定　气相色谱法）				829

续表

分类		方法名称及标准号	备注	篇	章	页
M4 胶粘剂中有害物质	M4-5 卤代烃	室内装饰装修材料　胶粘剂中有害物质限量（GB 18583—2008）（附录E　胶粘剂中卤代烃含量测定　气相色谱法）		六	四	830
	M4-6 总挥发性有机物	室内装饰装修材料　胶粘剂中有害物质限量（GB 18583—2008）（附录F　胶粘剂中总挥发性有机物含量的测定方法　气相色谱法）				831
M5 木家具中有害物质	M5-0 基础知识	室内装饰装修材料　木家具中有害物质限量（GB 18584—2001）		六	五	832
	M5-1 甲醛	室内装饰装修材料　木家具中有害物质限量（甲醛）（GB 18584—2001）				833
	M5-2 可溶性铅、镉、铬和汞	色漆和清漆“可溶性”金属含量的测定　第一部分：铅含量的测定　火焰原子吸收光谱法和双硫腙分光光度法（GB/T 9758.1—88）	通卷			835
		色漆和清漆“可溶性”金属含量的测定　第四部分：镉含量的测定　火焰原子吸收光谱法和极谱法（GB/T 9758.4—88）				
		色漆和清漆“可溶性”金属含量的测定　第六部分：色漆的液体部分中铬总含量的测定　火焰原子吸收光谱法（GB/T 9758.6—88）				
		色漆和清漆“可溶性”金属含量的测定　第七部分：色漆的颜料部分和水可稀释漆的液体部分的汞含量的测定　无焰原子吸光谱法（GB/T 9758.7—88）				
M6 壁纸中有害物质	M6-0 基础知识	室内装饰装修材料　壁纸中有害物质限量（GB 18585—2001）		六	六	837

续表

分类		方法名称及标准号	备注	篇	章	页
M6 壁纸中有害物质	M6-1 金属元素	室内装饰装修材料　壁纸中有害物质限量（重金属）（GB 18585—2001）	通卷	六	六	838
		室内装饰装修材料　壁纸中有害物质限量（钡、镉、铬、铅、砷原子吸收法）（GB 18585—2001）				
		室内装饰装修材料　壁纸中有害物质限量（钡、镉、铬、铅、砷电感耦合等离子体发射光谱法）（GB 18585—2001）				
		室内装饰装修材料　壁纸中有害物质限量（汞　冷原子吸收法）（GB 18585—2001）				
		室内装饰装修材料　壁纸中有害物质限量（硒、锑原子吸收法）（GB 18585—2001）				
	M6-2 氯乙烯	室内装饰装修材料　壁纸中有害物质限量（氯乙烯单体）（GB 18585—2001）	通卷			839
		聚氯乙烯　残留氯乙烯单体的测定　气相色谱法（GB/T 4615—2013）				
	M6-3 甲醛	室内装饰装修材料　壁纸中有害物质限量（甲醛含量的测试乙酰丙酮分光光度法）（GB 18585—2001）				840
M7 聚氯乙烯卷材地板中有害物质	M7-0 基础知识	室内装饰装修材料　聚氯乙烯卷材地板中有害物质限量（GB 18586—2001）		六	七	842
	M7-1 氯乙烯	室内装饰装修材料　聚氯乙烯卷材地板中有害物质限量（氯乙烯单体）（GB 18586—2001）	试题同 M6-2			843
		聚氯乙烯　残留氯乙烯单体的测定　气相色谱法（GB/T 4615—2013）				
	M7-2 可溶性铅和可溶性镉	室内装饰装修材料　聚氯乙烯卷材地板中有害物质限量（可溶性铅和可溶性镉石墨炉原子吸收法）（GB 18586—2001）				843
	M7-3 挥发物	室内装饰装修材料　聚氯乙烯卷材地板中有害物质限量（挥发物重量法）（GB 18586—2001）				844

续表

分类		方法名称及标准号	备注	篇	章	页
M8 地毯、地毯衬垫及地毯胶粘剂中有害物质	M8-0 基础知识	室内装饰装修材料　地毯、地毯衬垫及地毯胶粘剂中有害物质释放限量（GB 18587—2001）		六	八	846
	M8-1 总挥发性有机化合物	室内装饰装修材料　地毯、地毯衬垫及地毯胶粘剂中有害物质限量（GB 18587—2001）（总挥发性有机化合物）				846
	M8-2 4- 苯基环己烯	室内装饰装修材料　地毯、地毯衬垫及地毯胶粘剂中有害物质释放限量（GB 18587—2001）（4- 苯基环己烯）				848
	M8-3 丁基羟基甲苯	室内装饰装修材料　地毯、地毯衬垫及地毯胶粘剂中有害物质释放限量（GB 18587—2001）（丁基羟基甲苯）				849
	M8-4 2- 乙基己醇	室内装饰装修材料　地毯、地毯衬垫及地毯胶粘剂中有害物质释放限量（GB 18587—2001）（2- 乙基己醇）				849
	M8-5 甲醛	室内装饰装修材料　地毯、地毯衬垫及地毯胶粘剂中有害物质释放限量（GB 18587—2001）（甲醛）				850
	M8-6 苯乙烯	室内装饰装修材料　地毯、地毯衬垫及地毯胶粘剂中有害物质释放限量（GB 18587—2001）（苯乙烯）				851
M9 混凝土外加剂中氨		混凝土外加剂中释放氨的限量（GB 18588—2001）（附录 A　混凝土外加剂中释放氨的测定　蒸馏后滴定法）		六	九	853
M10 建筑材料中放射性核素	M10-0 基础知识	建筑材料放射性核素限量（GB 6566—2010）		六	十	856
	M10-1 内照射指数（I_{Ra}）	建筑材料放射性核素限量（GB 6566—2010）（内照射指数）				861
	M10-2 外照射指数（I_r）	建筑材料放射性核素限量（GB 6566—2010）（外照射指数）				862

附录Ⅱ　参加本书编写的单位及人员

参加编写单位（排名不分先后）	人员名单（以姓氏笔画为序）
中国环境监测总站	田志仁、冯丹、吕天峰、朱红霞、刘京、刘廷良、刘砚华、米方卓、池靖、李名升、李宗超、李俊龙、李宪同、杨楠、肖建军、吴季友、汪贇、张颖、张霖琳、陈金融、陈善荣、周笑白、郑皓皓、封雪、赵淑莉、姜晓旭、袁懋、夏新、柴文轩、倪鹏程、景立新、温香彩、谭丽
北京市生态环境监测中心	华蕾、杨柳、邹本东、陈吉吉、岳志孝、赵明月、席玥、陶蕾、鹿海峰
天津市生态环境监测中心	于晓青、王迎、王琳、王静、王鑫、王岚云、王艳丽、王效国、邓小文、田秀华、刘伟、刘殿甲、关玉春、李静、李利荣、杨华、杨虹、杨璟爱、吴宇峰、张朋、张静、张玉惠、张肇元、陈晨、赵志强、郝影、郭宏博、郭晶晶、崔杰、崔连喜、崔桂贤、熊宪英
上海市环境监测中心	王向明、刘鸣、李冰清、吴诗剑、周婷、胡雄星、顾伟伟、黄文、喇国静、谢争
上海市杨浦区环境监测站	吴育文
重庆市生态环境监测中心	王胜蓝、孟小星
河北省生态环境监测中心	王津、王淑娟、车轩、刘文凯、李波、李歆琰、武桂桃、周旌、曹艳梅、崔彩芬
河北省邢台生态环境监测中心	马慧杰
山西省生态环境监测和应急保障中心（山西省生态环境科学研究院）	王爱一、刘文丽、杨炯、梁富生
内蒙古自治区环境监测总站	石艳菊、孙文静、李亮、郝峰、谢非、樊庆云
辽宁省生态环境监测中心	马成、付毓、吕晓洁、朱广钦、杨冬雷、赵丽娟、薛程
辽宁省沈阳生态环境监测中心	王玉平、高峰
黑龙江省哈尔滨生态环境监测中心	王伟华、王雅辉、张万峰
黑龙江省生态环境监测中心	马玉坤、王丽娜、冯磊、刘蕊、闫爱博、杨宏坤、陈威、郭欣
江苏省环境监测中心	丁曦宁、张景明、陈素兰、袁力

续表

参加编写单位（排名不分先后）	人员名单（以姓氏笔画为序）
江苏省南京环境监测中心	杨正标、陆喜红、武中林
江苏省扬州环境监测中心	冷俊、张益民、姜燕、袁静
江苏省无锡环境监测中心	赵斌
无锡市生态环境监测监控中心惠山分中心	杨亦恂
浙江省生态环境监测中心	韦利杭、许行义
浙江省海洋生态环境监测中心	王剑、王洪涛、王艳华、王晓华、王益鸣、方杰、过美蓉、任世军、刘世贤、佘运勇、邹伟明、邵君波、胡序朋、柴小平
江西省生态环境监测中心	左燕君、乔支卫、吴志强、欧丽、黄鹤飞、彭刚华、曾珍英
江西省南昌生态环境监测中心	邓娜、李桂玲、张荣辉、武云霞、樊孝俊
江西省赣州生态环境监测中心	刘国平
江西省宜春生态环境监测中心	陈谊
江西省九江生态环境监测中心	陈新军
河南省生态环境监测中心	王伟、王建英、王玲玲、王振峰、申剑、申进朝、刘丹、许晓翠、李贝、李红亮、陈纯、赵辉、高燕哺、彭华、路新燕、魏杰
河南省郑州生态环境监测中心	赵长民
河南省平顶山生态环境监测中心	马海花
河南省商丘生态环境监测中心	王洋
湖北省生态环境监测中心站	马先锋、柯鹏振、施敏芳、贺小敏、覃晓茜
湖南省生态环境监测中心	毕军平、朱日龙、刘乐君、刘荔彬、宋冰冰、林海兰、秦迪岚
广东省生态环境监测中心	王清华、陈丹青、谢宏琴、解光武
广东省广州生态环境监测中心站	双菊荣、闫桂红、陈培旭、胡丹心、黄行、黄小伟
海南省生态环境监测中心	何书海、张鸣珊、符式锦
四川省生态环境监测总站	史箴、张渝、赵萍萍、程小艳
四川省成都生态环境监测中心站	刘蓉、范莉
云南省生态环境监测中心	张榆霞
陕西省环境监测中心站	马文鹏、王婷

续表

参加编写单位（排名不分先后）	人员名单（以姓氏笔画为序）
甘肃省环境监测中心站	牛毓
甘肃省酒泉生态环境监测中心	丁润梅
宁夏回族自治区生态环境监测中心	王平、任学蓉
新疆维吾尔自治区生态环境监测总站	兰志梅、刘端阳、李刚、李伍生、沈丽丽、屈智丽、谢莲英
新疆生产建设兵团第八师生态环境监测站	刘艳、施月娥、彭倩芳
中日友好环境保护中心	李国刚、李玲玲、张烃
生态环境部核与辐射安全中心	袁之伦、黄东辉
生态环境部华南环境科学研究院	韩静磊
浙江省辐射环境监测站	赵顺平
河北省辐射环境管理站	王树明
北京市延庆区生态环境局	陈胜楠
成都市龙泉驿生态环境局	邓慕
山东省环境保护科学研究设计院有限公司	马芳
湖北省生态环境科学研究院	张佟佟
潍坊学院化学化工与环境工程学院	马海斌
北京建筑大学	连雅、张丽、张苗